MECÂNICA dos MATERIAIS

M486   Mecânica dos materiais / Ferdinand P. Beer ... [et
       [tradução: Walter Libardi, José Benaque Rub
       Francisco Araújo da Costa]. – 8. ed. – Porto
       AMGH, 2021.
       xiv, 850 p. : il. ; 21 cm.

       ISBN 978-65-5804-008-8

       1. Engenharia mecânica. 2. Mecânica – Materiais.
       Ferdinand P.

                                                    CDU

Catalogação na publicação: Karin Lorien Menoncin – CRB 10/2

Ferdinand P. Beer
Ex-professor da Lehigh University

E. Russell Johnston, JR.
Ex-professor da University of Connecticut

John T. DeWolf
University of Connecticut

David F. Mazurek
United States Coast Guard Academy

MECÂNICA dos MATERIAIS

8ª Edição

AMGH Editora Ltda.
Porto Alegre
2021

Obra originalmente publicada sob o título *Mechanics of Materials,* 8th edition
ISBN 126-0113272 / 9781260113273

Original copyright © 2020, by McGraw-Hill Global Education Holdings,LLC, New York, New York 10121. All rights reserved.

Gerente editorial: Arysinha Jacques Affonso

Colaboraram nesta edição:

Editora: Simone de Fraga

Tradução da 5ª ed.: Walter Libardi e José Benaque Rubert

Tradução da 8ª ed.: Francisco Araújo da Costa

Leitura final: Denise Weber Nowaczyk

Editoração: Clic Editoração Eletrônica Ltda.

Capa: Márcio Monticelli (arte sobre capa original)

Reservados todos os direitos de publicação à
AMGH EDITORA LTDA., uma parceria entre GRUPO A EDUCAÇÃO S.A. e McGRAW-HILL EDUCATION
Av. Jerônimo de Ornelas, 670 – Santana
90040-340 – Porto Alegre – RS
Fone: (51) 3027-7000 Fax: (51) 3027-7070

SÃO PAULO
Rua Doutor Cesário Mota Jr., 63 – Vila Buarque
01221-020 – São Paulo – SP
Fone: (11) 3221-9033

SAC 0800 703-3444 – www.grupoa.com.br

É proibida a duplicação ou reprodução deste volume, no todo ou em parte, sob quaisquer formas ou por quaisquer meios (eletrônico, mecânico, gravação, fotocópia, distribuição na Web e outros), sem permissão expressa da Editora.

IMPRESSO NO BRASIL
PRINTED IN BRAZIL

Autores

John T. DeWolf, Professor de Engenharia Civil na University of Connecticut, uniu-se a Beer e Johnston como autor na 2ª edição de *Mecânica dos materiais*. John é formado em Engenharia Civil pela University of Hawaii, e é mestre e doutor em Engenharia Estrutural pela Cornell University. Ele é conselheiro do American Society of Civil Engineers e membro do Connecticut Academy of Science and Engineering. É engenheiro profissional registrado e membro do Connecticut Board of Professional Engineers. Além disso, foi designado Teaching Fellow, em 2006, na Universidade de Connecticut. Seus interesses em pesquisa são na área de estabilidade elástica, monitoramento de pontes e análise e projeto estrutural.

David F. Mazurek, Professor de Engenharia Civil na United States Coast Guard Academy, uniu-se a Beer e Johnston como um autor na 8ª edição de *Estática* e na 5ª edição deste livro. É formado em Engenharia Oceânica, mestre em Engenharia Civil pelo Florida Institute of Technology e doutor em Engenharia Civil pela University of Connecticut. É engenheiro profissional registrado e tem servido na Comissão 15 – Estruturas de Aço, da American Railway Engineering & Maintenance-of-Way Association's, desde 1991. Entre seus inúmeros prêmios, ele foi reconhecido pela National Society of Professional Engineers como Engenheiro da Guarda do Ano de 2015. Seus interesses profissionais incluem engenharia de pontes, perícia em estruturas e projeto para resistência à explosão.

Prefácio

OBJETIVOS

O principal objetivo de uma disciplina básica de mecânica é desenvolver no estudante de engenharia a habilidade de analisar um problema de maneira simples e lógica e de aplicar alguns dos princípios fundamentais e bem compreendidos na sua solução. Este livro foi estruturado para a primeira disciplina de mecânica dos materiais – ou mecânica dos sólidos ou resistência dos materiais – oferecida aos estudantes de engenharia nos dois primeiros anos do curso de graduação. Os autores esperam que o livro auxilie os professores a alcançar esse objetivo, da mesma maneira que seus outros livros ajudam na estática e na dinâmica.

ABORDAGEM GERAL

Neste livro, o estudo da mecânica dos materiais está fundamentado na compreensão de alguns conceitos básicos e no uso de modelos simplificados. Essa abordagem torna possível desenvolver todas as fórmulas necessárias de uma maneira racional e lógica e indicar claramente as condições sob as quais elas podem ser aplicadas com segurança na análise e no projeto das estruturas reais de engenharia e componentes de máquinas.

Os diagramas de corpo livre. Em todo o texto, são utilizados os diagramas de corpo livre para determinar forças externas ou internas. O uso de "equações-figura" também ajudará os estudantes a entender a sobreposição de forças e as resultantes tensões e deformações.

A metodologia de resolução de problemas SMART. Apresenta-se aos estudantes a abordagem SMART para resolução de problemas em engenharia. SMART é um acrônimo que indica os passos para a resolução de problemas: Estratégia (*Strategy*), Modelagem (*Modeling*), Análise (*Analysis*) e Refletir e Pensar (*Reflect & Think*). Esta metodologia é usada em todos os Problemas Resolvidos com o objetivo de que os alunos apliquem essa abordagem na solução de todos os problemas atribuídos.

Discussão de conceitos de projeto. Sempre que conveniente, são inseridas discussões de conceitos de projeto. No Capítulo 1, pode-se encontrar uma discussão sobre a aplicação do fator de segurança no projeto, na qual são apresentados os conceitos de Projeto da Tensão Admissível e Coeficiente de Projeto para Carga e Resistência.

Sistemas SI e norte-americano de unidades. É essencial que os estudantes sejam capazes de lidar efetivamente com ambos os sistemas, o SI e o norte-americano. Dessa forma, ambos serão encontrados ao longo do livro.

Tópicos avançados ou especiais. Tópicos como tensões residuais, torção de elementos não circulares e de paredes delgadas, flexão em vigas curvas, tensões de cisalhamento em elementos não simétricos e critérios de falha foram incluídos em seções opcionais para serem aplicados em disciplinas com ênfase em assuntos diversos. Para preservar a integridade do assunto, esses tópicos são apresentados na sequência apropriada, em pontos apropriados. Assim, mesmo quando não são abordados no curso, eles estão bem visíveis e podem ser consultados posteriormente. Para maior facilidade, todas as seções opcionais foram indicadas por asteriscos.

ORGANIZAÇÃO DOS CAPÍTULOS

Espera-se que os estudantes que utilizarão este livro já tenham cursado estatística. No entanto, o Capítulo 1 proporciona uma oportunidade de revisar os conceitos aprendidos nessa disciplina, embora os diagramas de força cortante e o momento fletor sejam discutidos em detalhe nas Seções 5.1 e 5.2. As propriedades dos momentos e centroides de áreas são descritas no Apêndice B; esse material pode ser utilizado para reforçar a discussão da determinação das tensões normal e de cisalhamento em vigas (Capítulos 4, 5 e 6).

Os quatro primeiros capítulos são dedicados à análise das tensões e das deformações correspondentes em vários elementos estruturais, considerando sucessivamente a força axial, a torção e a flexão pura. Cada análise é fundamentada em alguns conceitos básicos, ou seja, as condições de equilíbrio das forças aplicadas no elemento, as relações existentes entre tensão e deformação específica no material e as condições impostas pelos apoios e pelas cargas dos elementos. O estudo de cada tipo de carregamento é complementado por um grande número de exemplos, Aplicação do conceito e Problemas Resolvidos, tudo estruturado para melhorar a compreensão do estudante sobre o assunto.

O conceito de tensão em um ponto é introduzido no Capítulo 1, no qual mostramos que uma força axial pode produzir tensões de cisalhamento e tensões normais, dependendo da seção considerada. O fato de que as tensões dependem da orientação da superfície na qual elas são calculadas é enfatizado novamente nos Capítulos 3 e 4, nos casos de torção e flexão pura. No entanto, a discussão sobre as técnicas de cálculo – como o círculo de Mohr – utilizadas para a transformação de tensão em um ponto é adiada até o Capítulo 7, após os estudantes já terem resolvido problemas que envolvem uma combinação de carregamentos básicos e de já terem descoberto por si mesmos a necessidade dessas técnicas.

A discussão no Capítulo 2 sobre a relação entre tensão e deformação específica em vários materiais inclui materiais compostos reforçados com fibras. Além disso, o estudo de vigas sob forças transversais é apresentado em dois capítulos separados. O Capítulo 5 é dedicado à determinação das tensões normais em uma viga e ao projeto de vigas com base na tensão normal admissível e no material utilizado (Seção 5.3). O capítulo começa com uma discussão sobre os diagramas de cisalhamento e o momento fletor (Seções 5.1 e 5.2) e inclui uma seção opcional sobre a utilização das funções de singularidade para a determinação da força cortante e do momento fletor em uma viga (Seção 5.4). O capítulo termina com uma seção opcional sobre vigas não prismáticas (Seção 5.5).

O Capítulo 6 é dedicado à determinação das tensões de cisalhamento em vigas e elementos de paredes delgadas sob cargas transversais. A fórmula para o fluxo de cisalhamento, $q = VQ/I$, é deduzida pela maneira tradicional. Aspectos mais avançados do projeto de vigas, como, por exemplo, a determinação das tensões principais na junção da mesa e da alma de uma viga W, estão no Capítulo 8, um capítulo opcional que pode ser estudado após a discussão sobre transformações de tensões no Capítulo 7. O projeto de eixos de transmissão está nesse capítulo pela mesma razão, bem como a determinação das tensões principais, planos principais e tensão de cisalhamento máxima em um dado ponto.

Os problemas estatisticamente indeterminados são primeiramente discutidos no Capítulo 2 e considerados durante todo o texto para as várias condições de carregamento encontradas. Assim, é apresentado, logo no início, um método de solução que combina a análise de deformações com a análise convencional de forças utilizadas em estática. Dessa forma, os estudantes estarão totalmente familiarizados com esse método fundamental no fim do curso. Além disso, essa abordagem os ajuda a descobrir que as tensões são estaticamente indeterminadas e só podem ser calculadas considerando-se a distribuição correspondente das deformações específicas.

O conceito de deformação plástica é introduzido no Capítulo 2, no qual ele é aplicado à análise de elementos sob força axial. Problemas que envolvem a deformação plástica de eixos circulares e de vigas prismáticas são também considerados em seções opcionais dos Capítulos 3, 4 e 6. Embora parte desse material possa ser omitida, dependendo da escolha do professor, sua inclusão no texto ajudará os estudantes a descobrir as limitações da suposição de uma relação tensão-deformação linear, e também servirá para alertá-los contra o uso não apropriado da torção elástica e das fórmulas de flexão.

A determinação da deflexão de vigas é discutida no Capítulo 9. A primeira parte do capítulo é dedicada ao método de integração e ao método de superposição com uma seção opcional (Seção 9.3) fundamentada na utilização das funções de singularidade. (Essa seção deverá ser utilizada somente se a Seção 5.4 for estudada antes.) A segunda parte do Capítulo 9 é opcional e apresenta o método momento-área em duas lições.

O Capítulo 10 é dedicado a colunas e contém material sobre o projeto de colunas de aço, alumínio e madeira. O Capítulo 11 apresenta os métodos de energia, incluindo o teorema de Castigliano.

MATERIAL PARA O PROFESSOR

Os professores interessados em apresentações de Power Point® (em português) e no Manual de Soluções (em inglês) devem acessar o *site* www.grupoa.com.br, buscar por este livro e clicar no *link* Material do Professor.

Estes materiais são excelentes recursos pedagógicos e estão disponíveis exclusivamente para professores.

AGRADECIMENTOS DOS AUTORES

Agradecemos às empresas que forneceram as imagens para esta edição. Reconhecemos também os esforços da equipe da RPK Editorial Services, que diligentemente trabalhou na edição, composição, revisão e análise atenta de todo o conteúdo deste livro.

Nosso agradecimento especial à Amy Mazurek (bacharel em Engenharia Civil pelo Florida Institute of Technology e mestre em Engenharia Civil pela University of Connecticut) pela checagem e preparação das soluções e das respostas de todos os problemas desta edição.

Somos gratos também pela ajuda, pelos comentários e pelas sugestões dos muitos usuários das edições anteriores de *Mecânica dos materiais*.

John T. DeWolf
David F. Mazurek

Lista de Símbolos

a	Constante; distância	P_U	Limite de carga (LRFD)
A, B, C, ...	Forças; reações	q	Força de cisalhamento por unidade de comprimento; fluxo de cisalhamento
$A, B, C, ...$	Pontos		
$A, \mathcal{C}$	Área	**Q**	Força
b	Distância; largura	Q	Momento estático
c	Constante; distância; raio	r	Raio; raio de giração
C	Centroide	**R**	Força; reação
$C_1, C_2, ...$	Constantes de integração	R	Raio; módulo de ruptura
C_P	Coeficiente de estabilidade da coluna	s	Comprimento
d	Distância; diâmetro; altura	S	Módulo de seção elástico
D	Diâmetro	t	Espessura; distância; desvio tangencial
e	Distância; excentricidade; dilatação	**T**	Torque
E	Módulo de elasticidade	T	Temperatura
f	Frequência; função	u, v	Coordenadas retangulares
F	Força	u	Densidade de energia de deformação
F.S.	Coeficiente de segurança	U	Energia de deformação; trabalho
G	Módulo de rigidez; módulo de elasticidade transversal	**v**	Velocidade
		V	Força cortante
h	Altura; distância	V	Volume; cisalhamento
H	Força	w	Largura; distância; força por unidade de comprimento
H, J, K	Pontos		
$I, I_x, ...$	Momentos de inércia	**W**, W	Peso; força; carga; módulo de resistência à flexão
$I_{xy}, ...$	Produtos de inércia		
J	Momento polar de inércia	$\bar{x}, \bar{y}, \bar{z}$	Coordenadas retangulares; distância; deslocamentos; deflexão
k	Constante de mola; fator de forma; módulo de compressibilidade volumétrica; constante		
		x, y, z	Coordenadas do centroide
		Z	Módulo de resistência à flexão
K	Coeficiente de concentração de tensão; constante de mola de torção	α, β, γ	Ângulos
		α	Coeficiente de expansão térmica; coeficiente de influência
l	Comprimento; vão	γ	Deformação de cisalhamento; peso específico
L	Comprimento; vão		
L_e	Comprimento efetivo	γ_D	Coeficiente de carga, carga permanente (LRFD)
m	Massa		
M	Conjugado, momento	γ_L	Coeficiente de carga, carga externa (LRFD)
$M, M_x, ...$	Momento fletor		
M_D	Momento fletor, carga permanente (LRFD)	δ	Deformação; deslocamento
		ε	Deformação específica normal
M_L	Momento fletor, carga externa (LRFD)	θ	Ângulo; inclinação
M_U	Momento fletor, limite de carga (LRFD)	λ	Cosseno diretor
		ν	Coeficiente de Poisson
n	Número; relação de módulos de elasticidade; direção normal	ρ	Raio de curvatura; distância; densidade
		σ	Tensão normal
p	Pressão	τ	Tensão de cisalhamento
P	Força; carga concentrada	ϕ	Ângulo; ângulo de torção ou de rotação; coeficiente de resistência
P_D	Carga permanente (LRFD)		
P_L	Carga externa (LRFD)	ω	Velocidade angular

Sumário

1 Introdução – O conceito de tensão 1

- **1.1** Um breve exame dos métodos da estática. 2
- **1.2** Tensões nos elementos de uma estrutura 4
- **1.3** Tensão em um plano oblíquo sob carregamento axial 25
- **1.4** Tensão sob condições gerais de carregamento; componentes de tensão. 26
- **1.5** Considerações de projeto. 29
- **Revisão e Resumo** 41

2 Tensão e deformação – Carregamento axial 50

- **2.1** Apresentação da tensão e da deformação. 52
- **2.2** Problemas estaticamente indeterminados. 73
- **2.3** Problemas que envolvem mudanças de temperatura 77
- **2.4** Coeficiente de Poisson 89
- **2.5** Carregamento multiaxial: lei de Hooke generalizada. 90
- ***2.6** Dilatação e módulo de compressibilidade volumétrica. 92
- **2.7** Deformação de cisalhamento. 94
- **2.8** Outras discussões sobre deformação sob carregamento axial; relação entre E, ν e G. 97
- ***2.9** Relações de tensão-deformação para materiais compósitos reforçados com fibras 99
- **2.10** Distribuição de tensão e deformação específica sob carregamento axial: princípio de Saint-Venant. 110
- **2.11** Concentrações de tensão. 112
- **2.12** Deformações plásticas. 114
- ***2.13** Tensões residuais. 118
- **Revisão e Resumo** 126

3 Torção 137

- **3.1** Torção de eixos de seção circular. 140
- **3.2** Ângulo de torção no regime elástico 157
- **3.3** Eixos estaticamente indeterminados. 160

3.4 Projeto de eixos de transmissão............................175
3.5 Concentração de tensões em eixos circulares...............177
*3.6 Deformações plásticas em eixos circulares.................185
*3.7 Eixos circulares feitos de um material elastoplástico.........186
*3.8 Tensão residual em eixos circulares........................189
*3.9 Torção de elementos de seção não circular.................199
*3.10 Eixos vazados de paredes finas............................201
   Revisão e Resumo......................................**211**

4 Flexão pura 223

4.1 Barra simétrica em flexão pura............................226
4.2 Tensões e deformações no regime elástico.................230
4.3 Deformações em uma seção transversal....................234
4.4 barras constituídas de MATERIAL COMPOSTO...............244
4.5 Concentrações de tensão..................................248
*4.6 Deformações plásticas....................................259
4.7 Carregamento axial excêntrico em um plano de simetria....277
4.8 Flexão assimétrica..288
4.9 Caso geral de carregamento axial excêntrico...............293
*4.10 Flexão de barras curvas...................................305
   Revisão e Resumo......................................**319**

5 Análise e projeto de vigas em flexão 329

5.1 Diagramas de força cortante e momento fletor.............333
5.2 Relações entre força, força cortante e momento fletor......344
5.3 Projeto de vigas prismáticas em flexão.....................355
*5.4 Usando funções de singularidade para determinar força cortante e momento fletor em uma viga..............367
*5.5 Vigas não prismáticas.....................................380
   Revisão e Resumo......................................**390**

6 Tensões de cisalhamento em vigas e elementos de parede fina 399

6.1 Tensão de cisalhamento horizontal nas vigas...............402
*6.2 distribuição de tensões em viga de seção retangular esbelta..408

6.3	Cisalhamento longitudinal em um elemento de viga de seção arbitrária	419
6.4	Tensões de cisalhamento em barras de paredes finas	421
*6.5	Deformações plásticas	423
*6.6	Carregamento assimétrico em barras de paredes finas E centro de cisalhamento	436
	Revisão e Resumo	**449**

7 Transformações de tensão e deformação 457

7.1	Transformação do estado plano de tensão	460
7.2	Círculo de Mohr para o estado plano de tensão	472
7.3	Estado geral de tensão	483
7.4	análise tridimensional da tensão	484
*7.5	Teorias de Falha	487
7.6	Tensões em vasos de pressão de paredes finas	500
*7.7	Transformação do estado plano de deformação	509
*7.8	Análise tridimensional de deformação	514
*7.9	Medidas de deformação específica e rosetas de deformação	518
	Revisão e Resumo	**525**

8 Tensões principais sob um dado carregamento 534

8.1	Tensões principais em uma viga	536
8.2	Projeto de eixos de transmissão	539
8.3	Tensões sob carregamentos combinados	552
	Revisão e Resumo	**568**

9 Deflexões em vigas 577

9.1	Deformação sob carregamento transversal	580
9.2	Vigas estaticamente indeterminadas	589
*9.3	funções de singularidade para determinar a inclinação e a deflexão	600
9.4	Método da superposição	613
*9.5	Teoremas do momento de área	627
*9.6	teoremas do momento de área aplicados às vigas com carregamentos assimétricos	642
	Revisão e Resumo	**657**

10 Colunas — 668

- **10.1** Estabilidade de estruturas 669
- ***10.2** Carregamento excêntrico e fórmula da secante 685
- **10.3** Projeto de colunas submetidas a uma força centrada 699
- **10.4** Projeto de colunas submetidas a uma força excêntrica 716
- **Revisão e Resumo** 727

11 Métodos de energia — 735

- **11.1** Energia de deformação 736
- **11.2** Energia de deformação elástica 739
- **11.3** Energia de deformação para um estado geral de tensão 746
- **11.4** Carregamento por impacto 760
- **11.5** carga única 764
- ***11.6** Trabalho e energia sob várias cargas 778
- ***11.7** Teorema de Castigliano 780
- ***11.8** Deflexões pelo teorema de Castigliano 782
- ***11.9** Estruturas estaticamente indeterminadas 786
- **Revisão e Resumo** 799

Apêndices — 809

- **A** Principais Unidades Usadas em Mecânica 810
- **B** Centroides e momentos de áreas 812
- **C** Centroides e momentos de inércia de formas geométricas comuns 823
- **D** Propriedades típicas de materiais mais usados na engenharia 825
- **E** Propriedades de perfis de aço laminado 827
- **F** Deflexões e inclinações de vigas 833
- **Respostas** 834
- **Índice** 845

1
Introdução – O conceito de tensão

Tensões ocorrem em todas as estruturas sob a ação de forças. Este capítulo examinará os estados de tensão nos elementos mais simples, como os elementos de dupla força, os parafusos e os pinos utilizados em muitas estruturas.

OBJETIVOS

Neste capítulo, vamos:

- **Revisar a estática** necessária para determinar forças em elementos de estruturas simples.
- **Introduzir** o conceito de tensão.
- **Definir** os diferentes tipos de tensão: tensão normal axial, tensão de cisalhamento e tensão de contato.
- **Discutir** as duas tarefas principais dos engenheiros, a saber, o projeto e a análise das estruturas e máquinas.
- **Desenvolver** estratégias para solução de problemas.
- **Discutir** as componentes de tensão em diferentes planos e sob condições de carregamento diversas.
- **Discutir** as muitas considerações de projeto que um engenheiro deve revisar antes de elaborar um projeto.

Introdução

1.1 Um breve exame dos métodos da estática
1.2 Tensões nos elementos de uma estrutura
1.2.1 Tensão axial
1.2.2 Tensão de cisalhamento
1.2.3 Tensão de esmagamento em conexões
1.2.4 Aplicação na análise e no projeto de estruturas simples
1.2.5 Método de solução do problema
1.3 Tensão em um plano oblíquo sob carregamento axial
1.4 Tensão sob condições gerais de carregamento; componentes de tensão
1.5 Considerações de projeto
1.5.1 Determinação do limite de resistência de um material
1.5.2 Carga admissível e tensão admissível; coeficiente de segurança
1.5.3 Seleção de um coeficiente de segurança apropriado
1.5.4 Coeficiente de projeto para carga e resistência

Foto 1.1 Guindastes utilizados para carregar e descarregar navios. ©David R. Frazier/Science Source

Introdução

O principal objetivo do estudo da mecânica dos materiais é proporcionar ao futuro engenheiro os meios para analisar e projetar várias máquinas e estruturas portadoras de carga envolvendo a determinação das *tensões* e *deformações*. Este primeiro capítulo é dedicado ao conceito de *tensão*.

A Seção 1.1 apresenta um rápido exame dos métodos básicos da estática e sua aplicação na determinação das forças nos elementos conectados por pinos que formam uma estrutura simples. A Seção 1.2 apresentará o conceito de *tensão* em um elemento estrutural e mostrará como essa tensão pode ser determinada a partir da *força* nesse elemento. A seguir, você estudará sucessivamente as *tensões normais* em uma barra sob carga axial, as *tensões de cisalhamento* originadas pela aplicação de forças transversais equivalentes e opostas e as *tensões de esmagamento* criadas por parafusos e pinos em barras por eles conectadas.

A Seção 1.2 termina com uma descrição do método que você deverá utilizar na solução de determinado problema e com uma discussão da precisão numérica apropriada aos cálculos de engenharia. Esses vários conceitos serão aplicados na análise das barras de estrutura simples considerada anteriormente.

Na Seção 1.3, examinaremos novamente um elemento de barra sob carga axial, e será observado que as tensões em um plano *oblíquo* incluem as componente *de tensões normal e de cisalhamento*, ao passo que a Seção 1.4 abordará a necessidade de *seis componentes* para descrever o estado de tensão em um ponto de um corpo, sob as condições mais generalizadas de carga.

Finalmente, a Seção 1.5 será dedicada à determinação do *limite de resistência* de um material através de ensaios de corpos de prova e a seleção de *coeficiente de segurança* aplicados ao cálculo da *carga admissível* de um componente estrutural feito com esse material.

1.1 UM BREVE EXAME DOS MÉTODOS DA ESTÁTICA

Considere a estrutura mostrada na Fig. 1.1, projetada para suportar uma carga de 30 kN. Ela consiste em uma barra AB com uma seção transversal retangular de 30×50 mm e uma barra BC com uma seção transversal circular com diâmetro de 20 mm. As duas barras estão conectadas por um pino em B e são suportadas por pinos e suportes em A e C, respectivamente. Nosso primeiro passo será desenhar um *diagrama de corpo livre* da estrutura, separando-a de seus suportes em A e C e mostrando as reações que esses suportes exercem na estrutura (Fig. 1.2). Note que o croqui da estrutura foi simplificado, omitindo-se todos os detalhes desnecessários. Muitos leitores devem ter reconhecido neste ponto que AB e BC são *barras simples*. Para aqueles que não perceberam, vamos proceder à nossa análise, ignorando esse fato e assumindo que as direções das reações em A e C são desconhecidas. Cada uma dessas reações, portanto, será representada por duas componentes: $\mathbf{A}_x$ e $\mathbf{A}_y$ em A e $\mathbf{C}_x$ e $\mathbf{C}_y$ em C.

Escrevemos as três equações de equilíbrio a seguir:

$$+\curvearrowleft \Sigma M_C = 0: \qquad A_x(0{,}6 \text{ m}) - (30 \text{ kN})(0{,}8 \text{ m}) = 0$$
$$A_x = +40 \text{ kN} \qquad (1.1)$$

$$\xrightarrow{+} \Sigma F_x = 0: \qquad A_x + C_x = 0$$
$$C_x = -A_x \qquad C_x = -40 \text{ kN} \qquad (1.2)$$

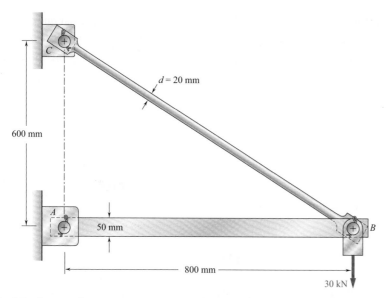

Fig. 1.1 Barra usada para suportar uma carga de 30 kN.

$$+\uparrow \Sigma F_y = 0: \qquad A_y + C_y - 30 \text{ kN} = 0$$
$$A_y + C_y = +30 \text{ kN} \qquad (1.3)$$

Encontramos duas das quatro incógnitas, mas não podemos determinar as outras duas a partir dessas equações e tampouco obter uma equação independente adicional a partir do diagrama de corpo livre da estrutura. Precisamos agora desmembrar a estrutura. Considerando o diagrama de corpo livre da barra AB (Fig. 1.3), temos a seguinte equação de equilíbrio:

$$+\uparrow \Sigma M_B = 0: \qquad -A_y(0{,}8 \text{ m}) = 0 \qquad A_y = 0 \qquad (1.4)$$

Substituindo A_y da Equação (1.4) na Equação (1.3), obtemos $C_y = +30$ kN. Expressando os resultados obtidos para as reações em A e C na forma vetorial, temos

$$\mathbf{A} = 40 \text{ kN} \rightarrow \qquad \mathbf{C}_x = 40 \text{ kN} \leftarrow \qquad \mathbf{C}_y = 30 \text{ kN} \uparrow$$

Notamos que a reação em A é dirigida ao longo do eixo da barra AB e provoca compressão nessa barra. Observando que as componentes C_x e C_y da reação em C são, respectivamente, proporcionais às componentes horizontal e vertical da distância de B a C, concluímos que a reação em C é igual a 50 kN e dirigida ao longo do eixo da barra BC, provocando tração nessa barra.

Esses resultados poderiam ter sido previstos reconhecendo que AB e BC são barras simples, ou seja, elementos submetidos apenas a forças em dois pontos, sendo esses dois pontos A e B para a barra AB, e B e C para a barra BC. Sem dúvida, para uma barra simples, as linhas de ação das resultantes das forças agindo em cada um dos dois pontos são iguais e opostas e passam através de ambos os pontos. Utilizando essa propriedade, poderíamos ter obtido uma solução mais simples considerando o diagrama de corpo livre do pino B. As forças no pino B são as forças $\mathbf{F}_{AB}$ e $\mathbf{F}_{BC}$ exercidas, respectivamente, pelas

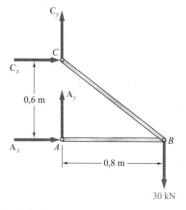

Fig. 1.2 Diagrama de corpo livre da barra apresentando a carga aplicada e as forças de reação.

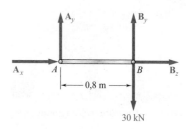

Fig. 1.3 Diagrama de corpo livre da barra AB separada da estrutura.

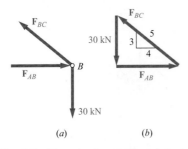

Fig. 1.4 Diagrama de corpo livre da junta de barra B e triângulo de forças correspondente.

barras AB e BC e a carga de 30 kN (Fig. 1.4a). Podemos expressar que o pino B está em equilíbrio e desenhar o triângulo de forças correspondente (Fig. 1.4b).

Como a força $\mathbf{F}_{BC}$ está dirigida ao longo da barra BC, sua inclinação é a mesma de BC, ou seja, $\frac{3}{4}$. Então temos a proporção

$$\frac{F_{AB}}{4} = \frac{F_{BC}}{5} = \frac{30 \text{ kN}}{3}$$

da qual obtemos

$$F_{AB} = 40 \text{ kN} \qquad F_{BC} = 50 \text{ kN}$$

As forças $\mathbf{F}'_{AB}$ e $\mathbf{F}'_{BC}$ exercidas pelo pino B, respectivamente, na barra AB e na haste BC são iguais e opostas a $\mathbf{F}_{AB}$ e $\mathbf{F}_{BC}$ (Fig. 1.5).

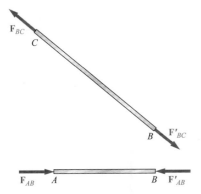

Fig. 1.5 Diagramas de corpo livre das barras simples AB e BC.

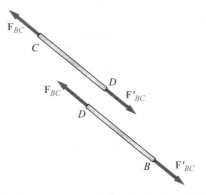

Fig. 1.6 Diagramas de corpo livre das seções da haste BC.

Conhecendo as forças nas extremidades de cada um dos elementos, podemos agora determinar suas forças internas. Cortando a barra BC em algum ponto arbitrário D, obtemos duas partes BD e CD (Fig. 1.6). Para restaurar o equilíbrio das partes BD e CD separadamente, quando em B aplica-se uma carga externa de 30 kN, é necessário que na seção em D exista uma força interna de 50 kN. Verificamos ainda, pelas direções das forças $\mathbf{F}_{BC}$ e $\mathbf{F}'_{BC}$ na Fig. 1.6, que a barra está sob tração. Um procedimento similar nos permitiria determinar que a força interna na barra AB é 40 kN e que a barra está sob compressão.

1.2 TENSÕES NOS ELEMENTOS DE UMA ESTRUTURA

1.2.1 Tensão axial

Foto 1.2 A estrutura desta ponte consiste em barras simples que podem estar tracionadas ou comprimidas. ©Natalia Bratslavsky/Shutterstock

Embora os resultados obtidos na seção anterior representem uma primeira e necessária etapa na análise da estrutura apresentada, eles não nos dizem se aquela carga pode ser suportada com segurança. A haste BC do exemplo considerado na seção anterior é um elemento de dupla força e, portanto, as forças $\mathbf{F}_{BC}$ e $\mathbf{F}'_{BC}$ que agem nas suas extremidades B e C (Fig. 1.5) são orientadas segundo o eixo dessa haste. Se a haste BC vai ou não se romper sob o efeito desta carga depende do valor da força interna F_{BC}, da área da seção transversal da haste e do material de que a haste é feita. Sem dúvida, a força interna F_{BC} representa a resultante das forças elementares distribuídas sobre toda a área A da seção transversal (Fig. 1.7), e a intensidade média dessas forças distribuídas é igual à força por unidade de área, F_{BC}/A, na seção. Se a barra vai ou não se quebrar sob o efeito dessa carga, depende da capacidade do material em resistir ao valor correspondente F_{BC}/A da intensidade das forças internas distribuídas.

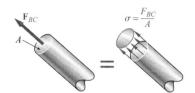

Fig. 1.7 A força axial representa a resultante das forças elementares distribuídas.

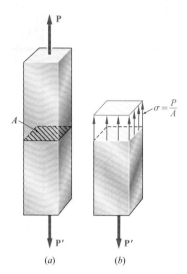

Fig. 1.8 (*a*) Barra submetida a uma carga axial. (*b*) Distribuição uniforme ideal da tensão em uma seção arbitrária.

Vamos examinar a força uniformemente distribuída por meio da Fig. 1.8. A força por unidade de área, ou intensidade das forças distribuídas sobre uma determinada seção, é chamada de *tensão* naquela seção e é representada pela letra grega σ (sigma). A tensão na seção transversal de área A de uma barra submetida a uma carga axial **P** é obtida dividindo-se o valor da carga P pela área A:

$$\sigma = \frac{P}{A} \qquad (1.5)$$

Será utilizado um sinal positivo para indicar uma tensão de tração (barra tracionada) e um sinal negativo para indicar tensão de compressão (barra comprimida).

Conforme mostrado na Fig. 1.8, o corte que traçamos através da barra para determinar sua força interna e a tensão correspondente era perpendicular ao eixo da barra; tensão correspondente é descrita como *tensão normal*. Assim, a Equação (1.5) nos dá a *tensão normal em um elemento sob carga axial*:

Devemos notar também que, na Equação (1.5), σ representa o *valor médio* da tensão sobre a seção transversal e não a tensão em um ponto específico da seção transversal. Para definirmos a tensão em um determinado ponto Q da seção transversal, devemos considerar uma pequena área ΔA (Fig. 1.9). Dividindo a intensidade de $\Delta\mathbf{F}$ por ΔA, obtemos o valor médio da tensão sobre ΔA. Fazendo ΔA aproximar-se de zero, obtemos a tensão no ponto Q:

Fig. 1.9 Pequena área ΔA, em um ponto arbitrário de uma seção transversal, comporta ΔF na sua barra axial.

$$\sigma = \lim_{\Delta A \to 0} \frac{\Delta F}{\Delta A} \qquad (1.6)$$

Em geral, o valor obtido para a tensão σ em um determinado ponto Q da seção é diferente do valor da tensão média determinada pela Fórmula (1.5), e encontra-se que σ varia através da seção. Em uma barra esbelta submetida a cargas concentradas **P** e **P**′ iguais e de sentidos opostos (Fig. 1.10*a*), essa variação é pequena em uma seção distante dos pontos de aplicação das cargas concentradas (Fig. 1.10*c*), mas é bastante significativa nas vizinhanças desses pontos (Fig. 1.10*b* e *d*).

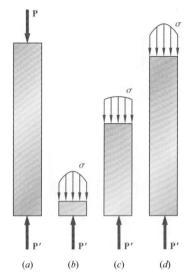

Fig. 1.10 Distribuição da tensão ao longo de diferentes seções de um elemento carregado axialmente.

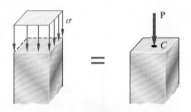

Fig. 1.11 A distribuição uniforme ideal da tensão em uma seção arbitrária implica que a força resultante passe através do centro da seção transversal.

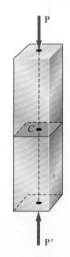

Fig. 1.12 Carga centrada com forças resultantes passando através do centroide da seção.

Pela Equação (1.6), vê-se que a intensidade da resultante das forças internas distribuídas é

$$\int dF = \int_A \sigma\, dA$$

No entanto, as condições de equilíbrio de cada uma das partes da barra mostrada na Fig. 1.10 exigem que essa intensidade seja igual à intensidade P das cargas concentradas. Temos, portanto,

$$P = \int dF = \int_A \sigma\, dA \qquad (1.7)$$

o que significa que a resultante sob cada uma das superfícies de tensão na Fig. 1.10 deve ser igual à intensidade P das cargas. Essa, no entanto, é a única informação que a estática nos fornece, relativamente à distribuição das tensões normais nas várias seções da barra. A distribuição real das tensões em uma determinada seção é *estaticamente indeterminada*. Para saber mais sobre essa distribuição, é necessário considerar as deformações resultantes do modo particular de aplicação das cargas nas extremidades da barra. Isso será discutido no Capítulo 2.

Na prática, consideraremos que a distribuição das tensões normais em uma barra sob carga axial é uniforme, exceto nas vizinhanças imediatas dos pontos de aplicação das cargas. O valor σ da tensão é então igual a $\sigma_{méd}$ e pode ser obtido pela Fórmula (1.5). No entanto, devemos perceber que, quando assumimos uma distribuição uniforme das tensões na seção, ou seja, quando assumimos que as forças internas estão distribuídas uniformemente através da seção, segue-se da estática elementar* que a resultante **P** das forças internas deve ser aplicada no centroide C da seção (Fig. 1.11). Isso significa que *uma distribuição uniforme da tensão é possível somente se a linha de ação das cargas concentradas* **P** *e* **P**′ *passar através do centroide da seção considerada* (Fig. 1.12). Esse tipo de carregamento é chamado de *carga centrada,* e consideraremos que ele ocorre em todos os elementos de barra retos, encontrados em treliças e estruturas, conectados por pinos, como aquela da Fig. 1.1. No entanto, se um elemento de barra estiver carregado axialmente por uma carga excêntrica, como mostra a Fig. 1.13a, percebemos, pelas condições de equilíbrio da parte da barra mostrada na Fig. 1.13b, que as forças internas em uma determinada seção devem ser equivalentes a uma força **P** aplicada no centroide da seção e um conjugado **M**, cuja intensidade é dada pelo momento $M = Pd$. A distribuição das forças, bem como a distribuição correspondente das tensões, *não pode ser uniforme,* assim como a distribuição de tensões não pode ser simétrica. Esse caso será discutido detalhadamente no Capítulo 4.

---

* Ferdinand P. Beer e E. Russell Johnston, Jr., *Mechanics for Engineers,* 5th ed., McGraw-Hill, New York, 2008, ou *Vector Mechanics for Engineers,* 12th ed., McGraw-Hill, New York, 2019, Sec. 5.1.

Como nessa discussão são utilizadas as unidades métricas do Sistema Internacional (SI), com P expressa em newtons (N) e A, em metros quadrados (m²), a tensão σ será expressa em N/m². Essa unidade é chamada de *pascal* (Pa). No entanto, considerando-se que o pascal é um valor extremamente pequeno, na prática, deverão ser utilizados múltiplos dessa unidade, ou seja, o quilopascal (kPa), o megapascal (MPa) e o gigapascal (GPa). Temos

$$1 \text{ kPa} = 10^3 \text{ Pa} = 10^3 \text{ N/m}^2$$

$$1 \text{ MPa} = 10^6 \text{ Pa} = 10^6 \text{ N/m}^2$$

$$1 \text{ GPa} = 10^9 \text{ Pa} = 10^9 \text{ N/m}^2$$

Quando são utilizadas as unidades norte-americanas, a força P geralmente é expressa em libras (lb) ou quilolibras (kip), e a área da seção transversal A, em polegadas quadradas (in²). A tensão σ será então expressa em libras por polegada quadrada (psi) ou quilolibras por polegada quadrada (ksi).*

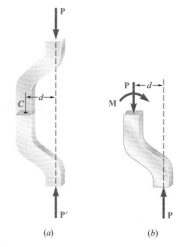

Fig. 1.13 Exemplo de carga excêntrica simples.

Aplicação do conceito 1.1

Considerando novamente a estrutura da Fig. 1.1, vamos supor que a barra BC seja feita de aço com uma tensão máxima admissível $\sigma_{adm} = 165$ MPa. A barra BC pode suportar com segurança a carga à qual ela está submetida? O valor da força F_{BC} na barra já foi calculado como 50 kN. Lembrando que o diâmetro da barra é 20 mm, utilizamos a Equação (1.5) para determinar a tensão criada na barra pela carga. Temos

$$P = F_{BC} = +50 \text{ kN} = +50 \times 10^3 \text{ N}$$

$$A = \pi r^2 = \pi \left(\frac{20 \text{ mm}}{2}\right)^2 = \pi (10 \times 10^{-3} \text{ m})^2 = 314 \times 10^{-6} \text{ m}^2$$

$$\sigma = \frac{P}{A} = \frac{+50 \times 10^3 \text{ N}}{314 \times 10^{-6} \text{ m}^2} = +159 \times 10^6 \text{ Pa} = +159 \text{ MPa}$$

Como o valor obtido para σ é menor que o valor da tensão admissível do aço utilizado σ_{adm}, concluímos que a barra BC pode suportar com segurança a carga à qual ela está submetida.

Para estar completa, nossa análise daquela estrutura também deverá incluir a determinação da tensão de compressão na barra AB, bem como uma investigação das tensões produzidas nos pinos e seus mancais. Isso será discutido mais adiante neste capítulo. Deveremos determinar também se as deformações produzidas pela carga são aceitáveis. O estudo das deformações sob cargas axiais será discutido no Capítulo 2. Uma consideração adicional necessária para elementos comprimidos envolve sua *estabilidade*, ou seja, sua capacidade para suportar uma dada carga sem apresentar mudança brusca de configuração. Isso será discutido no Capítulo 10.

---

* As principais unidades usadas em Mecânica, nos sistemas SI e de unidades norte-americanas, estão apresentadas no Apêndice A deste livro. A tabela da direita aponta que 1 psi equivale a aproximadamente 7 kPa e que 1 ksi é igual a cerca de 7 MPa.

O papel do engenheiro não se limita à análise das estruturas e das máquinas existentes sujeitas a uma determinada condição de carga. Mais importante ainda para o engenheiro é o *projeto* de novas estruturas e máquinas, o que implica a seleção dos componentes aptos a executar cada função específica.

Aplicação do conceito 1.2

Como exemplo de projeto, vamos voltar à estrutura da Fig. 1.1 e supor que será utilizado o alumínio, que tem uma tensão admissível $\sigma_{adm} = 100$ MPa. Como a força na barra BC ainda será $P = F_{BC} = 50$ kN sob a carga dada, devemos ter então, da Equação (1.5),

$$\sigma_{adm} = \frac{P}{A} \qquad A = \frac{P}{\sigma_{adm}} = \frac{50 \times 10^3 \text{ N}}{100 \times 10^6 \text{ Pa}} = 500 \times 10^{-6} \text{ m}^2$$

e, como $A = \pi r^2$,

$$r = \sqrt{\frac{A}{\pi}} = \sqrt{\frac{500 \times 10^{-6} \text{ m}^2}{\pi}} = 12{,}62 \times 10^{-3} \text{ m} = 12{,}62 \text{ mm}$$

$$d = 2r = 25{,}2 \text{ mm}$$

Concluímos que uma barra de alumínio com 26 mm ou mais de diâmetro será adequada.

1.2.2 Tensão de cisalhamento

As forças internas e as tensões correspondentes discutidas na Seção 1.2.1 eram normais à seção considerada. Um tipo muito diferente de tensão é obtido quando forças transversais **P** e **P′** são aplicadas à barra AB (Fig. 1.14). Ao passar um corte na seção transversal C entre os pontos de aplicação das duas forças (Fig. 1.15a), obtemos o diagrama da parte AC mostrada na Fig. 1.15b. Concluímos que devem existir forças internas no plano da seção e que a resultante dessas forças é igual a **P**. Essas forças internas elementares são chamadas de *forças de cisalhamento*, e a intensidade P de sua resultante é a *força cortante* na seção. Ao dividir a força cortante P pela área A da seção transversal, obtemos a *tensão média de cisalhamento*, na seção. Indicando a tensão de cisalhamento pela letra grega τ (tau), temos

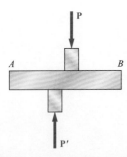

Fig. 1.14 Forças transversais opostas gerando cisalhamento no elemento AB.

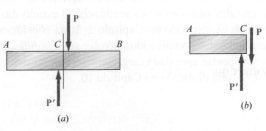

Fig. 1.15 Demonstração da força de cisalhamento interna resultante em uma seção entre forças transversais.

$$\tau_{méd} = \frac{P}{A} \tag{1.8}$$

Deve-se enfatizar que o valor obtido é um valor médio da tensão de cisalhamento sobre a seção toda. Ao contrário do que dissemos antes para as tensões normais, a distribuição da tensão de cisalhamento por meio da seção *não pode* ser considerada uniforme. Conforme veremos no Capítulo 6, o valor real τ da tensão de cisalhamento varia de zero na superfície da barra até um valor máximo $\tau_{máx}$, que pode ser muito maior que o valor médio $\tau_{méd}$.

Foto 1.3 Vista em corte de uma conexão com um parafuso em cisalhamento. Cortesia de John DeWolf

As tensões de cisalhamento são comumente encontradas em parafusos, pinos e rebites utilizados para conectar vários elementos estruturais e elementos de máquinas (Foto 1.3). Considere as duas placas A e B, conectadas por um parafuso CD (Fig. 1.16). Se as placas estiverem submetidas a forças de tração de intensidade F, serão desenvolvidas tensões na seção EE' do parafuso. Desenhando os diagramas do parafuso e da parte localizada acima do plano EE' (Fig. 1.17), concluímos que a força cortante P na seção é igual a F. A tensão de cisalhamento média na seção é obtida de acordo com a Fórmula (1.8), dividindo-se a força cortante $P = F$ pela área A da seção transversal:

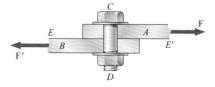

Fig. 1.16 Parafuso submetido a cisalhamento simples.

$$\tau_{méd} = \frac{P}{A} = \frac{F}{A} \tag{1.9}$$

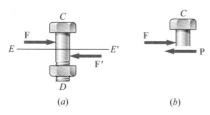

Fig. 1.17 (*a*) Diagrama do parafuso em cisalhamento simples. (*b*) Seção EE' do parafuso.

Podemos dizer que o parafuso que acabamos de considerar encontra-se em c*isalhamento simples*. No entanto, podem ocorrer diferentes situações de carga. Por exemplo, se forem utilizadas chapas de ligação C e D para conectar as placas A e B (Fig. 1.18), o cisalhamento ocorrerá no parafuso HJ em cada um dos dois planos KK' e LL' (e similarmente no parafuso EG). Dizemos que os parafusos estão na condição de *cisalhamento duplo*. Para determinar

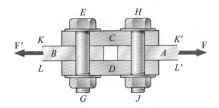

Fig. 1.18 Parafusos submetidos a cisalhamento duplo.

a tensão de cisalhamento média em cada plano, desenhamos os diagramas de corpo livre do parafuso *HJ* e da parte do parafuso localizada entre os dois planos (Fig. 1.19). Observando que a força cortante *P* em cada uma das seções é $P = F/2$, concluímos que a tensão média de cisalhamento é

$$\tau_{méd} = \frac{P}{A} = \frac{F/2}{A} = \frac{F}{2A} \qquad (1.10)$$

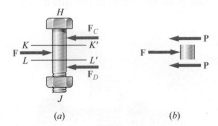

Fig. 1.19 (*a*) Diagrama do parafuso em cisalhamento duplo. (*b*) Seções *KK'* e *LL'* do parafuso.

1.2.3 Tensão de esmagamento em conexões

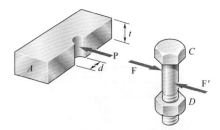

Fig. 1.20 Forças iguais e opostas entre a placa e o parafuso, exercidas sobre as superfícies de esmagamento.

Parafusos, pinos e rebites criam tensões ao longo da *superfície de esmagamento*, ou de contato, nos elementos que eles conectam. Por exemplo, considere novamente as duas placas *A* e *B* conectadas por um parafuso *CD*, conforme discutimos na seção anterior (Fig. 1.16). O parafuso exerce na placa *A* uma força **P** igual e oposta à força **F** exercida pela placa no parafuso (Fig. 1.20). A força **P** representa a resultante das forças elementares distribuídas na superfície interna de um meio-cilindro de diâmetro *d* e de comprimento *t* igual à espessura da placa. Como a distribuição dessas forças e as tensões correspondentes são muito complicadas, utiliza-se na prática um valor nominal médio σ_e para a tensão, chamado de *tensão de esmagamento*, obtido dividindo-se a carga *P* pela área do retângulo que representa a projeção do parafuso sobre a seção da placa (Fig. 1.21). Como essa área é igual a *td*, onde *t* é a espessura da placa e *d* o diâmetro do parafuso, temos

$$\sigma_e = \frac{P}{A} = \frac{P}{td} \qquad (1.11)$$

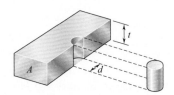

Fig. 1.21 Valores para calcular a área de tensão de esmagamento.

1.2.4 Aplicação na análise e no projeto de estruturas simples

Estamos agora em condições de determinar as tensões nos elementos e nas conexões de várias estruturas simples bidimensionais e, portanto, em condições de projetar essas estruturas. Isso pode ser ilustrado por meio da Aplicação do conceito a seguir.

Aplicação do conceito 1.3

Como exemplo, vamos voltar à estrutura da Fig. 1.1 para determinar as tensões normais, as tensões de cisalhamento e as tensões de esmagamento. Como mostra a Fig. 1.22, a barra BC com diâmetro de 20 mm tem extremidades achatadas com seção transversal retangular de 20 × 40 mm, ao passo que a barra AB tem uma seção transversal retangular de 30 × 50 mm e está presa com uma articulação na extremidade B. Ambos os elementos são conectados em B por um pino a partir do qual é suspensa a carga de 30 kN, por meio de um suporte em forma de U. A barra AB é suportada em A por um pino preso em um suporte duplo, enquanto a barra BC está conectada em C a um suporte simples. Todos os pinos têm 25 mm de diâmetro.

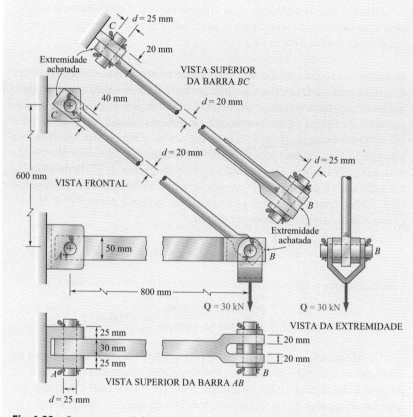

Fig. 1.22 Componentes da barra utilizados para suportar a carga de 30 kN.

Determinação da tensão normal na barra *AB* e na haste *BC*. Conforme determinamos anteriormente, a força na barra BC é $F_{BC} = 50$ kN (tração) e a área de sua seção transversal circular é $A = 314 \times 10^{-6}$ m²; a tensão normal média correspondente é $\sigma_{BC} = +159$ MPa. No entanto, as partes achatadas da barra também estão sob tração, e na seção mais estreita, na qual está localizado um furo, temos

$$A = (20 \text{ mm})(40 \text{ mm} - 25 \text{ mm}) = 300 \times 10^{-6} \text{ m}^2$$

O valor médio correspondente da tensão é, portanto,

$$(\sigma_{BC})_{\text{ext}} = \frac{P}{A} = \frac{50 \times 10^3 \text{ N}}{300 \times 10^{-6} \text{ m}^2} = 167 \text{ MPa}$$

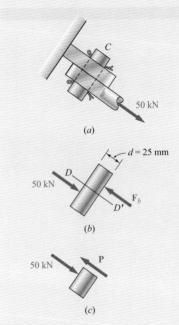

Fig. 1.23 Diagramas do cisalhamento simples no pino C.

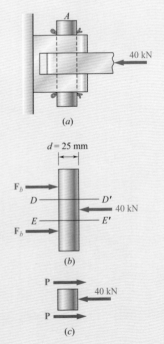

Fig. 1.24 Diagrama de corpo livre do pino de cisalhamento duplo em A.

Note que esse é um *valor médio*: próximo ao furo, a tensão realmente terá um valor muito maior, como veremos na Seção 2.11. Está claro que, sob uma carga crescente, a barra falhará próximo de um dos furos, e não na sua parte cilíndrica; seu projeto, portanto, poderia ser melhorado aumentando-se a largura ou a espessura das extremidades achatadas da barra.

Voltando nossa atenção agora para a barra AB, recordaremos da Seção 1.2 que a força na barra é $F_{AB} = 40$ kN (compressão). Como a área da seção transversal retangular da barra é $A = 30$ mm $\times 50$ mm $= 1,5 \times 10^{-3}$ m^2, o valor médio da tensão normal na parte principal da barra entre os pinos A e B é

$$\sigma_{AB} = -\frac{40 \times 10^3 \text{ N}}{1,5 \times 10^{-3} \text{ m}^2} = -26,7 \times 10^6 \text{ Pa} = -26,7 \text{ MPa}$$

Observe que as seções de área mínima em A e B não estão sob tensão, pois a barra está em compressão e, portanto, *empurra* os pinos (em vez de *puxá-los* como faz a barra BC).

Determinação da tensão de cisalhamento em várias conexões. Para determinarmos a tensão de cisalhamento em uma conexão, por exemplo, um parafuso, pino ou rebite, primeiramente mostramos claramente as forças aplicadas pelas várias barras que ela conecta. Assim, no caso do pino C em nosso exemplo (Fig. 1.23a), desenhamos a Fig. 1.23b, mostrando a força de 50 kN, aplicada pela barra BC sobre o pino, e a força igual e oposta aplicada pelo suporte. Desenhando agora o diagrama da parte do pino localizada abaixo do plano DD' em que ocorrem as tensões de cisalhamento (Fig. 1.23c), concluímos que a força cortante naquele plano é $P = 50$ kN. Como a área da seção transversal do pino é

$$A = \pi r^2 = \pi \left(\frac{25 \text{ mm}}{2}\right)^2 = \pi(12,5 \times 10^{-3} \text{ m})^2 = 491 \times 10^{-6} \text{ m}^2$$

concluímos que o valor médio da tensão de cisalhamento no pino C é

$$\tau_{méd} = \frac{P}{A} = \frac{50 \times 10^3 \text{ N}}{491 \times 10^{-6} \text{ m}^2} = 102,0 \text{ MPa}$$

Considerando agora o pino em A (Fig. 1.24a), notamos que ele está na condição de cisalhamento duplo. Desenhando os diagramas de corpo livre do pino e da parte do pino localizada entre os planos DD' e EE' em que ocorrem as tensões de cisalhamento, concluímos que $P = 20$ kN e que

$$\tau_{méd} = \frac{P}{A} = \frac{20 \text{ kN}}{491 \times 10^{-6} \text{ m}^2} = 40,7 \text{ MPa}$$

Considerando o pino em B (Fig. 1.25a), verificamos que ele pode ser dividido em cinco partes que estão sob a ação de forças aplicadas pelas barras e suporte. Considerando sucessivamente as partes DE (Fig. 1.25b) e DG (Fig. 1.25c), concluímos que a força cortante na seção E é $P_E = 15$ kN, enquanto a força cortante na seção G é $P_G = 25$ kN. Como a carga do pino é simétrica, concluímos que o valor máximo da força cortante no pino B é $P_G = 25$ kN e que a maior tensão de cisalhamento ocorre nas seções G e H, em que

$$\tau_{méd} = \frac{P_G}{A} = \frac{25 \text{ kN}}{491 \times 10^{-6} \text{ m}^2} = 50,9 \text{ MPa}$$

Determinação das tensões de esmagamento. Para determinarmos a tensão de esmagamento nominal em A na barra AB, utilizamos a Fórmula (1.11). Da Fig. 1.22, temos $t = 30$ mm e $d = 25$ mm. Lembrando que $P = F_{AB} = 40$ kN, temos

$$\sigma_e = \frac{P}{td} = \frac{40\text{ kN}}{(30\text{ mm})(25\text{ mm})} = 53,3\text{ MPa}$$

Para obtermos a tensão de esmagamento no suporte em A, utilizamos $t = 2(25\text{ mm}) = 50$ mm e $d = 25$ mm:

$$\sigma_e = \frac{P}{td} = \frac{40\text{ kN}}{(50\text{ mm})(25\text{ mm})} = 32,0\text{ MPa}$$

As tensões de esmagamento em B na barra AB, em B e C na barra BC e no suporte em C são encontradas de forma semelhante.

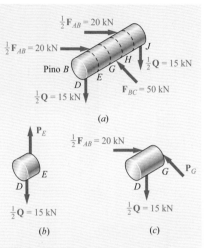

Fig. 1.25 Diagramas de corpo livre para diversas seções no pino B.

1.2.5 Método de solução do problema

Você deve abordar um problema em resistência dos materiais da mesma maneira como abordaria uma situação real de engenharia. Utilizando sua experiência e intuição, sobre o comportamento físico você terá mais facilidade para entender e formular o problema. A solução deverá ser com base nos princípios fundamentais da estática e nos princípios que você aprenderá neste curso. Cada passo a executar deverá ser justificado com base no que acabamos de dizer, não restando lugar para "intuição". Depois de obtida a resposta, ela deverá ser verificada. Aqui, novamente, você pode utilizar o seu bom senso e a experiência pessoal. Se não estiver completamente satisfeito com o resultado obtido, verifique cuidadosamente a formulação do problema, a validade dos métodos utilizados em sua solução e a precisão dos seus cálculos.

Em geral você normalmente pode resolver os problemas de várias formas diferentes; não há uma abordagem que funcione melhor para todos. Contudo, verificamos que frequentemente os estudantes consideram útil contar com um conjunto de orientações gerais destinadas a situar os problemas e encaminhar as soluções. Na seção Problema Resolvido, ao longo deste livro, usamos uma abordagem em quatro passos, a qual nos referimos como metodologia SMART: Estratégia, Modelagem, Análise e Refletir E Pensar (Strategy, Modeling, Analysis, and Reflect & Think):

1. **Estratégia.** O enunciado do problema deverá ser claro e preciso, contendo os dados fornecidos e indicando as informações necessárias. O primeiro passo para a solução do problema é decidir sobre quais são, entre os conceitos aprendidos, os que se aplicam à situação dada e estabelecer a conexão desses dados com as informações pedidas. Muitas vezes é útil fazer o caminho inverso, partindo da informação que você está tentando obter: pergunte-se quais as quantidades que precisa conhecer para obter a resposta, e, se alguma dessas quantidades for desconhecida, como você pode obtê-la a partir dos dados fornecidos.

2. **Modelagem.** A solução da maioria dos problemas irá exigir que, primeiramente, você determine *as reações de apoio* e as *forças e momentos internos*. É importante incluir um ou vários *diagramas de*

corpo livre para dar base a essas determinações. Desenhe croquis adicionais à medida que for necessário, guiando o restante de sua solução, como a análise da tensão.

3. **Análise.** Depois de desenhar os diagramas necessários, use os princípios fundamentais de mecânica para escrever equações de equilíbrio. Elas podem ser resolvidas para encontrar forças desconhecidas e podem ser utilizadas para calcular as tensões necessárias e deformações.

4. **Refletir E Pensar.** Após obter a resposta, ela deverá ser *cuidadosamente verificada*. Ela faz sentido no contexto do problema? Erros de *raciocínio* frequentemente podem ser detectados ao rastrear as unidades envolvidas nos cálculos feitos e verificando se as unidades obtidas para a resposta são compatíveis. Por exemplo, no projeto da barra discutido na Aplicação do conceito 1.2, encontramos, após especificar as unidades nos nossos cálculos, que o diâmetro necessário para a barra estava expresso em milímetros, que é a unidade correta para uma medida de comprimento; se tivéssemos encontrado outra unidade, saberíamos que algum engano foi cometido.

Erros de *cálculo* geralmente podem ser detectados substituindo-se nas equações os valores numéricos obtidos que ainda não foram utilizados, e verificando se a equação é satisfatória. Nunca é demais destacar a importância do cálculo correto na engenharia.

Precisão numérica A precisão da solução de um problema depende de dois itens: (1) a precisão dos dados fornecidos e (2) a precisão dos cálculos executados.

A solução não pode ser mais precisa do que o menos preciso desses dois itens. Por exemplo, se a carga de uma viga for 75 000 lb com um possível erro de 100 lb para mais ou para menos, o erro relativo que mede o grau de precisão dos dados é

$$\frac{100 \text{ lb}}{75\,000 \text{ lb}} = 0{,}0013 = 0{,}13\%$$

Ao calcular a reação em um dos apoios da viga, não teria significado expressá-la como 14 322 lb. A precisão da solução não pode ser maior do que 0,13%, não importa quão precisos sejam os cálculos, e o erro possível na resposta pode ser de até $(0{,}13/100)(14\,322 \text{ lb}) \approx 20$ lb. A resposta adequada deverá ser dada como $14\,320 \pm 20$ lb.

Em problemas de engenharia, raramente os dados são conhecidos com uma precisão maior do que 0,2%. Portanto, não se justifica dar as respostas desses problemas com uma precisão maior que 0,2%. Uma regra prática é utilizar quatro algarismos para representar números começados com um "1" e três algarismos em todos os outros casos. A menos que seja indicado o contrário, os dados fornecidos em um problema deverão ser considerados conhecidos com um grau comparável de precisão. Por exemplo, uma força de 40 lb deverá ser lida como 40,0 lb, e uma força de 15 lb deverá ser lida como 15,00 lb.

As calculadoras de bolso e os computadores são amplamente utilizados pelos engenheiros e estudantes de engenharia. No entanto, os estudantes não devem utilizar mais algarismos significativos do que os necessários meramente porque são facilmente obtidos. Conforme mencionamos, uma precisão maior que 0,2% raramente é necessária ou significativa na solução prática dos problemas de engenharia.

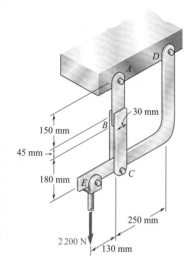

PROBLEMA RESOLVIDO 1.1

No suporte mostrado na figura, a parte superior do elemento ABC tem 9,5 mm de espessura, e as partes inferiores têm 6,4 mm de espessura cada uma. É utilizada resina epóxi para unir as partes superior e inferior em B. O pino em A tem 9,5 mm de diâmetro, e o pino usado em C tem 6,4 mm de diâmetro. Determine (*a*) a tensão de cisalhamento no pino A, (*b*) a tensão de cisalhamento no pino C, (*c*) a maior tensão normal no elemento ABC, (*d*) a tensão de cisalhamento média nas superfícies coladas em B e (*e*) a tensão de esmagamento no elemento em C.

ESTRATÉGIA: Considere o diagrama de corpo livre do suporte para determinar o esforço interno no elemento AB e continue determinando as forças de cisalhamento e de contato atuantes nos pinos. Essas forças podem então ser usadas para calcular as tensões.

MODELAGEM: Desenhe o diagrama de corpo livre para o suporte e determine as reações de apoio (Fig. 1). Desenhe então os diagramas dos vários componentes de interesse mostrando as forças necessárias à determinação das tensões desejadas (Figuras 2–6).

ANÁLISE:

Corpo livre: todo o suporte. Como o elemento ABC é uma barra simples, a reação em A é vertical; a reação em D é representada por suas componentes D_x e D_y. Assim, temos

$$+\curvearrowleft \Sigma M_D = 0: \quad (2\,200\text{ N})(380\text{ mm}) - F_{AC}(250\text{ mm}) = 0$$

$$F_{AC} = +3\,344\text{ N} \qquad F_{AC} = 3\,344\text{ N} \quad \text{tração}$$

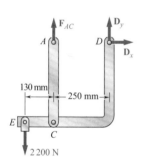

Fig. 1 Diagrama de corpo livre do suporte.

a. **Tensão de cisalhamento no pino A.** Como este pino tem 9,5 mm de diâmetro e está sob cisalhamento simples (Fig. 2), temos

$$\tau_A = \frac{F_{AC}}{A} = \frac{3\,344}{\frac{1}{4}\pi(9,5\text{ mm})^2} \qquad \tau_A = 47,2\text{ MPa} \blacktriangleleft$$

Fig. 2 Pino A.

b. **Tensão de cisalhamento no pino C.** Como este é um pino de 6,4 mm de diâmetro e está sob cisalhamento duplo (Fig. 3), temos

$$\tau_C = \frac{\frac{1}{2}F_{AC}}{A} = \frac{1\,672\text{ N}}{\frac{1}{4}\pi(6,4\text{ mm})^2} \qquad \tau_C = 52,0\text{ MPa} \blacktriangleleft$$

Fig. 3 Pino C.

c. **Maior tensão normal no membro ABC.** A maior tensão é encontrada onde a área é menor; isso ocorre na seção transversal A (Fig. 4) em que está localizado o furo de 9,5 mm. Temos

$$\sigma_A = \frac{F_{AC}}{A_{\text{útil}}} = \frac{3\,344\text{ N}}{(9,5\text{ mm})(30\text{ mm} - 9,5\text{ mm})} = \frac{3\,344\text{ N}}{194,75\text{ mm}^2}$$

$$\sigma_A = 17{,}2\text{ MPa} \blacktriangleleft$$

d. **Tensão de cisalhamento média em B.** Notamos que existe ligação em ambos os lados da parte superior do membro (Fig. 5) e que a força de cisalhamento em cada lado é $F_1 = (3\,344\text{ N})/2 = 1672\text{ N}$. A tensão de cisalhamento média em cada superfície é então

$$\tau_B = \frac{F_1}{A} = \frac{1\,672\text{ N}}{(30\text{ mm})(45\text{ mm})} \qquad \tau_B = 1{,}24\text{ MPa} \blacktriangleleft$$

e. **Tensão de esmagamento em C.** Para cada parte do vínculo (Fig. 6), $F_1 = 1672\text{ N}$ e a área de contato nominal é $(6{,}4\text{ mm})(6{,}4\text{ mm}) = 40{,}96\text{ mm}^2$,

$$\sigma_e = \frac{F_1}{A} = \frac{1\,672\text{ N}}{40{,}96\text{ mm}^2} \qquad \sigma_e = 40{,}8\text{ MPa} \blacktriangleleft$$

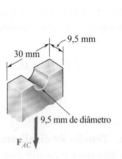

Fig. 4 Seção do membro ABC em A.

Fig. 5 Elemento AB.

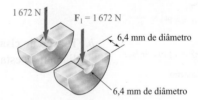

Fig. 6 Seção do membro ABC e C.

REFLETIR E PENSAR: Este exemplo de aplicação demonstra a necessidade de desenhar separadamente os diagramas de corpo livre de cada elemento, considerando cuidadosamente o comportamento de cada um deles. Como exemplo, baseado em uma inspeção visual do suporte, o elemento AC aparenta estar tracionado considerada a ação dada, e a análise confirma isso. Ao contrário, se obtido um resultado de compressão, será necessária uma completa reanálise do problema.

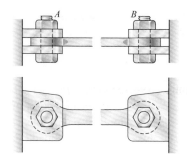

Fig. 1 Parafuso seccionado.

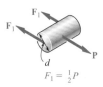

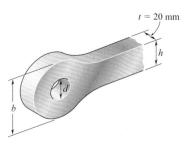

Fig. 2 Geometria da barra de ligação.

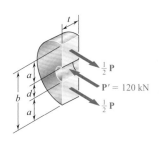

Fig. 3 Seção da extremidade da barra de ligação.

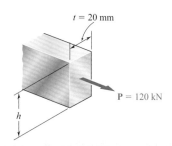

Fig. 4 Seção de meio-corpo da barra de ligação.

PROBLEMA RESOLVIDO 1.2

A barra de ligação de aço mostrada na figura deve suportar uma força de tração de intensidade $P = 120$ kN quando é rebitada entre suportes duplos em A e B. A barra será feita a partir de uma chapa de 20 mm de espessura. Para a classe do aço a ser utilizado, as tensões máximas admissíveis são: $\sigma = 175$ MPa, $\tau = 100$ MPa, $\sigma_e = 350$ MPa. Projete a barra determinando os valores necessários de (*a*) o diâmetro d do parafuso, (*b*) a dimensão b em cada extremidade da barra e (*c*) a dimensão h da barra.

ESTRATÉGIA: Use diagramas de corpo livre para determinar as forças necessárias à obtenção das tensões em função das forças de tração projetadas. Fazendo as tensões iguais às tensões admissíveis gera a determinação das dimensões especificadas.

MODELAGEM E ANÁLISE:

a. **Diâmetro do parafuso.** Como o parafuso está sob cisalhamento duplo, $F_1 = \frac{1}{2}P = 60$ kN.

$$\tau = \frac{F_1}{A} = \frac{60 \text{ kN}}{\frac{1}{4}\pi d^2} \qquad 100 \text{ MPa} = \frac{60 \text{ kN}}{\frac{1}{4}\pi d^2} \qquad d = 27,6 \text{ mm}$$

Utilizaremos $d = 28$ mm ◄

Neste ponto verificamos a tensão de esmagamento entre a chapa de 20 mm de espessura (Fig. 2) e o parafuso com 28 mm de diâmetro.

$$\sigma_e = \frac{P}{td} = \frac{120 \text{ kN}}{(0,020 \text{ m})(0,028 \text{ m})} = 214 \text{ MPa} < 350 \text{ MPa} \qquad \text{OK}$$

b. **Dimensão b em cada extremidade da barra.** Vamos considerar uma das partes extremas da barra apresentada na Fig. 3. Lembrando que a espessura da chapa de aço é $t = 20$ mm e que a tensão de tração média não deve exceder 175 MPa, temos

$$\sigma = \frac{\frac{1}{2}P}{ta} \qquad 175 \text{ MPa} = \frac{60 \text{ kN}}{(0,02 \text{ m})a} \qquad a = 17,14 \text{ mm}$$

$$b = d + 2a = 28 \text{ mm} + 2(17,14 \text{ mm}) \qquad b = 62,3 \text{ mm} \blacktriangleleft$$

c. **Dimensão h da barra.** Vamos considerar uma seção da porção central da barra (Fig. 4). Lembrando que a espessura da chapa de aço é $t = 20$ mm, temos

$$\sigma = \frac{P}{th} \qquad 175 \text{ MPa} = \frac{120 \text{ kN}}{(0,020 \text{ m})h} \qquad h = 34,3 \text{ mm}$$

Utilizaremos $h = 35$ mm ◄

REFLETIR E PENSAR: Dimensionamos d baseados no cisalhamento do parafuso, e então verificamos a força de contato no olhal. Excedida a tensão de contato admissível, teremos que recalcular d baseados em um critério para tensões de contato.

PROBLEMAS

1.1 Duas barras cilíndricas de seção transversal cheia AB e BC são soldadas uma à outra em B e submetidas a um carregamento conforme mostra a figura. Determine a intensidade da força **P** para a qual a tensão normal de tração na barra AB é duas vezes a intensidade da tensão de compressão da barra BC.

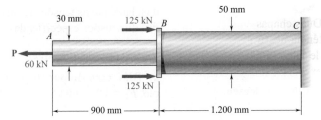

Fig. P1.1 e P1.2

1.2 No Problema 1.1, sabendo que $P = 177,9$ kN, determine a tensão normal média no ponto médio da (a) barra AB e (b) barra BC.

1.3 Duas barras cilíndricas de seção transversal cheia AB e BC são soldadas uma à outra em B e submetidas a um carregamento conforme mostra a figura. Sabendo que a tensão normal média não pode exceder 175 MPa na barra AB e 150 MPa na barra BC, determine os menores valores admissíveis de d_1 e d_2.

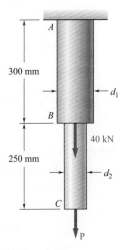

Fig. P1.3 e P1.4

1.4 Duas barras cilíndricas de seção transversal cheia AB e BC são soldadas uma à outra em B e submetidas a um carregamento conforme mostra a figura. Sabendo que $d_1 = 50$ mm e $d_2 = 30$ mm, calcule a tensão normal média no ponto médio da (a) barra AB e (b) barra BC.

1.5 Um medidor de deformação localizado em C na superfície do osso AB in- dica que a tensão normal média no osso é 3,80 MPa, quando o osso está submetido a duas forças de 1200 N como mostra a figura. Supondo que a seção transversal do osso em C seja anular e sabendo que seu diâmetro externo é 25 mm, determine o diâmetro interno da seção transversal do osso em C.

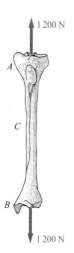

Fig. P1.5

1.6 Duas chapas de aço serão unidas por parafusos de aço de alta resistência de 16 mm de diâmetro bem ajustados dentro de espaçadores de latão cilíndricos. Sabendo que a tensão normal média não deve exceder 200 MPa nos parafusos e 130 MPa nos espaçadores, determine o diâmetro externo dos espaçadores permitirá o projeto mais econômico e seguro.

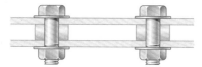

Fig. P1.6

1.7 Cada uma das quatro barras verticais tem uma seção transversal retangular uniforme de 8×36 mm, e cada um dos quatro pinos tem um diâmetro de 16 mm. Determine o valor máximo da tensão normal média nos vínculos que conectam (a) os pontos B e D e (b) os pontos C e E.

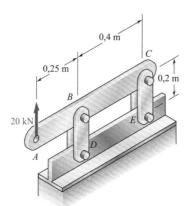

Fig. P1.7

1.8 A conexão AC tem seção transversal retangular uniforme com $\frac{1}{8}$ in. de espessura e 1 in. de altura. Determine a tensão normal na porção central da conexão.

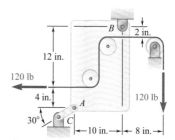

Fig. P1.8

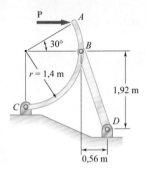

Fig. P1.9

1.9 Sabendo que a porção central da barra BD possui uma área da seção transversal uniforme de 800 mm², determine a intensidade da carga **P** para a qual a tensão normal stress naquela porção de BD é igual a 50 MPa.

1.10 A conexão BD consiste em uma barra simples de 1 in. de altura por ½ in. de espessura. Sabendo que cada pino tem $\frac{3}{8}$ in. de diâmetro, determine o valor máximo da tensão normal média na conexão BD se (a) $\theta = 0$, (b) $\theta = 90°$.

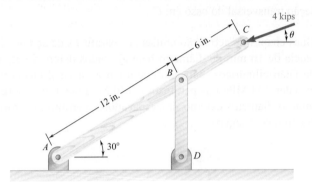

Fig. P1.10

1.11 A barra rígida EFG é apoiada pelo sistema de treliça mostrado. Sabendo que o elemento CG é uma haste circular sólida com 0,75 in. de diâmetro, determine a tensão normal em CG.

1.12 A barra rígida EFG é apoiada pelo sistema de treliça mostrado. Determine a área da seção transversal do elemento AE para a qual a tensão normal no elemento é de 15 ksi.

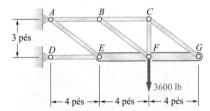

Fig. P1.11 e P1.12

1.13 Uma barra de reboque para aviões é posicionada utilizando um cilindro hidráulico conectado por uma haste de aço com diâmetro de 25 mm a dois dispositivos de braços e rodas DEF. A massa de toda barra de reboque é de 200 kg, e seu centro de gravidade está localizado em G. Para a posição mostrada, determine a tensão normal na haste.

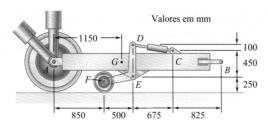

Fig. P1.13

1.14 Dois cilindros hidráulicos são utilizados para controlar a posição de um braço robótico ABC. Sabendo que as hastes de controle fixadas em A e D têm cada uma 20 mm de diâmetro e estão paralelas na posição mostrada, determine a tensão normal média no (a) elemento AE, (b) no elemento DG.

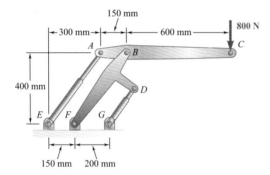

Fig. P1.14

1.15 Sabendo que uma força **P** de intensidade 50 kN é necessária para criar um furo de diâmetro $d = 20$ mm em uma chapa de alumínio com espessura $t = 5$ mm, determine a tensão de cisalhamento média no alumínio com falha.

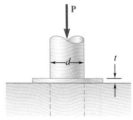

Fig. P1.15

1.16 Duas pranchas de madeira, cada uma com 12 mm de espessura e 225 mm de largura, são unidas pela junta de encaixe mostrada na figura. Sabendo que a madeira utilizada rompe por cisalhamento ao longo das fibras quando a tensão de cisalhamento média alcança 8 MPa, determine a intensidade P da carga axial que romperá a junta.

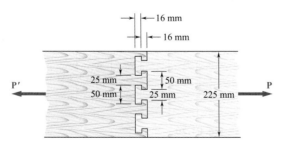

Fig. P1.16

1.17 Quando a força **P** alcançou 8 kN, o corpo de prova de madeira mostrado na figura falhou sob cisalhamento ao longo da superfície indicada pela linha tracejada. Determine a tensão de cisalhamento média ao longo daquela superfície no instante da falha.

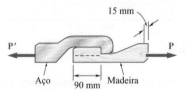

Fig. P1.17

1.18 Uma carga **P** é aplicada a uma barra de aço suportada por uma chapa de alumínio na qual foi feito um furo de 12 mm conforme mostra a figura. Sabendo que a tensão de cisalhamento não deve exceder 180 MPa na barra de aço e 70 MPa na chapa de alumínio, determine a máxima carga **P** que pode ser aplicada à barra.

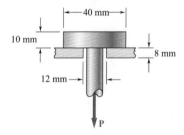

Fig. P1.18

Fig. P1.19

1.19 A força axial na coluna que suporta a viga de madeira mostrada na figura é $P = 75$ kN. Determine o menor comprimento L admissível para a chapa de contato para que a tensão de contato na madeira não exceda 3,0 MPa.

1.20 Três pranchas de madeira são justapostas por uma série de parafusos formando uma coluna. O diâmetro de cada parafuso é igual a 12 mm, e o diâmetro interno de cada arruela é de 16 mm, o qual é ligeiramente maior que o diâmetro dos furos nas pranchas. Determine o menor diâmetro externo admissível d das arruelas, sabendo que a tensão normal média nos parafusos é de 36 MPa e que a tensão de contato entre as arruelas e as pranchas não deve exceder 8,5 MPa.

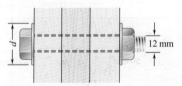

Fig. P1.20

1.21 Uma carga axial de 40 kN é aplicada a uma coluna curta de madeira suportada por uma base de concreto em solo estável. Determine (*a*) a tensão de contato máxima na base de concreto e (*b*) o tamanho da base para que a tensão de contato média no solo seja de 145 kPa.

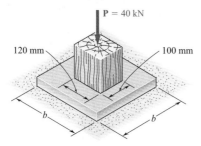

Fig. P1.21

1.22 A carga axial $P = 240$ kips, apoiada por uma coluna W10 × 45, é distribuída a uma fundação de concreto pela placa de base quadrada, como mostrado. Determine o tamanho da placa de base para a qual a tensão de esmagamento média sobre o concreto é de 750 psi.

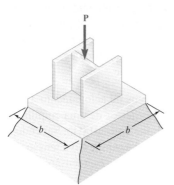

Fig. P1.22

1.23 A conexão *AB*, de largura $b = 2$ in. e espessura $t = ¼$ in., é utilizada para apoiar a extremidade de uma viga horizontal. Sabendo que a tensão normal média na conexão é de −20 ksi e que a tensão de cisalhamento média em cada um dos dois pinos é de 12 ksi, determine (*a*) o diâmetro *d* dos pinos, (*b*) a tensão média de contato na conexão.

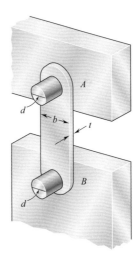

Fig. P1.23

1.24 Um pino de 6 mm de diâmetro é usado na conexão *C* do pedal mostrado. Sabendo que $P = 500$ N, determine (*a*) a tensão de cisalhamento média no pino, (*b*) a tensão de esmagamento nominal no pedal em *C*, (*c*) a tensão de esmagamento nominal em cada suporte em *C*.

1.25 Sabendo que uma força **P** de intensidade 750 N é aplicada ao pedal mostrado, determine (*a*) o diâmetro do pino em *C* para o qual a tensão de cisalhamento média no pino é igual a 40 MPa, (*b*) a tensão de esmagamento correspondente no pedal em *C*, (*c*) a tensão de esmagamento correspondente em cada suporte em *C*.

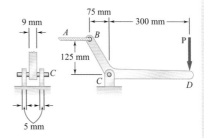

Fig. P1.24 e P1.25

1.26 O cilindro hidráulico CF, que controla parcialmente a posição da haste DE, foi travado na posição mostrada. O elemento BD tem 15 mm de espessura e está conectado em C à haste vertical por um parafuso de 9 mm de diâmetro. Sabendo que $P = 2$ kN e $\theta = 75°$, determine (a) a tensão de cisalhamento média no parafuso, (b) a tensão de contato em C no elemento BD.

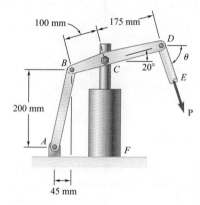

Fig. P1.26

1.27 Para a montagem e carregamento do Problema 1.7, determine (a) a tensão de cisalhamento média no pino B, (b) a tensão média de contato em B sobre o elemento BD e (c) a tensão de contato média em B sobre o elemento ABC, sabendo que esse membro tem 10×50 mm e seção retangular uniforme.

1.28 Dois sistemas idênticos de acionamento a cilindros hidráulicos controlam a posição dos garfos de uma empilhadeira. A carga suportada pelo sistema mostrado é de 1500 lb. Sabendo que a espessura do elemento BD é de $\frac{5}{8}$ in., determine (a) a tensão de contato média no pino de $\frac{1}{2}$ in. de diâmetro em B, (b) a tensão de contato em B no elemento BD.

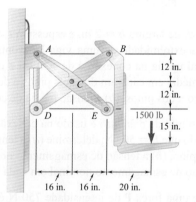

Fig. P1.28

1.3 TENSÃO EM UM PLANO OBLÍQUO SOB CARREGAMENTO AXIAL

Nas seções anteriores, vimos que forças axiais aplicadas em um elemento de barra (Fig. 1.26a) provocavam tensões normais na barra (Fig. 1.26b), enquanto forças transversais agindo sobre parafusos e pinos (Fig. 1.27a) provocavam tensões de cisalhamento nas conexões (Fig. 1.27b). A razão pela qual se observou uma relação entre forças axiais e tensões normais, por um lado, e forças transversais e tensões de cisalhamento, por outro lado, era porque as tensões estavam sendo determinadas apenas em planos perpendiculares ao eixo do elemento ou conexão. Conforme será visto nesta seção, forças axiais provocam tensões normais e tensões de cisalhamento em planos que não são perpendiculares ao eixo do elemento. Da mesma forma, forças transversais agindo sobre um parafuso ou um pino provocam tensões normais e tensões de cisalhamento em planos que não são perpendiculares ao eixo do parafuso ou pino.

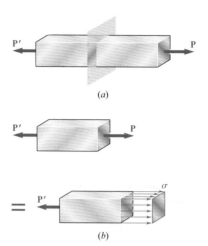

Fig. 1.26 Forças axiais aplicadas em um elemento de barra. (a) Corte plano perpendicular ao membro distante da aplicação da carga. (b) Modelos de diagrama de força equivalente da força resultante atuando no centroide e a tensão normal uniforme.

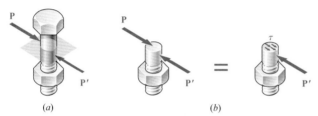

Fig. 1.27 (a) Diagrama de um parafuso a partir de uma conexão de cisalhamento simples com um corte plano normal ao parafuso. (b) Modelos de diagrama de força equivalente da força resultante atuando no corte do centroide e a tensão de cisalhamento uniforme média.

Considere a barra da Fig. 1.26, que está submetida às forças axiais **P** e **P'**. Se cortarmos a barra por um plano formando um ângulo θ com um plano normal (Fig. 1.28a) e desenharmos o diagrama de corpo livre da parte do componente localizada à esquerda da seção (Fig. 1.28b), verificaremos, pelas condições de equilíbrio do corpo livre, que as forças distribuídas agindo na seção serão equivalentes à força **P**.

Decompondo **P** nas suas componentes **F** e **V**, respectivamente normal e tangencial à seção (Fig. 1.28c), temos

$$F = P \cos \theta \qquad V = P \operatorname{sen} \theta \qquad (1.12)$$

A força **F** representa a resultante das forças normais distribuídas sobre a seção, e a força **V**, a resultante das forças tangenciais (Fig. 1.28d). Os valores médios das tensões normal e de cisalhamento correspondentes são obtidos dividindo-se, respectivamente, F e V pela área A_θ da seção:

$$\sigma = \frac{F}{A_\theta} \qquad \tau = \frac{V}{A_\theta} \qquad (1.13)$$

Substituindo F e V da Equação (1.12) na Equação (1.13) e observando, da Fig. 1.28c, que $A_0 = A_\theta \cos \theta$, ou $A_\theta = A_0/\cos \theta$, em que A_0 indica a área de uma seção perpendicular ao eixo da barra, obtemos

$$\sigma = \frac{P \cos \theta}{A_0/\cos \theta} \qquad \tau = \frac{P \operatorname{sen} \theta}{A_0/\cos \theta}$$

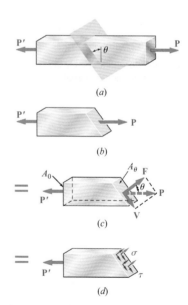

Fig. 1.28 Corte oblíquo através de uma barra simples. (a) Corte plano feito em um ângulo θ ao elemento normal ao plano. (b) Diagrama de corpo livre do corte esquerdo com a força resultante interna **P**. (c) Diagrama de corpo livre da força resultante resolvida nos componentes **F** e **V** ao longo das direções normal e tangencial à seção plana. (d) Diagrama de corpo livre com as forças do corte **F** e **V** representadas como tensão normal, σ, e tensão de cisalhamento, τ.

ou

$$\sigma = \frac{P}{A_0} \cos^2 \theta \qquad \tau = \frac{P}{A_0} \sen \theta \cos \theta \qquad (1.14)$$

Notamos na primeira das Equações (1.14) que a tensão normal σ é máxima quando $\theta = 0$, ou seja, quando o plano da seção é perpendicular ao eixo do elemento, e que ela se aproxima de zero à medida que θ se aproxima de 90°. Verificamos que o valor de σ quando $\theta = 0$ é

$$\sigma_m = \frac{P}{A_0} \qquad (1.15)$$

A segunda das Equações (1.14) mostra que a tensão de cisalhamento τ é zero para $\theta = 0$ e $\theta = 90°$ e que, para $\theta = 45°$, ela alcança seu valor máximo

$$\tau_m = \frac{P}{A_0} \sen 45° \cos 45° = \frac{P}{2A_0} \qquad (1.16)$$

A primeira das Equações (1.14) indica que, quando $\theta = 45°$, a tensão normal σ' também é igual a $P/2A_0$:

$$\sigma' = \frac{P}{A_0} \cos^2 45° = \frac{P}{2A_0} \qquad (1.17)$$

Os resultados obtidos nas Equações (1.15), (1.16) e (1.17) são mostrados graficamente na Fig. 1.29. Notamos que a mesma carga pode produzir uma tensão normal $\sigma_m = P/A_0$ e nenhuma tensão de cisalhamento (Fig. 1.29b), ou uma tensão normal e de cisalhamento da mesma intensidade $\sigma' = \tau_m = P/2A_0$ (Fig. 1.29c e d), dependendo da orientação da seção.

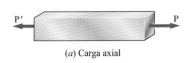
(a) Carga axial

(b) Tensão para $\theta = 0$

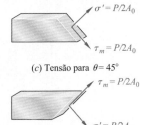
(c) Tensão para $\theta = 45°$
(d) Tensão para $\theta = -45°$

Fig. 1.29 Resultados de tensão selecionados por carregamento axial.

1.4 TENSÃO SOB CONDIÇÕES GERAIS DE CARREGAMENTO; COMPONENTES DE TENSÃO

Os exemplos das seções anteriores estavam limitados a elementos sob carregamento axial e conexões sob carregamento transversal. Muitos elementos estruturais e de máquinas estão sob condições de carregamento mais complexas.

Considere um corpo sujeito a várias cargas, P_1, P_2, etc. (Fig. 1.30). Para entendermos a condição de tensão criada por essas cargas em algum ponto Q interno ao corpo, vamos primeiro passar um corte através de Q, utilizando um plano paralelo ao plano yz. A parte do corpo à esquerda do corte está sujeita a algumas das cargas originais e a forças normais e cortantes distribuídas na seção. Vamos indicar por $\Delta \mathbf{F}^x$ e $\Delta \mathbf{V}^x$, respectivamente, as forças normal e cortante agindo sobre uma pequena área ΔA que circunda o ponto Q (Fig. 1.31a).

Note que é utilizado o índice superior x para indicar que as forças $\Delta \mathbf{F}^x$ e $\Delta \mathbf{V}^x$ agem sobre uma superfície perpendicular ao eixo x. Enquanto a força normal $\Delta \mathbf{F}^x$ tem uma direção bem definida, a força cortante $\Delta \mathbf{V}^x$ pode ter qualquer direção no plano da seção. Decompomos então $\Delta \mathbf{V}^x$ nas duas componentes de força, $\Delta \mathbf{V}^x_y$ e $\Delta \mathbf{V}^x_z$, em direções paralelas aos eixos y e z, respectivamente (Fig. 1.31b). Dividindo agora a intensidade de cada força pela área

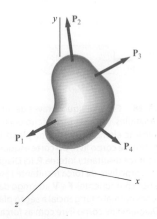
Fig. 1.30 Múltiplas cargas em um corpo.

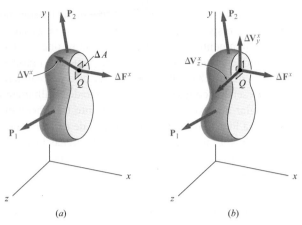
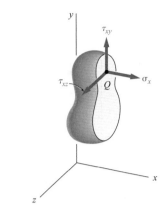

Fig. 1.31 (a) Resultantes das forças cortante e normal, $\Delta \mathbf{V}^x$ e $\Delta \mathbf{F}^x$, atuando sobre uma pequena área ΔA no ponto Q. (b) Forças em ΔA solucionadas em forças nas direções coordenadas.

Fig. 1.32 Componentes de tensão no ponto Q no corpo à esquerda do plano.

ΔA e fazendo ΔA aproximar-se de zero, definimos as três componentes de tensão mostradas na Fig. 1.32:

$$\sigma_x = \lim_{\Delta A \to 0} \frac{\Delta F^x}{\Delta A}$$

$$\tau_{xy} = \lim_{\Delta A \to 0} \frac{\Delta V_y^x}{\Delta A} \qquad \tau_{xz} = \lim_{\Delta A \to 0} \frac{\Delta V_z^x}{\Delta A} \tag{1.18}$$

Notemos que o primeiro índice em σ_x, τ_{xy} e τ_{xz} é utilizado para indicar que as tensões em consideração são aplicadas *em uma superfície perpendicular ao eixo x*. O segundo índice em τ_{xy} e τ_{xz} identifica *a direção da componente*. A tensão normal σ_x é positiva, se o sentido do vetor correspondente apontar para a direção positiva de x, isto é, se o corpo estiver sendo tracionado, e negativa em caso contrário. Analogamente, as componentes da tensão de cisalhamento τ_{xy} e τ_{xz} são positivas, se os sentidos dos vetores correspondentes apontarem, respectivamente, nas direções positivas de y e z.

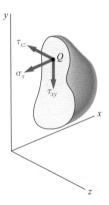

Fig. 1.33 Componentes de tensão no ponto Q no corpo à direita do plano.

A análise acima também pode ser feita considerando-se a parte do corpo localizada à direita do plano vertical através de Q (Fig. 1.33). As mesmas intensidades, mas com sentidos opostos, são obtidas para as forças normal e cortante $\Delta \mathbf{F}^x$, $\Delta \mathbf{V}_y^x$ e $\Delta \mathbf{V}_z^x$. Portanto, os mesmos valores são também obtidos para as componentes de tensão correspondentes, mas, como a seção na Fig. 1.35 agora está voltada para o lado *negativo do eixo x*, um sinal positivo para σ_x indicará que o sentido do vetor correspondente aponta na *direção negativa de x*. Analogamente, sinais positivos para τ_{xy} e τ_{xz} indicarão que os sentidos dos vetores correspondentes apontam, respectivamente, nas direções negativas de y e z, como mostra a Fig. 1.33.

Passando um corte através de Q paralelo ao plano zx, definimos da mesma maneira as componentes da tensão σ_y, τ_{yz} e τ_{yx}. Finalmente, um corte através de Q paralela ao plano xy resulta nas componentes σ_z, τ_{zx} e τ_{zy}.

Para facilitar a visualização do estado de tensão no ponto Q, consideraremos um pequeno cubo de lado a centrado em Q e as tensões que atuam em cada uma das seis faces desse cubo (Fig. 1.34). As componentes de tensão

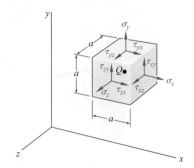

Fig. 1.34 Componentes de tensão positivos no ponto Q.

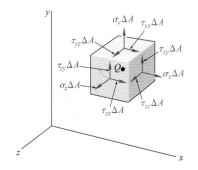

Fig. 1.35 Forças resultantes positivas em um pequeno elemento no ponto Q resultado de um estado de tensão geral.

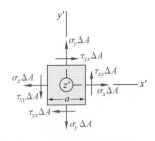

Fig. 1.36 Diagrama de corpo livre do elemento pequeno em Q visto no plano projetado perpendicular ao eixo z. Forças resultantes nas faces negativas e positivas de z (não mostrado) agindo através do eixo z, sem contribuir para o momento sobre o eixo.

mostradas na figura são σ_x, σ_y e σ_z, que representam as tensões normais nas faces perpendiculares, respectivamente, aos eixos x, y e z e às seis componentes de tensão de cisalhamento τ_{xy}, τ_{xz}, etc. Recordamos que, de acordo com a definição das componentes de tensão de cisalhamento, τ_{xy} representa a componente y da tensão de cisalhamento que atua na face perpendicular ao eixo x, enquanto τ_{yx} representa a componente x da tensão de cisalhamento que atua na face perpendicular ao eixo y. Note que somente três faces do cubo são realmente visíveis na Fig. 1.34 e que componentes de tensão iguais e opostas atuam nas faces ocultas. Embora as tensões que atuam nas faces do cubo difiram ligeiramente das tensões em Q, o erro envolvido é pequeno e desaparece na medida em que o lado a do cubo aproxima-se de zero.

Componentes de tensão cisalhantes. Considere o diagrama de corpo livre do pequeno cubo com centro no ponto Q (Fig. 1.35). As forças normal e cortante que atuam nas várias faces do cubo são obtidas multiplicando-se as componentes de tensão correspondentes pela área ΔA de cada face. Escreveremos primeiro as três equações de equilíbrio a seguir:

$$\Sigma F_x = 0 \qquad \Sigma F_y = 0 \qquad \Sigma F_z = 0 \qquad (1.19)$$

Como há forças iguais e opostas às forças mostradas na Fig. 1.35 que atuam nas faces ocultas do cubo, está claro que as Equações (1.19) são satisfeitas. Considerando agora os momentos das forças em relação aos eixos x', y' e z' desenhados a partir de Q em direções, respectivamente, paralelas aos eixos x, y e z, temos as três equações adicionais

$$\Sigma M_{x'} = 0 \qquad \Sigma M_{y'} = 0 \qquad \Sigma M_{z'} = 0 \qquad (1.20)$$

Utilizando a projeção no plano $x'y'$ (Fig. 1.36), notamos que somente as forças de cisalhamento têm momentos, em relação ao eixo z, diferentes de zero. Essas forças formam dois conjugados, um de momento anti-horário (positivo) $(\tau_{xy} \Delta A)a$, e outro de momento horário (negativo) $-(\tau_{yx} \Delta A)a$. Da última das três Equações (1.20) resulta, então,

$$+\circlearrowleft \Sigma M_z = 0: \qquad (\tau_{xy} \Delta A)a - (\tau_{yx} \Delta A)a = 0$$

da qual concluímos que

$$\tau_{xy} = \tau_{yx} \qquad (1.21)$$

A relação obtida mostra que a componente y da tensão de cisalhamento aplicada à face perpendicular ao eixo x é igual à componente x da tensão de cisalhamento aplicada sobre a face perpendicular ao eixo y. Das duas equações restantes (1.20), determinamos de maneira semelhante as relações

$$\tau_{yz} = \tau_{zy} \qquad \tau_{zx} = \tau_{xz} \qquad (1.22)$$

Concluímos, das Equações (1.21) e (1.22), que são necessárias somente seis componentes de tensão para definir o estado de tensão em um determinado ponto Q, em lugar das nove componentes consideradas originalmente. Essas seis componentes são σ_x, σ_y, σ_z, τ_{xy}, τ_{yz} e τ_{zx}. Notamos também que, em um determinado ponto, *o cisalhamento não pode ocorrer apenas em um plano*; deve sempre existir uma tensão de cisalhamento igual em outro plano perpendicular ao primeiro. Por exemplo, considerando novamente o parafuso da Fig. 1.29 e um pequeno cubo no centro Q do parafuso (Fig. 1.37a), vemos que tensões de cisalhamento de igual intensidade devem estar atuando nas duas faces horizontais do cubo e nas duas faces perpendiculares às forças **P** e **P'** (Fig. 1.37b).

Carga axial. Antes de concluirmos nossa discussão sobre as componentes de tensão, vamos considerar novamente o caso de um elemento sob carga axial. Se considerarmos um pequeno cubo com faces, respectivamente, paralelas às faces do elemento, e lembrando os resultados obtidos na Seção 1.3, verificaremos que o estado de tensão no elemento pode ser descrito como mostra a Fig. 1.38a; as únicas tensões são as normais σ_x que atuam nas faces do cubo perpendiculares ao eixo x. No entanto, se o pequeno cubo for girado de 45° em torno do eixo z de modo que sua nova orientação corresponda à orientação das seções consideradas na Fig. 1.29c e d, concluímos que as tensões normal e de cisalhamento de igual intensidade estão atuando nas quatro faces do cubo (Fig. 1.38b). Observamos então que a mesma condição de carregamento pode levar a diferentes interpretações do estado de tensão em um determinado ponto, dependendo da orientação do elemento considerado. Discutiremos mais sobre esse assunto no Capítulo 7: Transformação de Tensão e Deformações.

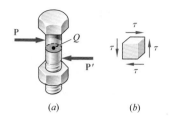

Fig. 1.37 (a) Parafuso de cisalhamento simples com o ponto Q escolhido no centro. (b) Elemento de tensão de cisalhamento puro no ponto Q.

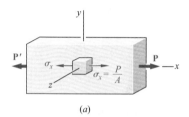

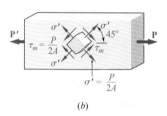

Fig. 1.38 Mudar a orientação do elemento de tensão cria diferentes componentes de tensão para um mesmo estado de tensão.

1.5 CONSIDERAÇÕES DE PROJETO

Em aplicações de engenharia, a determinação das tensões raramente é o objetivo final. Ao contrário, o conceito de tensões é utilizado pelos engenheiros como auxílio na sua mais importante tarefa: o projeto de estruturas e máquinas que executarão determinada função com segurança e economia.

1.5.1 Determinação do limite de resistência de um material

Um elemento importante a ser considerado por um projetista é como o material selecionado se comportará sob um carregamento. Para um determinado material, isso é determinado executando-se testes específicos em corpos de prova preparados com aquele material. Por exemplo, um corpo de prova de aço pode ser preparado e colocado em uma máquina de ensaios de laboratório para ser submetido à força axial de tração centrada conhecida, conforme descrito na Seção 2.1.2. À medida que se aumenta a intensidade da força, são medidas várias alterações no corpo de prova, como alterações em seu comprimento e diâmetro. Em algum momento, é possível atingir a máxima força a ser aplicada ao corpo de prova, e este pode se romper ou começar a suportar menos carga. Essa força máxima é chamada de *carga-limite* do corpo de prova, também denominada P_L. Como a carga aplicada é centrada, podemos dividir o valor da carga-limite pela área da seção transversal original da barra para obter o *limite da tensão normal* do material utilizado. Essa tensão, também conhecida como *limite de resistência à tração* do material, é

$$\sigma_L = \frac{P_L}{A} \qquad (1.23)$$

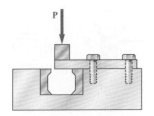

Fig. 1.39 Ensaio de cisalhamento simples.

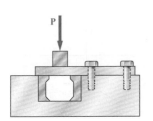

Fig. 1.40 Ensaio de cisalhamento duplo.

Há vários procedimentos de ensaio disponíveis para determinar o *limite da tensão de cisalhamento*, ou *limite de resistência em cisalhamento*, de um material. O procedimento mais comumente utilizado envolve a torção de um tubo circular (Seção 3.2). Um procedimento mais direto, embora menos preciso, consiste em prender uma barra retangular ou redonda e, com uma *ferramenta de corte* (Fig. 1.39), aplicar uma carga P crescente até ser obtida a carga-limite P_L para cisalhamento simples. Se a extremidade livre do corpo de prova se apoiar em ambas as superfícies de corte (Fig. 1.40), será obtida a carga-limite para cisalhamento duplo. Em qualquer caso, o limite da tensão de cisalhamento τ_L.

$$\tau_L = \frac{P_L}{A} \quad (1.24)$$

No caso de cisalhamento simples, essa é a área da seção transversal A do corpo de prova, enquanto em cisalhamento duplo ela é igual a duas vezes a área da seção transversal.

1.5.2 Carga admissível e tensão admissível; coeficiente de segurança

A carga máxima que um elemento estrutural ou um membro de máquina poderá suportar sob condições normais de utilização é consideravelmente menor que o valor da *carga-limite*. Essa carga menor é conhecida como *carga admissível* e, às vezes, como *carga de trabalho* ou *carga de projeto*. Somente uma fração do limite da capacidade de carga do elemento é utilizada quando aplicada à carga admissível. A parte restante da capacidade de carga do elemento é mantida na reserva para garantir seu desempenho com segurança. A relação entre a carga-limite e a carga admissível é utilizada para definir o *coeficiente de segurança*.[†] Temos

$$\text{Coeficiente de segurança} = C.S. = \frac{\text{carga-limite}}{\text{carga admissível}} \quad (1.25)$$

Uma definição alternativa do coeficiente de segurança é dada com base no uso de tensões:

$$\text{Coeficiente de segurança} = C.S. = \frac{\text{limite de tensão}}{\text{tensão admissível}} \quad (1.26)$$

As duas expressões dadas para o coeficiente de segurança nas equações acima são idênticas quando existe uma relação linear entre a carga e a tensão. No entanto, na maioria das aplicações de engenharia, essa relação deixa de ser linear à medida em que a carga se aproxima de seu valor-limite e o coeficiente de segurança obtido da Equação (1.26) não proporciona uma verdadeira avaliação da segurança de um determinado projeto. Contudo, o *método de projeto da tensão* admissível, com base no uso da Equação (1.26), é amplamente utilizado.

[†] Em alguns campos da engenharia, principalmente na engenharia aeronáutica, é usada a *margem de segurança* em lugar do coeficiente de segurança. A margem de segurança é definida como o coeficiente de segurança menos um; ou seja, margem de segurança = $C.S. - 1,00$.

1.5.3 Seleção de um coeficiente de segurança apropriado

A seleção do coeficiente de segurança a ser utilizado para várias aplicações é uma das mais importantes tarefas da engenharia. No entanto, se for escolhido um coeficiente de segurança muito pequeno, a possibilidade de falha se tornará grande e inaceitável; em contrapartida, se for escolhido um coeficiente de segurança desnecessariamente grande, o resultado será um projeto antieconômico e não funcional. A escolha do coeficiente de segurança apropriado para uma aplicação requer senso de engenharia com base em muitas considerações, como:

1. *Variações que podem ocorrer nas propriedades do elemento sob consideração.* A composição, a resistência e as dimensões do elemento estão sujeitas a pequenas variações durante a fabricação. Além disso, as propriedades do material podem ser alteradas e as tensões residuais, introduzidas com o aquecimento ou deformação que podem ocorrer durante a fabricação, a armazenagem, o transporte ou a construção.

2. *Número de cargas que podem ser esperadas durante a vida da estrutura ou máquina.* Para a maioria dos materiais, a tensão-limite diminui na medida em que o número de operações de carga aumenta. Esse fenômeno é conhecido como *fadiga* e, se for ignorado, pode resultar em falha súbita (ver a Seção 2.1.6).

3. *Tipo de carregamento planejado para o projeto ou que pode ocorrer no futuro.* Poucas são as cargas que podem ser conhecidas com exatidão total — a maioria das cargas de projeto é estimativa de engenharia. Além disso, alterações futuras ou mudanças no uso podem introduzir alterações na carga real. Coeficientes de segurança maiores são também necessários para carregamentos dinâmicos, cíclicos ou impulsivos.

4. *Tipo de falha que pode ocorrer.* Materiais frágeis falham subitamente, em geral sem uma indicação prévia de que o colapso é iminente. Não obstante, materiais dúcteis, como o aço utilizado em estruturas, normalmente passam por uma deformação substancial chamada de *escoamento* antes de falhar, proporcionando assim um aviso de que existe sobrecarga. No entanto, a maioria das falhas por flambagem ou por perda de estabilidade é súbita, seja o material frágil ou não. Quando existe a possibilidade de falha súbita, deverá ser utilizado um coeficiente de segurança maior que aquele utilizado quando a falha é precedida por sinais óbvios de aviso.

5. *Incerteza em virtude de métodos de análise.* Todos os métodos de análise são realizados com base em certas hipóteses simplificadoras cujos resultados fazem as tensões calculadas aproximarem-se das tensões reais.

6. *Deterioração que pode ocorrer no futuro em razão da falta de manutenção ou devido às causas naturais imprevisíveis.* Um coeficiente de segurança maior é necessário em locais em que as condições como corrosão e envelhecimento são difíceis de controlar ou até de descobrir.

7. *Importância de um determinado elemento para a integridade de toda a estrutura.* Contraventamentos e elementos secundários podem, em muitos casos, ser projetados com um coeficiente de segurança menor que aquele utilizado para elementos principais.

Além dessas, há outra consideração referente ao risco de vida e de danos materiais que uma falha poderia produzir. Nos casos em que uma falha não causaria risco de vida, e somente risco mínimo de danos materiais, pode-se considerar o uso de um coeficiente de segurança menor. Finalmente, há a consideração prática de que, a menos que seja utilizado um projeto cuidadoso, com um coeficiente de segurança baixo, uma estrutura ou máquina pode não executar a função para a qual ela foi projetada. Altos coeficientes de segurança, por exemplo, podem ter um efeito inaceitável no peso de um avião.

Para a maioria das aplicações estruturais e de máquinas, coeficientes de segurança são definidos por especificações de projeto ou normas técnicas redigidas por comitês de engenheiros experientes que trabalham em conjunto com sociedades profissionais, com indústrias ou com agências federais, estaduais ou municipais. Exemplos de tais especificações de projeto e normas técnicas são

1. *Aço*: American Institute of Steel Construction, Especificações para Construção com Aço Estrutural
2. *Concreto*: American Concrete Institute, Código de Requisitos para Construção em Concreto Estrutural
3. *Madeira*: American Forest and Paper Association, Especificações Nacionais para Construção em Madeira
4. *Pontes rodoviárias*: American Association of State Highway Officials, Especificações Padrão para Pontes Rodoviárias

1.5.4 Coeficiente de projeto para carga e resistência

Conforme vimos, o método da tensão admissível exige que todas as incertezas associadas com o projeto de uma estrutura ou elemento de máquina sejam agrupadas em um único coeficiente de segurança. Um método alternativo de projeto, que está ganhando aceitação principalmente entre engenheiros estruturais, torna possível, com o uso de três diferentes coeficientes, distinguir entre as incertezas associadas com a própria estrutura e aquelas associadas com a carga que ela deve suportar por projeto. Esse método, conhecido como *Load and Resistance Factor Design — LRFD* (Coeficiente de Projeto para Carga e Resistência), permite ao projetista distinguir melhor entre incertezas associadas a *carga externa*, P_E, ou seja, com a carga a ser suportada pela estrutura, e a *carga permanente*, P_P, ou seja, com o peso da parte da estrutura contribuindo para a carga total.

Quando esse método de projeto for utilizado, deverá ser determinado primeiro o *limite de carga*, P_L, da estrutura, ou seja, a carga na qual a estrutura deixa de ser útil. O projeto proposto é então aceitável se for satisfeita a seguinte inequação:

$$\gamma_P P_P + \gamma_E P_E \leq \phi P_L \qquad (1.27)$$

O coeficiente ϕ é conhecido como *coeficiente de resistência*: ele está relacionado às incertezas associadas com a própria estrutura e normalmente será menor que 1. Os coeficientes γ_P e γ_E são chamados de *coeficientes de carga*; eles estão relacionados às incertezas associadas, respectivamente, com a carga permanente e a carga externa e normalmente serão maiores que 1, com γ_E geralmente maior que γ_P. Embora sejam incluídos alguns exemplos ou problemas propostos utilizando LRFD neste capítulo e nos Capítulos 5 e 10, será utilizado neste texto o método de projeto da tensão admissível.

PROBLEMA RESOLVIDO 1.3

São aplicadas duas forças ao suporte BCD mostrado na figura. (*a*) Sabendo que a barra de controle AB deve ser feita de aço e ter um limite de tensão normal de 600 MPa, determine o diâmetro da barra para o qual o coeficiente de segurança com relação à falha seja igual a 3,3. (*b*) Sabendo que o pino em C deve ser feito de um aço com um limite de tensão de cisalhamento de 350 MPa, determine o diâmetro do pino C para o qual o coeficiente de segurança com relação ao cisalhamento seja também igual a 3,3. (*c*) Determine a espessura necessária para as barras de apoio em C, sabendo que a tensão de esmagamento admissível do aço utilizado é 300 MPa.

ESTRATÉGIA: Considere o corpo livre do suporte e determine a força **P** e a reação em C. As forças resultantes são então utilizadas junto com as tensões admissíveis determinadas pelo coeficiente de segurança, a fim de obter as dimensões desejadas.

MODELAGEM: Desenhe o diagrama de corpo livre do suporte (Fig. 1), e do pino em C (Fig. 2).

ANÁLISE:

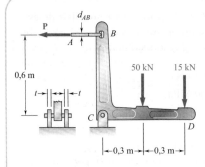

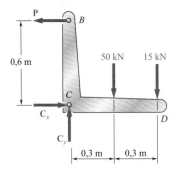

Fig. 1 Diagrama de corpo livre do suporte.

Corpo livre: o suporte inteiro. Utilizando a Fig. 1, a reação em C é representada por seus componentes C_x e C_y.

$+\circlearrowleft \Sigma M_C = 0$: $P(0,6 \text{ m}) - (50 \text{ kN})(0,3 \text{ m}) - (15 \text{ kN})(0,6 \text{ m}) = 0 \quad P = 40$ kN
$\Sigma F_x = 0$: $\quad C_x = 40$ kN
$\Sigma F_y = 0$: $\quad C_y = 65$ kN $\quad C = \sqrt{C_x^2 + C_y^2} = 76,3$ kN

a. **Haste de controle AB.** Como o coeficiente de segurança deve ser 3,3, a tensão admissível é

$$\sigma_{adm} = \frac{\sigma_L}{C.S.} = \frac{600 \text{ MPa}}{3,3} = 181,8 \text{ MPa}$$

Para $P = 40$ kN, a área da seção transversal necessária é

$$A_{nec} = \frac{P}{\sigma_{adm}} = \frac{40 \text{ kN}}{181,8 \text{ MPa}} = 220 \times 10^{-6} \text{ m}^2$$

$$A_{nec} = \frac{\pi}{4} d_{AB}^2 = 220 \times 10^{-6} \text{ m}^2 \qquad d_{AB} = 16,74 \text{ mm} \blacktriangleleft$$

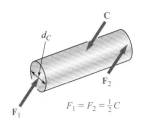

Fig. 2 Diagrama de corpo livre do pino no ponto C.

b. **Cisalhamento no pino C.** Para um coeficiente de segurança de 3,3, temos

$$\tau_{adm} = \frac{\tau_L}{C.S.} = \frac{350 \text{ MPa}}{3,3} = 106,1 \text{ MPa}$$

Como mostrado na Fig. 2, o pino está sob corte duplo, então temos

$$A_{nec} = \frac{C/2}{\tau_{adm}} = \frac{(76,3 \text{ kN})/2}{106,1 \text{ MPa}} = 360 \text{ mm}^2$$

$$A_{nec} = \frac{\pi}{4} d_C^2 = 360 \text{ mm}^2 \qquad d_C = 21,4 \text{ mm} \quad \text{Utilizamos: } d_C = 22 \text{ mm} \blacktriangleleft$$

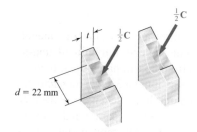

Fig. 3 Cargas de esmagamento no suporte no ponto C.

c. Esmagamento em C. Utilizando $d = 22$ mm, a área nominal de esmagamento de cada barra é $22t$. Como a força aplicada em cada suporte é $C/2$, e a tensão de esmagamento admissível é 300 MPa, temos

$$A_{nec} = \frac{C/2}{\sigma_{adm}} = \frac{(76{,}3 \text{ kN})/2}{300 \text{ MPa}} = 127{,}2 \text{ mm}^2$$

Assim, $22t = 127{,}2 \qquad t = 5{,}78$ mm \hfill Utilizamos: $t = 6$ mm ◀

REFLETIR E PENSAR: É apropriado projetar o pino C primeiro e em seguida seu suporte, uma vez que o projeto do pino é geometricamente dependente apenas de seu diâmetro, enquanto que o projeto do suporte envolve tanto o diâmetro do pino quanto a espessura do suporte.

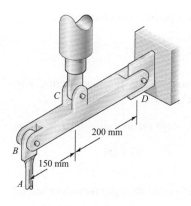

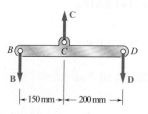

Fig. 1 Diagrama de corpo livre da viga *BCD*.

PROBLEMA RESOLVIDO 1.4

A viga rígida *BCD* está presa por parafusos a uma barra de controle em *B*, a um cilindro hidráulico em *C* e a um suporte fixo em *D*. Os diâmetros dos parafusos utilizados são: $d_B = d_D = 9{,}5$ mm, $d_C = 12{,}7$ mm. Cada parafuso age sob cisalhamento duplo e é feito de um aço para o qual o limite da tensão de cisalhamento é $\tau_L = 275$ MPa. A barra de controle *AB* tem um diâmetro $d_A = 11$ mm e é feita de um aço para o qual o limite da tensão de tração é $\sigma_L = 414$ MPa. Se o coeficiente de segurança mínimo deve ser 3,0 para toda a estrutura, determine a maior força ascendente que pode ser aplicada pelo cilindro hidráulico em *C*.

ESTRATÉGIA: O coeficiente de segurança com relação à falha deve ser igual ou maior do que 3 em cada um dos três parafusos e na haste de controle. Esses quatro critérios independentes devem ser considerados separadamente.

MODELAGEM: Desenhe o diagrama de corpo livre da barra (Fig. 1) e dos parafusos em *B* e *C* (Figuras 2 e 3). Determine o valor admissível da força *C* baseado no critério de projeto requerido por cada parte.

ANÁLISE:

Corpo livre: viga *BCD*. Utilizando a Fig. 1, primeiramente determinamos a força *C* em função das forças *B* e *D*.

$$+\circlearrowleft \Sigma M_D = 0: \quad B(350 \text{ mm}) - C(200 \text{ mm}) = 0 \quad C = 1{,}750B \qquad (1)$$

$$+\circlearrowleft \Sigma M_B = 0: \quad -D(350 \text{ mm}) + C(150 \text{ mm}) = 0 \quad C = 2{,}33D \qquad (2)$$

Haste de controle. Para um coeficiente de segurança de 3,0, temos

$$\sigma_{adm} = \frac{\sigma_L}{C.S.} = \frac{414 \text{ MPa}}{3{,}0} = 138 \text{ MPa}$$

A força admissível na haste de controle é

$$B = \sigma_{adm}(A) = (138 \text{ MPa})\tfrac{1}{4}\pi \, (11 \text{ mm})^2 = 13{,}11 \text{ kN}$$

Utilizando a Equação (1), determinamos o maior valor admissível C:

$$C = 1{,}750B = 1{,}750(13{,}11\ \text{kN}) \qquad C = 22{,}94\ \text{kN} \blacktriangleleft$$

Parafuso em B. $\tau_{adm} = \tau_L/C.S. = (275\ \text{MPa})/3 = 91{,}67\ \text{MPa}$. Como o parafuso está sob corte duplo, o valor admissível da força B aplicada no parafuso é

$$B = 2F_1 = 2(\tau_{adm}A) = 2(91{,}67\ \text{MPa})(\tfrac{1}{4}\pi)(9{,}5\ \text{mm})^2 = 13{,}00\ \text{kN}$$

Da Equação (1): $C = 1{,}750B = 1{,}750(13{,}00\ \text{kN}) \qquad C = 22{,}75\ \text{kN} \blacktriangleleft$

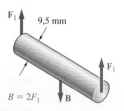

Fig. 2 Diagrama de corpo livre do pino no ponto B.

Parafuso em D. Como esse parafuso é igual ao parafuso B, a força admissível é $D = B = 13{,}00\ \text{kN}$. Da Equação (2):

$$C = 2{,}33D = 2{,}33(13{,}00\ \text{kN}) \qquad C = 30{,}29\ \text{kN} \blacktriangleleft$$

Parafuso em C. Temos novamente $\tau_{adm} = 91{,}67\ \text{MPa}$. Utilizando a Fig. 3, escrevemos

$$C = 2F_2 = 2(\tau_{adm}A) = 2(91{,}67\ \text{MPa})(\tfrac{1}{4}\pi)(12{,}7\ \text{mm})^2 \quad C = 23{,}22\ \text{kN} \blacktriangleleft$$

Fig. 3 Diagrama de corpo livre do pino no ponto C.

Resumo. Encontramos separadamente quatro valores máximos admissíveis para a força C. Para satisfazermos todos esses critérios, devemos escolher o menor valor, ou seja: $C = 22{,}75\ \text{kN} \blacktriangleleft$

REFLETIR E PENSAR: Este exemplo demonstra que todas as partes devem satisfazer o critério de projeto apropriado e, como resultado, algumas partes resultam com capacidade maior que a necessária.

PROBLEMAS

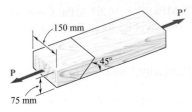

Fig. P1.29 e P1.30

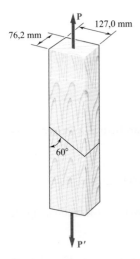

Fig. P1.31 e P1.32

1.29 Dois elementos de madeira de seção transversal retangular uniforme são unidos por uma emenda colada como mostra a figura. Sabendo que $P = 11$ kN, determine as tensões normal e de cisalhamento na emenda colada.

1.30 Dois elementos de madeira de seção transversal retangular uniforme são unidos por uma emenda colada como mostra a figura. Sabendo que a máxima tensão de cisalhamento admissível na emenda é 620 kPa, determine (a) a maior carga **P** que pode ser suportada com segurança e (b) a tensão de tração correspondente na emenda.

1.31 A carga **P** de 6 227 N é suportada por dois elementos de madeira de seção transversal uniforme unidos pela emenda colada mostrada na figura. Determine as tensões normal e de cisalhamento na emenda colada.

1.32 Dois elementos de madeira de seção transversal retangular uniforme são unidos por uma emenda colada como mostra a figura. Sabendo que a máxima tensão de tração admissível na emenda é 75 psi, determine (a) a maior carga **P** que pode ser aplicada com segurança e (b) a tensão de cisalhamento correspondente na emenda.

1.33 Uma carga **P** centrada é aplicada ao bloco de granito mostrado na figura. Sabendo que o valor máximo resultante da tensão de cisalhamento no bloco é 17,24 MPa, determine (a) a intensidade de **P**, (b) a orientação da superfície na qual ocorre a tensão de cisalhamento máxima, (c) a tensão normal que atua na superfície e (d) o valor máximo da tensão normal no bloco.

1.34 Uma carga **P** de 1 070 kN é aplicada ao bloco de granito mostrado na figura. Determine o valor máximo resultante da (a) tensão normal e (b) tensão de cisalhamento. Especifique a orientação do plano no qual ocorre cada um desses valores máximos.

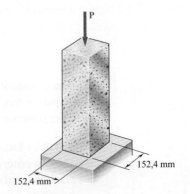

Fig. P1.33 e P1.34

1.35 Um tubo de aço com 400 mm de diâmetro externo é fabricado a partir de uma chapa de aço com espessura de 10 mm soldada ao longo de uma hélice que forma um ângulo de 20° com um plano perpendicular ao eixo do tubo. Sabendo que uma força axial **P** de 300 kN é aplicada ao tubo, determine as tensões normal e de cisalhamento respectivamente nas direções normal e tangencial à solda.

1.36 Um tubo de aço com 400 mm de diâmetro externo é fabricado a partir de uma chapa de aço com espessura de 10 mm soldada ao longo de uma hélice que forma um ângulo de 20° com um plano perpendicular ao eixo do tubo. Sabendo que as tensões normal e de cisalhamento máximas admissíveis nas direções, respectivamente, normal e tangencial à solda são $\sigma = 60$ MPa e $\tau = 36$ MPa, determine o valor P da maior força axial que pode ser aplicada ao tubo.

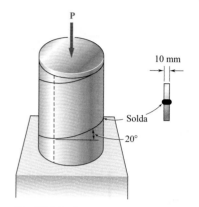

Fig. P1.35 e P1.36

1.37 A barra horizontal BC tem $\frac{1}{4}$ in. de espessura e largura $w = 1,25$ in. e é feita de um aço com limite de resistência à tração de 65 ksi. Qual é o fator de segurança se a estrutura mostrada é projetada para suportar uma carga de $P = 10$ kips?

1.38 O elemento ABC, apoiado por um pino e suporte em C e por um cabo BD, foi projetado para suportar a carga **P** de 16 kN, como mostrado. Sabendo que a carga-limite para o cabo BD é 100 kN, determine o fator de segurança com relação à falha do cabo.

1.39 Sabendo que a carga-limite para o cabo BD é 100 kN e que é necessário um fator de segurança de 3,2 com relação à falha do cabo, determine a intensidade da maior força **P** que pode ser aplicada com segurança ao elemento ABC, como mostrado.

1.40 Uma haste de 20 mm de diâmetro, feita do mesmo material que as hastes AC e AD na treliça mostrada, foi ensaiada à falha, registrando uma carga-limite de 130 kN. Usando um fator de segurança de 3,0, determine o diâmetro necessário (a) da haste AC, (b) da barra AD.

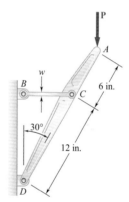

Fig. P1.37

1.41 Na treliça mostrada, os elementos AC e AD consistem em hastes feitas da mesma liga de metal. Sabendo que AC tem 25 mm de diâmetro e que a carga-limite da haste é de 345 kN, determine (a) o fator de segurança para AC, (b) o diâmetro necessário de AD se deseja-se que ambas as hastes tenham o mesmo fator de segurança.

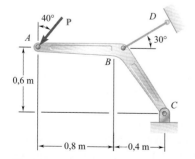

Fig. P1.38 e P1.39

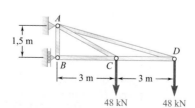

Fig. P1.40 e P1.41

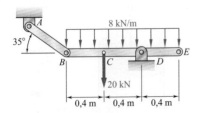

Fig. P1.42

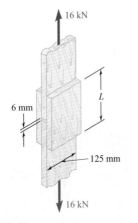

Fig. P1.43

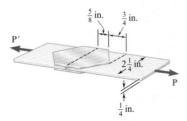

Fig. P1.45 e P1.46

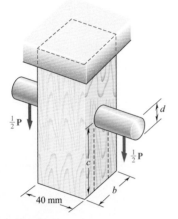

Fig. P1.47

1.42 O vínculo AB deve ser feito de um aço para o qual o limite da tensão normal é 450 MPa. Determine a área da seção transversal para AB para a qual o coeficiente de segurança seja 3,20. Suponha que o vínculo seja reforçado adequadamente ao redor dos pinos em A e B.

1.43 Os dois elementos de madeira mostrados suportam uma carga de 16 kN e são unidos por juntas de madeira contraplacadas perfeitamente coladas pela superfície de contato. A tensão de cisalhamento limite da cola é de 2,5 MPa e o espaçamento entre os elementos é de 6 mm. Determine o comprimento L necessário para que as juntas trabalhem com um coeficiente de segurança igual a 2,75.

1.44 Para a conexão e o carregamento do Problema 1.43, determine o coeficiente de segurança, sabendo que o comprimento de cada junta é $L = 180$ mm.

1.45 Duas placas, cada uma com $\frac{1}{8}$ in. de espessura, são usadas para dividir uma tira de plástico, como mostrado. Sabendo que o limite da tensão de cisalhamento da ligação entre as superfícies é de 130 psi, determine o fator de segurança com relação à força cortante quando $P = 325$ lb.

1.46 Três parafusos de aço devem ser utilizados para fixar a chapa de aço mostrada na figura em uma viga de madeira. Sabendo que a chapa suportará uma carga carga de $P = 28$ kips, que o limite da tensão de cisalhamento do aço utilizado é 52 ksi e que é desejado um coeficiente de segurança 3,25, determine o diâmetro necessário para os parafusos.

1.47 Uma carga **P** é aplicada em um pino de aço que foi inserido em um elemento de madeira curto preso em um teto, como mostra a figura. O limite de resistência à tração da madeira utilizada é 60 MPa e 7,5 MPa em cisalhamento, ao passo que o limite de resistência do aço é 145 MPa em cisalhamento. Sabendo que $b = 40$ mm, $c = 55$ mm e $d = 12$ mm, determine a carga **P** se for desejado um coeficiente de segurança geral de 3,2.

1.48 Para o apoio do Prob. 1.47, sabendo que o diâmetro do pino é $d = 16$ mm e que a magnitude da carga é $\boldsymbol{P} = 20$ kN, determine (a) o fator de segurança para o pino (b) os valores necessários para b e c se o fator de segurança para o elemento de madeira deve ser o mesmo a aquele encontrado na parte a para o pino.

1.49 Uma placa de aço de $\frac{1}{4}$ pol. de espessura é embutida em uma parede de concreto para ancorar um cabo de alta resistência conforme mostrado. O diâmetro do orifício na placa é $\frac{3}{4}$ pol., a resistência final do aço usado é 36 ksi e o a tensão de aderência final entre a placa e o concreto é de 300 psi. Sabendo que um fator de segurança de 3,60 é desejado quando $P = 2,5$ kips, determine (a) a largura necessária a da placa, (b) o mínimo profundidade b para a qual uma placa dessa largura deve ser incorporada na laje de concreto. (Despreze as tensões normais entre o concreto e o fim do prato.)

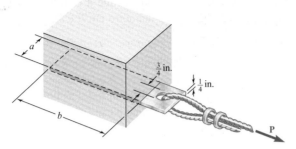

Fig. P1.49

1.50 Determine o fator de segurança para o cabo âncora no Prob. 1.49 quando $P = 2,5$ kips, sabendo que $a = 2$ in. e $b = 6$ in.

1.51 O vínculo AC é feito de aço com tensão normal última de 65 ksi e tem uma seção transversal retangular uniforme de $\frac{1}{4} \times \frac{1}{2}$ in. Ele está conectado ao apoio em A e ao elemento BCD em C por pinos de $\frac{3}{8}$ in. de diâmetro, enquanto o elemento BCD está conectado ao seu apoio em B por um pino de $\frac{5}{16}$ in. de diâmetro. Todos os pinos são feitos de aço com uma tensão de cisalhamento última de 25 ksi e estão submetidos ao cisalhamento simples. Sabendo que o fator de segurança de 3,25 é o desejado, determine a maior carga **P** que pode ser aplicada em D. Observe que o vínculo AC não é reforçado no entorno dos orifícios do pino.

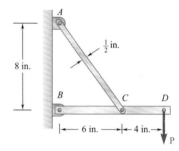

Fig. P1.51

1.52 Resolva o Prob. 1.51, admitindo que a estrutura foi reprojetada para utilizar pinos de $\frac{5}{16}$ in. em A e C assim como em B e que não foram feitas outras alterações.

1.53 Na estrutura de aço mostrada, um pino de 6 mm de diâmetro é usado em C e pinos de 10 mm de diâmetro são usados em B e D. O limite da tensão de cisalhamento é de 150 MPa em todas as conexões e o limite da tensão normal é de 400 MPa na barra BD. Sabendo que um fator de segurança de 3,0 é desejado, determine a maior carga **P** que pode ser aplicada em A. Observe que a barra BD não é reforçada em torno dos orifícios dos pinos.

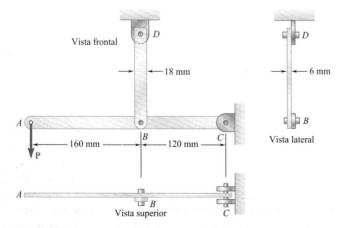

Fig. P1.53

1.54 Resolva o Problema 1.53, supondo que a estrutura foi reprojetada para usar pinos de 12 mm de diâmetro em B e D, mas que nenhuma outra alteração foi realizada.

1.55 Na estrutura mostrada, é utilizado um pino de 8 mm de diâmetro em A e pinos de 12 mm de diâmetro em B e D. Sabendo que o limite da tensão de cisalhamento é 100 MPa em todas as conexões e que o limite da tensão normal é 250 MPa em cada um dos dois vínculos que conectam B e D, determine a carga **P** admissível se adotarmos um coeficiente global de segurança de 3,0.

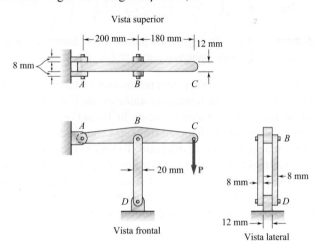

Fig. P1.55

1.56 Em um projeto alternativo para a estrutura do Problema 1.55, deve ser utilizado um pino de 10 mm de diâmetro em A. Supondo que todas as outras especificações permaneçam inalteradas, determine a carga **P** admissível se adotarmos um coeficiente global de segurança de 3,0.

*1.57 Uma plataforma de 40 kg está presa à extremidade B de uma barra AB de madeira, de 50 kg, suportada, conforme mostra a figura, por um pino em A e por uma barra esbelta de aço BC com um limite de carga de 12 kN. (a) Utilizando o método do Coeficiente de Projeto para Carga e Resistência, com um coeficiente de resistência $\phi = 0,90$ e coeficientes de carga $\gamma_P = 1,25$ e $\gamma_E = 1,6$, determine a maior carga que pode ser colocada com segurança na plataforma. (b) Qual é o coeficiente de segurança convencional correspondente para a barra BC?

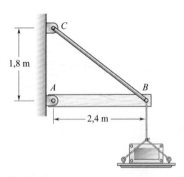

Fig. P1.57

*1.58 O método do Coeficiente de Projeto para Carga e Resistência deve ser utilizado para selecionar os dois cabos a serem utilizados para subir e descer uma plataforma com dois operários lavadores de janelas. A plataforma pesa 710 N e supõe-se que cada um dos lavadores pesa 870 N, incluindo seus equipamentos. Como os operários podem andar livremente na plataforma, 75% do peso total deles e de seus equipamentos será utilizado como carga externa de projeto para cada cabo. (a) Supondo um coeficiente de resistência $\phi = 0,85$ e coeficientes de carga $\gamma_P = 1{,}2$ e $\gamma_E = 1{,}5$, determine o limite mínimo de carga necessário de um cabo. (*b*) Qual é o coeficiente de segurança convencional para os cabos selecionados?

Fig. P1.58

REVISÃO E RESUMO

Este capítulo foi dedicado ao conceito de tensão e à introdução aos métodos utilizados para a análise e o projeto de máquinas e estruturas. Foi dada ênfase ao uso dos *diagramas de corpo livre* na obtenção das equações de equilíbrio que foram resolvidas para se chegar às reações incógnitas. Tais diagramas também foram utilizados para encontrar as forças internas em vários elementos de uma estrutura.

Carga axial: tensão normal

O conceito de *tensão* foi introduzido inicialmente considerando-se uma barra sob *carga axial*. A *tensão normal na* barra (Fig. 1.41) foi obtida dividindo-se por

$$\sigma = \frac{P}{A} \qquad (1.5)$$

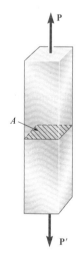

Fig. 1.41 Componente carregado axialmente com seção transversal normal ao componente utilizada para definir a tensão normal.

O valor de σ obtido da Equação (1.5) representa a *tensão média* sobre a seção, e não a tensão em um ponto Q específico da seção. Considerando uma pequena área ΔA ao redor de Q e a intensidade ΔF da força exercida sobre ΔA, definimos a tensão no ponto Q como

$$\sigma = \lim_{\Delta A \to 0} \frac{\Delta F}{\Delta A} \qquad (1.6)$$

Em geral, o valor obtido para a tensão σ no ponto Q na Equação (1.6) é diferente do valor da tensão média dado pela Fórmula (1.5) e sabe-se que ele varia ao longo da seção. No entanto, essa variação é pequena em qualquer seção distante dos pontos de aplicação das cargas. Na prática, portanto, a distribuição da tensão normal em uma barra com carga axial supõe-se *uniforme*, exceto nas vizinhanças imediatas dos pontos de aplicação das cargas.

Contudo, para que a distribuição das tensões seja uniforme em uma dada seção, é necessário que a linha de ação das cargas **P** e **P'** passem através do centroide C da seção. Uma carga desse tipo é chamada de carga axial *centrada*. No caso de uma carga axial *excêntrica*, a distribuição de tensões *não é* uniforme.

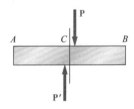

Fig. 1.42 Modelo das forças resultantes transversais em ambos os lados de C resultando em tensão de cisalhamento na seção C.

Forças transversais e tensão de cisalhamento

Quando *forças transversais* **P** e **P'** iguais e opostas de intensidade P são aplicadas a uma barra AB (Fig. 1.42), são criadas *tensões de cisalhamento* τ sobre qualquer seção localizada entre os pontos de aplicação das duas forças.

Essas tensões variam bastante através da seção, e sua distribuição *não pode* ser considerada uniforme. No entanto, dividindo a intensidade P (chamada de força *cortante* na seção) pela área da seção transversal A, definimos a *tensão de cisalhamento média* sobre a seção.

$$\tau_{\text{méd}} = \frac{P}{A} \tag{1.8}$$

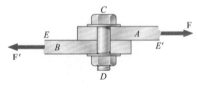

Fig. 1.43 Diagrama de junta de cisalhamento simples.

Corte simples e duplo

Tensões de cisalhamento são encontradas em parafusos, pinos ou rebites que conectam dois elementos estruturais ou em componentes de máquinas. Por exemplo, no caso do parafuso CD (Fig. 1.43), que está sob *corte simples*, temos

$$\tau_{\text{méd}} = \frac{P}{A} = \frac{F}{A} \tag{1.9}$$

ao passo que, no caso dos parafusos EG e HJ (Fig. 1.44), que estão ambos sob *corte duplo*, temos

$$\tau_{\text{méd}} = \frac{P}{A} = \frac{F/2}{A} = \frac{F}{2A} \tag{1.10}$$

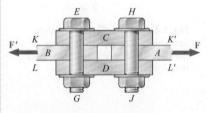

Fig. 1.44 Diagrama de corpo livre de uma junta de cisalhamento duplo.

Tensão de esmagamento

Parafusos, pinos e rebites também criam tensões localizadas ao longo das *superfícies de contato* nos elementos conectados. O parafuso CD da Fig. 1.43, por exemplo, cria tensões na superfície semicilíndrica da chapa A com a qual ele está em contato (Fig. 1.45). Como a distribuição dessas tensões é bastante complicada, utilizamos na prática um valor nominal médio σ_e da tensão, chamado de *tensão de esmagamento*,

$$\sigma_e = \frac{P}{A} = \frac{P}{td} \tag{1.11}$$

Método de solução

A sua solução deverá começar com um *enunciado* claro e preciso do problema. Você desenhará então um ou vários *diagramas de corpo livre* que utilizará para escrever *equações de equilíbrio*. Essas equações serão resolvidas em função das *forças desconhecidas*, a partir das quais podem ser computadas as *tensões* e as *deformações* necessárias. Uma vez obtida a resposta, esta deverá ser *cuidadosamente verificada*.

Estas diretrizes são incorporadas à metodologia de resolução de problemas SMART, na qual foram usados os passos de Estratégia, Modelagem, Análise e Refletir E Pensar. Você é encorajado a aplicar a metodologia SMART na solução de todos os problemas destacados a partir deste texto.

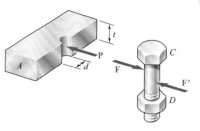

Fig. 1.45 Tensão de esmagamento a partir de uma força *P* e um parafuso de cisalhamento simples associado a ela.

Tensões em um corte oblíquo

Quando as tensões são criadas em um *corte oblíquo* em uma barra sob carga axial, ocorrem *tensões normais* e *de cisalhamento*. Designando por θ o ângulo formado pelo plano de corte com um plano normal (Fig. 1.46) e por A_0 a área de uma seção perpendicular ao eixo do componente, determinamos as expressões a seguir para a tensão normal σ e a tensão de cisalhamento τ no corte oblíquo:

$$\sigma = \frac{P}{A_0} \cos^2 \theta \qquad \tau = \frac{P}{A_0} \operatorname{sen} \theta \cos \theta \qquad (1.14)$$

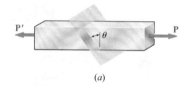

Fig. 1.46 Componente axialmente carregado com seção de corte oblíquo.

Observamos a partir dessas fórmulas que a tensão normal é máxima e igual a $\sigma_m = P/A_0$ para $\theta = 0$, enquanto a tensão de cisalhamento é máxima e igual a $\tau_m = P/2A_0$ para $\theta = 45°$. Notamos também que $\tau = 0$ quando $\theta = 0$, enquanto $\sigma = P/2A_0$ quando $\theta = 45°$.

Tensão sob carregamento geral

Considerando um pequeno cubo centrado em Q (Fig. 1.47), designamos por σ_x a tensão normal aplicada a uma face do cubo perpendicular ao eixo x, e por τ_{xy} e τ_{xz}, respectivamente, as componentes y e z da tensão de cisalhamento aplicada na mesma face do cubo. Repetindo esse procedimento para as outras duas faces do cubo e observando que $\tau_{xy} = \tau_{yx}$, $\tau_{yz} = \tau_{zy}$ e $\tau_{zx} = \tau_{xz}$, concluímos que são necessários *seis componentes de tensão* para definir o estado de tensão em um determinado ponto Q, a saber, σ_x, σ_y, σ_z, τ_{xy}, τ_{yz}, τ_{zx}.

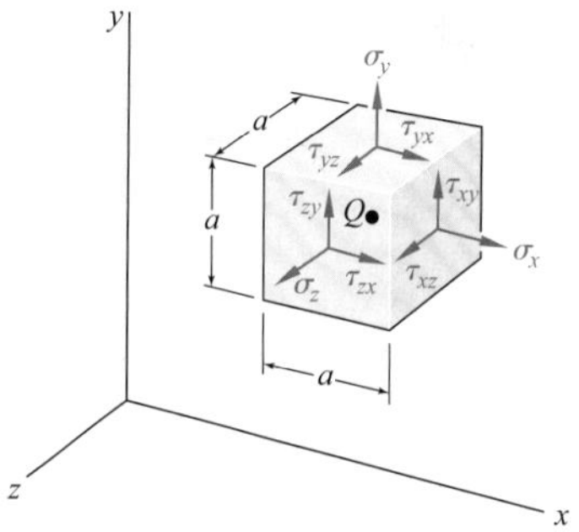

Fig. 1.47 Componentes de tensão positiva no ponto Q.

Coeficiente de segurança

A *carga-limite* de um componente estrutural ou componente de máquina é a carga com a qual se espera que o elemento ou componente venha a falhar: ela é calculada com base no valor do *limite de tensão* ou *limite de resistência* do material utilizado, conforme determinado por um teste de laboratório feito em corpo de prova daquele material. O limite de carga deverá ser consideravelmente maior que a *carga admissível*, isto é, a carga que o elemento ou componente poderá suportar sob condições normais.

A relação entre a carga-limite e a carga admissível é definida como *coeficiente de segurança*:

$$\text{Coeficiente de segurança} = C.S. = \frac{\text{carga-limite}}{\text{carga admissível}} \quad (1.25)$$

Coeficiente de projeto para carga e resistência

O *coeficiente de projeto para carga e resistência* permite ao engenheiro distinguir entre as incertezas associadas à estrutura e aquelas associadas à carga.

PROBLEMAS DE REVISÃO

1.59 No guindaste marítimo mostrado, sabe-se que a barra de conexão *CD* tem seção transversal constante de 50 × 150 mm. Para o carregamento mostrado, determine a tensão normal na porção central da barra de conexão.

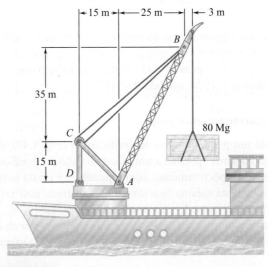

Fig. P1.59

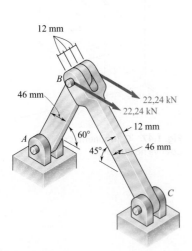

Fig. P1.60

1.60 Duas forças horizontais de 22,24 kN são aplicadas ao pino *B* do conjunto mostrado na figura. Sabendo que é utilizado um pino de 20,32 mm de diâmetro em cada conexão, determine o valor máximo da tensão normal média (*a*) na haste *AB* e (*b*) na haste *BC*.

1.61 Para a montagem e carregamento do Problema 1.60, determine (*a*) a tensão de cisalhamento média no pino *C*, (*b*) a tensão de esmagamento média em *C* no componente *BC* e (*c*) a tensão de esmagamento média em *B* no componente *BC*.

1.62 Duas hastes de latão AB e BC, de diâmetros constantes, serão conectadas por brasagem em B para formar uma haste não uniforme de comprimento total igual a 100 m que será suspensa por um apoio em A conforme mostrado. Sabendo que a densidade do latão é de 8470 kg/m³, determine (a) o comprimento da haste AB para a qual a tensão normal máxima em ABC é mínima, (b) o correspondente valor da máxima tensão normal.

1.63 O conjugado **M** de intensidade 1 500 N · m é aplicado à manivela de um motor. Para a posição mostrada, determine (a) a força **P** necessária para manter o sistema do motor em equilíbrio e (b) a tensão normal média na biela BC, que tem uma seção transversal uniforme de 450 mm².

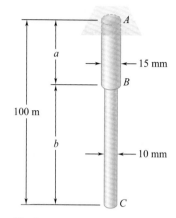

Fig. P1.62

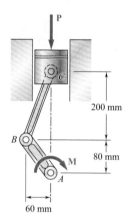

Fig. P1.63

1.64 A carga de 2000 lb pode ser deslocada ao longo da viga BD até qualquer posição entre os batentes em E e F. Sabendo que $\sigma_{adm} = 6$ ksi para o aço usado nas hastes AB e CD, determine onde os batentes devem ser colocados para que o movimento permitido da carga seja o maior possível.

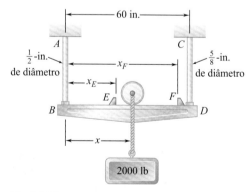

Fig. P1.64

1.65 Um aro em forma de losango de aço $ABCD$ com comprimento de 5 pés e com $\frac{3}{8}$ in. de diâmetro é colocado para envolver uma haste de alumínio AC com 1 in. de diâmetro, conforme mostra a figura.

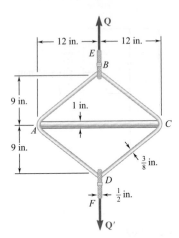

Fig. P1.65

São utilizados os cabos BE e DF, cada um com $\frac{1}{2}$ in. de diâmetro, para aplicar a carga **Q**. Sabendo que o limite de resistência do aço utilizado para o aro e os cabos é de 70 ksi e que o limite de resistência do alumínio utilizado na haste é 38 ksi, determine a máxima carga **Q** que pode ser aplicada quando um fator de segurança geral 3 é desejado.

1.66 Três forças, cada uma de intensidade $P = 4$ kN, são aplicadas ao mecanismo mostrado. Determine a área da seção transversal da parte uniforme da haste BE para a qual a tensão normal é de +100 MPa.

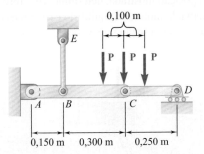

Fig. P1.66

1.67 A haste BC tem 6 mm de espessura e é feita de aço com limite de resistência à tração igual a 450 MPa. Qual deverá ser a sua largura w se a estrutura mostrada é projetada para uma carga P de 20 kN com um fator de segurança igual a 3?

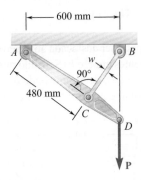

Fig. P1.67

1.68 Uma força **P** é aplicada a uma barra de aço encaixada dentro de um bloco de concreto, conforme mostra a figura. Determine o menor comprimento L para o qual pode ser desenvolvida a tensão normal admissível na barra. Expresse o resultado em termos do diâmetro d da barra, da tensão normal admissível σ_{adm} no aço e da tensão média de aderência τ_{adm} entre o concreto e a superfície cilíndrica da barra. (Despreze as tensões normais entre o concreto e a extremidade da barra.)

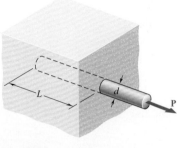

Fig. P1.68

1.69 As duas partes do elemento AB são coladas ao longo de um plano formando um ângulo θ com a horizontal. Sabendo que o limite de tensão para a junta colada é 17,24 MPa em tração e 8,96 MPa em cisalhamento, determine (*a*) o valor de θ para o qual o coeficiente de segurança do elemento seja máximo e (*b*) o valor correspondente do coeficiente de segurança. (*Dica*: equacione as expressões obtidas para os coeficientes de segurança respeitando a tensão normal e de cisalhamento.)

1.70 As duas partes do elemento *AB* são coladas ao longo de um plano formando um ângulo θ com a horizontal. Sabendo que o limite de tensão para a junta colada é de 17,2 MPa em tração e de 9 MPa em cisalhamento, determine o intervalo de valores de θ para o qual o coeficiente de segurança dos elementos seja pelo menos 3,0.

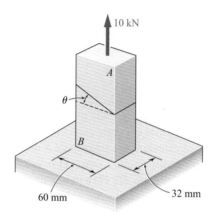

Fig. P1.69 e P1.70

PROBLEMAS PARA COMPUTADOR

Os problemas a seguir devem ser resolvidos no computador.

1.C1 Uma barra sólida de aço consistindo de *n* elementos cilíndricos soldados entre si é submetida ao carregamento indicado na figura. O diâmetro do elemento *i* é indicado por d_i e a carga aplicada em sua extremidade inferior, por $\mathbf{P}_i$, sendo a intensidade de P_i dessa carga considerada positiva se $\mathbf{P}_i$ estiver direcionada para baixo como mostra a figura e negativa em caso contrário. (*a*) Elabore um programa de computador que possa ser utilizado para determinar a tensão média em cada elemento da barra. (*b*) Utilize esse programa para resolver os Problemas 1.1 e 1.3.

Fig. P1.C1

1.C2 Uma carga de 20 kN é aplicada ao elemento horizontal *ABC*, conforme mostra a figura. O elemento *ABC* tem uma seção transversal retangular uniforme de 10 × 50 mm e é suportado por quatro vínculos verticais, cada um com seção transversal retangular uniforme de 8 × 36 mm. Cada um dos quatro pinos em *B*, *C*, *D* e *E* tem o mesmo diâmetro *d* e está em corte duplo. (*a*) Elabore um programa

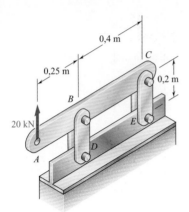

Fig. P1.C2

de computador para calcular para valores de d de 10 mm a 30 mm, utilizando incrementos de 1 mm, (1) o valor máximo da tensão normal média nos vínculos que conectam os pinos B e D, (2) a tensão normal média nos vínculos que conectam os pinos C e E, (3) a tensão de cisalhamento média no pino B, (4) a tensão de cisalhamento média no pino C, (5) a tensão de esmagamento média em B no elemento ABC e (6) a tensão de esmagamento média em C no elemento ABC. (b) Verifique o seu programa comparando os valores obtidos para $d = 16$ mm com as respostas dadas para os Problemas 1.7 e 1.27. (c) Utilize esse programa para determinar os valores admissíveis para o diâmetro d dos pinos, sabendo que os valores admissíveis para as tensões normal, de cisalhamento e de esmagamento para o aço utilizado são, respectivamente, 150 MPa, 90 MPa e 230 MPa. (d) Resolva a parte c considerando que a espessura do elemento ABC foi reduzida de 10 mm para 8 mm.

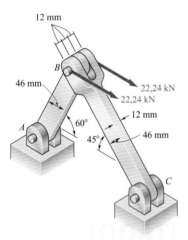

Fig. P1.C3

1.C3 Duas forças horizontais de 22,242 kN são aplicadas ao pino B do conjunto mostrado na figura. Cada um dos três pinos A, B e C tem o mesmo diâmetro d e está em corte duplo. (a) Elabore um programa de computador para calcular para valores de d de 12,7 mm a 38,1 mm, utilizando incrementos de 1,27 mm, (1) o valor máximo da tensão normal média no elemento AB, (2) a tensão normal média no elemento BC, (3) a tensão de cisalhamento média no pino A, (4) a tensão de cisalhamento média no pino C, (5) a tensão de esmagamento média em A no elemento AB, (6) a tensão de esmagamento média em C no elemento BC e (7) a tensão de esmagamento média em B no elemento BC. (b) Verifique o seu programa comparando os valores obtidos para $d = 20,32$ mm com as respostas dadas para os Problemas 1.60 e 1.61. (c) Utilize esse programa para encontrar os valores admissíveis para o diâmetro d dos pinos, sabendo que os valores admissíveis das tensões normal, de cisalhamento e de esmagamento para o aço utilizado são, respectivamente, 150 MPa, 90 MPa e 250 MPa. (d) Resolva a parte c supondo que um novo projeto esteja sendo investigado, no qual a espessura e largura dos dois elementos são alteradas, respectivamente, de 12 mm para 8 mm e de 45 mm para 60 mm.

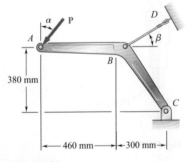

Fig. P1.C4

1.C4 Uma força **P** de 18 kN formando um ângulo α com a vertical é aplicada no elemento ABC, conforme mostra a figura. O elemento ABC é suportado por um pino e um suporte em C e por um cabo BD formando um ângulo β com a horizontal. (a) Sabendo que a carga-limite do cabo é 110 kN, elabore um programa de computador para fazer uma tabela dos valores do coeficiente de segurança do cabo para valores de α e β de 0 até 45°, utilizando incrementos em α e β correspondentes a incrementos de 0,1 na tan α e na tan β. (b) Verifique que, para um determinado valor de α, o valor máximo do coeficiente de segurança é obtido para $\beta = 38,66°$ e explique por quê. (c) Determine o menor valor possível do coeficiente de segurança para $\beta = 38,66°$, bem como o correspondente valor de α, e explique o resultado obtido.

1.C5 Uma carga **P** é suportada, conforme mostra a figura, por dois elementos de madeira de seção transversal retangular uniforme e unidos por uma junta colada. (*a*) Designando por σ_L e τ_L, respectivamente, o limite de resistência da junta em tração e em cisalhamento, elabore um programa de computador que, para valores de a, b, P, σ_L e τ_L e para valores de α de 5° a 85° em intervalos de 5°, possa ser utilizado para calcular (1) a tensão normal na junta, (2) a tensão de cisalhamento na junta, (3) o coeficiente de segurança relativo à falha em tração, (4) o coeficiente de segurança relativo à falha em cisalhamento e (5) o coeficiente de segurança global para a junta colada. (*b*) Aplique esse programa utilizando as dimensões e os carregamentos dos elementos dos Problemas 1.29 e 1.31, sabendo que σ_L = 1,034 MPa e τ_L = 1,476 MPa para a cola utilizada no Problema 1.29 e que σ_L = 1,26 MPa e τ_L = 1,50 MPa para a cola utilizada no Problema 1.31. (*c*) Verifique que em cada um dos dois casos a tensão de cisalhamento é máxima para $\alpha = 45°$.

Fig. P1.C5

1.C6 O elemento *ABC* é suportado por um pino e suporte em *A* e por duas barras, conectadas por pinos ao elemento em *B* e a um suporte fixo em *D*. (*a*) Elabore um programa de computador para calcular a carga P_{adm} para quaisquer valores dados de (1) o diâmetro d_1 do pino em *A*, (2) o diâmetro comum d_2 dos pinos em *B* e *D*, (3) o limite da tensão normal σ_L em cada uma das duas barras, (4) o limite da tensão de cisalhamento τ_L em cada um dos três pinos e (5) o coeficiente de segurança global desejado C.S. (*b*) O seu programa deverá também indicar qual das três tensões é crítica: a tensão normal nas barras, a tensão de cisalhamento no pino em *A* ou a tensão de cisalhamento nos pinos em *B* e *D*. Verifique o seu programa utilizando os dados dos Problemas 1.55 e 1.56, respectivamente, e compare as respostas obtidas para P_{adm} com aquelas dadas no texto. (*d*) Utilize o seu programa para determinar a carga admissível P_{adm}, bem como quais as tensões que são críticas, quando $d_1 = d_2 = 15$ mm, $\sigma_L = 110$ MPa para as barras de alumínio, $\sigma_L = 100$ MPa para pinos de aço e C.S. = 3,2.

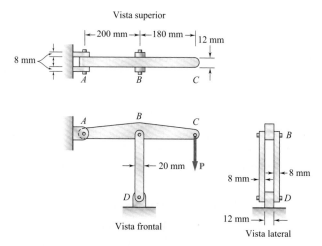

Fig. P1.C6

2
Tensão e deformação – Carregamento axial

Este capítulo considera as deformações que ocorrem em elementos submetidos a carregamento axial. No projeto da ponte estaiada, leva-se em conta cuidadosamente a mudança de comprimento dos estais em diagonal.

OBJETIVOS

Neste capítulo, vamos:

- **Apresentar** o conceito de deformação.
- **Discutir** a relação entre tensão e deformação em diferentes materiais.
- **Determinar** a deformação de elementos estruturais sob carregamento axial.
- **Apresentar** a lei de Hooke e o módulo de elasticidade.
- **Discutir** o conceito de deformação transversal e o coeficiente de Poisson.
- **Utilizar** as deformações para resolver problemas indeterminados.
- **Definir** o princípio de Saint-Venant e a distribuição de tensões.
- **Recapitular** a concentração de tensões e como elas são consideradas em projeto.
- **Definir** a diferença entre comportamento elástico e plástico por meio da discussão sobre condições como o limite elástico, a deformação plástica e as tensões residuais.
- **Examinar** tópicos específicos relacionados aos materiais compósitos reforçados por fibras, fadiga e carregamento multiaxial.

Introdução

Um aspecto importante da análise e do projeto de estruturas relaciona-se com as *deformações* produzidas pelas cargas aplicadas a uma estrutura. A análise das deformações é importante para se evitar deformações grandes o suficiente que possam impedir a estrutura de atender à finalidade para a qual ela foi destinada, mas essa análise também pode nos ajudar na determinação das tensões. Sem dúvida, nem sempre é possível determinar as forças nos componentes de uma estrutura aplicando-se somente os princípios da estática; isso porque a estática é baseada na hipótese de estruturas rígidas e indeformáveis. Considerando as estruturas de engenharia *deformáveis* e analisando as deformações em seus vários componentes, poderemos calcular as forças *estaticamente indeterminadas*. A distribuição das tensões dentro de um componente é estatisticamente indeterminada, mesmo quando a força naquele componente é conhecida.

Neste capítulo, vamos considerar as deformações de um componente estrutural, como uma haste, barra ou placa, sob *carregamento axial*. Primeiramente, a *deformação específica normal* ϵ em um componente será definida como a *deformação do componente por unidade de comprimento*. Construindo um gráfico da tensão σ em função da deformação específica ϵ, à medida que aumentarmos a carga aplicada ao componente, obteremos um *diagrama tensão-deformação específica* para o material utilizado. Por meio desse diagrama podemos determinar algumas propriedades importantes do material, como seu *módulo de elasticidade*, e se o material é *dúctil* ou *frágil*. Você verá também que, embora o comportamento da maioria dos materiais seja independente da direção na qual a carga é aplicada, a resposta de materiais compósitos reforçados com fibras depende da direção da carga.

Por meio do diagrama tensão-deformação específica, podemos também determinar se as deformações no corpo de prova desaparecerão depois de a carga ser removida (neste caso, dizemos que o material tem comportamento *elástico*) ou se haverá uma *deformação permanente* ou *deformação plástica*.

Examinaremos o fenômeno da *fadiga*, que faz com que os componentes de uma estrutura ou máquina venham a falhar após um número muito grande de cargas repetidas, mesmo que as tensões permaneçam na região elástica.

Nas Seções 2.2 e 2.3, serão considerados os *problemas estaticamente indeterminados*, isto é, problemas nos quais as reações e as forças internas *não podem* ser determinadas apenas pela estática. As equações de equilíbrio derivadas do diagrama de corpo livre do componente devem ser complementadas por relações que envolvem deformações; essas relações serão obtidas da geometria do problema.

Nas Seções 2.4 a 2.8, serão introduzidas constantes adicionais associadas com materiais isotrópicos — isto é, materiais com características mecânicas independentes da direção. Elas incluem o *coeficiente de Poisson*, que relaciona deformação lateral e axial, o *módulo de compressibilidade volumétrica*, que caracteriza a variação do volume de um material sob pressão hidrostática, e o *módulo de elasticidade transversal*, que relaciona componentes de tensão de cisalhamento e deformação específica de cisalhamento. Vamos determinar também as relações tensão-deformação específica para um material isotrópico sob um carregamento multiaxial.

Serão desenvolvidas relações tensão-deformação específica que envolvem vários valores distintos do módulo de elasticidade, do coeficiente de Poisson e do módulo de elasticidade transversal, para materiais compósitos reforçados com fibras submetidos a carregamento multiaxial. Embora esses materiais sejam não isotrópicos, geralmente apresentam propriedades especiais, conhecidas como propriedades *ortotrópicas*, que facilitam seu estudo.

Introdução

- **2.1** Apresentação da tensão e da deformação
- **2.1.1** Deformação específica normal sob carregamento axial
- **2.1.2** Diagrama tensão-deformação
- ***2.1.3** Tensões e deformações específicas verdadeiras
- **2.1.4** Lei de Hooke; módulo de elasticidade
- **2.1.5** Comportamento elástico e comportamento plástico de um material
- **2.1.6** Carregamentos repetidos e fadiga
- **2.1.7** Deformações de elementos sob carregamento axial
- **2.2** Problemas estaticamente indeterminados
- **2.3** Problemas que envolvem mudanças de temperatura
- **2.4** Coeficiente de Poisson
- **2.5** Carregamento multiaxial: lei de Hooke generalizada
- ***2.6** Dilatação e módulo de compressibilidade volumétrica
- **2.7** Deformação de cisalhamento
- **2.8** Outras discussões sobre deformação sob carregamento axial; relação entre E, ν e G
- ***2.9** Relações de tensão-deformação para materiais compósitos reforçados com fibras
- **2.10** Distribuição de tensão e deformação específica sob carregamento axial: princípio de Saint-Venant
- **2.11** Concentrações de tensão
- **2.12** Deformações plásticas
- ***2.13** Tensões residuais

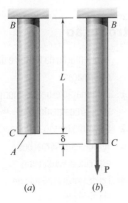

Fig. 2.1 Barra axialmente carregada não deformada e deformada.

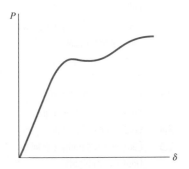

Fig. 2.2 Diagrama força-deformação.

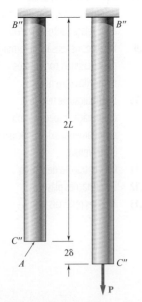

Fig. 2.4 A deformação é duplicada quando o comprimento da barra é duplicado, com a manutenção da força **P** e da área de seção transversal A.

No Capítulo 1, as tensões foram consideradas uniformemente distribuídas em determinada seção transversal; também supõe-se que elas permaneçam dentro da região elástica. A validade da primeira hipótese é discutida na Seção 2.10, enquanto *concentrações de tensões* próximas a furos circulares e adoçamentos em placas são consideradas na Seção 2.11. As Seções 2.12 e 2.13 dedicam-se à discussão das tensões e deformações em componentes feitos com um material dúctil quando o ponto de escoamento do material é excedido. Veremos, também, que dessas condições de carregamento resultam *deformações plásticas* permanentes e *tensões residuais*.

2.1 APRESENTAÇÃO DA TENSÃO E DA DEFORMAÇÃO

2.1.1 Deformação específica normal sob carregamento axial

Vamos considerar uma barra BC, de comprimento L e com seção transversal uniforme de área A, que está suspensa em B (Fig. 2.1a). Se aplicarmos uma força **P** à extremidade C, a barra se alonga (Fig. 2.1b). Construindo um gráfico com os valores da intensidade P da força em função da deformação δ (letra grega delta), obtemos determinado diagrama força-deformação (Fig. 2.2). Embora esse diagrama contenha informações úteis para a análise da barra em consideração, ele não pode ser utilizado diretamente para prever a deformação de uma barra do mesmo material mas com dimensões diferentes. De fato, observamos que, se uma deformação δ é produzida em uma barra BC por uma força **P**, é necessária uma força $2\mathbf{P}$ para provocar a mesma deformação em uma barra $B'C'$ de mesmo comprimento L, mas com uma área de seção transversal igual a $2A$ (Fig. 2.3). Notamos que, em ambos os casos, o valor da tensão é o mesmo: $\sigma = P/A$. Em contrapartida, uma força **P** aplicada a uma barra $B''C''$, com a mesma seção transversal de área A, mas com comprimento $2L$, provoca uma deformação 2δ naquela barra (Fig. 2.4), isto é, uma deformação duas vezes maior do que a deformação δ que ela produz na barra BC. Contudo, em ambos os casos, a relação entre a deformação e o comprimento da barra é a mesma; ela é igual a δ/L. Essa observação nos leva ao conceito de *deformação específica*: definimos *deformação específica normal* em uma barra sob carregamento axial como a *deformação por unidade de comprimento* da barra. Designando a deformação específica normal por ϵ (letra grega epsilon), temos

$$\epsilon = \frac{\delta}{L} \qquad (2.1)$$

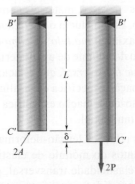

Fig. 2.3 O dobro da força é necessário para obter a mesma deformação δ quando a área de seção transversal é duplicada.

Construindo o gráfico da tensão $\sigma = P/A$ em função da deformação específica $\epsilon = \delta/L$, obtemos uma curva característica das propriedades do material que não depende das dimensões do corpo de prova utilizado. Essa curva é chamada de *diagrama tensão-deformação*.

Como a barra BC da Fig. 2.1 considerada na discussão anterior tinha uma seção transversal uniforme de área A, poderíamos supor que a tensão normal σ tem um valor constante igual a P/A por toda a barra. Assim, seria apropriado definir a deformação específica ϵ como a relação entre a deformação total δ sobre o comprimento total L da barra. No caso de um elemento com seção transversal de área A variável, a tensão normal $\sigma = P/A$ também varia ao longo do elemento, e é necessário definir a deformação específica em determinado ponto Q considerando um pequeno elemento de comprimento não deformado Δx (Fig. 2.5). Designando por $\Delta\delta$ a deformação do elemento sob determinado carregamento, definimos a *deformação específica normal no ponto Q* como

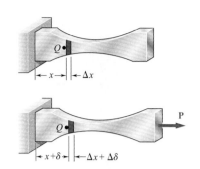

Fig. 2.5 Deformação de um componente axialmente carregado de área de seção transversal variável.

$$\epsilon = \lim_{\Delta x \to 0} \frac{\Delta\delta}{\Delta x} = \frac{d\delta}{dx} \qquad (2.2)$$

Como a deformação e o comprimento são expressos nas mesmas unidades, a deformação específica normal ϵ obtida dividindo-se δ por L (ou $d\delta$ por dx) é uma *quantidade adimensional*. Assim, obtemos o mesmo valor numérico para a deformação específica normal em determinado componente, independentemente de usarmos o sistema de unidades métrico SI ou o sistema inglês. Considere, por exemplo, uma barra de comprimento $L= 0{,}600$ m com seção transversal uniforme, que sofre uma deformação $\delta = 150 \times 10^{-6}$ m. A deformação específica correspondente é

$$\epsilon = \frac{\delta}{L} = \frac{150 \times 10^{-6} \text{ m}}{0{,}600 \text{ m}} = 250 \times 10^{-6} \text{ m/m} = 250 \times 10^{-6}$$

Note que a deformação poderia ter sido expressa em micrômetro: $\delta = 150\ \mu$m. e a resposta escrita em micros (μ) é:

$$\epsilon = \frac{\delta}{L} = \frac{150\ \mu\text{m}}{0{,}600 \text{ m}} = 250\ \mu\text{m/m} = 250\ \mu$$

Quando utilizamos o sistema norte-americano, o comprimento e a deformação da mesma barra são, respectivamente, $L = 23{,}6$ pol e $\delta = 5{,}91 \times 10^{-3}$ pol. A deformação específica correspondente é

$$\epsilon = \frac{\delta}{L} = \frac{5{,}91 \times 10^{-3} \text{ pol}}{23{,}6 \text{ pol}} = 250 \times 10^{-6} \text{ pol/pol}$$

que é o mesmo valor que encontramos usando as unidades SI. No entanto, usualmente, quando os comprimentos e deformações são expressos em polegadas ou micropolegadas (μpol), costuma-se manter as unidades originais na expressão obtida para a deformação específica. Em nosso exemplo, a deformação específica seria escrita como $\epsilon = 250 \times 10^{-6}$ pol/pol ou, alternativamente, como $\epsilon = 250\ \mu$pol/pol.

2.1.2 Diagrama tensão-deformação

Ensaio de tração. Para obter o diagrama tensão-deformação de um material, geralmente se executa um *ensaio de tração* em um corpo de prova do material. A Foto 2.1 mostra um tipo de corpo de prova usual. A área da seção

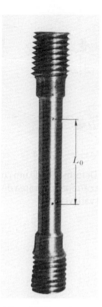

Foto 2.1 Tipo de corpo de prova comum em ensaios de tração. O comprimento de referência sem deformação é L_0.
Cortesia de John DeWolf

transversal da parte central cilíndrica do corpo de prova foi determinada com precisão e foram feitas duas marcas de referência naquela parte a uma distância L_0 uma da outra. A distância L_0 é conhecida como *comprimento de referência* do corpo de prova.

O corpo de prova é então colocado em uma máquina de ensaio (Foto 2.2), utilizada para aplicar uma carga centrada **P**. À medida que a carga **P** aumenta, a distância L entre as duas marcas de referência também aumenta (Foto 2.3). A distância L é medida com um extensômetro, e o alongamento $\delta = L - L_0$ é registrado para cada valor de P. Em geral usa-se simultaneamente um segundo extensômetro para medir e registrar a alteração no diâmetro do corpo de prova. Para cada par de leituras P e δ é calculada a tensão σ

$$\sigma = \frac{P}{A_0} \qquad (2.3)$$

e a deformação específica ϵ é obtida

$$\epsilon = \frac{\delta}{L_0} \qquad (2.4)$$

O diagrama tensão-deformação pode então ser obtido colocando-se ϵ como abscissa e σ como ordenada.

Os diagramas tensão-deformação dos materiais variam muito, e ensaios de tração diferentes executados com o mesmo material podem produzir resultados diferentes, dependendo da temperatura do corpo de prova e da velocidade de aplicação da carga. No entanto, é possível distinguir algumas características comuns entre os diagramas tensão-deformação de vários grupos de materiais e, assim, dividir os materiais em duas categorias principais com base nessas características, ou seja, materiais *dúcteis* e materiais *frágeis*.

Foto 2.3 Corpo de prova alongado em ensaio de tração, submetido à carga **P** e com comprimento deformado $L > L_0$.
Cortesia de John DeWolf

Foto 2.2 Máquina universal de ensaios utilizada para ensaios de tração em um corpo de prova. Cortesia de Tinius Olsen Testing Machine Co., Inc.

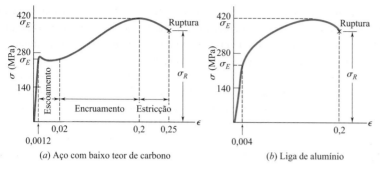

Fig. 2.6 Diagramas tensão-deformação de dois materiais dúcteis típicos.

Os materiais dúcteis, como o aço estrutural e as ligas de muitos outros metais, são caracterizados por sua capacidade de *escoar* na temperatura ambiente. À medida que o corpo de prova é submetido a uma carga crescente, seu comprimento aumenta linearmente a uma taxa muito baixa, inicialmente. Assim, a parte inicial do diagrama tensão-deformação é uma linha reta com inclinação bastante acentuada (Fig. 2.6). No entanto, após alcançar um valor crítico de tensão σ_E, o corpo de prova sofre uma grande deformação com aumento relativamente pequeno da carga aplicada. Essa deformação é provocada por deslizamento do material ao longo de superfícies oblíquas e se deve, portanto, primeiro às tensões de cisalhamento. Depois de alcançar um certo valor máximo da carga, o diâmetro de uma parte do corpo de prova começa a diminuir, em razão da instabilidade local (Foto 2.4a). Esse fenômeno é conhecido como *estricção*. Depois de iniciada a estricção, cargas mais baixas são suficientes para manter o corpo de prova alongando, até que finalmente se rompa (Fig. 2.4b). Notamos que a ruptura ocorre ao longo de uma superfície cônica que forma um ângulo de aproximadamente 45° com a superfície original do corpo de prova. Isso indica que o cisalhamento é o principal responsável pela falha dos materiais dúcteis, e confirma o fato de que, sob uma carga axial, as tensões de cisalhamento são maiores nos planos que formam um ângulo de 45° com a carga (ver Seção 1.3). Podemos notar pela Fig. 2.6 que o alongamento do corpo de prova após o início do escoamento pode ser até 200 vezes maior do que aquele observado no início do escoamento. A tensão σ_E, na qual o escoamento é iniciado, é chamada de *resistência ao escoamento* do material; a tensão σ_L correspondente à carga máxima aplicada ao corpo de prova é conhecida como *limite de resistência*; e a tensão σ_R, correspondente à ruptura, é chamada de *resistência à ruptura*.

Materiais frágeis, que incluem ferro fundido, vidro e pedra, são caracterizados pelo fato de que a ruptura ocorre sem nenhuma mudança prévia notável na taxa de alongamento (Fig. 2.7). Para os materiais frágeis, não há diferença entre o limite de resistência e a resistência à ruptura. E, também, a deformação no instante da ruptura é muito menor para materiais frágeis que para materiais dúcteis. Na Foto 2.5, notamos a falta de estricção no corpo de prova no caso de um material frágil, e que a ruptura ocorre ao longo de uma superfície perpendicular à carga. Concluímos dessa observação que as tensões normais são as principais responsáveis pela falha de materiais frágeis.[†]

Foto 2.4 Corpos de prova de materiais dúcteis ensaiados: (a) com estricção na seção transversal; (b) rompido.
Cortesia de John DeWolf

[†] Presume-se que os ensaios de tração descritos nesta seção sejam executados na temperatura ambiente. No entanto, um material dúctil na temperatura ambiente pode apresentar as características de um material frágil a temperaturas muito baixas, ao passo que um material normalmente frágil pode se comportar de maneira dúctil a temperaturas muito altas. Portanto, em temperaturas que não a ambiente, podemos nos referir a um *material em estado dúctil* ou a um *material em estado frágil*, em vez de dizer que o material é dúctil ou frágil.

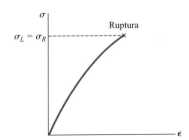

Fig. 2.7 Diagrama tensão-deformação para um material frágil típico.

Foto 2.5 Corpo de prova de material frágil rompido. Cortesia de John DeWolf

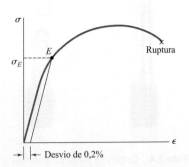

Fig. 2.8 Determinação da resistência ao escoamento por meio do método de desvio de 0,2%.

Os diagramas tensão-deformação da Fig. 2.6 mostram que o aço estrutural e o alumínio, embora sejam dúcteis, têm diferentes características de escoamento. No caso do aço estrutural (Fig. 2.6a), a tensão permanece constante em um grande intervalo de valores da deformação após o início do escoamento. Depois a tensão tem de ser aumentada para manter o corpo de prova se alongando, até ser atingido o máximo valor de σ_L. Isso se dá em razão de uma propriedade do material conhecida como *encruamento*. A *resistência ao escoamento* do aço estrutural pode ser determinada durante o ensaio de tração observando-se a carga indicada no mostrador da máquina de ensaio. Após um aumento constante, observa-se que a carga cai subitamente para um valor ligeiramente inferior, mantido por um certo período enquanto o corpo de prova continua se alongando. Em um ensaio executado cuidadosamente, é possível distinguir entre o *ponto de escoamento superior*, que corresponde à carga atingida imediatamente antes do início do escoamento, e o *ponto de escoamento inferior*, que corresponde à carga necessária para manter o escoamento. Como o ponto de escoamento superior é transitório, deve ser utilizado o ponto de escoamento inferior para determinar a resistência ao escoamento do material.

No caso do alumínio (Fig. 2.6b) e de muitos outros materiais dúcteis, a tensão continua aumentando, embora não linearmente, até ser alcançado o limite de resistência. Começa então a estricção, que leva eventualmente à ruptura. Para esses materiais, a resistência ao escoamento σ_E pode ser definida pelo método do desvio. A resistência ao escoamento para um desvio de 0,2%, por exemplo, é obtida traçando-se através do ponto do eixo horizontal de abcissa $\epsilon = 0{,}2\%$ (ou $\epsilon = 0{,}002$) uma linha paralela à parte reta inicial da curva do diagrama tensão-deformação (Fig. 2.8). A tensão σ_E corresponde ao ponto E obtido dessa maneira e é definida como a resistência ao escoamento a 0,2% da origem.

Uma medida-padrão da ductilidade de um material é sua *deformação percentual*, definida como

$$\text{Deformação percentual} = 100\frac{L_R - L_0}{L_0}$$

em que L_0 e L_R são, respectivamente, o comprimento inicial do corpo de prova e seu comprimento final na ruptura. O alongamento mínimo especificado para um comprimento de referência de 50 mm, usualmente empregado para aços com resistência ao escoamento de até 345 MPa, é 21%. Isso significa que a deformação média na ruptura deverá ser de pelo menos 0,21 mm/mm.

Outra medida da ductilidade, às vezes usada, é a *redução percentual da área*, definida como

$$\text{Redução percentual da área} = 100\frac{A_0 - A_R}{A_0}$$

em que A_0 e A_R são, respectivamente, a área da seção transversal inicial do corpo de prova e sua área de seção transversal mínima na ruptura. Para o aço estrutural, reduções percentuais em área de 60 a 70% são comuns.

Ensaio de compressão. Se um corpo de prova feito de um material dúctil fosse submetido a uma carga de compressão em lugar de tração, a curva tensão-deformação específica obtida seria essencialmente a mesma em sua parte inicial reta e no início da parte correspondente ao escoamento e encruamento. É particularmente notável o fato de que, para determinado aço, a resistência ao escoamento é a mesma tanto na tração como na compressão. Para valores maiores de deformação específica, as curvas tensão-deformação na tração e na compressão divergem, e deve-se notar que a estricção não pode ocorrer na compressão. Para muitos materiais frágeis, sabe-se que o limite de resistência de compressão é muito maior que o limite de resistência de tração. Isso se deve à presença de falhas, como trincas microscópicas ou cavidades, que tendem a enfraquecer o material na tração, embora não afete significativamente sua resistência à falha em compressão.

Um exemplo de material frágil com propriedades diferentes na tração e na compressão é o *concreto*, cujo diagrama tensão-deformação é mostrado na Fig. 2.9. No lado da tração do diagrama, observamos primeiro uma região elástico-linear na qual a deformação é proporcional à tensão. Depois de ter alcançado o ponto de escoamento, a deformação aumenta mais rápido do que a tensão até ocorrer a ruptura. O comportamento do material na compressão é diferente. Primeiro, a região elástico-linear é significativamente maior. Segundo, não ocorre a ruptura quando a tensão alcança seu valor máximo. Em vez disso, a tensão diminui em intensidade enquanto a deformação continua aumentando até ocorrer a ruptura. Note que o módulo de elasticidade, representado pela inclinação da curva tensão-deformação em sua parte linear, é o mesmo na tração e na compressão. Isso vale para a maioria dos materiais frágeis.

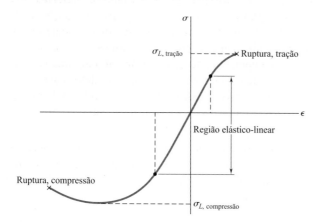

Fig. 2.9 Diagrama tensão-deformação para o concreto mostra a diferença entre as respostas à tração e à compressão.

*2.1.3 Tensões e deformações específicas verdadeiras

Recordamos que a tensão representada nos diagramas das Figuras 2.6 e 2.7 foi obtida dividindo-se a força P pela área A_0 da seção transversal do corpo de prova. Esta área foi medida antes de ocorrer qualquer deformação. Como a área da seção transversal do corpo de prova diminui à medida que P aumenta, o gráfico da tensão indicada em nossos diagramas não representa a tensão verdadeira no corpo de prova. A diferença entre a *tensão de engenharia* $\sigma = P/A_0$, já calculada, e a *tensão verdadeira* $\sigma_v = P/A$, obtida dividindo-se P pela área A da seção transversal do corpo de prova deformado, torna-se visível em materiais dúcteis após o início do escoamento. Embora a tensão de engenharia σ, que é diretamente proporcional à força P, diminua com P durante a fase de estricção, observa-se que a tensão verdadeira σ_v, que é proporcional a P mas também inversamente proporcional a A, continua aumentando até ocorrer a ruptura do corpo de prova.

Para a *deformação específica de engenharia* $\epsilon = \delta/L_0$, em vez de usar o alongamento total δ e o valor original L_0 do comprimento de referência, muitos cientistas usam todos os valores sucessivos de L que registraram.

Dividindo cada incremento ΔL da distância entre as marcas de referência pelo valor correspondente de L, obtêm uma deformação específica elementar $\Delta \epsilon = \Delta L/L$. Somando os valores sucessivos de $\Delta \epsilon$, definem a *deformação específica verdadeira* ϵ_v:

$$\epsilon_v = \Sigma \Delta \epsilon = \Sigma(\Delta L/L)$$

Substituindo a somatória pela integral, pode-se também expressar a deformação específica verdadeira da seguinte forma:

$$\epsilon_v = \int_{L_0}^{L} \frac{dL}{L} = \ln \frac{L}{L_0} \qquad (2.5)$$

O diagrama obtido construindo-se o gráfico da tensão verdadeira em função da deformação específica verdadeira (Fig. 2.10) reflete mais precisamente o comportamento do material. Conforme já vimos, não há decréscimo na tensão verdadeira durante a fase de estricção. Além disso, os resultados obtidos dos ensaios de tração e de compressão resultarão essencialmente no mesmo gráfico quando utilizadas a tensão verdadeira e a deformação específica verdadeira. Este não é o caso para grandes valores de deformação específica quando se utiliza o gráfico da tensão de engenharia em função da deformação específica de engenharia. No entanto, os engenheiros, cuja responsabilidade é determinar se uma carga P produzirá tensões e deformações aceitáveis em determinado componente, desejarão usar um diagrama baseado nas Eqs (2.3) e (2.4) tensão de engenharia $\sigma = P/A_0$ e na deformação específica de engenharia $\epsilon = \delta/L_0$, visto que essas expressões envolvem dados que eles têm disponíveis, ou seja, a área A_0 da seção transversal e o comprimento L_0 do componente em seu estado não deformado.

Conforme podemos notar nos diagramas tensão-deformação de dois materiais dúcteis típicos (Foto 2.4b), o alongamento do corpo de prova após o início do escoamento pode ser até 200 vezes maior do que àquele observado no início do escoamento.

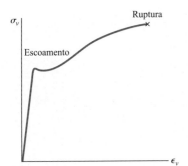

Fig. 2.10 Tensão verdadeira em função da deformação específica verdadeira para um material dúctil típico.

2.1.4 Lei de Hooke; módulo de elasticidade

Módulo de elasticidade. Muitas estruturas em engenharia são projetadas para sofrer deformações relativamente pequenas, que envolvem somente a parte reta do correspondente diagrama tensão-deformação. Para essa parte inicial do diagrama (p.ex.: $\sigma = 0$ a 0,0012 do material mostrado na Fig. 2.6), a tensão σ é diretamente proporcional à deformação específica ϵ, e podemos escrever

$$\sigma = E \epsilon \qquad (2.6)$$

Essa relação é conhecida como *lei de Hooke*, em homenagem ao matemático inglês Robert Hooke (1635-1703), cientista inglês e um dos fundadores da mecânica aplicada. O coeficiente E é chamado de *módulo de elasticidade* do material envolvido, ou também *módulo de Young*, em homenagem ao cientista inglês Thomas Young (1773-1829). Como a deformação específica ϵ é uma quantidade adimensional, o módulo E é expresso nas mesmas unidades da tensão σ, ou seja, em pascal ou em um de seus múltiplos se forem utilizadas unidades do SI, e em psi ou ksi se forem utilizadas unidades do sistema norte-americano de unidades.

O maior valor da tensão para o qual a lei de Hooke pode ser utilizada para determinado material é conhecido como o *limite de proporcionalidade* daquele material. No caso dos materiais dúcteis que possuem um ponto de escoamento bem definido, como na Fig. 2.6a, o limite de proporcionalidade quase coincide com o ponto de escoamento. Para outros materiais, o limite de proporcionalidade não pode ser definido tão facilmente, visto que é difícil determinar com precisão o valor da tensão σ para o qual a relação entre σ e ϵ deixa de ser linear. Contudo, em razão dessa dificuldade, podemos concluir para esses materiais que o uso da lei de Hooke para valores de tensão ligeiramente maiores que o limite proporcional real não resultará em um erro significativo.

Algumas das propriedades físicas dos metais estruturais, como resistência, ductilidade e resistência à corrosão, podem ser muito afetadas pela inclusão de elementos de liga, tratamento térmico e processos de fabricação utilizados. Por exemplo, observamos com base nos diagramas tensão-deformação do ferro puro e de três diferentes tipos de aço (Fig. 2.11) que existem grandes variações na resistência ao escoamento, limite de resistência e deformação específica final (ductilidade) entre esses quatro metais. No entanto, todos eles possuem o mesmo módulo de elasticidade; em outras palavras, a "rigidez", ou capacidade em resistir a deformações dentro da região linear é a mesma. Portanto, se for usado um aço de alta resistência em lugar de um aço de baixa resistência em determinada estrutura, e se todas as dimensões forem mantidas com os mesmos valores, a estrutura terá uma capacidade de carga maior, mas sua rigidez permanecerá inalterada.

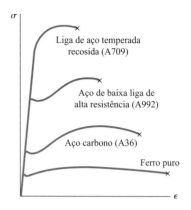

Fig. 2.11 Diagramas tensão-deformação para o ferro e diferentes tipos de aço.

Para cada um dos materiais considerados até agora, a relação entre tensão normal e deformação específica normal, $\sigma = E\epsilon$, é independente da direção de carregamento. Isso porque as propriedades mecânicas de cada material, incluindo seu módulo de elasticidade E, são independentes da direção considerada. Dizemos que esses materiais são *isotrópicos*. Materiais cujas propriedades dependem da direção considerada são chamados de *anisotrópicos*.

Materiais compósitos reforçados com fibras. Uma classe importante de materiais anisotrópicos consiste em *materiais compósitos reforçados com fibras*. Esses materiais compósitos são obtidos incorporando-se fibras de um material resistente e rígido em um material mais fraco e menos rígido, chamado de *matriz*. Materiais típicos utilizados como fibras são carbono, vidro e polímeros, enquanto vários tipos de resinas são utilizados como matriz. A Fig. 2.12 mostra uma camada, ou *lâmina*, de um material compósito que consiste em uma grande quantidade de fibras paralelas embutidas em uma matriz. Uma força axial aplicada à lamina ao longo do eixo x, ou seja, em uma direção paralela às fibras, provocará uma tensão normal σ_x na lâmina e uma deformação específica normal ϵ_x correspondente. A lei de Hooke estará satisfeita à medida que a carga aumenta, desde que não seja ultrapassado o limite elástico do material da lâmina. Analogamente, se forças axiais forem aplicadas ao longo dos eixos y e z, ou seja, em direções perpendiculares às fibras, tensões normais σ_y e σ_z, respectivamente, serão criadas como, também, as respectivas deformações específicas normais ϵ_y e ϵ_z sempre satisfazendo à lei de Hooke. No entanto, os módulos de elasticidade E_x, E_y e E_z correspondentes, respectivamente, a cada um dos carregamentos acima, serão diferentes. Em virtude de as fibras serem paralelas ao eixo x, a lâmina oferecerá uma resistência à deformação muito maior a uma força direcionada ao longo do eixo x que a uma força direcionada ao longo dos eixos y ou z. Portanto, E_x será muito maior que E_y ou E_z.

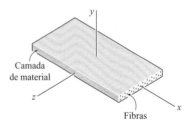

Fig. 2.12 Camada de material compósito reforçado com fibras.

Um plano *laminado* é obtido superpondo-se uma quantidade de placas ou lâminas. Se o laminado for submetido somente a uma força axial provocando tração, as fibras em todas as camadas deverão ter a mesma orientação da força para se obter a maior resistência possível. Contudo, se o laminado estiver em compressão, o material da matriz pode não ser suficientemente forte para evitar a dobra ou a flambagem das fibras. A estabilidade lateral do laminado pode ser então aumentada posicionando-se algumas das camadas de maneira que suas fibras fiquem perpendiculares à força. Posicionando algumas camadas de modo que suas fibras fiquem orientadas a 30°, 45° ou 60° em relação à força, pode-se também aumentar a resistência do laminado ao cisalhamento no plano. Os materiais compósitos reforçados com fibras serão discutidos em mais detalhes na Seção 2.9, na qual será considerado seu comportamento sob carregamentos multiaxiais.

2.1.5 Comportamento elástico e comportamento plástico de um material

Se as deformações específicas provocadas em um corpo de prova pela aplicação de determinada força desaparecem quando a força é removida, dizemos que o material se comporta *elasticamente*. O maior valor da tensão para o qual o material comporta-se elasticamente é chamado de *limite elástico* do material.

Se o material tem um ponto de escoamento bem definido, como na Fig. 2.6a, o limite elástico, o limite de proporcionalidade e o ponto de escoamento são essencialmente iguais. Em outras palavras, o material comporta-se elástica e linearmente desde que a tensão seja mantida abaixo do ponto de escoamento. No entanto, se for atingido o ponto de escoamento, ele deve ocorrer conforme descrito na Seção 2.1.2, e quando a força é removida, a tensão e a deformação específica diminuem de forma linear, ao longo de uma linha CD paralela à parte reta AB da curva de carregamento (Fig. 2.13). O fato de ϵ não retornar a zero depois de a força ter sido removida indica que ocorreram *deformações permanentes* ou *plásticas*. Para muitos materiais, a deformação plástica não depende somente do valor máximo atingido pela tensão, mas também do tempo decorrido até que o carregamento seja removido. A parte da deformação plástica que depende da tensão é conhecida como *escorregamento*, e a parte que depende do tempo, que também é influenciada pela temperatura, é conhecida como *fluência*.

Quando um material não possui um ponto de escoamento bem definido, o limite elástico não pode ser determinado com precisão. No entanto, supor o limite elástico igual à resistência ao escoamento conforme definido pelo método do desvio (Seção 2.1.2) resulta apenas em um pequeno erro. Sem dúvida, examinando a Fig. 2.8, notamos que a parte reta utilizada para determinar o ponto E também representa a curva de descarregamento depois de ter alcançado a máxima tensão σ_E. Embora o material não se comporte de forma verdadeiramente elástica, a deformação plástica resultante é tão pequena quanto o desvio selecionado.

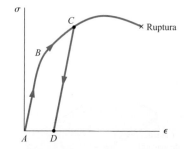

Fig. 2.13 Resposta tensão-deformação de material dúctil carregado depois de escoamento e descarregado.

Se o corpo de prova for carregado e descarregado (Fig. 2.14) e carregado novamente, a nova curva de carregamento seguirá bem próxima à curva de descarregamento até quase chegar ao ponto C; então ela virará para a direita e se conectará com a porção curvada do diagrama tensão-deformação original. Observe que a parte reta da nova curva de carregamento é mais longa do que a parte correspondente da curva inicial. Assim, o limite de proporcionalidade e o limite elástico aumentaram em consequência do encruamento que ocorreu durante o carregamento anterior do corpo de prova. No entanto, como o ponto de ruptura R se manteve inalterado, a ductilidade do corpo de prova, que agora deve ser medida a partir do ponto D, diminuiu.

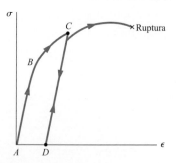

Fig. 2.14 Resposta tensão-deformação de material dúctil recarregado após escoamento e descarregamento prévios.

Em nossa discussão, consideramos que o corpo de prova foi carregado duas vezes na mesma direção, isto é, que ambas as forças eram forças de tração. Vamos agora considerar o caso em que é aplicada uma segunda carga em uma direção oposta àquela da primeira carga.

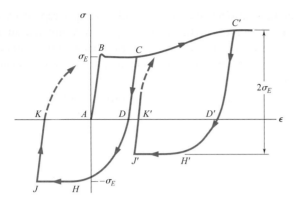

Fig. 2.15 Resposta tensão-deformação para um aço doce sujeito a dois casos de carregamento reverso.

Suponha que o material seja um aço doce, para o qual a resistência ao escoamento seja a mesma em tração e em compressão. A força inicial, de tração, é aplicada até ser alcançado o ponto C no diagrama tensão-deformação (Fig. 2.15). Após o descarregamento (ponto D), é aplicada uma força de compressão fazendo o material alcançar o ponto H, onde a tensão é igual a $-\sigma_E$. Notamos que a parte DH do diagrama tensão-deformação é curva e não mostra nenhum ponto de escoamento claramente definido. Isso é chamado de *efeito Bauschinger*. À medida que a força de compressão é mantida, o material escoa ao longo da linha HJ.

Se a carga é removida após alcançar o ponto J, a tensão retorna a zero ao longo da linha JK, e notamos que a inclinação de JK é igual ao módulo de elasticidade E. A deformação permanente resultante AK pode ser positiva, negativa, ou zero, dependendo dos comprimentos dos segmentos BC e HJ. Se uma força de tração for aplicada novamente ao corpo de prova, a parte do diagrama tensão-deformação começando em K (linha tracejada) curvará para cima e para a direita até alcançar a tensão de escoamento σ_E.

Se o carregamento inicial for grande o suficiente para provocar encruamento do material (ponto C'), o descarregamento ocorrerá ao longo da linha $C'D'$. À medida que é aplicada a força reversa, a tensão se torna de compressão, alcançando seu valor máximo em H' e mantendo-a à medida que o material escoa ao longo da linha $H'J'$. Notamos que enquanto o valor máximo da tensão de compressão é menor que σ_E, a variação total na tensão entre C' e H' ainda é igual a $2\sigma_E$.

Se o ponto K ou K' coincide com a origem A do diagrama, a deformação permanente é igual a zero, e pode parecer que o corpo de prova retornou à sua condição original. No entanto, terão ocorrido alterações internas e, embora a mesma sequência de carregamento possa ser repetida, o corpo de prova romperá sem qualquer aviso após algumas poucas repetições. Isso indica que as deformações plásticas excessivas às quais o corpo de prova estava submetido provocaram uma alteração radical nas características do material. Portanto, forças reversas na região plástica raramente são permitidas e só podem ocorrer sob condições rigorosamente controladas. Essas situações ocorrem no endireitamento de material danificado e no alinhamento final de uma estrutura ou máquina.

2.1.6 Carregamentos repetidos e fadiga

Você pode concluir que determinada carga pode ser repetida muitas vezes, desde que a tensão permaneça na região elástica. Essa conclusão é correta para cargas repetidas algumas dezenas ou mesmo centenas de vezes. No entanto, conforme veremos, isso não é correto quando a carga é repetida milhares ou milhões de vezes. Nesses casos, ocorrerá a ruptura a uma tensão muito menor do que a resistência à ruptura estática; esse fenômeno é conhecido como *fadiga*. Uma falha por fadiga é de natureza frágil, mesmo para materiais normalmente dúcteis.

A fadiga deve ser levada em conta no projeto de todos os componentes estruturais e de máquinas submetidos a cargas repetidas ou flutuantes. O número de ciclos de carregamento que se pode esperar durante a vida útil de um componente varia grandemente. Por exemplo, uma viga que suporta um guindaste industrial pode ser carregada até dois milhões de vezes em 25 anos (cerca de 300 carregamentos por dia de trabalho); um virabrequim do motor de um carro será carregado aproximadamente meio bilhão de vezes se o carro rodar 300 000 km, e uma pá de turbina pode ser carregada várias centenas de bilhões de vezes durante sua vida útil.

Alguns carregamentos têm natureza flutuante. Por exemplo, o tráfego de veículos sobre uma ponte provocará níveis de tensão que flutuarão sobre o nível de tensão em razão do próprio peso da ponte. Uma condição mais severa ocorre quando há uma inversão completa da carga durante o ciclo de carregamento. Por exemplo, as tensões no eixo de um vagão de trem são completamente invertidas a cada meia volta da roda.

O número de ciclos de carregamento necessário para provocar a falha de um corpo de prova por meio da aplicação de cargas cíclicas pode ser determinado experimentalmente para determinado nível de tensão máxima. Se for executada uma série de ensaios usando diferentes níveis de tensão máxima, os dados resultantes podem ser colocados em um gráfico como uma curva σ-n. Para cada ensaio, deve-se construir uma curva da tensão máxima σ, como ordenada, e o número de ciclos n como abcissa. Por causa do grande número de ciclos necessários para a ruptura, o número n de ciclos é apresentado em escala logarítmica.

A Fig. 2.16 mostra uma curva típica σ-n para o aço. Notamos que, se a tensão máxima aplicada for alta, serão necessários relativamente poucos ciclos para causar a ruptura. À medida que a intensidade da tensão máxima é reduzida, o número de ciclos necessário para provocar a ruptura aumenta até ser alcançada uma tensão conhecida como *limite de resistência à fadiga*, que é a tensão para a qual não ocorre falha, mesmo para um número indefinidamente grande de ciclos de carregamento. Para um aço de baixo teor de carbono como o aço estrutural, o limite de resistência à fadiga é aproximadamente metade do limite de resistência do aço.

Para metais ferrosos como o alumínio e o cobre, uma curva σ-n típica (Fig. 2.16) mostra que a tensão de falha continua a diminuir à medida que aumenta o número de ciclos de carregamento. Para esses metais, define-se o *limite de resistência à fadiga* como a tensão correspondente à falha após um número especificado de ciclos de carregamento.

O exame de corpos de prova obtidos de eixos, molas ou de outros componentes que falharam em fadiga mostra que a falha foi iniciada em uma trinca microscópica ou em alguma imperfeição similar. A cada carregamento, a trinca se propagava um pouco. Durante sucessivos ciclos de carregamento, a trinca se propagou pelo material até que a quantidade de material não danificado fosse insuficiente para suportar a carga máxima, ocorrendo falha abrupta por fragilidade. Por exemplo, a Foto 2.6 mostra uma trinca progressiva em uma viga de ponte rodoviária que se iniciou por causa da irregularidade associada à solda de uma chapa de cobrejunta e que então se propagou pelo flange e pela alma do perfil. Devido ao fato de que a falha por fadiga pode ser iniciada em

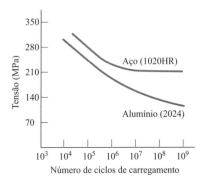

Fig. 2.16 Curvas σ-n típicas.

Foto 2.6 Trinca por fadiga em uma viga de aço em Yellow Mill Pond Bridge, Connecticut, antes dos reparos.
Cortesia de John DeWolf

qualquer trinca ou imperfeição, as condições da superfície de um corpo de prova têm um efeito importante no valor do limite de resistência à fadiga obtida no ensaio. O limite de resistência à fadiga para corpos de prova usinados e polidos é mais alto do que para os componentes laminados ou forjados, ou para componentes corroídos. Em aplicações no mar ou próximo do mar, ou em outras aplicações em que se espera que haja corrosão, pode-se prever uma redução de 50% no limite de resistência à fadiga.

2.1.7 Deformações de elementos sob carregamento axial

Considere a barra homogênea BC de comprimento L e seção transversal uniforme de área A submetida a uma força axial centrada **P** (Fig. 2.17). Se a tensão axial resultante $\sigma = P/A$ não ultrapassar o limite de proporcionalidade do material, podemos aplicar a lei de Hooke e escrever

$$\sigma = E\epsilon \quad (2.6)$$

da qual segue que

$$\epsilon = \frac{\sigma}{E} = \frac{P}{AE} \quad (2.7)$$

Lembrando que a deformação específica ϵ foi definida na Seção 2.1.1 como $\epsilon = \delta/L$, temos

$$\delta = \epsilon L \quad (2.8)$$

e substituindo ϵ da Equação (2.7) na Equação (2.8), temos:

$$\delta = \frac{PL}{AE} \quad (2.9)$$

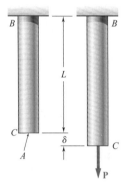

Fig. 2.17 Barra axialmente carregada deformada e não deformada.

A Equação (2.9) só pode ser utilizada se a barra for homogênea (E constante), se tiver uma seção transversal uniforme de área A e se tiver a força aplicada em suas extremidades. Se a barra estiver carregada em outros pontos, ou se ela consistir em diversas partes com várias seções transversais e possivelmente de diferentes materiais, precisamos dividi-la em partes componentes que satisfaçam individualmente as condições necessárias para a aplicação da Equação (2.9). Designando, respectivamente, por P_i, L_i, A_i e E_i a força interna, o comprimento, a área da seção transversal e o módulo de elasticidade correspondentes à parte i, expressamos a deformação da barra inteira como

$$\delta = \sum_i \frac{P_i L_i}{A_i E_i} \quad (2.10)$$

Lembramos da Seção 2.1.1 que, no caso de uma barra de seção transversal variável (Fig. 2.18), a deformação específica ϵ depende da posição do ponto Q em que ela é calculada e definida como $\epsilon = d\delta/dx$. Resolvendo $d\delta$ dessa equação, e substituindo ϵ pelo seu valor dado na Equação (2.7), expressamos a deformação de um elemento de comprimento dx como

$$d\delta = \epsilon\, dx = \frac{P\, dx}{AE}$$

A deformação total δ da barra é obtida integrando-se essa expressão sobre o comprimento L da barra:

$$\delta = \int_0^L \frac{P\, dx}{AE} \quad (2.11)$$

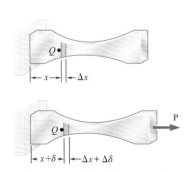

Fig. 2.18 Deformação de um elemento com área de seção transversal variável carregado axialmente.

A Equação (2.11) deverá ser utilizada em lugar da Equação (2.9) não só quando a área A da seção transversal for uma função de x, mas também quando a força interna P depender de x, como é o caso de uma barra suspensa suportando seu próprio peso.

Aplicação do conceito 2.1

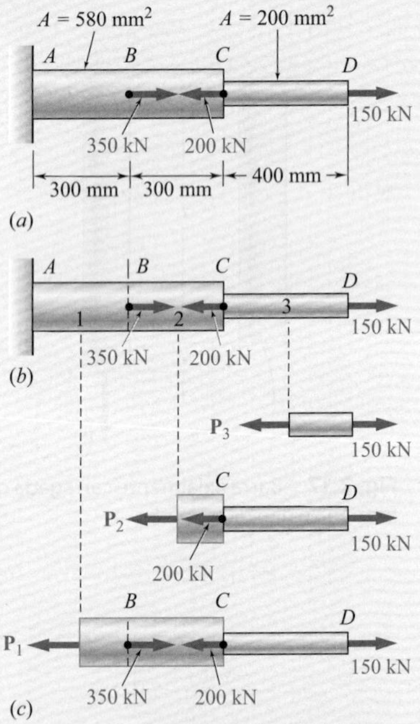

Determine a deformação da barra de aço mostrada na Fig. 2.19a submetida às forças dadas (E = 200 GPa).

Dividimos a barra em três partes componentes mostradas na Fig. 2.19b e escrevemos

$$L_1 = L_2 = 300 \text{ mm} \quad L_3 = 400 \text{ mm}$$
$$A_1 = A_2 = 580 \text{ mm}^2 \quad A_3 = 200 \text{ mm}^2$$

Para encontrarmos as forças internas P_1, P_2 e P_3, devemos cortar cada uma das partes componentes, desenhando para cada corte o diagrama de corpo livre da parte da barra localizada à direita da seção (Fig. 2.19c). Impondo a condição de que cada um dos corpos livres está em equilíbrio, obtemos sucessivamente

$$P_1 = 300 \text{ kN} = 300 \times 10^3 \text{ N}$$
$$P_2 = -50 \text{ kN} = -50 \times 10^3 \text{ N}$$
$$P_3 = 150 \text{ kN} = 150 \times 10^3 \text{ N}$$

Utilizando a Equação (2.10)

$$\delta = \sum_i \frac{P_i L_i}{A_i E_i} = \frac{1}{E}\left(\frac{P_1 L_1}{A_1} + \frac{P_2 L_2}{A_2} + \frac{P_3 L_3}{A_3}\right)$$

$$= \frac{1}{200}\left[\frac{(300 \times 300)}{580} + \frac{(-50)(300)}{580} + \frac{150 \times 400}{200}\right]$$

$$\delta = \frac{429{,}31}{200} = 2{,}15 \text{ mm}.$$

Fig. 2.19 (a) Barra carregada axialmente. (b) Barra dividida em três partes. (c) Diagramas de corpo livre das três partes, com forças internas resultantes P_1, P_2 e P_3.

A barra BC da Fig. 2.17, utilizada para deduzir a Equação (2.9), e a barra AD da Fig. 2.19, tinham ambas uma extremidade presa a um suporte fixo. Em cada caso, portanto, a deformação δ da barra era igual ao deslocamento de sua extremidade livre. Porém, quando ambas as extremidades da barra se movem, a deformação da barra é medida pelo *deslocamento relativo* de uma extremidade da barra em relação à outra. Considere, por exemplo, o conjunto mostrado na Fig. 2.20a, que consiste em três barras elásticas de comprimento L conectadas por um pino rígido em A. Se uma força **P** é aplicada em B (Fig. 2.20b), as três barras se deformarão. Como as barras AC e AC' estão presas a suportes fixados em C e C', a deformação de ambas as barras é medida pelo deslocamento δ_A do ponto A. Entretanto, como ambas as extremidades da barra AB se movem, a deformação de AB é medida pela diferença entre os deslocamentos δ_A e δ_B dos pontos A e B, isto é, pelo deslocamento relativo de B em relação a A. Designando esse deslocamento relativo por $\delta_{B/A}$, temos

$$\delta_{B/A} = \delta_B - \delta_A = \frac{PL}{AE} \quad (2.12)$$

em que A é a área da seção transversal de AB e E é seu módulo de elasticidade.

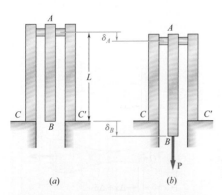

Fig. 2.20 Exemplo de deslocamento final relativo, conforme apresentado pela barra do meio. (a) Descarregado. (b) Carregado, com deformação.

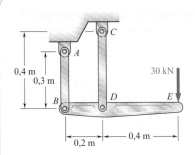

PROBLEMA RESOLVIDO 2.1

A barra rígida BDE é suspensa por duas barras AB e CD. A barra AB é de alumínio (E = 70 GPa) e tem uma seção transversal com área de 500 mm²; a barra CD é de aço (E = 200 GPa) e tem uma seção transversal com área de 600 mm². Para a força de 30 kN mostrada na figura, determine os deslocamentos dos pontos (a) B, (b) D e (c) E.

ESTRATÉGIA: Considere o diagrama de corpo livre de barra rígida para determinar o esforço interno em cada elemento de ligação. Conhecendo as forças e as propriedades dessas ligações, suas deformações podem ser calculadas. Você pode então usar a geometria simples para determinar a deflexão do ponto E.

MODELAGEM: Desenhe o diagrama de corpo livre da barra rígida (Fig. 1) e dos dois elementos de ligação (Figuras 2 e 3).

ANÁLISE:

Corpo livre: barra BDE (Fig. 1)

$+\circlearrowleft \Sigma M_B = 0$: $\quad -(30 \text{ kN})(0,6 \text{ m}) + F_{CD}(0,2 \text{ m}) = 0$
$\qquad\qquad\qquad F_{CD} = +90 \text{ kN} \qquad F_{CD} = 90 \text{ kN} \quad tração$

$+\circlearrowleft \Sigma M_D = 0$: $\quad -(30 \text{ kN})(0,4 \text{ m}) - F_{AB}(0,2 \text{ m}) = 0$
$\qquad\qquad\qquad F_{AB} = -60 \text{ kN} \qquad F_{AB} = 60 \text{ kN} \quad compressão$

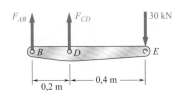

Fig. 1 Diagrama de corpo livre da barra rígida BDE.

a. Deslocamento do ponto B. Como a força interna na barra AB é de compressão (Fig. 2), temos $P = -60$ kN e

$$\delta_B = \frac{PL}{AE} = \frac{(-60 \times 10^3 \text{ N})(0,3 \text{ m})}{(500 \times 10^{-6} \text{ m}^2)(70 \times 10^9 \text{ Pa})} = -514 \times 10^{-6} \text{ m}$$

O sinal negativo indica uma contração do elemento AB e, portanto, um deslocamento da extremidade B para cima:

$$\delta_B = 0{,}514 \text{ mm} \uparrow \blacktriangleleft$$

b. Deslocamento do ponto D. Como a força interna na barra CD (Fig. 3) é P = 90 kN, temos

$$\delta_D = \frac{PL}{AE} = \frac{(90 \times 10^3 \text{ N})(0,4 \text{ m})}{(600 \times 10^{-6} \text{ m}^2)(200 \times 10^9 \text{ Pa})}$$

$$= 300 \times 10^{-6} \text{ m} \qquad \delta_D = 0{,}300 \text{ mm} \downarrow \blacktriangleleft$$

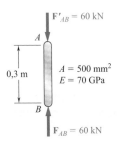

Fig. 2 Diagrama de corpo livre da barra simples componente AB.

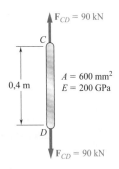

Fig. 3 Diagrama de corpo livre da barra simples componente CD.

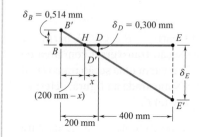

Fig. 4 Os deslocamentos em B e D na barra rígida são utilizados para encontrar δ_E.

c. Deslocamento do ponto E. Referindo-nos à Fig. 4, designamos por B' e D' as posições deslocadas dos pontos B e D. Como a barra BDE é rígida, os pontos B', D' e E' estão em uma linha reta, e temos

$$\frac{BB'}{DD'} = \frac{BH}{HD} \qquad \frac{0{,}514 \text{ mm}}{0{,}300 \text{ mm}} = \frac{(200 \text{ mm}) - x}{x} \qquad x = 73{,}7 \text{ mm}$$

$$\frac{EE'}{DD'} = \frac{HE}{HD} \qquad \frac{\delta_E}{0{,}300 \text{ mm}} = \frac{(400 \text{ mm}) + (73{,}7 \text{ mm})}{73{,}7 \text{ mm}}$$

$$\delta_E = 1{,}928 \text{ mm} \downarrow \blacktriangleleft$$

REFLETIR E PENSAR: Comparando a intensidade relativa e a direção dos deslocamentos resultantes, você pode observar que as respostas obtidas são consistentes com o carregamento e com o diagrama dos deslocamentos na Fig. 4.

PROBLEMA RESOLVIDO 2.2

As peças fundidas rígidas A e B estão conectadas por dois parafusos de aço CD e GH de 19 mm de diâmetro e estão em contato com as extremidades de uma barra de alumínio EF com diâmetro de 38 mm. Cada parafuso tem rosca simples com um passo de 2,5 mm e, depois de serem ajustadas, as porcas em D e H são apertadas em $\frac{1}{4}$ de volta cada uma. Sabendo que E é 200 GPa para o aço e 70 GPa para o alumínio, determine a tensão normal na barra.

ESTRATÉGIA: O aperto das porcas causa o deslocamento das extremidades dos parafusos em relação a peça rígida que é igual a diferença entre os deslocamentos dos parafusos e a haste. Isso fornece uma relação entre os esforços internos nos parafusos e na haste que, quando combinados com a análise do corpo livre da peça rígida, permitirá a você obter essas forças e determinar as correspondentes tensões normais na haste.

MODELAGEM: Desenhe o diagrama de corpo livre dos parafusos e da haste (Fig. 1) e da peça rígida (Fig. 2).

ANÁLISE:

Deformações

Parafusos CD e GH. O aperto das porcas provoca tração nos parafusos (Fig. 1). Em razão da simetria, ambos estão sujeitos à mesma força interna P_p e sofrem a mesma deformação δ_p. Temos

$$\delta_b = +\frac{P_p L_p}{A_p E_p} = +\frac{P_p(0{,}450 \text{ m})}{\frac{1}{4}\pi(0{,}019 \text{ m})^2(200 \times 10^9 \text{ Pa})} = +7{,}936 \times 10^{-9} P_p \quad (1)$$

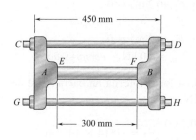

Fig. 1 Diagrama de corpo livre do parafuso, do cilindro e da barra.

Barra EF. A barra está em compressão (Fig. 1). Designando por P_b a intensidade da força na barra e por δ_b a deformação na barra, temos

$$\delta_b = -\frac{P_b L_b}{A_b E_b} = -\frac{P_b(0{,}300 \text{ m})}{\frac{1}{4}\pi(0{,}038 \text{ m})^2(70 \times 10^9 \text{ Pa})} = +3{,}779 \times 10^{-9} P_b \quad (2)$$

Deslocamento de *D* em relação a *B*. O aperto de $\frac{1}{4}$ de volta nas porcas faz as extremidades *D* e *H* dos parafusos sofrerem um deslocamento de $\frac{1}{4}$ (2,5 mm) *em relação à peça fundida B*. Considerando a extremidade *D*, temos

$$\delta_{D/B} = \tfrac{1}{4}(0{,}0025 \text{ m}) = 6{,}25 \times 10^{-4} \text{ m} \qquad (3)$$

No entanto, $\delta_{D/B} = \delta_D - \delta_B$, em que δ_D e δ_B representam os deslocamentos de *D* e *B*, respectivamente. Considerando que a peça *A* é mantida em uma posição fixa enquanto as porcas em *D* e *H* são apertadas, esses deslocamentos são iguais às deformações dos parafusos e da barra, respectivamente. Temos, então,

$$\delta_{D/B} = \delta_p - \delta_b \qquad (4)$$

Substituindo as Equações (1), (2) e (3) em (4), obtemos

$$6{,}25 \times 10^{-4} = 7{,}936 \times 10^{-9} P_p + 3{,}779 \times 10^{-9} P_b \qquad (5)$$

Corpo livre: peça *B* (Fig. 2)

$$\xrightarrow{+} \Sigma F = 0: \qquad P_b - 2P_p = 0 \qquad P_b = 2P_p \qquad (6)$$

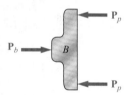

Fig. 2 Diagrama de corpo livre da peça fundida rígida.

Forças nos parafusos e na barra. Substituindo o valor de P_b da Equação (6) na Equação (5), temos

$$6{,}25 \times 10^{-4} = 7{,}936 \times 10^{-9} P_p + 3{,}779 \times 10^{-9}(2P_p)$$
$$P_p = 40\,339 \text{ N}$$
$$P_b = 2P_p = 2(40\,339 \text{ N}) = 80\,678 \text{ N}$$

Tensão na barra.

$$\sigma_b = \frac{P_b}{A_b} = \frac{180\,678 \text{ N}}{\tfrac{1}{4}\pi(0{,}038 \text{ m})^2} \qquad \sigma_b = 71 \text{ MPa} \blacktriangleleft$$

REFLETIR E PENSAR: Este é um exemplo de problema *estaticamente indeterminado*, no qual as forças nos elementos não são determinadas apenas pelo equilíbrio. Pela consideração dos deslocamentos relativos característicos dos elementos, você pode obter equações adicionais necessárias à solução desse tipo de problema. Situações como essa serão tratadas com mais detalhes nas seções seguintes.

PROBLEMAS

2.1 Uma haste de aço de 2,2 m de comprimento não pode sofrer estiramento maior que 1,2 mm quando sujeitada a uma força de tração de 8,5 kN. Sabendo que $E = 200$ GPa, determine (*a*) o menor diâmetro possível que poderá ser usado, (*b*) a tensão normal correspondente na haste.

2.2 Uma barra de controle feita de latão não deve se alongar mais de $\frac{1}{8}$ in. quando a tração no fio for de 800 lb. Sabendo que $E = 15 \times 10^6$ psi e que a máxima tensão normal admissível é de 32 ksi, determine (*a*) o menor diâmetro que pode ser selecionado para a barra e (*b*) o comprimento máximo correspondente da barra.

2.3 Um cabo de aço de 9 m de comprimento e 6 mm de diâmetro será usado na fabricação de um cabide. Observa-se que o cabo sofre um estiramento de 18 mm quando a força de tração **P** é aplicada. Sabendo que $E = 200$ GPa, determine (*a*) a intensidade da força **P**, (*b*) a correspondente tensão normal no cabo de aço.

2.4 Um tubo de ferro fundido é utilizado para suportar uma força de compressão. Sabendo que $E = 69$ GPa e que a máxima variação admissível no comprimento é 0,025%, determine (*a*) a tensão normal máxima no tubo e (*b*) a espessura mínima da parede para uma carga de 7,2 kN se o diâmetro externo do tubo for de 50 mm.

2.5 Um tubo de alumínio não deve sofrer um estiramento maior que 0,05 in. quando submetido a tensão de tração. Sabendo que $E = 10,1 \times 10^6$ psi e que a tensão normal máxima admissível é de 14 ksi, determine (*a*) o máximo comprimento admissível do tubo, (*b*) a área da seção necessária para que a força de tração seja de 127,5 kips.

2.6 Um cabo de aço de 60 m de comprimento é sujeitado a uma ação de tração de 6 kN. Sabendo que $E = 200$ GPa e que o comprimento da haste aumenta em 48 mm, determine (*a*) o menor diâmetro que pode ser selecionado para o fio, (*b*) a tensão normal correspondente.

2.7 Um fio de nylon está submetido a uma força de tração 2 lb. Sabendo que $E = 0,5 \times 10^6$ psi e que o limite de tensão admissível é de 6 ksi, determine (*a*) o diâmetro necessário do fio, (*b*) o aumento percentual correspondente do comprimento do fio.

2.8 Duas marcas de referência são colocadas a exatamente 10 in. uma da outra, em uma haste de alumínio com $E = 10,1 \times 10^6$ psi e limite de resistência de 16 ksi com diâmetro de $\frac{1}{2}$ in. Sabendo que a distância entre as marcas de referência é de 10,009 in. depois que uma força é aplicada, determine (*a*) a tensão na haste, (*b*) o fator de segurança.

2.9 Uma força de tração de 9 kN será aplicada a um cabo de aço de 50 m de comprimento com $E = 200$ GPa. Determine o menor diâmetro possível do cabo que pode ser usado, sabendo que a tensão normal não deve exceder 150 MPa e que o aumento de comprimento do cabo não deve exceder 25 mm.

2.10 Uma haste de alumínio com 1,5 m de comprimento não pode ser estirada em mais de 1 mm e a tensão normal não deve exceder 40 MPa quando a haste é submetida a uma força axial de 3 kN. Sabendo que $E = 70$ GPa, determine o diâmetro necessário da haste.

2.11 Um fio de nylon está submetido a uma tração de 2,5 lb. Sabendo que $E = 0{,}5 \times 10^6$ psi, que o limite de tensão admissível é de 6 ksi e que o comprimento do fio não pode ser incrementado em mais do que 1%, determine o diâmetro necessário do fio.

2.12 Um bloco de 250 mm de comprimento e seção transversal de 50×40 mm deve suportar uma força de compressão centrada **P**. O material a ser utilizado é um bronze para o qual $E = 95$ GPa. Determine a maior força que pode ser aplicada, sabendo que a tensão normal não deve exceder 80 MPa e que a diminuição no comprimento do bloco deverá ser no máximo de 0,12% de seu comprimento original.

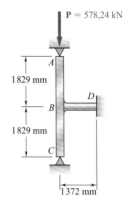

Fig. P2.13

2.13 A barra *BD* feita de aço ($E = 200$ GPa) é utilizada para contenção lateral da haste comprimida *ABC*. O máximo esforço que se desenvolve em *BD* é igual a 0,02*P*. Se a tensão não deve exceder 124,1 MPa e a máxima mudança de comprimento da barra *BD* não pode exceder 0,001 vez o comprimento de *ABC*, determine o menor diâmetro possível de ser utilizado para o membro *BD*.

2.14 O cabo *BC* de 4 mm de diâmetro é feito de um aço com $E = 200$ GPa. Sabendo que a máxima tensão no cabo não pode exceder 190 MPa e que a deformação do cabo não deve exceder 6 mm, determine a máxima força **P** que pode ser aplicada conforme mostra a figura.

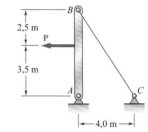

Fig. P2.14

2.15 Uma ação axial de intensidade **P** = 15 kips é aplicada à extremidade *C* da haste *ABC*. Sabendo que $E = 30 \times 10^6$ psi, determine o diâmetro *d* da porção *BC* para que a deflexão do ponto *C* seja de 0,05 in.

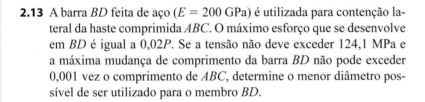

Fig. P2.15

2.16 A haste *ABCD* é feita de um alumínio para o qual $E = 70$ GPa. Para o carregamento mostrado, determine a deflexão do (*a*) ponto *B*, (*b*) ponto *D*.

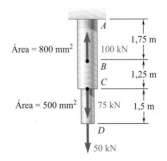

Fig. P2.16

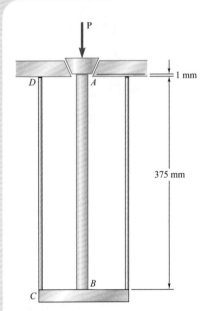

Fig. P2.18

2.17 O sólido mostrado foi cortado de uma chapa de vinil de 5 mm de espessura ($E = 3{,}10$ GPa) e é submetido a uma tração de 1,5 kN. Determine (a) a deformação total do sólido, (b) a deformação de sua proção central BC.

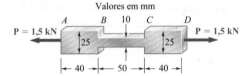

Fig. P2.17

2.18 O tubo de latão AB ($E = 105$ GPa) tem área de seção transversal de 144 mm² e é ajustado com um plugue em A. O tubo está conectado em B a uma placa rígida que, por sua vez, está conectada em C ao fundo de um cilindro de alumínio ($E = 72$ GPa) com seção transversal de 250 mm². O cilindro é então suspenso por um suporte em D. Para fechar o cilindro, o plugue deve se mover para baixo em 1 mm. Determine a força **P** que deve ser aplicada ao cilindro.

2.19 Ambas as partes da barra ABC são feitas de um alumínio para o qual $E = 70$ GPa. Sabendo que a intensidade de **P** é 4 kN, determine (a) o valor de **Q** de modo que o deslocamento em A seja zero e (b) o deslocamento correspondente de B.

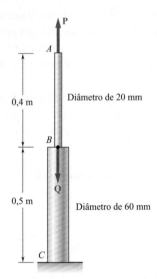

Fig. P2.19 e P2.20

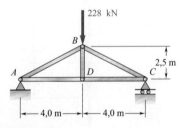

Fig. P2.21

2.20 A barra ABC é feita de um alumínio para o qual $E = 70$ GPa. Sabendo que $P = 6$ kN e $Q = 42$ kN, determine o deslocamento de (a) ponto A e (b) ponto B.

2.21 Para a treliça de aço ($E = 200$ GPa) e o carregamento mostrado, determine as deformações dos componentes AB e AD, sabendo que suas áreas de seção transversal são, respectivamente, 2 400 mm² e 1 800 mm².

2.22 Para a treliça de aço ($E = 200$ GPa) e os carregamentos mostrados, determine as deformações dos componentes BD e DE, sabendo que suas áreas de seção transversal são, respectivamente, 1290 mm² e 1935 mm².

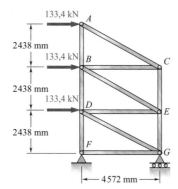

Fig. P2.22

2.23 Os elementos AB e BE da treliça mostrada consistem em 25 mm de diâmetro de hastes de aço ($E = 200$ GPa). Para o carregamento mostrado, determine o alongamento de (a) haste AB, (b) haste BE.

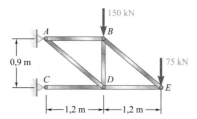

Fig. P2.23

2.24 O pórtico de aço ($E = 200$ GPa) mostrado tem a escora diagonal BD com área de 1920 mm². Determine a máxima carga **P** admissível se a mudança de comprimento do elemento BD não excede 1,6 mm.

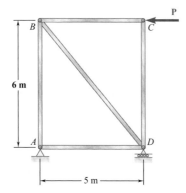

Fig. P2.24

2.25 A barra de conexão BD é feita de latão ($E = 105$ GPa) e tem área de seção transversal de 240 mm². A barra de conexão CE é feita de alumínio ($E = 72$ GPa) e tem área de seção transversal de 300 mm². Sabendo que elas suportam o elemento rígido ABC, determine a força

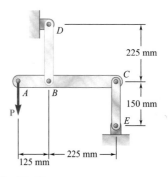

Fig. P2.25

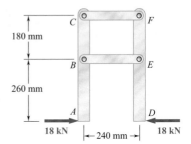

Fig. P2.26

máxima **P** que pode ser aplicada verticalmente no ponto A se a deflexão de A não excede 0,35 mm.

2.26 Os elementos ABC e DEF são unidos por barras de conexão de aço ($E = 200$ GPa). Cada uma dessas barras é feita de um par de placas de 25×35 mm. Determine a mudança de comprimento do (a) elemento BE, (b) elemento CF.

2.27 Cada uma das barras AB e CD é feita de aço ($E = 29 \times 10^6$ psi) e tem uma seção transversal retangular uniforme $\frac{1}{4} \times 1$ in de 0,2 in². Sabendo que elas suportam a barra rígida BCE, determine a maior carga que pode ser suspenso do ponto E se a deflexão de E não exceder 0,01 pol..

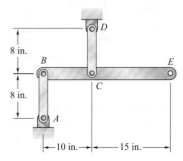

Fig. P2.27

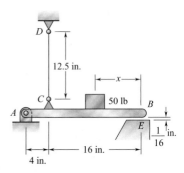

Fig. P2.28

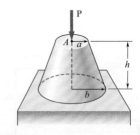

Fig. P2.30

2.28 O comprimento do fio de aço CD de $\frac{3}{32}$-in diâmetro foi ajustado de modo que, sem nenhuma força aplicada, existe um espaço de $\frac{1}{16}$ in entre a extremidade B da barra rígida ACB e um ponto de contato E. Sabendo que $E = 29 \times 10^6$ psi, determine onde deve ser colocado o bloco de 20-lb na barra rígida para provocar o contato entre B e E.

2.29 Um cabo homogêneo de comprimento L e seção transversal uniforme é suspenso por uma das extremidades. (a) Designando por ρ a densidade (massa por unidade de volume) do cabo e por E seu módulo de elasticidade, determine a deformação do cabo em razão de seu próprio peso. (b) Mostre que a mesma deformação seria obtida se o cabo estivesse na horizontal e se uma força igual à metade de seu peso fosse aplicada a cada extremidade.

2.30 Uma carga vertical **P** é aplicada no centro A da face superior de um tronco de cone circular de altura h e com raio mínimo igual a a e raio máximo igual a b. Denotando por E o módulo de elasticidade do material e desprezando o efeito do peso próprio, determine a deflexão do ponto A.

2.31 Designando por ϵ a "deformação específica de engenharia" em um corpo de prova em tração, mostre que a deformação específica verdadeira é $\epsilon_v = \ln(1 + \epsilon)$.

2.32 O volume de um corpo de prova em tração é essencialmente constante enquanto ocorre a deformação plástica. Se o diâmetro inicial do corpo de prova for d_1, mostre que, quando o diâmetro for d, a deformação específica verdadeira será $\epsilon_v = 2\ln(d_1/d)$.

2.2 PROBLEMAS ESTATICAMENTE INDETERMINADOS

Nos problemas considerados na seção anterior, sempre podíamos usar diagramas de corpo livre e equações de equilíbrio para determinar as forças internas que ocorrem nas várias partes de um componente sob determinadas condições de carregamento. No entanto, há muitos problemas nos quais as forças internas não podem ser determinadas apenas por meio da estática. Na verdade, na maioria desses problemas as próprias reações, que são forças externas, não podem ser determinadas simplesmente desenhando-se o diagrama de corpo livre do componente e escrevendo as equações de equilíbrio correspondentes. As equações de equilíbrio devem ser complementadas por relações que envolvem deformações obtidas considerando-se a geometria do problema. Como as equações da estática são incapazes de determinar as reações ou as forças internas, dizemos que os problemas desse tipo são *estaticamente indeterminados*. Os exemplos a seguir mostrarão como lidar com esse tipo de problema.

Aplicação do conceito 2.2

Uma barra de comprimento L, seção transversal de área A_1 e módulo de elasticidade E_1 foi colocada dentro de um tubo do mesmo comprimento L, mas de seção transversal de área A_2 e módulo de elasticidade E_2 (Fig. 2.21a). Qual é a deformação da barra e do tubo quando uma força **P** é aplicada em uma placa lateral rígida como mostra a figura?

Indicando por P_1 e P_2, respectivamente, as forças axiais na barra e no tubo, desenhamos os diagramas de corpo livre dos três elementos (Fig. 2.21b, c, d). Somente a Fig. 2.21d fornece alguma informação significativa, ou seja

$$P_1 + P_2 = P \qquad (1)$$

Está claro que uma única equação não é suficiente para determinar as duas forças internas desconhecidas P_1 e P_2. O problema é estaticamente indeterminado.

No entanto, a geometria do problema mostra que as deformações δ_1 e δ_2 da barra e do tubo devem ser iguais. Usando a Equação (2.9), escrevemos

$$\delta_1 = \frac{P_1 L}{A_1 E_1} \qquad \delta_2 = \frac{P_2 L}{A_2 E_2} \qquad (2)$$

Igualando as deformações δ_1 e δ_2, obtemos

$$\frac{P_1}{A_1 E_1} = \frac{P_2}{A_2 E_2} \qquad (3)$$

As Equações (1) e (3) podem ser resolvidas simultaneamente para P_1 e P_2

$$P_1 = \frac{A_1 E_1 P}{A_1 E_1 + A_2 E_2} \qquad P_2 = \frac{A_2 E_2 P}{A_1 E_1 + A_2 E_2}$$

Qualquer uma das Equações (2) pode então ser utilizada para determinar a deformação comum da barra e do tubo.

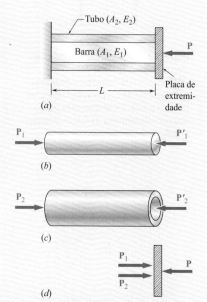

Fig. 2.21 (a) Barra e tubo concêntricos submetidos a carga P. (b) Diagrama de corpo livre da barra. (c) Diagrama de corpo livre do tubo. (d) Diagrama de corpo livre da placa de extremidade.

Aplicação do conceito 2.3

Uma barra AB de comprimento L e seção transversal uniforme está ligada a suportes rígidos em A e B antes de a ela ser aplicada uma força. Quais são as tensões nas partes AC e BC em razão da aplicação de uma força P no ponto C (Fig. 2.22a)?

Desenhando o diagrama de corpo livre da barra (Fig. 2.22b), obtemos a equação de equilíbrio

$$R_A + R_B = P \quad (1)$$

Como essa equação não é suficiente para determinar as duas reações desconhecidas R_A e R_B, o problema é estaticamente indeterminado.

No entanto, as reações podem ser determinadas se observarmos da geometria que a deformação total δ da barra deve ser zero. Designando por δ_1 e δ_2, respectivamente, as deformações das partes AC e BC, temos

$$\delta = \delta_1 + \delta_2 = 0$$

Utilizando a Equação (2.9), pode-se expressar δ_1 e δ_2 em termos das forças internas correspondentes P_1 e P_2

$$\delta = \frac{P_1 L_1}{AE} + \frac{P_2 L_2}{AE} = 0 \quad (2)$$

No entanto, notamos pelos diagramas de corpo livre mostrados, respectivamente, nas partes b e c da Fig. 2.22c que $P_1 = R_A$ e $P_2 = -R_B$. Substituindo esses dois valores na Equação (2), escrevemos

$$R_A L_1 - R_B L_2 = 0 \quad (3)$$

As Equações (1) e (3) podem ser resolvidas simultaneamente para R_A e R_B; obtemos $R_A = PL_2/L$ e $R_B = PL_1/L$. As tensões desejadas σ_1 em AC e σ_2 em BC são obtidas dividindo-se, respectivamente, $P_1 = R_A$ e $P_2 = -R_B$ pela área da seção transversal da barra

$$\sigma_1 = \frac{PL_2}{AL} \qquad \sigma_2 = -\frac{PL_1}{AL}$$

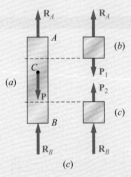

Fig. 2.22 (*a*) Barra carregada axialmente impedida de se deformar.
(*b*) Diagrama de corpo livre da barra.
(*c*) Diagrama de corpo livre das seções sobre o ponto C e abaixo dele utilizadas para determinar as forças internas P_1 e P_2.

Método da superposição. Observamos que uma estrutura é estaticamente indeterminada sempre que é vinculada por mais suportes do que aqueles necessários para manter seu equilíbrio. Isso resulta em mais reações desconhecidas do que equações de equilíbrio disponíveis. Muitas vezes é conveniente designar uma das reações como *redundante* e eliminar o suporte correspondente. Como as condições estabelecidas no problema não podem ser alteradas arbitrariamente, a reação redundante deve ser mantida na solução. Contudo, ela será tratada como uma *força desconhecida* que, juntamente com outras forças, deve produzir deformações compatíveis com as restrições originais. A solução real do problema é obtida considerando-se separadamente as deformações provocadas pelas forças e pela reação redundante e somando ou *superpondo* os resultados obtidos. As condições gerais sob as quais o efeito combinado de várias forças pode ser obtido dessa maneira serão discutidas na Seção 2.5.

Aplicação do conceito 2.4

Seja a barra de aço, presa em ambas as extremidades por apoios fixos, mostrada na Fig. 2.23a, submetida ao carregamento indicado. Determine o valor das reações nesses apoios.

Consideramos a reação em B como redundante e liberamos a barra daquele apoio. A reação $\mathbf{R}_B$ é agora considerada uma força desconhecida e será determinada por meio da condição de que a deformação δ da barra deve ser igual a zero.

A solução é obtida considerando-se separadamente a deformação δ_L causada pelas forças dadas (Fig. 2.23b) e a deformação δ_R em razão da reação $\mathbf{R}_B$ redundante (Fig. 2.23b).

A deformação δ_L foi obtida pela Equação (2.10) depois que a barra foi dividida em quatro partes, como mostra a Fig. 2.23c.

Seguindo o mesmo procedimento da Aplicação de conceito 2.1, escrevemos

$$P_1 = 0 \quad P_2 = P_3 = 600 \times 10^3 \text{ N} \quad P_4 = 900 \times 10^3 \text{ N}$$
$$A_1 = A_2 = 400 \times 10^{-6} \text{ m}^2 \quad A_3 = A_4 = 250 \times 10^{-6} \text{ m}^2$$
$$L_1 = L_2 = L_3 = L_4 = 0{,}150 \text{ m}$$

Substituindo esses valores na Equação (2.10), obtemos

$$\delta_L = \sum_{i=1}^{4} \frac{P_i L_i}{A_i E} = \left(0 + \frac{600 \times 10^3 \text{ N}}{400 \times 10^{-6} \text{ m}^2} \right.$$
$$\left. + \frac{600 \times 10^3 \text{ N}}{250 \times 10^{-6} \text{ m}^2} + \frac{900 \times 10^3 \text{ N}}{250 \times 10^{-6} \text{ m}^2} \right) \frac{0{,}150 \text{ m}}{E}$$

$$\delta_L = \frac{1{,}125 \times 10^9}{E} \qquad (1)$$

Para a determinação da deformação δ_R por causa da reação redundante R_B, devemos dividir a barra em duas partes, como mostra a Fig. 2.23d, e escrever

$$P_1 = P_2 = -R_B$$
$$A_1 = 400 \times 10^{-6} \text{ m}^2 \quad A_2 = 250 \times 10^{-6} \text{ m}^2$$
$$L_1 = L_2 = 0{,}300 \text{ m}$$

Substituindo esses valores na Equação (2.10), obtemos

$$\delta_R = \frac{P_1 L_1}{A_1 E} + \frac{P_2 L_2}{A_2 E} = -\frac{(1{,}95 \times 10^3) R_B}{E} \qquad (2)$$

Considerando que a deformação total δ da barra deve ser zero, escrevemos

$$\delta = \delta_L + \delta_R = 0 \qquad (3)$$

e substituindo δ_L e δ_R das Equações (1) e (2) na Equação (3),

$$\delta = \frac{1{,}125 \times 10^9}{E} - \frac{(1{,}95 \times 10^3) R_B}{E} = 0$$

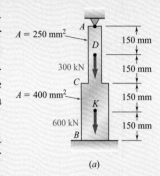

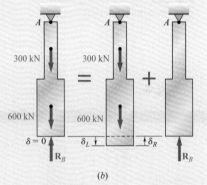

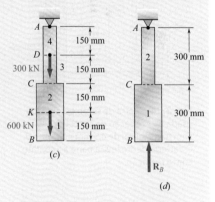

Fig. 2.23 (a) Barra carregada axialmente impedida de se deformar. (b) As reações são encontradas liberando os apoios no ponto B e adicionando força compressora no ponto B para forçar a deformação naquele ponto a zero. (c) Diagrama de corpo livre da estrutura livre. (d) Diagrama de corpo livre da força de reação adicionada ao ponto B para forçar a deformação no ponto B a zero.

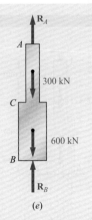

Fig. 2.23 (cont.) (e) Diagrama de corpo livre completo de ACB.

Dessa equação, temos o valor de R_B

$$R_B = 577 \times 10^3 \, \text{N} = 577 \, \text{kN}$$

A reação R_A no apoio superior é obtida do diagrama de corpo livre da barra (Fig. 2.23e). Escrevemos

$$+\uparrow \Sigma F_y = 0: \quad R_A - 300 \, \text{kN} - 600 \, \text{kN} + R_B = 0$$

$$R_A = 900 \, \text{kN} - R_B = 900 \, \text{kN} - 577 \, \text{kN} = 323 \, \text{kN}$$

Uma vez determinadas as reações, as tensões e deformações na barra podem ser obtidas facilmente. Deve-se notar que, embora a deformação total da barra seja zero, cada uma de suas partes componentes *se deforma* sob as condições de carregamento e restrições nos apoios.

Aplicação do conceito 2.5

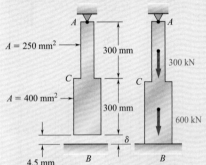

Fig. 2.24 Barra de seção escalonada usada na Aplicação de conceito 2.4 com folga inicial de 4,5 mm no ponto B. O carregamento leva a barra ao contato com a restrição.

Determine as reações em A e B para a barra de aço da Aplicação de conceito 2.4. Considere o mesmo carregamento e suponha, agora, que exista uma folga de 4,5 mm entre a barra e o apoio antes de aplicar o carregamento (Fig. 2.24). Suponha $E = 200$ GPa.

Considerando a reação em B redundante, calculamos as deformações δ_L e δ_R provocadas, respectivamente, pelas forças e pela reação redundante $\mathbf{R}_B$. No entanto, neste caso a deformação total não é zero, mas $\delta = 4,5$ mm. Escrevemos então

$$\delta = \delta_L + \delta_R = 4,5 \times 10^{-3} \, \text{m} \quad (1)$$

Substituindo δ_L e δ_R na Equação (1) e lembrando de que $E = 200$ GPa $= 200 \times 10^9$ Pa, temos

$$\delta = \frac{1{,}125 \times 10^9}{200 \times 10^9} - \frac{(1{,}95 \times 10^3) R_B}{200 \times 10^9} = 4{,}5 \times 10^{-3} \, \text{m}$$

Resolvendo esta equação, determina-se o valor de R_B. Assim, temos

$$R_B = 115{,}4 \times 10^3 \, \text{N} = 115{,}4 \, \text{kN}$$

A reação em A é obtida do diagrama de corpo livre da barra (Fig. 2.23e)

$$+\uparrow \Sigma F_y = 0: \quad R_A - 300 \, \text{kN} - 600 \, \text{kN} + R_B = 0$$

$$R_A = 900 \, \text{kN} - R_B = 900 \, \text{kN} - 115{,}4 \, \text{kN} = 785 \, \text{kN}$$

2.3 PROBLEMAS QUE ENVOLVEM MUDANÇAS DE TEMPERATURA

Primeiramente vamos considerar uma barra homogênea AB de seção transversal uniforme, que se apoia livremente em uma superfície horizontal lisa (Fig. 2.25a). Se a temperatura da barra for aumentada de ΔT, observamos que a barra se alonga de δ_T, que é proporcional à variação de temperatura ΔT e ao comprimento L da barra (Fig. 2.25b). Temos

$$\delta_T = \alpha(\Delta T)L \qquad (2.13)$$

em que α é uma constante característica do material, chamada de *coeficiente de dilatação térmica*. Como δ_T e L são expressos em unidades de comprimento, α representa uma quantidade *por grau C* ou *por grau F*, dependendo se a mudança de temperatura é expressa em graus Celsius ou graus Fahrenheit.

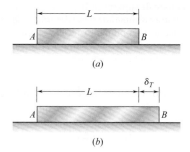

Fig. 2.25 Alongamento de uma barra livre devido ao aumento de temperatura.

Com a deformação δ_T deve ser associada uma deformação específica $\epsilon_T = \delta_T/L$. Usando a Equação (2.13), concluímos que

$$\epsilon_T = \alpha \Delta T \qquad (2.14)$$

A deformação específica ϵ_T é conhecida como *deformação específica térmica*, pois ela é provocada pela variação de temperatura da barra. No caso que estamos considerando aqui, *não há tensão associada com a deformação específica ϵ_T*.

Vamos supor agora que a mesma barra AB de comprimento L é colocada entre dois apoios fixos a uma distância L um do outro (Fig. 2.26a). Novamente, não há tensão nem deformação nesta condição inicial. Se aumentarmos a temperatura em ΔT, a barra não poderá se alongar em razão das restrições impostas nas suas extremidades; a deformação δ_T da barra será então zero. Como a barra é homogênea e tem seção transversal uniforme, a deformação específica ϵ_T em qualquer ponto será $\epsilon_T = \delta_T/L$ e, portanto, também será zero. No entanto, os apoios exercerão forças iguais e opostas **P** e **P'** na barra, após a elevação da temperatura, para impedir sua deformação (Fig. 2.26b). Concluímos então que é criado um estado de tensão (sem a deformação específica correspondente) na barra.

O problema criado pela variação de temperatura ΔT é estaticamente indeterminado. Portanto, devemos primeiro calcular a intensidade P das reações nos apoios por meio da condição de que a deformação da barra é zero. Usando o método da superposição descrito na Seção 2.2, separamos a barra de seu apoio B (Fig. 2.27a) e a deixamos alongar-se livremente com a variação de

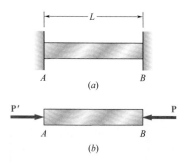

Fig. 2.26 A força P se desenvolve quando a temperatura da barra aumenta enquanto as extremidades A e B estão impedidas de se deformar.

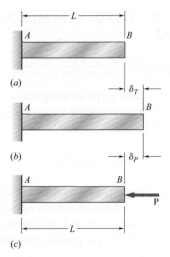

Fig. 2.27 Método de superposição para encontrar a força no ponto B da barra AB impedida de se deformar submetida à expansão térmica. (a) Comprimento inicial da barra (b) comprimento da barra expandida termicamente; (c) a força P pressiona o ponto B de volta para a deformação zero.

temperatura ΔT (Fig. 2.27b). De acordo com a Fórmula (2.13), a deformação correspondente é

$$\delta_T = \alpha(\Delta T)L$$

Aplicando-se agora à extremidade B a força **P**, que representa a reação redundante, e usando a Fórmula (2.9), obtemos uma segunda deformação (Fig. 2.27c), que é

$$\delta_P = \frac{PL}{AE}$$

Considerando que a deformação total δ deve ser zero, temos

$$\delta = \delta_T + \delta_P = \alpha(\Delta T)L + \frac{PL}{AE} = 0$$

do qual concluímos que

$$P = -AE\alpha(\Delta T)$$

e que a tensão na barra em razão da mudança de temperatura ΔT é

$$\sigma = \frac{P}{A} = -E\alpha(\Delta T) \tag{2.15}$$

Devemos ter em mente que o resultado obtido aqui e nossa observação anterior referente à ausência de qualquer deformação específica na barra *aplicam-se somente no caso de uma barra homogênea de seção transversal uniforme*. Qualquer outro problema envolvendo uma estrutura impedida de se deformar submetida a uma variação de temperatura deve ser analisado detalhadamente. No entanto, a mesma abordagem geral pode ser utilizada; ou seja, podemos considerar separadamente a deformação em decorrência da variação de temperatura e a deformação em virtude da reação redundante e superpor as soluções obtidas.

Aplicação do conceito 2.6

Determine os valores da tensão nas partes AC e CB da barra de aço mostrada (Fig. 2.28a) quando a temperatura da barra for de $-45\,°C$, sabendo que ambos os apoios rígidos estão ajustados quando a temperatura estiver a $+20\,°C$. Use os valores $E = 200$ GPa e $\alpha = 12 \times 10^{-6}/°C$ para o aço.

Primeiro determinamos as reações nos apoios. Como o problema é estaticamente indeterminado, separamos a barra de seu apoio em B e a deixamos mudar com a temperatura

$$\Delta T = (-45°C) - (20°C) = -65°C$$

A deformação correspondente (Fig. 2.28c) é

$$\delta_T = \alpha(\Delta T)L = (12 \times 10^{-6}/°C)(-65°C)(600 \text{ mm})$$
$$= -0{,}468 \text{ mm}$$

Aplicando agora a força desconhecida $\mathbf{R}_B$ na extremidade B (Fig. 2.28d), usamos a Equação (2.10) para expressar a deformação δ_R correspondente. Substituindo

$$L_1 = L_2 = 300 \text{ mm}$$
$$A_1 = 390 \text{ mm}^2 \qquad A_2 = 780 \text{ mm}^2$$
$$P_1 = P_2 = R_B \qquad E = 200 \text{ GPa}$$

na Equação (2.10), temos

$$\delta_R = \frac{P_1 L_1}{A_1 E} + \frac{P_2 L_2}{A_2 E}$$
$$= \frac{R_B}{200 \text{ kN/mm}^2}\left(\frac{300 \text{ mm}}{390 \text{ mm}^2} + \frac{300 \text{ mm}}{780 \text{ mm}^2}\right)$$
$$= (5{,}769 \times 10^{-3} \text{ mm/kN})R_B$$

Considerando que a deformação total da barra deve ser zero como resultado das restrições impostas, temos

$$\delta = \delta_T + \delta_R = 0$$
$$= -0{,}468 \text{ mm} + (5{,}769 \times 10^{-3} \text{ mm/kN})R_B = 0$$

do qual obtemos

$$R_B = 81{,}12 \text{ kN}$$

A reação em A é igual e oposta.

Notando que as forças nas duas partes da barra são $P_1 = P_2 = 81{,}12$ kN, obtemos os seguintes valores para a tensão nas partes AC e CB da barra

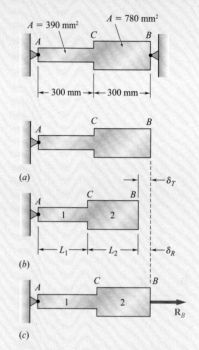

Fig. 2.28 (a) Barra impedida de se deformar. (b) Barra a uma temperatura de 20°C. (c) Barra a uma tempertura mais baixa. (d) Força R_B necessária para forçar a deformação do ponto B a zero.

$$\sigma_1 = \frac{P_1}{A_1} = \frac{81{,}12 \text{ kN}}{390 \text{ mm}^2} = +208 \text{ MPa}$$

$$\sigma_2 = \frac{P_2}{A_2} = \frac{81{,}12 \text{ kN}}{780 \text{ mm}^2} = +104 \text{ MPa}$$

Não podemos enfatizar demasiadamente o fato de que, embora a *deformação total* da barra deva ser zero, as deformações das partes componentes *AC* e *CB não serão nulas*. Portanto, uma solução do problema baseada na hipótese de que essas deformações são iguais a zero seria errada. E nem os valores da deformação específica em *AC* ou *CB* podem ser considerados iguais a zero. Para melhor destacarmos esse ponto, vamos determinar a deformação específica ϵ_{AC} na parte *AC* da barra. A deformação específica ϵ_{AC} pode ser dividida em duas partes componentes; uma é a deformação específica térmica ϵ_T produzida na barra livre pela variação de temperatura ΔT (Fig. 2.28c). Da Equação (2.14) escrevemos

$$\epsilon_T = \alpha \, \Delta T = (12 \times 10^{-6}/°C)(-65°C)$$
$$= -780 \times 10^{-6}$$

A outra componente de ϵ_{AC} está associada com a tensão σ_1 por causa da força $\mathbf{R}_B$ aplicada à barra (Fig. 2.28d). Da lei de Hooke, expressamos essa componente da deformação como

$$\frac{\sigma_1}{E} = \frac{208 \text{ MPa}}{200\,000 \text{ MPa}} = 1040 \times 10^{-6}$$

Somando as duas componentes da deformação específica em *AC*, obtemos

$$\epsilon_{AC} = \epsilon_T + \frac{\sigma_1}{E} = -780 \times 10^{-6} + 1040 \times 10^{-6}$$
$$= +260 \times 10^{-6}$$

Um cálculo semelhante fornece a deformação específica na parte *CB* da barra:

$$\epsilon_{CB} = \epsilon_T + \frac{\sigma_2}{E} = -780 \times 10^{-6} + 520 \times 10^{-6}$$
$$= -260 \times 10^{-6}$$

As deformações δ_{AC} e δ_{CB} das duas partes da barra são expressas, respectivamente, como

$$\delta_{AC} = \epsilon_{AC}(AC) = (260 \times 10^{-6})(300 \times 10^{-3} \text{m})$$
$$= 78 \times 10^{-6} \text{m}$$
$$\delta_{CB} = \epsilon_{CB}(CB) = (-260 \times 10^{-6})(300 \times 10^{-3} \text{m})$$
$$= -78 \times 10^{-6} \text{m}$$

Verificamos então que, embora a soma $\delta = \delta_{AC} + \delta_{CB}$ das duas deformações seja zero, nenhuma das deformações é igual a zero.

PROBLEMA RESOLVIDO 2.3

As barras CE de 12 mm de diâmetro e DF de 20 mm de diâmetro estão ligadas à barra rígida $ABCD$ conforme mostra a figura. Sabendo que as barras são feitas de alumínio e usando $E = 70$ GPa, determine (a) a força em cada barra provocada pela força mostrada na figura e (b) o deslocamento correspondente do ponto A.

ESTRATÉGIA: Para resolver este problema estaticamente indeterminado, você precisa complementar as equações de equilíbrio com a análise das deflexões relativas das duas barras.

MODELAGEM: Desenhe o diagrama de corpo livre da barra (Fig. 1).

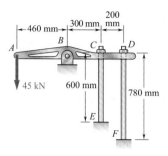

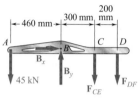

Fig. 1 Diagrama de corpo livre da barra rígida $ABCD$.

ANÁLISE:

Estática. Considerando o diagrama de corpo livre da barra $ABCD$ na Fig. 1, notamos que a reação em B e as forças aplicadas pelas barras são indeterminadas. No entanto, usando a estática, podemos escrever

$$+\circlearrowleft \Sigma M_B = 0: \quad (45 \text{ kN})(460 \text{ mm}) - F_{CE}(300 \text{ mm}) - F_{DF}(500 \text{ mm}) = 0$$
$$3F_{CE} + 5F_{DF} = 207 \quad (1)$$

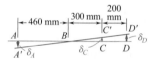

Fig. 2 Deslocamentos linearmente proporcionais ao longo da barra rígida $ABCD$.

Geometria. Após a aplicação da força de 45 kN, a posição da barra é $A'BC'D'$ (Fig. 2). Com base nos triângulos semelhantes BAA', BCC' e BDD', temos

$$\frac{\delta_C}{300 \text{ mm}} = \frac{\delta_D}{500 \text{ mm}} \qquad \delta_C = 0{,}60\,\delta_D \quad (2)$$

$$\frac{\delta_A}{460 \text{ mm}} = \frac{\delta_D}{500 \text{ mm}} \qquad \delta_A = 0{,}92\,\delta_D \quad (3)$$

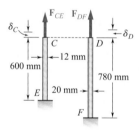

Fig. 3 Forças e deformações em CE e DF.

Deformações. Usando a Equação (2.9) e os dados da Fig. 3, temos

$$\delta_C = \frac{F_{CE}L_{CE}}{A_{CE}E} \qquad \delta_D = \frac{F_{DF}L_{DF}}{A_{DF}E}$$

Substituindo os valores de δ_C e δ_D na Equação (2), escrevemos

$$\delta_C = 0{,}6\delta_D \qquad \frac{F_{CE}L_{CE}}{A_{CE}E} = 0{,}6\frac{F_{DF}L_{DF}}{A_{DF}E}$$

$$F_{CE} = 0{,}6\frac{L_{DF}}{L_{CE}}\frac{A_{CE}}{A_{DF}}F_{DF} = 0{,}6\left(\frac{780 \text{ mm}}{600 \text{ mm}}\right)\left[\frac{\frac{1}{4}\pi(12 \text{ mm})^2}{\frac{1}{4}\pi(20 \text{ mm})^2}\right]F_{DF} \qquad F_{CE} = 0{,}281 F_{DF}$$

Força em cada barra. Substituindo F_{CE} na Equação (1) e lembrando que todas as forças foram expressas em kN, temos

$$3(0{,}281\,F_{DF}) + 5F_{DF} = 207 \qquad F_{DF} = 35{,}43 \text{ kN} \blacktriangleleft$$
$$F_{CE} = 0{,}281 F_{DF} = 0{,}281(35{,}43) \qquad F_{CE} = 9{,}96 \text{ kN} \blacktriangleleft$$

Deslocamentos. O deslocamento do ponto D é

$$\delta_D = \frac{F_{DF}L_{DF}}{A_{DF}E} = \frac{(35{,}43 \text{ kN})(780 \text{ mm})}{\frac{1}{4}\pi(20 \text{ mm})^2(70 \text{ kN/mm}^2)} \qquad \delta_D = 1{,}26 \text{ mm}$$

Usando a Equação (3), escrevemos

$$\delta_A = 0{,}92\delta_D = 0{,}92(1{,}26 \text{ mm}) \qquad \delta_A = 1{,}16 \text{ mm} \blacktriangleleft$$

REFLETIR E PENSAR: Você deve notar que, enquanto as barras rígidas rotacionam em relação a B, as deflexões em C e D são proporcionais às suas distâncias ao pivô em B, mas as *forças exercidas pelas hastes nesses pontos não o são*. Estaticamente indeterminadas, essas forças dependem das deflexões atribuídas às hastes assim como do equilíbrio da barra rígida.

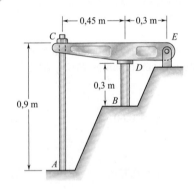

PROBLEMA RESOLVIDO 2.4

A barra rígida CDE está ligada a um pino com apoio em E e apoiada sobre o cilindro BD de latão, com 30 mm de diâmetro. Uma barra de aço AC com diâmetro de 22 mm passa através de um furo na barra e está presa por uma porca que está ajustada quando a temperatura do conjunto todo é de 20 °C. A temperatura do cilindro de latão é então elevada para 50 °C enquanto a barra de aço permanece a 20 °C. Supondo que não havia tensões presentes antes da variação de temperatura, determine a tensão no cilindro.

Barra AC: Aço	Cilindro BD: Latão
$E = 200$ GPa	$E = 105$ GPa
$\alpha = 11{,}7 \times 10^{-6}$/°C	$\alpha = 20{,}9 \times 10^{-6}$/°C

ESTRATÉGIA: Você pode usar o método da superposição, considerando $\mathbf{R}_B$ como redundante. Removido o apoio em B, a temperatura crescente no cilindro faz com que o ponto B mova-se para baixo até δ_T. A reação $\mathbf{R}_B$ deve produzir a deflexão δ_1, igual a δ_T de modo que a deflexão final de B seja zero (Fig. 2).

MODELAGEM: Desenhe o diagrama de corpo livre da montagem completa (Fig. 1).

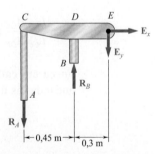

Fig. 1 Diagrama de corpo livre do parafuso, do cilindro e da barra.

ANÁLISE:

Estática. Considerando o diagrama de corpo livre do conjunto inteiro, escrevemos

$$+\curvearrowleft \Sigma M_E = 0: \quad R_A(0{,}75 \text{ m}) - R_B(0{,}3 \text{ m}) = 0 \quad R_A = 0{,}4R_B \quad (1)$$

Deslocamento δ_T. Em virtude de um aumento na temperatura de $50\,°C - 20\,°C = 30\,°C$, o comprimento do cilindro de latão aumenta em δ_T. (Fig. 2a)

$$\delta_T = L(\Delta T)\alpha = (0{,}3 \text{ m})(30°C)(20{,}9 \times 10^{-6}/°C) = 188{,}1 \times 10^{-6} \text{ m} \downarrow$$

Deslocamento δ_1. A partir da Fig. 2b, notamos que $\delta_D = 0{,}4\,\delta_C$ e $\delta_1 = \delta_D + \delta_{B/D}$.

$$\delta_C = \frac{R_A L}{AE} = \frac{R_A(0{,}9 \text{ m})}{\frac{1}{4}\pi(0{,}022 \text{ m})^2(200 \text{ GPa})} = 11{,}84 \times 10^{-9} R_A \uparrow$$

$$\delta_D = 0{,}40\delta_C = 0{,}4(11{,}84 \times 10^{-9} R_A) = 4{,}74 \times 10^{-9} R_A \uparrow$$

$$\delta_{B/D} = \frac{R_B L}{AE} = \frac{R_B(0{,}3 \text{ m})}{\frac{1}{4}\pi(0{,}03 \text{ m})^2(105 \text{ GPa})} = 4{,}04 \times 10^{-9} R_B \uparrow$$

De acordo com a Equação (1), em que $R_A = 0{,}4R_B$, escrevemos

$$\delta_1 = \delta_D + \delta_{B/D} = [4{,}74(0{,}4R_B) + 4{,}04R_B]10^{-9} = 5{,}94 \times 10^{-9} R_B \uparrow$$

No entanto, $\delta_T = \delta_1$: $\quad 188{,}1 \times 10^{-6} \text{ m} = 5{,}94 \times 10^{-9} R_B \quad R_B = 31{,}7 \text{ kN}$

Tensão no cilindro. $\quad \sigma_B = \dfrac{R_B}{A} = \dfrac{31{,}7 \text{ kN}}{\frac{1}{4}\pi(0{,}03 \text{ m})^2} \quad \sigma_B = 44{,}8 \text{ MPa} \blacktriangleleft$

REFLETIR E PENSAR: Este exemplo ilustra as elevadas tensões que podem se desenvolver em sistemas estaticamente indeterminados devido a mudanças modestas de temperatura. Note que se a montagem fosse estaticamente determinada (i.e., a haste de aço fosse removida), nenhuma tensão se desenvolveria no cilindro devido à mudança de temperatura.

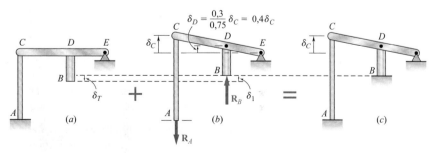

Fig. 2 Superposição das forças de deformação termal e de restrição. (a) Apoio removido em B. (b) Reação em B aplicada. (c) Posição final.

PROBLEMAS

2.33 Uma força axial centrada de intensidade $P = 450$ kN é aplicada ao bloco composto mostrado através de uma placa rígida de extremidade. Sabendo que $h = 10$ mm, determine a tensão normal em (a) o núcleo de latão, (b) nas placas de alumínio.

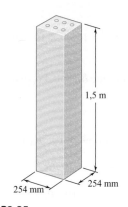

Fig. P2.35

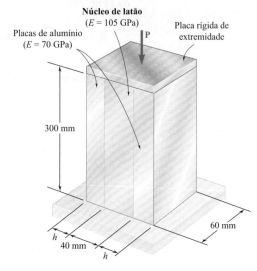

Fig. P2.33

2.34 Para o bloco composto mostrado no Prob. 2.33, determine (a) o valor de h se a fração da carga suportada pelas placas de alumínio é a metade da fração da carga suportada pelo núcleo de latão, (b) a carga total se a tensão no latão é de 80 MPa.

2.35 A coluna de concreto de 1,5 m é reforçada com seis barras de aço, cada uma com 28 mm de diâmetro. Sabendo que $E_{aço} = 200$ GPa e $E_{conc} = 25$ GPa, determine as tensões normais no aço e no concreto quando uma força axial centrada **P** de 200 kip é aplicada à coluna.

2.36 Para a coluna do Problema 2.35, determine a força centrada máxima que pode ser aplicada se a tensão normal admissível é de 15 ksi no aço e 1,6 ksi no concreto.

2.37 Uma força axial de 60 kN é aplicada através de placas rígidas colocadas nas extremidades da montagem mostrada. Determine (a) a tensão normal na casca de alumínio, (b) a correspondente deformação da montagem.

2.38 O comprimento do conjunto apresentado na figura diminui em 0,15 mm quando uma força axial é aplicada por meio de placas rígidas nas extremidades do conjunto. Determine (a) a intensidade da força aplicada e (b) a tensão correspondente no núcleo de latão.

2.39 Duas barras cilíndricas, AC feita de alumínio e CD feita de aço, são unidas em C e contidas por apoios rígidos em A e D. Para o carregamento indicado e sabendo que $E_a = 10,4 \times 10^6$ psi e $E_s = 29 \times 10^6$ psi, determine (a) as reações em A e D, (b) a deflexão do ponto C.

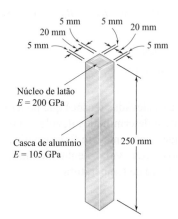

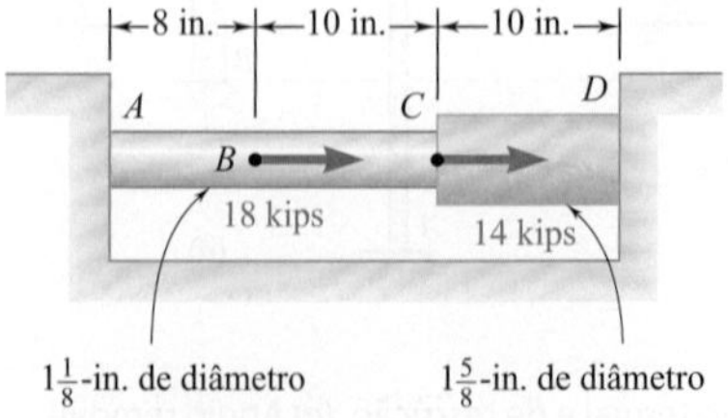

Fig. P2.37 e P2.38

Fig. P2.39

2.40 Três barras de aço ($E = 200$ GPa) suportam uma carga **P** de 36-kN. Cada uma das barras AB e CD tem uma área de seção transversal de 625-mm²; e a barra EF tem uma área de seção transversal de 1-in². Desprezando a deformação da barra BED, determine (*a*) a variação do comprimento da barra EF e (*b*) a tensão em cada barra.

2.41 Um parafuso de latão ($E_b = 15 \times 10^6$ psi) de $\frac{3}{8}$ in. de diâmetro é ajustado no interior de um tubo de aço ($E_s = 29 \times 10^6$ psi) de $\frac{7}{8}$ in. de diâmetro externo e espessura de parede de $\frac{1}{8}$ in. Após a porca ser ajustada firmemente, ela é apertada um quarto de volta. Sabendo que o parafuso é de rosca simples, com passo de 0,1 in., determine a tensão normal (*a*) no parafuso, (*b*) no tubo.

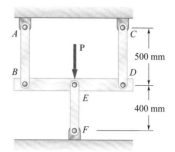

Fig. P2.40

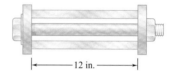

Fig. P2.41

2.42 Um tubo de aço ($E = 200$ GPa) com diâmetro externo de 32 mm e espessura de parede de 4 mm é colocado em um torno mecânico, ajustado de forma que as placas apenas encostem nas extremidades do tubo, sem exercer pressão sobre elas. As duas forças mostradas são então aplicadas ao tubo. Após a aplicação das forças, o torno é ajustado para reduzir a distância entre as placas em 0,2 mm. Determine (*a*) as forças exercidas pelo torno sobre o tubo em A e D, (*b*) a mudança de comprimento da porção BC do tubo.

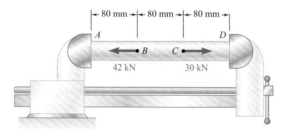

Fig. P2.42

2.43 Cada uma das hastes BD e CE é feita de latão ($E = 105$ GPa) e tem área de seção transversal de 200 mm². Determine a deflexão da extremidade A do elemento rígido ABC provocada pela ação de 2 kN.

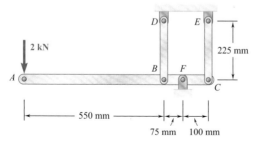

Fig. P2.43

2.44 A barra rígida AD é suportada por dois fios de aço ($E = 200$ GPa) com 1,6 mm de diâmetro e um apoio em A. Sabendo que os fios foram inicialmente esticados, determine (*a*) a tensão adicional em cada um quando lhe for aplicada uma carga **P** de 980 N em D e (*b*) o deslocamento correspondente do ponto D.

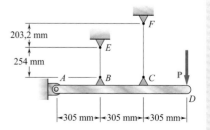

Fig. P2.44

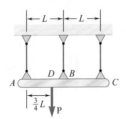

Fig. P2.45

2.45 A barra rígida ABC é suspensa por três cabos de mesmo material. A área da seção transversal do cabo B é igual à metade da área das seções transversais dos cabos em A e C. Determine a tração em cada um dos cabos causadas pela carga **P** mostrada.

2.46 A barra rígida AD é suportada por dois cabos de aço com $\frac{1}{16}$ in. de diâmetro ($E = 29 \times 10^6$ psi) e por um pino e um suporte em D. Sabendo que os cabos foram inicialmente tensionados, determine (*a*) a tração adicional em cada cabo quando uma ação de 120 lb é aplicada em B, (*b*) a correspondente deflexão do ponto B.

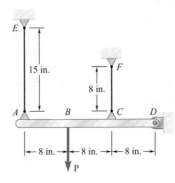

Fig. P2.46

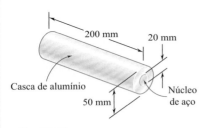

Fig. P2.47

2.47 A montagem mostrada consiste em uma casca de alumínio ($E_a = 70$ GPa, $\alpha_a = 23,6 \times 10^{-6}/°C$) completamente colada ao núcleo de aço ($E_s = 200$ GPa, $\alpha_s = 11,7 \times 10^{-6}/°C$) e a montagem não está tensionada a uma temperatura de 20°C. Considerando apenas deformações axiais, determine a tensão no alumínio quando a temperatura atinge 180°C.

2.48 Uma casca de latão ($\alpha_b = 20,9 \times 10^{-6}/°C$) é totalmente presa ao núcleo de aço ($\alpha_s = 11,7 \times 10^{-6}/°C$). Determine o maior aumento permitido na temperatura considerando que a tensão no núcleo de aço não deve exceder 55 MPa.

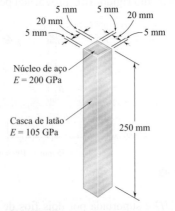

Fig. P2.48

2.49 A casca de alumínio é completamente unida ao núcleo de latão e a montagem não está tensionada a uma temperatura de 78°F. Considerando apenas deformações axiais, determine a tensão quando a temperatura alcançar 180°F (a) no núcleo de latão, (b) na casca de alumínio.

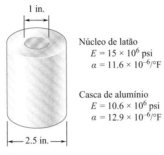

Fig. P2.49

2.50 O pilar de concreto ($E_c = 3.6 \times 10^6$ psi e $\alpha_c = 5.5 \times 10^{-6}/°F$) é reforçado por seis barras de aço, cada uma com $\frac{7}{8}$-in. de diâmetro ($E_{aço} = 29 \times 10^6$ psi e $\alpha_{aço} = 6.5 \times 10^{-6}/°F$). Determine as tensões normais induzidas no aço e no concreto pelo aumento na temperatura de 65 °F.

2.51 Uma barra formada por duas partes cilíndricas AB e BC está impedida de se deslocar em ambas as extremidades. A parte AB é feita de aço ($E_{aço} = 200$ GPa, $\alpha_{aço} = 11.7 \times 10^{-6}/°C$) e a parte BC é feita de latão ($E_{latão} = 105$ GPa, $\alpha_{latão} = 20.9 \times 10^{-6}/°C$). Sabendo que a barra está inicialmente livre de tensões, determine a força compressiva induzida em ABC quando há um aumento de temperatura de 50 °C.

2.52 Uma barra formada por duas partes cilíndricas AB e BC está impedida de se deslocar em ambas as extremidades. A parte AB é feita de aço ($E_{aço} = 29 \times 10^6$ psi, $\alpha_{aço} = 6.5 \times 10^{-6}/°F$) e a parte BC é feita de alumínio ($E_{alumínio} = 10.4 \times 10^6$ psi $\alpha_{alumínio} = 13.3 \times 10^{-6}/°F$). Sabendo que a barra está inicialmente livre de tensões, determine (a) as tensões normais nas partes AB e BC provocadas por um aumento de 70 °F na temperatura e (b) o deslocamento correspondente do ponto B.

2.53 Resolva o Problema 2.52, considerando que a porção AB da barra composta é feita de alumínio e a porção BC é feita de aço.

2.54 Trilhos de aço ($E_{aço} = 200$ GPa e $\alpha_{aço} = 11.7 \times 10^{-6}/°C$) foram instalados à temperatura de 6°C. Determine a tensão normal nos trilhos quando a temperatura alcança os 48°C, considerando que os trilhos são (a) soldados a fim de assegurar continuidade e (b) têm 10 m de comprimento com uma folga entre trilhos igual a 3 mm.

2.55 Duas barras de aço ($E_{aço} = 200$ GPa e $\alpha_{aço} = 11.7 \times 10^{-6}/°C$) são utilizadas para reforçar uma barra de latão ($E_{latão} = 105$ GPa, $\alpha_{latão} = 20.9 \times 10^{-6}/°C$) que está submetida a uma força $P = 25$ kN. Quando as barras de aço foram fabricadas, a distância entre os centros dos furos que deveriam encaixar os pinos foi feita 0,5 mm menor do que os 2 m necessários. As barras de aço foram então colocadas em um forno para aumentar seu comprimento para que pudessem encaixar-se nos

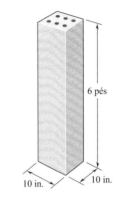

Fig. P2.50

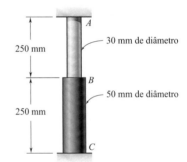

Fig. P2.51

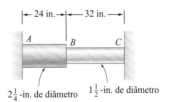

Fig. P2.52

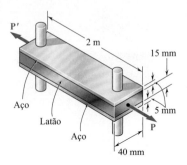

Fig. P2.55

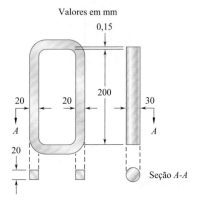

Fig. P2.57

pinos. Após a fabricação, a temperatura das barras de aço voltou a ser a temperatura ambiente. Determine (*a*) o aumento na temperatura necessário para que as barras de aço se encaixassem nos pinos e (*b*) a tensão na barra de latão depois que a força foi aplicada a ela.

2.56 Determine a força *P* máxima que pode ser aplicada à barra de latão do Problema 2.55 se a tensão admissível nas barras de aço for de 30 MPa e a tensão admissível na barra de latão, 25 MPa.

2.57 Um anel de alumínio ($E_a = 70$ GPa, $\alpha_a = 23{,}6 \times 10^{-6}/°C$) e uma barra de aço ($E_{aço} = 200$ GPa e $\alpha_{aço} = 11{,}7 \times 10^{-6}/°C$) têm as dimensões mostradas à temperatura de 20 °C. A barra de aço é resfriada até que se encaixe com folga no anel. A temperatura da montagem é então aumentada em 150 °C. Determine a tensão final normal (*a*) no anel de alumínio e (*b*) na barra de aço.

2.58 Sabendo que existe um espaçamento de 0,508 mm quando a temperatura é de 23,9 °C, determine (*a*) a temperatura na qual a tensão normal na barra de alumínio será igual a $-75{,}8$ MPa e (*b*) o comprimento exato correspondente da barra de alumínio.

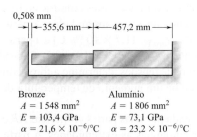

Fig. P2.58 e P2.59

2.59 Determine (*a*) a força de compressão nas barras mostradas depois que a temperatura atingiu 82 °C e (*b*) a variação correspondente no comprimento da barra de bronze.

2.60 Na temperatura ambiente (20 °C) existe um espaçamento de 0,5 mm entre as extremidades das barras mostradas na figura. Algum tempo depois, quando a temperatura atingir 140 °C, determine (*a*) a tensão normal na barra de alumínio e (*b*) sua variação do comprimento.

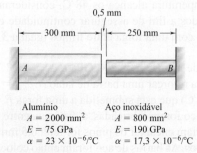

Fig. P2.60

2.4 COEFICIENTE DE POISSON

Quando uma barra delgada homogênea é carregada axialmente, a tensão e a deformação específica resultantes satisfazem a lei de Hooke, desde que o limite de elasticidade do material não seja excedido. Supondo que a direção da força **P** seja a do eixo x (Fig. 2.29a), temos $\sigma_x = P/A$, em que A é a área da seção transversal da barra, e, pela lei de Hooke, temos

$$\epsilon_x = \sigma_x/E \tag{2.16}$$

em que E é o módulo de elasticidade do material.

Notamos também que as tensões normais nas faces, respectivamente, perpendiculares aos eixos y e z são iguais a zero: $\sigma_y = \sigma_z = 0$ (Fig. 2.29b). Poderíamos ser tentados a concluir que as deformações específicas correspondentes ϵ_y e ϵ_z também são iguais a zero. No entanto, *não é isso o que ocorre*. Em todos os materiais de engenharia, a deformação produzida por uma força axial de tração **P** na direção da força é acompanhada por uma contração em qualquer direção transversal (Fig. 2.30).[†] Nesta seção e nas próximas, vamos supor que todos os materiais considerados são *homogêneos* e *isotrópicos*, ou seja, suas propriedades mecânicas serão consideradas independentes da *direção* e *posição*. Conclui-se daí que a deformação específica deve ter o mesmo valor para qualquer direção transversal. Portanto, para o carregamento mostrado na Fig. 2.29 devemos ter $\epsilon_y = \epsilon_z$. Esse valor comum é chamado de *deformação específica lateral*. Um parâmetro importante para determinado material é o seu *coeficiente de Poisson*, assim chamado em homenagem ao matemático francês Siméon Denis Poisson (1781–1840) e designado pela letra grega ν (nu).

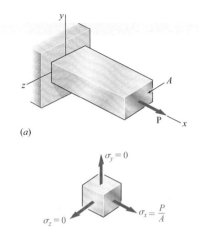

Fig. 2.29 Barra em tração uniaxial e um elemento de tensão representativa.

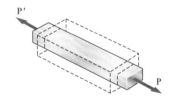

Fig. 2.30 Materiais submetidos a uma contração transversal quando alongados sob um carregamento axial.

$$\nu = -\frac{\text{deformação específica lateral}}{\text{deformação específica axial}} \tag{2.17}$$

ou

$$\nu = -\frac{\epsilon_y}{\epsilon_x} = -\frac{\epsilon_z}{\epsilon_x} \tag{2.18}$$

para a condição de carregamento representadas na Fig. 2.29. Note o uso do sinal de menos nas equações. Para obter um valor positivo de ν, as deformações específicas axial e lateral têm de ter sinais opostos.[‡] Resolvendo a Equação (2.18) para ϵ_y e ϵ_z, e usando a Equação (2.16), temos as seguintes relações, que descrevem completamente a condição de deformação específica de uma barra, submetida a uma força axial aplicada em direção paralela ao eixo x

$$\epsilon_x = \frac{\sigma_x}{E} \qquad \epsilon_y = \epsilon_z = -\frac{\nu \sigma_x}{E} \tag{2.19}$$

[†] Seria tentador, mas igualmente errado, supor que o volume da barra permanece inalterado como resultado do efeito combinado da deformação axial e da contração transversal (ver a Seção 2.6).

[‡] No entanto, alguns materiais, como as espumas de polímeros, expandem lateralmente quando são esticados. Como as deformações específicas axial e lateral têm o mesmo sinal, o coeficiente de Poisson desses materiais é negativo. (*Ver* Roderic Lakes, "Foam Structures with a Negative Poisson's Ratio," Science, 27 February 1987, Volume 235, pp. 1038–1040.)

Aplicação do conceito 2.7

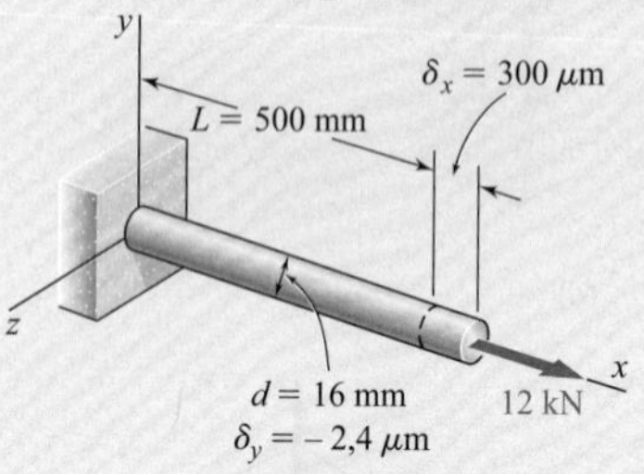

Observa-se que uma barra de 500 mm de comprimento e 16 mm de diâmetro, feita de um material homogêneo e isotrópico, aumenta no comprimento em 300 μm, e diminui no diâmetro em 2,4 μm quando submetida a uma força axial de 12 kN. Determine o módulo de elasticidade e o coeficiente de Poisson do material.

A área da seção transversal da barra é

$$A = \pi r^2 = \pi(8 \times 10^{-3}\text{m})^2 = 201 \times 10^{-6}\text{ m}^2$$

Fig. 2.31 Barra carregada axialmente.

Escolhendo o eixo x ao longo do eixo da barra (Fig. 2.31), escrevemos

$$\sigma_x = \frac{P}{A} = \frac{12 \times 10^3 \text{ N}}{201 \times 10^{-6}\text{ m}^2} = 59{,}7 \text{ MPa}$$

$$\epsilon_x = \frac{\delta_x}{L} = \frac{300 \text{ μm}}{500 \text{ mm}} = 600 \times 10^{-6}$$

$$\epsilon_y = \frac{\delta_y}{d} = \frac{-2{,}4 \text{ μm}}{16 \text{ mm}} = -150 \times 10^{-6}$$

Da lei de Hooke, $\sigma_x = E\epsilon_x$, obtemos

$$E = \frac{\sigma_x}{\epsilon_x} = \frac{59{,}7 \text{ MPa}}{600 \times 10^{-6}} = 99{,}5 \text{ GPa}$$

e, da Equação (2.18),

$$v = -\frac{\epsilon_y}{\epsilon_x} = -\frac{-150 \times 10^{-6}}{600 \times 10^{-6}} = 0{,}25$$

2.5 CARREGAMENTO MULTIAXIAL: LEI DE HOOKE GENERALIZADA

Todos os exemplos considerados até agora tratavam de elementos delgados submetidos a forças axiais, isto é, a forças com direção de um único eixo. Vamos agora considerar elementos estruturais submetidos a cargas que atuam nas direções dos três eixos coordenados e produzem tensões normais σ_x, σ_y e σ_z que são todas diferentes de zero (Fig. 2.32). Essa condição é conhecida como *carregamento multiaxial*. Note que essa não é a condição geral

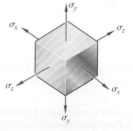

Fig. 2.32 Estado de tensão para um carregamento multiaxial.

de tensão descrita na Seção 1.3, visto que não há tensões de cisalhamento incluídas entre as tensões mostradas na Fig. 2.32.

Considere um elemento de um material isotrópico na forma de um cubo (Fig. 2.33a). Podemos supor que as arestas do cubo tenham um comprimento unitário, desde que seja sempre possível considerar a aresta do cubo como uma unidade de comprimento. Sob um carregamento multiaxial dado, o elemento se deformará, transformando-se em um *paralelepípedo retangular* de lados respectivamente iguais a $1 + \epsilon_x$, $1 + \epsilon_y$, e $1 + \epsilon_z$, em que ϵ_x, ϵ_y e ϵ_z são os valores da deformação específica normal nas direções dos três eixos coordenados (Fig. 2.33b). Você deve notar que, como os outros elementos do material também se deformam, o elemento em consideração poderia sofrer uma translação. Entretanto estamos interessados aqui somente na *deformação real* do elemento, e não no deslocamento de corpo rígido.

Para expressarmos as componentes de deformação ϵ_x, ϵ_y e ϵ_z em função das componentes de tensão σ_x, σ_y e σ_z, consideraremos separadamente o efeito de cada componente de tensão e combinaremos os resultados obtidos. A abordagem que propomos aqui será utilizada repetidamente neste texto, e é baseada no *princípio da superposição*. Ele diz que o efeito de determinado carregamento combinado em uma estrutura pode ser obtido *determinando-se separadamente os efeitos das várias forças e combinando os resultados obtidos*, desde que sejam satisfeitas as condições a seguir:

1. Cada efeito está linearmente relacionado com a força que o produz.
2. A deformação resultante de determinada força é pequena e não afeta as condições de aplicação das outras forças.

No caso de um carregamento multiaxial, a primeira condição será satisfeita se as tensões não excederem o limite de proporcionalidade do material. A segunda condição será satisfeita se a tensão em qualquer face não provocar deformações nas outras faces suficientemente grandes para afetar o cálculo das tensões nessas faces.

Considerando o primeiro efeito da componente de tensão σ_x, lembramo-nos da Seção 2.4, em que σ_x provoca uma deformação específica igual a σ_x/E na direção x, e deformações específicas iguais a $-\nu\sigma_x/E$ em cada uma das direções y e z. Da mesma forma, a componente de tensão σ_y, se aplicada separadamente, provocará uma deformação específica igual a σ_y/E na direção y, e deformações específicas $-\nu\sigma_y/E$ nas outras duas direções. Finalmente, a componente de tensão σ_z provoca uma deformação específica igual a σ_z/E na direção z, e deformações específicas iguais a $-\nu\sigma_z/E$ nas direções x e y. Combinando os resultados obtidos, concluímos que as componentes de deformação específica correspondentes a um carregamento multiaxial são

$$\epsilon_x = +\frac{\sigma_x}{E} - \frac{\nu\sigma_y}{E} - \frac{\nu\sigma_z}{E}$$

$$\epsilon_y = -\frac{\nu\sigma_x}{E} + \frac{\sigma_y}{E} - \frac{\nu\sigma_z}{E} \qquad (2.20)$$

$$\epsilon_z = -\frac{\nu\sigma_x}{E} - \frac{\nu\sigma_y}{E} + \frac{\sigma_z}{E}$$

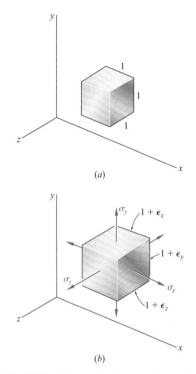

Fig. 2.33 Deformação de um cubo unitário sob carregamento multiaxial. (*a*) Descarregado; (*b*) deformado.

As Equações (2.20) são conhecidas como *lei de Hooke generalizada para carregamento multiaxial de um material isotrópico homogêneo*. Conforme indicamos anteriormente, os resultados obtidos são válidos somente enquanto as tensões não excederem o limite de proporcionalidade e desde que as deformações envolvidas permaneçam pequenas. Lembramos também que um valor positivo para a componente de tensão significa tração, e um valor negativo, compressão. Analogamente, um valor positivo para uma componente de deformação específica indica expansão na direção correspondente, e um valor negativo, contração.

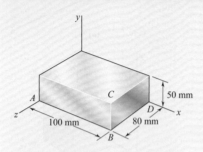

Fig 2.34 Bloco de aço sob uma pressão uniforme p.

Aplicação do conceito 2.8

O bloco de aço mostrado na Fig. 2.34 está submetido a uma pressão uniforme em todas as suas faces. Sabendo que a variação no comprimento da aresta AB é $-0{,}03$ mm, determine (a) a variação no comprimento das outras arestas e (b) a pressão p aplicada às faces do bloco. Suponha $E = 200$ GPa e $\nu = 0{,}29$.

a. **Variação no comprimento das outras arestas.** Substituindo $\sigma_x = \sigma_y = \sigma_z = -p$ nas Equações (2.20), encontramos que as três componentes de deformação específica têm o seguinte valor

$$\epsilon_x = \epsilon_y = \epsilon_z = -\frac{p}{E}(1 - 2\nu) \qquad (1)$$

Como

$$\epsilon_x = \delta_x/AB = (-0{,}03 \text{ mm})/(100 \text{ mm})$$
$$= -300 \times 10^{-6} \text{ mm/mm}$$

obtemos

$$\epsilon_y = \epsilon_z = \epsilon_x = -300 \times 10^{-6} \text{ mm/mm}$$

do qual se segue que

$$\delta_y = \epsilon_y(BC) = (-300 \times 10^{-6})(50 \text{ mm}) = -0{,}015 \text{ mm}$$
$$\delta_z = \epsilon_z(BD) = (-300 \times 10^{-6})(80 \text{ mm}) = -0{,}024 \text{ mm}$$

b. **Pressão.** Resolvendo a Equação (1) para p, escrevemos

$$p = -\frac{E\epsilon_x}{1 - 2\nu} = -\frac{(200 \text{ GPa})(-300 \times 10^{-6})}{1 - 0{,}58}$$
$$p = 142{,}9 \text{ MPa}$$

*2.6 DILATAÇÃO E MÓDULO DE COMPRESSIBILIDADE VOLUMÉTRICA

Nesta seção, examinaremos o efeito das tensões normais σ_x, σ_y e σ_z no volume de um elemento de material isotrópico. Considere o elemento de volume mostrado na Fig. 2.33. Em seu estado livre de tensões, ele está na forma de um cubo de volume unitário; e, sob as tensões σ_x, σ_y e σ_z, ele se deforma transformando-se em um paralelepípedo retangular de volume

$$v = (1 + \epsilon_x)(1 + \epsilon_y)(1 + \epsilon_z)$$

Como as deformações específicas ϵ_x, ϵ_y, ϵ_z são muito menores que a unidade, seus produtos serão ainda menores e poderão ser omitidos depois do desenvolvimento da expressão acima. Temos, portanto,

$$v = 1 + \epsilon_x + \epsilon_y + \epsilon_z$$

A mudança no volume e do elemento é

$$e = v - 1 = 1 + \epsilon_x + \epsilon_y + \epsilon_z - 1$$

ou

$$e = \epsilon_x + \epsilon_y + \epsilon_z \tag{2.21}$$

Como o elemento tinha originalmente um volume unitário e a Equação (2.21) fornece a mudança em seu volume, a quantidade *e* representa a *variação em volume por unidade de volume*. Ela é conhecida como *dilatação* volumétrica específica do material. Substituindo ϵ_x, ϵ_y e ϵ_z das Equações (2.20) na Equação (2.21), escrevemos

$$e = \frac{\sigma_x + \sigma_y + \sigma_z}{E} - \frac{2\nu(\sigma_x + \sigma_y + \sigma_z)}{E}$$

$$e = \frac{1 - 2\nu}{E}(\sigma_x + \sigma_y + \sigma_z) \tag{2.22}^\dagger$$

Quando um corpo é sujeito a uma pressão hidrostática uniforme *p*, cada uma das componentes de tensão é igual a $-p$, e a Equação (2.22) fica assim

$$e = -\frac{3(1 - 2\nu)}{E}p \tag{2.23}$$

Introduzindo a seguinte constante

$$k = \frac{E}{3(1 - 2\nu)} \tag{2.24}$$

escrevemos a Equação (2.23) na forma

$$e = -\frac{p}{k} \tag{2.25}$$

A constante *k* é conhecida como *módulo de compressibilidade volumétrica do material* (ou *módulo de bulk*). Ela é expressa nas mesmas unidades do módulo de elasticidade *E*, ou seja, em pascal ou em psi.

Como um material estável submetido a uma pressão hidrostática só pode *diminuir* em volume, a dilatação *e* na Equação (2.25) é negativa, da qual se conclui que o módulo de compressibilidade volumétrica *k* é uma quantidade positiva. Examinando a Equação (2.24), concluímos que $1 - 2\nu > 0$, ou $\nu < \frac{1}{2}$. Em contrapartida, vimos na Seção 2.4 que ν é positivo para todos os materiais de engenharia. Concluímos então que, para qualquer material de engenharia,

$$0 < \nu < \tfrac{1}{2} \tag{2.26}$$

Notamos que um material ideal, tendo um valor de ν igual a zero, poderia ser esticado em uma direção sem qualquer contração lateral. Não obstante, um material ideal, para o qual $\nu = \frac{1}{2}$, e portanto $k = \infty$, seria perfeitamente incompressível ($e = 0$). Examinando a Equação (2.22) notamos também que, como $\nu < \frac{1}{2}$, o alongamento de um material de engenharia, na região elástica, em uma direção, por exemplo na direção *x* ($\sigma_x > 0$, $\sigma_y = \sigma_z = 0$), resultará em um aumento de seu volume ($e > 0$).[‡]

---

† Como a dilatação *e* representa uma variação em volume, ela deve ser independente da orientação do elemento considerado. Conclui-se, então, das Equações (2.21) e (2.22), que as quantidades $\epsilon_x + \epsilon_y + \epsilon_z$ e $\sigma_x + \sigma_y + \sigma_z$ são também independentes da orientação do elemento. Essa propriedade será verificada no Capítulo 7.

‡ No entanto, na região plástica, o volume do material permanece praticamente constante.

Aplicação do conceito 2.9

Determine a variação em volume ΔV do bloco de aço mostrado na Fig. 2.34, quando ele é submetido a uma pressão hidrostática $p = 180$ MPa. Use $E = 200$ GPa e $\nu = 0{,}29$.

Da Equação (2.24), determinamos o módulo de compressibilidade volumétrica do aço,

$$k = \frac{E}{3(1 - 2\nu)} = \frac{200 \text{ GPa}}{3(1 - 0{,}58)} = 158{,}7 \text{ GPa}$$

e, da Equação (2.25), a dilatação é

$$e = -\frac{p}{k} = -\frac{180 \text{ MPa}}{158{,}7 \text{ GPa}} = -1{,}134 \times 10^{-3}$$

Como o volume V do bloco em seu estado livre de tensões é

$$V = (80 \text{ mm})(40 \text{ mm})(60 \text{ mm}) = 192 \times 10^3 \text{ mm}^3$$

e como e representa a variação em volume por unidade de volume, $e = \Delta V/V$, temos

$$\Delta V = eV = (-1{,}134 \times 10^{-3})(192 \times 10^3 \text{ mm}^3)$$

$$\Delta V = -218 \text{ mm}^3$$

2.7 DEFORMAÇÃO DE CISALHAMENTO

Quando determinamos na Seção 2.5 as relações das Equações (2.20) entre tensões normais e deformações específicas normais em um material isotrópico homogêneo, consideramos que não havia tensões de cisalhamento envolvidas. Na situação de estado de tensão mais geral representada na Fig. 2.35, estarão presentes as tensões de cisalhamento τ_{xy}, τ_{yz} e τ_{zx} (bem como, naturalmente, as tensões de cisalhamento correspondentes τ_{yx}, τ_{zy} e τ_{xz}). Essas tensões não têm um efeito direto nas deformações específicas normais, e desde que todas as deformações envolvidas permaneçam pequenas, elas não afetarão a determinação nem a validade das relações das Equações (2.20). No entanto, as tensões de cisalhamento tenderão a deformar um elemento em forma de cubo do material transformando-o em um paralelepípedo *oblíquo*.

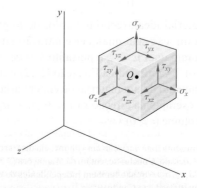

Fig. 2.35 Componentes de tensão positivos no ponto Q para um estado de tensão geral.

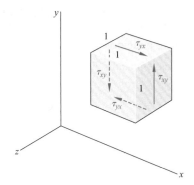

Fig. 2.36 Elemento unitário em forma de cubo submetido a tensão de cisalhamento.

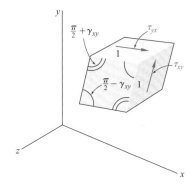

Fig. 2.37 Deformação do elemento unitário em forma de cubo devido à tensão de cisalhamento.

Considere um elemento em forma de cubo de lado unitário (Fig. 2.36) submetido a nenhuma outra tensão que não as tensões de cisalhamento τ_{xy} e τ_{yx} aplicadas às faces do elemento, respectivamente, perpendiculares aos eixos x e y. (Lembramos da Seção 1.4, que $\tau_{xy} = \tau_{yx}$.) Observa-se que o elemento se deforma transformando-se em um romboide de lados iguais a um (Fig. 2.37). Dois dos ângulos formados pelas quatro faces sob tensão são reduzidos de $\frac{\pi}{2}$ para $\frac{\pi}{2} - \gamma_{xy}$, enquanto os outros dois são aumentados de $\frac{\pi}{2}$ para $\frac{\pi}{2} + \gamma_{xy}$. O pequeno ângulo γ_{xy} (expresso em radianos) define a *deformação de cisalhamento* correspondente às direções x e y. Quando a deformação envolve uma *redução* do ângulo formado pelas duas faces orientadas, respectivamente, na direção positiva dos eixos x e y (como mostra a Fig. 2.37), dizemos que a deformação de cisalhamento γ_{xy} é *positiva*; caso contrário, dizemos que ela é negativa.

Devemos notar que, em consequência das deformações dos outros elementos do material, o elemento em consideração também pode ter uma rotação geral. No entanto, como era o caso em nosso estudo das deformações específicas normais, estamos preocupados aqui somente com as *deformações reais* do elemento, e não com quaisquer possíveis deslocamentos de corpo rígido.[†]

Construindo um gráfico com valores sucessivos de τ_{xy} em função dos valores correspondentes de γ_{xy}, obtemos o diagrama tensão-deformação de cisalhamento para o material em consideração. (Isso pode ser conseguido executando-se um ensaio de torção, como veremos no Capítulo 3.) O diagrama obtido é similar ao diagrama tensão-deformação específica normal, obtido para o mesmo material com o ensaio de tração descrito anteriormente neste capítulo. No entanto, os valores obtidos para a resistência ao escoamento, limite de resistência, etc., de um determinado material em um ensaio de cisalhamento são apenas um pouco maiores que a metade dos valores obtidos em tração. Como ocorria no caso das tensões e deformações específicas normais,

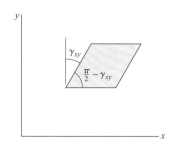

Fig. 2.38 Elemento em forma de cubo visto no plano *xy* após rotação rígida.

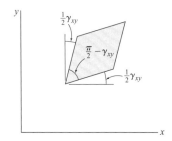

Fig. 2.39 Elemento em forma de cubo visto no plano *xy* com igual rotação das faces *x* e *y*.

[†] Ao definirem a deformação γ_{xy}, alguns autores consideram arbitrariamente que a deformação real do elemento é acompanhada de uma rotação de corpo rígido tal que as faces horizontais do elemento não giram. A deformação γ_{xy} é então representada pelo ângulo através do qual as outras duas faces são giradas (Fig. 2.38). Outros consideram uma rotação do corpo rígido tal que as faces horizontais giram através de 1/2 γ_{xy}, no sentido anti-horário, e as faces verticais através de 1/2 γ_{xy}, no sentido horário (Fig. 2.39). Como ambas as suposições são desnecessárias e podem induzir à confusão, neste livro preferimos associar a deformação de cisalhamento γ_{xy} com a *variação no ângulo* formado pelas duas faces, e não com a *rotação de determinada face* sob condições restritivas.

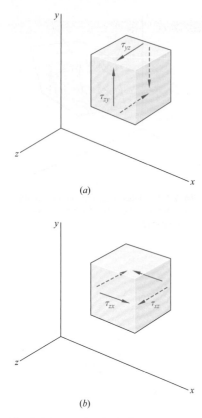

Fig. 2.40 Estados de cisalhamento puro em: (a) plano yz; (b) plano xz.

a parte inicial do diagrama tensão-deformação de cisalhamento é linear. Para valores de tensão de cisalhamento que não excedam o limite de proporcionalidade em cisalhamento, podemos então escrever para qualquer material isotrópico e homogêneo,

$$\tau_{xy} = G\gamma_{xy} \qquad (2.27)$$

Essa relação é conhecida como *lei de Hooke para tensão e deformação de cisalhamento*, e a constante G é chamada de *módulo de rigidez* ou *módulo de elasticidade transversal* do material. Como a deformação γ_{xy} foi definida como um ângulo em radianos, ela é adimensional, e o módulo G é expresso nas mesmas unidades de τ_{xy}, ou seja, em pascal ou em psi. O módulo de rigidez G de qualquer material é menos da metade, porém mais de um terço do módulo de elasticidade E daquele material.†

Considerando agora um cubo elementar do material sujeito a tensões de cisalhamento τ_{yz} e τ_{zy} (Fig. 2.40a), definimos a deformação de cisalhamento γ_{yz} como a variação no ângulo formado pelas faces sob tensão. A deformação de cisalhamento γ_{zx} é definida de forma semelhante considerando um elemento submetido a tensões de cisalhamento τ_{zx} e τ_{xz} (Fig. 2.40b). Para valores da tensão que não ultrapassem o limite de proporcionalidade, podemos escrever as duas relações adicionais

$$\tau_{yz} = G\gamma_{yz} \qquad \tau_{zx} = G\gamma_{zx} \qquad (2.28)$$

em que a constante G é a mesma da Equação (2.27).

Para o estado de tensão geral representado na Fig. 2.35 e desde que nenhuma das tensões envolvidas ultrapasse o limite de proporcionalidade correspondente, podemos aplicar o princípio da superposição e combinar os resultados. Obtemos o seguinte grupo de equações representando a lei de Hooke generalizada para um material isotrópico e homogêneo submetido a um estado de tensão mais geral.

$$\begin{aligned}
\epsilon_x &= +\frac{\sigma_x}{E} - \frac{\nu\sigma_y}{E} - \frac{\nu\sigma_z}{E} \\
\epsilon_y &= -\frac{\nu\sigma_x}{E} + \frac{\sigma_y}{E} - \frac{\nu\sigma_z}{E} \\
\epsilon_z &= -\frac{\nu\sigma_x}{E} - \frac{\nu\sigma_y}{E} + \frac{\sigma_z}{E} \\
\gamma_{xy} &= \frac{\tau_{xy}}{G} \qquad \gamma_{yz} = \frac{\tau_{yz}}{G} \qquad \gamma_{zx} = \frac{\tau_{zx}}{G}
\end{aligned} \qquad (2.29)$$

Um exame das Equações (2.29) pode nos levar a acreditar que três constantes distintas do material, E, ν e G, devem primeiro ser determinadas experimentalmente, se quisermos prever as deformações provocadas em determinado material por uma combinação arbitrária de tensões. Na realidade, somente duas dessas constantes precisam ser determinadas experimentalmente para qualquer material. Conforme você verá na próxima seção, a terceira constante pode então ser obtida com um cálculo bastante simples.

† Ver o Problema 2.90.

Aplicação do conceito 2.10

Um bloco retangular de um material com um módulo de elasticidade transversal $G = 620$ MPa é colado a duas placas rígidas horizontais. A placa inferior é fixa, enquanto a placa superior está submetida a uma força horizontal **P** (Fig. 2.41a). Sabendo que a placa superior se desloca 1 mm sob a ação da força, determine (a) a deformação de cisalhamento média no material e (b) a força **P** que atua na placa superior.

a. Deformação de cisalhamento. Selecionamos eixos coordenados centrados no ponto médio C da borda AB e direcionados conforme mostra a Fig. 2.41b. De acordo com sua definição, a deformação de cisalhamento γ_{xy} é igual ao ângulo formado pela vertical e pela linha CF que une os pontos médios das bordas AB e DE. Notando que esse é um ângulo muito pequeno e lembrando que ele deverá ser expresso em radianos, escrevemos

$$\gamma_{xy} \approx \text{tg } \gamma_{xy} = \frac{1 \text{ mm}}{50 \text{ mm}} \qquad \gamma_{xy} = 0{,}020 \text{ rad.}$$

b. Força atuante na placa superior. Primeiro determinamos a tensão de cisalhamento τ_{xy} no material. Usando a lei de Hooke para tensão e deformação de cisalhamento, temos

$$\tau_{xy} = G\gamma_{xy} = (620 \text{ MPa})(0{,}020 \text{ rad.}) = 12{,}4 \text{ MPa}$$

A força exercida na placa superior é então

$$P = \tau_{xy} A = (12{,}4 \text{ MPa})(200 \text{ mm})(60 \text{ mm}) = 148{,}8 \times 10^3 \text{ N}$$

$$P = 148{,}8 \text{ kN}$$

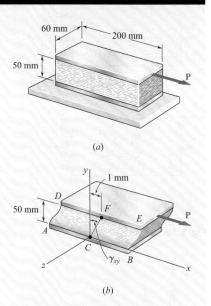

Fig. 2.41 (a) Bloco retangular carregado em cisalhamento. (b) Bloco deformado apresentando a deformação de cisalhamento.

2.8 OUTRAS DISCUSSÕES SOBRE DEFORMAÇÃO SOB CARREGAMENTO AXIAL; RELAÇÃO ENTRE E, ν E G

Vimos na Seção 2.4 que uma barra delgada submetida a uma força de tração axial **P** na direção do eixo x se alongará na direção x e se contrairá nas direções transversais y e z. Se ϵ_x é a deformação específica axial, a deformação específica lateral é expressa como $\epsilon_y = \epsilon_z = -\nu\epsilon_x$ em que ν é o coeficiente de Poisson. Assim, um elemento na forma de um cubo com lado de comprimento unitário e orientado conforme mostra a Fig. 2.42a se deformará, transformando-se em um paralelepípedo retangular de lados $1 + \epsilon_x$, $1 - \nu\epsilon_x$ e $1 - \nu\epsilon_x$. (Note que somente uma face do elemento é mostrada na figura.) Em contrapartida, se o elemento é orientado a 45° em relação ao eixo da força (Fig. 2.42b), observa-se que a face mostrada na figura se deforma transformando-se em um losango. Concluímos que a força axial **P** provoca nesse elemento uma deformação de cisalhamento γ' igual ao valor pelo qual aumenta ou diminui cada um dos ângulos mostrados na Fig. 2.42b.[†]

O fato de que as deformações de cisalhamento, bem como as deformações específicas normais, resultam de um carregamento axial não deve ser uma surpresa para nós, pois já observamos no fim da Seção 1.4 que uma carga axial **P** provoca tensões normais e de cisalhamento de igual intensidade nas

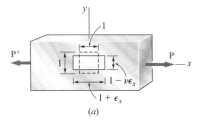

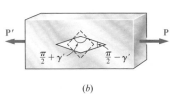

Fig. 2.42 Representações da deformação em uma barra carregada axialmente. (a) Faces com deformação do elemento em forma de cubo alinhadas com os eixos coordenados; (b) faces com deformação do elemento em forma de cubo rotacionadas 45° sobre o eixo z.

[†] Note que a carga **P** também produz deformações específicas normais no elemento mostrado na Fig. 2.42b (ver o Problema 2.72).

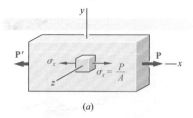

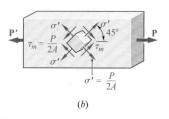

Fig. 1.38 (repetida)

quatro faces de um elemento orientado a 45° do eixo do elemento. Isso foi ilustrado na Fig. 1.38 que, por conveniência, foi repetida aqui. Foi mostrado também na Seção 1.3 que a tensão de cisalhamento é máxima em um plano que forma um ângulo de 45° com o eixo da força. Conclui-se da lei de Hooke para tensões e deformações de cisalhamento que a deformação de cisalhamento γ' associada ao elemento da Fig. 2.42b também é máxima: $\gamma' = \gamma_m$.

Embora um estudo mais detalhado das transformações de deformações específica seja apresentado só no Capítulo 7, nesta seção deduziremos uma relação entre a deformação de cisalhamento máxima $\gamma' = \gamma_m$ associada ao elemento da Fig. 2.42b e a deformação específica normal ϵ_x na direção da força. Vamos considerar para essa finalidade o elemento prismático obtido pelo corte do elemento em forma de cubo da Fig. 2.42a por um plano diagonal (Fig. 2.43a e b). Referindo-nos à Fig. 2.42a, concluímos que esse novo elemento se deformará, transformando-se no elemento mostrado na Fig. 2.43c, que tem lados horizontais e verticais, respectivamente, iguais a $1 + \epsilon_x$ e $1 - \nu\epsilon_x$. No entanto, o ângulo formado pelas faces oblíqua e horizontal do elemento da Fig. 2.43b é precisamente metade de um dos ângulos retos do elemento em forma de cubo considerado na Fig. 2.42b. O ângulo β, obtido após a deformação, deve, portanto, ser igual à metade de $\pi/2 - \gamma_m$. Escrevemos

$$\beta = \frac{\pi}{4} - \frac{\gamma_m}{2}$$

Aplicando a fórmula para a tangente da diferença de dois ângulos, obtemos

$$\text{tg}\,\beta = \frac{\text{tg}\,\frac{\pi}{4} - \text{tg}\,\frac{\gamma_m}{2}}{1 + \text{tg}\,\frac{\pi}{4}\,\text{tg}\,\frac{\gamma_m}{2}} = \frac{1 - \text{tg}\,\frac{\gamma_m}{2}}{1 + \text{tg}\,\frac{\gamma_m}{2}}$$

ou, como $\gamma_m/2$ é um ângulo muito pequeno,

$$\text{tg}\,\beta = \frac{1 - \frac{\gamma_m}{2}}{1 + \frac{\gamma_m}{2}} \tag{2.30}$$

Entretanto, da Fig. 2.43c, observamos que

$$\text{tg}\,\beta = \frac{1 - \nu\epsilon_x}{1 + \epsilon_x} \tag{2.31}$$

Igualando os membros do lado direito das Equações (2.30) e (2.31) e resolvendo em função de γ_m, temos

$$\gamma_m = \frac{(1 + \nu)\epsilon_x}{1 + \frac{1 - \nu}{2}\epsilon_x}$$

Como $\epsilon_x \ll 1$, o denominador na expressão obtida pode ser considerado igual a 1; temos, portanto,

$$\gamma_m = (1 + \nu)\epsilon_x \tag{2.32}$$

que é a relação desejada entre a deformação de cisalhamento máxima γ_m e a deformação específica axial ϵ_x.

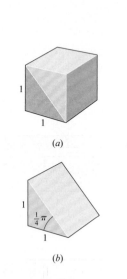

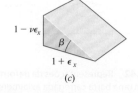

Fig. 2.43 (a) Elemento unitário em forma de cubo com deformação, a ser seccionado em um plano diagonal. (b) Seção sem deformação do elemento unitário. (c) Seção deformada do elemento unitário.

Para obtermos uma relação entre as constantes E, ν e G, lembramos que, pela lei de Hooke, $\gamma_m = \tau_m/G$, e que, para um carregamento axial, $\epsilon_x = \sigma_x/E$. A Equação (2.32) pode, portanto, ser escrita como

$$\frac{\tau_m}{G} = (1 + \nu)\frac{\sigma_x}{E}$$

ou

$$\frac{E}{G} = (1 + \nu)\frac{\sigma_x}{\tau_m} \tag{2.33}$$

Verificamos agora, da Fig. 1.38, que $\sigma_x = P/A$ e $\tau_m = P/2A$, em que A é a área da seção transversal da componente. Conclui-se, então, que $\sigma_x/\tau_m = 2$. Substituindo esse valor na Equação (2.33) e dividindo ambos os membros por 2, obtemos a relação

$$\frac{E}{2G} = 1 + \nu \tag{2.34}$$

que pode ser usada para determinar uma das constantes E, ν ou G a partir das outras duas. Por exemplo, resolvendo a Equação (2.34) para G, temos

$$\boxed{G = \frac{E}{2(1 + \nu)}} \tag{2.35}$$

*2.9 RELAÇÕES DE TENSÃO-DEFORMAÇÃO PARA MATERIAIS COMPÓSITOS REFORÇADOS COM FIBRAS

Os materiais compósitos reforçados com fibras são obtidos pela incorporação de fibras de materiais rígidos e resistentes em um material menos resistente e menos rígido chamado de *matriz*. A relação entre a tensão normal e a correspondente deformação específica normal ocorrida em uma lâmina, ou camada, de um material compósito, depende da direção na qual a força é aplicada. São necessários, portanto, diferentes módulos de elasticidade E_x, E_y e E_z para descrever as relações entre a tensão normal e a deformação específica normal, caso a força seja aplicada em uma direção paralela às fibras, em uma direção perpendicular à camada, ou em uma direção transversal.

Vamos considerar novamente a placa de material compósito discutida na Seção 2.1.4 e submetê-la a uma força de tração uniaxial paralela a suas fibras (Fig. 2.44a). Para simplificarmos nossa análise, vamos supor que as propriedades das fibras e da matriz foram combinadas, de tal modo que se obtenha um material homogêneo fictício equivalente que possua essas propriedades combinadas. Consideramos agora um corpo elementar daquela placa, cujas propriedades são do material combinado (Fig. 2.44b). Designamos por σ_x a tensão normal correspondente e observamos que $\sigma_y = \sigma_z = 0$. Como indicamos na Seção 2.1.4, a deformação específica normal correspondente na direção x é $\epsilon_x = \sigma_x/E_x$, em que E_x é o módulo de elasticidade do material compósito na direção x. Conforme vimos para os materiais isotrópicos, o alongamento do material na direção x é acompanhado de contrações nas direções y e z. Essas contrações dependem do posicionamento das fibras na matriz e geralmente são diferentes. Consequentemente, as deformações específicas laterais ϵ_y e ϵ_z também serão diferentes, bem como os correspondentes coeficientes de Poisson:

$$\nu_{xy} = -\frac{\epsilon_y}{\epsilon_x} \quad \text{e} \quad \nu_{xz} = -\frac{\epsilon_z}{\epsilon_x} \tag{2.36}$$

Note que o primeiro índice em cada uma das relações de Poisson ν_{xy} e ν_{xz} nas Equações (2.36) refere-se à direção da força e o segundo, à direção da contração.

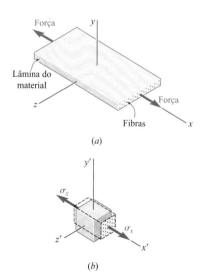

Fig. 2.44 Material compósito ortotrópico reforçado com fibra sob força de tração uniaxial.

Do exposto, segue-se que, no caso de *carregamento multiaxial* de uma placa de um material compósito, podem ser usadas equações similares às Equações (2.20) da Seção 2.5 para descrever a relação tensão-deformação. No entanto, neste caso, estarão envolvidos três diferentes valores de módulo de elasticidade e seis valores diferentes de coeficiente de Poisson. Escrevemos

$$\epsilon_x = \frac{\sigma_x}{E_x} - \frac{\nu_{yx}\sigma_y}{E_y} - \frac{\nu_{zx}\sigma_z}{E_z}$$

$$\epsilon_y = -\frac{\nu_{xy}\sigma_x}{E_x} + \frac{\sigma_y}{E_y} - \frac{\nu_{zy}\sigma_z}{E_z} \quad (2.37)$$

$$\epsilon_z = -\frac{\nu_{xz}\sigma_x}{E_x} - \frac{\nu_{yz}\sigma_y}{E_y} + \frac{\sigma_z}{E_z}$$

As Equações (2.37) podem ser consideradas a transformação de tensão em deformação específica para determinada camada. Conclui-se, levando em conta uma propriedade geral dessas transformações, que os coeficientes das componentes de tensão são simétricos, isto é, que

$$\frac{\nu_{xy}}{E_x} = \frac{\nu_{yx}}{E_y} \qquad \frac{\nu_{yz}}{E_y} = \frac{\nu_{zy}}{E_z} \qquad \frac{\nu_{zx}}{E_z} = \frac{\nu_{xz}}{E_x} \quad (2.38)$$

Essas equações mostram que, embora diferentes, os coeficientes de Poisson ν_{xy} e ν_{yx} não são independentes; qualquer um deles pode ser obtido a partir do outro se os valores correspondentes do módulo de elasticidade forem conhecidos. O mesmo vale para ν_{yz} e ν_{zy} e para ν_{zx} e ν_{xz}.

Considere agora o efeito da presença de tensões de cisalhamento nas faces de um corpo elementar da placa de propriedades combinadas. Como visto na Seção 2.7, no caso de materiais isotrópicos, essas tensões vêm em pares de vetores iguais e opostos aplicados em lados opostos do corpo elementar e não têm efeito nas deformações específicas normais. Assim, as Equações (2.37) permanecem válidas. As tensões de cisalhamento, no entanto, criarão deformações de cisalhamento definidas por equações similares às últimas três das Equações (2.29) da Seção 2.7, exceto que agora devem ser utilizados três diferentes valores do módulo de elasticidade transversal, G_{xy}, G_{yz} e G_{zx}. Temos

$$\gamma_{xy} = \frac{\tau_{xy}}{G_{xy}} \qquad \gamma_{yz} = \frac{\tau_{yz}}{G_{yz}} \qquad \gamma_{zx} = \frac{\tau_{zx}}{G_{zx}} \quad (2.39)$$

O fato de que as três componentes de deformação específica ϵ_x, ϵ_y e ϵ_z podem ser relacionadas somente com as tensões normais e não dependem de quaisquer tensões de cisalhamento caracteriza os *materiais ortotrópicos* e os distingue dos anisotrópicos.

Como vimos na Seção 2.1.4, um *laminado* plano é obtido superpondo-se uma série de camadas ou lâminas. Se as fibras em todas as camadas têm a mesma orientação para melhor resistir a uma força de tração axial, a própria camada será ortotrópica. Se a estabilidade lateral de um laminado é melhorada pelo posicionamento de algumas de suas camadas, de maneira que suas fibras estejam em ângulo reto com as fibras das outras camadas, o laminado resultante será também ortotrópico. No entanto, se qualquer uma das camadas de um laminado for posicionada de forma que suas fibras não estejam paralelas nem perpendiculares às fibras das outras camadas, o laminado, geralmente, não será ortotrópico.[†]

[†] Para mais informações sobre materiais compósitos reforçados com fibras, ver Hyer, M. W. *Stress analysis of fiber-reinforced composite materials*. DEStech Publications, Inc., Lancaster, PA, 2009.

Aplicação do conceito 2.11

Um cubo de 60 mm é feito de camadas de grafite epóxi com fibras alinhadas na direção x. O cubo está submetido a uma força de compressão de 140 kN na direção x. As propriedades do material compósito são: $E_x = 155{,}0$ GPa, $E_y = 12{,}10$ GPa, $E_z = 12{,}10$ GPa, $\nu_{xy} = 0{,}248$, $\nu_{xz} = 0{,}248$ e $\nu_{yz} = 0{,}458$. Determine as variações nas dimensões do cubo, sabendo que (a) o cubo está livre para se deformar nas direções y e z (Fig. 2.45a) e (b) o cubo está livre para se deformar na direção z, mas está impedido de se deformar na direção y por duas placas sem atrito (Fig. 2.45b).

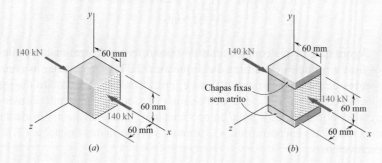

(a) (b)

Fig. 2.45 Cubo de grafite epóxi submetido a uma força de compressão alinhada à direção da fibra; (a) cubo livre para se deformar; (b) cubo impedido de se deformar na direção y.

a. Livre nas direções y e z. Primeiro determinamos a tensão σ_x na direção da força. Temos

$$\sigma_x = \frac{P}{A} = \frac{-140 \times 10^3 \text{ N}}{(0{,}060 \text{ m})(0{,}060 \text{ m})} = -38{,}89 \text{ MPa}$$

Como o cubo não está sob carga ou impedido de se deformar nas direções y e z, temos $\sigma_y = \sigma_z = 0$. Assim, os membros do lado direito das Equações (2.37) se reduzem aos seus primeiros termos. Substituindo os dados fornecidos nessas equações, temos

$$\epsilon_x = \frac{\sigma_x}{E_x} = \frac{-38{,}89 \text{ MPa}}{155{,}0 \text{ GPa}} = -250{,}9 \times 10^{-6}$$

$$\epsilon_y = -\frac{\nu_{xy}\sigma_x}{E_x} = -\frac{(0{,}248)(-38{,}89 \text{ MPa})}{155{,}0 \text{ GPa}} = +62{,}22 \times 10^{-6}$$

$$\epsilon_z = -\frac{\nu_{xz}\sigma_x}{E_x} = -\frac{(0{,}248)(-38{,}69 \text{ MPa})}{155{,}0 \text{ GPa}} = +62{,}22 \times 10^{-6}$$

As variações nas dimensões do cubo são obtidas multiplicando-se as deformações específicas correspondentes pelo comprimento $L = 0{,}060$ m do lado do cubo

$$\delta_x = \epsilon_x L = (-250{,}9 \times 10^{-6})(0{,}060 \text{ m}) = -15{,}05 \; \mu\text{m}$$
$$\delta_y = \epsilon_y L = (+62{,}2 \times 10^{-6})(0{,}060 \text{ m}) = +3{,}73 \; \mu\text{m}$$
$$\delta_z = \epsilon_z L = (+62{,}2 \times 10^{-6})(0{,}060 \text{ m}) = +3{,}73 \; \mu\text{m}$$

b. Livre na direção z, impedido de se deformar na direção y. A tensão na direção x é a mesma da parte a, ou seja, $\sigma_x = -38,89$ MPa. Como o cubo está livre para se deformar na direção z e na parte a, temos novamente $\sigma_z = 0$. No entanto, como o cubo agora está impedido de se deformar na direção y, devemos esperar uma tensão σ_y diferente de zero. Por outro lado, visto que o cubo não pode se deformar na direção y, devemos ter $\delta_y = 0$ e, portanto, $\epsilon_y = \delta_y/L = 0$. Fazendo $\sigma_z = 0$ e $\epsilon_y = 0$ na segunda das Equações (2.37), determina-se o valor de σ_y. Assim, temos

$$\sigma_y = \left(\frac{E_y}{E_x}\right)\nu_{xy}\sigma_x = \left(\frac{12,10}{155,0}\right)(0,248)(-38,89 \text{ MPa})$$
$$= -752,9 \text{ kPa}$$

Agora que as três componentes de tensão foram determinadas, podemos usar a primeira e a última das Equações (2.37) para calcular as componentes de deformação específicas ϵ_x e ϵ_z. Contudo, a primeira dessas equações contém o coeficiente de Poisson ν_{yx}, e, como vimos anteriormente, esse coeficiente *não é igual* ao coeficiente ν_{xy} que estava entre os dados fornecidos. Para encontrarmos ν_{yx}, usamos a primeira das Equações (2.38) e escrevemos

$$\nu_{yx} = \left(\frac{E_y}{E_x}\right)\nu_{xy} = \left(\frac{12,10}{155,0}\right)(0,248) = 0,01936$$

Fazendo $\sigma_z = 0$ na primeira e na terceira das Equações (2.37) e substituindo nessas equações os valores numéricos fornecidos de E_x, E_y, ν_{xz} e ν_{yz}, bem como os valores numéricos obtidos para σ_x, σ_y, e ν_{yx}, temos

$$\epsilon_x = \frac{\sigma_x}{E_x} - \frac{\nu_{yx}\sigma_y}{E_y} = \frac{-38,89 \text{ MPa}}{155,0 \text{ GPa}}$$
$$- \frac{(0,01936)(-752,9 \text{ kPa})}{12,10 \text{ GPa}} = -249,7 \times 10^{-6}$$

$$\epsilon_z = -\frac{\nu_{xz}\sigma_x}{E_x} - \frac{\nu_{yz}\sigma_y}{E_y} = -\frac{(0,248)(-38,89 \text{ MPa})}{155,0 \text{ GPa}}$$
$$- \frac{(0,458)(-752,9 \text{ kPa})}{12,10 \text{ GPa}} = +90,72 \times 10^{-6}$$

As variações nas dimensões do cubo são obtidas multiplicando-se as deformações correspondentes pelo comprimento $L = 0,060$ m do lado do cubo

$$\delta_x = \epsilon_x L = (-249,7 \times 10^{-6})(0,060 \text{ m}) = -14,98 \text{ }\mu\text{m}$$
$$\delta_y = \epsilon_y L = (0)(0,060 \text{ m}) = 0$$
$$\delta_z = \epsilon_z L = (+90,72 \times 10^{-6})(0,060 \text{ m}) = +5,44 \text{ }\mu\text{m}$$

Comparando os resultados das partes a e b, notamos que a diferença entre os valores obtidos para a deformação δ_x na direção das fibras é desprezível. No entanto, a diferença entre os valores obtidos para a deformação lateral δ_z não é desprezível. Essa deformação é claramente maior quando o cubo está impedido de se deformar na direção y.

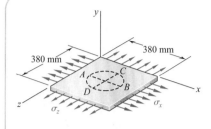

PROBLEMA RESOLVIDO 2.5

Um círculo de diâmetro $d = 220$ mm é desenhado em uma placa de alumínio livre de tensões de espessura $t = 19$ mm. Forças atuando posteriormente no plano da placa provocam tensões normais $\sigma_x = 82$ MPa e $\sigma_z = 138$ MPa. Para $E = 69$ GPa e $\nu = \frac{1}{3}$, determine a variação (a) do comprimento do diâmetro AB, (b) do comprimento do diâmetro CD, (c) da espessura da placa e (d) do volume da placa.

ESTRATÉGIA: Você pode utilizar a lei de Hooke generalizada para determinar as componentes de deformação. Essas deformações podem então ser utilizadas para avaliar várias mudanças dimensionais e, através dos alongamentos, também avaliar a alteração de volume.

ANÁLISE:

Lei de Hooke. Notamos que $\sigma_y = 0$. Usando as Equações (2.20), encontramos a deformação específica em cada uma das direções das coordenadas.

$$\epsilon_x = +\frac{\sigma_x}{E} - \frac{\nu\sigma_y}{E} - \frac{\nu\sigma_z}{E}$$

$$= \frac{1}{69 \times 10^3 \text{ MPa}}\left[(82 \text{ MPa}) - 0 - \frac{1}{3}(138 \text{ MPa})\right] = +0{,}522 \times 10^{-3} \text{ mm/mm}$$

$$\epsilon_y = -\frac{\nu\sigma_x}{E} + \frac{\sigma_y}{E} - \frac{\nu\sigma_z}{E}$$

$$= \frac{1}{69 \times 10^3 \text{ MPa}}\left[-\frac{1}{3}(82 \text{ MPa}) + 0 - \frac{1}{3}(138 \text{ MPa})\right] = -1{,}063 \times 10^{-3} \text{ mm/mm}$$

$$\epsilon_z = -\frac{\nu\sigma_x}{E} - \frac{\nu\sigma_y}{E} + \frac{\sigma_z}{E}$$

$$= \frac{1}{69 \times 10^3 \text{ MPa}}\left[-\frac{1}{3}(82 \text{ MPa}) - 0 + (138 \text{ MPa})\right] = +1{,}604 \times 10^{-3} \text{ mm/mm}.$$

a. **Diâmetro AB.** A variação do comprimento é $\delta_{B/A} = \epsilon_x d$.

$$\delta_{B/A} = \epsilon_x d = (+0{,}522 \times 10^{-3} \text{ mm/mm})(220 \text{ mm})$$

$$\delta_{B/A} = +0{,}104 \text{ mm} \blacktriangleleft$$

b. **Diâmetro CD.**

$$\delta_{C/D} = \epsilon_z d = (+1{,}604 \times 10^{-3} \text{ mm/mm})(220 \text{ mm})$$

$$\delta_{C/D} = +0{,}353 \text{ mm} \blacktriangleleft$$

c. **Espessura.** Lembrando que $t = 19$ mm, temos

$$\delta_t = \epsilon_y t = (-1{,}063 \times 10^{-3} \text{ mm/mm})(19 \text{ mm})$$

$$\delta_t = -0{,}20 \text{ mm} \blacktriangleleft$$

d. **Volume da placa.** Usando a Equação (2.21), escrevemos

$$e = \epsilon_x + \epsilon_y + \epsilon_z = (+0{,}522 - 1{,}063 + 1{,}604)10^{-3} = +1{,}063 \times 10^{-3}$$

$$\Delta V = eV = +1{,}063 \times 10^{-3}[(380 \text{ mm})(380 \text{ mm})](19 \text{ mm}) \quad \Delta V = 2{,}916 \text{ mm}^3 \blacktriangleleft$$

PROBLEMAS

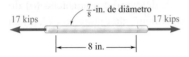

Fig. P2.61

2.61 Em um ensaio de tração padrão, uma barra de aço de $\frac{7}{8}$ in. de diâmetro está submetida a uma força de tração de 17 kips. Sabendo que $v = 0{,}30$ e $E = 29 \times 10^6$ psi, determine (a) o alongamento da barra em um comprimento de referência de 8 in. e (b) a variação no diâmetro da barra.

2.62 Um tubo de alumínio de comprimento igual a 2 m, diâmetro externo de 240 mm e espessura de parede de 10 mm é usado como uma coluna curta e suporta uma força axial centrada de 640 kN. Sabendo que $E = 73$ GPa e $\nu = 0{,}33$, determine (a) a variação no comprimento do tubo, (b) a variação em seu diâmetro externo e (c) a variação na espessura da parede.

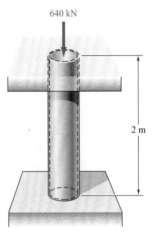

Fig. P2.62

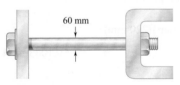

Fig. P2.63

2.63 A variação no diâmetro de um grande parafuso de aço e cuidadosamente medida enquanto a porca é apertada. Sabendo que $E = 200$ GPa e $\nu = 0{,}30$, determine a força interna no parafuso, quando se observa que o diâmetro diminuiu em 13 μm.

2.64 Uma força de tração de 2,75 kN é aplicada a um corpo de prova feito de placa de aço plana de 1,6 mm ($E = 200$ GPa, $\nu = 0{,}30$). Determine a variação resultante (a) no comprimento de referência de 50 mm, (b) na largura da parte AB do corpo de prova, (c) na espessura da parte AB e (d) na área da seção transversal da parte AB.

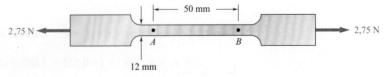

Fig. P2.64

2.65 Em um ensaio de tração padrão, uma haste de alumínio de 20 mm de diâmetro está submetida a uma força de tração $P = 30$ kN. Sabendo que $v = 0,35$ e $E = 70$ GPa, determine (a) o alongamento da haste em um comprimento de referência de 150 mm e (b) a variação no diâmetro da haste.

2.66 Uma linha com inclinação de 4:10 foi riscada em uma placa com 6 polegadas de largura e $\frac{1}{4}$ polegadas de espessura de latão amarelo laminado a frio. Sabendo que $E = 15 \times 106$ psi e $\nu = 0,34$, determine a inclinação da linha quando a placa esta submetida a carga axial de 45 kip conforme mostrado.

2.67 Uma barra de latão AD é envolvida por uma jaqueta utilizada para aplicar uma pressão hidrostática de 48 MPa na parte BC de 240 mm da barra. Sabendo que $E = 105$ GPa e $\nu = 0,33$, determine (a) a variação no comprimento total AD e (b) a variação no diâmetro no meio da barra.

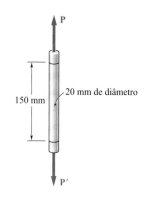

Fig. P2.65

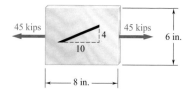

Fig. P2.66

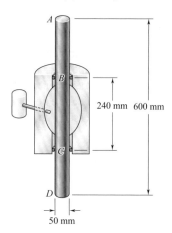

Fig. P2.67

2.68 Um tecido utilizado em estruturas infláveis está submetido a um carregamento biaxial que resulta em tensões normais $\sigma_x = 120$ MPa e $\sigma_z = 160$ MPa. Sabendo que as propriedades do tecido podem ser de aproximadamente $E = 87$ GPa e $\nu = 0,34$, determine a variação no comprimento (a) do lado AB, (b) do lado BC e (c) da diagonal AC.

2.69 Um quadrado de 1 in. foi riscado na lateral de um grande vaso de pressão. Depois de pressurizado, é mostrada a condição de tensão biaxial no quadrado. Sabendo que $E = 29 \times 10^6$ psi e $\nu = 0,30$, determine a mudança de comprimento do (a) lado AB, (b) lado BC, (c) da diagonal AC.

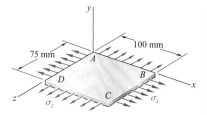

Fig. P2.68

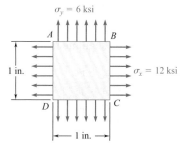

Fig. P2.69

2.70 O bloco mostrado na figura é feito de liga de magnésio com $E = 45$ GPa e $\nu = 0{,}35$. Sabendo que $\sigma_x = -180$ MPa, determine (a) a intensidade de σ_y para a qual a variação na altura do bloco será zero, (b) a variação correspondente na área da face $ABCD$ e (c) a variação correspondente no volume do bloco.

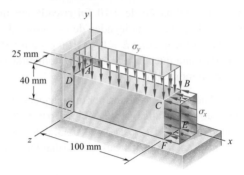

Fig. P2.70

2.71 A placa homogênea $ABCD$ está submetida a um carregamento biaxial como mostra a figura. Sabe-se que $\sigma_z = \sigma_0$ e que a variação no comprimento da placa na direção x deve ser zero, ou seja, $\epsilon_x = 0$. Designando por E o módulo de elasticidade e por ν o coeficiente de Poisson, determine (a) a intensidade necessária de σ_x e (b) a relação σ_0/ϵ_z.

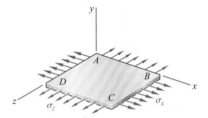

Fig. P2.71

2.72 Para um elemento sob carga axial, expresse a deformação normal ϵ' em uma direção que forma um ângulo de 45° com o eixo da carga em função da deformação axial ε_x fazendo (a) a comparação da hipotenusa do triângulo mostrado na Fig. 2.43, que representa respectivamente o elemento antes e depois da deformação, (b) uso dos valores correspondentes das tensões σ' e σ_x mostrados na Fig. 1.38, e a lei de Hooke generalizada.

2.73 Em muitas situações, sabe-se que a tensão normal em determinada direção é zero, como, $\sigma_z = 0$, no caso da placa fina mostrada. Para esse caso, conhecido como *estado plano de tensão*, mostre que, se as deformações ϵ_x e ϵ_y foram determinadas experimentalmente, podemos expressar σ_x, σ_y e ϵ_z da seguinte maneira:

$$\sigma_x = E \frac{\epsilon_x + \nu\epsilon_y}{1 - \nu^2}$$

$$\sigma_y = E \frac{\epsilon_y + \nu\epsilon_x}{1 - \nu^2}$$

$$\epsilon_z = -\frac{\nu}{1 - \nu}(\epsilon_x + \epsilon_y)$$

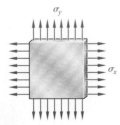

Fig. P2.73

2.74 Em muitas situações físicas, impedimentos de deformação devem ocorrer em determinada direção, por exemplo $\epsilon_z = 0$ no caso mostrado. Esse impedimento ocorre por causa da longa dimensão da barra na direção z. Seções planas perpendiculares ao eixo longitudinal permanecem planas e separadas à mesma distância. Mostre que, para essa situação, conhecida como *estado plano de deformação*, podemos expressar σ_z, ϵ_x e ϵ_y da seguinte maneira:

$$\sigma_z = \nu(\sigma_x + \sigma_y)$$
$$\epsilon_x = \frac{1}{E}[(1-\nu^2)\sigma_x - \nu(1+\nu)\sigma_y]$$
$$\epsilon_y = \frac{1}{E}[(1-\nu^2)\sigma_y - \nu(1+\nu)\sigma_x]$$

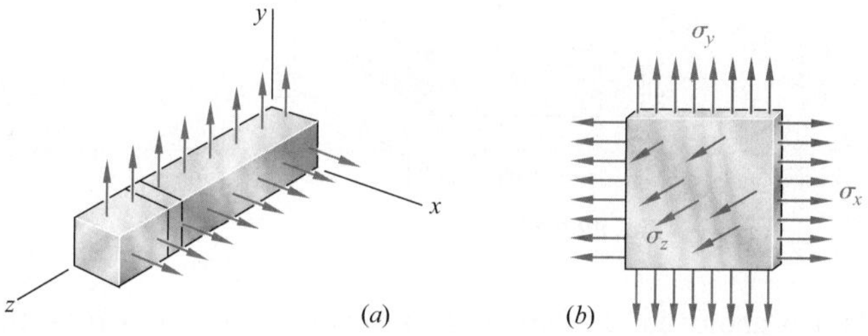

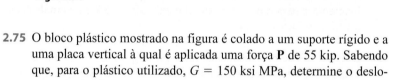

Fig. P2.74

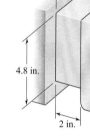

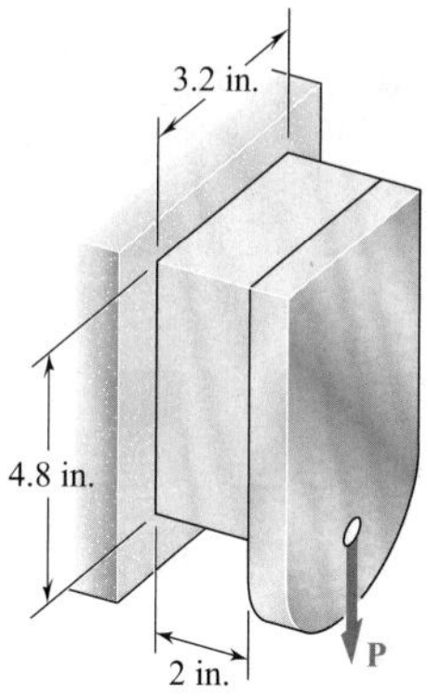

2.75 O bloco plástico mostrado na figura é colado a um suporte rígido e a uma placa vertical à qual é aplicada uma força **P** de 55 kip. Sabendo que, para o plástico utilizado, $G = 150$ ksi MPa, determine o deslocamento da placa.

Fig. P2.75

2.76 Qual força **P** deverá ser aplicada à placa do Problema 2.75 para produzir um deslocamento de $\frac{1}{16}$ in.?

2.77 Dois blocos de borracha com um módulo de elasticidade transversal $G = 12$ MPa são colados a dois suportes rígidos e a uma placa AB. Sabendo que $c = 100$ mm e $P = 45$ kN, determine as menores dimensões a e b admissíveis dos blocos para que a tensão de cisalhamento na borracha não exceda 1,4 MPa e o deslocamento da placa seja no mínimo de 5 mm.

2.78 Dois blocos de borracha com um módulo de elasticidade transversal $G = 10$ MPa são colados a dois suportes rígidos e a uma placa AB. Sabendo que $b = 200$ mm e $c = 125$ mm, determine a maior força P admissível e a menor espessura a admissível dos blocos para que a tensão de cisalhamento na borracha não exceda 1,5 MPa e o deslocamento da placa seja no mínimo 6 mm.

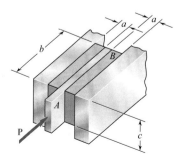

Fig. P2.77 e P2.78

2.79 Um apoio de elastômero ($G = 130$ psi) é utilizado para suportar uma viga mestra de uma ponte, como mostra a figura, para proporcionar flexibilidade durante terremotos. A viga não pode sofrer deslocamento horizontal superior a $\frac{3}{8}$ in. quando é aplicada uma força lateral de 5 kip. Sabendo que a tensão de cisalhamento máxima admissível é 60 psi, determine (a) a menor dimensão b admissível e (b) a menor espessura a necessária.

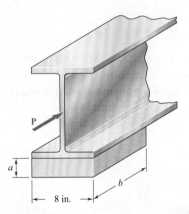

Fig. P2.79

2.80 Para o apoio do elastômero do Problema 2.79, com $b = 10$ in. e $a = 1$ in., determine o módulo de cisalhamento G e a tensão de cisalhamento τ para uma força lateral máxima $P = 5$ kips e um deslocamento máximo $\delta = 0{,}4$ in.

2.81 Dois blocos de borracha, cada um com largura $w = 60$ mm, são colados a suportes rígidos e a uma placa móvel AB. Sabendo que uma força de intensidade $P = 19$ kN causa uma deflexão $\delta = 3$ mm da placa AB, determine o módulo de elasticidade da borracha utilizada.

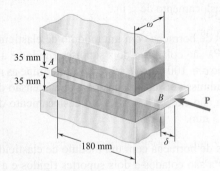

Fig. P2.81 e P2.82

2.82 Dois blocos de borracha com um módulo de elasticidade transversal $G = 7{,}5$ MPa são colados a dois suportes rígidos e a uma placa AB. Denotando a intensidade da força aplicada a placa por P e por δ a correspondente deflexão, e sabendo que a largura de cada bloco é de w = 80 mm, determine a constante de mola efetiva, $k = P/\delta$, do sistema.

*2.83 Uma esfera sólida de aço com diâmetro de 152,4 mm é mergulhada no oceano, em um ponto onde a pressão é de 49 MPa (aproximadamente 4,8 km abaixo da superfície). Sabendo que $E = 200$ GPa e $\nu = 0{,}30$, determine (*a*) a diminuição no diâmetro da esfera, (*b*) a diminuição no volume da esfera e (*c*) a porcentagem de aumento da densidade da esfera.

*2.84 (*a*) Para o carregamento axial mostrado, determine a variação em altura e a variação em volume do cilindro de latão mostrado na figura. (*b*) Resolva a parte *a* considerando que o carregamento seja hidrostático com $\sigma_x = \sigma_y = \sigma_z = -70$ MPa.

*2.85 Determine a dilatação *e* e a variação em volume do segmento de 8 in. da barra mostrada se (*a*) a barra fosse feita de aço com $E = 29 \times 10^6$ psi e $\nu = 0{,}30$ e (*b*) a barra fosse feita de alumínio com $E = 10{,}6 \times 10^6$ psi e $\nu = 0{,}35$.

*2.86 Determine a variação em volume do segmento *AB* do comprimento de referência de 50 mm no Problema 2.64 (*a*) pelo cálculo da dilatação do material e (*b*) pela subtração do volume original da parte *AB* de seu volume final.

*2.87 Um suporte isolador de vibração consiste em uma barra *A* de raio $R_1 = 10$ mm e um tubo *B* de raio interno $R_2 = 25$ mm, colado a um tubo de borracha de 80 mm de comprimento com um módulo de elasticidade transversal $G = 12$ MPa. Determine a maior força **P** admissível que pode ser aplicada à barra *A*, sabendo que seu deslocamento não deve exceder 2,50 mm.

*2.88 Um suporte isolador de vibração consiste em uma barra *A* de raio R_1 e um tubo *B* de raio interno R_2, colado a um tubo de borracha de 80 mm de comprimento com um módulo de elasticidade transversal $G = 10{,}93$ MPa. Determine o valor necessário para a relação R_2/R_1, se uma força P de 10 kN provocar um deslocamento de 2 mm da barra *A*.

*2.89 As constantes de material *E*, *G*, *k* e ν estão relacionadas nas Equações (2.24) e (2.34). Mostre que qualquer uma dessas constantes pode ser expressa em função de quaisquer outras duas constantes. Por exemplo, mostre que (*a*) $k = GE/(9G - 3E)$ e (*b*) $\nu = (3k - 2G)/(6k + 2G)$.

*2.90 Mostre que, para qualquer material, a relação G/E do módulo de elasticidade transversal dividido pelo módulo de elasticidade é sempre menor que $\tfrac{1}{2}$, mas maior que $\tfrac{1}{3}$. [*Sugestão*: Ver as Equações (2.34) e a Seção 2.6.]

*2.91 Um cubo, de um material compósito, com 40 mm de lado e as propriedades mostradas na figura é feito de polímeros com fibras de vidro alinhadas na direção *x*. O cubo é impedido de se deformar nas direções *y* e *z* e está submetido a uma força de tração de 65 kN na direção *x*. Determine (*a*) a variação na dimensão do cubo na direção *x* e (*b*) as tensões σ_x, σ_y e σ_z.

*2.92 O cubo do Problema 2.91, de um material compósito, é impedido de se deformar na direção *z* e é alongado na direção *x* em 0,035 mm por uma força de tração na direção *x*. Determine (*a*) as tensões σ_x, σ_y e σ_z e (*b*) a variação na dimensão do cubo na direção *y*.

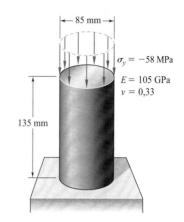

Fig. P2.84

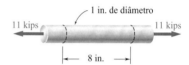

Fig. P2.85

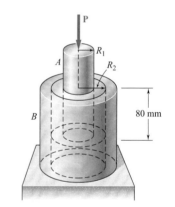

Figs. P2.87 e P2.88

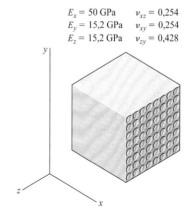

Fig. P2.91

Fig. 2.46 Força axial aplicada por placas rígidas.

2.10 DISTRIBUIÇÃO DE TENSÃO E DEFORMAÇÃO ESPECÍFICA SOB CARREGAMENTO AXIAL: PRINCÍPIO DE SAINT-VENANT

Supomos até agora que, em um componente carregado axialmente, as tensões normais são uniformemente distribuídas em qualquer seção perpendicular ao eixo do elemento. Conforme vimos na Seção 1.2.1, essa suposição pode estar errada nas vizinhanças imediatas dos pontos de aplicação das forças. No entanto, a determinação das tensões reais em uma seção do componente requer a solução de um problema estaticamente indeterminado.

Na Seção 2.2, foi visto que problemas estaticamente indeterminados envolvendo a determinação de *forças* podem ser resolvidos considerando as *deformações* provocadas por essas forças. É portanto razoável concluir que a determinação das *tensões* em um componente requer a análise das deformações específicas produzidas pelas tensões no componente. Essa é essencialmente a abordagem encontrada nos livros-textos mais avançados, em que é utilizada a teoria matemática da elasticidade para determinar a distribuição de tensões que correspondem a vários modos de aplicação das forças nas extremidades do elemento. Em razão dos meios matemáticos mais limitados à nossa disposição, a análise de tensões ficará restrita ao caso em que são utilizadas duas placas rígidas para transmitir as forças a um componente feito de material isotrópico homogêneo (Fig. 2.46).

Se as forças são aplicadas ao centro de cada placa,[†] as placas se moverão uma em direção a outra sem girar, fazendo o componente ficar mais curto enquanto aumenta na largura e na espessura. É razoável supor que o componente permanecerá reto, que as seções planas permanecerão planas e que todos os elementos se deformarão da mesma maneira, visto que essa suposição é claramente compatível com as condições de contorno do elemento. Isso está ilustrado na Fig. 2.47, que mostra um modelo de borracha antes e depois do carregamento.[‡] Agora, se os elementos se deformam da mesma maneira, a distribuição de deformações específica através do componente deve ser uniforme. Em outras palavras, a deformação específica axial ϵ_y e a deformação específica lateral $\epsilon_x = -\nu\epsilon_y$ são constantes. Contudo, se as tensões não excederem o limite de proporcionalidade, podemos aplicar a lei de Hooke e escrever $\sigma_y = E\epsilon_y$, e consequentemente a tensão normal σ_y também será constante. Assim, a distribuição das tensões é uniforme através de todo o componente e, em qualquer ponto,

$$\sigma_y = (\sigma_y)_{\text{méd}} = \frac{P}{A}$$

Entretanto, se as forças forem concentradas, conforme ilustra a Fig. 2.48, os elementos nas vizinhanças imediatas dos pontos de aplicação das forças estarão submetidos a tensões muito grandes, ao passo que outros elementos próximos das extremidades do componente não serão afetados pelo carregamento. Isso pode ser verificado observando-se que ocorrem grandes deformações e, portanto, grandes deformações específicas e grandes tensões nas proximidades dos pontos de aplicação das forças, enquanto nos cantos não

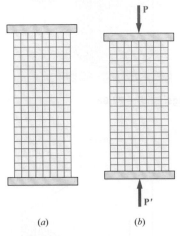

(a)   (b)

Fig. 2.47 Força axial aplicada por placas rígidas em um modelo de borracha.

[†] Mais precisamente, a linha de ação das forças deverá passar através do centroide da seção transversal (ver Seção 1.2.1).

[‡] Note que, para componentes longos e delgados, é possível uma outra configuração, e certamente prevalecerá, se a carga for suficientemente grande; o componente *se dobra* e assume uma forma curvada. Isso será discutido no Capítulo 10.

há deformações. No entanto, à medida que consideramos elementos cada vez mais distantes das extremidades, notamos uma equalização progressiva das deformações envolvidas e, portanto, uma distribuição mais uniforme das deformações específicas e tensões através da seção transversal do componente.

A Fig. 2.49 mostra o resultado dos cálculos, por métodos da teoria matemática avançada da elasticidade da distribuição de tensões através de várias seções transversais de uma placa retangular fina submetida a forças concentradas. Notamos que a uma distância b de qualquer extremidade, em que b é a largura da placa, a distribuição de tensões é aproximadamente uniforme através da seção transversal, e o valor da tensão σ_y em qualquer ponto daquela seção pode ser considerado igual ao valor médio P/A. Assim, a uma distância igual ou maior que a largura do componente, a distribuição de tensões através de determinada seção transversal é a mesma, independentemente de o componente estar carregado, como mostram as Figs. 2.46 ou 2.48. Em outras palavras, exceto nas vizinhanças imediatas dos pontos de aplicação das forças, a distribuição de tensões pode ser considerada independentemente do modo real de aplicação das forças. Essa definição, que se aplica não somente a carregamentos axiais, mas praticamente a todo tipo de carregamento, é conhecida como *princípio de Saint-Venant*, em homenagem ao matemático e engenheiro francês Adhémar Barré de Saint-Venant (1797-1886).

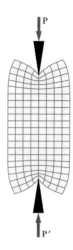

Fig. 2.48 Força axial concentrada aplicada a um modelo de borracha.

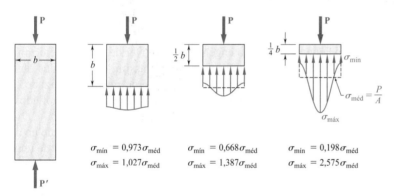

Fig. 2.49 Distribuições de tensões em uma placa sob forças axiais concentradas.

Embora o princípio de Saint-Venant torne possível substituir determinado carregamento por um outro mais simples para fins de cálculos de tensões em um componente estrutural, devemos ter em mente dois pontos importantes ao aplicá-lo:

1. O carregamento real e o utilizado para calcular as tensões devem ser *estaticamente equivalentes*.
2. As tensões não podem ser calculadas dessa maneira nas vizinhanças imediatas dos pontos de aplicação das forças. Métodos teóricos avançados ou experimentais devem ser utilizados para determinar a distribuição de tensões nessas regiões.

Você deve também observar que as placas utilizadas para obter uma distribuição uniforme de tensão no componente da Fig. 2.47 devem permitir que o componente se expanda livremente na direção lateral. As placas não podem ser fixadas rigidamente no componente. Você deve considerar que elas estejam apenas em contato com o componente e devem ser lisas o suficiente para não impedir a expansão lateral do componente. Embora se possa realmente obter essas condições de contorno para um componente em compressão, elas não podem ser obtidas fisicamente no caso de um componente em tração.

No entanto, pouco importa se um dispositivo real pode ser ou não implementado e utilizado para aplicar uma força em um componente de maneira que a distribuição de tensões no componente seja uniforme. O importante é *idealizar um modelo* que permitirá essa distribuição de tensões e mantê-lo em mente para que depois você possa compará-lo com as condições reais de carregamento.

2.11 CONCENTRAÇÕES DE TENSÃO

Como foi visto na seção anterior, as tensões nas proximidades dos pontos de aplicação de forças concentradas podem alcançar valores muito maiores do que o valor médio da tensão no componente. Quando um componente estrutural contém uma descontinuidade, por exemplo, um furo ou uma mudança brusca na seção transversal, podem ocorrer valores altos de tensões próximas da descontinuidade. As Figuras 2.50 e 2.51 mostram a distribuição de tensões em seções críticas correspondentes a duas dessas situações. A Figura 2.50 refere-se a uma placa com um *furo circular* e mostra a distribuição de tensões em uma seção passando através do centro do furo. A Fig. 2.51 refere-se a uma placa que consiste em duas partes de diferentes seções transversais conectadas por *adoçamentos (arredondamentos)*. Ela mostra a distribuição de tensões na parte mais estreita da conexão, na qual ocorrem as maiores tensões.

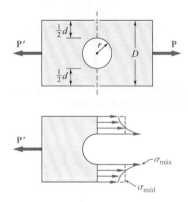

Fig. 2.50 Distribuição de tensões nas proximidades de um furo circular em uma placa retangular fina submetida a carregamento axial.

Esses resultados foram obtidos experimentalmente por meio de método fotoelástico. Felizmente para o engenheiro que tiver de projetar determinado componente e não puder executar uma análise assim, os resultados obtidos serão independentes do tamanho do elemento e do material utilizado. Eles dependerão somente das relações dos parâmetros geométricos envolvidos (ou seja, da relação $2r/D$ no caso de um furo circular, e das relações r/d e D/d no caso dos adoçamentos). Além disso, o projetista está mais interessado no *valor máximo* da tensão em determinada seção que na distribuição real de tensões naquela seção. Sua preocupação principal é determinar *se* a tensão admissível será ou não ultrapassada sob determinado carregamento e não *onde* esse valor será ultrapassado. Por essa razão, definimos a relação

$$K = \frac{\sigma_{máx}}{\sigma_{méd}} \quad (2.40)$$

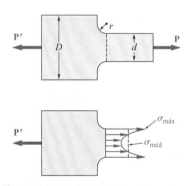

Fig. 2.51 Distribuição de tensões nas proximidades de adoçamentos em uma placa retangular fina submetida a carregamento axial.

em que $\sigma_{máx}$ é a máxima tensão normal e $\sigma_{méd}$ é a tensão normal média calculadas na seção crítica (mais estreita) da descontinuidade. Essa relação é chamada de *coeficiente de concentração de tensão* de uma descontinuidade. Os coeficientes de concentração de tensão podem ser calculados somente uma vez em função das relações de parâmetros geométricos envolvidos. Os resultados obtidos podem ser apresentados na forma de tabelas ou gráficos, como mostra a Fig. 2.52. Para determinar a tensão máxima que está ocorrendo próxima de uma descontinuidade em um elemento submetido a uma força axial P, o projetista precisa somente calcular a tensão média $\sigma_{méd} = P/A$ na seção crítica e multiplicar o resultado obtido pelo valor apropriado do coeficiente K de concentração de tensão. No entanto, deve-se notar que esse procedimento é válido somente enquanto $\sigma_{máx}$ não excede o limite de proporcionalidade do material, pois os valores de K representados no gráfico da Fig. 2.52 foram obtidos supondo-se uma relação linear entre tensão e deformação específica.

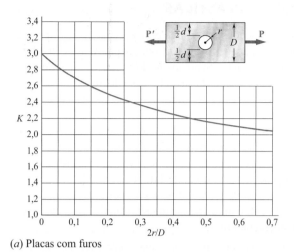
(a) Placas com furos

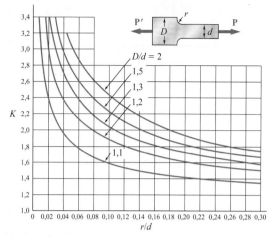
(b) Placas com adoçamentos

Fig. 2.52 Coeficientes de concentração de tensão para placas finas submetidas a carregamento axial. Note que a tensão média deve ser calculada na seção transversal mais estreita: $\sigma_{méd} = P/td$, em que t é a espessura da placa. (Fonte: W. D. Pilkey and D.F. Pilkey, *Peterson's Stress Concentration Factors*, 3rd ed., John Wiley & Sons, New York, 2008.)

Aplicação do conceito 2.12

Determine a maior força axial **P** que pode ser suportada com segurança por uma placa de aço que consiste em duas partes, ambas com espessura de 10 mm e, respectivamente, 40 e 60 mm de largura, conectadas por adoçamentos de raio $r = 8$ mm. Considere uma tensão normal admissível de 165 MPa.

Primeiro calculamos as relações

$$\frac{D}{d} = \frac{60 \text{ mm}}{40 \text{ mm}} = 1{,}50 \qquad \frac{r}{d} = \frac{8 \text{ mm}}{40 \text{ mm}} = 0{,}20$$

Usando a curva da Fig. 2.52b correspondente a $D/d = 1{,}50$, verificamos que o valor do coeficiente de concentração de tensão correspondente a $r/d = 0{,}20$ é

$$K = 1{,}82$$

Usando esse valor na Equação (2.40), determina-se o valor $\sigma_{méd}$

$$\sigma_{méd} = \frac{\sigma_{máx}}{1{,}82}$$

No entanto, $\sigma_{máx}$ não pode exceder a tensão admissível do material da placa $\sigma_{adm} = 165$ MPa. Considerando esse valor para $\sigma_{máx}$, verificamos que a tensão média na parte mais estreita ($d = 40$ mm) da barra não deverá exceder o valor

$$\sigma_{méd} = \frac{165 \text{ MPa}}{1{,}82} = 90{,}7 \text{ MPa}$$

Lembrando que $\sigma_{méd} = P/A$, temos

$$P = A\sigma_{méd} = (40 \text{ mm})(10 \text{ mm})(90{,}7 \text{ MPa}) = 36{,}3 \times 10^3 \text{ N}$$
$$P = 36{,}3 \text{ kN}$$

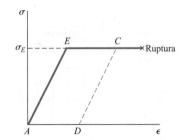

Fig. 2.53 Diagrama tensão-deformação para um material elastoplástico ideal.

2.12 DEFORMAÇÕES PLÁSTICAS

Os resultados obtidos nas seções anteriores eram baseados na suposição de uma relação tensão-deformação linear. Em outras palavras, considerou-se que o limite de proporcional não linear idade do material nunca havia sido ultrapassado. Essa é uma suposição razoável no caso de materiais frágeis, que entram em ruptura sem escoarem. Porém, no caso dos materiais dúcteis, essa suposição pressupõe que a tensão de escoamento do material não é excedida. As deformações permanecerão, assim, dentro da região elástica, e os componentes estruturais considerados permanecerão em sua forma original após a remoção das forças. Se, entretanto, as tensões em qualquer parte do elemento excederem a tensão de escoamento do material, ocorrerão deformações plásticas, e a maior parte dos resultados obtidos nas seções anteriores deixará de ser válida. Deve ser feita então uma análise mais profunda, com base em uma relação tensão-deformação não linear.

Embora uma análise levando em conta a relação real tensão-deformação esteja além do escopo deste livro, podemos obter muitas informações sobre o comportamento plástico considerando um *material elastoplástico* ideal para o qual se considera o diagrama tensão-deformação constituído de dois segmentos retos, como mostra a Fig. 2.53. Podemos notar que o diagrama tensão-deformação para o aço doce nas regiões elástica e plástica é similar a esse modelo ideal. Desde que a tensão σ seja menor que a tensão de escoamento σ_E, o material tem comportamento elástico e obedece à lei de Hooke, $\sigma = E\epsilon$. Quando σ atinge o valor σ_E, o material começa a escoar e continua deformando plasticamente sob um carregamento constante. Se o carregamento é removido, o descarregamento ocorre ao longo do segmento de reta CD paralelo à parte inicial AE da curva de carregamento. O segmento AD do eixo horizontal representa a deformação específica correspondente à deformação permanente ou deformação plástica resultante do carregamento e descarregamento do corpo de prova. Embora nenhum material real se comporte exatamente como mostra a Fig. 2.53, esse diagrama tensão-deformação será útil na discussão de deformações plásticas de materiais dúcteis como o aço doce.

Aplicação do conceito 2.13

Uma barra de comprimento $L = 500$ mm e seção transversal com área $A = 60$ mm² é feita de um material elastoplástico que tem um módulo de elasticidade $E = 200$ GPa em sua região elástica e uma tensão de escoamento $\sigma_E = 300$ MPa. A barra é submetida a uma força axial até que seja atingido um alongamento de 7 mm e a força é então removida. Qual é a deformação permanente resultante?

Consultando o diagrama da Fig. 2.53, verificamos que a deformação específica máxima, representada pela abscissa do ponto C, é

$$\epsilon_C = \frac{\delta_C}{L} = \frac{7 \text{ mm}}{500 \text{ mm}} = 14 \times 10^{-3}$$

Em contrapartida, a deformação de escoamento, representada pela abscissa do ponto E, é

$$\epsilon_E = \frac{\sigma_E}{E} = \frac{300 \times 10^6 \text{ Pa}}{200 \times 10^9 \text{ Pa}} = 1{,}5 \times 10^{-3}$$

A deformação específica após a remoção da força é representada pela abscissa ϵ_D do ponto D. Notamos da Fig. 2.53 que

$$\epsilon_D = AD = EC = \epsilon_C - \epsilon_E$$
$$= 14 \times 10^{-3} - 1{,}5 \times 10^{-3} = 12{,}5 \times 10^{-3}$$

A deformação permanente é a δ_D correspondente à deformação específica ϵ_D. Temos

$$\delta_D = \epsilon_D L = (12{,}5 \times 10^{-3})(500 \text{ mm}) = 6{,}25 \text{ mm}$$

Aplicação do conceito 2.14

Uma barra cilíndrica com 800 mm de comprimento e seção transversal com área $A = 48$ mm² é colocada dentro de um tubo de mesmo comprimento e seção transversal de área $A_t = 60$ mm². As extremidades da barra e do tubo são fixadas a um suporte rígido em um dos lados e a uma placa rígida no outro, como mostra a seção longitudinal da Fig. 2.54a. Supõe-se que a barra e o tubo sejam ambos elastoplásticos, com módulos de elasticidade $E_b = 200$ GPa e $E_t = 80$ GPa, e as tensões de escoamento $(\sigma_b)_E = 250$ MPa e $(\sigma_t)_E = 300$ MPa. Desenhe o diagrama força-deslocamento do conjunto constituído por barra e tubo quando a força **P** é aplicada à placa, conforme mostra a figura.

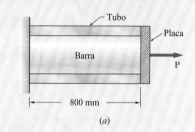

Primeiro determinamos a força interna e o alongamento da barra quando ela começa a escoar

$$(P_b)_E = (\sigma_b)_E A_b = (250 \text{ MPa})(48 \times 10^{-6} \text{ m}^2) = 12 \text{ kN}$$

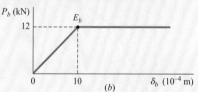

$$(\delta_b)_E = (\epsilon_b)_E L = \frac{(\sigma_b)_E}{E_b} L = \frac{250 \text{ MPa}}{200\,000 \text{ MPa}} (800 \times 10^{-3} \text{ m})$$

$$= 10 \times 10^{-4} \text{ m}$$

Como o material é elastoplástico, o diagrama força-deslocamento *da barra isoladamente* consiste em uma linha reta oblíqua e uma linha reta horizontal, como mostra a Fig. 2.54b. Seguindo o mesmo procedimento para o tubo, temos

$$(P_t)_E = (\sigma_t)_E A_t = (300 \text{ MPa})(60 \times 10^{-6} \text{ m}^2) = 18 \text{ kN}$$

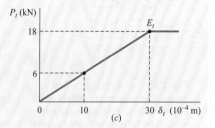

$$(\delta_t)_E = (\epsilon_t)_E L = \frac{(\sigma_t)_E}{E_t} L = \frac{300 \text{ MPa}}{80\,000 \text{ MPa}} (800 \times 10^{-3} \text{ m})$$

$$= 30 \times 10^{-4} \text{ m}$$

O diagrama força-deslocamento do *tubo isoladamente* é mostrado na Fig. 2.54c. Observando que a força e o deslocamento do conjunto barra-tubo são, respectivamente,

$$P = P_b + P_t \qquad \delta = \delta_b = \delta_t$$

Adicionando as ordenadas dos diagramas obtidos para a barra e para o tubo, tomados isoladamente, obtém-se o diagrama força-deslocamento desejado (Fig. 2.54d). Os pontos E_b e E_t correspondem ao início do escoamento na barra e no tubo, respectivamente.

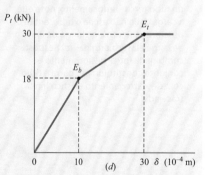

Fig. 2.54 (a) Conjunto concêntrico constituído por barra e tubo carregado axialmente por uma placa rígida. (b) Resposta força-deslocamento da barra. (c) Resposta força-deslocamento do tubo. (d) Resposta força-deslocamento combinada do conjunto constituído por barra e tubo.

Aplicação do conceito 2.15

Se a força **P** aplicada ao conjunto constituído por barra e tubo da Aplicação de conceito 2.14 é aumentada de zero a 24 kN e diminuída de volta a zero, determine (a) o alongamento máximo do conjunto e (b) a deformação permanente depois que a força é removida.

a. **Alongamento máximo.** Referindo-nos à Fig. 2.54d, observamos que a carga $P_{máx} = 24$ kN corresponde a um ponto localizado no segmento E_bE_t do diagrama força-deslocamento do conjunto. Assim, a barra atingiu a região plástica, com $P_b = (P_b)_E = 12$ kN e $\sigma_b = (\sigma_b)_E = 250$ MPa, enquanto o tubo ainda está na região elástica, com

$$P_t = P - P_b = 24 - 12 = 12 \text{ kN}$$

$$\sigma_t = \frac{P_t}{A_t} = \frac{12 \text{ kN}}{60 \text{ mm}^2} = 200 \text{ MPa}$$

$$\delta_t = \epsilon_t L = \frac{\sigma_t}{E_t} L = \frac{200 \text{ MPa}}{80\,000 \text{ MPa}} (800 \times 10^{-3} \text{ m}) = 20 \times 10^{-4} \text{ m}$$

O alongamento máximo do conjunto é, portanto,

$$\delta_{máx} = \delta_t = 20 \times 10^{-4} \text{ m}$$

b. **Deformação permanente.** À medida que a força **P** diminui de 24 kN para zero, as forças internas P_b e P_t diminuem ao longo de uma linha reta, como mostram as Figuras 2.55a e b, respectivamente. A força P_b diminui ao longo da linha CD paralela à parte inicial da curva de carregamento, enquanto a força P_t diminui ao longo da curva de carregamento original, pois a tensão de escoamento não foi excedida no tubo. Sua soma P diminuirá ao longo de uma linha CE paralela à parte $0E_b$ da curva de força-deslocamento do conjunto (Fig. 2.55c). Referindo-nos à Fig. 2.55c, encontramos a inclinação de $0E_b$ e, portanto, de CE, que é

$$m = \frac{18 \text{ kN}}{10 \times 10^{-4} \text{ m}} = 18 \times 10^3 \frac{\text{kN}}{\text{m}}$$

O segmento de reta FE na Fig. 2.55c representa a deformação δ' do conjunto durante a fase de descarregamento, e o segmento 0E, a deformação permanente δ_p depois que a força **P** foi removida. Do triângulo CEF temos

$$\delta' = -\frac{P_{máx}}{m} = -\frac{24 \text{ kN}}{18 \times 10^3 \frac{\text{kN}}{\text{m}}} = -13,33 \times 10^{-4} \text{ m}$$

A deformação permanente é, portanto,

$$\delta_P = \delta_{máx} + \delta' = 20 \times 10^{-4} - 13,33 \times 10^{-4}$$
$$= 6,67 \times 10^{-4} \text{ m}$$

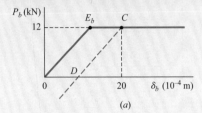

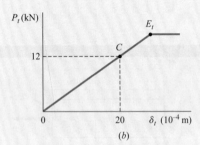

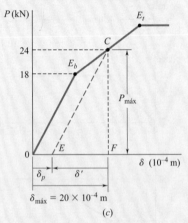

Fig. 2.55 (a) Resposta de deslocamento do conjunto constituído por barra e tubo com descarregamento elástico (linha tracejada). (b) Resposta do tubo força-deslocamento; note que a carga dada não escoa o tubo, então o descarregamento é ao longo da linha de carga elástica original. (c) Resposta combinada força-deslocamento e conjunto constituído por barra e tubo com descarregamento elástico (linha tracejada).

Concentrações de tensão. Lembramos que a discussão das concentrações de tensão da Seção 2.11 foi feita sob a hipótese de uma relação linear entre tensão e deformação específica. As distribuições de tensão mostradas nas Figs. 2.50 e 2.51 e os valores dos coeficientes de concentração de tensão mostrados na Fig. 2.52 não podem ser utilizados, portanto, quando ocorrem deformações plásticas, isto é, quando o valor de $\sigma_{máx}$ figuras excede a tensão de escoamento σ_E.

Vamos considerar novamente a placa com um furo circular da Fig. 2.50 e supor que o material seja elastoplástico, isto é, que seu diagrama de tensão em função da deformação específica seja conforme mostra a Fig. 2.53. Desde que não haja deformação plástica, a distribuição de tensões assemelha-se ao indicado na Seção 2.11 (Fig. 2.50a). Observamos que a área sob a curva de distribuição de tensão representa a integral $\int \sigma \, dA$, que é igual à força P. Portanto, essa área e o valor de $\sigma_{máx}$ devem aumentar à medida que a força P aumenta. Enquanto $\sigma_{máx} \leq \sigma_E$, as sucessivas distribuições de tensão obtidas à medida que P aumenta terão a forma mostrada na Fig. 2.50 e repetida na Fig. 2.56a. No entanto, como P aumenta além do valor P_E correspondente a $\sigma_{máx} = \sigma_E$ (Fig. 2.56b), a curva de distribuição de tensão deve se achatar nas vizinhanças do furo (Fig. 2.56c), pois a tensão no material considerado não pode exceder o valor σ_E. Isso indica que o material está escoando nas vizinhanças do furo. Na medida em que a força P continua aumentando, a zona plástica onde tem lugar o escoamento continua expandindo-se, até atingir as bordas da placa (Fig. 2.56d). Nesse ponto, a distribuição da tensão através da placa é uniforme, $\sigma = \sigma_E$, e o valor correspondente $P = P_L$ da força é o maior que pode ser aplicado à barra sem provocar ruptura.

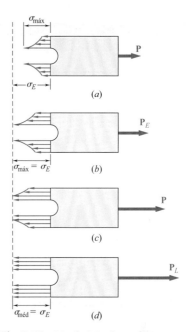

Fig. 2.56 Distribuição de tensões em um material elastoplástico sob aumento de força.

É interessante comparar o valor máximo da força P_E que pode ser aplicada sem que se produzam deformações permanentes na barra, com o valor P_L que provocará sua ruptura. Lembrando a definição de tensão média, $\sigma_{méd} = P/A$, em que A é a área da seção transversal, e a definição do coeficiente de concentração de tensão, $K = \sigma_{máx}/\sigma_{méd}$, escrevemos

$$P = \sigma_{méd} A = \frac{\sigma_{máx} A}{K} \tag{2.41}$$

para qualquer valor de $\sigma_{máx}$ que não exceda σ_E. Quando $\sigma_{máx} = \sigma_E$ (Fig. 2.56b), temos $P = P_E$, e a Equação (2.40) torna-se

$$P_E = \frac{\sigma_E A}{K} \tag{2.42}$$

Em contrapartida, quando $P = P_L$ (Fig. 2.56d), temos $\sigma_{méd} = \sigma_E$ e

$$P_L = \sigma_E A \tag{2.43}$$

Comparando as Equações (2.42) e (2.43), concluímos que

$$P_E = \frac{P_L}{K} \tag{2.44}$$

*2.13 TENSÕES RESIDUAIS

Na Aplicação de conceito 2.13 da seção anterior, consideramos uma barra que foi alongada além da tensão de escoamento. Quando a força foi removida, a barra não voltou ao seu comprimento original; ela tinha sido deformada permanentemente. No entanto, após a remoção da carga, todas as tensões desapareceram. Você não deve considerar que isso sempre acontecerá. Sem dúvida, quando somente algumas das partes de uma estrutura indeterminada sofrem deformações plásticas, como na Aplicação de conceito 2.15, ou quando diferentes partes da estrutura sofrem diferentes deformações plásticas, as tensões nas várias partes da estrutura em geral não retornarão a zero depois que a força for removida. Tensões chamadas de *tensões residuais* permanecerão nas várias partes da estrutura.

Embora o cálculo das tensões residuais em uma estrutura real possa ser bastante complexo, o exemplo a seguir lhe dará uma ideia geral do método a ser utilizado para sua determinação.

Aplicação do conceito 2.16

Determine as tensões residuais na barra e no tubo dos Fig. 2.54a depois de a carga **P** ser aumentada de zero até 24 kN e diminuída de volta a zero.

Observamos nos diagramas da Fig. 2.57 que, depois de a força **P** retornar a zero, as forças internas P_b e P_t não voltam a ser iguais a zero. Seus valores foram indicados pelo ponto E nas partes a e b. Segue-se que as tensões correspondentes também não são iguais a zero depois que o conjunto foi descarregado. Para determinar essas tensões residuais, vamos determinar as tensões reversas σ'_b e σ'_t provocadas pelo descarregamento e somá-las às tensões máximas $\sigma_b = 250$ MPa e $\sigma_t = 200$ MPa encontradas na parte a da Aplicação de conceito 2.15.

A deformação provocada pelo descarregamento é a mesma na barra e no tubo. Ela é igual a δ'/L, em que δ' é a deformação do conjunto durante o descarregamento, que foi calculado na Aplicação de conceito 2.15. Temos

$$\epsilon' = \frac{\delta'}{L} = \frac{-13{,}33 \times 10^{-4} \text{ m}}{800 \times 10^{-3} \text{ m}} = -1{,}67 \times 10^{-3} \text{m/m}$$

As tensões reversas correspondentes na barra e no tubo são

$$\sigma'_b = \epsilon' E_b = (-1{,}67 \times 10^{-3})(200\,000 \text{ MPa}) = -334 \text{ MPa}$$

$$\sigma'_t = \epsilon' E_t = (-1{,}67 \times 10^{-3})(80\,000 \text{ MPa}) = -134 \text{ MPa}$$

As tensões residuais são encontradas superpondo-se as tensões em virtude do carregamento com as tensões reversas em virtude do descarregamento. Temos

$$(\sigma_b)_{\text{res}} = \sigma_b + \sigma'_r = 250 \text{ MPa} - 334{,}0 \text{ MPa} = -84 \text{ MPa}$$

$$(\sigma_t)_{\text{res}} = \sigma_t + \sigma'_t = 200 \text{ MPa} - 134{,}0 \text{ MPa} = 66 \text{ MPa}$$

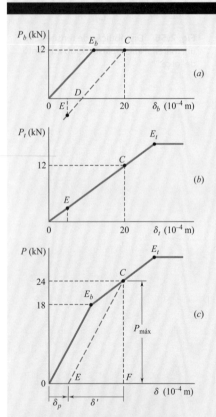

Fig. 2.57 (a) Resposta de deslocamento do conjunto constituído por barra e tubo com descarregamento elástico (linha tracejada). (b) Resposta do tubo força-deslocamento; a carga dada não escoa o tubo, então o descarregamento é ao longo da linha de carga elástica com tensão residual de tração. (c) Resposta combinada força-deslocamento e conjunto constituído por barra e tubo com descarregamento elástico (linha tracejada).

Variações de temperatura. Deformações plásticas provocadas por variações na temperatura também podem resultar em tensões residuais. Por exemplo, considere um pequeno tarugo que deve ser soldado a uma placa grande. Para as finalidades desta discussão, o tarugo será considerado uma pequena barra AB que deve ser soldada dentro de um pequeno furo na placa (Fig. 2.58). Durante o processo de soldagem, a temperatura da barra subirá acima de 1.000°C, e, nessa temperatura, seu módulo de elasticidade e, portanto, sua rigidez e sua tensão serão quase zero. Como a placa é grande, sua temperatura não subirá significativamente acima da temperatura ambiente (20°C). Assim, com a soldagem concluída, temos uma barra AB à temperatura $T = 1.000°C$, sem tensão, ligada à placa que está a 20°C.

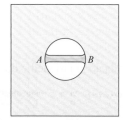

Fig. 2.58 Pequena barra soldada a uma placa grande.

À medida que a barra esfria, seu módulo de elasticidade aumenta e, a aproximadamente 500°C, ele se aproximará de seu valor normal que é de 200 GPa. Conforme a temperatura da barra cai ainda mais, temos uma situação similar àquela considerada na Seção 2.3 e ilustrada na Fig. 2.26. Resolvendo a Equação (2.15) para ΔT e fazendo σ igual à tensão de escoamento, $\sigma_E = 300$ MPa, para o aço comum, e $\alpha = 12 \times 10^{-6}/°C$, encontramos a variação de temperatura que fará a barra escoar:

$$\Delta T = -\frac{\sigma}{E\alpha} = -\frac{300 \text{ MPa}}{(200 \text{ GPa})(12 \times 10^{-6}/°C)} = -125°C$$

Isso significa que a barra começará a escoar a aproximadamente 375°C e continuará escoando a um nível de tensão razoavelmente constante, enquanto ela resfria até à temperatura ambiente. Como resultado dessa operação, é então criada no tarugo e na solda uma tensão residual aproximadamente igual à tensão de escoamento do aço utilizado.

As tensões residuais também ocorrem como resultado do resfriamento de metais que foram fundidos ou laminados a quente. Nesses casos, as camadas externas esfriam mais rapidamente do que o núcleo interno. Isso faz as camadas externas recuperarem sua rigidez (E retorna ao seu valor normal) mais rapidamente do que o núcleo interno. Quando todo o corpo de prova retorna à temperatura ambiente, o núcleo interno terá se contraído mais do que as camadas externas. O resultado é o surgimento de tensões de tração residuais longitudinais no núcleo interno e tensões de compressão residuais nas camadas externas.

Tensões residuais por causa de solda, fundição e laminação a quente podem ser muito grandes (da ordem da intensidade da tensão de escoamento). Essas tensões podem ser removidas, quando necessário, reaquecendo todo o corpo de prova a aproximadamente 600°C e depois deixando esfriar lentamente por um período de 12 a 24 horas.

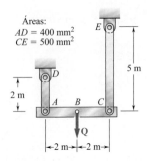

Áreas:
$AD = 400 \text{ mm}^2$
$CE = 500 \text{ mm}^2$

PROBLEMA RESOLVIDO 2.6

A viga rígida ABC é suspensa por duas barras de aço, como mostra a figura, e inicialmente está na horizontal. O ponto médio B da viga se desloca 10 mm para baixo pela aplicação lenta da força **Q** e após a força é lentamente removida. Sabendo que o aço utilizado para as barras é elastoplástico com $E = 200$ GPa e $\sigma_E = 300$ MPa, determine (a) o valor máximo necessário de **Q** e a posição correspondente da viga e (b) a posição final da viga.

ESTRATÉGIA: Você pode assumir que a deformação plástica vai ocorrer primeiro na haste AD (que é uma boa hipótese – *por quê?*), e então verificar essa hipótese.

MODELAGEM E ANÁLISE

Estática. Como **Q** é aplicada ao ponto médio da viga, temos (Fig. 1)

$$P_{AD} = P_{CE} \quad \text{e} \quad Q = 2P_{AD}$$

Ação elástica (Fig. 2). O valor máximo de Q e o deslocamento elástico máximo do ponto A ocorrem quando $\sigma = \sigma_E$ na barra AD.

$$(P_{AD})_{\text{máx}} = \sigma_E A = (300 \text{ MPa})(400 \text{ mm}^2) = 120 \text{ kN}$$
$$Q_{\text{máx}} = 2(P_{AD})_{\text{máx}} = 2(120 \text{ kN}) \qquad Q_{\text{máx}} = 240 \text{ kN} \blacktriangleleft$$
$$\delta_{A_1} = \epsilon L = \frac{\sigma_E}{E} L = \left(\frac{300 \text{ MPa}}{200 \text{ GPa}}\right)(2 \text{ m}) = 3 \text{ mm}$$

Como $P_{CE} = P_{AD} = 120$ kN, a tensão na barra CE é

$$\sigma_{CE} = \frac{P_{CE}}{A} = \frac{120 \text{ kN}}{500 \text{ mm}^2} = 240 \text{ MPa}$$

O deslocamento correspondente do ponto C é

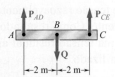

Fig. 1 Diagrama de corpo livre da viga rígida.

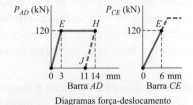

Diagramas força-deslocamento

Fig. 2 Diagramas força-deslocamento para barras de aço.

$$\delta_{C_1} = \epsilon L = \frac{\sigma_{CE}}{E} L = \left(\frac{240 \text{ MPa}}{200 \text{ GPa}}\right)(5 \text{ m}) = 6 \text{ mm}$$

O deslocamento correspondente do ponto B é

$$\delta_{B_1} = \tfrac{1}{2}(\delta_{A_1} + \delta_{C_1}) = \tfrac{1}{2}(3 \text{ mm} + 6 \text{ mm}) = 4,5 \text{ mm}$$

Como devemos ter $\delta_B = 10$ mm, concluímos que ocorrerá deformação plástica.

Deformação plástica. Para $Q = 240$ kN, ocorre deformação plástica na barra AD, em que $\sigma_{AD} = \sigma_E = 300$ MPa. Como a tensão na barra CE está dentro da região elástica, δ_C permanece igual a 6 mm. A partir da Fig. 3, o deslocamento δ_A para a qual $\delta_B = 10$ mm é obtida escrevendo-se

$$\delta_{B_2} = 10 \text{ mm} = \tfrac{1}{2}(\delta_{A_2} + 6 \text{ mm}) \qquad \delta_{A_2} = 14 \text{ mm}$$

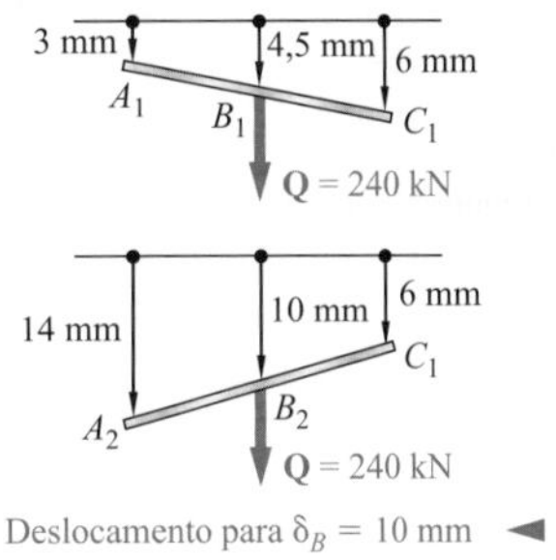

Fig. 3 Deslocamento da viga submetida à totalidade da força.

Descarregamento. Como a força **Q** é removida lentamente, a força P_{AD} decresce ao longo da linha HJ paralela à parte inicial do diagrama força--deslocamento da barra AD. O deslocamento final do ponto A é

$$\delta_{A_3} = 14 \text{ mm} - 3 \text{ mm} = 11 \text{ mm}$$

Como a tensão na barra CE permaneceu dentro da região elástica, notamos que o deslocamento final do ponto C é zero. A Fig. 4 apresenta a posição final da viga.

REFLETIR E PENSAR: Devido à simetria neste problema específico, as forças axiais nas hastes são iguais. Como as propriedades dos materiais das hastes são idênticas e a área da seção transversal da haste AD é menor do que a da haste CE, consequentemente você poderia esperar que a haste AD alcançaria o escoamento antes (conforme admitido no passo da ESTRATÉGIA).

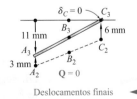

Fig. 4 Deslocamentos finais da viga com a remoção da força.

PROBLEMAS

2.93 Sabendo que, para a placa mostrada, a tensão admissível é de 125 MPa, determine o valor máximo admissível para P quando (a) $r = 12$ mm e (b) $r = 18$ mm.

2.94 Sabendo que $P = 38$ kN, determine a tensão máxima quando (a) $r = 10$ m, (b) $r = 16$ mm e (c) $r = 18$ mm.

2.95 Um furo deve ser feito na placa no ponto A. Os diâmetros das brocas disponíveis para fazer o furo variam de $\frac{1}{2}$ a $1\frac{1}{2}$ in. em incrementos de $\frac{1}{4}$-in. (a) Determine o diâmetro d da maior broca que pode ser usada se a força admissível P para o furo exceder aquela para os adoçamentos. (b) Se a tensão admissível do material da placa for de 145 MPa, qual será a força P correspondente admissível?

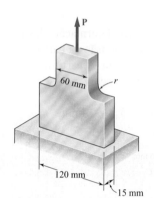

Figs. P2.93 e P2.94

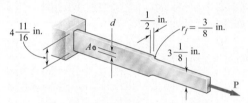

Figs. P2.95 e P2.96

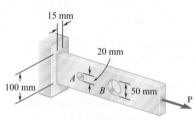

Fig. P2.97 e P2.98

2.96 (a) Para $P = 13$ kips e $d = \frac{1}{2}$ in., determine a tensão máxima na placa mostrada. (b) Resolva a parte a, supondo que não seja feito o furo em A.

2.97 Sabendo que, para a placa mostrada, a tensão admissível é de 120 MPa, determine o valor máximo admissível da carga axial centrada P.

2.98 Dois orifícios foram perfurados em uma barra de aço longa sujeitada a uma carga axial centrada, como mostrado. Para $P = 32$ kN, determine a tensão máxima (a) em A, (b) em B.

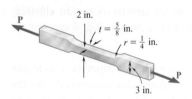

Fig. P2.99

2.99 (a) Sabendo que a tensão admissível é de 20 ksi, determine a intensidade máxima admissível da carga centrada P. (b) Determine a mudança percentual da intensidade máxima admissível de P se as porções salientes das extremidades do corpo de prova são removidas.

2.100 Uma força axial centrada é aplicada à barra de aço mostrada. Sabendo que $\sigma_{adm} = 20$ ksi, determine a máxima carga P admissível.

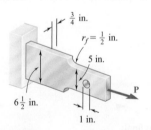

Fig. P2.100

2.101 A barra retangular AB, com lado de 30 mm, tem comprimento $L = 2,5$ m e é feita de um aço doce considerado elastoplástico com $E = 200$ GPa e $\sigma_E = 345$ MPa. Uma força P é aplicada à barra e em seguida removida para dar a ela uma deformação permanente δ_p. Determine o valor máximo da força P e o valor máximo δ_m pelo qual a barra deverá ser alongada se o valor desejado de δ_p for (a) 3,5 mm e (b) 6,5 mm.

2.102 A barra retangular AB, com lado de 30 mm, tem comprimento $L = 2,2$ m e é feita de um aço doce considerado elastoplástico com $E = 200$ GPa e $\sigma_E = 345$ MPa. Uma força **P** é aplicada à barra até que a extremidade A tenha se movido para baixo por um valor δ_m. Determine o valor máximo da força **P** e a deformação permanente da barra depois que a força é removida, sabendo que (a) $\delta_m = 4,5$ mm e (b) $\delta_m = 8,0$ mm.

2.103 A barra AB é feita de um aço doce considerado elastoplástico com $E = 200$ GPa e $\sigma_E = 248$ MPa. Depois de a barra ter sido fixada a uma alavanca rígida CD, descobriu-se que a extremidade C está 9,53 mm mais alta do que deveria estar. Uma força vertical **Q** é aplicada a C até que esse ponto se mova para a posição C'. Determine a intensidade necessária de **Q** e o deslocamento δ_1 para que a alavanca volte para uma posição horizontal depois que **Q** for removida.

2.104 Resolva o Problema 2.103 supondo que a tensão de escoamento do aço doce seja de 250 MPa.

2.105 A barra ABC consiste em duas partes cilíndricas AB e BC; ela é feita de um aço doce considerado elastoplástico com $E = 200$ GPa e $\sigma_E = 250$ MPa. Uma força **P** é aplicada à barra e em seguida removida para dar a ela uma deformação permanente $\delta_p = 2$ mm. Determine o valor máximo da força **P** e o valor máximo de δ_m pelo qual a barra deverá ser alongada para dar a ela a deformação permanente desejada.

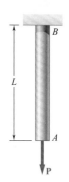

Fig. P2.101 e P2.102

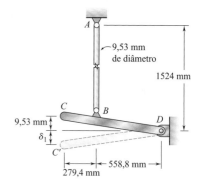

Fig. P2.103

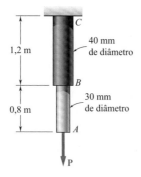

Figs. P2.105 e P2.106

2.106 A barra ABC consiste em duas partes cilíndricas AB e BC; ela é feita de um aço doce considerado elastoplástico com $E = 200$ GPa e $\sigma_E = 250$ MPa. Uma força **P** é aplicada à barra até que sua extremidade A tenha se movido para baixo por $\delta_m = 5$ mm. Determine o valor máximo da força **P** e a deformação permanente da barra depois que a força for removida.

2.107 A barra AB consiste em duas partes cilíndricas AC e BC, cada uma com seção transversal de área igual a 1 750 mm². A parte AC é feita de um aço doce com $E = 200$ GPa e $\sigma_E = 250$ MPa, e a parte CB é feita de um aço de alta resistência com $E = 200$ GPa e $\sigma_E = 345$ MPa. Uma força **P** é aplicada em C, conforme mostra a figura.

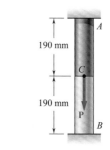

Fig. P2.107

Considerando que ambos os aços sejam elastoplásticos, determine (a) o deslocamento máximo de C se a força P for gradualmente aumentada de zero até 975 kN e depois reduzida novamente para zero, (b) a tensão máxima em cada parte da barra e (c) o deslocamento permanente de C.

2.108 Para a barra composta do Problema 2.107, se P é aumentada gradualmente desde zero até que o deslocamento do ponto C atinja um valor máximo de $\delta_m = 0{,}3$ mm e depois diminuída novamente até zero, determine (a) o valor máximo de P, (b) a tensão máxima em cada parte da barra e (c) o deslocamento permanente de C depois de a força ser removida.

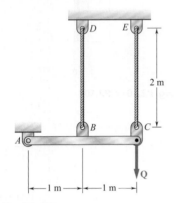

Fig. P2.109

2.109 Cada cabo tem uma área de seção transversal igual a 100 mm² e é feito de um material elastoplástico para o qual $\sigma_E = 345$ MPa e $E = 200$ GPa. Uma força Q é aplicada na barra rígida ABC através do ponto C e é aumentada gradualmente de 0 até 50 kN e depois reduzida novamente a zero. Sabendo que os cabos foram inicialmente alongados, determine (a) a tensão máxima que ocorre no cabo BD, (b) o deslocamento máximo do ponto C e (c) o deslocamento final do ponto C. (*Dica*: na parte c, o cabo CE não está alongado.)

2.110 Resolva o Problema 2.109 supondo que os cabos foram substituídos por barras com a mesma área de seção transversal e o mesmo material. Suponha ainda que as barras foram fixadas de modo que possam suportar forças de compressão.

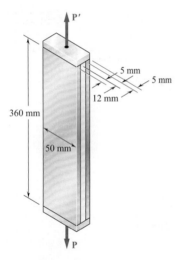

Fig. P2.111

2.111 Duas barras de aço temperado, cada uma com espessura de 5 mm, são coladas a uma barra de aço doce de 12 mm. Essa barra composta é submetida a uma força axial centrada de intensidade P, conforme mostra a figura. Ambos os aços são elastoplásticos com $E = 200$ GPa e com tensão de escoamento igual a 689,5 MPa e 345 MPa, respectivamente, para o aço temperado e o aço doce. A força P é aumentada gradualmente desde zero até que a deformação da barra alcance um valor máximo de $\delta_m = 1$ mm e depois diminuída novamente até zero. Determine (a) o valor máximo de **P**, (b) a tensão máxima nas barras de aço temperado e (c) a deformação permanente depois de a força ser removida.

2.112 Para a barra composta do Problema 2.111, se P é gradualmente aumentada desde zero até 436 kN e depois diminuída até zero, determine (a) a deformação máxima da barra, (b) a tensão máxima nas barras de aço temperado e (c) a deformação permanente depois que a carga for removida.

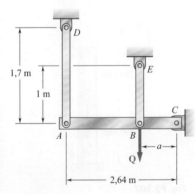

Fig. P2.113

2.113 A barra rígida ABC é suportada por duas barras elásticas, AD e BE, de seção transversal retangular uniforme de 37,5 × 6 mm e feitas de um aço doce considerado elastoplástico, com $E = 200$ GPa e $\sigma_E = 250$ MPa. A intensidade da força Q aplicada em B é aumentada gradualmente de zero a 260 kN. Sabendo que $a = 0{,}640$ m, determine (a) o valor da tensão normal em cada barra elástica e (b) o deslocamento máximo do ponto B.

2.114 Resolva o Problema 2.113 sabendo que $a = 1,76$ m e que a intensidade da força **Q** aplicada em B é aumentada gradualmente de zero até 135 kN.

*2.115 Resolva o Problema 2.113 supondo que a intensidade da força **Q** aplicada em B seja aumentada gradualmente de zero até 260 kN e depois diminuída de volta para zero. Sabendo que $a = 0,640$ m, determine (*a*) a tensão residual em cada barra elástica e (*b*) o deslocamento final no ponto B. Considere que as barras elásticas sejam fixadas de maneira que possam suportar forças de compressão sem flambarem.

2.116 Uma barra de aço uniforme de seção transversal com área A é ligada a suportes rígidos e está livre de tensões a uma temperatura de 7,22°C. O aço é considerado elastoplástico com $\sigma_E = 248$ MPa e $E = 200$ GPa. Sabendo que $\alpha = 11,7 \times 10^{-6}/°C$, determine a tensão na barra (*a*) quando a temperatura for elevada a 160°C e (*b*) depois que a temperatura retorna a 7,22°C.

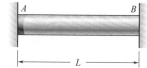

Fig. P2.116

2.117 A barra de aço ABC está rigidamente conectada aos suportes e livre de tensões à temperatura de 25°C. O aço é considerado elastoplástico, com $E = 200$ GPa e $\sigma_E = 250$ MPa. A temperatura de ambas as partes da barra é incrementada até 150°C. Sabendo que $\alpha = 11,7 \times 10^{-6}/°C$, determine (*a*) a tensão em ambas as partes da barra e (*b*) o deslocamento do ponto C.

*2.118 Resolva o Problema 2.117 considerando que a temperatura da barra é incrementada até 150°C e depois reduzida até 25°C.

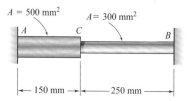

Fig. P2.117

*2.119 Para a barra composta do Problema 2.111, determine as tensões residuais nas barras de aço temperado se P for gradualmente aumentada de zero até 436 kN e depois diminuída novamente até zero.

*2.120 Para a barra composta do Problema 2.111, determine as tensões residuais nas barras de aço temperado, se P for gradualmente aumentada de zero até a deformação da barra atingir um valor máximo $\delta_m = 1,016$ mm e depois diminuída novamente até zero.

*2.121 Barras estreitas de alumínio são colocadas de dois lados de uma placa grossa de aço, como mostra a figura. Inicialmente, em $T_1 = 21,1°C$, todas as tensões são zero. Sabendo que a temperatura subirá lentamente até T_2 e depois será reduzida novamente até T_1, determine (*a*) a maior temperatura T_2 que *não* provoque tensões residuais e (*b*) a temperatura T_2 que resultará em uma tensão residual no alumínio igual a 400 MPa. Considere $\alpha_{alum} = 23 \times 10^{-6}/°C$ para o alumínio e $\alpha_{aço} = 11,7 \times 10^{-6}/°C$ para o aço. Considere ainda que o alumínio é elastoplástico, com $E = 75$ GPa e $\sigma_E = 400$ MPa. (*Dica*: despreze as pequenas tensões na placa.)

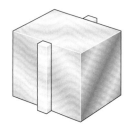

Fig. P2.121

*2.122 A barra AB tem uma área de seção transversal de 1 200 mm² e é feita de um aço elastoplástico com $E = 200$ GPa e $\sigma_E = 250$ MPa. Sabendo que a força **F** aumenta de 0 a 520 kN e depois diminui para zero, determine (*a*) o deslocamento permanente do ponto C e (*b*) a tensão residual na barra.

*2.123 Resolva o Problema 2.122, considerando que $a = 180$ mm.

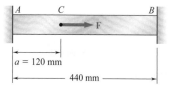

Fig. P2.122

REVISÃO E RESUMO

Deformação específica normal

Considerando uma barra de comprimento L e seção transversal uniforme, e designando por δ sua deformação sob força axial **P** (Fig. 2.59), definimos a *deformação específica normal* ϵ na barra como a *deformação por unidade de comprimento*:

$$\epsilon = \frac{\delta}{L} \tag{2.1}$$

No caso de uma barra de seção transversal variável, a deformação específica normal foi definida em um ponto qualquer Q considerando um pequeno elemento da barra em Q.

$$\epsilon = \lim_{\Delta x \to 0} \frac{\Delta \delta}{\Delta x} = \frac{d\delta}{dx} \tag{2.2}$$

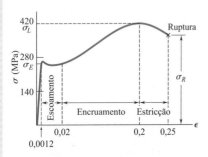

Fig. 2.59 Barra carregada axialmente não deformada e deformada.

Diagrama tensão-deformação

Construindo um gráfico da tensão σ em função da deformação específica ϵ à medida que a força é aumentada, obtemos o *diagrama tensão-deformação* para o material utilizado. A partir desse diagrama, podemos fazer uma distinção entre materiais *frágeis* e materiais *dúcteis*. Um corpo de prova feito com um material frágil se rompe sem que seja observada uma mudança prévia na taxa de alongamento (Fig. 2.60), enquanto um corpo de prova feito de um material dúctil *escoa* após alcançar uma tensão crítica σ_E, chamada de *resistência ao escoamento*, isto é, o corpo de prova sofre uma grande deformação antes da ruptura, com aumento relativamente pequeno na força aplicada (Fig. 2.61). Um exemplo de material frágil com diferentes propriedades em tração e compressão é o do *concreto*.

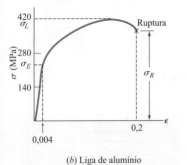

(a) Aço com baixo teor de carbono

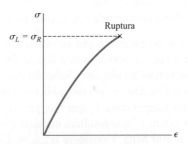

Fig. 2.60 Diagrama tensão-deformação para um material frágil típico.

(b) Liga de alumínio

Fig. 2.61 Diagrama tensão-deformação de dois materiais metálicos dúcteis típicos.

Lei de Hooke e módulo de elasticidade

A parte inicial do diagrama tensão-deformação é uma linha reta. Isso significa que, para pequenas deformações, a tensão é diretamente proporcional à deformação específica:

$$\sigma = E\epsilon \tag{2.6}$$

Essa relação é conhecida como *lei de Hooke* e o coeficiente E, como o *módulo de elasticidade* do material. A maior tensão para a qual se aplica a Equação (2.4) é o *limite de proporcionalidade* do material.

As propriedades dos materiais *isotrópicos* são independentes da direção enquanto as propriedades de materiais *anisotrópicos* são dependentes da direção. Os *materiais compósitos reforçados com fibras* são feitos com fibras de um material forte e rígido incorporado em camadas de um material mais fraco e menos rígido (Fig. 2.62).

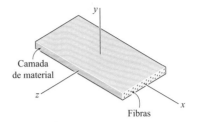

Fig. 2.62 Lâmina de material compósito reforçado com fibras.

Limite elástico e deformação plástica

Se as deformações provocadas em um corpo de prova pela aplicação de uma certa força desaparecem quando a força é removida, dizemos que o material se comporta *elasticamente* e a maior tensão na qual isso ocorre é chamada de *limite elástico* do material. Se o limite elástico é ultrapassado, a tensão e a deformação específica decrescem de uma forma linear quando a força é removida, e a deformação específica não retorna a zero (Fig. 2.63), indicando que o material sofreu uma *deformação permanente* ou uma *deformação plástica*.

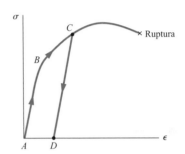

Fig. 2.63 Resposta tensão-deformação de material dúctil carregado depois de escoamento e descarregado.

Limite de resistência à fadiga

A *fadiga* provoca a falha de elementos estruturais ou de máquinas após um número muito grande de ciclos de carga, embora as tensões permaneçam na região elástica. Um teste-padrão de fadiga consiste em determinar o número n de ciclos sucessivos de carregamento e descarregamento necessários para provocar a falha de um corpo de prova para determinado nível máximo de tensão σ, traçando o gráfico σ-n correspondente. O valor de σ para o qual não ocorra a falha, mesmo para um número indefinidamente grande de ciclos, é conhecido como *limite de resistência à fadiga* do material utilizado no teste.

Deformação elástica sob carregamento axial

Se uma barra de comprimento L e seção transversal uniforme de área A é submetida em sua extremidade a uma força axial centrada **P** (Fig. 2.64), a deformação correspondente é

$$\delta = \frac{PL}{AE} \qquad (2.9)$$

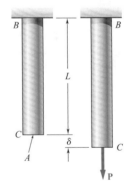

Fig. 2.64 Barra carregada axialmente deformada e não deformada.

Se a barra é carregada em vários pontos ou se é formada por várias partes de seções transversais diferentes e possivelmente materiais diferentes, a deformação δ da barra deve ser expressa como uma soma das deformações de suas partes componentes:

$$\delta = \sum_i \frac{P_i L_i}{A_i E_i} \qquad (2.10)$$

Problemas estaticamente indeterminados

Os *problemas estaticamente indeterminados* são aqueles nos quais as reações e as forças internas *não podem* ser determinadas apenas por meio da estática. As equações de equilíbrio determinadas pelo diagrama

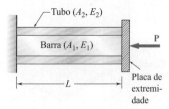

Fig. 2.65 Problema estaticamente indeterminado no qual barra concêntrica e tubo têm a mesma deformação, mas diferentes tensões.

de corpo livre do componente em consideração foram complementadas por relações que envolvem deformações e obtidas da geometria do problema. As forças na barra e no tubo da Fig. 2.65, por exemplo, foram determinadas observando-se, por um lado, que sua soma é igual a P e, por outro lado, que elas provocam deformações iguais na barra e no tubo. Analogamente, as reações nos apoios da barra da Fig. 2.66 não podiam ser obtidas somente por meio do diagrama de corpo livre da barra, mas podiam ser determinadas impondo-se que a deformação total da barra deve ser igual a zero.

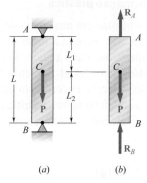

Fig. 2.66 (a) Membro estaticamente indeterminado carregado axialmente. (b) Diagrama de corpo livre.

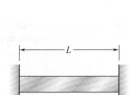

Fig. 2.67 Barra de comprimento L totalmente impedida de se deformar.

Problemas com variação de temperatura

Quando a temperatura de uma barra AB *sem impedimentos*, de comprimento L, tem sua temperatura aumentada em ΔT, sua deformação é

$$\delta_T = \alpha(\Delta T)L \qquad (2.13)$$

em que α é o *coeficiente de expansão térmica* do material. Notamos que a deformação específica correspondente, chamada de *deformação específica térmica*, é

$$\epsilon_T = \alpha \Delta T \qquad (2.14)$$

e que *nenhuma tensão* é associada a essa deformação específica. No entanto, se a barra AB está *impedida de se deformar* por suportes fixos (Fig. 2.67), aparecem tensões na barra à medida que a temperatura aumenta, em razão das reações nos suportes. Para determinarmos a intensidade P das reações, separamos a barra de seu suporte em B (Fig. 2.68a) e consideramos separadamente a deformação δ_T da barra à medida que ela se expande livremente (Fig. 2.68b), por causa da variação de temperatura, e a deformação δ_P provocada pela força **P** necessária para trazer de volta a barra ao seu comprimento original, de forma que ela pudesse ser recolocada no suporte em B (Fig. 2.68c).

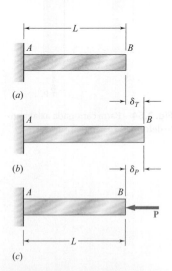

Fig. 2.68 Determinação da reação da barra da Fig. 2.67 sujeita a um aumento de temperatura. (a) Suporte removido em B. (b) Expansão térmica. (c) Aplicação da reação de apoio contrária ao sentido da expansão termal.

Deformação específica lateral e coeficiente de Poisson

Quando uma força axial **P** é aplicada a uma barra delgada e homogênea (Fig. 2.69), provoca uma deformação específica, não somente ao longo do eixo da barra, mas também em qualquer direção transversal. Essa deformação específica é chamada de *deformação específica lateral*, e a relação entre a deformação específica lateral e a deformação específica axial é chamada de *coeficiente de Poisson*

$$\nu = -\frac{\text{deformação específica lateral}}{\text{deformação específica axial}} \quad (2.17)$$

Carregamento multiaxial

Lembrando que a deformação específica axial na barra é $\epsilon_x = \sigma_x/E$, expressamos da seguinte forma a condição de deformação específica sob um carregamento axial na direção x

$$\epsilon_x = \frac{\sigma_x}{E} \qquad \epsilon_y = \epsilon_z = -\frac{\nu\sigma_x}{E} \quad (2.19)$$

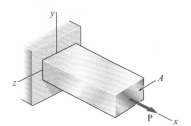

Fig. 2.69 Uma barra em tensão uniaxial.

Um *carregamento multiaxial* provoca o estado de tensão mostrado na Fig. 2.70. A condição de deformação específica resultante foi descrita pela *lei de Hooke generalizada* para carregamento multiaxial.

$$\epsilon_x = +\frac{\sigma_x}{E} - \frac{\nu\sigma_y}{E} - \frac{\nu\sigma_z}{E}$$

$$\epsilon_y = -\frac{\nu\sigma_x}{E} + \frac{\sigma_y}{E} - \frac{\nu\sigma_z}{E} \quad (2.20)$$

$$\epsilon_z = -\frac{\nu\sigma_x}{E} - \frac{\nu\sigma_y}{E} + \frac{\sigma_z}{E}$$

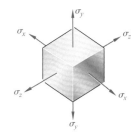

Fig. 2.70 Estado de tensão para carregamento multiaxial.

Dilatação

Se um elemento do material é submetido às tensões σ_x, σ_y, σ_z, ele se deformará e isso resultará em uma certa variação de volume. A *variação em volume por unidade de volume* é chamada de *dilatação* do material e designada por e. Mostramos que

$$e = \frac{1 - 2\nu}{E}(\sigma_x + \sigma_y + \sigma_z) \quad (2.22)$$

Módulo de compressibilidade volumétrica

Quando um material é submetido a uma pressão hidrostática p, temos

$$e = -\frac{p}{k} \quad (2.25)$$

em que k é conhecida como *módulo de compressibilidade volumétrica* do material

$$k = \frac{E}{3(1 - 2\nu)} \quad (2.24)$$

Deformação de cisalhamento: Módulo de elasticidade transversal

O estado de tensão em um material sob as condições mais generalizadas de carregamento envolve tensões de cisalhamento, bem como tensões normais (Fig. 2.71). As tensões de cisalhamento tendem a deformar um elemento cúbico do material transformando-o em um paralelepípedo oblíquo. Por exemplo, as tensões τ_{xy} e τ_{yx} mostradas na Fig. 2.72 provocaram

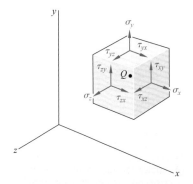

Fig. 2.71 Componentes de tensão positivos no ponto Q para um estado de tensão geral.

nos ângulos, formados pelas faces nas quais elas agiam, um aumento ou diminuição por um pequeno ângulo γ_{xy}. Esse ângulo, expresso em radianos, define a *deformação de cisalhamento* correspondente às direções x e y. Definindo de uma forma similar as deformações de cisalhamento γ_{yz} e γ_{zx}, escrevemos as relações

$$\tau_{xy} = G\gamma_{xy} \qquad \tau_{yz} = G\gamma_{yz} \qquad \tau_{zx} = G\gamma_{zx} \qquad (2.27, 28)$$

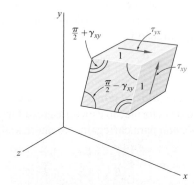

Fig. 2.72 Deformação de um elemento cúbico unitário devido a tensão de cisalhamento.

que são válidas para qualquer material isotrópico homogêneo dentro de seu limite de proporcionalidade em cisalhamento. A constante G é chamada de *módulo de elasticidade transversal* do material e as relações obtidas expressam a *lei de Hooke para tensão e deformação de cisalhamento*. Juntamente com as Equações (2.20), elas formam um grupo de equações que representam a lei de Hooke generalizada para um material isotrópico homogêneo sob um estado de tensão mais geral.

Embora uma força axial exercida sobre uma barra delgada produza somente deformações específicas normais (axial e transversal) em um elemento do material orientado ao longo do eixo da barra, ela produzirá deformações normais e de cisalhamento em um elemento girado em 45° (Fig. 2.73). Notamos também que as três constantes E, ν e G não são independentes. Elas satisfazem a relação

$$\frac{E}{2G} = 1 + \nu \qquad (2.34)$$

Essa equação pode ser utilizada para determinar qualquer uma das três constantes em função das outras duas.

Princípio de Saint-Venant

O *princípio de Saint-Venant* afirma que, exceto nas vizinhanças imediatas dos pontos de aplicação das forças, a distribuição de tensões em um componente ocorre independentemente do modo real de aplicação das forças. Esse princípio permite supor uma distribuição uniforme de tensões em um componente submetido a forças axiais concentradas, exceto próximo aos pontos de aplicação das forças, onde ocorrem concentrações de tensão.

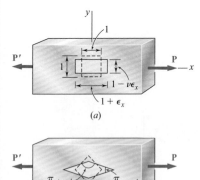

Fig. 2.73 Representações de deformação em uma barra carregada axialmente: (a) elemento de deformação cúbica com faces alinhadas com os eixos coordenados; (b) elemento de deformação cúbica com faces rotacionadas 45° sobre o eixo z.

Concentrações de tensão

Concentrações de tensão também ocorrerão em componentes estruturais próximos de uma descontinuidade, como um furo ou uma mudança brusca na seção transversal. A relação entre o valor máximo da tensão que ocorre próximo da descontinuidade e a tensão média calculada na seção crítica é chamada de *coeficiente de concentração de tensão* da descontinuidade:

$$K = \frac{\sigma_{máx}}{\sigma_{méd}} \qquad (2.40)$$

Deformações plásticas

As *deformações plásticas* ocorrem em componentes estruturais feitos de material dúctil quando as tensões em alguma parte do componente excedem a tensão de escoamento do material. Um *material elastoplástico* ideal é caracterizado pelo diagrama tensão-deformação específica mostrado na Fig. 2.74 Quando uma estrutura indeterminada sofre deformações plásticas, as tensões, em geral, não retornam a zero depois que a carga foi removida. As tensões que permanecem nas várias partes da estrutura são chamadas de *tensões residuais* e podem ser determinadas somando-se as tensões máximas atingidas durante a fase de carregamento e as tensões reversas correspondentes à fase de descarregamento.

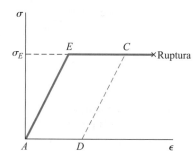

Fig. 2.74 Diagrama tensão-deformação para um material elastoplastico ideal.

PROBLEMAS DE REVISÃO

2.124 O fio uniforme ABC, de comprimento $2l$ quando não esticado, é preso aos suportes mostrados na figura e lhe é aplicada uma força vertical **P** no ponto médio B. Designando por A a área da seção transversal do fio e por E o módulo de elasticidade, mostre que, para $\delta \ll l$, o deslocamento no ponto médio B é

$$\delta = l\sqrt[3]{\frac{P}{AE}}$$

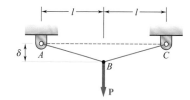

Fig. P2.124

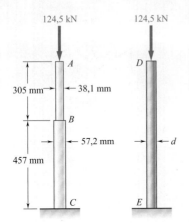

Fig. P2.125

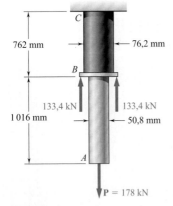

Fig. P2.126

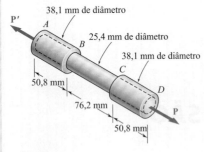

Fig. P2. 128

2.125 A barra de alumínio ABC ($E = 69{,}6$ GPa), que consiste em duas partes cilíndricas AB e BC, deve ser substituída por uma barra de aço cilíndrica DE ($E = 200$ GPa) do mesmo comprimento total. Determine o diâmetro d mínimo necessário para a barra de aço, considerando que sua deformação vertical não deve exceder a deformação da barra de alumínio sob a mesma força e que a tensão admissível na barra de aço não deve ultrapassar 165,5 MPa.

2.126 Duas barras cilíndricas sólidas são unidas em B e carregadas conforme mostra a figura. A barra AB é feita de aço ($E = 200$ GPa) e a barra BC, de latão ($E = 103{,}4$ GPa). Determine (*a*) o deslocamento total da barra composta ABC e (*b*) o deslocamento do ponto B.

2.127 A tira de latão AB foi presa a um suporte fixo em A e apoia-se sobre um suporte rugoso em B. Sabendo que o coeficiente de atrito é 0,60 entre a tira de latão e o suporte B, determine o decréscimo na temperatura para o qual o deslizamento estará na iminência de ocorrer.

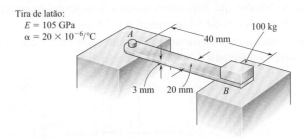

Fig. P2.127

2.128 O elemento mostrado é construído com um cilindro de aço com diâmetro de 25,4 mm e duas luvas com 38,1 mm de diâmetro externo ajustadas nas suas extremidades. Sabendo que $E = 200$ GPa, determine (*a*) a carga **P** de modo que o alongamento total seja igual a 0,0508 mm e (*b*) o correspondente alongamento da porção central BC.

2.129 Cada uma das quatro barras verticais que conectam os dois elementos horizontais rígidos é feita de alumínio ($E = 70$ GPa) e tem seção transversal retangular e uniforme de 10 × 40 mm. Para o carregamento mostrado, determine o deslocamento de (*a*) ponto E, (*b*) ponto F e (*c*) ponto G.

2.130 Um poste de concreto de 4,5 pés é reforçado por seis barras de aço, cada uma com um diâmetro de ¾ in.. Sabendo que $E_S = 29 \times 10^6$ psi e $E_S = 4{,}2 \times 10^6$ psi, determine a tensão normal no aço e no concreto quando uma força axial **P** centrada de 350 kip é aplicada ao poste.

2.131 As hastes de aço BE e CD têm cada uma 16 mm de diâmetro ($E = 200$ GPa); as extremidades das hastes são de rosca única com passo de 2,5 mm. Sabendo que depois de perfeitamente ajustados, a rosca em C é apertada de uma volta completa, determine (*a*) a tração na haste CD, (*b*) a deflexão do ponto C do elemento rígido ABC.

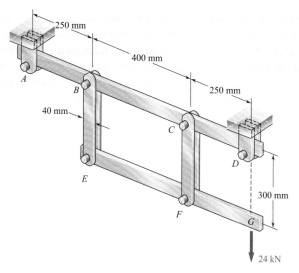

Fig. P2.129

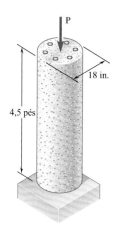

Fig. P2.130

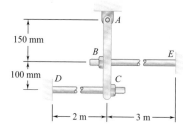

Fig. P2.131

2.132 Uma haste de poliestireno consiste em duas partes cilíndricas AB e BC engastadas em ambas as extremidades e suportando duas ações de 6 kip conforme mostrado. Sabendo que $E = 0{,}45 \times 10^6$ psi, determine (a) as reações em A e C, (b) a tensão normal em cada parte da haste.

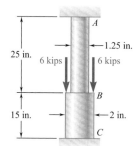

Fig. P2.132

2.133 O bloco de plástico mostrado está colado a uma base fixa e a uma chapa horizontal rígida à qual é aplicada uma força **P**. Sabendo que o plástico utilizado tem módulo de elasticidade transversal $G = 379{,}2$ MPa, determine o deslocamento da chapa quando $P = 40{,}0$ kN.

Fig. P2.133

2.134 O corpo de prova de alumínio mostrado está submetido a duas forças iguais axiais, opostas e centradas de intensidade P. (a) Sabendo que $E = 70$ GPa e $\sigma_{adm} = 200$ MPa, determine o máximo valor admissível de P e o correspondente alongamento total do corpo de prova. (b) Resolva a parte a, considerando que o corpo de prova foi substituído por uma barra de alumínio de mesmo comprimento e seção retangular uniforme de 60 × 15 mm.

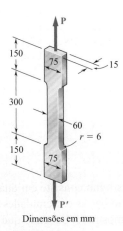

Dimensões em mm

Fig. P2.134

2.135 A barra uniforme BC tem uma seção transversal de área A e é feita de um aço doce que pode ser considerado elastoplástico com um módulo de elasticidade E e uma tensão de escoamento σ_E. Usando o sistema massa e mola mostrado na figura, deseja-se simular o deslocamento da extremidade C da barra à medida que a força axial **P** é gradualmente aplicada e removida, ou seja, os deslocamentos dos pontos C e C' deverão ser os mesmos para todos os valores de P. Designando por μ o coeficiente de atrito entre o bloco e a superfície horizontal, determine uma expressão para (a) a massa m necessária para o bloco e (b) a constante k necessária para a mola.

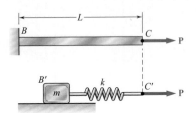

Fig. 2.135

PROBLEMAS PARA COMPUTADOR

Os problemas a seguir devem ser resolvidos usando um computador. Escreva cada programa de modo que os elementos cilíndricos sólidos possam ser definidos pelo seu diâmetro ou pela sua área de seção transversal.

2.C1 Uma barra constituída de n elementos, cada um dos quais homogêneo e de seção transversal uniforme, é submetida ao carregamento mostrado. O comprimento do elemento i é designado por L_i, sua área de seção transversal, por A_i, o módulo de elasticidade, por E_i e a força aplicada à sua extremidade direita, por P_i. Considere que a intensidade P_i dessa força seja positiva se $\mathbf{P}_i$ for dirigida para a direita e negativa no caso contrário. (*a*) Elabore um programa de computador que possa ser utilizado para determinar a tensão normal média em cada elemento, a deformação de cada um deles e a deformação total da barra. (*b*) Use esse programa para resolver os Problemas 2.20 e 2.126.

Fig. P2.C1

2.C2 A barra *AB* é horizontal com ambas as extremidades fixas. Ela consiste em *n* elementos, cada um dos quais é homogêneo e de seção transversal uniforme, e está submetida ao carregamento mostrado na figura. O comprimento do elemento *i* é designado por L_i, sua área de seção transversal, por A_i, seu módulo de elasticidade, por E_i e a força aplicada à sua extremidade direita, por $\mathbf{P}_i$. Considere a intensidade P_i dessa força positiva se $\mathbf{P}_i$ for direcionada para a direita e negativa em caso contrário. (Note que $P_1 = 0$.) (*a*) Elabore um programa para computador que possa ser utilizado para determinar as reações em *A* e *B*, a tensão normal média em cada elemento e a deformação de cada um deles. (*b*) Use esse programa para resolver os Problemas 2.41 e 2.42.

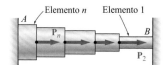

Fig. P2.C2

2.C3 A barra *AB* consiste em *n* elementos, cada um dos quais homogêneo e de seção transversal uniforme. A extremidade *A* é fixa e inicialmente há uma folga δ_0 entre a extremidade *B* e a superfície vertical fixa à direita. O comprimento do elemento *i* é designado por L_i, sua área de seção transversal, por A_i, seu módulo de elasticidade, por E_i e seu coeficiente de expansão térmica por α_i. Depois de a temperatura da barra ter sido aumentada em ΔT, a folga em *B* é fechada e as superfícies verticais exercem forças iguais e opostas na barra. (*a*) Elabore um programa de computador que possa ser utilizado para determinar a intensidade das reações em *A* e *B*, as tensões normais em cada elemento e as deformações em cada um deles. (*b*) Use esse programa para resolver os Problemas 2.59 e 2.60.

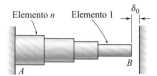

Fig. P2.C3

2.C4 A barra *AB* tem comprimento *L* e é feita de dois materiais diferentes com determinada área de seção transversal, módulo de elasticidade e tensão de escoamento. A barra é submetida, como mostra a figura, à força P que é gradualmente aumentada desde zero até que sua deformação atinja um valor máximo δ_m e depois seja diminuída até zero. (*a*) Elabore um programa de computador que, para cada um dos 25 valores de δ_m igualmente espaçados sobre o intervalo que se estende desde 0 até um valor igual a 120% da deformação, fazendo ambos os materiais escoarem, possa ser utilizado para determinar o máximo valor P_m da força, a tensão normal máxima em cada material, a deformação permanente δ_p da barra e a tensão residual em cada material. (*b*) Use o programa para resolver os Problemas 2.111 e 2.112.

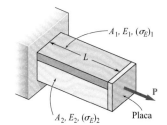

Fig. P2.C4

2.C5 A placa da figura tem um furo no centro de sua largura. O coeficiente de concentração de tensões para uma placa sob carregamento axial com um furo centrado é:

$$K = 3{,}00 - 3{,}13\left(\frac{2r}{D}\right) + 3{,}66\left(\frac{2r}{D}\right)^2 - 1{,}53\left(\frac{2r}{D}\right)^3$$

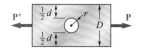

Fig. P2.C5

em que *r* é o raio do furo e *D* é a largura da placa. Elabore um programa de computador para determinar a força **P** admissível para os valores dados de *r*, *D*, a espessura *t* da barra e a tensão admissível σ_{adm} do material. Sabendo que $t = 6,4$ mm, $D = 76$ mm e $\sigma_{adm} = 110$ MPa, determine a força admissível **P** para valores de *r* de 3 mm até 18 mm, usando incrementos de 3 mm.

2.C6 Um cone sólido truncado é submetido a uma força axial **P**, como mostra a figura. O alongamento exato é $(PL)/(2\pi c^2 E)$. Substituindo o cone por *n* cilindros circulares de igual espessura, crie um programa de computador que possa ser utilizado para calcular o alongamento desse cone. Qual é a percentagem de erro na resposta obtida do programa usando (*a*) $n = 6$, (*b*) $n = 12$ e (*c*) $n = 60$?

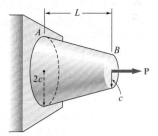

Fig. P2.C6

3
Torção

Em turbinas, o eixo central conecta os componentes do motor para produzir o empuxo necessário ao movimento de uma aeronave.

OBJETIVOS

Neste capítulo, vamos:

- **Apresentar** o conceito de torção em elementos estruturais e componentes de máquinas.
- **Definir** tensões de cisalhamento e deformações em eixos de seção circular submetidos a torção.
- **Definir ângulo** de giro em termos do torque aplicado, da geometria do eixo e do material.
- **Utilizar** as deformações torcionais para resolver problemas indeterminados.
- **Projetar eixos** para transmissão de potência.
- **Revisar** concentração de tensões e como elas são incluídas nos problemas de torção.
- **Descrever** a resposta elástica perfeitamente plástica dos eixos de seção circular.
- **Analisar** a torção de elementos de seção não circular.
- **Definir** o comportamento de eixos vazados de parede fina.

Introdução

3.1 Torção de eixos de seção circular
3.1.1 Tensão em um eixo
3.1.2 Deformações em uma barra de seção circular
3.1.3 Tensões no regime elástico
3.2 Ângulo de torção no regime elástico
3.3 Eixos estaticamente indeterminados
3.4 Projeto de eixos de transmissão
3.5 Concentração de tensões em eixos circulares
*3.6 Deformações plásticas em eixos circulares
*3.7 Eixos circulares feitos de um material elastoplástico
*3.8 Tensão residual em eixos circulares
*3.9 Torção de elementos de seção não circular
*3.10 Eixos vazados de paredes finas

INTRODUÇÃO

Neste capítulo, vamos considerar os elementos estruturais e as peças de máquinas que estão sob *torção*. Mais especificamente, você analisará as tensões e as deformações em elementos com seção transversal circular submetidos a momentos de torção, ou *torques*, **T** e **T′** (Fig. 3.1). Esses momentos têm a mesma intensidade T e sentidos opostos. Eles são grandezas vetoriais e podem ser representados por setas curvas, como na Fig. 3.1a, ou por vetores conjugados, como na Fig. 3.1b.

Elementos sob torção são encontrados em muitas aplicações de engenharia. A aplicação mais comum é aquela dos *eixos de transmissão*, utilizados para transmitir potência de um ponto para outro (Foto. 3.1). Esses eixos podem ser maciços, como mostra a Fig. 3.1, ou vazados.

Foto 3.1 Neste trem de força automotivo, o eixo transmite potência do motor para as rodas traseiras. ©videodoctor/Shutterstock

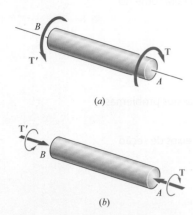

Fig. 3.1 Duas formas equivalentes de representar um torque em um diagrama de corpo livre.

O sistema mostrado na Fig. 3.2a consiste em uma turbina A e um gerador elétrico B conectados por um eixo de transmissão AB. Separando o sistema em suas três partes componentes (Fig. 3.2b), você pode ver que a turbina aplica um momento de torção ou torque **T** no eixo, e que o eixo aplica um torque igual no gerador. O gerador reage aplicando um torque igual e oposto **T′** no eixo, e o eixo reage aplicando um torque **T′** na turbina.

Primeiro vamos analisar as tensões e as deformações que ocorrem em eixos circulares (ou barras de seção circular). É demonstrada uma propriedade importante dos eixos circulares: *Quando um eixo circular é submetido à torção, todas as seções transversais permanecem planas e indeformadas.* Em outras palavras, embora as várias seções transversais ao longo do eixo girem em diferentes ângulos, cada seção transversal gira como um disco sólido e rígido. Essa propriedade lhe permitirá determinar a *distribuição de deformações específicas de cisalhamento em um eixo circular e concluir que a deformação específica de cisalhamento varia linearmente com a distância ao centro do eixo.*

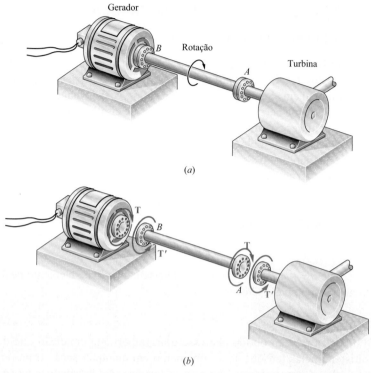

Fig. 3.2 (a) Um gerador recebe potência em um número constante de revoluções por minuto de uma turbina através do eixo *AB*. (b) Diagrama de corpo livre do eixo *AB* junto com os torques de direção e reação no gerador e na turbina, respectivamente.

Considerando deformações na *região elástica* e utilizando a lei de Hooke para tensão e deformação de cisalhamento, vamos determinar a *distribuição de tensões de cisalhamento* em um eixo circular e deduzir as *fórmulas de torção elástica*.

Na Seção 3.2, você aprenderá a encontrar o *ângulo de torção* de um eixo de seção circular submetido a determinado torque, supondo novamente que as deformações sejam elásticas. A solução do problema que envolve *eixos estaticamente indeterminados* será considerada na Seção 3.3.

Na Seção 3.4, você estudará o *projeto de eixos de transmissão*. Para poder projetar, você aprenderá a determinar as características físicas necessárias de um eixo em termos de sua velocidade de rotação e da potência a ser transmitida.

Na Seção 3.5, você aprenderá a levar em conta a concentração de tensões em que ocorre uma mudança abrupta no diâmetro do eixo. Nas Seções 3.6 a 3.8, consideraremos tensões e deformações em eixos de seção circular feitos de um material dúctil, quando o ponto de escoamento do material é ultrapassado. Em seguida você aprenderá a determinar as *deformações plásticas* permanentes e as consequentes *tensões residuais* que permanecem em um eixo que foi carregado além do ponto de escoamento do material.

Nas últimas seções deste capítulo, você estudará a torção de elementos não circulares (Seção 3.9) e analisará a distribuição de tensões em eixos de seção vazada de parede fina e não circular (Seção 3.10).

3.1 TORÇÃO DE EIXOS DE SEÇÃO CIRCULAR

3.1.1 Tensão em um eixo

Considerando a barra de seção circular AB submetida em A e B a torques iguais e opostos **T** e **T'**, cortamos a barra por um plano perpendicular ao seu eixo longitudinal em algum ponto arbitrário C (Fig. 3.3). O diagrama de corpo livre da parte BC da barra deve incluir as forças de cisalhamento elementares $d\mathbf{F}$, perpendiculares ao raio da barra. Elas surgem do torque que AC aplica em BC quando a barra é torcida (Fig. 3.4a). Contudo, as condições de equilíbrio para BC requerem que o sistema dessas forças elementares seja equivalente a um torque interno **T**, igual e oposto a **T'** (Fig. 3.4b). Designando por ρ a distância perpendicular da força $d\mathbf{F}$ ao eixo da barra e supondo que a soma dos momentos das forças de cisalhamento $d\mathbf{F}$ em relação ao eixo da barra seja igual em intensidade ao torque **T**, escrevemos

$$\int \rho \, dF = T$$

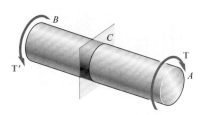

Fig. 3.3 Barra de seção circular submetida a torques e uma seção plana em C.

Uma vez que $dF = \tau \, dA$, com τ tensão de cisalhamento no elemento de área dA, também é possível escrever

$$\int \rho (\tau \, dA) = T \qquad (3.1)$$

Embora a relação obtida expresse uma importante condição que deve ser satisfeita pelas tensões de cisalhamento em qualquer seção transversal do eixo, ela *não* nos informa como essas tensões são distribuídas na seção transversal. Assim, observamos que a distribuição real de tensões em razão de determinado carregamento é *estaticamente indeterminada*, isto é, essa distribuição *não pode ser determinada pelos métodos da estática*. No entanto, a suposição feita na Seção 1.2.1 de que as tensões normais produzidas por uma força axial centrada eram uniformemente distribuídas, verificamos mais tarde (Seção 2.10) ser justificada desde que fora da vizinhança das forças concentradas. Uma suposição similar com relação à distribuição das tensões de cisalhamento em uma barra de seção circular elástica *seria incorreta*. Devemos evitar qualquer suposição em relação à distribuição de tensões em uma barra de seção circular até que tenhamos analisado as *deformações* produzidas nela. Isso será feito na próxima seção.

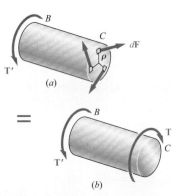

Fig. 3.4 (a) Diagrama de corpo livre da seção BC com torque em C representado pelas contribuições dos pequenos componentes da área usando as forças dF um raio ρ da barra a partir do centro da seção. (b) Diagrama de corpo livre da seção BC tendo todos os componentes da pequena área somados, resultando no toque T.

Conforme indicamos na Seção 1.4, a tensão de cisalhamento não pode ocorrer somente em um plano. Considere um pequeno elemento da barra, como aquele mostrado na Fig. 3.5. Sabemos que o torque aplicado à barra produz tensões de cisalhamento τ nas faces perpendiculares ao eixo longitudinal da barra. Entretanto, as condições de equilíbrio, discutidas na Seção 1.4, requerem a existência de tensões iguais nas faces formadas pelos dois planos que contêm o eixo da barra. A demonstração de que essas tensões de cisalhamento realmente ocorrem na torção pode ser feita por meio da consideração

Fig. 3.5 Pequeno elemento da barra demonstrando como os componentes da tensão de cisalhamento atuam.

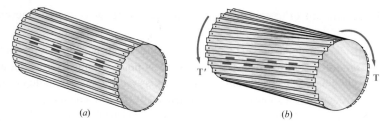

Fig. 3.6 Demonstração da tensão de cisalhamento em uma barra (a) não deformada; (b) carregada e deformada.

de uma "barra" formada por tiras separadas e fixadas por meio de pinos a discos colocados em suas extremidades, como mostra a Fig. 3.6a. Se forem pintadas marcas em duas tiras adjacentes, observa-se que as tiras deslizam uma em relação à outra quando são aplicados torques iguais e opostos nas extremidades da "barra" (Fig. 3.6b). Embora esse deslizamento na realidade não ocorra em uma barra feita com um material homogêneo e coesivo, a tendência ao deslizamento existirá, mostrando que ocorrem tensões em planos longitudinais, bem como em planos perpendiculares ao eixo da barra.

3.1.2 Deformações em uma barra de seção circular

Características da deformação. Considere uma barra de seção circular conectada a um suporte rígido em uma de suas extremidades (Fig. 3.7a). Se um torque **T** é aplicado à outra extremidade, a barra sofrerá rotação, com sua extremidade livre girando de um ângulo ϕ chamado de *ângulo de torção* (Fig. 3.7b). A observação mostra que, dentro de determinado intervalo de valores de T, o ângulo de torção ϕ é proporcional a T. Ela mostra também que ϕ é proporcional ao comprimento L da barra. Em outras palavras, o ângulo de torção para uma barra do mesmo material e mesma seção transversal, mas duas vezes mais longa, será duas vezes maior sob o mesmo torque **T**. Um dos objetivos da nossa análise será encontrar a relação existente entre ϕ, L e T; outro objetivo será determinar a distribuição das tensões de cisalhamento na seção transversal da barra, que não conseguimos obter na seção anterior com base apenas na estática.

Quando uma barra circular é submetida à torção, *toda seção transversal plana permanece plana e indeformada*. Em outras palavras, embora as várias seções transversais ao longo da barra sofram rotações de diferentes valores, cada seção transversal gira como um disco rígido. Isso está ilustrado na Fig. 3.8a, que mostra a deformação em um modelo de borracha submetido à torção. A propriedade que estamos discutindo é característica das barras de seção circular, sejam elas cheias ou vazadas – no entanto, ela não vale para elementos de seção transversal não circular. Por exemplo, quando uma barra de seção transversal quadrada é submetida à torção, suas várias seções transversais empenam (sofrem deslocamentos longitudinais) e não permanecem planas (Fig. 3.8b).

As seções transversais de uma barra circular permanecem planas e indeformadas porque uma barra circular é *axissimétrica*, (i.e., sua aparência permanece a mesma quando ela é vista de uma posição fixa e rotacionada em torno de seu próprio eixo por um ângulo arbitrário). Barras quadradas, entretanto, mantêm a mesma aparência somente se forem giradas de 90° ou 180°. Conforme veremos agora, a axissimetria de barras circulares pode ser

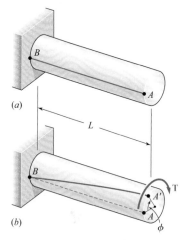

Fig. 3.7 Barra com suporte fixo e linha AB desenhada mostrando a deformação abaixo da carga de torção: (a) descarregada; (b) carregada.

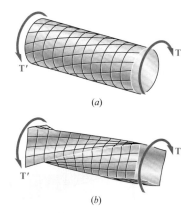

Fig. 3.8 Comparação das deformações em barra (a) circular e (b) quadrada.

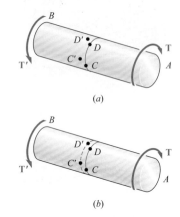

Fig. 3.9 Barra submetida à rotação.

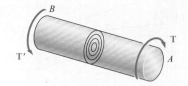

Fig. 3.10 Círculos concêntricos em uma seção transversal.

utilizada para provar teoricamente que suas seções transversais permanecem planas e indeformadas.

Considere os pontos C e D localizados na circunferência de determinada seção transversal da barra, e sejam C' e D' as posições que eles ocuparão depois que a barra for girada (Fig. 3.9a). A axissimetria da barra e do carregamento requer que a rotação que colocaria D em C agora coloque D' em C'. Então C' e D' devem ficar na circunferência de um círculo, e o arco $C'D'$ deve ser igual ao arco CD (Fig. 3.9b).

Suponha que C' e D' estejam em um círculo diferente, e que o novo círculo esteja localizado à esquerda do círculo original, como mostra a Fig. 3.9b. A mesma situação valerá para qualquer outra seção transversal, uma vez que todas as seções transversais da barra estão submetidas ao mesmo torque interno T. Um observador que olha para a barra pela sua extremidade A concluirá que o carregamento faz com que o círculo desenhado na barra *se afaste* dele. Contudo, para um observador localizado em B, aquele carregamento é o mesmo observado por A (um momento no sentido horário em A e um momento no sentido anti-horário em B), isto é, de que o círculo se move em *direção* a ele. Essa contradição prova que nossa hipótese é errada, e que C' e D' estão no mesmo círculo em que estão C e D. Assim, quando a barra é torcida, o círculo original apenas gira em seu próprio plano. Como o mesmo raciocínio pode ser aplicado a qualquer círculo menor e concêntrico, localizado na seção transversal em questão, concluímos que a seção transversal inteira permanece plana (Fig. 3.10).

O argumento acima não impede que os vários círculos concêntricos da Fig. 3.10 possam girar por diferentes valores quando a barra é torcida. Todavia, se assim fosse, determinado diâmetro da seção transversal seria distorcido em uma curva que pode ter a aparência daquela mostrada na Fig. 3.11a. Um observador que olha para essa curva a partir de A concluiria que as camadas externas da barra ficam mais torcidas do que as camadas internas, enquanto um observador que olha a partir de B chegaria a uma conclusão oposta (Fig. 3.11b). Essa inconsistência nos leva a concluir que qualquer diâmetro de seção transversal permanece reto (Fig. 3.11c) e, portanto, que qualquer seção transversal de uma barra de seção circular permanece plana e indeformada.

Nossa discussão até agora ignorou o modo de aplicação dos torçores **T** e **T'**. Se *todas* as seções da barra, de uma extremidade a outra, devem permanecer planas e indeformadas, precisamos garantir que os momentos sejam aplicados de maneira que as extremidades da barra permaneçam planas e indeformadas. Isso pode ser obtido aplicando-se os momentos **T** e **T'** a discos rígidos, que estão presos solidamente às extremidades da barra (Fig. 3.12a). Podemos então ter certeza de que todas as seções permanecerão planas e indeformadas quando o carregamento for aplicado e que as deformações resultantes ocorrerão de maneira uniforme em todo o comprimento da barra. Todos os círculos igualmente espaçados mostrados na Fig. 3.12a girarão a mesma quantidade

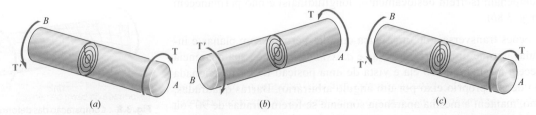

Fig. 3.11 Potenciais deformações das linhas do diâmetro se as seções de círculos concêntricos fossem rotacionadas em diferentes quantidades (a, b) ou na mesma quantidade (c).

em relação aos seus vizinhos, e cada uma das linhas retas será transformada em uma curva (hélice), interceptando os vários círculos com o mesmo ângulo (Fig. 3.12b).

Deformações de cisalhamento. Os exemplos apresentados nesta e nas próximas seções serão fundamentados na hipótese de barras com extremidades rígidas. As condições de carregamento, no entanto, podem ser muito diferentes daquelas correspondentes ao modelo da Fig. 3.12. Esse modelo nos ajuda a caracterizar um problema de torção para o qual podemos obter uma solução exata, princípio de Saint-Venant, os resultados obtidos para nosso modelo idealizado podem ser estendidos para a maioria das aplicações de engenharia.

Vamos agora determinar a distribuição de *deformações de cisalhamento* em uma barra circular de comprimento L e raio c que foi torcida através de um ângulo ϕ (Fig. 3.13a). Destacando da barra um cilindro de raio ρ, consideramos o pequeno elemento quadrado formado por dois círculos adjacentes e duas linhas retas adjacentes traçadas na superfície do cilindro antes de aplicar qualquer carregamento (Fig. 3.13b). Como a barra é submetida a um carregamento torcional, o elemento deformado assume a forma de um losango (Fig. 3.13c). Recordamos agora da Seção 2.7 que a deformação por cisalhamento γ em um elemento é medida pela variação dos ângulos formados pelos lados daquele elemento. Como os círculos que definem dois dos lados do elemento considerado aqui permanecem inalterados, a deformação de cisalhamento γ deve ser igual ao ângulo entre as linhas AB e $A'B$.

Observamos da Fig. 3.13c que, para pequenos valores de γ, podemos expressar o comprimento do arco AA' como $AA' = L\gamma$. Em contrapartida, temos $AA' = \rho\phi$. Segue-se que $L\gamma = \rho\phi$, ou

$$\gamma = \frac{\rho\phi}{L} \quad (3.2)$$

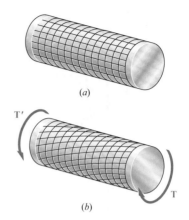

Fig. 3.12 Visualização da deformação resultando dos momentos torçores: (a) não deformada, (b) deformada.

em que γ e ϕ são ambos expressos em radianos. A equação obtida mostra que a deformação de cisalhamento γ em determinado ponto de uma barra circular em torção é proporcional ao ângulo de torção ϕ. Ela mostra também que γ é proporcional à distância ρ do eixo da barra até o ponto em consideração. Assim, a *deformação de cisalhamento em uma barra circular varia linearmente com a distância do eixo da barra*.

Conclui-se da Equação (3.2) que a deformação de cisalhamento é máxima na superfície do eixo, em que $\rho = c$. Temos

$$\gamma_{\text{máx}} = \frac{c\phi}{L} \quad (3.3)$$

Eliminando ϕ das Equações (3.2) e (3.3), podemos expressar a deformação de cisalhamento γ a uma distância ρ do eixo da barra como

$$\gamma = \frac{\rho}{c}\gamma_{\text{máx}} \quad (3.4)$$

3.1.3 Tensões no regime elástico

Quando o torque **T** é tal que todas as tensões de cisalhamento na barra permanecem abaixo da tensão de escoamento τ_E, as tensões na barra circular permanecerão abaixo do limite de proporcionalidade e abaixo do limite elástico também. Assim, vale a lei de Hooke e não haverá deformação permanente.

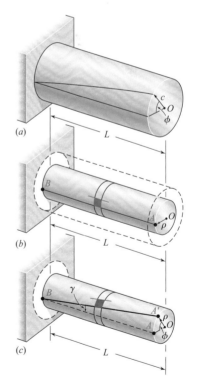

Fig. 3.13 Deformações de cisalhamento. (a) O ângulo de torção ϕ. (b) Parte não deformada da barra de raio ρ. (c) Parte deformada da barra; ângulo de torção ϕ e deformação de cisalhamendo γ têm o mesmo comprimento de arco AA'.

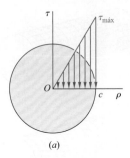

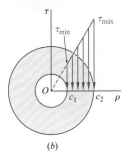

Fig. 3.14 Distribuição de tensões de cisalhamento em uma barra sob torque. (*a*) Barra cheia; (*b*) barra vazada.

Recordando a lei de Hooke para tensão e deformação de cisalhamento da Seção 2.7, escrevemos

$$\tau = G\gamma \tag{3.5}$$

em que G é o módulo de elasticidade transversal do material. Multiplicando ambos os membros da Equação (3.4) por G, escrevemos

$$G\gamma = \frac{\rho}{c} G\gamma_{máx}$$

ou, utilizando a Equação (3.5),

$$\tau = \frac{\rho}{c} \tau_{máx} \tag{3.6}$$

A equação obtida mostra que, desde que a tensão de escoamento (ou limite de proporcionalidade) não seja excedida em nenhuma parte da barra circular, a *tensão de cisalhamento na barra circular variará linearmente com a distância ρ do eixo da barra*. A Figura 3.14*a* mostra a distribuição de tensões em uma barra circular cheia de raio c, e a Fig. 3.14*b*, em uma barra circular vazada com raio interno c_1 e raio externo c_2. Da Equação (3.6),

$$\tau_{mín} = \frac{c_1}{c_2} \tau_{máx} \tag{3.7}$$

Lembramos agora da Seção 3.1.1 que a soma dos momentos das forças elementares aplicadas em qualquer seção transversal da barra circular deve ser igual à intensidade T do torque aplicado à barra circular:

$$\int \rho(\tau \, dA) = T \tag{3.1}$$

Substituindo τ da Equação (3.6) na Equação (3.1),

$$T = \int \rho\tau \, dA = \frac{\tau_{máx}}{c} \int \rho^2 \, dA$$

A integral no último membro representa o momento polar de inércia J da seção transversal com relação a seu centro O. Temos, portanto

$$T = \frac{\tau_{máx} J}{c} \tag{3.8}$$

ou, resolvendo para $\tau_{máx}$,

$$\tau_{máx} = \frac{Tc}{J} \tag{3.9}$$

Substituindo $\tau_{máx}$ da Equação (3.9) na Equação (3.6), expressamos a tensão de cisalhamento a qualquer distância ρ do eixo da barra circular como

$$\tau = \frac{T\rho}{J} \tag{3.10}$$

As Equações (3.9) e (3.10) são conhecidas como *fórmulas da torção no regime elástico*. Recordamos da estática que o momento polar de inércia de um círculo de raio c é $J = \frac{1}{2}\pi c^4$. No caso de uma barra de seção circular vazada de raio interno c_1 e raio externo c_2, o momento polar de inércia é

$$J = \tfrac{1}{2}\pi c_2^4 - \tfrac{1}{2}\pi c_1^4 = \tfrac{1}{2}\pi(c_2^4 - c_1^4) \qquad (3.11)$$

Quando são usadas unidades métricas SI, na Equação (3.9) ou (3.10), T será expresso em N · m, c ou ρ em metros e J em m^4; a tensão de cisalhamento resultante será expressa em N/m^2, ou seja, pascals (Pa). Quando são usadas as unidades norte-americanas, T será expresso em lb·in.; c ou p, em polegadas; e J, em in^4. A tensão de cisalhamento resultante será expressa em psi.

Aplicação do conceito 3.1

Uma barra circular vazada de aço cilíndrica tem 1,5 m de comprimento e diâmetros interno e externo, respectivamente, iguais a 40 mm e 60 mm (Fig. 3.15). (*a*) Qual é o maior torque que pode ser aplicado à barra circular se a tensão de cisalhamento não deve exceder 120 MPa? (*b*) Qual é o valor mínimo correspondente da tensão de cisalhamento na barra circular?

O maior torque **T** que pode ser aplicado à barra de seção circular é aquele para o qual $\tau_{máx} = 120$ MPa. Como esse valor é menor que a tensão de escoamento do material da barra, podemos usar a Equação (3.9). Resolvendo essa equação para T, temos

$$T = \frac{J\tau_{máx}}{c} \qquad (1)$$

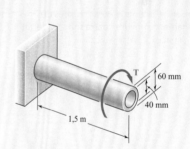

Fig. 3.15 Barra vazada com uma extremidade presa e sob a aplicação de um torque **T** na outra extremidade.

Lembrando que o momento polar de inércia J da seção transversal é dado pela Equação (3.11), em que $c_1 = \tfrac{1}{2}(40 \text{ mm}) = 0,02$ m e $c_2 = \tfrac{1}{2}(60 \text{ mm}) = 0,03$ m, escrevemos

$$J = \tfrac{1}{2}\pi(c_2^4 - c_1^4) = \tfrac{1}{2}\pi(0,03^4 - 0,02^4) = 1,021 \times 10^{-6} \text{ m}^4$$

Substituindo J e $\tau_{máx}$ na Equação (1), e fazendo $c = c_2 = 0,03$ m, temos

$$T = \frac{J\tau_{máx}}{c} = \frac{(1,021 \times 10^{-6} \text{ m}^4)(120 \times 10^6 \text{ Pa})}{0,03 \text{ m}}$$

$$= 4,08 \text{ kN} \cdot \text{m}$$

O valor mínimo da tensão de cisalhamento ocorre na superfície interna da barra. Ele é obtido da Equação (3.7), a qual mostra que $\tau_{mín}$ e $\tau_{máx}$ são proporcionais respectivamente a c_1 e c_2:

$$\tau_{mín} = \frac{c_1}{c_2}\tau_{máx} = \frac{0,02 \text{ m}}{0,03 \text{ m}}(120 \text{ MPa}) = 80 \text{ MPa}$$

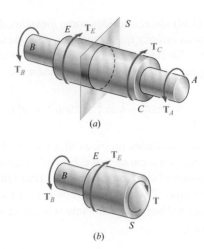

Fig. 3.16 Barra com seções transversais variáveis. (a) Com torques aplicados e seção S. (b) Diagrama de corpo livre da barra seccionada.

As fórmulas de torção das Equações (3.9) e (3.10) foram deduzidas para uma barra de seção transversal circular uniforme submetida a torques em suas extremidades. No entanto, elas também podem ser utilizadas para uma barra de seção transversal variável ou para uma barra submetida a torques em localizações que não são suas extremidades (Fig. 3.16a). A distribuição de tensões de cisalhamento em determinada seção transversal S da barra circular é obtida da Equação (3.9), em que J representa o momento polar de inércia daquela seção e em que T representa o *esforço solicitante de torção* ou *esforço interno de torção* naquela seção. O valor de T é obtido desenhando-se o diagrama de corpo livre da parte da barra circular localizada em um dos lados da seção (Fig. 3.16b) e escrevendo que a soma de torques aplicados àquela parte, incluindo o esforço interno de torção **T**, é zero (ver o Problema Resolvido 3.1).

Até aqui, nossa análise de tensões em uma barra circular esteve limitada a tensões de cisalhamento. Isso porque o elemento que selecionamos estava orientado de modo que suas faces eram paralelas ou perpendiculares ao eixo da barra circular (Fig. 3.5). Considere os dois elementos *a* e *b* localizados na superfície de uma barra circular submetida à torção (Fig. 3.17). Como as faces do elemento *a* são, respectivamente, paralela e perpendicular ao eixo da barra circular, as únicas tensões no elemento serão as tensões de cisalhamento

$$\tau_{máx} = \frac{Tc}{J} \qquad (3.9)$$

Fig. 3.17 Barra de seção circular com elementos de tensão em orientações diferentes.

Em contrapartida, as faces do elemento *b*, que formam ângulos arbitrários com o eixo da barra de seção circular, estarão submetidas a uma combinação das tensões normal e de cisalhamento. Considere as tensões e as forças resultantes nas faces que estão em 45° com o eixo da barra. Os diagramas de corpo livre dos dois componentes triangulares são mostrados na Fig. 3.18. No caso do elemento da Fig. 3.18a, as tensões exercidas nas faces BC e BD são as tensões de cisalhamento $\tau_{máx} = Tc/J$. A intensidade das forças de cisalhamento correspondentes será então $\tau_{máx}A_0$, em que A_0 representa a área da face.

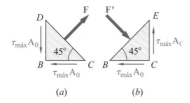

Fig. 3.18 Forças nas faces que estão em 45° com o eixo da barra.

Observando que as componentes nas faces DC das duas forças de cisalhamento são iguais e opostas, concluímos que a força **F** aplicada em DC deve ser perpendicular àquela face. É uma força de tração, e sua intensidade é

$$F = 2(\tau_{máx}A_0)\cos 45° = \tau_{máx}A_0\sqrt{2} \qquad (3.12)$$

A tensão correspondente é obtida dividindo-se a força F pela área A da face DC. Observando que $A = A_0\sqrt{2}$,

$$\sigma = \frac{F}{A} = \frac{\tau_{máx}A_0\sqrt{2}}{A_0\sqrt{2}} = \tau_{máx} \qquad (3.13)$$

Uma análise similar aplicada ao elemento da Fig. 3.18b mostra que a tensão na face BE é $\sigma = -\tau_{máx}$. Concluímos que as tensões exercidas nas faces de um elemento c a 45° do eixo da barra (Fig. 3.19) são tensões normais iguais a $\pm\tau_{máx}$. Assim, enquanto o elemento a na Fig. 3.19 está em cisalhamento puro, o elemento c na mesma figura está submetido à tensão de tração em duas de suas faces e à tensão de compressão nas outras duas. Notamos também que todas as tensões envolvidas têm a mesma intensidade, Tc/J.[†]

Como os materiais dúcteis geralmente falham em cisalhamento, um corpo submetido à torção rompe-se ao longo de um plano perpendicular ao seu eixo longitudinal (Foto 3.2a). Por outro lado, materiais frágeis falham mais em tração do que em cisalhamento. Assim, quando submetido à torção, um corpo de prova feito de um material frágil tende a se romper ao longo das superfícies perpendiculares à direção na qual a tensão de tração é máxima, isto é, ao longo das superfícies que formam um ângulo de 45° com o eixo longitudinal do corpo de prova (Foto 3.2b).

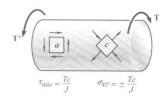

Fig. 3.19 Componentes da barra com apenas tensões de cisalhamento ou tensões normais.

(a) Falha de material dúctil   (b) Falha de material frágil

Foto 3.2 Falha por cisalhamento da barra sujeita a torque. Cortesia de John DeWolf

[†] Tensões em elementos de orientação arbitrária, como na Fig. 3.18b, serão discutidas no Capítulo 7.

PROBLEMA RESOLVIDO 3.1

O eixo de seção circular BC é vazado com diâmetros interno e externo de 90 mm e 120 mm, respectivamente. Os eixos de seção circular AB e CD são cheios e têm diâmetro d. Para o carregamento mostrado na figura, determine (*a*) as tensões de cisalhamento máxima e mínima no eixo BC, (*b*) o diâmetro d necessário para os eixos AB e CD, se a tensão de cisalhamento admissível nesses eixos for de 65 MPa.

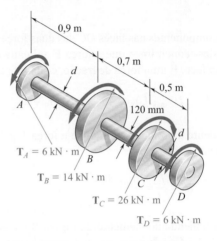

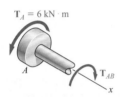

Fig. 1 Diagrama de corpo livre da seção à esquerda do corte entre A e B.

ESTRATÉGIA: Utilize diagramas de corpo livre para determinar o torque em cada eixo. Os torques podem então ser utilizados para encontrar as tensões para o eixo BC e os diâmetros necessários para os eixos AB e CD.

MODELAGEM:

Chamando de $\mathbf{T}_{AB}$ o torque no eixo AB (Fig. 1), cortamos uma seção através do eixo AB e, para o diagrama de corpo livre mostrado, escrevemos

$$\Sigma M_x = 0: \qquad (6 \text{ kN} \cdot \text{m}) - T_{AB} = 0 \qquad T_{AB} = 6 \text{ kN} \cdot \text{m}$$

Cortamos agora uma seção através do eixo BC (Fig. 2) e, para o corpo livre mostrado, temos

$$\Sigma M_x = 0: \qquad (6 \text{ kN} \cdot \text{m}) + (14 \text{ kN} \cdot \text{m}) - T_{BC} = 0 \qquad T_{BC} = 20 \text{ kN} \cdot \text{m}$$

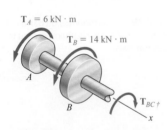

Fig. 2 Diagrama de corpo livre da seção à esquerda do corte entre B e C.

ANÁLISE:

a. **Eixo BC.** Para esse eixo circular vazado, temos

$$J = \frac{\pi}{2}(c_2^4 - c_1^4) = \frac{\pi}{2}[(0{,}060)^4 - (0{,}045)^4] = 13{,}92 \times 10^{-6} \text{ m}^4$$

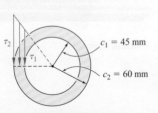

Fig. 3 Distribuição de tensões de cisalhamento na seção transversal.

Tensão de cisalhamento máxima. Na superfície externa, temos

$$\tau_{\text{máx}} = \tau_2 = \frac{T_{BC}c_2}{J} = \frac{(20 \text{ kN} \cdot \text{m})(0{,}060 \text{ m})}{13{,}92 \times 10^{-6} \text{ m}^4} \qquad \tau_{\text{máx}} = 86{,}2 \text{ MPa} \blacktriangleleft$$

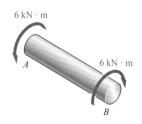

Fig. 4 Diagrama de corpo livre da porção *AB* do eixo.

Tensão de cisalhamento mínima. Como mostrado na Fig. 3, as tensões são proporcionais à distância do centro do eixo.

$$\frac{\tau_{mín}}{\tau_{máx}} = \frac{c_1}{c_2} \qquad \frac{\tau_{mín}}{86{,}2 \text{ MPa}} = \frac{45 \text{ mm}}{60 \text{ mm}} \qquad \tau_{mín} = 64{,}7 \text{ MPa} \blacktriangleleft$$

b. Eixos *AB* e *CD*. Notamos que em ambos os eixos a intensidade do torque é $T = 6$ kN · m (Fig. 4). Chamando de c o raio dos eixos e sabendo que $\tau_{adm} = 65$ MPa, escrevemos

$$\tau = \frac{Tc}{J} \qquad 65 \text{ MPa} = \frac{(6 \text{ kN} \cdot \text{m})c}{\frac{\pi}{2} c^4}$$

$$c^3 = 58{,}8 \times 10^{-6} \text{ m}^3 \qquad c = 38{,}9 \times 10^{-3} \text{ m}$$

$$d = 2c = 2(38{,}9 \text{ mm}) \qquad d = 77{,}8 \text{ mm} \blacktriangleleft$$

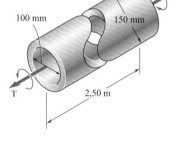

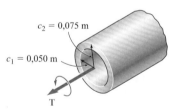

Fig. 1 Eixo conforme projetado.

PROBLEMA RESOLVIDO 3.2

O projeto preliminar de um grande eixo conectando um motor a um gerador determinou que o eixo escolhido fosse vazado e com diâmetros interno e externo de 100 mm e 150 mm, respectivamente. Sabendo que a tensão de cisalhamento admissível é de 82 MPa, determine o valor do torque máximo que pode ser transmitido (*a*) pelo eixo conforme o projeto preliminar, (*b*) por um eixo de seção cheia com o mesmo peso, (*c*) por um eixo de seção vazada com o mesmo peso e com diâmetro externo de 200 mm.

ESTRATÉGIA: Utilize a Equação (3.9) para determinar o torque máximo considerando a tensão admissível.

MODELAGEM E ANÁLISE:

a. **Eixo vazado conforme foi projetado.** Usando a Fig. 1 e estabelecendo que $\tau_{adm} = 82$ MPa, escrevemos

$$J = \frac{\pi}{2}(c_2^4 - c_1^4) = \frac{\pi}{2}[(0{,}075 \text{ m})^4 - (0{,}050 \text{ m})^4] = 39{,}9 \times 10^{-6} \text{ m}^4$$

Utilizando a Equação (3.9), escrevemos

$$\tau_{máx} = \frac{Tc_2}{J} \qquad 82 \text{ MPa} = \frac{T(0{,}075 \text{ m})}{39{,}9 \times 10^{-6} \text{ m}^4} \qquad T = 43{,}6 \text{ kN} \cdot \text{m} \blacktriangleleft$$

b. **Eixo de seção cheia de mesmo peso.** Para que o eixo projetado e a seção transversal cheia tenham mesmo peso e comprimento, suas áreas de seção transversal devem ser iguais, isto é $A_{(a)} = A_{(b)}$.

$$\pi[(0{,}075 \text{ m})^2 - (0{,}050 \text{ m})^2] = \pi c_3^2 \qquad c_3 = 0{,}056 \text{ m}$$

Utilizando a Fig. 2 e estabelecendo $\tau_{adm} = 82$ MPa, escrevemos

$$\tau_{máx} = \frac{Tc_3}{J} \qquad 82 \text{ MPa} = \frac{T(0{,}056 \text{ m})}{\frac{\pi}{2}(0{,}056 \text{ m})^4} \qquad T = 22{,}62 \text{ kN} \cdot \text{m} \blacktriangleleft$$

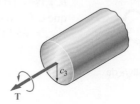

Fig. 2 Eixo cheio tendo mesmo peso.

c. Eixo vazado com 200 mm de diâmetro externo. Para ter o mesmo peso, as áreas das seções transversais devem ser iguais, isto é, $A_{(a)} = A_{(c)}$ (Fig. 3). Determinamos o diâmetro interno do eixo escrevendo

$$\pi[(0{,}075 \text{ m})^2 - (0{,}050 \text{ m})^2] = \pi[(0{,}100 \text{ m})^2 - c_5^2] \qquad c_5 = 0{,}083 \text{ m}$$

Para $c_5 = 0{,}083$ m e $c_4 = 100$ mm,

$$J = \frac{\pi}{2}[(0{,}100 \text{ m})^4 - (0{,}083 \text{ m})^4] = 8{,}25 \times 10^{-5} \text{ m}^4$$

Com $\tau_{adm} = 82$ MPa e $c_4 = 100$ mm

$$\tau_{máx} = \frac{Tc_4}{J} \qquad 82 \text{ MPa} = \frac{T(0{,}10 \text{ m})}{8{,}25 \times 10^{-5} \text{ m}^4} \qquad T = 67{,}65 \text{ kN} \cdot \text{m} \blacktriangleleft$$

REFLETIR E PENSAR: Este exemplo ilustra a vantagem obtida quando o material do eixo se concentra longe do eixo centroidal.

Fig. 3 Eixo vazado com um diâmetro externo de 203,2 mm, tendo mesmo peso.

PROBLEMAS

3.1 Determine o torque **T** que provoca uma tensão de cisalhamento máxima de 70 MPa no eixo cilíndrico de aço mostrado.

3.2 Para o eixo cilíndrico mostrado, determine a tensão de cisalhamento máxima provocada por um torque de intensidade $T = 800$ N · m.

3.3 Um torque de 1,75 kN·m é aplicado ao cilindro sólido mostrado. Determine (*a*) a tensão de cisalhamento máxima, (*b*) o percentual do torque absorvido pelo núcleo interno com 25 mm de diâmetro.

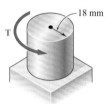

Fig. P3.1 e P3.2

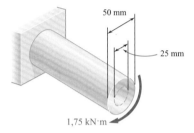

Fig. P3.3

3.4 (*a*) Determine a máxima tensão de cisalhamento causada pelo torque **T** de 40 kip · in. no eixo sólido de alumínio com 3 in. de diâmetro mostrado. (*b*) Resolva a parte *a*, assumindo que o eixo sólido foi substituído por um eixo de mesmo diâmetro externo e 1 in. de diâmetro interno.

3.5 (*a*) Para o cilindro sólido com diâmetro de 3 in. e carregamento mostrados, determine a máxima tensão de cisalhamento. (*b*) Determine o diâmetro interno do cilindro vazado de 4 in. de diâmetro mostrado, para o qual a tensão máxima é a mesma que na parte *a*.

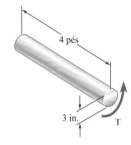

Fig. P3.4

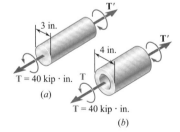

Fig. P3.5

3.6 (*a*) Para o eixo vazado e o carregamento mostrados, determine a tensão de cisalhamento máxima. (*b*) Determine o diâmetro de um eixo de seção transversal cheia para o qual a tensão de cisalhamento máxima sob o carregamento mostrado é o mesmo que em (*a*).

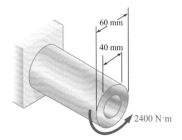

Fig. P3.6

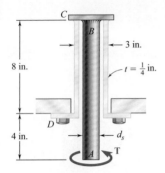

Fig. P3.7 e P3.8

3.7 O sistema da figura é constituído por um eixo de seção transversal cheia AB e com uma tensão de cisalhamento admissível de 82,7 MPa, e por um tubo CD feito de latão com uma tensão de cisalhamento admissível de 48,3 MPa. Determine (*a*) o maior torque **T** que pode ser aplicado em A, sem que a tensão de cisalhamento admissível do material do tubo CD seja excedida e (*b*) o valor correspondente necessário para o diâmetro d do eixo AB.

3.8 O sistema da figura é constituído por um eixo de aço com seção transversal cheia AB, com diâmetro $d = 38$ mm e tensão de cisalhamento admissível de 82 MPa, e por um tubo CD feito de latão com uma tensão de cisalhamento admissível de 48 MPa. Determine o maior torque **T** que pode ser aplicado em A.

3.9 Os torques mostrados são aplicados às polias A, B e C. O diâmetro do eixo AB é de 33 mm; o do eixo BC, 45,7 mm. Sabendo que os eixos têm seção cheia, determine a máxima tensão de cisalhamento (*a*) no eixo AB e (*b*) no eixo BC.

Fig. P3.9 e P3.10

3.10 Os eixos do conjunto de polias mostrado na figura devem ser redimensionados. Sabendo que a tensão de cisalhamento admissível em cada eixo é de 58,6 MPa, determine o menor diâmetro admissível para (*a*) o eixo AB, (*b*) o eixo BC.

3.11 Os torques mostrados são aplicados às polias A e B. Sabendo que os eixos têm seção cheia, determine a máxima tensão de cisalhamento (*a*) no eixo AB e (*b*) no eixo BC.

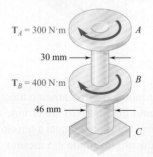

Fig. P3.11

3.12 Para reduzir a massa total do conjunto do Problema 3.11, está sendo considerado um novo projeto no qual o diâmetro do eixo BC será menor. Determine o menor diâmetro do eixo BC para o qual o valor máximo da tensão de cisalhamento no conjunto não será aumentado.

3.13 Sob condições normais de operação, o motor elétrico aplica um torque de 2,4 kN · m no eixo AB. Sabendo que cada um dos eixos tem seção transversal cheia, determine a tensão de cisalhamento máxima no (a) eixo AB, (b) eixo BC e (c) eixo CD.

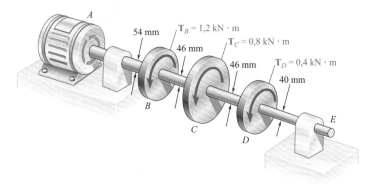

Fig. P3.13

3.14 Para reduzir a massa total do conjunto do Problema 3.13, está sendo considerado um novo projeto no qual o diâmetro do eixo BC será menor. Determine o menor diâmetro do eixo BC para o qual o valor máximo da tensão de cisalhamento no conjunto não será aumentado.

3.15 A tensão de cisalhamento admissível é de 103 MPa na barra de aço AB de 38,1 mm de diâmetro e 55 MPa na barra BC de 45,7 mm de diâmetro. Desprezando o efeito das concentrações de tensão, determine o maior torque **T** que pode ser aplicado em A.

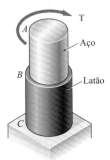

Fig. P3.15 e P3.16

3.16 A tensão de cisalhamento admissível é de 103 MPa na barra de aço AB e 55 MPa na barra de latão BC. Sabendo que um torque de intensidade $T = 1130$ N · m é aplicado em A e desprezando o efeito das concentrações de tensão, determine o diâmetro necessário de (a) barra AB e (b) barra BC.

3.17 A seção transversal cheia mostrada na figura é feita de latão para o qual a tensão de cisalhamento admissível é de 55 MPa. Desprezando o efeito das concentrações de tensão, determine os menores diâmetros d_{AB} e d_{BC} para os quais a tensão de cisalhamento admissível não é excedida.

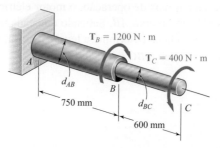

Fig. P3.17

3.18 Resolva o Problema 3.17 considerando que a direção de $\mathbf{T}_C$ seja invertida.

3.19 O eixo AB é feito de um aço com tensão de cisalhamento admissível de 90 MPa, enquanto o eixo BC é feito de um alumínio com tensão de cisalhamento admissível de 60 MPa. Sabendo que o diâmetro do eixo BC é de 50 mm e desprezando o efeito das concentrações de tensão, determine (*a*) o maior torque **T** que pode ser aplicado a A se a tensão admissível não deve ser excedida no eixo BC, (*b*) o diâmetro necessário correspondente do eixo AB.

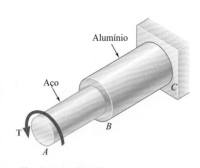

Fig. P3.19 e P3.20

3.20 O eixo AB tem 30 mm de diâmetro e é feito de um aço com tensão de cisalhamento admissível de 90 MPa; o eixo BC tem 50 mm de diâmetro e é feito de uma liga de alumínio com tensão de cisalhamento admissível de 60 MPa. Desprezando o efeito das concentrações de tensão, determine o maior torque **T** que pode ser aplicado em A.

3.21 Dois eixos de aço de seção transversal cheia estão conectados pelas engrenagens mostradas. Um torque de intensidade $T = 900$ N·m é aplicado ao eixo AB. Sabendo que a tensão de cisalhamento admissível é de 50 MPa e considerando apenas tensões devidas a torções, determine o diâmetro necessário do (*a*) eixo AB, (*b*) eixo CD.

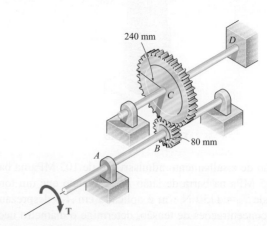

Fig. P3.21 e P3.22

3.22 O eixo CD é feito de uma haste de 66 mm de diâmetro conectada ao eixo AB, de 48 mm de diâmetro, como mostrado. Considerando apenas tensões devidas a torções e sabendo que a tensão de cisalhamento admissível é de 60 MPa para cada eixo, determine o maior torque **T** que pode ser aplicado.

3.23 Sob condições normais de operação, um motor exerce um torque de intensidade T_F em F. Os eixos são feitos de aço para o qual a tensão de cisalhamento admissível é de 12 ksi e têm diâmetros $d_{CDE} = 0{,}900$ in. e $d_{FGH} = 0{,}800$ in. Sabendo que $r_D = 6{,}5$ in. e $r_G = 4{,}5$ in., determine o maior valor admissível de T_F.

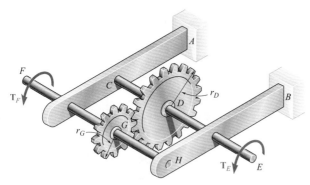

Fig. P3.23 e P3.24

3.24 Sob condições normais de operação, um motor exerce um torque de intensidade $T_F = 1200$ lb · in. em F. Sabendo que $r_D = 8$ in., $r_G = 3$ in. e que a tensão de cisalhamento admissível é 10,5 ksi em cada eixo, determine o diâmetro do (a) eixo CDE e do (b) eixo FGH.

3.25 Os dois eixos de seção transversal cheia estão conectados por engrenagens como é possível observar na figura e são feitos de um aço para o qual a tensão de cisalhamento admissível é de 48,3 MPa. Sabendo que os diâmetros dos dois eixos são, respectivamente, $d_{BC} = 40{,}6$ mm e $d_{EF} = 31{,}8$ mm, determine o maior torque **T**$_C$ que pode ser aplicado em C.

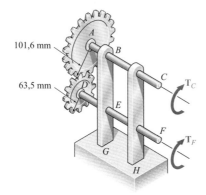

Fig. P3.25 e P3.26

3.26 Os dois eixos de seção transversal cheia estão conectados por engrenagens, como mostra a figura, e são feitos de um aço para o qual a tensão de cisalhamento admissível é de 58,6 MPa. Sabendo que um torque de intensidade $T_C = 565$ kN · mm é aplicado em C e que o conjunto está em equilíbrio, determine o diâmetro necessário do (a) eixo BC e do (b) eixo EF.

3.27 Para o trem de engrenagens mostrado, os diâmetros dos três eixos de seção transversal cheia são:

$$d_{AB} = 20 \text{ mm} \qquad d_{CD} = 25 \text{ mm} \qquad d_{EF} = 40 \text{ mm}$$

Sabendo que a tensão de cisalhamento admissível para cada eixo é de 60 MPa, determine o maior torque **T** que pode ser aplicado.

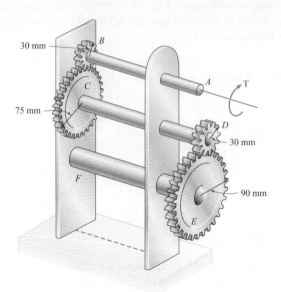

Fig. P3.27 e P3.28

3.28 O torque $T = 900$ N · m é aplicado ao eixo AB do trem de engrenagens mostrado. Sabendo que a tensão de cisalhamento admissível é de 80 MPa, determine o diâmetro necessário para o (a) eixo AB, (b) eixo CD, (c) eixo EF.

3.29 Embora a distribuição exata das tensões de cisalhamento em um eixo cilíndrico vazado seja como mostra a Fig. P3.29a, pode-se obter um valor aproximado para $\tau_{máx}$ considerando que as tensões são uniformemente distribuídas sobre a área A da seção transversal, como mostra a Fig. P3.29b, e supondo ainda que todas as forças de cisalhamento elementares agem a determinada distância do ponto O dada pelo raio médio da seção transversal $\frac{1}{2}(c_1 + c_2)$. Esse valor é uma aproximação de $\tau_0 = T/Ar_m$, em que T é o torque aplicado. Determine a relação $\tau_{máx}/\tau_0$, em que $\tau_{máx}$ é a tensão de cisalhamento exata e τ_0 é a tensão aproximada para valores da relação c_1/c_2, respectivamente iguais a 1,00; 0,95; 0,75; 0,50 e 0.

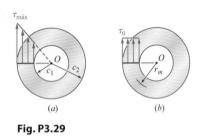

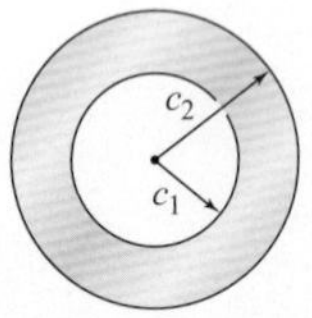

Fig. P3.29

3.30 (a) Para uma dada tensão de cisalhamento admissível, determine a relação T/w do torque T máximo admissível e o peso por unidade de comprimento w para o eixo vazado mostrado na figura. (b) Chamando de $(T/w)_0$ o valor dessa relação para uma seção transversal cheia com o mesmo raio c_2, expresse a relação T/w para o eixo vazado em termos de $(T/w)_0$ e c_1/c_2.

Fig. P3.30

3.2 ÂNGULO DE TORÇÃO NO REGIME ELÁSTICO

Nesta seção, será determinada uma relação entre o ângulo de torção ϕ de um eixo circular e o momento torçor **T** aplicado no eixo. Vamos considerar que o eixo permanece elástico em qualquer parte. Considerando primeiro o caso de um eixo de comprimento L e de seção transversal uniforme de raio c submetido a um momento torçor **T** em sua extremidade livre (Fig. 3.20), lembramos que o ângulo de torção ϕ e a deformação de cisalhamento máxima $\gamma_{máx}$ estão relacionados da seguinte forma:

$$\gamma_{máx} = \frac{c\phi}{L} \quad (3.13)$$

Fig. 3.20 Torque aplicado à barra de extremidade fixa resultando em um ângulo de torção ϕ.

Contudo, no regime elástico, a tensão de escoamento não é excedida em nenhum ponto do eixo, assim aplica-se a lei de Hooke da seguinte forma: $\gamma_{máx} = \tau_{máx}/G$. Dessa relação e da Equação (3.9), obtém-se

$$\gamma_{máx} = \frac{\tau_{máx}}{G} = \frac{Tc}{JG} \quad (3.14)$$

Igualando os dois membros direitos das Equações (3.3) e (3.14), e resolvendo para ϕ, escrevemos

$$\phi = \frac{TL}{JG} \quad (3.15)$$

em que ϕ é expresso em radianos. A relação obtida mostra que, dentro do regime elástico, *o ângulo de torção ϕ é proporcional ao momento torçor T aplicado no eixo*. Isso está de acordo com a evidência experimental citada no início da Seção 3.1.2.

A Equação (3.15) nos proporciona um método conveniente para determinar o módulo de elasticidade transversal de um material. Um corpo de prova do material a ser analisado, na forma de uma barra cilíndrica de diâmetro e comprimento conhecidos, é colocado em uma *máquina para ensaios de torção* (Foto 3.3). Torques T de intensidades crescentes são aplicados ao corpo de prova e os valores correspondentes do ângulo de torção ϕ em determinado comprimento L do corpo de prova são registrados. Enquanto a tensão de escoamento do material não é excedida, os pontos obtidos em um gráfico de T em função de ϕ estarão em uma linha reta. A inclinação dessa linha representa a quantidade JG/L, por meio da qual pode ser calculado o módulo de elasticidade transversal G.

Foto 3.3 Máquina de ensaio a torção. Cortesia de Tinius Olsen Testing Machine Co., Inc.

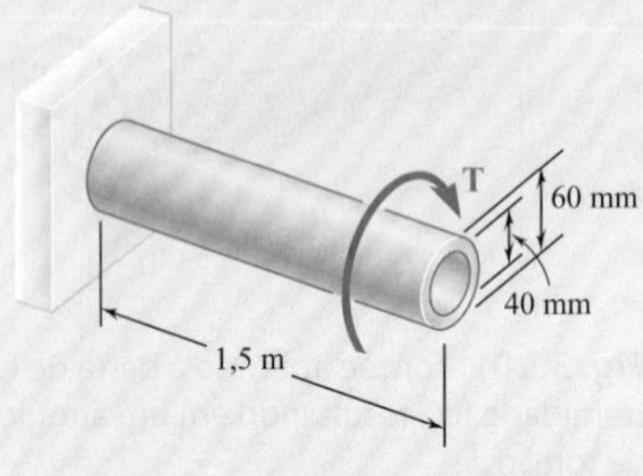

Fig. 3.15 (repetida) Barra vazada com uma extremidade presa e sob a aplicação de um torque *T* na outra extremidade.

Aplicação do conceito 3.2

Qual torque deverá ser aplicado à extremidade do eixo da Aplicação de conceito 3.1 para produzir um ângulo de torção de 2°? Use o valor $G = 77$ GPa para o módulo de elasticidade transversal do aço.

Resolvendo a Equação (3.15) para *T*, escrevemos

$$T = \frac{JG}{L}\phi$$

Substituindo os valores dados

$$G = 77 \times 10^9 \text{ Pa} \qquad L = 1{,}5 \text{ m}$$

$$\phi = 2°\left(\frac{2\pi \text{ rad}}{360°}\right) = 34{,}9 \times 10^{-3} \text{ rad}$$

e lembrando que, para a seção transversal dada,

$$J = 1{,}021 \times 10^{-6} \text{ m}^4$$

temos

$$T = \frac{JG}{L}\phi =$$

$$\frac{(1{,}021 \times 10^{-6} \text{ m}^4)(77 \times 10^9 \text{ Pa})}{1{,}5 \text{ m}} (34{,}9 \times 10^{-3} \text{ rad})$$

$$T = 1{,}829 \times 10^3 \text{ N} \cdot \text{m} = 1{,}829 \text{ kN} \cdot \text{m}$$

Aplicação do conceito 3.3

Qual ângulo de torção criará uma tensão de cisalhamento de 70 MPa na superfície interna do eixo vazado de aço das Aplicações de conceito 3.1 e 3.2?

Um método de abordagem para resolver esse problema é usar a Equação (3.10) para encontrar o torque *T* correspondente ao valor fornecido de τ, e a Equação (3.15) para determinar o ângulo de torção ϕ correspondente ao valor de *T* que acabamos de encontrar.

No entanto, uma solução mais direta pode ser utilizada. Pela lei de Hooke, primeiro calculamos a deformação de cisalhamento na superfície interna do eixo:

$$\gamma_{\text{mín}} = \frac{\tau_{\text{mín}}}{G} = \frac{70 \times 10^6 \text{ Pa}}{77 \times 10^9 \text{ Pa}} = 909 \times 10^{-6}$$

Lembrando a Equação (3.2), que foi obtida expressando o comprimento do arco AA' na Fig. 3.13c em termos de γ e ϕ, temos

$$\phi = \frac{L\gamma_{\text{mín}}}{c_1} = \frac{1500 \text{ mm}}{20 \text{ mm}} (909 \times 10^{-6}) = 68{,}2 \times 10^{-3} \text{ rad}$$

Para obtermos o ângulo de torção em graus, escrevemos

$$\phi = (68{,}2 \times 10^{-3} \text{ rad})\left(\frac{360°}{2\pi \text{ rad}}\right) = 3{,}91°$$

A Equação (3.15) para o ângulo de torção só pode ser utilizada se o eixo for homogêneo (G constante), se a seção transversal for uniforme e se o carregamento for aplicado somente nas extremidades. Se o eixo estiver submetido a torques em outras localizações que não as suas extremidades, ou se ele consistir em várias partes com diferentes seções transversais e possivelmente em diferentes materiais, devemos dividi-lo em partes componentes que satisfaçam individualmente as condições necessárias para a aplicação da Equação (3.15). No caso do eixo AB mostrado na Fig. 3.21, por exemplo, devem ser consideradas quatro partes diferentes: AC, CD, DE e EB. O ângulo de torção total do eixo, isto é, o ângulo pelo qual a extremidade A gira com relação à extremidade B, é obtido somando-se *algebricamente* os ângulos de torção de cada parte componente. Chamando, respectivamente, de T_i, L_i, J_i e G_i o momento torçor interno, o comprimento, o momento polar de inércia da seção transversal e o módulo de elasticidade transversal correspondente à parte i, o ângulo de torção total do eixo é expresso como

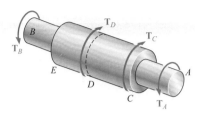

Fig. 3.21 Barra de seção transversal escalonada com múltiplos carregamentos.

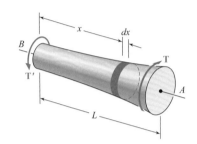

$$\phi = \sum_i \frac{T_i L_i}{J_i G_i} \quad (3.16)$$

Fig. 3.22 Torque em eixo de seção transversal variável.

O momento torçor interno T_i em qualquer parte do eixo é obtido cortando-se uma seção do eixo através daquela parte e desenhando o diagrama de corpo livre da parte do eixo localizada em um dos lados da seção. Esse procedimento, é aplicado no Problema Resolvido 3.3.

No caso de um eixo com uma seção circular variável, como mostra a Fig. 3.22, a Eq. (3.15) pode ser aplicada a um disco de espessura dx. O ângulo segundo o qual uma face do disco gira em relação a outra é, portanto,

$$d\phi = \frac{T\,dx}{JG}$$

em que J é uma função de x que pode ser determinada. Integrando em x de 0 a L, obtemos o ângulo total de torção do eixo:

$$\phi = \int_0^L \frac{T\,dx}{JG} \quad (3.17)$$

Os eixos mostrados nas Figuras 3.15 e 3.20 têm uma das extremidades engastada a um suporte fixo. Em cada caso, portanto, o ângulo de torção ϕ do eixo era igual ao ângulo de rotação de sua extremidade livre. No entanto, quando ambas as extremidades de um eixo giram, o ângulo de torção do eixo é igual ao ângulo pelo qual uma extremidade do eixo gira *em relação a outra*. Considere, por exemplo, o conjunto mostrado na Fig. 3.23a, que consiste em dois eixos elásticos AD e BE, cada um deles com comprimento L, raio c e módulo de elasticidade transversal G, que estão ligados a engrenagens acopladas em C. Se for aplicado um torque **T** em E (Fig. 3.23b), ambos os eixos sofrerão torção. Como a extremidade D do eixo AD está fixa, o ângulo de torção de AD é medido pelo ângulo de rotação ϕ_A da extremidade A. No entanto, como ambas as extremidades do eixo BE giram, o ângulo de torção de BE é igual à diferença entre os ângulos de rotação ϕ_B e ϕ_E, (isto é, o ângulo de torção é igual ao ângulo segundo o qual a extremidade E gira em relação à extremidade B). Designando esse ângulo relativo de rotação por $\phi_{E/B}$, escrevemos

$$\phi_{E/B} = \phi_E - \phi_B = \frac{TL}{JG}$$

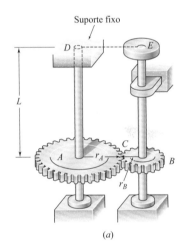

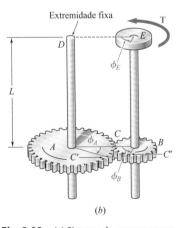

Fig. 3.23 (a) Sistema de engrenagens para transmissão de torque do ponto E para o ponto D. (b) Ângulos de torção no disco E, engrenagem B e engrenagem A.

Aplicação do conceito 3.4

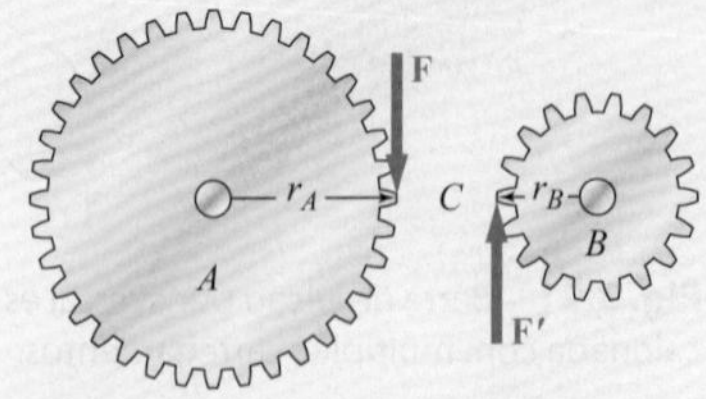

Fig. 3.24 Forças nos dentes das engrenagens A e B.

Para o conjunto da Fig. 3.23, sabendo que $r_A = 2r_B$, determine o ângulo de rotação da extremidade E do eixo BE quando lhe é aplicado o torque **T** em E.

Primeiro determinamos o torque $\mathbf{T}_{AD}$ aplicado ao eixo AD. Observando que forças **F** e **F'** iguais e opostas são aplicadas nas duas engrenagens em C (Fig. 3.24), e lembrando que $r_A = 2r_B$, concluímos que o torque aplicado no eixo AD é duas vezes maior que o torque aplicado no eixo BE. Assim, $T_{AD} = 2T$.

Como a extremidade D do eixo AD está fixa, o ângulo de rotação ϕ_A da engrenagem A é igual ao ângulo de torção do eixo, e é obtido escrevendo-se

$$\phi_A = \frac{T_{AD}L}{JG} = \frac{2TL}{JG}$$

Observando que os arcos CC' e CC'' na Fig. 3.23b devem ser iguais, escrevemos que $r_A\phi_A = r_B\phi_B$ e obtemos

$$\phi_B = (r_A/r_B)\phi_A = 2\phi_A$$

Temos, portanto,

$$\phi_B = 2\phi_A = \frac{4TL}{JG}$$

Considerando agora o eixo BE, lembramos que o ângulo de torção desse eixo é igual a $\phi_{E/B}$ e corresponde ao giro da extremidade E em relação à extremidade B. Temos

$$\phi_{E/B} = \frac{T_{BE}L}{JG} = \frac{TL}{JG}$$

O ângulo de rotação da extremidade E é obtido escrevendo-se

$$\phi_E = \phi_B + \phi_{E/B}$$

$$= \frac{4TL}{JG} + \frac{TL}{JG} = \frac{5TL}{JG}$$

3.3 EIXOS ESTATICAMENTE INDETERMINADOS

Há situações nas quais os momentos de torção internos não podem ser determinados somente pela estática. Nesses casos, os próprios momentos externos, isto é, os torques aplicados no eixo pelos apoios e conexões, não podem ser determinados pelo diagrama de corpo livre do eixo inteiro. As equações de equilíbrio devem ser complementadas por relações que envolvem as deformações do eixo e obtidas considerando-se a geometria do problema. Em virtude da estática não ser suficiente para determinar os momentos externos e internos, dizemos que os eixos são *estaticamente indeterminados*. A Aplicação de conceito a seguir e o Problema Resolvido 3.5 mostrarão como analisar eixos estaticamente indeterminados.

Aplicação do conceito 3.5

Um eixo circular AB consiste em um cilindro de aço de 240 mm de comprimento e 22 mm de diâmetro, no qual foi feito um furo de 120 mm de profundidade e 16 mm de diâmetro na extremidade B. O eixo está engastado a suportes fixos em ambas as extremidades, e é aplicado um torque de 120 N · m na sua seção média (Fig. 3.25a). Determine o torque aplicado no eixo por cada um dos suportes.

Traçando os diagramas de corpo livre do eixo e denotando por $\mathbf{T}_A$ e $\mathbf{T}_B$ os torques aplicados pelos suportes (Fig. 3.25b), obtemos a equação de equilíbrio

$$T_A + T_B = 120 \text{ N} \cdot \text{m}$$

Como essa equação não é suficiente para determinar os dois torques desconhecidos $\mathbf{T}_A$ e $\mathbf{T}_B$, o eixo é estaticamente indeterminado.

No entanto, $\mathbf{T}_A$ e $\mathbf{T}_B$ podem ser determinados se observarmos que o ângulo de torção total do eixo AB deve ser zero, pois ambas as extremidades estão rigidamente fixadas. Chamando de ϕ_1 e ϕ_2, respectivamente, os ângulos de torção das partes AC e CB, escrevemos

$$\phi = \phi_1 + \phi_2 = 0$$

Com base no diagrama de corpo livre de uma pequena parte do eixo incluindo a extremidade A (Fig. 3.25c), notamos que o momento torçor interno T_1 em AC é igual a T_A. Por meio do diagrama de corpo livre de uma pequena parte do eixo incluindo a extremidade B (Fig. 3.25d), notamos que o momento torçor interno T_2 em CB é igual a T_B. Usando a Equação (3.15) e observando que as partes AC e CB do eixo giram em sentidos opostos, escrevemos

$$\phi = \phi_1 + \phi_2 = \frac{T_A L_1}{J_1 G} - \frac{T_B L_2}{J_2 G} = 0$$

Resolvendo para o torque T_B, temos

$$T_B = \frac{L_1 J_2}{L_2 J_1} T_A$$

Substituindo os valores numéricos, chegamos a

$$L_1 = L_2 = 120 \text{ mm}$$
$$J_1 = \tfrac{1}{2}\pi(0{,}011 \text{ m})^4 = 2{,}30 \times 10^{-8} \text{ m}^4$$
$$J_2 = \tfrac{1}{2}\pi[(0{,}011 \text{ m})^4 - (0{,}008 \text{ m})^4] = 1{,}66 \times 10^{-8} \text{ m}^4$$

Obtemos

$$T_B = 0{,}720 \, T_A$$

Substituindo essa expressão na equação de equilíbrio original, escrevemos

$$1{,}720 \, T_A = 120 \text{ N} \cdot \text{m}$$

$$T_A = 69{,}77 \text{ N} \cdot \text{m} \qquad T_B = 50{,}23 \text{ N} \cdot \text{m}$$

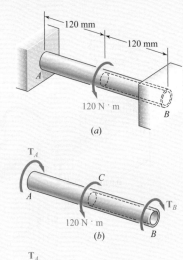
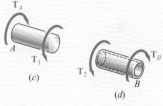

Fig. 3.25 (a) Eixo com torque aplicado no centro e extremidades fixas. (b) Diagrama de corpo livre do eixo AB. (c, d) Diagramas de corpo livre para segmentos cheios e vazados.

PROBLEMA RESOLVIDO 3.3

O eixo horizontal AD está engastado a uma base rígida em D e é submetido aos torques mostrados na figura. Foi feito um furo de 44 mm de diâmetro na parte CD do eixo. Sabendo que o eixo inteiro é feito de aço para o qual $G = 77$ GPa, determine o ângulo de torção na extremidade A.

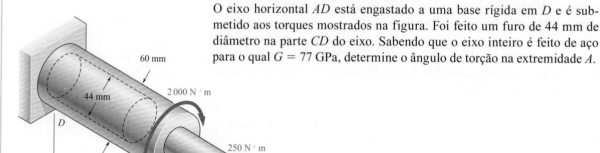

ESTRATÉGIA: Use diagramas de corpo livre para determinar o torque nos segmentos AB, BC e CD do eixo. Em seguida, use a Equação (3.16) para determinar o ângulo de giro na extremidade em A.

MODELAGEM: Cortando o eixo em uma seção transversal entre A e B (Fig. 1), encontramos

$$\Sigma M_x = 0: \quad (250 \text{ N} \cdot \text{m}) - T_{AB} = 0 \qquad T_{AB} = 250 \text{ N} \cdot \text{m}$$

Cortando agora o eixo em uma seção entre B e C (Fig. 2), temos

$$\Sigma M_x = 0: \quad (250 \text{ N} \cdot \text{m}) + (2\,000 \text{ N} \cdot \text{m}) - T_{BC} = 0 \qquad T_{BC} = 2\,250 \text{ N} \cdot \text{m}$$

Como nenhum torque é aplicado em C,

$$T_{CD} = T_{BC} = 2\,250 \text{ N} \cdot \text{m}$$

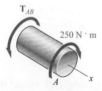

Fig. 1 Diagrama de corpo livre para encontrar o torque interno no segmento AB.

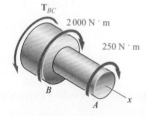

Fig. 2 Diagrama de corpo livre para encontrar o torque interno no segmento BC.

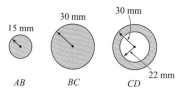

Fig. 3 Dimensões para três seções transversais do eixo.

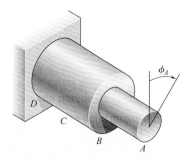

Fig. 4 Representação do ângulo de torção na extremidade A.

ANÁLISE:

Momentos polares de inércia.

Usando a Fig. 3

$$J_{AB} = \frac{\pi}{2} c^4 = \frac{\pi}{2} (0{,}015 \text{ m})^4 = 0{,}0795 \times 10^{-6} \text{ m}^4$$

$$J_{BC} = \frac{\pi}{2} c^4 = \frac{\pi}{2} (0{,}030 \text{ m})^4 = 1{,}272 \times 10^{-6} \text{ m}^4$$

$$J_{CD} = \frac{\pi}{2} (c_2^4 - c_1^4) = \frac{\pi}{2} [(0{,}030 \text{ m})^4 - (0{,}022 \text{ m})^4] = 0{,}904 \times 10^{-6} \text{ m}^4$$

Ângulo de torção. A partir da Fig. 4, utilizando a Equação (3.16) e lembrando que $G = 77$ GPa para o eixo inteiro, temos

$$\phi_A = \sum_i \frac{T_i L_i}{J_i G} = \frac{1}{G} \left(\frac{T_{AB} L_{AB}}{J_{AB}} + \frac{T_{BC} L_{BC}}{J_{BC}} + \frac{T_{CD} L_{CD}}{J_{CD}} \right)$$

$$\phi_A = \frac{1}{77 \text{ GPa}} \left[\frac{(250 \text{ N} \cdot \text{m})(0{,}4 \text{ m})}{0{,}0795 \times 10^{-6} \text{ m}^4} + \frac{(2\,250)(0{,}2)}{1{,}272 \times 10^{-6}} + \frac{(2\,250)(0{,}6)}{0{,}904 \times 10^{-6}} \right]$$

$$= 0{,}01634 + 0{,}00459 + 0{,}01939 = 0{,}0403 \text{ rad}$$

$$\phi_A = (0{,}0403 \text{ rad}) \frac{360°}{2\pi \text{ rad}} \qquad \phi_A = 2{,}31° \blacktriangleleft$$

PROBLEMA RESOLVIDO 3.4

Dois eixos cheios de aço estão acoplados pelas engrenagens mostradas na figura. Sabendo que para cada eixo $G = 77{,}2$ GPa, e que a tensão de cisalhamento admissível é de 55 MPa, determine (*a*) o maior torque $\mathbf{T}_0$ que pode ser aplicado à extremidade A do eixo AB e (*b*) o ângulo correspondente pelo qual a extremidade A do eixo AB gira.

ESTRATÉGIA: Use diagramas de corpo livre e a cinemática para determinar a relação entre os torques e giros em cada segmento do eixo, AB e CD. Em seguida, use a tensão admissível para determinar o torque que pode ser aplicado e a Equação (3.15) para determinar o ângulo de torção na extremidade em A.

MODELAGEM: Chamando de F a intensidade da força tangencial entre os dentes da engrenagem (Fig. 1), temos

Engrenagem B. $\Sigma M_B = 0$: $F(22 \text{ mm}) - T_0 = 0$
Engrenagem C. $\Sigma M_C = 0$: $F(62 \text{ mm}) - T_{CD} = 0$ $\quad T_{CD} = 2{,}82 T_0 \quad (1)$

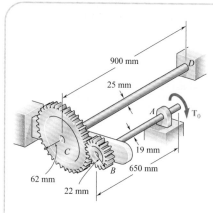

Fig. 1 Diagrama de corpo livre das engrenagens B e C.

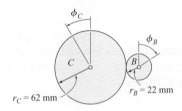

Fig. 2 Ângulos de torção para as engrenagens B e C.

Utilizando cinemática e a Fig. 2, notamos que os movimentos periféricos das engrenagens são iguais Fig. 2, escrevemos

$$r_B \phi_B = r_C \phi_C \qquad \phi_B = \phi_C \frac{r_C}{r_B} = \phi_C \frac{62 \text{ mm}}{22 \text{ mm}} = 2{,}82 \phi_C \qquad (2)$$

ANÁLISE.

a. **Torque T_0.**

Para o eixo AB, com $T_{AB} = T_0$ e $c = 9{,}5$ mm (Fig. 3), juntamente com uma tensão de cisalhamento máxima admissível, escrevemos

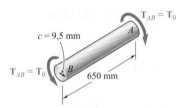

Fig. 3 Diagrama de corpo livre do eixo AB.

$$\tau = \frac{T_{AB} c}{J} \qquad 55 \text{ MPa} = \frac{T_0 (9{,}5 \text{ mm})}{\frac{1}{2}\pi (9{,}5 \text{ mm})^4} \qquad T_0 = 74{,}07 \text{ N} \cdot \text{m} \blacktriangleleft$$

Para o eixo CD, utilizando a Equação (1) temos $T_{CD} = 2{,}82\, T_0$ (Fig. 4). Com $c = 12{,}5$ mm e $\tau_{\text{adm}} = 55$ MPa, escrevemos

$$\tau = \frac{T_{CD} c}{J} \qquad 55 \text{ MPa} = \frac{2{,}82 T_0 (12{,}5 \text{ mm})}{\frac{1}{2}\pi (12{,}5 \text{ mm})^4} \qquad T_0 = 59{,}84 \text{ N} \cdot \text{m} \blacktriangleleft$$

O torque máximo permitido é o menor valor obtido para T_0.

$$T_0 = 59{,}84 \text{ N} \cdot \text{m} \blacktriangleleft$$

Fig. 4 Diagrama de corpo livre do eixo CD.

b. **Ângulo de rotação da extremidade A.** Primeiro calculamos o ângulo de torção para cada eixo.

Eixo AB. Para $T_{AB} = T_0 = 59{,}84$ N · m, temos

$$\phi_{A/B} = \frac{T_{AB} L}{JG} = \frac{(59{,}84 \text{ N} \cdot \text{m})(0{,}650 \text{ m})}{\frac{1}{2}\pi (0{,}0095 \text{ m})^4 (77{,}2 \times 10^9 \text{ N/m}^2)} = 0{,}0394 \text{ rad} = 2{,}26°$$

Eixo CD. $T_{CD} = 2{,}82\, T_0 = 2{,}82(59{,}84 \text{ N} \cdot \text{m})$

$$\phi_{C/D} = \frac{T_{CD} L}{JG} = \frac{2{,}82(59{,}84 \text{ N} \cdot \text{m})(0{,}900 \text{ m})}{\frac{1}{2}\pi (0{,}012 \text{ m})^4 (77{,}2 \times 10^9 \text{ N/m}^2)} = 0{,}0604 \text{ rad} = 3{,}46°$$

Como a extremidade D do eixo CD está fixa, temos $\phi_C = \phi_{C/D} = 3{,}46°$. Usando a Equação (2) e a Fig. 5, calculamos que o ângulo de rotação da engrenagem B deve ser

$$\phi_B = 2{,}82 \phi_C = 2{,}82(3{,}46°) = 9{,}76°$$

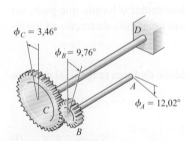

Fig. 5 Ângulo dos resultados de torção.

Para a extremidade A do eixo AB, temos

$$\phi_A = \phi_B + \phi_{A/B} = 9{,}76° + 2{,}26° \qquad \phi_A = 12{,}02° \blacktriangleleft$$

PROBLEMA RESOLVIDO 3.5

Um eixo de aço e um tubo de alumínio são engastados a um suporte rígido e conectados a um disco também rígido, conforme está indicado na seção tranversal. Sabendo que as tensões iniciais são iguais a zero, determine o torque máximo T_0 que pode ser aplicado ao disco se as tensões admissíveis são de 120 MPa no eixo de aço e 70 MPa no tubo de alumínio. Use $G = 77$ GPa para o aço e $G = 27$ GPa para o alumínio.

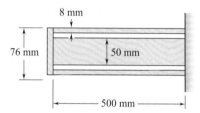

ESTRATÉGIA: Sabemos que a ação aplicada é resistida por ambos, eixo e tubo, mas não sabemos qual proporção é suportada por cada parte. Por isso, precisamos examinar as deformações. Sabemos que o eixo e o tubo são conectados a um disco rígido de modo que o ângulo de giro será o mesmo para cada parte. Uma vez conhecida a proporção de carga suportada por cada parte, podemos utilizar as tensões admissíveis em cada uma, determinar qual a principal e utilizá-la para determinar o máximo torque.

MODELAGEM:

Desenhamos inicialmente o diagrama de corpo livre para o disco (Fig. 1) e encontramos

$$T_0 = T_1 + T_2 \tag{1}$$

Sabendo que o ângulo de torção é o mesmo para o eixo e para o tubo, escrevemos

$$\phi_1 = \phi_2: \qquad \frac{T_1 L_1}{J_1 G_1} = \frac{T_2 L_2}{J_2 G_2}$$

$$\frac{T_1 (0,5 \text{ m})}{(2,003 \times 10^{-6} \text{ m}^4)(27 \text{ GPa})} = \frac{T_2 (0,5 \text{ m})}{(0,614 \times 10^{-6} \text{ m}^4)(77 \text{ GPa})}$$

$$T_2 = 0,874 T_1 \tag{2}$$

Fig. 1 Diagrama de corpo livre para o disco.

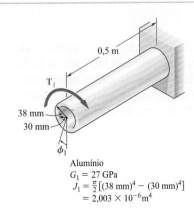

Fig. 2 Torque e ângulo da torção para o eixo vazado.

Alumínio
$G_1 = 27$ GPa
$J_1 = \frac{\pi}{2}[(38\text{ mm})^4 - (30\text{ mm})^4]$
$= 2{,}003 \times 10^{-6}\text{ m}^4$

ANÁLISE: Precisamos determinar qual parte atinge primeiro sua tensão admissível, e então assumimos arbitrariamente que a exigência $\tau_{alum} \leq 70$ MPa é crítica. Para o tubo de alumínio na Fig. 2, temos

$$T_1 = \frac{\tau_{alum} J_1}{c_1} = \frac{(70\text{ MPa})(2{,}003 \times 10^{-6}\text{ m}^4)}{0{,}038\text{ m}} = 3\,690\text{ N}\cdot\text{m}$$

Utilizando a Equação (2), calculamos o valor correspondente de T_2 e encontramos a tensão de cisalhamento máxima no eixo de aço da Fig. 3.

$$T_2 = 0{,}874 T_1 = 0{,}874 (3\,690) = 3\,225\text{ N}\cdot\text{m}$$

$$\tau_{aço} = \frac{T_2 c_2}{J_2} = \frac{(3\,225\text{ N}\cdot\text{m})(0{,}025\text{ m})}{0{,}614 \times 10^{-6}\text{ m}^4} = 131{,}3\text{ MPa}$$

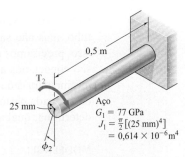

Aço
$G_1 = 77$ GPa
$J_1 = \frac{\pi}{2}[(25\text{ mm})^4]$
$= 0{,}614 \times 10^{-6}\text{ m}^4$

Fig. 3 Torque e ângulo da torção para o eixo cheio.

Notamos que a tensão admissível de 120 MPa no aço é excedida, logo, a nossa suposição estava *errada*. Então o torque máximo $\mathbf{T}_0$ será obtido fazendo $\tau_{aço} = 120$ MPa. Primeiro determinamos o torque $\mathbf{T}_2$.

$$T_2 = \frac{\tau_{aço} J_2}{c_2} = \frac{(120\text{ MPa})(0{,}614 \times 10^{-6}\text{ m}^4)}{0{,}025\text{ m}} = 2\,950\text{ N}\cdot\text{m}$$

Da Equação (2), temos

$$2\,950\text{ N}\cdot\text{m} = 0{,}874 T_1 \qquad T_1 = 3\,375\text{ N}\cdot\text{m}$$

Utilizando a Equação (1), obtemos o torque máximo admissível

$$T_0 = T_1 + T_2 = 3\,375\text{ N}\cdot\text{m} + 2\,950\text{ N}\cdot\text{m}$$

$$T_0 = 6{,}325\text{ kN}\cdot\text{m} \blacktriangleleft$$

REFLETIR E PENSAR: Este exemplo mostra que cada parte não deve superar sua própria tensão admissível máxima. Uma vez que o eixo de aço alcança primeiro sua tensão admissível, a tensão máxima no eixo de alumínio será inferior à sua admissível.

PROBLEMAS

3.31 Enquanto um poço de petróleo está sendo perfurado a uma profundidade de 2500 m, observa-se que o topo do tubo da broca de aço de 200 mm de diâmetro ($G = 77,2$ GPa) gira 2,5 revoluções antes da broca em si começar a operar. Determine a tensão de cisalhamento máxima causada no tubo pela torção.

3.32 (*a*) Determine o ângulo de giro causado pelo torque **T** de 40 kip·in no eixo de alumínio de seção transversal cheia de 3 in. de diâmetro mostrado ($G = 3,7 \times 10^6$ psi). (*b*) Resolva a parte (*a*), supondo que o eixo de seção transversal cheia foi substituído por um eixo vazado com o mesmo diâmetro externo e um diâmetro interno de 1 in.

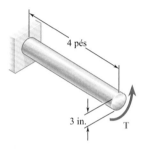

Fig. P3.32

3.33 Determine o menor diâmetro admissível para uma barra de aço com 10 pés m de comprimento ($G = 11,2 \times 10^6$ psi), se a barra deve ser girada em 90° sem exceder a tensão de cisalhamento de 15 ksi.

3.34 (*a*) Para o eixo de alumínio mostrado ($G = 27$ GPa), determine o torque T_0 que provoca um ângulo de torção de 2° e (*b*) o ângulo de torção provocado pelo mesmo torque T_0 em um eixo cilíndrico cheio de mesmo comprimento e mesma área.

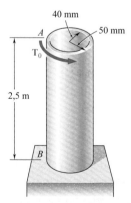

Fig. P3.34

3.35 Este motor elétrico aplica um torque de 500 N · m no eixo de alumínio *ABCD*, quando ele está girando a uma rotação constante. Sabendo que G = 27 GPa e que os torques exercidos sobre as polias *B* e *C* são aqueles mostrados na figura, determine o ângulo de torção entre (a) *B* e *C* e (b) *B* e *D*.

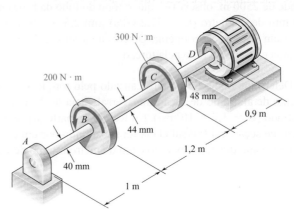

Fig. P3.35

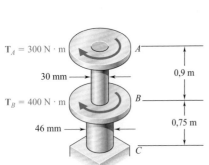

Fig. P3.36

3.36 Três eixos de seção transversal cheia são conectados pelas engrenagens *A* e *B* mostradas. Sabendo que os eixos são sólidos e de aço G = 77,2 GPa, determine o ângulo de torção entre (a) *A* e *B*, (b) *A* e *C*.

3.37 A barra de alumínio *BC* (G = 26 GPa) está ligada à barra de latão *AB* (G = 39 GPa). Sabendo que cada barra é de seção cheia e tem um diâmetro de 12 mm, determine o ângulo de torção (a) em *B* e (b) em *C*.

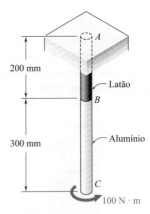

Fig. P3.37

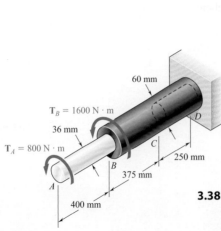

Fig. P3.38

3.38 A barra de alumínio *AB* (G = 27 GPa) está ligada à barra de latão *BD* (G = 39 GPa). Sabendo que a parte *CD* da barra de latão é vazada e tem um diâmetro interno de 40 mm, determine o ângulo de torção em *A*.

3.39 O eixo árvore cheio AB tem um diâmetro $d_s = 1{,}75$ in. e é feito de aço com $G = 11{,}2 \times 10^6$ psi e $\tau_{adm} = 12$ ksi, enquanto a luva CD é feita de latão com $G = 5{,}6 \times 10^6$ psi e $\tau_{adm} = 7$ ksi. Determine (*a*) o maior torque **T** que pode ser aplicado em A sem que se excedam a tensão admissível e o ângulo $0{,}375°$ de giro da luva CD, (*b*) o ângulo de rotação correspondente à extremidade em A.

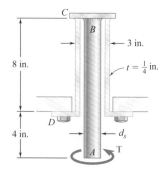

Fig. P3.39 e P3.40

3.40 O eixo árvore cheio AB tem diâmetro $d_s = 1{,}5$ in. e é feito de aço com $G = 11{,}2 \times 10^6$ psi e $\tau_{adm} = 12$ ksi, ao mesmo tempo que a luva CD é feita de latão com $G = 5{,}6 \times 10^6$ psi e $\tau_{adm} = 7$ ksi. Determine o maior ângulo que a extremidade em A pode descrever.

3.41 Dois eixos, cada um com diâmetro de 22,2 mm, são conectados pelas engrenagens mostradas na figura. Sabendo que $G = 77{,}2$ GPa e que o eixo está fixo em F, determine o ângulo pelo qual a extremidade A gira quando lhe é aplicado um torque de 135,6 N · m.

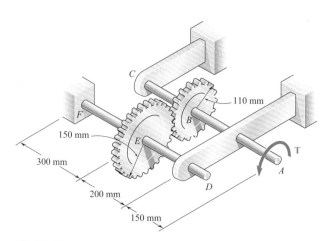

Fig. P3.41

3.42 O ângulo de rotação da extremidade A do sistema de engrenagem e eixo mostrado não deve exceder $4°$. Sabendo que os eixos são feitos de um aço para o qual $\tau_{adm} = 65$ MPa e $G = 77{,}2$ GPa, determine o maior torque **T** que pode ser aplicado com segurança na extremidade A.

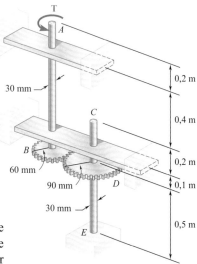

Fig. P3.42

3.43 Um tacômetro F, utilizado para registrar em forma digital a rotação do eixo A, é conectado ao eixo por meio do trem de engrenagens mostrado, valendo-se de quatro engrenagens e três eixos de aço de seção cheia e diâmetro d. Duas das engrenagens têm raio r e as outras duas têm raios nr. Se a rotação do tacômetro F for impedida, determine em termos de T, l, G, J e n, o ângulo pelo qual a extremidade A gira.

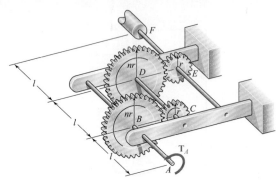

Fig. P3.43

3.44 Para o trem de engrenagens descrito no Problema 3.43, determine o ângulo pelo qual a extremidade A gira quando $T = 565$ N · mm, $l = 61$ mm, $d = 1{,}59$ mm, $G = 77{,}2$ GPa e $n = 2$.

3.45 As especificações de projeto de um eixo de transmissão de seção cheia de 1,2 m de comprimento requerem que o ângulo de torção do eixo não exceda 4° quando for aplicado um torque de 750 N · m. Determine o diâmetro necessário para o eixo, sabendo que ele é feito de um aço com tensão de cisalhamento admissível de 90 MPa e um módulo de elasticidade transversal de 77,2 GPa.

3.46 As especificações de projeto para o sistema de engrenagem e eixo de transmissão mostrados requerem que o mesmo diâmetro seja utilizado para os dois eixos e que o ângulo de torção da polia A quando submetida a um torque de 2 kip·in $\mathbf{T}_A$ ao mesmo tempo em que a polia D é mantida fixa não pode sofrer giro superior a 7,5°. Determine o diâmetro necessário para ambos os eixos feitos de aço com $G = 11{,}2 \times 10^6$ psi e $\tau_{\text{adm}} = 12$ ksi.

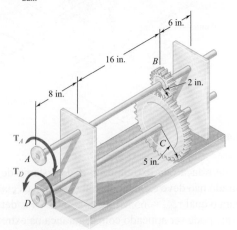

Fig. P3.46

3.47 Resolva o Problema 3.46, considerando que ambos os eixos são feitos de latão, com $G = 5,6 \times 10^6$ psi e $\tau_{adm} = 8$ ksi.

3.48 O projeto do sistema de engrenagem e eixo mostrado na figura requer que sejam utilizados eixos de aço de mesmo diâmetro para AB e CD. É necessário também que $\tau_{máx} \leq 60$ MPa e que o ângulo ϕ_D pelo qual a extremidade D do eixo CD gira não exceda 1,5°. Sabendo que $G = 77,2$ GPa, determine o diâmetro necessário para os eixos.

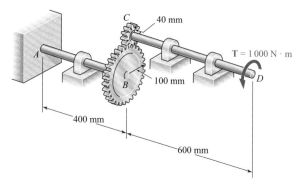

Fig. P3.48

3.49 O motor elétrico aplica um torque de 800 N · m ao eixo de aço $ABCD$ quando a rotação tem velocidade constante. Especificações de projeto requerem que o diâmetro do eixo seja uniforme entre A e D e que o ângulo de torção entre A e D não exceda 1,5°. Sabendo que $\tau_{máx} \leq 60$ MPa e $G = 77,2$ GPa, determine o menor diâmetro possível para esse eixo.

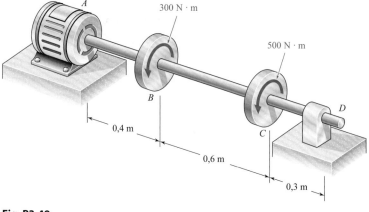

Fig. P3.49

3.50 Um furo é feito em uma chapa de plástico em A através de uma força $\mathbf{P}$ de 600 N, aplicada à extremidade D da alavanca CD, que está rigidamente conectada ao eixo cilíndrico BC. Especificações de projeto exigem que o deslocamento do ponto D não exceda 15 mm desde o momento em que o punção toca a chapa até o ponto em que ele efetivamente penetra no plástico. Determine o diâmetro necessário para o eixo BC feito com aço de $G = 77.2$ GPa e $\tau_{adm} = 80$ MPa.

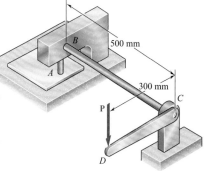

Fig. P3.50

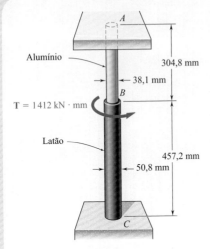

Fig. P3.51

3.51 Os cilindros de seção transversal cheia AB e BC estão conectados em B e engastados em suportes fixos em A e em C. Sabendo que os módulos de rigidez são 25,5 GPa para o alumínio e 38,6 GPa para o latão, determine a máxima tensão de cisalhamento (a) no cilindro AB e (b) no cilindro BC.

3.52 Resolva o Problema 3.51, considerando que o cilindro AB é feito de aço com $G = 77{,}2$ GPa.

3.53 Um torque $T = 40$ kip·in é aplicado à extremidade A do eixo composto mostrado. Sabendo que o módulo de elasticidade é $11{,}2 \times 10^6$ psi para o aço e 4×10^6 psi para o alumínio, determine (a) a tensão de cisalhamento máxima no núcleo de aço, (b) a tensão máxima na casca de alumínio, (c) o ângulo de giro em A.

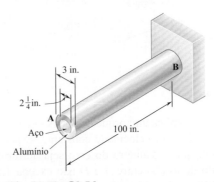

Fig. P3.53 e P3.54

3.54 O eixo composto mostrado deve ser girado pela aplicação de um torque **T** na extremidade A. Sabendo que o módulo de elasticidade é $11{,}2 \times 10^6$ psi para o aço e 4×10^6 psi para o alumínio, determine o maior ângulo de rotação da extremidade A sem exceder as seguintes tensões admissíveis: $\tau_{aço} = 8000$ psi e $\tau_{alumínio} = 6000$ psi.

3.55 Dois eixos de seção transversal cheia feitos de aço ($G = 77{,}2$ GPa), são conectados a um disco de acoplamento B e engastados a suportes rígidos em A e C. Para o carregamento mostrado, determine (a) a reação em cada suporte, (b) a tensão de cisalhamento máxima no eixo AB e (c) a tensão de cisalhamento máxima no eixo BC.

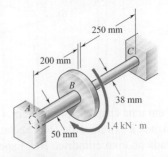

Fig. P3.55

3.56 Resolva o Prob. 3.55 assumindo que o eixo AB é substituído por um eixo vazado de mesmo diâmetro externo e 25 mm de diâmetro interno.

3.57 Em um momento em que impede-se a rotação na extremidade inferior de cada eixo, um torque de 50 N·m é aplicado à extremidade A do eixo AB. Sabendo que $G = 77,2$ GPa para ambos os eixos, determine (*a*) a tensão de cisalhamento máxima no eixo CD, (*b*) o ângulo de rotação em A.

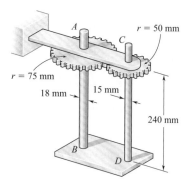

Fig. P3.57

3.58 Resolva o Problema 3.57, considerando que o torque de 80 N·m é aplicado à extremidade C do eixo CD.

3.59 A jaqueta de aço CD foi fixada ao eixo de aço AE de 40 mm de diâmetro por meio de flanges *rígidas* soldadas ao tubo e à barra. O diâmetro externo do tubo é de 80 mm e a espessura da parede é de 4 mm. Se forem aplicados torques de 500 N · m, como mostra a figura, determine a tensão de cisalhamento máxima no tubo.

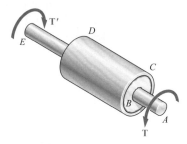

Fig. P3.59

3.60 Um torque **T** é aplicado a uma seção transversal cheia em forma de tronco de cone AB, conforme mostra a figura. Mostre por integração que o ângulo de torção em A é

$$\phi = \frac{7TL}{12\pi Gc^4}$$

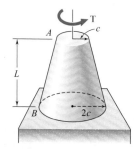

Fig. P3.60

3.61 O momento de inércia de massa da engrenagem será determinado experimentalmente utilizando um pêndulo de torção que consiste em um fio de aço com 1829 mm de comprimento. Sabendo que $G = 77{,}2$ GPa, determine o diâmetro desse fio para o qual a constante de mola torcional será igual a 5,789 N · m/rad.

Fig. P3.61

3.62 Considere dois eixos de mesmo material, mesmo peso e mesmo comprimento, um com seção transversal cheia e outro com seção transversal vazada. Chamando de n a relação c_1/c_2, mostre que a relação T_c/T_v entre o torque T_c na seção transversal cheia e o torque T_v no eixo vazado é (a) $\sqrt{(1-n^2)/(1+n^2)}$ se a tensão de cisalhamento máxima for a mesma em cada eixo e (b) $(1-n^2)/(1+n^2)$ se o ângulo de torção for também o mesmo para cada eixo.

3.63 Uma placa anular de espessura t e módulo de elasticidade transversal G é utilizada para conectar o eixo AB de raio r_1 ao tubo CD de raio interno r_2. Sabendo que é aplicado um torque **T** à extremidade A do eixo AB e que a extremidade D do tubo CD está engastada, (a) determine a intensidade e a localização da tensão de cisalhamento máxima na placa anular e (b) mostre que o ângulo pelo qual a extremidade B do eixo gira com relação à extremidade C do tubo é

$$\phi_{BC} = \frac{T}{4\pi G t}\left(\frac{1}{r_1^2} - \frac{1}{r_2^2}\right)$$

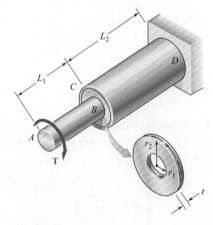

Fig. P3.63

3.4 PROJETO DE EIXOS DE TRANSMISSÃO

As principais especificações a serem observadas no projeto de um eixo de transmissão são a *potência* a ser transmitida e a *velocidade de rotação* do eixo. O papel do projetista é selecionar o material e as dimensões da seção transversal do eixo, de modo que as tensões de cisalhamento máximas admissíveis do material não sejam ultrapassadas quando o eixo estiver transmitindo a potência necessária com a velocidade especificada.

Para determinarmos o torque aplicado ao eixo, a potência P associada à rotação de um corpo rígido submetido a um torque **T** é

$$P = T\omega \quad (3.18)$$

em que ω é a velocidade angular do corpo expressa em radianos por segundo (rad/s). Contudo, $\omega = 2\pi f$, em que f é a frequência da rotação, isto é, o número de revoluções por segundo. A unidade de frequência é, então, $1\ s^{-1}$ e é chamada de um *hertz* (Hz). Substituindo ω na Equação (3.18), escrevemos

$$P = 2\pi f T \quad (3.19)$$

Quando forem utilizadas unidades SI, verificamos que, com f expressa em Hz e T em N · m, a potência é expressa em N · m/s, ou seja, em *watts* (W). Da Equação (3.19), obtemos o torque aplicado T em um eixo, quando ele transmite uma potência P a uma frequência de rotação f,

$$T = \frac{P}{2\pi f} \quad (3.20)$$

Após determinar o torque **T** que será aplicado ao eixo e tendo selecionado o material a ser utilizado, o projetista usará os valores de T e da tensão máxima admissível na fórmula da torção elástica da Equação (3.9).

$$\frac{J}{c} = \frac{T}{\tau_{máx}} \quad (3.21)$$

e obtemos dessa maneira o valor mínimo admissível para o parâmetro J/c. Quando forem utilizadas unidades SI, T é expresso em N · m, $\tau_{máx}$ em Pa (ou N/m²) e J/c é encontrado em m³. No caso de um eixo circular cheio, $J = \frac{1}{2}\pi c^4$ e $J/c = \frac{1}{2}\pi c^3$ substituindo esse valor de J/c na Equação (3.21) e resolvendo-a para c, obtemos o valor mínimo admissível do raio do eixo. No caso de um eixo circular vazado, o parâmetro crítico é J/c_2, em que c_2 é o raio externo do eixo; o valor desse parâmetro pode ser calculado da Equação (3.11) para determinar se uma dada seção transversal será aceitável.

Quando forem utilizadas unidades norte-americanas, a frequência geralmente será expressa em rpm e a potência, em hp. É necessário então, antes de aplicar a Equação (3.20), converter a frequência em rotações por segundo (i.e., hertz) e a potência em pé · lb/s ou pol · lb/s com o uso das seguintes relações:

$$1\ rpm = \frac{1}{60}\ s^{-1} = \frac{1}{60}\ Hz$$
$$1\ hp = 746\ N \cdot m/s = 746\ kN \cdot mm/s$$

Se expressarmos a potência em N · m/s, a Equação (3.20) dará o valor do torque T em N · m. Usando esse valor de T na Equação (3.21), e expressando $\tau_{máx}$ em N/m², obtemos o valor do parâmetro J/c em m³.

Foto 3.4 Em um trem de engrenagens complexo, a máxima tensão de cisalhamento admissível do membro mais fraco não pode ser excedida.
©koi88/Alamy Stock Photo

Aplicação do conceito 3.6

Qual a dimensão do diâmetro do eixo que deverá ser utilizado para o rotor de um motor de 5 hp que opera a 3 600 rpm se a tensão de cisalhamento não deve exceder 60 MPa no eixo?

Primeiro expressamos a potência do motor em m · N/s e sua frequência em ciclos por segundo (ou hertz).

$$P = (5 \text{ hp})\left(\frac{746 \text{ N} \cdot \text{m/s}}{1 \text{ hp}}\right) = 3\,730 \text{ N} \cdot \text{m/s}$$

$$f = (3\,600 \text{ rpm})\frac{1 \text{ Hz}}{60 \text{ rpm}} = 60 \text{ Hz} = 60 \text{ s}^{-1}$$

O torque aplicado ao eixo é dado pela Equação (3.20):

$$T = \frac{P}{2\pi f} = \frac{3\,730 \text{ N} \cdot \text{m/s}}{2\pi\,(60 \text{ s}^{-1})} = 9,89 \text{ N} \cdot \text{m}.$$

Substituindo T e $\tau_{máx}$ na Equação (3.21), escrevemos

$$\frac{J}{c} = \frac{T}{\tau_{máx}} = \frac{9,89 \text{ N} \cdot \text{m}}{60 \times 10^6 \text{ N/m}^2} = 0,165 \times 10^{-6} \text{ m}^3$$

Contudo, $J/c = \frac{1}{2}\pi c^3$ para um eixo sólido. Temos, portanto,

$$\frac{1}{2}\pi c^3 = 0,165 \times 10^{-6} \text{ m}^3$$

$$c = 4,7 \times 10^{-3} \text{ m}$$

$$d = 2c = 9,4 \text{ mm}$$

Deverá ser utilizado um eixo de 9,4 mm.

Aplicação do conceito 3.7

Um eixo que consiste em um tubo de aço com 50 mm de diâmetro externo deve transmitir 100 kW de potência girando a uma frequência de 20 Hz. Determine a espessura do tubo que deverá ser utilizado de modo que a tensão de cisalhamento não exceda 60 MPa.

O torque aplicado ao eixo é dado pela Equação (3.20):

$$T = \frac{P}{2\pi f} = \frac{100 \times 10^3 \text{ W}}{2\pi \text{ (20 Hz)}} = 795,8 \text{ N} \cdot \text{m}$$

Da Equação (3.21), concluímos que o parâmetro J/c_2 deve ser pelo menos igual a

$$\frac{J}{c_2} = \frac{T}{\tau_{\text{máx}}} = \frac{795,8 \text{ N} \cdot \text{m}}{60 \times 10^6 \text{N/m}^2} = 13,26 \times 10^{-6} \text{m}^3 \qquad (1)$$

Contudo, da Equação (3.10), temos

$$\frac{J}{c_2} = \frac{\pi}{2c_2}(c_2^4 - c_1^4) = \frac{\pi}{0,050}[(0,025)^4 - c_1^4] \qquad (2)$$

Igualando os membros da direita das Equações (1) e (2):

$$(0,025)^4 - c_1^4 = \frac{0,050}{\pi}(13,26 \times 10^{-6})$$

$$c_1^4 = 390,6 \times 10^{-9} - 211,0 \times 10^{-9} = 179,6 \times 10^{-9} \text{ m}^4$$

$$c_1 = 20,6 \times 10^{-3} \text{ m} = 20,6 \text{ mm}$$

A espessura correspondente do tubo é

$$c_2 - c_1 = 25 \text{ mm} - 20,6 \text{ mm} = 4,4 \text{ mm}$$

Deverá ser utilizado um tubo com espessura de 5 mm.

3.5 CONCENTRAÇÃO DE TENSÕES EM EIXOS CIRCULARES

A fórmula da torção $\tau_{\text{máx}} = Tc/J$ foi deduzida na Seção 3.1.3 para um eixo circular de seção transversal uniforme. Além do mais, consideramos anteriormente, na Seção 3.1.2, que o eixo estava carregado em suas extremidades por placas rígidas presas a ele solidamente. No entanto, na prática, os torques são geralmente aplicados ao eixo por meio de acoplamentos com flange (Fig. 3.26a) ou de engrenagens conectadas ao eixo por chavetas que se encaixam em cortes (Fig. 3.26b). Em ambos os casos, espera-se que a distribuição de tensões na seção e proximidades em que os torques são aplicados seja diferente daquela dada pela fórmula de torção. Por exemplo, ocorrerão altas concentrações de tensões nas proximidades do corte da chaveta mostrada na Fig. 3.26b. A determinação dessas tensões localizadas pode ser feita por métodos experimentais de análise de tensão ou, em alguns casos, por meio da teoria matemática da elasticidade.

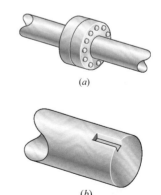

Fig. 3.26 Acoplamento de eixos utilizando (a) flange aparafusada, (b) ranhuras para chaveta.

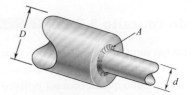

Fig. 3.27 Eixos com diâmetros diferentes e adoçamento na junção.

A fórmula derivada anteriormente para tensões torcionais se aplica a eixos com seção transversal variável, mas também é necessário levar em conta as concentrações de tensão que existem na mudança abrupta de seção transversal. As tensões mais elevadas na descontinuidade podem ser reduzidas por meio de um adoçamento, como mostrado em A na Figura 3.27. O valor máximo da tensão de cisalhamento no adoçamento é:

$$\tau_{máx} = K\frac{Tc}{J} \qquad (3.22)$$

em que a tensão Tc/J é a tensão calculada para o menor diâmetro de eixo, e na qual K é o coeficiente de concentração de tensão. Como o coeficiente K depende somente da relação entre os diâmetros e da relação entre o raio do adoçamento e o menor diâmetro, ele pode ser calculado e registrado na forma de uma tabela ou gráfico, como mostra a Fig. 3.28. Devemos notar, no entanto, que esse procedimento para determinar tensões de cisalhamento localizadas é válido somente quando o valor de $\tau_{máx}$, dado pela Equação (3.22), não exceder o limite de proporcionalidade do material. Isso ocorre porque os valores de K representados graficamente na Fig. 3.28 foram obtidos admitindo-se a hipótese de que a relação tensão-deformação no cisalhamento é linear. Se ocorrerem deformações plásticas, elas resultarão em valores de tensão máxima menores do que aqueles indicados pela Equação (3.22).

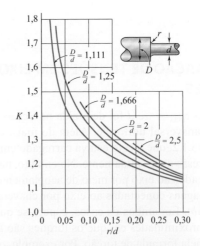

Fig. 3.28 Gráfico de coeficientes de concentração de tensão para adoçamentos em eixos circulares. (Fonte: W. D. Pilkey and D. F. Pilkey, *Peterson's Stress Concentration Factors*, 3rd ed., John Wiley & Sons, New York, 2008.)

PROBLEMA RESOLVIDO 3.6

O eixo de seção variável mostrado deve girar a 900 rpm transmitindo potência de uma turbina para um gerador. A classe do aço especificado no projeto tem uma tensão de cisalhamento admissível de 55 MPa. (*a*) Para o projeto preliminar mostrado, determine a potência máxima que pode ser transmitida. (*b*) Se no projeto final o raio do adoçamento for aumentado de modo que $r = 24$ mm, qual será a variação percentual em relação ao projeto preliminar, na potência que pode ser transmitida?

ESTRATÉGIA: Use a Fig. 3.28 para considerar a influência da concentração de tensões no torque e a Equação (3.20) para determinar a potência máxima que pode ser transmitida.

MODELAGEM E ANÁLISE:

a. **Projeto preliminar.** Usando a notação da Fig. 3.28, temos $D = 190$ mm, $d = 95$ mm, $r = 14$ mm.

$$\frac{D}{d} = \frac{190 \text{ mm}}{95 \text{ mm}} = 2 \qquad \frac{r}{d} = \frac{14 \text{ mm}}{95 \text{ mm}} = 0{,}15$$

Da Fig. 3.28, foi encontrado um coeficiente de concentração de tensão $K = 1{,}33$.

Torque. Usando a Equação (3.22), escrevemos

$$\tau_{\text{máx}} = K\frac{Tc}{J} \qquad T = \frac{J}{c}\frac{\tau_{\text{máx}}}{K} \tag{1}$$

em que J/c refere-se ao diâmetro menor do eixo:

$$J/c = \tfrac{1}{2}\pi c^3 = \tfrac{1}{2}\pi (47{,}5 \times 10^{-3} \text{ m})^2 = 1{,}68 \times 10^{-4} \text{ m}^3$$

e em que

$$\frac{\tau_{\text{máx}}}{K} = \frac{55 \text{ MPa}}{1{,}33} = 41{,}4 \text{ MPa}$$

Substituindo na Equação (1), encontramos (Fig. 1) $T = (1{,}68 \times 10^{-4} \text{ m}^3)(4{,}14 \text{ MPa}) = 6\,955 \text{ N} \cdot \text{m}$.

Potência. Como $f = (900 \text{ rpm}) \dfrac{1 \text{ Hz}}{60 \text{ rpm}} = 15 \text{ Hz} = 15 \text{ s}^{-1}$, escrevemos

$$P_a = 2\pi f T = 2\pi(15 \text{ s}^{-1})(6\,955 \text{ N} \cdot \text{m}) = 655\,493 \text{ N} \cdot \text{m/s}$$
$$P_a = (655\,493 \text{ N} \cdot \text{m/s})(1 \text{ hp}/746 \text{ N} \cdot \text{m/s}) \qquad P_a = 878 \text{ hp} \blacktriangleleft$$

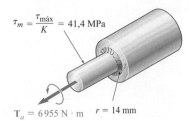

Fig. 1 Torque admissível para um projeto com $r = 14$ mm.

***b*. Projeto final.** Para $r = 24$ mm

$$\frac{D}{d} = 2 \qquad \frac{r}{d} = \frac{24 \text{ mm}}{95 \text{ mm}} = 0{,}253 \qquad K = 1{,}19$$

Fig. 2 Torque admissível para um projeto com $r = 24$ mm.

Seguindo o procedimento utilizado acima, escrevemos (Fig. 2)

$$\frac{\tau_{\text{máx}}}{K} = \frac{55 \text{ MPa}}{1{,}19} = 46{,}2 \text{ MPa}$$

$$T = \frac{J}{c}\frac{\tau_{\text{máx}}}{K} = (1{,}68 \times 10^{-4} \text{ m}^3)(46{,}2 \text{ MPa}) = 7\,762 \text{ N} \cdot \text{m}$$

$$P_b = 2\pi f T = 2\pi (15 \text{ s}^{-1})(7\,762 \text{ N} \cdot \text{m}) = 731\,552 \text{ N} \cdot \text{m/s}$$

$$P_b = (731\,552 \text{ N} \cdot \text{m/s})(1 \text{ hp}/746 \text{ N} \cdot \text{m/s}) = 981 \text{ hp}$$

Variação percentual na potência

$$\text{Variação percentual} = 100\,\frac{P_b - P_a}{P_a} = 100\,\frac{981 - 878}{878} = \qquad +12\% \blacktriangleleft$$

REFLETIR E PENSAR: Conforme demonstrado, um pequeno incremento no raio do adoçamento na transição entre as partes do eixo produz uma mudança significativa na máxima potência transmitida.

PROBLEMAS

3.64 Utilizando uma tensão de cisalhamento admissível de 5,4 ksi, projete um eixo de seção transversal cheia feito de aço para transmitir 16 hp na velocidade de (*a*) 1200 rpm e (*b*) 2400 rpm.

3.65 Utilizando um valor de tensão de cisalhamento admissível igual a 58 MPa, projete um eixo de seção transversal cheia, feito de aço, para transmitir 18 kW à frequência de (*a*) 30 Hz e (*b*) 60 Hz.

3.66 Determine a tensão de cisalhamento máxima em um eixo de seção transversal cheia, de 1,4 in. de diâmetro, quando ele transmite 66 hp a uma velocidade de (*a*) 750 rpm e (*b*) 1500 rpm.

3.67 Determine a tensão de cisalhamento máxima em um eixo de seção transversal cheia, de 18 mm de diâmetro, quando ele transmite 3,4 kW a uma frequência de (*a*) 25 Hz e (*b*) 50 Hz.

3.68 Enquanto o eixo de aço de seção transversal mostrado rotaciona a 120 rpm, uma medida estroboscópica indica que o ângulo de giro é de 2° em um comprimento de 4 m. Utilizando $G = 77,2$ GPa, determine a potência transmitida.

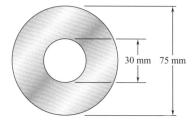

Fig. P3.68

3.69 Determine a espessura do eixo tubular de 50 mm da Aplicação do conceito 3.7 necessário, se este deverá transmitir a mesma potência enquanto rotacional com uma frequência de 30 Hz.

3.70 Um eixo guia vazado ($G = 11,2 \times 10^6$ psi) tem 8 pés de comprimento e diâmetros, externo e interno, respectivamente iguais a 2,50 in. e 1,25 in. Sabendo que o eixo transmite 200 hp enquanto rotaciona a 1500 rpm, determine (*a*) a máxima tensão de cisalhamento, (*b*) o ângulo de giro do eixo.

3.71 O eixo de seção vazada de aço mostrado ($G = 77,2$ GPa, $\tau_{adm} = 50$ MPa) rotaciona a 240 rpm. Determine (*a*) a maior potência que pode ser transmitida e (*b*) o correspondente ângulo de torção do eixo.

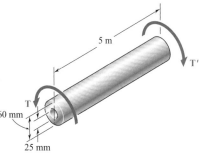

Fig. P3.71

3.72 Um de dois eixos guias vazados de um navio de cruzeiro tem 125 pés de comprimento, e os seus diâmetros externo e interno são de 16 in. e 8 in., respectivamente. O eixo é feito de um aço para o qual $\tau_{adm} = 8500$ psi e $G = 11,2 \times 10^6$ psi. Sabendo que a velocidade máxima de rotação do eixo é de 165 rpm, determine (*a*) a potência máxima

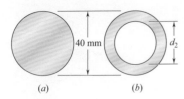

Fig. P3.73

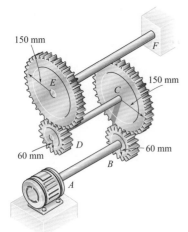

Fig. P3.74 e P3.75

que pode ser transmitida pelo eixo para a hélice, (b) o ângulo de giro correspondente do eixo.

3.73 O projeto de um elemento de máquina especifica um eixo com diâmetro externo de 40 mm para transmitir 45 kW. (a) Se a rotação for de 720 rpm, determine a tensão de cisalhamento máxima no eixo a. (b) Se a rotação do eixo pode ser aumentada em 50% passando a 1080 rpm, determine o maior diâmetro interno do eixo b para o qual a tensão de cisalhamento máxima será a mesma em cada eixo.

3.74 Três eixos e quatro engrenagens são utilizados para formar um trem de engrenagens que transmite a potência do motor em A para a máquina ferramenta em F. (Os mancais para os eixos são omitidos no esquema.) O diâmetro de cada eixo são os que seguem: $d_{AB} = 16$ mm, $d_{CD} = 20$ mm, $d_{EF} = 28$ mm. Sabendo que a frequência do motor é de 24 Hz e que a tensão de cisalhamento admissível para cada eixo é de 75 MPa, determine a máxima potência que pode ser transmitida.

3.75 Três eixos e quatro engrenagens são utilizados para formar um trem de engrenagens que transmite 7,5 kW do motor em A para a máquina ferramenta em F. (Os mancais para o eixo são omitidos no esquema.) Sabendo que a frequência do motor é de 30 Hz e que a tensão admissível para cada eixo é de 60 MPa, determine o diâmetro necessário a cada eixo.

3.76 Os dois eixos de seção cheia e as engrenagens mostrados são utilizados para transmitir 16 hp do motor em A operando a uma rotação de 1 260 rpm, para uma máquina-ferramenta em D. Sabendo que a tensão de cisalhamento máxima admissível é de 55,2 MPa, determine o diâmetro necessário (a) do eixo AB e (b) do eixo CD.

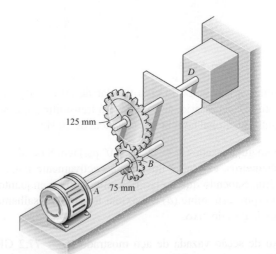

Fig. P3.76 e P3.77

3.77 Os dois eixos de seção cheia e as engrenagens mostrados são utilizados para transmitir 16 hp do motor em A operando a uma rotação de 1 260 rpm, para uma máquina-ferramenta em D. Sabendo que cada eixo tem diâmetro de 25 mm, determine a tensão de cisalhamento máxima (a) no eixo AB e (b) no eixo CD.

3.78 O sistema eixo-disco-correia mostrado na figura é utilizado para transmitir 3 hp do ponto A ao ponto D. (a) Usando um valor de tensão de cisalhamento admissível de 65,5 MPa, determine a velocidade necessária para o eixo AB. (b) Resolva a parte a considerando que os diâmetros dos eixos AB e CD são, respectivamente, 19,1 mm e 15,9 mm.

3.79 Um eixo de aço de 1,5 in. de diâmetro e 4 pés de comprimento será utilizado para transmitir 60 hp entre um motor e uma bomba. Sabendo que $G = 11{,}2 \times 10^6$ psi, determine a menor velocidade de rotação à qual a tensão não excede 8500 psi e o ângulo de giro não excede 2°.

3.80 Um eixo de aço de 2,5 m de comprimento e 30 mm de diâmetro gira a uma frequência de 30 Hz. Determine a potência máxima que o eixo pode transmitir, sabendo que $G = 77{,}2$ GPa, que a tensão de cisalhamento admissível é de 50 MPa e que o ângulo de torção não deve exceder 7,5°.

3.81 Um eixo de aço deve transmitir 150 kW a uma velocidade de 360 rpm. Sabendo que $G = 77{,}2$ GPa, projete um eixo de seção transversal cheia de modo que a tensão de cisalhamento máxima não exceda 50 MPa e o ângulo de giro em um comprimento de 2,5 m não exceda 3°.

3.82 Um eixo de aço tubular de 1,5 m de comprimento, com diâmetro externo d_1 de 38 mm e diâmetro interno d_2 de 30 mm, deve transmitir 100 kW entre uma turbina e um gerador. Determine a frequência mínima na qual o eixo pode girar, sabendo que $G = 77{,}2$ GPa, que a tensão de cisalhamento admissível é 60 MPa e que o ângulo de torção não deve exceder 3°.

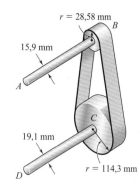

Fig. P3.78

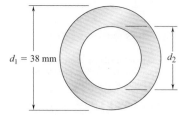

Fig. P3.82 e P3.83

3.83 Um eixo de aço tubular de 1,5 m de comprimento e diâmetro externo d_1 de 38 mm deve ser feito de um aço para o qual $\tau_{adm} = 65$ MPa e $G = 77{,}2$ GPa. Sabendo que o ângulo de torção não deve exceder 4° quando o eixo é submetido a um torque de 600 N · m, determine o maior diâmetro d_2 que pode ser especificado no projeto.

3.84 Sabendo que o eixo de seção variável mostrado na figura deve transmitir 40 kW na velocidade de 720 rpm, determine o raio r mínimo do adoçamento para que a tensão de cisalhamento admissível de 36 MPa não seja excedida.

3.85 O eixo de seção variável da figura gira a 450 rpm. Sabendo que $r = 12{,}7$ mm, determine o maior torque T que pode ser transmitido sem exceder a tensão de cisalhamento admissível de 51,7 MPa.

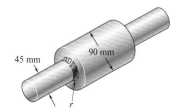

Fig. P3.84

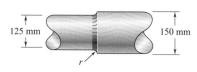

Fig. P3.85

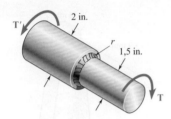

Fig. P3.86

Fig. P3.87 e P3.88

3.86 Sabendo que o eixo escalonado mostrado transmite um torque de intensidade $T = 2{,}50$ kip · in., determine a tensão de cisalhamento máxima no eixo quando o raio de adoçamento é (a) $r = \frac{1}{8}$ in., (b) $r = \frac{3}{16}$ in.

3.87 Sabendo que o eixo de seção variável mostrado na figura deve transmitir 45 kW na velocidade de 2100 rpm, determine o raio r mínimo do adoçamento para que a tensão de cisalhamento admissível de 50 MPa não seja excedida.

3.88 O eixo de seção variável mostrado na figura deve transmitir 45 kW. Sabendo que a tensão de cisalhamento admissível no eixo é de 40 MPa e que o raio do adoçamento é $r = 6$ mm, determine a rotação mínima possível no eixo.

3.89 Um torque de intensidade $T = 22{,}6$ N · m é aplicado ao eixo de seção variável mostrado na figura, que tem um adoçamento de um quarto de circunferência completa. Sabendo que $D = 25{,}4$ mm, determine a tensão de cisalhamento máxima no eixo quando (a) $d = 20{,}3$ mm e (b) $d = 22{,}9$ mm.

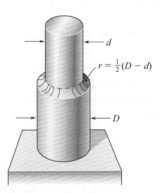

O adoçamento de um quarto de circunferência completa estende-se até a borda do eixo maior.

Fig. P3.89, P3.90 e P3.91

3.90 No eixo de seção variável mostrado na figura, que tem um adoçamento de um quarto de circunferência completa, a tensão de cisalhamento admissível é de 80 MPa. Sabendo que $D = 30$ mm, determine o maior torque admissível que pode ser aplicado ao eixo se (a) $d = 26$ mm e (b) $d = 24$ mm.

3.91 O eixo de seção variável mostrado na figura tem um adoçamento de um quarto de circunferência completa, $D = 31{,}8$ mm e $d = 25{,}4$ mm. Sabendo que a velocidade do eixo é 2 400 rpm e que a tensão de cisalhamento admissível é de 51,7 MPa, determine a potência máxima que pode ser transmitida pelo eixo.

*3.6 DEFORMAÇÕES PLÁSTICAS EM EIXOS CIRCULARES

Quando deduzimos as Equações (3.10) e (3.15), que definem, respectivamente, a distribuição de tensão e o ângulo de torção de um eixo circular submetido a um momento torçor **T**, consideramos que a lei de Hooke se aplicava ao eixo todo. Se a tensão de escoamento for excedida em uma parte do eixo, ou se o material envolvido for um material frágil com um gráfico tensão-deformação não linear no cisalhamento, essas relações deixam de ser válidas. A finalidade dessa seção é desenvolver um método mais geral, que pode ser utilizado quando a lei de Hooke não pode ser aplicada, para determinar a distribuição de tensões em um eixo de seção circular cheia, e para calcular o torque necessário para produzir um ângulo de torção.

Primeiro lembramos que nenhuma relação entre a tensão e a deformação específica foi considerada na Seção 3.1.2, quando provamos que a deformação de cisalhamento γ varia linearmente com a distância ρ do centro do eixo (Fig. 3.29). Assim,

$$\gamma = \frac{\rho}{c} \gamma_{máx} \tag{3.4}$$

em que c é o raio do eixo.

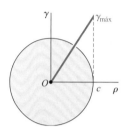

Fig. 3.29 Distribuição de deformação de cisalhamento para torção em um eixo circular.

Considerando que o valor máximo $\tau_{máx}$ da tensão de cisalhamento τ foi especificado, o gráfico de τ em função de ρ pode ser obtido da seguinte forma. Primeiro determinamos, por meio do gráfico tensão-deformação no cisalhamento, o valor de $\gamma_{máx}$ correspondente a $\tau_{máx}$ (Fig. 3.30), e usamos esse valor na Equação (3.4). Depois, para cada valor de ρ, determinamos o valor correspondente de γ da Equação (3.4) ou da Fig. 3.29 e obtemos, do gráfico da tensão em função da deformação da Fig. 3.34, a tensão de cisalhamento τ correspondente a esse valor de γ. Construindo um gráfico de τ em função de ρ, obtemos a distribuição desejada de tensões (Fig. 3.31).

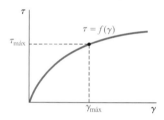

Fig. 3.30 Gráfico não linear da tensão de cisalhamento em função da deformação de cisalhamento.

Lembramos agora que, quando deduzimos a Equação (3.1) na Seção 3.1.1, não consideramos nenhuma relação particular entre tensão e deformação no cisalhamento. Podemos, portanto, utilizar a Equação (3.1) para determinar o torque **T** correspondente à distribuição de tensão de cisalhamento obtida na Fig. 3.31. Considerando um elemento anular de raio ρ e espessura $d\rho$, expressamos o elemento de área na Equação (3.1) como $dA = 2\pi\rho\,d\rho$ e escrevemos

$$T = \int_0^c \rho\tau(2\pi\rho\,d\rho)$$

ou

$$T = 2\pi \int_0^c \rho^2 \tau\,d\rho \tag{3.23}$$

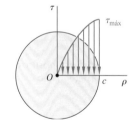

Fig. 3.31 Distribuição de deformação de cisalhamento para um eixo com resposta tensão-deformação não linear.

em que τ é a função de ρ representada na Fig. 3.31.

Se τ for uma função analítica conhecida de γ, a Equação (3.4) pode ser utilizada para expressar τ em função de ρ, e a integral na Equação (3.23) pode ser determinada analiticamente. Em contrapartida, o torque **T** pode ser obtido por meio de uma integração numérica. Esse cálculo torna-se mais significativo se notarmos que a integral na Equação (3.23) representa o momento de segunda ordem, ou momento de inércia, com relação ao eixo vertical da área localizada acima do eixo horizontal e limitada pela curva de distribuição de tensões mostrada na Fig. 3.31.

O torque-limite T_L, associado à falha do eixo, pode ser determinado por meio do limite da tensão de cisalhamento τ_L do material, impondo $\tau_{máx} = \tau_L$ e executando os cálculos indicados anteriormente. No entanto, considera-se mais conveniente na prática determinar T_L experimentalmente ensaiando um

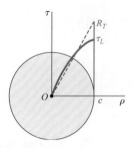

Fig. 3.32 Distribuição de tensões em um eixo circular com falha.

corpo de prova de um material, em torção, até que ele se rompa. Considerando uma distribuição linear fictícia de tensões, a Equação (3.9) é utilizada para determinar a tensão de cisalhamento máxima correspondente R_T:

$$R_T = \frac{T_L c}{J} \qquad (3.24)$$

A tensão fictícia R_T é chamada de *módulo de ruptura em torção* de um material. Ela pode ser utilizada para determinar o torque-limite T_L de um eixo feito do mesmo material, mas de dimensões diferentes, resolvendo a Equação (3.24) para T_L. Como as distribuições de tensões real e linear fictícia mostradas na Fig. 3.32 devem resultar no mesmo valor T_L para o torque-limite, as áreas que elas definem precisam ter o mesmo momento de inércia com relação ao eixo vertical. É claro então que o módulo de ruptura R_T será sempre maior que o limite da tensão de cisalhamento real τ_L.

Em alguns casos, podemos querer determinar a distribuição de tensões e o torque **T** correspondente a determinado ângulo de torção ϕ. Isso pode ser feito lembrando a expressão obtida na Seção 3.1.2 para a deformação de cisalhamento γ em termos de ϕ, ρ e o comprimento L do eixo:

$$\gamma = \frac{\rho \phi}{L} \qquad (3.2)$$

Com ϕ e L dados, podemos determinar da Equação (3.2) o valor de γ correspondente a determinado valor de ρ. Utilizando o gráfico da tensão em função da deformação do material, podemos então obter o valor correspondente da tensão de cisalhamento τ e construir um gráfico de τ em função de ρ. Uma vez obtida a distribuição de tensão de cisalhamento, o momento torçor **T** pode ser determinado analiticamente ou numericamente.

*3.7 EIXOS CIRCULARES FEITOS DE UM MATERIAL ELASTOPLÁSTICO

Considere o caso idealizado de um *eixo circular cheio feito de um material elastoplástico*, cujo gráfico da tensão de cisalhamento em função da deformação de cisalhamento desse material é mostrado na Fig. 3.33. Utilizando esse diagrama, podemos proceder conforme indicado anteriormente e determinar a distribuição de tensões por meio de uma seção do eixo para qualquer valor do momento torçor **T**.

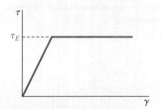

Fig. 3.33 Gráfico elastoplástico da tensão em função da deformação.

Desde que a tensão de cisalhamento τ não exceda a tensão de escoamento τ_E, aplica-se a lei de Hooke, e a distribuição de tensão ao longo da seção é linear (Fig. 3.34a), com $\tau_{máx}$:

$$\tau_{máx} = \frac{Tc}{J} \qquad (3.9)$$

À medida que o torque aumenta, $\tau_{máx}$ eventualmente atinge o valor τ_E (Fig. 3.34b). Substituindo esse valor na Equação (3.9) e resolvendo em relação ao valor correspondente de T, obtemos o valor T_E do momento torçor no início do escoamento:

$$T_E = \frac{J}{c} \tau_E \qquad (3.25)$$

O valor obtido é conhecido como *momento torçor elástico máximo*, porque ele é o maior momento para o qual a deformação permanece totalmente elástica. Lembrando que, para um eixo circular cheio $J/c = \frac{1}{2}\pi c^3$, temos

$$T_E = \tfrac{1}{2}\pi c^3 \tau_E \qquad (3.26)$$

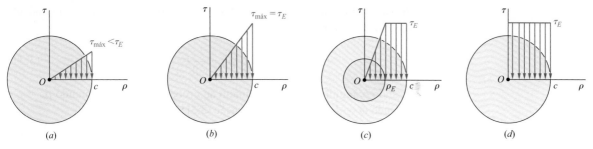

Fig. 3.34 Distribuição de tensões para um eixo elastoplástico em diferentes estágios do carregamento: (a) elástico; (b) escoamento iminente; (c) escoamento parcial; e (d) escoamento completo.

À medida que o momento aumenta, desenvolve-se uma região plástica no eixo, ao redor de um núcleo elástico de raio ρ_E (Fig. 3.34c). Na região plástica a tensão é uniformemente igual a τ_E, enquanto no núcleo elástico a tensão varia linearmente com ρ e pode ser expressa como

$$\tau = \frac{\tau_E}{\rho_E}\rho \qquad (3.27)$$

Se o momento T aumenta, a região plástica se expande até que, no limite, a deformação é totalmente plástica (Fig. 3.34d).

A Equação (3.23) será utilizada para determinar o valor do momento torçor T correspondente a determinado raio ρ_E do núcleo elástico. Lembrando que τ é dado pela Equação (3.27) para $0 \leq \rho \leq \rho_E$, e é igual a τ_E para $\rho_E \leq \rho \leq c$,

$$\begin{aligned}
T &= 2\pi \int_0^{\rho_E} \rho^2 \left(\frac{\tau_E}{\rho_E}\rho\right) d\rho + 2\pi \int_{\rho_E}^c \rho^2 \tau_E\, d\rho \\
&= \frac{1}{2}\pi\rho_E^3 \tau_E + \frac{2}{3}\pi c^3 \tau_E - \frac{2}{3}\pi\rho_E^3 \tau_E \\
T &= \frac{2}{3}\pi c^3 \tau_E\left(1 - \frac{1}{4}\frac{\rho_E^3}{c^3}\right)
\end{aligned} \qquad (3.28)$$

ou, em vista da Equação (3.26),

$$T = \frac{4}{3}T_E\left(1 - \frac{1}{4}\frac{\rho_E^3}{c^3}\right) \qquad (3.29)$$

em que T_E é o momento torçor elástico máximo. Notamos que, à medida que ρ_E se aproxima de zero, o momento torçor se aproxima do valor-limite

$$T_p = \frac{4}{3}T_E \qquad (3.30)$$

Esse valor do momento, que corresponde a uma deformação totalmente plástica (Fig. 3.34d), é chamado de *momento torçor plástico* do eixo considerado. Notamos que a Equação (3.30) é válida somente para um *eixo circular cheio feito de um material elastoplástico*.

Como a distribuição de *deformação* ao longo da seção permanece linear após o início do escoamento, a Equação (3.2) permanece válida e pode ser utilizada para expressar o raio ρ_E do núcleo elástico em termos do ângulo de torção ϕ. Se ϕ for suficientemente grande para provocar uma deformação-plástica, o raio ρ_E do núcleo elástico é obtido fazendo-se γ igual à deformação de escoamento γ_E na Equação (3.2) e resolvendo para o valor correspondente ρ_E da distância ρ. Temos

$$\rho_E = \frac{L\gamma_E}{\phi} \tag{3.31}$$

Usando o ângulo de torção no início do escoamento, isto é, quando $\rho_E = c$ e fazendo $\phi = \phi_E$, e $\rho_E = c$ na Equação (3.31), temos

$$c = \frac{L\gamma_E}{\phi_E} \tag{3.32}$$

Dividindo (3.31) por (3.32), membro a membro, obtemos a seguinte relação:[†]

$$\frac{\rho_E}{c} = \frac{\phi_E}{\phi} \tag{3.33}$$

Se usarmos na Equação (3.29) a expressão obtida para ρ_E/c, expressamos o *momento torçor* T como uma função do ângulo de torção ϕ,

$$T = \frac{4}{3}T_E\left(1 - \frac{1}{4}\frac{\phi_E^3}{\phi^3}\right) \tag{3.34}$$

em que T_E e ϕ_E representam, respectivamente, o *momento torçor* e o ângulo de torção no início do escoamento. Note que a Equação (3.34) pode ser utilizada somente para valores de ϕ maiores do que ϕ_E. Para $\phi < \phi_E$, a relação entre T e ϕ é linear e dada pela Equação (3.15). Combinando ambas as equações, obtemos o gráfico de T em função de ϕ representado na Fig. 3.35. Verificamos que, à medida que ϕ cresce indefinidamente, T aproxima-se do valor-limite $T_P = \frac{4}{3}T_E$ correspondente ao caso de uma zona totalmente plastificada (Fig. 3.34d). Embora o valor T_p na realidade não possa ser atingido, notamos pela Equação (3.34) que ele se aproxima rapidamente conforme ϕ aumenta. Para $\phi = 2\phi_E$, T está a uma distância de aproximadamente 3% de T_p, e para $\phi = 3\phi_E$, de aproximadamente 1%.

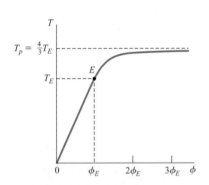

Fig. 3.35 Relação carga-deslocamento para materiais elastoplásticos.

Como o gráfico de T em função de ϕ, obtido para um material elastoplástico ideal (Fig. 3.35), difere muito do gráfico tensão-deformação de cisalhamento daquele material (Fig. 3.33), está claro que o gráfico da tensão-deformação de cisalhamento de um material real não pode ser obtido diretamente de um ensaio de torção executado em uma barra circular cheia feita com aquele material. No entanto, pode ser obtido um gráfico razoavelmente preciso por meio de um ensaio de torção, se o corpo de prova utilizado possuir uma parte tubular em que a seção seja de parede fina.[‡] Sem dúvida, podemos considerar que nessa parte, a tensão de cisalhamento τ terá um valor constante. A Equação (3.1), portanto, se reduz a

$$T = \rho A \tau$$

em que ρ é o raio médio do tubo e A, sua área de seção transversal. A tensão de cisalhamento é então proporcional ao momento torçor, e valores sucessivos de τ podem ser facilmente calculados por meio dos valores correspondentes de T. Em contrapartida, os valores da deformação de cisalhamento γ podem ser obtidos da Equação (3.2) e dos valores de ϕ e L medidos na parte tubular do corpo de prova.

[†] A Equação (3.33) aplica-se a qualquer material dúctil com um ponto de escoamento bem definido, pois sua determinação é independente da forma do gráfico da tensão em função da deformação além do ponto de escoamento.

[‡] Para minimizar a possibilidade de falha por flambagem, o corpo de prova deverá ser feito com o comprimento da parte tubular menor que seu diâmetro.

Aplicação do conceito 3.8

Um eixo circular cheio, com 1,2 m de comprimento e 50 mm de diâmetro, está submetido a um torque de 4,60 kN · m em cada extremidade (Fig. 3.36). Considerando que o eixo é feito de um material elastoplástico com uma tensão de escoamento em cisalhamento de 150 MPa e um módulo de elasticidade transversal de 77 GPa, determine (a) o raio do núcleo elástico e (b) o ângulo de torção do eixo.

Fig. 3.36 Eixo circular carregado.

a. **Raio do núcleo elástico.** Começamos determinando o torque T_E no início do escoamento. Utilizando a Equação (3.25) com $\tau_E = 150$ MPa, $c = 25$ mm e

$$J = \tfrac{1}{2}\pi c^4 = \tfrac{1}{2}\pi (25 \times 10^{-3} \text{ m})^4 = 614 \times 10^{-9} \text{ m}^4$$

escrevemos

$$T_E = \frac{J\tau_E}{c} = \frac{(614 \times 10^{-9} \text{ m}^4)(150 \times 10^6 \text{ Pa})}{25 \times 10^{-3} \text{ m}} = 3{,}68 \text{ kN} \cdot \text{m}$$

Resolvendo a Equação (3.29) para $(\rho_E/c)^3$ e substituindo os valores de T e T_E, temos

$$\left(\frac{\rho_E}{c}\right)^3 = 4 - \frac{3T}{T_E} = 4 - \frac{3(4{,}60 \text{ kN} \cdot \text{m})}{3{,}68 \text{ kN} \cdot \text{m}} = 0{,}250$$

$$\frac{\rho_E}{c} = 0{,}630 \quad \rho_E = 0{,}630(25 \text{ mm}) = 15{,}8 \text{ mm}$$

b. **Ângulo de torção.** Primeiramente, determinamos o ângulo de torção ϕ_E no início do escoamento da Equação (3.15):

$$\phi_E = \frac{T_E L}{JG} = \frac{(3{,}68 \times 10^3 \text{ N} \cdot \text{m})(1{,}2 \text{ m})}{(614 \times 10^{-9} \text{ m}^4)(77 \times 10^9 \text{ Pa})}$$
$$= 93{,}4 \times 10^{-3} \text{ rad}$$

Resolvendo a Equação (3.33) para ϕ e substituindo os valores obtidos para ϕ_E e ρ_E/c, escrevemos

$$\phi = \frac{\phi_E}{\rho_E/c} = \frac{93{,}4 \times 10^{-3} \text{ rad}}{0{,}630} = 148{,}3 \times 10^{-3} \text{ rad}$$

ou

$$\phi = (148{,}3 \times 10^{-3} \text{ rad})\left(\frac{360°}{2\pi \text{ rad}}\right) = 8{,}50°$$

*3.8 TENSÃO RESIDUAL EM EIXOS CIRCULARES

Nas duas seções anteriores, vimos que em um eixo submetido a um momento torçor suficientemente alto, desenvolve-se uma região plástica, e que as tensões de cisalhamento τ em qualquer ponto nessa região podem ser obtidas do gráfico de tensão em função da deformação de cisalhamento da Fig. 3.30. Se o momento torçor for removido, a redução da tensão e da deformação que ocorrerá no ponto considerado ocorrerá ao longo de uma linha reta (Fig. 3.37).

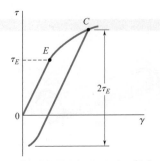

Fig. 3.37 Gráfico tensão-deformação para carregamento acima do escoamento, seguido por descarregamento até ocorrer escoamento por compressão.

Conforme será visto mais adiante nesta seção, o valor final da tensão, em geral, não será zero. Haverá uma tensão residual em muitos pontos, e ela pode ser positiva ou negativa. Notamos que, como no caso das tensões normais, a tensão de cisalhamento continuará diminuindo até atingir um valor igual ao seu valor máximo em C menos duas vezes a tensão de escoamento do material.

Considere novamente o caso ideal do material elastoplástico caracterizado pelo gráfico da tensão em função da deformação de cisalhamento da Fig. 3.33. Considerando que a relação entre τ e γ em qualquer ponto do eixo permanece linear desde que a tensão não caia por mais do que $2\tau_E$, podemos utilizar a Equação (3.15) para obter o ângulo por meio do qual o eixo desfaz a rotação de torção à medida que o momento torçor volta a zero. Consequentemente, o descarregamento do eixo será representado por uma linha reta no gráfico T-ϕ (Fig. 3.38). Notamos que o ângulo de torção não retorna a zero depois que o momento torçor é removido. Sem dúvida, o carregamento e o descarregamento do eixo resultam em uma deformação permanente caracterizada pelo ângulo

$$\phi_p = \phi - \phi' \qquad (3.35)$$

em que ϕ corresponde à fase de carregamento e pode ser obtido de T resolvendo a Equação (3.34), e na qual ϕ' corresponde à fase de descarregamento e pode ser obtido da Equação (3.15).

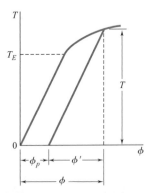

Fig. 3.38 Resposta torque-ângulo de giro para carregamento acima do escoamento, seguido por descarregamento.

As tensões residuais em um material elastoplástico são obtidas aplicando-se o princípio da superposição (Sec. 2.13). Não obstante, consideramos as tensões decorrentes da aplicação do momento torçor **T** e, simultaneamente, as tensões decorrentes do momento torçor igual e oposto aplicado para descarregar o eixo. O primeiro grupo de tensões reflete o comportamento elastoplástico do material durante a fase de carregamento (Fig. 3.39a), e o segundo grupo, o comportamento linear do mesmo material durante a fase de descarregamento (Fig. 3.39b). Somando os dois grupos de tensões, obtemos a distribuição das tensões residuais no eixo (Fig. 3.39c).

Notamos da Fig. 3.39c que algumas tensões residuais têm o mesmo sentido das tensões originais, enquanto outras têm o sentido oposto. Isso era esperado, pois, de acordo com a Equação (3.1), a relação

$$\int \rho(\tau \, dA) = 0 \qquad (3.36)$$

deve ser verificada depois que o momento torçor for removido.

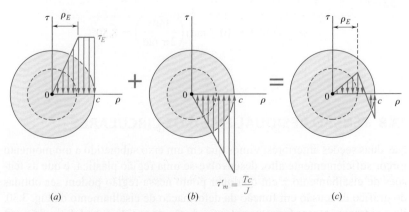

Fig. 3.39 Distribuições de tensões para descarregamento do eixo com material elastoplástico.

Aplicação do conceito 3.9

Para o eixo do Aplicação do conceito 3.8, mostrado na Fig. 3.36, determine (*a*) o ângulo de torção permanente e (*b*) a distribuição de tensões residuais, depois que o torque de 4,60 kN · m foi removido.

a. **Ângulo de torção permanente.** Recordamos do Aplicação do conceito 3.8 que o ângulo de torção correspondente ao torque dado é $\phi = 8{,}50°$. O ângulo ϕ' por meio do qual o eixo desfaz a rotação de torção, quando o torque é removido, é obtido da Equação (3.15). Substituindo os dados fornecidos,

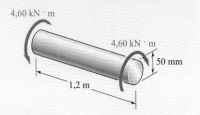

Fig. 3.36 (repetida) Eixo circular carregado.

$$T = 4{,}60 \times 10^3 \text{ N} \cdot \text{m}$$

$$L = 1{,}2 \text{ m}$$

$$G = 77 \times 10^9 \text{ Pa}$$

e $J = 614 \times 10^{-9} \text{ m}^4$, temos

$$\phi' = \frac{TL}{JG} = \frac{(4{,}60 \times 10^3 \text{ N} \cdot \text{m})(1{,}2 \text{ m})}{(614 \times 10^{-9} \text{ m}^4)(77 \times 10^9 \text{ Pa})}$$
$$= 116{,}8 \times 10^{-3} \text{ rad}$$

ou

$$\phi' = (116{,}8 \times 10^{-3} \text{ rad}) \frac{360°}{2\pi \text{ rad}} = 6{,}69°$$

O ângulo de torção permanente é, portanto,

$$\phi_p = \phi - \phi' = 8{,}50° - 6{,}69° = 1{,}81°$$

b. **Tensões residuais.** Recordamos da Aplicação do conceito 3.8, que a tensão de escoamento é $\tau_E = 150$ MPa e que o raio do núcleo elástico correspondente ao torque dado é $\rho_E = 15{,}8$ mm. A distribuição das tensões no eixo durante o carregamento é mostrada na Fig. 3.40*a*.

A distribuição de tensões em razão do torque oposto de 4,60 kN · m necessário para descarregar o eixo é linear e está ilustrada na Fig. 3.40*b*. A tensão máxima na distribuição de tensões reversas é obtida da Equação (3.9):

$$\tau'_{\text{máx}} = \frac{Tc}{J} = \frac{(4{,}60 \times 10^3 \text{ N} \cdot \text{m})(25 \times 10^{-3} \text{ m})}{614 \times 10^{-9} \text{ m}^4}$$
$$= 187{,}3 \text{ MPa}$$

Superpondo as duas distribuições de tensões, obtemos as tensões residuais mostradas na Fig. 3.40*c*. Verificamos que, apesar das tensões reversas excederem a tensão de escoamento τ_E, a suposição de uma distribuição linear dessas tensões é válida, pois elas não excedem $2\tau_E$.

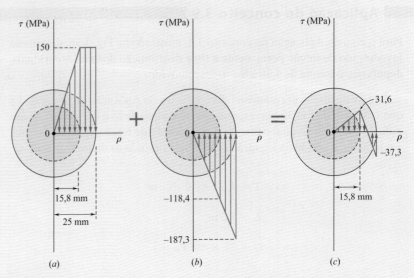

Fig. 3.40 Superposição de distribuições de tensões para obtenção de tensões residuais.

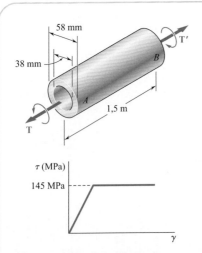

Fig. 1 Gráfico elastoplástico da tensão em função da deformação.

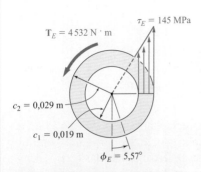

Fig. 2 Distribuição das tensões de cisalhamento no escoamento iminente.

PROBLEMA RESOLVIDO 3.7

O eixo AB é feito de um aço doce considerado elastoplástico com $G = 77{,}2$ GPa e $\tau_E = 145$ MPa. Um torque **T** é aplicado e gradualmente aumentado em sua intensidade. Determine a intensidade de **T** e o ângulo de torção correspondente (a) quando se inicia o escoamento e (b) quando a deformação da seção transversal já se tornou totalmente plástica.

ESTRATÉGIA: Utilizamos as propriedades geométricas e a distribuição de tensões resultante na seção transversal para determinar o torque. O ângulo de giro é então determinado utilizando a Eq. (3.2) aplicada a porção da seção transversal que permanece elástica.

MODELAGEM E ANÁLISE:

As propriedades geométricas da seção transversal são

$$c_1 = \tfrac{1}{2}(0{,}038\ \text{m}) = 0{,}019\ \text{m} \qquad c_2 = \tfrac{1}{2}(0{,}058\ \text{m}) = 0{,}029\ \text{m}$$

$$J = \tfrac{1}{2}\pi(c_2^4 - c_1^4) = \tfrac{1}{2}\pi[(0{,}029\ \text{m})^4 - (0{,}019\ \text{m})^4] = 90{,}63 \times 10^{-8}\ \text{m}^4$$

a. Início do escoamento. Para $\tau_{\text{máx}} = \tau_E = 145$ MPa (Figuras 1 e 2), encontramos

$$T_E = \frac{\tau_E J}{c_2} = \frac{(145 \times 10^6\ \text{N/m}^2)(90{,}63 \times 10^{-8}\ \text{m}^4)}{0{,}029\ \text{m}}$$

$$T_E = 4\,532\ \text{N} \cdot \text{m} \blacktriangleleft$$

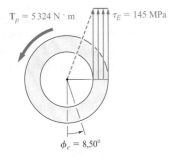

Fig. 3 Distribuição de tensões de cisalhamento em um estado totalmente plástico.

Fazendo $\rho = c_2$ e $\gamma = \gamma_E$ na Equação (3.2) e resolvendo em função de ϕ, obtemos o valor de ϕ_E:

$$\phi_E = \frac{\gamma_E L}{c_2} = \frac{\tau_E L}{c_2 G} = \frac{(145 \times 10^6 \text{ N/m}^2)(1,5 \text{ m})}{(0,029 \text{ m})(77,2 \times 10^9 \text{ N/m}^2)} = 0,097 \text{ rad}$$

$$\phi_E = 5,57° \blacktriangleleft$$

b. Deformação totalmente plástica. Quando a zona plástica atinge a superfície interna (Fig. 3), as tensões são distribuídas uniformemente. Utilizando a Equação (3.23), escrevemos

$$T_p = 2\pi\tau_E \int_{c_1}^{c_2} \rho^2 \, d\rho = \tfrac{2}{3}\pi\tau_E(c_2^3 - c_1^3)$$

$$= \tfrac{2}{3}\pi(145 \times 10^6 \text{ N/m}^2)[(0,029 \text{ m})^3 - (0,019 \text{ m})^3]$$

$$T_p = 5\,324 \text{ N} \cdot \text{m} \blacktriangleleft$$

Quando ocorre o escoamento na superfície interna, a seção transversal está totalmente sob deformação plástica; temos da Equação (3.2):

$$\phi_c = \frac{\gamma_E L}{c_1} = \frac{\tau_E L}{c_1 G} = \frac{(145 \times 10^6 \text{ N/m}^2)(1,5 \text{ m})}{(0,019 \text{ m})(77,2 \times 10^9 \text{ N/m}^2)} = 0,148 \text{ rad}$$

$$\phi_c = 8,50° \blacktriangleleft$$

REFLETIR E PENSAR: Para ângulos de torção maiores, o torque permanece constante; o gráfico de T em função de ϕ do eixo é aquele mostrado na Figura 4.

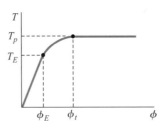

Fig. 4 Gráfico torque-ângulo de giro para eixo de seção vazada.

PROBLEMA RESOLVIDO 3.8

Para o eixo do Problema Resolvido 3.7, determine as tensões residuais e o ângulo permanente de torção depois que o torque $T_p = 5\,324$ N $\cdot$ m for removido.

ESTRATÉGIA: Começamos com o tubo totalmente carregado com o torque plástico do Problema Resolvido 3.7. Aplicamos um torque igual e oposto, sabendo que as tensões induzidas por esta descarga são elásticas. A combinação das tensões fornece as tensões residuais, e a mudança de ângulo de torção é completamente elástica.

MODELAGEM E ANÁLISE:

Referindo-nos ao Problema Resolvido 3.7, recordamos que, quando a zona plástica atingiu a superfície interna, o torque aplicado era $T_p = 5\,324$ N $\cdot$ m e o ângulo de torção correspondente era $\phi_c = 8{,}50°$. Esses valores são mostrados na Fig. 1a.

Descarregamento elástico. Descarregamos o eixo aplicando um torque de $5\,324$ N $\cdot$ m no sentido mostrado na Fig. 1b. Durante esse descarregamento, o comportamento do material é linear. Utilizando os valores encontrados para c_1, c_2 e J no Problema Resolvido 3.7, obtemos as seguintes tensões e ângulo de torção:

$$\tau_{\text{máx}} = \frac{Tc_2}{J} = \frac{(5\,324 \text{ N} \cdot \text{m})(0{,}029 \text{ m})}{90{,}63 \times 10^{-8} \text{ m}^4} = 170{,}36 \text{ MPa}$$

$$\tau_{\text{mín}} = \tau_{\text{máx}} \frac{c_1}{c_2} = (170{,}36 \text{ MPa})\frac{0{,}019 \text{ m}}{0{,}029 \text{ m}} = 111{,}62 \text{ MPa}$$

$$\phi' = \frac{TL}{JG} = \frac{(5\,324 \text{ N} \cdot \text{m})(15 \text{ m})}{(90{,}63 \times 10^{-8} \text{ m}^4)(77{,}2 \times 10^9 \text{ N/m}^2)} = 0{,}1141 \text{ rad} = 6{,}54°$$

Tensões residuais e ângulo de torção permanente. Os resultados do carregamento (Fig. 1a) e do descarregamento (Fig. 1b) são superpostos (Fig. 1c) para obter as tensões residuais e o ângulo de torção permanente ϕ_p.

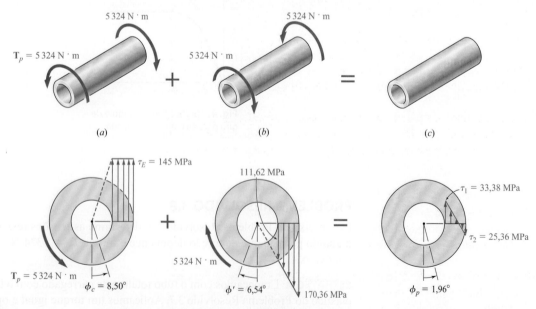

Fig. 1 Superposição de distribuições de tensões para obtenção de tensões residuais.

PROBLEMAS

3.92 O eixo circular de seção cheia mostrado na figura é feito de um aço considerado elastoplástico com $\tau_E = 145$ MPa. Determine a intensidade T do torque aplicado quando a zona plástica tem (a) 16 mm de profundidade e (b) 24 mm de profundidade.

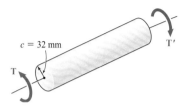

Fig. P3.92

3.93 Uma barra de seção cheia de 31,8 mm de diâmetro é feita de um material elastoplástico com $\tau_E = 34,5$ MPa. Sabendo que o núcleo elástico da barra tem um diâmetro de 25,4 mm, determine a intensidade do torque **T** aplicado à barra.

3.94 Um eixo de seção transversal cheia de 2 in. de diâmetro, feito de um aço doce elastoplástico com $\tau_Y = 20$ ksi. Determine a tensão de cisalhamento máxima e o raio do núcleo elástico causado pela aplicação de um torque de intensidade (a) 30 kip·in., (b) 40 kip·in.

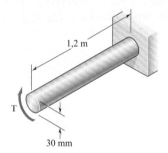

Fig. P3.95 e P3.96

3.95 O eixo de aço doce mostrado na figura é considerado elastoplástico com $G = 77,2$ GPa e $\tau_E = 145$ MPa. Determine a máxima tensão de cisalhamento e o raio do núcleo elástico causado pela aplicação de um torque de intensidade (a) $T = 600$ N·m e (b) $T = 1\,000$ N·m.

3.96 O eixo sólido mostrado é feito de aço doce considerado elastoplástico com $\tau_E = 145$ MPa. Determine o raio do núcleo elástico causado pela aplicação de um torque igual a $1,1\,T_E$, em que T_E é a intensidade do torque no limiar do escoamento.

3.97 Observa-se que um clipe de papel pode ser girado por várias voltas com a aplicação de um torque de aproximadamente 60 mN · m. Sabendo que o diâmetro do fio utilizado no clipe é de 0,9 mm, determine o valor aproximado da tensão de escoamento do aço.

3.98 O eixo sólido mostrado é feito de um aço baixo carbono considerado elastoplástico com $G = 77,2$ GPa e $\tau_y = 145$ MPa. Determine o ângulo de giro produzido pela aplicação de um torque de intensidade (a) $T = 600$ N · m, (b) $T = 1000$ N · m.

Fig. P3.98

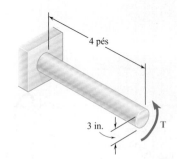

Fig. P3.99

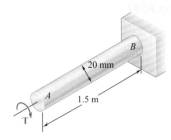

Fig. P3.100

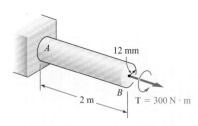

Fig. P3.104

3.99 Para o eixo de seção circular e de seção transversal cheia mostrado, determine o ângulo de giro causado pela aplicação de um torque de intensidade (a) $T = 80$ kip·in., (b) $T = 130$ kip·in.

3.100 Um torque **T** é aplicado à haste de aço de 20 mm de diâmetro AB. Considerando que o aço é elastoplástico, com $G = 77,2$ GPa e $\tau_Y = 145$ MPa, determine (a) o torque **T** quando o ângulo de giro em A é de 25°, (b) o diâmetro correspondente do núcleo elástico do eixo.

3.101 Uma barra de seção circular com 914,4 mm de comprimento tem um diâmetro de 63,5 mm e é feita de aço doce considerado elastoplástico com $\tau_E = 144,8$ MPa e $G = 77,2$ GPa. Determine o torque necessário para produzir um ângulo de torção de (a) 2,5° e (b) 5°.

3.102 Um eixo sólido de seção circular com 18 mm de diâmetro é feito de um material considerado elastoplástico com $\tau_y = 145$ MPa e $G = 77,2$ GPa. Para um eixo com 1,2 m de comprimento, determine a máxima tensão de cisalhamento e o ângulo de giro produzido por um torque de 200 N · m.

3.103 Um eixo circular de seção transversal cheia com 19 mm de diâmetro é feito de um material considerado elastoplástico com $\tau_E = 138$ MPa e $G = 77,2$ GPa. Para um comprimento de 1 219 mm do eixo, determine a tensão de cisalhamento máxima e o ângulo de torção provocado por um torque de 203,4 N · m.

3.104 O eixo AB é feito de um material elastoplástico com $\tau_E = 90$ MPa e $G = 30$ GPa. Para o carregamento mostrado, determine (a) o raio do núcleo elástico da seção transversal do eixo e (b) o ângulo de torção na extremidade B.

3.105 Uma barra circular cheia é feita de um material considerado elastoplástico. Chamando de T_E e ϕ_E, respectivamente, o torque e o ângulo de torção no início do escoamento, determine o ângulo de torção se o torque for aumentado para (a) $T = 1,1\ T_E$, (b) $T = 1,25\ T_E$ e (c) $T_E = 1,3\ T_E$.

3.106 O eixo vazado mostrado é feito de um aço elastoplástico com $\tau_Y = 145$ MPa e $G = 77,2$ GPa. Determine a intensidade T do torque e o ângulo de giro correspondente (a) no início do escoamento, (b) quando a zona plástica tem 10 mm de profundidade.

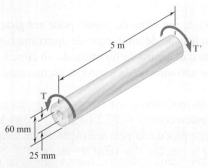

Fig. P3.106

3.107 Para o eixo do Problema 3.106, determine (*a*) o ângulo de giro no qual a seção se torna inteiramente plástica, (*b*) a intensidade T correspondente do torque aplicado. Esboce a curva T-ϕ referente ao eixo.

3.108 Uma haste de aço doce é usinada até a forma mostrada e então girada por torques de intensidade 40 kip·in. Considerando que o aço é elastoplástico, com $\tau_Y = 21$ ksi, determine (*a*) a espessura da zona plástica na parte CD do eixo, (*b*) o comprimento da parte BE que permanece totalmente elástica.

3.109 A intensidade do torque **T** aplicado ao eixo cônico do Problema 3.108 é aumentado lentamente. Determine (*a*) o maior torque que pode ser aplicado ao eixo, (*b*) o comprimento da parte BE que permanece totalmente elástica.

3.110 Um eixo vazado de diâmetros externo e interno iguais a 0,6 in. e 0,2 in., respectivamente, é fabricado usando uma liga de alumínio com o diagrama tensão-deformação mostrado. Determine o torque necessário para girar 9 in. de comprimento do eixo em 10°.

3.111 Utilizando o diagrama tensão-deformação mostrado, determine (*a*) o torque que causa uma tensão de cisalhamento máxima de 15 ksi em uma haste de seção transversal cheia de 0,8 in. de diâmetro, (*b*) o ângulo de giro correspondente em 20 in. de comprimento da haste.

3.112 Um cilindro de 50 mm de diâmetro é feito de latão para o qual o diagrama tensão-deformação está apontado. Sabendo que o ângulo de giro é de 5° em um comprimento de 725 mm, determine por método aproximado a intensidade T do torque aplicado no eixo.

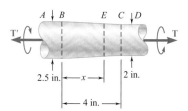

Fig. P3.108

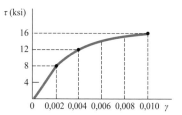

Fig. P3.110 e P3.111

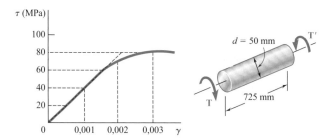

Fig. P3.112

3.113 Três pontos do diagrama tensão-deformação usado no Prob. 3.112 são (0; 0), (0,0015; 55 MPa), e (0,003; 80 MPa). Ajustando a polinomial $T = A + B\gamma + C\gamma^2$ por esses pontos, a seguinte relação foi obtida.

$$T = 46{,}7 \times 10^9 \gamma - 6{,}67 \times 10^{12} \gamma^2$$

Resolva o Prob. 3.112 utilizando essa relação, a Equação (3.2) e a Equação (3.23).

3.114 A barra circular de seção cheia AB é feita de aço elastoplástico com $\tau_E = 151{,}7$ MPa e $G = 77{,}2$ GPa. Sabendo que um torque $T = 8\,473$ kN · mm é aplicado à barra e depois removido, determine a tensão de cisalhamento residual máxima na barra.

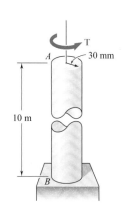

Fig. P3.114

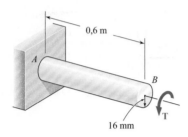

Fig. P3.116

3.115 No Problema 3.114, determine o ângulo de torção permanente da barra.

3.116 A seção transversal cheia mostrada é feita de aço elastoplástico com $\tau_E = 145$ MPa e $G = 77,2$ GPa. O torque é aumentado em intensidade até que o eixo tenha sido girado em 6°; em seguida, o torque é removido. Determine (a) a intensidade e a localização da tensão de cisalhamento residual máxima e (b) o ângulo de torção permanente.

3.117 Depois que o eixo de seção cheia do Problema 3.116 foi carregado e descarregado conforme descrito no problema, um torque T_1 de sentido oposto ao torque T original é aplicado ao eixo. Considerando que não haja alteração no valor de ϕ_E, determine o ângulo de giro ϕ_1 para o qual se inicia o escoamento neste segundo carregamento e compare-o com o ângulo ϕ_E para o qual se inicia o escoamento no carregamento original.

3.118 O eixo vazado da figura é feito de aço elastoplástico com $\tau_E = 145$ MPa e $G = 77,2$ GPa. A intensidade T dos torques é lentamente incrementada até que a região plástica atinja a superfície interna do eixo; os torques são então removidos. Determine a intensidade e a localização da máxima tensão de cisalhamento residual na barra.

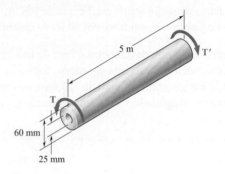

Fig. P3.118

3.119 No Problema 3.118, determine o ângulo de torção permanente da barra.

3.120 Um torque T aplicado a uma barra de seção cheia feita de material elastoplástico é aumentado até que a seção dessa barra esteja totalmente plastificada; em seguida, o torque T é removido. (a) Mostre que a distribuição de tensões de cisalhamento residuais é a representada na figura. (b) Determine a intensidade do torque em virtude das tensões que agem na parte da barra localizada dentro de um círculo de raio c_0.

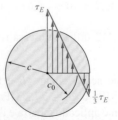

Fig. P3.120

*3.9 TORÇÃO DE ELEMENTOS DE SEÇÃO NÃO CIRCULAR

As fórmulas obtidas na Seção 3.1 para as distribuições de deformação e tensão sob um carregamento torcional aplicam-se somente a elementos com uma seção transversal circular. Elas foram fundamentadas na hipótese de que a seção transversal do elemento permanecia plana e indeformável; e a validade dessa hipótese depende da *axissimetria* do elemento (isto é, depende do fato de que sua aparência permaneça a mesma quando ele é visto de uma posição fixa e girado sobre seu eixo por um ângulo arbitrário).

Fig. 3.41 Torção de uma barra de seção transversal quadrada.

Não obstante, uma barra quadrada mantém a mesma aparência somente quando é girada em 90° ou 180°. Seguindo uma linha de raciocínio similar àquela utilizada na Seção 3.1.2, pode-se mostrar que as diagonais da seção transversal quadrada da barra e as linhas que unem os pontos médios dos lados daquela seção permanecem retas (Fig. 3.41). No entanto, por causa da falta de axissimetria da barra, qualquer outra linha traçada em sua seção transversal se deformará quando a barra for girada, e a própria seção transversal empenará ficando fora de seu plano original.

Assim, as Equações (3.4) e (3.6), que definem, respectivamente, as distribuições de deformação e tensão elásticas em um eixo de seção circular, não podem ser utilizadas para elementos de seção não circulares. Por exemplo, seria errado supor que a tensão de cisalhamento na seção transversal de uma barra quadrada varie linearmente com a distância a partir do centro da barra e seja, portanto, maior nos cantos da seção transversal. A tensão de cisalhamento na realidade é zero nesses pontos.

Considere um pequeno elemento cúbico localizado em um dos cantos da seção transversal de uma barra quadrada submetida a momento torçor e selecione eixos coordenados paralelos às arestas do elemento (Fig. 3.42*a*). Como a face do elemento perpendicular ao eixo *y* é parte da superfície livre da barra, todas as tensões nessa face devem ser zero. Referindo-nos à Fig. 3.42*b*, escrevemos

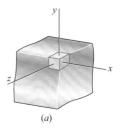

$$\tau_{yx} = 0 \qquad \tau_{yz} = 0 \qquad (3.37)$$

Pela mesma razão, todas as tensões na face do elemento perpendicular ao eixo *z* devem ser zero, e

$$\tau_{zx} = 0 \qquad \tau_{zy} = 0 \qquad (3.38)$$

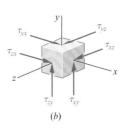

Fig. 3.42 Elemento em um dos cantos da barra quadrada submetida a momento torçor: (*a*) localização do elemento na barra e (*b*) potenciais componentes de tensão de cisalhamento no elemento.

Conclui-se da primeira das Equações (3.37) e da primeira das Equações (3.38) que

$$\tau_{xy} = 0 \qquad \tau_{xz} = 0 \qquad (3.39)$$

Assim, ambas as componentes da tensão de cisalhamento na face do elemento perpendicular ao centro da barra são iguais a zero. Portanto, não há tensão de cisalhamento nos cantos da seção transversal da barra.

Ao se torcer um modelo de borracha de uma barra de seção transversal quadrada, pode-se verificar facilmente que não há deformações e, portanto, não há tensões que ocorrem ao longo das arestas da barra, enquanto as maiores deformações, ou seja, as maiores tensões ocorrem ao longo do centro de cada uma das faces da barra (Fig. 3.43).

Fig. 3.43 Elementos de tensão em uma barra quadrada deformada submetida a um carregamento torcional.

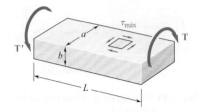

Fig. 3.44 Barra com seção transversal retangular, mostrando a localização da tensão de cisalhamento máxima.

A determinação das tensões em barras de seção transversal não circular submetidas a um carregamento torcional está além do escopo deste texto. No entanto, os resultados obtidos da teoria da elasticidade para barras retas com uma *seção transversal retangular uniforme* serão indicados aqui por conveniência.[†] Chamando de L o comprimento da barra, por a e b, respectivamente, o lado maior e o lado menor de sua seção transversal, e por T a intensidade dos momentos torçores aplicados à barra (Fig. 3.44), vemos que a tensão de cisalhamento máxima ocorre ao longo da linha de centro da face *maior* da barra e é igual a

$$\tau_{máx} = \frac{T}{c_1 ab^2} \tag{3.40}$$

O ângulo de torção pode ser expresso como

$$\phi = \frac{TL}{c_2 ab^3 G} \tag{3.41}$$

Os coeficientes c_1 e c_2 dependem somente da relação a/b e são dados na Tabela 3.1 para um conjunto de valores daquela relação. Note que as Equações (3.40) e (3.41) são válidas somente dentro do intervalo elástico.

Observamos da Tabela 3.1 que, para $a/b \geq 5$, os coeficientes c_1 e c_2 são iguais. Pode ser mostrado que, para esses valores de a/b, temos

$$c_1 = c_2 = \tfrac{1}{3}(1 - 0{,}630 b/a) \quad \text{(somente para } a/b \geq 5\text{)} \tag{3.42}$$

A distribuição de tensões de cisalhamento em um elemento não circular pode ser visualizada mais facilmente utilizando-se a *analogia de membrana*. Uma membrana elástica e homogênea presa a uma moldura rígida e submetida a uma pressão uniforme em um dos seus lados constitui um problema *análogo* ao de uma barra submetida a momento torçor, isto é, a determinação da deformação da membrana depende da solução da mesma equação diferencial parcial da determinação das tensões de cisalhamento na barra.[‡] Mais especificamente, se Q é um ponto da seção transversal da barra e Q' é o ponto correspondente da membrana (Fig. 3.45), a tensão de cisalhamento τ em Q terá a

TABELA 3.1. Coeficientes para barras retangulares em torção

a/b	c_1	c_2
1,0	0,208	0,1406
1,2	0,219	0,1661
1,5	0,231	0,1958
2,0	0,246	0,229
2,5	0,258	0,249
3,0	0,267	0,263
4,0	0,282	0,281
5,0	0,291	0,291
10,0	0,312	0,312
∞	0,333	0,333

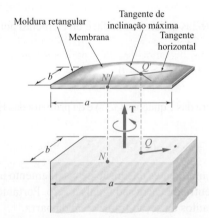

Fig. 3.45 Aplicação da analogia de membrana a uma barra com seção transversal retangular.

[†] Ver S. P. Timoshenko and J. N. Goodier, *Theory of Elasticity*, 3d ed., McGraw-Hill, New York, 1969, sec. 109.

[‡] Ver a Seção 107.

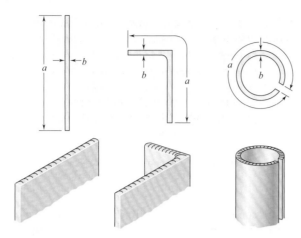

Fig. 3.46 Analogia de membrana para vários elementos de paredes finas.

mesma direção da tangente horizontal à membrana em Q', e sua intensidade será proporcional à inclinação máxima da membrana em Q'.[‡] Além disso, o torque aplicado será proporcional ao volume entre a membrana e o plano da moldura rígida. No caso da membrana da Fig. 3.45, que está presa a uma moldura retangular, a curva mais inclinada ocorre no ponto médio N' do lado maior da moldura. Assim, verificamos que a tensão de cisalhamento máxima em uma barra de seção transversal retangular ocorrerá no ponto médio N do lado maior daquela seção.

A analogia de membrana pode ser utilizada com a mesma eficiência para visualizar as tensões de cisalhamento em qualquer barra reta de seção transversal não circular, uniforme. Particularmente, vamos considerar vários elementos de paredes finas com seções transversais mostradas na Fig. 3.46, que estão submetidas ao mesmo torque. Utilizando a analogia de membrana para nos ajudar a visualizar as tensões de cisalhamento, notamos que, como o mesmo torque é aplicado a cada elemento, o mesmo volume estará localizado sob cada membrana, e a inclinação máxima será a mesma em cada caso. Assim, para um elemento de paredes finas de espessura uniforme e de forma arbitrária, a tensão de cisalhamento máxima é a mesma que para uma barra retangular com um valor muito grande de a/b, e pode ser determinada pela Equação (3.40) com $c_1 = 0{,}333$.[§]

*3.10 EIXOS VAZADOS DE PAREDES FINAS

Na seção anterior, vimos que a determinação das tensões em componentes não circulares geralmente requer o uso de métodos matemáticos avançados. No caso de eixos vazados não circulares de paredes finas, no entanto, uma boa aproximação da distribuição das tensões no eixo pode ser obtida por um cálculo simples.

[‡] Essa é a inclinação medida em uma direção perpendicular à tangente horizontal em Q'.

[§] Poderia ser mostrado também que o ângulo de torção pode ser determinado pela Equação (3.41) com $c_2 = 0{,}333$.

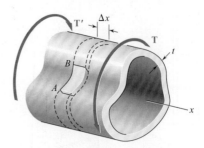

Fig. 3.47 Componente vazado de paredes finas submetido a carregamento torcional.

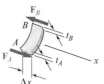

Fig. 3.48 Segmento de barra vazada de paredes finas.

Considere um componente vazado cilíndrico de seção *não circular* submetido a um carregamento torcional (Fig. 3.47).[†] Embora a espessura t da parede possa variar ao longo da seção transversal, será considerado que ela permanece pequena comparada com as outras dimensões do componente. Agora, destacamos do componente a parte colorida da parede AB limitada por dois planos transversais por uma distância Δx uma da outra, e por dois planos longitudinais perpendiculares à parede. Como a parte AB está em equilíbrio, a soma das forças que atuam sobre ela na direção longitudinal x deve ser zero (Fig. 3.48). Contudo, as únicas forças envolvidas são as forças de cisalhamento $\mathbf{F}_A$ e $\mathbf{F}_B$ que atuam nas extremidades da parte AB. Temos, portanto,

$$\Sigma F_x = 0: \qquad F_A - F_B = 0 \qquad (3.43)$$

Agora expressamos F_A como o produto da tensão de cisalhamento longitudinal τ_A, na pequena face em A, pela área $t_A \, \Delta x$ daquela face:

$$F_A = \tau_A (t_A \, \Delta x)$$

Embora a tensão de cisalhamento seja independente da coordenada x do ponto considerado, ela pode variar através da parede; assim, τ_A representa o valor médio da tensão calculado através da parede. Expressando F_B de maneira similar e substituindo F_A e F_B em (3.43), escrevemos

$$\tau_A(t_A \, \Delta x) - \tau_B(t_B \, \Delta x) = 0$$

ou
$$\tau_A t_A = \tau_B t_B \qquad (3.44)$$

Como A e B foram escolhidas arbitrariamente, a Equação (3.44) expressa que o produto τt da tensão de cisalhamento longitudinal τ e da espessura t da parede é constante através do componente. Designando esse produto por q, temos

$$q = \tau t = \text{constante} \qquad (3.45)$$

Fig. 3.49 Elemento de tensão extraído do segmento.

Agora destacamos um pequeno elemento da parte AB da parede (Fig. 3.49). Como as faces superior e inferior desse elemento são partes da superfície livre do componente vazado, as tensões nessas faces são iguais a zero. Lembrando as relações (1.21) e (1.22) da Seção 1.4, segue que as componentes de tensão indicadas nas outras faces por setas tracejadas também são zero, enquanto aquelas representadas por setas contínuas são iguais. Assim, a tensão de cisalhamento em qualquer ponto de uma seção transversal de um componente vazado é paralela à parede da superfície (Fig. 3.50) e seu valor médio calculado através da parede satisfaz a Equação (3.45).

Fig. 3.50 Direção da tensão de cisalhamento em uma seção transversal.

[†] A parede do componente deve conter uma única cavidade e não pode ser aberta por um rasgo. Em outras palavras, o componente deve ser topologicamente equivalente a um eixo circular vazado.

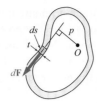

Fig. 3.51 Força de cisalhamento na parede.

Neste ponto, podemos notar uma analogia entre a distribuição de tensões de cisalhamento τ na seção transversal de uma barra vazada de parede fina e a distribuição de velocidades v da água que flui por um canal fechado de profundidade constante e largura (espessura) variável. Embora a velocidade v da água varie de um ponto a outro por causa da variação na largura t do canal, o fluxo, $q = vt$, permanece constante no canal, assim como τt na Equação (3.45). Por causa dessa analogia, o produto $q = \tau t$ é chamado de *fluxo de cisalhamento* na parede da barra de seção vazada.

Vamos agora determinar uma relação entre o torque T aplicado a um componente de seção vazada e o fluxo de cisalhamento q em sua parede. Consideramos um pequeno elemento da seção da parede, de comprimento ds (Fig. 3.51). A área do elemento é $dA = t\, ds$, e a intensidade da força de cisalhamento $d\mathbf{F}$ que atua no elemento é

$$dF = \tau\, dA = \tau(t\, ds) = (\tau t)\, ds = q\, ds \tag{3.46}$$

O momento dM_O dessa força em relação a um ponto arbitrário O dentro da cavidade do elemento pode ser obtido multiplicando-se $d\mathbf{F}$ pela distância perpendicular p do ponto O até a linha de ação de $d\mathbf{F}$. Temos

$$dM_O = p\, dF = p(q\, ds) = q(p\, ds) \tag{3.47}$$

Contudo, o produto $p\, ds$ é igual a duas vezes a área $d\mathcal{A}$ do triângulo colorido na Fig. 3.52. Temos então

$$dM_O = q(2\, d\mathcal{A}) \tag{3.48}$$

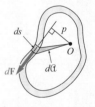

Fig. 3.52 Área infinitesimal utilizada para encontrar o torque resultante.

Como a integral através da seção da parede do membro esquerdo da Equação (3.48) representa a soma dos momentos de todas as forças de cisalhamento elementares que atuam sobre a seção da parede, e como essa soma é igual ao torque T aplicado ao componente vazado, temos

$$T = \oint dM_O = \oint q(2\, d\mathcal{A})$$

Sendo constante o fluxo de cisalhamento q, escrevemos

$$T = 2q\mathcal{A} \tag{3.49}$$

em que $\mathcal{A}$ é a área limitada pela linha de centro da parede através da seção (Fig. 3.53).

A tensão de cisalhamento τ em qualquer ponto da parede pode ser expressa em termos do torque T, se substituirmos q da Equação (3.45) na Equação (3.49) e resolvermos para τ a equação obtida. Temos

$$\tau = \frac{T}{2t\mathcal{A}} \tag{3.50}$$

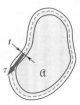

Fig. 3.53 Área para fluxo de cisalhamento.

em que t é a espessura da parede no ponto considerado e $\mathcal{A}$ a área limitada pela linha de centro. Lembramos que τ representa o valor médio da tensão de cisalhamento através da parede. No entanto, para deformações elásticas, a distribuição de tensões de um lado a outro da parede pode ser considerada uniforme, e a Equação (3.50) lhe dará o valor real da tensão de cisalhamento em um determinado ponto.

O ângulo de torção de uma barra de seção vazada de parede fina pode ser obtido utilizando-se o método da energia (Capítulo 11). Supondo uma deformação elástica, pode ser mostrado[†] que o ângulo de torção de uma barra de parede fina de comprimento L e módulo de elasticidade transversal G é

$$\phi = \frac{TL}{4\mathcal{A}^2 G} \oint \frac{ds}{t} \tag{3.51}$$

em que a integral é calculada ao longo da linha de centro da seção da parede.

Aplicação do conceito 3.10

Uma barra de alumínio de seção transversal vazada retangular que mede 64 mm × 100 mm foi fabricada por extrusão. Determine a tensão de cisalhamento em cada uma das quatro paredes da barra quando ela é submetida a um torque de 2,7 kN · m, supondo (*a*) uma espessura de parede uniforme de 4 mm (Fig. 3.54*a*), (*b*) que, como resultado de um defeito de fabricação, as paredes *AB* e *AC* têm espessura de 3 mm, e as paredes *BD* e *CD* têm espessura de 5 mm (Fig. 3.54*b*).

a. **Barra com parede de espessura uniforme.** A área limitada pela linha de centro (Fig. 3.54*c*) é

$$\mathcal{A} = (96 \text{ mm})(60 \text{ mm}) = 5\,760 \text{ mm}^2$$

Como a espessura de cada uma das quatro paredes é $t = 4$ mm, calculamos pela Equação (3.50) que a tensão de cisalhamento em cada parede é

$$\tau = \frac{T}{2t\mathcal{A}} = \frac{2\,700 \text{ N} \cdot \text{m}}{2(0,004 \text{ m})(5\,760 \times 10^{-6} \text{ m}^2)} = 58,6 \text{ MPa}$$

b. **Barra com parede de espessura variável.** Observando que a área $\mathcal{A}$ limitada pela linha de centro é a mesma da parte *a*, e substituindo sucessivamente $t = 3$ mm e $t = 5$ mm na Equação (3.50), temos

$$\tau_{AB} = \tau_{AC} = \frac{2\,700 \text{ N} \cdot \text{m}}{2(0,003 \text{ m})(5\,760 \times 10^{-6} \text{ m}^2)} = 78,1 \text{ MPa}$$

e

$$\tau_{BD} = \tau_{CD} = \frac{2\,700 \text{ N} \cdot \text{m}}{2(0,005 \text{ m})(5\,760 \times 10^{-6} \text{ m}^2)} = 46,9 \text{ MPa}$$

Notamos que a tensão em uma parede depende somente de sua espessura.

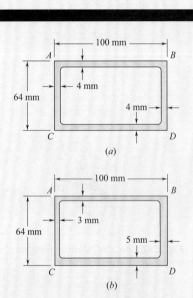
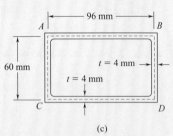

Fig. 3.54 Tubo de alumínio de paredes finais: (*a*) com espessura uniforme, (*b*) com espessura não uniforme, (*c*) área limitada pela linha central da espessura da parede.

[†] Ver Prob. 11.70.

PROBLEMA RESOLVIDO 3.9

Utilizando $\tau_{adm} = 40$ MPa, determine o maior torque que pode ser aplicado a cada uma das barras de latão e ao tubo de latão mostrados na figura. Note que as duas barras de seção transversal cheia têm a mesma área, e que a barra quadrada e o tubo quadrado têm as mesmas dimensões externas.

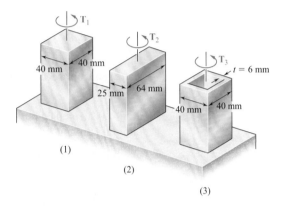

ESTRATÉGIA: Obtemos o torque usando a Equação (3.40) para as seções transversais sólidas e a Equação (3.50) para as seções transversais vazadas.

MODELAGEM E ANÁLISE:

1. Barra com seção transversal quadrada. Para uma barra de seção transversal (Fig. 1) retangular cheia, a tensão de cisalhamento máxima é dada pela Equação (3.40)

$$\tau_{máx} = \frac{T}{c_1 ab^2}$$

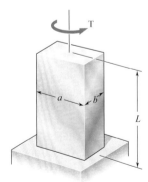

Fig. 1 Dimensões gerais da barra retangular de seção cheia submetida a momento torçor.

em que o coeficiente c_1 é obtido da Tabela 3.1

$$a = b = 0,040 \text{ m} \qquad \frac{a}{b} = 1,00 \qquad c_1 = 0,208$$

Para $\tau_{máx} = \tau_{adm} = 40$ MPa, temos

$$\tau_{máx} = \frac{T_1}{c_1 ab^2} \qquad 40 \text{ MPa} = \frac{T_1}{0,208(0,040 \text{ m})^3} \qquad T_1 = 532 \text{ N} \cdot \text{m} \blacktriangleleft$$

2. Barra com seção transversal retangular. Temos agora

$$a = 0,064 \text{ m} \qquad b = 0,025 \text{ m} \qquad \frac{a}{b} = 2,56$$

Interpolando na Tabela 3.1: $c_1 = 0,259$

$$\tau_{máx} = \frac{T_2}{c_1 ab^2} \qquad 40 \text{ MPa} = \frac{T_2}{0,259(0,064 \text{ m})(0,025 \text{ m})^2} \qquad T_2 = 414 \text{ N} \cdot \text{m} \blacktriangleleft$$

3. Tubo quadrado. Para um tubo de espessura t (Fig. 2) a tensão de cisalhamento é dada pela Equação (3.50)

$$\tau = \frac{T}{2t\mathcal{A}}$$

em que $\mathcal{A}$ é a área limitada pela linha de centro da seção transversal. Temos

$$\mathcal{A} = (0,034 \text{ m})(0,034 \text{ m}) = 1,156 \times 10^{-3} \text{ m}^2$$

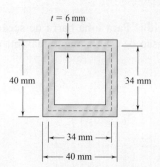

Fig. 2 Dimensões da seção da barra quadrada vazada de latão.

Substituímos $\tau = \tau_{adm} = 40$ MPa e $t = 0,006$ m e resolvemos para o torque admissível:

$$\tau = \frac{T}{2t\mathcal{A}} \qquad 40 \text{ MPa} = \frac{T_3}{2(0,006 \text{ m})(1,156 \times 10^{-3} \text{ m}^2)} \qquad T_3 = 555 \text{ N} \cdot \text{m} \blacktriangleleft$$

REFLETIR E PENSAR: Comparando a capacidade da barra com seção transversal quadrada sólida com aquela de um tubo de mesmas dimensões externas se demonstra a aptidão dos tubos para suportar torques maiores.

PROBLEMAS

3.121 Determine a menor seção transversal quadrada admissível de um eixo de aço de 6 096 mm de comprimento, para que a tensão de cisalhamento máxima não exceda 69 MPa quando o eixo for girado em uma volta completa. Use $G = 77{,}2$ GPa.

3.122 Determine o comprimento mínimo admissível para o eixo de aço inoxidável com seção transversal de $9{,}53 \times 19{,}05$ mm cuja tensão de cisalhamento não excederá 103,4 MPa quando o eixo for girado em 15°. Adote $G = 77{,}2$ GPa.

3.123 Usando $\tau_{adm} = 70$ MPa e $G = 27$ GPa, determine para cada uma das barras de alumínio mostradas na figura o maior torque **T** que pode ser aplicado e o ângulo de torção correspondente na extremidade B.

3.124 Sabendo que a intensidade do torque **T** é de 200 N · m e que $G = 27$ GPa, determine para cada uma das barras de alumínio mostradas na figura a tensão de cisalhamento máxima e o ângulo de torção na extremidade B.

3.125 Utilizando $\tau_{adm} = 7{,}5$ ksi e sabendo que $G = 5{,}6 \times 10^6$ psi, determine, para cada uma das barras de latão amarelo laminado a frio mostradas, o maior torque **T** que pode ser aplicado e o ângulo de giro correspondente na extremidade B.

3.126 Sabendo que $T = 7$ kip·in. e que $G = 5{,}6 \times 10^6$ psi, determine, para cada uma das barras de latão amarelo laminado a frio mostradas, a tensão de cisalhamento máxima e o ângulo de giro na extremidade B.

3.127 O torque **T** causa uma rotação de 0,6° na extremidade B da barra de alumínio mostrada. Sabendo que $b = 15$ mm e que $G = 26$ GPa, determine a máxima tensão de cisalhamento na barra.

3.128 O torque **T** causa uma rotação de 2° na extremidade B da barra de aço inoxidável mostrada. Sabendo que $b = 20$ mm e que $G = 75$ GPa, determine a máxima tensão de cisalhamento na barra.

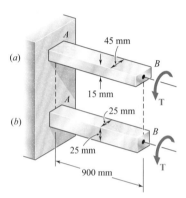

Fig. P3.123 e P3.124

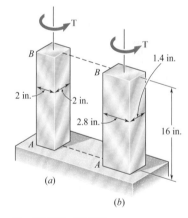

Fig. P3.125 e P3.126

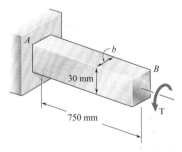

Fig. P3.127 e P3.128

3.129 Duas barras são feitas do mesmo material. A seção transversal da barra A é um quadrado de lado b e a seção transversal da barra B é um círculo de diâmetro b. Sabendo que as barras estão submetidas ao mesmo torque, determine a relação τ_A/τ_B das tensões de cisalhamento máximas que ocorrem nas barras.

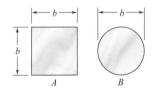

Fig. P3.129

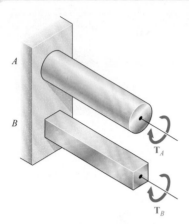

Fig. P3.130, P3. 131 e P3.132

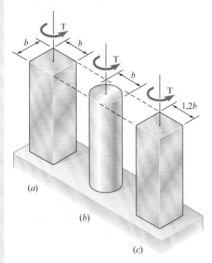

Fig. P3.133 e P3.134

Fig. P3.135

Fig. P3.136

3.130 Os eixos A e B são feitos do mesmo material e têm a mesma área de seção transversal, mas A tem uma seção transversal circular e B tem uma seção transversal quadrada. Determine a relação dos torques máximos T_A e T_B quando ambos os eixos são submetidos à mesma tensão máxima de cisalhamento ($\tau_A = \tau_B$). Assuma que ambas as deformações são elásticas.

3.131 Os eixos A e B são feitos do mesmo material e têm o mesmo comprimento e área de seção transversal, mas A tem seção transversal circular e B tem seção transversal quadrada. Determine a razão entre os máximos valores dos ângulos ϕ_A e ϕ_B quando os dois eixos são submetidos a mesma tensão de cisalhamento ($\tau_A = \tau_A$). Assuma que ambas as deformações são elásticas.

3.132 Os eixos A e B são feitos do mesmo material e têm o mesmo comprimento e mesma área de seção transversal, mas A tem uma seção transversal circular e B tem uma seção transversal quadrada. Determine a relação dos valores máximos dos ângulos ϕ_A e ϕ_B pelos quais os eixos A e B, respectivamente, podem ser girados quando os dois eixos são submetidos ao mesmo torque ($T_A = T_B$). Assuma que ambas as deformações são elásticas.

3.133 Cada uma de três barras de aço é sujeitada a um torque, como mostrado. Sabendo que a tensão de cisalhamento admissível é de 8 ksi e que $b = 1,4$ in., determine o torque máximo **T** que pode ser aplicado a cada barra.

3.134 Cada uma das três barras de alumínio mostradas será girada em um ângulo de 2°. Sabendo que $b = 30$ mm, $\tau_{adm} = 50$ MPa e $G = 27$ GPa, determine o menor comprimento admissível de cada barra.

3.135 Uma cantoneira de aço com 1,25 m de comprimento tem seção L127 × 76 × 6,4 mm. Obtém-se do Apêndice E que sua espessura é de 6,4 mm e que a área de sua seção transversal é 1250 mm². Sabendo que $\tau_{adm} = 60$ MPa e que $G = 77,2$ GPa, e ignorando o efeito da concentração de tensões, determine (a) o maior torque **T** que pode ser aplicado e (b) o correspondente ângulo de giro.

3.136 Um torque de 3000 lb·in. é aplicado a uma cantoneira de aço de 6 pés de comprimento com seção transversal de L4 × 4 × $\frac{3}{8}$. No Apêndice E, verifica-se que a espessura da seção é de $\frac{3}{8}$ in. e que a sua área é de 2,86 in². Sabendo que $G = 11,2 \times 10^6$ psi, determine (a) a tensão de cisalhamento máxima ao longo da linha a-a, (b) o ângulo de giro.

3.137 Uma barra de aço com 4 m de comprimento tem uma seção transversal W310 × 60. Sabendo que $G = 77,2$ GPa e que a tensão de cisalhamento admissível é de 40 MPa, determine (a) o maior torque **T** que pode ser aplicado e (b) o ângulo de torção correspondente. Ver no Apêndice E as dimensões da seção transversal e despreze o efeito das concentrações de tensão. (*Sugestão:* considere a alma e as mesas separadamente e obtenha uma relação entre os torques aplicados na alma e na mesa, respectivamente, mostrando que os ângulos de torção são iguais.)

3.138 Uma barra de aço com 2438 mm de comprimento e seção transversal W200 × 46,1 está submetida a um torque de 565 N · m. As propriedades da seção laminada são dadas no Apêndice E. Sabendo que $G = 77,2$ GPa, determine (a) a tensão de cisalhamento máxima ao longo da linha *a-a*, (b) a tensão de cisalhamento máxima ao longo da linha *b-b* e (c) o ângulo de torção. (Ver Sugestão do Problema 3.137.)

3.139 Um torque de 5 kip · pés é aplicado ao eixo de alumínio de seção vazada com sua seção transversal mostrada na figura. Desprezando o efeito da concentração de tensões, determine a tensão de cisalhamento nos pontos *a* e *b*.

3.140 Um torque **T** de 750 kN · m é aplicado a um eixo vazado com a seção transversal mostrada na figura e uma espessura de parede uniforme de 8 mm. Desprezando o efeito das concentrações de tensão, determine a tensão de cisalhamento nos pontos *a* e *b*.

3.141 Um torque de 5.6 kN·m é aplicado a um eixo vazado com a seção transversal mostrada. Desprezando o efeito das concentrações de tensão, determine a tensão de cisalhamento nos pontos *a* e *b*.

Fig. P3.137

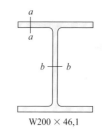

Fig. P3.138

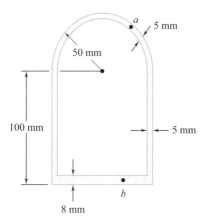

Fig. P3.141

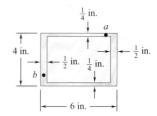

Fig. P3.139

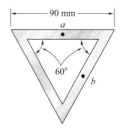

Fig. P3.140

3.142 e 3.143 Um elemento vazado com a seção transversal mostrada é formado a partir de uma lâmina de metal com espessura de 2 mm. Sabendo que a tensão de cisalhamento não pode exceder 3 MPa, determine o maior torque que pode ser aplicado ao elemento.

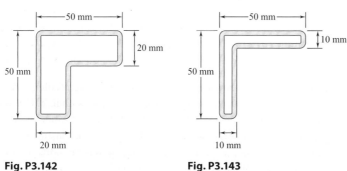

Fig. P3.142   **Fig. P3.143**

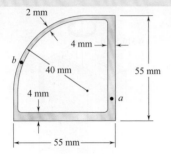

Fig. P3.144

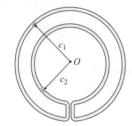

Fig. P3.147

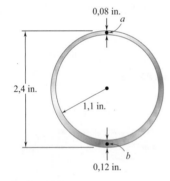

Fig. P3.148

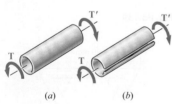

(a)   (b)

Fig. P3.149

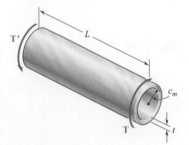

Fig. P3.150

3.144 Um torque de 90 N · m é aplicado a um eixo vazado com a seção transversal mostrada na figura. Desprezando o efeito das concentrações de tensão, determine a tensão de cisalhamento nos pontos a e b.

3.145 Um elemento vazado com a seção transversal mostrada na figura deve ser formado a partir de uma chapa metálica de $\frac{1}{16}$ in. de espessura. Sabendo que um torque de 3 kip·in. será aplicado à barra, determine a menor dimensão d que pode ser utilizada, considerando que a tensão de cisalhamento não deve exceder 500 psi.

3.146 Uma tira de uma chapa de metal de 6 in. de largura e 0,12 in. de espessura deve ser transformada em um tubo com seção transversal retangular. Sabendo que $\tau_{adm} = 4$ ksi, determine o maior torque que pode ser aplicado ao tubo quando (a) $w = 1,5$ in., (b) $w = 1,2$ in., (c) $w = 1$ in.

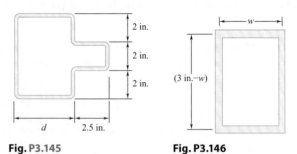

Fig. P3.145   Fig. P3.146

3.147 Um tubo de resfriamento com a seção transversal mostrada na figura foi feito a partir de uma chapa de aço inoxidável de 3 mm de espessura. Os raios $c_1 = 150$ mm e $c_2 = 100$ mm são medidos em relação à linha de centro da chapa metálica. Sabendo que um torque de intensidade $T = 3$ kN · m é aplicado ao tubo, determine (a) a tensão de cisalhamento máxima no tubo e (b) a intensidade do torque suportado pela capa externa circular. Despreze a dimensão da pequena abertura em que as capas externa e interna são conectadas.

3.148 Um eixo cilíndrico vazado foi projetado para ter uma espessura uniforme de 0,1 in. Defeitos de fabricação, no entanto, resultam em eixos com a seção transversal mostrada. Sabendo que um torque de 15 kip · in. é aplicado ao eixo, determine a tensão de cisalhamento nos pontos a e b.

3.149 São aplicados torques iguais a tubos com paredes finas de mesmo comprimento L, mesma espessura t e mesmo raio c. Um dos tubos foi cortado no sentido do comprimento, como mostra a figura. Determine (a) a relação τ_b/τ_a das tensões de cisalhamento máximas nos tubos e (b) a relação ϕ_b/ϕ_a dos ângulos de torção dos eixos.

3.150 Um eixo cilíndrico vazado de comprimento L, raio médio c_m e espessura uniforme t é submetido a um torque de intensidade T. Considere, além disso, os valores das tensões de cisalhamento médias $\tau_{méd}$ e o ângulo de torção ϕ obtido das fórmulas de torção elástica desenvolvidas nas Seções 3.1.3 e 3.2 e, também, os valores correspondentes obtidos das fórmulas desenvolvidas na Seção 3.10 para eixos vazados com parede fina. (*a*) Mostre que o erro relativo introduzido pelo uso das fórmulas de eixos vazados com parede fina em lugar das fórmulas de torção elástica é o mesmo para $\tau_{méd}$ e ϕ, e que o erro relativo é positivo e proporcional à relação t/c_m. (*b*) Compare o erro percentual correspondente a valores da relação t/c_m de 0,1, 0,2 e 0,4.

REVISÃO E RESUMO

Este capítulo foi dedicado à análise e ao projeto de *barras* (ou eixos) de seção circular submetidas a momentos torçores, ou *torques*. Exceto nas duas últimas seções do capítulo, nossa discussão se limitou às *barras de seção circular*.

Deformações em eixos circulares

A distribuição de tensões na seção transversal de uma barra circular é *estaticamente indeterminada*. A determinação dessas tensões, portanto, requer uma análise prévia das *deformações* que ocorrem na barra (Seção 3.1.2). Tendo demonstrado que, em uma barra de seção circular submetida à torção, *toda seção transversal permanece plana e indeformável*, deduzimos a expressão a seguir para a *deformação de cisalhamento* em um pequeno elemento com lados paralelos e perpendiculares ao eixo da barra e a uma distância ρ daquele eixo:

$$\gamma = \frac{\rho\phi}{L} \quad (3.2)$$

em que ϕ é o ângulo de torção para um comprimento L da barra (Fig. 3.55). A Equação (3.2) mostra que a *deformação de cisalhamento em uma barra de seção circular varia linearmente com a distância do eixo da barra*. Consequentemente, a deformação é máxima na superfície da barra, na qual ρ é igual ao raio c da barra.

$$\gamma_{máx} = \frac{c\phi}{L} \qquad \gamma = \frac{\rho}{c}\gamma_{máx} \quad (3.3, 3.4)$$

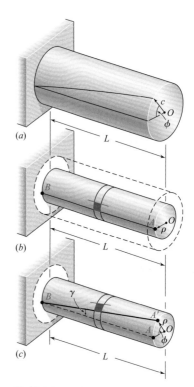

Fig. 3.55 Deformações torcionais. (*a*) O ângulo de torção ϕ. (*b*) Porção não deformada do eixo; o ângulo de torção ϕ e a deformação de cisalhamento γ têm o mesmo comprimento de arco AA'.

Tensões de cisalhamento em regime elástico

Considerando as *tensões de cisalhamento* em uma barra de seção circular dentro do regime elástico (Seção 3.1.3) e recordando a lei de Hooke para tensão e deformação de cisalhamento, $\tau = G\gamma$

$$\tau = \frac{\rho}{c}\tau_{máx} \quad (3.6)$$

que mostra que, dentro do regime elástico, a *tensão de cisalhamento τ em uma barra de seção circular também varia linearmente com a distância do eixo da barra*. Impondo a condição que a soma dos momentos das forças elementares exercidas em uma seção transversal da barra é igual à intensidade T do torque aplicado naquela seção da barra, determinamos as *fórmulas de torção elástica*

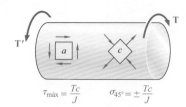

Fig. 3.56 Elementos do eixo com apenas tensões de cisalhamento e tensões normais.

$$\tau_{máx} = \frac{Tc}{J} \qquad \tau = \frac{T\rho}{J} \qquad (3.9, 3.10)$$

em que c é o raio da seção transversal e J seu momento polar de inércia. Notamos que $J = \frac{1}{2}\pi c^4$ para uma barra de seção cheia e $J = \frac{1}{2}\pi(c_2^4 - c_1^4)$ para uma barra de seção vazada de raio interno c_1 e raio externo c_2.

Notamos que, enquanto o elemento a na Fig. 3.56 está em cisalhamento puro, o elemento c na mesma figura está submetido a tensões normais da mesma intensidade, Tc/J, e que duas das tensões normais são de tração e duas de compressão. Isso explica por que, em um ensaio de torção, os materiais dúcteis, que geralmente falham em cisalhamento, romperão ao longo de um plano perpendicular ao eixo do corpo de prova, enquanto materiais frágeis, que costumam falhar em tração em vez de em cisalhamento, romperão ao longo de superfícies formando um ângulo de 45° com aquele eixo.

Ângulo de torção

Dentro do regime elástico, o ângulo de torção ϕ de uma barra de seção circular é proporcional ao torque T aplicado a ele (Fig. 3.57).

$$\phi = \frac{TL}{JG} \text{ (unidades em radianos)} \qquad (3.15)$$

em que L = comprimento do eixo
J = momento polar de inércia da seção transversal
G = módulo de elasticidade transversal do material

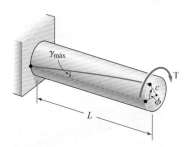

Fig. 3.57 Aplicação de torque a uma barra com extremidade fixa, resultando no ângulo de torção ϕ.

Se a barra de seção circular está submetida a torques em localizações que não as suas extremidades, ou é formada por várias partes com várias seções transversais e possivelmente de diferentes materiais, o ângulo de torção do eixo deve ser expresso como a *soma algébrica* dos ângulos de torção de suas partes componentes:

$$\phi = \sum_i \frac{T_i L_i}{J_i G_i} \qquad (3.16)$$

Observamos que, quando ambas as extremidades de uma barra BE giram (Fig. 3.58), o ângulo de torção da barra é igual à *diferença* entre os ângulos de rotação ϕ_B e ϕ_E de suas extremidades. Notamos também que quando dois eixos AD e BE são conectados por engrenagens A e B, os torques aplicados, respectivamente, pela engrenagem A no eixo AD e pela engrenagem B no eixo BE são *diretamente proporcionais* aos raios r_A e r_B das duas engrenagens, pois as forças aplicadas uma à outra pelos dentes da engrenagem em C são iguais e opostas. Em contrapartida, os ângulos ϕ_A e ϕ_B pelos quais as duas engrenagens giram são *inversamente proporcionais* a r_A e r_B, pois os arcos CC' e CC'' descritos pelos dentes da engrenagem são iguais.

Eixos estaticamente indeterminados

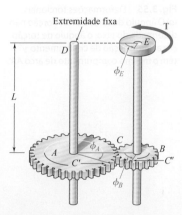

Fig. 3.58 Ângulo de giro em E, na engrenagem B, e na engrenagem A para malha de engrenagens.

Se as reações nos suportes de uma barra ou os torques internos não puderem ser determinados somente pela estática, dizemos que o eixo é *estaticamente indeterminado*. As equações de equilíbrio obtidas dos diagramas de corpo livre devem ser então complementadas por relações que envolvem as deformações da barra e obtidas por meio da geometria do problema.

Eixos de transmissão

Para o *projeto de eixos de transmissão*, potência P transmitida por um eixo é

$$P = 2\pi f T \tag{3.19}$$

em que T é o torque aplicado em cada extremidade do eixo e f é a *frequência* ou a velocidade de rotação do eixo. A unidade de frequência é o número de rotações por segundo (s^{-1}) ou *hertz* (Hz). Se forem utilizadas as unidades SI, T é expresso em newton-metros (N · m) e P em *watts* (W). A potência dada em *horsepower* (hp) pode ser convertida em unidades SI utilizando-se a relação

$$1 \text{ hp} = 746 \text{ N} \cdot \text{m/s} = 746 \text{ kN} \cdot \text{mm/s}$$

Para projetar um eixo que transmitirá determinada potência P a uma frequência f, primeiro devemos resolver a Equação (3.19) para T. Utilizando esse valor e o valor máximo admissível de τ para o material utilizado na fórmula elástica Eq. (3.9), podemos calcular o diâmetro necessário para o eixo.

Concentração de tensões

As *concentrações de tensões* em eixos circulares são resultantes de uma mudança abrupta no diâmetro de um eixo e podem ser reduzidas com o uso de um *adoçamento* (Fig. 3.59). O valor máximo da tensão de cisalhamento no adoçamento é

$$\tau_{\text{máx}} = K \frac{Tc}{J} \tag{3.22}$$

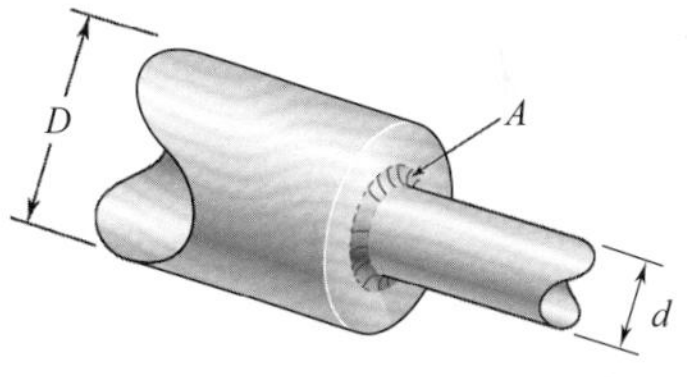

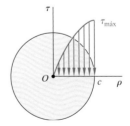

Fig. 3.59 Eixos com dois diferentes diâmetros com adoçamento na junção.

em que a tensão Tc/J é calculada para o menor diâmetro do eixo, e K é o coeficiente de concentração de tensões.

Deformações plásticas

Mesmo quando a lei de Hooke não se aplica, a distribuição de *deformações* em um eixo circular é sempre linear. Se o gráfico de tensão-deformação de cisalhamento para o material é conhecido, é possível então construir um gráfico da tensão de cisalhamento τ em função da distância ρ em relação ao centro do eixo para determinado valor de $\tau_{\text{máx}}$ (Fig. 3.60). Somando as contribuições dos torques que atuam nos elementos anulares de raio ρ e espessura $d\rho$, expressamos o torque T como

$$T = \int_0^c \rho\tau(2\pi\rho\,d\rho) = 2\pi \int_0^c \rho^2\tau\,d\rho \tag{3.23}$$

em que τ é a função de ρ representada graficamente na Fig. 3.60.

Fig. 3.60 Distribuição de tensões de cisalhamento para eixo com resposta tensão-deformação não linear.

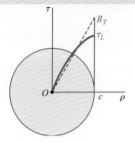

Fig. 3.61 Distribuição de tensões em eixo circular com falha.

Módulo de ruptura

Um valor importante do torque é o torque-limite T_L que provoca a falha do eixo. Esse valor pode ser determinado, experimentalmente, ou pela Equação (3.22) executando-se os cálculos indicados anteriormente com $\tau_{máx}$ escolhido igual ao limite da tensão de cisalhamento τ_L do material. A partir de T_L, e considerando uma distribuição de tensão linear (Fig. 3.61), determinamos a tensão fictícia correspondente $R_T = T_L c/J$, conhecida como *módulo de ruptura em torção* do material considerado.

Eixo cheio feito de material elastoplástico

Considerando o caso ideal de um *eixo circular cheio* feito de um *material elastoplástico*, desde que $\tau_{máx}$ não exceda a tensão de escoamento τ_E do material, a distribuição de tensão por meio de uma seção transversal do eixo é linear (Fig. 3.62a). O torque T_L correspondente a $\tau_{máx} = \tau_E$ (Fig. 3.62b) é conhecido como o *torque elástico máximo*. Para um eixo circular cheio de raio c, temos

$$T_E = \tfrac{1}{2}\pi c^3 \tau_E \qquad (3.26)$$

À medida que o torque aumenta, desenvolve-se uma região plástica no eixo ao redor de um núcleo elástico de raio ρ_E. O torque T correspondente a um valor de ρ_E foi determinado como

$$T = \frac{4}{3} T_E \left(1 - \frac{1}{4}\frac{\rho_E^3}{c^3}\right) \qquad (3.29)$$

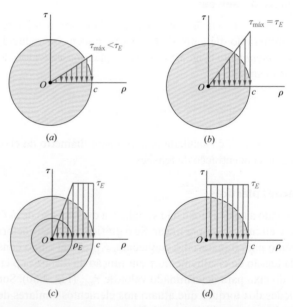

Fig. 3.62 Distribuição de tensões para um eixo elastoplástico em diferentes estágios do carregamento: (a) elástico; (b) escoamento iminente; (c) escoamento parcial; e (d) escoamento completo.

Observamos que, à medida que ρ_E se aproxima de zero, o torque se aproxima de um valor-limite T_P, chamado de *torque plástico* do eixo considerado:

$$T_P = \frac{4}{3}T_E \qquad (3.30)$$

Construindo o gráfico do torque T em função do ângulo de torção ϕ de um eixo circular (Fig. 3.63), obtivemos o segmento de linha reta $0E$ definido pela Equação (3.15), seguido de uma curva aproximando-se da linha reta $T = T_p$ e definida pela equação

$$T = \frac{4}{3} T_E \left(1 - \frac{1}{4} \frac{\phi_E^3}{\phi^3}\right) \qquad (3.34)$$

Deformação permanente e tensões residuais

Aplicando-se um carregamento a um eixo circular além do início do escoamento e, em seguida, descarregando-o, obtém-se uma *deformação permanente* caracterizada pelo ângulo de torção $\phi_p = \phi - \phi'$, em que ϕ corresponde à fase de carregamento descrita no parágrafo anterior, e ϕ' à fase de descarregamento representada por uma linha reta na Fig. 3.64. Haverá também *tensões residuais* no eixo, que podem ser determinadas somando as tensões máximas atingidas durante a fase de carregamento e as tensões reversas correspondentes à fase de descarregamento.

Torção de elementos não circulares

A determinação das fórmulas para a distribuição de deformação e tensão em barras de seção circular era fundamentada no fato de que, em razão da axissimetria desses elementos, as seções transversais permaneciam planas e indeformáveis. Essa propriedade não vale para elementos não circulares, como a barra quadrada da Fig. 3.65.

Barras de seção transversal retangular

Para barras retas com uma *seção transversal retangular uniforme* (Fig. 3.66), a tensão de cisalhamento máxima ocorre ao longo da linha de centro da face *mais larga* da barra. A *analogia de membrana* pode ser usada para visualizar a distribuição de tensões em um elemento não circular.

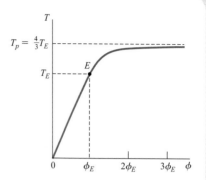

Fig. 3.63 Relação força-deslocamento para material elastoplástico.

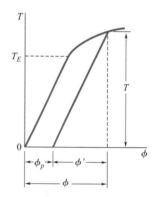

Fig. 3.64 Diagrama tensão-deformação por cisalhamento para ações acima do escoamento seguidas por descarregamento até atingir o escoamento na compressão.

Fig. 3.65 Torção de um eixo de seção transversal quadrada.

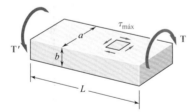

Fig. 3.66 Barras com uma seção transversal retangular, apontando a localização da tensão máxima de cisalhamento.

Barras de seção vazada de parede fina

A tensão de cisalhamento em *barras de seção vazada não circulares de parede fina* é paralela à superfície da parede e varia tanto através da parede quanto ao longo da seção transversal da parede. Chamando de τ o valor médio da tensão de cisalhamento, calculado através da parede em determinado ponto da seção transversal, e por t a espessura da parede naquele ponto (Fig. 3.67), mostramos que o produto $q = \tau t$, chamado de *fluxo de cisalhamento*, é constante ao longo da seção transversal.

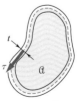

Fig. 3.67 Área para fluxo de cisalhamento.

A tensão de cisalhamento média τ em um ponto qualquer da seção transversal é:

$$\tau = \frac{T}{2t\mathcal{Q}} \qquad (3.50)$$

PROBLEMAS DE REVISÃO

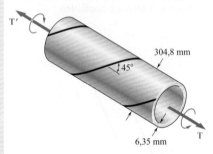

Fig. P3.151

3.151 Um tubo de aço com diâmetro externo de 304,8 mm é fabricado a partir de uma chapa de 6,35 mm de espessura usando-se solda ao longo de uma linha helicoidal que forma um ângulo de 45° com o plano perpendicular ao eixo do tubo. Sabendo que a máxima tensão de tração na solda é de 82,7 MPa, determine o maior torque que pode ser aplicado nesse tubo.

3.152 Um torque de intensidade $T = 120$ N · m é aplicado ao eixo AB do trem de engrenagem mostrado. Sabendo que a tensão de cisalhamento é de 75 MPa em cada um dos três eixos sólidos, determine o diâmetro necessário para (a) o eixo AB, (b) o eixo CD e (c) o eixo EF.

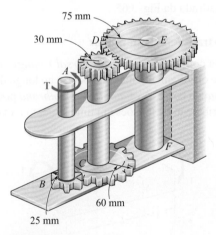

Fig. P3.152

3.153 A haste cilíndrica cheia BC é conectada à alavanca rígida AB e no suporte fixo em C. A força vertical **P** aplicada em A provoca um pequeno deslocamento Δ no ponto A. Demonstre que a tensão de cisalhamento máxima correspondente na haste ocorre

$$\tau = \frac{Gd}{2La}\Delta$$

onde d é o diâmetro da haste e G é o seu módulo de elasticidade.

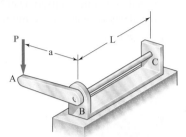

Fig. P3.153

3.154 No sistema de engrenagens cônicas mostrado, $\alpha = 18{,}43°$. Sabendo que a tensão de cisalhamento admissível é de 8 ksi em cada eixo e que o sistema está em equilíbrio, determine o maior torque $\mathbf{T}_A$ que pode ser aplicado em A.

3.155 Três eixos de seção transversal cheia, cada um com $\frac{3}{4}$ in. de diâmetro, estão conectados pelas engrenagens mostradas. Sabendo que $G = 11{,}2 \times 10^6$ psi, determine (*a*) o ângulo de rotação da extremidade A do eixo AB, (*b*) o ângulo de rotação da extremidade E do eixo EF.

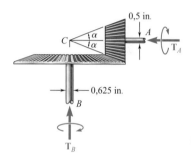

Fig. P3.154

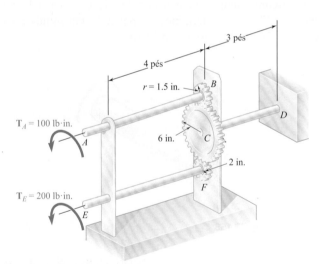

Fig. P3.155

3.156 O eixo composto mostrado consiste em uma jaqueta de latão de 5 mm de espessura ($G_{\text{latão}} = 39$ GPa) unida a um núcleo de aço de 40 mm de diâmetro ($G_{\text{aço}} = 77{,}2$ GPa). Sabendo que o eixo é submetido a um torque de 600 N·m, determine (*a*) a tensão de cisalhamento máxima na jaqueta de latão, (*b*) a tensão de cisalhamento máxima no núcleo de aço, (*c*) o ângulo de giro de B em relação a A.

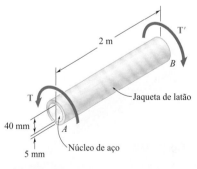

Fig. P3.156

3.157 As extremidades A e D dos dois eixos sólidos AB e CD são fixas, enquanto as extremidades B e C são conectadas por engrenagens conforme mostrado. Sabendo que a tensão de cisalhamento admissível é de 50 MPa em cada eixo, determine o maior torque **T** que pode ser aplicado à engrenagem B.

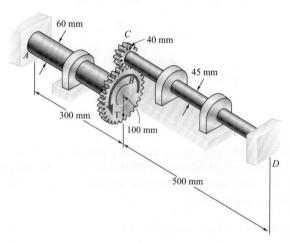

Fig. P3.157

3.158 Enquanto o eixo vazado de aço rotaciona a 180 rpm, uma medida estroboscópica indica que o ângulo de torção é igual a 3°. Sabendo que $G = 77{,}2$ GPa, determine (a) a potência transmitida e (b) a máxima tensão de cisalhamento no eixo.

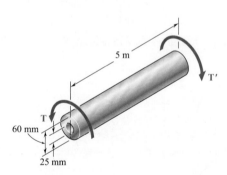

Fig. P3.158

Fig. P3.159

3.159 Sabendo que a tensão de cisalhamento admissível é de 8 ksi para o eixo escalonado mostrado, determine a intensidade T do maior torque que pode ser transmitido pelo eixo quando o raio do adoçamento é (a) $r = \frac{1}{16}$ in., (b) $r = \frac{1}{4}$ in..

3.160 São aplicados torques iguais a tubos com paredes finas de mesma espessura t e mesmo raio c. Um dos tubos foi cortado no sentido do comprimento, como mostra a figura. Determine a razão τ_b/τ_a das tensões de cisalhamento máximas nos tubos.

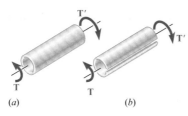

Fig. P3.160

3.161 Duas hastes sólidas de latão AB e CD são brasadas junto a uma luva EF. Determine a razão d_2/d_1 para a qual ocorre a máxima tensão de cisalhamento nas hastes e na luva.

3.162 O eixo AB é feito de um material elastoplástico com $\tau_{adm} = 12,5$ ksi e $G = 4 \times 10^6$ psi. Para o carregamento mostrado, determine (a) o raio do núcleo elástico do eixo, (b) o ângulo de giro do eixo.

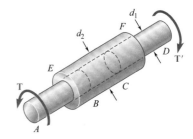

Fig. P3.161

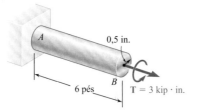

Fig. P3.162

PROBLEMAS PARA COMPUTADOR

Os problemas a seguir devem ser resolvidos usando um computador. Escreva cada programa de modo que os elementos cilíndricos sólidos possam ser definidos pelo seu diâmetro ou pela sua área de seção transversal.

3.C1 O eixo AB consiste em n elementos cilíndricos homogêneos, que podem ser cheios ou vazados. Sua extremidade A é fixa, enquanto a extremidade B é livre, e ele está submetido ao carregamento mostrado na figura. O comprimento do elemento i é designado por L_i, seu diâmetro externo por OD_i, seu diâmetro interno por ID_i, seu módulo de elasticidade transversal por G_i, e o torque aplicado à extremidade direita por $\mathbf{T}_i$, sendo que a intensidade $\mathbf{T}_i$ desse torque é considerada positiva se $\mathbf{T}_i$ estiver no sentido anti-horário quando se observa a barra da extremidade B, e negativa em caso contrário. (Note que $ID_i = 0$ se o elemento for cheio). (a) Elabore um programa de computador que possa ser utilizado para determinar a tensão de cisalhamento máxima em cada elemento, o ângulo de torção de cada elemento e o ângulo de torção do eixo inteiro. (b) Use esse programa para resolver os Problemas 3.35, 3.36 e 3.38.

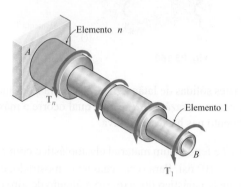

Fig. P3.C1

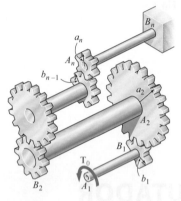

Fig. P3.C2

3.C2 O conjunto mostrado na figura consiste em n eixos cilíndricos, que podem ter seção cheia ou vazada, conectados por engrenagens e suportados por mancais (não mostrados). A extremidade A_1 do primeiro eixo é livre e está submetida ao torque $\mathbf{T}_0$, enquanto a extremidade B_n do último eixo é fixa. O comprimento do eixo A_iB_i é designado por L_i, seu diâmetro externo por OD_i, seu diâmetro interno por ID_i e seu módulo de elasticidade transversal por G_i. (Note que $ID_i = 0$ se o elemento for cheio). O raio da engrenagem A_i é designado por a_i, e o raio da engrenagem B_i, por b_i. (a) Elabore um programa de computador que possa ser utilizado para determinar a tensão de cisalhamento máxima em cada eixo, o ângulo de torção de cada eixo e o ângulo pelo qual a extremidade A_i gira. (b) Utilize esse programa para resolver os Problemas 3.41 e 3.44.

3.C3 O eixo AB consiste em n elementos cilíndricos homogêneos, que podem ser cheios ou vazados. Ambas as extremidades são fixas, e ele está submetido ao carregamento mostrado na figura. O comprimento do elemento i é designado por L_i, seu diâmetro externo por OD_i, seu diâmetro interno por ID_i, seu módulo de elasticidade transversal por G_i e o torque aplicado à sua extremidade direita por $\mathbf{T}_i$, sendo que a intensidade T_i desse torque é considerada positiva se $\mathbf{T}_i$ estiver no sentido anti-horário quando se observa a barra da extremidade B, e negativa em caso contrário. Note que $ID_i = 0$ se o elemento é cheio, e também que $T_1 = 0$. Elabore um programa de computador que possa ser utilizado para determinar as reações em A e B, a tensão de cisalhamento máxima em cada elemento e o ângulo de torção de cada elemento. Utilize esse programa (a) para resolver o Problema 3.55 e (b) para determinar a tensão de cisalhamento máxima no eixo do Problema Resolvido 3.7.

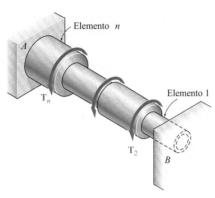

Fig. P3.C3

3.C4 O eixo AB, cilíndrico, de seção cheia e homogêneo tem um comprimento L, um diâmetro d, um módulo de elasticidade transversal G e uma tensão de escoamento τ_E. Ele está submetido a um torque **T** que é aumentado gradualmente desde zero até que o ângulo de torção do eixo atinja o valor máximo ϕ_m e depois diminuído novamente até zero. (*a*) Elabore um programa de computador que, para cada um dos 16 valores de ϕ_m igualmente espaçados sobre um intervalo que se estende de 0 até um valor três vezes maior que o ângulo de torção no início do escoamento, possa ser utilizado para determinar o valor máximo T_m do torque, o raio do núcleo elástico, a tensão de cisalhamento máxima, o ângulo de torção permanente e a tensão de cisalhamento residual tanto na superfície do eixo quanto na interface do núcleo elástico e região plástica. (*b*) Utilize esse programa para obter respostas aproximadas dos Problemas 3.114, 3.115 e 3.116.

Fig. P3.C4

3.C5 A expressão exata é dada no Problema 3.60 para o ângulo de torção do eixo cônico AB de seção cheia quando é aplicado um torque **T** como mostra a figura. Deduza uma expressão aproximada para o ângulo de torção substituindo o eixo cônico por n eixos cilíndricos de igual comprimento e com raios dados por $r_i = (n + i - \frac{1}{2})(c/n)$, em que $i = 1, 2, \ldots, n$. Usando para T, L, G e c valores de sua escolha, determine o erro percentual na expressão aproximada quando (*a*) $n = 4$, (*b*) $n = 8$, (*c*) $n = 20$ e (*d*) $n = 100$.

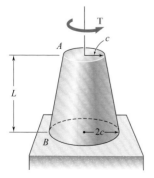 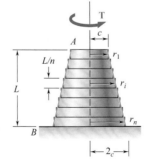

Fig. P3.C5

3.C6 Um torque **T** é aplicado, como mostra a figura, ao eixo AB, vazado e cônico, com espessura uniforme t. Deduza uma expressão aproximada para o ângulo de torção substituindo o eixo cônico por n anéis cilíndricos de igual comprimento e de raio $r_i = (n + i - \frac{1}{2})(c/n)$, em que $i = 1, 2, \ldots, n$. Utilizando para T, L, G, c e t valores de sua escolha, determine o erro percentual na expressão aproximada quando (a) $n = 4$, (b) $n = 8$, (c) $n = 20$ e (d) $n = 100$.

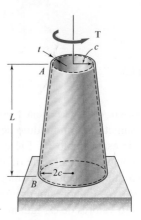

Fig. P3.C6

4

Flexão pura

As tensões normais e a curvatura resultantes da flexão pura, como as que se desenvolvem na porção central de um haltere sendo suspenso, serão estudadas neste capítulo.

OBJETIVOS

Neste capítulo, vamos:

- **Apresentar** o comportamento na flexão.
- **Definir** deformadas, deformações e tensões normais em vigas submetidas a flexão pura.
- **Descrever** o comportamento de vigas compostas de mais de um material.
- **Rever** a concentração de tensões e como estas são consideradas no projeto de vigas.
- **Estudar** as deformações plásticas no cálculo de vigas feitas de materiais elastoplásticos.
- **Analisar** elementos submetidos a cargas axiais excêntricas, envolvendo as tensões axiais e as tensões de flexão.
- **Rever** as vigas submetidas a flexão não simétrica, i.e., em que a flexão não ocorre em um plano de simetria.
- **Estudar** a flexão de elementos curvos.

224 Mecânica dos Materiais

Introdução

4.1 Barra simétrica em flexão pura
4.1.1 Momento interno e relação de tensão
4.1.2 Deformações
4.2 Tensões e deformações no regime elástico
4.3 Deformações em uma seção transversal
4.4 Barras constituídas de material composto
4.5 Concentrações de tensão
*4.6 Deformações plásticas
*4.6.1 Barras constituídas de material elastoplástico
*4.6.2 Barras com um único plano de simetria
*4.6.3 Tensões residuais
4.7 Carregamento axial excêntrico em um plano de simetria
4.8 Flexão assimétrica
4.9 Caso geral de carregamento axial excêntrico
*4.10 Flexão de barras curvas

INTRODUÇÃO

Neste capítulo e nos dois seguintes, analisaremos as tensões e deformações em elementos prismáticos submetidos à *flexão*. Flexão é um conceito importante usado no projeto de muitos componentes de máquinas e componentes estruturais, como vigas e traves.

Este capítulo será dedicado à análise dos elementos prismáticos submetidos a momentos fletores **M** e **M'** iguais e opostos atuando no mesmo plano longitudinal. Dizemos que esses elementos estão em *flexão pura*. Na maior parte do capítulo, consideraremos que os elementos possuem um plano de simetria e que os momentos fletores **M** e **M'** estão atuando naquele plano (Fig. 4.1).

Fig. 4.1 Elemento em flexão pura.

Um exemplo de flexão pura é dado pela barra de levantamento de pesos que um atleta segura acima da cabeça, como mostra a página anterior. A barra suporta pesos iguais a distâncias iguais das mãos do levantador de pesos. Em razão da simetria do diagrama de corpo livre da barra (Fig. 4.2*a*), as reações nas mãos devem ser iguais e opostas aos pesos. Portanto, com relação à parte média *CD* da barra, os pesos e as reações podem ser substituídos por dois momentos fletores iguais e opostos (Fig. 4.2*b*), mostrando que a parte central da barra está em flexão pura. Uma análise similar do eixo de um pequeno veículo esportivo (Foto 4.1) mostraria que, entre os dois pontos em que ele está preso ao veículo, o eixo está em flexão pura.

Os resultados obtidos da aplicação direta da flexão pura serão usados na análise de outros tipos de carregamento, como *carregamentos axiais excêntricos* e *carregamentos transversais*.

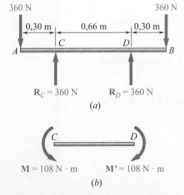

Fig. 4.2 (*a*) Diagrama de corpo livre do haltere mostrado na foto de abertura deste capítulo, (*b*) diagrama de corpo livre da parte central da barra, que está em flexão pura.

Foto 4.1 A porção central do eixo traseiro de um pequeno veículo esportivo está em flexão pura.
©Sven Hagolani/Getty Images

A Foto 4.2 mostra um grampo de aço de 305 mm usado para aplicar uma força de 680 N a duas peças de madeira que estão sendo coladas. A Fig. 4.3a mostra as forças iguais e opostas exercidas pela madeira no grampo. Essas forças resultam em um *carregamento excêntrico* na parte reta do grampo. Na Fig. 4.3b foi feito um corte no grampo na seção CC' e desenhado o diagrama de corpo livre da metade superior do grampo, do qual concluímos que os esforços internos na seção são equivalentes a uma força de tração axial **P** de 680 N e um momento fletor **M** de 85 N · m. Podemos então combinar as tensões sob uma força *centrada* e os resultados de nossa futura análise de tensões em flexão pura para obter a distribuição de tensões sob uma força *excêntrica*. Isso será discutido melhor na Seção 4.7.

Foto 4.2 Grampo de aço usado para colar duas peças de madeira. ©Ted Foxx/Alamy Stock Photo

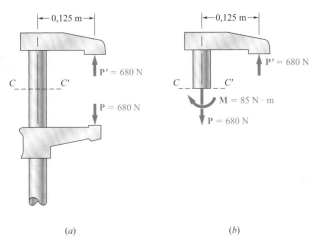

Fig. 4.3 (a) Diagrama de corpo livre de um grampo; (b) diagrama de corpo livre da porção superior do grampo.

O estudo da flexão pura também terá um papel essencial no estudo das vigas, isto é, o estudo de elementos prismáticos submetidos a vários tipos de *forças transversais*. Considere, por exemplo, uma viga em balanço AB suportando uma força concentrada **P** em sua extremidade livre (Fig. 4.4a). Se cortarmos a viga em uma seção C a uma distância x de A, observamos no diagrama de corpo livre de AC (Fig. 4.4b) que os esforços internos na seção consistem em uma força **P'** igual e oposta a **P** e de um momento **M** de intensidade $M = Px$. A distribuição de tensões normais na seção pode ser obtida do momento **M** como se a viga estivesse em flexão pura. Não obstante, as tensões de cisalhamento na seção dependem da força **P'**, e você aprenderá no Capítulo 6 a determinar sua distribuição sobre uma determinada seção.

A primeira parte deste capítulo é dedicada à análise das tensões e deformações provocadas por flexão pura em uma barra homogênea que possui um plano de simetria e é feita de um material que segue a lei de Hooke. Os métodos da estática serão utilizados na Seção 4.1.1 para determinar três equações fundamentais que devem ser satisfeitas pelas tensões normais em uma determinada seção transversal da barra. Na Seção 4.1.2, provaremos que *seções transversais planas permanecem planas* em uma barra submetida à flexão pura, enquanto na Seção 4.2 serão desenvolvidas fórmulas que podem ser usadas para determinar as *tensões normais*, bem como o *raio de curvatura* para uma barra dentro do regime elástico.

Na Seção 4.4, você estudará as tensões e deformações em *barras de material composto*, feitas de mais de um material, como vigas reforçadas de

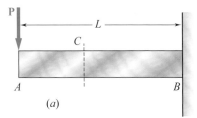

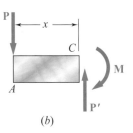

Fig. 4.4 (a) Viga em balanço com uma força atuando em sua extremidade. (b) Como a parte *AC* aponta, a viga não está em flexão pura.

concreto, que utilizam as melhores características do aço e do concreto e são usadas extensivamente na construção de edifícios e pontes. Você aprenderá a desenhar uma *seção transformada* representando a seção de uma barra feita de material homogêneo que sofre as mesmas deformações da barra do material composto sob o mesmo carregamento. A seção transformada será usada para determinar as tensões e deformações na barra de material composto original. A Seção 4.5 é dedicada à determinação das *concentrações de tensão* localizadas em posições em que a seção transversal da barra sofre uma mudança brusca.

A Seção 4.6 aborda as *deformações plásticas*, nas quais as barras são feitas de material que não segue a lei de Hooke e estão submetidas à flexão. As tensões e deformações em barras feitas de *material elastoplástico* serão discutidas na Seção 4.6.1. Começando com o *momento elástico máximo* M_E, que corresponde ao início do escoamento, discutiremos os efeitos de momentos cada vez maiores até atingir o *momento plástico* M_p. Você também aprenderá a determinar as *deformações permanentes* e as *tensões residuais* que resultam desses carregamentos (Seção 4.6.3).

Na Seção 4.7, você aprenderá a analisar um *carregamento axial excêntrico* em um plano de simetria, como aquele mostrado na Fig. 4.3, superpondo as tensões em virtude da flexão pura e as tensões em virtude do carregamento axial centrado.

Seu estudo de flexão de elementos prismáticos concluirá com a análise da *flexão assimétrica* (Seção 4.8) e o estudo do caso geral de *carregamento axial excêntrico* (Seção 4.9). A parte final do capítulo será dedicada à determinação das tensões em *elementos curvos* (Seção 4.10).

4.1 BARRA SIMÉTRICA EM FLEXÃO PURA

4.1.1 Momento interno e relação de tensão

Considere uma barra prismática AB possuindo um plano de simetria e submetida a conjugados iguais e opostos **M** e **M'** atuando naquele plano (Fig. 4.5a). Observamos que, se uma seção da barra AB for cortada em algum ponto arbitrário C, as condições de equilíbrio da parte AC da barra requerem que os esforços internos na seção sejam equivalentes ao conjugado **M** (Fig. 4.5b). O momento M daquele conjugado é chamado de *momento fletor* na seção. Seguindo a convenção usual, será atribuído um sinal positivo a M quando a barra é flexionada, conforme mostra a Fig. 4.5a (isto é, quando a concavidade da viga está virada para cima) e um sinal negativo em caso contrário.

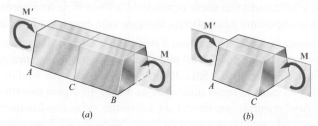

Fig. 4.5 (a) Uma barra em estado de flexão pura. (b) Qualquer parte intermediária de AB também estará em flexão pura.

Chamando de σ_x a tensão normal em um ponto da seção transversal e τ_{xy} e τ_{xz} as componentes da tensão de cisalhamento, expressamos que o sistema das forças internas elementares que atuam na seção é equivalente ao momento fletor **M** (Fig. 4.6).

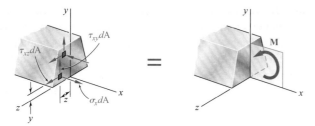

Fig. 4.6 Tensões resultantes de um momento de flexão pura M.

Recordamos da estática que um momento fletor **M** consiste na realidade de duas forças iguais e opostas. A soma das componentes dessas forças em qualquer direção, portanto, é igual a zero. Além disso, o momento fletor é o mesmo em relação a *qualquer* eixo perpendicular a seu plano e é zero em relação a qualquer eixo contido naquele plano. Selecionando arbitrariamente o eixo z, como mostra a Fig. 4.6, expressamos a equivalência das forças internas elementares e do momento **M** escrevendo que as somas das componentes e dos momentos das forças elementares são iguais às correspondentes componentes e aos correspondentes momentos fletores **M**:

componentes x: $\qquad \int \sigma_x \, dA = 0 \qquad$ (4.1)

momentos em torno do eixo y: $\qquad \int z\sigma_x \, dA = 0 \qquad$ (4.2)

momentos em torno do eixo z: $\qquad \int (-y\sigma_x \, dA) = M \qquad$ (4.3)

Três equações adicionais poderiam ser obtidas igualando a zero as somas das componentes y, componentes z e momentos em torno do eixo x, mas essas equações envolveriam somente as componentes da tensão de cisalhamento e, como você verá na próxima seção, as componentes da tensão de cisalhamento são iguais a zero.

Devem ser feitas duas observações neste ponto.

1. O sinal de menos na Equação (4.3) se deve em razão do fato de que uma tensão de tração ($\sigma_x > 0$) leva a um momento negativo (sentido horário) da força normal $\sigma_x \, dA$ em relação ao eixo z.
2. A Equação (4.2) poderia ter sido prevista, pois a aplicação dos momentos fletores no plano de simetria da barra *AB* resultará em uma distribuição de tensões normais que é simétrica em relação ao eixo y.

Uma vez mais, notamos que a distribuição real de tensões em uma seção transversal não pode ser determinada somente pela estática. Ela é *estaticamente indeterminada* e pode ser obtida somente analisando-se as *deformações* produzidas na barra.

4.1.2 Deformações

Vamos agora analisar as deformações de um elemento prismático que possui um plano de simetria e está submetido em suas extremidades a momentos fletores **M** e **M'** iguais e opostos atuando no plano de simetria. O elemento sofrerá flexão sob a ação dos momentos fletores, mas permanecerá simétrico em relação ao outro plano (Fig. 4.7). Além disso, como o momento fletor *M* é o mesmo em qualquer seção transversal, a barra sofrerá flexão uniforme.

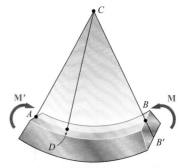

Fig. 4.7 Inicialmente retos, os elementos em flexão pura deformam-se em forma de arco circular.

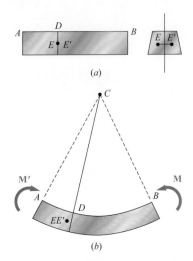

Fig. 4.8 (a) Dois pontos em uma sessão transversal em D perpendicular ao eixo da barra. (b) Considerando a possibilidade de esses pontos não permanecerem na seção transversal após a flexão.

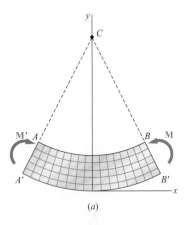

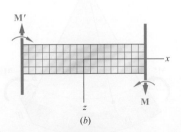

Fig. 4.9 Componente sujeito a flexão pura apresentado de dois pontos de vista. (a) Seção vertical, longitudinal (plano de simetria). (b) Seção horizontal, longitudinal.

Assim, a linha AB ao longo da qual a face superior da barra intercepta o plano dos momentos fletores terá uma curvatura constante. Em outras palavras, a linha AB, que originalmente era uma linha reta, será transformada em um arco de circunferência de centro C, como também a linha $A'B'$ ao longo da qual a face inferior da barra intercepta o plano de simetria. Notamos também que a linha AB diminuirá em seu comprimento quando a barra for flexionada (isto é, quando $M > 0$), enquanto $A'B'$ se tornará mais longa.

Em seguida, vamos provar que qualquer seção transversal perpendicular ao eixo da barra permanece plana, e que o plano da seção passa por C. Se esse não fosse o caso, poderíamos encontrar um ponto E da seção original, que é a mesma seção à qual D pertence (Fig. 4.8a), e que depois de a barra ter sido flexionada, ele *não* estaria mais no plano de simetria que contém a linha CD (Fig. 4.8b). No entanto, em virtude da simetria da barra, haveria um outro ponto E' que seria transformado exatamente da mesma maneira. Vamos supor que, depois de a viga ter sido flexionada, ambos os pontos estariam localizados à esquerda do plano definido por CD, como mostra a Fig. 4.8b. Como o momento fletor M é o mesmo por todo o elemento, uma situação similar seria válida em qualquer outra seção transversal, e os pontos correspondentes a E e E' também se moveriam para a esquerda. Assim, um observador em A concluiria que o carregamento faz os pontos E e E' em várias seções transversais se moverem para a frente (em direção ao observador), mas um observador em B, para o qual o carregamento parece o mesmo, e que observa os pontos E e E' nas mesmas posições (exceto que agora eles estão invertidos), chegaria a uma conclusão oposta. Essa inconsistência nos leva a concluir que E e E' estarão no mesmo plano definido por CD e, portanto, que a seção permanece plana e passa pelo ponto C. Devemos notar, no entanto, que essa discussão não invalida a possibilidade de deformações dentro do plano da seção (veja a Seção 4.3).

Imagine que a viga seja dividida em um grande número de pequenos elementos cúbicos com faces respectivamente paralelas aos três planos coordenados. A propriedade que estabelecemos requer que esses elementos sejam transformados quando a viga estiver submetida aos momentos fletores **M** e **M′**, como mostra a Fig. 4.9. Como todas as faces representadas nas duas projeções da Fig. 4.9 estão a 90° uma da outra, concluímos que $\gamma_{xy} = \gamma_{xz} = 0$ e, portanto, que $\tau_{xy} = \tau_{xz} = 0$. Com relação às três componentes de tensão que não discutimos ainda, ou seja, σ_y, σ_z e τ_{yz}, notamos que elas devem ser zero na superfície da viga. Em contrapartida, como as deformações envolvidas não requerem nenhuma interação entre os elementos de uma seção transversal, podemos supor que essas três componentes de tensão são iguais a zero em toda a viga. Essa suposição é confirmada, tanto pela evidência experimental quanto pela teoria da elasticidade, para vigas delgadas submetidas a pequenas deformações.[†] Concluímos que a única componente de tensão diferente de zero que atua em qualquer um dos pequenos elementos cúbicos considerados aqui é a componente normal σ_x. Assim, em qualquer ponto de uma viga delgada em flexão pura, temos um estado de *tensão uniaxial*. Lembrando que, para $M > 0$, observa-se que as linhas AB e $A'B'$, respectivamente, diminuem e aumentam em comprimento, notamos que a deformação específica ϵ_x e a tensão σ_x são negativas na parte superior da viga (*compressão*) e positivas na parte inferior (*tração*).

Conclui-se dessa discussão que deve existir uma superfície paralela às faces superior e inferior da viga, em que ϵ_x e σ_x são zero. Essa superfície

---

[†] Veja também Prob. 4.32.

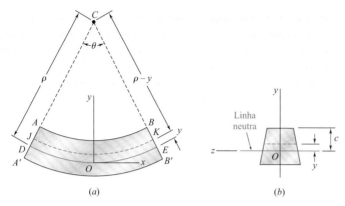

Fig. 4.10 Estabelecimento da linha neutra. (*a*) Visão longitudinal-vertical. (*b*) Seção transversal na origem.

é chamada de *superfície neutra*. A superfície neutra intercepta o plano de simetria ao longo de um arco de circunferência *DE* (Fig. 4.10*a*) e intercepta determinada seção transversal por meio de uma linha reta chamada de *linha neutra* da seção (Fig. 4.10*b*).

A origem das coordenadas será adotada agora em um ponto na superfície neutra, e não na face inferior da viga, como foi feito antes, de modo que a distância de qualquer ponto até a superfície neutra será medida por sua coordenada *y*.

Chamando de ρ o raio do arco *DE* (Fig. 4.10*a*), de θ o ângulo central correspondendo a *DE* e observando que o comprimento de *DE* é igual ao comprimento *L* da viga não deformada, escrevemos

$$L = \rho\theta \tag{4.4}$$

Considerando agora o arco *JK* localizado a uma distância *y* acima da superfície neutra, notamos que seu comprimento *L'* é

$$L' = (\rho - y)\theta \tag{4.5}$$

Como o comprimento original do arco *JK* era igual a *L*, a deformação de *JK* é

$$\delta = L' - L \tag{4.6}$$

ou, se substituirmos das Equações (4.4) e (4.5) na Equação (4.6),

$$\delta = (\rho - y)\theta - \rho\theta = -y\theta \tag{4.7}$$

A deformação longitudinal específica ϵ_x nos elementos que constituem o arco *JK* é obtida dividindo-se δ pelo comprimento original *L* de *JK*. Escrevemos

$$\epsilon_x = \frac{\delta}{L} = \frac{-y\theta}{\rho\theta}$$

ou

$$\epsilon_x = -\frac{y}{\rho} \tag{4.8}$$

O sinal de menos é em razão do fato de que supomos que o momento fletor seja positivo e, portanto, a viga terá a concavidade para cima.

Em virtude da necessidade de que as seções transversais permaneçam planas, ocorrerão deformações idênticas em todos os planos paralelos ao plano de simetria. Assim, o valor da deformação específica dado pela Equação (4.8) é válido em qualquer lugar, e concluímos que a *deformação normal longitudinal específica* ϵ_x *varia linearmente com a distância y da superfície neutra.*

A deformação específica ϵ_x atinge seu valor absoluto máximo quando o valor de y é máximo. Chamando de c a maior distância da superfície neutra (que corresponde à superfície superior ou inferior da viga) e de ϵ_m o *valor absoluto máximo* da deformação, temos

$$\epsilon_m = \frac{c}{\rho} \qquad (4.9)$$

Resolvendo a Equação (4.9) para ρ e substituindo o valor obtido na Equação (4.8),

$$\epsilon_x = -\frac{y}{c}\epsilon_m \qquad (4.10)$$

Para calcular a deformação específica ou tensão em um determinado ponto da viga, precisamos localizar sua superfície neutra. Para localizarmos essa superfície, devemos primeiro especificar a relação tensão-deformação específica do material utilizado, o que iremos considerar na seção seguinte.[†]

4.2 TENSÕES E DEFORMAÇÕES NO REGIME ELÁSTICO

Consideramos agora o caso em que o momento fletor M é tal que as tensões normais na viga permanecem abaixo da tensão de escoamento do material σ_E. Isso significa que, para todos os fins práticos, as tensões na viga permanecerão abaixo dos limites de proporcionalidade e elástico. Não haverá deformação permanente, e vale a lei de Hooke para tensão uniaxial. Considerando que o material seja homogêneo, e chamando de E seu módulo de elasticidade, temos na direção longitudinal x

$$\sigma_x = E\epsilon_x \qquad (4.11)$$

Recordando a Equação (4.10) e multiplicando ambos os membros dessa equação por E, escrevemos

$$E\epsilon_x = -\frac{y}{c}(E\epsilon_m)$$

ou, usando a Equação (4.11),

$$\sigma_x = -\frac{y}{c}\sigma_m \qquad (4.12)$$

em que σ_m representa o *valor máximo absoluto* da tensão. Esse resultado mostra que no *regime elástico, a tensão normal varia linearmente com a distância da superfície neutra* (Fig. 4.11).

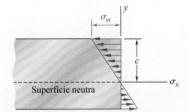

Fig. 4.11 A tensão de flexão varia linearmente com a distância da linha neutra.

[†] No entanto, se a viga possui um plano vertical e horizontal de simetria (por exemplo, uma viga com uma seção transversal retangular), e se a curva tensão-deformação específica é a mesma em tração e compressão, a superfície neutra coincidirá com o plano de simetria (ver Seção 4.6).

Deve-se notar, neste momento, que não conhecemos a localização da superfície neutra nem o valor máximo σ_m da tensão. Ambos podem ser encontrados se lembrarmos das relações das Equações (4.1) e (4.3). Substituindo primeiro o valor de σ_x dado na Equação (4.12) na Equação (4.1), escrevemos

$$\int \sigma_x \, dA = \int \left(-\frac{y}{c}\sigma_m\right) dA = -\frac{\sigma_m}{c} \int y \, dA = 0$$

da qual concluímos que

$$\int y \, dA = 0 \qquad (4.13)$$

Essa equação mostra que o momento estático da seção transversal em relação à linha neutra deve ser zero.[†] Assim para uma viga submetida à flexão pura, e *desde que as tensões permaneçam no regime elástico, a linha neutra passará pelo centro geométrico, ou centroide, da seção transversal.*

Lembramos agora da Equação (4.3), determinada com relação a um eixo z horizontal *arbitrário*,

$$\int (-y\sigma_x \, dA) = M \qquad (4.3)$$

Especificando que o eixo z deverá coincidir com a linha neutra da seção transversal, substituímos o valor de σ_x da Equação (4.12) na Equação (4.3) e escrevemos

$$\int (-y)\left(-\frac{y}{c}\sigma_m\right) dA = M$$

ou

$$\frac{\sigma_m}{c} \int y^2 \, dA = M \qquad (4.14)$$

Lembrando que, no caso de flexão pura, a linha neutra passa pelo centro geométrico da seção transversal, notamos que I é o momento de inércia, ou momento de segunda ordem, da seção transversal em relação a um eixo que passa pelo centro geométrico e é perpendicular ao plano do momento fletor **M**. Resolvendo a Equação (4.14) para σ_m,[‡]

$$\sigma_m = \frac{Mc}{I} \qquad (4.15)$$

Substituindo σ_m da Equação (4.15) na Equação (4.12), obtemos a tensão normal σ_x para qualquer distância y da linha neutra:

$$\sigma_x = -\frac{My}{I} \qquad (4.16)$$

As Equações (4.15) e (4.16) são chamadas de *fórmulas da flexão em regime elástico*, e a tensão normal σ_x provocada pela flexão da viga geralmente é chamada de *tensão de flexão*. Verificamos que a tensão é de compressão ($\sigma_x < 0$) acima da linha neutra ($y > 0$) quando o momento fletor M é positivo, e de tração ($\sigma_x > 0$) quando M é negativo.

[†] Ver o Apêndice B para uma discussão dos momentos estáticos.

[‡] Lembramos que o momento fletor foi considerado positivo. Se o momento fletor for negativo, M deverá ser substituído na Equação (4.15) por seu valor absoluto $|M|$.

Retornando à Equação (4.15), notamos que a relação I/c depende somente da geometria da seção transversal. Essa relação é chamada de *módulo de resistência* e é representada por W. Temos

$$\text{Módulo de resistência} = W = \frac{I}{c} \quad (4.17)$$

Substituindo I/c por W na Equação (4.15), escrevemos essa equação na forma alternativa

$$\sigma_m = \frac{M}{W} \quad (4.18)$$

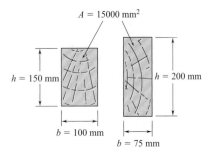

Fig. 4.12 Seções transversais de vigas de madeira.

Como a tensão máxima σ_m é inversamente proporcional ao módulo de resistência W, está claro que as vigas devem ser projetadas com um valor de W o maior possível. Por exemplo, no caso de uma viga de madeira com seção transversal retangular de largura b e altura h, temos

$$W = \frac{I}{c} = \frac{\frac{1}{12}bh^3}{h/2} = \tfrac{1}{6}bh^2 = \tfrac{1}{6}Ah \quad (4.19)$$

em que A é a área da seção transversal da viga. Isso mostra que no caso de duas vigas com a mesma área A de seção transversal (Fig. 4.12), aquela com a altura h maior terá um módulo de resistência maior e, portanto, terá uma capacidade maior para resistir à flexão.[†]

No caso do aço estrutural, as apresentadas na Foto 4.3, são preferidas em lugar de outros perfis, porque a maior parte de suas seções transversais

Foto 4.3 Vigas de mesa larga de aço formam a estrutura desta construção. ©Hisham Ibrahim/Stockbyte/Getty Images

---

† No entanto, valores grandes da relação h/b poderiam resultar na instabilidade lateral da viga.

está localizada bem longe da linha neutra (Fig. 4.13). Assim, para uma determinada área de seção transversal e uma altura dada, o projeto dessas vigas proporciona valores altos de I e de W. Valores do módulo de resistência das vigas fabricadas normalmente podem ser obtidos das tabelas que listam várias propriedades geométricas dessas vigas (o Apêndice E fornece exemplos de algumas seções de vigas comumente usadas). Para determinar a tensão máxima σ_m em uma seção de uma viga padrão, o engenheiro precisa somente ler o valor do módulo de resistência W em uma dessas tabelas e dividir o momento fletor M na seção por W.

A deformação da viga provocada pelo momento fletor M é medida pela *curvatura* da superfície neutra. A curvatura é definida como o inverso do raio de curvatura ρ, e pode ser obtida resolvendo-se a Equação (4.9) para $1/\rho$:

$$\frac{1}{\rho} = \frac{\epsilon_m}{c} \qquad (4.20)$$

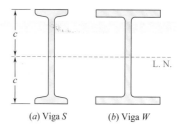

Fig. 4.13 Dois tipos de seções transversais de vigas de aço: (*a*) vigas de padrão americano (*S*) e (*b*) vigas de mesa larga (*W*).

Contudo, no regime elástico, temos $\epsilon_m = \sigma_m/E$. Substituindo-se ϵ_m na Equação (4.20) e usando a Equação (4.15), escrevemos

$$\frac{1}{\rho} = \frac{\sigma_m}{Ec} = \frac{1}{Ec}\frac{Mc}{I}$$

ou

$$\frac{1}{\rho} = \frac{M}{EI} \qquad (4.21)$$

Aplicação do conceito 4.1

Uma barra de aço de seção transversal retangular medindo 20,3 mm × 63,5 mm está submetida a dois momentos fletores iguais e opostos atuando no plano vertical de simetria da barra (Fig. 4.14*a*). Determine o valor do momento fletor M que provoca escoamento na barra. Considere $\sigma_E = 248$ MPa.

Como a linha neutra deve passar pelo centroide C da seção transversal, temos $c = 31{,}75$ mm (Fig. 4.14*b*). Entretanto, o momento de inércia em relação ao eixo que passa pelo centroide da seção transversal retangular é

$$I = \tfrac{1}{12}bh^3 = \tfrac{1}{12}(2{,}03 \text{ cm})(6{,}35 \text{ cm})^3 = 43{,}31 \text{ cm}^4$$

Resolvendo a Equação (4.15) para M, e usando os dados acima, temos

$$M = \frac{I}{c}\sigma_m = \frac{43{,}31}{3{,}175}(24{,}8 \text{ kN/cm}^2)$$

$$M = 338{,}30 \text{ kN} \cdot \text{cm}$$

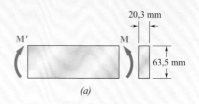

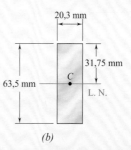

Fig. 4.14 (*a*) Barra de seção transversal retangular em flexão pura. (*b*) Centroide e dimensões de seção transversal.

Aplicação do conceito 4.2

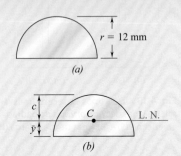

Fig. 4.15 (a) Seção semicircular da barra em flexão pura. (b) Centroide e linha neutra da seção transversal.

Uma barra de alumínio com uma seção transversal semicircular de raio $r = 12$ mm (Fig. 4.15a) é flexionada até atingir a forma de um arco de circunferência de raio médio $\rho = 2,5$ m. Sabendo que a face plana da barra está virada para o centro de curvatura do arco, determine as tensões máximas de tração e compressão na barra. Use $E = 70$ GPa.

Poderíamos usar a Equação (4.21) para determinar o momento fletor M correspondente ao raio de curvatura ρ dado, e depois usar a Equação (4.15) para determinar σ_m. No entanto, é mais simples usar a Equação (4.9) para determinar ϵ_m e a lei de Hooke para obter σ_m.

A ordenada $\bar{y}$ do centroide C da seção transversal semicircular é

$$\bar{y} = \frac{4r}{3\pi} = \frac{4(12 \text{ mm})}{3\pi} = 5,093 \text{ mm}$$

A linha neutra passa pelo ponto C (Fig. 4.15b), e a distância c até o ponto da seção transversal mais distante da linha neutra é

$$c = r - \bar{y} = 12 \text{ mm} - 5,093 \text{ mm} = 6,907 \text{ mm}$$

Usando a Equação (4.9),

$$\epsilon_m = \frac{c}{\rho} = \frac{6,907 \times 10^{-3} \text{ m}}{2,5 \text{ m}} = 2,763 \times 10^{-3}$$

e, aplicando a lei de Hooke,

$$\sigma_m = E\epsilon_m = (70 \times 10^9 \text{ Pa})(2,763 \times 10^{-3}) = 193,4 \text{ MPa}$$

Como esse lado da barra está voltado para a direção oposta ao centro de curvatura da barra, a tensão obtida é de tração. A tensão de compressão máxima ocorre no lado plano da barra. Considerando o fato de que a tensão é proporcional à distância da linha neutra, escrevemos

$$\sigma_{\text{comp}} = -\frac{\bar{y}}{c}\sigma_m = -\frac{5,093 \text{ mm}}{6,907 \text{ mm}}(193,4 \text{ MPa})$$
$$= -142,6 \text{ MPa}$$

4.3 DEFORMAÇÕES EM UMA SEÇÃO TRANSVERSAL

Ainda que a Seção 4.1.2 tenha mostrado que a seção transversal de uma viga em flexão pura permanece plana, não excluímos a possibilidade de deformações dentro do plano da seção. Lembremos da Seção 2.4 que barras em um estado de tensão uniaxial, $\sigma_x \neq 0$, $\sigma_y = \sigma_z = 0$, são deformadas nas direções transversais y e z, bem como na direção axial x. As deformações específicas normais ϵ_y e ϵ_z dependem do coeficiente de Poisson ν para o material utilizado e são expressas como

$$\epsilon_y = -\nu\epsilon_x \qquad \epsilon_z = -\nu\epsilon_x$$

ou, usando a Equação (4.8),

$$\epsilon_y = \frac{\nu y}{\rho} \qquad \epsilon_z = \frac{\nu y}{\rho} \qquad (4.22)$$

As relações que obtivemos mostram que os elementos localizados acima da superfície neutra ($y > 0$) expandirão nas direções y e z, enquanto os elementos localizados abaixo da superfície neutra ($y < 0$) contrairão. No caso de uma viga de seção transversal retangular, a expansão e a contração dos vários elementos na direção vertical se compensam, e não se observará alteração na dimensão vertical da seção transversal. No entanto, no que se refere às deformações na direção z horizontal, a expansão dos elementos localizados acima da superfície neutra e a correspondente contração dos elementos localizados abaixo daquela superfície resultarão em várias linhas horizontais encurvadas em arcos de circunferência (Fig. 4.16). A situação observada aqui é similar àquela observada anteriormente em uma seção transversal longitudinal. Comparando a segunda das Equações (4.22) com a Equação (4.8), concluímos que a linha neutra da seção transversal se encurvará em um arco de circunferência de raio $\rho' = \rho/\nu$. O centro C' dessa circunferência está localizado abaixo da superfície neutra (supondo $M > 0$) (isto é, no lado oposto ao centro de curvatura C da viga). O inverso do raio de curvatura ρ' representa a curvatura da seção transversal e é chamado de *curvatura anticlástica*. Temos

$$\text{Curvatura anticlástica} = \frac{1}{\rho'} = \frac{\nu}{\rho} \qquad (4.23)$$

Em nossa discussão das deformações de uma viga simétrica em flexão pura, nesta seção e nas anteriores, ignoramos a maneira pela qual os momentos fletores **M** e **M′** eram realmente aplicados à viga. Se *todas* as seções transversais da viga, de uma extremidade à outra, devem permanecer planas e isentas de tensões de cisalhamento, devemos nos certificar de que os momentos fletores são aplicados de maneira que as extremidades da viga permaneçam planas e isentas de tensões de cisalhamento. Isso pode ser conseguido aplicando-se os momentos fletores **M** e **M′** à viga por meio do uso de placas rígidas e planas (Fig. 4.17). As forças elementares exercidas pelas placas sobre a viga serão normais às seções das extremidades, e essas seções, enquanto permanecem planas, estarão livres para se deformar conforme descrito anteriormente nesta seção.

Devemos notar que essas condições de carregamento não podem ocorrer na prática, pois requerem que cada placa exerça forças de tração na seção da extremidade correspondente abaixo de sua linha neutra, ao mesmo tempo em que permite que a seção se deforme livremente em seu próprio plano. No entanto, o fato de que o modelo de placas de extremidades rígidas da Fig. 4.17 não pode ser realizado fisicamente não diminui sua importância, que é a de nos permitir *visualizar* as condições de carregamento que correspondem às relações deduzidas nas seções anteriores. As condições reais de carregamento podem diferir muito desse modelo ideal. No entanto, em virtude do princípio de Saint-Venant, as relações obtidas podem ser usadas para calcular tensões em situações de engenharia, desde que a seção considerada não esteja muito perto dos pontos em que são aplicados os momentos fletores.

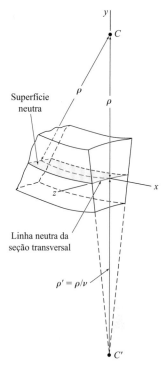

Fig. 4.16 Deformação em uma seção transversal.

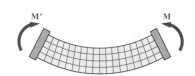

Fig. 4.17 Flexão pura com extremidades de placas rígidas para garantir que as seções planas permaneçam planas.

PROBLEMA RESOLVIDO 4.1

O tubo retangular mostrado na figura é um extrudado de uma liga de alumínio para a qual $\sigma_E = 275$ MPa, $\sigma_L = 414$ MPa e $E = 73$ GPa. Desprezando o efeito dos adoçamentos, determine (a) o momento fletor M para o qual o coeficiente de segurança será de 3,00 e (b) o raio de curvatura correspondente do tubo.

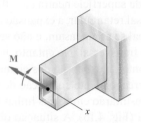

ESTRATÉGIA: Utilize o coeficiente de segurança para determinar a tensão admissível. Então calcule o momento de flexão e o raio de curvatura utilizando as Equações (4.15) e (4.21).

MODELAGEM E ANÁLISE:

Momento de inércia. Considerando a área da seção transversal do tubo como a diferença entre os dois retângulos mostrados na Fig. 1 e usando a fórmula para o momento de inércia em relação ao eixo que passa pelo centroide de um retângulo, escrevemos

$$I = \tfrac{1}{12}(0{,}083 \text{ m})(0{,}125 \text{ m})^3 - \tfrac{1}{12}(0{,}070 \text{ m})(0{,}112 \text{ m})^3 \qquad I = 5{,}3 \times 10^{-6} \text{ m}^4$$

Tensão admissível. Para um coeficiente de segurança de 3,00 e um limite de tensão de 414 MPa, temos

$$\sigma_{\text{adm}} = \frac{\sigma_L}{C.S.} = \frac{414 \text{ MPa}}{3{,}00} = 138 \text{ MPa}$$

Como $\sigma_{\text{adm}} < \sigma_E$, o tubo permanece no regime elástico, e podemos aplicar os resultados da Seção 4.2.

a. **Momento fletor.** Com $c = \tfrac{1}{2}(0{,}125 \text{ m}) = 0{,}0625$ m, escrevemos

$$\sigma_{\text{adm}} = \frac{Mc}{I} \qquad M = \frac{I}{c}\sigma_{\text{adm}} = \frac{5{,}3 \times 10^{-6} \text{ m}^4}{0{,}0625 \text{ m}}(138 \times 10^3 \text{ kN/m}^2)$$

$$M = 11{,}7 \text{ kN} \cdot \text{m} \blacktriangleleft$$

b. **Raio de curvatura.** Usando a Fig. 2 e lembrando que $E = 73 \times 10^6$ kN/m², substituímos esse valor e os valores obtidos para I e M na Equação (4.21) e encontramos

$$\frac{1}{\rho} = \frac{M}{EI} = \frac{11{,}7 \text{ kN} \cdot \text{m}}{(73 \times 10^6 \text{ kN/m}^2)(5{,}3 \times 10^{-6} \text{ m}^4)} = 0{,}030 \text{ m}^{-1}$$

$$\rho = 33{,}07 \text{ m} \qquad\qquad \rho = 33{,}07 \text{ m} \blacktriangleleft$$

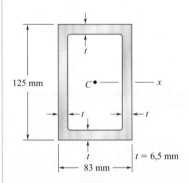

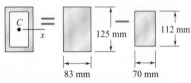

Fig. 1 Superposição para o cálculo do momento de inércia.

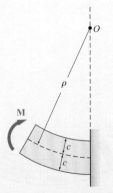

Fig. 2 Forma deformada da viga.

REFLETIR E PENSAR: Alternativamente, podemos calcular o raio de curvatura utilizando a Equação (4.9). Uma vez conhecida a máxima tensão σ_{adm} = 138 MPa, a máxima deformação ϵ_m pode ser determinada, e a Equação (4.9) fornece

$$\epsilon_m = \frac{\sigma_{adm}}{E} = \frac{138 \text{ MPa}}{73 \times 10^3 \text{ MPa}} = 1{,}890 \times 10^{-3} \text{ m/m}$$

$$\epsilon_m = \frac{c}{\rho} \qquad \rho = \frac{c}{\epsilon_m} = \frac{0{,}0625 \text{ m}}{1{,}890 \times 10^{-3} \text{ m/m}}$$

$$\rho = 33{,}07 \text{ m} \qquad \rho = 33{,}07 \text{ m} \blacktriangleleft$$

PROBLEMA RESOLVIDO 4.2

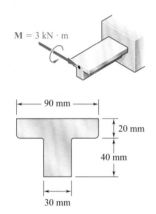

Uma peça de máquina feita de ferro fundido está submetida a um momento fletor de 3 kN · m conforme mostra a figura. Sabendo que E = 165 GPa e desprezando o efeito dos adoçamentos, determine (*a*) as tensões de tração e compressão máximas na peça fundida e (*b*) o raio de curvatura dessa peça.

ESTRATÉGIA: O momento de inércia é determinado, admitindo que primeiro é necessário encontrar a localização da linha neutra. Nesse ponto, as Equações (4.15) e (4.21) são utilizadas para determinar as tensões e o raio de curvatura.

MODELAGEM E ANÁLISE:

Centroide. Dividimos a seção transversal em forma de T nos dois retângulos mostrados na Fig. 1 e escrevemos

	Área, mm²	$\bar{y}$, mm	$\bar{y}A$, mm³	
1	(20)(90) = 1.800	50	90 × 10³	$\bar{Y}\Sigma A = \Sigma \bar{y}A$
2	(40)(30) = 1.200	20	24 × 10³	$\bar{Y}(3.000) = 114 \times 10^6$
	$\Sigma A = 3.000$		$\Sigma \bar{y}A = 114 \times 10^3$	$\bar{Y} = 38$ mm

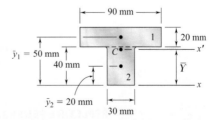

Fig. 1 Áreas compostas para o cálculo do centroide.

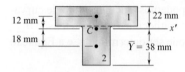

Fig. 2 Áreas compostas para o cálculo do momento de inércia.

Momento de inércia centroidal. O teorema do eixo paralelo é usado para determinar o momento de inércia de cada retângulo (Fig. 2) com relação ao eixo x' que passa pelo centroide de toda a seção. Somando os momentos de inércia dos retângulos, escrevemos

$$I_{x'} = \Sigma(\bar{I} + Ad^2) = \Sigma(\tfrac{1}{12}bh^3 + Ad^2)$$
$$= \tfrac{1}{12}(90)(20)^3 + (90 \times 20)(12)^2 + \tfrac{1}{12}(30)(40)^3 + (30 \times 40)(18)^2$$
$$= 868 \times 10^3 \text{ mm}^4$$
$$I = 868 \times 10^{-9} \text{ m}^4$$

***a.* Tensão de tração máxima.** Como o momento fletor aplicado flexiona a peça fundida para baixo, o centro de curvatura está localizado abaixo da seção transversal. A tensão de tração máxima ocorre no ponto A (Fig. 3), que está mais distante do centro de curvatura.

$$\sigma_A = \frac{Mc_A}{I} = \frac{(3 \text{ kN} \cdot \text{m})(0{,}022 \text{ m})}{868 \times 10^{-9} \text{ m}^4} \quad \sigma_A = +76{,}0 \text{ MPa} \blacktriangleleft$$

Tensão de compressão máxima. Ela ocorre no ponto B (Fig. 3)

$$\sigma_B = -\frac{Mc_B}{I} = -\frac{(3 \text{ kN} \cdot \text{m})(0{,}038 \text{ m})}{868 \times 10^{-9} \text{ m}^4} \quad \sigma_B = -131{,}3 \text{ MPa} \blacktriangleleft$$

***b.* Raio de curvatura.** Da Equação (4.21), usando a Fig. 3, temos

$$\frac{1}{\rho} = \frac{M}{EI} = \frac{3 \text{ kN} \cdot \text{m}}{(165 \text{ GPa})(868 \times 10^{-9} \text{ m}^4)}$$
$$= 20{,}95 \times 10^{-3} \text{ m}^{-1} \quad \rho = 47{,}7 \text{ m} \blacktriangleleft$$

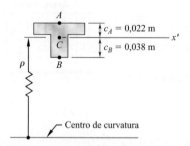

Fig. 3 O raio de curva é medido para o centroide da seção transversal.

REFLETIR E PENSAR: Observe que a seção T tem um plano vertical de simetria, com o momento de flexão aplicado nesse plano. Nestas condições, o conjugado do momento aplicado repousa no plano de simetria, resultando na flexão simétrica. Estivesse o conjugado em outro plano, teríamos flexão não simétrica e teríamos de aplicar os conceitos da Seção 4.8.

PROBLEMAS

4.1 e 4.2 Sabendo que o momento mostrado atua em um plano vertical, determine a tensão no (*a*) ponto *A* e (*b*) ponto *B*.

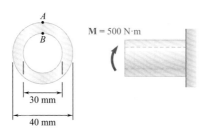

Fig. P4.1

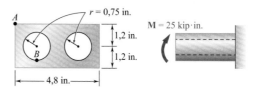

Fig. P4.2

4.3 Adotando a tensão admissível de 155 MPa, determine o maior momento de flexão **M** que pode ser aplicado à viga de mesa larga mostrada. Despreze os efeitos dos adoçamentos.

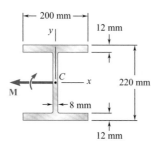

Fig. P4.3

4.4 Resolva o Prob. 4.3, admitindo que a viga de mesa larga é fletida em relação ao eixo *y* por um conjugado de momento M_y.

4.5 Utilizando a tensão admissível de 16 ksi, determine o maior momento que pode ser aplicada a cada cano.

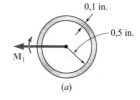

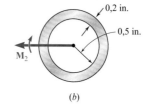

Fig. P4.5

4.6 Uma viga com a seção transversal mostrada é extrudada de uma liga de alumínio para a qual $\sigma_Y = 250$ MPa e $\sigma_U = 450$ MPa. Usando um fator de segurança de 3,00, determine o maior momento que pode ser aplicado à viga quando esta é flexionada em relação ao eixo *z*. A tensão no (*a*) ponto *A* e (*b*) ponto *B*.

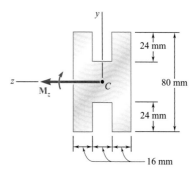

Fig. P4.6

4.7 e 4.8 Duas barras de perfil de aço laminado W100 × 19,3 são soldadas conforme mostra a figura. Sabendo que para a liga de aço usada σ_E = 248 MPa e τ_L = 400 MPa, e usando um coeficiente de segurança de 3,0, determine o maior momento que pode ser aplicado quando o conjunto é flexionado em relação ao eixo z.

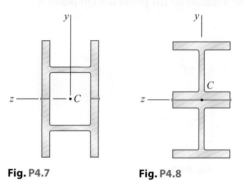

Fig. P4.7   Fig. P4.8

4.9 até 4.11 Duas forças verticais são aplicadas à viga com a seção transversal mostrada na figura. Determine as tensões de tração e de compressão máximas na parte BC da viga.

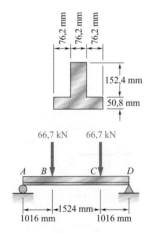

Fig. P4.9

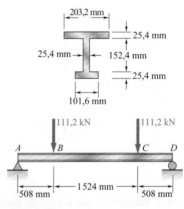

Fig. P4.10

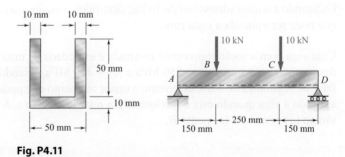

Fig. P4.11

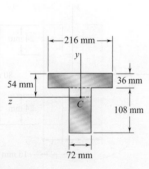

Fig. P4.12

4.12 Sabendo que a viga de seção transversal mostrada na figura é flexionada em torno do eixo horizontal e que o momento fletor é de 6 kN · m, determine a força total que atua na parte sombreada de sua alma.

4.13 Sabendo que uma viga com a seção transversal mostrada na figura é flexionada em torno do eixo horizontal e que o momento fletor é de 8 kN·m, determine a força total que atua na flange superior.

4.14 Sabendo que uma viga com a seção transversal mostrada na figura é flexionada em torno do eixo vertical e que o momento fletor é de 4 kN·m, determine a força total que atua na parte sombreada da flange inferior.

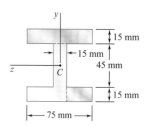

Fig. P4.13 e P4.14

4.15 Sabendo que a peça fundida mostrada na figura tem tensão admissível de ksi em tensão e 18 ksi em compressão, determine o maior momento fletor **M** que lhe pode ser aplicado.

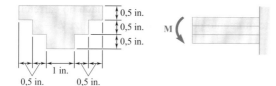

Fig. P4.15

4.16 A viga mostrada na figura é feita de um tipo de náilon para o qual a tensão admissível é de 24 MPa em tração e de 30 MPa em compressão. Determine o maior momento fletor **M** que pode ser aplicado à viga.

4.17 Resolva o Problema 4.16 considerando que $d = 40$ mm.

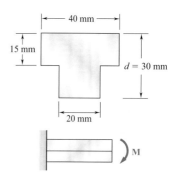

Fig. P4.16

4.18 Para a peça fundida mostrada, determine o maior momento **M** que pode ser aplicado sem exceder qualquer uma das tensões admissíveis a seguir: $\sigma_{adm} = +6$ ksi, $\sigma_{adm} = -15$ ksi.

4.19 e 4.20 Sabendo que, para a viga extrudada mostrada na figura, a tensão admissível é de 120 MPa em tração e de 150 MPa em compressão, determine o maior momento fletor **M** que lhe pode ser aplicado.

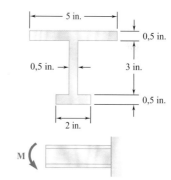

Fig. P4.18

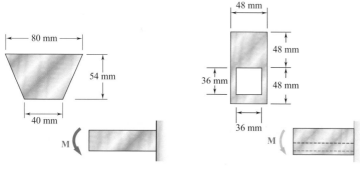

Fig. P4.19   **Fig. P4.20**

4.21 Barras retas de 6 mm de diâmetro e 30 m de comprimento são armazenadas enrolando-as dentro de um tambor com diâmetro interno de 1,25 m. Considerando que a tensão de escoamento não seja ultrapassada, determine (a) a máxima tensão em uma barra enrolada e (b) o momento fletor correspondente na barra. Use $E = 200$ GPa.

Fig. P4.21

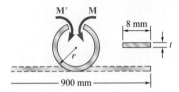

Fig. P4.22

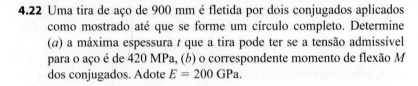

4.22 Uma tira de aço de 900 mm é fletida por dois conjugados aplicados como mostrado até que se forme um círculo completo. Determine (a) a máxima espessura t que a tira pode ter se a tensão admissível para o aço é de 420 MPa, (b) o correspondente momento de flexão M dos conjugados. Adote $E = 200$ GPa.

4.23 Hastes retas com 0,3 in. de diâmetro e 200 pés de comprimento são utilizadas algumas vezes para desobstruir dutos enterrados ou para passar cabos em dutos novos. As hastes são feitas de aço de alta resistência e, para armazenamento e transporte, são enroladas em carretéis com 5 pés de diâmetro. Admitindo que a resistência ao escoamento não é excedida, determine (a) a tensão máxima na haste, quando a haste, que está inicialmente reta, é enrolada no carretel, (b) o correspondente momento de flexão na haste. Utilize $E = 29 \times 10^6$ psi.

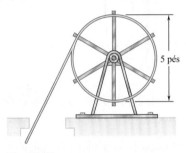

Fig. P4.23

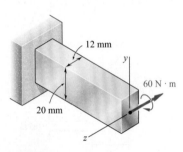

Fig. P4.24

4.24 Um conjugado de 60 N · m é aplicado à barra de aço mostrada. (a) Admitindo que o conjugado é aplicado na direção do eixo z conforme mostrado, determine a tensão máxima e o raio de curvatura da barra. (b) Resolva a parte a, admitindo que o conjugado é aplicado na direção do eixo y. Adote $E = 200$ GPa.

4.25 (a) Utilizando a tensão admissível de 120 MPa, determine o maior conjugado M que pode ser aplicado à viga cuja seção transversal é a mostrada. (b) Resolva a parte a, admitindo que a seção transversal da viga é um quadrado de lado 80 mm.

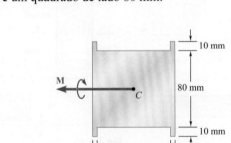

Fig. P4.25

4.26 Um tubo de parede grossa é flexionado em relação ao eixo horizontal por um conjugado **M**. O tubo pode ser projetado com ou sem as quatro aletas. (*a*) Utilizando a tensão admissível de 20 ksi, determine o maior conjugado que pode ser aplicado se o tubo for projetado com as quatro aletas conforme mostrado. (*b*) Resolva a parte *a*, admitindo que o tubo é projetado sem as aletas.

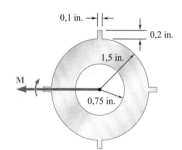

Fig. P4.26

4.27 Um conjugado **M** será aplicado a uma viga de seção transversal retangular que deverá ser serrada de uma peça de seção circular. Determine a razão d/b para que (*a*) a tensão máxima σ_m seja a menor possível, (*b*) o raio de curvatura da viga seja máximo.

4.28 Uma parte de uma barra quadrada é removida por fresagem, de maneira que sua seção transversal se assemelha àquela mostrada na figura. A barra é então flexionada em torno do seu eixo horizontal por um momento fletor **M**. Considerando o caso em que $h = 0{,}9h_0$, expresse a tensão máxima na barra na forma $\sigma_m = k\sigma_0$ em que σ_0 é a tensão máxima que teria ocorrido se a barra quadrada original tivesse sido flexionada pelo mesmo momento **M**, e determine o valor de k.

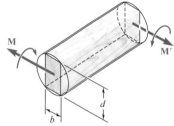

Fig. P4.27

4.29 No Problema 4.28, determine (*a*) o valor de h para o qual a tensão máxima σ_m é a menor possível e (*b*) o valor correspondente de k.

4.30 Para a barra e o carregamento da Aplicação de conceito 4.1, determine (*a*) o raio de curvatura ρ, (*b*) o raio de curvatura ρ' de uma seção transversal e (*c*) o ângulo entre os lados da barra que originalmente eram verticais. Use $E = 200$ GPa e $\nu = 0{,}29$.

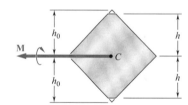

Fig. P4.28

4.31 Uma viga de aço laminado W200 × 31,3 está submetida a um momento fletor **M** igual a 45 kN · m. Sabendo que $E = 200$ GPa e $\nu = 0{,}29$, determine (*a*) o raio de curvatura ρ e (*b*) o raio de curvatura ρ' da seção transversal.

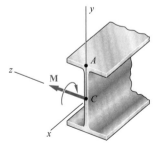

Fig. P4.31

4.32 Considerou-se na Seção 4.1.2 que as tensões normais σ_y em um elemento em flexão pura são desprezíveis. Para um elemento elástico inicialmente reto de seção transversal retangular, (*a*) determine uma expressão aproximada para σ_y em função de y e (*b*) mostre que $(\sigma_y)_{máx} = -(c/2\rho)(\sigma_x)_{máx}$ e, portanto, que σ_y pode ser desprezado em todas as situações práticas. (*Sugestão*: considere o diagrama de corpo livre da parte da viga localizada abaixo da superfície de ordenada y e suponha que a distribuição de tensões σ_x ainda seja linear.)

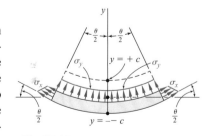

Fig. P4.32

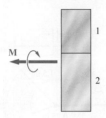

Fig. 4.18 Seção transversal feita de diferentes materiais.

4.4 BARRAS CONSTITUÍDAS DE MATERIAL COMPOSTO

As deduções dadas na Seção 4.2 eram baseadas na hipótese de que o material era homogêneo com um módulo de elasticidade E. Se a barra for constituída de dois ou mais materiais com diferentes módulos de elasticidade, ela é um elemento composto.

Considere, por exemplo, uma barra formada por duas partes de materiais diferentes unidas como mostra a seção transversal na Fig. 4.18. Essa barra composta se deformará conforme descrito na Seção 4.1.2, pois sua seção transversal permanece a mesma em todo o comprimento, e não foi feita nenhuma suposição na Seção 4.1.2 referente à relação tensão-deformação do material ou materiais envolvidos. Assim, a deformação específica normal ϵ_x ainda varia linearmente com a distância y da linha neutra da seção (Fig. 4.21a e b), e vale a Equação (4.8):

$$\epsilon_x = -\frac{y}{\rho} \quad (4.8)$$

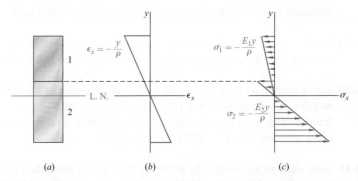

Fig. 4.19 Distribuições de tensão e deformação em uma barra composta de dois materiais. (*a*) Linha neutra deslocada do centroide. (*b*) Distribuição da deformação. (*c*) Distribuição das tensões correspondente.

No entanto, não podemos supor que a linha neutra passe pelo centroide da seção composta, uma vez que um dos objetivos desta análise será determinar a localização desta linha neutra.

Como os módulos de elasticidade E_1 e E_2 dos dois materiais são diferentes, as equações obtidas para a tensão normal em cada material também serão

$$\sigma_1 = E_1 \epsilon_x = -\frac{E_1 y}{\rho}$$
$$\sigma_2 = E_2 \epsilon_x = -\frac{E_2 y}{\rho} \quad (4.24)$$

e obtemos uma curva de distribuição de tensões consistindo em dois segmentos de reta (Fig. 4.19c). Conclui-se das Equações (4.24) que a força dF_1 que atua no elemento de área dA da parte superior da seção transversal é

$$dF_1 = \sigma_1 dA = -\frac{E_1 y}{\rho} dA \quad (4.25)$$

enquanto a força dF_2, que atua em um elemento de mesma área dA da parte inferior é

$$dF_2 = \sigma_2 dA = -\frac{E_2 y}{\rho} dA \qquad (4.26)$$

Contudo, chamando de n a relação E_2/E_1 dos dois módulos de elasticidade, podemos escrever

$$dF_2 = -\frac{(nE_1)y}{\rho} dA = -\frac{E_1 y}{\rho} (n\, dA) \qquad (4.27)$$

Comparando as Equações (4.25) e (4.27), notamos que a mesma força dF_2 atuaria em um elemento de área $n\, dA$ do primeiro material. Em outras palavras, a resistência à flexão da barra permaneceria a mesma se ambas as partes fossem feitas do primeiro material, desde que a largura de cada elemento da parte inferior fosse multiplicada pelo coeficiente n. Note que esse alargamento (se $n > 1$), ou estreitamento (se $n < 1$), deve ser feito em *uma direção paralela à linha neutra da seção*, pois é essencial que a distância y de cada elemento em relação à linha neutra permaneça a mesma. A nova seção transversal obtida dessa maneira é chamada de *seção transformada* da barra (Fig. 4.20).

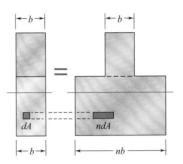

Fig. 4.20 Seção transformada com base na substituição do material da parte inferior pelo utilizado na parte superior.

Como a seção transformada é equivalente à seção transversal de uma barra feita de um *material homogêneo* com módulo de elasticidade E_1, o método descrito na Seção 4.2 pode ser usado para determinar a linha neutra e a tensão normal em vários pontos da seção. A linha neutra será traçada *através do centroide da seção transformada* (Fig. 4.21), e a tensão σ_x em qualquer ponto da seção da barra homogênea fictícia será obtida da Equação (4.16)

$$\sigma_x = -\frac{My}{I} \qquad (4.16)$$

em que y é a distância medida a partir da linha neutra, e *I é o momento de inércia da seção transformada* em relação ao eixo que passa pelo seu próprio centroide.

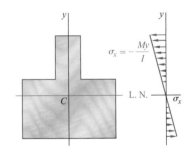

Fig. 4.21 Distribuição de tensões em seções transformadas.

Para obtermos a tensão σ_1 em um ponto localizado na parte superior da seção transversal da barra composta original, simplesmente calculamos a tensão σ_x no ponto correspondente da seção transformada. No entanto, para obter a tensão σ_2 em um ponto na parte inferior da seção transversal, devemos *multiplicar por n* a tensão σ_x calculada no ponto correspondente da seção transformada. Sem dúvida, a mesma força elementar dF_2 é aplicada a um elemento de área $n\, dA$ da seção transformada e a um elemento de área dA da seção original. Assim, a tensão σ_2 em um ponto da seção original deve ser n vezes maior do que a tensão no ponto correspondente da seção transformada.

As deformações de uma barra de material composto também podem ser determinadas usando-se a seção transformada. Recordamos que a seção transformada representa a seção transversal de uma barra feita de material homogêneo de módulo E_1, que se deforma da mesma maneira que a barra composta. Portanto, usando a Equação (4.21), escrevemos que a curvatura de uma barra de material composto é

$$\frac{1}{\rho} = \frac{M}{E_1 I}$$

na qual I é o momento de inércia da seção transformada em relação à sua linha neutra.

Aplicação do conceito 4.3

Uma barra obtida unindo-se duas peças de aço ($E_{aço}$ = 203 GPa) e latão ($E_{latão}$ = 105 GPa) tem a seção transversal mostrada na Fig. 4.22a. Determine a tensão máxima no aço e no latão quando a barra estiver em flexão pura com um momento fletor M = 4,5 kN · m.

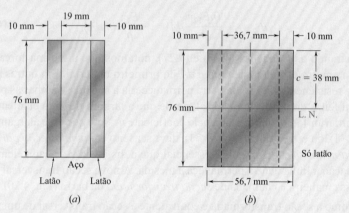

Fig. 4.22 (a) Barra composta. (b) Seção transformada.

A seção transformada correspondente a uma barra equivalente feita inteiramente de latão é mostrada na Fig. 4.22b. Como

$$n = \frac{E_{aço}}{E_{latão}} = \frac{203 \text{ GPa}}{105 \text{ GPa}} = 1,933$$

a largura da parte central de latão, que substitui a parte de aço original, é obtida multiplicando-se a largura original por 1,933

$$(19 \text{ mm})(1,933) = 36,7 \text{ mm}$$

Note que essa variação na dimensão ocorre em uma direção paralela à linha neutra. O momento de inércia da seção transformada em relação ao seu eixo que passa pelo centroide da seção é

$$I = \tfrac{1}{12} bh^3 = \tfrac{1}{12}(0,567 \text{ m})(0,076 \text{ m})^3 = 2 \times 10^{-6} \text{ m}^4$$

e a distância máxima da linha neutra é c = 0,038 m. Usando a Equação (4.15), encontramos a tensão máxima na seção transformada:

$$\sigma_m = \frac{Mc}{I} = \frac{(4,5 \text{ kN} \cdot \text{m})(0,038 \text{ m})}{2 \times 10^{-6} \text{ m}^4} = 85,5 \text{ MPa}$$

O valor obtido também representa a tensão máxima na parte de latão da barra composta original. No entanto, a tensão máxima na parte de aço será maior que o valor obtido para a seção transformada, pois a área da parte central deve ser reduzida pelo coeficiente n = 1,933. Assim,

$$(\sigma_{latão})_{máx} = 85,5 \text{ MPa}$$
$$(\sigma_{aço})_{máx} = (1,933)(85,5 \text{ MPa}) = 165,3 \text{ MPa}$$

Um exemplo importante de elementos estruturais constituídos de dois materiais diferentes é encontrado em *vigas de concreto reforçado* (Foto 4.4). Essas vigas, quando submetidas a momentos fletores positivos, são reforçadas por barras de aço colocadas à pequena distância da face inferior (Fig. 4.23a). Como o concreto tem baixa resistência à tração, ele trincará abaixo da superfície neutra e as barras de aço suportarão toda a força de tração, enquanto a parte superior da viga de concreto suportará o esforço de compressão.

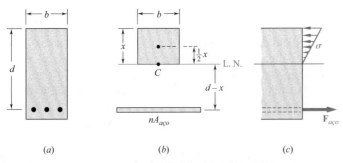

Foto 4.4 Estrutura de uma construção com concreto reforçado. ©Bohemian Nomad Picturemakers/Corbis Documentary/Getty Images

Fig. 4.23 Vigas de concreto reforçado. (a) Seção transversal mostrando a localização do reforço de aço. (b) Seção transformada de todo o concreto. (c) Tensões do concreto e força resultante do aço.

Para obtermos a seção transformada de uma viga de concreto reforçado, substituímos a área total da seção transversal A_a das barras de aço por uma área equivalente nA_a, em que n é a relação E_a/E_c entre o módulo de elasticidade do aço e do concreto (Fig. 4.23b). Em contrapartida, como o concreto na viga atua efetivamente somente em compressão, apenas a parte da seção transversal localizada acima da linha neutra deverá ser usada na seção transformada.

A posição da linha neutra é obtida determinando-se a distância x da face superior da viga até o centroide C da seção transformada. Chamando de b a largura da viga e de d a distância da face superior até a linha de centro das barras de aço, escrevemos que o momento estático da seção transformada com relação à sua linha neutra deve ser zero. Como o momento estático de cada uma das duas partes da seção transformada é obtido multiplicando-se sua área pela distância de seu próprio centroide até a linha neutra, temos

$$(bx)\frac{x}{2} - nA_{aço}(d - x) = 0$$

ou

$$\frac{1}{2}bx^2 + nA_{aço}x - nA_{aço}d = 0 \qquad (4.28)$$

Resolvendo essa equação do segundo grau para x, obtemos a posição da linha neutra da viga, e a parte da seção transversal da viga de concreto que é efetivamente usada.

A determinação das tensões na seção transformada é feita conforme explicado anteriormente nesta seção (veja o Problema Resolvido 4.4). A distribuição das tensões de compressão no concreto e a resultante $\mathbf{F}_{aço}$ das forças de tração nas barras de aço são mostradas na Fig. 4.23c.

4.5 CONCENTRAÇÕES DE TENSÃO

A fórmula $\sigma_m = Mc/I$ para uma barra com um plano de simetria e uma seção transversal é precisa em todo o comprimento da barra somente se os momentos fletores **M** e **M'** forem aplicados usando-se placas rígidas e planas. Sob outras condições de aplicação das cargas, existirão concentrações de tensão junto dos pontos em que as cargas serão aplicadas.

Tensões maiores também ocorrerão se a seção transversal da barra sofrer uma variação brusca. Foram estudados dois casos de interesse particular: o caso de uma barra chata com uma mudança brusca na largura e o caso de uma barra chata com ranhuras. Como a distribuição de tensões nas seções transversais críticas depende somente da geometria dos elementos, podem ser determinados coeficientes de concentração de tensão para várias relações dos parâmetros envolvidos e podem ser registrados conforme mostram as Figuras 4.24 e 4.25. O valor da tensão máxima na seção transversal crítica pode então ser expresso como

$$\sigma_m = K \frac{Mc}{I} \qquad (4.29)$$

em que K é o coeficiente de concentração de tensão, e c e I se referem à seção crítica, isto é, à seção de largura d em ambos os casos considerados aqui. Um exame das Figuras 4.24 e 4.25 mostra claramente a importância do uso de adoçamentos e ranhuras de raio r, o maior possível na prática.

Finalmente, devemos destacar que, como era o caso para o carregamento axial e de torção, os valores dos coeficientes K foram calculados mediante a hipótese de uma relação linear entre tensão e deformação específica. Em muitas aplicações, ocorrerão deformações plásticas e resultarão em valores de máxima tensão inferiores àqueles indicados pela Equação (4.29).

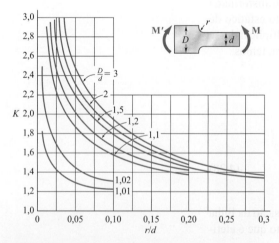

Fig. 4.24 Coeficientes de concentração de tensão para *barras chatas* com adoçamentos sob flexão pura. (Fonte: W. D. Pilkey and D. F. Pilkey, *Peterson's Stress Concentration Factors*, 3rd ed., John Wiley & Sons, New York, 2008.)

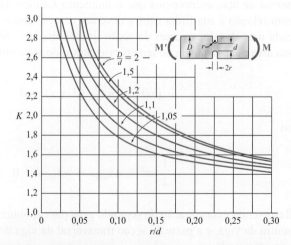

Fig. 4.25 Coeficientes de concentração de tensão para barras chatas com ranhuras sob flexão pura. (Fonte: W. D. Pilkey and D. F. Pilkey, *Peterson's Stress Concentration Factors*, 3rd ed., John Wiley & Sons, New York, 2008.)

Aplicação do conceito 4.4

Devem ser feitas ranhuras de 10 mm de profundidade em uma barra de aço que tem 60 mm de largura e 9 mm de espessura (Fig. 4.26). Determine a menor largura admissível das ranhuras considerando que a tensão na barra não deve ultrapassar 150 MPa quando o momento fletor for igual a 180 N · m.

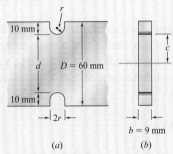

Fig. 4.26 (*a*) Dimensões das ranhuras nas barras. (*b*) Seção transversal.

Notamos na Fig. 4.26*a* que

$$d = 60 \text{ mm} - 2(10 \text{ mm}) = 40 \text{ mm}$$
$$c = \tfrac{1}{2}d = 20 \text{ mm} \qquad b = 9 \text{ mm}$$

O momento de inércia da seção crítica em relação à linha neutra é

$$I = \tfrac{1}{12}bd^3 = \tfrac{1}{12}(9 \times 10^{-3} \text{ m})(40 \times 10^{-3} \text{ m})^3$$
$$= 48 \times 10^{-9} \text{ m}^4$$

O valor da tensão Mc/I é então

$$\frac{Mc}{I} = \frac{(180 \text{ N} \cdot \text{m})(20 \times 10^{-3} \text{ m})}{48 \times 10^{-9} \text{ m}^4} = 75 \text{ MPa}$$

Substituindo esse valor de Mc/I na Equação (4.29) e fazendo $\sigma_m = 150$ MPa, escrevemos

$$150 \text{ MPa} = K(75 \text{ MPa})$$
$$K = 2$$

Em contrapartida, temos

$$\frac{D}{d} = \frac{60 \text{ mm}}{40 \text{ mm}} = 1{,}5$$

Usando a curva da Fig. 4.32 correspondendo a $D/d = 1{,}5$, verificamos que o valor $K = 2$ corresponde a um valor de r/d igual a 0,13. Temos, portanto,

$$\frac{r}{d} = 0{,}13$$

$$r = 0{,}13d = 0{,}13(40 \text{ mm}) = 5{,}2 \text{ mm}$$

A menor largura possível da ranhura é então

$$2r = 2(5{,}2 \text{ mm}) = 10{,}4 \text{ mm}$$

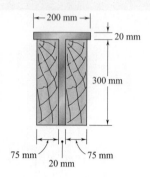

PROBLEMA RESOLVIDO 4.3

Duas placas de aço foram soldadas para formar uma viga em forma de T que foi reforçada aparafusando-se firmemente a ela duas pranchas de carvalho, conforme mostra a figura. O módulo de elasticidade é de 12,5 GPa para a madeira e de 200 GPa para o aço. Sabendo que um momento fletor $M = 50$ kN · m é aplicado à viga composta, determine (a) a tensão máxima na madeira e (b) a tensão no aço ao longo da borda superior.

ESTRATÉGIA: Inicialmente a viga é transformada em uma viga de apenas um material (seja aço ou madeira). O momento de inércia é então determinado para a seção transformada, e isso é utilizado para determinar as tensões necessárias, recordando que as tensões reais devem corresponder às do material original.

MODELAGEM E ANÁLISE:

Seção transformada. Primeiro calculamos a relação

$$n = \frac{E_{aço}}{E_{mad}} = \frac{200 \text{ GPa}}{12,5 \text{ GPa}} = 16$$

Multiplicando as dimensões horizontais da parte de aço da seção por $n = 16$, obtemos uma seção transformada feita inteiramente de madeira.

Linha neutra. A Fig. 1 mostra a seção transformada. A linha neutra passa pelo centroide da seção transformada. Como a seção consiste em dois retângulos, temos

$$\overline{Y} = \frac{\Sigma \overline{y}A}{\Sigma A} = \frac{(0,160 \text{ m})(3,2 \text{ m} \times 0,020 \text{ m}) + 0}{3,2 \text{ m} \times 0,020 \text{ m} + 0,470 \text{ m} \times 0,300 \text{ m}} = 0,050 \text{ m}$$

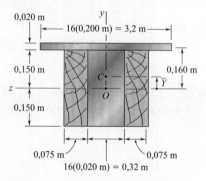

Fig. 1 Seção transversal transformada.

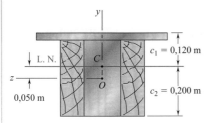

Fig. 2 Seção transformada mostrando a linha neutra e as distâncias às fibras extremas.

Momento de inércia. Utilizando a Fig. 2 e o teorema do eixo paralelo:

$$I = \tfrac{1}{12}(0{,}470)(0{,}300)^3 + (0{,}470 \times 0{,}300)(0{,}050)^2$$
$$+ \tfrac{1}{12}(3{,}2)(0{,}020)^3 + (3{,}2 \times 0{,}020)(0{,}160 - 0{,}050)^2$$
$$I = 2{,}19 \times 10^{-3}\ \text{m}^4$$

ANÁLISE:

a. **Tensão máxima na madeira.** A madeira mais distante da linha neutra está localizada ao longo da borda inferior, em que $c_2 = 0{,}200$ m.

$$\sigma_{mad} = \frac{Mc_2}{I} = \frac{(50 \times 10^3\ \text{N} \cdot \text{m})(0{,}200\ \text{m})}{2{,}19 \times 10^{-3}\ \text{m}^4}$$

$$\sigma_{mad} = 4{,}57\ \text{MPa} \blacktriangleleft$$

b. **Tensão no aço.** Ao longo da borda superior $c_1 = 0{,}120$ m. Da seção transformada obtemos uma tensão equivalente na madeira, que deve ser multiplicada por *n* para obter a tensão no aço.

$$\sigma_{aço} = n\frac{Mc_1}{I} = (16)\frac{(50 \times 10^3\ \text{N} \cdot \text{m})(0{,}120\ \text{m})}{2{,}19 \times 10^{-3}\ \text{m}^4}$$

$$\sigma_{aço} = 43{,}8\ \text{MPa} \blacktriangleleft$$

REFLETIR E PENSAR: Como a seção transformada foi baseada em uma vida feita inteiramente de madeira, foi necessário usar *n* para chegar à tensão real do aço. Além disso, para qualquer distância comum da linha neutra, a tensão no aço irá ser significativamente maior que a daquela na madeira, reflexo do módulo muito maior da elasticidade para o aço.

PROBLEMA RESOLVIDO 4.4

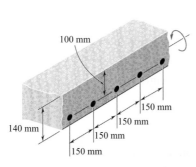

Uma laje de piso de concreto é reforçada por barras de aço de 16 mm de diâmetro colocadas 38 mm acima da face inferior da laje, com 150 mm de espaço entre seus centros. O módulo de elasticidade é de 25 GPa para o concreto usado e de 205 GPa para o aço. Sabendo que é aplicado um momento fletor de 4,5 kN · m a cada 300 mm de largura da laje, determine (*a*) a tensão máxima no concreto e (*b*) a tensão no aço.

ESTRATÉGIA: Transforme a seção para apenas um material, o concreto, e então calcule o momento de inércia necessário à seção transformada. Continue calculando as tensões correspondentes, lembrando que as tensões reais devem corresponder às do material original.

MODELAGEM:

Seção transformada. Consideramos uma parte da laje de 300 mm de largura, sob a qual há duas barras de 16 mm de diâmetro com uma área de seção transversal total de

$$A_{aço} = 2\left[\frac{\pi}{4}(16 \text{ mm})^2\right] = 402 \text{ mm}^2$$

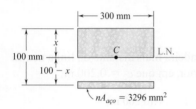

Fig. 1 Seção transformada.

Como o concreto resiste somente em compressão, todas as forças de tração são suportadas pelas barras de aço, e a seção transformada (Fig. 1) consiste em duas áreas mostradas. Uma é a parte do concreto em compressão (localizada acima da linha neutra), e a outra é a área transformada do aço, $nA_{aço}$. Temos

$$n = \frac{E_{aço}}{E_{conc}} = \frac{205 \text{ GPa}}{25 \text{ GPa}} = 8,2$$

$$nA_{aço} = 8,2(402 \text{ mm}^2) = 3296 \text{ mm}^2$$

Linha neutra. A linha neutra da laje passa pelo centroide da seção transformada. Somando os momentos da área transformada em relação à linha neutra, escrevemos

$$300x\left(\frac{x}{2}\right) - 3296(100 - x) = 0 \qquad x = 37,1 \text{ mm.}$$

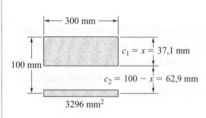

Fig. 2 Dimensões da seção transformada utilizadas para calcular o momento de inércia.

Momento de inércia. Utilizando a Fig. 2, o momento centroidal de inércia da área transformada é

$$I = \tfrac{1}{3}(300)(37,1)^3 + 3296(100 - 37,1)^2 = 18,15 \times 10^6 \text{ mm}^4$$

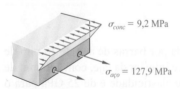

Fig. 3 Diagrama de tensões.

ANÁLISE:

a. **Tensão máxima no concreto.** A Fig. 3 apresenta a tensão na seção transversal. Na face superior da laje, temos $c_1 = 37,1$ mm e

$$\sigma_{conc} = \frac{Mc_1}{I} = \frac{(4500 \text{ kN} \cdot \text{mm})(37,1 \text{ mm})}{18,15 \times 10^6 \text{ mm}^4} \qquad \sigma_{conc} = 9,2 \text{ MPa} \blacktriangleleft$$

b. **Tensão no aço.** Para o aço, temos $c_2 = 62,9$ mm, $n = 8,2$ e

$$\sigma_{aço} = n\frac{Mc_2}{I} = 8,2\frac{(4500 \text{ kN} \cdot \text{mm})(62,9 \text{ mm})}{18,15 \times 10^6 \text{ mm}^4} \qquad \sigma_{aço} = 127,9 \text{ MPa} \blacktriangleleft$$

REFLETIR E PENSAR: Uma vez que a seção transformada baseou-se em uma viga feita totalmente de concreto, foi necessário utilizar n para obter as tensões reais no aço. A diferença nas tensões resultantes reflete as grandes diferenças do módulo de elasticidade.

PROBLEMAS

4.33 e 4.34 Uma barra com a seção transversal mostrada na figura foi construída unindo-se firmemente latão e alumínio. Usando os dados fornecidos abaixo, determine o maior momento fletor admissível quando a barra composta é flexionada em torno do eixo horizontal.

	Alumínio	Latão
Módulo de elasticidade	70 GPa	105 GPa
Tensão admissível	100 MPa	160 MPa

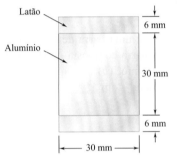

Fig. P4.33   **Fig. P4.34**

4.35 e 4.36 Para a barra composta indicada, determine o maior momento fletor admissível quando a barra é flexionada em torno do eixo vertical.

4.35 Barra do Problema 4.33.

4.36 Barra do Problema 4.34.

4.37 Vigas de madeira e chapas de aço são aparafusadas firmemente para formar o elemento composto mostrado na figura. Usando os dados da tabela abaixo, determine o maior momento fletor admissível quando a viga é flexionada em torno do eixo horizontal.

	Madeira	Aço
Módulo de elasticidade	2×10^6 psi	29×10^6 psi
Tensão admissível	2000 psi	22 ksi

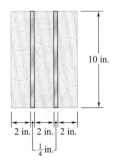

Fig. P4.37

4.38 Para o elemento composto do Problema 4.37, determine o maior momento fletor admissível quando o elemento é flexionado em torno do eixo vertical.

4.39 Uma barra de aço ($E_{aço} = 105$ GPa) e uma barra de alumínio ($E_{alum} = 75$ GPa) são unidas para formar a barra composta mostrada na figura. Determine a tensão máxima, (a) no alumínio e (b) no aço, quando a barra é flexionada em torno do eixo horizontal, com $M = 35$ N · m.

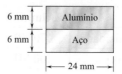

Fig. P4.39

4.40 Uma barra de aço ($E_s = 210$ GPa) e uma barra de alumínio ($E_a = 70$ GPa) são unidas para formar a barra composta mostrada. Determine a tensão máxima no (a) alumínio, (b) aço, quando a barra é flexionada em torno do eixo horizontal, com $M = 60$ N·m.

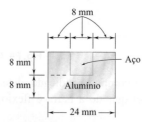

Fig. P4.40

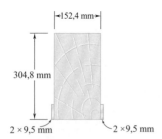

Fig. P4.41

4.41 Uma viga de madeira de 152,4 mm × 304,8 mm foi reforçada aparafusando-se nela o reforço de aço mostrado na figura. O módulo de elasticidade para a madeira é de 12,4 GPa, e para o aço de 200 GPa. Sabendo que a viga é flexionada em torno do eixo horizontal por um momento fletor $M = 50,8$ kN · m, determine a tensão máxima (a) na madeira e (b) no aço.

4.42 Uma viga de madeira de 6 × 12 in. foi reforçada aparafusando-se nela o reforço de aço mostrado na figura. O módulo de elasticidade para a madeira é de $1,8 \times 10^6$ psi, e para o aço de 29×10^6 psi. Sabendo que a viga é flexionada em torno do eixo horizontal por um momento fletor $M = 450$ kip·in., determine a tensão máxima (a) na madeira e (b) no aço.

4.43 Para a viga composta do Problema 4.39, determine o raio de curvatura causado pelo momento fletor de 35 N·m.

4.44 Para a viga composta do Problema 4.40, determine o raio de curvatura causado pelo momento fletor de 60 N·m.

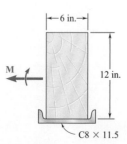

Fig. P4.42

4.45 Para a viga composta do Problema 4.41, determine o raio de curvatura causado pelo momento fletor de 200 kip·in.

4.46 Para a viga composta do Problema 4.42, determine o raio de curvatura causado pelo momento fletor de 450 kip·in.

4.47 Uma laje de concreto é reforçada por barras de 15,88 mm de diâmetro colocadas com distanciamento de 139,7 mm entre os centros, conforme mostra a figura. O módulo de elasticidade é de 20,7 GPa para o concreto e de 200 GPa para o aço. Usando uma tensão admissível de 9,65 MPa para o concreto e de 137,9 MPa para o aço, determine o maior momento fletor por metro de largura que pode ser aplicado com segurança à laje.

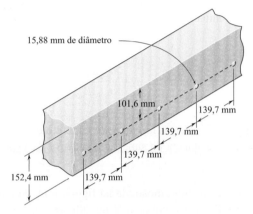

Fig. P4.47

4.48 Resolva o Problema 4.47 assumindo que o espaçamento do diâmetro de 15,88 mm da barra de aço é aumentado para 190,5 mm.

4.49 A viga de concreto reforçado mostrada na figura está submetida a um momento fletor positivo de 175 kN · m. Sabendo que o módulo de elasticidade é de 25 GPa para o concreto e de 200 GPa para o aço, determine (*a*) a tensão no aço e (*b*) a tensão máxima no concreto.

4.50 Resolva o Problema 4.49 considerando que a largura de 300 mm seja aumentada para 350 mm.

4.51 Sabendo que o momento fletor em uma viga de concreto reforçado é de +100 kN · m e que o módulo de elasticidade é de 3.625 GPa para o concreto e 29 GPa para o aço, determine (*a*) a tensão no aço e (*b*) a tensão máxima no concreto.

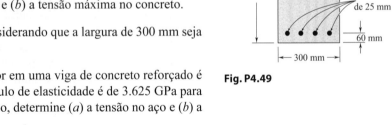

Fig. P4.49

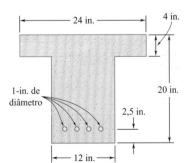

Fig. P4.51

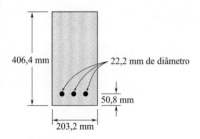

Fig. P4.52

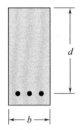

Fig. P4.53 e P4.54

4.52 Uma viga de concreto é reforçada por três barras de aço colocadas conforme mostra figura. O módulo de elasticidade é de 20,7 GPa para o concreto e de 207 GPa para o aço. Usando uma tensão admissível de 9,31 MPa para o concreto e de 138 MPa para o aço, determine o maior momento fletor admissível positivo que pode ser aplicado à viga.

4.53 Dizemos que o projeto de uma viga de concreto reforçado está *balanceado* se as tensões máximas do concreto e do aço forem iguais, respectivamente, às tensões admissíveis $\sigma_{aço}$ e σ_{con}. Mostre que, para conseguir um projeto balanceado, a distância x da superfície superior da viga até a linha neutra deve ser

$$x = \frac{d}{1 + \dfrac{\sigma_{aço} E_{conc}}{\sigma_{conc} E_{aço}}}$$

em que E_{con} e $E_{aço}$ são os módulos do concreto e do aço, respectivamente, e d é a distância da superfície superior da viga até o reforço de aço.

4.54 Para a viga de concreto mostrada na figura, o módulo de elasticidade é de 25 GPa para o concreto e de 200 GPa para o aço. Sabendo que $b = 200$ mm e $d = 450$ mm e usando a tensão admissível de 12,5 MPa para o concreto e 140 MPa para o aço, determine (*a*) a área $A_{aço}$ necessária do reforço de aço considerando que a viga deve ser balanceada e (*b*) o maior momento fletor admissível. (Veja no Problema 4.53 a definição de viga balanceada.)

4.55 e 4.56 Cinco tiras de metal, cada uma com $0{,}5 \times 1{,}5$ in. de seção transversal, são unidas para formar uma viga composta, mostrada na figura. O módulo de elasticidade é de 30×10^6 psi para o aço, de 15×10^6 psi para o latão e de 10×10^6 psi para o alumínio. Sabendo que a viga é flexionada em torno do eixo horizontal por um momento de 12 kip · in., determine (*a*) a tensão máxima em cada um dos três metais e (*b*) o raio de curvatura da viga composta.

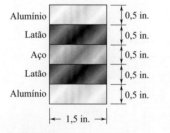

Fig. P4.55

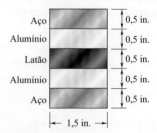

Fig. P4.56

4.57 A viga composta mostrada é formada colando uma haste de latão e outra de alumínio com seções transversais semicirculares. O módulo de elasticidade do latão é de 15 × 10⁶ psi e do alumínio é de 10 × 10⁶ psi. Sabendo que a viga composta é fletida em relação ao eixo horizontal por conjugados de 8 kip · in., determine a tensão máxima (a) no latão, (b) no alumínio.

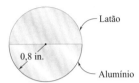

Fig. P4.57

4.58 Um tubo de aço e um tubo de alumínio são unidos firmemente para formar a viga composta mostrada na figura. O módulo de elasticidade é de 200 GPa para o aço e de 70 GPa para o alumínio. Sabendo que a viga composta é flexionada por um momento de 500 N · m, determine a tensão máxima (a) no alumínio e (b) no aço.

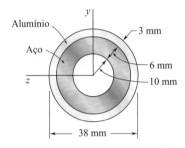

Fig. P4.58

4.59 A viga retangular mostrada na figura é feita de um plástico para o qual o módulo de elasticidade em tração é metade de seu valor em compressão. Para um momento fletor $M = 600$ N · m, determine (a) a tensão de tração máxima e (b) a tensão de compressão máxima.

*4.60 Uma barra retangular é feita de um material para o qual o módulo de elasticidade é E_t em tração e E_c em compressão. Mostre que a curvatura da barra em flexão pura é

$$\frac{1}{\rho} = \frac{M}{E_r I}$$

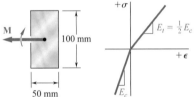

Fig. P4.59

em que

$$E_r = \frac{4 E_t E_c}{\left(\sqrt{E_t} + \sqrt{E_c}\right)^2}$$

4.61 Sabendo que $M = 250$ N · m, determine a tensão máxima na barra mostrada quando o raio r dos adoçamentos é (a) 4 mm e (b) 8 mm.

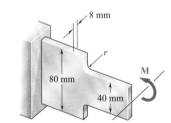

Fig. P4.61 e P4.62

4.62 Sabendo que a tensão admissível para a viga mostrada é de 90 MPa, determine o momento fletor M admissível quando o raio r dos adoçamentos é (a) 8 mm e (b) 12 mm.

4.63 Ranhuras semicirculares de raio r devem ser fresadas nos lados de uma barra de aço, conforme mostra a figura. Usando uma tensão admissível de 8 ksi, determine o maior momento fletor que pode ser aplicado ao elemento quando o raio r das ranhuras semicirculares for (a) $r = 0{,}25$ in., (b) $r = 0{,}375$ in.

4.64 Ranhuras semicirculares de raio r devem ser fresadas nas partes superior e inferior de um elemento de aço, conforme mostra a figura. Usando uma tensão admissível de 10 ksi, determine o maior momento fletor que pode ser aplicado ao elemento quando (a) $r = 0{,}25$ in., (b) $r = 0{,}5$ in.

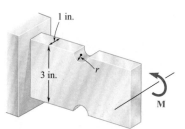

Fig. P4.63 e P4.64

4.65 Um momento fletor $M = 2$ kN · m deve ser aplicado à extremidade de uma barra de aço. Determine a tensão máxima na barra (a) considerando que a barra foi projetada com ranhuras semicirculares de raio $r = 10$ mm, como mostra a Fig. P4.65a, e (b) se a barra for reprojetada com a remoção do material à esquerda e à direita das linhas tracejadas, como mostra a Fig. P4.65b.

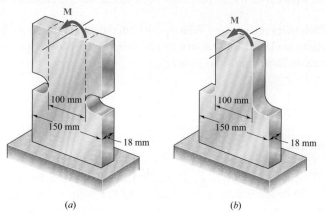

(a)   (b)

Fig. P4.65 e P4.66

4.66 A tensão admissível usada no projeto de uma barra de aço é de 80 MPa. Determine o maior momento fletor **M** que pode ser aplicado à barra (a) se ela for projetada com ranhuras semicirculares de raio $r = 15$ mm, como mostra a Fig. *a* e (b) se a barra for reprojetada removendo-se o material à esquerda e à direita das linhas tracejadas, como mostra a Fig. *b*.

*4.6 DEFORMAÇÕES PLÁSTICAS

Quando deduzimos a expressão fundamental $\sigma = -My/I$ na Seção 4.2, consideramos que a lei de Hooke se aplicava ao elemento inteiro. Se a tensão de escoamento é ultrapassada em alguma parte do elemento, ou se o material envolvido é frágil com uma relação entre tensão e deformação específica não linear, essa expressão não é mais válida. A finalidade dessa seção é desenvolver um método mais geral para determinação da distribuição de tensões em um elemento em flexão pura, que pode ser usado quando a lei de Hooke não se aplica.

Primeiramente, recordemos que nenhuma relação entre a tensão e deformação específica foi considerada na Seção 4.1.2, quando provamos que a deformação específica normal ϵ_x varia linearmente com a distância y da superfície neutra. Assim, podemos ainda usar essa propriedade em nossa análise presente e escrever

$$\epsilon_x = -\frac{y}{c}\epsilon_m \qquad (4.10)$$

em que y representa a distância do ponto considerado em relação à superfície neutra, e c, o valor máximo de y.

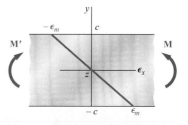

Fig. 4.27 Distribuição linear das deformações em um componente sob flexão pura.

No entanto, não podemos mais considerar que em uma seção a linha neutra passe pelo centroide daquela outra, pois essa propriedade foi deduzida na Seção 4.2 sob a hipótese de deformações elásticas. Em geral, a linha neutra deve ser localizada por tentativa e erro, até ser encontrada uma distribuição de tensões que satisfaça as Equações (4.1) e (4.3) da Seção 4.1. Contudo, no caso particular de um elemento que possui planos de simetria vertical e horizontal, composto de um material caracterizado pela mesma relação tensão-deformação em tração e em compressão, a linha neutra coincidirá com a linha de simetria horizontal da seção. As propriedades do material requerem que as tensões sejam simétricas em relação à linha neutra (isto é, com relação a *algum* eixo horizontal), e está claro que essa condição será satisfeita, (e a Equação (4.1) satisfeita) ao mesmo tempo somente se aquele eixo coincidir com o eixo de simetria horizontal.

A distância y na Equação (4.10) é medida a partir do eixo z de simetria horizontal da seção transversal, e a distribuição de deformação específica ϵ_x é linear e simétrica com relação àquele eixo (Fig. 4.27). Em contrapartida, a curva da tensão-deformação específica é simétrica em relação à origem das coordenadas (Fig. 4.28).

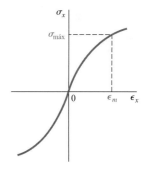

Fig. 4.28 Material com diagrama tensão-deformação não linear.

A distribuição de tensões na seção transversal do elemento, isto é, a curva de σ_x em função de y, é obtida da seguinte forma. Considerando que $\sigma_{\text{máx}}$ tenha sido especificado, primeiramente determinamos o valor correspondente de ϵ_m da curva da tensão-deformação específica e usamos esse valor na Equação (4.10). Depois, para cada valor de y, determinamos o valor correspondente de ϵ_x, da Equação (4.10) ou Fig. 4.27, e obtemos da curva tensão-deformação específica da Fig. 4.28, a tensão σ_x correspondente a esse valor de ϵ_x. Construindo a curva de σ_x para os valores de y, obtemos a distribuição de tensões desejada (Fig. 4.29).

Recordamos agora que, quando deduzimos a Equação (4.3) não consideramos nenhuma relação particular entre tensão e deformação específica. Podemos portanto usar a Equação (4.3) para determinar o momento fletor M correspondente à distribuição de tensões obtida na Fig. 4.29. Considerando o caso particular de um elemento com uma seção transversal retangular de largura b, expressamos o elemento de área na Equação (4.3) como $dA = b\,dy$ e escrevemos

$$M = -b\int_{-c}^{c} y\sigma_x\,dy \qquad (4.30)$$

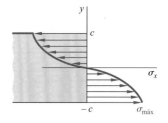

Fig. 4.29 Distribuição não linear das tensões em um componente sob flexão pura.

em que σ_x é a função de y representada na Fig. 4.29. Como σ_x é uma função ímpar de y, podemos escrever a Equação (4.30) na forma alternativa

$$M = -2b \int_0^c y\sigma_x \, dy \qquad (4.31)$$

Se σ_x for uma função analítica conhecida de ϵ_x, a Equação (4.10) pode ser usada para expressar σ_x em função de y, e a integral em (4.31) pode ser determinada analiticamente. No entanto, o momento fletor M pode ser obtido por meio de uma integração numérica. Esse cálculo torna-se mais significativo se notarmos que a integral na Equação (4.31) representa o momento de primeira ordem, em relação ao eixo horizontal, da área na Fig. 4.29 que está localizada acima desse eixo e está limitada pela curva de distribuição de tensões e pelo eixo vertical.

Um valor importante do momento fletor é o seu limite M_L, que provoca a falha do elemento. Esse valor pode ser determinado pelo limite de resistência σ_L do material escolhendo $\sigma_{máx} = \sigma_L$ e executando os cálculos indicados anteriormente. No entanto, considera-se mais conveniente na prática determinar M_L experimentalmente para um corpo de prova de um material. Considerando uma distribuição linear fictícia de tensões, a Equação (4.15) é usada então para determinar a tensão máxima correspondente R_B:

$$R_B = \frac{M_L c}{I} \qquad (4.32)$$

A tensão fictícia R_B é chamada de *módulo de ruptura em flexão* do material dado. Esse módulo de ruptura pode ser usado para determinar o limite de momento fletor M_L de um componente feito do mesmo material e com uma seção transversal da mesma forma, mas de dimensões diferentes, resolvendo a Equação (4.32) para M_L. Uma vez que, no caso de um componente com seção transversal retangular, as distribuições lineares de tensão, reais e fictícias, mostradas na Fig. 4.30 devem dar o mesmo valor M_L para o limite de momento fletor, as áreas que elas definem devem ter o mesmo momento de primeira ordem em relação ao eixo horizontal. Está claro, portanto, que o módulo de ruptura R_B será sempre maior que o limite da resistência real σ_L.

*4.6.1 Barras constituídas de material elastoplástico

Para obtermos um melhor conhecimento do comportamento plástico de uma barra em flexão, vamos considerar o caso de uma barra constituída de um *material elastoplástico*, supondo que a barra tenha uma *seção transversal retangular* de largura b e altura $2c$ (Fig. 4.31). Recordamos da Seção 2.12 que a curva da tensão em função da deformação específica para um material elastoplástico ideal tem uma forma parecida com a Fig. 4.32.

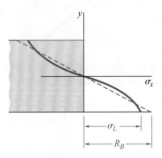

Fig. 4.30 Distribuição da tensão de um componente no momento limite M_L.

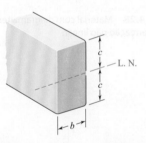

Fig. 4.31 Componente com seção transversal retangular.

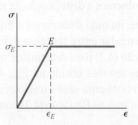

Fig. 4.32 Curva da tensão em função da deformação específica para um material elastoplástico ideal.

Desde que a tensão normal σ_x não exceda a tensão de escoamento σ_E, aplica-se a lei de Hooke, e a distribuição de tensões pela seção é linear (Fig. 4.33a). O valor máximo da tensão é

$$\sigma_m = \frac{Mc}{I} \quad (4.15)$$

À medida que o momento fletor aumenta, σ_m finalmente atinge o valor σ_E (Fig. 4.33b). Substituindo esse valor na Equação (4.15) e resolvendo para o valor correspondente de M, obtemos o valor M_E do momento fletor no início do escoamento:

$$M_E = \frac{I}{c}\sigma_E \quad (4.33)$$

O momento M_E é chamado de *momento elástico máximo*, visto que é o maior momento para o qual a deformação permanece totalmente elástica. Recordando que, para a seção transversal retangular considerada aqui,

$$\frac{I}{c} = \frac{b(2c)^3}{12c} = \frac{2}{3}bc^2 \quad (4.34)$$

escrevemos

$$M_E = \frac{2}{3}bc^2\sigma_E \quad (4.35)$$

À medida que o momento fletor aumenta ainda mais, desenvolvem-se zonas plásticas na barra, com as tensões uniformemente iguais a $-\sigma_E$ na zona superior e a $+\sigma_E$ na zona inferior (Fig. 4.33c). Entre as zonas plástica um núcleo elástico subsiste, no qual a tensão σ_x varia linearmente com y,

$$\sigma_x = -\frac{\sigma_E}{y_E}y \quad (4.36)$$

em que y_E representa metade da espessura do núcleo elástico. À medida que M aumenta, as zonas plásticas expandem-se até que, no limite, a deformação é totalmente plástica (Fig. 4.33d).

A Equação (4.31) será usada para determinar o valor do momento fletor M correspondente a uma espessura $2y_E$ do núcleo elástico. Lembrando que σ_x é dado pela Equação (4.36) para $0 \leq y \leq y_E$ e é igual a $-\sigma_E$ para $y_E \leq y \leq c$, escrevemos

$$M = -2b\int_0^{y_E} y\left(-\frac{\sigma_E}{y_E}y\right)dy - 2b\int_{y_E}^c y(-\sigma_E)\,dy$$

$$= \frac{2}{3}by_E^2\sigma_E + bc^2\sigma_E - by_E^2\sigma_E$$

$$M = bc^2\sigma_E\left(1 - \frac{1}{3}\frac{y_E^2}{c^2}\right) \quad (4.37)$$

ou, em vista da Equação (4.35),

$$M = \frac{3}{2}M_E\left(1 - \frac{1}{3}\frac{y_E^2}{c^2}\right) \quad (4.38)$$

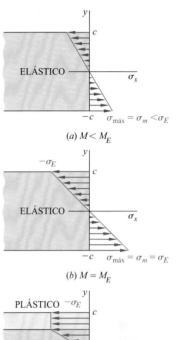

(a) $M < M_E$

(b) $M = M_E$

(c) $M > M_E$

(d) $M = M_p$

Fig. 4.33 Distribuição das tensões de flexão em um componente por: (a) elástico, $M < M_E$ (b) escoamento iminente, $M = M_E$, (c) escoamento parcial, $M > M_E$, e (d) totalmente plástico $M = M_p$.

na qual M_E é o momento elástico máximo. Note que à medida que y_E se aproxima de zero, o momento fletor se aproxima do valor limite

$$M_p = \frac{3}{2} M_E \qquad (4.39)$$

Esse valor do momento fletor, que corresponde a uma deformação plástica total da seção transversal (Fig. 4.33d), é chamado de *momento plástico* da barra considerada. Note que a Equação (4.39) é válida somente para uma *barra de seção retangular feita de um material elastoplástico*.

É importante ter em mente que a distribuição de deformação específica ao longo da seção permanece linear após o início do escoamento. Portanto, a Equação (4.8) permanece válida e pode ser usada para determinar a metade da espessura y_E do núcleo elástico. Temos

$$y_E = \epsilon_E \rho \qquad (4.40)$$

em que ϵ_E é a deformação específica de escoamento e ρ é o raio de curvatura correspondente a um momento fletor $M \geq M_E$. Quando o momento fletor é igual a M_E, temos $y_E = c$ e a Equação (4.40) resulta em

$$c = \epsilon_E \rho_E \qquad (4.41)$$

em que ρ_E é o raio de curvatura correspondente ao momento elástico máximo M_E. Dividindo a Equação (4.40) pela Equação (4.41) membro a membro, observamos a relação[†]

$$\frac{y_E}{c} = \frac{\rho}{\rho_E} \qquad (4.42)$$

Substituindo y_E/c da Equação (4.42) na Equação (4.38), expressamos o momento fletor M em função do raio de curvatura ρ da superfície neutra:

$$M = \frac{3}{2} M_E \left(1 - \frac{1}{3} \frac{\rho^2}{\rho_E^2}\right) \qquad (4.43)$$

Note que a Equação (4.43) é válida somente após o início do escoamento, isto é, para valores de M maiores que M_E. Para $M < M_E$, deverá ser usada a Equação (4.21).

Observamos da Equação (4.43) que o momento fletor atinge o valor $M_p = \frac{3}{2} M_E$ somente quando $\rho = 0$. Como está claro que não podemos ter um raio de curvatura igual a zero em todos os pontos da superfície neutra, concluímos que uma deformação plástica total da seção não pode ocorrer em flexão pura. No entanto, conforme veremos no Capítulo 6, essa situação pode ocorrer em um ponto como no caso de uma viga sob carregamento transversal.

As distribuições de tensão em uma barra de seção retangular, correspondendo, respectivamente, ao momento elástico máximo M_E e ao caso-limite do momento plástico M_p, foram representadas em três dimensões na Fig. 4.34. Como em ambos os casos as resultantes das forças elementares de tração e compressão devem passar pelos centroides dos volumes que representam as distribuições de tensão e devem ser iguais em intensidade a esses volumes, verificamos que

$$R_E = \tfrac{1}{2} bc\sigma_E$$

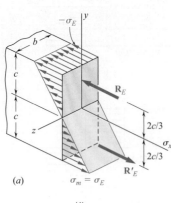

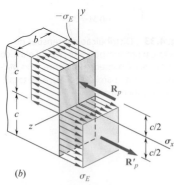

Fig. 4.34 Distribuições da tensão de um membro em (a) momento elástico máximo e em (b) momento plástico.

[†] A Equação (4.42) aplica-se a qualquer elemento feito de qualquer material dúctil com um ponto de escoamento bem definido, pois sua determinação é independente da forma da seção transversal e da forma da distribuição tensão-deformação específica além do ponto de escoamento.

e
$$R_p = bc\sigma_E$$

e os momentos fletores correspondentes são, respectivamente,

$$M_E = (\tfrac{4}{3}c)R_E = \tfrac{2}{3}bc^2\sigma_E \tag{4.44}$$

e

$$M_p = cR_p = bc^2\sigma_E \tag{4.45}$$

Verificamos então que, para uma barra de seção retangular, $M_p = \tfrac{3}{2}M_E$, como requer a Equação (4.39).

Para vigas de *seção transversal não retangular*, o cálculo do momento elástico máximo M_E e do momento plástico M_p geralmente será simplificado se for usado um método gráfico de análise, como mostra o Problema Resolvido 4.5. Veremos neste caso mais geral que a relação $k = M_p/M_E$ normalmente não é igual a $\tfrac{3}{2}$. Por exemplo, para formas estruturais como as vigas de mesa larga, essa relação varia aproximadamente de 1,08 a 1,14. Como ela depende somente da forma da seção transversal, a relação $k = M_p/M_E$ é chamada de *fator de forma* da seção transversal. Notamos que, se forem conhecidos o fator de forma k e o momento elástico máximo M_E de uma viga, o momento plástico M_p da viga pode ser obtido por:

$$M_p = kM_E \tag{4.46}$$

A relação M_p/σ_E obtida dividindo-se o momento plástico M_p de uma barra pela tensão de escoamento σ_E de seu material é chamada de *módulo de resistência da seção plástica* da barra e é representada por Z. Quando o módulo de resistência da seção plástica Z e a tensão de escoamento σ_E de uma viga são conhecidos, o momento plástico M_p da viga pode ser obtido por:

$$M_p = Z\sigma_E \tag{4.47}$$

De acordo com a Equação (4.18) em que $M_E = W\sigma_E$, e comparando essa relação com a Equação (4.47), notamos que o fator de forma $k = M_p/M_E$ de uma seção transversal pode ser expresso como a relação entre os módulos de resistências das seções plástica e elástica:

$$k = \frac{M_p}{M_E} = \frac{Z\sigma_E}{W\sigma_E} = \frac{Z}{W} \tag{4.48}$$

Considerando o caso particular de uma viga de seção retangular de largura b e altura h, notamos segundo as Equações (4.45) e (4.47) que o *módulo de resistência da seção plástica* de uma viga retangular é

$$Z = \frac{M_p}{\sigma_E} = \frac{bc^2\sigma_E}{\sigma_E} = bc^2 = \tfrac{1}{4}bh^2$$

Entretanto, lembramos da Equação (4.19) que o *módulo de resistência da seção elástica* dessa mesma viga é

$$W = \tfrac{1}{6}bh^2$$

Substituindo na Equação (4.48) os valores obtidos para Z e W, verificamos que o fator de forma de uma viga retangular é

$$k = \frac{Z}{W} = \frac{\tfrac{1}{4}bh^2}{\tfrac{1}{6}bh^2} = \frac{3}{2}$$

Aplicação do conceito 4.5

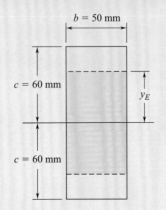

Fig. 4.35 Seção transversal retangular com carga $M_E < M < M_p$.

Uma barra de seção transversal retangular uniforme medindo 50 mm por 120 mm (Fig. 4.35) está submetida a um momento fletor $M = 36{,}8$ kN · m. Considerando que a barra é constituída de um material elastoplástico com uma tensão de escoamento de 240 MPa e um módulo de elasticidade de 200 GPa, determine (*a*) a espessura do núcleo elástico e (*b*) o raio de curvatura da superfície neutra.

a. **Espessura do núcleo elástico.** Primeiramente, determinamos o momento elástico máximo M_E. Substituindo os dados fornecidos na Equação (4.34), temos

$$\frac{I}{c} = \frac{2}{3}bc^2 = \frac{2}{3}(50 \times 10^{-3}\,\text{m})(60 \times 10^{-3}\,\text{m})^2$$
$$= 120 \times 10^{-6}\,\text{m}^3$$

e usando esse valor, e também $\sigma_E = 240$ MPa, na Equação (4.33)

$$M_E = \frac{I}{c}\sigma_E = (120 \times 10^{-6}\,\text{m}^3)(240\,\text{MPa}) = 28{,}8\,\text{kN} \cdot \text{m}$$

Substituindo os valores de M e M_E na Equação (4.38), temos

$$36{,}8\,\text{kN} \cdot \text{m} = \frac{3}{2}(28{,}8\,\text{kN} \cdot \text{m})\left(1 - \frac{1}{3}\frac{y_E^2}{c^2}\right)$$

$$\left(\frac{y_E}{c}\right)^2 = 0{,}444 \qquad \frac{y_E}{c} = 0{,}666$$

e como $c = 60$ mm

$$y_E = 0{,}666(60\,\text{mm}) = 40\,\text{mm}$$

A espessura $2y_E$ do núcleo elástico é, portanto, 80 mm.

b. **Raio de curvatura.** Notamos que a deformação específica de escoamento é

$$\epsilon_E = \frac{\sigma_E}{E} = \frac{240 \times 10^6\,\text{Pa}}{200 \times 10^9\,\text{Pa}} = 1{,}2 \times 10^{-3}$$

Resolvendo a Equação (4.40) para ρ e substituindo os valores obtidos para y_E e ϵ_E, escrevemos

$$\rho = \frac{y_E}{\epsilon_E} = \frac{40 \times 10^{-3}\,\text{m}}{1{,}2 \times 10^{-3}} = 33{,}3\,\text{m}$$

*4.6.2 Barras com um único plano de simetria

Consideramos até agora que a barra em flexão tinha dois planos de simetria, um contendo os momentos fletores **M** e **M'**, e o outro perpendicular àquele plano. Vamos considerar agora o caso mais geral, quando a barra contém somente um plano de simetria contendo os momentos fletores **M** e **M′**. Nossa análise será limitada à situação em que a deformação é totalmente plástica, com a tensão normal uniformemente igual a $-\sigma_E$ acima da superfície neutra, e a $+\sigma_E$ abaixo da superfície neutra (Fig. 4.36a).

Conforme foi indicado na Seção 4.6, a linha neutra não pode ser considerada coincidente com o eixo que passa pelo centroide da seção transversal quando ela não é simétrica em relação àquele eixo. Para localizarmos a linha neutra, consideramos a resultante $\mathbf{R}_1$ das forças de compressão elementares aplicadas sobre a parte A_1 da seção transversal localizada acima da linha neutra e a resultante $\mathbf{R}_2$ das forças de tração aplicadas sobre a parte A_2 localizada abaixo da linha neutra (Fig. 4.36b). Como as forças $\mathbf{R}_1$ e $\mathbf{R}_2$ formam um momento equivalente ao aplicado na seção da barra, elas devem ter a mesma intensidade. Temos, portanto, $R_1 = R_2$ ou $A_1\sigma_E = A_2\sigma_E$, do qual concluímos que $A_1 = A_2$. Em outras palavras, *a linha neutra divide a seção transversal em partes de áreas iguais*. Note que a linha neutra obtida dessa maneira *não será*, em geral, uma linha que passa pelo centroide da seção transversal.

Observamos também que as linhas de ação das resultantes $\mathbf{R}_1$ e $\mathbf{R}_2$ passam pelos centroides C_1 e C_2 das duas partes que acabamos de definir. Chamando de d a distância entre C_1 e C_2, e de A a área total da seção transversal, expressamos o momento plástico da barra como

$$M_p = (\tfrac{1}{2} A\sigma_E) d$$

Um exemplo do cálculo do momento plástico de uma barra com apenas um plano de simetria é dado no Problema Resolvido 4.6.

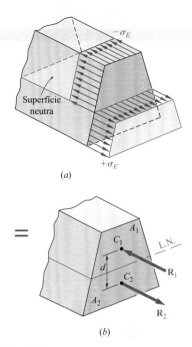

Fig. 4.36 Viga não simétrica sujeita a momento plástico. (a) Distribuição de tensões e (b) resultante das forças de tração/compressão atuantes nos centroides.

*4.6.3 Tensões residuais

Vimos nas seções anteriores que zonas plásticas poderão ser desenvolvidas em uma barra constituída de material elastoplástico se o momento fletor for suficientemente grande. Quando o momento fletor retorna a zero, a redução correspondente na tensão e deformação em um ponto pode ser representada por uma linha reta no gráfico tensão-deformação específica, como mostra a Fig. 4.37. Conforme veremos agora, o valor final da tensão em determinado ponto, em geral, não será zero. Haverá uma tensão residual na maioria dos pontos, e essa tensão pode ter ou não o mesmo sinal da tensão máxima atingida no fim da fase de carregamento.

Como a relação linear entre σ_x e ϵ_x se aplica em todos os pontos da barra durante a fase de descarregamento, a Equação (4.16) pode ser usada para obter a variação da tensão em um ponto. Em outras palavras, a fase de descarregamento pode ser tratada considerando-se que a barra esteja totalmente no regime elástico.

As tensões residuais são obtidas aplicando-se o princípio da superposição de maneira similar àquela descrita na Seção 2.13, para um carregamento axial centrado e usado novamente na Seção 3.8, para o caso de torção. Não obstante, consideramos as tensões em virtude da aplicação de um momento fletor M e, de outra maneira, as tensões reversas em virtude do momento fletor igual e oposto $-M$ que é aplicado para descarregar a barra. O primeiro grupo de tensões reflete o comportamento *elastoplástico* do material durante a fase de carregamento, e o segundo grupo, o comportamento *linear* do mesmo material durante a fase de descarregamento. Somando os dois grupos de tensões, obtemos a distribuição de tensões residuais no elemento.

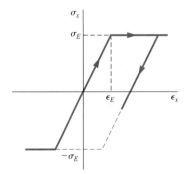

Fig. 4.37 Curva da tensão em função da deformação específica para um material elastoplástico com carga reversa.

Aplicação do conceito 4.6

Para a barra da Fig. 4.35, determine (a) a distribuição das tensões residuais e (b) o raio de curvatura, depois que o momento fletor retornou de seu valor máximo de 36,8 kN · m para zero.

a. Distribuição das tensões residuais. Recordamos da Aplicação de conceito 4.5 que a tensão de escoamento é $\sigma_E = 240$ MPa e que a espessura do núcleo elástico é $2y_E = 80$ mm. A distribuição de tensões na barra sob carga é conforme mostra a Fig. 4.38a.

A distribuição das tensões reversas em razão do momento fletor oposto de 36,8 kN · m para descarregar a barra é linear e conforme mostrado na Fig. 4.38b. A tensão máxima σ'_m naquela distribuição é obtida da Equação (4.15). Lembrando que $I/c = 120 \times 10^{-6}$ m^3, escrevemos

$$\sigma'_m = \frac{Mc}{I} = \frac{36,8 \text{ kN} \cdot \text{m}}{120 \times 10^{-6} \text{ m}^3} = 306,7 \text{ MPa}$$

Superpondo as duas distribuições de tensões, obtemos as tensões residuais mostradas na Fig. 4.38c. Verificamos que, apesar de as tensões reversas excederem a tensão de escoamento σ_E, a suposição de uma distribuição linear das tensões reversas é válida desde que não excedam $2\sigma_E$.

b. Raio de curvatura após o descarregamento. Podemos aplicar a lei de Hooke em qualquer ponto do núcleo $|y| < 40$ mm, já que não ocorreram deformações plásticas naquela parte da barra. Assim, a deformação específica residual na distância $y = 40$ mm é

$$\epsilon_x = \frac{\sigma_x}{E} = \frac{-35,5 \times 10^6 \text{ Pa}}{200 \times 10^9 \text{ Pa}} = -177,5 \times 10^{-6}$$

Resolvendo a Equação (4.8) para ρ e substituindo os valores apropriados de y e ϵ_x, escrevemos

$$\rho = -\frac{y}{\epsilon_x} = \frac{40 \times 10^{-3} \text{ m}}{177,5 \times 10^{-6}} = 225 \text{ m}$$

O valor obtido para ρ depois de a carga ter sido removida representa uma deformação permanente do elemento.

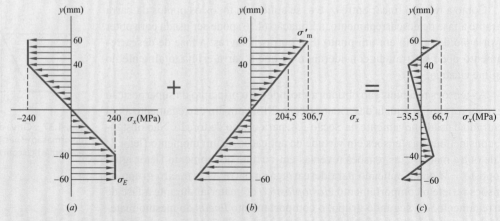

Fig. 4.38 Determinação da tensão residual. (a) Tensão no momento máximo. (b) Descarregamento. (c) Tensão residual.

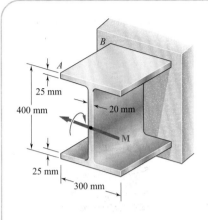

PROBLEMA RESOLVIDO 4.5

A viga AB foi fabricada com uma liga de aço de alta resistência considerado elastoplástico, com $E = 200$ GPa e $\sigma_E = 345$ MPa. Desprezando o efeito dos adoçamentos, determine o momento fletor M e o raio de curvatura correspondente (a) quando o escoamento inicia e (b) quando as mesas acabam de se tornar totalmente plásticas.

ESTRATÉGIA: Até o momento em que primeiro ocorre o escoamento no alto e no fundo dessa seção simétrica, as tensões e os raios de curvatura são calculados admitindo comportamento elástico. Incrementos adicionais de carga produzem comportamento plástico em partes da seção transversal, sendo necessário trabalhar com a distribuição de tensões resultante na seção transversal para obter os correspondentes momento e raio de curvatura.

MODELAGEM E ANÁLISE:

a. Início do escoamento. O momento de inércia em relação ao eixo que passa pelo centroide da seção é

$$I = \tfrac{1}{12}(0{,}30 \text{ m})(0{,}40 \text{ m})^3 - \tfrac{1}{12}(0{,}30 \text{ m} - 0{,}02 \text{ m})(0{,}35 \text{ m})^3 = 6{,}0 \times 10^{-4} \text{ m}^4$$

Momento fletor. Para $\sigma_{máx} = \sigma_E = 345$ MPa e $c = 0{,}20$ m, temos

$$M_E = \frac{\sigma_E I}{c} = \frac{(345 \text{ MPa})(6{,}0 \times 10^{-4} \text{ m}^4)}{0{,}20 \text{ m}} \qquad M_E = 1035 \text{ kN} \cdot \text{m} \blacktriangleleft$$

Raio de curvatura. Como mostrado na Fig. 1, a deformação na parte superior e na parte inferior é a deformação no escoamento inicial, $\epsilon_E = \sigma_E/E = (345 \text{ MPa})/(200 \times 10^3 \text{ MPa}) = 0{,}001725$. Notando que $c = 0{,}20$ m, temos, da Equação (4.41)

$$c = \epsilon_E \rho_E \qquad 0{,}20 \text{ m} = 0{,}001725 \rho_E \qquad\qquad \rho_E = 116 \text{ m} \blacktriangleleft$$

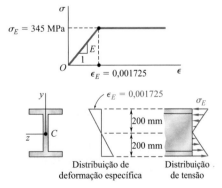

Fig. 1 Resposta do material elastoplástico e distribuições da deformação específica e da tensão.

***b*. Mesas totalmente plastificadas.** Quando as mesas já se tornaram totalmente plásticas, as deformações e tensões na seção são de acordo com a Figura 2.

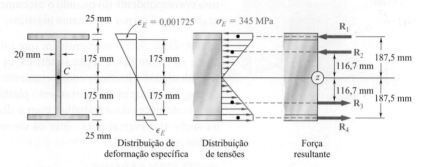

Fig. 2 Distribuições da deformação específica e da tensão com as mesas totalmente plásticas.

Substituímos as forças de compressão elementares que atuam na mesa superior e na metade superior da alma por suas resultantes R_1 e R_2 e, semelhantemente, substituímos as forças de tração por R_3 e R_4.

$$R_1 = R_4 = (345 \times 10^3 \text{ kN/m}^2)(0{,}30 \text{ m})(0{,}025 \text{ m}) = 2588 \text{ kN}$$

$$R_2 = R_3 = 1/2(345 \times 10^3 \text{ kN/m}^2)(0{,}175 \text{ m})(0{,}02 \text{ m}) = 604 \text{ kN}$$

Momento fletor. Somando os momentos de R_1, R_2, R_3 e R_4 em relação ao eixo z, escrevemos

$$M = 2[R_1(0{,}1875 \text{ m}) + R_2(0{,}1167 \text{ m})]$$
$$= 2[(2588)(0{,}1875) + (604)(0{,}1167)] \qquad M = 1111 \text{ kN} \cdot \text{m} \blacktriangleleft$$

Raio de curvatura. Como $y_E = 0{,}175$ m para esse carregamento, temos, da Equação (4.40)

$$y_E = \epsilon_E \rho \qquad 0{,}175 \text{ m} = (0{,}001725)\rho \qquad \rho = 101 \text{ m} \blacktriangleleft$$

REFLETIR E PENSAR: Uma vez que a carga é incrementada além daquela que produz o início do escoamento, é necessário trabalhar com a distribuição real de tensões para determinar o momento aplicado. O raio de curvatura é baseado na porção elástica da viga.

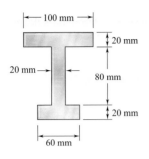

PROBLEMA RESOLVIDO 4.6

Determine o momento plástico M_p de uma viga com a seção transversal mostrada na figura, quando a viga é flexionada em torno do eixo horizontal. Considere que o material seja elastoplástico com uma tensão de escoamento de 240 MPa.

ESTRATÉGIA: Todas as partes da seção transversal estão escoando, e a distribuição de tensões resultante deve ser utilizada para determinar o momento. Uma vez que a viga é não simétrica, primeiro é necessário determinar a localização da linha neutra.

MODELAGEM:

Linha neutra. Quando a deformação está totalmente no regime plástico, a linha neutra divide a seção transversal em duas partes de áreas iguais (Fig. 1). Como a área total é

$$A = (100)(20) + (80)(20) + (60)(20) = 4800 \text{ mm}^2$$

a área localizada acima da linha neutra deve ser de 2400 mm². Escrevemos

$$(20)(100) + 20y = 2400 \qquad y = 20 \text{ mm}$$

Note que a linha neutra *não* passa pelo centroide da seção transversal.

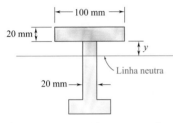

Fig. 1 Para uma deformação totalmente plástica, a linha neutra divide a seção transversal em duas áreas iguais.

ANÁLISE:

Momento plástico. Utilizando a Fig. 2, a resultante $\mathbf{R}_i$ das forças elementares que atuam na área parcial A_i é igual a

$$R_i = A_i \sigma_E$$

e passa pelo centroide daquela área. Temos

$$R_1 = A_1\sigma_E = [(0{,}100 \text{ m})(0{,}020 \text{ m})]\,240 \text{ MPa} = 480 \text{ kN}$$
$$R_2 = A_2\sigma_E = [(0{,}020 \text{ m})(0{,}020 \text{ m})]\,240 \text{ MPa} = 96 \text{ kN}$$
$$R_3 = A_3\sigma_E = [(0{,}020 \text{ m})(0{,}060 \text{ m})]\,240 \text{ MPa} = 288 \text{ kN}$$
$$R_4 = A_4\sigma_E = [(0{,}060 \text{ m})(0{,}020 \text{ m})]\,240 \text{ MPa} = 288 \text{ kN}$$

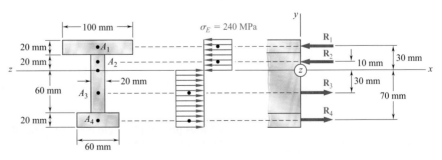

Fig. 2 Distribuições das tensões totalmente plásticas e forças resultantes para encontrar o momento plástico.

O momento plástico M_p é obtido somando-se os momentos das forças em relação ao eixo z.

$$M_p = (0{,}030 \text{ m})R_1 + (0{,}010 \text{ m})R_2 + (0{,}030 \text{ m})R_3 + (0{,}070 \text{ m})R_4$$
$$= (0{,}030 \text{ m})(480 \text{ kN}) + (0{,}010 \text{ m})(96 \text{ kN})$$
$$\quad + (0{,}030 \text{ m})(288 \text{ kN}) + (0{,}070 \text{ m})(288 \text{ kN})$$
$$= 44{,}16 \text{ kN} \cdot \text{m} \qquad\qquad M_p = 44{,}2 \text{ kN} \cdot \text{m} \blacktriangleleft$$

REFLETIR E PENSAR: Como a seção transversal *não* é simétrica em relação ao eixo z, a soma dos momentos de $\mathbf{R}_1$ e $\mathbf{R}_2$ *não* é igual à soma dos momentos de $\mathbf{R}_3$ e $\mathbf{R}_4$.

PROBLEMA RESOLVIDO 4.7

Para a viga do Problema Resolvido 4.5, determine as tensões residuais e o raio de curvatura permanente depois de ser removido o momento fletor **M** de 1 111 kN · m.

ESTRATÉGIA: Inicie com o momento e a distribuição de tensões quando apenas os flanges estão plastificados. A viga é então descarregada pela aplicação de um momento que é o oposto ao momento originalmente aplicado. Durante a descarga, a ação na viga é completamente elástica. As tensões em razão do carregamento original e aquelas decorrentes da descarga são superpostas para obter a distribuição de tensões residuais.

MODELAGEM E ANÁLISE:

Carregamento. No Problema Resolvido 4.5, foi aplicado um momento $M = 1\,111$ kN · m e foram obtidas as tensões mostradas na Fig. 1*a*.

Descarregamento elástico. A viga é descarregada pela aplicação de um momento $M = -1\,111$ kN · m (igual e oposto ao momento aplicado originalmente). Durante esse descarregamento, a ação da viga é totalmente elástica. Lembrando do Problema Resolvido 4.5 que $I = 6{,}0 \times 10^{-4}$ m^4,

$$\sigma'_m = \frac{Mc}{I} = \frac{(1\,111 \text{ kN} \cdot \text{m})(0{,}20 \text{ m})}{6{,}0 \times 10^{-4} \text{ m}^4} = 370 \text{ MPa}$$

As tensões provocadas pelo descarregamento são mostradas na Fig. 1*b*.

Tensões residuais. Fazemos a superposição das tensões em virtude do carregamento (Fig. 1a) e do descarregamento (Fig. 1b) e obtemos as tensões residuais na viga (Fig. 1c).

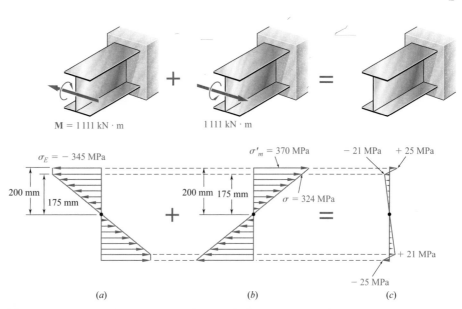

Fig. 1 Superposição do carregamento plástico e do descarregamento elástico para encontrar as tensões residuais.

Raio de curvatura permanente. Em $y = 0{,}175$ m a tensão residual é $\sigma = -21$ MPa. Como não ocorreu nenhuma deformação plástica nesse ponto, pode ser usada a lei de Hooke, e temos $\epsilon_x = \sigma/E$. Recordando a Equação (4.8), escrevemos

$$\rho = -\frac{y}{\epsilon_x} = -\frac{yE}{\sigma} = -\frac{(0{,}175 \text{ m})(200 \times 10^3 \text{ MPa})}{-21 \text{ MPa}} = +1667 \text{ m} \quad \blacktriangleleft$$

REFLETIR E PENSAR: A partir da Fig. 2, notamos que a tensão residual é de tração na face superior da viga e de compressão na face inferior, apesar de a viga estar com a concavidade para cima.

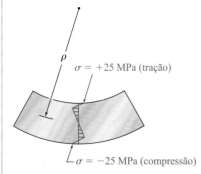

Fig. 2 Representação do raio de curvatura permanente.

PROBLEMAS

4.67 Uma barra com seção transversal retangular, feita de aço elastoplástico com $\sigma_Y = 320$ MPa, é submetida a um momento **M** paralelo ao eixo z. Determine o momento M para o qual (*a*) inicia-se o escoamento, (*b*) as zonas plásticas na parte superior e inferior da barra têm 5 mm de espessura.

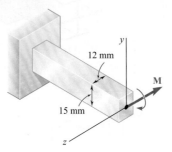

Fig. P4.67

4.68 Resolva o Problema 4.67, considerando que o momento fletor **M** é paralelo ao eixo y.

4.69 Uma haste sólida de seção quadrada de lado 0,6 in. é feita de aço considerado elastoplástico com $E = 29 \times 10^6$ psi e $\sigma_Y = 48$ ksi. Sabendo que o momento **M** é aplicado mantido paralelo em relação a um lado da seção transversal, determine o valor do momento M para o qual o raio de curvatura é de 6 pés.

4.70 Para a haste de seção transversal quadrada do Prob. 4.69, determine o momento M para o qual o raio de curvatura é de 3 pés.

4.71 A haste prismática mostrada é feita de aço considerado elastoplástico com $E = 200$ GPa e $\sigma_Y = 280$ MPa. Sabendo que os momentos aplicados **M** e **M**′ de 525 N · m são orientados paralelamente ao eixo y, determine (*a*) a espessura do núcleo elástico, (*b*) o raio de curvatura da barra.

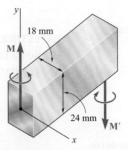

Fig. P4.71

4.72 Resolva o Prob. 4.71, assumindo que os momentos aplicados **M** e **M**′ são orientados paralelamente ao eixo x.

4.73 e 4.74 Uma viga com a seção transversal mostrada na figura é constituída de um aço elastoplástico, com $E = 200$ GPa e $\sigma_E = 240$ MPa. Para flexão em torno do eixo z, determine o momento fletor no qual (*a*) inicia-se o escoamento e (*b*) as zonas plásticas nas partes superior e inferior da barra têm 30 mm de espessura.

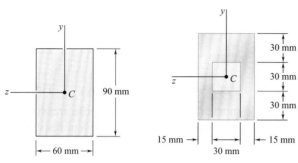

Fig. P4.73   **Fig. P4.74**

4.75 e 4.76 Uma viga com a seção transversal mostrada na figura é constituída de um aço elastoplástico, com $E = 29 \times 10^6$ psi e $\sigma_Y = 42$ ksi. Para flexão em torno do eixo z, determine o momento fletor no qual (*a*) inicia-se o escoamento e (*b*) as zonas plásticas nas partes superior e inferior da barra têm 1 in. de espessura.

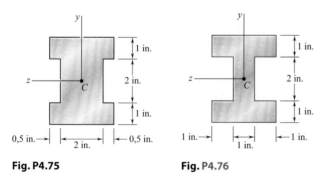

Fig. P4.75   **Fig. P4.76**

4.77 até 4.80 Para a viga indicada, determine (*a*) o momento plástico M_p e (*b*) o fator de forma da seção transversal.

4.77 Viga do Problema **4.73.**

4.78 Viga do Problema **4.74.**

4.79 Viga do Problema **4.75.**

4.80 Viga do Problema **4.76.**

4.81 a 4.83 Determine o momento plástico M_p de uma viga de aço com a seção transversal mostrada na figura, considerando que o aço seja elastoplástico com uma tensão de escoamento de 240 MPa.

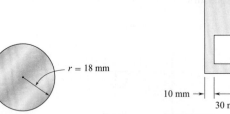
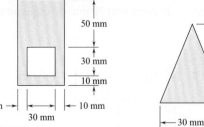

Fig. P4.81   Fig. P4.82   Fig. P4.83

4.84 Determine o momento plástico M_p da seção transversal mostrada, considerando que o aço é elastoplástico e tem resistência ao escoamento de 36 ksi.

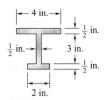

Fig. P4.84

4.85 Determine o momento de plastificação M_p da seção transversal mostrada quando a viga é fletida em relação ao eixo horizontal. Admita que o material seja elastoplástico com resistência ao escoamento de 175 MPa.

4.86 Determine o momento plástico M_p da vida de aço da seção transversal mostrada na figura, considerando que o aço é elastoplástico com uma tensão de escoamento de 248 MPa.

4.87 e 4.88 Para a viga indicada, um momento igual ao momento de plastificação M_p é aplicado e, em seguida, removido. Usando uma tensão de escoamento de 240 MPa, determine a tensão residual em $y = 45$ mm.

4.87 Viga do Problema 4.73.

4.88 Viga do Problema 4.74.

4.89 e 4.90 Para a viga indicada, um momento igual ao momento de plastificação M_p é aplicado e, em seguida, removido. Usando uma tensão de escoamento de 42 ksi, determine a tensão residual em (a) $y = 1$ in., (b) $y = 2$ in.

4.89 Viga do Problema 4.75.

4.90 Viga do Problema 4.76.

4.91 Um momento fletor é aplicado à viga do Problema 4.73, provocando o aparecimento de zonas plásticas de 30 mm de espessura nas partes superior e inferior da viga. Após o momento ser removido, determine (a) a tensão residual em $y = 45$ mm, (b) os pontos onde a tensão residual é zero e (c) o raio de curvatura correspondente à deformação permanente da viga.

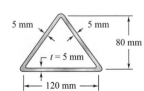

Fig. P4.85

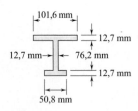

Fig. P4.86

4.92 Uma viga com a seção transversal mostrada é feita de aço considerado elastoplástico com $E = 29 \times 10^6$ psi e $\sigma_Y = 42$ ksi. Um conjugado de flexão é aplicado à viga na direção do eixo z, produzindo zonas plásticas com 2 in. de espessura que se desenvolvem no topo e na base da viga. Depois de removido o conjugado, determine (a) a tensão residual em $y = 2$ in., (b) os pontos onde a tensão residual é zero, (c) o raio de curvatura correspondente à deformação permanente da viga.

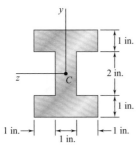

Fig. P4.92

4.93 Uma barra retangular reta e livre de tensões é flexionada formando um arco de circunferência de raio ρ por dois momentos M. Após os momentos serem removidos, observa-se que o raio de curvatura da barra é ρ_R. Chamando de ρ_E o raio de curvatura da barra no início do escoamento, mostre que o raio de curvatura satisfaz a seguinte relação:

$$\frac{1}{\rho_R} = \frac{1}{\rho}\left\{1 - \frac{3}{2}\frac{\rho}{\rho_E}\left[1 - \frac{1}{3}\left(\frac{\rho}{\rho_E}\right)^2\right]\right\}$$

4.94 Uma barra de seção transversal retangular cheia é constituída de um material elastoplástico. Chamando de M_E e ρ_E, respectivamente, o momento fletor e o raio de curvatura no início do escoamento, determine (a) o raio de curvatura quando é aplicado à barra um momento fletor $M = 1{,}25\ M_E$ e (b) o raio de curvatura após o momento ser removido. Verifique os resultados obtidos usando a relação determinada no Problema 4.93.

4.95 A barra prismática AB é feita de um aço elastoplástico para o qual $E = 200$ GPa. Sabendo que o raio de curvatura da barra é de 2,4 m quando é aplicado um momento fletor $M = 350$ N · m conforme mostra a figura, determine (a) a tensão de escoamento do aço e (b) a espessura do núcleo elástico da barra.

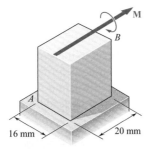

Fig. P4.95

4.96 A barra prismática AB é constituída de uma liga de alumínio para a qual a curva de tensão-deformação específica em tração é mostrada na figura. Considerando que a curva de σ em função de ϵ é a mesma em compressão e em tração, determine (a) o raio de curvatura da barra quando a tensão máxima é de 250 MPa e (b) o valor correspondente do momento fletor. (*Sugestão*: para a parte b, construa uma curva de σ em função de y e use um método aproximado de integração.)

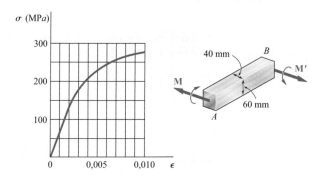

Fig. P4.96

4.97 A barra prismática AB é feita de uma liga de bronze para a qual a curva tensão-deformação específica em tração é mostrada na figura. Considerando que a curva de σ em função de ϵ é a mesma em compressão e em tração, determine (a) a tensão máxima na barra quando o raio de curvatura da barra for de 2 540 mm e (b) o valor correspondente do momento fletor. (Ver a sugestão apresentada no Problema 4.96.)

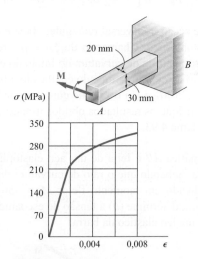

Fig. P4.97

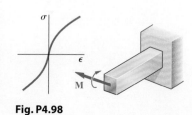

Fig. P4.98

4.98 Uma barra prismática de seção transversal retangular é feita por uma liga para a qual a curva tensão-deformação específica pode ser representada pela relação $\epsilon = k\sigma^n$ para $\sigma > 0$ e $\epsilon = -|k\sigma^n|$ para $\sigma < 0$. Se um momento fletor **M** é aplicado à barra, mostre que a tensão máxima é

$$\sigma_m = \frac{1 + 2n}{3n} \frac{Mc}{I}$$

4.7 CARREGAMENTO AXIAL EXCÊNTRICO EM UM PLANO DE SIMETRIA

Vimos na Seção 1.2.1 que a distribuição de tensões na seção transversal de uma viga sob carregamento axial pode ser considerada uniforme somente quando a linha de ação das cargas **P** e **P'** passa pelo centroide da seção transversal. Dizemos que um carregamento desse tipo é *centrado*. Vamos agora analisar a distribuição de tensões quando a linha de ação das forças *não* passa pelo centroide da seção transversal, isto é, quando o carregamento é *excêntrico*.

As Fotos 4.45 e 4.46 mostram dois exemplos de carregamento excêntrico. No caso do poste de iluminação, o peso da lâmpada provoca um carregamento excêntrico. Da mesma forma, as forças verticais que atuam na prensa provocam um carregamento excêntrico na coluna de trás da prensa.

Foto 4.5 Poste de iluminação. ©Sandy Maya Matzen/Shutterstock

Foto 4.6 Prensa. Cortesia de John DeWolf

Nesta seção, nossa análise estará limitada a barras que possuem um plano de simetria, e vamos considerar que as forças são aplicadas no plano de simetria da barra (Fig. 4.39a). Os esforços internos que atuam sobre uma seção transversal podem ser representados por uma força **F** aplicada no centroide C da seção e um momento fletor **M** atuando no plano de simetria da barra (Fig. 4.39b). As condições de equilíbrio do diagrama de corpo livre AC requerem que a força **F** seja igual e oposta a **P'** e que o momento fletor **M** seja igual e oposto ao momento de **P'** em relação a C. Chamando de d a distância do centroide C até a linha de ação AB das forças **P** e **P'**, temos

$$F = P \quad \text{e} \quad M = Pd \quad (4.49)$$

Observamos agora que os esforços internos na seção poderiam ter sido representados pela mesma força e momento, se a parte reta DE da barra AB tivesse sido destacada de AB e submetida simultaneamente às forças centradas **P** e **P'** e aos momentos fletores **M** e **M'** (Fig. 4.40). Assim, a distribuição de tensões por causa do carregamento excêntrico original poderia ser obtida

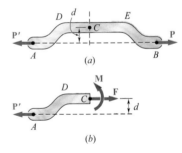

Fig. 4.39 (a) Componente com força excêntrica. (b) Diagrama de corpo livre do componente com forças internas na seção C.

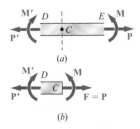

Fig. 4.40 (a) Diagrama de corpo livre da parte reta DE. (b) Diagrama de corpo livre da parte CD.

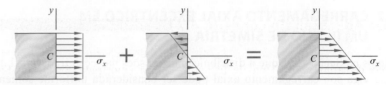

Fig. 4.41 A distribuição de tensões para carregamento excêntrico é obtida pela superposição das distribuições das tensões axiais uniformes com as da flexão pura.

pela superposição da distribuição uniforme de tensão correspondente às forças centradas **P** e **P'** e da distribuição linear correspondente aos momentos fletores **M** e **M'** (Fig. 4.41). Escrevemos então

$$\sigma_x = (\sigma_x)_{\text{centrada}} + (\sigma_x)_{\text{flexão}}$$

ou, usando as Equações (1.5) e (4.16):

$$\sigma_x = \frac{P}{A} - \frac{My}{I} \tag{4.50}$$

em que A é a área da seção transversal e I seu momento de inércia em relação ao eixo que passa pelo centroide da seção transversal, e na qual y é medido a partir desse eixo da seção transversal. A relação obtida mostra que a distribuição de tensões ao longo da seção é *linear mas não uniforme*. Dependendo da geometria da seção transversal e da excentricidade da força, as tensões combinadas podem ter todas elas o mesmo sinal, como mostra a Fig. 4.41, ou algumas podem ser positivas e outras negativas, como mostra a Fig. 4.42. Nesse último caso, haverá uma linha na seção ao longo da qual $\sigma_x = 0$. Essa representa a *linha neutra* da seção. Notamos que a linha neutra *não* coincide com o eixo que passa pelo centroide da seção, pois $\sigma_x \neq 0$ para $y = 0$.

Os resultados obtidos são válidos somente quando satisfeitas as condições de aplicabilidade do princípio da superposição (Seção 2.5) e do princípio de Saint-Venant (Seção 2.10). Isso significa que as tensões envolvidas não devem ultrapassar o limite de proporcionalidade do material, que as deformações provocadas pela flexão não devem afetar de forma considerável a distância d na Fig. 4.39a e que a seção transversal onde as tensões são calculadas não deve estar muito perto dos pontos D ou E na mesma figura. O primeiro desses requisitos mostra claramente que o método da superposição não pode ser aplicado às deformações plásticas.

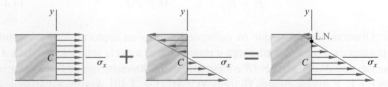

Fig. 4.42 Distribuição alternativa de tensões para carregamento excêntrico resultando em zonas de tração e de compressão.

Aplicação do conceito 4.7

Uma corrente de elos abertos é obtida dobrando-se barras de aço de baixo teor de carbono, de 12 mm de diâmetro, na forma mostrada (Fig. 4.43a). Sabendo que a corrente suporta uma força de 750 N, determine (a) as tensões máximas de tração e compressão na parte reta de um elo e (b) a distância entre o eixo que passa pelo centroide e a linha neutra de uma seção transversal.

a. Tensões de tração e de compressão máximas. Os esforços internos na seção transversal são equivalentes a uma força centrada **P** e a um momento fletor **M** (Fig. 4.43b) de intensidades

$$P = 750 \text{ N}$$

$$M = Pd = (750 \text{ N})(0,016 \text{ m}) = 12 \text{ N} \cdot \text{m}$$

As distribuições de tensão correspondentes são mostradas nas partes a e b da Fig. 4.43c e d. A distribuição provocada pela força centrada **P** é uniforme e igual a $\sigma_0 = P/A$. Temos

$$A = \pi c^2 = \pi(6 \times 10^{-3} \text{ m})^2 = 1,131 \times 10^{-4} \text{ m}^2$$

$$\sigma_0 = \frac{P}{A} = \frac{750 \text{ N}}{1,131 \times 10^{-4} \text{ m}^2} = 6,63 \text{ MPa}$$

A distribuição provocada pelo momento fletor **M** é linear com uma tensão máxima $\sigma_m = Mc/I$. Escrevemos então

$$I = \tfrac{1}{4}\pi c^4 = \tfrac{1}{4}\pi(6 \times 10^{-3} \text{ m})^4 = 1,018 \times 10^{-9} \text{ m}^4$$

$$\sigma_m = \frac{Mc}{I} = \frac{(12 \text{ N} \cdot \text{m})(6 \times 10^{-3} \text{ m})}{1,018 \times 10^{-9} \text{ m}^4} = 70,73 \text{ MPa}$$

Superpondo as duas distribuições, obtemos a distribuição de tensões correspondente para o carregamento excêntrico dado (Fig. 4.43e). As tensões máximas de tração e compressão na seção resultam, respectivamente,

$$\sigma_t = \sigma_0 + \sigma_m = 6,63 + 70,73 = 77,36 \text{ MPa}$$

$$\sigma_c = \sigma_0 - \sigma_m = 6,63 - 70,73 = -64,10 \text{ MPa}$$

b. Distância entre o eixo que passa pelo centroide e a linha neutra. A distância y_0 do eixo que passa pelo centroide para a linha neutra da seção é obtida fazendo-se $\sigma_x = 0$ na Equação (4.50) e resolvendo para y_0:

$$0 = \frac{P}{A} - \frac{My_0}{I}$$

$$y_0 = \left(\frac{P}{A}\right)\left(\frac{I}{M}\right) = (6,63 \times 10^6 \text{ N/m}^2)\frac{1,018 \times 10^{-9} \text{ m}^4}{12 \text{ N} \cdot \text{m}}$$

$$y_0 = 0,56 \text{ mm}$$

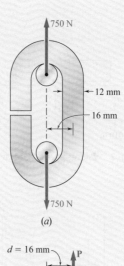

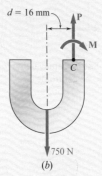

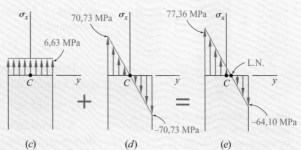

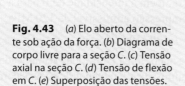

Fig. 4.43 (a) Elo aberto da corrente sob ação da força. (b) Diagrama de corpo livre para a seção C. (c) Tensão axial na seção C. (d) Tensão de flexão em C. (e) Superposição das tensões.

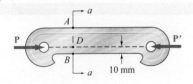

PROBLEMA RESOLVIDO 4.8

Sabendo que para a peça de ferro fundido mostrada as tensões admissíveis são 30 MPa na tração e 120 MPa na compressão, determine a maior força **P** que pode ser aplicada à peça. (*Sugestão*: A seção transversal em forma de T do elo já foi considerada no Problema Resolvido 4.2.)

ESTRATÉGIA: As tensões que são resultado do carregamento axial e do momento conjugado resultante da excentricidade da carga axial em relação à linha neutra são superpostas para obter as tensões máximas. A seção transversal é monossimétrica, portanto será necessário determinar as tensões máximas de compressão e de tração e comparar cada uma delas com a tensão admissível para encontrar **P**.

MODELAGEM E ANÁLISE:

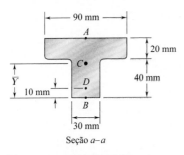

Fig. 1 Geometria de seção para encontrar a localização do centroide.

Propriedades da seção transversal. A seção transversal é mostrada pela Fig. 1. Do Problema Resolvido 4.2, temos

$$A = 3000 \text{ mm}^2 = 3 \times 10^{-3} \text{ m}^2 \quad \overline{Y} = 38 \text{ mm} = 0{,}038 \text{ m}$$
$$I = 868 \times 10^{-9} \text{ m}^4$$

Agora escrevemos (Fig. 2): $\quad d = (0{,}038 \text{ m}) = (0{,}010 \text{ m}) = 0{,}028 \text{ m}$

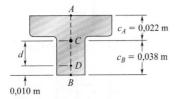

Fig. 2 Valores para encontrar d.

Força e momento em C. Utilizando a Fig. 3, substituímos **P** por um sistema equivalente força e momento no centroide C.

$$P = P \quad M = P(d) = P(0{,}028 \text{ m}) = 0{,}028\,P$$

A força **P** atuando no centroide provoca uma distribuição de tensão uniforme (Fig. 4a). O momento fletor **M** provoca uma distribuição de tensão linear (Fig. 4b).

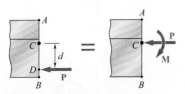

Fig. 3 Sistema equivalente força e momento no centroide C.

$$\sigma_0 = \frac{P}{A} = \frac{P}{3 \times 10^{-3}} = 333P \quad \text{(Compressão)}$$

$$\sigma_1 = \frac{Mc_A}{I} = \frac{(0{,}028P)(0{,}022)}{868 \times 10^{-9}} = 710P \quad \text{(Tração)}$$

$$\sigma_2 = \frac{Mc_B}{I} = \frac{(0{,}028P)(0{,}038)}{868 \times 10^{-9}} = 1226P \quad \text{(Compressão)}$$

Superposição. A distribuição total de tensão (Fig. 4c) é encontrada superpondo-se as distribuições de tensão provocadas pela força centrada **P** e pelo momento **M**. Como a tração é positiva e a compressão é negativa, temos

$$\sigma_A = -\frac{P}{A} + \frac{Mc_A}{I} = -333P + 710P = +377P \quad \text{(Tração)}$$

$$\sigma_B = -\frac{P}{A} - \frac{Mc_B}{I} = -333P - 1226P = -1559P \quad \text{(Compressão)}$$

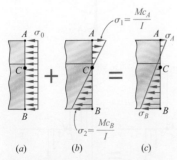

Fig. 4 A distribuição de tensões na seção C é uma superposição das distribuições axial e de flexão.

Maior força admissível. A intensidade de **P** para a qual a tensão de tração no ponto A é igual a tensão de tração admissível de 30 MPa é encontrada escrevendo-se

$$\sigma_A = 377P = 30 \text{ MPa} \qquad\qquad P = 79{,}6 \text{ kN} \blacktriangleleft$$

Determinamos também a intensidade de **P** para a qual a tensão em B é igual a tensão de compressão admissível de 120 MPa.

$$\sigma_B = -1559P = -120 \text{ MPa} \qquad\qquad P = 77{,}0 \text{ kN} \blacktriangleleft$$

A intensidade da maior força **P** que pode ser aplicada sem ultrapassar nenhuma das tensões admissíveis é o menor dos dois valores que encontramos

$$P = 77{,}0 \text{ kN} \blacktriangleleft$$

PROBLEMAS

4.99 Sabendo que a intensidade da força vertical **P** é de 2 kN, determine a tensão no (*a*) ponto *A*, (*b*) ponto *B*.

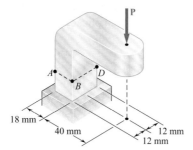

Fig. P4.99

4.100 Uma pequena coluna *DE* é sustentada por uma outra pequena coluna de 10×10 in., como mostrado. Na seção *ABC*, suficientemente distante da primeira coluna para permanecer plana, determine a tensão na (*a*) aresta *A*, (*b*) aresta *C*.

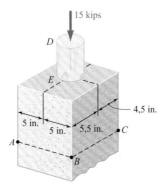

Fig. P4.100

4.101 Duas forças **P** podem ser aplicadas separadamente ou ao mesmo tempo a uma placa que está soldada a uma barra circular cheia de raio *r*. Determine a maior tensão de compressão na barra circular, (*a*) quando ambas as forças são aplicadas e (*b*) quando somente uma das forças é aplicado.

Fig. P4.101

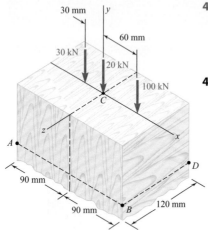

Fig. P4.102

4.102 Uma pequena coluna de 120 × 180 mm suporta as três cargas axiais mostradas. Sabendo que a seção ABD está suficientemente distante das ações para permanecer plana, determine a tensão (a) na aresta em A, (b) na aresta em B.

4.103 Podem ser aplicadas até três forças axiais, cada uma de intensidade $P = 50$ kN, à extremidade de um perfil de aço laminado W200 × 31,1. Determine a tensão no ponto A, (a) para o carregamento mostrado, (b) se as forças forem aplicadas aos pontos 1 e 2 somente.

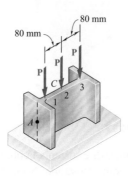

Fig. P4.103

4.104 Duas forças de 10 kN são aplicadas a barra retangular de 20 × 60 mm conforme mostrado. Determine a tensão no ponto A quando (a) $b = 0$, (b) $b = 15$ mm, (c) $b = 25$ mm.

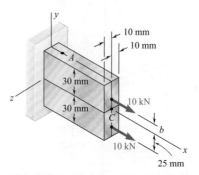

Fig. P4.104

4.105 Partes de 12,7 × 12,7 mm de uma barra de seção quadrada foram dobradas para formar os dois componentes de máquina abaixo. Sabendo que a tensão admissível é de 103,4 MPa, determine a máxima carga que pode ser aplicada a cada componente.

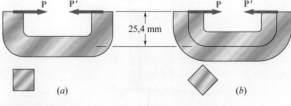

Fig. P4.105

4.106 Sabendo que a tensão admissível na seção *a-a* é de 75 MPa, determine a maior força que pode ser exercida pela prensa mostrada.

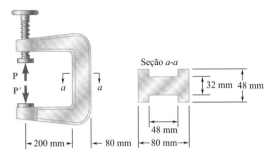

Fig. P4.106

4.107 Uma operação de fresagem foi usada para remover parte de uma barra cheia de seção transversal quadrada. Sabendo que $a = 30$ mm, $d = 20$ mm e $\sigma_{adm} = 60$ MPa, determine a intensidade P das maiores forças que podem ser aplicadas com segurança aos centros das extremidades da barra.

4.108 Uma operação de fresagem foi usada para remover parte de uma barra cheia de seção transversal quadrada. Forças de intensidade $P = 18$ kN são aplicadas aos centros das extremidades da barra. Sabendo que $a = 30$ mm e $\sigma_{adm} = 135$ MPa, determine a menor dimensão d admissível para a parte fresada da barra.

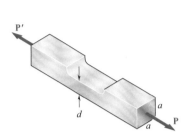

Fig. P4.107 e P4.108

4.109 As duas forças mostradas são aplicadas a uma placa rígida suportada por um tubo com diâmetro externo de 8 in. e 7 in. de diâmetro interno. Determine o valor de **P** para o qual a tensão máxima de compressão no tubo seja de 15 ksi.

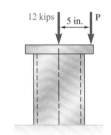

Fig. P4.109

4.110 Deve ser feito um desvio h em uma barra circular cheia, de diâmetro d. Sabendo que a tensão máxima após criar esse desvio não deve exceder 5 vezes a tensão na barra quando estiver reta, determine o maior desvio a ser feito.

4.111 Deve ser feito um desvio h em um tubo metálico de 19,05 mm de diâmetro externo e 2,03 mm de espessura na parede. Sabendo que a tensão máxima após criar o desvio não deve exceder 4 vezes a tensão no tubo quando estiver reta, determine o maior desvio a ser feito.

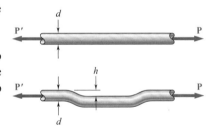

Fig. P4.110 e P4.111

4.112 Uma coluna curta é feita pregando-se quatro pranchas de 25,4 × 101,6 mm a um tarugo de madeira com 101,6 × 101,6 mm. Determine a maior carga de compressão que pode ser aplicada no topo dessa coluna, como mostra a figura, se (*a*) a coluna for como o que foi descrito, (*b*) a prancha 1 for removida, (*c*) as pranchas 1 e 2 forem removidas, (*d*) as pranchas 1, 2 e 3 forem removidas e se (*e*) todas as pranchas forem removidas.

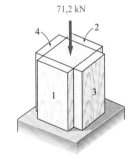

Fig. P4.112

4.113 Uma haste vertical é articulada no ponto A ao olhal de ferro fundido mostrado. Sabendo que as tensões admissíveis no anel são $\sigma_{adm} = +5$ ksi e $\sigma_{adm} = -12$ ksi, determine a maiores forças para baixo e para cima que podem ser aplicadas pela haste.

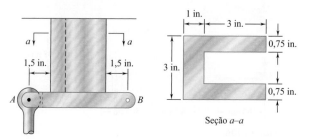

Fig. P4.113

4.114 Para possibilitar o acesso ao interior de um tubo quadrado vazado com parede de 0,25 in. de espessura, a parte CD de um lado do tubo foi removida. Sabendo que o carregamento do tubo é equivalente a duas forças iguais e opostas de 15 kip atuando sobre os centros geométricos A e E das extremidades do tubo, determine (a) a tensão máxima na seção a-a, (b) a tensão no ponto F. Dados: A centroide da seção transversal mostrada está em C e $I_z = 4,81$ in^4.

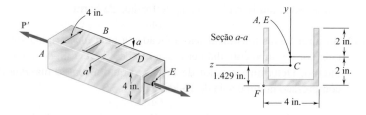

Fig. P4.114

4.115 Sabendo que o grampo mostrado na figura foi apertado em pranchas de madeira coladas até $P = 400$ N, determine na seção a-a (a) a tensão no ponto A, (b) a tensão no ponto D e (c) a localização da linha neutra.

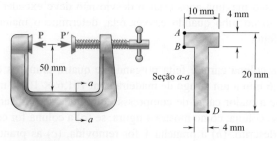

Fig. P4.115

4.116 O perfil mostrado é formado pela flexão de uma placa fina de aço. Considerando que a espessura t é pequena quando comparada ao comprimento a dos lados do perfil, determine a tensão (*a*) no ponto A, (*b*) no ponto B e (*c*) no ponto C.

Fig. P4.116

4.117 Três placas de aço, cada uma com uma seção transversal de 25 mm × 150 mm, são soldadas juntas para formar uma coluna curta em forma de H. Posteriormente, por razões arquitetônicas, foi removida uma tira de 25 mm de cada lado de uma das placas. Sabendo que a força permanece centrada em relação à seção transversal original e que a tensão admissível é de 100 MPa, determine a maior força **P** (*a*) que poderia ser aplicada à coluna original e (*b*) que pode ser aplicada à coluna modificada.

4.118 Uma força vertical **P** de intensidade 89 kN é aplicada a um ponto C localizado no eixo de simetria da seção transversal de uma coluna curta. Sabendo que $y = 127$ mm, determine (*a*) a tensão no ponto A, (*b*) a tensão no ponto B e (*c*) a localização da linha neutra.

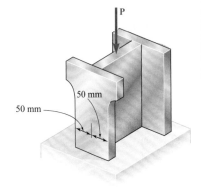

Fig. P4.117

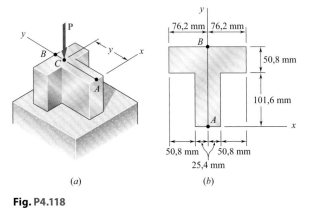

Fig. P4.118

4.119 Sabendo que a tensão admissível na seção *a-a* da prensa hidráulica mostrada é de 6 ksi de força de tração e 12 ksi de força de compressão, determine a maior força **P** que pode ser exercida pela prensa.

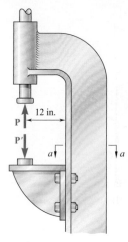
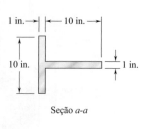

Seção *a-a*

Fig. P4.119

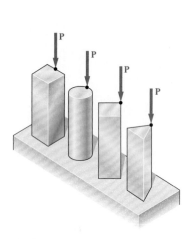

Fig. P4.120

4.120 As quatro barras mostradas na figura têm a mesma área de seção transversal. Para os carregamentos dados, mostre que (*a*) as tensões de compressão máximas estão na relação 4:5:7:9 e (*b*) as tensões de tração máximas estão na relação 2:3:5:3. (*Sugestão*: a seção transversal de uma barra triangular é um triângulo equilátero.)

4.121 Uma força excêntrica **P** é aplicada a uma barra de aço com seção transversal de 25 × 90 mm, conforme mostra a figura. As deformações em *A* e *B* foram medidas e encontrou-se

$$\epsilon_A = +350\,\mu \qquad \epsilon_B = -70\,\mu$$

Sabendo que $E = 200$ GPa, determine (*a*) a distância *d* e (*b*) a intensidade da força **P**.

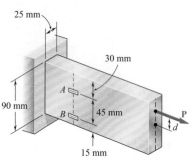

Fig. P4.121

4.122 Resolva o Problema 4.121 considerando que as deformações medidas são

$$\epsilon_A = +600\,\mu \qquad \epsilon_B = +420\,\mu$$

4.123 A barra de aço em forma de *C* é usada como um dinamômetro para determinar a intensidade *P* das forças mostradas. Sabendo que a seção transversal da barra é um quadrado de 40 mm de lado e que a deformação na borda interna foi medida e encontrou-se o valor de 450 μ, determine a intensidade *P* das forças. Use $E = 200$ GPa.

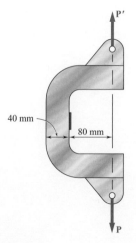

Fig. P4.123

4.124 Uma coluna curta em perfil laminado de aço suporta uma placa rígida na qual duas ações **P** e **Q** são aplicadas conforme mostrado. As deformações foram medidas nos dois pontos *A* e *B* na linha de centro da face externa dos flanges e os valores obtidos foram

$$\epsilon_A = -400 \times 10^{-6} \text{ in./in.} \qquad \epsilon_B = -300 \times 10^{-6} \text{ in./in.}$$

Sabendo que $E = 29 \times 10^6$ psi, determine a intensidade de cada ação.

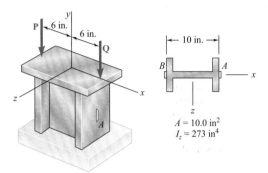

Fig. P4.124

4.125 Uma única força vertical **P** é aplicada a um poste curto de aço conforme mostrado. Extensômetros localizados em A, B e C indicam as seguintes deformações:

$\epsilon_A = -500\,\mu$ $\qquad \epsilon_B = -1000\,\mu$ $\qquad \epsilon_C = -200\,\mu$

Sabendo que $E = 29 \times 10^6$ psi, determine (a) a intensidade de **P**, (b) a linha de ação de **P**, (c) a deformação correspondente à aresta escondida do poste, onde $x = -2,5$ in. e $z = -1,5$ in.

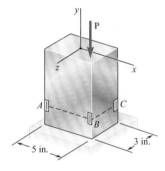

Fig. P4.125

4.126 A força axial excêntrica **P** atua no ponto D, que deve estar localizado 25 mm abaixo da superfície superior da barra de aço mostrada. Para $P = 60$ kN, determine (a) a altura d da barra para a qual a tensão de tração no ponto A é máxima e (b) a tensão correspondente no ponto A.

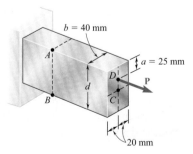

Fig. P4.126

4.8 FLEXÃO ASSIMÉTRICA

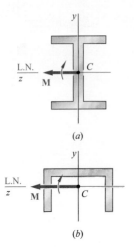

Fig. 4.44 Momento atua no plano de simetria.

Nossa análise de flexão pura esteve limitada até agora a barras que possuem pelo menos um plano de simetria e submetidas a momentos fletores atuando naquele plano. Por causa da simetria dessas barras e de seus carregamentos, concluímos que elas permaneceriam simétricas em relação ao plano dos momentos e, portanto, flexionadas naquele plano (Seção 4.1.2). Isso está ilustrado na Fig. 4.44: a parte *a* mostra a seção transversal de uma barra que possui dois planos de simetria, um vertical e um horizontal, e a parte *b* mostra a seção transversal de uma barra com um único plano de simetria vertical. Em ambos os casos, o momento fletor que atua na seção age no plano vertical de simetria da barra e é representado pelo vetor momento **M** horizontal, e em ambos os casos a linha neutra da seção transversal coincide com a direção do vetor momento.

Vamos agora considerar situações nas quais os momentos fletores *não atuam em um plano de simetria da barra*, ou porque eles atuam em um plano diferente ou porque a barra não possui nenhum plano de simetria. Em tais situações, não podemos considerar que a barra será flexionada no plano dos momentos. Isso está ilustrado na Fig. 4.45. Em cada parte da figura, consideramos novamente que o momento fletor que atua na seção age em um plano vertical e foi representado por um vetor momento **M** horizontal. No entanto, como o plano vertical não é um plano de simetria, *não podemos esperar que a barra venha a flexionar naquele plano, ou que a linha neutra da seção coincida com a direção do momento*.

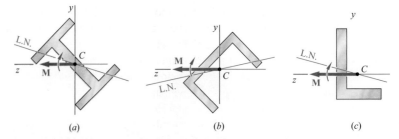

Fig. 4.45 Momento não atua no plano de simetria.

Nossa proposta é determinar as condições sob as quais a linha neutra de uma seção transversal de forma arbitrária coincide com a direção do momento **M** representando os esforços que atuam naquela seção. Uma seção assim é mostrada na Fig. 4.46, e consideramos que tanto o vetor momento **M** quanto a linha neutra estão direcionados ao longo do eixo z. Lembramos da Seção 4.1.1

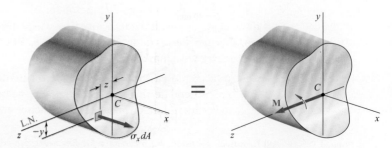

Fig. 4.46 Seção de formato arbitrário onde a linha neutra coincide com o eixo do momento *M*.

que, se expressarmos que as forças internas elementares $\sigma_x\, dA$ formam um sistema equivalente ao momento **M**, obtemos

componentes x: $\quad\quad\quad\quad\quad\quad \int \sigma_x dA = 0 \quad\quad\quad (4.1)$

momentos em relação ao eixo y: $\quad \int z\sigma_x dA = 0 \quad\quad\quad (4.2)$

momentos em relação ao eixo z: $\quad \int(-y\sigma_x dA) = M \quad (4.3)$

Quando todas as tensões estão dentro do limite de proporcionalidade, a primeira dessas equações leva à condição de que a linha neutra deve ser um eixo que passa pelo centroide, e a última equação conduz à relação fundamental $\sigma_x = -M y/I$. Como supomos na Seção 4.1.1 que a seção transversal era simétrica com relação ao eixo y, a Equação (4.2) não foi considerada naquele momento. Agora que estamos considerando uma seção transversal de forma arbitrária, a Equação (4.2) torna-se altamente significativa. Considerando que as tensões permanecem dentro do limite de proporcionalidade do material, podemos substituir $\sigma_x = -\sigma_m y/c$ na Equação (4.2) e escrever

$$\int z\left(-\frac{\sigma_m y}{c}\right) dA = 0 \quad \text{ou} \quad \int yz\, dA = 0 \quad (4.51)$$

A integral $\int yz\, dA$ representa o produto da inércia I_{yz} da seção transversal com relação aos eixos y e z e será zero se esses eixos forem os *eixos principais de inércia da seção transversal*.† Concluímos então que a linha neutra da seção transversal coincidirá com a direção do momento **M** que representa os esforços que atuam naquela seção *se, e somente se, o vetor momento fletor* **M** *estiver direcionado ao longo de um dos eixos principais da seção transversal*.

Observamos que as seções transversais mostradas na Fig. 4.44 são simétricas em relação a pelo menos um dos eixos coordenados. Conclui-se que, em cada caso, os eixos y e z são os principais eixos de inércia da seção. Como o vetor momento **M** está direcionado ao longo de um dos eixos principais de inércia, verificamos que a linha neutra coincidirá com a direção do momento. Notamos também que, se as seções transversais forem rotacionadas em 90° (Fig. 4.47), o vetor momento **M** ainda estará direcionado ao longo do eixo principal de inércia, e a linha neutra novamente coincidirá com a direção do momento, ainda que, no caso b, o momento *não* atue em um plano de simetria da barra.

Em contrapartida, na Fig. 4.45, nenhum dos eixos coordenados é de simetria para as seções mostradas, e os eixos coordenados não são os eixos principais de inércia. Assim, o vetor momento **M** não está direcionado ao longo de um eixo principal de inércia, e a linha neutra não coincide com a direção do momento. No entanto, qualquer seção possui eixos principais de inércia, mesmo que ela seja assimétrica, como a seção mostrada na Fig. 4.45c, e esses eixos podem ser determinados analiticamente ou usando o círculo de Mohr.† Se o vetor momento **M** estiver direcionado ao longo de um dos eixos principais de inércia da seção, a linha neutra coincidirá com a direção do momento (Fig. 4.48) e as equações deduzidas para barras de seção simétrica poderão ser usadas para determinar a tensão nesse caso também.

Conforme você verá aqui, o princípio da superposição pode ser usado para determinar tensões no caso mais geral de flexão assimétrica. Considere primeiro uma barra com um plano vertical de simetria, que está submetida aos

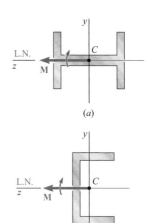

Fig. 4.47 Momento alinhado com o principal eixo que passa pelo centroide.

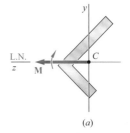

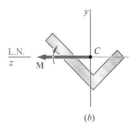

Fig. 4.48 Momento não alinhado com o principal eixo que passa pelo centroide.

---

† Ver Ferdinand P. Beer and E. Russell Johnston, Jr., *Mechanics for Engineers*, 5th ed., McGraw-Hill, New York, 2008, ou Vector *Mechanics for Engineers*, 12th ed., McGraw-Hill, New York, 2019, Secs. 9.3–9.4.

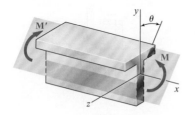

Fig. 4.49 Flexão assimétrica, com momento fletor fora de um plano de simetria.

momentos fletores **M** e **M'** atuando em um plano formando um ângulo θ com o plano vertical (Fig. 4.49). O vetor momento **M** representando os esforços que atuam em uma dada seção transversal formará o mesmo ângulo θ com o eixo z horizontal (Fig. 4.50). Decompondo o vetor **M** nas direções z e y, nas componentes $\mathbf{M}_z$ e $\mathbf{M}_y$, respectivamente, escrevemos

$$M_z = M \cos \theta \qquad M_y = M \operatorname{sen} \theta \qquad (4.52)$$

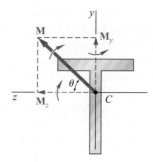

Fig. 4.50 Momento aplicado é resolvido nos componentes y e z.

Como os eixos y e z são eixos principais de inércia da seção transversal, podemos usar a Equação (4.16) para determinar as tensões resultantes da aplicação de qualquer um dos momentos representados por $\mathbf{M}_z$ e $\mathbf{M}_y$. O momento $\mathbf{M}_z$ atua em um plano vertical e flexiona a barra naquele plano (Fig. 4.51). As tensões resultantes são

$$\sigma_x = -\frac{M_z y}{I_z} \qquad (4.53)$$

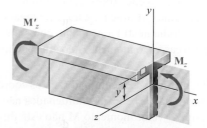

Fig. 4.51 M_Z atua em um plano que inclui um eixo principal que passa pelo centroide, flexionando o membro no plano vertical.

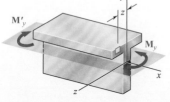

Fig. 4.52 M_y atua em um plano que inclui um eixo principal que passa pelo centroide, flexionando o membro no plano horizontal.

em que I_z é o momento de inércia da seção em relação ao eixo principal de inércia z. O sinal negativo se deve ao fato de que temos compressão acima do plano xz ($y > 0$) e tração abaixo ($y < 0$). Em contrapartida, o momento $\mathbf{M}_y$ atua em um plano horizontal e flexiona a barra naquele plano (Fig. 4.52). As tensões resultantes são

$$\sigma_x = +\frac{M_y z}{I_y} \qquad (4.54)$$

em que I_y é o momento de inércia da seção em relação ao eixo principal de inércia y, e no qual o sinal positivo se deve ao fato de que temos tração à esquerda do plano xy vertical ($z > 0$) e compressão à sua direita ($z < 0$). A distribuição das tensões provocada pelo momento **M** original é obtida superpondo-se as distribuições de tensão definidas pelas Equações (4.53) e (4.54), respectivamente. Temos

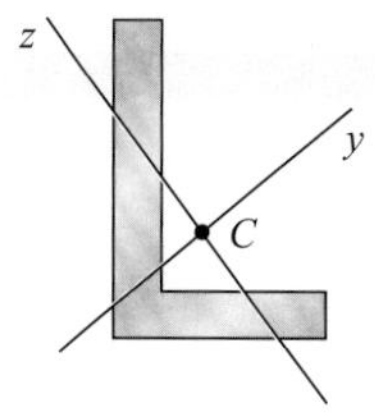

$$\sigma_x = -\frac{M_z y}{I_z} + \frac{M_y z}{I_y} \qquad (4.55)$$

Fig. 4.53 Seção transversal assimétrica com eixos principais.

Notamos que a expressão obtida também pode ser usada para calcular as tensões em uma seção assimétrica, como esta mostrada na Fig. 4.53, uma vez que os eixos principais de inércia y e z foram determinados. No entanto, a Equação (4.55) só é válida se forem satisfeitas as condições de aplicabilidade do princípio da superposição. Em outras palavras, ela não deverá ser usada se as tensões combinadas excederem o limite de proporcionalidade do material ou se as deformações provocadas por um dos momentos componentes afetar de forma considerável a distribuição de tensões provocadas pelo outro.

A Equação (4.55) mostra que a distribuição de tensões provocada pela flexão assimétrica é linear. No entanto, a linha neutra da seção transversal, em geral, não coincidirá com a direção do momento fletor. Como a tensão normal é zero em qualquer ponto da linha neutra, a equação que define aquela linha pode ser obtida considerando $\sigma_x = 0$ na Equação (4.55).

$$-\frac{M_z y}{I_z} + \frac{M_y z}{I_y} = 0$$

ou, resolvendo para y e usando M_z e M_y das Equações (4.52),

$$y = \left(\frac{I_z}{I_y} \operatorname{tg} \theta\right) z \qquad (4.56)$$

Essa equação obtida é para uma linha reta de inclinação $m = (I_z/I_y) \operatorname{tg} \theta$. Assim, o ângulo ϕ que a linha neutra forma com o eixo z (Fig. 4.54) é definido pela relação

$$\operatorname{tg} \phi = \frac{I_z}{I_y} \operatorname{tg} \theta \qquad (4.57)$$

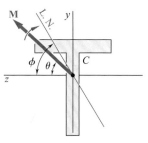

Fig. 4.54 Linha neutra para flexão assimétrica.

em que θ é o ângulo que o vetor momento fletor **M** forma com o mesmo eixo z. Como I_z e I_y são ambos positivos, ϕ e θ têm o mesmo sinal. Além disso, notamos que $\phi > \theta$ quando $I_z > I_y$, e $\phi < \theta$ quando $I_z < I_y$. Assim, a linha neutra está sempre localizada entre o vetor momento fletor **M** e o eixo principal correspondente ao momento mínimo de inércia.

Aplicação do conceito 4.8

Um momento de 180 N · m é aplicado a uma viga de madeira, de seção transversal retangular de 38 × 90 mm em um plano formando um ângulo de 30° com a vertical (Fig. 4.55a). Determine (a) a tensão máxima na viga e (b) o ângulo que a superfície neutra forma com o plano horizontal.

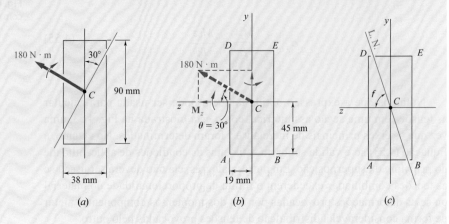

a. **Tensão máxima.** As componentes M_z e M_y do vetor momento são determinadas em primeiro lugar (Fig. 4.55b):

$$M_z = (180 \text{ N} \cdot \text{m}) \cos 30° = 156 \text{ N} \cdot \text{m}$$

$$M_y = (180 \text{ N} \cdot \text{m}) \sin 30° = 90 \text{ N} \cdot \text{m}$$

Calculamos também os momentos de inércia da seção transversal em relação aos eixos z e y:

$$I_z = \tfrac{1}{12}(0{,}038 \text{ m})(0{,}090 \text{ m})^3 = 2{,}31 \times 10^{-6} \text{ m}^4$$

$$I_y = \tfrac{1}{12}(0{,}090 \text{ m})(0{,}038 \text{ m})^3 = 0{,}41 \times 10^{-6} \text{ m}^4$$

A maior tensão de tração provocada por M_z ocorre ao longo de AB e é

$$\sigma_1 = \frac{M_z y}{I_z} = \frac{(156 \text{ N} \cdot \text{m})(0{,}045 \text{ m})}{2{,}31 \times 10^{-6} \text{ m}^4} = 3{,}0 \text{ MPa}$$

A maior tensão de tração provocada por M_y ocorre ao longo de AD e é

$$\sigma_2 = \frac{M_y z}{I_y} = \frac{(90 \text{ N} \cdot \text{m})(0{,}019 \text{ m})}{0{,}41 \times 10^{-6} \text{ m}^4} = 4{,}2 \text{ MPa}$$

A maior tensão de tração provocada pela carga combinada, portanto, ocorre em A e é

$$\sigma_{\text{máx}} = \sigma_1 + \sigma_2 = 3{,}0 + 4{,}2 = 7{,}2 \text{ MPa}$$

A maior tensão de compressão tem a mesma intensidade e ocorre em E.

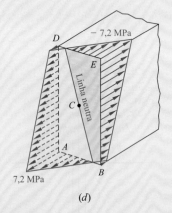

Fig. 4.55 (a) Viga retangular de madeira submetida à flexão assimétrica. (b) Momento fletor mostrado em componentes. (c) Seção transversal com a linha neutra. (d) Distribuição de tensões.

b. Ângulo da superfície neutra com o plano horizontal. O ângulo que a superfície neutra forma com o plano horizontal (Fig. 4.55c) é obtido da Equação (4.57):

$$\operatorname{tg} \phi = \frac{I_z}{I_y} \operatorname{tg} \theta = \frac{2{,}31 \times 10^{-6} \text{ m}^4}{0{,}41 \times 10^{-6} \text{ m}^4} \operatorname{tg} 30° = 3{,}25$$

$$\phi = 72{,}9°$$

A distribuição das tensões ao longo da seção é mostrada na Fig. 4.55d.

4.9 CASO GERAL DE CARREGAMENTO AXIAL EXCÊNTRICO

Na Seção 4.7, analisamos as tensões produzidas em uma barra por uma força axial excêntrica aplicada a um plano de simetria da barra. Agora estudaremos o caso mais geral, quando uma força axial não é aplicada a um plano de simetria.

Considere um elemento reto AB submetido a forças axiais centradas, iguais e opostas **P** e **P'** (Fig. 4.56a), e sejam a e b as distâncias da linha de ação das forças até os eixos principais de inércia da seção transversal da barra. A força excêntrica **P** é estaticamente equivalente ao sistema consistindo em uma força centrada **P** e dois momentos $M_y = Pa$ e $M_z = Pb$ representados na Fig. 4.56b. Analogamente, a força excêntrica **P'** é equivalente à força centrada **P'** e aos momentos $\mathbf{M}'_x$ e $\mathbf{M}'_z$.

Em virtude do princípio de Saint-Venant (Seção 2.10), podemos substituir o carregamento original da Fig. 4.56a pelo carregamento estaticamente equivalente da Fig. 4.56b para determinar a distribuição de tensões em uma seção S da barra (desde que aquela seção não esteja muito perto de uma das extremidades da barra). As tensões provocadas pelo carregamento da Fig. 4.56b podem ser obtidas superpondo-se as tensões correspondentes pela força axial centrada **P** e pelos momentos fletores $\mathbf{M}_y$ e $\mathbf{M}_z$, desde que sejam satisfeitas as condições de aplicabilidade do princípio da superposição (Seção 2.5). As tensões provocadas pela força centrada **P** são dadas pela Equação (1.5), e as tensões provocadas pelos momentos fletores, pela Equação (4.55). Portanto,

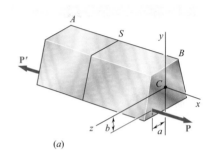

(a)

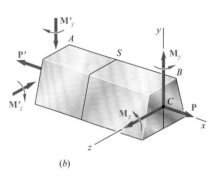

(b)

Fig. 4.56 Carregamento axial excêntrico. (a) Carga axial aplicada longe da seção do centroide. (b) Sistema equivalente força e momento atuando no centroide.

$$\sigma_x = \frac{P}{A} - \frac{M_z y}{I_z} + \frac{M_y z}{I_y} \qquad (4.58)$$

em que y e z são medidos em relação aos eixos principais de inércia da seção. A relação obtida mostra que a distribuição de tensões ao longo da seção é *linear*.

Ao calcular a tensão combinada σ_x da Equação (4.58), deve-se tomar cuidado para determinar corretamente o sinal de cada um dos três termos no membro da direita, pois cada um desses termos pode ser positivo ou negativo, dependendo do sentido das forças **P** e **P'** e da localização de suas linhas de ação em relação aos eixos principais de inércia da seção transversal. Dependendo da geometria da seção transversal e da localização da linha de ação de **P** e **P'**, as tensões combinadas σ_x obtidas da Equação (4.58) em vários pontos da seção podem ter todas elas o mesmo sinal; algumas ainda poderão ser positivas e outras negativas. Nesse último caso, haverá uma linha na seção, ao longo da qual as tensões serão zero. Fazendo $\sigma_x = 0$ na Equação (4.58), obtemos a equação de uma linha reta, que representa a *linha neutra* da seção:

$$\frac{M_z}{I_z}y - \frac{M_y}{I_y}z = \frac{P}{A}$$

Aplicação do conceito 4.9

Uma força vertical de 4,80 kN é aplicada em um poste de madeira de seção transversal retangular de 80 × 120 mm, conforme mostra a Fig. 4.57a. (*a*) Determine as tensões nos pontos *A*, *B*, *C* e *D*. (*b*) Localize a linha neutra da seção transversal.

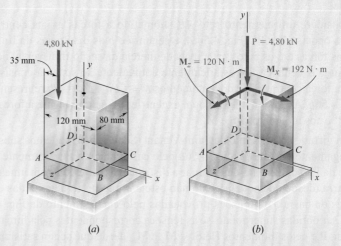

Fig. 4.57 (*a*) Carregamento excêntrico em uma coluna de madeira retangular. (*b*) Sistema equivalente força e momento para um carregamento excêntrico.

a. **Tensões.** A força excêntrica dada é substituída por um sistema equivalente consistindo em uma força centrada **P** e dois momentos $\mathbf{M}_x$ e $\mathbf{M}_z$, representados por vetores direcionados ao longo dos eixos principais de inércia da seção (Fig. 4.57b). Temos

$$M_x = (4{,}80 \text{ kN})(40 \text{ mm}) = 192 \text{ N} \cdot \text{m}$$
$$M_z = (4{,}80 \text{ kN})(60 \text{ mm} - 35 \text{ mm}) = 120 \text{ N} \cdot \text{m}$$

Calculamos também a área e os momentos de inércia da seção transversal:

$$A = (0{,}080 \text{ m})(0{,}120 \text{ m}) = 9{,}60 \times 10^{-3} \text{ m}^2$$
$$I_x = \tfrac{1}{12}(0{,}120 \text{ m})(0{,}080 \text{ m})^3 = 5{,}12 \times 10^{-6} \text{ m}^4$$
$$I_z = \tfrac{1}{12}(0{,}080 \text{ m})(0{,}120 \text{ m})^3 = 11{,}52 \times 10^{-6} \text{ m}^4$$

A tensão σ_0 em virtude da força centrada **P** é negativa e uniforme ao longo da seção. Temos

$$\sigma_0 = \frac{P}{A} = \frac{-4{,}80 \text{ kN}}{9{,}60 \times 10^{-3} \text{ m}^2} = -0{,}5 \text{ MPa}$$

As tensões provocadas pelos momentos fletores $\mathbf{M}_x$ e $\mathbf{M}_z$ são linearmente distribuídas ao longo da seção, com valores máximos iguais, respectivamente, a

$$\sigma_1 = \frac{M_x z_{\text{máx}}}{I_x} = \frac{(192 \text{ N} \cdot \text{m})(40 \text{ mm})}{5{,}12 \times 10^{-6} \text{ m}^4} = 1{,}5 \text{ MPa}$$

$$\sigma_2 = \frac{M_z x_{\text{máx}}}{I_z} = \frac{(120 \text{ N} \cdot \text{m})(60 \text{ mm})}{11{,}52 \times 10^{-6} \text{ m}^4} = 0{,}625 \text{ MPa}$$

As tensões nos cantos da seção são

$$\sigma_y = \sigma_0 \pm \sigma_1 \pm \sigma_2$$

em que os sinais devem ser determinados pela Fig. 4.57b. Considerando que as tensões provocadas por $\mathbf{M}_x$ são positivas em C e D, e negativas em A e B, e que as tensões provocadas por $\mathbf{M}_z$ são positivas em B e C, e negativas em A e D, obtemos

$$\sigma_A = -0{,}5 - 1{,}5 - 0{,}625 = -2{,}625 \text{ MPa}$$
$$\sigma_B = -0{,}5 - 1{,}5 + 0{,}625 = -1{,}375 \text{ MPa}$$
$$\sigma_C = -0{,}5 + 1{,}5 + 0{,}625 = +1{,}625 \text{ MPa}$$
$$\sigma_D = -0{,}5 + 1{,}5 - 0{,}625 = +0{,}375 \text{ MPa}$$

b. Linha neutra. Notamos que a tensão será zero em um ponto G entre B e C, e em um ponto H entre D e A (Fig. 4.57c). Como a distribuição de tensão é linear, escrevemos

$$\frac{BG}{80 \text{ mm}} = \frac{1{,}375}{1{,}625 + 1{,}375} \qquad BG = 36{,}7 \text{ mm}$$

$$\frac{HA}{80 \text{ mm}} = \frac{2{,}625}{2{,}625 + 0{,}375} \qquad HA = 70 \text{ mm}$$

A linha neutra pode ser traçada pelos pontos G e H (Fig. 4.57d).

A distribuição de tensões ao longo da seção é mostrada na Fig. 4.57e.

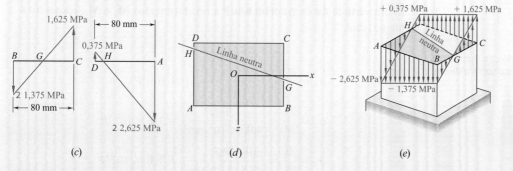

Fig. 4.57 (cont.) (c) Distribuições das tensões ao longo dos limites BC e AD. (d) A linha neutra é a linha através dos pontos G e H. (e) Distribuições de tensões para a força excêntrica.

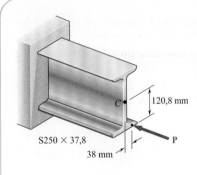

PROBLEMA RESOLVIDO 4.9

Uma força horizontal **P** é aplicada a uma seção curta de uma viga de aço laminado S250 × 37,8, conforme mostra a figura. Sabendo que a tensão de compressão na viga não pode ultrapassar 82 MPa, determine a maior força **P** admissível.

ESTRATÉGIA: Uma força é aplicada excentricamente em relação aos dois eixos centroidais da seção transversal. A força é substituída por um sistema de força e momentos equivalentes aplicados ao centroide da seção transversal. As tensões que se devem à força axial e a dos dois momentos são superpostas para determinar as tensões máximas na seção transversal.

MODELAGEM E ANÁLISE:

Propriedades da seção transversal. A seção transversal é mostrada na Fig. 1, e dados a seguir são obtidos do Apêndice E.

Área: $A = 4820 \text{ mm}^2$

Módulos de resistência da seção: $W_x = 402 \times 10^3 \text{ mm}^3$ $W_y = 47,5 \times 10^3 \text{ mm}^3$

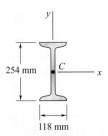

Fig. 1 Viga de aço laminado.

Força e momento em C. Usando a Fig. 2, substituímos **P** por um sistema equivalente de força e momento no centroide C da seção transversal.

$$M_x = (120{,}8 \text{ mm})P \qquad M_y = (38 \text{ mm})P$$

Note que os vetores momentos $\mathbf{M}_x$ e $\mathbf{M}_y$ estão direcionados ao longo dos eixos principais de inércia da seção transversal.

Tensões normais. Os valores absolutos das tensões nos pontos A, B, D e E, em virtude da carga centrada **P** e dos momentos $\mathbf{M}_x$ e $\mathbf{M}_y$, respectivamente, são

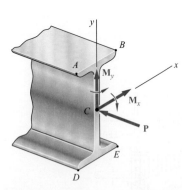

Fig. 2 Sistema de força e momento equivalente aplicado ao centroide da seção.

$$\sigma_1 = \frac{P}{A} = \frac{P}{4820 \text{ mm}^2} = 2{,}1 \times 10^{-4}P$$

$$\sigma_2 = \frac{M_x}{W_x} = \frac{120{,}8P}{402 \times 10^3 \text{ mm}^3} = 3{,}0 \times 10^{-4}P$$

$$\sigma_3 = \frac{M_y}{W_y} = \frac{38P}{47{,}5 \times 10^3 \text{ mm}^3} = 8{,}0 \times 10^{-4}P$$

Superposição. A tensão total em cada ponto é encontrada superpondo-se as tensões provocadas por **P**, **M**$_x$ e **M**$_y$. Determinamos o sinal de cada tensão examinando cuidadosamente o esquema do sistema de força e momento.

$$\sigma_A = -\sigma_1 + \sigma_2 + \sigma_3 = (-2{,}1P + 3{,}0P + 8{,}0P) \times 10^{-4} = 8{,}9 \times 10^{-4}P$$
$$\sigma_B = -\sigma_1 + \sigma_2 - \sigma_3 = (-2{,}1P + 3{,}0P - 8{,}0P) \times 10^{-4} = -7{,}1 \times 10^{-4}P$$
$$\sigma_D = -\sigma_1 - \sigma_2 + \sigma_3 = (-2{,}1P - 3{,}0P + 8{,}0P) \times 10^{-4} = 2{,}9 \times 10^{-4}P$$
$$\sigma_E = -\sigma_1 - \sigma_2 - \sigma_3 = (-2{,}1P - 3{,}0P - 8{,}0P) \times 10^{-4} = -13{,}1 \times 10^{-4}P$$

Maior força admissível. A máxima tensão de compressão ocorre no ponto E. Lembrando que $\sigma_{adm} = -82$ N/mm², escrevemos

$$\sigma_{adm} = \sigma_E \qquad -82\ \text{N/mm}^2 = -13{,}1 \times 10^{-4}P \qquad P = 62{,}6\ \text{kN} \blacktriangleleft$$

*PROBLEMA RESOLVIDO 4.10

Um momento de intensidade $M_0 = 1{,}5$ kN · m atuando em um plano vertical é aplicado a uma viga que tem uma seção transversal em forma de Z, como mostra a figura. Determine (*a*) a tensão no ponto A e (*b*) o ângulo que a linha neutra forma com o plano horizontal. Os momentos e o produto de inércia da seção em relação aos eixos y e z foram calculados e são os seguintes:

$$I_y = 3{,}25 \times 10^{-6}\ \text{m}^4$$
$$I_z = 4{,}18 \times 10^{-6}\ \text{m}^4$$
$$I_{yz} = 2{,}87 \times 10^{-6}\ \text{m}^4$$

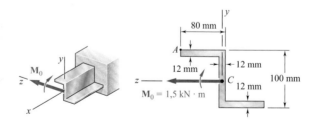

ESTRATÉGIA: A seção transversal Z não possui um eixo de simetria, assim primeiro é necessário determinar a orientação dos eixos principais e os correspondentes momentos de inércia. A força aplicada é expressa em termos de suas componentes na direção dos eixos principais. As tensões que se devem à força axial e aos dois momentos são então superpostas para determinar a tensão no ponto A. O ângulo entre o eixo neutro e o plano horizontal é encontrado utilizando a Equação (4.57).

MODELAGEM E ANÁLISE:

Eixos principais. Desenhamos o círculo de Mohr e determinamos a orientação dos eixos principais de inércia e os momentos principais de inércia correspondentes (Fig. 1).[†]

$$\operatorname{tg} 2\theta_m = \frac{FZ}{EF} = \frac{2,87}{0,465} \qquad 2\theta_m = 80,8° \qquad \theta_m = 40,4°$$

$$R^2 = (EF)^2 + (FZ)^2 = (0,465)^2 + (2,87)^2 \qquad R = 2,91 \times 10^{-6} \text{ m}^4$$

$$I_u = I_{\text{mín}} = OU = I_{\text{médio}} - R = 3,72 - 2,91 = 0,810 \times 10^{-6} \text{ m}^4$$

$$I_v = I_{\text{máx}} = OV = I_{\text{médio}} + R = 3,72 + 2,91 = 6,63 \times 10^{-6} \text{ m}^4$$

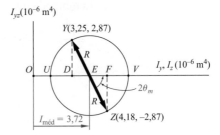

Fig. 1 Análise do círculo de Mohr.

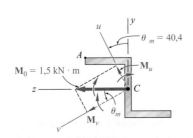

Fig. 2 Momento de flexão em relação aos eixos principais.

Carregamento. Como mostrado na Fig. 2, o momento $\mathbf{M}_0$ aplicado é decomposto em componentes paralelos aos eixos principais.

$$M_u = M_0 \operatorname{sen} \theta_m = 1500 \operatorname{sen} 40,4° = 972 \text{ N} \cdot \text{m}$$

$$M_v = M_0 \cos \theta_m = 1500 \cos 40,4° = 1142 \text{ N} \cdot \text{m}$$

***a*. Tensão em *A*.** As distâncias perpendiculares de cada eixo principal até o ponto *A*, como mostrado na Fig. 3 e são

$$u_A = y_A \cos \theta_m + z_A \operatorname{sen} \theta_m = 50 \cos 40,4° + 74 \operatorname{sen} 40,4° = 86,0 \text{ mm}$$

$$v_A = -y_A \operatorname{sen} \theta_m + z_A \cos \theta_m = -50 \operatorname{sen} 40,4° + 74 \cos 40,4° = 23,9 \text{ mm}$$

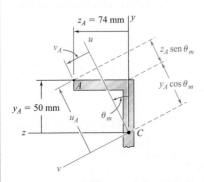

Fig. 3 Posição do ponto *A* em relação aos eixos principais.

Considerando separadamente a flexão em torno de cada eixo principal de inércia, notamos que $\mathbf{M}_u$ produz uma tensão de tração no ponto *A*, enquanto $\mathbf{M}_v$ produz uma tensão de compressão no mesmo ponto.

$$\sigma_A = +\frac{M_u v_A}{I_u} - \frac{M_v u_A}{I_v} = +\frac{(972 \text{ N} \cdot \text{m})(0,0239 \text{ m})}{0,810 \times 10^{-6} \text{ m}^4} - \frac{(1142 \text{ N} \cdot \text{m})(0,0860 \text{ m})}{6,63 \times 10^{-6} \text{ m}^4}$$

$$= +(28,68 \text{ MPa}) - (14,81 \text{ MPa}) \qquad \sigma_A = +13,87 \text{ MPa} \blacktriangleleft$$

***b*. Linha neutra.** Como mostrado na Fig. 4, encontramos o ângulo ϕ que a linha neutra forma com o eixo v.

$$\operatorname{tg} \phi = \frac{I_v}{I_u} \operatorname{tg} \theta_m = \frac{6,63}{0,810} \operatorname{tg} 40,4° \qquad \phi = 81,8°$$

O ângulo β formado pela linha neutra e a horizontal é

$$\beta = \phi - \theta_m = 81,8° - 40,4° = 41,4° \qquad \beta = 41,4° \blacktriangleleft$$

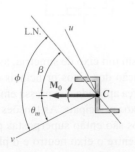

Fig. 4 Seção transversal com linha neutra.

[†] Ver Ferdinand F. Beer and E. Russell Johnston, Jr. *Mechanics for Engineers*, 5th ed., McGraw-Hill, New York, 2008, ou *Vector Mechanics for Engineers*–12th ed., McGraw-Hill, New York, 2019, Secs 9.3-9.4.

PROBLEMAS

4.127 até 4.134 O momento **M** é aplicado a uma viga com a seção transversal mostrada na figura em um plano formando um ângulo β com a vertical. Determine a tensão no (*a*) ponto *A*, (*b*) ponto *B* e (*c*) ponto *D*.

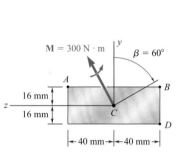

Fig. P4.127

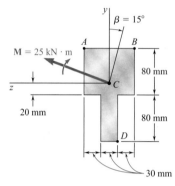

Fig. P4.128

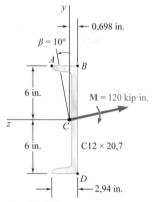

Fig. P4.129

Fig. P4.130

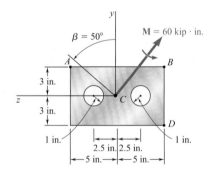

Fig. P4.131

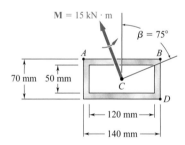

Fig. P4.132

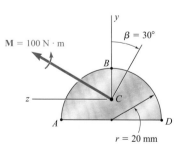

Fig. P4.133

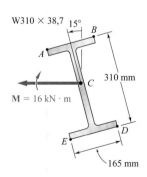

Fig. P4.134

4.135 até 4.140 O momento **M** atua em um plano vertical e é aplicado a uma viga orientada conforme mostra a figura. Determine (*a*) o ângulo que a linha neutra forma com a horizontal e (*b*) a tensão de tração máxima na viga.

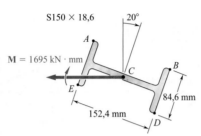

Fig. P4.135

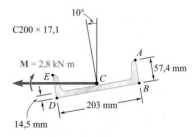

Fig. P4.136

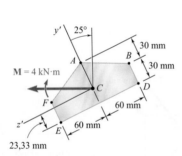

Fig. P4.137

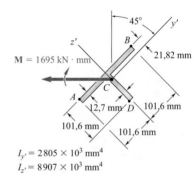

Fig. P4.138

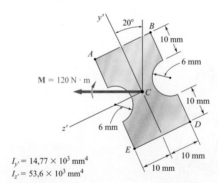

Fig. P4.139

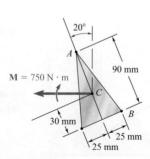

Fig. P4.140

*4.141 até *4.143 O momento **M** atua em um plano vertical e é aplicado a uma viga orientada, conforme mostra a figura. Determine a tensão no ponto A.

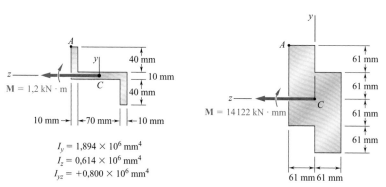
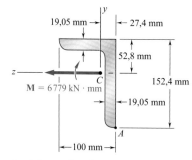

Fig. P4.141

$I_y = 1{,}894 \times 10^6 \text{ mm}^4$
$I_z = 0{,}614 \times 10^6 \text{ mm}^4$
$I_{yz} = +0{,}800 \times 10^6 \text{ mm}^4$

Fig. P4.142

Fig. P4.143

$I_y = 3\,621 \times 10^3 \text{ mm}^4$
$I_z = 10\,198 \times 10^3 \text{ mm}^4$
$I_{yz} = +3\,455 \times 10^3 \text{ mm}^4$

4.144 O tubo mostrado na figura tem parede com espessura constante de 12 mm. Para o carregamento dado, determine (a) a tensão nos pontos A e B e (b) o ponto em que a linha neutra intercepta a linha ABD.

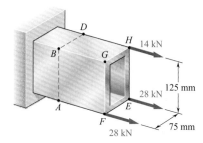

Fig. P4.144

4.145 Uma força horizontal **P** de intensidade 100 kN é aplicada à viga mostrada na figura. Determine a maior distância para a qual a tensão de tração máxima na viga não ultrapasse 75 MPa.

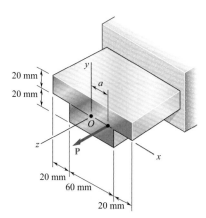

Fig. P4.145

4.146 Sabendo que $P = 90$ kips, determine a maior distância a para qual a tensão máxima de compressão não excede 18 ksi.

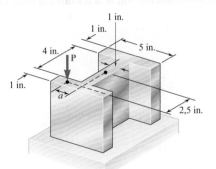

Fig. P4.146 e P4.147

4.147 Sabendo que $a = 1{,}25$ in, determine o maior valor de **P** que pode ser aplicado se exceder as tensão admissíveis a seguir:

$$\sigma_{ten}\ 10\ \text{ksi} \qquad \sigma_{comp}\ 18\ \text{ksi}$$

4.148 A carga de 120 kN pode ser aplicada em qualquer ponto da circunferência do círculo com 40 mm de raio mostrado. Se $\theta = 20°$, determine (a) a tensão em A, (b) a tensão em B, (c) o ponto em que a linha neutra intercepta a linha ABD.

4.149 Sabendo que a carga de 120 kN pode ser aplicada em qualquer ponto da circunferência do círculo com 40 mm de raio mostrado, determine (a) o valor de θ para o qual a tensão em D encontra seu valor máximo, (b) as tensões correspondentes em A, B e D.

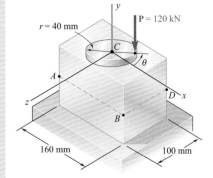

Fig. P4.148 e P4.149

4.150 Uma viga com a seção transversal mostrada na figura está submetida a um momento $\mathbf{M}_0$ que atua em um plano vertical. Determine o maior valor admissível do momento $\mathbf{M}_0$ se a tensão máxima na viga não deve ultrapassar 82,7 MPa. *Dados*: $I_y = I_z = 4703 \times 10^3$ mm^4, $A = 3065$ mm^2, $k_{mín} = 25$ mm. (*Sugestão*: em razão da simetria, os eixos principais formam um ângulo de 45° com os eixos coordenados. Use as relações $I_{mín} = Ak_{mín}^2$ e $I_{mín} + I_{máx} = I_y + I_z$.)

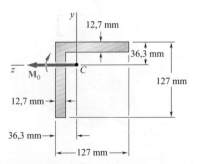

Fig. P4.150

4.151 Resolva o Problema 4.150 considerando que o momento $\mathbf{M}_0$ age em um plano horizontal.

4.152 A seção em forma de Z mostrada na figura está submetida a um momento $\mathbf{M}_0$ atuando em um plano vertical. Determine o maior valor admissível do momento $\mathbf{M}_0$ se a tensão máxima não deve ultrapassar 80 MPa. *Dados*: $I_{máx} = 2{,}28 \times 10^{-6}$ m⁴, $I_{mín} = 0{,}23 \times 10^{-6}$ m⁴, eixos principais $25{,}7°$ ⦨ e $64{,}3°$ ⦪.

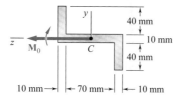

Fig. P4.152

4.153 Resolva o Problema 4.152 considerando que o momento $\mathbf{M}_0$ atua em um plano horizontal.

4.154 Duas cargas horizontais são aplicadas, conforme mostrado, a uma seção curta de um perfil de aço laminado C10 × 15,3. Sabendo que a tensão de tração no elemento não deve exceder 10 ksi, determine a maior carga admissível **P**.

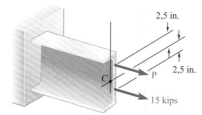

Fig. P4.154

4.155 Uma viga com a seção transversal mostrada na figura é submetida a um momento $\mathbf{M}_0$ atuando em um plano vertical. Determine o maior valor admissível do momento M_0 para que a tensão máxima não ultrapasse 100 MPa. *Dados*: $I_y = I_z = b^4/36$ e $I_{yz} = b^4/72$.

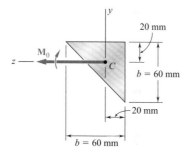

Fig. P4.155

4.156 Mostre que, se uma viga de seção retangular sólida é fletida por um momento aplicado no plano que contém a diagonal da seção transversal retangular, o eixo neutro repousará ao longo da outra diagonal.

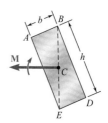

Fig. P4.156

4.157 (a) Mostre que a tensão no vértice A do elemento prismático mostrado na Fig. a será zero se a força vertical **P** for aplicada a um ponto localizado na linha.

$$\frac{x}{b/6} + \frac{z}{h/6} = 1$$

(b) Mostre ainda que, para não ocorrer tensão de tração no elemento, a força **P** deve ser aplicada a um ponto localizado dentro da área delimitada pela linha encontrada na parte (a) e três linhas similares correspondendo à condição de tensão zero em B, C e D, respectivamente. Essa área, mostrada na Fig. b, é conhecida como *núcleo central* da seção transversal.

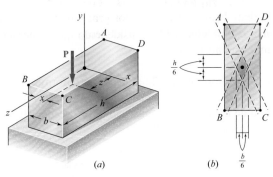

Fig. P4.157

4.158 Uma viga de seção transversal assimétrica está submetida a um momento $\mathbf{M}_0$ atuando no plano horizontal xz. Mostre que a tensão no ponto A, de coordenadas y e z, é

$$\sigma_A = -\frac{zI_z - yI_{yz}}{I_y I_z - I_{yz}^2} M_y$$

em que I_y, I_z e I_{yz} são os momentos e produto de inércia da seção transversal em relação aos eixos coordenados, e M_y é o momento fletor.

4.159 Uma viga de seção transversal assimétrica é submetida a um momento $\mathbf{M}_0$ atuando no plano vertical xy. Mostre que a tensão no ponto A, de coordenadas y e z, é

$$\sigma_A = -\frac{yI_y - zI_{yz}}{I_y I_z - I_{yz}^2} M_z$$

em que I_y, I_z e I_{yz} são os momentos e produto de inércia da seção transversal em relação aos eixos coordenados, e M_z, o momento fletor.

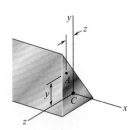

Fig. P4.158 e P4.159

4.160 (a) Mostre que, se uma força vertical **P** for aplicada ao ponto A da seção mostrada, a equação da linha neutra BD será

$$\left(\frac{x_A}{r_z^2}\right)x + \left(\frac{z_A}{r_x^2}\right)z = -1$$

em que r_z e r_x representam os raios de giração da seção transversal em relação ao eixo z e ao eixo x, respectivamente. (b) Mostre ainda que, se uma força vertical **Q** é aplicada a qualquer ponto localizado na linha BD, a tensão no ponto A será zero.

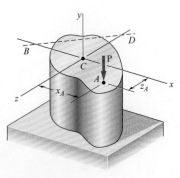

Fig. P4.160

*4.10 FLEXÃO DE BARRAS CURVAS

Nossa análise de tensões provocadas por flexão esteve restrita até agora a barras retas. Nesta seção vamos considerar as tensões provocadas pela aplicação de momentos fletores iguais e opostos a barras que inicialmente foram curvadas. Nossa discussão será limitada a barras curvas de seção transversal uniforme possuindo um plano de simetria no qual serão aplicados os momentos fletores, e consideraremos que todas as tensões permanecem abaixo do limite de proporcionalidade.

Se a curvatura inicial da barra é pequena (isto é, se seu raio de curvatura é grande quando comparado com a altura de sua seção transversal) uma boa aproximação para a distribuição de tensões pode ser obtida considerando a barra reta e usando as fórmulas deduzidas nas Seções 4.1.2 e 4.2.† No entanto, quando o raio de curvatura e as dimensões da seção transversal da barra são da mesma ordem de grandeza, devemos usar um método de análise diferente, que foi primeiramente introduzido pelo engenheiro alemão E. Winkler (1835-1888).

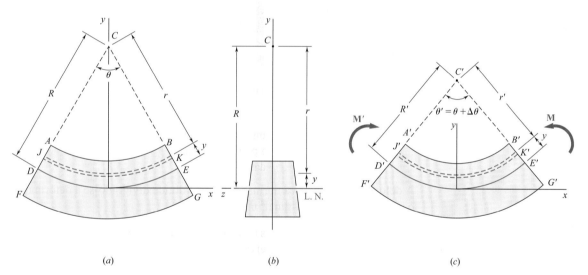

Fig. 4.58 Barra curva em flexão pura: (a) não deformada, (b) seção transversal e (c) deformada.

Considere a barra curva de seção transversal uniforme mostrada na Fig. 4.58. Sua seção transversal é simétrica em relação ao eixo y (Fig. 4.58b) e, em seu estado sem tensão, suas superfícies superior e inferior interceptam o plano vertical xy ao longo dos arcos de circunferência AB e FG centrados em C (Fig. 4.58a). Agora aplicaremos dois momentos fletores iguais e opostos **M** e **M′** no plano de simetria da barra (Fig. 4.58c). Um raciocínio similar àquele da Seção 4.1.2 mostraria que qualquer seção transversal plana contendo C permanecerá plana, e que os vários arcos de circunferência, indicados na Fig. 4.58a, serão transformados em arcos de circunferências concêntricos com um centro C' diferente de C. Mais especificamente, se os momentos fletores **M** e **M′** forem direcionados conforme mostra a figura, a curvatura dos vários arcos de circunferência aumentará; ou seja, $A'C' < AC$. Notamos também que os

† Veja o Problema 4.166.

momentos fletores **M** e **M'** farão diminuir o comprimento da superfície superior da barra ($A'B' < AB$) e farão aumentar o comprimento da superfície inferior ($F'G' > FG$). Concluímos que deve existir uma *superfície neutra* na barra cujo comprimento permanece constante. A intersecção da superfície neutra com o plano xy foi representada na Fig. 4.58a pelo arco DE de raio R, e na Fig. 4.58c pelo arco $D'E'$ de raio R'. Chamando de θ e θ' os ângulos centrais correspondendo, respectivamente, aos arcos DE e $D'E'$, expressamos o fato de que o comprimento da superfície neutra permanece constante escrevendo

$$R\theta = R'\theta' \tag{4.59}$$

Considerando agora o arco de circunferência JK localizado a uma distância y acima da superfície neutra, e chamando, respectivamente, de r e r' os raios desse arco antes e depois que os momentos fletores foram aplicados, expressamos a deformação de JK como

$$\delta = r'\theta' - r\theta \tag{4.60}$$

Observando na Fig. 4.58 que

$$r = R - y \qquad r' = R' - y \tag{4.61}$$

e substituindo essas expressões na Equação (4.60), escrevemos

$$\delta = (R' - y)\theta' - (R - y)\theta$$

ou, usando a Equação (4.59) e fazendo $\theta' - \theta = \Delta\theta$,

$$\delta = -y\,\Delta\theta \tag{4.62}$$

A deformação específica normal ϵ_x de JK é obtida dividindo-se a deformação δ pelo comprimento original $r\theta$ do arco JK.

$$\epsilon_x = \frac{\delta}{r\theta} = -\frac{y\,\Delta\theta}{r\theta}$$

ou, usando a primeira das relações na Equação (4.61),

$$\epsilon_x = -\frac{\Delta\theta}{\theta}\frac{y}{R - y} \tag{4.63}$$

A relação obtida mostra que, embora cada seção transversal permaneça plana, a deformação específica normal ϵ_x *não varia linearmente* com a distância y da superfície neutra.

A tensão normal σ_x pode agora ser obtida da lei de Hooke, $\sigma_x = E\epsilon_x$, substituindo ϵ_x da Equação (4.63).

$$\sigma_x = -\frac{E\,\Delta\theta}{\theta}\frac{y}{R - y} \tag{4.64}$$

ou, alternativamente, usando a primeira das Equações (4.61),

$$\sigma_x = -\frac{E\,\Delta\theta}{\theta}\frac{R - r}{r} \tag{4.65}$$

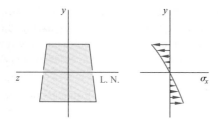

Fig. 4.59 Distribuição de tensões em uma viga curva.

A Equação (4.64) mostra que, assim como ϵ_x, a tensão normal σ_x *não varia linearmente* com a distância y da superfície neutra. Construindo o gráfico de σ_x em função de y, obtemos um arco de hipérbole (Fig. 4.59).

Para determinar a localização da superfície neutra na barra e o valor do coeficiente $E \, \Delta\theta/\theta$ usado nas Equações (4.64) e (4.65), lembramos agora que as forças elementares atuando em qualquer seção transversal devem ser estaticamente equivalentes ao momento fletor **M**. Considerando que a soma das forças elementares atuando em uma seção deva ser zero, e que a soma de seus momentos em relação ao eixo z transversal deva ser igual ao momento fletor M, escrevemos as equações

$$\int \sigma_x \, dA = 0 \qquad (4.1)$$

e

$$\int (-y\sigma_x \, dA) = M \qquad (4.3)$$

Substituindo o valor de σ_x da Equação (4.65) na Equação (4.1), escrevemos

$$-\int \frac{E \, \Delta\theta}{\theta} \frac{R - r}{r} dA = 0$$

$$\int \frac{R - r}{r} dA = 0$$

$$R \int \frac{dA}{r} - \int dA = 0$$

da qual se conclui que a distância R do centro de curvatura C até a superfície neutra é definida pela relação

$$R = \frac{A}{\int \dfrac{dA}{r}} \qquad (4.66)$$

Notamos que o valor obtido para R não é igual à distância $\bar{r}$ de C até o centroide da seção transversal, pois $\bar{r}$ é definido por uma relação diferente, a saber,

$$\bar{r} = \frac{1}{A} \int r \, dA \qquad (4.67)$$

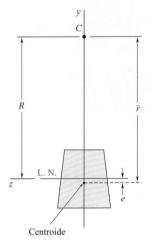

Fig. 4.60 O parâmetro e localiza o eixo neutro em relação ao centroide da seção do elemento curvo.

Concluímos então que, em uma barra curva, *a linha neutra de uma seção transversal não passa pelo centroide daquela seção* (Fig. 4.60).[†] Vamos deduzir expressões para o raio R da superfície neutra para algumas formas específicas de seção transversal. Por conveniência, essas expressões são mostradas na Fig. 4.61.

Substituindo agora o valor de σ_x da Equação (4.65) na Equação (4.3), escrevemos

$$\int \frac{E\,\Delta\theta}{\theta} \frac{R-r}{r} y\,dA = M$$

ou, como $y = R - r$,

$$\frac{E\,\Delta\theta}{\theta} \int \frac{(R-r)^2}{r} dA = M$$

Desenvolvendo o quadrado no integrando, obtemos após as reduções

$$\frac{E\,\Delta\theta}{\theta}\left[R^2 \int \frac{dA}{r} - 2RA + \int r\,dA\right] = M$$

Revendo as Equações (4.66) e (4.67), notamos que o primeiro termo entre colchetes é igual a RA, enquanto o último termo é igual a $\bar{r}A$. Temos, portanto,

$$\frac{E\,\Delta\theta}{\theta}(RA - 2RA + \bar{r}A) = M$$

e, resolvendo para $E\,\Delta\theta/\theta$,

$$\frac{E\,\Delta\theta}{\theta} = \frac{M}{A(\bar{r} - R)} \tag{4.68}$$

Examinando a Fig. 4.58, notamos que $\Delta\theta > 0$ para $M > 0$. Segue-se que $\bar{r} - R > 0$, ou $R < \bar{r}$, independentemente da forma da seção. Assim, a linha neutra de uma seção transversal está sempre localizada entre o centroide da seção e o centro de curvatura da barra (Fig. 4.60). Fazendo $\bar{r} - R = e$, escrevemos a Equação (4.68) na forma

$$\frac{E\,\Delta\theta}{\theta} = \frac{M}{Ae} \tag{4.69}$$

[†] No entanto, uma propriedade interessante da superfície neutra pode ser notada se escrevermos a Equação (4.66) em uma forma alternativa

$$\frac{1}{R} = \frac{1}{A} \int \frac{1}{r} dA \tag{4.66a}$$

A Equação (4.66a) mostra que, se a barra é dividida em um grande número de fibras com seção transversal de área dA, a curvatura $1/R$ da superfície neutra será igual ao valor médio da curvatura $1/r$ das várias fibras.

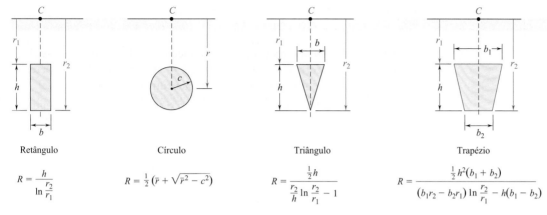

Fig. 4.61 Raio da superfície neutra de várias formas de seção transversal.

Substituindo agora $E\,\Delta\theta/\theta$ de (4.69) nas Equações (4.64) e (4.65), obtemos as seguintes expressões alternativas para a tensão normal σ_x em uma viga curva:

$$\sigma_x = -\frac{My}{Ae(R-y)} \quad (4.70)$$

e

$$\sigma_x = \frac{M(r-R)}{Aer} \quad (4.71)$$

Devemos notar que o parâmetro e nas equações acima é um valor pequeno obtido ao subtrair dois comprimentos de valores muito próximos, R e $\bar{r}$.

Para determinar σ_x com um grau razoável de precisão, é necessário portanto calcular R e $\bar{r}$ com muita precisão, particularmente quando ambos os valores são grandes, isto é, quando a curvatura da barra é pequena. No entanto, conforme indicamos anteriormente, é possível nesse caso obter uma boa aproximação para σ_x usando a fórmula $\sigma_x = -My/I$ desenvolvida para barras retas.

Vamos agora determinar a variação na curvatura da superfície neutra provocada pelo momento fletor M. Resolvendo a Equação (4.59) para a curvatura $1/R'$ da superfície neutra na barra deformada, escrevemos

$$\frac{1}{R'} = \frac{1}{R}\frac{\theta'}{\theta}$$

ou, fazendo $\theta' = \theta + \Delta\theta$ e usando a Equação (4.69),

$$\frac{1}{R'} = \frac{1}{R}\left(1 + \frac{\Delta\theta}{\theta}\right) = \frac{1}{R}\left(1 + \frac{M}{EAe}\right)$$

a variação na curvatura da superfície neutra é

$$\frac{1}{R'} - \frac{1}{R} = \frac{M}{EAeR} \quad (4.72)$$

Aplicação do conceito 4.10

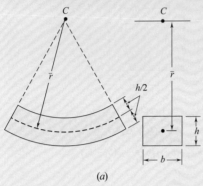

(a)

Uma barra retangular curva tem um raio médio $\bar{r} = 150$ mm e uma seção transversal de largura $b = 65$ mm e altura $h = 40$ mm (Fig. 4.62a). Determine a distância e entre o centroide e a linha neutra da seção transversal.

Primeiro determinamos a expressão para o raio R da superfície neutra. Chamando de r_1 e r_2, respectivamente, os raios interno e externo da barra (Fig. 4.62b), usamos a Equação (4.66) e escrevemos

$$R = \frac{A}{\int_{r_1}^{r_2} \frac{dA}{r}} = \frac{bh}{\int_{r_1}^{r_2} \frac{b\,dr}{r}} = \frac{h}{\int_{r_1}^{r_2} \frac{dr}{r}}$$

$$R = \frac{h}{\ln \frac{r_2}{r_1}} \tag{4.73}$$

Para os dados fornecidos, temos

$$r_1 = \bar{r} - \tfrac{1}{2}h = 150 - 20 = 130 \text{ mm}$$
$$r_2 = \bar{r} + \tfrac{1}{2}h = 150 + 20 = 170 \text{ mm}$$

Substituindo os valores de h, r_1 e r_2 na Equação (4.73) temos

$$R = \frac{h}{\ln \frac{r_2}{r_1}} = \frac{40 \text{ mm}}{\ln \frac{170}{130}} = 149{,}107 \text{ mm}$$

A distância entre o centroide e a linha neutra da seção transversal (Fig. 4.62c) é então

$$e = \bar{r} - R = 150 - 149{,}107 = 0{,}893 \text{ mm}$$

Notamos que foi necessário calcular R com seis algarismos significativos para obter e com um grau de precisão razoável.

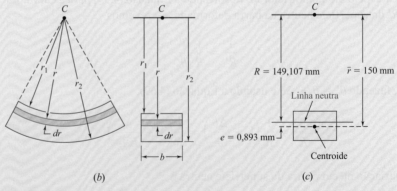

Fig. 4.62 (a) Barra curva retangular. (b) Dimensões para barra curva. (c) Localização da linha neutra.

Aplicação do conceito 4.11

Para a barra da Aplicação do conceito 4.10, determine as maiores tensões de tração e compressão, sabendo que o momento fletor na barra é $M = 900 \text{ N} \cdot \text{m}$.

Usamos a Equação (4.71) com os dados fornecidos,

$$M = 900 \text{ N} \cdot \text{m} \quad A = bh = (65 \text{ mm})(40 \text{ mm}) = 2600 \text{ mm}^2$$

e os valores obtidos na Aplicação do conceito 4.10 para R e e,

$$R = 149{,}107 \text{ mm} \quad e = 0{,}893 \text{ mm}$$

Fazendo primeiro $r = r_2 = 170$ mm na Equação (4.71), escrevemos

$$\sigma_{\text{máx}} = \frac{M(r_2 - R)}{Aer_2}$$

$$= \frac{(900 \times 10^3 \text{ N} \cdot \text{mm})(170 \text{ mm} - 149{,}107 \text{ mm})}{(2600 \text{ mm}^2)(0{,}893 \text{ mm})(170 \text{ mm})}$$

$$\sigma_{\text{máx}} = 47{,}6 \text{ MPa}$$

Fazendo agora $r = r_1 = 130$ mm na Equação (4.71), temos

$$\sigma_{\text{mín}} = \frac{M(r_1 - R)}{Aer_1}$$

$$= \frac{(900 \times 10^3 \text{ N} \cdot \text{mm})(130 \text{ mm} - 149{,}107 \text{ mm})}{(2600 \text{ mm}^2)(0{,}893 \text{ mm})(130 \text{ mm})}$$

$$\sigma_{\text{mín}} = -57{,}0 \text{ MPa}$$

Observação. Vamos comparar os valores obtidos para $\sigma_{\text{máx}}$ e $\sigma_{\text{mín}}$ com o resultado que obteríamos para uma barra reta. Usando a Equação (4.15) da Seção 4.2, escrevemos

$$\sigma_{\text{máx, mín}} = \pm \frac{Mc}{I}$$

$$= \pm \frac{(900 \times 10^3 \text{ N} \cdot \text{mm})(20 \text{ mm})}{\frac{1}{12}(65 \text{ mm})(40 \text{ mm})^3} = \pm 51{,}9 \text{ MPa}$$

PROBLEMA RESOLVIDO 4.11

Um componente de máquina tem uma seção transversal em forma de T e está submetido a um carregamento conforme mostra a figura. Sabendo que a tensão de compressão admissível é de 50 MPa, determine a maior força **P** que pode ser aplicada ao componente.

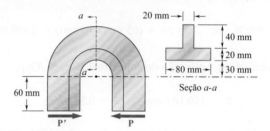

ESTRATÉGIA: As propriedades são inicialmente determinadas isoladamente para a seção transversal simétrica. A força e o momento na seção crítica são utilizados para calcular a tensão de compressão máxima, a qual é obtida pela superposição da tensão axial com a tensão de flexão determinada a partir das Equações (4.66) e (4.71). Essa tensão é então igualada à tensão de compressão admissível para determinar a força **P**.

MODELAGEM E ANÁLISE:

Centroide da seção transversal. Localizamos o centroide D da seção transversal (Fig. 1)

	A_i, mm²	$\bar{r}_i$, mm	$\bar{r}_i A_i$, mm³
1	$(20)(80) = 1600$	40	64×10^3
2	$(40)(20) = 800$	70	56×10^3
	$\Sigma A_i = 2400$		$\Sigma \bar{r}_i A_i = 120 \times 10^3$

$\bar{r} \Sigma A_i = \Sigma \bar{r}_i A_i$
$\bar{r}(2400) = 120 \times 10^3$
$\bar{r} = 50 \text{ mm} = 0{,}050 \text{ m}$

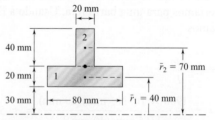

Fig. 1 Áreas compostas para encontrar a localização do centroide.

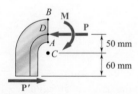

Fig. 2 Diagrama de corpo livre do lado esquerdo.

Força e momento fletor em D. Os esforços internos na seção a-a são equivalentes à força **P** atuando em D e a um momento fletor **M** (Fig. 2)

$$M = P(50 \text{ mm} + 60 \text{ mm}) = (0{,}110 \text{ m})P$$

Superposição. A força centrada **P** provoca uma força de compressão uniforme na seção *a-a* mostrada na Fig. 3*a*. O momento fletor **M** provoca uma distribuição de tensão variável [Equação (4.71)], mostrada na Fig. 3*b*. Notemos que o momento **M** tende a aumentar a curvatura da barra e, portanto, é positivo (ver Fig. 4.58). A tensão total em um ponto da seção *a-a* localizado a uma distância r do centro de curvatura C é

$$\sigma = -\frac{P}{A} + \frac{M(r - R)}{Aer} \qquad (1)$$

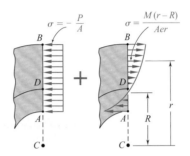

Fig. 3 A distribuição das tensões é a superposição (*a*) da tensão axial e (*b*) da tensão de flexão.

Raio da superfície neutra. Usando a Fig. 4, determinamos agora o raio R da superfície neutra usando a Equação (4.66).

$$R = \frac{A}{\int \frac{dA}{r}} = \frac{2400 \text{ mm}^2}{\int_{r_1}^{r_2} \frac{(80 \text{ mm})\, dr}{r} + \int_{r_2}^{r_3} \frac{(20 \text{ mm})\, dr}{r}}$$

$$= \frac{2400}{80 \ln \frac{50}{30} + 20 \ln \frac{90}{50}} = \frac{2400}{40{,}866 + 11{,}756} = 45{,}61 \text{ mm}$$

$$= 0{,}04561 \text{ m}$$

Computamos também: $e = \bar{r} - R = 0{,}05000 \text{ m} - 0{,}04561 \text{ m} = 0{,}00439 \text{ m}$

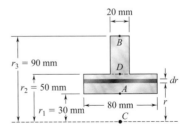

Fig. 4 Geometria da seção transversal.

Força admissível. Observamos que a maior força de compressão ocorrerá no ponto A em que $r = 0{,}030$ m. Lembrando que $\sigma_{adm} = 50$ MPa e usando a Equação (1), escrevemos

$$-50 \times 10^6 \text{ Pa} = -\frac{P}{2{,}4 \times 10^{-3} \text{ m}^2} + \frac{(0{,}110\, P)(0{,}030 \text{ m} - 0{,}04561 \text{ m})}{(2{,}4 \times 10^{-3} \text{ m}^2)(0{,}00439 \text{ m})(0{,}030 \text{ m})}$$

$$-50 \times 10^6 = -417P - 5432P \qquad\qquad P = 8{,}55 \text{ kN} \blacktriangleleft$$

PROBLEMAS

4.161 Para a barra curva e o carregamento mostrados, determine a tensão no ponto A quando (a) $r_1 = 30$ mm, (b) $r_1 = 50$ mm.

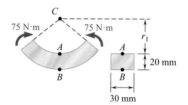

Fig. P4.161 e P4.162

4.162 Para a barra curva e o carregamento mostrados, determine a tensão nos pontos A e B quando $r_1 = 40$ mm.

4.163 Para o elemento de máquina e a carga mostrados, determine a tensão no ponto A quando (a) $h = 2$ in., (b) $h = 2{,}6$ in.

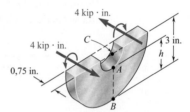

Fig. P4.163 e P4.164

4.164 Para o elemento de máquina e a carga mostrados, determine a tensão nos pontos A e B quando $h = 2{,}5$ in.

4.165 A barra curva mostrada tem seção transversal de 40×60 mm e raio interno $r_1 = 15$ mm. Para o carregamento mostrado, determine as maiores tensões de tração e compressão.

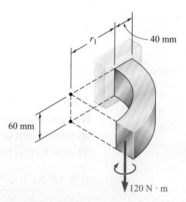

Fig. P4.165 e P4.166

4.166 Para a barra curva e o carregamento mostrado, determine o erro percentual introduzido na computação da tensão máxima admitindo que a barra é reta. Considere o caso em que (a) $r_1 = 20$ mm, (b) $r_1 = 200$ mm, (c) $r_1 = 2$ m.

4.167 As chapas de ligação de aço com a seção transversal mostrada na figura estão disponíveis com diferentes ângulos centrais β. Sabendo que a tensão admissível é de 82,7 MPa, determine a maior força **P** que pode ser aplicada a uma chapa de ligação para a qual $\beta = 90°$.

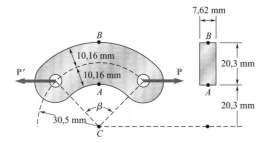

Fig. P4.167

4.168 Resolva o Problema 4.167 considerando que $\beta = 60°$.

4.169 A barra curva mostrada tem a seção transversal de 30×30 mm. Sabendo que a tensão admissível na compressão é 175 MPa, determine a maior distância a admissível.

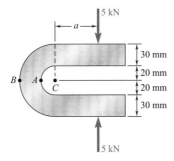

Fig. P4.169

4.170 Para o anel aberto mostrado na figura, determine a tensão no (a) ponto A e (b) ponto B.

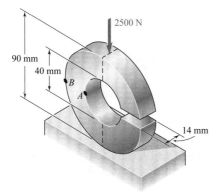

Fig. P4.170

4.171 Três chapas são soldadas umas às outras para formar a barra curva mostrada na figura. Para o carregamento dado, determine a distância (a) ponto A, (b) ponto B e (c) o centroide da seção transversal.

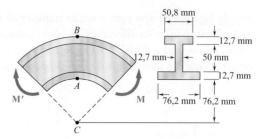

Fig. P4.171 e P4. 172

4.172 Três placas são soldadas para formar a viga curva mostrada. Para o carregamento dado, determine a distância e entre o eixo neutro e o centroide da seção transversal.

4.173 Um componente de máquina possui uma seção transversal em forma de T orientada da forma mostrada na figura. Sabendo que $M = 2,5$ kN · m, determine a tensão no (a) ponto A, (b) ponto B.

4.174 Considerando que o momento mostrado é substituído por uma força vertical de 10 kN fixada no ponto D e atuando na descendente, determine a tensão no (a) ponto A, (b) ponto B.

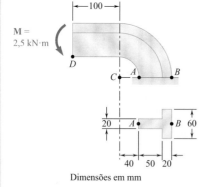

Fig. P4.173 e P4.174

4.175 O anel aberto mostrado na figura tem um raio interno $r_1 = 20,3$ mm e uma seção transversal circular de diâmetro $d = 15,24$ mm. Sabendo que cada uma das forças de 534 N é aplicada ao centroide da seção transversal, determine a tensão no (a) ponto A e (b) ponto B.

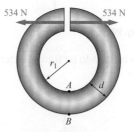

Fig. P4.175

4.176 Resolva o Problema 4.175 considerando que o anel tem um raio interno $r_1 = 15,24$ mm e uma seção transversal circular de diâmetro $d = 20,3$ mm.

4.177 A barra mostrada tem seção transversal circular de 16 mm de diâmetro. Sabendo que $a = 32$ mm, determine a tensão (a) no ponto A, (b) no ponto B.

4.178 A barra mostrada tem seção circular com 16 mm de diâmetro. Sabendo que a tensão admissível é de 38 MPa, determine a maior distância *a* permitida entre a linha de ação da força de 220 N e o plano que contém o centro de curvatura dessa barra.

4.179 A barra curva mostrada tem seção circular com 32 mm de diâmetro. Determine o maior momento **M** em relação ao eixo horizontal que pode ser aplicado na barra se a tensão máxima não exceder 60 MPa.

4.180 Sabendo que $P = 10$ kN, determine a tensão (*a*) no ponto *A*, (*b*) no ponto *B*.

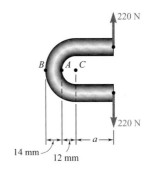

Fig. P4.177 e P4. 178

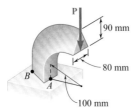

Fig. P4.180

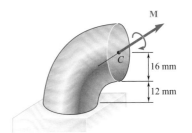

Fig. P4.179

4.181 e 4.182 Sabendo que $M = 565$ N · m, determine a tensão no (*a*) ponto *A* e (*b*) ponto *B*.

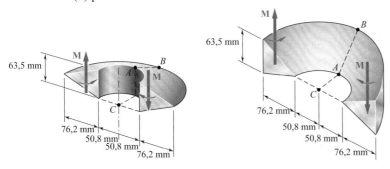

Fig. P4.181 **Fig. P4.182**

4.183 Sabendo que o componente de máquina mostrado na figura tem uma seção transversal trapezoidal com $a = 88{,}9$ mm e $b = 63{,}5$ mm, determine a tensão no (*a*) ponto *A* e (*b*) ponto *B*.

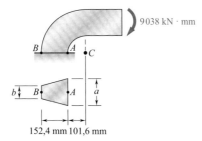

Fig. P4.183 e P4.184

4.184 Sabendo que o componente de máquina mostrado tem uma seção transversal trapezoidal com $a = 63{,}5$ mm e $b = 88{,}9$ mm, determine a tensão no (*a*) ponto *A* e (*b*) ponto *B*.

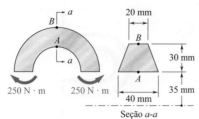

Fig. P4.185

4.185 Para a viga curva e o carregamento indicados na figura, determine a tensão no (a) ponto A e (b) ponto B.

4.186 Para o gancho de guindaste mostrado na figura, determine a maior tensão de tração na seção a-a.

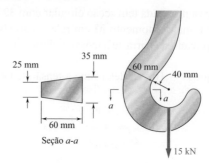

Fig. P4.186

*4.187 até 4.189 Usando a Equação (4.66), determine a expressão para R dada na Fig. 4.61 para

*4.187 Uma seção transversal circular.

4.188 Uma seção transversal trapezoidal.

4.189 Uma seção transversal triangular.

4.190 Mostre que, caso a seção transversal de uma viga curva consista em dois ou mais retângulos, o raio R da superfície neutra poderá ser expresso como

$$R = \frac{A}{\ln\left[\left(\frac{r_2}{r_1}\right)^{b_1}\left(\frac{r_3}{r_2}\right)^{b_2}\left(\frac{r_4}{r_3}\right)^{b_3}\right]}$$

em que A é a área total da seção transversal.

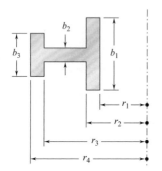

Fig. P4.190

*4.191 Para a barra curva de seção transversal retangular submetida a um momento fletor **M**, mostre que a tensão radial na superfície neutra é

$$\sigma_r = \frac{M}{Ae}\left(1 - \frac{r_1}{R} - \ln\frac{R}{r_1}\right)$$

e compare o valor de σ_r para a barra curva das Aplicações do conceito 4.10 e 4.11. (*Sugestão*: considere o diagrama de corpo livre da parte da barra localizada acima da superfície neutra.)

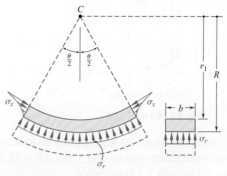

Fig. P4.191

REVISÃO E RESUMO

Este capítulo foi dedicado à análise de barras em *flexão pura*. Ou seja, as tensões e deformações em componentes submetidos a momentos fletores **M** e **M'** iguais e opostos, atuando no mesmo plano longitudinal (Fig. 4.63) foram estudadas.

Fig. 4.63 Componente em flexão pura.

Deformação específica normal em flexão

Em barras que possuem um plano de simetria e estão sujeitas a momentos atuando naquele plano, provamos que *seções transversais permanecem planas* à medida que a barra é deformada. A barra em flexão pura tem uma *superfície neutra* ao longo da qual as tensões e deformações normais são zero, e a *deformação específica normal longitudinal* ϵ_x varia linearmente com a distância y da superfície neutra:

$$\epsilon_x = -\frac{y}{\rho} \tag{4.8}$$

em que ρ é o *raio de curvatura* da superfície neutra (Fig. 4.64). A intersecção da superfície neutra com a seção transversal é conhecida como *linha neutra* da seção transversal.

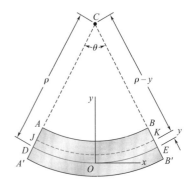

Fig. 4.64 Deformação respeitando a linha neutra.

Tensão normal no regime elástico

Para barras feitas de um material que segue a lei de Hooke, verificamos que a *tensão normal* σ_x *varia linearmente* com a distância da linha neutra (Fig. 4.65). Chamando de σ_m a tensão máxima, escrevemos

$$\sigma_x = -\frac{y}{c}\sigma_m \tag{4.12}$$

em que c é a maior distância da linha neutra até um ponto na seção.

Fórmula da flexão elástica

Igualando a zero a soma das forças elementares, $\sigma_x dA$, provamos que a *linha neutra passa pelo centroide* da seção transversal de uma barra em flexão pura. Fazendo a soma dos momentos das forças elementares igual ao momento fletor, determinamos a *fórmula da flexão elástica* para a tensão normal máxima

$$\sigma_m = \frac{Mc}{I} \tag{4.15}$$

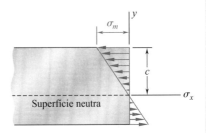

Fig. 4.65 Distribuição das tensões para a fórmula da flexão elástica.

em que I é o momento de inércia da seção transversal em relação à linha neutra. Obtivemos também a tensão normal a qualquer distância y da linha neutra:

$$\sigma_x = -\frac{My}{I} \tag{4.16}$$

Módulo de resistência à flexão

Observando que I e c dependem somente da geometria da seção transversal, introduzimos o *módulo de resistência à flexão*

$$W = \frac{I}{c} \qquad (4.17)$$

e depois usamos o módulo de resistência da seção para escrever uma expressão alternativa para a tensão normal máxima:

$$\sigma_m = \frac{M}{W} \qquad (4.18)$$

Curvatura da barra

Lembrando que a *curvatura de uma barra* é o inverso de seu raio de curvatura, expressa como

$$\frac{1}{\rho} = \frac{M}{EI} \qquad (4.21)$$

Curvatura anticlástica

Na flexão de componentes homogêneos que possuem um plano de simetria, as deformações ocorrem em um plano da seção transversal e resultam na *curvatura anticlástica* dos componentes.

Barras feitas de vários materiais

Consideramos a flexão de barras feitas de vários materiais com *diferentes módulos de elasticidade*. Embora as seções transversais permaneçam planas, vimos que, em geral, a *linha neutra não passa pelo centroide* da seção transversal composta (Fig. 4.66). Usando a relação entre os módulos de elasticidade dos materiais, obtivemos uma *seção transformada* que corresponde a uma barra equivalente feita inteiramente de um só material. Usamos então os métodos desenvolvidos anteriormente para determinar as tensões nessa barra homogênea equivalente (Fig. 4.67) e depois usamos novamente a relação entre os módulos de elasticidade para determinar as tensões na viga composta.

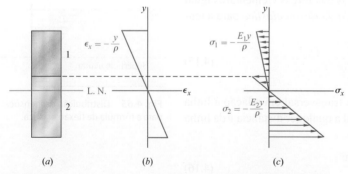

Fig. 4.66 (*a*) Seção composta. (*b*) Distribuição da deformação. (*c*) Distribuição das tensões.

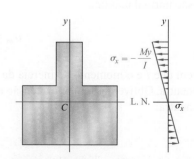

Fig. 4.67 Seção transformada.

Concentrações de tensão

As *concentrações de tensões* ocorrem em componentes em flexão pura; apresentamos gráficos com os coeficientes de concentração de tensão para placas com adoçamentos e ranhuras, nas Figs. 4.24 e 4.25.

Deformações plásticas

Foi analisada uma viga retangular feita de um *material elastoplástico* (Fig. 4.68) enquanto aumentava-se a intensidade do momento fletor (Fig. 4.69). O *momento elástico máximo* M_E ocorreu quando o escoamento foi iniciado na viga (Fig. 4.69b). À medida que o momento fletor aumentava ainda mais, desenvolveram-se zonas plásticas (Fig. 4.69c), e o tamanho do núcleo elástico da barra diminuiu. Finalmente a viga tornou-se totalmente plástica (Fig. 4.69d) e obtivemos o *momento plástico* M_p máximo. As *deformações permanentes* e *tensões residuais* permanecem em uma barra depois que as forças que produziram o escoamento são removidas.

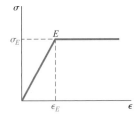

Fig. 4.68 Curva da tensão em função da deformação específica para um material elastoplástico.

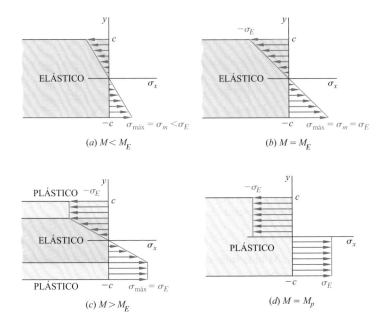

Fig. 4.69 Distribuição das tensões de flexão em um componente: (a) elástico, $M < M_E$ (b) escoamento iminente, $M = M_E$, (c) escoamento parcial, $M > M_E$, e (d) totalmente plástico, $M = M_p$.

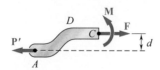

Fig. 4.70 Seção para um membro carregado excentricamente.

Carregamento axial excêntrico

Quando componentes são carregados *excentricamente em relação a um plano de simetria, a força excêntrica* é substituída por um sistema constituído de força e momento localizado no centroide da seção transversal (Fig. 4.70). As tensões provocadas pela força centrada e pelo momento fletor são superpostas (Fig. 4.71):

$$\sigma_x = \frac{P}{A} - \frac{My}{I} \tag{4.50}$$

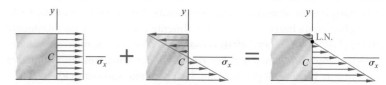

Fig. 4.71 A distribuição de tensões para carregamento excêntrico é obtida pela superposição das distribuições das tensões axiais uniformes com as da flexão pura.

Flexão assimétrica

Para a flexão de barras de *seção transversal assimétrica*, a fórmula de flexão pode ser usada, desde que o vetor momento fletor **M** esteja direcionado ao longo de um dos eixos principais de inércia da seção transversal. Quando necessário, decompomos **M** em componentes ao longo dos eixos principais de inércia e realizamos a superposição das tensões provocadas pelos momentos componentes (Figs. 4.72 e 4.73).

$$\sigma_x = -\frac{M_z y}{I_z} + \frac{M_y z}{I_y} \tag{4.55}$$

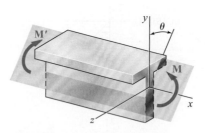

Fig. 4.72 Flexão assimétrica com momento fletor fora do plano de simetria.

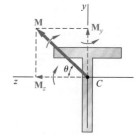

Fig. 4.73 Momento aplicado decomposto nas direções y e z.

Para o momento **M** mostrado na Fig. 4.74, determinamos a orientação da linha neutra escrevendo

$$\operatorname{tg} \phi = \frac{I_z}{I_y} \operatorname{tg} \theta \tag{4.57}$$

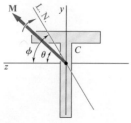

Fig. 4.74 Linha neutra para flexão assimétrica.

Carregamento axial excêntrico geral

Para o caso geral de *carregamento axial excêntrico*, substituímos a força pelo sistema constituído de força e momento localizado no centroide. A superposição das tensões provocadas pela força centrada e pelas duas componentes do momento direcionadas ao longo dos eixos principais produz a seguinte equação:

$$\sigma_x = \frac{P}{A} - \frac{M_z y}{I_z} + \frac{M_y z}{I_y} \qquad (4.58)$$

Barras curvas

Na análise das tensões em *barras curvas* (Fig. 4.75), as seções transversais permaneçam planas quando o componente é submetido à flexão. As *tensões não variam linearmente* e a superfície neutra não passa pelo centroide da seção. A distância R do centro de curvatura do componente até a superfície neutra é

$$R = \frac{A}{\int \frac{dA}{r}} \qquad (4.66)$$

em que A é a área da seção transversal. A tensão normal a uma distância y da superfície neutra é

$$\sigma_x = -\frac{My}{Ae(R-y)} \qquad (4.70)$$

em que M é o momento fletor e e a distância do centroide da seção até a superfície neutra.

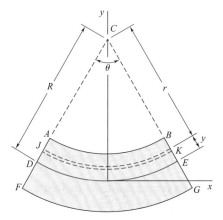

Fig. 4.75 Geometria de um componente curvo.

PROBLEMAS DE REVISÃO

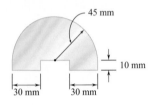

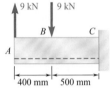

Fig. P4.192

4.192 Duas forças verticais são aplicadas à viga com a seção transversal mostrada na figura. Determine as tensões de tração e de compressão máximas na parte BC da viga.

4.193 Uma cinta de aço, originalmente reta, passa por uma polia com 203,2 mm. de diâmetro quando instalada em uma serra de fita. Determine a tensão máxima nessa cinta, sabendo que sua espessura é de 0,457 mm e sua largura de 15,88 mm. Use $E = 200$ GPa.

4.194 Um momento fletor de intensidade M é aplicado a uma barra quadrada de lado a. Para cada uma das orientações mostradas, determine a tensão máxima e a curvatura da barra.

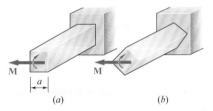

Fig. P4.194

Fig. P4.193

4.195 Um tubo de parede grossa com a seção transversal mostrada na figura é constituída de um aço elastoplástico, com tensão de escoamento σ_Y. Determine uma expressão para o momento plástico M_p do tubo em termos de c_1, c_2 e σ_Y.

Fig. P4.195

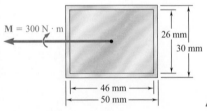

Fig. P4.196

4.196 Com o objetivo de incrementar a resistência à corrosão, um revestimento de alumínio com espessura de 2 mm foi aplicado à barra de aço mostrada. O módulo de elasticidade é de 200 GPa para o aço e de 70 GPa para o alumínio. Para um momento de flexão de 300 N · m, determine (a) a tensão máxima no aço, (b) a tensão máxima no alumínio, (c) o raio de curvatura da barra.

4.197 A parte vertical da prensa mostrada na figura consiste em um tubo retangular com espessura de parede $t = 10$ mm. Sabendo que a prensa foi usada para prender blocos de madeira que estavam sendo colados, com uma força $P = 20$ kN, determine a tensão no (a) ponto A e (b) ponto B.

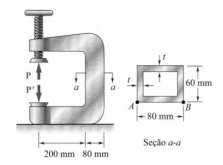

Fig. P4.197

4.198 Para o carregamento mostrado, determine (*a*) a tensão nos pontos A e B, (*b*) o ponto em que a linha neutra intercepta a linha *ABD*.

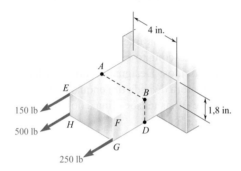

Fig. P4.198

4.199 Sabendo que a máxima tensão admissível é 45 MPa, determine a intensidade do maior momento *M* que pode ser aplicado ao componente mostrado.

4.200 Determine a tensão máxima em cada um dos elementos de máquina mostrados.

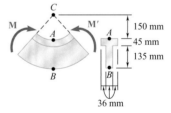

Fig. P4.199

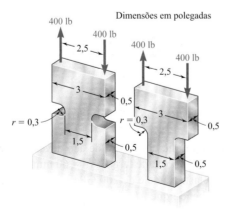

Fig. P4.200

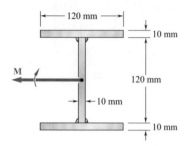

Fig. P4.201

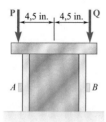

Fig. P4.202

4.201 Três placas de aço de 120 mm × 10 mm foram soldadas para formar a viga mostrada na figura. Considerando que o aço seja elastoplástico com $E = 200$ GPa e $\sigma_E = 300$ MPa, determine (a) o momento fletor para o qual as zonas plásticas na parte de cima e debaixo da viga tenham a espessura de 40 mm e (b) o raio de curvatura correspondente da viga.

4.202 Um pequeno segmento de perfil laminado com seção W8 × 31 suporta uma placa rígida na qual duas cargas, **P** e **Q**, são aplicadas conforme mostrado. As deformações nos dois pontos A e B na linha de centro das faces externas dos flanges foram medidas e os valores obtidos

$$\epsilon_A = -550 \times 10^{-6} \text{ in./in.} \qquad \epsilon_B = -680 \times 10^{-6} \text{ in./in.}$$

Sabendo que $E = 29 \times 10^6$ psi, determine a intensidade de cada carga.

4.203 Duas tiras de materiais iguais e mesma seção transversal são fletidas por momentos de mesma intensidade e assim coladas. Depois das duas superfícies de contato estarem seguramente coladas, os momentos são removidos. Designando por σ_1 a tensão máxima e por ρ_1 o raio de curvatura de cada tira enquanto os momentos eram aplicados, determine (a) as tensões finais nos pontos A, B, C e D, (b) os raios de curvatura finais.

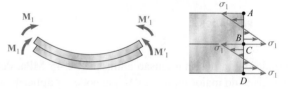

Fig. P4.203

PROBLEMAS PARA COMPUTADOR

Os problemas a seguir devem ser resolvidos usando um computador.

4.C1 Duas tiras de alumínio e uma tira de aço devem ser unidas para formar uma barra composta de largura $b = 60$ mm e altura $h = 40$ mm. O módulo de elasticidade é de 200 GPa para o aço e de 75 GPa para o alumínio. Sabendo que $M = 1500$ N · m, elabore um programa de computador para calcular a tensão máxima no alumínio e no aço para valores de a, de 0 a 20 mm, usando incrementos de 2 mm. Usando incrementos apropriados menores, determine (a) a maior tensão que pode ocorrer no aço e (b) o valor correspondente de a.

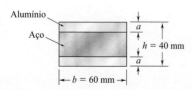

Fig. P4.C1

4.C2 Uma viga com a seção transversal mostrada na figura, feita de aço elastoplástico com uma tensão de escoamento σ_E e um módulo de elasticidade E, é flexionada em torno do eixo x. (a) Chamando de y_E a meia espessura do núcleo elástico, elabore um programa de computador para calcular o momento fletor M e o raio de curvatura ρ para valores de y_E, de $\frac{1}{2}d$ a $\frac{1}{6}d$, usando decrementos iguais a $\frac{1}{2}t_f$. Despreze o efeito dos adoçamentos. (b) Use esse programa para resolver o Problema 4.201.

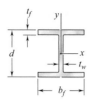

Fig. P4.C2

4.C3 Um momento fletor **M** de 903,8 N · m é aplicado a uma viga de seção transversal mostrada na figura em um plano formando um ângulo β com a vertical. Considerando que o centroide da seção transversal está localizado em C e que y e z são os eixos principais de inércia, elabore um programa de computador para calcular a tensão em A, B, C e D para valores de β de 0 a 180°, usando incrementos de 10°. (*Dados*: $I_y = 2593 \times 10^3$ mm^4 e $I_z = 616 \times 10^3$ mm^4.)

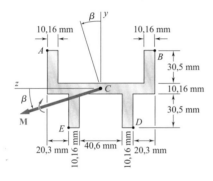

Fig. P4.C3

4.C4 Momentos fletores iguais a $M = 2$ kN · m são aplicados, conforme mostra a figura, a uma barra curva com uma seção transversal retangular de $h = 100$ mm e $b = 25$ mm. Elabore um programa de computador e use-o para calcular as tensões nos pontos A e B para valores da relação r_1/h de 10 até 1 usando decrementos de 1, e de 1 a 0,1 usando decrementos de 0,1. Usando incrementos apropriados menores, determine a relação r_1/h para a qual a tensão máxima na barra curva seja 50% maior que a tensão máxima em uma barra reta com a mesma seção transversal.

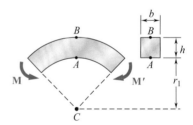

Fig. P4.C4

4.C5 O momento **M** é aplicado a uma viga que tem a seção transversal mostrada na figura. (a) Elabore um programa de computador que possa ser usado para calcular as tensões máximas de tração e de compressão na viga. (b) Use esse programa para resolver os Problemas 4.9, 4.10 e 4.11.

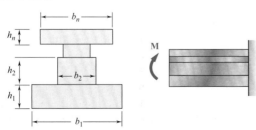

Fig. P4.C5

4.C6 Uma barra cheia de raio $c = 30,5$ mm é feita de aço elastoplástico com $E = 200$ GPa e $\sigma_E = 290$ MPa. A barra está submetida a um momento fletor M que aumenta de zero até o momento elástico máximo M_E e depois até o momento plástico M_p. Chamando de y_E a meia espessura do núcleo elástico, elabore um programa de computador e use-o para calcular o momento fletor M e o raio de curvatura ρ para valores de y_E de 30,48 mm até 0 usando decrementos de 5,08 mm. (*Sugestão*: divida a seção transversal em 80 elementos horizontais de altura 0,762 mm.)

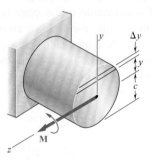

Fig. P4.C6

4.C7 O elemento de máquina do Problema 4.182 deve ser reprojetado removendo parte da seção transversal triangular. Acredita-se que a remoção de uma pequena área triangular de espessura a diminuirá a tensão máxima no elemento. Para verificar esse conceito de projeto, elabore um programa de computador para calcular a tensão máxima no elemento, para valores de a de 0 a 25,4 mm, usando incrementos de 2,54 mm. Usando incrementos apropriados menores, determine a distância a para a qual a tensão máxima seja a menor possível.

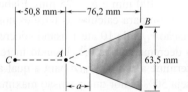

Fig. P4.C7

5

Análise e projeto de vigas em flexão

As vigas que suportam um sistema de ponte rolante estão submetidas a cargas transversais, causando a flexão das vigas. As tensões resultantes desses carregamentos serão determinadas neste capítulo.

OBJETIVOS

Neste capítulo, vamos:

- **Traçar** os diagramas de força cortante e de momento de flexão utilizando o equilíbrio estático aplicado em segmentos.
- **Descrever** as relações entre cargas aplicadas, força cortante e momentos de flexão ao longo de toda a viga.
- **Utilizar** o módulo da seção para projetar vigas.
- **Utilizar** as funções de singularidade para determinar os diagramas de força cortante e de momento de flexão.
- **Projetar** vigas de seção não prismática para prover resistência constante ao longo de todos os elementos.

Introdução

5.1 Diagramas de força cortante e momento fletor

5.2 Relações entre força, força cortante e momento fletor

5.3 Projeto de vigas prismáticas em flexão

*5.4 Usando funções de singularidade para determinar força cortante e momento fletor em uma viga

*5.5 Vigas não prismáticas

INTRODUÇÃO

Este capítulo e grande parte do próximo serão dedicados à análise e ao projeto de *vigas*, isto é, elementos estruturais que suportam forças aplicadas em vários pontos ao longo do elemento. Vigas geralmente são elementos prismáticos retos longos, como mostra a foto da página anterior. Vigas de aço e de alumínio desempenham um papel importante na engenharia de estruturas e mecânica. Vigas de madeira são muito utilizadas na construção de casas (Foto 5.1). Na maioria dos casos, as forças são perpendiculares ao eixo da viga. Esse *carregamento transversal* provoca somente flexão e cisalhamento na viga. Quando as forças não estão em ângulo reto com o eixo da viga, elas podem produzir forças axiais sobre ela.

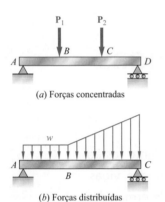

Fig. 5.1 Vigas sob carregamento transversal.

Foto 5.1 Vigas de madeira utilizadas em uma habitação residencial. ©Huntstock/age fotostock

O carregamento transversal de uma viga pode consistir em *forças concentradas* P_1, P_2, ... expressas em newtons, libras ou seus múltiplos, quilonewtons e kips (Fig. 5.1a), de uma *força w distribuída*, expressa em N/m, kN/m, lb/pé, ou kips/pé (Fig. 5.1b), ou de uma combinação das duas. Quando a força w por unidade de comprimento tem um valor constante sobre parte da viga (como entre A e B na Fig. 5.1b), dizemos que a força é *uniformemente distribuída* sobre aquela parte da viga.

As vigas são classificadas de acordo com a maneira como são vinculadas, como mostrado na Fig. 5.2. A distância L é chamada de *vão*. Note que as reações nos apoios ou nos vínculos das vigas nas Figuras 5.2 *a*, *b* e *c* envolvem um total de apenas três incógnitas e podem ser determinadas pelos métodos da estática. Dizemos que essas vigas são *estaticamente determinadas*. Em contrapartida, as reações nos apoios das vigas nas partes *d*, *e* e *f* da Fig. 5.2 envolvem mais de três incógnitas e não podem ser determinadas apenas

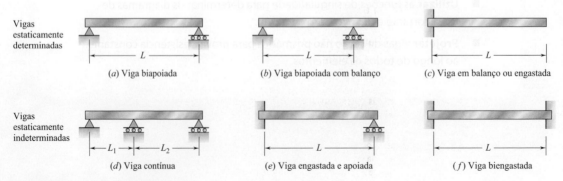

Fig. 5.2 Disposições comuns de apoio de vigas.

pelos métodos da estática. As propriedades das vigas com relação à sua resistência às deformações também devem ser levadas em consideração. Dizemos que essas vigas são *estaticamente indeterminadas*, e sua análise será feita no Capítulo 9, em que discutiremos as deformações nas vigas.

Às vezes, duas ou mais vigas são conectadas por articulações para formar uma estrutura única e contínua. Dois exemplos de vigas articuladas em um ponto H são mostrados na Fig. 5.3. Deve-se notar que as reações nos apoios envolvem quatro incógnitas e não podem ser determinadas a partir dos diagramas de corpo livre do sistema de duas vigas. Elas podem ser determinadas reconhecendo que o momento interno na articulação é zero. Então, depois de se considerar o o diagrama de corpo livre de cada viga separadamente; são envolvidas seis incógnitas (incluindo duas componentes de força na articulação), e há disponíveis seis equações.

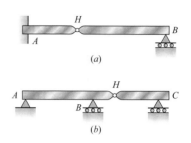

Fig. 5.3 Vigas conectadas por articulações.

Quando uma viga é submetida a forças concentradas, os esforços internos em qualquer seção da viga consistem em uma força cortante **V** e um momento fletor **M**. Considere, por exemplo, uma viga AB simplesmente apoiada, sujeita a duas forças concentradas e uma força uniformemente distribuída (Fig. 5.4a). Para determinarmos os esforços internos em uma seção do ponto C, primeiro desenhamos o diagrama de corpo livre da viga inteira para obter as reações nos apoios (Fig. 5.4b). Cortando a viga em C, desenhamos então o diagrama de corpo livre de AC (Fig. 5.4c), por meio da qual determinamos a força cortante **V** e o momento fletor **M**.

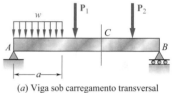

(a) Viga sob carregamento transversal

O momento fletor **M** provoca *tensões normais* na seção transversal, enquanto a força cortante **V** provoca *tensões de cisalhamento* naquela seção. Na maioria dos casos, o critério dominante no projeto de uma viga quanto à resistência é o valor máximo da tensão normal sobre ela. A determinação das tensões normais em uma viga será o assunto deste capítulo, enquanto as tensões de cisalhamento serão discutidas no Capítulo 6.

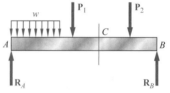

(b) Diagrama de corpo livre para encontrar reações de suporte

Como a distribuição de tensões normais em uma seção depende somente do valor do momento fletor M naquela seção e da geometria da seção,[†] as fórmulas de flexão elástica deduzidas na Seção 4.2 podem ser utilizadas para determinar a tensão máxima, bem como a tensão em um ponto dado, na seção;[‡]

$$\sigma_m = \frac{|M|c}{I} \quad (5.1)$$

e

$$\sigma_x = -\frac{My}{I} \quad (5.2)$$

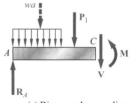

(c) Diagrama de corpo livre para encontrar forças internas em C

Fig. 5.4 Análise de uma viga biapoiada.

em que I é o momento de inércia da seção transversal em relação a um eixo que passa pelo centroide da seção transversal perpendicular ao plano do momento, y é a distância da superfície neutra e c é o valor máximo daquela

---

[†] Assume-se que a distribuição de tensões normais em determinada seção transversal não é afetada pela deformação provocada pelas tensões de cisalhamento. Essa hipótese será verificada na Seção 6.2.

[‡] Lembramos da Seção 4.1 que M pode ser positivo ou negativo, dependendo se a concavidade da viga no ponto considerado está virada para cima ou para baixo. Assim, no caso considerado aqui de um carregamento transversal, o sinal de M pode variar ao longo da viga. Por outro lado, σ_m é um valor positivo, o valor absoluto de M é utilizado na Equação (5.1).

distância (Fig. 4.11). Lembramos também da Seção 4.2 que o valor máximo σ_m da tensão normal na seção pode ser expresso em termos de módulo de resistência da seção W. Assim

$$\sigma_m = \frac{|M|}{W} \tag{5.3}$$

O fato de que σ_m é inversamente proporcional a W destaca a importância de selecionar vigas com um módulo de resistência da seção de valor alto. Os módulos de resistência de seção de vários perfis de aço laminado são dados no Apêndice E, enquanto o módulo de resistência de seção retangular é

$$W = \tfrac{1}{6} bh^2 \tag{5.4}$$

em que b e h são, respectivamente, a largura e a altura da seção transversal.

A Equação (5.3) também mostra que, para uma viga de seção transversal uniforme, σ_m é proporcional a $|M|$: assim, o valor máximo da tensão normal na viga ocorre na seção em que $|M|$ é maior. Conclui-se que uma das partes mais importantes do projeto de uma viga para determinada condição de carregamento é a determinação da localização e intensidade do maior momento fletor.

Essa tarefa fica mais fácil se for traçado um *diagrama de momento fletor*, isto é, se o valor do momento fletor M for determinado em vários pontos da viga e for construído um gráfico do momento em função da distância x medida a partir de uma extremidade da viga. Fica ainda mais fácil se for traçado um *diagrama de força cortante,* ao mesmo tempo, construindo um gráfico da força cortante V em função de x. A convenção de sinais a ser empregada para registrar os valores da força cortante e do momento fletor será discutida na Seção 5.1.

Na Seção 5.2 serão deduzidas relações entre força cortante e momento fletor, utilizadas para obter os diagramas de força cortante e momento fletor. Essa abordagem facilita a determinação do maior valor absoluto do momento fletor e, portanto, a determinação da tensão normal máxima na viga.

Na Seção 5.3, você aprenderá a projetar uma viga em flexão, isto é, será imposta a condição de que a tensão normal máxima na viga não ultrapassará seu valor admissível.

Outro método para a determinação dos valores máximos da força cortante e do momento fletor, com base na expressão de V e M em termos de *funções de singularidade*, será discutido na Seção 5.4. Essa abordagem conduz muito bem ao uso de computadores e será expandida no Capítulo 9, para facilitar a determinação do ângulo de inclinação e do deslocamento de vigas.

Finalmente, discutiremos, na Seção 5.5, o projeto de *vigas não prismáticas*, isto é, vigas com uma seção transversal variável. Selecionando-se a forma e o tamanho da seção transversal variável de modo que seu módulo de resistência $W = I/c$ varie ao longo do comprimento da viga da mesma maneira que $|M|$, é possível projetar vigas para as quais a tensão normal máxima em cada seção seja igual à tensão admissível do material. Vigas desse tipo são chamadas de *resistência constante*.

5.1 DIAGRAMAS DE FORÇA CORTANTE E MOMENTO FLETOR

A determinação dos valores máximos absolutos da força cortante e do momento fletor em uma viga torna-se muito mais fácil se os valores de V e M forem construídos graficamente em função da distância x medida a partir de uma extremidade da viga. Além disso, conforme veremos no Capítulo 9, o conhecimento de M em função de x é essencial para a determinação do deslocamento de uma viga.

Nesta seção, os diagramas de força cortante e momento fletor serão obtidos determinando-se os valores de V e M em pontos selecionados da viga. Esses valores serão determinados da maneira usual, isto é, cortando-se a viga no ponto em que eles devem ser determinados (Fig. 5.5a) e considerando o equilíbrio da parte da viga localizada de cada lado da seção (Fig. 5.5b). Como as forças cortantes **V** e **V**′ têm sentidos opostos, registrar a força cortante no ponto C com uma seta para cima ou para baixo não teria significado a menos que indicássemos, ao mesmo tempo, qual dos corpos livres AC e CB estamos considerando. Por essa razão, a força cortante V será marcada com um sinal: *um sinal positivo* se estiverem direcionadas, como mostra a Fig. 5.5b, e *um sinal negativo*, no caso contrário. Será aplicada uma convenção similar para o momento fletor M.[†] Resumindo a convenção de sinais que acabamos de apresentar, podemos dizer o seguinte:

A força cortante V e o momento fletor M serão positivos quando, em determinada seção da viga, os esforços internos atuantes nas partes da viga estiverem direcionados conforme mostra a Figura 5.6a.

1. *A força cortante em um ponto de uma viga é positiva quando as forças **externas** (cargas e reações) atuando nela tendem a rompê-la (cisalhar) naquele ponto, conforme indicado na Fig. 5.6b.*
2. *O momento fletor em um ponto de uma viga é positivo quando as forças **externas** atuando na viga tendem a flexioná-la naquele ponto, conforme indicado na Fig. 5.6c.*

É útil perceber que os valores da força cortante e do momento fletor são positivos na metade esquerda da viga biapoiada suportando uma única carga concentrada em seu centro, conforme discutimos na Aplicação do conceito seguinte.

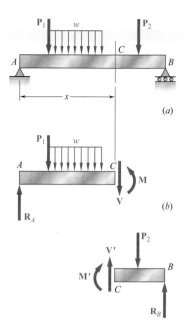

Fig. 5.5 Determinação da força cortante, V, e do momento fletor, M, em uma determinada seção. (*a*) Viga carregada com uma seção indicada na posição arbitrária x. (*b*) Diagrama de corpo livre traçado à esquerda e à direita da seção em C.

(*a*) Esforços internos (força cortante positiva e momento fletor positivo)

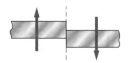

(*b*) Efeito de forças externas (força cortante positiva)

(*c*) Efeito de forças externas (momento fletor positivo)

Fig. 5.6 Convenção de sinais para força cortante e momento fletor.

[†] Note que essa convenção é a mesma que usamos na Seção 4.1.

Aplicação do conceito 5.1

Trace os diagramas de força cortante e momento fletor para uma viga AB simplesmente apoiada de vão L, submetida a uma única força concentrada **P** em seu ponto médio C (Fig. 5.7a).

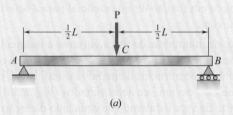

(a)

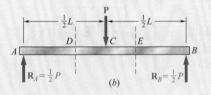

(b)

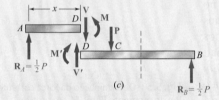

(c)

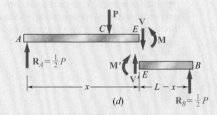

(d)

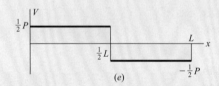

(e)

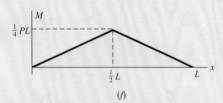

(f)

Fig. 5.7 (a) Viga biapoiada com carga no ponto médio. (b) Diagrama de corpo livre de toda a viga. (c) Diagramas de corpo livre com a seção tomada à esquerda da carga. (d) Diagramas de corpo livre com a seção tomada à direita da carga. (e) Diagrama da força cortante. (f) Diagrama do momento fletor.

Primeiramente, determinamos as reações nos apoios por meio do diagrama de corpo livre da viga toda (Fig. 5.7b); vemos que a intensidade de cada reação é igual a $P/2$.

Em seguida, cortamos a viga no ponto D entre A e C e desenhamos os diagramas de corpo livre AD e DB (Fig. 5.7c). *Considerando que a força cortante e o momento fletor são positivos*, direcionamos os esforços internos **V** e **V'** e **M** e **M'**, conforme indicado na Fig. 5.6a. Considerando o diagrama de corpo livre AD e escrevendo que a soma dos componentes verticais e a soma dos momentos em relação a D das forças que atuam no corpo livre são iguais a zero, encontramos $V = +P/2$ e $M = +Px/2$. Tanto a força cortante quanto o momento fletor são, portanto, positivos; isso pode ser verificado observando-se que a reação em A tende a cortar e flexionar a viga em D, conforme indicam as Figuras 5.6b e c. Agora construímos os gráficos de V e M entre A e C (Figuras 5.8d e e); a força cortante tem um valor constante $V = P/2$, enquanto o momento fletor aumenta linearmente desde $M = 0$ em $x = 0$ até $M = PL/4$ em $x = L/2$.

Cortando a viga no ponto E, entre C e B, e considerando o diagrama de corpo livre EB (Fig. 5.7d), escrevemos que a soma dos componentes verticais e a soma dos momentos em relação a E das forças que atuam no corpo livre são iguais a zero. Obtemos $V = -P/2$ e $M = P(L - x)/2$. Assim, a força cortante é negativa e o momento fletor é positivo. Isso pode ser verificado observando-se que a reação em B flexiona a viga em E, conforme indica a Fig. 5.6c, mas tende a cortar de uma maneira oposta àquela mostrada na Fig. 5.6b. Podemos completar, agora, os diagramas de força cortante e momento fletor das Figuras 5.7e e f; a força cortante tem um valor constante $V = -P/2$ entre C e B, enquanto o momento fletor diminui linearmente de $M = PL/4$ em $x = L/2$ até $M = 0$ em $x = L$.

Notamos na Aplicação do conceito 5.1 que, quando uma viga é submetida somente a forças concentradas, a força cortante é constante entre as forças, e o momento fletor varia linearmente entre as forças. Nessas situações, portanto, os diagramas de força cortante e momento fletor podem ser traçados facilmente, uma vez obtidos os valores V e M nas seções selecionadas imediatamente à esquerda e imediatamente à direita dos pontos em que as forças e reações são aplicadas (ver o Problema Resolvido 5.1).

Aplicação do conceito 5.2

Trace os diagramas de força cortante e momento fletor para a viga em balanço AB de vão L suportando uma força w uniformemente distribuída (Fig. 5.8a).

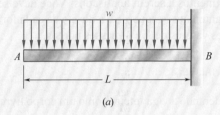

(a)

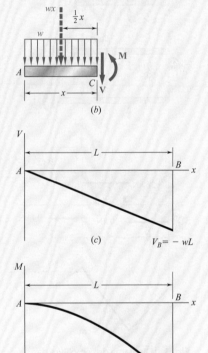

Cortamos a viga no ponto C, entre A e B, e desenhamos o diagrama de corpo livre de AC (Fig. 5.8b), direcionando **V** e **M** conforme indicado na Fig. 5.6a. Usando distância x de A até C e substituindo a força distribuída sobre AC pela sua resultante wx aplicada no ponto médio de AC, escrevemos

$$+\uparrow \Sigma F_y = 0: \qquad -wx - V = 0 \qquad V = -wx$$

$$+\circlearrowleft \Sigma M_C = 0: \qquad wx\left(\frac{x}{2}\right) + M = 0 \qquad M = -\frac{1}{2}wx^2$$

Notamos que o diagrama de força cortante é representado por uma linha reta inclinada (Fig. 5.8c) e o diagrama do momento fletor, por uma parábola (Fig. 5.8d). Os valores máximos de V e M ocorrem em B; assim, temos

$$V_B = -wL \qquad M_B = -\tfrac{1}{2}wL^2$$

Fig. 5.8 (a) Viga em balanço submetida a uma carga uniformemente distribuída. (b) Diagrama de corpo livre do intervalo AC. (c) Diagrama da força cortante. (d) Diagrama do momento fletor.

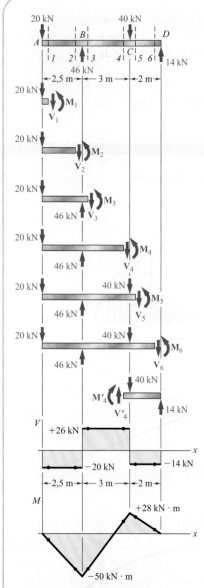

Fig. 1 Diagrama de corpo livre da viga, diagramas de corpo livre das seções à esquerda do corte, diagrama da força cortante, diagrama do momento fletor.

PROBLEMA RESOLVIDO 5.1

Para a viga de madeira e o carregamento mostrado na figura, trace os diagramas de força cortante e momento fletor e determine a tensão máxima provocada pelo momento fletor.

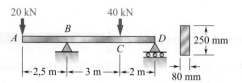

ESTRATÉGIA: Após utilizar a estática para encontrar as forças de reação, identifique os segmentos a serem analisados. Você deve seccionar a viga nos pontos imediatamente à esquerda e à direita de cada força concentrada para determinar os valores de V e M nesses pontos.

MODELAGEM E ANÁLISE:

Reações. Considerando a viga inteira como um corpo livre, temos (Fig. 1)

$$\mathbf{R}_B = 40 \text{ kN} \uparrow \qquad \mathbf{R}_D = 14 \text{ kN} \uparrow$$

Diagramas de força cortante e momento fletor. Primeiramente, determinamos os esforços internos logo à direita da força de 20 kN em A. Considerando a parte da viga à esquerda da seção 1 como um corpo livre e considerando que V e M são positivos (de acordo com a convenção adotada), escrevemos

$$+\uparrow \Sigma F_y = 0: \qquad -20 \text{ kN} - V_1 = 0 \qquad V_1 = -20 \text{ kN}$$
$$+\curvearrowleft \Sigma M_1 = 0: \qquad (20 \text{ kN})(0 \text{ m}) + M_1 = 0 \qquad M_1 = 0$$

Em seguida, consideramos como um corpo livre a parte da viga à esquerda da seção 2 e escrevemos

$$+\uparrow \Sigma F_y = 0: \qquad -20 \text{ kN} - V_2 = 0 \qquad V_2 = -20 \text{ kN}$$
$$+\curvearrowleft \Sigma M_2 = 0: \qquad (20 \text{ kN})(2,5 \text{ m}) + M_2 = 0 \qquad M_2 = -50 \text{ kN} \cdot \text{m}$$

A força cortante e o momento fletor nas seções 3, 4, 5 e 6 são determinados de maneira similar por meio dos diagramas de corpo livre mostrados. Obtemos

$$V_3 = +26 \text{ kN} \qquad M_3 = -50 \text{ kN} \cdot \text{m}$$
$$V_4 = +26 \text{ kN} \qquad M_4 = +28 \text{ kN} \cdot \text{m}$$
$$V_5 = -14 \text{ kN} \qquad M_5 = +28 \text{ kN} \cdot \text{m}$$
$$V_6 = -14 \text{ kN} \qquad M_6 = 0$$

Nas várias seções anteriores, os resultados podem ser obtidos mais facilmente considerando-se um corpo livre a parte da viga que se encontra à direita da seção. Por exemplo, para a parte da viga à direita da seção 4, temos

$+\uparrow \Sigma F_y = 0:$ $\quad V_4 - 40 \text{ kN} + 14 \text{ kN} = 0 \quad V_4 = +26 \text{ kN}$
$+\circlearrowleft \Sigma M_4 = 0:$ $\quad -M_4 + (14 \text{ kN})(2 \text{ m}) = 0 \quad M_4 = +28 \text{ kN} \cdot \text{m}$

Podemos agora construir os gráficos dos seis pontos mostrados nos diagramas de força cortante e momento fletor. Conforme indicamos anteriormente nesta seção, a força cortante tem um valor constante entre forças concentradas, e o momento fletor varia linearmente.

Tensão normal máxima. Ela ocorre em B, em que $|M|$ tem o maior valor. Usamos a Equação (5.4) para determinar o módulo de resistência à flexão da seção da viga:

$$W = \tfrac{1}{6} bh^2 = \tfrac{1}{6}(0{,}080 \text{ m})(0{,}250 \text{ m})^2 = 833{,}33 \times 10^{-6} \text{ m}^3$$

Substituindo esse valor e $|M| = |M_B| = 50 \times 10^3$ N·m na Equação (5.3):

$$\sigma_m = \frac{|M_B|}{W} = \frac{(50 \times 10^3 \text{ N} \cdot \text{m})}{833{,}33 \times 10^{-6}} = 60{,}00 \times 10^6 \text{ Pa}$$

Máxima tensão normal na viga $= 60{,}0$ MPa ◀

PROBLEMA RESOLVIDO 5.2

A estrutura mostrada na figura consiste em uma viga AB, que é um perfil de aço laminado W10 × 112 e de dois membros curtos soldados entre si e a viga. (*a*) Trace os diagramas de força cortante e momento fletor para a viga para o carregamento dado. (*b*) Determine a tensão normal máxima em seções imediatamente à esquerda e à direita do ponto D.

ESTRATÉGIA: Primeiramente, você deve substituir a carga de 45 kN por um sistema equivalente de força e momento em D. Você pode seccionar a viga em cada segmento de carregamento distribuído (incluindo as regiões sem carga) e encontrar as equações para a força cortante e o momento de flexão.

MODELAGEM E ANÁLISE:

Carregamento equivalente da viga. A força de 45 kN é substituída por um sistema equivalente de força e momento em D. A reação em B é determinada considerando-se a viga como um corpo livre (Fig. 1).

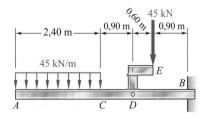

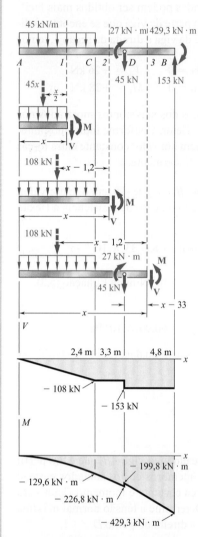

Fig. 1 Diagramas de corpo livre da viga, diagrama de corpo livre da seção à esquerda do corte, diagrama da força cortante, diagrama do momento fletor.

***a*. Diagramas de força cortante e de momento fletor**

De A a C. Determinamos os esforços internos a uma distância x do ponto A considerando a parte da viga à esquerda da seção 1. Aquela parte da força distribuída que atua sobre o corpo livre é substituída por sua resultante, e

$$+\uparrow\Sigma F_y = 0: \qquad -45x - V = 0 \qquad V = -45x \text{ kN}$$
$$+\curvearrowleft\Sigma M_1 = 0: \qquad 45x(\tfrac{1}{2}x) + M = 0 \qquad M = -22{,}5x^2 \text{ kN}\cdot\text{m}$$

Como o diagrama de corpo livre mostrado na Fig. 1 pode ser utilizado para todos os valores de x menores que 2,4 m, as expressões obtidas para V e M são válidas na região $0 < x < 2{,}4$ m.

De C a D. Considerando a parte da viga à esquerda da seção 2 e novamente substituindo a força distribuída por sua resultante, obtemos

$$+\uparrow\Sigma F_y = 0: \qquad -108 - V = 0 \qquad V = -108 \text{ kN}$$
$$+\curvearrowleft\Sigma M_2 = 0: \qquad 108(x - 1{,}2) + M = 0 \qquad M = 129{,}6 - 108x \qquad \text{kN}\cdot\text{m}$$

Essas expressões são válidas na região $2{,}4 \text{ m} < x < 3{,}3$ m.

De D a B. Usando a posição da viga à esquerda da seção 3, obtemos para a região $3{,}3 \text{ m} < x < 4{,}8$ m

$$V = -153 \text{ kN} \qquad M = 305{,}1 - 153x \qquad \text{kN}\cdot\text{m}$$

Podemos agora traçar os diagramas de força cortante e momento fletor para a barra inteira. Notamos que o momento de 27 kN·m aplicado ao ponto D introduz uma descontinuidade no diagrama de momento fletor.

***b*. Tensão normal máxima à esquerda e à direita do ponto *D*.** Do Apêndice E encontramos que, para uma viga do tipo W10 × 112, o módulo de resistência em relação ao eixo X-X é $W = 2\,080 \times 10^3$ mm³.

***À esquerda de* D:** Temos $|M| = 226{,}8$ kN·m $= 226{,}8 \times 16^6$ N·mm. Substituindo $|M|$ e W na Equação (5.3), escrevemos

$$\sigma_m = \frac{|M|}{W} = \frac{226{,}8 \times 10^6 \text{ N}\cdot\text{mm}}{2080 \times 10^3 \text{ mm}^3} = 109 \text{ MPa}$$

$$\sigma_m = 109 \text{ MPa} \blacktriangleleft$$

***À direita de* D:** Temos $|M| = 199{,}8$ kN·m $= 199{,}8 \times 16^6$ N·mm. Substituindo $|M|$ e W na Equação (5.3), escrevemos

$$\sigma_m = \frac{|M|}{W} = \frac{199{,}8 \times 10^6 \text{ N}\cdot\text{mm}}{2080 \times 10^3 \text{ mm}^3} = 96 \text{ MPa} \qquad \sigma_m = 96 \text{ MPa} \blacktriangleleft$$

REFLETIR E PENSAR: Não é necessário obter as reações na extremidade direita para desenhar os diagramas de força cortante e momento de flexão. No entanto, havendo determinado estas no início da solução, elas podem ser utilizadas para verificar os valores na extremidade direita dos diagramas de força cortante e momento de flexão.

PROBLEMAS

5.1 até 5.6 Para a viga e carregamento mostrados, (*a*) trace os diagramas de força cortante e momento fletor e (*b*) determine as equações das curvas de força cortante e momento fletor.

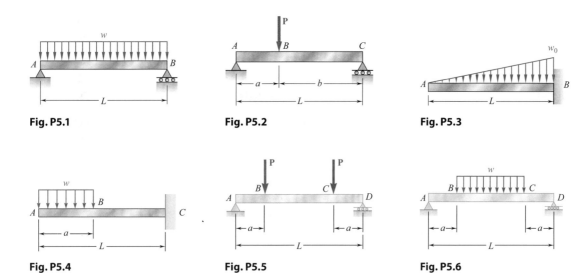

Fig. P5.1   Fig. P5.2   Fig. P5.3

Fig. P5.4   Fig. P5.5   Fig. P5.6

5.7 e 5.8 Trace os diagramas de força cortante e momento fletor para a viga e carregamento mostrados, e determine o valor máximo absoluto (*a*) da força cortante e (*b*) do momento fletor.

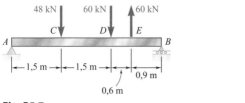

Fig. P5.7

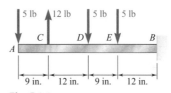

Fig. P5.8

5.9 e 5.10 Trace os diagramas de força cortante e momento fletor para a viga e carregamento mostrados, e determine o valor máximo absoluto (*a*) da força cortante e (*b*) do momento fletor.

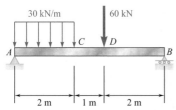

Fig. P5.9

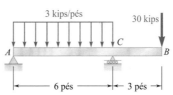

Fig. P5.10

5.11 e 5.12 Trace os diagramas de força cortante e momento fletor para a viga e carregamento mostrados, e determine o valor máximo absoluto (*a*) da força cortante e (*b*) do momento fletor.

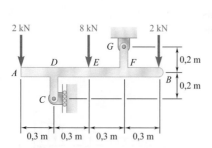

Fig. P5.11

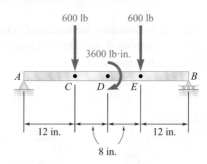

Fig. P5.12

5.13 e 5.14 Considerando que a reação do solo é uniformemente distribuída, trace os diagramas de força cortante e momento fletor para a viga *AB* e determine o valor máximo absoluto (*a*) da força cortante e (*b*) do momento fletor.

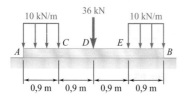

Fig. P5.13

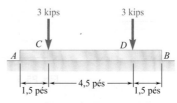

Fig. P5.14

5.15 e 5.16 Para a viga e o carregamento mostrados na figura, determine a tensão normal máxima provocada pelo momento fletor na seção transversal *C*.

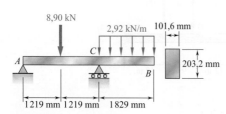

Fig. P5.15

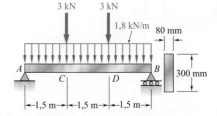

Fig. P5.16

5.17 Para a viga e o carregamento mostrados na figura, determine a tensão normal máxima provocada pelo momento fletor na seção transversal *C*.

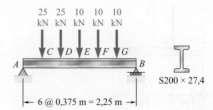

Fig. P5.17

5.18 Para a viga e o carregamento mostrados na figura, determine a tensão normal máxima provocada pelo momento fletor na seção *a-a*.

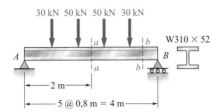

Fig. P5.18

5.19 e 5.20 Para a viga e o carregamento mostrados na figura, determine a tensão normal máxima provocada pelo momento fletor na seção transversal *C*.

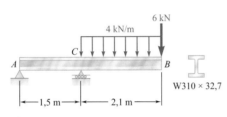

Fig. P5.19

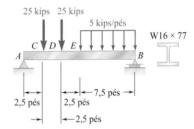

Fig. P5.20

5.21 Trace os diagramas de força cortante e momento fletor para a viga e carregamento mostrados na figura, e determine a tensão normal máxima provocada pelo momento fletor.

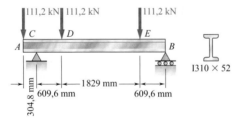

Fig. P5.21

5.22 e 5.23 Trace os diagramas de força cortante e momento fletor para a viga e carregamento mostrados na figura e determine a tensão normal máxima provocada pelo momento fletor.

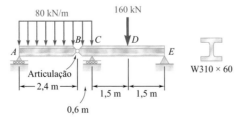

Fig. P5.22

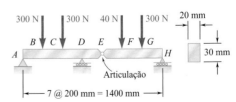

Fig. P5.23

5.24 e 5.25 Trace os diagramas de força cortante e momento fletor para a viga e carregamento mostrados na figura e determine a tensão normal máxima provocada pelo momento fletor.

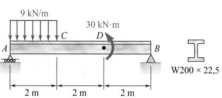

Fig. P5.24

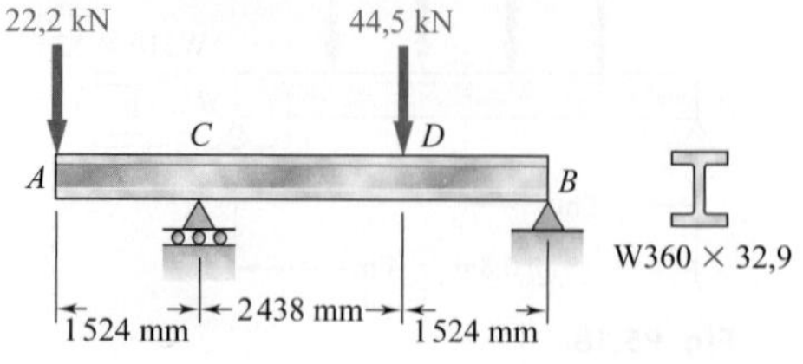

Fig. P5.25

5.26 Sabendo que $W = 12$ kN, trace os diagramas de força cortante e momento fletor para a viga AB e determine a tensão normal máxima provocada pelo momento fletor.

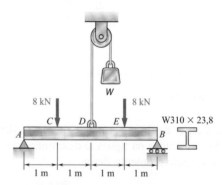

Fig. P5.26 e P5.27

5.27 Determine (*a*) a intensidade da força peso W, para a qual o valor máximo absoluto do momento fletor na viga é o menor possível e (*b*) a tensão normal máxima correspondente provocada pelo momento fletor. (*Sugestão*: Trace o diagrama de momento fletor e iguale os valores absolutos dos maiores momentos fletores positivo e negativo obtidos.)

5.28 Determine (*a*) a distância *a* para a qual o valor absoluto do momento de flexão na viga é o menor possível, (*b*) a correspondente tensão normal máxima em razão da flexão. (Veja a sugestão do Prob. 5.27).

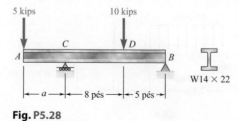

Fig. P5.28

5.29 Sabendo que $P = Q = 480$ N, determine (a) a distância a para a qual o valor absoluto do momento fletor na barra é o menor possível e (b) a tensão normal máxima correspondente provocada pelo momento fletor. (Ver sugestão do Problema 5.27.)

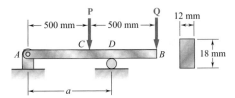

Fig. P5.29

5.30 Resolva o Problema 5.29, considerando $P = 480$ N e $Q = 320$ N.

5.31 Determine (a) a distância a para a qual o valor absoluto do momento fletor na viga é o menor possível e (b) a tensão normal máxima correspondente provocada pelo momento fletor. (Ver a sugestão do Problema 5.27.)

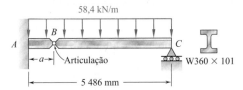

Fig. P5.31

5.32 Uma barra de seção transversal circular cheia, com diâmetro d e feita de aço, está vinculada, conforme mostra a figura. Sabendo que para o aço $\gamma = 7697$ kg/m^3, determine o menor diâmetro d que pode ser utilizado para que a tensão normal provocada pelo momento fletor não ultrapasse 27,6 MPa.

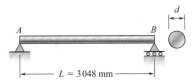

Fig. P5.32

5.33 Uma barra de seção transversal quadrada cheia, de lado b e feita de aço, está vinculada, conforme mostra a figura. Sabendo que para o aço $\rho = 7860$ kg/m^3, determine a dimensão b para a qual a tensão normal máxima provocada pelo momento fletor é (a) 10 MPa e (b) 50 MPa.

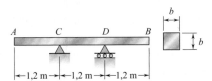

Fig. P5.33

5.2 RELAÇÕES ENTRE FORÇA, FORÇA CORTANTE E MOMENTO FLETOR

Quando uma viga suporta mais de duas ou três forças concentradas, ou quando ela suporta forças distribuídas, o método descrito na Seção 5.1 para traçar os diagramas da força cortante do momento fletor pode se mostrar bastante trabalhoso. A construção do diagrama da força cortante e, especialmente, do diagrama de momento fletor ficará muito mais fácil se forem levadas em consideração determinadas relações existentes entre força, força cortante e momento fletor.

Consideremos uma viga AB simplesmente apoiada submetida a uma força distribuída w por unidade de comprimento (Fig. 5.9a), e sejam C e C' dois pontos da viga a uma distância Δx um do outro. A força cortante e o momento fletor em C serão representados por V e M, respectivamente, e considerados positivos. A força cortante e o momento fletor em C' serão representados por $V + \Delta V$ e $M + \Delta M$.

Isolamos agora a parte da viga CC' e desenhamos o seu diagrama de corpo livre (Fig. 5.9b). As forças que atuam no corpo livre incluem uma força de intensidade $w\,\Delta x$ e os esforços internos, força cortante e momento fletor em C e C'. Como a força cortante e o momento fletor foram considerados positivos, as forças e os momentos estarão direcionados conforme mostra a figura.

Relações entre força e força cortante. Considerando-se que a soma das componentes verticais das forças que atuam no corpo livre CC' é zero, temos

$$+\uparrow \Sigma F_y = 0: \qquad V - (V + \Delta V) - w\,\Delta x = 0$$
$$\Delta V = -w\,\Delta x$$

Dividindo ambos os membros da equação por Δx e depois fazendo Δx se aproximar de zero,

$$\frac{dV}{dx} = -w \tag{5.5}$$

A Equação (5.5) indica que, para uma viga carregada conforme mostra a Fig. 5.9a, a inclinação dV/dx da curva de força cortante é negativa; a intensidade da inclinação em qualquer ponto é igual à força por unidade de comprimento naquele ponto.

Integrando a Equação (5.5) entre os pontos C e D,

$$V_D - V_C = -\int_{x_C}^{x_D} w\,dx \tag{5.6a}$$

$$V_D - V_C = -(\text{área sob a curva da força distribuída entre } C \text{ e } D) \tag{5.6b}$$

Tal resultado está ilustrado na Fig. 5.10b. Note que esse resultado também poderia ter sido obtido considerando-se o equilíbrio da parte CD da viga, visto que a área sob a curva da força distribuída representa a força total aplicada entre C e D.

Deve-se observar que a Equação (5.5) não é válida em um ponto no qual é aplicada uma força concentrada; a curva de força cortante é descontínua nesse ponto, como vimos na Seção 5.1. Analogamente, as Equações (5.6a) e (5.6b) deixam de ser válidas quando são aplicadas forças concentradas entre C e D,

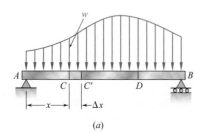

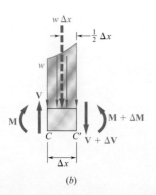

Fig. 5.9 (a) Viga biapoiada sujeita a força distribuída, com um pequeno elemento entre C e C', (b) diagrama de corpo livre do elemento.

pois elas não levam em conta a variação brusca da força cortante provocada por uma força concentrada. As Equações (5.6a) e (5.6b), portanto, deverão ser aplicadas somente entre forças concentradas sucessivas.

Relações entre força cortante e momento fletor. Retornando ao diagrama de corpo livre da Fig. 5.9b, e considerando agora que a soma dos momentos em relação a C' é zero, temos

$$+\curvearrowleft \Sigma M_{C'} = 0: \qquad (M + \Delta M) - M - V\,\Delta x + w\,\Delta x \frac{\Delta x}{2} = 0$$

$$\Delta M = V\,\Delta x - \frac{1}{2} w\,(\Delta x)^2$$

Dividindo ambos os membros da equação por Δx e fazendo Δx aproximar-se de zero, obtemos

$$\boxed{\frac{dM}{dx} = V} \tag{5.7}$$

A Equação (5.7) indica que a inclinação dM/dx da curva do momento fletor é igual ao valor da força cortante. Isso é verdade em qualquer ponto em que a força cortante tenha um valor bem definido, isto é, em qualquer ponto em que não seja aplicada uma força concentrada. A Equação (5.7) mostra também que $V = 0$ em pontos em que M é máximo. Essa propriedade facilita a determinação dos pontos em que a viga apresenta possibilidade de falhar sob flexão.

Integrando (5.7) entre os pontos C e D, escrevemos

$$M_D - M_C = \int_{x_C}^{x_D} V\,dx \tag{5.8a}$$

$$\boxed{M_D - M_C = \text{área sob a curva da força cortante entre } C \text{ e } D} \tag{5.8b}$$

Tal resultado está ilustrado na Fig. 5.10c. Note que a área sob a curva da força cortante deverá ser considerada positiva onde a força cortante for positiva e negativa onde a força cortante for negativa. As Equações (5.8a) e (5.8b) são válidas mesmo quando aplicadas forças concentradas entre C e D, desde que a curva de força cortante tenha sido traçada corretamente. No entanto, as equações deixam de ser válidas se for aplicado um momento em um ponto entre C e D, pois elas não levam em conta a variação brusca no momento fletor provocada por um momento (ver o Problema Resolvido 5.6).

Em muitas aplicações de engenharia, precisamos saber o valor do momento fletor somente em alguns pontos específicos. Uma vez traçado o diagrama da força cortante, e depois de ter determinado M em uma das extremidades da viga, o valor do momento fletor pode então ser obtido em qualquer ponto calculando-se a área sob a curva da força cortante e usando a Equação (5.8b). Por exemplo, como $M_A = 0$ para a viga na Aplicação do conceito 5.3, o valor máximo do momento fletor para aquela viga pode ser obtido medindo simplesmente a área do triângulo sombreado no diagrama da força cortante da Fig. 5.11c. Temos

$$M_{\text{máx}} = \frac{1}{2} \frac{L}{2} \frac{wL}{2} = \frac{wL^2}{8}$$

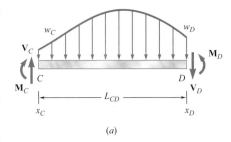

(a)

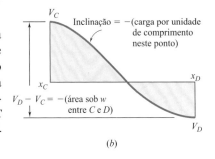

(b)

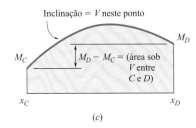

(c)

Fig. 5.10 Relações entre carregamento, força cortante e momento fletor. (a) Intervalo carregado da viga. (b) Curva da força cortante no intervalo. (c) Curva do momento fletor para o intervalo.

Notamos que, nesse exemplo, a curva da força distribuída é uma linha reta horizontal, a curva da força cortante é uma linha reta inclinada, e a curva do momento fletor, uma parábola. Se a curva da força distribuída fosse uma linha reta inclinada (equação de primeiro grau), a curva da força cortante seria uma parábola (equação do segundo grau) e o momento fletor seria uma curva de terceiro grau (equação de terceiro grau). As curvas da força cortante e do momento fletor sempre serão, respectivamente, um e dois graus mais altos que a curva da força distribuída. Com isso em mente, conseguimos esboçar os diagramas de força cortante e momento fletor sem realmente determinar as funções $V(x)$ e $M(x)$, após calcular alguns poucos valores da força cortante e do momento fletor. Os esboços obtidos serão mais precisos se lembrarmos do fato de que, em qualquer ponto em que as curvas são contínuas, a inclinação da curva da força cortante será igual a $-w$ e a inclinação da curva do momento fletor é igual a V.

Aplicação do conceito 5.3

Trace os diagramas de força cortante e momento fletor para a viga simplesmente apoiada da Fig. 5.11a e determine o valor máximo do momento fletor.

Do diagrama de corpo livre da barra inteira (Fig. 5.11b), determinamos a intensidade das reações nos apoios.

$$R_A = R_B = \tfrac{1}{2}wL$$

Em seguida, traçamos o diagrama de força cortante. Próximo à extremidade A da viga, a força cortante é igual a R_A, ou seja, $\tfrac{1}{2}wL$, como podemos verificar considerando uma parte muito pequena da viga como um corpo livre. Usando a Equação (5.6a), determinamos então a força cortante V a qualquer distância x de A; escrevemos

$$V - V_A = -\int_0^x w\,dx = -wx$$

$$V = V_A - wx = \tfrac{1}{2}wL - wx = w(\tfrac{1}{2}L - x)$$

A curva de força cortante é, portanto, uma linha reta inclinada que cruza o eixo x no ponto $x = L/2$ (Fig. 5.11c). Considerando agora o momento fletor, observamos em primeiro lugar que $M_A = 0$. O valor M do momento fletor a qualquer distância x de A pode então ser obtido da Equação (5.8a);

$$M - M_A = \int_0^x V\,dx$$

$$M = \int_0^x w(\tfrac{1}{2}L - x)\,dx = \tfrac{1}{2}w(Lx - x^2)$$

A curva do momento fletor é uma parábola. O valor máximo do momento fletor ocorre quando $x = L/2$, pois V (e, portanto, dM/dx) é zero para aquele valor de x. Substituindo $x = L/2$ na equação, obtemos $M_{máx} = wL^2/8$ (Fig. 5.11d).

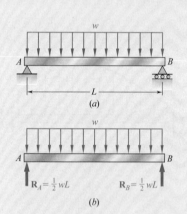
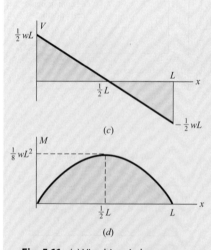

Fig. 5.11 (a) Viga biapoiada com carga distribuída uniformemente. (b) Diagrama de corpo livre. (c) Diagrama da força cortante. (d) Diagrama do momento fletor.

PROBLEMA RESOLVIDO 5.3

Trace os diagramas de força cortante e momento fletor para a viga e o carregamento mostrados.

ESTRATÉGIA: A viga suporta duas cargas concentradas e uma carga distribuída. Você pode utilizar as equações em uma seção entre essas cargas e sob a ação da carga distribuída, mas deve esperar mudanças nos diagramas nos pontos de aplicação das cargas concentradas.

MODELAGEM E ANÁLISE:

Reações. Considere a viga inteira como um corpo livre conforme mostrado na Fig. 1,

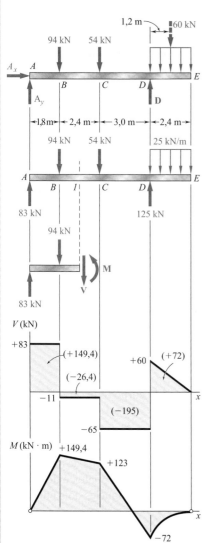

$+\circlearrowleft \Sigma M_A = 0$:

$D(7{,}2 \text{ m}) - (94 \text{ kN})(1{,}8 \text{ m}) - (54 \text{ kN})(4{,}2 \text{ m}) - (60 \text{ kN})(8{,}4 \text{ m}) = 0$

$D = +125 \text{ kN}$ $\mathbf{D} = 125 \text{ kN} \uparrow$

$+\uparrow \Sigma F_y = 0$: $A_y - 94 \text{ kN} - 54 \text{ kN} + 125 \text{ kN} - 60 \text{ kN} = 0$

$A_y = +83 \text{ kN}$ $\mathbf{A}_y = 83 \text{ kN} \uparrow$

$\xrightarrow{+} \Sigma F_x = 0$: $A_x = 0$ $\mathbf{A}_x = 0$

Notamos também que os momentos fletores em A e E são iguais a zero; assim obtemos dois pontos (indicados por um ponto) no diagrama de momento fletor.

Diagrama de força cortante. Como $dV/dx = -w$, sabemos que, entre as forças e as reações concentradas, a inclinação do diagrama da força cortante é zero (isto é, a força cortante é constante). A força cortante em qualquer ponto é determinada dividindo-se a viga em duas partes e considerando cada parte como um corpo livre. Por exemplo, usando a parte da viga à esquerda da seção *1*, obtemos o valor da força cortante entre B e C:

$+\uparrow \Sigma F_y = 0$: $+83 \text{ kN} - 94 \text{ kN} - V = 0$ $V = -11 \text{ kN}$

Verificamos também que a força cortante é $+60$ kN imediatamente à direita de D e zero na extremidade E. Como a inclinação $dV/dx = -w$ é constante entre D e E, o diagrama da força cortante entre esses dois pontos é uma linha reta.

Diagrama do momento fletor. Lembramos que a área sob a curva da força cortante entre dois pontos é igual à variação no momento fletor entre esses dois pontos. Por conveniência, a área de cada parte do diagrama da força cortante é calculada e indicada entre parênteses no diagrama na Fig. 1. Como se sabe que o momento fletor M_A na extremidade esquerda é igual a zero, escrevemos

$M_B - M_A = +149{,}4$ $M_B = +149{,}4 \text{ kN} \cdot \text{m}$

$M_C - M_B = -26{,}4$ $M_C = +123{,}0 \text{ kN} \cdot \text{m}$

$M_D - M_C = -195$ $M_D = -72{,}0 \text{ kN} \cdot \text{m}$

$M_E - M_D = +72$ $M_E = 0$

Como se sabe que M_E é zero, está feita a verificação dos cálculos.

Fig. 1 Diagramas de corpo livre da viga, diagrama de corpo livre da seção à esquerda do corte, diagrama da força cortante, diagrama do momento fletor.

Entre as forças e reações concentradas, a força cortante é constante; portanto, a inclinação dM/dx é constante e o diagrama de momento fletor é traçado ligando-se os pontos conhecidos com linhas retas. Entre D e E, em que o diagrama de força cortante é uma linha reta inclinada, o diagrama de momento fletor é uma parábola.

Dos diagramas de V e M notamos que $V_{máx} = 83$ kN e $M_{máx} = 149{,}4$ kN $\cdot$ m.

REFLETIR E PENSAR: Conforme era esperado, os diagramas de força cortante e momento de flexão mostram mudanças abruptas nos pontos onde atuam as cargas concentradas.

PROBLEMA RESOLVIDO 5.4

A viga AC formada pelo perfil de aço laminado W360 $\times$ 79 é simplesmente apoiada e tem uma força uniformemente distribuída conforme mostra a figura. Trace os diagramas de força cortante e momento fletor para a viga e determine a localização e a intensidade da tensão normal máxima provocada pelo momento fletor.

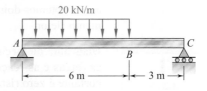

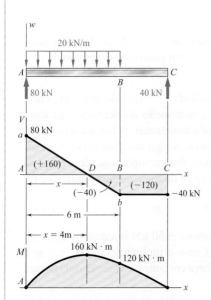

Fig. 1 Diagrama de corpo livre, diagrama de força cortante, diagrama de momento fletor.

ESTRATÉGIA: A carga é distribuída ao longo de parte da viga. Você deve utilizar as equações em duas partes neste segmento: para a região carregada e para a não carregada. Partindo da discussão desta seção, você pode supor que o diagrama de força cortante mostrará uma linha inclinada sob a ação, seguida por uma linha horizontal. O diagrama de momentos de flexão deverá mostrar uma parábola sob a ação e uma linha inclinada ao longo do resto da viga.

MODELAGEM E ANÁLISE:

Reações. Considerando a viga inteira como um corpo livre (Fig. 1),

$$\mathbf{R}_A = 80 \text{ kN} \uparrow \qquad \mathbf{R}_C = 40 \text{ kN} \uparrow$$

Diagrama de força cortante. A força cortante logo à direita de A é $V_A = +80$ kN. Como a variação na força cortante entre dois pontos é de sinal contrário ao valor da área sob a curva da força entre aqueles dois pontos, obtemos V_B escrevendo

$$V_B - V_A = -(20 \text{ kN/m})(6 \text{ m}) = -120 \text{ kN}$$
$$V_B = -120 + V_A = -120 + 80 = -40 \text{ kN}$$

A inclinação $dV/dx = -w$ sendo constante entre A e B, o diagrama de força cortante entre esses dois pontos é representado por uma linha reta. Entre B e C, a área sob a curva da força é zero; portanto,

$$V_C - V_B = 0 \qquad V_C = V_B = -40 \text{ kN}$$

e a força cortante é constante entre B e C.

Diagrama de momento fletor. Notamos que o momento fletor em cada extremidade da barra é zero. Para determinarmos o momento fletor máximo, localizamos a seção D da viga em que $V = 0$.

$$V_D - V_A = -wx$$

$$0 - 80 \text{ kN} = -(20 \text{ kN/m})x$$

e, resolvendo para x: $\qquad\qquad\qquad\qquad\qquad\qquad x = 4 \text{ m}$ ◀

O momento fletor máximo ocorre no ponto D, em que temos $dM/dx = V = 0$. As áreas das várias partes do diagrama de força cortante são calculadas e apresentadas (entre parênteses) no diagrama. Como a área do diagrama de força cortante entre dois pontos é igual à variação no momento fletor entre aqueles dois pontos, escrevemos

$$M_D - M_A = +160 \text{ kN} \cdot \text{m} \qquad M_D = +160 \text{ kN} \cdot \text{m}$$

$$M_B - M_D = -40 \text{ kN} \cdot \text{m} \qquad M_B = +120 \text{ kN} \cdot \text{m}$$

$$M_C - M_B = -120 \text{ kN} \cdot \text{m} \qquad M_C = 0$$

O diagrama de momento fletor consiste em um arco de parábola seguido por um segmento de linha reta; a inclinação da parábola em A é igual ao valor de V naquele ponto.

Tensão normal máxima. Ela ocorre em D, em que $|M|$ tem o maior valor. Do Apêndice E encontramos que para um perfil de aço W360 × 79, $W = 1\,270 \text{ mm}^3$ em relação ao eixo horizontal. Substituindo esse valor e $|M| = |M_D| = 160 \times 10^3 \text{ N} \cdot \text{m}$ na Equação (5.3),

$$\sigma_m = \frac{|M_D|}{W} = \frac{160 \times 10^3 \text{ N} \cdot \text{m}}{1\,270 \times 10^{-6} \text{ m}^3} = 126{,}0 \times 10^6 \text{ Pa}$$

Tensão normal máxima na viga = 126,0 MPa ◀

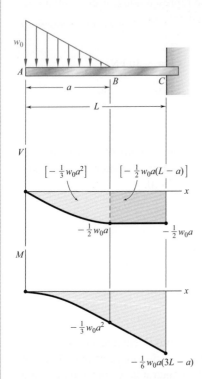

Fig. 1 Viga com carregamento, diagrama da força cortante, diagrama do momento fletor.

PROBLEMA RESOLVIDO 5.5

Esboce os diagramas de força cortante e momento fletor para a viga em balanço mostrada na Fig. 1.

ESTRATÉGIA: Como não há reações de apoio até a extremidade direita da viga, você pode basear-se apenas nas equações válidas até essa seção sem necessidade de utilizar o diagrama de corpo livre e as equações de equilíbrio. Devido à carga distribuída não uniforme, você deve esperar que os resultados envolvam equações de maior ordem, com uma curva parabólica para diagrama de força cortante e uma curva cúbica para o diagrama de momento de flexão.

MODELAGEM E ANÁLISE:

Diagrama de força cortante. Na extremidade livre da barra, encontramos $V_A = 0$. Entre A e B, a área sob a curva de força é $\frac{1}{2}w_0 a$; assim

$$V_B - V_A = -\tfrac{1}{2}w_0 a \qquad V_B = -\tfrac{1}{2}w_0 a$$

Entre B e C, a viga não tem força; portanto $V_C = V_B$. Em A temos $w = w_0$ e, de acordo com a Equação (5.5), a inclinação da curva de força cortante é $dV/dx = -w_0$, enquanto em B a inclinação é $dV/dx = 0$. Entre A e B, o carregamento diminui linearmente, e o diagrama de força cortante é parabólico. Entre B e C, $w = 0$, e o diagrama de força cortante é uma linha horizontal.

Diagrama do momento fletor. O momento fletor M_A na extremidade livre da viga é zero. Calculamos a área sob a curva da força cortante e escrevemos

$$M_B - M_A = -\tfrac{1}{3}w_0 a^2 \qquad M_B = -\tfrac{1}{3}w_0 a^2$$
$$M_C - M_B = -\tfrac{1}{2}w_0 a(L - a)$$
$$M_C = -\tfrac{1}{6}w_0 a(3L - a)$$

O esboço do diagrama de momento fletor é completado lembrando-se que $dM/dx = V$. Concluímos que, entre A e B, o diagrama é representado por uma curva de terceiro grau com inclinação zero em A, e entre B e C por uma linha reta.

REFLETIR E PENSAR: Embora não seja estritamente necessário para a solução do problema, a determinação das reações de apoio poderão servir como uma forma excelente de verificação dos valores finais dos diagramas de força cortante e de momento de flexão.

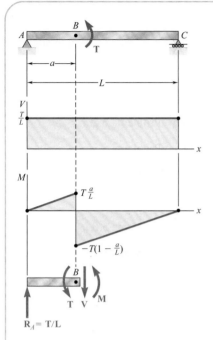

Fig. 1 Viga com carregamento, diagrama da força cortante, diagrama do momento fletor, diagrama de corpo livre da seção à esquerda de B.

PROBLEMA RESOLVIDO 5.6

A viga simplesmente apoiada AC na Fig. 1 é carregada por um momento T aplicado no ponto B. Trace os diagramas de força cortante e momento fletor da viga.

ESTRATÉGIA: A ação suportada pela viga é um momento concentrado. Uma vez que as únicas forças verticais são relacionadas às reações de apoio, você deve esperar que o diagrama de forças cortantes seja constante. Contudo, o diagrama de momento de flexão terá uma descontinuidade em B em razão do momento concentrado.

MODELAGEM E ANÁLISE:

A viga inteira é considerada um corpo livre, e obtemos

$$\mathbf{R}_A = \frac{T}{L}\uparrow \qquad \mathbf{R}_C = \frac{T}{L}\downarrow$$

A força cortante em qualquer seção é constante e igual a T/L. Como é aplicado um momento em B, o diagrama de momento fletor é descontínuo em B; ele é representado por duas linhas retas inclinadas e diminui repentinamente em B por um valor igual a T. Essa descontinuidade pode ser verificada pela análise do equilíbrio. Por exemplo, considerando o diagrama de corpo livre da porção de viga que vai de A até a seção imediatamente à direita de B conforme mostrado na Fig. 1, M será

$$+\curvearrowleft \Sigma M_B = 0: \quad -\frac{T}{L}a + T + M = 0 \quad M = -T\left(1 - \frac{a}{L}\right)$$

REFLETIR E PENSAR: Note que o momento concentrado aplicado resulta em uma mudança brusca no diagrama de momentos de flexão no ponto de sua aplicação da mesma forma que a força concentrada provoca uma mudança brusca no diagrama de forças cortantes.

PROBLEMAS

5.34 Usando o método da Seção 5.2, resolva o Problema 5.1*a*.

5.35 Usando o método da Seção 5.2, resolva o Problema 5.2*a*.

5.36 Usando o método da Seção 5.2, resolva o Problema 5.3*a*.

5.37 Usando o método da Seção 5.2, resolva o Problema 5.4*a*.

5.38 Usando o método da Seção 5.2, resolva o Problema 5.5*a*.

5.39 Usando o método da Seção 5.2, resolva o Problema 5.6*a*.

5.40 Usando o método da Seção 5.3, resolva o Problema 5.7.

5.41 Usando o método da Seção 5.2, resolva o Problema 5.8.

5.42 Usando o método da Seção 5.2, resolva o Problema 5.9.

5.43 Usando o método da Seção 5.2, resolva o Problema 5.10.

5.44 e 5.45 Trace os diagramas de força cortante e momento fletor para a viga e o carregamento mostrados na figura e determine o valor máximo absoluto (*a*) da força cortante e (*b*) do momento fletor.

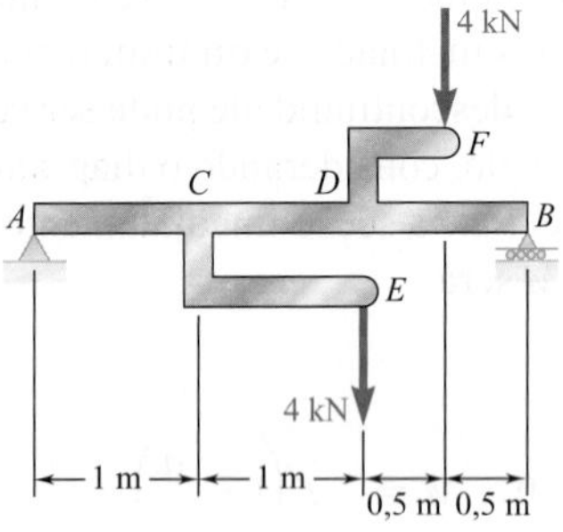

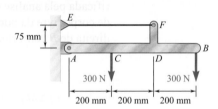

Fig. P5.44

Fig. P5.45

5.46 Usando o método da Seção 5.2, resolva o Problema 5.15.

5.47 Usando o método da Seção 5.2, resolva o Problema 5.16.

5.48 Usando o método da Seção 5.2, resolva o Problema 5.18.

5.49 Usando o método da Seção 5.2, resolva o Problema 5.20.

5.50 e 5.51 Determine (*a*) as equações das curvas de força cortante e momento fletor para a viga e o carregamento mostrados na figura e (*b*) o valor máximo absoluto do momento fletor na viga.

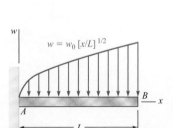

Fig. P5.50

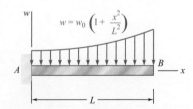

Fig. P5.51

5.52 e 5.53 Determine (*a*) as equações das curvas de força cortante e momento fletor para a viga e o carregamento mostrados na figura e (*b*) o valor máximo absoluto do momento fletor na viga.

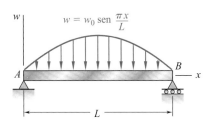

Fig. P5.52

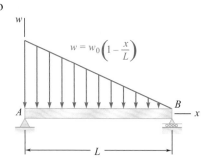

Fig. P5.53

5.54 e 5.55 Trace os diagramas de força cortante e momento fletor para a viga e carregamento mostrados, e determine a tensão normal máxima provocada pelo momento fletor.

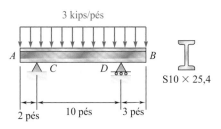

Fig. P5.54

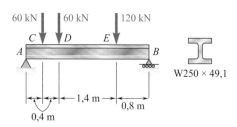

Fig. P5.55

5.56 e 5.57 Trace os diagramas de força cortante e momento fletor para a viga e o carregamento mostrados, e determine a tensão normal máxima provocada pelo momento fletor.

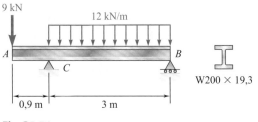

Fig. P5.56

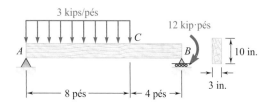

Fig. P5.57

5.58 e 5.59 Trace os diagramas de força cortante e momento fletor para a viga e o carregamento mostrados, e determine a tensão normal máxima provocada pelo momento fletor.

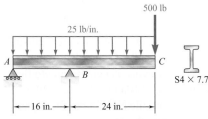

Fig. P5.58

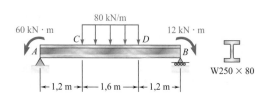

Fig. P5.59

5.60 Sabendo que a viga AB está em equilíbrio sob o carregamento mostrado, trace os diagramas de força cortante e momento fletor para essa viga e determine a tensão normal máxima provocada pelo momento fletor.

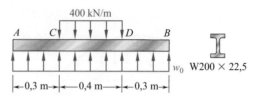

Fig. P5.60

5.61 Sabendo que a viga AB está em equilíbrio sob o carregamento mostrado, trace os diagramas de força cortante e momento fletor para essa viga e determine a tensão normal máxima provocada pelo momento fletor.

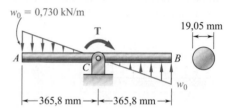

Fig. P5.61

*5.62 A viga AB suporta duas forças concentradas **P** e **Q**. A tensão normal provocada pelo momento fletor na borda inferior da viga é de $+55$ MPa em D e de $+37,5$ MPa em F. (*a*) Trace os diagramas de força cortante e momento fletor para a viga. (*b*) Determine a tensão normal máxima provocada pelo momento fletor que ocorre na viga.

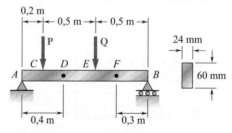

Fig. P5.62

*5.63 A viga AB suporta uma força uniformemente distribuída de $7\,005$ N/m e duas forças concentradas **P** e **Q**. A tensão normal provocada pelo momento fletor na borda inferior da mesa é de $+102,4$ MPa em D, e de $+73,4$ MPa em E. (*a*) Trace os diagramas de força cortante e momento fletor para a viga. (*b*) Determine a tensão normal máxima provocada pelo momento fletor que ocorre na viga.

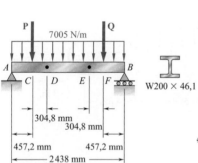

Fig. P5.63

*5.64 A viga AB suporta uma força uniformemente distribuída de 2 kN/m e duas forças concentradas **P** e **Q**. Foi determinado experimentalmente que a tensão normal provocada pelo momento fletor na borda inferior da viga fosse de $-56,9$ MPa em A e de $-29,9$ MPa em C. Trace os diagramas de força cortante e momento fletor para a viga, e determine a intensidade das forças **P** e **Q**.

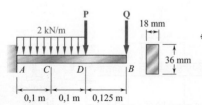

Fig. P5.64

5.3 PROJETO DE VIGAS PRISMÁTICAS EM FLEXÃO

O projeto de uma viga geralmente é controlado pelo valor máximo absoluto $|M|_{máx}$ do momento fletor que ocorrerá na viga. A maior tensão normal σ_m na viga é encontrada na sua superfície, na seção crítica em que ocorre a $|M|_{máx}$, e pode ser obtida substituindo-se $|M|_{máx}$ por $|M|$ na Equação (5.1) ou Equação (5.3).[†]

$$\sigma_m = \frac{|M|_{máx} c}{I} \tag{5.1a}$$

$$\sigma_m = \frac{|M|_{máx}}{W} \tag{5.3a}$$

Um projeto seguro requer $\sigma_m \leq \sigma_{adm}$, em que σ_{adm} é a tensão admissível para o material utilizado. Substituindo σ_{adm} por σ_m em (5.3a) e resolvendo para W, obtemos o valor admissível mínimo do módulo de resistência à flexão da seção para a viga a ser projetada:

$$W_{mín} = \frac{|M|_{máx}}{\sigma_{adm}} \tag{5.9}$$

O projeto dos tipos comuns de vigas, assim como as vigas de madeira de seção transversal retangular e vigas de aço laminado com várias formas de seção transversal, será tratado nesta seção. Um procedimento apropriado deverá tornar o projeto mais econômico. Isso significa que, entre vigas do mesmo tipo e mesmo material, e com outras características iguais, deverá ser selecionada a viga com menor peso por unidade de comprimento e, portanto, com a menor área de seção transversal, uma vez que ela terá o menor preço.

O procedimento de projeto incluirá os seguintes passos:[‡]

Passo 1. Primeiro determine o valor de σ_{adm} para o material selecionado de uma tabela de propriedades dos materiais ou das especificações de projeto. Podemos também calcular esse valor dividindo o limite de resistência σ_L do material por um coeficiente de segurança apropriado (Seção 1.5.3). Considerando por enquanto que o valor de σ_{adm} é o mesmo em tração e compressão, proceda da forma a seguir.

Passo 2. Trace os diagramas da força cortante e do momento fletor correspondendo às condições de carregamento especificadas, e determine o valor máximo absoluto $|M|_{máx}$ do momento fletor na viga.

Passo 3. Determine da Equação (5.9) o valor mínimo admissível do módulo de resistência $W_{mín}$ da seção da viga.

Passo 4. Para uma viga de madeira, sua altura h, largura b ou a relação h/b caracterizando a forma de sua seção transversal provavelmente já estarão especificadas. As dimensões desconhecidas podem ser selecionadas lembrando a Equação (4.19), então b e h satisfazem relação $\frac{1}{6}bh^2 = W \geq W_{mín}$.

[†] Para vigas que não são simétricas em relação à superfície neutra, a maior das distâncias da superfície neutra até as superfícies da viga deverá ser utilizada para c na Equação (5.1) e no cálculo do módulo de resistência à flexão da seção $W = I/c$.

[‡] Consideramos que todas as vigas utilizadas neste capítulo são adequadamente contraventadas para prevenir flambagem lateral, e que há placas de apoio sob cargas concentradas aplicadas a vigas de aço laminado para evitar a flambagem local da alma.

Passo 5. Para uma viga de aço laminado, consulte a tabela apropriada no Apêndice E. Entre as seções de vigas disponíveis, considere somente aquelas com um módulo de resistência à flexão da seção $W \geq W_{\text{mín}}$ e selecione desse grupo a seção com menor peso por unidade de comprimento. Essa é a mais econômica das seções para as quais $W \geq W_{\text{mín}}$. Note que essa não é necessariamente a seção com o menor valor de W (ver a Aplicação do conceito 5.4). Em alguns casos, a escolha de uma seção pode ser limitada por outras considerações, como a altura disponível da seção transversal ou o deslocamento admissível da viga (ver Capítulo 9).

A discussão que acabamos de apresentar se limitou a materiais para os quais σ_{adm} tem o mesmo valor em tração e em compressão. Se σ_{adm} tiver valores diferentes em tração e compressão, você precisará selecionar a seção da viga de maneira que $\sigma_m \leq \sigma_{\text{adm}}$ para tensões de tração e compressão. Se a seção transversal não for simétrica em relação à sua linha neutra, as maiores tensões de tração e compressão não ocorrerão necessariamente na seção em que $|M|$ for máximo. Uma pode ocorrer quando M é máximo e a outra quando M é mínimo. Assim, o passo 2 deverá incluir a determinação de $M_{\text{máx}}$ e $M_{\text{mín}}$, e o passo 3 deverá ser modificado para levar em conta as tensões de tração e compressão.

Finalmente, tenha em mente que o procedimento de projeto descrito nessa seção leva em conta somente as tensões normais que ocorrem na superfície da viga. Vigas curtas, especialmente aquelas de madeira, podem falhar em cisalhamento sob um carregamento transversal. A determinação das tensões de cisalhamento em vigas será discutida no Capítulo 6. E, também, no caso das vigas de aço laminado, tensões normais maiores que aquelas consideradas aqui podem ocorrer na junção da alma com as mesas. Isso será discutido no Capítulo 8.

Aplicação do conceito 5.4

Fig. 5.12 Viga de mesa larga em balanço com carregamento na extremidade.

Selecione uma viga de mesa larga para suportar uma força de 66 kN, como mostra a Fig. 5.12. A tensão normal admissível para o aço utilizado é de 165 MPa.

1. A tensão normal admissível é dada: $\sigma_{\text{adm}} = 165$ MPa.

2. A força cortante é constante e igual a 66 kN. O momento fletor é máximo em B.

$$|M|_{\text{máx}} = (66 \text{ kN})(2,4 \text{ m}) = 158,4 \text{ kN} \cdot \text{m} = 158,4 \text{ kN} \cdot \text{m}$$

3. O módulo de resistência da seção mínimo admissível é

$$W_{\text{mín}} = \frac{|M|_{\text{máx}}}{\sigma_{\text{adm}}} = \frac{158,4 \times 10^6 \text{ N} \cdot \text{mm}}{165 \text{ N/mm}^2} = 960 \times 10^3 \text{ mm}^3$$

4. Consultando a tabela das *Propriedades de Perfis Laminados* no Apêndice E, notamos que os perfis são dispostos em grupos da mesma altura e que, em cada grupo, eles são listados em ordem decrescente de peso. Escolhemos em cada grupo a viga mais leve

que tenha um módulo de resistência da seção $W = I/c$ pelo menos tão grande quanto $W_{mín}$, e anotamos os resultados na tabela abaixo.

Perfil	W, mm³
W530 × 66	1340 × 10³
W460 × 74	1460 × 10³
W410 × 60	1060 × 10³
W360 × 64	1030 × 10³
W310 × 74	1060 × 10³
W250 × 80	984 × 10³

O mais econômico é o perfil de menor peso, ou seja, W410 × 60, com 60 kg/m e, mesmo assim, ele tem um módulo de resistência da seção maior do que dois dos outros perfis. Notamos também que o peso total da viga será (2,4 m) × (60 kg/m × 9,8 m/s²) = 1 411 N. Esse peso é pequeno comparado com a força de 66 000 N e pode ser desprezado em nossa análise.

*Projeto com base em fatores de carga e resistência. Esse método alternativo de projeto foi descrito rapidamente na Seção 1.5.4 e aplicado a elementos submetidos a carregamento axial. Ele pode ser facilmente aplicado ao projeto de vigas em flexão. Substituindo na Equação (1.27) as cargas P_P, P_E e P_L, respectivamente, pelos momentos de flexão M_P, M_E e M_L, escrevemos

$$\gamma_P M_P + \gamma_E M_E \leq \phi M_L \qquad (5.10)$$

Os coeficientes γ_P e γ_E são chamados de *coeficientes de carga* e o coeficiente ϕ é chamado de *coeficiente de resistência*. Os momentos M_P e M_E são os momentos fletores em virtude, respectivamente, das cargas do peso próprio e da carga externa, enquanto M_L é igual ao produto do limite de resistência σ_L do material pelo módulo de resistência à flexão da seção W da viga: $M_L = W\sigma_L$.

PROBLEMA RESOLVIDO 5.7

Uma viga AC biapoiada com balanço, de madeira, com 3,6 m de comprimento, com um vão AB de 2,4 m, deve ser projetada para suportar as forças distribuídas e concentradas mostradas na figura. Sabendo que será utilizada madeira com 100 mm de largura nominal (largura real 90 mm) e uma tensão admissível de 12 MPa, determine a altura h mínima necessária para a viga.

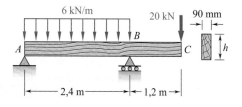

ESTRATÉGIA: Desenhe o diagrama de momentos fletores para encontrar o valor máximo absoluto do momento. Então, utilizando esse momento fletor, você pode determinar as propriedades que a seção deverá ter e que satisfazem a tensão admissível fornecida.

MODELAGEM E ANÁLISE:

Reações.   Considerando toda a viga como um corpo livre, escrevemos

$+\circlearrowleft \Sigma M_A = 0$: $B(2{,}4 \text{ m}) - (14{,}4 \text{ kN})(1{,}2 \text{ m}) - (20 \text{ kN})(3{,}6 \text{ m}) = 0$
$\qquad\qquad\qquad B = 37{,}2 \text{ kN} \qquad\qquad \mathbf{B} = 37{,}2 \text{ kN} \uparrow$

$\xrightarrow{+} \Sigma F_x = 0$: $\qquad A_x = 0$

$+\uparrow \Sigma F_y = 0$: $A_y + 37{,}2 \text{ kN} - 14{,}4 \text{ kN} - 20 \text{ kN} = 0$
$\qquad\qquad\qquad A_y = -2{,}8 \text{ kN} \qquad\qquad \mathbf{A} = 2{,}8 \text{ kN} \downarrow$

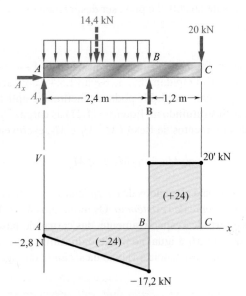

Fig. 1 Diagrama de corpo livre da viga e seu diagrama da força cortante.

Diagrama de força cortante.   A força cortante logo à direita de A é $V_A = A_y = -2{,}8$ kN. Como a variação da força cortante entre A e B é igual a *menos* a área sob a curva de carga entre esses dois pontos, obtemos V_B escrevendo

$$V_B - V_A = -(6 \text{ kN/m})(2{,}4 \text{ m}) = -14{,}4 \text{ kN} = -14{,}4 \text{ kN}$$
$$V_B = V_A - 14{,}4 \text{ kN} = -2{,}8 \text{ kN} - 14{,}4 \text{ kN} = -17{,}2 \text{ kN}.$$

A reação em B produz um aumento brusco de 37,2 kN em V, resultando em um valor de força cortante igual a 20 kN à direita de B. Como não há nenhuma carga aplicada entre B e C, a força cortante se mantém constante entre esses dois pontos.

Determinação de $|M|_{máx}$. Primeiramente, observamos que o momento fletor é igual a zero em ambas as extremidades da viga: $M_A = M_C = 0$. Entre A e B, o momento fletor diminui por uma quantidade igual à área sob a curva de força cortante, e, entre B e C, ele aumenta por uma quantidade correspondente. Assim, o valor máximo absoluto do momento fletor é $|M|_{máx} = 24$ kN · m.

Módulo de resistência à flexão da seção mínima admissível. Substituindo na Equação (5.9) o valor dado de σ_{adm} e o valor de $|M|_{máx}$, escrevemos

$$W_{mín} = \frac{|M|_{máx}}{\sigma_{adm}} = \frac{(24 \times 10^6 \text{ N/mm}^2)}{12 \text{ N/mm}^2} = 2000 \times 10^3 \text{ mm}^3$$

Altura mínima necessária da viga. Recordando a fórmula desenvolvida no passo 4 do procedimento de projeto descrito e substituindo os valores de b e $W_{mín}$, temos

$$\tfrac{1}{6}bh^2 \geq W_{mín} \qquad \tfrac{1}{6}(90 \text{ mm})h^2 \geq 2000 \times 10^3 \text{ mm}^3 \qquad h \geq 365 \text{ mm}$$

A altura mínima necessária da viga é $\qquad\qquad h = 365$ mm ◀

REFLETIR E PENSAR: Na prática, seções padronizadas de madeira são especificadas pelas dimensões nominais que são ligeiramente maiores que as reais. Neste caso, especificou-se o elemento de 101,6 mm × 406,4 mm com dimensões reais de 90,0 mm × 390,0 mm.

PROBLEMA RESOLVIDO 5.8

Uma viga de aço AD simplesmente apoiada, de 5 m de comprimento, deve suportar as forças distribuídas e concentradas mostradas na figura. Sabendo que a tensão normal admissível para a classe do aço a ser utilizado é de 160 MPa, selecione o perfil de mesa larga que deverá ser utilizado.

ESTRATÉGIA: Desenhe o diagrama de momentos fletores para encontrar o valor máximo absoluto do momento. Então, utilizando esse momento fletor, você pode determinar o módulo de resistência da seção que satisfaz a tensão admissível fornecida.

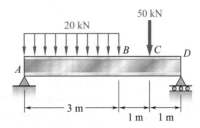

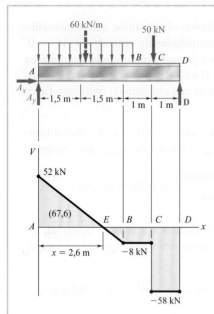

Fig. 1 Diagrama de corpo livre da viga e seu diagrama da força cortante.

Perfil	W, mm³
W410 × 38,8	629
W360 × 32,9	475
W310 × 38,7	547
W250 × 44,8	531
W200 × 46,1	451

Fig. 2 Perfis mais leves dentro de cada grupo de alturas que atendem a necessidade de módulo elástico.

MODELAGEM E ANÁLISE:

Reações. Considerando a viga inteira um corpo livre, escrevemos

$+\circlearrowleft \Sigma M_A = 0$: $D(5\text{ m}) - (60\text{ kN})(1,5\text{ m}) - (50\text{ kN})(4\text{ m}) = 0$
$\qquad\qquad D = 58,0\text{ kN} \qquad \mathbf{D} = 58,0\text{ kN} \uparrow$

$\xrightarrow{+} \Sigma F_x = 0$: $\qquad A_x = 0$

$+\uparrow \Sigma F_y = 0$: $A_y + 58,0\text{ kN} - 60\text{ kN} - 50\text{ kN} = 0$
$\qquad\qquad A_y = 52,0\text{ kN} \qquad \mathbf{A} = 52,0\text{ kN} \uparrow$

Diagrama de força cortante. A força cortante imediatamente à direita de A é $V_A = A_y = +52,0$ kN. Como a variação na força cortante entre A e B é igual a *menos* a área sob a curva da força distribuída entre esses dois pontos, temos

$$V_B = 52,0\text{ kN} - 60\text{ kN} = -8\text{ kN}$$

A força cortante permanece constante entre B e C, quando ela cai para -58 kN, e mantém esse valor entre C e D. Localizamos a seção E da viga em que $V = 0$ escrevendo

$$V_D - V_A = -wx$$

$$0 - 80\text{ kN} = -(20\text{ kN/m})x$$

Então, $x = 2,60$ m.

Determinação de $|M|_{\text{máx}}$. O momento fletor é máximo em E, quando $V = 0$. Como M é zero no suporte A, seu valor máximo em E é igual à área sob a curva da força cortante entre A e E. Temos, portanto, $|M|_{\text{máx}} = M_E = 67,6$ kN · m.

Módulo de resistência da seção mínimo admissível. Substituindo na Equação (5.9) o valor dado para σ_{adm} e o valor de $|M|_{\text{máx}}$ escrevemos

$$W_{\text{mín}} = \frac{|M|_{\text{máx}}}{\sigma_{\text{adm}}} = \frac{67,6\text{ kN} \cdot \text{m}}{160\text{ MPa}} = 422,5 \times 10^{-6}\text{ m}^3 = 422,5 \times 10^3\text{ mm}^3$$

Seleção do perfil de mesa larga. Do Apêndice C compilamos uma lista de perfis que possuem um módulo de resistência da seção maior que $W_{\text{mín}}$ e também a forma mais leve em um determinado grupo de altura (Fig. 2).

Selecionamos a forma mais leve disponível, ou seja, $\qquad$ W360 × 32,9 ◄

REFLETIR E PENSAR: Quando o único critério de projeto para vigas é uma tensão normal admissível específica, as geometrias de seção mais leves tendem a ser mais altas. Na prática, haverá outros critérios a considerar que podem alterar a escolha final da seção.

PROBLEMAS

5.65 e 5.66 Para a viga e o carregamento mostrados na figura, projete a seção transversal da viga sabendo que o tipo da madeira utilizada tem uma tensão normal admissível de 12 MPa.

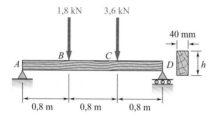

Fig. P5.65

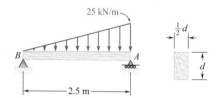

Fig. P5.66

5.67 e 5.68 Para a viga e o carregamento mostrados na figura, projete a seção transversal da viga sabendo que o tipo da madeira utilizada tem uma tensão normal admissível de 1750 psi.

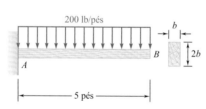

Fig. P5.67

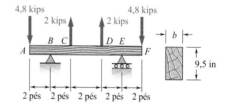

Fig. P5.68

5.69 e 5.70 Para a viga e o carregamento mostrados na figura, projete a seção transversal da viga sabendo que o tipo da madeira utilizada tem uma tensão normal admissível de 12 MPa.

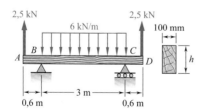

Fig. P5.69

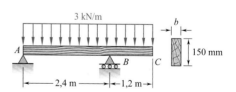

Fig. P5.70

5.71 e 5.72 Sabendo que a tensão admissível para o aço utilizado é de 24 ksi, selecione a viga de mesa larga mais econômica para suportar o carregamento mostrado.

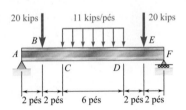
Fig. P5.71

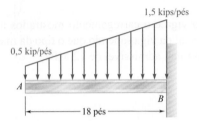
Fig. P5.72

5.73 e 5.74 Sabendo que a tensão normal admissível para o aço utilizado é 160 MPa, escolha a viga com seção em perfil de mesa larga mais econômica que suporta o carregamento dado.

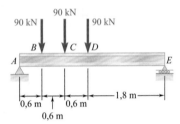
Fig. P5.73

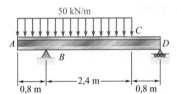
Fig. P5.74

5.75 e 5.76 Sabendo que a tensão normal admissível para o aço utilizado é 24 ksi, escolha a viga com seção em perfil I mais econômica que suporta o carregamento dado.

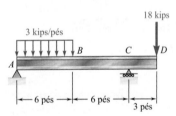
Fig. P5.75

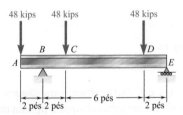
Fig. P5.76

5.77 e 5.78 Sabendo que a tensão admissível para o aço utilizado é de 160 MPa, selecione a viga I mais econômica para suportar o carregamento mostrado.

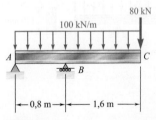
Fig. P5.77

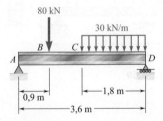
Fig. P5.78

5.79 Um tubo de aço com diâmetro de 100 mm deve suportar o carregamento mostrado na figura. Sabendo que o estoque de tubos disponíveis tem espessuras que variam de 6 mm a 24 mm em incrementos de 3 mm, e que a tensão normal admissível para o aço utilizado é de 150 MPa, determine a espessura mínima de parede t que pode ser utilizada.

5.80 Dois perfis U de aço laminado devem ser soldados entre si ao longo das extremidades das mesas para suportar o carregamento mostrado na figura. Sabendo que a tensão normal admissível para o aço utilizado é de 150 MPa, determine os perfis U mais econômicos que podem ser utilizados.

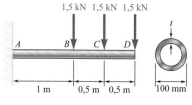

Fig. P5.79

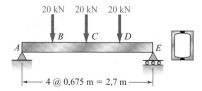

Fig. P5.80

5.81 Dois perfis U laminados são soldados pelas almas e utilizados para suportar o carregamento mostrado. Sabendo que a tensão normal admissível para o aço utilizado é de 30 ksi, determine o perfil U mais econômico que poderá ser utilizado.

5.82 Duas cantoneiras L4 × 3 laminadas são parafusadas por uma das abas e utilizadas para suportar o carregamento mostrado. Sabendo que a tensão normal admissível para o aço utilizado é de 24 ksi, determine a menor espessura da cantoneira que poderá ser utilizada.

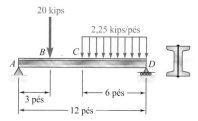

Fig. P5.81

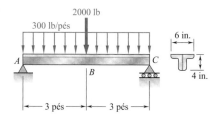

Fig. P5.82

5.83 Considerando que a reação ascendente do solo seja uniformemente distribuída e sabendo que a tensão normal admissível para o aço utilizado é de 170 MPa, selecione a viga de mesa larga mais econômica para suportar o carregamento mostrado.

5.84 Considerando que a reação ascendente do solo seja uniformemente distribuída e sabendo que a tensão normal admissível para o aço utilizado é de 165 MPa, selecione a viga de mesa larga mais econômica para suportar o carregamento mostrado.

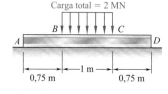

Fig. P5.83

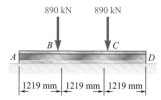

Fig. P5.84

5.85 e 5.86 Determine o maior valor admissível de **P** para a viga e o carregamento mostrados, sabendo que a tensão normal admissível é de 80 MPa em tração e −140 MPa em compressão.

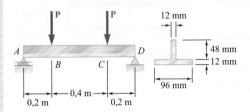

Fig. P5.85

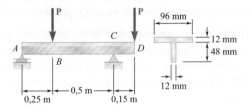

Fig. P5.86

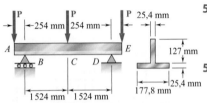

Fig. P5.87

5.87 Determine o maior valor possível de **P** para a viga e o carregamento mostrados, sabendo que a tensão normal admissível é de +8 MPa em tração e −18 MPa em compressão.

5.88 Resolva o Problema 5.87 considerando que a viga em forma de T esteja invertida.

5.89 As vigas AB, BC e CD têm a seção transversal mostrada na figura e são unidas por pino em B e C. Sabendo que a tensão normal admissível é de +110 MPa em tração e de −150 MPa em compressão, determine (*a*) o maior valor permitido de w para que a viga BC não seja sobrecarregada e (*b*) a distância a máxima correspondente para a qual as vigas em balanço AB e CD não sejam sobrecarregadas.

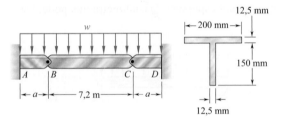

Fig. P5.89

5.90 As vigas AB, BC e CD têm a seção transversal mostrada na figura e são unidas por pino em B e C. Sabendo que a tensão normal admissível é de +110 MPa em tração e de −150 MPa em compressão, determine (*a*) o maior valor possível de **P** para que a viga BC não seja sobrecarregada, (*b*) a distância a máxima correspondente para a qual as vigas em balanço AB e CD não sejam sobrecarregadas.

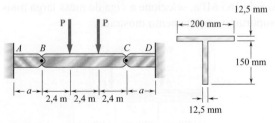

Fig. P5.90

5.91 Cada uma das três vigas de aço laminado mostradas (numeradas por 1, 2 e 3) destinam-se a suportar ações uniformemente distribuídas de 64 kip. O vão livre de cada uma dessas vigas é de 12 pés e são suportadas por duas vigas mestras AC e BD de aço laminado de 24 pés. Sabendo que a tensão normal admissível para o aço utilizado é igual a 24 ksi, selecione (a) o perfil I mais econômico para as três vigas, (b) o perfil de mesas largas mais econômico para as duas vigas mestras.

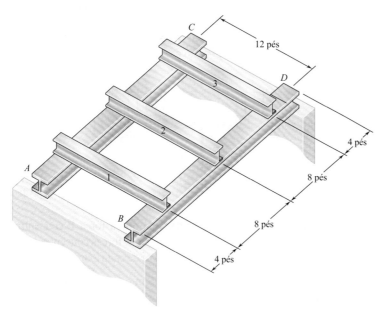

Fig. P5.91

5.92 Uma carga de 54 kip é para ser suportada pelo centro do vão da viga de 16 pés. Sabendo que a tensão normal admissível para o aço utilizado é de 24 ksi, determine (a) o menor comprimento l da viga CD de modo que a viga AB de seção W12 × 50 não fique sobrecarregado, (b) o perfil W de mesas largas mais econômico que pode ser empregado para a viga CD. Despreze o peso próprio de ambas as vigas.

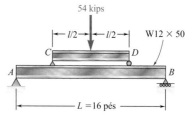

Fig. P5.92

5.93 Uma força uniformemente distribuída de 66 kN/m deve ser suportada sobre o vão de 6 m mostrado na figura. Sabendo que a tensão normal admissível para o aço utilizado é de 140 MPa, determine (a) o menor comprimento admissível l da viga CD para que o perfil W460 × 74 da viga AB não seja sobrecarregado e (b) o perfil W mais econômico que pode ser utilizado para a viga CD. Despreze o peso de ambas as vigas.

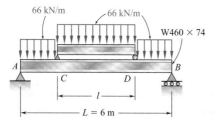

Fig. P5.93

*5.94 A estrutura de um telhado consiste em madeira compensada e material de forração suportados por várias vigas de madeira de comprimento $L = 16$ m. A carga permanente suportada por cada viga, incluindo seu peso estimado, pode ser representada por uma força uniformemente distribuída $w_P = 350$ N/m. O peso externo consiste em uma carga de neve, representada por uma força uniformemente distribuída $w_E = 600$ N/m e uma força concentrada **P** de 6 kN aplicada ao ponto médio C de cada viga. Sabendo que o limite de resistência da madeira utilizada é $\sigma_L = 50$ MPa e que a largura da viga é $b = 75$ mm, determine a altura mínima admissível h das vigas, usando LRFD com os coeficientes de carga $\gamma_P = 1{,}2$, $\gamma_E = 1{,}6$ e o coeficiente de resistência $\phi = 0{,}9$.

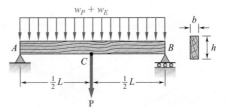

Fig. P5.94

*5.95 Resolva o Problema 5.94 considerando que a força **P** concentrada de 6 kN aplicada a cada viga for substituída por forças concentradas P_1 e P_2 de 3 kN aplicadas a uma distância de 4 m de cada extremidade das vigas.

*5.96 Uma ponte de comprimento $L = 14{,}6$ m deve ser construída em uma estrada secundária cujo acesso a caminhões está limitado a veículos de dois eixos de peso médio. Ela consistirá em uma laje de concreto e vigas de aço simplesmente apoiadas com um limite de resistência $\sigma_L = 413{,}7$ MPa. O peso combinado da laje e das vigas pode ser aproximado por uma força uniformemente distribuída $w = 11$ kN/m em cada viga. Para as finalidades do projeto, considera-se que um caminhão com distância entre eixos de $a = 4{,}27$ m passará pela ponte e que as forças concentradas resultantes P_1 e P_2 exercidas em cada viga serão de até 106,8 kN e 26,7 kN, respectivamente. Determine o perfil de mesas largas mais econômico para as vigas, usando o LRFD com os coeficientes de carga $\gamma_P = 1{,}25$, $\gamma_E = 1{,}75$ e coeficiente de resistência $\phi = 0{,}9$. [*Sugestão*: Pode-se mostrar que o valor máximo de $|M_E|$ ocorre sob a força maior quando a força está localizada à esquerda do centro da viga a uma distância igual a $aP_2/2(P_1 + P_2)$.]

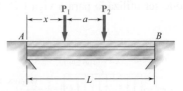

Fig. P5.96

*5.97 Considerando que os eixos dianteiro e traseiro permaneçam na mesma relação do caminhão do Problema 5.96, determine qual caminhão mais pesado poderia passar com segurança sobre a ponte projetada no problema.

*5.4 USANDO FUNÇÕES DE SINGULARIDADE PARA DETERMINAR FORÇA CORTANTE E MOMENTO FLETOR EM UMA VIGA

Notemos que a força cortante e o momento fletor só em alguns casos raros puderam ser descritos por funções analíticas simples. No caso da viga em balanço na Aplicação do conceito 5.2 (Fig. 5.8), que suportava uma força w uniformemente distribuída, a força cortante e o momento fletor *puderam* ser representados por funções analíticas simples, ou seja, $V = -wx$ e $M = -\frac{1}{2}wx^2$; isso se deve ao fato de que *não existia descontinuidade* no carregamento da viga. Em contrapartida, no caso da viga simplesmente apoiada na Aplicação do conceito 5.1, que tinha força aplicada somente em seu ponto médio C, a força **P** em C representava uma *singularidade* no carregamento da viga. Essa singularidade resultou em descontinuidades na força cortante e no momento fletor e necessitou do uso de funções analíticas diferentes para representar V e M nas partes da viga localizadas, respectivamente, à esquerda e à direita do ponto C. No Problema Resolvido 5.2, a viga teve de ser dividida em três partes, em cada uma das quais diferentes funções foram utilizadas para representar a força cortante e o momento fletor. Essa situação nos leva a depender da representação gráfica das funções V e M proporcionadas pelos diagramas de força cortante e momento fletor e, mais tarde, na Seção 5.2, em um método gráfico de integração para determinar V e M a partir da força distribuída w.

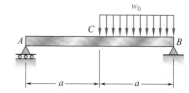

Fig. 5.13 Viga biapoiada.

A finalidade dessa seção é mostrar como o uso das *funções de singularidade* torna possível a representação da força cortante V e do momento fletor M por simples expressões matemáticas.

Considere a viga AB simplesmente apoiada, de comprimento $2a$, que tem uma força uniformemente distribuída w_0 que se estende a partir do seu ponto médio C até o apoio direito B (Fig. 5.13). Primeiramente desenhamos o diagrama de corpo livre da barra inteira (Fig. 5.14a); substituindo a força distribuída por uma força concentrada equivalente e somando os momentos em relação a B,

$$+\curvearrowleft \Sigma M_B = 0: \qquad (w_0 a)(\tfrac{1}{2}a) - R_A(2a) = 0 \qquad R_A = \tfrac{1}{4}w_0 a$$

Em seguida, cortamos a viga no ponto D entre A e C. Do diagrama de corpo livre de AD (Fig. 5.14b) concluímos que, no intervalo $0 < x < a$, a força cortante e o momento fletor

$$V_1(x) = \tfrac{1}{4}w_0 a \qquad \text{e} \qquad M_1(x) = \tfrac{1}{4}w_0 ax$$

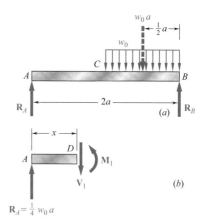

Cortando agora a viga no ponto E entre C e B, desenhamos o diagrama de corpo livre da parte AE (Fig. 5.14c). Substituindo a força distribuída por uma força concentrada equivalente, escrevemos

$$+\uparrow \Sigma F_y = 0: \qquad \tfrac{1}{4}w_0 a - w_0(x-a) - V_2 = 0$$

$$+\curvearrowleft \Sigma M_E = 0: \qquad -\tfrac{1}{4}w_0 ax + w_0(x-a)[\tfrac{1}{2}(x-a)] + M_2 = 0$$

e concluímos que, no intervalo $a < x < 2a$, a força cortante e o momento fletor são

$$V_2(x) = \tfrac{1}{4}w_0 a - w_0(x-a) \qquad \text{e} \qquad M_2(x) = \tfrac{1}{4}w_0 ax - \tfrac{1}{2}w_0(x-a)^2$$

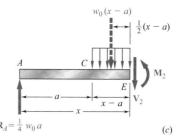

Fig. 5.14 Diagramas de corpo livre das duas seções necessários para traçar os diagramas da força cortante e do momento fletor.

O fato de a força cortante e o momento fletor serem representados por diferentes funções de x é em razão da descontinuidade no carregamento da viga. No entanto, as funções $V_1(x)$ e $V_2(x)$ podem ser representadas pela expressão simples

$$V(x) = \tfrac{1}{4}w_0 a - w_0 \langle x - a \rangle \tag{5.11}$$

se especificarmos que o segundo termo deverá ser incluído em nossos cálculos quando $x \geq a$ e ignorado quando $x < a$. Em outras palavras, os *colchetes* $\langle \; \rangle$ *deverão ser substituídos por parênteses comuns* ( ) *quando* $x \geq a$ *e por zero quando* $x < a$. Com a mesma convenção, o momento fletor pode ser representado em qualquer ponto da viga pela expressão simples

$$M(x) = \tfrac{1}{4}w_0 ax - \tfrac{1}{2}w_0 \langle x - a \rangle^2 \tag{5.12}$$

Da convenção que adotamos, conclui-se que os colchetes $\langle \; \rangle$ podem ser diferenciados ou integrados como parênteses comuns. Em lugar de calcular o momento fletor a partir dos diagramas de corpo livre, poderíamos ter utilizado o método indicado na Seção 5.2 e integrar a expressão obtida para $V(x)$:

$$M(x) - M(0) = \int_0^x V(x)\, dx = \int_0^x \tfrac{1}{4}w_0 a\, dx - \int_0^x w_0 \langle x - a \rangle\, dx$$

Após a integração, e observando que $M(0) = 0$,

$$M(x) = \tfrac{1}{4}w_0 ax - \tfrac{1}{2}w_0 \langle x - a \rangle^2$$

Além disso, usando a mesma convenção novamente, notamos que a força distribuída em qualquer ponto da viga pode ser expressa como

$$w(x) = w_0 \langle x - a \rangle^0 \tag{5.13}$$

Sem dúvida, os colchetes poderiam ser substituídos por zero para $x < a$ e por parênteses para $x \geq a$; verificamos então que $w(x) = 0$ para $x < a$, definindo a potência zero de qualquer número como a unidade, que $\langle x - a \rangle^0 = (x - a)^0 = 1$ e $w(x) = w_0$ para $x \geq a$. Lembremos que a força cortante poderia ter sido obtida integrando a função $-w(x)$. Observando que $V = \tfrac{1}{4}w_0 a$ para $x = 0$,

$$V(x) - V(0) = -\int_0^x w(x)\, dx = -\int_0^x w_0 \langle x - a \rangle^0\, dx$$

$$V(x) - \tfrac{1}{4}w_0 a = -w_0 \langle x - a \rangle^1$$

Resolvendo para $V(x)$ e cancelando o expoente 1,

$$V(x) = \tfrac{1}{4}w_0 a - w_0 \langle x - a \rangle$$

As expressões $\langle x - a \rangle^0$, $\langle x - a \rangle$, $\langle x - a \rangle^2$ são chamadas de *funções de singularidade*. Para $n \geq 0$,

$$\langle x - a \rangle^n = \begin{cases} (x - a)^n & \text{quando } x \geq a \\ 0 & \text{quando } x < a \end{cases} \tag{5.14}$$

Notamos também que, sempre que a quantidade entre colchetes for positiva ou zero, os colchetes deverão ser substituídos por parênteses comuns, e sempre que a quantidade for negativa, o próprio colchete será igual a zero.

As três funções de singularidade que correspondem, respectivamente, a $n = 0$, $n = 1$ e $n = 2$ foram representadas graficamente na Fig. 5.15. Notamos que a função $\langle x - a \rangle^0$ é descontínua em $x = a$ e tem a forma de um "degrau". Por essa razão, ela é chamada de *função degrau*. De acordo com a Equação (5.14) e com a potência zero de qualquer número definido como a unidade, temos[†]

$$\langle x - a \rangle^0 = \begin{cases} 1 & \text{quando } x \geq a \\ 0 & \text{quando } x < a \end{cases} \quad (5.15)$$

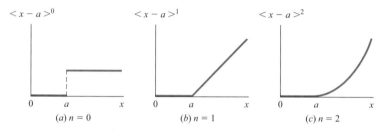

Fig. 5.15 Funções de singularidade.

Conclui-se da definição de funções de singularidade que

$$\int \langle x - a \rangle^n \, dx = \frac{1}{n+1} \langle x - a \rangle^{n+1} \quad \text{para } n \geq 0 \quad (5.16)$$

e

$$\frac{d}{dx} \langle x - a \rangle^n = n \langle x - a \rangle^{n-1} \quad \text{para } n \geq 1 \quad (5.17)$$

A maioria dos carregamentos de vigas encontradas na prática em engenharia pode ser desmembrada em carregamentos básicos mostrados na Fig. 5.16. Sempre que aplicável, as funções correspondentes $w(x)$, $V(x)$ e $M(x)$ foram expressas em termos de funções de singularidade e representadas graficamente com um fundo colorido. Foi utilizado um fundo colorido mais escuro para indicar para cada carregamento a expressão que é mais facilmente deduzida ou lembrada e por meio da qual as outras funções podem ser obtidas por integração.

Depois que um carregamento de uma viga foi desmembrado em carregamentos básicos da Fig. 5.16, as funções $V(x)$ e $M(x)$ que representam a força cortante e o momento fletor em qualquer ponto da viga podem ser obtidas adicionando as funções correspondentes associadas com cada um dos carregamentos e reações básicos.

[†] Como $(x - a)^0$ é descontínua em $x - a$, pode-se argumentar que essa função deverá ser indefinida para $x = a$ ou que devem ser atribuídos a ela valores 0 e 1 para $x = a$. No entanto, definir $(x - a)^0$ como igual a 1 quando $x = a$, conforme definido na Equação (5.15), tem a vantagem de não ser ambígua e, portanto, facilmente aplicável à programação de computador, como é discutido no fim desta seção.

Como todos os carregamentos distribuídos mostrados na Fig. 5.16 têm extremidades abertas à direita, um carregamento distribuído que não se estenda à extremidade direita da viga ou que seja descontínuo deverá ser substituído como mostra a Fig. 5.17 por uma combinação equivalente de carregamentos de extremidade aberta. (Ver também a Aplicação do conceito 5.5 e o Problema Resolvido 5.9.)

Conforme veremos no Capítulo 9, o uso de funções de singularidade também simplifica muito a determinação dos deslocamentos da viga. Foi em

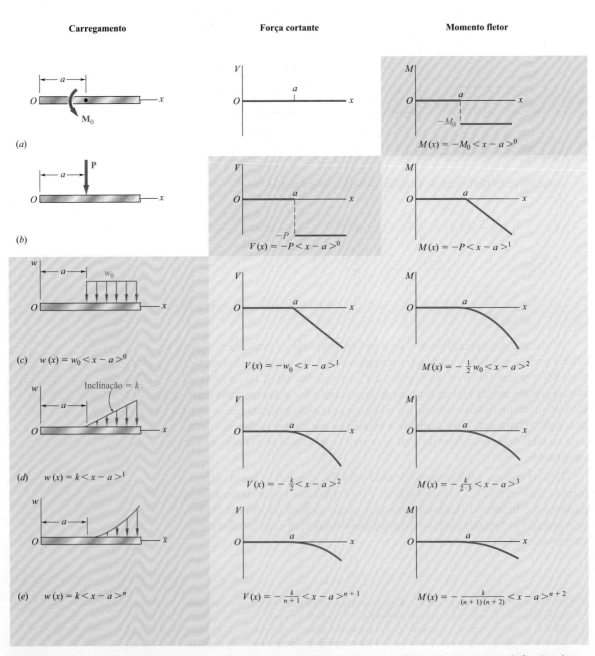

Fig. 5.16 Carregamentos básicos e forças cortantes e momentos fletores correspondentes, expressos em termos de funções de singularidades.

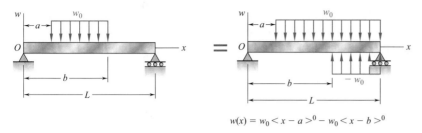

$$w(x) = w_0 \langle x - a \rangle^0 - w_0 \langle x - b \rangle^0$$

Fig. 5.17 Uso de carregamentos com extremidades abertas para criar um carregamento com extremidade fechada.

conexão com esse problema que a abordagem utilizada nessa seção foi sugerida pela primeira vez em 1862 pelo matemático alemão A. Clebsch (1833-1872). No entanto, o matemático e engenheiro britânico W. H. Macaulay (1853-1936) geralmente é quem leva o crédito pela introdução das funções de singularidade na forma empregada aqui, e os colchetes $\langle \ \rangle$ geralmente são chamados de *colchetes de Macaulay*.[†]

Aplicação do conceito 5.5

Para a viga e o carregamento mostrados (Fig. 5.18a) e usando funções de singularidade, expresse a força cortante e o momento fletor como funções da distância x do apoio A.

Primeiramente, determinamos a reação em A desenhando o diagrama de corpo livre da viga (Fig. 5.18b) e escrevendo

$\xrightarrow{+} \Sigma F_x = 0: \qquad A_x = 0$

$+ \curvearrowleft \Sigma M_B = 0: \qquad -A_y(3{,}6 \text{ m}) + 11{,}2 \text{ kN})(3 \text{ m})$
$\qquad \qquad \qquad + (1{,}8 \text{ kN})(2{,}4 \text{ m}) + 1{,}44 \text{ kN} \cdot \text{m} = 0$
$\qquad \qquad \qquad A_y = 2{,}60 \text{ kN}$

Em seguida, substituímos o carregamento distribuído por dois carregamentos equivalentes de extremidade aberta (Fig. 5.18c) e expressamos a força distribuída $w(x)$ como a soma das funções degrau correspondentes:

$$w(x) = +w_0\langle x - 0{,}6\rangle^0 - w_0\langle x - 1{,}8\rangle^0$$

A função $V(x)$ é obtida integrando-se $w(x)$, invertendo-se os sinais de $+$ e $-$ e adicionando-se ao resultado as constantes A_y e $-P\langle x - 0{,}6\rangle^0$, que representam as contribuições respectivas na força cortante da reação em A e da força concentrada. (Não é necessária nenhuma outra constante de integração.) Como o momento concentrado não afeta diretamente a força cortante, ele deverá ser ignorado neste cálculo. Escrevemos

$$V(x) = -w_0\langle x - 0{,}6\rangle^1 + w_0\langle x - 1{,}8\rangle^1 + A_y - P\langle x - 0{,}6\rangle^0$$

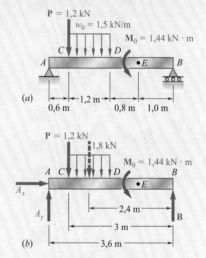

Fig. 5.18 (a) Viga biapoiada com carregamentos múltiplos. (b) Diagrama de corpo livre.

[†] W. H. Macaulay "Note on the deflection of beams". *Messenger of Mathematics*, p. 129-130, v. 48, 1919.

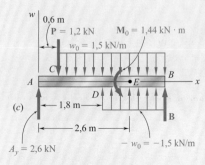

Fig. 5.18 (cont.) (c) Superposição das forças distribuídas.

De modo semelhante, a função $M(x)$ é obtida integrando-se $V(x)$ e adicionando-se ao resultado a constante $-M_0\langle x - 2{,}6\rangle^0$, representando a contribuição do momento concentrado ao momento fletor. Temos

$$M(x) = -\tfrac{1}{2} w_0\langle x - 0{,}6\rangle^2 + \tfrac{1}{2} w_0\langle x - 1{,}8\rangle^2 \\ + A_y x - P\langle x - 0{,}6\rangle^1 - M_0\langle x - 2{,}6\rangle^0$$

Substituindo os valores numéricos da reação e das forças nas expressões obtidas para $V(x)$ e $M(x)$, e sendo cuidadoso para *não* computar qualquer produto nem expandir qualquer quadrado envolvendo um colchete, obtêm-se as seguintes expressões para a força cortante e o momento fletor em qualquer ponto da viga:

$$V(x) = -1{,}5\langle x - 0{,}6\rangle^1 + 1{,}5\langle x - 1{,}8\rangle^1 \\ + 2{,}6 - 1{,}2\langle x - 0{,}6\rangle^0$$

$$M(x) = -0{,}75\langle x - 0{,}6\rangle^2 + 0{,}75\langle x - 1{,}8\rangle^2 \\ + 2{,}6x - 1{,}2\langle x - 0{,}6\rangle^1 - 1{,}44\langle x - 2{,}6\rangle^0$$

Aplicação do conceito 5.6

Para a viga e o carregamento na Aplicação do conceito 5.5, determine os valores numéricos da força cortante e do momento fletor no ponto médio *D*.

Fazendo $x = 1{,}8$ m nas expressões encontradas para $V(x)$ e $M(x)$ na Aplicação do conceito 5.5,

$$V(1{,}8) = -1{,}5\langle 1{,}2\rangle^1 + 1{,}5\langle 0\rangle^1 + 2{,}6 - 1{,}2\langle 1{,}2\rangle^0$$
$$M(1{,}8) = -0{,}75\langle 1{,}2\rangle^2 + 0{,}75\langle 0\rangle^2 + 2{,}6(1{,}8) - 1{,}2\langle 1{,}2\rangle^1 - 1{,}44\langle -0{,}8\rangle^0$$

Lembrando que sempre que uma quantidade entre colchetes for positiva ou zero, eles deverão ser substituídos por parênteses comuns, e sempre que uma quantidade for negativa, o próprio colchete será igual a zero, então

$$V(1{,}8) = -1{,}5(1{,}2)^1 + 1{,}5(0)^1 + 2{,}6 - 1{,}2(1{,}2)^0$$
$$= -1{,}5(1{,}2) + 1{,}5(0) + 2{,}6 - 1{,}2(1)$$
$$= -1{,}8 + 0 + 2{,}6 - 1{,}2$$
$$V(1{,}8) = -0{,}4 \text{ kN}$$

e

$$M(1{,}8) = -0{,}75(1{,}2)^2 + 0{,}75(0)^2 + 2{,}6(1{,}8) - 1{,}2(1{,}2)^1 - 1{,}44(0)$$
$$= -1{,}08 + 0 + 4{,}68 - 1{,}44 - 0$$
$$M(1{,}8) = +2{,}16 \text{ kN} \cdot \text{m}$$

Aplicação para a programação de computadores. As funções de singularidade são particularmente bem adequadas ao uso dos computadores. Primeiramente, notamos que a função degrau $\langle x - a\rangle^0$, representada pelo símbolo STP, pode ser definida por um comando IF/THEN/ELSE como igual a 1 para $X \geq A$ e igual a 0 em outros casos. Qualquer outra função de singularidade $\langle x - a\rangle^n$, com $n \geq 1$, pode então ser expressa como produto da função algébrica comum $(x - a)^n$ e a função degrau $\langle x - a\rangle^0$.

Quando forem envolvidas diferentes funções de singularidade k, por exemplo $\langle x - a_i\rangle^n$, em que $i = 1, 2, \ldots, k$, então as funções degrau correspondentes STP(I), em que $I = 1, 2, \ldots, K$, podem ser definidas por um "loop" com um único comando IF/THEN/ELSE.

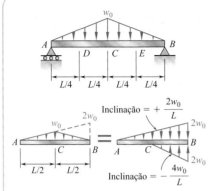

Fig. 1 Modelagem dos carregamentos distribuídos como a superposição de dois carregamentos distribuídos.

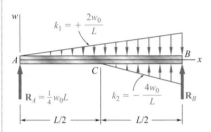

Fig. 2 Diagrama de corpo livre da viga com o carregamento distribuído equivalente.

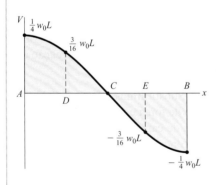

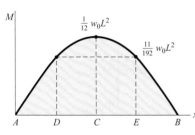

Fig. 3 Diagramas da força cortante e do momento fletor.

PROBLEMA RESOLVIDO 5.9

Para a viga e o carregamento mostrados, determine (*a*) as equações, definindo a força cortante e o momento fletor em qualquer ponto e (*b*) a força cortante e o momento fletor nos pontos *C*, *D* e *E*.

ESTRATÉGIA: Após determinar as reações de apoio, você pode escrever as equações para *w*, *V* e *M*, começando pela extremidade esquerda da viga. Qualquer mudança abrupta desses parâmetros após a extremidade esquerda poderá ser incluída pela adição de funções de singularidade apropriadas.

MODELAGEM E ANÁLISE:

Reações. A força total é $\frac{1}{2}w_0 L$. Em razão da simetria, cada reação é igual à metade do valor, ou seja, $\frac{1}{4}w_0 L$.

Força distribuída. O carregamento distribuído é substituído por dois carregamentos equivalentes de extremidade aberta, como mostrado nas Figuras 1 e 2. Usando uma função de singularidade para expressar o segundo carregamento,

$$w(x) = k_1 x + k_2 \langle x - \tfrac{1}{2}L \rangle = \frac{2w_0}{L}x - \frac{4w_0}{L}\langle x - \tfrac{1}{2}L \rangle \quad (1)$$

***a*. Equações para força cortante e momento fletor.** Obtemos $V(x)$ integrando a Equação (1), mudando os sinais e adicionando uma constante igual a R_A:

$$V(x) = -\frac{w_0}{L}x^2 + \frac{2w_0}{L}\langle x - \tfrac{1}{2}L \rangle^2 + \tfrac{1}{4}w_0 L \quad (2) \blacktriangleleft$$

Obtemos $M(x)$ integrando a Equação (2). Como não há momento concentrado, não é necessária nenhuma constante de integração:

$$M(x) = -\frac{w_0}{3L}x^3 + \frac{2w_0}{3L}\langle x - \tfrac{1}{2}L \rangle^3 + \tfrac{1}{4}w_0 L x \quad (3) \blacktriangleleft$$

***b*. Força cortante e momento fletor em *C*, *D* e *E* (Fig. 3)**

No Ponto C: Fazendo $x = \tfrac{1}{2}L$ nas Equações (2) e (3) e lembrando que sempre que uma quantidade entre colchetes for positiva ou zero, os colchetes poderão ser substituídos por parênteses,

$$V_C = -\frac{w_0}{L}(\tfrac{1}{2}L)^2 + \frac{2w_0}{L}\langle 0 \rangle^2 + \tfrac{1}{4}w_0 L \qquad V_C = 0 \blacktriangleleft$$

$$M_C = -\frac{w_0}{3L}(\tfrac{1}{2}L)^3 + \frac{2w_0}{3L}\langle 0 \rangle^3 + \tfrac{1}{4}w_0 L(\tfrac{1}{2}L) \qquad M_C = \frac{1}{12}w_0 L^2 \blacktriangleleft$$

No ponto **D:** Fazendo $x = \frac{1}{4}L$ nas Equações (2) e (3) e lembrando que um colchete com uma quantidade negativa é igual a zero, escrevemos

$$V_D = -\frac{w_0}{L}(\tfrac{1}{4}L)^2 + \frac{2w_0}{L}\langle-\tfrac{1}{4}L\rangle^2 + \tfrac{1}{4}w_0 L \qquad V_D = \frac{3}{16}w_0 L \blacktriangleleft$$

$$M_D = -\frac{w_0}{3L}(\tfrac{1}{4}L)^3 + \frac{2w_0}{3L}\langle-\tfrac{1}{4}L\rangle^3 + \tfrac{1}{4}w_0 L(\tfrac{1}{4}L) \qquad M_D = \frac{11}{192}w_0 L^2 \blacktriangleleft$$

No ponto **E:** Fazendo $x = \tfrac{3}{4}L$ nas Equações (2) e (3), temos

$$V_E = -\frac{w_0}{L}(\tfrac{3}{4}L)^2 + \frac{2w_0}{L}\langle\tfrac{1}{4}L\rangle^2 + \tfrac{1}{4}w_0 L \qquad V_E = -\frac{3}{16}w_0 L \blacktriangleleft$$

$$M_E = -\frac{w_0}{3L}(\tfrac{3}{4}L)^3 + \frac{2w_0}{3L}\langle\tfrac{1}{4}L\rangle^3 + \tfrac{1}{4}w_0 L(\tfrac{3}{4}L) \qquad M_E = \frac{11}{192}w_0 L^2 \blacktriangleleft$$

PROBLEMA RESOLVIDO 5.10

A barra rígida *DEF* é soldada no ponto *D* à viga de aço *AB*. Para o carregamento mostrado na figura, determine (*a*) as equações que definem a força cortante e o momento fletor em qualquer ponto da viga e (*b*) a localização e a intensidade do maior momento fletor.

ESTRATÉGIA: Você pode começar determinando as reações de apoio e substituindo a carga no anexo *DEF* por um sistema força-momento equivalente. Você pode então escrever equações para *w*, *V* e *M*, começando da extremidade esquerda da viga. Qualquer mudança abrupta nesses parâmetros após a extremidade esquerda pode ser incluída pela adição de funções de singularidade apropriadas.

MODELAGEM E ANÁLISE:

Reações. Consideramos a viga e a barra como um corpo livre e observamos que a força total é de 4 350 N. Em virtude da simetria, cada reação é igual a 2 175 N.

Diagrama de carregamento modificado. Substituímos a força de 700 N aplicada em *F* por um sistema equivalente de força e momento em *D* (Figuras 1 e 2). Obtemos então um diagrama de carregamento que consiste em um momento concentrado, três forças concentradas (incluindo as duas reações) e uma força uniformemente distribuída

$$w(x) = 730 \text{ N/m} \qquad (1)$$

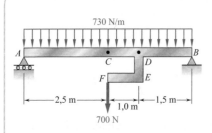

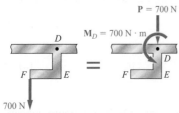

Fig. 1 Modelagem da força em *F* como um equivalente força-momento em *D*.

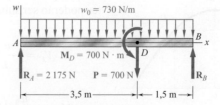

Fig. 2 Diagrama de corpo livre da viga, com equivalente força-momento em *D*.

***a*. Equações para força cortante e momento fletor.** Obtemos $V(x)$ integrando a Equação (1), mudando o sinal e adicionando constantes que representam as contribuições respectivas de $\mathbf{R}_A$ e $\mathbf{P}$ para a força cortante. Como $\mathbf{P}$ afeta $V(x)$ somente para valores de x maiores do que 3,5 m, usamos uma função degrau para expressar sua contribuição.

$$V(x) = -730x + 2\,175 - 700\langle x - 3{,}5\rangle^0 \qquad (2) \blacktriangleleft$$

Obtemos $M(x)$ integrando a Equação (2) e usando uma função degrau para representar a contribuição do momento concentrado $\mathbf{M}_D$:

$$M(x) = -365x^2 + 2\,175x - 700\langle x - 3{,}5\rangle^1 - 700\langle x - 3{,}5\rangle^0 \qquad (3) \blacktriangleleft$$

***b*. Maior momento fletor.** Como M é máximo ou mínimo quando $V = 0$, consideramos $V = 0$ na Equação (2) e resolvemos a equação para x para encontrar a localização do maior momento fletor. Considerando primeiro os valores de x menores que 3,5 m e notando que para esses valores o colchete é igual a zero, escrevemos

$$-730x + 2\,175 = 0 \qquad x = 2{,}98 \text{ m}$$

Considerando agora valores de x maiores que 3,5 m, caso em que o colchete é igual a 1,

$$-730x + 2\,175 - 700 = 0 \qquad x = 2{,}02 \text{ m}$$

Como esse valor *não* é maior que 3,5 m, ele deve ser rejeitado. Assim, o valor de x correspondente ao maior momento fletor é

$$x_m = 2{,}98 \text{ m} \blacktriangleleft$$

Substituindo esse valor para x na Equação (3), obtemos

$$M_{\text{máx}} = -365(2{,}98)^2 + 2\,175(2{,}98) - 700\,\langle -0{,}52\rangle^1 - 700\langle -0{,}52\rangle^0$$

e, lembrando que colchetes que contêm uma quantidade negativa são iguais a zero,

$$M_{\text{máx}} = -365(2{,}98)^2 + 2\,175(2{,}98) \qquad M_{\text{máx}} = 3\,240 \text{ N} \cdot \text{m} \blacktriangleleft$$

O diagrama do momento fletor foi traçado (Fig. 3). Note a descontinuidade no ponto D em razão do momento concentrado aplicado naquele ponto. Os valores de M imediatamente à esquerda e imediatamente à direita de D foram obtidos fazendo-se $x = 3{,}5$ m na Equação (3) e substituindo a função degrau $\langle x - 3{,}5\rangle^0$ por 0 e 1, respectivamente.

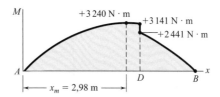

Fig. 3 Diagrama do momento fletor.

PROBLEMAS

5.98 até 5.100 (*a*) Usando funções de singularidade, escreva as equações definindo a força cortante e o momento fletor para a viga e o carregamento mostrados. (*b*) Use a equação obtida para *M* para determinar o momento fletor no ponto *C* e verifique a sua resposta desenhando o diagrama de corpo livre da viga inteira.

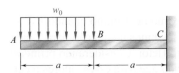
Fig. P5.98

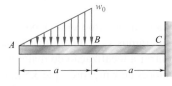
Fig. P5.99

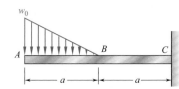
Fig. P5.100

5.101 até 5.103 (*a*) Usando funções de singularidade, escreva as equações definindo a força cortante e o momento fletor para a viga e o carregamento mostrados. (*b*) Use a equação obtida para *M* para determinar o momento fletor no ponto *E* e verifique a sua resposta desenhando o diagrama de corpo livre da parte da viga à direita de *E*.

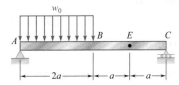
Fig. P5.101

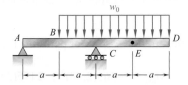
Fig. P5.102

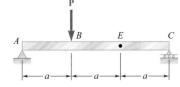
Fig. P5.103

5.104 e 5.105 (*a*) Usando funções de singularidade, escreva as equações para a força cortante e o momento fletor para a viga *ABC* sob o carregamento mostrado. (*b*) Use a equação obtida para *M* para determinar o momento fletor imediatamente à direita do ponto *B*.

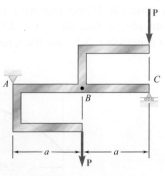
Fig. P5.104

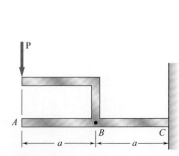
Fig. P5.105

5.106 até 5.109 (*a*) Usando funções de singularidade, escreva as equações para a força cortante e o momento fletor para a viga e o carregamento mostrados. (*b*) Determine o valor máximo do momento fletor na viga.

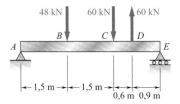

Fig. P5.106

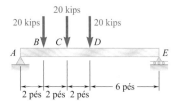

Fig. P5.107

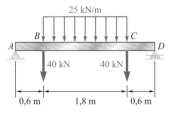

Fig. P5.108

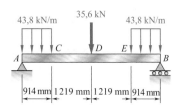

Fig. P5.109

5.110 e 5.111 (*a*) Usando funções de singularidade, escreva as equações para a força cortante e o momento fletor para a viga e o carregamento mostrados. (*b*) Determine a tensão normal máxima provocada pelo momento fletor.

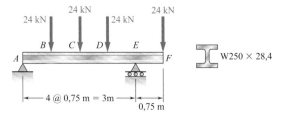

Fig. P5.110

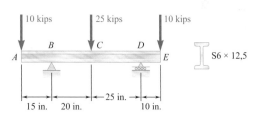

Fig. P5.111

5.112 e 5.113 (*a*) Usando funções de singularidade, determine a intensidade e a localização do momento fletor máximo para a viga e o carregamento mostrados. (*b*) Determine a tensão normal máxima provocada pelo momento fletor.

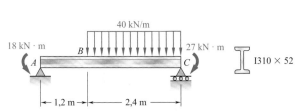

Fig. P5.112

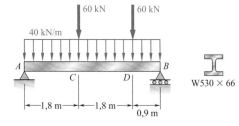

Fig. P5.113

5.114 e 5.115 Uma viga está sendo projetada para ser vinculada e carregada conforme mostra a figura. (*a*) Usando funções de singularidade, encontre a intensidade e a localização do momento fletor máximo na viga. (*b*) Sabendo que a tensão normal admissível para o aço a ser utilizado é de 24 ksi, encontre o perfil de mesa larga mais econômico que pode ser utilizado.

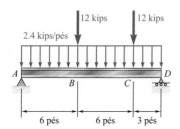

Fig. P5.114

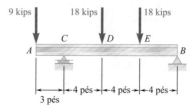

Fig. P5.115

5.116 e 5.117 Uma viga de madeira está sendo projetada para ser vinculada e carregada conforme mostra a figura. (*a*) Usando funções de singularidade, encontre a intensidade e a localização do momento fletor máximo na viga. (*b*) Sabendo que o estoque disponível consiste em vigas com uma tensão admissível de 12 MPa e seção transversal retangular de 30 mm de largura e altura h variando de 80 mm até 160 mm com incrementos de 10 mm, determine a seção transversal mais econômica que pode ser utilizada.

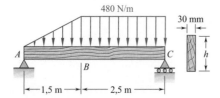

Fig. P5.116

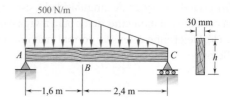

Fig. P5.117

5.118 até 5.121 Usando um computador e funções degrau, calcule a força cortante e o momento fletor para a viga e o carregamento mostrados. Use o incremento ΔL especificado, começando no ponto A e terminando no apoio direito.

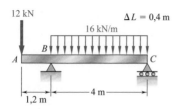

Fig. P5.118

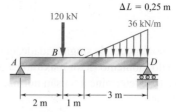

Fig. P5.119

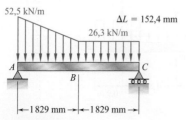

Fig. P5.120

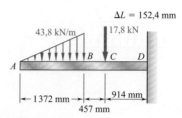

Fig. P5.121

5.122 e 5.123 Para a viga e o carregamento mostrados, e usando um computador e funções degrau, (*a*) organize uma tabela de força cortante, momento fletor e tensão normal máxima em seções da viga de $x = 0$ a $x = L$, usando os incrementos ΔL indicados e (*b*) usando incrementos menores, se necessário, determine com 2% de precisão a tensão normal máxima na viga. Coloque a origem do eixo x na extremidade A da viga.

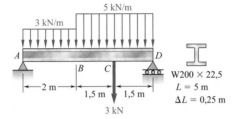

Fig. P5.122

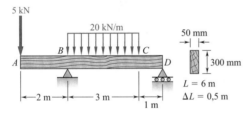

Fig. P5.123

5.124 e 5.125 Para a viga e o carregamento mostrados, e usando um computador e funções degrau, (*a*) organize uma tabela de força cortante, momento fletor e tensão normal máxima em seções da viga de $x = 0$ a $x = L$, usando os incrementos ΔL indicados e (*b*) usando incrementos menores, se necessário, determine com 2% de precisão a tensão normal máxima na viga. Coloque a origem do eixo x na extremidade A da viga.

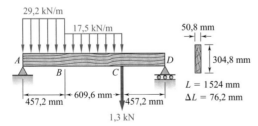

Fig. P5.124

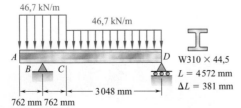

Fig. P5.125

*5.5 VIGAS NÃO PRISMÁTICAS

Vigas prismáticas, isto é, vigas de seção transversal uniforme, são projetadas de maneira que as tensões normais em suas seções críticas sejam, no máximo, iguais ao valor admissível da tensão normal para o material que está sendo utilizado. Em todas as outras seções, as tensões normais serão menores, possivelmente muito menores, que o seu valor admissível. Uma viga prismática, portanto, é quase sempre superdimensionada, e poderiam ser obtidas economias consideráveis nos materiais usando-se vigas não prismáticas. As vigas em balanço mostradas na Foto 5.2 são exemplos de vigas não prismáticas.

Como as tensões máximas σ_m geralmente controlam o projeto de uma viga, o projeto de uma viga não prismática será otimizado se o módulo de resistência à flexão da seção $W = I/c$ de cada seção transversal satisfizer a Equação (5.3). Resolvendo a equação para W,

$$W = \frac{|M|}{\sigma_{adm}} \quad (5.18)$$

Uma viga projetada dessa maneira é conhecida como *viga de resistência constante*, em que o módulo da seção varia ao longo do comprimento da viga, e é suficientemente grande o bastante para satisfazer a tensão normal admissível para cada seção transversal.

Para um componente estrutural ou de máquina, forjado ou fundido, é possível variar a seção transversal do componente ao longo de seu comprimento e eliminar grande parte do material desnecessário (ver a Aplicação do conceito 5.7). No entanto, para uma viga de madeira ou um perfil de aço laminado, não é possível variar a seção transversal da viga. Contudo, pode-se conseguir consideráveis economias de material, colando pranchas de madeira de comprimentos apropriados a uma viga de madeira (ver o Problema Resolvido 5.11) e usando-se chapas de reforço em partes de uma viga de aço laminado em que o momento fletor é grande (ver o Problema Resolvido 5.12).

Foto 5.2 Ponte suportada por vigas não prismáticas. ©David Nunuk/Science Source

Aplicação do conceito 5.7

Uma placa de alumínio fundido de espessura b deve suportar uma força w uniformemente distribuída, como mostra a Fig. 5.19. (*a*) Determine a forma da placa que resultará no projeto mais econômico. (*b*) Sabendo que a tensão normal admissível para o alumínio utilizado é de 72 MPa e que $b = 40$ mm, $L = 800$ mm e $w = 135$ kN/m, determine a altura h_0 máxima da placa.

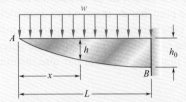

Fig. 5.19 Viga não prismática em balanço suportando um carregamento uniformemente distribuído.

Momento fletor. Medindo a distância x a partir de A e observando que $V_A = M_A = 0$, usamos as Equações (5.6) e (5.8) e escrevemos

$$V(x) = -\int_0^x w\,dx = -wx$$

$$M(x) = \int_0^x V(x)\,dx = -\int_0^x wx\,dx = -\tfrac{1}{2}wx^2$$

a. **Forma da placa.** Recordamos que o módulo de resistência W de uma seção transversal retangular de largura b e altura h é $W = \tfrac{1}{6}bh^2$. Usando esse valor na Equação (5.18) e resolvendo para h^2,

$$h^2 = \frac{6|M|}{b\sigma_{adm}} \qquad (5.19)$$

e, após substituirmos $|M| = \tfrac{1}{2}wx^2$,

$$h^2 = \frac{3wx^2}{b\sigma_{adm}} \qquad \text{ou} \qquad h = \left(\frac{3w}{b\sigma_{adm}}\right)^{1/2} x \qquad (5.20)$$

Como a relação entre h e x é linear, a borda superior da placa é uma linha reta. Assim, a placa que proporciona um projeto mais econômico tem a *forma triangular*.

b. **Altura h_0 máxima.** Fazendo $x = L$ na Equação (5.20) e substituindo os dados fornecidos, obtemos

$$h_0 = \left[\frac{3(135\text{ kN/m})}{(0{,}040\text{ m})(72\text{ MPa})}\right]^{1/2}(800\text{ mm}) = 300\text{ mm}$$

PROBLEMA RESOLVIDO 5.11

Uma viga de 3,6 m de comprimento feita de madeira com uma tensão normal admissível de 16 MPa e tensão de cisalhamento admissível de 3 MPa deve suportar duas forças de 20 kN localizadas a 1/3 e 2/3 do comprimento. Como veremos no Capítulo 6, uma viga desse mesmo material, de seção transversal retangular uniforme com 100 mm de largura e 108 mm de altura, satisfaz à condição da tensão de cisalhamento admissível. Como essa viga não satisfaz a condição da tensão normal admissível, ela será reforçada colando-se pranchas do mesmo tipo de madeira, com 100 mm de largura e 32 mm de espessura, nas partes superior e inferior de uma forma simétrica. Determine (*a*) o número necessário de pares de pranchas e (*b*) o comprimento das pranchas em cada par que resultará no projeto mais econômico.

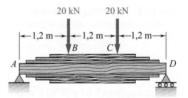

ESTRATÉGIA: Uma vez que o momento é máximo e constante entre as duas cargas concentradas (devido à simetria), você pode analisar essa região de modo a obter o número total de pranchas de reforço necessárias. Você pode determinar os pontos de parada para cada par de pranchas considerando o intervalo para o qual cada par de reforços, combinado com o resto da seção, alcança a tensão normal admissível especificada.

MODELAGEM E ANÁLISE:

Momento fletor. Desenhamos o diagrama de corpo livre da viga (Fig. 1) e encontramos a seguinte expressão para o momento fletor:

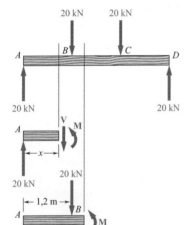

Fig. 1 Diagramas de corpo livre de toda a viga e de suas seções.

De A até B ($0 \leq x \leq 1{,}2$ m): $\quad M = (20 \text{ kN})\,x$

De B até C ($1{,}2$ m $\leq x \leq 2{,}4$ m):

$$M = (20 \text{ kN})x - (20 \text{ kN})(x - 1{,}2 \text{ m}) = 24 \text{ kN} \cdot \text{m}$$

a. **Número de pares de pranchas.** Primeiramente, determinamos a altura total necessária para o reforço da viga entre B e C. Lembramos com a Seção 5.3 que $W = \frac{1}{6}bh^2$ para uma viga com seção transversal retangular de largura b e altura h. Substituindo esse valor na Equação (5.19), temos

$$h^2 = \frac{6|M|}{b\sigma_{\text{adm}}} \tag{1}$$

Substituindo o valor obtido para M de B até C e os valores dados de b e σ_{adm},

$$h^2 = \frac{6(24 \times 10^6 \text{ N} \cdot \text{mm})}{(100 \text{ mm})(16 \text{ N/mm}^2)} = 90000 \text{ mm}^2 \qquad h = 300 \text{ mm}$$

Como a viga original tem uma altura de 108 mm, as pranchas devem proporcionar uma altura adicional de 192 mm. Lembrando que cada par de pranchas tem 64 mm de espessura:

$$\text{Números de pranchas necessárias} = 3 \blacktriangleleft$$

***b*. Comprimento das pranchas.** O momento fletor encontrado foi $M = (20 \text{ kN})x$ na parte AB da viga. Substituindo essa expressão e os valores dados de b e σ_{adm} na Equação (1) e resolvendo para x, temos

$$x = \frac{(100 \text{ mm})(16 \text{ N/mm}^2)}{6(20 \times 10^3 \text{ N})} h^2 \qquad x = \frac{h^2}{75 \text{ mm}} \qquad (2)$$

A Equação (2) define a distância x máxima da extremidade A na qual determinada altura h da seção transversal é aceitável (Fig. 2). Fazendo $h = 108$ mm, encontramos a distância x_1 de A na qual a viga prismática original é segura: $x_1 = 155{,}5$ mm. Daquele ponto em diante, a viga original deverá ser reforçada pelo primeiro par de pranchas. Fazendo $h = 108$ mm $+ 64$ mm $= 172$ mm, obtemos a distância $x_2 = 394{,}5$ mm a partir da qual deverá ser utilizado o segundo par de pranchas, e fazendo $h = 236$ mm, obtemos a distância $x_3 = 742{,}6$ mm a partir da qual deverá ser utilizado o terceiro par de pranchas. O comprimento l_i das pranchas do par i, em que $i = 1, 2, 3$ é obtido subtraindo-se $2x_i$ do comprimento de 3,6 m(3600 mm) da viga.

$$l_1 = 3289 \text{ mm}, \quad l_2 = 2811 \text{ mm}, \quad l_3 = 2115 \text{ mm} \blacktriangleleft$$

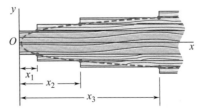

Fig. 2 Posições em que as pranchas devem ser colocadas.

As bordas das várias pranchas ficam na curva da parábola definida pela Equação (2).

PROBLEMA RESOLVIDO 5.12

Duas placas de aço, cada uma com 16 mm de espessura, são soldadas, como mostra a figura, a um perfil W690 × 125 para reforçá-lo. Sabendo que σ_{adm} = 160 MPa para a viga e para as placas, determine o valor necessário para (a) o comprimento das placas e (b) a largura das placas.

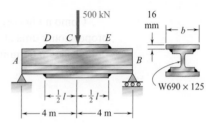

ESTRATÉGIA: Para encontrar o comprimento necessário às placas de reforço, você pode determinar a extensão da viga deixada sem reforço por não estar sobretensionada. Considerando o ponto de momento máximo, você pode então dimensionar as placas de reforço.

MODELAGEM E ANÁLISE:

Momento fletor. Primeiramente, determinamos as reações. Do diagrama de corpo livre da Fig. 4, usando uma parte da viga de comprimento $x \leq 4$m, obtemos M entre A e C:

$$M = (250 \text{ kN})x \qquad (1)$$

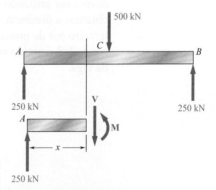

Fig. 1 Diagramas de corpo livre da viga e segmento necessário para encontrar a força cortante e o momento fletor internos.

a. **Comprimento necessário para as placas.** Primeiramente, determinamos o comprimento máximo x_m admissível para a parte AD da viga sem reforço. Do Apêndice E verificamos que o módulo de resistência à flexão da seção de uma viga W690 × 125 é $W = 3\,490 \times 10^6$ mm³, ou $W = 3.49 \times 10^{-3}$ m³. Substituindo W e σ_{adm} na Equação (5.17) e resolvendo para M,

$$M = W\sigma_{adm} = (3.49 \times 10^{-3} \text{ m}^3)(160 \times 10^3 \text{ kN/m}^2) = 558.4 \text{ kN} \cdot \text{m}$$

Substituindo M na Equação (1),

$$558{,}4 \text{ kN} \cdot \text{m} = (250 \text{ kN})x_m \qquad x_m = 2.234 \text{ m}$$

O comprimento l necessário para as placas é obtido subtraindo-se $2\,x_m$ do comprimento da viga:

$$l = 8 \text{ m} - 2(2{,}234 \text{ m}) = 3{,}532 \text{ m} \qquad l = 3{,}53 \text{ m} \blacktriangleleft$$

b. Largura necessária das placas. O momento fletor máximo ocorre em uma seção média C da viga. Usando $x = 4$ m na Equação (1), obtemos o momento fletor naquela seção:

$$M = (250 \text{ kN})(4 \text{ m}) = 1000 \text{ kN} \cdot \text{m}$$

Para usar a Equação (5.1), determinamos agora o momento de inércia da seção transversal da viga reforçada em relação a um eixo que passa pelo centroide da seção e a distância c daquele eixo até às superfícies externas das placas (Fig. 2). Do Apêndice E, verificamos que o momento de inércia de uma viga W690 × 125 é $I_v = 1190 \times 10^6$ mm⁴ e sua altura é $d = 678$ mm. De outra forma, chamando de t a espessura de uma placa, por b sua largura e por $\bar{y}$ a distância de seu centroide até a linha neutra, expressamos o momento de inércia I_p das duas placas em relação a esta linha:

$$I_p = 2(\tfrac{1}{12} bt^3 + A\bar{y}^2) = (\tfrac{1}{6} t^3)b + 2\, bt(\tfrac{1}{2} d + \tfrac{1}{2} t)^2$$

Substituindo $t = 16$ mm e $d = 678$ mm, obtemos $I_p = (3{,}854 \times 10^6 \text{ mm}^3)b$. O momento de inércia I da viga e das placas é

$$I = I_v + I_p = 1190 \times 10^6 \text{ mm}^4 + (3{,}854 \times 10^6 \text{ mm}^3)b \qquad (2)$$

e a distância da linha neutra até a superfície é $c = \tfrac{1}{2} d + t = 355$ mm. Resolvendo a Equação (5.1) em função de I e substituindo os valores de M, σ_{adm} e c,

$$I = \frac{|M|c}{\sigma_{adm}} = \frac{(1000 \text{ kN} \cdot \text{m})(355 \text{ mm})}{160 \text{ MPa}} = 2{,}219 \times 10^{-3} \text{ m}^4 = 2219 \times 10^6 \text{ mm}^4$$

Substituindo I por seu valor na Equação (2) e resolvendo para b, temos

$$2219 \times 10^6 \text{ mm}^4 = 1190 \times 10^6 \text{ mm}^4 + (3{,}854 \times 10^6 \text{ mm}^3)b$$
$$b = 267 \text{ mm} \blacktriangleleft$$

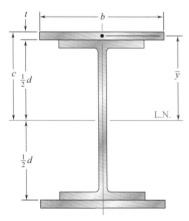

Fig. 2 Seção transversal da viga com placas de reforço.

PROBLEMAS

5.126 e 5.127 A viga AB, consistindo em uma placa de ferro fundido de espessura uniforme b e comprimento L, deve suportar a força mostrada. (a) Sabendo que a viga deve ser de resistência constante, expresse h em termos de x, L e h_0. (b) Determine a força máxima admissível se $L = 914$ mm, $h_0 = 305$ mm, $b = 31,8$ mm e $\sigma_{adm} = 165$ MPa.

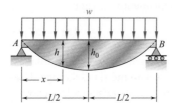
Fig. P5.126

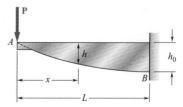
Fig. P5.127

5.128 e 5.129 A viga AB consiste em uma placa de ferro fundido de espessura uniforme b e comprimento L e deve suportar a força $w(x)$ mostrada. (a) Sabendo que a viga deve ser de resistência constante, expresse h em termos de x, L e h_0. (b) Determine o menor valor de h_0 se $L = 750$ mm, $b = 30$ mm, $w_0 = 300$ kN/m e $\sigma_{adm} = 200$ MPa.

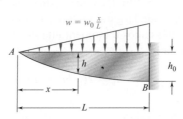
Fig. P5.128   Fig. P5.129

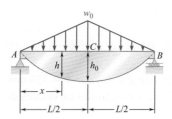
Fig. P5.130

5.130 e 5.131 A viga AB, consistindo em uma placa de alumínio de espessura uniforme b e comprimento L, deve suportar a força mostrada. (a) Sabendo que a viga deve ser de resistência constante, expresse h em termos de x, L e h_0 para a parte AC da viga. (b) Determine a força máxima admissível se $L = 800$ mm, $h_0 = 200$ mm, $b = 25$ mm e $\sigma_{adm} = 72$ MPa.

5.132 e 5.133 Um projeto preliminar para o uso de uma viga de madeira prismática em balanço indicou que seria necessária uma viga com seção transversal retangular com 50,8 mm de largura e 254 mm de altura para suportar com segurança a força mostrada na parte a da figura. Foi decidido então substituir essa viga por uma viga composta obtida colando-se, conforme mostra a parte b da figura, cinco peças da mesma madeira da viga original e de seção de $50,8 \times 50,8$ mm. Determine os comprimentos respectivos l_1 e l_2 das duas peças internas e externas de madeira que resultarão em um coeficiente de segurança igual ao do projeto original.

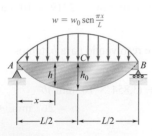
Fig. P5.131

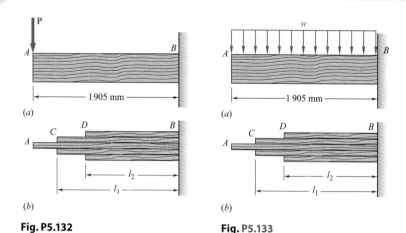

Fig. P5.132   **Fig. P5.133**

5.134 e 5.135 Um projeto preliminar para o uso de uma viga de madeira prismática simplesmente apoiada indicou que seria necessária uma viga com uma seção transversal retangular com 50 mm de largura e 200 mm de altura para suportar com segurança a força mostrada na parte *a* da figura. Foi decidido então substituir essa viga por uma viga composta obtida colando-se, como mostra a parte *b* da figura, quatro peças da mesma madeira da viga original e de seção transversal medindo 50 mm × 50 mm. Determine o comprimento *l* das duas peças externas de madeira que resultem no mesmo coeficiente de segurança do projeto original.

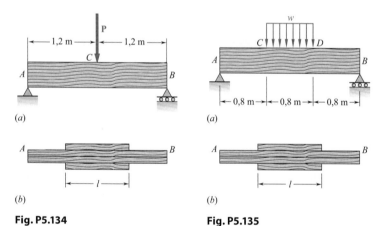

Fig. P5.134   **Fig. P5.135**

5.136 e 5.137 Um elemento de máquina de alumínio fundido com o formato de um sólido de revolução de diâmetro variável *d* está sendo projetado para suportar a força mostrada. Sabendo que o elemento de máquina deve ser de resistência constante, expresse *d* em termos de x, L e d_0.

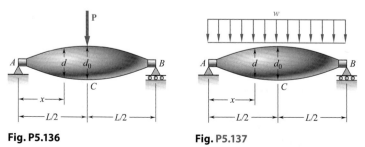

Fig. P5.136   **Fig. P5.137**

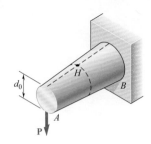

Fig. P5.138

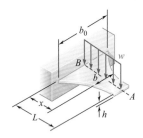

Fig. P5.139

5.138 Uma força transversal **P** é aplicada à extremidade A da peça cônica AB, conforme mostrado na figura. Chamando de d_0 o diâmetro do cone em A, mostre que a tensão normal máxima ocorre no ponto H, que está contido em uma seção transversal de diâmetro $d = 1{,}5\,d_0$.

5.139 A viga em balanço AB consiste em uma placa de aço com altura uniforme h e largura variável b feita para suportar a carga distribuída w ao longo de sua linha de centro AB. (a) Sabendo que a viga é para ser de resistência constante, expresse b em função de x, L e b_0. (b) Determine o máximo valor admissível de w se $L = 15$ in., $b_0 = 8$ in., $h = 0{,}75$ in. e $\sigma_{adm} = 24$ ksi.

5.140 Considerando que o comprimento e a largura das placas de reforço utilizadas com a viga do Problema Resolvido 5.12 são, respectivamente, $l = 4$ m e $b = 285$ mm, e lembrando que a espessura de cada placa é de 16 mm, determine a tensão normal máxima em uma seção transversal (a) no centro da viga e (b) imediatamente à esquerda de D.

5.141 Duas placas de reforço, cada uma com 12,7 mm de espessura, são soldadas a uma viga W690 × 125, conforme mostra a figura. Sabendo que $l = 3\,048$ mm e $b = 267$ mm, determine a tensão normal máxima em uma seção transversal (a) no centro da viga e (b) imediatamente à esquerda de D.

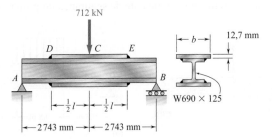

Fig. P5.141 e P5.142

5.142 Duas placas de reforço, cada uma com 12,7 mm de espessura, são soldadas a uma viga W690 × 125, conforme mostra a figura. Sabendo que $\sigma_{adm} = 165$ MPa para a viga e para as placas, determine o valor necessário para (a) o comprimento das placas e (b) a largura das placas.

5.143 Sabendo que $\sigma_{adm} = 150$ MPa, determine a maior força **P** concentrada que pode ser aplicada na extremidade E da viga mostrada.

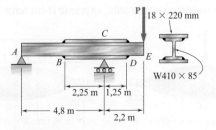

Fig. P5.143

5.144 Duas placas de reforço, cada uma com 7,5 mm de espessura, são soldadas a uma viga W460 × 74, conforme mostra a figura. Sabendo que $l = 5$ m e $b = 200$ mm, determine a tensão normal máxima em uma seção na transversal (a) no centro da viga e (b) imediatamente à esquerda de D.

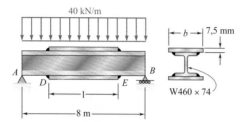

Fig. P5.144 e P5.145

5.145 Duas placas de reforço, cada uma com 7,5 mm de espessura, são soldadas a uma viga W460 × 74, conforme mostra a figura. Sabendo que $\sigma_{adm} = 150$ MPa para a viga e as placas, determine o valor necessário para (a) o comprimento das placas e (b) a largura das placas.

5.146 Duas placas de reforço, cada uma com 15,88 mm de espessura, são soldadas a uma viga W760 × 147, conforme mostra a figura. Sabendo que $l = 2743$ mm e $b = 304,8$ mm, determine a tensão normal máxima em uma seção transversal (a) no centro da viga e (b) imediatamente à esquerda de D.

5.147 Duas placas de reforço, cada uma com 15,88 mm de espessura, são soldadas a uma viga W760 × 147, conforme mostra a figura. Sabendo que $\sigma_{adm} = 151,7$ MPa para a viga e as placas, determine o valor necessário para (a) o comprimento das placas e (b) a largura das placas.

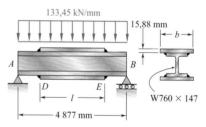

Fig. P5.146 e P5.147

5.148 Para a viga de altura variável mostrada na figura, sabendo que $P = 150$ kN, determine (a) a seção transversal na qual ocorre a tensão normal máxima e (b) o valor correspondente da tensão normal.

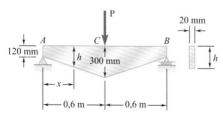

Fig. P5.148 e P5.149

5.149 Para a viga de altura variável mostrada na figura, determine (a) a seção transversal na qual ocorre a tensão normal máxima e (b) a maior força concentrada **P** que pode ser aplicada, sabendo que $\sigma_{adm} = 140$ MPa.

5.150 Para a viga de altura variável mostrada na figura, determine (a) a seção transversal na qual ocorre a tensão normal máxima e (b) a maior força distribuída w que pode ser aplicada, sabendo que $\sigma_{adm} = 165$ MPa.

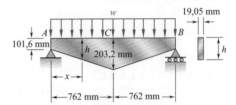

Fig. P5.150

5.151 Para a viga de altura variável mostrada na figura, determine (a) a seção transversal na qual ocorre a tensão normal máxima e (b) a maior força concentrada **P** que pode ser aplicada, sabendo que $\sigma_{adm} = 165$ MPa.

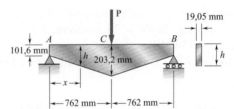

Fig. P5.151

REVISÃO E RESUMO

Projeto de vigas prismáticas

Este capítulo foi dedicado à análise ao projeto de vigas sob carregamentos transversais. Carregamentos podem ser formados por forças concentradas ou forças distribuídas, e as vigas são classificadas de acordo com a maneira pela qual são vinculadas (Fig. 5.20). Foram consideradas somente as vigas *estaticamente determinadas*; a análise de vigas estaticamente indeterminadas é feita no Capítulo 9.

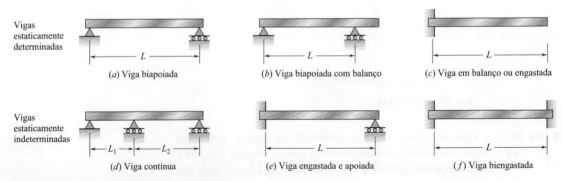

Fig. 5.20 Disposições comuns de apoio de vigas.

Tensões normais provocadas pelo momento fletor

Embora os carregamentos transversais provoquem momento fletor e força cortante em uma viga, as tensões normais provocadas pelo momento fletor são o critério dominante no projeto de uma viga quanto à resistência (Seção 5.1). Portanto, este capítulo tratou somente da determinação das tensões normais em uma viga. O efeito das tensões de cisalhamento será examinado no Capítulo 6.

A fórmula da flexão para a determinação do valor máximo da tensão normal σ_m em uma seção da viga é

$$\sigma_m = \frac{|M|c}{I} \quad (5.1)$$

em que I é o momento de inércia da seção transversal em relação ao eixo que passa pelo centroide perpendicular ao plano do momento fletor **M**, e c é a distância máxima da superfície neutra (Fig. 5.21). Introduzindo o módulo de resistência à flexão da seção $W = I/c$ da viga, o valor máximo σ_m da tensão normal na seção pode ser expresso como

$$\sigma_m = \frac{|M|}{W} \quad (5.3)$$

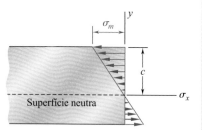

Fig. 5.21 Distribuição da tensão normal linear por momento fletor.

Diagramas de força cortante e de momento fletor

Conclui-se da Equação (5.1) que a tensão normal máxima ocorre na seção em que $|M|$ é maior, no ponto mais afastado da linha neutra. A determinação do valor máximo de $|M|$ e da seção crítica da viga na qual ele ocorre fica bastante simplificada se traçarmos um *diagrama de força cortante* e um *diagrama de momento fletor*. Esses diagramas representam, respectivamente, a variação da força cortante e do momento fletor ao longo da viga, e são obtidos determinando-se os valores de V e M em pontos selecionados da viga. Esses valores foram encontrados cortando-se a viga em uma seção em que eles deveriam ser determinados e desenhando o diagrama de corpo livre de qualquer uma das partes da viga obtidas dessa maneira. Para evitar qualquer confusão referente ao sentido da força cortante **V** e do momento fletor **M** (que atuam em sentidos opostos nas duas partes da viga), seguimos a convenção de sinais adotada anteriormente no texto e ilustrada na Fig. 5.22.

(*a*) Esforços internos (força cortante positiva e momento fletor positivo)

Fig. 5.22 Convenção de sinal positivo para força cortante e momento fletor internos.

Relações entre força, força cortante e momento fletor

A construção dos diagramas de força cortante e de momento fletor é facilitada se forem levadas em conta as relações a seguir. Chamando de w a força distribuída por unidade de comprimento (supondo que positivo seja dirigido para baixo),

$$\frac{dV}{dx} = -w \qquad \frac{dM}{dx} = V \quad (5.5, 5.7)$$

ou, na forma integrada,

$V_D - V_C = -$(área sob a curva da força entre C e D)   (5.6b)
$M_D - M_C =$ área sob a curva da força cortante entre C e D (5.8b)

A Equação (5.6b) torna possível traçar o diagrama de força cortante de uma viga a partir da curva que representa a força distribuída naquela viga e o valor de V em uma de suas extremidades. Analogamente, a Equação (5.8b) permite traçar o diagrama de momento fletor por meio do diagrama de força cortante e o valor de M em uma extremidade da viga. No entanto, forças concentradas introduzem descontinuidades no diagrama de força cortante e momentos concentrados no diagrama de momento fletor; nenhum deles foi levado em conta nessas equações. Os pontos da viga em que o momento fletor é máximo ou mínimo também são pontos em que a força cortante é zero (Equação 5.7).

Projeto de vigas prismáticas

Tendo determinado σ_{adm} para o material utilizado, e considerando que o projeto da viga é controlado por sua tensão normal máxima, conclui-se que o valor mínimo admissível para o módulo de resistência à flexão da seção é:

$$W_{mín} = \frac{|M|_{máx}}{\sigma_{adm}} \tag{5.9}$$

Para uma viga de madeira de seção transversal retangular, $W = \frac{1}{6}bh^2$, em que b é a largura da viga e h sua altura. As dimensões da seção, portanto, devem ser selecionadas de maneira que $\frac{1}{6}bh^2 \geq W_{mín}$.

Para uma viga de aço laminado, consulte a tabela apropriada no Apêndice C. Entre as seções de vigas disponíveis, considere somente aquelas com um módulo de resistência à flexão da seção $W \geq W_{mín}$. Desse grupo normalmente seleciona-se a seção com o menor peso por unidade de comprimento.

Funções de singularidade

Um método alternativo para a determinação dos valores máximos da força cortante e do momento fletor é baseado no uso das *funções de singularidade* $\langle x - a \rangle^n$. Para $n \geq 0$,

$$\langle x - a \rangle^n = \begin{cases} (x - a)^n & \text{quando } x \geq a \\ 0 & \text{quando } x < a \end{cases} \tag{5.14}$$

Função degrau

Observamos que sempre que a quantidade entre os colchetes for positiva ou zero, ela deverá ser substituída por parênteses comuns, e sempre que aquela quantidade for negativa, o próprio colchete será igual a zero. Notamos também que as funções de singularidade podem ser integradas e diferenciadas como binômios comuns. Finalmente, observamos que a função de singularidade correspondente a $n = 0$ é descontínua em $x = a$ (Fig. 5.23). Essa função é chamada de *função degrau*.

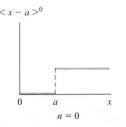

Fig. 5.23 Singularidade da função degrau.

$$\langle x - a \rangle^0 = \begin{cases} 1 & \text{quando } x \geq a \\ 0 & \text{quando } x < a \end{cases} \tag{5.15}$$

Usando funções de singularidade para expressar força cortante e momento fletor

O uso das funções de singularidade permite representar a força cortante e o momento fletor em uma viga por meio de uma expressão simples, válida em qualquer ponto da viga. Por exemplo, a contribuição para a força cortante da força concentrada **P** aplicada ao ponto médio C de uma viga simplesmente apoiada (Fig. 5.24) pode ser representada por $-P\langle x - \frac{1}{2}L\rangle^0$, pois esta expressão é igual a zero à esquerda de C, e igual a $-P$ à direita de C. Acrescentando a contribuição da reação $R_A = \frac{1}{2}P$ em A, a força cortante em qualquer ponto da viga é

$$V(x) = \tfrac{1}{2}P - P\langle x - \tfrac{1}{2}L\rangle^0$$

O momento fletor é obtido integrando essa expressão:

$$M(x) = \tfrac{1}{2}Px - P\langle x - \tfrac{1}{2}L\rangle^1$$

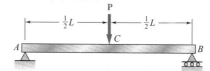

Fig. 5.24 Viga biapoiada com um carregamento concentrado no ponto médio C.

Carregamentos de extremidade aberta equivalentes

As funções de singularidade que representam, respectivamente, o carregamento, a força cortante e o momento fletor correspondente a vários carregamentos básicos foram dadas na Fig. 5.16. Notamos que um carregamento distribuído que não se estenda até a extremidade direita da viga, ou que seja descontínuo, deverá ser substituído por uma combinação equivalente de carregamentos de extremidade aberta. Por exemplo, uma força uniformemente distribuída que se estenda de $x = a$ até $x = b$ (Fig. 5.25) é

$$w(x) = w_0\langle x - a\rangle^0 - w_0\langle x - b\rangle^0$$

A contribuição desse carregamento para a força cortante e o momento fletor pode ser obtida por meio de duas integrações sucessivas. No entanto, deve-se tomar cuidado para incluir também na expressão da força cortante $V(x)$ a contribuição das forças concentradas e reações, e para incluir na expressão do momento fletor $M(x)$ a contribuição dos momentos concentrados.

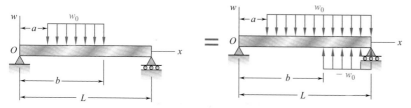

Fig. 5.25 Uso de carregamentos com extremidade aberta para criar um carregamento com extremidade fechada.

Vigas não prismáticas

Vigas não prismáticas são vigas de seção transversal variável. Selecionando a forma e o tamanho da seção transversal de maneira que seu módulo de resistência à flexão da seção $W = I/c$ varie ao longo da viga da mesma maneira que o momento fletor M, poderíamos projetar vigas para as quais σ_m em cada seção fosse igual a σ_{adm}. Essas vigas, chamadas de *vigas de resistência constante*, proporcionam claramente um uso mais eficaz do material que as vigas prismáticas. O módulo de resistência à flexão da seção em qualquer seção ao longo da viga é

$$W = \frac{M}{\sigma_{adm}} \tag{5.18}$$

PROBLEMAS DE REVISÃO

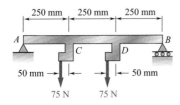

Fig. P5.152

5.152 Trace os diagramas de força cortante e momento fletor para a viga e o carregamento mostrados e determine o valor máximo absoluto (*a*) da força cortante e (*b*) do momento fletor.

5.153 Desenhe os diagramas de força cortante e de momento fletor para a viga e o carregamento mostrado e determine a tensão normal máxima em razão da flexão.

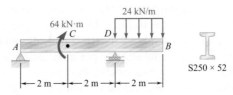

Fig. P5.153

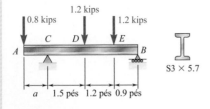

Fig. P5.154

5.154 Determine (*a*) a distância para a qual o valor absoluto do momento fletor na viga seja o menor possível, (*b*) a correspondente tensão normal máxima em razão da flexão. (Veja a sugestão do Prob. 5.27.)

5.155 Determine (*a*) as equações das curvas de força cortante e momento fletor para a viga e o carregamento mostrados na figura e (*b*) o valor máximo absoluto do momento fletor na viga.

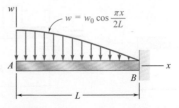

Fig. P5.155

5.156 Trace os diagramas de força cortante e momento fletor para a viga e o carregamento mostrados e determine a máxima tensão normal em razão do momento.

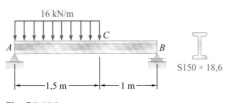

Fig. P5.156

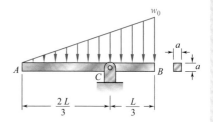

Fig. P5.157

5.157 A viga AB, de comprimento L e seção transversal quadrada de lado a, é apoiada por um pivô em C e carregada conforme mostra a figura. (a) Verifique se a viga está em equilíbrio. (b) Mostre que a tensão máxima provocada pelo momento fletor ocorre em C e é igual a $w_0 L^2/(1{,}5a)^3$.

5.158 Para a viga e o carregamento mostrados, projete a seção transversal da viga, sabendo que o tipo de madeira utilizada tem uma tensão normal admissível de 1750 psi.

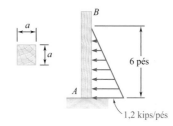

Fig. P5.158

5.159 Sabendo que a tensão normal admissível para o aço utilizado é de 24 ksi, selecione a viga de mesa larga mais econômica para suportar o carregamento mostrado.

5.160 Três placas de aço são soldadas juntas para formar a viga mostrada. Sabendo que a tensão normal admissível para o aço utilizado é de 22 ksi, determine a largura mínima b do flange que poderá ser usada.

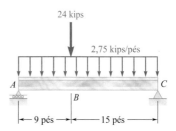

Fig. P5.159

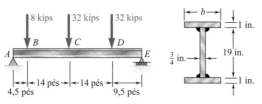

Fig. P5.160

5.161 (a) Utilizando funções de singularidade, encontre a intensidade e posição do máximo momento fletor para a viga e carregamento mostrados. (b) Determine a tensão normal máxima em razão da flexão.

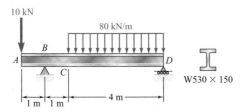

Fig. P5.161

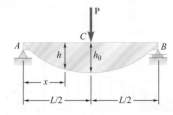

Fig. P5.162

5.162 A viga AB, consistindo em uma placa de alumínio de espessura uniforme b e comprimento L, suporta a carga mostrada. (*a*) Sabendo que a viga tem resistência constante, expresse h em termos de x, L e h_0 no intervalo AC da viga. (*b*) Determine a carga admissível máxima se $L = 800$ mm, $h_0 = 200$ mm, $b = 25$ mm e $\sigma_{adm} = 72$ MPa.

5.163 Uma viga em balanço AB consistindo em uma placa de altura constante h e largura b variável suporta a carga concentrada **P** no ponto A. (*a*) Sabendo que a viga é de resistência constante, expresse b em termos de x, L e b_0. (*b*) Determine o menor valor admissível de h se $L = 300$ mm, $b_0 = 375$ mm, $P = 14,4$ kN e $\sigma_{adm} = 160$ MPa.

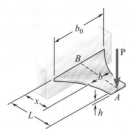

Fig. P5.163

PROBLEMAS PARA COMPUTADOR

Os problemas a seguir devem ser resolvidos usando um computador.

5.C1 Várias forças concentradas podem ser aplicadas a uma viga, conforme mostra a figura. Elabore um programa de computador que possa ser utilizado para calcular a força cortante, o momento fletor e a tensão normal em qualquer ponto da viga para determinado carregamento da viga e determinado valor de seu módulo de resistência à flexão da seção. Use esse programa para resolver os Problemas 5.18, 5.21 e 5.25. (Sugestão: Os valores máximos ocorrerão em um apoio ou sob uma força.)

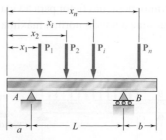

Fig. P5.C1

5.C2 Uma viga de madeira deve ser projetada para suportar uma força distribuída e até duas forças concentradas, conforme mostra a figura. Uma das dimensões de sua seção transversal retangular uniforme foi especificada, e a outra deve ser determinada de maneira que a tensão normal máxima na viga não exceda certo valor admissível σ_{adm}. Elabore um programa que possa ser utilizado para calcular em dados intervalos ΔL a força cortante, o momento fletor e o menor valor aceitável da dimensão desconhecida. Utilize esse programa para resolver os problemas seguintes usando os intervalos ΔL indicados: (a) Problema 5.65 ($\Delta L = 0{,}1$m), (b) Problema 5.69 ($\Delta L = 0{,}3$ m) e (c) Problema 5.70 ($\Delta L = 0{,}2$ m).

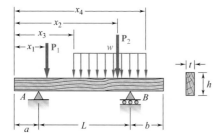

Fig. P5.C2

5.C3 Duas placas de reforço, cada uma com espessura t, devem ser soldadas a uma viga de mesa larga de comprimento L, que deve suportar uma força w uniformemente distribuída. Chamando de σ_{adm} a tensão normal admissível na viga e nas placas, de d a altura da viga e de I_v e W_v, respectivamente, o momento de inércia e o módulo de resistência da seção transversal da viga sem reforço em relação a um eixo horizontal que passa pelo centroide da seção, elabore um programa de computador que possa ser utilizado para calcular o valor necessário (a) do comprimento a das placas e (b) da largura b das placas. Use esse programa para resolver o Problema 5.145.

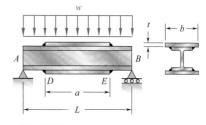

Fig. P5.C3

5.C4 Duas forças de 111,2 kN são mantidas separadas em 1 829 mm enquanto são movidas lentamente por uma viga AB de 5 486 mm. Elabore um programa de computador que possa ser utilizado para calcular o momento fletor sob cada força, e no ponto médio C da viga para valores de x de 0 até 7 315,2 mm em intervalos $\Delta x = 457{,}2$ mm.

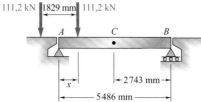

Fig. P5.C4

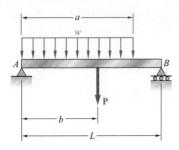

Fig. P5.C5

5.C5 Elabore um programa de computador que possa ser utilizado para traçar os diagramas de força cortante e de momento fletor para a viga e o carregamento mostrados. Aplique programa para resolver os seguintes problemas, utilizando os intervalos ΔL indicados: (a) Problema 5.9 ($\Delta L = 0,1$ m) e (b) Problema 5.159 ($\Delta L = 0,2$ pés).

5.C6 Elabore um programa de computador que possa ser utilizado para traçar os diagramas de força cortante e de momento fletor para a viga e o carregamento mostrados. Aplique esse programa com um intervalo de construção do diagrama de $\Delta L = 0,025$ m para a viga e o carregamento do Problema 5.112.

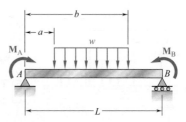

Fig. P5.C6

6
Tensões de cisalhamento em vigas e elementos de parede fina

Um tabuleiro de concreto será rigidamente conectado às seções de aço com paredes finas para formar uma longarina de seção caixão composta. Neste capítulo, serão determinados vários tipos de tensões de cisalhamento em vigas e longarinas.

OBJETIVOS

Neste capítulo, vamos:

- **Demonstrar** como as ações transversais nas vigas produzem tensões de cisalhamento.
- **Determinar** as tensões e o fluxo de cisalhamento em uma seção horizontal de uma viga.
- **Determinar** tensões de cisalhamento em vigas de paredes finas.
- **Descrever** as deformações plásticas decorrentes de força cortante.
- **Reconhecer** os casos de carregamento simétrico e não simétrico.
- **Utilizar** o fluxo de cisalhamento para determinar a localização do centro de cisalhamento em vigas não simétricas.

Introdução

6.1 Tensão de cisalhamento horizontal nas vigas

6.1.1 Força cortante na face horizontal de um elemento de viga

6.1.2 Tensões de cisalhamento em uma viga

6.1.3 Tensões de cisalhamento τ_{xy} em tipos comuns de vigas

*6.2 Distribuição de tensões em viga de seção retangular esbelta

6.3 Cisalhamento longitudinal em um elemento de viga de seção arbitrária

6.4 Tensões de cisalhamento em barras de paredes finas

*6.5 Deformações plásticas

*6.6 Carregamento assimétrico em barras de paredes finas e centro de cisalhamento

INTRODUÇÃO

As tensões de cisalhamento são importantes, particularmente no projeto de barras de paredes finas e vigas curtas e grossas, e sua análise será o assunto da primeira parte deste capítulo.

A Fig. 6.1 expressa graficamente que as forças elementares normais e de cisalhamento aplicadas em determinada seção transversal de uma viga prismática com um plano vertical de simetria são equivalentes ao momento fletor **M** e à força cortante **V**. Seis equações podem ser escritas para expressar esse fato. Três delas envolvem somente as forças normais $\sigma_x \, dA$ e já foram discutidas na Seção 4.2; elas são as Equações (4.1), (4.2) e (4.3). Para a determinação dessas equações foi imposto que a soma das forças normais fosse zero e que as somas de seus momentos em relação aos eixos y e z fossem iguais a zero e M, respectivamente. Outras três equações envolvendo forças de cisalhamento $\tau_{xy} \, dA$ e $\tau_{xz} \, dA$ podem agora ser escritas. Uma delas expressa que a soma dos momentos das forças de cisalhamento em relação ao eixo x é zero e pode ser desconsiderada em vista da simetria da viga com relação ao plano xy. As outras duas envolvem as componentes y e z das forças elementares e são

$$\text{componentes } y: \quad \int \tau_{xy} \, dA = -V \quad (6.1)$$

$$\text{componentes } z: \quad \int \tau_{xz} \, dA = 0 \quad (6.2)$$

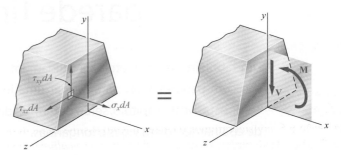

Fig. 6.1 Todas as tensões nas áreas elementares (esquerda) são somadas para fornecer a força cortante V e o momento fletor M.

A Equação (6.1) mostra que devem existir tensões de cisalhamento verticais em uma seção transversal de uma viga sob carregamento transversal. A Equação (6.2) indica que a tensão de cisalhamento horizontal média em qualquer seção é zero. No entanto, isso não significa que a tensão de cisalhamento τ_{xz} seja zero em todos os pontos.

Consideremos um pequeno elemento de volume localizado no plano vertical de simetria da viga (do qual τ_{xz} deve ser zero) e examinaremos as tensões aplicadas em suas faces (Fig. 6.2). Uma tensão normal σ_x e uma tensão de cisalhamento τ_{xy} são aplicadas em cada uma das duas faces perpendiculares ao eixo x. No entanto, de acordo com o Capítulo 1, sabemos que quando tensões de cisalhamento τ_{xy} são aplicadas às faces verticais de um elemento, tensões iguais devem ser aplicadas nas faces horizontais do mesmo elemento. Concluímos então que devem existir tensões de cisalhamento longitudinais em qualquer elemento submetido a carregamento transversal. Isso pode ser verificado

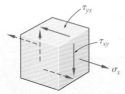

Fig. 6.2 Estado de tensão em elemento de uma seção de viga sob carregamento transversal.

considerando-se uma viga em balanço feita de pranchas separadas, mas unidas em uma das extremidades (Fig. 6.3a). Quando uma força transversal **P** é aplicada à extremidade livre dessa viga composta, observa-se que as pranchas deslizam uma em relação à outra (Fig. 6.3b). No entanto, se um momento **M** é aplicado à extremidade livre da mesma viga composta (Fig. 6.3c), as várias pranchas se flexionarão em arcos de círculo concêntricos e não deslizarão umas em relação às outras, verificando-se assim o fato de que não ocorre cisalhamento em uma viga submetida à flexão pura (ver Seção 4.3).

Embora o deslizamento realmente não ocorra quando uma força transversal **P** é aplicada a uma viga feita de um material homogêneo e coesivo como o aço, a tendência ao deslizamento existe, mostrando que ocorrem tensões em planos horizontais longitudinais, bem como em planos verticais transversais. No caso das vigas de madeira, cuja resistência ao cisalhamento é menor entre as fibras, a falha ocorrerá ao longo do plano longitudinal, e não ao longo do plano transversal (Foto 6.1).

Na Seção 6.1.1, será considerado um elemento de viga de comprimento Δx limitado por dois planos transversais e um plano horizontal, e será determinada a força cortante $\Delta \mathbf{H}$ exercida em sua face horizontal, bem como a força cortante por unidade de comprimento, q, também conhecida como *fluxo de cisalhamento*. Na Seção 6.1.2 será deduzida uma fórmula para a tensão de cisalhamento em uma viga com um plano vertical de simetria, e essa fórmula será usada na Seção 6.1.3 para determinar as tensões de cisalhamento em tipos comuns de vigas. A distribuição de tensões em uma viga retangular estreita será melhor discutida na Seção 6.2.

A dedução dada na Seção 6.1 será retomada na Seção 6.3, para abranger o caso de um elemento de viga limitado por dois planos transversais e uma superfície curva. Isso nos permitirá, na Seção 6.4, determinar as tensões de cisalhamento em qualquer ponto de uma barra simétrica de paredes finas, como as mesas das vigas de mesas largas e vigas caixão. O efeito das deformações plásticas sobre a intensidade e a distribuição das tensões de cisalhamento será discutido na Seção 6.5.

Na Seção 6.6, consideraremos o carregamento assimétrico em barras de paredes finas e introduziremos o conceito de *centro de cisalhamento* para determinar a distribuição de tensões de cisalhamento nesses elementos.

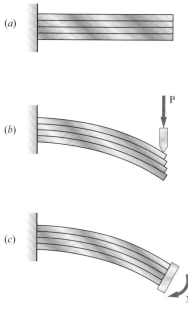

Fig. 6.3 (a) Viga feita de pranchas para ilustrar a função das tensões de cisalhamento. (b) Pranchas deslizam uma em relação a outra quando carregadas transversalmente. (c) Momento fletor causa deflexão sem deslizamento.

Foto 6.1 Falha longitudinal de cisalhamento em uma viga de madeira carregada em laboratório. Cortesia de John DeWolf

6.1 TENSÃO DE CISALHAMENTO HORIZONTAL NAS VIGAS

6.1.1 Força cortante na face horizontal de um elemento de viga

Considere uma viga prismática AB com um plano vertical de simetria que suporta várias forças concentradas e distribuídas (Fig. 6.4). A uma distância x da extremidade A, separamos da viga um elemento $CDD'C'$ de comprimento Δx que se estende por sua largura desde a sua superfície superior até um plano horizontal localizado a uma distância y_1 da linha neutra (Fig. 6.5). As forças exercidas nesse elemento consistem em forças cortantes verticais $\mathbf{V}'_C$ e $\mathbf{V}'_D$, uma força cortante horizontal $\Delta \mathbf{H}$ aplicada na face inferior do elemento, forças elementares horizontais normais $\sigma_C \, dA$ e $\sigma_D \, dA$ e, possivelmente, uma força $w \, \Delta x$ (Fig. 6.6). A equação de equilíbrio para as forças horizontais é

$$\overset{+}{\to} \sum F_x = 0: \qquad \Delta H + \int_a (\sigma_D - \sigma_C)\, dA = 0$$

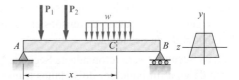

Fig. 6.4 Viga sob carregamento transversal com plano vertical de simetria.

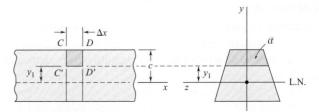

Fig. 6.5 Pequeno segmento da viga com o elemento da tensão $CDD'C'$ definido.

em que a integral se estende sobre a área sombreada da seção localizada acima da linha $y = y_1$. Resolvendo essa equação para ΔH e usando a Equação (5.2) da Seção 5.1, $\sigma = My/I$, para expressar as tensões normais em termos dos momentos fletores em C e D, temos

$$\Delta H = \frac{M_D - M_C}{I} \int_a y \, dA \qquad (6.3)$$

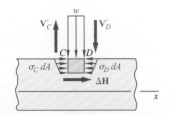

Fig. 6.6 Forças aplicadas no elemento $CDD'C'$.

A integral na Equação (6.3) representa o *momento estático* em relação à linha neutra da parte 𝒶 da seção transversal da viga que está localizada acima da linha $y = y_1$ e será representada por Q. Entretanto, usando a Equação (5.7), podemos expressar o incremento $M_D - M_C$ do momento fletor como

$$M_D - M_C = \Delta M = (dM/dx)\, \Delta x = V\, \Delta x$$

Substituindo na Equação (6.3), a força cortante horizontal aplicada ao elemento de viga é

$$\Delta H = \frac{VQ}{I} \Delta x \qquad (6.4)$$

O mesmo resultado teria sido obtido se tivéssemos utilizado como corpo livre o elemento inferior $C'D'D''C''$, em lugar do elemento superior $CDD'C'$ (Fig. 6.7), visto que as forças cortantes $\Delta \mathbf{H}$ e $\Delta \mathbf{H}'$ que atuam nos dois elementos são iguais e opostas, pois uma é reação da outra. Isso nos leva a observar que o momento estático Q da parte 𝒶' da seção transversal localizada abaixo da linha $y = y_1$ (Fig. 6.7) é igual em intensidade e oposto em sinal ao momento estático da parte 𝒶 localizada acima da linha (Fig. 6.5). Sem dúvida, a soma desses dois momentos é igual ao momento estático da seção transversal inteira em relação ao seu eixo que passa pelo centroide e, portanto, deve ser zero. Essa propriedade às vezes pode ser usada para simplificar o cálculo de Q. Notamos também que Q é máximo para $y_1 = 0$, pois os elementos da seção transversal localizados acima da linha neutra contribuem positivamente para a integral na na Equação (6.3) que define Q, enquanto os elementos localizados abaixo da linha contribuem negativamente.

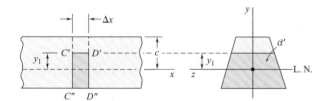

Fig. 6.7 Pequeno segmento da viga com o elemento da tensão $C'D'D''C''$ definido.

A *força cortante horizontal por unidade de comprimento*, que será representada pela letra q, é obtida dividindo-se ambos os membros da Equação (6.4) por Δx:

$$q = \frac{\Delta H}{\Delta x} = \frac{VQ}{I} \qquad (6.5)$$

Lembramos que Q é o momento estático em relação à linha neutra da parte da seção transversal localizada acima ou abaixo do ponto no qual q está sendo calculado, e I é o momento de inércia da seção transversal *inteira* em relação ao eixo que passa pelo centroide. A força cortante horizontal por unidade de comprimento q é também chamada de *fluxo de cisalhamento* e será discutida na Seção 6.4.

Aplicação do conceito 6.1

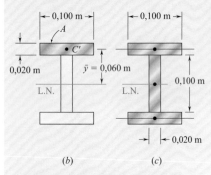

Fig. 6.8 (a) Viga composta feita de três pranchas pregadas umas às outras. (b) Seção transversal para calcular Q. (c) Seção transversal para calcular o momento de inércia.

Uma viga é feita de três pranchas, com seção transversal de 20 × 100 mm, pregadas umas às outras (Fig. 6.8a). Sabendo que o espaçamento entre os pregos é de 25 mm e que a força cortante vertical na viga é $V = 500$ N, determine a força cortante em cada prego.

Primeiramente, determinamos a força horizontal por unidade de comprimento, q, exercida sobre a face inferior da prancha superior. Usamos a Equação (6.5), em que Q representa o momento estático em relação à linha neutra da área sombreada A mostrada na Fig. 6.8b, e na qual I é o momento de inércia em relação à mesma linha da seção transversal inteira (Fig. 6.8c). Lembrando que o momento estático de uma área em relação a um dado eixo é igual ao produto dessa área pela distância entre seu centroide e esse eixo,[†]

$$Q = A\bar{y} = (0{,}020 \text{ m} \times 0{,}100 \text{ m})(0{,}060 \text{ m})$$
$$= 120 \times 10^{-6} \text{ m}^3$$
$$I = \tfrac{1}{12}(0{,}020 \text{ m})(0{,}100 \text{ m})^3$$
$$+ 2[\tfrac{1}{12}(0{,}100 \text{ m})(0{,}020 \text{ m})^3$$
$$+ (0{,}020 \text{ m} \times 0{,}100 \text{ m})(0{,}060 \text{ m})^2]$$
$$= 1{,}667 \times 10^{-6} + 2(0{,}0667 + 7{,}2)10^{-6}$$
$$= 16{,}20 \times 10^{-6} \text{ m}^4$$

Substituindo na Equação (6.5), escrevemos

$$q = \frac{VQ}{I} = \frac{(500 \text{ N})(120 \times 10^{-6} \text{ m}^3)}{16{,}20 \times 10^{-6} \text{ m}^4} = 3\,704 \text{ N/m}$$

Como o espaçamento entre os pregos é de 25 mm, a força cortante em cada prego é

$$F = (0{,}025 \text{ m})q = (0{,}025 \text{ m})(3\,704 \text{ N/m}) = 92{,}6 \text{ N}$$

6.1.2 Tensões de cisalhamento em uma viga

Considere novamente uma viga com um plano vertical de simetria, submetida a várias forças concentradas ou distribuídas aplicadas naquele plano. Se por meio de dois cortes verticais e um corte horizontal, separarmos da viga um elemento de comprimento Δx (Fig. 6.9), a intensidade ΔH da força cortante exercida na face horizontal do elemento pode ser obtida da Equação (6.4). A *tensão de cisalhamento média* $\tau_{\text{méd}}$ naquela face do elemento é obtida dividindo-se ΔH pela área ΔA da face. Observando que $\Delta A = t\,\Delta x$, em que t é a largura do elemento no corte, escrevemos

$$\tau_{\text{méd}} = \frac{\Delta H}{\Delta A} = \frac{VQ}{I}\frac{\Delta x}{t\,\Delta x}$$

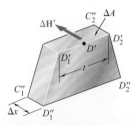

Fig. 6.9 Elemento de tensão $C'D'D''C''$ mostrando a força cortante em um plano horizontal.

[†] Ver o Apêndice B.

ou

$$\tau_{\text{méd}} = \frac{VQ}{It} \qquad (6.6)$$

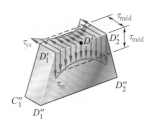

Fig. 6.10 Elemento de tensão $C'D'D''C''$ mostrando a distribuição da tensão de cisalhamento ao longo de $D'_1 D'_2$.

Notamos que, como as tensões de cisalhamento τ_{xy} e τ_{yx} exercidas, respectivamente, em um plano transversal e um plano horizontal por meio de D' são iguais, a expressão obtida também representará o valor médio de τ_{xy} ao longo da linha $D'_1 D'_2$ (Fig. 6.10).

Observamos que $\tau_{yx} = 0$ nas faces superior e inferior da viga, pois não há forças exercidas nessas faces. Conclui-se que $\tau_{xy} = 0$ ao longo das bordas superior e inferior da seção transversal (Fig. 6.11). Notamos também que, enquanto Q é máximo para $y = 0$ (ver Seção 6.1A), $\tau_{\text{méd}}$ pode não ser máximo ao longo da linha neutra, pois $\tau_{\text{méd}}$ depende da largura t da seção, bem como de Q.

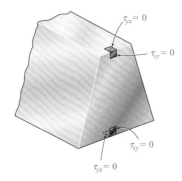

Fig. 6.11 Seção transversal da viga mostrando que a tensão de cisalhamento é zero nas partes superior e inferior da viga.

Enquanto a largura da seção transversal da viga permanece pequena comparada com sua altura, a tensão de cisalhamento varia ligeiramente ao longo da linha $D'_1 D'_2$ (Fig. 6.10), e a Equação (6.6) pode ser usada para calcular τ_{xy} em qualquer ponto ao longo de $D'_1 D'_2$. Na realidade, τ_{xy} é maior nos pontos D'_1 e D'_2 do que em D', mas a teoria da elasticidade mostra[†] que, para uma viga de seção retangular de largura b e altura h, e desde que $b \leq h/4$, o valor da tensão de cisalhamento nos pontos C_1 e C_2 (Fig. 6.12) não excede em mais de 0,8% o valor médio da tensão calculada ao longo da linha neutra.

Em contrapartida, para valores grandes de b/h, o valor $\tau_{\text{máx}}$ da tensão em C_1 e C_2 pode ser muitas vezes maior do que o valor médio $\tau_{\text{méd}}$ calculado ao longo da linha neutra, como podemos observar na tabela a seguir.

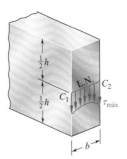

Fig. 6.12 Distribuição da tensão de cisalhamento ao longo da linha neutra da seção transversal da viga retangular.

b/h	0,25	0,5	1	2	4	6	10	20	50
$\tau_{\text{máx}}/\tau_{\text{méd}}$	1,008	1,033	1,126	1,396	1,988	2,582	3,770	6,740	15,65
$\tau_{\text{mín}}/\tau_{\text{méd}}$	0,996	0,983	0,940	0,856	0,805	0,800	0,800	0,800	0,800

[†] Ver S. P. Timoshenko and J. N. Goodier, *Theory of Elasticity*, McGraw-Hill, New York, 3d ed., 1970, sec. 124.

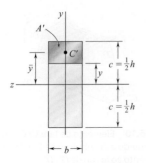

Fig. 6.13 Termos geométricos para a seção retangular utilizados para calcular a tensão de cisalhamento.

6.1.3 Tensões de cisalhamento τ_{xy} em tipos comuns de vigas

Vimos na seção anterior que, para uma *viga retangular estreita*, isto é, para uma viga de seção retangular com largura b e altura h em que $b \leq \frac{1}{4}h$, a variação da tensão de cisalhamento τ_{xy} através da largura da viga é menos do que 0,8% de $\tau_{méd}$. Podemos, portanto, usar a Equação (6.6) em aplicações práticas para determinar a tensão de cisalhamento em qualquer ponto da seção transversal de uma viga retangular estreita,

$$\tau_{xy} = \frac{VQ}{It} \qquad (6.7)$$

em que t é igual à largura b da viga, e Q é o momento estático em relação à linha neutra da área sombreada A' (Fig. 6.13).

Observando que a distância da linha neutra até o centroide C' de A' é $\bar{y} = \frac{1}{2}(c + y)$ e lembrando que $Q = A'\bar{y}$,

$$Q = A'\bar{y} = b(c - y)\tfrac{1}{2}(c + y) = \tfrac{1}{2}b(c^2 - y^2) \qquad (6.8)$$

Recordando que $I = bh^3/12 = \tfrac{2}{3}bc^3$,

$$\tau_{xy} = \frac{VQ}{Ib} = \frac{3}{4}\frac{c^2 - y^2}{bc^3}V$$

ou, notando que a área da seção transversal da viga é $A = 2bc$,

$$\tau_{xy} = \frac{3}{2}\frac{V}{A}\left(1 - \frac{y^2}{c^2}\right) \qquad (6.9)$$

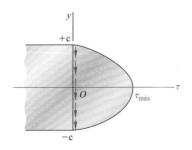

Fig. 6.14 Distribuição da tensão de cisalhamento na seção transversal da viga retangular.

A Equação (6.9) mostra que a distribuição de tensões de cisalhamento em uma seção transversal de uma barra retangular é *parabólica* (Fig. 6.14). Conforme já havíamos observado na seção anterior, as tensões de cisalhamento são iguais a zero na parte superior e inferior da seção transversal ($y = \pm c$). Fazendo $y = 0$ na Equação (6.9), obtemos o valor da tensão de cisalhamento máxima em determinada seção de uma *barra retangular estreita*:

$$\tau_{máx} = \frac{3}{2}\frac{V}{A} \qquad (6.10)$$

A relação obtida mostra que o valor máximo da tensão de cisalhamento em uma viga de seção transversal retangular é 50% maior que o valor V/A que seria obtido considerando erradamente uma distribuição de tensão uniforme por toda a seção transversal.

No caso de *vigas com seção em perfil do tipo I* (*padrão americano*) ou do *tipo W* (*viga de mesas largas*), a Equação (6.6) pode ser usada para determinar o valor médio da tensão de cisalhamento τ_{xy} sobre uma seção aa' ou bb' da seção transversal dessa viga (Figuras 6.15a e b). Então

$$\tau_{méd} = \frac{VQ}{It} \qquad (6.6)$$

em que V é a força cortante vertical, t é a largura da seção na elevação considerada, Q é o momento estático da área sombreada em relação à linha neutra cc', e I é o momento de inércia da seção transversal inteira em relação a cc'. Construindo o gráfico de $\tau_{méd}$ em função da distância vertical y, obtemos a curva mostrada na Fig. 6.15c. As descontinuidades existentes nessa curva se devem à diferença entre os valores de t correspondendo, respectivamente, às mesas $ABGD$ e $A'B'G'D'$ e à alma $EFF'E'$.

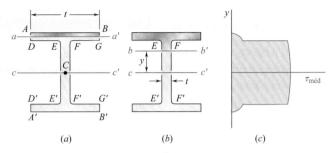

Fig. 6.15 Viga de mesa larga. (*a*) Área para encontrar o momento estático da área da mesa. (*b*) Área para encontrar o momento estático da área da alma. (*c*) Distribuição da tensão de cisalhamento.

No caso da alma, a tensão de cisalhamento τ_{xy} varia bem pouco ao longo da seção bb', e pode-se supor que ela seja igual ao seu valor médio $\tau_{méd}$. No entanto, isso não é verdade para as mesas. Por exemplo, considerando a linha horizontal $DEFG$, notamos que τ_{xy} é zero entre D e E e entre F e G, já que esses dois segmentos fazem parte da superfície livre da viga. No entanto, o valor τ_{xy} entre E e F pode ser obtido ao considerar $t = EF$ na Equação (6.6). Na prática, geralmente assume-se que toda a força cortante é suportada pela alma, e que uma boa aproximação do valor máximo da tensão de cisalhamento na seção transversal pode ser obtida dividindo-se V pela área de seção transversal da alma.

$$\tau_{máx} = \frac{V}{A_{alma}} \qquad (6.11)$$

No entanto, embora a componente vertical τ_{xy} da tensão de cisalhamento nas mesas possa ser desprezada, sua componente horizontal τ_{xz} tem um valor significativo que será determinado na Seção 6.4.

Aplicação do conceito 6.2

Sabendo que a tensão de cisalhamento admissível para a viga de madeira do Problema Resolvido 5.7 é $\tau_{adm} = 0{,}250$ ksi, verifique se o projeto obtido no problema é aceitável do ponto de vista das tensões de cisalhamento.

Recordamos do diagrama da força cortante do Problema Resolvido 5.7 que $V_{máx} = 4{,}50$ kips. A largura real da viga foi dada como $b = 3{,}5$ in., e o valor obtido para a profundidade foi $h = 14{,}55$ in. Usando a Equação (6.10) para a tensão de cisalhamento máxima em uma viga retangular estreita, escrevemos

$$\tau_{máx} = \frac{3}{2}\frac{V}{A} = \frac{3}{2}\frac{V}{bh} = \frac{3(4{,}50 \text{ kips})}{2(3{,}5 \text{ in.})(14{,}55 \text{ in.})} = 0{,}1325 \text{ ksi}$$

Como $\tau_{máx} < \tau_{adm}$, o projeto do Problema Resolvido 5.7 é aceitável.

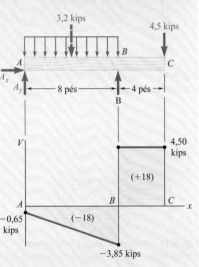

Fig. 5.19 (*repetida*)

Aplicação do conceito 6.3

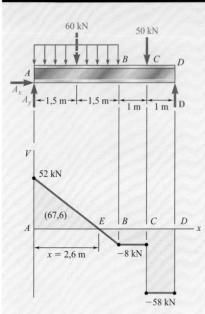

Fig. 5.20 (repetida)

Sabendo que a tensão de cisalhamento admissível para a viga de aço do Problema Resolvido 5.8 é $\tau_{adm} = 90$ MPa, verifique se o perfil W360 × 32,9 obtido no problema é aceitável do ponto de vista de tensões de cisalhamento.

Recordamos do diagrama da força cortante do Problema Resolvido 5.8 que o valor máximo absoluto da força cortante na viga é $|V|_{máx} = 58$ kN. Pode-se assumir na prática que toda a força cortante é suportada pela alma e que o valor máximo da tensão de cisalhamento na viga pode ser obtido da Equação (6.11). Do Apêndice E verificamos que, para um perfil W360 × 32,9, a altura da viga e a espessura de sua alma são, respectivamente, $d = 348$ mm e $t_w = 5{,}84$ mm. Temos então

$$A_{alma} = d\, t_w = (348 \text{ mm})(5{,}84 \text{ mm}) = 2\,032 \text{ mm}^2$$

Substituindo os valores de $|V|_{máx}$ e A_{alma} na Equação (6.11),

$$\tau_{máx} = \frac{|V|_{máx}}{A_{alma}} = \frac{58 \text{ kN}}{2032 \text{ mm}^2} = 28{,}5 \text{ MPa}$$

Como $\tau_{máx} < \tau_{adm}$, o projeto do Problema Resolvido 5.8 é aceitável.

*6.2 DISTRIBUIÇÃO DE TENSÕES EM VIGA DE SEÇÃO RETANGULAR ESBELTA

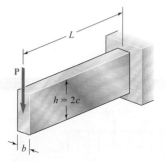

Fig. 6.16 Viga em balanço com seção transversal retangular.

Considere que uma viga estreita em balanço de seção transversal retangular de largura b e altura h é submetida a uma força **P** em sua extremidade livre (Fig. 6.16). Como a força cortante V na viga é constante e igual à intensidade da força **P**, a Equação (6.9) resulta em

$$\tau_{xy} = \frac{3}{2}\frac{P}{A}\left(1 - \frac{y^2}{c^2}\right) \tag{6.12}$$

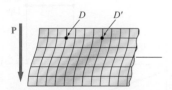

Fig. 6.17 Deformação de parte da viga em balanço.

Notamos na Equação (6.12) que as tensões de cisalhamento dependem somente da distância y da superfície neutra. Elas são independentes, portanto, da distância do ponto de aplicação da força; conclui-se que todos os elementos localizados à mesma distância da superfície neutra sofrem a mesma deformação em cisalhamento (Fig. 6.17). Embora seções planas *não* permaneçam planas, a distância entre dois pontos correspondentes D e D' localizados em diferentes seções permanece a mesma. Isso indica que as deformações específicas normais ϵ_x, e portanto as tensões normais σ_x, não são afetadas pelas tensões de cisalhamento, e que a suposição feita no Capítulo 5 é justificada para a condição de carregamento da Fig. 6.16.

Concluímos que nossa análise das tensões em uma viga em balanço de seção transversal retangular, submetida a uma força concentrada **P** em sua extremidade livre, é válida. Os valores corretos das tensões de cisalhamento na viga são dados pela Equação (6.12), e as tensões normais a uma distância x da extremidade livre são obtidas ao considerar $M = -Px$ na Equação (5.2). Então

$$\sigma_x = +\frac{Pxy}{I} \qquad (6.13)$$

A validade da afirmação anterior, no entanto, depende das condições de extremidade. Se a Equação (6.12) serve para se aplicar em qualquer lugar, então a força P deve ser distribuída parabolicamente sobre a seção da extremidade livre. Além disso, a vinculação da extremidade fixa deve ser de tal natureza que permita o tipo de deformação em cisalhamento indicado na Fig. 6.17. O modelo resultante (Fig. 6.18) raramente será encontrado na prática. No entanto, conclui-se com o princípio de Saint-Venant que, para outros modos de aplicação da força e para outros tipos de vinculação de extremidade fixa, as Equações (6.12) e (6.13) ainda nos proporcionam a correta distribuição de tensões, exceto próximo a qualquer uma das extremidades da viga.

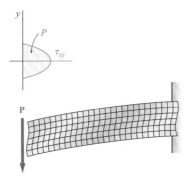

Fig. 6.18 Deformação da viga em balanço com carregamento concentrado, com uma distribuição parabólica de tensão de cisalhamento.

Quando a viga é submetida a uma força distribuída (Fig. 6.20), a força cortante e a tensão de cisalhamento em uma determinada elevação y variam com a distância da extremidade da viga. As deformações de cisalhamento resultantes são tais que a distância entre dois pontos correspondentes de diferentes seções transversais, como D_1 e D'_1, ou D_2 e D'_2, dependerá da elevação dos pontos. Como resultado, suposição de que seções planas permanecem planas, sob a qual foram deduzidas as Equações (6.12) e (6.13), deve ser rejeitada para a condição de carregamento da Fig. 6.20. O erro envolvido, no entanto, é pequeno para os valores da relação entre o vão e a altura encontrados na prática.

Em partes da viga localizadas sob uma força concentrada ou distribuída, ocorrerão tensões normais σ_y nas faces horizontais de um elemento de volume do material, além das tensões τ_{xy}, mostradas na Fig. 6.2.

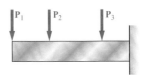

Fig. 6.19 Viga em balanço com múltiplos carregamentos.

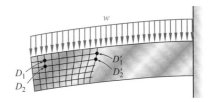

Fig. 6.20 Deformação da viga em balanço com carregamento distribuído.

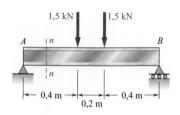

PROBLEMA RESOLVIDO 6.1

A viga AB é feita de três pranchas coladas entre si e está submetida, em seu plano de simetria, ao carregamento mostrado. Sabendo que a largura de cada junta colada é de 20 mm, determine a tensão de cisalhamento média em cada junta na seção n-n da viga. A localização do centroide da seção é dada na Fig. 1 e o momento de inércia centroidal é $I = 8{,}63 \times 10^{-6}$ m^4.

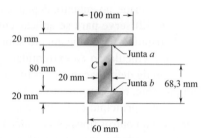

Fig. 1 Dimensões da seção transversal com localização do centroide.

ESTRATÉGIA: Primeiramente, utiliza-se o diagrama de corpo livre para determinar a força cortante na seção considerada. A Equação (6.7) é então utilizada para determinar a tensão de cisalhamento média em cada junta.

MODELAGEM:

Força cortante na seção n-n. Conforme mostrado no diagrama de corpo livre da Fig. 2, a viga e o carregamento são ambos simétricos em relação ao centro da viga; assim, temos $\mathbf{A} = \mathbf{B} = 1{,}5$ kN $\uparrow$.

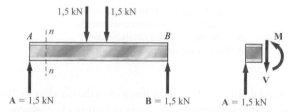

Fig. 2 Diagrama de corpo livre da viga e parte da vida à esquerda da seção n–n.

Traçando o diagrama de corpo livre da parte da viga à esquerda da seção n-n (Fig. 2), escrevemos

$$+\uparrow \sum F_y = 0: \qquad 1{,}5 \text{ kN} - V = 0 \qquad V = 1{,}5 \text{ kN}$$

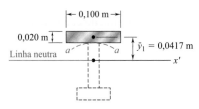

Fig. 3 Utilização da área acima da seção a–a para encontrar Q.

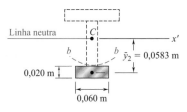

Fig. 4 Utilização da área abaixo da seção b–b para encontrar Q.

ANÁLISE:

Tensão de cisalhamento na junta a. Utilizando a Fig. 3, cortamos a seção a-a na junta colada e separamos a área da seção transversal em duas partes. Decidimos determinar Q calculando o momento estático em relação à linha neutra da área acima da seção a-a.

$$Q = A\bar{y}_1 = [(0{,}100\text{ m})(0{,}020\text{ m})](0{,}0417\text{ m}) = 83{,}4 \times 10^{-6}\text{ m}^3$$

Lembrando que a largura da junta colada é $t = 0{,}020$ m, usamos a Equação (6.7) para determinar a tensão de cisalhamento média na junta.

$$\tau_{\text{méd}} = \frac{VQ}{It} = \frac{(1\,500\text{ N})(83{,}4 \times 10^{-6}\text{ m}^3)}{(8{,}63 \times 10^{-6}\text{ m}^4)(0{,}020\text{ m})} \qquad \tau_{\text{méd}} = 725\text{ kPa} \blacktriangleleft$$

Tensão de cisalhamento na junta b. Utilizando a Fig. 4, cortamos agora a seção b-b e calculamos Q usando a área abaixo da seção.

$$Q = A\bar{y}_2 = [(0{,}060\text{ m})(0{,}020\text{ m})](0{,}0583\text{ m}) = 70{,}0 \times 10^{-6}\text{ m}^3$$

$$\tau_{\text{méd}} = \frac{VQ}{It} = \frac{(1\,500\text{ N})(70{,}0 \times 10^{-6}\text{ m}^3)}{(8{,}63 \times 10^{-6}\text{ m}^4)(0{,}020\text{ m})} \qquad \tau_{\text{méd}} = 608\text{ kPa} \blacktriangleleft$$

PROBLEMA RESOLVIDO 6.2

Uma viga de madeira AB com um vão de 3 m e largura nominal de 100 mm (largura real = 90 mm) deve suportar as três forças concentradas mostradas na figura. Sabendo que, para o tipo de madeira usada $\sigma_{\text{adm}} = 12$ MPa e $\tau_{\text{adm}} = 0{,}82$ MPa, determine a altura d mínima necessária para a viga.

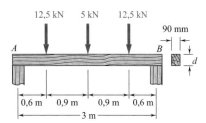

ESTRATÉGIA: São utilizados o diagrama de corpo livre e os diagramas de força cortante e momento fletor para determinar a força cortante e o momento fletor máximos. O projeto resultante deve satisfazer ambas as tensões admissíveis. Comece por assumir que um desses critérios de tensão admissível governa o problema, e obtenha a altura d necessária. Então, use essa altura com o outro critério para determinar se ele também é satisfeito. Se esta tensão for maior que a admissível, revise o projeto usando o segundo critério.

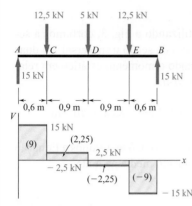

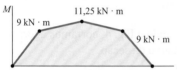

Fig. 1 Diagrama de corpo livre da viga com diagramas da força cortante e do momento fletor.

Fig. 2 Seção da viga tendo altura d.

Fig. 3 Projeto da seção transversal.

MODELAGEM:

Força cortante e momento fletor máximos. O diagrama de corpo livre é utilizado para determinar as reações e para traçar os diagramas da força cortante e do momento fletor da Fig. 1. Notamos que

$$M_{máx} = 11{,}25 \text{ kN} \cdot \text{m}$$
$$V_{máx} = 15 \text{ kN}$$

ANÁLISE:

Projeto com base na tensão normal admissível. Primeiramente, expressamos o módulo de resistência da seção W em termos da altura d (Fig. 2). Temos

$$I = \frac{1}{12}bd^3 \qquad W = \frac{1}{c} = \frac{1}{6}bd^2 = \frac{1}{6}(0{,}090 \text{ m})d^2 = 0{,}015d^2$$

Para $M_{máx} = 11{,}25 \text{ kN} \cdot \text{m}$ e $\sigma_{adm} = 12$ MPa, escrevemos

$$W = \frac{M_{máx}}{\sigma_{adm}} \qquad 0{,}015d^2 = \frac{11{,}25 \text{ kN} \cdot \text{m}}{12 \times 10^3 \text{ kN}}$$
$$d^2 = 0{,}0625 \qquad d = 0{,}25 \text{ m}$$

Satisfizemos a condição de que $\sigma_m \leq 12$ MPa.

Verificação da tensão de cisalhamento. Para $V_{máx} = 15$ kN e $d = 0{,}25$ m, encontramos

$$\tau_m = \frac{3}{2}\frac{V_{máx}}{A} = \frac{3}{2}\frac{15 \text{ kN}}{(0{,}090 \text{ m})(0{,}25 \text{ m})} \qquad \tau_m = 1{,}0 \text{ MPa}$$

Como $\tau_{adm} = 0{,}82$ MPa, a altura $d = 0{,}25$ m *não é* aceitável, e devemos redesenhar a viga com base no requisito de que $\tau_m \leq 0{,}82$ MPa.

Projeto com base na tensão de cisalhamento admissível. Como agora sabemos que a tensão de cisalhamento admissível controla o projeto, escrevemos

$$\tau_m = \tau_{adm} = \frac{3}{2}\frac{V_{máx}}{A} \qquad 0{,}82 \times 10^3 \text{ kN/m}^2 = \frac{3}{2}\frac{15 \text{ kN}}{(0{,}090 \text{ m})d}$$

$$d = 0{,}30 \text{ m} \blacktriangleleft$$

A tensão normal é, naturalmente, menor que $\sigma_{adm} = 12$ MPa, e a altura de 300 mm é perfeitamente aceitável.

REFLETIR E PENSAR: Uma vez que a madeira é usualmente apresentada com alturas variando em incrementos nominais de 50,8 mm, deverá ser utilizada uma seção de madeira padrão com 101,6 × 304, 8 mm. A seção transversal real será então de 88,9 mm × 285,8 mm. (Fig. 3).

PROBLEMAS

6.1 Uma viga caixão quadrada é feita de duas pranchas de $\frac{3}{4} \times 3,5$ in. e duas pranchas de $\frac{3}{4} \times 5$ in. pregadas entre si, como mostra a figura. Sabendo que o espaçamento entre os pregos é $s = 1,25$ in. e que a força cortante vertical na viga é de $V = 250$ lb, determine (a) a força cortante em cada prego, (b) a tensão de cisalhamento máxima na viga.

6.2 Uma viga caixão quadrada é feita de duas pranchas de $\frac{3}{4} \times 3,5$ in. e duas pranchas de $\frac{3}{4} \times 5$ in. pregadas entre si, como mostra a figura. Sabendo que o espaçamento entre os pregos é $s = 2$ in. e que a força cortante admissível em cada prego é de 75 lb, determine (a) a máxima força cortante vertical em cada prego, (b) a tensão de cisalhamento máxima correspondente na viga.

6.3 Três tábuas, cada uma com 50 mm de espessura, são pregadas entre si para formar uma viga que está submetida a uma força cortante vertical de 1200 N. Sabendo que a força cortante admissível em cada prego é de 600 N, determine o maior espaçamento admissível s entre os pregos.

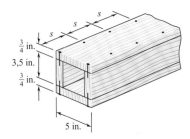

Fig. P6.1 e P6.2

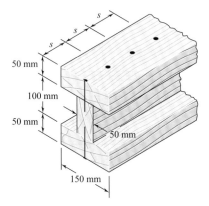

Fig. P6.3

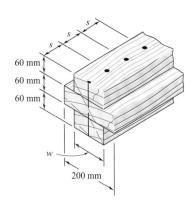

Fig. P6.4

6.4 Três pranchas são pregadas juntas de modo a formar a viga mostrada, a qual está submetida a uma força cortante vertical. Sabendo que o espaçamento entre os pregos é $s = 75$ mm e a força cortante admissível em cada prego é de 400 N, determine a força cortante admissível quando $w = 120$ mm.

6.5 A viga de aço laminado mostrada na figura foi reforçada acrescentando-lhe duas placas de 12×175 mm, usando parafusos de 18 mm de diâmetro espaçados longitudinalmente a cada 125 mm. Sabendo que a tensão de cisalhamento média admissível nos parafusos é de 85 MPa, determine a maior força cortante vertical admissível.

6.6 Resolva o Problema 6.5, considerando que as placas de reforço têm apenas 9 mm de espessura.

Fig. P6.5

6.7 A coluna mostrada é fabricada conectando-se dois perfis de aço laminado e duas placas, usando parafusos de $\frac{3}{4}$ in. de diâmetro espaçados longitudinalmente a cada 5 in. Determine a tensão de cisalhamento média nos parafusos provocada por uma força cortante de 30 kips paralela ao eixo y.

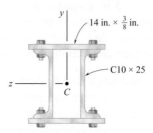

Fig. P6.7

6.8 A viga de seção composta mostrada foi fabricada conectando dois perfis laminados W150 × 29,8 por meio de parafusos com 15,88 mm de diâmetro colocados longitudinalmente e espaçados em 152,4 mm. Sabendo que a tensão de cisalhamento média admissível para os parafusos é igual a 72,4 MPa, determine a máxima força cortante vertical admissível para essa viga.

Fig. P6.8

6.9 até 6.12 Para a viga e o carregamento mostrados, considere a seção n-n e determine (a) a maior tensão de cisalhamento naquela seção e (b) a tensão de cisalhamento no ponto a.

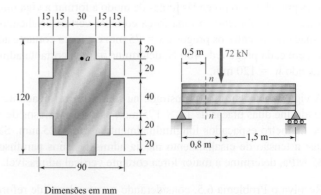

Dimensões em mm

Fig. P6.9

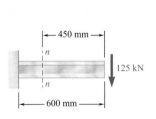
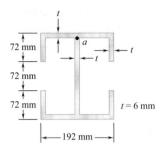

Fig. P6.10

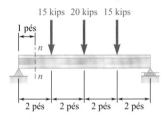
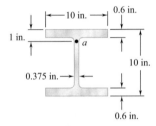

Fig. P6.11

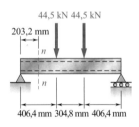
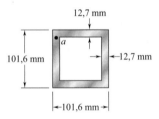

Fig. P6.12

6.13 Duas placas de aço de 12 × 200 mm de seção transversal retangular são soldadas a um perfil W310 × 52 como mostra a figura. Determine a maior força cortante vertical admissível para que a tensão de cisalhamento na viga não exceda 90 MPa.

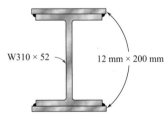

Fig. P6.13

6.14 Resolva o Problema 6.13, considerando que as duas placas de aço são (*a*) substituídas por placas de 8 × 200 mm, (*b*) removidas.

6.15 Para uma viga de madeira com a seção transversal mostrada, determine a maior força cortante vertical admissível se a tensão de cisalhamento não excede os 150 psi.

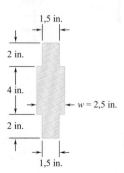

Fig. P6.15

6.16 Para a viga de mesas largas com o carregamento mostrado, determine a maior carga **P** que pode ser aplicada, sabendo que a tensão normal máxima é de 160 MPa e a maior tensão de cisalhamento, utilizando a aproximação $\tau_m = V/A_{\text{alma}}$ é de 100 MPa.

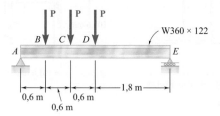

Fig. P6.16

6.17 Para a viga de mesas largas com o carregamento mostrado, determine a maior carga **P** que pode ser aplicada, sabendo que a tensão normal máxima é de 24 ksi e a maior tensão de cisalhamento, utilizando a aproximação $\tau_m = V/A_{\text{alma}}$ é de 14,5 ksi.

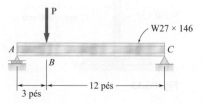

Fig. P6.17

6.18 Para a viga e o carregamento mostrados, determine a largura b mínima necessária, sabendo que, para o tipo de madeira usada, σ_{adm} = 12 MPa e τ_{adm} = 825 kPa.

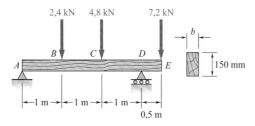

Fig. P6.18

6.19 Uma viga de madeira AB de comprimento L e seção transversal retangular suporta uma única força concentrada **P** em seu ponto médio C. (a) Mostre que a relação τ_m/σ_m dos valores máximos das tensões de cisalhamento e normal na viga é igual a $h/2L$, em que h e L são, respectivamente, a altura e o comprimento da viga. (b) Determine a altura h e a largura b da viga, sabendo que $L = 2$ m, $P = 40$ kN, $\tau_m = 960$ kPa e $\sigma_m = 12$ MPa.

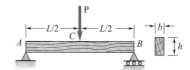

Fig. P6.19

6.20 Uma viga da madeira AB de comprimento L e seção transversal retangular suporta uma força uniformemente distribuída w e é vinculada conforme mostra a figura. (a) Mostre que a relação τ_m/σ_m dos valores máximos das tensões de cisalhamento e normal na viga é igual a $2h/L$, em que h e L são, respectivamente, a altura e o comprimento da viga. (b) Determine a altura h e a largura b da viga, sabendo que $L = 5$ m, $w = 8$ kN/m, $\tau_m = 1,08$ MPa e $\sigma_m = 12$ MPa.

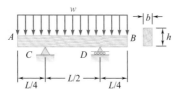

Fig. P6.20

6.21 e 6.22 Para a viga e o carregamento mostrados, considere a seção n-n e determine a tensão de cisalhamento no (a) ponto a e (b) no ponto b.

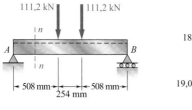
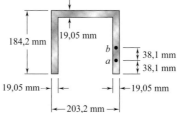

Fig. P6.21 e P6.23

6.23 e 6.24 Para a viga e o carregamento mostrados, determine a maior tensão de cisalhamento na seção *n-n*.

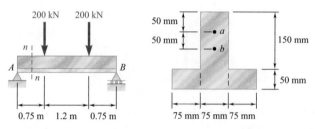

Fig. P6.22 e P6.24

6.25 até 6.28 Uma viga com a seção transversal mostrada é submetida a uma força cortante vertical *V*. Determine (*a*) a linha horizontal ao longo da qual a tensão de cisalhamento é máxima e (*b*) a constante *k* na expressão a seguir para a tensão de cisalhamento máxima

$$\tau_{máx} = k \frac{V}{A}$$

em que *A* é a área da seção transversal da viga.

Fig. P6.25

Fig. P6.26

Fig. P6.27

Fig. P6.28

6.3 CISALHAMENTO LONGITUDINAL EM UM ELEMENTO DE VIGA DE SEÇÃO ARBITRÁRIA

Considere uma viga caixão construída pregando-se quatro tábuas, como mostra a Fig. 6.21a. Você aprendeu na Seção 6.2 como determinar a força cortante por unidade de comprimento, q, nas superfícies horizontais ao longo das quais as tábuas são unidas, mas você seria capaz de determinar q se as tábuas tivessem sido unidas ao longo de superfícies *verticais*, como mostra a Fig. 6.21b? Examinamos na Seção 6.2 a distribuição das componentes verticais τ_{xy} das tensões em uma seção transversal de uma viga W ou uma viga I, e vimos que essas tensões tinham um valor razoavelmente constante na alma da viga e eram desprezíveis em suas mesas. Contudo e as componentes *horizontais* τ_{xz} das tensões nas mesas? O procedimento desenvolvido na Seção 6.1.1 para determinar a força cortante por unidade de comprimento q aplica-se aos casos recém-descritos.

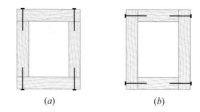

Fig. 6.21 Viga caixão construída pregando-se quatro tábuas juntas.

Considere a viga prismática AB da Fig. 6.4, que tem um plano vertical de simetria e suporta as forças mostradas. A uma distância x da extremidade A separamos novamente um elemento $CDD'C'$ de comprimento Δx. Esse elemento, no entanto, se estenderá agora aos dois lados da viga até uma superfície curva arbitrária (Fig. 6.22). As forças exercidas no elemento incluem as forças cortantes na direção vertical $\mathbf{V}_C$ e $\mathbf{V}_D$, forças normais horizontais elementares $\sigma_C\, dA$ e $\sigma_D\, dA$, possivelmente uma carga $w\, \Delta x$, e uma força cortante longitudinal $\Delta \mathbf{H}$ representando a resultante das forças cortantes longitudinais elementares que atuam na superfície curva (Fig. 6.23). Escrevemos a equação de equilíbrio

$$\xrightarrow{+} \sum F_x = 0: \qquad \Delta H + \int_{\mathcal{C}} (\sigma_D - \sigma_C)\, dA = 0$$

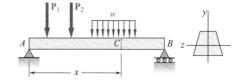

Fig. 6.4 (*repetida*) Exemplo de viga.

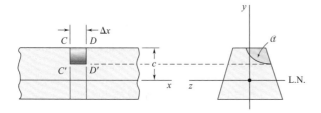

Fig. 6.22 Pequeno segmento de viga com o elemento $CDD'C'$ de altura Δx.

uma vez que a integral deve ser calculada sobre a área sombreada $\mathcal{C}$ da seção na Fig. 6.22. Observamos que a equação obtida é a mesma que obtivemos na Seção 6.1.1, mas a área sombreada $\mathcal{C}$ sobre a qual a integral deveria ser calculada agora se estende até a superfície curva.

A força cortante longitudinal que atua no elemento de viga é

$$\Delta H = \frac{VQ}{I} \Delta x \qquad (6.4)$$

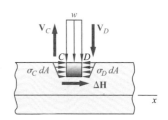

Fig. 6.23 Forças aplicadas no elemento $CDD'C'$.

em que I é o momento de inércia da seção inteira em relação à linha neutra, Q é o momento estático da área sombreada $\mathcal{C}$ em relação à linha neutra e V é a força cortante vertical na seção. Dividindo ambos os membros da Equação (6.4) por Δx, obtemos a força cortante horizontal por unidade de comprimento, ou fluxo de cisalhamento:

$$q = \frac{\Delta H}{\Delta x} = \frac{VQ}{I} \qquad (6.5)$$

Aplicação do conceito 6.4

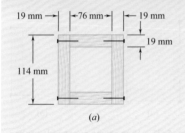

(a)

Uma viga caixão quadrada é feita com duas tábuas de 19 mm × 76 mm e duas tábuas de 19 mm × 114 mm, pregadas como mostra a (Fig. 6.24a). Sabendo que o espaçamento entre os pregos é de 45 mm e que a viga está submetida a uma força cortante vertical de intensidade $V = 2{,}7$ kN, determine a força cortante em cada prego.

Isolamos a tábua superior e consideramos a força total por unidade de comprimento, q, exercida em suas duas bordas. Usamos a Equação (6.5), na qual Q representa o momento estático com relação à linha neutra da área sombreada A' mostrada na Fig. 6.24b, e I é o momento de inércia em relação ao mesmo eixo da seção transversal inteira da viga caixão (Fig. 6.24c).

$$Q = A'\bar{y} = (19 \text{ mm})(76 \text{ mm})(47{,}5 \text{ mm}) = 68\,590 \text{ mm}^3$$

Lembrando que o momento de inércia de um quadrado de lado a em relação a um eixo que passa pelo centroide é $I = \frac{1}{12}a^4$

$$I = \tfrac{1}{12}(114 \text{ mm})^4 - \tfrac{1}{12}(76 \text{ mm})^4 = 11{,}29 \times 10^6 \text{ mm}^4$$

Substituindo na Equação (6.5),

$$q = \frac{VQ}{I} = \frac{(2700 \text{ N})(68\,590 \text{ mm}^3)}{11{,}29 \times 10^6 \text{ mm}^4} = 16{,}4 \text{ N/mm}.$$

Como a viga e a tábua superior são simétricas em relação a um plano vertical de carregamento, são aplicadas forças iguais em ambas as bordas da tábua. A força por unidade de comprimento em cada uma dessas bordas é então $\tfrac{1}{2}q = \tfrac{1}{2}(16{,}4) = 8{,}2$ N/mm. Como o espaçamento entre os pregos é 45 mm, a força cortante em cada prego é

$$F = (45 \text{ mm})(8{,}2 \text{ N/mm}) = 369 \text{ N}$$

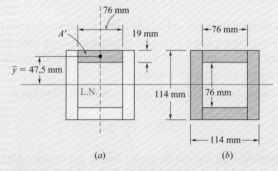

Fig. 6.24 (a) Viga caixão constituída por tábuas pregadas juntas. (b) Geometria para encontrar o momento estático da área da tábua superior. (c) Geometria para encontrar o momento de inércia de toda a seção transversal.

6.4 TENSÕES DE CISALHAMENTO EM BARRAS DE PAREDES FINAS

Vimos na seção anterior que a Equação (6.4) pode ser usada para determinar a força cortante longitudinal $\Delta\mathbf{H}$ que atua nas paredes de um elemento de viga de forma arbitrária e a Equação (6.5) pode ser usada para determinar o fluxo de cisalhamento q correspondente. As Equações (6.4) e (6.5) serão usadas nesta seção para calcular o fluxo de cisalhamento e a tensão de cisalhamento média em barras de paredes finas como as mesas das vigas de mesas largas (Foto 6.2) e as vigas caixão, ou tubos estruturais (Foto 6.3).

Foto 6.2 Vigas de mesas largas. ©Jake Wyman/The Image Bank/Getty Images

Foto 6.3 Tubos estruturais. ©Rodho/Shutterstock

Considere, por exemplo, um segmento de comprimento Δx de uma viga de mesas largas (Fig. 6.25a) e seja $\mathbf{V}$ a força cortante vertical na seção transversal mostrada. Vamos destacar um elemento $ABB'A'$ da mesa superior (Fig. 6.25b). A força cortante longitudinal $\Delta\mathbf{H}$ que atua naquele elemento pode ser obtida da Equação (6.4):

$$\Delta H = \frac{VQ}{I} \Delta x \qquad (6.4)$$

Dividindo ΔH pela área $\Delta A = t\,\Delta x$ do corte, obtemos para a tensão de cisalhamento média que atua no elemento a mesma expressão que havíamos obtido na Seção 6.1.2, no caso de um corte horizontal:

$$\tau_{\text{méd}} = \frac{VQ}{It} \qquad (6.6)$$

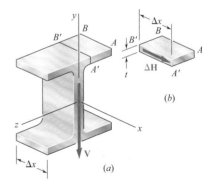

Fig. 6.25 (a) Seção de uma viga de mesa larga com força cortante vertical V. (b) Segmento de mesa com força cortante longitudinal ΔH.

Note que $\tau_{\text{méd}}$ agora representa o valor médio da tensão de cisalhamento τ_{zx} sobre um corte vertical, mas como a espessura t da mesa é pequena, há pouca variação de τ_{zx} no corte. Lembrando que $\tau_{xz} = \tau_{zx}$ (Fig. 6.26), a componente horizontal τ_{xz} da tensão de cisalhamento em qualquer ponto de uma seção

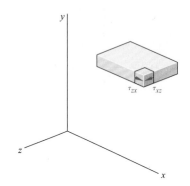

Fig. 6.26 Elemento de tensão em um segmento de mesa.

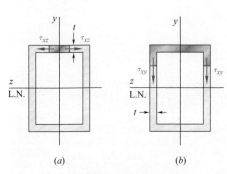

Fig. 6.28 Viga caixão mostrando a tensão de cisalhamento (a) na mesa, (b) na alma. A área sombreada é aquela usada para o cálculo do momento estático da área.

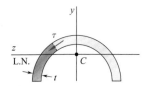

Fig. 6.29 Seção de meio tubo mostrando a tensão de cisalhamento, e área sombreada para o cálculo do momento estático da área.

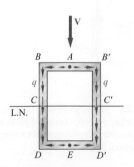

Fig. 6.30 Variação de q em uma seção de viga caixão.

transversal da mesa pode ser obtida da Equação (6.6), em que Q é o momento estático da área sombreada em relação à linha neutra (Fig. 6.27a). Um resultado similar a esse foi obtido para a componente vertical τ_{xy} da tensão de cisalhamento na alma (Fig. 6.27b). A Equação (6.6) pode ser usada para determinar tensões de cisalhamento em vigas caixão (Fig. 6.28), meios tubos (Fig. 6.29) e outros componentes de paredes finas, desde que as forças sejam aplicadas em um plano de simetria do componente. Em cada caso, o corte deve ser perpendicular à superfície do componente, e a Equação (6.6) fornecerá a componente da tensão de cisalhamento na direção da tangente àquela superfície. (A outra componente pode ser considerada igual a zero, em vista da proximidade das duas superfícies livres.)

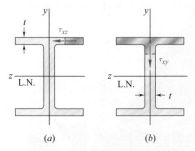

Fig. 6.27 Seções de uma viga de mesa larga mostrando a tensão de cisalhamento (a) na mesa e (b) na alma. A área sombreada é utilizada para calcular o momento estático da área.

Comparando as Equações (6.5) e (6.6), notamos que o produto da tensão de cisalhamento τ em um determinado ponto da seção pela espessura t é igual a q. Como V e I são constantes em determinada seção, q depende somente do momento estático Q e, portanto, pode facilmente ser esboçado na seção. No caso de uma viga caixão, (Fig. 6.30), notamos que q cresce continuamente desde zero em A até um valor máximo em C e C' na linha neutra e depois decresce de volta a zero à medida que se atinge E. Não há uma variação abrupta na intensidade de q quando passamos por um vértice em B, D, B' ou D', e o sentido de q nas partes horizontais da seção pode ser facilmente obtido pelo seu sentido nas partes verticais (que é o mesmo sentido da força cortante V). No caso de uma seção de mesas largas (Fig. 6.31), os valores de q nas partes AB e $A'B$ da mesa superior são distribuídos simetricamente. Quando viramos em B em direção à alma, os valores de q correspondentes às duas metades da mesa devem ser combinados para obter o valor de q no topo da alma. Após atingir um valor máximo em C na linha neutra, q diminui, e em D se divide em duas partes iguais correspondendo às duas metades da mesa inferior. O nome *fluxo de cisalhamento*, comumente utilizado para nos referirmos à força cortante por unidade de comprimento, q, reflete as semelhanças entre as propriedades de q que acabamos de descrever e algumas das características de um fluxo de fluido por meio de um canal aberto ou um tubo.†

Até agora, todas as forças foram aplicadas em um plano de simetria do componente. No caso de componentes que possuem dois planos de simetria

---

† Lembramos que o conceito de fluxo de cisalhamento foi utilizado para analisar a distribuição de tensões de cisalhamento em eixos vazados de paredes finas (Seção 3.10). No entanto, enquanto o fluxo de cisalhamento em um eixo vazado é constante, em uma componente sob carregamento transversal já não o é.

(Figuras 6.27 e 6.30) qualquer força aplicada pelo centroide de determinada seção transversal pode ser decomposta em componentes ao longo dos dois eixos de simetria da seção. Cada componente fará a barra flexionar em um plano de simetria, e as tensões de cisalhamento correspondentes podem ser obtidas da Equação (6.6). O princípio da superposição pode então ser utilizado para determinar as tensões resultantes.

No entanto, se a barra considerada não possui plano de simetria, ou se ela possui um único plano de simetria e está sujeita a uma força que não está contida naquele plano, observa-se que a barra sofre *flexão e torção* ao mesmo tempo, exceto quando a força é aplicada em um ponto específico, chamado de *centro de cisalhamento*. O centro de cisalhamento geralmente *não* coincide com o centroide da seção transversal. A determinação do centro de cisalhamento de várias formas de paredes finas será discutida na Seção 6.6.

Fig. 6.31 Variação de q em uma seção de viga de mesas largas.

*6.5 DEFORMAÇÕES PLÁSTICAS

Considere uma viga em balanço AB de comprimento L e seção transversal retangular, submetida em sua extremidade livre A a uma força concentrada **P** (Fig. 6.33). O maior valor do momento fletor ocorre na extremidade fixa B e é igual a $M = PL$. Desde que esse valor não exceda o momento elástico máximo M_E, ou seja, desde que $PL \leq M_E$, a tensão normal σ_x não excederá a tensão de escoamento σ_E em qualquer ponto da viga. No entanto, à medida que P aumenta além do valor M_E/L, o escoamento inicia-se nos pontos B e B' e se propaga em direção à extremidade livre da viga. Considerando que o material seja elastoplástico, e considerando uma seção transversal CC' localizada a uma distância x da extremidade livre A da viga (Fig. 6.33), obtemos a metade da espessura y_E do núcleo elástico naquela seção fazendo $M = Px$ na Equação (4.38). Temos

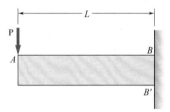

Fig. 6.32 Viga em balanço tendo o momento máximo PL na seção $B\text{-}B'$. Enquanto $PL \leq M_Y$, a viga permanece elástica.

$$Px = \frac{3}{2} M_E \left(1 - \frac{1}{3}\frac{y_E^2}{c^2}\right) \quad (6.14)$$

em que c é a metade da altura da viga. Construindo o gráfico y_E em função de x, obtemos o limite entre as zonas elástica e plástica.

Enquanto $PL < \frac{3}{2} M_E$, a parábola definida pela Equação (6.14) intercepta a linha BB', como mostra a Fig. 6.33. No entanto, quando PL atinge o valor $\frac{3}{2} M_E$, ou seja, quando $PL = M_p$, em que M_p é o momento plástico, a Equação (6.14)

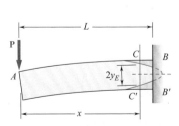

Fig. 6.33 Viga em balanço exibindo escoamento parcial, mostrando o centro elástico na seção C–C'.

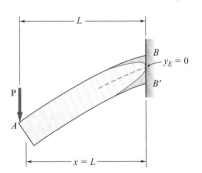

Fig. 6.34 Viga em balanço totalmente plástica tendo $PL = M_P = 1.5\, M_Y$.

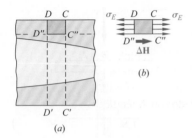

Fig. 6.35 (a) Segmento da vida na área parcialmente plástica. (b) O elemento $DCC''D''$ é totalmente plástico.

resulta $y_E = 0$ para $x = L$, mostrando que o vértice da parábola está agora localizado na seção BB', e que essa seção tornou-se totalmente plástica (Fig. 6.34). Lembrando da Equação (4.40), notamos também que o raio de curvatura ρ da superfície neutra naquele ponto é igual a zero, indicando a presença de uma dobra aguda na viga em sua extremidade fixa. Dizemos que se desenvolveu uma *rótula plástica* naquele ponto. A força $P = M_p/L$ é a maior força que pode ser suportada pela viga.

Essa discussão baseou-se somente na análise das tensões normais na viga. Vamos agora examinar a distribuição das tensões de cisalhamento em uma seção que se tornou parcialmente plástica. Considere a parte da viga $CC''D''D$ localizada entre as seções transversais CC' e DD', e acima do plano horizontal $D''C''$ (Fig. 6.35a). Se essa parte estiver localizada inteiramente na zona plástica, as tensões normais que atuam nas faces CC'' e DD'' serão uniformemente distribuídas e iguais à tensão de escoamento σ_E (Fig. 6.35b). O equilíbrio do corpo livre $CC''D''D$ requer, portanto, que a força cortante horizontal ΔH aplicada em sua face inferior seja igual a zero. Conclui-se que o valor médio da tensão de cisalhamento horizontal τ_{yx} por meio da barra em C'' é zero, bem como o valor médio da tensão de cisalhamento vertical τ_{xy}. Concluímos, então, que a força cortante vertical $V = P$ na seção CC' deve ser distribuída inteiramente sobre a parte EE' daquela seção que está localizada dentro da zona elástica (Fig. 6.36). A distribuição das tensões de cisalhamento sobre EE' é a mesma da barra retangular elástica com a mesma largura b da viga AB e de altura igual à espessura $2y_E$ da zona elástica[†]. A área $2by_E$ da parte elástica da seção transversal A' fornece

$$\tau_{xy} = \frac{3}{2}\frac{P}{A'}\left(1 - \frac{y^2}{y_E^2}\right) \quad (6.15)$$

O valor máximo da tensão de cisalhamento ocorre para $y = 0$ e é

$$\tau_{\text{máx}} = \frac{3}{2}\frac{P}{A'} \quad (6.16)$$

À medida que a área A' da parte elástica da seção diminui, $\tau_{\text{máx}}$ aumenta e eventualmente atinge a tensão de escoamento em cisalhamento τ_E. Assim, a força cortante contribui para a falha final da viga. Uma análise mais exata desse modo de falha deverá levar em conta o efeito combinado das tensões normal e de cisalhamento.

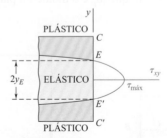

Fig. 6.36 Distribuição parabólica da força cortante no centro elástico.

[†] Ver o Problema 6.60.

PROBLEMA RESOLVIDO 6.3

Sabendo que a força cortante vertical é 220 kN em uma viga W250 × 101, determine a tensão de cisalhamento horizontal na mesa superior em um ponto a localizado a 110 mm da borda da viga. As dimensões e outros dados geométricos da seção laminada são dados no Apêndice E.

ESTRATÉGIA: Determine a tensão de cisalhamento horizontal na seção desejada.

MODELAGEM E ANÁLISE:

Como mostrado na Fig. 1, isolamos a parte sombreada da mesa cortando ao longo da linha tracejada que passa pelo ponto a.

$$Q = (110 \text{ mm})(19,6 \text{ mm})(122,2 \text{ mm}) = 26,35 \times 10^4 \text{ mm}^3$$

$$\tau = \frac{VQ}{It} = \frac{(220 \times 10^3 \text{ N})(26,35 \times 10^4 \text{ mm}^3)}{(164 \times 10^6 \text{ mm}^4)(19,6 \text{ mm})} \qquad \tau = 18,03 \text{ MPa} \blacktriangleleft$$

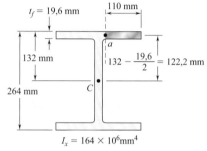

Fig. 1 Dimensões da seção transversal para a viga de aço W250 × 101.

PROBLEMA RESOLVIDO 6.4

Resolva o Problema 6.3, considerando que placas de 19 × 300 mm foram soldadas às mesas da viga W250 × 101 com cordões contínuos de solda, como mostra a figura.

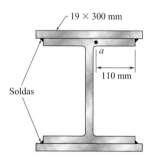

ESTRATÉGIA: Calcule as propriedades para a viga composta e então determine a tensão de cisalhamento na seção desejada.

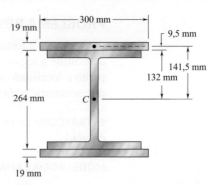

Fig. 1 Dimensões da seção transversal para calcular o momento de inércia.

MODELAGEM E ANÁLISE:

Para a barra composta mostrada na Fig. 1, o momento de inércia em relação ao eixo que passa pelo centroide é

$$I = 164 \times 10^6 \text{ mm}^4 + 2\left[\tfrac{1}{12}(300 \text{ mm})(19 \text{ mm})^3 + (300 \text{ mm})(19 \text{ mm})(141{,}5 \text{ mm})^2\right]$$
$$I = 392{,}6 \times 10^6 \text{ mm}^4$$

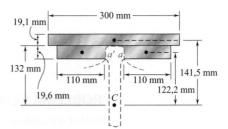

Fig. 2 Dimensões utilizadas para encontrar o momento estático da área e da tensão de cisalhamento na junção mesa-alma.

Como a placa superior e a mesa estão conectadas somente nas soldas, encontramos a tensão de cisalhamento em *a* traçando uma seção pela mesa em *a*, *entre* a placa e a mesa, e novamente por meio da mesa no ponto simétrico *a'* (Fig. 2).

Para a área sombreada que isolamos, temos

$$t = 2t_f = 2(19{,}6 \text{ mm}) = 39{,}2 \text{ mm}$$
$$Q = 2[(110 \text{ mm})(19{,}6 \text{ mm})(122{,}2 \text{ mm})] + (300 \text{ mm})(19 \text{ mm})(141{,}5 \text{ mm})$$
$$Q = 133{,}35 \times 10^4 \text{ mm}^3$$
$$\tau = \frac{VQ}{It} = \frac{(220 \times 10^3 \text{ N})(133{,}5 \times 10^4 \text{ mm}^3)}{(392{,}6 \times 10^6 \text{ mm}^4)(39{,}2 \text{ mm})} \qquad \tau = 19{,}08 \text{ MPa} \blacktriangleleft$$

PROBLEMA RESOLVIDO 6.5

Uma viga extrudada de paredes finas é feita de alumínio e tem uma espessura de parede uniforme de 3 mm. Sabendo que a força cortante na viga é de 5 kN, determine (*a*) a tensão de cisalhamento no ponto *A* e (*b*) a máxima tensão de cisalhamento. *Nota*: As dimensões dadas referem-se a linhas médias entre as superfícies externa e interna da viga.

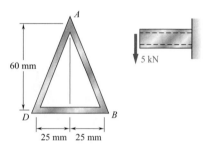

ESTRATÉGIA: Determine a localização do centroide e calcule o momento de inércia. Calcule as duas tensões desejadas "Modelagem e análise" abaixo de "Estratégia" e acima de "Centroide".

Centroide. Utilizando a Fig. 1, notamos que $AB = AD = 65$ mm.

$$\overline{Y} = \frac{\Sigma \, \overline{y}A}{\Sigma \, A} = \frac{2[(65 \text{ mm})(3 \text{ mm})(30 \text{ mm})]}{2[(65 \text{ mm})(3 \text{ mm})] + (50 \text{ mm})(3 \text{ mm})}$$
$$\overline{Y} = 21{,}67 \text{ mm}$$

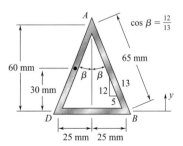

Fig. 1 Dimensões da seção para encontrar o centroide.

Momento de inércia centroidal. Cada lado da viga de paredes finas pode ser considerado um paralelogramo (Fig. 2), e lembramos que para o caso mostrado $I_{nn} = bh^3/12$, em que b é medido na paralela ao eixo nn. Usando a Fig. 3, escrevemos

$$b = (3\text{ mm})/\cos\beta = (3\text{ mm})/(12/13) = 3{,}25\text{ mm}$$

$$I = \Sigma(\bar{I} + Ad^2) = 2[\tfrac{1}{12}(3{,}25\text{ mm})(60\text{ mm})^3$$
$$+ (3{,}25\text{ mm})(60\text{ mm})(8{,}33\text{ mm})^2] + [\tfrac{1}{12}(50\text{ mm})(3\text{ mm})^3$$
$$+ (50\text{ mm})(3\text{ mm})(21{,}67\text{ mm})^2]$$

$$I = 214{,}6 \times 10^3\text{ mm}^4 \qquad I = 0{,}2146 \times 10^{-6}\text{ m}^4$$

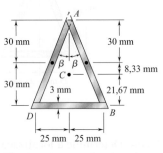

Fig. 2 Dimensões localizando o centroide.

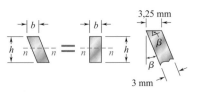

Fig. 3 Determinação da largura horizontal para elementos laterais.

Fig. 4 Possíveis direções para o fluxo de cisalhamento em A.

a. Tensão de cisalhamento em A. Se ocorre uma tensão de cisalhamento τ_A em A, o fluxo de cisalhamento será $q_A = \tau_A t$ e deverá ser direcionado por uma das duas maneiras mostradas na Fig. 4. No entanto, a seção transversal e o carregamento são simétricos em relação a uma linha vertical passando por A e, portanto, o fluxo de cisalhamento também deverá ser simétrico. Como nenhum dos possíveis fluxos de cisalhamento é simétrico, concluímos que

$$\tau_A = 0 \blacktriangleleft$$

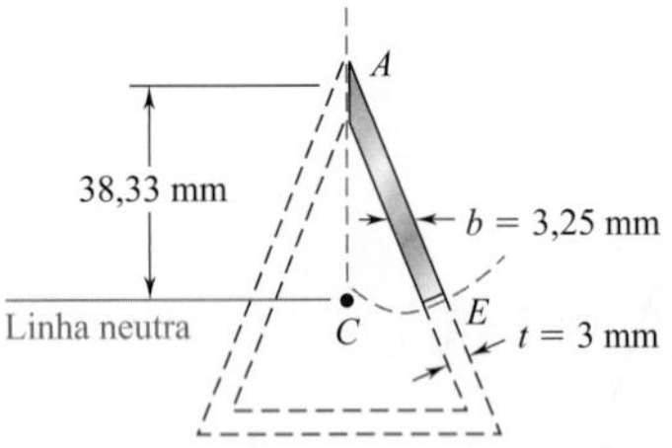

Fig. 5 Seção para encontrar a tensão de cisalhamento máxima.

b. Tensão de cisalhamento máxima. Como a espessura da parede é constante, a tensão de cisalhamento máxima ocorre na linha neutra, na qual Q é máximo. Sabemos que a tensão de cisalhamento em A é zero, então cortamos a seção ao longo da linha tracejada mostrada na figura e isolamos a parte sombreada da viga (Fig. 5). Para obtermos a maior tensão de cisalhamento, o corte na linha neutra é feito perpendicular aos lados, e tem comprimento $t = 3$ mm.

$$Q = [(3{,}25\text{ mm})(38{,}33\text{ mm})]\left(\frac{38{,}33\text{ mm}}{2}\right) = 2387\text{ mm}^3$$

$$Q = 2{,}387 \times 10^{-6}\text{ m}^3$$

$$\tau_E = \frac{VQ}{It} = \frac{(5\text{ kN})(2{,}387 \times 10^{-6}\text{ m}^3)}{(0{,}2146 \times 10^{-6}\text{ m}^4)(0{,}003\text{ m})} \qquad \tau_{\text{máx}} = \tau_E = 18{,}54\text{ MPa} \blacktriangleleft$$

PROBLEMAS

6.29 A viga de madeira mostrada na figura está submetida a uma força cortante vertical de 5,34 kN. Sabendo que a força cortante admissível nos pregos é 333,6 N, determine o maior espaçamento possível s dos pregos.

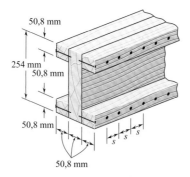

Fig. P6.29

6.30 Duas pranchas de 20 × 100 mm e duas de 20 × 180 mm são coladas para formar a viga de seção caixão de 120 × 200 mm, como mostrado. Sabendo que a viga está submetida a uma força cortante vertical de 3,5 kN, determine a tensão de cisalhamento média na junta colada (*a*) em *A*, (*b*) em *B*.

6.31 A viga fabricada mostrada é feita colando cinco pranchas de madeira. Sabendo que a tensão de cisalhamento média admissível nas juntas coladas é de 60 psi, determine a maior força cortante vertical permitida na viga.

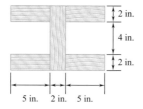

Fig. P6.31

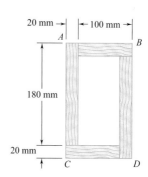

Fig. P6.30

6.32 Várias pranchas de madeira são coladas para formar a viga de seção caixão mostrada. Sabendo que a viga está submetida a uma força cortante vertical de 3 kN, determine a tensão de cisalhamento média na junta colada (*a*) em *A*, (*b*) em *B*.

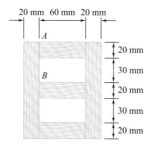

Fig. P6.32

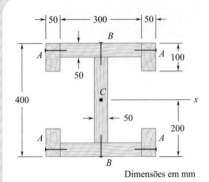

Fig. P6.33

Dimensões em mm

6.33 A viga mostrada na figura foi feita pregando-se várias tábuas e está sujeita a uma força cortante de 8 kN. Sabendo que os pregos estão espaçados longitudinalmente a cada 60 mm em A e a cada 25 mm em B, determine a tensão de cisalhamento nos pregos (a) em A e (b) em B. (Dado: $I_x = 1,504 \times 10^9$ mm^4.)

6.34 Sabendo que uma viga em perfil W360 × 122 de aço laminado está sujeita a uma força cortante vertical de 250 kN, determine a tensão de cisalhamento (a) no ponto A, (b) no centroide C da seção

Fig. P6.34

6.35 e 6.36 Uma viga de alumínio extrudada tem a seção transversal mostrada na figura. Sabendo que a força cortante vertical na viga é 150 kN, determine a tensão de cisalhamento no (a) ponto a e (b) ponto b.

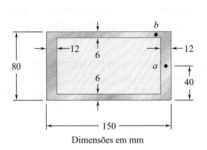

Dimensões em mm

Fig. P6.35 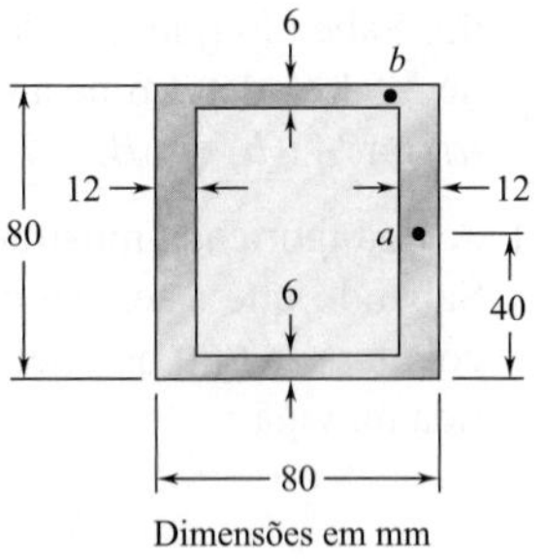   **Fig. P6.36**

6.37 Sabendo que determinada força cortante vertical **V** provoca a máxima tensão de cisalhamento de 75 MPa na viga extrudada mostrada, determine a tensão de cisalhamento nos três pontos indicados.

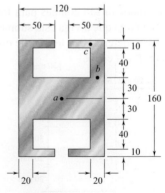

Dimensões em mm

Fig. P6.37

6.38 A força cortante vertical é 1200 lb em uma viga com a seção transversal mostrada na figura. Sabendo que $d = 4$ in., determine a tensão de cisalhamento no (a) ponto a e (b) ponto b.

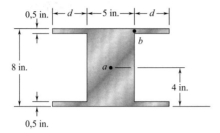

Fig. P6.38 e P6.39

6.39 A força cortante vertical é 1200 lb em uma viga com a seção transversal mostrada na figura. Determine (a) a distância d para a qual $\tau_a = \tau_b$ e (b) a tensão de cisalhamento correspondente nos pontos a e b.

6.40 e 6.41 A viga de alumínio extrudada tem espessura de parede constante de $\frac{1}{8}$ in. Sabendo que a força cortante vertical na viga é de 2 kips, determine a tensão de cisalhamento correspondente em cada um dos cinco pontos indicados.

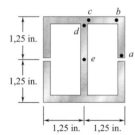

Fig. P6.40

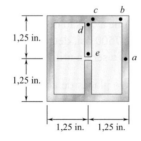

Fig. P6.41

6.42 Sabendo que uma dada força cortante vertical **V** causa uma tensão de cisalhamento máxima de 50 MPa em um elemento de paredes finas com a seção transversal mostrada, determine a tensão de cisalhamento correspondente no (a) ponto a, (b) ponto b, (c) ponto c.

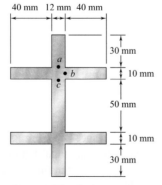

Fig. P6.42

6.43 Uma viga consiste em três pranchas conectadas por parafusos de $\frac{3}{8}$ in. de diâmetro, com 12 in. de espaçamento ao longo do eixo longitudinal, conforme mostrado. Sabendo que a viga é submetida a uma força cortante vertical de 2500 lb, determine a tensão de cisalhamento média nos parafusos.

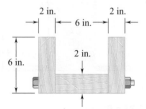

Fig. P6.43

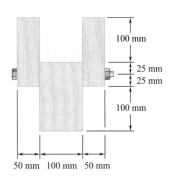

Fig. P6.44

6.44 Uma viga consiste em três pranchas conectadas por parafusos de aço espaçados longitudinalmente de 225 mm conforme mostrado. Sabendo que a força cortante na viga é vertical e igual a 6 kN e que a tensão de cisalhamento média admissível em cada parafuso é de 60 MPa, determine o menor diâmetro permissível para os parafusos a serem utilizados.

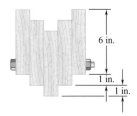

Fig. P6.45

6.45 Uma viga consiste em cinco pranchas com seção transversal de 1,5 × 6 in. conectadas por parafusos de aço espaçados longitudinalmente de 9 in. Sabendo que a força cortante na viga é vertical e igual a 2000 lb e que a tensão de cisalhamento média admissível em cada parafuso é de 7500 psi, determine o menor diâmetro permissível para os parafusos a serem utilizados.

6.46 Três placas de aço de 20 × 450 mm são aparafusadas a quatro cantoneiras de aço de L152 × 152 × 19,0 para formar uma viga com a seção transversal mostrada. Os parafusos têm 22 mm de diâmetro e são espaçados longitudinalmente a cada 125 mm. Sabendo que a tensão de cisalhamento média admissível nos parafusos é de 90 MPa, determine a maior força cortante vertical admissível na viga. (*Dado:* $I_x = 1901 \times 10^6$ mm^4.)

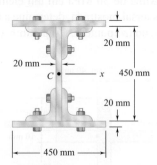

Fig. P6.46

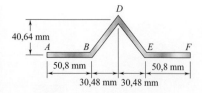

Fig. P6.47

6.47 Uma placa de 6,35 mm de espessura é enrugada, conforme mostra a figura, e depois usada como uma viga. Para uma força cortante vertical de 5,34 kN, determine (*a*) a tensão de cisalhamento máxima na seção e (*b*) a tensão de cisalhamento no ponto *B*. Esboce também o fluxo de cisalhamento na seção transversal.

6.48 Uma placa de 2 mm de espessura é dobrada conforme mostrado e então usada como viga. Para uma força cortante vertical de 5 kN, determine a tensão de cisalhamento nos cinco pontos indicados e esquematize o fluxo de cisalhamento na seção transversal.

6.49 Uma viga extrudada tem a seção transversal mostrada na figura e uma parede de espessura uniforme de 3 mm. Para uma força cortante vertical de 10 kN, determine (*a*) a tensão de cisalhamento no ponto *A* e (*b*) a tensão de cisalhamento máxima na viga. Esboce também o fluxo de cisalhamento na seção transversal.

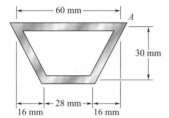

Fig. P6.49

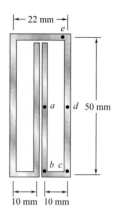

Fig. P6.48

6.50 Três placas, cada uma com 0,5 in. de espessura, são soldadas de modo a formar a seção mostrada. Para uma força cortante vertical de 25 kips, determine o fluxo de cisalhamento através das superfícies soldadas e esboce o fluxo de cisalhamento na seção transversal.

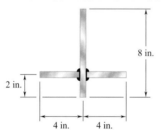

Fig. P6.50

6.51 O projeto de uma viga exige que duas placas retangulares verticais de $\frac{3}{8} \times 4$ in. sejam conectadas por soldas a duas placas horizontais com $\frac{1}{2} \times 2$ in. conforme mostrado. Para uma força cortante vertical **V**, determine *a* dimensão *a* para a qual o fluxo de cisalhamento através das superfícies soldadas é máximo.

6.52 A seção transversal de uma viga extrudada é um quadrado vazado de lado $a = 3$ in. e espessura $t = 0,25$ in. Para uma força cortante vertical de 15 kips, determine a tensão de cisalhamento máxima na viga e esquematize o fluxo de cisalhamento na seção transversal.

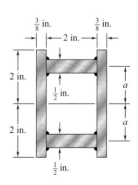

Fig. P6.51

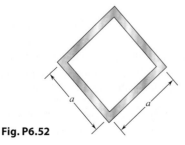

Fig. P6.52

6.53 Uma viga extrudada tem uma parede de espessura uniforme t. Chamando de **V** a força cortante vertical e de A a área da seção transversal da viga, expresse a tensão de cisalhamento máxima como $\tau_{máx} = k(V/A)$ e determine a constante k para cada uma das duas orientações mostradas.

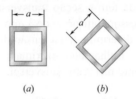

Fig. P6.53

6.54 (a) Determine a tensão de cisalhamento no ponto P de um tubo de paredes finas com a seção transversal mostrada na figura, provocada por uma força cortante vertical **V**. (b) Mostre que a tensão de cisalhamento máxima ocorre para $\theta = 90°$ e é igual a $2V/A$, em que A é a área da seção transversal do tubo.

Fig. P6.54

6.55 Para uma viga feita de dois ou mais materiais com diferentes módulos de elasticidade, mostre que a Equação (6.6)

$$\tau_{méd} = \frac{VQ}{It}$$

permanece válida desde que Q e I sejam calculados usando a seção transformada da viga (ver a Seção 4.4), e que t seja a largura real da viga em que $\tau_{méd}$ é calculado.

6.56 Uma viga composta é feita unindo-se as partes de madeira e aço mostradas com parafusos de $\frac{5}{8}$ in. de diâmetro espaçados longitudinalmente a cada 8 in. O módulo de elasticidade é de $1{,}9 \times 10^6$ psi para a madeira e 29×10^6 psi para o aço. Para uma força cortante vertical de 4000 lb, determine (a) a tensão de cisalhamento média nos parafusos e (b) a tensão de cisalhamento no centro da seção transversal. (*Sugestão:* Use o método indicado no Problema 6.55.)

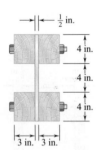

Fig. P6.56

6.57 Uma viga composta é feita unindo-se as partes de madeira e aço com parafusos de 12 mm de diâmetro espaçados longitudinalmente a cada 200 mm. O módulo de elasticidade é de 10 GPa para a madeira e 200 GPa para o aço. Para uma força cortante vertical de 4 kN, determine (a) a tensão de cisalhamento média nos parafusos e (b) a tensão de cisalhamento no centro da seção transversal. (*Sugestão*: Use o método indicado no Problema 6.55.)

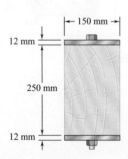

Fig. P6.57

6.58 Uma barra de aço e uma barra de alumínio são unidas para formar uma viga composta como mostra a figura. Sabendo que a força cortante vertical na viga é 17,8 kN e que o módulo de elasticidade é 200 GPa para o aço e 73,1 GPa para o alumínio, determine (*a*) a tensão média na superfície de união e (*b*) a tensão de cisalhamento máxima na viga. (*Sugestão*: Use o método indicado no Problema 6.55.)

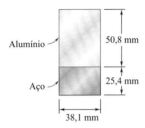

Fig. P6.58

6.59 Uma barra de aço e uma barra de alumínio são unidas para formar uma viga composta como mostra a figura. Sabendo que a força cortante vertical na viga é de 6 kN e que o módulo de elasticidade é de 200 MPa para o aço e 70 MPa para o alumínio, determine (*a*) a tensão média na superfície de união e (*b*) a tensão de cisalhamento máxima na viga. (*Sugestão:* Use o método indicado no Problema 6.55.)

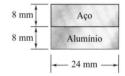

Fig. P6.59

6.60 Considere a viga em balanço *AB* discutida na Seção 6.5 e a parte *ACKJ* da viga que está localizada à esquerda da seção transversal *CC'* e acima do plano horizontal *JK*, em que *K* é um ponto a uma distância $y < y_E$ acima da linha neutra (Fig. P6.60). (*a*) Lembrando que $\sigma_x = \sigma_E$ entre *C* e *E*, e $\sigma_x = (\sigma_E/y_E)y$ entre *E* e *K*, mostre que a intensidade da força cortante horizontal **H** que atua na face inferior da parte da viga *ACKJ* é

$$H = \frac{1}{2} b\sigma_E \left(2c - y_E - \frac{y^2}{y_E}\right)$$

(*b*) Observando que a tensão de cisalhamento em *K* é

$$\tau_{xy} = \lim_{\Delta A \to 0} \frac{\Delta H}{\Delta A} = \lim_{\Delta x \to 0} \frac{1}{b} \frac{\Delta H}{\Delta x} = \frac{1}{b} \frac{\partial H}{\partial x}$$

e lembrando que y_E é uma função de *x* definida pela Equação (6.14), deduza a Equação (6.15).

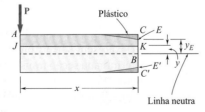

Fig. P6.60

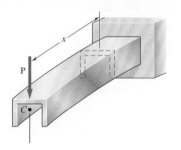

Fig. 6.37 Barra em balanço em forma de U com plano vertical de simetria.

*6.6 CARREGAMENTO ASSIMÉTRICO EM BARRAS DE PAREDES FINAS E CENTRO DE CISALHAMENTO

Nossa análise dos efeitos de carregamentos transversais esteve limitada a barras que possuem um plano vertical de simetria e às forças aplicadas naquele plano. Observou-se que as barras sofrem flexão no plano de carregamento (Fig. 6.37) e, em determinada seção transversal, o momento fletor **M** e a força cortante **V** (Fig. 6.38) provocavam tensões normais e de cisalhamento

$$\sigma_x = -\frac{My}{I} \qquad (4.16)$$

e

$$\tau_{\text{méd}} = \frac{VQ}{It} \qquad (6.6)$$

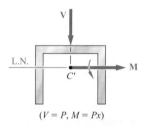

Fig. 6.38 Carregamento aplicado no plano vertical de simetria.

Nesta seção, examinaremos os efeitos de carregamentos transversais em *barras de paredes finas que não possuem um plano vertical de simetria*. Vamos supor, por exemplo, que a barra em forma de U da Fig. 6.37 tenha sido girada em 90° e que a linha de ação de **P** ainda passa pelo centroide da seção da extremidade da barra. O momento vetor **M** representando o momento fletor em determinada seção transversal ainda é direcionado ao longo de um eixo principal da seção (Fig. 6.39), e a linha neutra coincidirá com o eixo (ver Seção 4.8). A Equação (4.16), portanto, é aplicável e pode ser usada para calcular as tensões normais na seção. No entanto, a Equação (6.6) não pode ser usada para determinar as tensões de cisalhamento na seção, pois essa equação foi deduzida para uma barra que possui um plano vertical de simetria (ver Seção 6.4). Na realidade, observaremos que a barra sofrerá *flexão e torção* sob a ação da força aplicada (Fig. 6.40), e a distribuição de tensões de cisalhamento resultante será muito diferente daquela definida pela Equação (6.6).

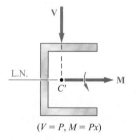

Fig. 6.39 Carregamento perpendicular ao plano de simetria.

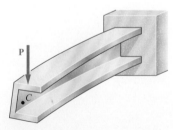

Fig. 6.40 Deformação do perfil U quando não carregado no plano de simetria.

É possível aplicar a força vertical **P** de maneira que a barra em forma de U da Fig. 6.40 sofra *flexão sem torção* e, se assim for, onde a força **P** deverá ser aplicada? Se a barra sofre flexão sem sofrer torção, a tensão de cisalhamento em qualquer ponto de determinada seção transversal pode ser obtida da Equação (6.6), em que Q é o momento estático da área sombreada em relação à linha neutra (Fig. 6.41a), e a distribuição de tensões será aquela mostrada na Fig. 6.41b, com $\tau = 0$ em A e E. Observamos que a força de cisalhamento que atua em um pequeno elemento de seção transversal de área $dA = t\,ds$ é $dF = \tau dA = \tau t ds$, ou $dF = q ds$ (Fig. 6.42a), na qual q é o fluxo de cisalhamento $q = \tau t = VQ/I$. Conclui-se que a resultante das forças de cisalhamento que atuam nos elementos da mesa superior AB do perfil U é uma força horizontal **F** (Fig. 6.42b) de intensidade

$$F = \int_A^B q\,ds \quad (6.17)$$

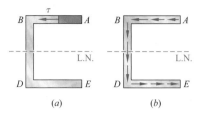

Fig. 6.41 Tensão de cisalhamento e fluxo de cisalhamento como resultado de carregamento assimétrico. (a) Tensão de cisalhamento. (b) Fluxo de cisalhamento q.

Em razão da simetria da seção em forma de U em relação à sua linha neutra, a resultante das forças de cisalhamento que atuam na mesa inferior DE é uma força **F'** da mesma intensidade de **F**, mas com sentido oposto. Concluímos que a resultante das forças de cisalhamento que atuam na alma BD deve ser igual à força cortante vertical **V** na seção:

$$V = \int_B^D q\,ds \quad (6.18)$$

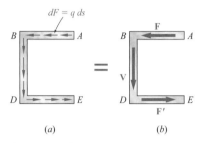

Fig. 6.42 O fluxo de cisalhamento em cada elemento resulta em uma força cortante vertical e um momento. (a) Fluxo de cisalhamento q. (b) Forças resultantes nos elementos.

As forças **F** e **F'** formam um conjugado de momento Fh, em que h é a distância entre as linhas de centro das mesas AB e DE (Fig. 6.43a). Esse momento pode ser eliminado se a força cortante vertical **V** for movida para a esquerda por uma distância e, tal que o momento de **V** em relação a B seja igual a Fh (Fig. 6.43b). Assim, $Ve = Fh$ ou

$$e = \frac{Fh}{V} \quad (6.19)$$

Quando a força **P** é aplicada a uma distância e à esquerda da linha de centro da alma BD, a barra apenas sofrerá flexão em um plano vertical sem sofrer torção (Fig. 6.44).

O ponto O em que a linha de ação de **P** intercepta o eixo de simetria da seção da extremidade da barra é chamado de *centro de cisalhamento* daquela seção. Notamos que, no caso de uma força oblíqua **P** (Fig. 6.45a), a barra também estará livre de qualquer torção se a força **P** for aplicada no centro de cisalhamento da seção. A força **P** pode então ser decomposta em duas componentes $\mathbf{P}_z$ e $\mathbf{P}_y$ (Fig. 6.45b) correspondendo, respectivamente, às condições de carregamento das Figs. 6.37 e 6.44, em que nenhuma delas provoca torção na barra.

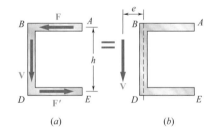

Fig. 6.43 Resultante força e momento para a flexão sem torção, e reposicionamento de V para criar o mesmo efeito.

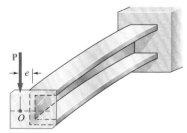

Fig. 6.44 Posicionamento da carga para eliminar a torção por meio do uso de um suporte acoplado.

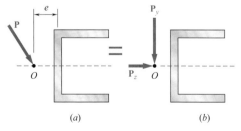

Fig. 6.45 (a) Carregamento oblíquo aplicado no centro de cisalhamento não causará torção, desde que (b) ele possa ser decomposto em componentes que não causem torção.

Aplicação do conceito 6.5

Determine o centro de cisalhamento O de uma seção em forma de U de espessura uniforme (Fig. 6.46a), sabendo que $b = 100$ mm, $h = 150$ mm e $t = 3,8$ mm.

Considerando que a barra não sofre torção, primeiramente determinamos o fluxo de cisalhamento q na mesa AB a uma distância s de A (Fig. 6.46b). Lembrando da Equação (6.5) e observando que o momento estático Q da área sombreada em relação à linha neutra é $Q = (st)(h/2)$,

$$q = \frac{VQ}{I} = \frac{Vsth}{2I} \qquad (6.20)$$

em que V é a força cortante vertical e I o momento de inércia da seção em relação à linha neutra.

Usando a Equação (6.17), determinamos a intensidade da força de cisalhamento $\mathbf{F}$ que atua na mesa AB integrando o fluxo de cisalhamento q de A até B:

$$F = \int_0^b q\, ds = \int_0^b \frac{Vsth}{2I}\, ds = \frac{Vth}{2I}\int_0^b s\, ds$$

$$F = \frac{Vthb^2}{4I} \qquad (6.21)$$

A distância e da linha de centro da alma BD até o centro de cisalhamento O pode agora ser obtida pela Equação (6.19):

$$e = \frac{Fh}{V} = \frac{Vthb^2}{4I}\frac{h}{V} = \frac{th^2b^2}{4I} \qquad (6.22)$$

O momento de inércia I da seção U pode ser expresso da seguinte forma:

$$I = I_{\text{alma}} + 2I_{\text{mesa}}$$
$$= \frac{1}{12}th^3 + 2\left[\frac{1}{12}bt^3 + bt\left(\frac{h}{2}\right)^2\right]$$

Desprezando o termo contendo t^3, que é muito pequeno, temos

$$I = \tfrac{1}{12}th^3 + \tfrac{1}{2}tbh^2 = \tfrac{1}{12}th^2(6b + h) \qquad (6.23)$$

Substituindo essa expressão na Equação (6.22), temos

$$e = \frac{3b^2}{6b + h} = \frac{b}{2 + \dfrac{h}{3b}} \qquad (6.24)$$

Notamos que a distância e não depende de t e pode variar de 0 a $b/2$, dependendo do valor da relação $h/3b$. Para a seção U dada, temos

$$\frac{h}{3b} = \frac{150\text{ mm}}{3(100\text{ mm})} = 0,5$$

e

$$e = \frac{100\text{ mm}}{2 + 0,5} = 40\text{ mm}$$

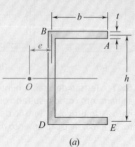

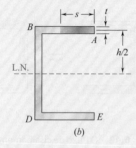

Fig. 6.46 (a) Seção em forma de U. (b) Segmento de mesa utilizado para calcular o fluxo de cisalhamento.

Aplicação do conceito 6.6

Para a seção em forma de U da Aplicação do conceito 6.5, determine a distribuição das tensões de cisalhamento provocada por uma força cortante vertical **V** de 12 kN aplicada no centro de cisalhamento O (Fig. 6.47a).

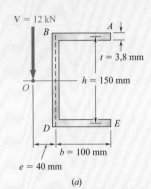

Tensões de cisalhamento nas mesas. Como **V** é aplicado no centro de cisalhamento, não há torção, e as tensões na mesa AB são obtidas da Equação (6.20), então

$$\tau = \frac{q}{t} = \frac{VQ}{It} = \frac{Vh}{2I}s \tag{6.25}$$

que mostra que a distribuição de tensões na mesa AB é linear. Fazendo $s = b$ e substituindo I da Equação (6.23), obtemos o valor da tensão de cisalhamento em B:

$$\tau_B = \frac{Vhb}{2(\frac{1}{12}th^2)(6b + h)} = \frac{6Vb}{th(6b + h)} \tag{6.26}$$

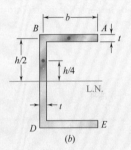

Fazendo $V = 12$ kN e usando as dimensões dadas, temos

$$\tau_B = \frac{6(12\,000\,\text{N})(100\,\text{mm})}{(3,8\,\text{mm})(150\,\text{mm})(6 \times 100\,\text{mm} + 150\,\text{mm})}$$
$$= 16,8\,\text{MPa}.$$

Tensões de cisalhamento na alma. A distribuição das tensões de cisalhamento na alma BD é parabólica, como no caso de uma viga de mesas largas, e a tensão máxima ocorre na linha neutra. Calculando o momento estático da metade superior da seção transversal em relação à linha neutra (Fig. 6.47b),

$$Q = bt(\tfrac{1}{2}h) + \tfrac{1}{2}ht(\tfrac{1}{4}h) = \tfrac{1}{8}ht(4b + h) \tag{6.27}$$

Substituindo I e Q das Equações (6.23) e (6.27), respectivamente, na expressão para a tensão de cisalhamento, temos

$$\tau_{\text{máx}} = \frac{VQ}{It} = \frac{V(\tfrac{1}{8}ht)(4b + h)}{\tfrac{1}{12}th^2(6b + h)t} = \frac{3V(4b + h)}{2th(6b + h)}$$

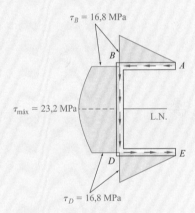

Fig. 6.47 (a) Seção em forma de U carregada no centro de cisalhamento. (b) Seção utilizada para encontrar a tensão de cisalhamento máxima. (c) Distribuição da tensão de cisalhamento.

ou, com os dados fornecidos,

$$\tau_{\text{máx}} = \frac{3(12\,000\,\text{N})(4 \times 100\,\text{mm} + 150\,\text{mm})}{2(3,8\,\text{mm})(150\,\text{mm})(6 \times 100\,\text{mm} + 150\,\text{mm})}$$
$$= 23,2\,\text{MPa}$$

Distribuição de tensões ao longo da seção. A distribuição de tensões de cisalhamento ao longo da seção em forma de U foi representada graficamente na Fig. 6.47c.

Aplicação do conceito 6.7

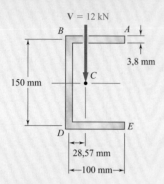

Fig. 6.48 (*a*) Seção em forma de U carregada no centroide (não centro de cisalhamento).

Para a seção em forma de U da Aplicação do conceito 6.5, e desprezando as concentrações de tensão, determine a tensão de cisalhamento máxima provocada por uma força cortante vertical **V** de 12 kN aplicada no centroide *C* da seção, que está localizado 28,57 mm à direita da linha de centro da alma *BD* (Fig. 6.48*a*).

Sistema força-momento equivalente no centro de cisalhamento. O centro de cisalhamento *O* da seção transversal foi determinado na Aplicação do conceito 6.5, e sabe-se que está a uma distância $e = 40$ mm à esquerda da linha de centro da alma *BD*. Substituímos a força cortante **V** (Fig. 6.48*b*) por um sistema equivalente constituído de força e momento no centro de cisalhamento *O* (Fig. 6.48*c*). Esse sistema consiste em uma força **V** de 12 kN e um torque **T** de intensidade

$$T = V(OC) = (12 \text{ kN})(40 \text{ mm} + 28{,}57 \text{ mm})$$
$$= 822{,}8 \text{ kN} \cdot \text{mm}$$

Tensões devido à flexão. A força cortante **V** de 12 kN faz a barra curvar-se e a distribuição correspondente de tensões de cisalhamento na seção (Fig. 6.48*d*) foi determinada na Aplicação do conceito 6.6. Lembramos que o valor máximo da tensão em razão dessa força era

$$(\tau_{\text{máx}})_{\text{flexão}} = 23{,}2 \text{ MPa}$$

Tensões devido à torção. O torque **T** faz a barra torcer, e a distribuição de tensões correspondente é mostrada na Fig. 6.48*e*. Lembramos do Capítulo 3 que a analogia da membrana mostra que, em uma barra de paredes finas de espessura uniforme, a tensão provocada pelo torque **T** é máxima ao longo da borda da seção. Usando as Equações (3.42) e (3.40) com

$$a = 100 \text{ mm} + 150 \text{ mm} + 100 \text{ mm} = 350 \text{ mm}$$
$$b = t = 3{,}8 \text{ mm} \qquad b/a = 0{,}0109$$

Então,

$$c_1 = \tfrac{1}{3}(1 - 0{,}630 b/a) = \tfrac{1}{3}(1 - 0{,}630 \times 0{,}0109) = 0{,}331$$

$$(\tau_{\text{máx}})_{\text{torção}} = \frac{T}{c_1 a b^2} = \frac{822{,}8 \times 10^3 \text{ N} \cdot \text{mm}}{(0{,}331)(350 \text{ mm})(3{,}8 \text{ mm})^2}$$
$$= 491{,}8 \text{ MPa}$$

Tensões combinadas. A tensão máxima em razão da flexão e da torção combinadas ocorre na linha neutra, na superfície interna da alma, e é

$$\tau_{\text{máx}} = 23{,}2 \text{ MPa} + 491{,}8 \text{ MPa} = 515 \text{ MPa}.$$

A título de observação prática, isso excede a tensão de cisalhamento no escoamento para os aços usualmente disponíveis. Essa análise demonstra o efeito potencialmente alto que a torção pode exercer sobre as tensões de cisalhamento de perfis do tipo U e perfis estruturais semelhantes.

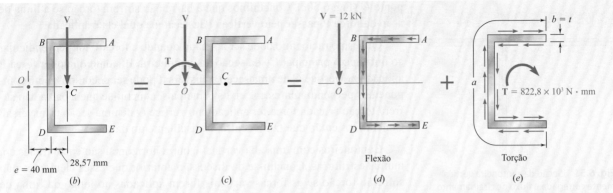

Fig. 6.48 (*cont.*) (*b*) Carregamento no centroide (*c*) é equivalente a um par força-torque no centro de cisalhamento, que é a superposição da tensão de cisalhamento devido a (*d*) flexão e (*e*) torsão.

Consideremos agora elementos de paredes finas que não possuem plano de simetria. Considere uma cantoneira submetida a uma força vertical **P**. Se a barra estiver orientada de tal maneira que a força **P** seja perpendicular a um dos eixos principais Cz da seção transversal, o vetor momento **M** representando o momento fletor em determinada seção estará direcionado ao longo de Cz (Fig. 6.49), e a linha neutra coincidirá com aquele eixo (ver Seção 4.8). A equação (4.16), portanto, é aplicável e pode ser usada para calcular as tensões normais na seção. Propomos agora determinar onde a força **P** deverá ser aplicada para que se possa usar a Equação (6.6) no cálculo das tensões de cisalhamento na seção, isto é, se a barra deve *sofrer flexão sem sofrer torção*.

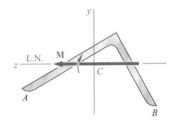

Fig. 6.49 Barra sem plano de simetria sujeita a momento fletor.

Vamos *supor* que as tensões de cisalhamento na seção sejam calculadas pela Equação (6.6). Como no caso da barra em forma de U considerada anteriormente, as forças de cisalhamento elementares aplicadas na seção podem ser expressas como $dF = qds$, com $q = VQ/I$, em que Q representa o momento estático em relação à linha neutra (Fig. 6.50*a*). Notamos que a resultante das forças de cisalhamento que atuam na parte OA da seção transversal é uma força $\mathbf{F}_1$ direcionada ao longo de OA, e que a resultante das forças de cisalhamento que atuam na parte OB é a força $\mathbf{F}_2$ ao longo de OB (Fig. 6.50*b*). Como $\mathbf{F}_1$ e $\mathbf{F}_2$ passam, ambas, pelo ponto O no vértice do ângulo, conclui-se que sua resultante, que é a força cortante **V** na seção, também deverá passar pelo

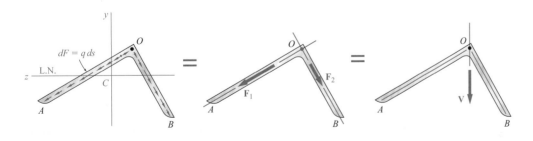

(*a*) Forças de cisalhamento elementares (*b*) Forças resultantes nos elementos (*c*) Localização de V para eliminar a torção

Fig. 6.50 Determinação do centro de cisalhamento, *O*, em uma cantoneira.

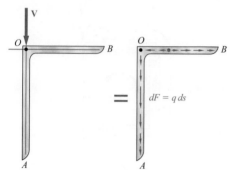

Fig. 6.51 Seção da cantoneira verticalmente carregada e fluxo de cisalhamento resultante.

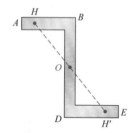

Fig. 6.52 Seção em Z com centroide e centro de cisalhamento coincidindo.

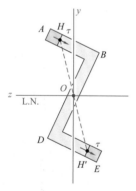

Fig. 6.53 Localização da linha neutra para carregamento aplicado em um plano perpendicular ao eixo principal z.

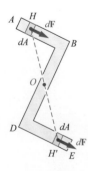

Fig. 6.54 Para que o elemento flexione sem sofrer torção, ocorrem momentos iguais e opostos sobre O para cada par de elementos simétricos.

ponto O (Fig. 6.50c). Concluímos que a barra não sofrerá torção se a linha de ação da força **P** passar pelo vértice O da seção na qual ela é aplicada.

O mesmo raciocínio pode ser aplicado quando a força **P** for perpendicular ao outro eixo principal Cy da seção da cantoneira. E, como qualquer força **P** aplicada no vértice O de uma seção transversal pode ser decomposta em componentes perpendiculares aos eixos principais, conclui-se que a barra não sofrerá torção se cada força for aplicada no vértice O de uma seção transversal. Concluímos então que O é o centro de cisalhamento da seção.

Cantoneiras com uma aba vertical e outra horizontal são encontradas em muitas estruturas. Conclui-se da discussão anterior que esses elementos não sofrerão torção se as forças verticais forem aplicadas ao longo da linha de centro da aba vertical. Notamos na Fig. 6.51 que a resultante das forças de cisalhamento elementares que atuam na parte vertical OA de determinada seção será igual à força cortante **V**, enquanto a resultante das forças de cisalhamento na parte horizontal OB será zero:

$$\int_O^A q\,ds = V \qquad \int_O^B q\,ds = 0$$

No entanto, isso *não* significa que não haverá tensão de cisalhamento na aba horizontal da barra. Decompondo a força cortante **V** em componentes perpendiculares aos eixos principais centroidais da seção e calculando a tensão de cisalhamento em cada ponto, podemos verificar que τ é zero em apenas um ponto entre O e B (ver o Problema Resolvido 6.6).

Outro tipo de barra de paredes finas encontrado frequentemente na prática é o perfil Z. Embora a seção transversal de um perfil Z não possua qualquer eixo de simetria, ela possui um *centro de simetria* O (Fig. 6.52). Isso significa que, para qualquer ponto H da seção transversal, corresponde outro ponto H', tal que o segmento de linha reta HH' seja dividido ao meio por O. É claro que o centro de simetria O coincide com o centroide da seção transversal. Como veremos agora, o ponto O é também o centro de cisalhamento da seção transversal.

No caso da cantoneira, consideraremos que as forças serão aplicadas em um plano perpendicular a um dos eixos principais da seção, de modo que esse eixo seja também a linha neutra da seção (Fig. 6.53). Consideraremos também que as tensões de cisalhamento na seção serão definidas pela Equação (6.6), isto é, que a barra sofrerá flexão sem sofrer torção. Chamando de Q o momento estático em relação à linha neutra da parte AH da seção transversal, e de Q' o momento estático da parte EH', notamos que $Q' = -Q$. Assim, as tensões de cisalhamento em H e H' têm a mesma intensidade e a mesma direção, e as forças de cisalhamento que atuam em pequenos elementos de área dA, localizados, respectivamente, em H e H', são forças iguais que têm momentos iguais e opostos em relação a O (Fig. 6.54). Como isso vale para qualquer par de elementos simétricos, conclui-se que a resultante das forças de cisalhamento que atuam na seção tem um momento zero em relação a O. Isso significa que a força cortante **V** na seção é direcionada ao longo de uma linha que passa pelo ponto O. Como essa análise pode ser repetida quando as forças são aplicadas em um plano perpendicular aos outros eixos principais, concluímos que o ponto O é o centro de cisalhamento da seção.

PROBLEMA RESOLVIDO 6.6

Determine a distribuição de tensões de cisalhamento na cantoneira de paredes finas DE de espessura uniforme t para o carregamento mostrado.

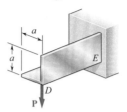

ESTRATÉGIA: Localize o centroide da seção transversal e determine os dois momentos de inércia principais. Decomponha a carga **P** nas suas componentes paralelas aos eixos principais, igual às forças cortantes. Os dois grupos de tensões de cisalhamento são então calculados nas posições ao longo das abas. Elas são então superpostas para obter a distribuição da tensão de cisalhamento.

MODELAGEM E ANÁLISE:

Centro de cisalhamento. Recordamos da Seção 6.6 que o centro de cisalhamento da seção transversal de uma cantoneira de paredes finas está localizado em seu vértice. Como a força **P** está aplicada em D, ela provoca flexão, mas não provoca torção na cantoneira.

Eixos principais. Localizamos o centroide C de determinada seção transversal AOB (Fig. 1). Como o eixo y' é um eixo de simetria, os eixos y' e z' são os eixos principais de inércia da seção. Lembramos que, para o paralelogramo mostrado (Fig. 2), $I_{nn} = \frac{1}{12}bh^3$ e $I_{mm} = \frac{1}{3}bh^3$. Considerando cada aba da seção um paralelogramo, determinamos agora os momentos de inércia $I_{y'}$ e $I_{z'}$:

$$I_{y'} = 2\left[\frac{1}{3}\left(\frac{t}{\cos 45°}\right)(a \cos 45°)^3\right] = \frac{1}{3}ta^3$$

$$I_{z'} = 2\left[\frac{1}{12}\left(\frac{t}{\cos 45°}\right)(a \cos 45°)^3\right] = \frac{1}{12}ta^3$$

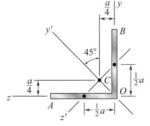

Fig. 1 Cantoneira com eixos principais y' e z'.

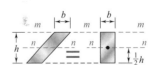

Fig. 2 Paralelogramo e retângulo equivalente para determinar os momentos de inércia.

Superposição. A força cortante **V** na seção é igual à força **P**. Como mostrado na Fig. 3, nós a decompomos nas componentes paralelas aos eixos principais.

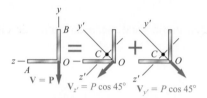

Fig. 3 Decomposição do carregamento em componentes paralelos aos eixos principais.

Tensões de cisalhamento devido a $V_{y'}$. Utilizando a Fig. 4, determinamos a tensão de cisalhamento no ponto e de coordenada y:

$$\bar{y}' = \tfrac{1}{2}(a + y) \cos 45° - \tfrac{1}{2}a \cos 45° = \tfrac{1}{2} y \cos 45°$$
$$Q = t(a - y)\bar{y}' = \tfrac{1}{2}t(a - y)y \cos 45°$$
$$\tau_1 = \frac{V_{y'}Q}{I_{z'}t} = \frac{(P \cos 45°)[\tfrac{1}{2}t(a - y)y \cos 45°]}{(\tfrac{1}{12}ta^3)t} = \frac{3P(a - y)y}{ta^3}$$

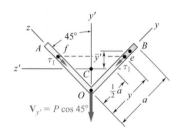

Fig. 4 Componente do carregamento no plano de simetria.

A tensão de cisalhamento no ponto f é representada por uma função similar de z.

Tensões de cisalhamento devido a $V_{z'}$. Utilizando a Fig. 5, consideramos novamente o ponto e:

$$\bar{z}' = \tfrac{1}{2}(a + y) \cos 45°$$
$$Q = (a - y)t\bar{z}' = \tfrac{1}{2}(a^2 - y^2)t \cos 45°$$
$$\tau_2 = \frac{V_{z'}Q}{I_{y'}t} = \frac{(P \cos 45°)[\tfrac{1}{2}(a^2 - y^2)t \cos 45°]}{(\tfrac{1}{3}ta^3)t} = \frac{3P(a^2 - y^2)}{4ta^3}$$

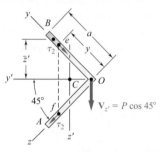

Fig. 5 Componente do carregamento perpendicular ao plano de simetria.

A tensão de cisalhamento no ponto f é representada por uma função similar de z.

Tensões combinadas.

a. *Ao longo da aba vertical.* A tensão de cisalhamento no ponto e é

$$\tau_e = \tau_2 + \tau_1 = \frac{3P(a^2 - y^2)}{4ta^3} + \frac{3P(a - y)y}{ta^3} = \frac{3P(a - y)}{4ta^3}[(a + y) + 4y]$$

$$\tau_e = \frac{3P(a - y)(a + 5y)}{4ta^3} \blacktriangleleft$$

b. *Ao longo da aba horizontal.* A tensão de cisalhamento no ponto f é

$$\tau_f = \tau_2 - \tau_1 = \frac{3P(a^2 - z^2)}{4ta^3} - \frac{3P(a - z)z}{ta^3} = \frac{3P(a - z)}{4ta^3}[(a + z) - 4z]$$

$$\tau_f = \frac{3P(a - z)(a - 3z)}{4ta^3} \blacktriangleleft$$

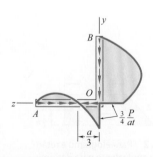

Fig. 6 Distribuição da tensão de cisalhamento.

REFLETIR E PENSAR: As tensões combinadas estão traçadas na Fig. 6.

PROBLEMAS

6.61 até 6.64 Determine a localização do centro de cisalhamento O de uma viga de paredes finas de espessura uniforme com a seção transversal mostrada.

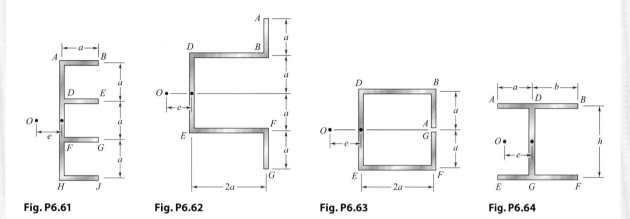

Fig. P6.61   Fig. P6.62   Fig. P6.63   Fig. P6.64

6.65 e 6.66 Uma viga extrudada tem a seção transversal mostrada na figura. Determine (a) a localização do centro de cisalhamento O e (b) a distribuição das tensões de cisalhamento provocadas pela força cortante vertical **V** aplicada em O.

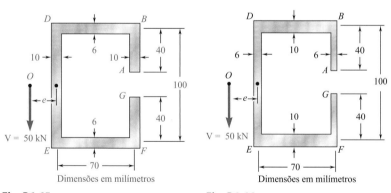

Fig. P6.65   Fig. P6.66

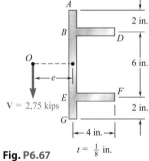

Fig. P6.67 $t = \frac{1}{8}$ in.

6.67 e 6.68 Uma viga extrudada tem a seção transversal mostrada na figura. Determine (a) a localização do centro de cisalhamento O e (b) a distribuição das tensões de cisalhamento provocadas pela força cortante vertical **V** aplicada em O.

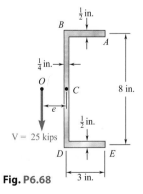

Fig. P6.68

6.69 até 6.74 Determine a localização do centro de cisalhamento O de uma viga de paredes finas de espessura uniforme com a seção transversal mostrada.

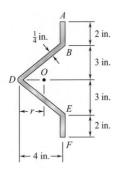

Fig. P6.69

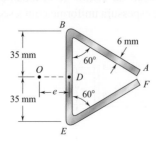

Fig. P6.70

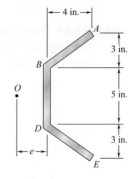

Fig. P6.71

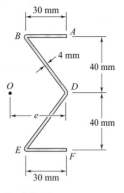

Fig. P6.72

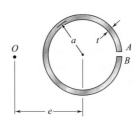

Fig. P6.73

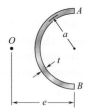

Fig. P6.74

6.75 e 6.76 Uma viga de paredes finas tem a seção transversal mostrada. Determine a localização do centro de cisalhamento O da seção transversal.

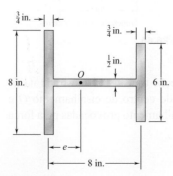

Fig. P6.75

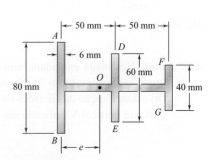

Fig. P6.76

6.77 e 6.78 Uma viga de paredes finas de espessura uniforme tem a seção transversal mostrada na figura. Determine a dimensão b para a qual o centro de cisalhamento O da seção transversal está localizado no ponto indicado.

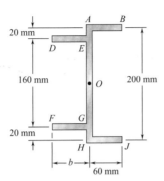

Fig. P6.77

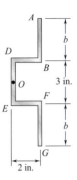

Fig. P6.78

6.79 Para a cantoneira e o carregamento do Problema Resolvido 6.6, verifique se $\int q\,dz = 0$ ao longo da aba horizontal da cantoneira e $\int q\,dy = P$ ao longo de sua aba vertical.

6.80 Para a cantoneira e o carregamento do Problema Resolvido 6.6, (a) determine os pontos em que a tensão de cisalhamento é máxima e os valores correspondentes da tensão, (b) verifique também se os pontos obtidos estão localizados na linha neutra correspondente ao carregamento dado.

*6.81 Determine a distribuição de tensões de cisalhamento ao longo da linha $D'B'$ na aba horizontal da cantoneira para o carregamento mostrado. Os eixos x' e y' são os eixos principais da seção transversal.

*6.82 Para a cantoneira e o carregamento do Problema 6.81, determine a distribuição de tensões de cisalhamento ao longo da linha $D'A'$ na aba vertical.

*6.83 Uma placa de aço, com 160 mm de largura e 8 mm de espessura, é dobrada para formar a viga em forma de U mostrada na figura. Sabendo que a força vertical **P** atua em um ponto do plano médio da alma do U, determine (a) o torque **T** que faria o U torcer da mesma maneira como o faz sob a carga **P** e (b) a tensão de cisalhamento máxima no U provocada pela força **P**.

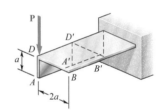

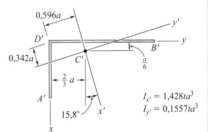

Fig. P6.81

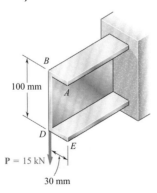

Fig. P6.83

*6.84 Resolva o Problema 6.83, considerando que uma placa de 6 mm de espessura é dobrada para formar o U mostrado.

*6.85 A viga em balanço AB, consistindo na metade de um tubo de paredes finas com raio médio de 31,8 mm e espessura de parede de 9,53 mm, está submetida a uma força vertical de 2 224 kN. Sabendo que a linha de ação da força passa pelo centroide C da seção transversal da viga, determine (*a*) o sistema equivalente de força e momento no centro de cisalhamento da seção transversal e (*b*) a tensão de cisalhamento máxima na viga. (*Sugestão*: No Problema 6.74, mostra-se a posição do centro de cisalhamento O, distante em relação ao diâmetro vertical, do equivalente ao dobro da distância desse diâmetro ao centroide C.)

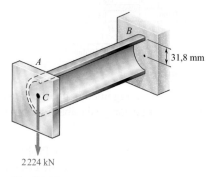

Fig. P6.85

*6.86 Resolva o Problema 6.85, considerando que a espessura da viga foi reduzida para 6,35 mm.

*6.87 A viga em balanço mostrada consiste em um perfil Z de $\frac{1}{4}$ in. de espessura. Para o carregamento dado, determine a distribuição das tensões de cisalhamento ao longo da linha $A'B'$ na aba horizontal superior do perfil Z. Os eixos x' e y' são os eixos principais da seção transversal e os momentos de inércia correspondentes são $I_{x'} = 166,3$ in⁴ e $I_{y'} = 13,61$ in⁴.

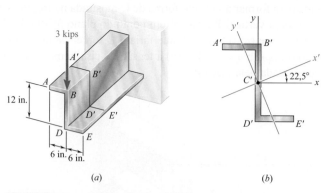

Fig. P6.87

*6.88 Para a viga em balanço e o carregamento do Problema 6.87, determine a distribuição de tensão de cisalhamento ao longo da linha $B'D'$ na alma vertical do perfil Z.

REVISÃO E RESUMO

Tensões em um elemento de viga

Um pequeno elemento localizado no plano vertical de simetria de uma viga sob um carregamento transversal foi considerado (Fig. 6.55) e vimos que as tensões normais σ_x e tensões de cisalhamento τ_{xy} atuavam nas faces transversais daquele elemento, enquanto tensões de cisalhamento τ_{yx}, iguais em intensidade a τ_{xy}, atuavam em suas faces horizontais.

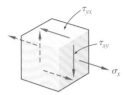

Fig. 6.55 Elemento da tensão da seção da viga transversalmente carregada.

Força cortante horizontal

Para uma viga prismática AB com um plano vertical de simetria suportando várias cargas concentradas e distribuídas (Fig. 6.56), a uma distância x da extremidade A, separamos da viga um elemento $CDD'C'$ de comprimento Δx que se estende pela largura da viga desde a sua superfície superior até um plano horizontal localizado a uma distância y_1 da linha neutra (Fig. 6.57). Concluímos que a intensidade da força cortante $\Delta \mathbf{H}$ que atua na face inferior do elemento de viga é

$$\Delta H = \frac{VQ}{I} \Delta x \qquad (6.4)$$

na qual V = força cortante vertical na seção transversal dada
Q = momento estático em relação à linha neutra da parte sombreada $\mathcal{C}$ da seção
I = momento de inércia da área inteira da seção transversal

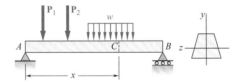

Fig. 6.56 Viga transversalmente carregada com plano vertical de simetria.

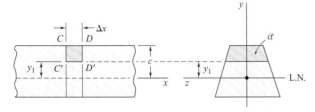

Fig. 6.57 Segmento curto da viga com elemento da tensão $CDD'C'$.

Fluxo de cisalhamento

A *força cortante horizontal por unidade de comprimento*, ou *fluxo de cisalhamento*, representada pela letra q, foi obtida dividindo-se ambos os membros da Equação (6.4) por Δx:

$$q = \frac{\Delta H}{\Delta x} = \frac{VQ}{I} \qquad (6.5)$$

Tensões de cisalhamento em uma viga

Dividindo ambos os membros da Equação (6.4) pela área ΔA da face horizontal do elemento e observando que $\Delta A = t\,\Delta x$, em que t é a largura do elemento no corte, a *tensão de cisalhamento média* na face horizontal do elemento é

$$\tau_{méd} = \frac{VQ}{It} \qquad (6.6)$$

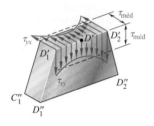

Fig. 6.58 Distribuição da tensão de cisalhamento ao longo dos planos horizontal e transversal.

Como as tensões de cisalhamento τ_{xy} e τ_{yx} atuam, respectivamente, em um plano transversal e um plano horizontal através de D' e são iguais, a expressão na Equação (6.6) também representa o valor médio de τ_{xy} ao longo da linha $D'_1 D'_2$ (Fig. 6.58).

Tensões de cisalhamento em uma viga de seção transversal retangular

A distribuição de tensões de cisalhamento em uma viga de seção transversal retangular é parabólica e a tensão máxima, que ocorre no centro da seção, é

$$\tau_{máx} = \frac{3}{2}\frac{V}{A} \qquad (6.10)$$

em que A é a área da seção retangular. Para vigas de mesas largas, uma boa aproximação da tensão de cisalhamento máxima pode ser obtida dividindo-se a força cortante V pela área da seção transversal da alma.

Cisalhamento longitudinal em superfície curva

As Equações (6.4) e (6.5) podem ser usadas para determinar, respectivamente, a força cortante longitudinal ΔH e o fluxo de cisalhamento q que atua em um elemento de viga, se o elemento estivesse limitado por uma superfície curva arbitrária em lugar de um plano horizontal (Fig. 6.59).

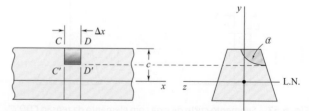

Fig. 6.59 Segmento da viga mostrando o elemento $CDD'C'$ de altura Δx.

Tensões de cisalhamento em barras de paredes finas

Descobrimos que é possível estender o uso da Equação (6.6) para a determinação da tensão de cisalhamento média em barras de paredes finas como as vigas de mesas largas e as vigas caixão, nas mesas dessas barras, e em suas almas (Fig. 6.60).

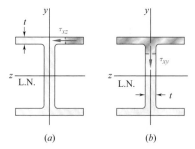

Fig. 6.60 Seções de uma viga de mesa larga mostrando a tensão de cisalhamento (a) na mesa e (b) na alma. A área sombreada é utilizada para calcular o momento estático da área.

Deformações plásticas

Uma vez iniciada a deformação plástica, o carregamento adicional faz as zonas plásticas penetrarem no núcleo elástico de uma viga. Como as tensões de cisalhamento só podem ocorrer no núcleo elástico de uma viga, notamos que um aumento no carregamento e o decréscimo resultante no tamanho do núcleo elástico contribuem para um aumento nas tensões de cisalhamento.

Carregamento assimétrico e centro de cisalhamento

Para elementos prismáticos que *não estão* sob carga em seu plano de simetria, em geral, ocorrem tanto flexão quanto torção. Pode-se impedir a torção se a carga for aplicada sobre o ponto O da seção transversal, conhecido como *centro de cisalhamento*, em que as forças deverão ser aplicadas caso o elemento deva somente sofrer flexão (Fig. 6.61). Se as forças forem aplicadas naquele ponto,

$$\sigma_x = -\frac{My}{I} \qquad \tau_{\text{méd}} = \frac{VQ}{It} \qquad (4.16, 6.6)$$

O princípio da superposição pode ser usado para determinar as tensões em barras assimétricas de paredes finas como perfis U, cantoneiras e vigas extrudadas.

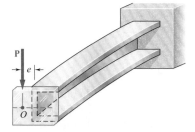

Fig. 6.61 Posicionamento da carga para eliminar a torção por meio do uso de um suporte acoplado.

PROBLEMAS DE REVISÃO

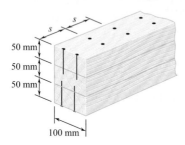

Fig. P6.89

6.89 Três pranchas de seção cheia de 50 × 100 mm são pregadas juntas para formar uma viga que é submetida a uma força cortante vertical de 1500 N. Sabendo que a tensão de cisalhamento admissível em cada prego é de 400 N, determine o maior espaçamento horizontal s que pode ser utilizado entre cada par de pregos.

6.90 Para a viga e o carregamento mostrados, considere a seção n-n e determine (a) a maior tensão de cisalhamento naquela seção e (b) a tensão de cisalhamento no ponto a.

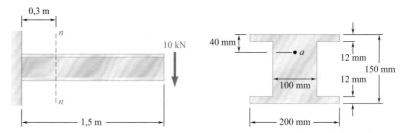

Fig. P6.90

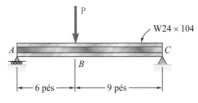

Fig. P6.91

6.91 Para a viga de mesas largas com o carregamento mostrado, determine o maior **P** que pode ser aplicado, sabendo que a tensão normal máxima é de 24 ksi e a maior tensão de cisalhamento, utilizando a aproximação $\tau_m = V/A_{\text{alma}}$, é 14,5 ksi.

6.92 Duas seções laminadas W8 × 31 podem ser soldadas em A e B nas duas formas mostradas de modo a formar uma viga composta. Sabendo que para cada solda a força de cisalhamento admissível é de 3000 lb por polegada de solda, determine para cada arranjo a força cortante vertical máxima na viga composta.

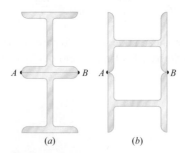

Fig. P6.92

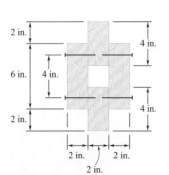

Fig. P6.93

6.93 A viga construída de madeira está submetida a uma força cortante vertical de 1500 lb. Sabendo que o espaçamento longitudinal dos pregos é $s = 2{,}5$ in. e que cada prego tem o comprimento de 3,5 in., determine a força cortante em cada prego.

6.94 Sabendo que uma força cortante vertical **V** produz a máxima tensão de cisalhamento de 75 MPa no perfil cartola extrudado mostrado, determine a tensão de cisalhamento correspondente no (*a*) ponto *a*, (*b*) ponto *b*.

6.95 Três pranchas de madeira são conectadas com parafusos de 14 mm de diâmetro espaçados a cada 150 mm ao longo do eixo longitudinal da viga conforme mostrado. Para uma força cortante vertical de 10 kN, determine a tensão de cisalhamento média nos parafusos.

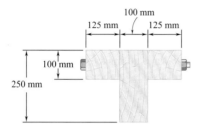

Fig. P6.95

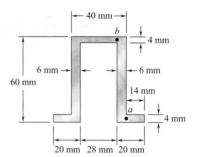

Fig. P6.94

6.96 Quatro cantoneiras de aço L102 × 102 × 9,5 e uma placa de 12 × 400 mm são parafusadas de modo a formar a viga de seção transversal mostrada. Os parafusos têm diâmetro de 22 mm e são espaçados longitudinalmente a cada 120 mm. Sabendo que a viga está submetida a uma força cortante vertical de 240 kN, determine a tensão de cisalhamento média em cada parafuso.

Fig. P6.96

6.97 Uma placa de espessura *t* é dobrada, conforme mostra a figura, e então usada como uma viga. Para uma força cortante vertical de 600 lb, determine (*a*) a espessura *t* para a qual a tensão de cisalhamento máxima é de 300 psi e (*b*) a tensão de cisalhamento correspondente no ponto *E*. Esboce também o fluxo de cisalhamento na seção transversal.

6.98 O projeto de uma viga requer a soldagem de quatro placas horizontais a uma placa vertical de 0,5 × 5 in. conforme mostrado. Para uma força cortante vertical **V**, determine a dimensão *h* para a qual o fluxo de cisalhamento através das superfícies soldadas é máximo.

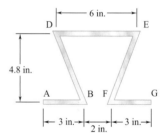

Fig. P6.97

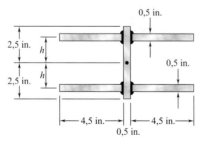

Fig. P6.98

6.99 Uma viga de paredes finas com espessura uniforme tem a seção transversal mostrada. Determine a dimensão *b* de modo que o centro de cisalhamento *O* da seção transversal fique localizado no ponto indicado.

6.100 Determine a localização do centro de cisalhamento *O* de uma viga de paredes finas de espessura constante que possui a seção transversal mostrada.

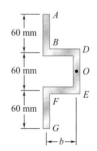

Fig. P6.99

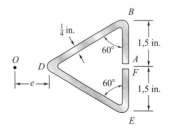

Fig. P6.100

PROBLEMAS PARA COMPUTADOR

Os problemas a seguir devem ser resolvidos no computador.

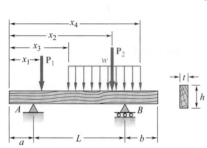

Fig. P6.C1

6.C1 Uma viga de madeira deve ser projetada para suportar uma força distribuída e até duas forças concentradas conforme mostra a figura. Uma das dimensões de sua seção transversal retangular uniforme foi especificada, e a outra precisa ser determinada de maneira que a tensão normal máxima e a tensão de cisalhamento máxima na viga não excedam os valores admissíveis dados de σ_{adm} e τ_{adm}. Medindo x a partir da extremidade A, elabore um programa de computador que calcule para seções transversais sucessivas — desde $x = 0$ até $x = L$ e usando os incrementos Δx dados — a força cortante, o momento fletor e o menor valor da dimensão desconhecida que satisfaça naquela seção (1) a condição da tensão normal admissível, (2) a condição da tensão de cisalhamento admissível. Use esse programa para resolver o Problema 5.65 considerando $\sigma_{adm} = 12$ MPa e $\tau_{adm} = 825$ kPa, e usando $\Delta x = 0,1$ m.

6.C2 Uma viga em balanço AB de comprimento L e de seção transversal retangular uniforme mostrada na figura suporta uma força concentrada **P** em sua extremidade livre e uma força uniformemente distribuída w ao longo de todo o seu comprimento. Elabore um programa de computador para determinar o comprimento L e a largura b da viga para a qual a tensão normal máxima e a tensão de cisalhamento máxima na viga atinjam os maiores valores admissíveis. Considerando $\sigma_{adm} = 12,4$ MPa e $\tau_{adm} = 0,83$ MPa, use esse programa para determinar as dimensões L e b quando (a) $P = 4,45$ kN e $w = 0$, (b) $P = 0$ e $w = 2,2$ kN/m, (c) $P = 2,225$ kN e $w = 2,2$ kN/m.

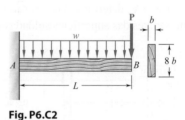

Fig. P6.C2

6.C3 Uma viga com a seção transversal mostrada na figura é submetida a uma força cortante vertical **V**. Elabore um programa de computador que possa ser utilizado para calcular a tensão de cisalhamento ao longo da linha entre duas áreas retangulares adjacentes quaisquer que formam a seção transversal. Use esse programa para resolver (a) Problema 6.9, (b) Problema 6.12 e (c) Problema 6.22.

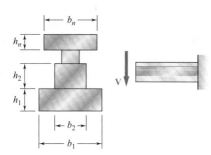

Fig. P6.C3

6.C4 Uma placa de espessura uniforme t é dobrada para formar uma viga com um plano vertical de simetria, conforme mostra a figura. Elabore um programa de computador que possa ser utilizado para determinar a distribuição de tensões de cisalhamento provocadas pela força cortante vertical **V**. Use esse programa (a) para resolver o Problema 6.47 e (b) para encontrar a tensão de cisalhamento em um ponto E para o perfil e a força do Problema 6.97, considerando uma espessura $t = 6{,}35$ mm.

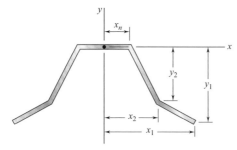

Fig. P6.C4

6.C5 A seção transversal de uma viga extrudada é simétrica em relação ao eixo x e é formada por vários segmentos retos, conforme mostra a figura. Elabore um programa de computador que possa ser utilizado para determinar (a) a localização do centro de cisalhamento O e (b) a distribuição das tensões de cisalhamento provocadas por uma força cortante vertical aplicada no ponto O. Use esse programa para resolver o Problema 6.70.

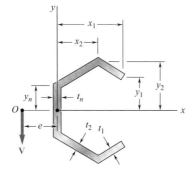

Fig. P6.C5

6.C6 Uma viga de paredes finas tem a seção transversal mostrada na figura. Elabore um programa de computador que possa ser utilizado para determinar a localização do centro de cisalhamento O da seção transversal. Use esse programa para resolver o Problema 6.75.

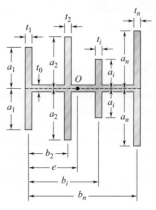

Fig. P6.C6

7
Transformações de tensão e deformação

Este capítulo examinará os métodos para determinar as tensões e deformações máximas em qualquer ponto de uma estrutura, como em uma asa de avião, bem como estudará as condições de tensão necessárias a que se produza a falha.

OBJETIVOS

Neste capítulo, vamos:

- **Aplicar** as equações de transformação de tensões às situações de estado plano de tensões para determinar qualquer componente de tensão em um ponto.
- **Aplicar** a abordagem alternativa do círculo de Mohr para realizar as transformações de tensões.
- **Utilizar** as técnicas de transformação de tensão para identificar componentes-chave de tensão, como as tensões principais.
- **Estender** a análise via círculo de Mohr ao exame dos estados tridimensionais de tensão.
- **Examinar** as teorias de falha para materiais dúcteis e frágeis.
- **Analisar** os estados de tensão em vasos de paredes finas.
- **Estender** a análise via círculo de Mohr ao exame das transformações de deformações.

Introdução

7.1 Transformação do estado plano de tensão
7.1.1 Equações de transformação
7.1.2 Tensões principais e tensão de cisalhamento máxima
7.2 Círculo de Mohr para o estado plano de tensão
7.3 Estado geral de tensão
7.4 Análise tridimensional da tensão
*7.5 Teorias de falha
*7.5.1 Critérios de escoamento para materiais dúcteis
*7.5.2 Critério de fratura para materiais em estado plano de tensão
7.6 Tensões em vasos de pressão de paredes finas
*7.7 Transformação do estado plano de deformação
*7.7.1 Equações de transformação
*7.7.2 Círculo de Mohr para o estado plano de deformação
*7.8 Análise tridimensional de deformação
*7.9 Medidas de deformação específica e rosetas de deformação

INTRODUÇÃO

O estado mais geral de tensão em um dado ponto Q pode ser representado por seis componentes (Seção 1.4). Três dessas componentes, σ_x, σ_y e σ_z, definem as tensões normais que atuam nas faces de um pequeno elemento de volume centrado em Q e com a mesma orientação dos eixos de coordenadas (Fig. 7.1a), e as outras três, τ_{xy}, τ_{yz} e τ_{zx},† definem as componentes das tensões de cisalhamento no mesmo elemento. O mesmo estado de tensão poderá ser representado por um conjunto diferente de componentes se os eixos de coordenadas sofrerem uma rotação em relação aos primeiros (Fig. 7.1b). Propomos na primeira parte deste capítulo determinar como as componentes de tensão são transformadas quando uma rotação dos eixos de coordenadas é realizada. A segunda parte do capítulo será dedicada a uma análise similar da transformação das componentes de deformação específica.

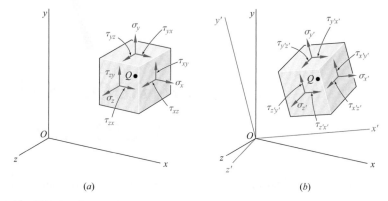

Fig. 7.1 Estado geral de tensão em um ponto (a) representado por {xyz}, (b) representado por {x'y'z'}.

Nossa discussão sobre a transformação de tensão tratará principalmente do *estado plano de tensão*, isto é, de uma situação na qual duas das faces do elemento de volume estão livres de qualquer tensão. Se o eixo z for escolhido como perpendicular a essas faces, temos $\sigma_z = \tau_{zx} = \tau_{zy} = 0$, e as únicas componentes de tensão restantes são σ_x, σ_y e τ_{xy} (Fig. 7.2). Uma situação assim ocorre em uma placa fina submetida a forças que atuam no plano médio da espessura da placa (Fig. 7.3). Ela ocorre também na superfície livre de um

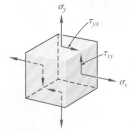

Fig. 7.2 Componentes de tensão não nulas no estado plano de tensões.

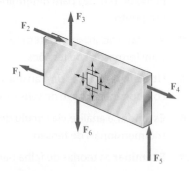

Fig. 7.3 Exemplo de estado plano de tensão: placa fina submetida apenas a forças no plano.

† Lembramos que $\tau_{yx} = \tau_{xy}$, $\tau_{zy} = \tau_{yz}$ e $\tau_{xz} = \tau_{zx}$.

elemento estrutural ou componente de máquina, isto é, em qualquer ponto da superfície daquele elemento ou componente que não esteja submetido a uma força externa (Fig. 7.4).

Na Seção 7.1.1 um estado plano de tensão em um dado ponto Q é caracterizado pelas componentes de tensão σ_x, σ_y, e τ_{xy} associadas com o elemento mostrado na Fig. 7.5a. Você aprenderá a determinar as componentes $\sigma_{x'}$, $\sigma_{y'}$ e $\tau_{x'y'}$ associadas com aquele elemento depois que ele sofreu uma rotação de um ângulo θ em torno do eixo z (Fig. 7.5b). Na Seção 7.1.2, você determinará o valor θ_p de θ para o qual as tensões $\sigma_{x'}$ e $\sigma_{y'}$ são, respectivamente, máxima e mínima; esses valores da tensão normal são as *tensões principais* no ponto Q, e as faces correspondentes do elemento definem os *planos principais de tensão* naquele ponto. O valor θ_c do ângulo de rotação para o qual a tensão de cisalhamento é máxima também será abordado.

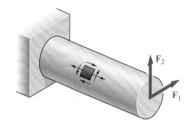

Fig. 7.4 Exemplo de estado plano de tensão: superfície livre de um elemento estrutural.

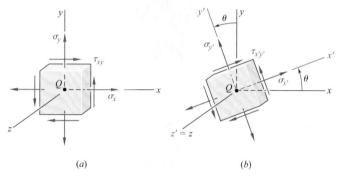

Fig. 7.5 Estado plano de tensão: (a) representado por {xyz}, (b) representado por {x'y'z'}.

Na Seção 7.2, será apresentado um método alternativo para a solução de problemas que envolvem estado plano de tensão, a transformação de tensões planas com base no uso do *círculo de Mohr*.

Na Seção 7.3, vamos considerar o *estado tridimensional de tensão* em um dado ponto e será determinada a tensão normal em um plano de orientação arbitrária naquele ponto. Na Seção 7.4, discutiremos as rotações de um elemento de volume em relação a cada um dos eixos principais de tensão e veremos que as transformações de tensão correspondentes podem ser descritas por três diferentes círculos de Mohr. No caso de um estado *plano de tensão* em um dado ponto, o valor máximo da tensão de cisalhamento obtida anteriormente, considerando rotações no plano de tensão, não representa necessariamente a tensão de cisalhamento máxima naquele ponto. Isso torna necessário distinguir entre tensões de cisalhamento máximas *no plano* e *fora do plano* das tensões.

O *critério de escoamento* para materiais dúcteis em estado plano de tensão será desenvolvido na Seção 7.5.1. Para prever se um dado material escoará em algum ponto crítico sob dadas condições de carregamento, você determinará as tensões principais σ_a e σ_b naquele ponto e verificará se σ_a, σ_b e a tensão de escoamento σ_E do material satisfazem a algum critério. Dois critérios de uso comum são: o *critério da tensão de cisalhamento máxima* e o *critério da energia de distorção máxima*. Na Seção 7.5.2, serão desenvolvidos de modo similar *critérios de fratura* para materiais frágeis submetidos a estado plano de tensão; esses critérios envolverão as tensões principais σ_a e σ_b em algum ponto crítico e o limite de tensão σ_L do material. Serão discutidos dois critérios: o critério da *tensão normal máxima* e o *critério de Mohr*.

Os *vasos de pressão de paredes finas* proporcionam uma aplicação importante para a análise do estado plano de tensão. Na Seção 7.6, discutiremos as tensões em vasos de pressão cilíndricos e esféricos (Fotos 7.1 e 7.2).

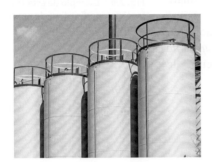

Foto 7.1 Vasos de pressão cilíndricos.
©ChrisVanLennepPhoto/Shutterstock

Foto 7.2 Vasos de pressão esféricos. ©noomcpk/Shutterstock

A Seção 7.7 será dedicada a uma discussão da *transformação do estado plano de deformação* e do *círculo de Mohr para o estado plano de deformação*. Na Seção 7.8 vamos considerar a análise tridimensional da deformação específica e veremos como os círculos de Mohr podem ser utilizados para determinar a deformação de cisalhamento máxima em um dado ponto. Dois casos particulares são de interesse especial e não devem ser confundidos: o caso de *estado plano de deformação* e o caso de *estado plano de tensão*.

Finalmente, na Seção 7.9, discutiremos o uso dos extensômetros para medir a deformação específica normal na superfície de um elemento estrutural ou componente de máquina. Você verá como as componentes ϵ_x, ϵ_y e γ_{xy}, caracterizando o estado de deformação específica em um dado ponto, podem ser calculadas a partir das medidas feitas com três extensômetros de deformação formando uma *roseta de deformação*.

7.1 TRANSFORMAÇÃO DO ESTADO PLANO DE TENSÃO

7.1.1 Equações de transformação

Vamos considerar que existe um estado plano de tensão para o ponto Q (com $\sigma_z = \tau_{zx} = \tau_{zy} = 0$) e que ele é definido pelas componentes de tensão σ_x, σ_y e τ_{xy} associadas ao elemento mostrado na Fig. 7.5a. Propomos determinar as componentes de tensão $\sigma_{x'}$, $\sigma_{y'}$ e $\tau_{x'y'}$ associadas ao elemento depois que ele sofreu uma rotação de um ângulo θ em torno do eixo z (Fig. 7.5b) e expressar essas componentes em termos de σ_x, σ_y, τ_{xy} e θ.

Para determinar a tensão normal $\sigma_{x'}$ e a tensão de cisalhamento $\tau_{x'y'}$ que atuam na face perpendicular ao eixo x', consideramos um elemento prismático com faces respectivamente perpendiculares aos eixos x, y e x' (Fig. 7.6a). Observamos que, se a área da face oblíqua é representada por ΔA, as áreas das faces vertical e horizontal são, respectivamente, iguais a $\Delta A \cos \theta$ e $\Delta A \sin \theta$. Conclui-se que as *forças resultantes* que atuam nas três faces são aquelas mostradas na Fig. 7.6b. (Não há forças aplicadas nas faces triangulares do elemento, visto que as tensões normal e de cisalhamento correspondentes foram

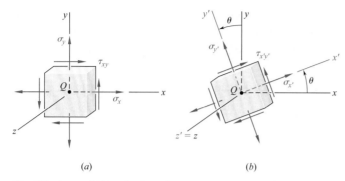

Fig. 7.5 (repetida) Estado plano de tensão: (a) representado por {xyz}, (b) representado por {x'y'z'}.

todas consideradas iguais a zero.) Usando as componentes ao longo dos eixos x' e y', escrevemos as seguintes equações de equilíbrio:

$\Sigma F_{x'} = 0:$ $\quad \sigma_{x'} \Delta A - \sigma_x (\Delta A \cos\theta)\cos\theta - \tau_{xy}(\Delta A \cos\theta)\operatorname{sen}\theta$
$\quad\quad\quad\quad -\sigma_y(\Delta A \operatorname{sen}\theta)\operatorname{sen}\theta - \tau_{xy}(\Delta A \operatorname{sen}\theta)\cos\theta = 0$

$\Sigma F_{y'} = 0:$ $\quad \tau_{x'y'} \Delta A + \sigma_x(\Delta A \cos\theta)\operatorname{sen}\theta - \tau_{xy}(\Delta A \cos\theta)\cos\theta$
$\quad\quad\quad\quad -\sigma_y(\Delta A \operatorname{sen}\theta)\cos\theta + \tau_{xy}(\Delta A \operatorname{sen}\theta)\operatorname{sen}\theta = 0$

Resolvendo a primeira equação para $\sigma_{x'}$ e a segunda para $\tau_{x'y'}$, temos

$$\sigma_{x'} = \sigma_x \cos^2\theta + \sigma_y \operatorname{sen}^2\theta + 2\tau_{xy}\operatorname{sen}\theta\cos\theta \tag{7.1}$$

$$\tau_{x'y'} = -(\sigma_x - \sigma_y)\operatorname{sen}\theta\cos\theta + \tau_{xy}(\cos^2\theta - \operatorname{sen}^2\theta) \tag{7.2}$$

Usando as relações trigonométricas

$$\operatorname{sen} 2\theta = 2\operatorname{sen}\theta\cos\theta \quad\quad \cos 2\theta = \cos^2\theta - \operatorname{sen}^2\theta \tag{7.3}$$

e

$$\cos^2\theta = \frac{1 + \cos 2\theta}{2} \quad\quad \operatorname{sen}^2\theta = \frac{1 - \cos 2\theta}{2} \tag{7.4}$$

escrevemos a Equação (7.1) da seguinte maneira

$$\sigma_{x'} = \sigma_x \frac{1 + \cos 2\theta}{2} + \sigma_y \frac{1 - \cos 2\theta}{2} + \tau_{xy}\operatorname{sen} 2\theta$$

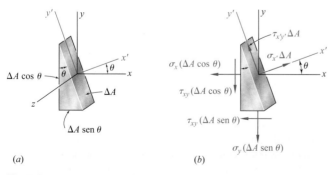

Fig. 7.6 Equações de transformação de tensões determinadas considerando um elemento prismático em forma de cunha. (a) Geometria do elemento. (b) Diagrama de corpo livre.

ou

$$\sigma_{x'} = \frac{\sigma_x + \sigma_y}{2} + \frac{\sigma_x - \sigma_y}{2} \cos 2\theta + \tau_{xy} \operatorname{sen} 2\theta \qquad (7.5)$$

Usando as relações da Equação (7.3), escrevemos a Equação (7.2) da seguinte maneira

$$\tau_{x'y'} = -\frac{\sigma_x - \sigma_y}{2} \operatorname{sen} 2\theta + \tau_{xy} \cos 2\theta \qquad (7.6)$$

A expressão para a tensão normal $\sigma_{y'}$ é obtida substituindo-se θ na Equação (7.5) pelo ângulo $\theta + 90°$, que é o ângulo que o eixo y' forma com o eixo x. Como $\cos(2\theta + 180°) = -\cos 2\theta$ e $\operatorname{sen}(2\theta + 180°) = -\operatorname{sen} 2\theta$,

$$\sigma_{y'} = \frac{\sigma_x + \sigma_y}{2} - \frac{\sigma_x - \sigma_y}{2} \cos 2\theta - \tau_{xy} \operatorname{sen} 2\theta \qquad (7.7)$$

Somando as Equações (7.5) e (7.7) membro a membro,

$$\sigma_{x'} + \sigma_{y'} = \sigma_x + \sigma_y \qquad (7.8)$$

Como $\sigma_z = \sigma_{z'} = 0$, verificamos então que, no caso de estado plano de tensão, a soma das tensões normais que atuam no elemento de volume do material é independente da orientação desse elemento.[†]

7.1.2 Tensões principais e tensão de cisalhamento máxima

As Equações (7.5) e (7.6) obtidas na seção anterior são as equações paramétricas de uma circunferência. Isso significa que, se escolhermos um sistema de eixos cartesianos ortogonais e representarmos um ponto M de abscissa $\sigma_{x'}$ e ordenada $\tau_{x'y'}$ para um dado valor do parâmetro θ, todos os pontos assim obtidos pertencerão a uma circunferência. Para estabelecer essa propriedade, eliminamos θ das Equações (7.5) e (7.6); isso é feito passando primeiro $(\sigma_x + \sigma_y)/2$ para o primeiro membro da Equação (7.5) e elevando ao quadrado ambos os membros da equação, depois elevando ao quadrado ambos os membros da Equação (7.6) e finalmente somando membro a membro as duas equações obtidas dessa forma.

$$\left(\sigma_{x'} - \frac{\sigma_x + \sigma_y}{2}\right)^2 + \tau_{x'y'}^2 = \left(\frac{\sigma_x - \sigma_y}{2}\right)^2 + \tau_{xy}^2 \qquad (7.9)$$

Definindo

$$\sigma_{\text{méd}} = \frac{\sigma_x + \sigma_y}{2} \quad \text{e} \quad R = \sqrt{\left(\frac{\sigma_x - \sigma_y}{2}\right)^2 + \tau_{xy}^2} \qquad (7.10)$$

escrevemos a identidade da Equação (7.9) na forma

$$(\sigma_{x'} - \sigma_{\text{méd}})^2 + \tau_{x'y'}^2 = R^2 \qquad (7.11)$$

que é a equação de uma circunferência de raio R centrada no ponto C de abscissa $\sigma_{\text{méd}}$ e ordenada 0 (Fig. 7.7). Em virtude da simetria da circunferência

---

[†] Isso verifica a propriedade de dilatação, conforme discutido na primeira nota de rodapé da Seção 2.6.

em relação ao eixo horizontal, o mesmo resultado teria sido obtido se, em vez de representar o ponto M, tivéssemos representado um ponto N de abscissa $\sigma_{x'}$ e ordenada $-\tau_{x'y'}$ (Fig. 7.8). Essa propriedade será usada na Seção 7.2.

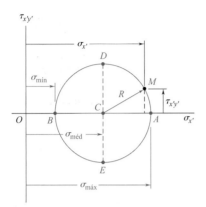

Fig. 7.7 Relação circular das tensões transformadas.

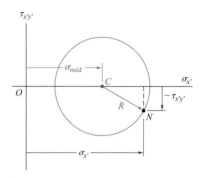

Fig. 7.8 Formação equivalente do círculo da transformação de tensão.

Os pontos A e B em que a circunferência da Fig. 7.7 intercepta o eixo horizontal são de especial interesse: o ponto A corresponde ao valor máximo da tensão normal $\sigma_{x'}$, enquanto o ponto B corresponde a seu valor mínimo. Além disso, ambos os pontos correspondem a um valor zero da tensão de cisalhamento $\tau_{x'y'}$. Assim, os valores θ_p do parâmetro θ que correspondem aos pontos A e B podem ser obtidos fazendo-se $\tau_{x'y'} = 0$ na Equação (7.6).†

$$\operatorname{tg} 2\theta_p = \frac{2\tau_{xy}}{\sigma_x - \sigma_y} \qquad (7.12)$$

Essa equação define dois valores de $2\theta_p$ que estão defasados em 180° e, portanto, dois valores de θ_p que estão defasados em 90°. Qualquer um desses valores pode ser utilizado para determinar a orientação do elemento correspondente (Fig. 7.9). Os planos que contêm as faces do elemento obtido dessa maneira são chamados de *planos principais de tensão* no ponto Q, e os valores correspondentes $\sigma_{\text{máx}}$ e $\sigma_{\text{mín}}$ das tensões normais que atuam nesses planos são chamados de *tensões principais* em Q. Como os dois valores θ_p definidos pela Equação (7.12) foram obtidos fazendo-se $\tau_{x'y'} = 0$ na Equação (7.6), está claro que nenhuma tensão de cisalhamento atua nos planos principais.

Observamos da Fig. 7.7 que

$$\sigma_{\text{máx}} = \sigma_{\text{méd}} + R \quad \text{e} \quad \sigma_{\text{mín}} = \sigma_{\text{méd}} - R \qquad (7.13)$$

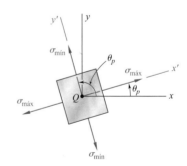

Fig. 7.9 Tensões principais.

Substituindo $\sigma_{\text{méd}}$ e R da Equação (7.10),

$$\sigma_{\text{máx, mín}} = \frac{\sigma_x + \sigma_y}{2} \pm \sqrt{\left(\frac{\sigma_x - \sigma_y}{2}\right)^2 + \tau_{xy}^2} \qquad (7.14)$$

† Essa relação pode também ser obtida determinando-se que a derivada de $\sigma_{x'}$ na Equação (7.5) seja igual a zero: $d\sigma_{x'}/d\theta = 0$.

A menos que seja possível dizer por inspeção qual dos dois planos principais está submetido a $\sigma_{máx}$ e qual está submetido a $\sigma_{mín}$, é necessário substituir um dos valores de θ_p na Equação (7.5) para determinar qual dos dois planos corresponde ao valor máximo da tensão normal.

Voltando novamente à circunferência da Fig. 7.7, notamos que os pontos D e E localizados no diâmetro vertical da circunferência correspondem ao maior valor numérico da tensão de cisalhamento $\tau_{x'y'}$. Como a abscissa dos pontos D e E é $\sigma_{méd} = (\sigma_x + \sigma_y)/2$, os valores de θ_c do parâmetro θ correspondentes a esses pontos são obtidos fazendo-se $\sigma_{x'} = (\sigma_x + \sigma_y)/2$ na Equação (7.5). Conclui-se que a soma dos dois últimos termos naquela equação deve ser zero. Assim, para $\theta = \theta_c$,[†]

$$\frac{\sigma_x - \sigma_y}{2} \cos 2\theta_c + \tau_{xy} \operatorname{sen} 2\theta_c = 0$$

ou

$$\operatorname{tg} 2\theta_c = -\frac{\sigma_x - \sigma_y}{2\tau_{xy}} \qquad (7.15)$$

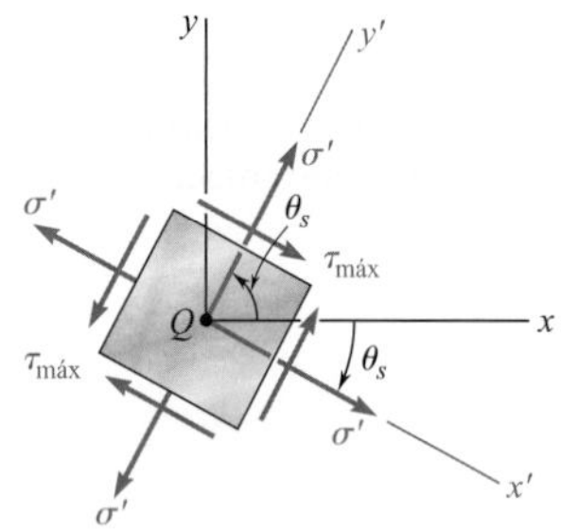

Essa equação define dois valores $2\theta_c$ defasados em 180° e, portanto, dois valores θ_c defasados em 90°. Qualquer um desses valores pode ser utilizado para determinar a orientação do elemento correspondente à tensão de cisalhamento máxima (Fig. 7.10). Observando na Fig. 7.7 que o valor máximo da tensão de cisalhamento é igual ao raio R da circunferência, e lembrando a segunda das Equações (7.10),

$$\tau_{máx} = \sqrt{\left(\frac{\sigma_x - \sigma_y}{2}\right)^2 + \tau_{xy}^2} \qquad (7.16)$$

Fig. 7.10 Tensão de cisalhamento máxima.

Conforme observamos anteriormente, a tensão normal correspondente à condição de tensão de cisalhamento máxima é

$$\sigma' = \sigma_{méd} = \frac{\sigma_x + \sigma_y}{2} \qquad (7.17)$$

Comparando as Equações (7.12) e (7.15), notamos que tg $2\theta_c$ é o inverso negativo de tg $2\theta_p$. Assim, os ângulos $2\theta_c$ e $2\theta_p$ estão defasados em 90° e, portanto os ângulos θ_c e θ_p estão defasados em 45°. Concluímos então que *os planos de tensão de cisalhamento máxima estão defasados em 45° dos planos principais*. Isso confirma os resultados obtidos anteriormente na Seção 1.4 no caso de um carregamento axial centrado (Fig. 1.38) e na Seção 3.1.3 no caso de um carregamento de torção (Fig. 3.17).

Devemos estar cientes de que nossa análise da transformação da tensão no estado plano de tensão esteve limitada a rotações *no plano da tensão*. Se o elemento de volume da Fig. 7.5 sofrer rotações em torno de um eixo que não seja o eixo z, suas faces podem estar submetidas a tensões de cisalhamento maiores do que a tensão definida pela Equação (7.16). Conforme veremos na Seção 7.3, isso ocorre quando as tensões principais definidas pela Equação (7.14) têm o mesmo sinal, isto é, quando ambas são de tração ou de compressão. Assim, o valor dado pela Equação (7.16) é chamado de tensão de cisalhamento máxima *no plano da tensão*.

[†] Essa relação pode também ser obtida determinando-se que a derivada de $\tau_{x'y'}$ na Equação (7.6) seja igual a zero: $d\tau_{x'y'}/d\theta = 0$.

Aplicação do conceito 7.1

Para o estado plano de tensão mostrado na Fig. 7.11a, determine (a) os planos principais, (b) as tensões principais e (c) a tensão de cisalhamento máxima e a tensão normal correspondente.

a. **Planos principais.** Seguindo a convenção usual de sinais, escrevemos as componentes de tensão como

$$\sigma_x = +50 \text{ MPa} \qquad \sigma_y = -10 \text{ MPa} \qquad \tau_{xy} = +40 \text{ MPa}$$

Substituindo na Equação (7.12),

$$\text{tg } 2\theta_p = \frac{2\tau_{xy}}{\sigma_x - \sigma_y} = \frac{2(+40)}{50 - (-10)} = \frac{80}{60}$$

$$2\theta_p = 53{,}1° \quad \text{e} \quad 180° + 53{,}1° = 233{,}1°$$

$$\theta_p = 26{,}6° \quad \text{e} \quad 116{,}6°$$

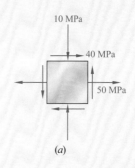

(a)

b. **Tensões principais.** A Equação (7.14) fornece

$$\sigma_{\text{máx, mín}} = \frac{\sigma_x + \sigma_y}{2} \pm \sqrt{\left(\frac{\sigma_x - \sigma_y}{2}\right)^2 + \tau_{xy}^2}$$

$$= 20 \pm \sqrt{(30)^2 + (40)^2}$$

$$\sigma_{\text{máx}} = 20 + 50 = 70 \text{ MPa}$$

$$\sigma_{\text{mín}} = 20 - 50 = -30 \text{ MPa}$$

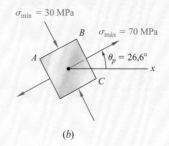

(b)

Os planos e as tensões principais estão esboçados na Fig. 7.1b. Fazendo $2\theta = 53{,}1°$ na Equação (7.5), verificamos que a tensão normal que atua na face BC do elemento é a tensão máxima

$$\sigma_{x'} = \frac{50 - 10}{2} + \frac{50 + 10}{2} \cos 53{,}1° + 40 \text{ sen } 53{,}1°$$

$$= 20 + 30 \cos 53{,}1° + 40 \text{ sen } 53{,}1° = 70 \text{ MPa} = \sigma_{\text{máx}}$$

c. **Tensão de cisalhamento máxima.** A Equação (7.16) fornece

$$\tau_{\text{máx}} = \sqrt{\left(\frac{\sigma_x - \sigma_y}{2}\right)^2 + \tau_{xy}^2} = \sqrt{(30)^2 + (40)^2} = 50 \text{ MPa}$$

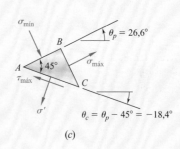

(c)

Como $\sigma_{\text{máx}}$ e $\sigma_{\text{mín}}$ têm sinais opostos, o valor obtido para $\tau_{\text{máx}}$ realmente representa o valor máximo da tensão de cisalhamento no ponto considerado. A orientação dos planos de tensão de cisalhamento máxima e o sentido das tensões de cisalhamento são melhor determinados cortando-se o elemento por uma seção ao longo do plano diagonal AC do elemento da Fig. 7.11b. Como as faces AB e BC do elemento estão contidas nos planos principais, o plano diagonal AC deve ser um dos planos de tensão de cisalhamento máxima (Fig. 7.11c).

Além disso, as condições de equilíbrio para o elemento prismático ABC requerem que a tensão de cisalhamento que atua em AC seja direcionada conforme mostra a figura. O elemento de volume correspondente à tensão de cisalhamento máxima é mostrado na Fig. 7.11d. A tensão normal em cada uma das quatro faces do elemento é dada pela Equação (7.17):

$$\sigma' = \sigma_{\text{méd}} = \frac{\sigma_x + \sigma_y}{2} = \frac{50 - 10}{2} = 20 \text{ MPa}$$

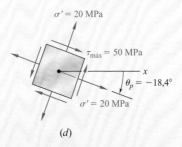

(d)

Fig. 7.11 (a) Elemento de estado plano de tensão. (b) Elemento de estado plano de tensão orientado nas direções principais. (c) Elemento de estado plano de tensão mostrando os planos principal e de tensão de cisalhamento máxima. (d) Elemento de estado plano de tensão mostrando a tensão de cisalhamento máxima.

PROBLEMA RESOLVIDO 7.1

Uma única força horizontal **P** de intensidade de 670 N é aplicada à extremidade D da alavanca ABD. Sabendo que a parte AB da alavanca tem um diâmetro de 30 mm, determine (a) as tensões normal e de cisalhamento em um elemento localizado no ponto H e que possui lados paralelos aos eixos x e y e (b) os planos e tensões principais no ponto H.

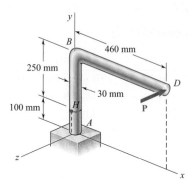

ESTRATÉGIA: Você pode começar por determinar as forças e momentos que atuam na seção que contém o ponto de interesse e então usá-los para calcular as tensões normal e de cisalhamento que atuam nesse ponto. Essas tensões podem ser transformadas para obter as tensões principais e suas orientações.

MODELAGEM E ANÁLISE:

Sistema de força e momento. Substituímos a força **P** por um sistema de força e momento equivalente no centro C da seção transversal que contém o ponto H (Fig. 1):

$$P = 670 \text{ N} \qquad T = (670 \text{ N})(0{,}46 \text{ m}) = 308{,}2 \text{ N} \cdot \text{m}$$
$$M_x = (670 \text{ N})(0{,}25 \text{ m}) = 167{,}5 \text{ N} \cdot \text{m}$$

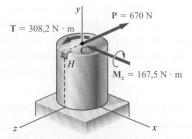

Fig. 1 Sistema de força e momento equivalente atuando sobre a seção transversal contendo o ponto H.

a. **Tensões σ_x, σ_y, τ_{xy} no ponto H.** Usando a convenção de sinais mostrada na Fig. 7.2, determinamos o sentido e o sinal de cada um dos componentes de tensão examinando cuidadosamente o esboço do sistema de força e momento no ponto C (Fig. 1):

$$\sigma_x = 0 \blacktriangleleft$$

$$\sigma_y = +\frac{Mc}{I} = +\frac{(167,5 \text{ N} \cdot \text{m})(0,015 \text{ m})}{\frac{1}{4}\pi (0,015 \text{ m})^4} \qquad \sigma_y = 63,2 \text{ MPa} \blacktriangleleft$$

$$\tau_{xy} = +\frac{Tc}{J} = +\frac{(308,2 \text{ N} \cdot \text{m})(0,015 \text{ m})}{\frac{1}{2}\pi (0,015 \text{ m})^4} \qquad \tau_{xy} = 58,1 \text{ MPa} \blacktriangleleft$$

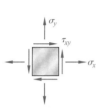

Fig. 2 Elemento de estado plano geral de tensões (mostrando as direções positivas).

Notamos que a força cortante **P** não provoca qualquer tensão de cisalhamento no ponto H. O elemento de estado plano geral de tensões (Fig. 2) é completado de modo a refletir os resultados das tensões (Fig. 3).

b. **Planos principais e tensões principais.** Substituindo os valores dos componentes de tensão na Equação (7.12), determinamos a orientação dos planos principais

$$\text{tg } 2\theta_p = \frac{2\tau_{xy}}{\sigma_x - \sigma_y} = \frac{2(58,1)}{0 - 63,2} = -1,84$$

$$2\theta_p = -61,5° \quad \text{e} \quad 180° - 61,5° = +118,5°$$

$$\theta_p = -30,7° \quad \text{e} \quad +59,3° \blacktriangleleft$$

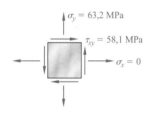

Fig. 3 Elemento de tensão no ponto H.

Substituindo na Equação (7.14), determinamos as intensidades das tensões principais

$$\sigma_{\text{máx, mín}} = \frac{\sigma_x + \sigma_y}{2} \pm \sqrt{\left(\frac{\sigma_x - \sigma_y}{2}\right)^2 + \tau_{xy}^2}$$

$$= \frac{0 + 63,2}{2} \pm \sqrt{\left(\frac{0 - 63,2}{2}\right)^2 + (58,1)^2} = +31,6 \pm 66,1$$

$$\sigma_{\text{máx}} = +97,7 \text{ MPa} \blacktriangleleft$$
$$\sigma_{\text{mín}} = -34,5 \text{ MPa} \blacktriangleleft$$

Considerando a face ab do elemento mostrado, fazemos $\theta_p = -30,7°$ na Equação (7.5) e encontramos $\sigma_{x'} = -34,5$ MPa. Concluímos que as tensões principais são aquelas mostradas na Fig. 4.

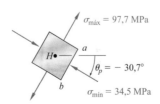

Fig. 4 Elemento de tensão no ponto H orientado nas principais direções.

PROBLEMAS

7.1 até 7.4 Para os estados de tensão mostrados nas figuras, determine as tensões normal e de cisalhamento que atuam na face oblíqua do elemento triangular sombreado na figura. Use um método de análise com base no equilíbrio daquele elemento, como foi feito nas deduções da Seção 7.1.1.

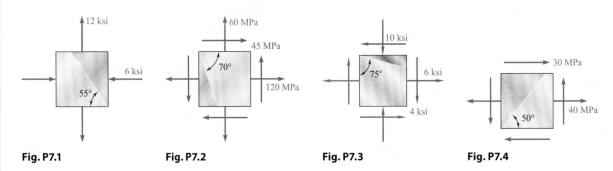

Fig. P7.1   Fig. P7.2   Fig. P7.3   Fig. P7.4

7.5 até 7.8 Para o estado de tensão dado, determine (*a*) os planos principais e (*b*) as tensões principais.

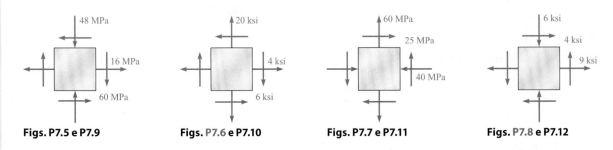

Figs. P7.5 e P7.9   Figs. P7.6 e P7.10   Figs. P7.7 e P7.11   Figs. P7.8 e P7.12

7.9 até 7.12 Para o estado de tensão dado, determine (*a*) a orientação dos planos de máxima tensão de cisalhamento no plano das tensões e, (*b*) a máxima tensão de cisalhamento no plano das tensões e (*c*) a tensão normal correspondente.

7.13 até 7.16 Para o estado de tensão dado, determine as tensões normal e de cisalhamento depois que o elemento mostrado sofreu uma rotação de (*a*) 25° no sentido horário e (*b*) 10° no sentido anti-horário.

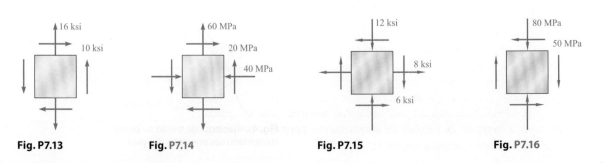

Fig. P7.13   Fig. P7.14   Fig. P7.15   Fig. P7.16

7.17 e 7.18 As fibras de um elemento de madeira formam um ângulo de 15° com a vertical. Para o estado de tensão mostrado, determine (*a*) a tensão de cisalhamento no plano da tensão paralela às fibras e (*b*) a tensão normal perpendicular às fibras.

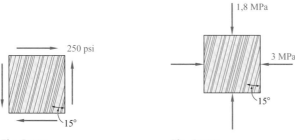

Fig. P7.17 **Fig. P7.18**

7.19 Dois elementos de madeira de seção transversal retangular uniforme de 80 mm × 120 mm são unidos por uma junta colada conforme mostra a figura. Sabendo que $\beta = 22°$ e que as tensões máximas admissíveis na junta são, respectivamente, 400 kPa em tração (perpendicular à emenda) e 600 kPa em cisalhamento (paralela à emenda), determine a maior força centrada **P** que pode ser aplicada.

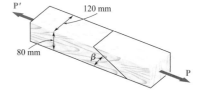

Figs. P7.19 e P7.20

7.20 Dois elementos de madeira de seção transversal retangular uniforme de 80 × 120 mm são unidos por uma junta colada, conforme mostra a figura. Sabendo que $\beta = 25°$ e que são aplicadas forças centradas de intensidade $P = 10$ kN aos elementos mostrados, determine (*a*) a tensão de cisalhamento no plano das tensões paralela à emenda e (*b*) a tensão normal perpendicular à emenda.

7.21 A força **P** centrada é aplicada a um pilar curto conforme mostrado. Sabendo que as tensões no plano *a-a* são $\sigma = -15$ ksi e $\tau = 5$ ksi, determine (*a*) o ângulo β que o plano *a-a* forma com a horizontal, (*b*) a tensão de compressão no pilar.

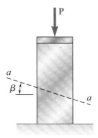

Fig. P7.21

7.22 Um tubo de aço com diâmetro externo de 300 mm é fabricado a partir de uma chapa de espessura igual a 8 mm soldada ao longo de uma hélice que forma com o plano perpendicular ao eixo do tubo um ângulo de 20°. Sabendo que uma força axial **P** de 250 kN e um torque **T** de 12 kN·m, direcionados cada um como mostrado, são aplicados ao tubo, determine as tensões de cisalhamento normal e no plano, respectivamente, normal e tangencial à solda.

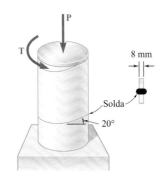

Fig. P7.22

7.23 O eixo de um automóvel está sob a ação das forças e torque mostrados na figura. Sabendo que o diâmetro do eixo de seção transversal cheia é de 32 mm, determine (a) os planos e tensões principais no ponto H localizado na superfície superior do eixo e (b) a tensão de cisalhamento máxima no mesmo ponto.

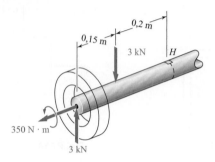

Fig. P7.23

7.24 Uma força vertical de 400 lb é aplicada em D em uma engrenagem fixada ao eixo sólido AB de 1 in. de diâmetro. Determine as tensões principais e a tensão de cisalhamento máxima no ponto H localizado no alto do eixo como mostrado.

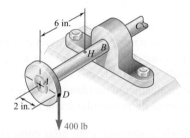

Fig. P7.24

7.25 Um mecânico usa um pé de cabra para soltar um parafuso em E. Sabendo que o mecânico aplica uma força vertical de 24 lb em A, determine as tensões principais e a máxima tensão de cisalhamento no ponto H localizado no topo do eixo de $\frac{3}{4}$-in. de diâmetro conforme mostrado.

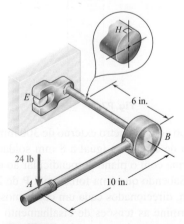

Fig. P7.25

7.26 O tubo de aço AB tem um diâmetro externo de 102 mm e espessura de parede de 6 mm. Sabendo que o braço CD é rigidamente conectado ao tubo, determine as tensões principais e a tensão de cisalhamento máxima no ponto K.

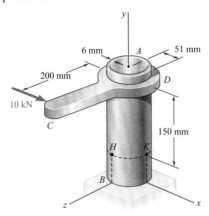

Fig. P7.26

7.27 Para o estado plano de tensão mostrado, determine o maior valor de σ_y para o qual a tensão de cisalhamento máxima no plano das tensões é igual ou menor que 75 MPa.

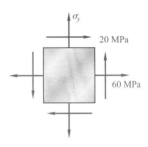

Fig. P7.27

7.28 Para o estado plano de tensão mostrado, determine (*a*) o maior valor de τ_{xy} para o qual a tensão de cisalhamento máxima no plano das tensões é igual ou menor que 82,7 MPa e (*b*) as tensões principais correspondentes.

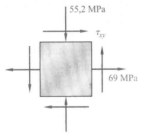

Fig. P7.28

7.29 Para o estado plano de tensão mostrado, determine (*a*) o valor de τ_{xy} para o qual a tensão de cisalhamento no plano da tensão paralela à solda é zero e (*b*) as tensões principais correspondentes.

7.30 Determine o intervalo de valores de σ_x para o qual a tensão de cisalhamento máxima no plano das tensões é igual ou menor que 69 MPa.

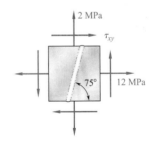

Fig. P7.29

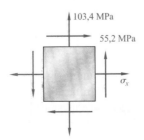

Fig. P7.30

7.2 CÍRCULO DE MOHR PARA O ESTADO PLANO DE TENSÃO

A circunferência usada na seção anterior para deduzir algumas das fórmulas básicas relacionadas com a transformação de tensões no estado plano de tensão foi introduzida inicialmente pelo engenheiro alemão Otto Mohr (1835-1918) e é conhecida como *círculo de Mohr* para o estado plano de tensão. Esse círculo pode ser utilizado para obter um método alternativo para a solução dos vários problemas considerados na Seção 7.1. Esse método baseia-se em considerações geométricas simples e não requer o uso de fórmulas especializadas. Embora tenha sido idealizado originalmente para soluções gráficas, ele se adapta muito bem ao uso de uma calculadora.

Considere um elemento quadrado de um material submetido a um estado plano de tensão (Fig. 7.12a), e seja σ_x, σ_y e τ_{xy} as componentes da tensão que atuam nas faces do elemento. Representamos um ponto X de coordenadas σ_x e $-\tau_{xy}$, e um ponto Y de coordenadas σ_y e $+\tau_{xy}$ (Fig. 7.12b). Se τ_{xy} for positivo, conforme indicado na Fig. 7.12a, o ponto X estará localizado abaixo do eixo σ e o ponto Y acima, como mostra a Fig. 7.12b. Se τ_{xy} for negativo, X estará localizado acima do eixo σ e Y abaixo. Unindo X e Y por uma linha reta, definimos o ponto C, que é a intersecção da linha XY com o eixo σ, e traçamos o círculo de centro C e diâmetro XY. A abscissa de C e o raio do círculo são, respectivamente, iguais às quantidades $\sigma_{méd}$ e R definidas pelas Equações (7.10); o círculo obtido é o círculo de Mohr para o estado plano de tensão. Assim, as abscissas dos pontos A e B em que o círculo intercepta o eixo σ representam, respectivamente, as tensões principais $\sigma_{máx}$ e $\sigma_{mín}$ no ponto considerado.

Como tg $(XCA) = 2\tau_{xy}/(\sigma_x - \sigma_y)$, o ângulo XCA é igual em intensidade a um dos ângulos $2\theta_p$ que satisfazem a Equação (7.12). Assim, o ângulo θ_p, que define, na Fig. 7.12a, a orientação do plano principal correspondendo ao ponto A na Fig. 7.12b, pode ser obtido dividindo-se o valor do ângulo XCA, medido no círculo de Mohr, por dois. Observamos ainda que, se $\sigma_x > \sigma_y$ e $\tau_{xy} > 0$, como no caso considerado aqui, a rotação que faz CX coincidir com CA é anti-horária. No entanto, neste caso, o ângulo θ_p obtido da Equação (7.12), que define a direção da normal Oa para o plano principal, é positivo; assim, a rotação que faz Ox coincidir com Oa também é anti-horária. Concluímos que os sentidos de rotação de ambas as partes da Fig. 7.12 são os mesmos; se uma rotação anti-horária através de $2\theta_p$ é necessária para fazer CX coincidir com CA no círculo de Mohr, uma rotação anti-horária através de θ_p fará Ox coincidir com Oa na Fig. 7.12a.[†]

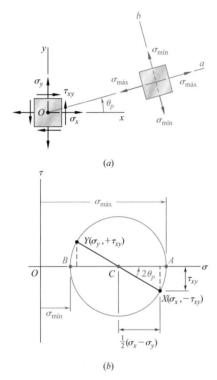

Fig. 7.12 (a) Elemento de estado plano de tensão e a orientação dos planos principais. (b) Círculo de Mohr correspondente.

Como o círculo de Mohr é definido de modo unívoco, o mesmo círculo pode ser obtido considerando as componentes de tensão $\sigma_{x'}$, $\sigma_{y'}$ e $\tau_{x'y'}$, correspondendo aos eixos x' e y' mostrados na Fig. 7.13a. O ponto X' de coordenadas $\sigma_{x'}$ e $-\tau_{x'y'}$ e o ponto Y' de coordenadas $\sigma_{y'}$ e $+\tau_{x'y'}$ estão, portanto, localizados no círculo de Mohr, e o ângulo $X'CA$ na Fig. 7.13b deve ser igual a duas vezes o ângulo $x'Oa$ na Fig. 7.13a. Como o ângulo XCA é duas vezes o ângulo xOa, conforme já observamos, conclui-se que o ângulo XCX' na Fig. 7.13b é duas vezes o ângulo xOx' na Fig. 7.13a. Assim, o diâmetro $X'Y'$, que define as tensões normal e de cisalhamento $\sigma_{x'}$, $\sigma_{y'}$ e $\tau_{x'y'}$, pode ser obtido pela rotação do diâmetro XY por meio de um ângulo igual a duas vezes o ângulo θ formado pelos eixos x' e x na Fig. 7.13a. A rotação que faz o diâmetro XY coincidir com o diâmetro $X'Y'$ na Fig. 7.13b tem o mesmo sentido de rotação que faz os eixos xy coincidirem com os eixos $x'y'$ na Fig. 7.13a.

[†] Isso ocorre em razão de estarmos usando o círculo da Fig. 7.8, e não o da Fig. 7.7 como o círculo de Mohr.

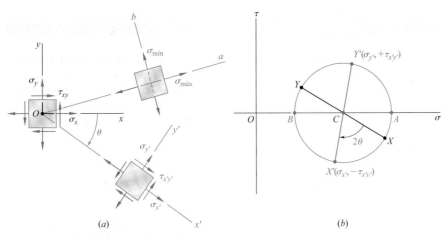

Fig. 7.13 (a) Elemento de tensão representado pelos eixos xy, transformado para obter componentes representados pelos eixos x'y'. (b) Círculo de Mohr correspondente.

Essa propriedade pode ser usada para verificar o fato de que os planos de tensão de cisalhamento máximo estão a 45° dos planos principais. Sem dúvida, lembramos que os pontos D e E no círculo de Mohr correspondem aos planos de tensão de cisalhamento máxima, enquanto A e B correspondem aos planos principais (Fig. 7.14b). Como os diâmetros AB e DE do círculo de Mohr estão a 90° um do outro, conclui-se que as faces dos elementos correspondentes estão a 45° uma da outra (Fig. 7.14a).

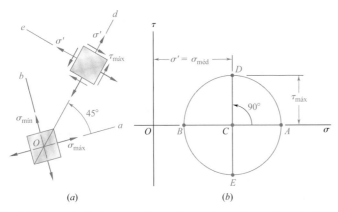

Fig. 7.14 (a) Orientação de elementos de tensão dos planos de tensão de cisalhamento máxima relativa aos planos principais. (b) Círculo de Mohr correspondente.

A construção do círculo de Mohr para o estado plano de tensão é bastante simplificada se considerarmos separadamente cada face do elemento utilizado para definir as componentes de tensão. Das Figs. 7.12 e 7.13 observamos que, quando a tensão de cisalhamento que atua *sobre determinada face* tende a girar o elemento no *sentido horário*, o ponto do círculo de Mohr correspondente àquela face está localizado *acima* do eixo σ. Quando a tensão de cisalhamento em determinada face tende a rodar o elemento no *sentido anti-horário*, o ponto correspondente àquela face está localizado *abaixo* do eixo σ (Fig. 7.15). No que se refere às tensões normais, vale a convenção usual, isto é, uma tensão de tração considerada positiva é representada à direita, enquanto uma tensão de compressão considerada negativa é representada à esquerda.

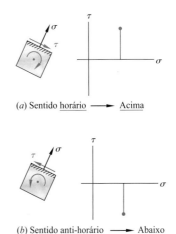

Fig. 7.15 Convenção para traçar a tensão de cisalhamento no círculo de Mohr.

Aplicação do conceito 7.2

Para o estado plano de tensão já considerado na Aplicação do conceito 7.1, (*a*) construa o círculo de Mohr, (*b*) determine as tensões principais e (*c*) determine a tensão de cisalhamento máxima e a tensão normal correspondente.

a. **Construção do círculo de Mohr.** Notamos na Fig. 7.16*a* que a tensão normal que atua na face orientada em direção ao eixo x é de tração (positiva) e que a tensão de cisalhamento que atua naquela face tende a rodar o elemento no sentido anti-horário. O ponto X do círculo de Mohr, portanto, será representado à direita do eixo vertical e abaixo do eixo horizontal (Fig. 7.16*b*). Um exame análogo da tensão normal e tensão de cisalhamento que atua na face superior do elemento mostra que o ponto Y deverá ser representado à esquerda do eixo vertical e acima do eixo horizontal. Traçando a linha XY, obtemos o centro C do círculo de Mohr; sua abscissa é

$$\sigma_{méd} = \frac{\sigma_x + \sigma_y}{2} = \frac{50 + (-10)}{2} = 20 \text{ MPa}$$

Como os lados do triângulo sombreado são

$$CF = 50 - 20 = 30 \text{ MPa} \quad \text{e} \quad FX = 40 \text{ MPa}$$

o raio do círculo é

$$R = CX = \sqrt{(30)^2 + (40)^2} = 50 \text{ MPa}$$

b. **Planos principais e tensões principais.** As tensões principais são

$$\sigma_{máx} = OA = OC + CA = 20 + 50 = 70 \text{ MPa}$$

$$\sigma_{mín} = OB = OC - BC = 20 - 50 = -30 \text{ MPa}$$

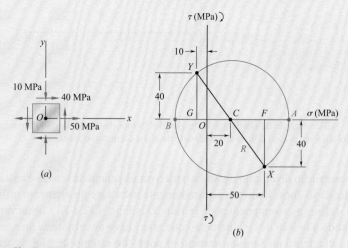

Fig. 7.16 (*a*) Elemento de estado plano de tensão. (*b*) Círculo de Mohr correspondente.

Lembrando que o ângulo ACX representa $2\theta_p$ (Fig. 7.16),

$$\text{tg } 2\theta_p = \frac{FX}{CF} = \frac{40}{30}$$

$$2\theta_p = 53{,}1° \quad \theta_p = 26{,}6°$$

Como a rotação que faz CX coincidir com CA na Fig. 7.16d é anti-horária, a rotação que faz Ox coincidir com o eixo Oa correspondente a $\sigma_{máx}$ na Fig. 7.16c também será anti-horária.

c. **Tensão de cisalhamento máxima.** Como mais uma rotação de 90° no sentido anti-horário faz CA coincidir com CD na Fig. 7.16d, uma rotação adicional de 45° no sentido anti-horário fará o eixo Oa coincidir com o eixo Od, correspondendo à tensão de cisalhamento máxima na Fig. 7.16d. Notamos na Fig. 7.16d que $\tau_{máx} = R = 50$ MPa e que a tensão normal correspondente é $\sigma' = \sigma_{méd} = 20$ MPa. Como o ponto D está localizado acima do eixo σ na Fig. 7.16d, as tensões de cisalhamento que atuam nas faces perpendiculares a Od na Fig. 7.16d devem ser direcionadas de modo que obtenham a tendência de rodar o elemento no sentido horário.

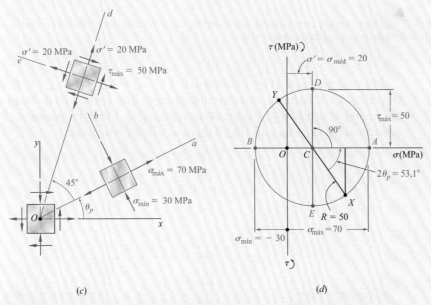

Fig. 7.16 (cont.) (c) Orientações do elemento de tensão para as tensões de cisalhamento principal e máxima. (d) Círculo de Mohr usado para determinar as tensões de cisalhamento principal e máxima.

O círculo de Mohr proporciona uma maneira conveniente de verificar os resultados obtidos anteriormente para tensões sob um carregamento axial centrado (Seção 1.4) e sob um carregamento torcional (Seção 3.1.3). No primeiro caso (Fig. 7.17a), temos $\sigma_x = P/A$, $\sigma_y = 0$ e $\tau_{xy} = 0$. Os pontos X e Y correspondentes definem um círculo de raio $R = P/2A$ que passa pela origem dos eixos de coordenadas (Fig. 7.17b). Os pontos D e E dão origem à orientação dos planos de tensão de cisalhamento máxima (Fig. 7.17c), bem como os valores de $\tau_{máx}$ e das tensões normais correspondentes σ':

$$\tau_{máx} = \sigma' = R = \frac{P}{2A} \qquad (7.18)$$

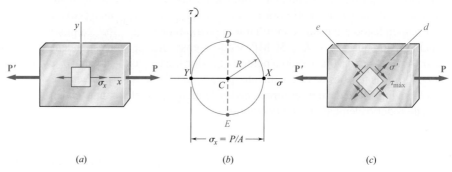

Fig. 7.17 (a) Elemento sob carregamento axial centrado. (b) Círculo de Mohr. (c) Elemento mostrando os planos da tensão de cisalhamento máxima.

No caso de torção (Fig. 7.18a), temos $\sigma_x = \sigma_y = 0$ e $\tau_{xy} = \tau_{máx} = Tc/J$. Os pontos X e Y, portanto, estão localizados no eixo τ, e o círculo de Mohr é um círculo de raio $R = Tc/J$ centrado na origem (Fig. 7.18b). Os pontos A e B definem os planos principais (Fig. 7.18c) e as tensões principais:

$$\sigma_{máx, mín} = \pm R = \pm \frac{Tc}{J} \qquad (7.19)$$

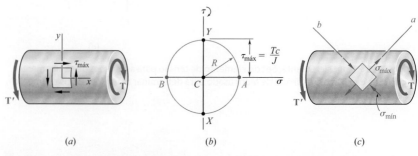

Fig. 7.18 (a) Elemento sob carregamento torcional. (b) Círculo de Mohr. (c) Elemento mostrando a orientação das tensões principais.

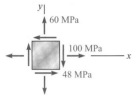

PROBLEMA RESOLVIDO 7.2

Para o estado plano de tensão mostrado, determine (*a*) os planos e tensões principais e (*b*) as componentes de tensão que atuam no elemento obtido pela rotação do elemento dado no sentido anti-horário de 30°.

ESTRATÉGIA: Uma vez que um estado de tensões dado representa dois pontos sobre o círculo de Mohr, você pode utilizar esses pontos para gerar o círculo. O estado de tensões em qualquer outro plano, incluindo os planos principais, pode ser prontamente determinado pela geometria do círculo.

MODELAGEM E ANÁLISE:

Construção do círculo de Mohr (Fig. 1). Em uma face perpendicular ao eixo *x*, a tensão normal é de tração e a tensão de cisalhamento tende a girar o elemento no sentido horário; assim, representamos o ponto X por 100 unidades à direita do eixo vertical e 48 unidades acima do eixo horizontal. De uma maneira análoga, examinamos os componentes de tensão na face superior e representamos o ponto $Y(60, -48)$. Unindo os pontos X e Y por uma linha reta, definimos o centro C do círculo de Mohr. A abscissa de C, que representa $\sigma_{méd}$, e o raio R do círculo podem ser medidos diretamente ou calculados como

$$\sigma_{méd} = OC = \tfrac{1}{2}(\sigma_x + \sigma_y) = \tfrac{1}{2}(100 + 60) = 80 \text{ MPa}$$
$$R = \sqrt{(CF)^2 + (FX)^2} = \sqrt{(20)^2 + (48)^2} = 52 \text{ MPa}$$

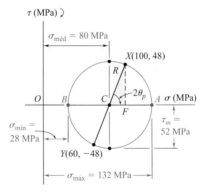

Fig. 1 Círculo de Mohr para o estado de tensão dado.

a. **Planos principais e tensões principais.** Rodamos o diâmetro XY no sentido horário por $2\theta_p$ até que ele coincida com o diâmetro AB. Assim,

$$\text{tg } 2\theta_p = \frac{XF}{CF} = \frac{48}{20} = 2{,}4 \qquad 2\theta_p = 67{,}4° \downarrow \qquad \theta_p = 33{,}7° \downarrow \blacktriangleleft$$

As tensões principais são representadas pelas abscissas dos pontos A e B

$\sigma_{máx} = OA = OC + CA = 80 + 52$ $\qquad \sigma_{máx} = +132$ MPa ◀

$\sigma_{mín} = OB = OC - BC = 80 - 52$ $\qquad \sigma_{mín} = +\ 28$ MPa ◀

Como a rotação que faz XY coincidir com AB está no sentido horário, a rotação que faz Ox coincidir com o eixo Oa correspondendo a $\sigma_{máx}$ também estará no sentido horário; obtemos a orientação mostrada na Fig. 2 para os planos principais.

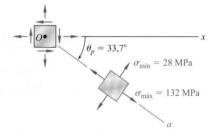

Fig. 2 Orientação do elemento de tensão principal.

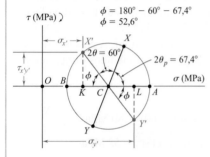

Fig. 3 Análise do círculo de Mohr para a rotação do elemento em 30° no sentido anti-horário.

b. **Componentes de tensão no elemento rodado de 30°** ↶. Os pontos X' e Y' no círculo de Mohr que correspondem às componentes de tensão no elemento rodado são obtidos girando-se XY no sentido anti-horário através de $2\theta = 60°$ (Fig. 3). Encontramos

$\phi = 180° - 60° - 67{,}4°$ $\qquad\qquad \phi = 52{,}6°$ ◀
$\sigma_{x'} = OK = OC - KC = 80 - 52\cos 52{,}6°$ $\qquad \sigma_{x'} = +\ 48{,}4$ MPa ◀
$\sigma_{y'} = OL = OC + CL = 80 + 52\cos 52{,}6°$ $\qquad \sigma_{y'} = +111{,}6$ MPa ◀
$\tau_{x'y'} = KX' = 52\,\text{sen}\,52{,}6°$ $\qquad\qquad \tau_{x'y'} =\ \ \ 41{,}3$ MPa ◀

Como X' está localizado acima do eixo horizontal, a tensão de cisalhamento na face perpendicular a Ox' tende a girar o elemento no sentido horário. As tensões e suas orientações estão apresentadas na Fig. 4.

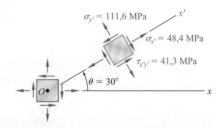

Fig. 4 Componentes de tensão obtidos pela rotação do elemento original em 30° no sentido anti-horário.

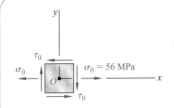

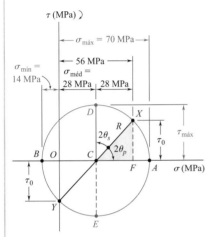

Fig. 1 Círculo de Mohr para o estado de tensão dado.

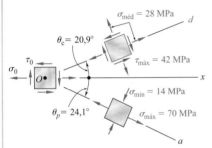

Fig. 2 Orientação dos planos das tensões de cisalhamento principal e máxima com relação ao sentido original de τ_0.

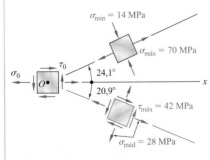

Fig. 3 Orientação dos planos das tensões de cisalhamento principal e máxima para o sentido oposto de τ_0.

PROBLEMA RESOLVIDO 7.3

Um estado plano de tensão consiste em uma tensão de tração $\sigma_0 = 56$ MPa que atua nos planos verticais e em tensões de cisalhamento desconhecidas. Determine (a) a intensidade da tensão de cisalhamento τ_0 para que a maior tensão normal seja 70 MPa e (b) a tensão de cisalhamento máxima correspondente.

ESTRATÉGIA: Você pode utilizar as tensões normais no elemento dado para determinar a tensão normal média, estabelecendo assim o centro do círculo de Mohr. Sabendo que a tensão normal máxima dada é também uma tensão principal, você pode usar isso para completar a construção do círculo.

MODELAGEM E ANÁLISE:

Construção do círculo de Mohr (Fig. 1). Consideramos que as tensões de cisalhamento atuam nos sentidos mostrados. Assim, a tensão de cisalhamento τ_0 em uma face perpendicular ao eixo x tende a girar o elemento no sentido horário, e representamos o ponto X de coordenadas 56 MPa e τ_0 acima do eixo horizontal. Considerando uma face horizontal do elemento, observamos que $\sigma_y = 0$ e que τ_0 tende a girar o elemento no sentido anti-horário; assim, representamos o ponto Y a uma distância τ_0 abaixo de O.

Notamos que a abscissa do centro C do círculo de Mohr é

$$\sigma_{méd} = \tfrac{1}{2}(\sigma_x + \sigma_y) = \tfrac{1}{2}(56 + 0) = 28 \text{ MPa}$$

O raio R do círculo é determinado observando-se que a tensão normal máxima, $\sigma_{máx} = 70$ MPa, é representada pela abscissa do ponto A:

$$\sigma_{máx} = \sigma_{méd} + R$$
$$70 \text{ MPa} = 28 \text{ MPa} + R \qquad R = 42 \text{ MPa}$$

a. Tensão de cisalhamento τ_0. Considerando o triângulo retângulo CFX, encontramos

$$\cos 2\theta_p = \frac{CF}{CX} = \frac{CF}{R} = \frac{28 \text{ MPa}}{42 \text{ MPa}} \qquad 2\theta_p = 48,2° \downarrow \qquad \theta_p = 24,1° \downarrow$$

$$\tau_0 = FX = R \operatorname{sen} 2\theta_p = (42 \text{ MPa}) \operatorname{sen} 48,2° \qquad \tau_0 = 31,3 \text{ MPa} \blacktriangleleft$$

b. Tensão de cisalhamento máxima. As coordenadas do ponto D do círculo de Mohr representam a tensão de cisalhamento máxima e a tensão normal correspondente.

$$\tau_{máx} = R = 42 \text{ MPa} \qquad\qquad \tau_{máx} = 42 \text{ MPa} \blacktriangleleft$$
$$2\theta_c = 90° - 2\theta_p = 90° - 48,2° = 41,8° \uparrow \qquad \theta_x = 20,9° \uparrow$$

A tensão de cisalhamento máxima atua em um elemento orientado conforme mostra a Fig. 2. (A figura também mostra o elemento sobre o qual estão atuando as tensões principais.)

REFLETIR E PENSAR. Se a nossa hipótese original sobre o sentido de τ_0 estivesse errada, obteríamos o mesmo círculo e as mesmas respostas, mas a orientação dos elementos seria conforme mostra a Fig. 3.

PROBLEMAS

7.31 Resolva os Problemas 7.5 e 7.9 usando o círculo de Mohr.

7.32 Resolva os Problemas 7.7 e 7.11 usando o círculo de Mohr.

7.33 Resolva o Problema 7.10 usando o círculo de Mohr.

7.34 Resolva o Problema 7.12 usando o círculo de Mohr.

7.35 Resolva o Problema 7.13 usando o círculo de Mohr.

7.36 Resolva o Problema 7.14 usando o círculo de Mohr.

7.37 Resolva o Problema 7.15 usando o círculo de Mohr.

7.38 Resolva o Problema 7.16 usando o círculo de Mohr.

7.39 Resolva o Problema 7.17 usando o círculo de Mohr.

7.40 Resolva o Problema 7.18 usando o círculo de Mohr.

7.41 Resolva o Problema 7.19 usando o círculo de Mohr.

7.42 Resolva o Problema 7.20 usando o círculo de Mohr.

7.43 Resolva o Problema 7.21 usando o círculo de Mohr.

7.44 Resolva o Problema 7.22 usando o círculo de Mohr.

7.45 Resolva o Problema 7.23 usando o círculo de Mohr.

7.46 Resolva o Problema 7.24 usando o círculo de Mohr.

7.47 Resolva o Problema 7.25 usando o círculo de Mohr.

7.48 Resolva o Problema 7.26 usando o círculo de Mohr.

7.49 Resolva o Problema 7.27 usando o círculo de Mohr.

7.50 Resolva o Problema 7.28 usando o círculo de Mohr.

7.51 Resolva o Problema 7.29 usando o círculo de Mohr.

7.52 Resolva o Problema 7.30 usando o círculo de Mohr.

7.53 Resolva o Prob. 7.29, utilizando o círculo de Mohr e assumindo que a solda forma um ângulo de 60° com a horizontal.

7.54 a 7.55 Determine os planos e tensões principais para o estado plano de tensão resultante da superposição dos dois estados de tensão mostrados.

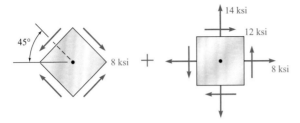

Fig. P7.54

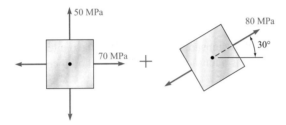

Fig. P7.55

7.56 a 7.57 Determine os planos e tensões principais para o estado plano de tensão resultante da superposição dos dois estados de tensão mostrados.

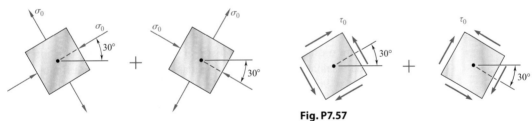

Fig. P7.56   **Fig. P7.57**

7.58 Para o elemento mostrado, determine o intervalo de valores de τ_{xy} para os quais a tensão de tração máxima é igual ou menor que 60 MPa.

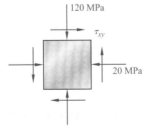

Figs. P7.58 e P7.59

7.59 Para o elemento mostrado, determine o intervalo de valores de τ_{xy} para os quais a tensão de cisalhamento máxima no plano da tensão é igual ou menor que 150 MPa.

7.60 Para o estado de tensão mostrado, determine o intervalo de valores de θ para os quais a intensidade da tensão de cisalhamento $\tau_{x'y'}$ é igual ou menor que 8 ksi.

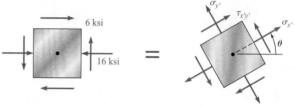

Figs. P7.60

7.61 Para o estado de tensão mostrado, determine o intervalo de valores de θ para os quais a tensão normal $\sigma_{x'}$ é igual ou menor que 20 ksi.

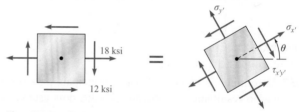

Figs. P7.61 e P7.62

7.62 Para o estado plano de tensão mostrado, determine o intervalo de valores de θ para os quais a tensão normal $\sigma_{x'}$ é igual ou menor a 10 ksi.

7.63 Para o estado de tensão mostrado, sabe-se que as tensões normal e de cisalhamento estão direcionadas conforme mostra a figura e que $\sigma_x = 96{,}5$ MPa, $\sigma_y = 62{,}1$ MPa e $\sigma_{mín} = 34{,}5$ MPa. Determine (a) a orientação dos planos principais, (b) a tensão principal $\sigma_{máx}$ e (c) a tensão de cisalhamento máxima no plano das tensões.

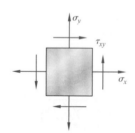

Fig. P7.63

7.64 O círculo de Mohr mostrado corresponde ao estado de tensão dado nas Figs. 7.5a e b. Notando que $\sigma_{x'} = OC + (CX')\cos(2\theta_p - 2\theta)$ e que $\tau_{x'y'} = (CX')\operatorname{sen}(2\theta_p - 2\theta)$, determine as expressões para $\sigma_{x'}$ e $\tau_{x'y'}$ dadas nas Equações (7.5) e (7.6), respectivamente. [Sugestão: Use $\operatorname{sen}(A + B) = \operatorname{sen} A \cos B + \cos A \operatorname{sen} B$ e $\cos(A + B) = \cos A \cos B - \operatorname{sen} A \operatorname{sen} B$.]

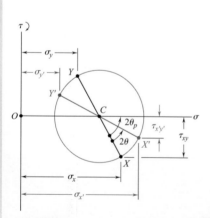

Fig. P7.64

7.65 (a) Prove que a expressão $\sigma_{x'}\sigma_{y'} - \tau^2_{x'y'}$, em que $\sigma_{x'}$, $\sigma_{y'}$ e $\tau_{x'y'}$ são componentes da tensão ao longo de eixos retangulares x' e y', é independente da orientação desses eixos. Mostre também que a expressão dada representa o quadrado da tangente traçada a partir da origem das coordenadas do círculo de Mohr. (b) Usando a propriedade da invariância estabelecida na parte a, expresse a tensão de cisalhamento τ_{xy} em termos de σ_x, σ_y, e das tensões principais $\sigma_{máx}$ e $\sigma_{mín}$.

7.3 ESTADO GERAL DE TENSÃO

Nas seções anteriores, estudamos um estado plano de tensão com $\sigma_z = \tau_{zx} = \tau_{zy} = 0$ e consideramos somente transformações de tensão associadas a uma rotação em torno do eixo z. Vamos considerar agora o estado geral de tensões representado na Fig. 7.1a e a transformação de tensão associada à rotação dos eixos mostrada na Fig. 7.1b. No entanto, nossa análise estará limitada à determinação da *tensão normal* σ_n em um plano de orientação arbitrária.

Considere o tetraedro mostrado na Fig. 7.19. Três de suas faces são paralelas aos planos coordenados, enquanto a quarta face, *ABC*, é perpendicular à linha *QN*. Chamando de ΔA a área da face *ABC*, e de λ_x, λ_y e λ_z os cossenos diretores da linha *QN*, determinamos os valores das áreas das faces perpendiculares aos eixos x, y e z, que são, respectivamente, $(\Delta A)\lambda_x$, $(\Delta A)\lambda_y$ e $(\Delta A)\lambda_z$. Se o estado de tensão no ponto Q é definido pelas componentes de tensão σ_x, σ_y, σ_z, τ_{xy}, τ_{yz} e τ_{zx}, então as *forças* que atuam nas faces paralelas aos planos coordenados podem ser obtidas multiplicando-se as componentes de tensão apropriadas pela área de cada face (Fig. 7.20). Entretanto, as forças que atuam na face *ABC* consistem em uma força normal de intensidade $\sigma_n \Delta A$ direcionada ao longo de *QN*, e de uma força de cisalhamento de intensidade $\tau \Delta A$ perpendicular a *QN* mas de direção desconhecida. Como as faces *QBC*, *QCA* e *QAB*, respectivamente, estão voltadas para o sentido contrário ao dos eixos x, y e z, as forças que atuam nelas devem ser mostradas com sentidos negativos.

A soma das componentes ao longo de *QN* de todas as forças que atuam no tetraedro é zero. A componente ao longo de *QN* de uma força paralela ao eixo x é obtida multiplicando-se a intensidade daquela força pelo cosseno diretor λ_x, e as componentes das forças paralelas aos eixos y e z são obtidas de uma maneira análoga. Assim,

$$\sum F_n = 0: \quad \sigma_n \Delta A - (\sigma_x \Delta A \lambda_x)\lambda_x - (\tau_{xy} \Delta A \lambda_x)\lambda_y - (\tau_{xz} \Delta A \lambda_x)\lambda_z$$
$$- (\tau_{yx} \Delta A \lambda_y)\lambda_x - (\sigma_y \Delta A \lambda_y)\lambda_y - (\tau_{yz} \Delta A \lambda_y)\lambda_z$$
$$- (\tau_{zx} \Delta A \lambda_z)\lambda_x - (\tau_{zy} \Delta A \lambda_z)\lambda_y - (\sigma_z \Delta A \lambda_z)\lambda_z = 0$$

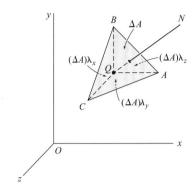

Fig. 7.19 Tetraedro de tensão no ponto Q com três faces paralelas aos planos coordenados.

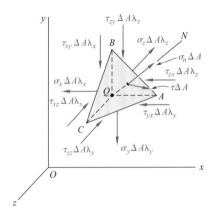

Fig. 7.20 Diagrama de corpo livre do tetraedro de tensão no ponto Q.

Dividindo essa equação por ΔA e resolvendo para σ_n, temos

$$\sigma_n = \sigma_x \lambda_x^2 + \sigma_y \lambda_y^2 + \sigma_z \lambda_z^2 + 2\tau_{xy}\lambda_x\lambda_y + 2\tau_{yz}\lambda_y\lambda_z + 2\tau_{zx}\lambda_z\lambda_x \quad (7.20)$$

Note que a expressão obtida para a tensão normal σ_n é uma *forma quadrática* em λ_x, λ_y e λ_z. Conclui-se que podemos selecionar os eixos de coordenadas de maneira tal que o membro direito da Equação (7.20) se reduza aos três termos que contêm os quadrados dos cossenos diretores.[†] Chamando esses eixos de a, b e c, as tensões normais correspondentes de σ_a, σ_b e σ_c, e os cossenos diretores de *QN* com relação a esses eixos de λ_a, λ_b e λ_c, temos

$$\sigma_n = \sigma_a \lambda_a^2 + \sigma_b \lambda_b^2 + \sigma_c \lambda_c^2 \quad (7.21)$$

[†] Na Seção 9.16 do livro BEER, F. P. e JOHNSTON, E. R. *Mecânica vetorial para engenheiros*, 7ª ed., McGraw-Hill/Interamericana do Brasil, 2006, encontra-se uma forma quadrática similar para representar o momento de inércia de um corpo rígido com relação a um eixo arbitrário. É mostrado na Seção 9.17 que essa forma está associada com uma *superfície quadrática* e que a redução da forma quadrática em termos que contêm somente os quadrados dos cossenos diretores é equivalente à determinação dos eixos principais daquela superfície.

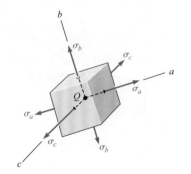

Fig. 7.21 Elemento de tensão geral orientado de acordo com o eixo principal.

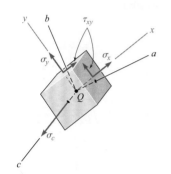

Fig. 7.22 Elementos de tensão rotacionados sobre o eixo c.

Os eixos de coordenadas *a*, *b*, *c* são chamados de *eixos principais de tensão*. Como sua orientação depende do estado de tensão em Q e, portanto, da posição de Q, eles foram representados na Fig. 7.21 ligados a Q. Os planos coordenados correspondentes são conhecidos como *planos principais de tensão*, e as tensões normais correspondentes σ_a, σ_b e σ_c são as *tensões principais* em Q.[†]

7.4 ANÁLISE TRIDIMENSIONAL DA TENSÃO

Se o elemento mostrado na Fig. 7.21 sofre uma rotação em torno de um dos eixos principais em Q, como o eixo *c* (Fig. 7.22), a transformação de tensão correspondente poderá ser analisada por meio do círculo de Mohr como se fosse uma transformação de um estado plano de tensão. As tensões de cisalhamento que atuam nas faces perpendiculares ao eixo *c* permanecem iguais a zero, e a tensão normal σ_c é perpendicular ao plano *ab*, no qual ocorre a transformação permanece normal. Usamos, portanto, o círculo de diâmetro AB para determinar as tensões, normal e de cisalhamento, que atuam nas faces do elemento quando ele sofre uma rotação em torno do eixo *c* (Fig. 7.23). Analogamente, círculos de diâmetros BC e CA podem ser utilizados para determinar as tensões no elemento quando ele sofre uma rotação em torno dos eixos *a* e *b*, respectivamente. Embora nossa análise esteja limitada a rotações em torno dos eixos principais, poderíamos mostrar que qualquer outra transformação de eixos levaria às tensões representadas na Fig. 7.23 por um ponto localizado dentro da área sombreada. Assim, o raio do maior dos três círculos resulta no máximo valor da tensão de cisalhamento no ponto Q. Observando que o diâmetro daquele círculo é igual à diferença entre $\sigma_{máx}$ e $\sigma_{mín}$,

$$\tau_{máx} = \tfrac{1}{2}|\sigma_{máx} - \sigma_{mín}| \tag{7.22}$$

em que $\sigma_{máx}$ e $\sigma_{mín}$ representam os valores *algébricos* das tensões máxima e mínima no ponto Q.

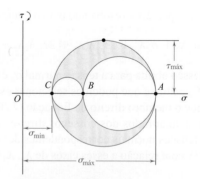

Fig. 7.23 Círculo de Mohr para um estado geral de tensão.

Lembramos que, se forem selecionados os eixos *x* e *y* no *estado plano de tensão*, temos $\sigma_z = \tau_{zx} = \tau_{zy} = 0$. Isso significa que o eixo *z*, isto é, o eixo

---

[†] Para uma discussão sobre a determinação dos planos principais de tensão e das tensões principais, ver S. P. Timoshenko and J. N. Goodier, *Theory of Elasticity*, 3d ed., McGraw-Hill Book Company, 1970, Sec. 77.

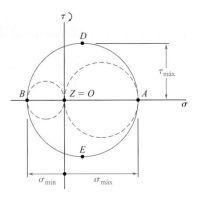

Fig. 7.24 Círculos de Mohr tridimensionais para um estado plano de tensão onde $\sigma_a > 0 > \sigma_b$.

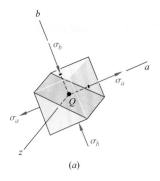

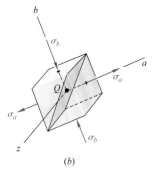

Fig. 7.25 Tensão de cisalhamento máxima no plano para um elemento tendo o eixo principal alinhado com o eixo z. (a) 45° no sentido horário a partir do eixo principal a. (b) 45° no sentido anti-horário a partir do eixo principal a.

perpendicular ao plano de tensão, é um dos três eixos principais de tensão. Em um diagrama do círculo de Mohr, esse eixo corresponde à origem O, em que $\sigma = \tau = 0$. Lembramos também que os outros dois eixos principais correspondem aos pontos A e B em que o círculo de Mohr para o plano xy intercepta o eixo σ. Se A e B estão localizados em lados opostos da origem O (Fig. 7.24), as tensões principais correspondentes representam as tensões normais máxima e mínima no ponto Q, e a tensão de cisalhamento máxima é igual à tensão de cisalhamento máxima "no plano" das tensões. Conforme observado na Seção 7.1.2, os planos de tensão de cisalhamento máxima correspondem aos pontos D e E do círculo de Mohr e estão a 45° dos planos principais que correspondem aos pontos A e B. Eles são, portanto, os planos diagonais sombreados mostrados nas Figs. 7.25a e b.

Em contrapartida, se A e B estiverem no mesmo lado de O, ou seja, se σ_a e σ_b tiverem o mesmo sinal, então o círculo que define $\sigma_{máx}$, $\sigma_{mín}$ e $\tau_{máx}$ *não* será o círculo correspondente a uma transformação de tensão dentro do plano xy. Se $\sigma_a > \sigma_b > 0$, conforme consideramos na Fig. 7.26, temos $\sigma_{máx} = \sigma_a$, $\sigma_{mín} = 0$ e $\tau_{máx}$ será igual ao raio do círculo definido pelos pontos O e A, isto é, $\tau_{máx} = \frac{1}{2}\sigma_{máx}$. Notamos também que as normais Qd' e Qe' aos planos de tensão de cisalhamento máxima são obtidas rotacionando-se o eixo Qa em 45° dentro do plano za. Assim, os planos de tensão de cisalhamento máxima serão os planos diagonais sombreados mostrados nas Figs. 7.27a e b.

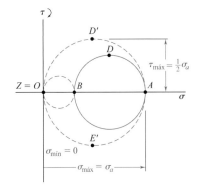

Fig. 7.26 Círculos de Mohr tridimensionais para um estado plano de tensão onde $\sigma_a > \sigma_b > 0$.

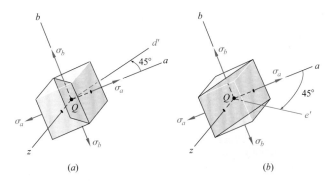

Fig. 7.27 Tensão de cisalhamento máxima foram do plano para um elemento de estado plano de tensão. (a) 45° no sentido horário a partir do eixo principal a. (b) 45° no sentido anti-horário a partir do eixo principal a.

Aplicação do conceito 7.3

Para o estado plano de tensão mostrado na Fig. 7.28a, determine (a) os três planos principais e as tensões principais e (b) a tensão de cisalhamento máxima.

a. **Planos principais e tensões principais.** Construímos o círculo de Mohr para a transformação de tensão no plano xy (Fig. 7.28b). O ponto X é representado por 40 unidades à direita do eixo τ e por 20 unidades acima do eixo σ (pois a tensão de cisalhamento correspondente tende a girar o elemento no sentido horário).

O ponto Y é representado por 25 unidades à direita do eixo τ e por 20 unidades abaixo do eixo σ. Traçando a linha XY, obtemos o centro C do círculo de Mohr para o plano xy; sua abscissa é

$$\sigma_{méd} = \frac{\sigma_x + \sigma_y}{2} = \frac{40 \text{ MPa} + 25 \text{ MPa}}{2} = 32,5 \text{ MPa}$$

Como os lados do triângulo retângulo CFX são $CF = 40 - 32,5 = 7,5$ MPa e $FX = 20$ MPa, o raio do círculo é

$$R = CX = \sqrt{(7,5)^2 + (20)^2} = 21,4 \text{ MPa}$$

As tensões principais no plano das tensões são

$$\sigma_a = OA = OC + CA = 32,5 + 21,4 \text{ MPa} = 53,9 \text{ MPa}$$
$$\sigma_b = OB = OC - BC = 32,5 - 21,4 \text{ MPa} = 11,1 \text{ MPa}$$

Como as faces do elemento que são perpendiculares ao eixo z estão livres de tensão, essas faces definem um dos planos principais, e a tensão principal correspondente é $\sigma_z = 0$. Os outros dois planos principais são definidos pelos pontos A e B no círculo de Mohr. O ângulo θ_p, por meio do qual o elemento deverá sofrer rotação em torno do eixo z para fazer suas faces coincidirem com esses planos (Fig. 7.28c), é metade do ângulo ACX.

$$\text{tg } 2\theta_p = \frac{FX}{CF} = \frac{20}{7,5}$$

$$2\theta_p = 69,4° \downarrow \qquad \theta_p = 34,7° \downarrow$$

b. **Tensão de cisalhamento máxima.** Traçamos agora os círculos de diâmetros OB e OA, que correspondem, respectivamente, às rotações do elemento em torno dos eixos a e b (Fig. 7.28d). Notamos que a tensão de cisalhamento máxima é igual ao raio do círculo de diâmetro OA. Temos então

$$\tau_{máx} = \tfrac{1}{2}\sigma_a = \tfrac{1}{2}(53,9 \text{ MPa}) = 26,95 \text{ MPa}$$

Como os pontos D' e E', que definem os planos de tensão de cisalhamento máxima, estão localizados nas extremidades do diâmetro vertical do círculo, correspondendo a uma rotação em torno do eixo b, as faces do elemento da Fig. 7.28c podem ser levadas a coincidir com os planos de tensão de cisalhamento máxima por meio de uma rotação de 45° em torno do eixo b.

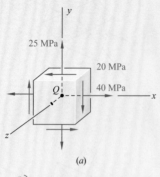
(a)

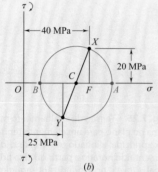
(b)

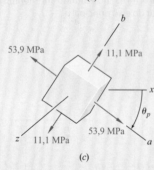
(c)

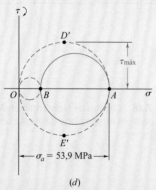
(d)

Fig. 7.28 (a) Elemento de estado plano de tensão. (b) Círculo de Mohr para transformação de tensão no plano xy. (c) Orientação das principais tensões. (d) Círculos de Mohr tridimensionais.

*7.5 TEORIAS DE FALHA

*7.5.1 Critérios de escoamento para materiais dúcteis

Os elementos estruturais e componentes de máquinas feitos com material dúctil geralmente são projetados de modo que o material não escoe sob as condições esperadas de carregamento. Quando o elemento ou componente está sob um estado de tensão uniaxial (Fig. 7.29), o valor da tensão normal σ_x que fará o material escoar pode ser obtido facilmente por um ensaio de tração executado em um corpo de prova do mesmo material, pois o corpo de prova e o elemento estrutural ou componente de máquina estão sob o mesmo estado de tensão. Assim, independentemente do mecanismo real que faz o material escoar, podemos dizer que o elemento ou componente estará seguro desde que $\sigma_x < \sigma_E$, em que σ_E é a tensão de escoamento do material do corpo de prova.

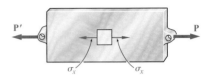

Fig. 7.29 Elemento estrutural sob tensão uniaxial.

Em contrapartida, quando um elemento estrutural ou componente de máquina está em um estado plano de tensão (Fig. 7.30a), considera-se conveniente usar um dos métodos desenvolvidos anteriormente para determinar as tensões principais σ_a e σ_b em um dado ponto (Fig. 7.30b). O material pode então ser considerado como estando em um estado de tensão biaxial naquele ponto. Como esse estado é diferente do estado de tensão uniaxial encontrado em um corpo de prova submetido a um ensaio de tração, fica claro que não é possível prever diretamente, por meio de um ensaio como esse, se o elemento estrutural ou componente de máquina que está sendo investigado falhará ou não. Será necessário primeiro estabelecer algum critério referente ao mecanismo real de falha do material, que permitirá comparar os efeitos de ambos os estados de tensão no material. A finalidade desta seção é apresentar os dois critérios de escoamento utilizados mais frequentemente em materiais dúcteis.

Critério da tensão de cisalhamento máxima. Este critério baseia-se na observação de que o escoamento em materiais dúcteis é provocado pelo deslizamento do material ao longo de superfícies oblíquas, muito em razão, principalmente, das tensões de cisalhamento (ver Seção 2.1.2). De acordo com esse critério, qualquer componente estrutural estará seguro desde que o valor máximo da tensão de cisalhamento $\tau_{máx}$ nesse componente permaneça menor que o valor correspondente da tensão de cisalhamento em um ensaio de tração com um corpo de prova do mesmo material quando o corpo de prova começa a escoar.

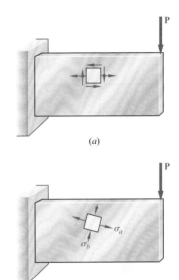

Fig. 7.30 Elemento estrutural em um estado plano de tensão. (a) Elemento de tensão representado em relação aos eixos coordenados. (b) Elemento de tensão aos eixos principais.

Lembrando a Seção 1.3, em que o valor máximo da tensão de cisalhamento sob uma força axial centrada era igual à metade do valor da tensão axial normal correspondente, concluímos, então, que a tensão de cisalhamento máxima em um corpo de prova em um ensaio de tração é $½\sigma_E$ quando o corpo de prova começa a escoar. No entanto, vimos na Seção 7.4 que, para o estado plano de tensão, o valor máximo da tensão de cisalhamento $\tau_{máx}$ é igual a $½|\sigma_{máx}|$ se as tensões principais forem ambas positivas ou ambas negativas, e igual a $½|\sigma_{máx} - \sigma_{mín}|$ se a tensão máxima for positiva e a tensão mínima, negativa. Assim, se as tensões principais σ_a e σ_b tiverem o mesmo sinal, o critério da tensão de cisalhamento máxima resultará em

$$|\sigma_a| < \sigma_E \qquad |\sigma_b| < \sigma_E \tag{7.23}$$

Se as tensões principais σ_a e σ_b tiverem sinais opostos, o critério da tensão de cisalhamento máxima resultará em

$$|\sigma_a - \sigma_b| < \sigma_E \tag{7.24}$$

As relações obtidas foram representadas graficamente na Fig. 7.31. Qualquer estado de tensão será representado graficamente naquela figura por um ponto de coordenadas σ_a e σ_b, em que σ_a e σ_b são as duas tensões principais. Se esse ponto cair dentro da área mostrada na figura, o componente estrutural estará

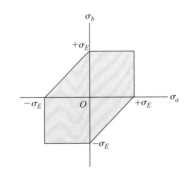

Fig. 7.31 Hexágono de Tresca para o critério da tensão de cisalhamento máxima.

seguro. Se ele cair fora dessa área, o componente falhará em decorrência do escoamento no material. O hexágono associado ao início do escoamento no material é conhecido como *hexágono de Tresca*, em homenagem ao engenheiro francês Henri Edouard Tresca (1814-1885).

Critério da energia de distorção máxima. Este critério baseia-se na determinação da energia de distorção em um dado material, isto é, da energia associada a variações na forma do material (ao contrário da energia associada a variações em volume no mesmo material). De acordo com esse critério, também conhecido como *critério de von Mises*, em homenagem ao matemático alemão-americano Richard von Mises (1883-1953), um componente estrutural está seguro desde que o valor máximo da energia de distorção por unidade de volume naquele material permaneça menor que a energia de distorção por unidade de volume necessária para provocar escoamento em um corpo de prova do mesmo material em um ensaio de tração. A energia de distorção por unidade de volume em um material isotrópico, em um estado plano de tensão, é

$$u_d = \frac{1}{6G}(\sigma_a^2 - \sigma_a\sigma_b + \sigma_b^2) \quad (7.25)$$

em que σ_a e σ_b são as tensões principais e G é o módulo de elasticidade transversal. No caso particular de um corpo de prova em ensaio de tração que está começando a escoar, temos $\sigma_a = \sigma_E$, $\sigma_b = 0$ e $(u_d)_E = \sigma_E^2/6G$. Assim, o critério de energia de distorção máxima indica que o componente estrutural estará seguro desde que $u_d < (u_d)_E$, ou

$$\sigma_a^2 - \sigma_a\sigma_b + \sigma_b^2 < \sigma_E^2 \quad (7.26)$$

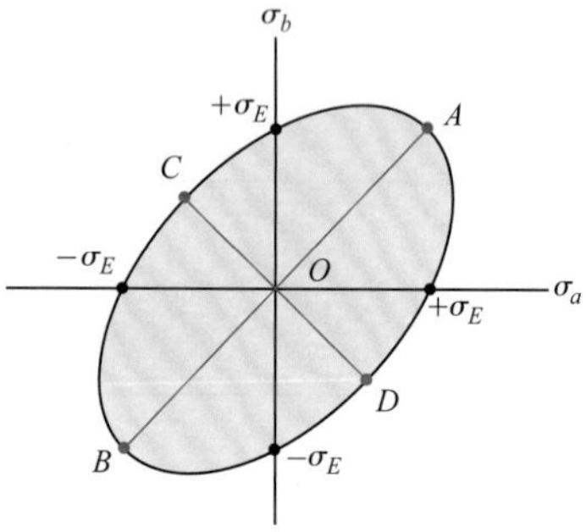

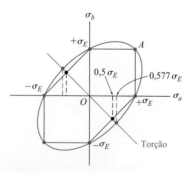

Fig. 7.32 Superfície de von Mises baseada no critério de energia de distorção máxima.

isto é, desde que o ponto de coordenadas σ_a e σ_b fique dentro da área mostrada na Fig. 7.32. Essa área é limitada pela elipse

$$\sigma_a^2 - \sigma_a\sigma_b + \sigma_b^2 = \sigma_E^2 \quad (7.27)$$

que intercepta o eixo de coordenadas em $\sigma_a = \pm \sigma_E$ e $\sigma_b = \pm \sigma_E$. Podemos verificar que o eixo maior da elipse divide o primeiro e o terceiro quadrantes e se estende de A ($\sigma_a = \sigma_b = \sigma_E$) até B ($\sigma_a = \sigma_b = -\sigma_E$), enquanto seu eixo menor se estende de C ($\sigma_a = -\sigma_b = -0{,}577\sigma_E$) a D ($\sigma_a = -\sigma_b = 0{,}577\sigma_E$).

O critério da tensão de cisalhamento máxima e da energia de distorção máxima são comparados na Fig. 7.33. Notamos que a elipse passa pelos vértices do hexágono. Assim, para os estados de tensão representados por esses seis pontos, os dois critérios trarão os mesmos resultados. Para qualquer outro estado de tensão, o critério da tensão de cisalhamento máxima é mais conservador que o critério de energia de distorção máxima, pois o hexágono está localizado dentro da elipse.

Um estado de tensão de interesse especial é aquele associado ao escoamento em um ensaio de torção. Lembramos da Fig. 7.18 que, para torção, $\sigma_{\text{mín}} = -\sigma_{\text{máx}}$; assim, os pontos correspondentes na Fig. 7.33 estão localizados no bissetor do segundo e quarto quadrantes. Conclui-se que o escoamento ocorre em um ensaio de torção quando $\sigma_a = -\sigma_b = \pm 0{,}5\sigma_E$, de acordo com o critério da tensão de cisalhamento máxima, e quando $\sigma_a = -\sigma_b = \pm 0{,}577\sigma_E$, de acordo com o critério da energia de distorção máxima. No entanto, lembrando novamente da Fig. 7.18, notamos que σ_a e σ_b devem ser iguais em intensidade a $\tau_{\text{máx}}$, ou seja, ao valor obtido de um ensaio de torção para a tensão de escoamento do material τ_E. Como os valores da tensão de escoamento σ_E em tração, e da tensão de escoamento τ_E em cisalhamento, são dados para vários materiais dúcteis no Apêndice D, podemos calcular a relação τ_E/σ_E para esses materiais e verificar que os valores obtidos variam de 0,55 a 0,60. Assim, o critério da energia de distorção máxima parece ser mais preciso que o critério da tensão de cisalhamento máxima quando se trata de prever o escoamento em torção.

Fig. 7.33 Comparação do hexágono de Tresca e do critério de von Mises.

7.5.2 Critério de fratura para materiais frágeis em estado plano de tensão

Quando um elemento estrutural ou componente de máquina feito de um material frágil está sob um estado de tensão de tração uniaxial, o valor da tensão normal que o faz falhar é igual ao limite de resistência σ_L desse material obtido no ensaio de tração, uma vez que o corpo de prova do ensaio e o elemento ou componente investigado estão sob o mesmo estado de tensão. No entanto, quando um elemento estrutural ou componente de máquina está em um estado plano de tensão, considera-se conveniente determinar primeiro as tensões principais σ_a e σ_b em um dado ponto, e usar um dos critérios indicados nesta seção para prever se o elemento estrutural ou componente de máquina falhará ou não.

Critério da tensão normal máxima. De acordo com esse critério, um certo componente estrutural falha quando a tensão normal máxima nesse componente atinge o limite de resistência σ_L obtido no ensaio de tração de um corpo de prova do mesmo material. Assim, o componente estrutural estará seguro desde que os valores absolutos das tensões principais σ_a e σ_b sejam menores que σ_L:

$$|\sigma_a| < \sigma_L \qquad |\sigma_b| < \sigma_L \qquad (7.28)$$

O critério da tensão normal máxima pode ser expresso graficamente conforme mostra a Fig. 7.34. Se o ponto obtido representando os valores σ_a e σ_b das tensões principais cair dentro da área quadrada mostrada na figura, o componente estrutural estará seguro. Se ele cair fora dessa área, o componente falhará.

O critério da tensão normal máxima, também conhecido como *critério de Coulomb*, em homenagem ao físico francês Charles Augustin de Coulomb (1736-1806), tem uma limitação importante: ele se baseia na hipótese de que o limite de resistência do material é o mesmo em tração e em compressão. Conforme notamos na Seção 2.1.2, isso raramente ocorre, em razão da presença de defeitos no material, como trincas microscópicas ou cavidades, que tendem a enfraquecer o material em tração, ao mesmo tempo em que não afetam de modo considerável sua resistência à compressão. Além disso, esse critério não admite outros efeitos senão aqueles das tensões normais no mecanismo de falha do material.†

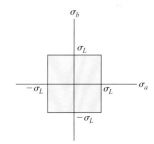

Fig. 7.34 Superfície de Coulomb para o critério da tensão normal máxima.

---

† Outro critério de falha conhecido como *critério da deformação específica normal máxima*, ou critério de Saint-Venant, foi amplamente utilizado durante o século XIX. De acordo com ele, um dado componente estrutural estará seguro desde que o valor máximo da deformação específica normal nesse componente permaneça menor que o valor ϵ_L da deformação específica na qual um corpo de prova do mesmo material falhará em ensaio de tração. No entanto, conforme será mostrado na Seção 7.8, a deformação específica será máxima ao longo de um dos eixos principais de tensão se a deformação for elástica e o material for homogêneo e isotrópico. Assim, chamando de ϵ_a e ϵ_b os valores da deformação específica normal ao longo dos eixos principais no plano de tensão, escrevemos

$$|\epsilon_a| < \epsilon_L \qquad |\epsilon_b| < \epsilon_L \qquad (7.29)$$

Fazendo uso da lei de Hooke generalizada (Seção 2.5), poderíamos expressar essas relações em termos das tensões principais σ_a e σ_b e do limite de resistência σ_L do material. Veríamos que, de acordo com o critério da deformação específica normal máxima, o componente estrutural estará seguro desde que o ponto obtido representando σ_a e σ_b recaia dentro da área mostrada na Fig. 7.35, em que ν é o coeficiente de Poisson para o material.

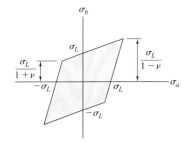

Fig. 7.35 Superfície de Saint-Venant para o critério da deformação específica normal máxima.

Critério de Mohr. Este critério, sugerido pelo engenheiro alemão Otto Mohr, pode ser utilizado para prever o efeito de um dado estado plano de tensão em um material frágil quando há disponíveis resultados de vários tipos de ensaios para esse material.

Vamos primeiramente considerar que um ensaio de tração e um ensaio de compressão foram executados em um certo material, e que foram determinados para ele os valores de σ_{LT} e σ_{LC} do limite de resistência em tração e em compressão. O estado de tensão correspondente à ruptura do corpo de prova no ensaio de tração pode ser representado em um diagrama do círculo de Mohr pelo círculo que intercepta o eixo horizontal em O e σ_{LT} (Fig. 7.36a). Analogamente, o estado de tensão correspondente à falha do corpo de prova no ensaio de compressão pode ser representado pelo círculo que intercepta o eixo horizontal em O e σ_{LC}. Está claro que um estado de tensão representado por um círculo contido inteiramente em um desses círculos será um estado de tensão seguro. Assim, se ambas as tensões principais forem positivas, o estado de tensão será seguro desde que $\sigma_a < \sigma_{LT}$ e $\sigma_b < \sigma_{LT}$. Se ambas as tensões principais forem negativas, o estado de tensão será seguro desde que $|\sigma_a| < |\sigma_{LC}|$ e $|\sigma_b| < |\sigma_{LC}|$. Representando o ponto de coordenadas σ_a e σ_b (Fig. 7.36b), verificamos que o estado de tensão será seguro desde que aquele ponto recaia dentro de uma das áreas quadradas mostradas na figura.

Para analisarmos os casos em que σ_a e σ_b têm sinais opostos, consideramos agora que foi executado um ensaio de torção no corpo de prova do material e que seu limite de resistência ao cisalhamento, τ_L, foi determinado. Traçando o círculo centrado em O, que representa o estado de tensão correspondente à falha do corpo de prova no ensaio de torção (Fig. 7.37a), observamos que qualquer estado de tensão representado por um círculo contido inteiramente nesse círculo também será seguro. De acordo com o critério de Mohr, um estado de tensão estará seguro se ele for representado por um círculo localizado inteiramente dentro da área limitada pela envoltória dos círculos correspondentes aos dados obtidos. As outras partes do diagrama de tensões principais podem agora ser obtidas traçando-se vários círculos tangentes a essa envoltória, determinando-se os valores correspondentes de σ_a e σ_b, e representando-se os pontos de coordenadas σ_a e σ_b (Fig. 7.37b).

Podem ser traçados diagramas mais precisos quando existem mais resultados de ensaios que correspondem a vários estados de tensão. Se os únicos

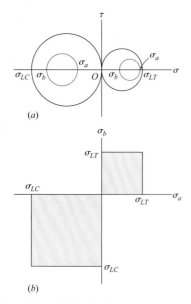

Fig. 7.36 Critério de Mohr para materiais frágeis tendo diferentes limites de resistências em tração e compressão. (a) Círculos de Mohr para ensaios de compressão (esquerda) e tração (direita) na ruptura. (b) Estados de tensões seguras quando σ_a e σ_b têm o mesmo sinal.

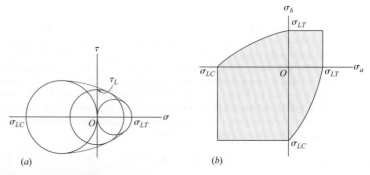

Fig. 7.37 Critério de Mohr para materiais frágeis. (a) Círculos de Mohr para ensaios de compressão uniaxial (esquerda), torção (meio) e tensão uniaxial (direita) na ruptura. (b) Envoltório dos estados de tensão segura.

dados disponíveis forem os valores dos limites de resistências σ_{LT} e σ_{LC}, a envoltória da Fig. 7.37a será substituída pelas tangentes AB e $A'B'$ aos círculos, que correspondem, respectivamente, à falha em tração e à falha em compressão (Fig. 7.38a). Com base nas semelhanças de triângulos na Fig. 7.38, notamos que a abscissa do centro C de um círculo tangente a AB e $A'B'$ está linearmente relacionada com seu raio R. Como $\sigma_a = OC + R$ e $\sigma_b = OC - R$, conclui-se que σ_a e σ_b estão também linearmente relacionados. Assim, a área sombreada corresponde ao critério de Mohr simplificado, que é limitada por linhas retas no segundo e quarto quadrantes (Fig. 7.38b).

Note que para determinar se um componente estrutural estará seguro sob um dado carregamento, o estado de tensão deve ser calculado em todos os pontos críticos do componente, isto é, em todos os pontos em que possam ocorrer concentrações de tensão. Isso pode ser feito, em muitos casos, usando os fatores de concentração de tensão dados nas Figs. 2.52, 3.28, 4.24 e 4.25. No entanto, há muitos exemplos em que a teoria da elasticidade deve ser usada para determinar o estado de tensão em um ponto crítico.

Deve-se tomar cuidado especial quando forem detectadas *trincas macroscópicas* em um componente estrutural. Embora se possa supor que o corpo de prova utilizado para determinar o limite de resistência à tração do material contenha o mesmo tipo de defeitos (isto é, trincas *microscópicas* ou cavidades) do componente estrutural que está sendo investigado, o corpo de prova certamente está isento de quaisquer trincas macroscópicas detectáveis. Quando uma trinca é detectada em um componente estrutural, é necessário determinar se ela tenderá a se propagar sob condições esperadas de carregamento, causando a falha do componente, ou se permanecerá estável sem se propagar. Isso requer uma análise que envolve a energia associada com o crescimento da trinca. Esse tipo de análise está além do escopo deste texto e poderá ser feito por métodos da mecânica de fratura.

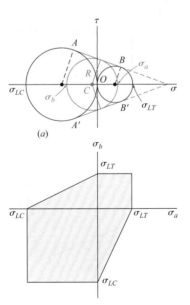

Fig. 7.38 Critério simplificado de Mohr para materiais frágeis. (a) Círculos de Mohr para ensaios de compressão uniaxial (esquerda), torção (meio) e tensão uniaxial (direita) na ruptura. (b) Envoltório dos estados de tensão seguros.

PROBLEMA RESOLVIDO 7.4

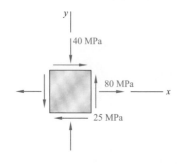

O estado plano de tensão mostrado na figura ocorre em um ponto crítico de um componente de máquina feito de aço. Após vários ensaios de tração, concluiu-se que a tensão de escoamento em tração é $\sigma_E = 250$ MPa para o tipo de aço utilizado. Determine o coeficiente de segurança em relação ao escoamento usando (*a*) o critério da tensão de cisalhamento máxima e (*b*) o critério da energia de distorção máxima.

ESTRATÉGIA: Desenhe o círculo de Mohr para o estado plano de tensões dado. Analisando o círculo para obter as tensões principais e a tensão de cisalhamento máxima, você pode então aplicar os critérios da máxima tensão de cisalhamento e da máxima energia de distorção.

MODELAGEM E ANÁLISE:

Círculo de Mohr. Construímos o círculo de Mohr para o estado de tensão dado e encontramos

$$\sigma_{méd} = OC = \tfrac{1}{2}(\sigma_x + \sigma_y) = \tfrac{1}{2}(80 - 40) = 20 \text{ MPa}$$
$$\tau_m = R = \sqrt{(CF)^2 + (FX)^2} = \sqrt{(60)^2 + (25)^2} = 65 \text{ MPa}$$

Tensões principais.

$$\sigma_a = OC + CA = 20 + 65 = +85 \text{ MPa}$$
$$\sigma_b = OC - BC = 20 - 65 = -45 \text{ MPa}$$

a. **Critério da tensão de cisalhamento máxima.** Como para a classe do aço utilizado a resistência à tração é $\sigma_E = 250$ MPa, a tensão de cisalhamento correspondente no escoamento é

$$\tau_E = \tfrac{1}{2}\sigma_E = \tfrac{1}{2}(250 \text{ MPa}) = 125 \text{ MPa}$$

Para $\tau_m = 65$ MPa: $\quad C.S. = \dfrac{\tau_E}{\tau_m} = \dfrac{125 \text{ MPa}}{65 \text{ MPa}} \quad\quad C.S. = 1{,}92$ ◄

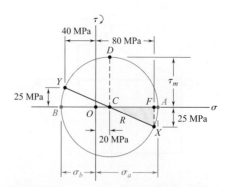

Fig. 1 Círculo de Mohr para o elemento de tensão dado.

***b*. Critério da energia de distorção máxima.** Introduzindo um coeficiente de segurança na Equação (7.26), escrevemos

$$\sigma_a^2 - \sigma_a\sigma_b + \sigma_b^2 = \left(\frac{\sigma_E}{C.S.}\right)^2$$

Para $\sigma_a = +85$ MPa, $\sigma_b = -45$ MPa e $\sigma_E = 250$ MPa, temos

$$(85)^2 - (85)(-45) + (45)^2 = \left(\frac{250}{C.S.}\right)^2$$

$$114{,}3 = \frac{250}{C.S.} \qquad C.S. = 2{,}19 \blacktriangleleft$$

REFLETIR E PENSAR: Para um material dúctil com $\sigma_E = 250$ MPa, traçamos o hexágono associado com o critério da tensão de cisalhamento máxima e a elipse associada com o critério da energia de distorção máxima (Fig. 2). O estado plano de tensão é representado pelo ponto H de coordenadas $\sigma_a = 85$ MPa e $\sigma_b = -45$ MPa. Notamos que a linha reta traçada entre os pontos O e H intercepta o hexágono no ponto T e a elipse no ponto M. Para cada critério, o valor obtido para $C.S.$ pode ser verificado medindo-se os segmentos de reta indicados e calculando-se as relações entre eles:

$$(a)\; C.S. = \frac{OT}{OH} = 1{,}92 \qquad (b)\; C.S. = \frac{OM}{OH} = 2{,}19$$

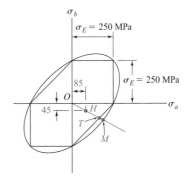

Fig. 2 Envoltórios de Tresca e de von Mises e estado de tensão dado (ponto *H*).

PROBLEMAS

7.66 Para o estado plano de tensão indicado, determine a tensão de cisalhamento máxima quando (a) $\sigma_x = 0$ e $\sigma_y = 10$ ksi, (b) $\sigma_x = 18$ ksi e $\sigma_y = 8$ ksi. (*Sugestão:* Considere as tensões de cisalhamento no plano e fora do plano das tensões.)

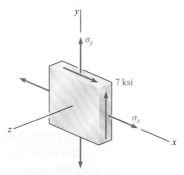

Figs. P7.66 e P7.67

7.67 Para o estado plano de tensão indicado, determine a tensão de cisalhamento máxima quando (a) $\sigma_x = 5$ ksi e $\sigma_y = 15$ ksi, (b) $\sigma_x = 12$ ksi e $\sigma_y = 2$ ksi. (*Sugestão:* Considere as tensões de cisalhamento no plano e fora do plano das tensões.)

7.68 Para o estado de tensão indicado, determine a tensão de cisalhamento máxima quando (a) $\sigma_y = 40$ MPa e (b) $\sigma_y = 120$ MPa. (*Sugestão*: Considere as tensões de cisalhamento no plano e fora do plano das tensões.)

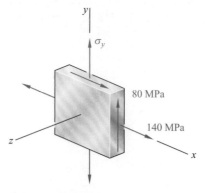

Figs. P7.68 e P7.69

7.69 Para o estado plano de tensão indicado, determine a tensão de cisalhamento máxima quando (a) $\sigma_y = 20$ MPa e (b) $\sigma_y = 140$ MPa. (*Sugestão*: Considere as tensões de cisalhamento no plano e fora do plano das tensões.)

7.70 e 7.71 Para o estado de tensão indicado, determine a tensão de cisalhamento máxima quando (a) $\sigma_z = +24$ MPa, (b) $\sigma_z = -24$ MPa, (c) $\sigma_z = 0$.

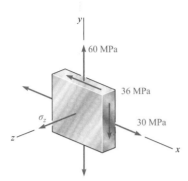

Fig. P7.70

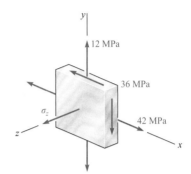

Fig. P7.71

7.72 e 7.73 Para o estado de tensão indicado, determine a tensão de cisalhamento máxima quando (a) $\sigma_z = 0$, (b) $\sigma_z = +9$ ksi, (c) $\sigma_z = -9$ ksi.

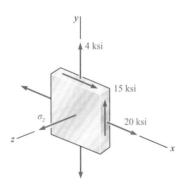

Fig. P7.72

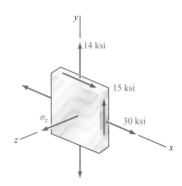

Fig. P7.73

7.74 Para o estado plano de tensão indicado, determine o valor de τ_{xy} para o qual a tensão de cisalhamento máxima é (a) 9 ksi e (b) 12 ksi.

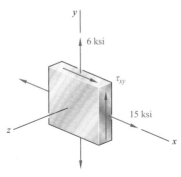

Fig. P7.74

7.75 Para o estado plano de tensão indicado, determine o valor de τ_{xy} para o qual a tensão de cisalhamento máxima é 80 MPa.

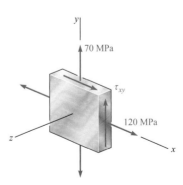

Fig. P7.75

7.76 Para o estado de tensão indicado, determine dois valores de σ_y para os quais a tensão de cisalhamento máxima é de 75 MPa.

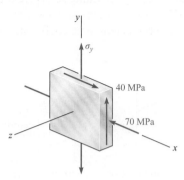

Fig. P7.76

7.77 Para o estado de tensão indicado, determine dois valores de σ_y para os quais a tensão de cisalhamento máxima é de 7,5 ksi.

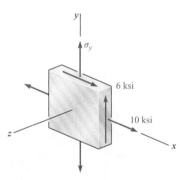

Fig. P7.77

7.78 Para o estado de tensão indicado, determine dois valores de σ_y para os quais a tensão de cisalhamento máxima é de 64 MPa.

7.79 Para o estado de tensão abaixo, determine o intervalo de valores de τ_{xz} para o qual a tensão de cisalhamento máxima é igual ou menor que 90 MPa.

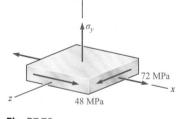

Fig. P7.78

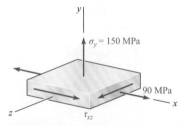

Fig. P7.79

*7.80 Para o estado de tensão do Problema 7.69, determine (*a*) o valor de σ_y para o qual a tensão de cisalhamento máxima seja a menor possível e (*b*) o valor correspondente da tensão de cisalhamento.

7.81 O estado plano de tensão indicado ocorre em um componente de máquina feito de um aço com $\sigma_E = 325$ MPa. Usando o critério da energia de distorção máxima, determine se ocorre o escoamento quando (a) $\sigma_0 = 200$ MPa, (b) $\sigma_0 = 240$ MPa e (c) $\sigma_0 = 280$ MPa. Caso o escoamento não ocorra, determine o coeficiente de segurança correspondente.

7.82 Resolva o Problema 7.81 usando o critério da tensão de cisalhamento máxima.

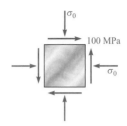

Fig. P7.81

*7.83 O estado plano de tensão indicado ocorre em um componente de máquina feito de um aço com $\sigma_Y = 36$ ksi. Usando o critério da energia de distorção máxima, determine se ocorre escoamento quando (a) $\tau_{xy} = 15$ ksi, (b) $\tau_{xy} = 18$ ksi, (c) $\tau_{xy} = 21$ ksi. Caso o escoamento não ocorra, determine o fator de segurança correspondente.

7.84 Resolva o Problema 7.83 usando o critério da tensão de cisalhamento máxima.

7.85 O eixo AB de 38 mm de diâmetro é feito de uma classe de aço para o qual a tensão de escoamento é $\sigma_E = 250$ MPa. Usando o critério da tensão de cisalhamento máxima, determine a intensidade do torque **T** para a qual o escoamento ocorre quando $P = 240$ kN.

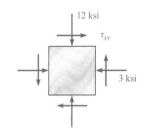

Fig. P7.83

Fig. P7.85

7.86 Resolva o Problema 7.85 usando o critério da energia de distorção máxima.

7.87 O eixo AB de 1,5 in. de diâmetro é feito de um tipo de aço para o qual a tensão de escoamento é 42 ksi. Usando o critério da tensão de cisalhamento máxima, determine a intensidade do torque **T** para a qual o escoamento ocorre quando $P = 60$ kips.

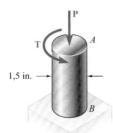

Fig. P7.87

7.88 Resolva o Problema 7.87 usando o critério da energia de distorção máxima.

7.89 e 7.90 O estado plano de tensão indicado é o que se espera que ocorra com uma peça fundida de alumínio. Sabendo que para a liga de alumínio utilizada $\sigma_{LT} = 80$ MPa e $\sigma_{LC} = 200$ MPa e usando o critério de Mohr, determine se ocorrerá a ruptura do componente.

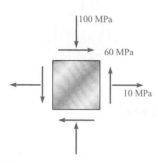

Fig. P7.89

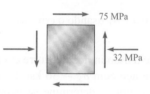

Fig. P7.90

7.91 e 7.92 Espera-se que o estado plano de tensão mostrado ocorra em uma base fundida de alumínio. Sabendo que para a liga de alumínio utilizada ocorrer $\sigma_{LT} = 10$ ksi e $\sigma_{LC} = 30$ ksi e usando o critério de Mohr, determine se ocorrerá a ruptura do componente.

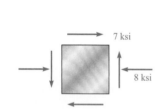

Fig. P7.91

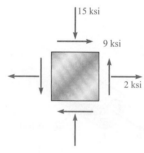

Fig. P7.92

7.93 O estado plano de tensão mostrado ocorrerá em um ponto crítico em uma peça fundida de alumínio que é feita de uma liga para a qual $\sigma_{LT} = 69$ MPa e $\sigma_{LC} = 172,4$ MPa. Usando o critério de Mohr, determine a tensão de cisalhamento τ_0 para a qual se espera que ocorra a falha.

Fig. P7.93

7.94 O estado plano de tensão mostrado na figura ocorrerá em um ponto crítico em um tubo feito de uma liga de alumínio para a qual $\sigma_{LT} = 75$ MPa e $\sigma_{LC} = 150$ MPa. Usando o critério de Mohr, determine a tensão de cisalhamento τ_0 para a qual se espera que ocorra a falha.

Fig. P7.94

7.95 A barra de alumínio fundido indicada na figura é feita de uma liga para a qual $\sigma_{LT} = 70$ MPa e $\sigma_{LC} = 175$ MPa. Sabendo que a intensidade T dos torques aplicados está crescendo lentamente e usando o critério de Mohr, determine a tensão de cisalhamento τ_0 que se espera no momento da ruptura.

Fig. P7.95

7.96 A barra de alumínio fundido indicada na figura é feita de uma liga para a qual $\sigma_{LT} = 60$ MPa e $\sigma_{LC} = 120$ MPa. Usando o critério de Mohr, determine a intensidade do torque **T** para a qual se espera que ocorra a falha.

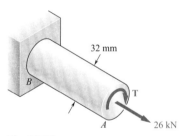

Fig. P7.96

7.97 Um componente de máquina é feito de um tipo de ferro fundido para o qual $\sigma_{LT} = 55{,}2$ MPa e $\sigma_{LC} = 137{,}9$ MPa. Para cada um dos estados de tensão indicados, e usando o critério de Mohr, determine a tensão normal σ_0 na qual se espera que haja a ruptura do componente.

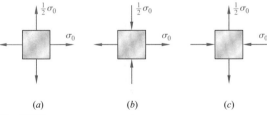

Fig. P7.97

Fig. 7.39 Suposta distribuição de tensão em um vaso de pressão de paredes finas.

7.6 TENSÕES EM VASOS DE PRESSÃO DE PAREDES FINAS

Os vasos de pressão de paredes finas consistem em uma importante aplicação de análise do estado plano de tensão. Como suas paredes oferecem pouca resistência à flexão, pode-se supor que os esforços internos que atuam em determinada parte da parede sejam tangentes à superfície do vaso (Fig. 7.39). As tensões resultantes em um elemento da parede estarão contidas em um plano tangente à superfície do vaso.

Nossa análise de tensões em vasos de pressão de paredes finas será limitada aos dois tipos de vasos encontrados com maior frequência: vasos de pressão cilíndricos e vasos de pressão esféricos (Fotos 7.3 e 7.4).

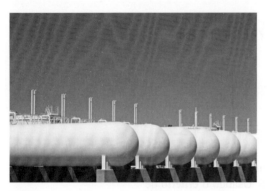

Foto 7.3 Vasos de pressão cilíndricos para propano líquido. ©Ingram Publishing

Foto 7.4 Vasos de pressão esféricos em uma planta química. ©sezer66/Shutterstock

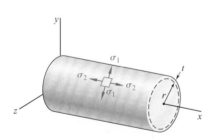

Fig. 7.40 Vaso cilíndrico pressurizado.

Vasos de pressão cilíndricos Considere um vaso cilíndrico de raio interno r e espessura de parede t que contém um fluido sob pressão (Fig. 7.40). Propomos determinar as tensões que atuam em um pequeno elemento de parede com lados respectivamente paralelos e perpendiculares ao eixo do cilindro. Em razão da axissimetria do vaso e seu conteúdo, está claro que a tensão de cisalhamento não está atuando no elemento. As tensões normais σ_1 e σ_2 mostradas na Fig. 7.40 são, portanto, tensões principais. A tensão σ_1 é conhecida como *tensão tangencial* ou circunferencial e a tensão σ_2 é chamada de *tensão longitudinal*.

Para determinarmos a tensão tangencial σ_1, destacamos uma parte do vaso e seu conteúdo limitado pelo plano xy e por dois planos paralelos ao plano yz a uma distância Δx um do outro (Fig. 7.41). As forças paralelas ao eixo z que atuam no corpo livre consistem em forças elementares internas $\sigma_1\, dA$ que atuam nas seções da parede e de forças elementares de pressão $p\, dA$ que atuam na parte do fluido incluído no corpo livre. Note que p representa a *pressão manométrica* do fluido, isto é, o excesso da pressão interna sobre a pressão atmosférica externa. A resultante das forças internas $\sigma_1\, dA$ é igual ao produto de σ_1 pela área da seção transversal $2t\, \Delta x$ da parede, enquanto a resultante das forças de pressão $p\, dA$ é igual ao produto de p pela área $2r\, \Delta x$. Escrevendo a equação de equilíbrio $\Sigma F_z = 0$, temos

$$\Sigma F_z = 0: \qquad \sigma_1(2t\, \Delta x) - p(2r\, \Delta x) = 0$$

e, resolvendo para a tensão tangencial σ_1,

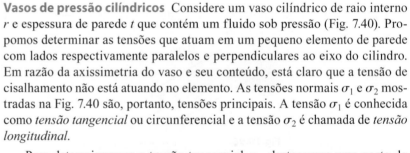

Fig. 7.41 Diagrama de corpo livre para determinar a tensão tangencial em um vaso de pressão cilíndrico.

$$\sigma_1 = \frac{pr}{t} \qquad (7.30)$$

Para determinarmos a tensão longitudinal σ_2, cortamos agora o vaso perpendicularmente ao eixo x e consideramos o corpo livre como parte do vaso e de seu conteúdo localizado à esquerda da seção (Fig. 7.42). As forças que atuam nesse corpo livre são as forças internas elementares $\sigma_2\,dA$ na seção da parede e as forças elementares de pressão $p\,dA$ que atuam na parte do fluido incluído no corpo livre. Observando que a área da seção de fluido é πr^2 e que a área da seção de parede pode ser obtida multiplicando-se o comprimento da circunferência $2\pi r$ do cilindro pela sua espessura de parede t, escrevemos a equação de equilíbrio.†

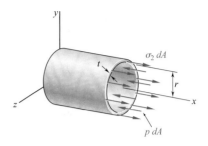

Fig. 7.42 Diagrama de corpo livre para determinar a tensão longitudinal.

$\Sigma F_x = 0:$ $\qquad \sigma_2(2\pi r t) - p(\pi r^2) = 0$

e, resolvendo para a tensão longitudinal σ_2,

$$\sigma_2 = \frac{pr}{2t} \qquad (7.31)$$

Observamos nas Equações (7.30) e (7.31) que a tensão tangencial σ_1 é o dobro da tensão longitudinal σ_2:

$$\sigma_1 = 2\sigma_2 \qquad (7.32)$$

Traçando o círculo de Mohr entre pontos A e B que correspondem, respectivamente, às tensões principais σ_1 e σ_2 (Fig. 7.43), e lembrando que a tensão de cisalhamento máxima no plano da tensão é igual ao raio desse círculo, temos

$$\tau_{\text{máx(no plano)}} = \tfrac{1}{2}\sigma_2 = \frac{pr}{4t} \qquad (7.33)$$

Essa tensão corresponde aos pontos D e E e atua em um elemento obtido pela rotação do elemento original da Fig. 7.40 em 45° *dentro do plano* tangente à

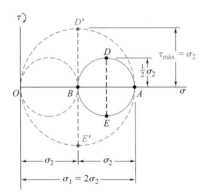

Fig. 7.43 Círculo de Mohr para um elemento de vaso de pressão cilíndrico.

---

† Usando o raio médio da seção de parede $r_m = r + \tfrac{1}{2}t$ no cálculo da resultante das forças naquela seção, obteríamos um valor mais preciso da tensão longitudinal, ou seja

$$\sigma_2 = \frac{pr}{2t}\frac{1}{1 + \dfrac{t}{2r}}$$

No entanto, para um vaso de pressão de paredes finas, o termo $t/2r$ é suficientemente pequeno, possibilitando o uso da Equação (7.31) para projeto de engenharia e análise. Se um vaso de pressão não é do tipo de paredes finas (isto é, se $t/2r$ não é pequeno), as tensões σ_1 e σ_2 variam na parede e devem ser determinadas pelos métodos da teoria da elasticidade.

superfície do vaso. No entanto, a tensão de cisalhamento máxima é maior na parede do vaso. Ela é igual ao raio do círculo de diâmetro OA e corresponde a uma rotação de 45° em torno do eixo longitudinal e *fora do plano* das tensões.[†]

$$\tau_{máx} = \sigma_2 = \frac{pr}{2t} \qquad (7.34)$$

Vasos de pressão esféricos. Consideremos agora um vaso esférico de raio interno r e parede com espessura t, que contém um fluido sob uma pressão manométrica p. Por razões de simetria, as tensões que atuam nas quatro faces de um pequeno elemento de parede devem ser iguais (Fig. 7.44).

$$\sigma_1 = \sigma_2 \qquad (7.35)$$

Fig. 7.44 Vaso esférico pressurizado.

Para determinarmos o valor da tensão, cortamos o vaso por uma seção através do centro C do vaso e consideramos o corpo livre que consiste na parte do vaso e seu conteúdo localizado à esquerda da seção (Fig. 7.45). A equação de equilíbrio para esse corpo livre é a mesma do corpo livre da Fig. 7.42. Concluímos então que, para um vaso esférico,

$$\sigma_1 = \sigma_2 = \frac{pr}{2t} \qquad (7.36)$$

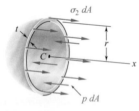

Fig. 7.45 Diagrama de corpo livre para determinar a tensão no vaso de pressão esférico.

Como as tensões principais σ_1 e σ_2 são iguais, o círculo de Mohr para as transformações de tensão dentro do plano tangente à superfície do vaso se reduz a um ponto (Fig. 7.46); concluímos que a tensão normal no plano das tensões é constante e que a tensão de cisalhamento máxima no plano das tensões é zero. No entanto, a tensão de cisalhamento máxima na parede do vaso não é zero; ela é igual ao raio do círculo de diâmetro OA e corresponde a uma rotação de 45° fora do plano das tensões. Temos

$$\tau_{máx} = \tfrac{1}{2}\sigma_1 = \frac{pr}{4t} \qquad (7.37)$$

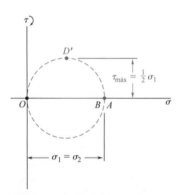

Fig. 7.46 Círculo de Mohr para um elemento de vaso de pressão esférico.

[†] Enquanto a terceira tensão principal é zero na superfície externa do vaso, ela é igual a $-p$ na superfície interna e é representada por um ponto $C(-p, 0)$ no diagrama do círculo de Mohr. Assim, próximo à superfície interna do vaso, a tensão de cisalhamento máxima é igual ao raio do círculo de diâmetro CA ou

$$\tau_{máx} = \frac{1}{2}(\sigma_1 + p) = \frac{pr}{2t}\left(1 + \frac{t}{r}\right)$$

No entanto, para um vaso de paredes finas, o termo t/r é pequeno, e podemos desprezar a variação de $\tau_{máx}$ através da seção da parede. Essa observação também se aplica a vasos de pressão esféricos.

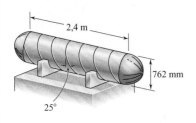

PROBLEMA RESOLVIDO 7.5

Um tanque de ar comprimido está apoiado em dois berços como mostra a figura; um dos berços foi projetado de modo que não exerça nenhuma força longitudinal no tanque. O corpo cilíndrico do tanque tem um diâmetro externo de 762 mm e é fabricado a partir de uma placa de aço de 9,5 mm de espessura por soldagem de topo ao longo de uma hélice que forma um ângulo de 25° com o plano transversal. As tampas das extremidades são esféricas e têm uma espessura de parede uniforme de 8,0 mm. Para uma pressão manométrica interna de 1,2 MPa, determine (*a*) a tensão normal e a tensão de cisalhamento máxima nas tampas esféricas e (*b*) as tensões em direções perpendiculares e paralelas à soldagem helicoidal.

ESTRATÉGIA: Utilizando as equações para vasos de pressão de parede fina, você pode determinar o estado plano de tensões em qualquer ponto tanto nas extremidades esféricas como no corpo cilíndrico. Você pode então traçar os correspondentes círculos de Mohr e utilizá-los para determinar as componentes de tensão que interessam.

MODELAGEM E ANÁLISE:

a. **Tampa esférica.** O estado de tensão em qualquer ponto da calota esférica é mostrado na Fig.1. Utilizando a Equação (7.36), escrevemos

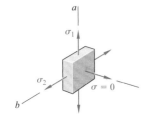

Fig. 1 Estado de tensão em qualquer ponto na tampa esférica.

$$p = 1{,}2 \text{ MPa}, \quad t = 8{,}0 \text{ mm}, \quad r = 381 - 8 = 373 \text{ mm}$$

$$\sigma_1 = \sigma_2 = \frac{pr}{2t} = \frac{(1{,}2 \text{ MPa})(373 \text{ mm})}{2(8{,}0 \text{ mm})} \qquad \sigma = 28 \text{ MPa} \blacktriangleleft$$

Notamos que para tensões em um plano tangente à tampa, o círculo de Mohr se reduz a um ponto (*A*, *B*) no eixo horizontal e que todas as tensões de cisalhamento no plano das tensões são zero (Fig. 2). Na superfície da tampa, a terceira tensão principal é zero e corresponde ao ponto *O*. Em um círculo de Mohr de diâmetro *AO*, o ponto *D'* representa a tensão de cisalhamento máxima; ela ocorre em planos a 45° em relação ao plano tangente à tampa.

$$\tau_{\text{máx}} = \tfrac{1}{2}(28 \text{ MPa}) \qquad \tau_{\text{máx}} = 14 \text{ MPa} \blacktriangleleft$$

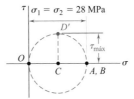

Fig. 2 Círculo de Mohr para elemento de tensão na tampa esférica.

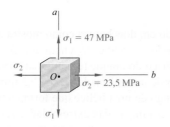

Fig. 3 Estado de tensão em qualquer ponto no corpo cilíndrico.

b. Corpo cilíndrico do tanque. O estado de tensão em qualquer ponto da calota esférica é mostrado na Fig. 3. Primeiramente, determinamos a tensão tangencial σ_1 e a tensão longitudinal σ_2. Usando as Equações (7.30) e (7.32), escrevemos

$$p = 1{,}2 \text{ MPa}, \quad t = 9{,}5 \text{ mm}, \quad r = 381 - 9{,}5 = 371{,}5 \text{ mm}$$

$$\sigma_1 = \frac{pr}{t} = \frac{(1{,}2 \text{ MPa})(371{,}5 \text{ mm})}{9{,}5 \text{ mm}} = 47 \text{ MPa} \qquad \sigma_2 = \tfrac{1}{2}\sigma_1 = 23{,}5 \text{ MPa}$$

$$\sigma_{\text{méd}} = \tfrac{1}{2}(\sigma_1 + \sigma_2) = 35{,}25 \text{ MPa} \qquad R = \tfrac{1}{2}(\sigma_1 - \sigma_2) = 11{,}75 \text{ MPa}$$

Tensões na solda. Considerando que tanto a tensão tangencial quanto a tensão longitudinal são tensões principais, traçamos o círculo de Mohr conforme está mostrado na Fig. 4.

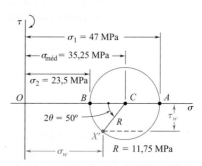

Fig. 4 Círculo de Mohr para elementos de tensão no corpo cilíndrico.

Um elemento com uma face paralela à solda é obtido rodando-se a face perpendicular ao eixo Ob (Fig. 3) no sentido anti-horário em 25°. Portanto, no círculo de Mohr (Fig. 4), localizamos o ponto X' correspondente aos componentes de tensão na solda rodando o raio CB no sentido anti-horário por meio de $2\theta = 50°$.

$$\sigma_w = \sigma_{\text{méd}} - R \cos 50° = 35{,}25 - 11{,}75 \cos 50° \qquad \sigma_w = 27{,}7 \text{ MPa} \blacktriangleleft$$
$$\tau_w = R \text{ sen } 50° = 11{,}75 \text{ sen } 50° \qquad \tau_w = 9 \text{ MPa} \blacktriangleleft$$

Como X' está abaixo do eixo horizontal, τ_w tende a girar o elemento no sentido anti-horário. Os componentes de tensão na solda estão mostrados na Fig. 5.

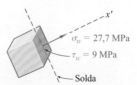

Fig. 5 Componentes de tensão na solda.

PROBLEMAS

7.98 Um vaso de pressão esférico tem um diâmetro externo de 3 m e parede com espessura de 12 mm. Sabendo que para o aço utilizado $\sigma_{adm} = 80$ MPa, $E = 200$ GPa e $\nu = 0,29$, determine (*a*) a pressão manométrica admissível e (*b*) o aumento correspondente no diâmetro do vaso.

7.99 Um reservatório de gás esférico com um diâmetro externo de 15 pés e espessura de parede de 0,90 in. é feito de um aço para o qual $E = 29 \times 10^6$ psi e $\nu = 0,29$. Sabendo que a pressão manométrica no reservatório pode aumentar de zero a 250 psi, determine (*a*) a tensão normal máxima no reservatório, (*b*) o aumento correspondente no diâmetro do reservatório.

7.100 Sabe-se que a pressão manométrica máxima é de 10 MPa em um vaso de pressão esférico com um diâmetro externo de 200 mm e espessura de parede de 6 mm. Sabendo que o limite de tensão no aço utilizado é $\sigma_U = 400$ MPa, determine o fator de segurança em relação à falha por tração.

7.101 Um vaso de pressão esférico, com diâmetro externo de 1,2 m, deve ser fabricado com um aço que tem um limite de tensão $\sigma_U = 450$ MPa. Sabendo que se deseja um fator de segurança de 4,0 e que a pressão manométrica pode alcançar 3 MPa, determine a menor espessura de parede que deve ser usada.

7.102 Um reservatório de gás esférico feito de aço tem um diâmetro externo de 18 pés e parede com espessura de $\frac{3}{8}$ in. Sabendo que a pressão interna é de 60 psi, determine a tensão normal máxima e a tensão de cisalhamento máxima no reservatório.

7.103 Determine a tensão normal em uma bola de basquete de 300 mm de diâmetro externo e espessura de parede de 3,0 mm que é inflada a uma pressão manométrica de 120 kPa.

7.104 O tanque de armazenagem cilíndrico não pressurizado indicado na figura tem uma parede com espessura de 5 mm e é feito de aço com um limite de resistência de 400 MPa na tração. Determine a altura máxima *h* com que ele pode ser preenchido com água quando se deseja um coeficiente de segurança de 4,0. (Peso específico da água $= 1000$ kg/m^3.)

7.105 Para o tanque de armazenagem do Problema 7.104, determine a tensão normal máxima e a tensão de cisalhamento máxima na parede cilíndrica quando o tanque estiver totalmente cheio ($h = 14,5$ m).

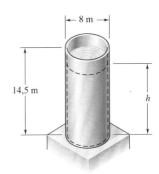

Fig. P7.104

7.106 Cada tanque de armazenamento mostrado na Foto 7.3 tem um diâmetro externo de 3,5 m e uma espessura de parede de 20 mm. Quando a pressão interna do tanque for 1,2 MPa, determine a tensão normal máxima e a tensão de cisalhamento máxima no tanque.

7.107 Um tubo de aço de padrão pesado com 12 in. de diâmetro nominal suporta água sob pressão de 400 psi. (*a*) Sabendo que o diâmetro externo é de 12,75 in. e que a espessura da parede é de 0,375 in., determine a tensão de tração máxima no tubo. (*b*) Resolva a parte *a*, assumindo um tubo extra pesado, de 12,75 in. de diâmetro externo e parede com espessura de 0,5 in.

7.108 Um tanque de armazenamento cilíndrico contém propano líquido sob uma pressão de 210 psi, a uma temperatura de 100°F. Sabendo que o tanque tem um diâmetro externo de 12,6 in. e espessura de parede de 0,11 in., determine a tensão normal máxima e a tensão de cisalhamento máxima no tanque.

7.109 Determine a maior pressão interna que pode ser aplicada a um tanque cilíndrico com 1,75 m de diâmetro externo e 16 mm de espessura de parede, se o limite de tensão normal do aço utilizado é de 450 MPa e deseja-se um fator de segurança de 5,0.

7.110 Uma adutora de aço tem um diâmetro externo de 36 in., uma espessura de parede de 0,5 in. e conecta um reservatório em *A* com uma estação geradora de energia em *B*. Sabendo que a densidade da água é de 62,4 lb/pés³, determine a tensão normal máxima e a tensão de cisalhamento máxima na adutora sob condições estáticas.

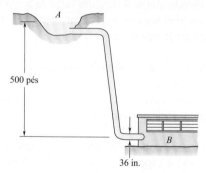

Figs. P7.110 e P7.111

7.111 Uma adutora de aço tem um diâmetro externo de 36 in. e conecta um reservatório em *A* com uma estação geradora de energia em *B*. Sabendo que a densidade da água é de 62,4 lb/pés³ e que a tensão normal admissível no aço é de 12,5 ksi, determine a menor espessura de parede que pode ser usada para a adutora.

7.112 A parte cilíndrica do tanque de ar comprimido mostrado na figura é fabricada com uma placa de 8 mm de espessura soldada ao longo de uma hélice formando um ângulo $\beta = 30°$ com a horizontal. Sabendo que a tensão normal admissível para a solda é de 75 MPa, determine a maior pressão manométrica que pode ser usada no tanque.

7.113 Para o tanque de ar comprimido do Problema 7.112, determine a pressão manométrica que provocará uma tensão de cisalhamento paralela à solda de 30 MPa.

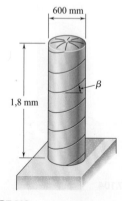

Fig. P7.112

7.114 O tanque de pressão feito de aço mostrado na figura tem um diâmetro interno de 30 in. e uma espessura de parede de 0,375 in. Sabendo que as emendas de solda de topo formam um ângulo $\beta = 50°$ com o eixo longitudinal do tanque e que a pressão manométrica no tanque é de 200 psi, determine (*a*) a tensão normal perpendicular à solda e (*b*) a tensão de cisalhamento paralela à solda.

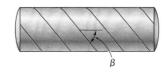

Figs. P7.114 e P7.115

7.115 O tanque pressurizado mostrado na figura foi fabricado soldando-se tiras de chapa ao longo de uma hélice formando um ângulo β com um plano transversal. Determine o maior valor de β que pode ser utilizado considerando que a tensão normal perpendicular à solda não deve ser maior que 85% da tensão máxima no tanque.

7.116 Chapas quadradas, cada uma com 16 mm de espessura, podem ser curvadas e soldadas entre si de duas maneiras, conforme mostra a figura, para formar a parte cilíndrica de um tanque de ar comprimido. Sabendo que a tensão normal admissível perpendicular à solda é de 65 MPa, determine a maior pressão manométrica admissível em cada caso.

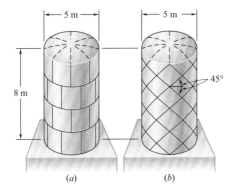

Fig. P7.116

7.117 O tanque de pressão mostrado na figura tem uma parede com espessura de 0,375 in e possui emendas de solda de topo formando um ângulo $\beta = 20°$ com um plano transversal. Para uma pressão manométrica de 85 psi, determine (*a*) a tensão normal perpendicular à solda e (*b*) a tensão de cisalhamento paralela à solda.

7.118 Para o tanque do Problema 7.117, determine a maior pressão manométrica admissível, sabendo que a tensão normal admissível perpendicular à solda é de 18 ksi e a tensão de cisalhamento admissível paralela à solda é de 10 ksi.

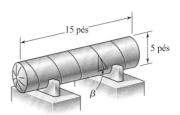

Fig. P7.117

7.119 Para o tanque do Problema 7.117, determine o intervalo de valores de β que podem ser utilizados considerando que a tensão de cisalhamento paralela à solda não deve ultrapassar 1350 psi quando a pressão manométrica for de 85 psi.

7.120 Um vaso de pressão com diâmetro interno de 250 mm e espessura de parede de 6 mm é fabricado a partir de uma seção de tubo soldado em espiral de 1,2 m *AB* e possui duas tampas laterais rígidas. A pressão manométrica dentro do vaso é de 2 MPa e são aplicadas as forças axiais centradas **P** e **P′** de 45 kN nas tampas laterais. Determine (*a*) a tensão normal perpendicular à solda e (*b*) a tensão de cisalhamento paralela à solda.

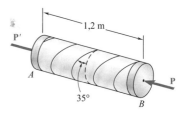

Fig. P7.120

7.121 Resolva o Problema 7.120, considerando que a intensidade P das duas forças é elevada para 120 kN.

7.122 Um torque de intensidade $T = 12$ kN · m é aplicado à extremidade de um tanque que contém ar comprimido sob uma pressão de 8 MPa. Sabendo que o tanque tem um diâmetro interno de 180 mm e uma espessura de parede de 12 mm, determine a tensão normal máxima e a tensão de cisalhamento máxima no tanque.

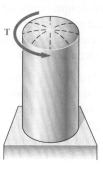

Figs. P7.122 e P7.123

7.123 O tanque mostrado tem um diâmetro interno de 180 mm e uma espessura de parede de 12 mm. Sabendo que ele contém ar comprimido sob presão de 8 MPa, determine a intensidade T do torque aplicado para o qual a tensão normal máxima é 75 MPa.

7.124 O tanque cilíndrico AB possui 8 in. de diâmetro interno e 0,32 in. de espessura de parede. Ele é equipado com um anel pelo qual é aplicada uma força de 9 kip em D na direção horizontal. Sabendo que a pressão manométrica no tanque é de 600 psi, determine a tensão normal máxima e a tensão de cisalhamento máxima no ponto K.

7.125 Resolva o Problema 7.124, considerando que a força de 9 kip aplicada no ponto D é direcionada verticalmente para baixo.

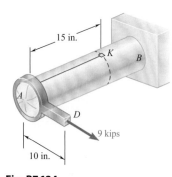

Fig. P7.124

7.126 Um anel de latão com diâmetro externo de 127 mm e espessura de 6,35 mm se encaixa exatamente dentro de um anel de aço com diâmetro interno de 127 mm e 318 mm de espessura, quando a temperatura de ambos é de 10 °C. Sabendo que a temperatura dos dois anéis é então aumentada para 51,7 °C, determine (*a*) a tensão de tração no anel de aço e (*b*) a pressão correspondente aplicada pelo anel de latão no anel de aço.

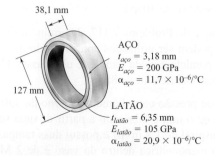

Fig. P7.126

7.127 Resolva o Problema 7.126 considerando que o anel de latão tem espessura de 3,18 mm e o anel de aço tem espessura de 6,35 mm.

*7.7 TRANSFORMAÇÃO DO ESTADO PLANO DE DEFORMAÇÃO

7.7.1 Equações de transformação

Vamos considerar agora as transformações de *deformação específica* sob uma rotação dos eixos de coordenadas. Nossa análise estará limitada inicialmente aos *estados planos de deformação*, isto é, a situações nas quais as deformações dos materiais ocorrem em planos paralelos e são as mesmas em cada um desses planos. Se o eixo z é escolhido como perpendicular aos planos nos quais ocorrem as deformações, temos $\epsilon_z = \gamma_{zx} = \gamma_{zy} = 0$, e as únicas componentes de deformação que restam são ϵ_x, ϵ_y e γ_{xy}. Uma situação assim ocorre em uma placa submetida a forças uniformemente distribuídas ao longo de suas bordas e impedida de se expandir ou de se contrair lateralmente por meio de suportes fixos, rígidos e planos (Fig. 7.47). Poderíamos ter essa situação também em uma barra de comprimento infinito com seus lados submetidos a forças uniformemente distribuídas, pois, em razão da simetria, os elementos localizados em um dado plano transversal não podem se mover para fora desse plano. Esse modelo idealizado mostra que, no caso real de uma barra longa submetida a forças transversais uniformemente distribuídas (Fig. 7.48), existe um estado plano de deformação em qualquer seção transversal desde que essa seção não esteja localizada muito perto de qualquer uma das extremidades da barra.†

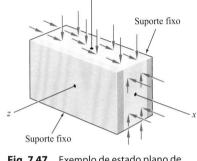

Fig. 7.47 Exemplo de estado plano de deformação: restrições laterais impostas por meio de suportes fixos.

Fig. 7.48 Exemplo de estado plano de deformação: barra de comprimento infinito na direção z.

Vamos supor que exista um estado plano de deformação no ponto Q (com $\epsilon_z = \gamma_{zx} = \gamma_{zy} = 0$) e que ele é definido pelas componentes de deformação ϵ_x, ϵ_y e γ_{xy} associadas com os eixos x e y. Conforme sabemos das Seções 2.5 e 2.7, isso significa que um elemento quadrado de centro Q, com lados de comprimento Δs respectivamente paralelos aos eixos x e y, é deformado transformando-se em um paralelogramo com lados de comprimento respectivamente iguais a $\Delta s(1 + \epsilon_x)$ e $\Delta s(1 + \epsilon_y)$, formando ângulos de $\frac{\pi}{2} - \gamma_{xy}$ e $\frac{\pi}{2} + \gamma_{xy}$ entre si (Fig. 7.49). Lembramos que, como resultado das deformações dos outros elementos localizados no plano xy, o elemento considerado pode também sofrer um movimento de corpo rígido, o que é irrelevante para a determinação das deformações no ponto Q e por isso será ignorado nesta análise. Nosso objetivo é determinar em termos de ϵ_x, ϵ_y, γ_{xy} e θ as componentes de tensão $\epsilon_{x'}$, $\epsilon_{y'}$ e $\gamma_{x'y'}$ associadas com o sistema de referência $x'y'$ obtido pela rotação dos eixos x e y de um ângulo θ. Como mostra a Fig. 7.50, essas novas componentes de deformação definem o paralelogramo no qual um quadrado com lados respectivamente paralelos aos eixos x' e y' é deformado.

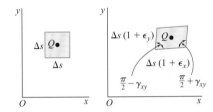

Fig. 7.49 Elemento em estado plano de deformação: indeformado e deformado.

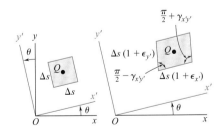

Fig. 7.50 Transformação do elemento de deformação plana em orientações indeformadas e deformadas.

† Um estado *plano de deformação* e o estado *plano de tensão* não ocorrem simultaneamente, exceto para materiais ideais com um coeficiente de Poisson igual a zero. As restrições colocadas nos elementos da placa da Fig. 7.47 e da barra da Fig. 7.48 resultam em uma tensão σ_z diferente de zero. Em contrapartida, no caso da placa da Fig. 7.3, a ausência de qualquer restrição lateral resulta em $\sigma_z = 0$ e $\epsilon_z \neq 0$.

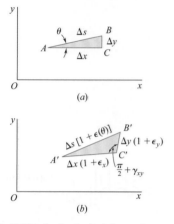

Fig. 7.51 Avaliação da deformação específica ao longo da linha AB. (a) Indeformada; (b) deformada.

A deformação específica normal $\epsilon(\theta)$ ao longo de uma linha AB forma um ângulo arbitrário θ com o eixo x. Essa deformação é determinada pelo triângulo retângulo ABC que tem o lado AB como hipotenusa (Fig. 7.51a), e o triângulo oblíquo $A'B'C'$ no qual o triângulo ABC é deformado (Fig. 7.51b). Chamando de Δs o comprimento de AB, expressamos o comprimento de $A'B'$ como $\Delta s\,[1 + \epsilon(\theta)]$. Analogamente, chamando de Δx e Δy os comprimentos dos lados AC e CB, expressamos os comprimentos de $A'C'$ e $C'B'$ como $\Delta x\,(1 + \epsilon_x)$ e $\Delta y\,(1 + \epsilon_y)$, respectivamente. Lembrando da Fig. 7.49 que o ângulo reto em C na Fig. 7.51a se transforma em um ângulo igual a $\frac{\pi}{2} + \gamma_{xy}$ na Fig. 7.51b, e aplicando a lei dos cossenos ao triângulo $A'B'C'$, escrevemos

$$(A'B')^2 = (A'C')^2 + (C'B')^2 - 2(A'C')(C'B')\cos\left(\frac{\pi}{2} + \gamma_{xy}\right)$$

$$(\Delta s)^2[1 + \epsilon(\theta)]^2 = (\Delta x)^2(1 + \epsilon_x)^2 + (\Delta y)^2(1 + \epsilon_y)^2$$
$$- 2(\Delta x)(1 + \epsilon_x)(\Delta y)(1 + \epsilon_y)\cos\left(\frac{\pi}{2} + \gamma_{xy}\right) \tag{7.38}$$

Contudo, pela Fig. 7.51a, temos

$$\Delta x = (\Delta s)\cos\theta \qquad \Delta y = (\Delta s)\,\text{sen}\,\theta \tag{7.39}$$

e observamos que, como γ_{xy} é muito pequeno,

$$\cos\left(\frac{\pi}{2} + \gamma_{xy}\right) = -\text{sen}\,\gamma_{xy} \approx -\gamma_{xy} \tag{7.40}$$

Substituindo os valores das Equações (7.39) e (7.40) na Equação (7.38), lembrando-se que $\cos^2\theta + \text{sen}^2\theta = 1$, e desprezando os termos de segunda ordem em $\epsilon(\theta)$, ϵ_x, ϵ_y e γ_{xy}, escrevemos

$$\epsilon(\theta) = \epsilon_x \cos^2\theta + \epsilon_y \,\text{sen}^2\theta + \gamma_{xy}\,\text{sen}\,\theta\cos\theta \tag{7.41}$$

A Equação (7.41) nos permite determinar a deformação específica normal $\epsilon(\theta)$ em qualquer direção AB, em termos das componentes de deformação ϵ_x, ϵ_y, γ_{xy} e do ângulo θ que AB forma com o eixo x. Verificamos que, para $\theta = 0$, a Equação (7.41) fornece $\epsilon(0) = \epsilon_x$ e que, para $\theta = 90°$, ela fornece $\epsilon(90°) = \epsilon_y$. No entanto, fazendo $\theta = 45°$ na Equação (7.41), obtemos a deformação específica normal na direção da bissetriz OB do ângulo formado pelos eixos x e y (Fig. 7.52). Chamando essa deformação específica de ϵ_{OB}, escrevemos

$$\epsilon_{OB} = \epsilon(45°) = \tfrac{1}{2}(\epsilon_x + \epsilon_y + \gamma_{xy}) \tag{7.42}$$

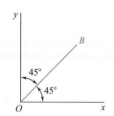

Fig. 7.52 Bissetriz OB.

Resolvendo a Equação (7.42) para γ_{xy},

$$\gamma_{xy} = 2\epsilon_{OB} - (\epsilon_x + \epsilon_y) \tag{7.43}$$

Essa relação permite expressar a *deformação de cisalhamento* associada a um dado par de eixos retangulares em termos das *deformações específicas normais* medidas ao longo desses eixos e de sua bissetriz. Ela terá um papel fundamental em nossa dedução atual e será usada também na Seção 7.9, em conjunto com a determinação experimental das deformações de cisalhamento.

A finalidade principal desta seção é expressar as componentes de deformação associadas ao sistema de referência $x'y'$ da Fig. 7.50 em termos do ângulo θ e das componentes de deformação ϵ_x, ϵ_y e γ_{xy} associadas aos eixos x e y. Notamos que a deformação específica normal $\epsilon_{x'}$ ao longo do eixo x' é dada pela Equação (7.41). Usando as relações trigonométricas das Equações (7.3) e (7.4), escrevemos essa equação na forma alternativa

$$\epsilon_{x'} = \frac{\epsilon_x + \epsilon_y}{2} + \frac{\epsilon_x - \epsilon_y}{2}\cos 2\theta + \frac{\gamma_{xy}}{2}\operatorname{sen} 2\theta \qquad (7.44)$$

Substituindo θ por $\theta + 90°$, obtemos a deformação específica normal ao longo do eixo y'. Como $\cos(2\theta + 180°) = -\cos 2\theta$ e $\operatorname{sen}(2\theta + 180°) = -\operatorname{sen} 2\theta$,

$$\epsilon_{y'} = \frac{\epsilon_x + \epsilon_y}{2} - \frac{\epsilon_x - \epsilon_y}{2}\cos 2\theta - \frac{\gamma_{xy}}{2}\operatorname{sen} 2\theta \qquad (7.45)$$

Somando membro a membro as Equações (7.44) e (7.45), obtemos

$$\epsilon_{x'} + \epsilon_{y'} = \epsilon_x + \epsilon_y \qquad (7.46)$$

Como $\epsilon_z = \epsilon_{z'} = 0$, vemos então no caso de estado plano de deformação que a soma das deformações específicas normais associadas a um elemento de volume do material é independente da orientação desse elemento.[†]

Substituindo θ por $\theta + 45°$ na Equação (7.44), obtemos uma expressão para a deformação específica normal ao longo da bissetriz OB' do ângulo formado pelos eixos x' e y'. Como $\cos(2\theta + 90°) = -\operatorname{sen} 2\theta$ e $\operatorname{sen}(2\theta + 90°) = \cos 2\theta$,

$$\epsilon_{OB'} = \frac{\epsilon_x + \epsilon_y}{2} - \frac{\epsilon_x - \epsilon_y}{2}\operatorname{sen} 2\theta + \frac{\gamma_{xy}}{2}\cos 2\theta \qquad (7.47)$$

Escrevendo a Equação (7.43) em relação aos eixos x' e y', expressamos a deformação de cisalhamento $\gamma_{x'y'}$ nos termos das deformações específicas normais medidas ao longo dos eixos x' e y' e da bissetriz OB':

$$\gamma_{x'y'} = 2\epsilon_{OB'} - (\epsilon_{x'} + \epsilon_{y'}) \qquad (7.48)$$

Substituindo os valores das Equações (7.46) e (7.47) na Equação (7.48), obtemos

$$\gamma_{x'y'} = -(\epsilon_x - \epsilon_y)\operatorname{sen} 2\theta + \gamma_{xy}\cos 2\theta \qquad (7.49a)$$

As Equações (7.44), (7.45) e (7.49a) são aquelas que definem a transformação do estado por meio de uma rotação de eixos no plano da deformação. Dividindo todos os termos da Equação (7.49a) por 2, escrevemos essa equação na forma alternativa

$$\frac{\gamma_{x'y'}}{2} = -\frac{\epsilon_x - \epsilon_y}{2}\operatorname{sen} 2\theta + \frac{\gamma_{xy}}{2}\cos 2\theta \qquad (7.49b)$$

e observamos que as Equações (7.44), (7.45) e (7.49b) para a transformação do estado plano de deformação são muito semelhantes às equações deduzidas na Seção 7.1 para a transformação do estado plano de tensão. Embora as primeiras possam ser obtidas por meio das segundas, substituindo-se as tensões normais pelas deformações específicas normais correspondentes, deve-se notar, no entanto, que as tensões de cisalhamento τ_{xy} e $\tau_{x'y'}$ deverão ser substituídas por *metade* das deformações de cisalhamento correspondentes, isto é, por ½ γ_{xy} e ½ $\gamma_{x'y'}$, respectivamente.

[†] Conforme nota de rodapé na página 93.

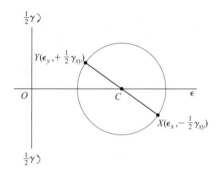

Fig. 7.53 Círculo de Mohr para o estado plano de deformação.

*7.7.2 Círculo de Mohr para o estado plano de deformação

Como as equações para a transformação do estado plano de deformação têm a mesma forma das equações para transformação do estado plano de tensão, o uso do círculo de Mohr pode ser retomado para a análise do estado plano de deformação. Dadas as componentes de deformação ϵ_x, ϵ_y e γ_{xy} definindo a deformação apresentada na Fig. 7.49, representamos um ponto $X(\epsilon_x, -\tfrac{1}{2}\gamma_{xy})$ de abscissa igual à deformação específica normal ϵ_x e de ordenada igual a menos metade da deformação de cisalhamento γ_{xy}, e um ponto $Y(\epsilon_y, +\tfrac{1}{2}\gamma_{xy})$ (Fig. 7.53). Traçando o diâmetro XY, definimos o centro C do círculo de Mohr para o estado plano de deformação. A abscissa de C e o raio R do círculo são

$$\epsilon_{\text{méd}} = \frac{\epsilon_x + \epsilon_y}{2} \quad \text{e} \quad R = \sqrt{\left(\frac{\epsilon_x - \epsilon_y}{2}\right)^2 + \left(\frac{\gamma_{xy}}{2}\right)^2} \quad (7.50)$$

Notamos que se γ_{xy} for positivo, conforme sugerimos na Fig. 7.49, os pontos X e Y serão representados, respectivamente, abaixo e acima do eixo horizontal na Fig. 7.53. Contudo, na ausência de qualquer rotação global de corpo rígido, observa-se que o lado do elemento na Fig. 7.49 que está associado a ϵ_x gira no sentido anti-horário, enquanto o lado associado a ϵ_y gira no sentido horário. Assim, se a deformação de cisalhamento fizer um certo lado girar no *sentido horário*, o ponto correspondente no círculo de Mohr para o estado plano de deformação será representado *acima* do eixo horizontal, e se a deformação fizer o lado girar no *sentido anti-horário*, o ponto correspondente será representado *abaixo* do eixo horizontal. Observamos que essa convenção corresponde à usada para traçar o círculo de Mohr para o estado plano de tensão.

Os pontos A e B em que o círculo de Mohr intercepta o eixo horizontal correspondem às *deformações principais específicas* $\epsilon_{\text{máx}}$ e $\epsilon_{\text{mín}}$ (Fig. 7.54a). Encontramos

$$\epsilon_{\text{máx}} = \epsilon_{\text{méd}} + R \quad \text{e} \quad \epsilon_{\text{mín}} = \epsilon_{\text{méd}} - R \quad (7.51)$$

em que $\epsilon_{\text{méd}}$ e R são definidos pelas Equações (7.50). O valor correspondente de θ_p do ângulo θ é obtido observando-se que a deformação de cisalhamento é zero para A e B. Fazendo $\gamma_{x'y'} = 0$ na Equação (7.49a), temos

$$\text{tg } 2\theta_p = \frac{\gamma_{xy}}{\epsilon_x - \epsilon_y} \quad (7.52)$$

Os eixos correspondentes a e b na Fig. 7.54b são os *eixos principais de deformação específica*. O ângulo θ_p, que define a direção do eixo principal Oa

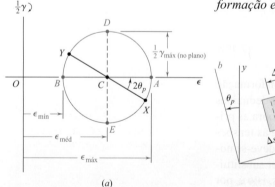

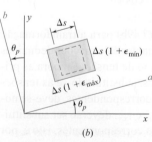

Fig. 7.54 (a) Círculo de Mohr para um estado plano de deformação, mostrando as deformações principais e a deformação de cisalhamento máxima no plano. (b) Elemento de deformação plana orientado segundo as direções principais.

na Fig. 7.54*b* correspondendo ao ponto *A* na Fig. 7.54*a*, é igual à metade do ângulo *XCA* medido no círculo de Mohr, e a rotação que faz *Ox* coincidir com *Oa* tem o mesmo sentido da rotação que faz o diâmetro *XY* do círculo de Mohr coincidir com o diâmetro *AB*.

Lembramos da Seção 2.7 que, no caso da deformação elástica de um material homogêneo e isotrópico, pode aplicar-se a lei de Hooke para tensão e deformação de cisalhamento, o que resulta em $\tau_{xy} = G\gamma_{xy}$ para qualquer par de eixos retangulares *x* e *y*. Assim, $\gamma_{xy} = 0$ quando $\tau_{xy} = 0$, o que indica que os eixos principais de deformação específica coincidem com os eixos principais de tensão.

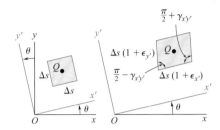

Fig. 7.50 (*repetida*) Transformação do elemento do estado plano de deformação em orientações indeformada e deformada.

A deformação de cisalhamento máxima no plano da deformação é definida pelos pontos *D* e *E* na Fig. 7.65*a*. Ela é igual ao diâmetro do círculo de Mohr. Lembrando a segunda das Equações (7.50), escrevemos

$$\gamma_{\text{máx (no plano)}} = 2R = \sqrt{(\epsilon_x - \epsilon_y)^2 + \gamma_{xy}^2} \qquad (7.53)$$

Finalmente, notamos que os pontos X' e Y' que definem as componentes de deformação correspondentes a uma rotação dos eixos de coordenadas pelo ângulo θ (Fig. 7.50) são obtidos pela rotação do diâmetro XY do círculo de Mohr no mesmo sentido por meio de um ângulo 2θ (Fig. 7.55).

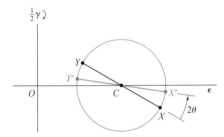

Fig. 7.55 Deformações nos planos arbitrários *X'* e *Y'* definidos pelos planos *X* e *Y* do círculo de Mohr.

Aplicação do conceito 7.4

Para um material em estado plano de deformação, sabe-se que o lado horizontal de um quadrado de 10 mm × 10 mm se alonga em 4 μm, enquanto o seu lado vertical permanece inalterado, e que o ângulo do canto inferior esquerdo aumenta de $0,4 \times 10^{-3}$ rad (Fig. 7.56*a*). Determine (*a*) os eixos principais e as deformações específicas principais e (*b*) a deformação de cisalhamento máxima e a deformação específica normal correspondente.

a. **Eixos principais e deformações específica principais.** Determinamos as coordenadas dos pontos *X* e *Y* no círculo de Mohr para deformação específica. Temos

$$\epsilon_x = \frac{+4 \times 10^{-6}\text{m}}{10 \times 10^3 \text{m}} = +400 \mu \qquad \epsilon_y = 0 \qquad \left|\frac{\gamma_{xy}}{2}\right| = 200 \mu$$

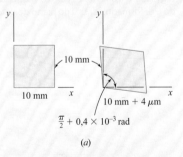

Fig. 7.56 Análise do estado plano de deformação. (*a*) Elemento de deformação específica: indeformado e deformado.

Como o lado do quadrado associado a ϵ_x sofre rotação no *sentido horário*, o ponto *X* de coordenadas ϵ_x e $|\gamma_{xy}/2|$ é representado *acima* do eixo horizontal. Como $\epsilon_y = 0$ e o lado correspondente sofre rotação no *sentido anti-horário*, o ponto *Y* é representado diretamente *abaixo* da origem (Fig. 7.56*b*).

Traçando o diâmetro XY, determinamos o centro C do círculo de Mohr e seu raio R.

$$OC = \frac{\epsilon_x + \epsilon_y}{2} = 200\,\mu \qquad OY = 200\,\mu$$

$$R = \sqrt{(OC)^2 + (OY)^2} = \sqrt{(200\,\mu)^2 + (200\,\mu)^2} = 283\,\mu$$

As deformações específicas principais são definidas pelas abscissas dos pontos A e B.

$$\epsilon_a = OA = OC + R = 200\,\mu + 283\,\mu = 483\,\mu$$
$$\epsilon_b = OB = OC - R = 200\,\mu - 283\,\mu = -83\,\mu$$

Os eixos principais Oa e Ob são mostrados na Fig. 7.56c. Como $OC = OY$, o ângulo em C no triângulo OCY é 45°. Assim, o ângulo $2\theta_p$ que faz XY coincidir com AB é 45°↙, e o ângulo θ_p que faz Ox coincidir com Oa é 22,5°↙.

b. Deformação de cisalhamento máxima. Os pontos D e E definem a deformação de cisalhamento máxima no plano da deformação que, como os eixos principais de deformação específica têm sinais opostos, é também a deformação de cisalhamento máxima real (ver Seção 7.8).

$$\frac{\gamma_{\text{máx}}}{2} = R = 283\,\mu \qquad \gamma_{\text{máx}} = 566\,\mu$$

As deformações específicas normais correspondentes são iguais a

$$\epsilon' = OC = 200\,\mu$$

Os eixos de deformação de cisalhamento máxima são mostrados na Fig. 7.56d.

Fig. 7.56 (cont.) (b) Círculo de Mohr para o estado plano de deformação dado. (c) Estado plano de deformações principais indeformado e deformado. (d) Estado plano de deformações por cisalhamento máximo indeformado e deformado.

*7.8 ANÁLISE TRIDIMENSIONAL DE DEFORMAÇÃO

Vimos na Seção 7.3 que, no caso mais geral de tensão, podemos determinar três eixos de coordenadas a, b e c, chamados de eixos principais de tensão. Um pequeno elemento de volume com faces respectivamente perpendiculares a esses eixos está livre de tensões de cisalhamento (Fig. 7.21); isto é, temos $\tau_{ab} = \tau_{bc} = \tau_{ca} = 0$. A lei de Hooke para tensão e deformação de cisalhamento aplica-se quando a deformação é elástica e o material, homogêneo e isotrópico. Conclui-se que, nesse caso, $\gamma_{ab} = \gamma_{bc} = \gamma_{ca} = 0$, isto é, os eixos a, b e c são também os *eixos principais de deformação específica*. Um pequeno elemento de volume de lado unitário, centrado em Q e com faces respectivamente perpendiculares aos eixos principais é deformado em um paralelepípedo retangular de lados $1 + \epsilon_a$, $1 + \epsilon_b$ e $1 + \epsilon_c$ (Fig. 7.57).

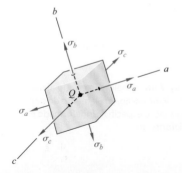

Fig. 7.21 (repetida) Elemento de tensão geral orientado segundo os eixos principais.

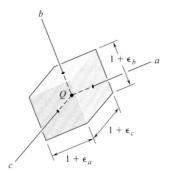

Fig. 7.57 Elemento de deformação orientado nas direções dos eixos principais.

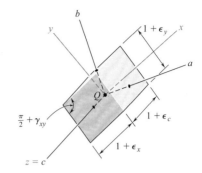

Fig. 7.58 Elemento de deformação com um eixo coincidindo com o eixo principal de deformação.

Se o elemento da Fig. 7.57 sofrer uma rotação em torno de um dos seus eixos principais em Q, por exemplo, o eixo c (Fig. 7.58), o método de análise desenvolvido anteriormente para a transformação do estado plano de deformação poderá ser utilizado para determinar as componentes de deformação ϵ_x, ϵ_y e γ_{xy} associadas às faces perpendiculares ao eixo c, pois a dedução desse método não envolveu nenhuma outra componente de deformação.† Podemos, portanto, traçar o círculo de Mohr através dos pontos A e B correspondendo aos eixos principais a e b (Fig. 7.59). Da mesma forma, círculos de diâmetro BC e CA podem ser utilizados para analisar a transformação de deformação quando o elemento sofre uma rotação em torno dos eixos a e b, respectivamente.

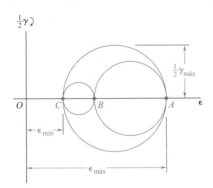

Fig. 7.59 Círculo de Morh para uma análise tridimensional de deformação específica.

A análise tridimensional de deformação por meio do círculo de Mohr está limitada aqui a rotações em torno dos eixos principais (como no caso da análise de tensão) e é usada para determinar a deformação de cisalhamento máxima $\gamma_{máx}$ no ponto Q. Como $\gamma_{máx}$ é igual ao diâmetro do maior dentre os três círculos mostrados na Fig. 7.59,

$$\gamma_{máx} = |\epsilon_{máx} - \epsilon_{mín}| \tag{7.54}$$

---

† Outras quatro faces do elemento permanecem retangulares e as arestas paralelas ao eixo c permanecem inalteradas.

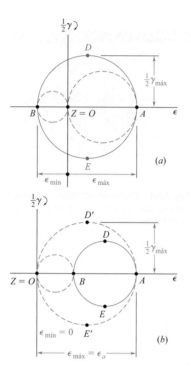

Fig. 7.60 Configurações possíveis do círculo de Mohr para estados planos de deformação. (a) Deformações principais com sinais trocados. (b) Deformações principais com sinais positivos.

em que $\epsilon_{máx}$ e $\epsilon_{mín}$ representam os valores *algébricos* das deformações máxima e mínima no ponto Q.

Retornando ao caso particular do *estado plano de deformação*, e selecionando os eixos x e y no plano de deformação, temos $\epsilon_z = \gamma_{zx} = \gamma_{zy} = 0$. Assim, o eixo z é um dos três eixos principais em Q, e o ponto correspondente no diagrama do círculo de Mohr é a origem O, em que $\epsilon = \gamma = 0$. Se os pontos A e B que definem os eixos principais dentro do plano de deformação estiverem em lados opostos de O (Fig. 7.60a), as deformações específicas principais correspondentes representarão as deformações específicas normais máxima e mínima no ponto Q, e a deformação de cisalhamento máxima será igual à deformação de cisalhamento máxima no plano da deformação correspondente aos pontos D e E. Em contrapartida, se A e B estiverem do mesmo lado de O (Fig. 7.60b), ou seja, se ϵ_a e ϵ_b tiverem o mesmo sinal, então a deformação de cisalhamento máxima será definida pelos pontos D' e E' no círculo de diâmetro OA, e temos $\gamma_{máx} = \epsilon_{máx}$.

Consideramos agora o caso particular de *estado plano de tensão* encontrado em uma placa fina ou na superfície livre de um elemento estrutural ou componente. Selecionando os eixos x e y no plano de tensão, temos $\sigma_z = \tau_{zx} = \tau_{zy} = 0$ e verificamos ainda que o eixo z é um eixo principal de tensão. Como vimos anteriormente, se a deformação for elástica e se o material for homogêneo e isotrópico, conclui-se com a lei de Hooke que $\gamma_{zx} = \gamma_{zy} = 0$; assim, o eixo z será também um eixo principal de deformação, e o círculo de Mohr poderá ser utilizado para analisar a transformação de deformação no plano xy. No entanto, conforme veremos agora, a lei de Hooke *não* permite concluir que $\epsilon_z = 0$; sem dúvida, um estado plano de tensão, em geral, não resultará em um estado plano de deformação.

Chamando de a e b os eixos principais no plano das tensões e de c o eixo principal perpendicular àquele plano, fazemos $\sigma_x = \sigma_a$, $\sigma_y = \sigma_b$ e $\sigma_z = 0$ nas Equações (2.20) de acordo com a lei de Hooke generalizada (Seção 2.5) e escrevemos

$$\epsilon_a = \frac{\sigma_a}{E} - \frac{\nu \sigma_b}{E} \qquad (7.55)$$

$$\epsilon_b = -\frac{\nu \sigma_a}{E} + \frac{\sigma_b}{E} \qquad (7.56)$$

$$\epsilon_c = -\frac{\nu}{E}(\sigma_a + \sigma_b) \qquad (7.57)$$

Somando as Equações (7.55) e (7.56) membro a membro, temos

$$\epsilon_a + \epsilon_b = \frac{1-\nu}{E}(\sigma_a + \sigma_b) \qquad (7.58)$$

Resolvendo a Equação (7.58) para $\sigma_a + \sigma_b$ e substituindo na Equação (7.57), escrevemos

$$\epsilon_c = -\frac{\nu}{1-\nu}(\epsilon_a + \epsilon_b) \qquad (7.59)$$

A relação obtida define a terceira deformação específica principal em termos das deformações principais "no plano". Notamos que, se B estiver localizado entre A e C no diagrama do círculo de Mohr (Fig. 7.61), a deformação de cisalhamento máxima será igual ao diâmetro CA do círculo correspondente a uma rotação em torno do eixo b, fora do plano das tensões.

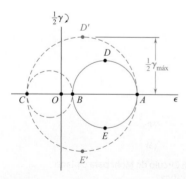

Fig. 7.61 Análise de estado plano de tensões pelo círculo de Mohr.

Aplicação do conceito 7.5

Como resultado das medidas feitas na superfície de um componente de máquina usando extensômetros de deformação orientados de várias maneiras, ficou estabelecido que as deformações específicas principais na superfície livre são $\epsilon_a = +400\mu$ e $\epsilon_b = 50\mu$. Sabendo que o coeficiente de Poisson para o material é $\nu = 0{,}30$, determine (*a*) a deformação de cisalhamento máxima no plano das deformações e (*b*) o valor real da deformação de cisalhamento máxima próximo à superfície do componente.

a. **Deformação de cisalhamento máxima no plano das deformações.** Traçamos o círculo de Mohr através dos pontos *A* e *B* seguindo as deformações específicas principais dadas (Fig. 7.62*a*). A deformação de cisalhamento máxima no plano das deformações é definida pelos pontos *D* e *E* e é igual ao diâmetro do círculo de Mohr;

$$\gamma_{\text{máx(no plano)}} = 400\mu + 50\mu = 450\mu$$

b. **Deformação de cisalhamento máxima.** Primeiramente, determinamos a terceira deformação específica principal ϵ_c. Como temos um estado plano de *tensão* na superfície do componente de máquina, usamos a Equação (7.59) e escrevemos

$$\epsilon_c = -\frac{\nu}{1-\nu}(\epsilon_a + \epsilon_b)$$

$$= -\frac{0{,}30}{0{,}70}(400\mu - 50\mu) = -150\mu$$

Traçando o círculo de Mohr através de *A* e *C*, e através de *B* e *C* (Fig. 7.62*b*), verificamos que a deformação de cisalhamento máxima é igual ao diâmetro do círculo de diâmetro *CA*:

$$\gamma_{\text{máx}} = 400 + 150 = 550\mu$$

Notamos que, apesar de ϵ_a e ϵ_b terem sinais opostos, a deformação de cisalhamento máxima no plano das deformações não representa a deformação de cisalhamento máxima real.

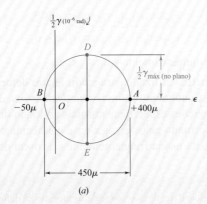
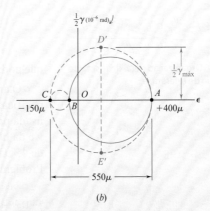

Fig. 7.62 Uso do círculo de Mohr para determinar a deformação de cisalhamento máxima. (*a*) Círculo de Mohr para o plano das deformações específicas dadas. (*b*) Círculo de Mohr tridimensional para a deformação específica.

*7.9 MEDIDAS DE DEFORMAÇÃO ESPECÍFICA E ROSETAS DE DEFORMAÇÃO

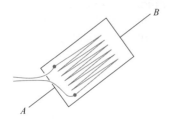

Fig. 7.63 Extensômetro elétrico.

A deformação específica normal pode ser determinada em qualquer direção na superfície de um elemento estrutural ou componente de máquina fazendo-se duas marcas de referência A e B ao longo de uma linha traçada na direção desejada e medindo-se o comprimento do segmento AB antes e depois de a carga ser aplicada. Se L é o comprimento indeformado de AB e δ, sua deformação, a deformação específica normal ao longo de AB é $\epsilon_{AB} = \delta/L$.

Um método mais conveniente e mais preciso para a medida de deformações específicas normais é aquele proporcionado por extensômetros elétricos. Um extensômetro elétrico típico consiste em um fio fino de um determinado comprimento, como mostra a Fig. 7.63, e colado a dois pedaços de papel. Para medir a deformação específica ϵ_{AB} de um dado material na direção AB, o extensômetro deve ser colado na superfície do material, com as dobras do fio em direção paralela a AB. À medida que o material se alonga, o comprimento do fio aumenta e o diâmetro diminui, fazendo aumentar a resistência elétrica do extensômetro. Medindo a corrente que passa por um extensômetro adequadamente calibrado, a deformação específica ϵ_{AB} pode ser determinada com precisão e de modo contínuo, à medida que a carga é aumentada.

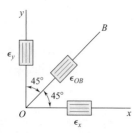

Fig. 7.64 Roseta de deformação para medir deformações específicas normais na direção de x, y e da bissetriz OB.

As componentes de deformação ϵ_x e ϵ_y podem ser determinadas em um dado ponto da superfície livre do material simplesmente medindo-se as deformações específicas normais ao longo dos eixos x e y adotados para esse ponto. Lembrando a Equação (7.43), notamos que uma terceira medida da deformação específica normal, feita ao longo da bissetriz OB do ângulo formado pelos eixos x e y, permite determinar também a deformação de cisalhamento γ_{xy} (Fig. 7.64):

$$\gamma_{xy} = 2\epsilon_{OB} - (\epsilon_x + \epsilon_y) \qquad (7.43)$$

As componentes de deformação ϵ_x, ϵ_y e γ_{xy} em um dado ponto poderiam ser obtidas a partir das medidas de deformação específica normal feitas ao longo de *qualquer das três linhas* traçadas a partir daquele ponto (Fig. 7.65). Chamando, respectivamente, de θ_1, θ_2 e θ_3 os ângulos que cada uma das três linhas formam com o eixo x, por ϵ_1, ϵ_2 e ϵ_3 as medidas correspondentes de deformações específicas, e substituindo esses valores na Equação (7.41), escrevemos as três equações

$$\begin{aligned}\epsilon_1 &= \epsilon_x \cos^2 \theta_1 + \epsilon_y \operatorname{sen}^2 \theta_1 + \gamma_{xy} \operatorname{sen} \theta_1 \cos \theta_1 \\ \epsilon_2 &= \epsilon_x \cos^2 \theta_2 + \epsilon_y \operatorname{sen}^2 \theta_2 + \gamma_{xy} \operatorname{sen} \theta_2 \cos \theta_2 \\ \epsilon_3 &= \epsilon_x \cos^2 \theta_3 + \epsilon_y \operatorname{sen}^2 \theta_3 + \gamma_{xy} \operatorname{sen} \theta_3 \cos \theta_3 \end{aligned} \qquad (7.60)$$

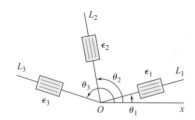

Fig. 7.65 Organização geral da roseta de deformação de referência.

que podem ser resolvidas simultaneamente para ϵ_x, ϵ_y e γ_{xy}.[†]

O arranjo dos extensômetros utilizado para medir as três deformações específicas normais ϵ_1, ϵ_2 e ϵ_3 é conhecido como *roseta de deformação*. A roseta usada para medir as deformações específicas normais ao longo dos eixos x e y e da bissetriz do ângulo formado pelos eixos x e y é conhecida como roseta de 45° (Fig. 7.64). Outra roseta usada frequentemente é a roseta de 60° (ver o Problema resolvido 7.7).

[†] Deve-se observar que a superfície livre, na qual são feitas as medidas de deformações, está em um estado *plano de tensão*, enquanto as Equações (7.41) e (7.43) foram determinadas para um estado *plano de deformação*. No entanto, conforme observamos anteriormente, a perpendicular corresponde à superfície livre é um eixo principal de deformação e as deduções dadas na Seção 7.7.1 permanecem válidas.

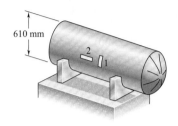

PROBLEMA RESOLVIDO 7.6

Um tanque de armazenamento cilíndrico utilizado para transportar gás sob pressão tem um diâmetro interno de 610 mm e parede com espessura de 19 mm. Foram colados extensômetros sobre sua superfície nas direções transversal e longitudinal que indicaram deformações de 255μ e 60μ, respectivamente. Por meio de um ensaio de torção; determinou-se o módulo de elasticidade transversal do material utilizado no tanque com valor de $G = 77{,}2$ MPa; determine (a) a pressão manométrica dentro do tanque e (b) as tensões principais e a tensão de cisalhamento máxima na parede do tanque.

ESTRATÉGIA: Você pode utilizar as medidas de deformações dadas para traçar o círculo de Mohr das deformações, e utilizar esse círculo para determinar a deformação de cisalhamento máxima no plano de deformação. Aplicando a lei de Hooke para obter a correspondente tensão de cisalhamento máxima no plano, você pode então determinar a pressão manométrica no tanque por meio da equação de pressão em vasos de parede fina adequada, assim como pode desenvolver o círculo de Mohr das tensões para determinar as tensões principais e a máxima tensão de cisalhamento.

MODELAGEM E ANÁLISE:

a. **Pressão manométrica dentro do tanque.** Notamos que as deformações específicas dadas são as principais na superfície do tanque. Representando os pontos A e B correspondentes, traçamos o círculo de Mohr para a deformação (Fig. 1). A deformação de cisalhamento máxima no plano das deformações é igual ao diâmetro do círculo.

$$\gamma_{\text{máx(no plano)}} = \epsilon_1 - \epsilon_2 = 255\mu - 60\mu = 195\mu$$

Pela lei de Hooke para tensão e deformação de cisalhamento, temos

$$\begin{aligned}\tau_{\text{máx(no plano)}} &= G\gamma_{\text{máx(no plano)}} \\ &= (77{,}2 \times 10^3 \text{ MPa})(195 \times 10^{-6} \text{ rad}) \\ &= 15{,}05 \text{ MPa}\end{aligned}$$

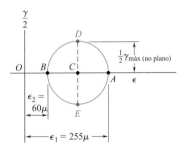

Fig. 1 Círculo de Mohr para as deformações específicas medidas.

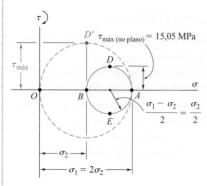

Fig. 2 Círculos de Mohr tridimensionais para componentes de tensão em vasos.

Usando esse valor e os dados fornecidos na Equação (7.33),

$$\tau_{\text{máx(no plano)}} = \frac{pr}{4t} \quad 15{,}05 \text{ MPa} = \frac{p(305 \text{ mm})}{4(19 \text{ mm})}$$

Resolvendo para a pressão manométrica p, temos

$$p = 3{,}75 \text{ MPa} \blacktriangleleft$$

b. Tensões principais e tensão de cisalhamento máxima. Lembrando que, para um vaso de pressão cilíndrico de paredes finas, $\sigma_1 = 2\sigma_2$, traçamos o círculo de Mohr (Fig. 2) para a tensão e obtemos

$$\sigma_2 = 2\tau_{\text{máx(no plano)}} = 2(15{,}05 \text{ MPa}) = 30{,}1 \text{ MPa} \qquad \sigma_2 = 30{,}1 \text{ MPa} \blacktriangleleft$$
$$\sigma_1 = 2\sigma_2 = 2(30{,}18 \text{ MPa}) \qquad \sigma_1 = 60{,}2 \text{ MPa} \blacktriangleleft$$

A tensão de cisalhamento máxima é igual ao raio do círculo de diâmetro OA e corresponde a uma rotação de 45° em torno do eixo longitudinal.

$$\tau_{\text{máx}} = \tfrac{1}{2}\sigma_1 = \sigma_2 = 30{,}1 \text{ MPa} \qquad \tau_{\text{máx}} = 30{,}1 \text{ MPa} \blacktriangleleft$$

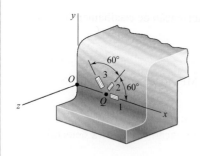

PROBLEMA RESOLVIDO 7.7

Usando uma roseta de 60°, foram determinadas as seguintes deformações específicas no ponto Q na superfície de uma base de máquina de aço:

$$\epsilon_1 = 40\,\mu \qquad \epsilon_2 = 980\,\mu \qquad \epsilon_3 = 330\,\mu$$

Usando os eixos de coordenadas mostrados, determine no ponto Q (a) as componentes de deformações ϵ_x, ϵ_y e γ_{xy}, (b) as deformações específicas principais e (c) a deformação de cisalhamento máxima. (Use $\nu = 0{,}29$.)

ESTRATÉGIA: A partir da roseta de deformação dada, você pode encontrar as componentes de deformação ϵ_x, ϵ_y e γ_{xy} utilizando a Equação (7.60). Utilizando essas deformações, é possível traçar o círculo de Mohr para deformações e determinar as deformações principais e a máxima deformação por cisalhamento.

MODELAGEM E ANÁLISE:

a. **Componentes de deformação ϵ_x, ϵ_y, γ_{xy}.** Para os eixos de coordenadas mostrados

$$\theta_1 = 0 \qquad \theta_2 = 60° \qquad \theta_3 = 120°$$

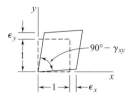

Fig. 1 Elementos de deformação indeformados e deformados em Q.

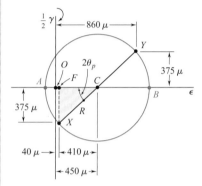

Fig. 2 Círculo de Mohr utilizado para determinar as deformações principais.

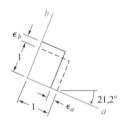

Fig. 3 Elemento em deformações principais indeformado e deformado em Q.

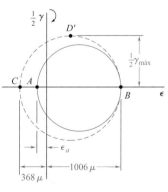

Fig. 4 Círculo de Mohr utilizado para determinar a deformação de cisalhamento máxima.

Substituindo esses valores nas Equações (7.60), temos

$$\epsilon_1 = \epsilon_x(1) + \epsilon_y(0) + \gamma_{xy}(0)(1)$$
$$\epsilon_2 = \epsilon_x(0{,}500)^2 + \epsilon_y(0{,}866)^2 + \gamma_{xy}(0{,}866)(0{,}500)$$
$$\epsilon_3 = \epsilon_x(-0{,}500)^2 + \epsilon_y(0{,}866)^2 + \gamma_{xy}(0{,}866)(-0{,}500)$$

Resolvendo essas equações para ϵ_x, ϵ_y e γ_{xy}, obtemos

$$\epsilon_x = \epsilon_1 \qquad \epsilon_y = \tfrac{1}{3}(2\epsilon_2 + 2\epsilon_3 - \epsilon_1) \qquad \gamma_{xy} = \frac{\epsilon_2 - \epsilon_3}{0{,}866}$$

Substituindo ϵ_1, ϵ_2 e ϵ_3, temos

$$\epsilon_x = 40\,\mu \qquad \epsilon_y = \tfrac{1}{3}[2(980) + 2(330) - 40] \qquad \epsilon_y = +860\,\mu \blacktriangleleft$$
$$\gamma_{xy} = (980 - 330)/0{,}866 \qquad \gamma_{xy} = 750\,\mu \blacktriangleleft$$

Essas deformações específicas estão indicadas no elemento mostrado na Fig. 1.

b. Deformações específicas principais. O lado do elemento associado a ϵ_x sofre uma rotação no sentido anti-horário; assim, representamos o ponto X abaixo do eixo horizontal, isto é, $X(40, -375)$. Representamos então $Y(860, +375)$ e traçamos o círculo de Mohr (Fig. 2).

$$\epsilon_{\text{méd}} = \tfrac{1}{2}(860\,\mu + 40\,\mu) = 450\,\mu$$
$$R = \sqrt{(375\,\mu)^2 + (410\,\mu)^2} = 556\,\mu$$
$$\operatorname{tg} 2\theta_p = \frac{375\,\mu}{410\,\mu} \qquad 2\theta_p = 42{,}4°\downarrow \qquad \theta_p = 21{,}2°\downarrow$$

Os pontos A e B correspondem às deformações específicas principais.

$$\epsilon_a = \epsilon_{\text{méd}} - R = 450\,\mu - 556\,\mu \qquad \epsilon_a = -106\,\mu \blacktriangleleft$$
$$\epsilon_b = \epsilon_{\text{méd}} + R = 450\,\mu + 556\,\mu \qquad \epsilon_b = +1006\,\mu \blacktriangleleft$$

Essas deformações específicas estão indicadas no elemento da Fig. 3. Como $\sigma_z = 0$ na superfície, usamos a Equação (7.59) para determinar a deformação específica principal ϵ_c

$$\epsilon_c = -\frac{\nu}{1-\nu}(\epsilon_a + \epsilon_b) = -\frac{0{,}29}{1-0{,}29}(-106\,\mu + 1006\,\mu) \quad \epsilon_c = -368\,\mu \blacktriangleleft$$

c. Deformação de cisalhamento máxima. Representando o ponto C e traçando o círculo de Mohr através dos pontos B e C, obtemos o ponto D' e escrevemos

$$\tfrac{1}{2}\gamma_{\text{máx}} = \tfrac{1}{2}(1006\,\mu + 368\,\mu) \qquad \gamma_{\text{máx}} = 1374\,\mu \blacktriangleleft$$

PROBLEMAS

7.128 até 7.131 Para o estado plano de deformação dado, use o método da Seção 7.7.1 para determinar o estado plano de deformação associado aos eixos x' e y' que sofreram uma rotação do ângulo θ dado.

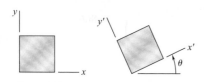

Fig. P7.128 até P7.135

	ϵ_x	ϵ_y	γ_{xy}	θ
7.128 e 7.132	-800μ	$+450\mu$	$+200\mu$	25°↙
7.129 e 7.133	$+240\mu$	$+160\mu$	$+150\mu$	60°↙
7.130 e 7.134	-500μ	$+250\mu$	0	15°↖
7.131 e 7.135	0	$+320\mu$	-100μ	30°↖

7.132 até 7.135 Para o estado plano de deformação dado, use o círculo de Mohr para determinar o estado plano de deformação associado aos eixos x' e y' que sofreram uma rotação do ângulo θ dado.

7.136 até 7.139 O seguinte estado de deformação foi medido na superfície de uma placa fina. Sabendo que a superfície da placa está livre de tensão, determine (a) a direção e a intensidade das deformações principais, (b) a deformação de cisalhamento máxima no plano das deformações e (c) a deformação de cisalhamento máxima. (Use $\nu = \frac{1}{3}$.)

	ϵ_x	ϵ_y	γ_{xy}
7.136	$-260\ \mu$	$-60\ \mu$	$+480\ \mu$
7.137	$-600\ \mu$	$-400\ \mu$	$+350\ \mu$
7.138	$+160\ \mu$	$-480\ \mu$	$-600\ \mu$
7.139	$+30\ \mu$	$+570\ \mu$	$+720\ \mu$

7.140 até 7.143 Para o estado plano de deformação dado, use o círculo de Mohr para determinar (a) a orientação e a intensidade das deformações principais, (b) a deformação máxima no plano e (c) a deformação de cisalhamento máxima.

	ϵ_x	ϵ_y	γ_{xy}
7.140	$+60\ \mu$	$+240\ \mu$	$-50\ \mu$
7.141	$+400\ \mu$	$+200\ \mu$	$+375\ \mu$
7.142	$+300\ \mu$	$+60\ \mu$	$+100\ \mu$
7.143	$-180\ \mu$	$-260\ \mu$	$+315\ \mu$

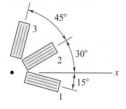

Fig. P7.144

7.144 Determine a deformação específica ϵ_x utilizando a roseta mostrada sabendo que foram verificadas as seguintes deformações:

$$\epsilon_1 = +480\mu \quad \epsilon_2 = -120\mu \quad \epsilon_3 = +80\mu$$

7.145 As deformações específicas determinadas pelo uso da roseta ao lado durante o teste de um elemento de máquina são

$$\epsilon_1 = +600\mu \quad \epsilon_2 = +450\mu \quad \epsilon_3 = -75\mu$$

Determine (a) as deformações específicas principais no plano das deformações e (b) a deformação de cisalhamento máxima no plano das deformações.

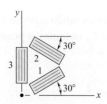

Fig. P7.145

7.146 A roseta indicada foi utilizada para determinar as seguintes deformações específicas na superfície de um gancho de guindaste:

$$\epsilon_1 = +420\mu \quad \epsilon_2 = -45\mu \quad \epsilon_4 = +165\mu$$

(*a*) Qual deverá ser a leitura do extensômetro 3? (*b*) Determine as deformações específicas principais e a deformação de cisalhamento máxima no plano das deformações.

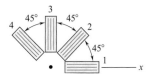

Fig. P7.146

7.147 Usando uma roseta de 45°, foram determinadas as deformações específicas ϵ_1, ϵ_2 e ϵ_3 para um determinado ponto. Usando o círculo de Mohr, mostre que as deformações específicas principais são

$$\epsilon_{\text{máx, mín}} = \frac{1}{2}(\epsilon_1 + \epsilon_3) \pm \frac{1}{\sqrt{2}}[(\epsilon_1 - \epsilon_2)^2 + (\epsilon_2 - \epsilon_3)^2]^{\frac{1}{2}}$$

(*Sugestão*: Os triângulos sombreados são congruentes.)

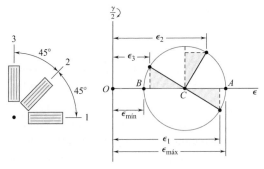

Fig. P7.147

7.148 Mostre que a soma das três medidas de deformação feitas com uma roseta de 60° é independente da orientação da roseta e igual a

$$\epsilon_1 + \epsilon_2 + \epsilon_3 = 3\epsilon_{\text{méd}}$$

em que $\epsilon_{\text{méd}}$ é a abscissa do centro do círculo de Mohr correspondente.

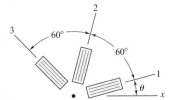

Fig. P7.148

7.149 As deformações específicas determinadas por uma roseta fixada, à superfície de um elemento de máquina são, conforme mostra a figura

$$\epsilon_1 = -93,1\mu \quad \epsilon_2 = +385\mu$$
$$\epsilon_3 = +210\mu$$

Determine (*a*) a orientação e a intensidade das deformações específicas principais no plano da roseta e (*b*) a máxima deformação por cisalhamento no plano.

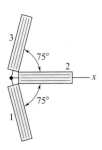

Fig. P7.149

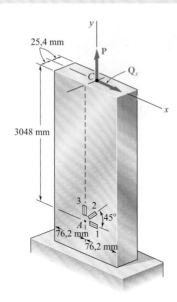

Fig. P7.150

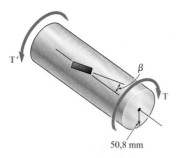

Fig. P7.152

Fig. P7.154

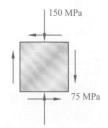

Fig. P7.156

7.150 Uma força axial centrada **P** e uma força horizontal **Q** são aplicadas ao ponto C da barra de seção retangular mostrada na figura. Uma roseta de deformação de 45° na superfície da barra no ponto A indica as seguintes deformações:

$$\epsilon_1 = -60\mu \qquad \epsilon_2 = +240\mu$$
$$\epsilon_3 = +200\mu$$

Sabendo que $E = 200$ GPa e $\nu = 0{,}30$, determine as intensidades de **P** e **Q_x**.

7.151 Resolva o Problema 7.150 considerando que a roseta no ponto A indica as seguintes deformações:

$$\epsilon_1 = -30\mu \quad \epsilon_2 = +250\mu \quad \epsilon_3 = +100\mu$$

7.152 Um único extensômetro é colado em um eixo de aço com seção transversal cheia de 101,6 mm de diâmetro formando um ângulo $\beta = 25°$ com uma linha paralela ao centro do eixo. Sabendo que $G = 79{,}3$ GPa, determine o torque **T** indicado por uma leitura no extensômetro de 300μ.

7.153 Resolva o Problema 7.152 considerando que o extensômetro forma um ângulo $\beta = 35°$ com uma linha paralela ao centro do eixo.

7.154 Um único extensômetro que forma um ângulo $\beta = 18°$ com um plano horizontal é utilizado para determinar a pressão manométrica no tanque de aço cilíndrico da figura. O tanque tem uma parede cilíndrica de 6 mm de espessura, um diâmetro interno de 600 mm, e é feito de um aço com $E = 200$ GPa e $\nu = 0{,}30$. Determine a pressão no tanque sabendo que o extensômetro indica uma leitura de $280~\mu$.

7.155 Resolva o Problema 7.154 considerando que o extensômetro forma um ângulo $\beta = 35°$ com um plano horizontal.

7.156 Sabe-se que existe um estado plano de deformação na superfície de um componente de máquina. Sabendo que $E = 200$ GPa e $G = 77{,}2$ GPa, determine a direção e a intensidade das três deformações específicas principais (*a*) por meio da determinação do estado de deformação correspondente [use a Equação (2.34) e a Equação (2.29)] e em seguida utilize o círculo de Mohr para deformação; e (*b*) utilize o círculo de Mohr para determinar os planos e as tensões principais e então determine as deformações correspondentes.

7.157 O seguinte estado de deformação foi determinado na superfície de uma peça de máquina de ferro fundido:

$$\epsilon_x = -720\mu \quad \epsilon_y = -400\mu \quad \gamma_{xy} = +660\mu$$

Sabendo que $E = 69$ GPa e $G = 28$ GPa, determine os planos e tensões principais (*a*) indicando o correspondente estado plano de tensão [use a Equação (2.27), a Equação (2.34) e a primeira das duas equações do Problema 2.73] e em seguida utilize o círculo de Mohr para tensão, e (*b*) use o círculo de Mohr para deformação para determinar a orientação e a intensidade das deformações e determine as tensões correspondentes.

REVISÃO E RESUMO

Transformação do estado plano de tensão

Um estado *plano* de *tensão* em um dado ponto Q tem valores não nulos para σ_x, σ_y e τ_{xy}. As componentes de tensão associadas ao elemento são mostradas na Fig. 7.66a. As fórmulas para as componentes $\sigma_{x'}$, $\sigma_{y'}$ e $\tau_{x'y'}$ associadas àquele elemento depois de ele ter sofrido uma rotação através de um ângulo θ em torno do eixo z (Fig. 7.66b) são

$$\sigma_{x'} = \frac{\sigma_x + \sigma_y}{2} + \frac{\sigma_x - \sigma_y}{2}\cos 2\theta + \tau_{xy}\,\text{sen}\,2\theta \quad (7.5)$$

$$\sigma_{y'} = \frac{\sigma_x + \sigma_y}{2} - \frac{\sigma_x - \sigma_y}{2}\cos 2\theta - \tau_{xy}\,\text{sen}\,2\theta \quad (7.7)$$

$$\tau_{x'y'} = -\frac{\sigma_x - \sigma_y}{2}\,\text{sen}\,2\theta + \tau_{xy}\cos 2\theta \quad (7.6)$$

Os valores θ_p dos ângulos de rotação que correspondem aos máximo e mínimo valores de tensão normal no ponto Q são

$$\text{tg}\,2\theta_p = \frac{2\tau_{xy}}{\sigma_x - \sigma_y} \quad (7.12)$$

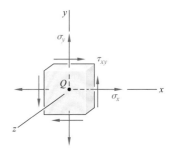

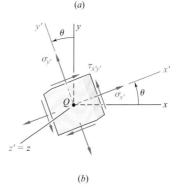

Fig. 66 Estado plano de tensão. (*a*) Associado a {*x y z*}. (*b*) Associado a {*x'y'z'*}.

Planos principais e tensões principais

Os dois valores obtidos para θ_p estavam defasados em 90° (Fig. 7.67) e definiam os *planos principais de tensão* no ponto Q. Os valores correspondentes da tensão normal eram chamados de *tensões principais* em Q:

$$\sigma_{\text{máx, mín}} = \frac{\sigma_x + \sigma_y}{2} \pm \sqrt{\left(\frac{\sigma_x - \sigma_y}{2}\right)^2 + \tau_{xy}^2} \quad (7.14)$$

O valor correspondente da tensão de cisalhamento é zero.

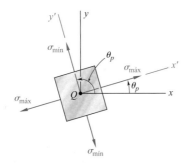

Fig. 7.67 Tensões principais.

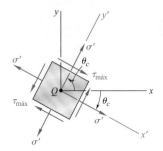

Fig. 7.68 Tensão de cisalhamento máxima.

Tensão de cisalhamento máxima no plano das tensões

O ângulo θ para o maior valor de tensão de cisalhamento θ_c é encontrado utilizando

$$\operatorname{tg} 2\theta_c = -\frac{\sigma_x - \sigma_y}{2\tau_{xy}} \qquad (7.15)$$

Os dois valores obtidos para θ_c são defasados em 90° (Fig. 7.68). Observamos também que os planos de tensão de cisalhamento máxima estavam a 45° dos planos principais. O valor máximo da tensão de cisalhamento para uma rotação *no plano das tensões* é

$$\tau_{\text{máx}} = \sqrt{\left(\frac{\sigma_x - \sigma_y}{2}\right)^2 + \tau_{xy}^2} \qquad (7.16)$$

e o valor correspondente das tensões normais é

$$\sigma' = \sigma_{\text{méd}} = \frac{\sigma_x + \sigma_y}{2} \qquad (7.17)$$

Círculo de Mohr para tensão

O *círculo de Mohr* proporciona um método alternativo, com base em considerações geométricas simples, para a análise das transformações do estado plano de tensão. Dado o estado de tensão mostrado em preto na Fig. 7.69a, representamos o ponto X de coordenadas σ_x, $-\tau_{xy}$, e o ponto Y de coordenadas σ_y, $+\tau_{xy}$ (Fig. 7.69b). Traçando o círculo de diâmetro XY, obtivemos o círculo de Mohr. As abscissas dos pontos de intersecção A e B do círculo com o eixo horizontal representam as tensões principais, e o ângulo de rotação que faz coincidir o diâmetro XY com AB é duas vezes o ângulo θ_p que define os planos principais na Fig. 7.69a. Observamos também que o diâmetro DE define a tensão de cisalhamento máxima e a orientação do plano correspondente (Fig. 7.70).

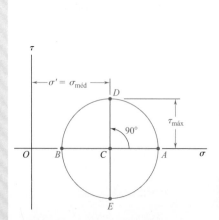

Fig. 7.70 A tensão de cisalhamento máxima está orientada a ±45° das direções principais.

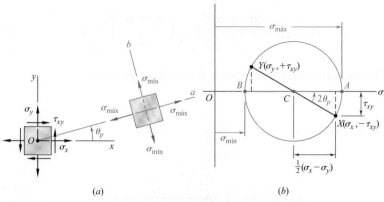

Fig. 7.69 (a) Elemento de estado plano de tensão, e a orientação dos planos principais. (b) Círculo de Mohr correspondente.

Estado geral de tensão

Um *estado geral de tensão* é caracterizado por seis componentes de tensão, em que a tensão normal em um plano de orientação arbitrária pode ser expressa como uma forma quadrática dos cossenos diretores da perpendicular àquele plano. Isso prova a existência de três *eixos principais de tensão* e de três *tensões principais* em um dado ponto. Girando um pequeno elemento de volume em torno de cada um dos três eixos principais, traçamos o círculo de Mohr correspondente que forneceu os valores de $\sigma_{máx}$, $\sigma_{mín}$ e $\tau_{máx}$ (Fig. 7.71). No caso particular de *estado plano de tensão*, e se os eixos x e y forem selecionados no plano de tensão, o ponto C coincidirá com a origem O. Se A e B estiverem localizados em lados opostos de O, a tensão de cisalhamento máxima será igual à tensão de cisalhamento máxima no plano das tensões. Se A e B estiverem localizados no mesmo lado de O, isto não ocorrerá. Se $\sigma_a > \sigma_b > 0$, por exemplo, a tensão de cisalhamento máxima será igual a $1/2\sigma_a$ e corresponderá a uma rotação fora do plano das tensões (Fig. 7.72).

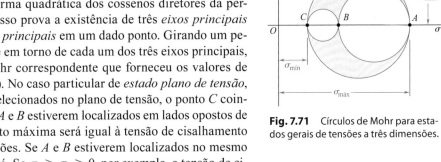

Fig. 7.71 Círculos de Mohr para estados gerais de tensões a três dimensões.

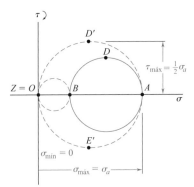

Fig. 7.72 Círculos de Mohr a três dimensões para um estado plano com duas tensões principais positivas.

Critérios de escoamento para materiais dúcteis

Para prevermos se um componente estrutural ou de máquina falhará em algum ponto crítico em razão do escoamento do material, primeiro determinamos as tensões principais σ_a e σ_b naquele ponto de acordo com condições de carregamento especificadas. Depois representamos graficamente o ponto de coordenadas σ_a e σ_b. Se esse ponto estiver dentro de uma certa área, o componente estará seguro; se ele estiver fora da área, o componente falhará. A área usada para o critério da tensão de cisalhamento máxima é mostrada na Fig. 7.73, e a área usada para o critério da energia de distorção máxima é mostrada na Fig. 7.74. Ambas dependem do valor da tensão de escoamento do material σ_E.

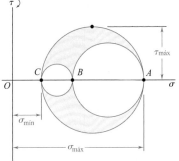

Fig. 7.73 Hexágono de Tresca para o critério da tensão de cisalhamento máxima.

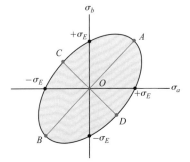

Fig. 7.74 Superfície de von Mises baseada no critério de energia de distorção máxima.

Critérios de fratura para materiais frágeis

O método mais comum para prever falhas em materiais frágeis é o *critério de Mohr*, que se vale dos resultados de vários tipos de ensaios disponíveis para um dado material. A área sombreada mostrada na Fig. 7.75 é usada quando os limites de resistência σ_{LT} e σ_{LC} forem determinados, respectivamente, em um ensaio de tração e de compressão. Novamente, as tensões

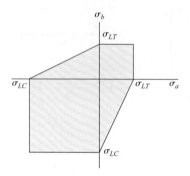

Fig. 7.75 Critério simplificado de Mohr para materiais frágeis.

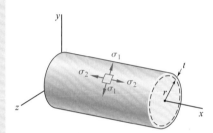

Fig. 7.76 Vaso cilíndrico pressurizado.

Fig. 7.77 Vaso esférico pressurizado.

principais σ_a e σ_b foram determinadas em um dado ponto do componente estrutural ou de máquina que estava sendo analisado. Se o ponto correspondente cair dentro da área sombreada, o componente estará seguro; se cair fora, o componente se romperá.

Vasos de pressão cilíndricos

Discutimos as tensões em *vasos de pressão de paredes finas* e deduzimos fórmulas que relacionam tensões nas paredes dos vasos e a *pressão manométrica p* do fluido que eles contêm. No caso de um *vaso cilíndrico* de raio interno r e espessura de parede t (Fig. 7.76), obtivemos as seguintes expressões para a *tensão tangencial* σ_1 e para a *tensão longitudinal* σ_2

$$\sigma_1 = \frac{pr}{t} \qquad \sigma_2 = \frac{pr}{2t} \qquad (7.30, 7.31)$$

Vimos também que a *tensão de cisalhamento máxima* ocorre fora do plano das tensões e é

$$\tau_{\text{máx}} = \sigma_2 = \frac{pr}{2t} \qquad (7.34)$$

Vasos de pressão esféricos

No caso de um *vaso esférico* de raio interno r e espessura de parede t (Fig. 7.77), vimos que as duas tensões principais são iguais:

$$\sigma_1 = \sigma_2 = \frac{pr}{2t} \qquad (7.36)$$

Novamente, a *tensão de cisalhamento máxima* ocorre fora do plano das tensões; ela é

$$\tau_{\text{máx}} = \tfrac{1}{2}\sigma_1 = \frac{pr}{4t} \qquad (7.37)$$

Transformação do estado plano de deformação

A última parte do capítulo foi dedicada à *transformação de deformação*. Discutimos a transformação do *estado plano de deformação* e apresentamos o *círculo de Mohr para o estado plano de deformação*. A discussão foi análoga àquela da transformação de tensões, exceto que, onde foi usada a tensão de cisalhamento τ, usamos $1/2\gamma$, ou seja, *metade da deformação de cisalhamento*. As fórmulas obtidas para a transformação de deformação sob uma rotação de eixos por meio de um ângulo θ foram

$$\epsilon_{x'} = \frac{\epsilon_x + \epsilon_y}{2} + \frac{\epsilon_x - \epsilon_y}{2}\cos 2\theta + \frac{\gamma_{xy}}{2}\operatorname{sen} 2\theta \qquad (7.44)$$

$$\epsilon_{y'} = \frac{\epsilon_x + \epsilon_y}{2} - \frac{\epsilon_x - \epsilon_y}{2}\cos 2\theta - \frac{\gamma_{xy}}{2}\operatorname{sen} 2\theta \qquad (7.45)$$

$$\gamma_{x'y'} = -(\epsilon_x - \epsilon_y)\operatorname{sen} 2\theta + \gamma_{xy}\cos 2\theta \qquad (7.49)$$

Círculo de Mohr para deformação

Usando o círculo de Mohr para deformação (Fig. 7.78), obtivemos também as seguintes relações que definem o ângulo de rotação θ_p correspondente aos *eixos principais de deformação* e os valores das *deformações específicas principais* $\epsilon_{máx}$ e $\epsilon_{mín}$

$$\operatorname{tg} 2\theta_p = \frac{\gamma_{xy}}{\epsilon_x - \epsilon_y} \qquad (7.52)$$

$$\epsilon_{máx} = \epsilon_{méd} + R \quad \text{e} \quad \epsilon_{mín} = \epsilon_{méd} - R \qquad (7.51)$$

em que

$$\epsilon_{méd} = \frac{\epsilon_x + \epsilon_y}{2} \quad \text{e} \quad R = \sqrt{\left(\frac{\epsilon_x - \epsilon_y}{2}\right)^2 + \left(\frac{\gamma_{xy}}{2}\right)^2} \qquad (7.50)$$

A *deformação de cisalhamento máxima* para uma rotação no plano da deformação foi obtida sendo

$$\gamma_{máx\,(no\,plano)} = 2R = \sqrt{(\epsilon_x - \epsilon_y)^2 + \gamma_{xy}^2} \qquad (7.53)$$

No *estado plano de tensão*, a deformação específica principal ϵ_c em uma direção perpendicular ao plano de tensão poderia ser expressa em termos das deformações específicas principais no plano ϵ_a e ϵ_b

$$\epsilon_c = -\frac{\nu}{1 - \nu}(\epsilon_a + \epsilon_b) \qquad (7.59)$$

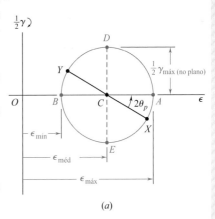

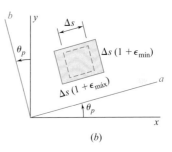

Fig. 7.78 (*a*) Círculo de Mohr para um estado plano de deformação, mostrando as deformações principais específicas e a máxima deformação por cisalhamento no plano. (*b*) Elemento de deformação plana orientado segundo as direções principais.

Extensômetros e roseta de deformação

Os *extensômetros* são utilizados para medir a deformação específica normal na superfície de um elemento estrutural ou componente de máquina. Uma *roseta de deformação* consiste em três extensômetros alinhados ao longo de linhas formando, respectivamente, ângulos θ_1, θ_2 e θ_3 com o eixo x (Fig. 7.79). As relações entre as medidas ϵ_1, ϵ_2, ϵ_3 dos extensômetros e as componentes ϵ_x, ϵ_y, γ_{xy} caracterizando o estado de deformação naquele ponto são

$$\begin{aligned}\epsilon_1 &= \epsilon_x \cos^2\theta_1 + \epsilon_y \operatorname{sen}^2\theta_1 + \gamma_{xy}\operatorname{sen}\theta_1\cos\theta_1 \\ \epsilon_2 &= \epsilon_x \cos^2\theta_2 + \epsilon_y \operatorname{sen}^2\theta_2 + \gamma_{xy}\operatorname{sen}\theta_2\cos\theta_2 \\ \epsilon_3 &= \epsilon_x \cos^2\theta_3 + \epsilon_y \operatorname{sen}^2\theta_3 + \gamma_{xy}\operatorname{sen}\theta_3\cos\theta_3\end{aligned} \qquad (7.60)$$

Essas equações podem ser resolvidas para ϵ_x, ϵ_y e γ_{xy}, uma vez determinados os valores de ϵ_1, ϵ_2 e ϵ_3.

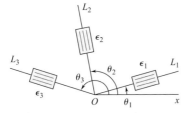

Fig. 7.79 Roseta de extensômetros orientados genericamente.

PROBLEMAS DE REVISÃO

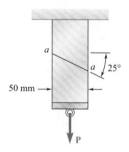

Fig. P7.158

7.158 Dois elementos de seção transversal uniforme de 50 × 80 mm são colados entre si ao longo do plano *a-a*, que forma um ângulo de 25° com a horizontal. Sabendo que as tensões admissíveis para a junta colada são $\sigma = 800$ kPa e $\tau = 600$ kPa, determine a maior força centrada P que pode ser aplicada.

7.159 Duas chapas de aço de seção transversal uniforme de 10 × 80 mm são soldadas juntas conforme mostrado. Sabendo que forças de 100 kN são aplicadas às placas soldadas e que $\beta = 25°$, determine (*a*) a tensão de cisalhamento no plano paralela à solda, (*b*) a tensão normal perpendicular à solda.

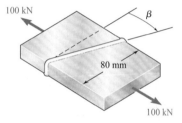

Fig. P7.159 e P7.160

7.160 Duas chapas de aço de seção transversal uniforme de 10 × 80 mm são soldadas juntas conforme mostrado. Sabendo que forças de 100 kN são aplicadas às placas soldadas e que a tensão de cisalhamento no plano, paralela à solda é de 30 MPa, determine (*a*) o ângulo β, (*b*) a correspondente tensão normal perpendicular à solda.

7.161 Determine os planos principais e as tensões principais para o estado plano de tensões que resulta da superposição dos dois estados planos mostrados.

Fig. P7.161

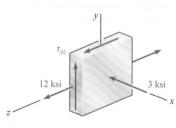

Fig. P7.162

7.162 Para o estado de tensões mostrado, determine a tensão de cisalhamento máxima quando (*a*) $\tau_{yz} = 17{,}5$ ksi, (*b*) $\tau_{yz} = 8$ ksi, (*c*) $\tau_{yz} = 0$.

7.163 Para o estado de tensão indicado, determine dois valores de σ_y para os quais a tensão de cisalhamento máxima é de 73 MPa.

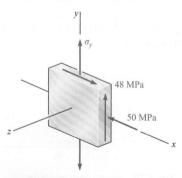

Fig. P7.163

7.164 O estado plano de tensão indicado ocorre em um componente de máquina feito de um aço com $\sigma_Y = 45$ ksi. Usando o critério da energia de distorção máxima, determine se ocorre escoamento quando (a) $\tau_{xy} = 9$ ksi, (b) $\tau_{xy} = 18$ ksi, (c) $\tau_{xy} = 20$ ksi. Caso o escoamento não ocorra, determine o fator de segurança correspondente.

7.165 O tanque de ar comprimido AB tem um diâmetro externo de 250 mm e espessura de parede de 8 mm. Ele é equipado com um anel no qual é aplicada uma força P de 40 kN horizontal em B. Sabendo que a pressão manométrica no tanque é de 5 MPa, determine a tensão normal máxima e a tensão de cisalhamento máxima no ponto K.

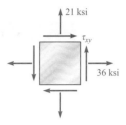

Fig. P7.164

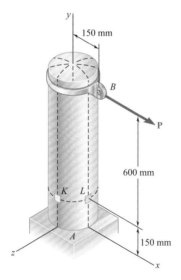

Fig. P7.165

7.166 Para o tanque de ar comprimido e carregamento do Prob. 7.165, determine a tensão normal máxima e a tensão de cisalhamento máxima no plano no ponto L.

7.167 O tubo de latão AD é encaixado em uma jaqueta utilizada para aplicar uma pressão hidrostática de 3448 kPa à porção BC do tubo. Sabendo que a pressão interna do tubo é de 689,5 kPa, determine a máxima tensão normal no tubo.

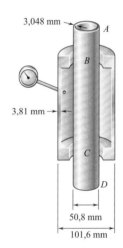

Fig. P7.167

7.168 Para a montagem do Prob. 7.167, determine a tensão normal na jaqueta (a) na direção perpendicular ao eixo longitudinal da jaqueta, (b) na direção paralela a esse eixo.

7.169 Determine a maior deformação específica normal no plano das deformações, sabendo que foram obtidas usando a roseta abaixo:

$$\varepsilon_1 = -50 \times 10^{-6} \text{ in./in.} \quad \varepsilon_2 = +360 \times 10^{-6} \text{ in./in.}$$
$$\varepsilon_3 = +315 \times 10^{-6} \text{ in./in.}$$

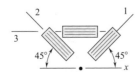

Fig. P7.169

PROBLEMAS PARA COMPUTADOR

Os problemas a seguir devem ser resolvidos com um computador.

7.C1 Um estado plano de tensão é definido pelas componentes de tensão σ_x, σ_y e τ_{xy} associadas ao elemento mostrado na Figura P7.C1a. (a) Elabore um programa de computador que possa ser utilizado para calcular as componentes de tensão $\sigma_{x'}$, $\sigma_{y'}$ e $\tau_{x'y'}$ associadas ao elemento depois que ele sofreu uma rotação de um ângulo θ sobre o eixo z (Fig. P7.C1b). (b) Use esse programa para resolver os Problemas 7.13 a 7.16.

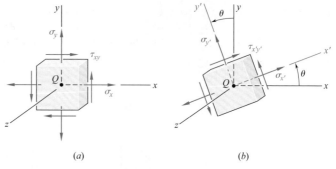

Fig. P7.C1

7.C2 Um estado plano de tensão é definido pelas componentes de tensão σ_x, σ_y e τ_{xy} associadas ao elemento mostrado na Figura P7.C1a. (a) Elabore um programa de computador que possa ser utilizado para calcular os eixos principais, as tensões principais, a tensão de cisalhamento máxima no plano das tensões e a tensão de cisalhamento máxima. (b) Use esse programa para resolver os Problemas 7.68 e 7.69.

7.C3 (a) Elabore um programa de computador que, para um dado estado plano de tensão e uma dada tensão de escoamento de um material dúctil, possa ser utilizado para determinar se o material escoará. O programa deverá usar o critério da tensão de cisalhamento máxima e o critério da energia máxima de distorção. Deverá também imprimir os valores das tensões principais e, se o material não escoar, calcular o coeficiente de segurança. (b) Use esse programa para resolver os Problemas 7.81 e 7.82.

7.C4 (a) Elabore um programa de computador com base no critério de fratura de Mohr para materiais frágeis que, para um dado estado plano de tensão e valores dados de limite de resistência do material em tração e compressão, possa ser utilizado para determinar se ocorrerá ruptura. O programa deverá também imprimir os valores das tensões principais. (b) Use esse programa para resolver os Problemas 7.91 e 7.92 e para verificar as respostas dos Problemas 7.93 e 7.94.

7.C5 Um estado plano de deformação é definido pelas componentes de deformação ϵ_x, ϵ_y e γ_{xy} associadas aos eixos x e y. (a) Elabore um programa de computador que possa ser utilizado para calcular as componentes de deformação $\epsilon_{x'}$, $\epsilon_{y'}$ e $\gamma_{x'y'}$ associadas ao sistema de referência $x'y'$ obtido por meio da rotação dos eixos x e y de um ângulo θ. (b) Use esse programa para resolver os Problemas 7.129 e 7.131.

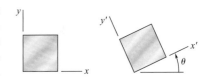

Fig. P7.C5

7.C6 Um estado de deformação é definido pelas componentes de deformação ϵ_x, ϵ_y e γ_{xy} associadas aos eixos x e y. (a) Elabore um programa de computador que possa ser utilizado para determinar a orientação e a intensidade das deformações específica principais, a deformação de cisalhamento máxima no plano das deformações e a deformação de cisalhamento máxima. (b) Use esse programa para resolver os Problemas 7.136 a 7.139.

7.C7 Um estado plano de deformação é definido pelas componentes de deformação ϵ_x, ϵ_y e γ_{xy} medidas em um ponto. (a) Elabore um programa de computador que possa ser utilizado para determinar a orientação e a intensidade das deformações específicas principais, a deformação de cisalhamento máxima no plano das deformações e a intensidade da deformação de cisalhamento. (b) Use esse programa para resolver os Problemas 7.140 a 7.143.

7.C8 Uma roseta com três extensômetros que formam, respectivamente, ângulos θ_1, θ_2 e θ_3 com o eixo x é fixada à superfície livre de um componente de máquina feito de um material com um dado coeficiente de Poisson ν. (a) Elabore um programa de computador que, para leituras fornecidas de ϵ_1, ϵ_2 e ϵ_3 dos extensômetros, possa ser utilizado para calcular as componentes de deformação associadas aos eixos x e y, e para determinar a orientação e a intensidade das três deformações específicas principais, a máxima deformação de cisalhamento no plano das deformações e a deformação de cisalhamento máxima. (b) Use esse programa para resolver os Problemas 7.144, 7.145, 7.146 e 7.169.

8
Tensões principais sob um dado carregamento

Em virtude da ação da gravidade e da força do vento, um poste que suporta uma placa pode estar submetido simultaneamente à compressão, flexão e torção. Este capítulo examinará as tensões resultantes da combinação de tais carregamentos.

OBJETIVOS

Neste capítulo, vamos:

- **Descrever** como as componentes de tensão variam ao longo de uma viga.
- **Identificar** a localização dos pontos-chave para a análise de tensões em perfis de seção I.
- **Projetar** eixos de transmissão submetidos a ações transversais e torques.
- **Descrever** as tensões ao longo de um elemento resultantes de ações combinadas.

INTRODUÇÃO

Na primeira parte deste capítulo, você aplicará, no projeto de vigas e eixos, os conhecimentos adquiridos no Capítulo 7 sobre transformação de tensões. Na segunda parte do capítulo, você aprenderá a determinar as tensões principais em componentes estruturais e elementos de máquinas sob determinadas condições de carregamento.

No Capítulo 5, você aprendeu a calcular a tensão normal máxima σ_m que ocorre em uma viga sob um carregamento transversal (Fig. 8.1a) e verificar se esse valor ultrapassava a tensão admissível σ_{adm} para determinado material. Se ultrapassasse, o projeto da viga não seria aceitável. Enquanto o material frágil tende a falhar em tração, o material dúctil tende a falhar em cisalhamento (Fig. 8.1b). O fato de que $\sigma_m > \sigma_{adm}$ indica que o $|M|_{máx}$ é muito grande para a seção transversal selecionada, mas não fornece nenhuma informação sobre o verdadeiro mecanismo da falha. Da mesma forma, o fato de que $\tau_m > \tau_{adm}$ simplesmente indica que $|V|_{máx}$ é muito grande para a seção transversal selecionada. Assim, enquanto o perigo para um material dúctil é realmente falhar em cisalhamento (Fig. 8.2a), o perigo para um material frágil é falhar em tração sob as tensões principais (Fig. 8.2b). A distribuição das tensões principais em uma viga será discutida na Seção 8.1.

Introdução

8.1 Tensões principais em uma viga
8.2 Projeto de eixos de transmissão
8.3 Tensões sob carregamentos combinados

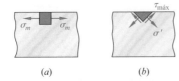

Fig. 8.1 Elementos de tensão quando a tensão normal é máxima em uma viga transversalmente carregada. (a) Elemento mostrando a tensão normal máxima. (b) Elemento mostrando a tensão de cisalhamento máxima correspondente.

Dependendo da forma da seção transversal da viga e do valor da força cortante V na seção crítica em que $|M| = |M|_{máx}$, é provável que o maior valor da tensão normal não ocorra na parte superior ou inferior da seção, mas em algum outro ponto no interior dela. Conforme você verá na Seção 8.1, uma combinação de grandes valores de σ_x e τ_{xy} próximo da junção da alma com as mesas de uma viga de perfil de mesas largas (W-beam) ou de uma viga de perfil I (S-beam, padrão norte americano) pode resultar em um valor da tensão principal $\sigma_{máx}$ (Fig. 8.3) que é maior que o valor σ_m na superfície da viga.

A Seção 8.2 será dedicada ao projeto de eixos de transmissão submetidos a forças transversais, bem como a torques. Será levado em conta o efeito das tensões normais provocadas pelo momento fletor e das tensões de cisalhamento provocadas pelo momento torçor.

Fig. 8.2 Elementos de tensão quando a tensão de cisalhamento é máxima em uma viga sob carregamento transversal. (a) Elemento mostrando a tensão de cisalhamento máxima. (b) Elemento mostrando a tensão normal correspondente.

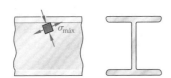

Fig. 8.3 Elemento de tensões normais principais na junção da mesa com a alma de uma viga com seção em perfil I.

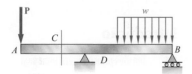

Fig. 8.4 Viga prismática sob carregamento transversal.

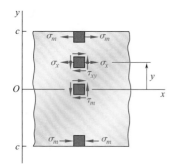

Fig. 8.5 Elementos de tensão em pontos selecionados de uma viga.

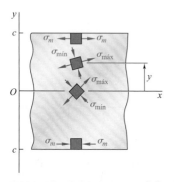

Fig. 8.6 Elementos de estado de tensões normais principais em pontos específicos de uma viga.

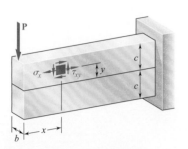

Fig. 8.7 Viga de seção retangular esbelta em balanço sob carga concentrada.

Na Seção 8.3, você aprenderá a determinar as tensões em determinado ponto K de um corpo de forma arbitrária submetido a um carregamento combinado. Primeiramente, você reduzirá o carregamento dado a forças e momentos na seção que contém o ponto K. Em seguida, calculará as tensões normal e de cisalhamento em K. Finalmente, utilizando um dos métodos de transformação de tensão que você aprendeu no Capítulo 7, determinará os planos principais, tensões principais e tensão de cisalhamento máxima no ponto K.

8.1 TENSÕES PRINCIPAIS EM UMA VIGA

Considere uma viga prismática AB submetida a algum carregamento transversal arbitrário (Fig. 8.4). Chamamos de V e M, respectivamente, a força cortante e o momento fletor em uma seção que contém determinado ponto C. Lembramos com os Capítulos 5 e 6 que, dentro do limite elástico, as tensões que atuam em um pequeno elemento com faces perpendiculares, respectivamente, aos eixos x e y se reduzem somente a tensões normais $\sigma_m = Mc/I$ se o elemento estiver na superfície livre da viga e somente a tensões de cisalhamento $\tau_m = VQ/It$ se o elemento estiver na superfície neutra (Fig. 8.5).

Em qualquer outro ponto da seção transversal, um elemento está submetido simultaneamente às tensões normais

$$\sigma_x = -\frac{My}{I} \qquad (8.1)$$

em que y é a distância da superfície neutra e I o momento de inércia da seção em relação ao eixo que passa pelo centroide e a tensões de cisalhamento

$$\tau_{xy} = -\frac{VQ}{It} \qquad (8.2)$$

em que Q é o momento estático em relação à linha neutra da parte da área da seção transversal localizada acima do ponto em que as tensões são calculadas, e t é a espessura da seção transversal naquele ponto. Utilizando qualquer um dos métodos de análise apresentados no Capítulo 7, podemos obter as tensões principais em qualquer ponto da seção transversal (Fig. 8.6).

Surge a seguinte questão: pode a tensão normal máxima $\sigma_{\text{máx}}$, em algum ponto interno da seção transversal, ser maior que o valor de $\sigma_m = Mc/I$ calculado na superfície da viga? Se puder, então a determinação da maior tensão normal na viga envolverá muito mais aspectos além do cálculo de $|M|_{\text{máx}}$ e do uso da Equação (8.1). Podemos obter uma resposta para essa questão investigando a distribuição das tensões principais em uma viga de seção retangular estreita e em balanço submetida a uma força concentrada **P** em sua extremidade livre (Fig. 8.7). Recordamos da Seção 6.2 que as tensões normal e de cisalhamento a uma distância x da força **P** e a uma distância y acima da superfície neutra são dadas, respectivamente, pelas Equações (6.13) e (6.12). Como o momento de inércia da seção transversal é

$$I = \frac{bh^3}{12} = \frac{(bh)(2c)^2}{12} = \frac{Ac^2}{3}$$

em que A é a área da seção transversal e c é a meia altura da viga,

$$\sigma_x = \frac{Pxy}{I} = \frac{Pxy}{\frac{1}{3}Ac^2} = 3\frac{P}{A}\frac{xy}{c^2} \qquad (8.3)$$

e

$$\tau_{xy} = \frac{3}{2}\frac{P}{A}\left(1 - \frac{y^2}{c^2}\right) \qquad (8.4)$$

Utilizando o método da Seção 7.1.2 ou Seção 7.2, $\sigma_{máx}$ pode ser determinado em qualquer ponto da viga. A Figura 8.8 mostra os resultados dos cálculos das relações $\sigma_{máx}/\sigma_m$ e $\sigma_{mín}/\sigma_m$ em duas seções da viga, correspondendo, respectivamente, a $x = 2c$ e $x = 8c$. Em cada seção, essas relações foram determinadas em 11 pontos diferentes, e a orientação dos eixos principais foi indicada em cada ponto.[†]

Está claro que $\sigma_{máx}$ não ultrapassa σ_m em nenhuma das duas seções consideradas na Fig. 8.8 e que, se ela não ultrapassa σ_m em nenhum lugar, ela estará em seções próximas da força **P**, em que σ_m é pequena se comparada com τ_m.[‡] No entanto, para seções próximas da força **P**, não se aplica o princípio de Saint-Venant; as Equações (8.3) e (8.4) deixam de ser válidas, exceto no caso

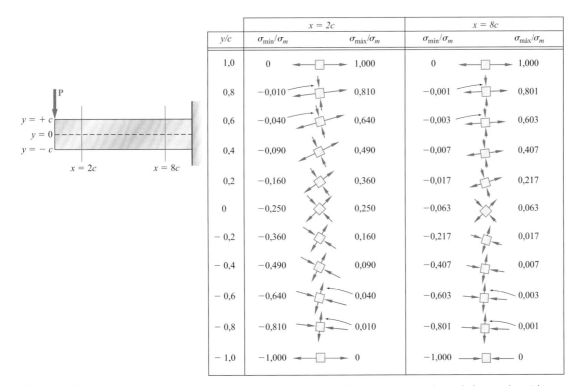

Fig. 8.8 Distribuição de tensões principais em duas seções transversais de uma viga retangular em balanço submetida a uma única força concentrada.

[†] Ver o Problema 8.C2, que se refere ao programa utilizado para obter os resultados mostrados na Fig. 8.8.

[‡] Conforme verificado no Problema 8.C2, $\sigma_{máx}$ ultrapassa σ_m se $x \leq 0{,}544c$.

muito improvável de uma força distribuída parabolicamente sobre a seção da extremidade livre (ver Seção 6.2), e deverão ser utilizados métodos de análise mais avançados levando em conta o efeito das concentrações de tensão. Concluímos então que, para vigas de seção transversal retangular e dentro do escopo da teoria apresentada neste texto, a tensão normal máxima pode ser obtida da Equação (8.1).

Na Fig. 8.8, as direções dos eixos principais foram determinadas em onze pontos em cada uma das duas seções consideradas. Se essa análise fosse estendida a um número maior de seções e a um número maior de pontos em cada seção, seria possível traçar dois sistemas ortogonais de curvas no lado da viga (Fig. 8.9). Um sistema consistiria em curvas tangentes aos eixos principais correspondendo a $\sigma_{máx}$ e o outro sistema em curvas tangentes aos eixos principais correspondendo a $\sigma_{mín}$. As curvas obtidas dessa maneira são conhecidas como *trajetórias de tensão*. Uma trajetória do primeiro grupo (linhas contínuas) define em cada um de seus pontos a direção da maior tensão de tração, enquanto uma trajetória do segundo grupo (linhas tracejadas) define a direção da maior tensão de compressão.[†]

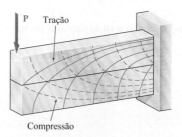

Fig. 8.9 Trajetórias de tensão em uma viga de seção retangular e em balanço submetida a uma força concentrada.

A conclusão a que chegamos para vigas de seção transversal retangular é a de que a tensão normal máxima na viga pode ser obtida da Equação (8.1) e permanece válida para muitas vigas de seção transversal não retangular. No entanto, quando a largura da seção transversal varia de maneira que as maiores tensões de cisalhamento τ_{xy} ocorram em pontos próximos da superfície da viga, em que σ_x também é grande, pode ocorrer nesses pontos um valor da tensão principal $\sigma_{máx}$ maior que σ_m. Deve-se ficar particularmente atento a essa possibilidade ao selecionar vigas de mesas largas ou vigas de perfil I e calcular a tensão principal $\sigma_{máx}$ nas junções b e d da alma com as mesas da viga (Fig. 8.10). Isso é feito determinando-se σ_x e τ_{xy} naqueles pontos pelas Equações (8.1) e (8.2), respectivamente, e utilizando um dos métodos de análise do Capítulo 7 para obter $\sigma_{máx}$ (ver o Problema Resolvido 8.1). Um procedimento alternativo, utilizado no projeto para selecionar uma seção aceitável utiliza a aproximação $\tau_{máx} = V/A_{alma}$, dado pela Equação (6.11). Isso leva a um valor ligeiramente maior e, portanto, mais conservador da tensão principal $\sigma_{máx}$ na junção da alma com as mesas da viga (ver o Problema Resolvido 8.2).

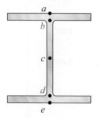

Fig. 8.10 Localização dos pontos-chave para a análise de tensões em perfil de seção I.

[†] Um material frágil, como o concreto, falhará em tração ao longo de planos que são perpendiculares às trajetórias de tensão de tração. Assim, para serem eficientes, as barras de aço de reforço devem ser colocadas de modo que interceptem esses planos. Entretanto, enrijecedores soldados na alma de uma viga serão eficazes para evitar a flambagem da alma somente se eles interceptarem planos perpendiculares às trajetórias de tensão de compressão.

8.2 PROJETO DE EIXOS DE TRANSMISSÃO

O projeto de eixos de transmissão na Seção 3.4 considerou apenas as tensões devido aos torques aplicados nos eixos. No entanto, se a potência for transferida para o eixo ou do eixo por meio de engrenagens ou polias dentadas (Fig. 8.11a), as forças aplicadas nos dentes das engrenagens ou polias serão equivalentes aos sistemas de força e momento aplicados nos centros das seções transversais correspondentes AB (Fig. 8.11b). Isso significa que os eixos estão submetidos a ambas as ações, transversais e torsionais.

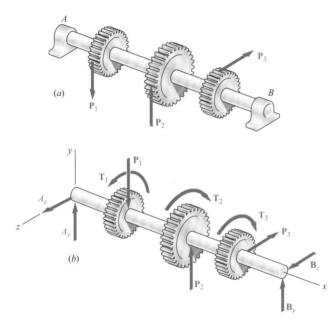

Fig. 8.11 Carregamentos nos sistemas engrenagem-eixo. (a) Forças aplicadas ao dente da engrenagem. (b) Diagrama de corpo livre do eixo, com as forças nas engrenagens substituídas pelos conjugados de força e momento equivalentes aplicados ao eixo.

As tensões de cisalhamento produzidas no eixo por cargas transversais são geralmente muito menores que aquelas produzidas pelos torques e serão desprezadas nessa análise.† As tensões normais provocadas pelas cargas transversais, no entanto, podem ser muito grandes e sua contribuição para a tensão de cisalhamento máxima $\tau_{máx}$ deverá ser levada em conta.

Considere a seção transversal do eixo em algum ponto C. Representamos o torque **T** e os momentos fletores $\mathbf{M}_y$ e $\mathbf{M}_z$ atuando, respectivamente, em um plano horizontal e em um plano vertical pelos vetores conjugados mostrados (Fig. 8.12a). Como qualquer diâmetro da seção é um eixo principal de inércia para a seção, podemos substituir $\mathbf{M}_y$ e $\mathbf{M}_z$ por sua resultante **M** (Fig. 8.12b) para calcular as tensões normais σ_x. Verificamos então que σ_x é máximo na

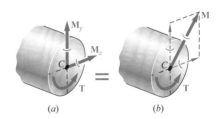

Fig. 8.12 (a) Torque e momento fletor agindo sobre a seção transversal do eixo. (b) Momentos fletores substituídos por sua resultante **M**.

† Para uma aplicação em que as tensões de cisalhamento produzidas pelas cargas transversais devem ser consideradas, ver os Problemas 8.21 e 8.22.

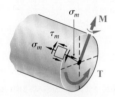

Fig. 8.13 Elemento de tensão máxima.

extremidade do diâmetro perpendicular ao vetor que representa **M** (Fig. 8.13). Lembrando que os valores das tensões normais nesse ponto são, respectivamente, $\sigma_m = Mc/I$ e zero, enquanto a tensão de cisalhamento é $\tau_m = Tc/J$, representamos os pontos correspondentes X e Y no círculo de Mohr (Fig. 8.14). O valor da tensão de cisalhamento máxima é

$$\tau_{máx} = R = \sqrt{\left(\frac{\sigma_m}{2}\right)^2 + (\tau_m)^2} = \sqrt{\left(\frac{Mc}{2I}\right)^2 + \left(\frac{Tc}{J}\right)^2}$$

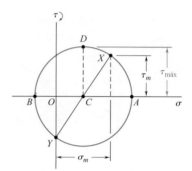

Fig. 8.14 Círculo de Mohr para o carregamento no eixo.

Lembrando que, para uma seção transversal circular ou anular, $2I = J$, temos

$$\tau_{máx} = \frac{c}{J}\sqrt{M^2 + T^2} \qquad (8.5)$$

Concluímos que o valor mínimo admissível para a relação J/c para a seção transversal do eixo é

$$\frac{J}{c} = \frac{(\sqrt{M^2 + T^2})_{máx}}{\tau_{adm}} \qquad (8.6)$$

em que o numerador no membro da direita da expressão obtida representa o valor máximo de $\sqrt{M^2 + T^2}$ no eixo e τ_{adm}, a tensão de cisalhamento admissível. Expressando o momento fletor M em termos de suas componentes nos dois planos coordenados, temos também

$$\frac{J}{c} = \frac{(\sqrt{M_y^2 + M_z^2 + T^2})_{máx}}{\tau_{adm}} \qquad (8.7)$$

As Equações (8.6) e (8.7) podem ser utilizadas para projetar eixos circulares cheios e vazados e deverão ser comparadas com a Equação (3.21), que foi obtida considerando que o eixo havia sido solicitado somente por torção.

A determinação do valor máximo de $\sqrt{M_y^2 + M_z^2 + T^2}$ será facilitada se forem traçados os diagramas de momento fletor correspondentes a M_y e M_z, bem como um terceiro diagrama representando os valores de T ao longo do eixo (ver Problema Resolvido 8.3).

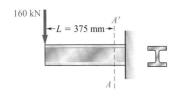

PROBLEMA RESOLVIDO 8.1

Uma força de 160 kN é aplicada, conforme mostra a figura, à extremidade de uma viga de aço laminado W200 × 52. Desprezando o efeito dos adoçamentos e das concentrações de tensão, verifique se as tensões normais na viga satisfazem à especificação de projeto de que elas devem ser iguais ou menores que 150 MPa na seção A-A'.

ESTRATÉGIA: Para determinar a tensão normal máxima, você deve realizar a análise das tensões na viga na superfície do flange bem como na junção entre a alma e o flange. Uma análise do círculo de Mohr também será necessária na junta da alma com o flange para determinar a máxima tensão normal.

MODELAGEM E ANÁLISE:

Força cortante e momento fletor. Com base na Fig. 1, na seção A-A', temos

$$M_A = (160 \text{ kN})(0{,}375 \text{ m}) = 60 \text{ kN} \cdot \text{m}$$
$$V_A = 160 \text{ kN}$$

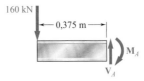

Fig. 1 Diagrama de corpo livre da viga, com seção em A–A'

Tensões normais no plano transversal. Consultando a tabela das *Propriedades de Perfis de Aço Laminado* no Apêndice E, obtemos os dados mostrados e determinamos as tensões σ_a e σ_b (Fig. 2).

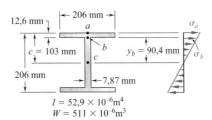

Fig. 2 Dimensões da seção transversal e distribuição da tensão normal.

No ponto a:

$$\sigma_a = \frac{M_A}{W} = \frac{60 \text{ kN} \cdot \text{m}}{511 \times 10^{-6} \text{ m}^3} = 117{,}4 \text{ MPa}$$

No ponto b:

$$\sigma_b = \sigma_a \frac{y_b}{c} = (117{,}4 \text{ MPa})\frac{90{,}4 \text{ mm}}{103 \text{ mm}} = 103{,}0 \text{ MPa}$$

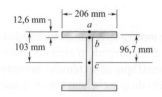

Fig. 3 Dimensões para avaliar Q no ponto b.

Notamos que as tensões normais no plano transversal são menores que 150 MPa.

Tensões de cisalhamento no plano transversal. De acordo com a Fig. 3, obtemos os dados necessários para avaliar Q e determinar as tensões τ_a e τ_b.

No ponto a:
$$Q = 0 \qquad \tau_a = 0$$

No ponto b:
$$Q = (206 \times 12{,}6)(96{,}7) = 251{,}0 \times 10^3 \text{ mm}^3 = 251{,}0 \times 10^{-6} \text{ m}^3$$
$$\tau_b = \frac{V_A Q}{It} = \frac{(160 \text{ kN})(251{,}0 \times 10^{-6} \text{ m}^3)}{(52{,}9 \times 10^{-6} \text{ m}^4)(0{,}00787 \text{ m})} = 96{,}5 \text{ MPa}$$

Tensão principal no ponto b. O estado de tensão no ponto b consiste na tensão normal $\sigma_b = 103{,}0$ MPa e na tensão de cisalhamento $\tau_b = 96{,}5$ MPa. Traçamos o círculo de Mohr (Fig. 4) e encontramos

$$\sigma_{\text{máx}} = \frac{1}{2}\sigma_b + R = \frac{1}{2}\sigma_b + \sqrt{\left(\frac{1}{2}\sigma_b\right)^2 + \tau_b^2}$$
$$= \frac{103{,}0}{2} + \sqrt{\left(\frac{103{,}0}{2}\right)^2 + (96{,}5)^2}$$
$$\sigma_{\text{máx}} = 160{,}9 \text{ MPa}$$

A especificação, $\sigma_{\text{máx}} \leq 150$ MPa, *não* é satisfeita. ◄

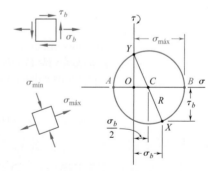

Fig. 4 Elemento plano orientado na direção das tensões principais nas coordenadas do ponto b; círculo de Mohr para o ponto b.

REFLETIR E PENSAR: Para essa viga e esse carregamento, a tensão principal no ponto b é 36% maior que a tensão normal no ponto a. Para $L \geq 881$ mm (Fig. 5), a tensão normal máxima ocorreria no ponto a.

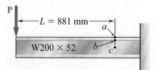

Fig. 5 Condição em que a tensão principal máxima no ponto a começa a ultrapassar aquela no ponto b.

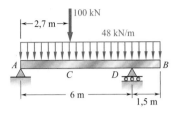

PROBLEMA RESOLVIDO 8.2

A viga biapoiada com um balanço AB suporta uma força uniformemente distribuída de 48 kN/m e uma força concentrada de 100 kN em C. Sabendo que para o tipo de aço a ser utilizado $\sigma_{adm} = 165$ MPa e $\tau_{adm} = 100$ MPa, selecione a viga de mesa larga que deverá ser utilizada.

ESTRATÉGIA: Desenhe o diagrama de forças cortantes e momentos fletores para determinar seus valores máximos. A partir do momento fletor máximo, você pode achar o módulo necessário para a seção e utilizá-lo para selecionar o perfil de mesas largas mais leve disponível. Você pode então verificar se a máxima tensão de cisalhamento na alma e a tensão normal principal máxima na junção da alma com a mesa não excedem a tensão admissível dada.

MODELAGEM E ANÁLISE:

Reações em A e D. Desenhamos o diagrama de corpo livre da viga (Fig. 1). Das equações de equilíbrio $\Sigma M_D = 0$ e $\Sigma M_A = 0$, encontramos os valores de R_A e R_D mostrados no diagrama.

Diagramas de força cortante e momento fletor. Utilizando o método das Seções 5.1 e 5.2, traçamos os diagramas (Fig. 1) e observamos que

$$|M|_{máx} = 338 \text{ kN} \cdot \text{m} = 338 \times 10^3 \text{ N} \cdot \text{m} \qquad |V|_{máx} = 198 \text{ kN}$$

Módulo de resistência da seção. Para $|M|_{máx} = 338 \times 10^3$ N · m e $\sigma_{adm} = 165$ MPa, o módulo de resistência mínimo aceitável da seção para a viga de aço laminado é

$$W_{mín} = \frac{|M|_{máx}}{\sigma_{adm}} = \frac{338 \times 10^3 \text{ N} \cdot \text{m}}{165 \times 10^6 \text{ N/m}^2} = 2,048 \times 10^{-3} \text{ m}^3 = 2048 \times 10^3 \text{ mm}^3$$

Seleção da viga de mesa larga. Na tabela de *Propriedades dos Perfis de Aço Laminado*, no Apêndice E, compilamos uma lista dos perfis mais leves de determinada altura que tenham um módulo de resistência da seção transversal maior que $W_{mín}$.

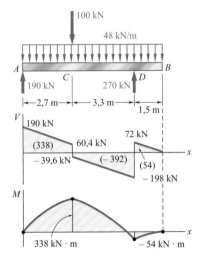

Fig. 1 Diagrama de corpo livre da viga; diagramas da força cortante e do momento fletor.

Perfil	W (mm³) 10^3
W610 × 101	2530
W530 × 92	2070
W460 × 113	2400
W410 × 144	2200
W310 × 143	2150
W250 × 167	2080

O perfil mais leve disponível é **W530 × 92** ◄

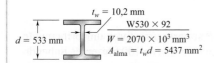

Fig. 2 Propriedades da seção transversal em perfil de seção I.

Tensão de cisalhamento. Como estamos projetando a viga, assumiremos que a força cortante máxima é uniformemente distribuída sobre a área da alma do perfil W530 × 92 (Fig. 2). Temos

$$\tau_m = \frac{V_{máx}}{A_{alma}} = \frac{198 \times 10^3 \text{ N}}{5437 \times 10^{-6} \text{ m}^2} = 36,42 \text{ MPa} < 100 \text{ MPa} \quad \text{(OK)}$$

Tensão principal no ponto b. Verificamos que a tensão principal máxima no ponto b, na seção crítica em que M é máximo, não ultrapassa $\sigma_{adm} = 165$ MPa. De acordo com a Fig. 3, temos

$$\sigma_a = \frac{M_{máx}}{W} = \frac{338 \times 10^3 \text{ N} \cdot \text{m}}{2070 \times 10^{-6} \text{ m}^3} = 163,3 \text{ MPa}$$

$$\sigma_b = \sigma_a \frac{y_b}{c} = (163,3 \text{ MPa}) \frac{0,251 \text{ m}}{0,267 \text{ m}} = 153,5 \text{ MPa}$$

De forma conservadora, $\tau_b = \dfrac{V}{A_{alma}} = \dfrac{60,4 \times 10^3 \text{ N}}{5437 \times 10^{-6} \text{ m}^2} = 11,11 \text{ MPa}$

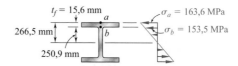

Fig. 3 Localização chave dos pontos para análise de tensões e sua distribuição normal na seção.

Traçamos o círculo de Mohr (Fig. 4) e encontramos

$$\sigma_{máx} = \tfrac{1}{2}\sigma_b + R = \frac{153,8 \text{ MPa}}{2} + \sqrt{\left(\frac{153,8 \text{ MPa}}{2}\right)^2 + (11,11 \text{ MPa})^2}$$

$$\sigma_{máx} = 155 \text{ MPa} < 165 \text{ MPa} \quad \text{(OK)} \blacktriangleleft$$

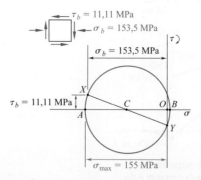

Fig. 4 Elemento de tensão no ponto b e círculo de Mohr para o ponto b.

PROBLEMA RESOLVIDO 8.3

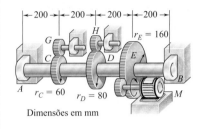

O eixo de seção cheia AB tem uma rotação de 480 rpm quando transmite 30 kW de potência do motor M para as máquinas-ferramentas conectadas às engrenagens G e H; 20 kW são transmitidos pela engrenagem G e 10 kW pela engrenagem H. Sabendo que $\tau_{adm} = 50$ MPa, determine o menor diâmetro admissível para o eixo AB.

ESTRATÉGIA: Depois de determinar as forças e os momentos exercidos no eixo, você pode obter seus diagramas de momento fletor e torque. Utilizando esses diagramas para ajudar na identificação da seção transversal crítica, você pode então determinar o diâmetro de eixo necessário.

MODELAGEM:

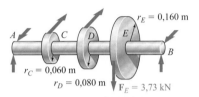

Fig. 1 Diagrama de corpo livre do eixo AB e suas engrenagens.

Desenhe o diagrama de corpo livre para o eixo e as engrenagens (Fig. 1). Observando que $f = 480$ rpm $= 8$ Hz, determinamos o torque que atua na engrenagem E:

$$T_E = \frac{P}{2\pi f} = \frac{30 \text{ kW}}{2\pi(8 \text{ Hz})} = 597 \text{ N} \cdot \text{m}$$

A força tangencial correspondente que atua na engrenagem é

$$F_E = \frac{T_E}{r_E} = \frac{597 \text{ N} \cdot \text{m}}{0,16 \text{ m}} = 3,73 \text{ kN}$$

Uma análise similar das engrenagens C e D resulta em:

$$T_C = \frac{20 \text{ kW}}{2\pi(8 \text{ Hz})} = 398 \text{ N} \cdot \text{m} \qquad F_C = 6,63 \text{ kN}$$

$$T_D = \frac{10 \text{ kW}}{2\pi(8 \text{ Hz})} = 199 \text{ N} \cdot \text{m} \qquad F_D = 2,49 \text{ kN}$$

Agora substituímos as forças nas engrenagens pelo sistema de força e momento equivalentes conforme mostrado na Fig. 2.

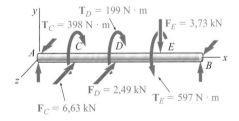

Fig. 2 Diagrama de corpo livre do eixo AB, com as forças da engrenagem substituídas pelos sistemas de força e momento equivalentes.

ANÁLISE:

Diagramas de momento fletor e torque (Fig. 3)

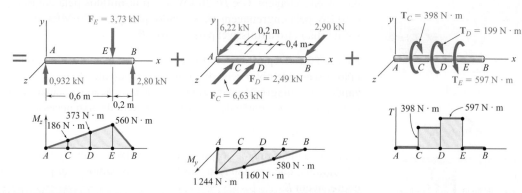

Fig. 3 A análise do diagrama de corpo livre apenas do eixo *AB* com as força e os momentos correspondentes é equivalente à superposição dos momentos fletores a partir das forças verticais, das forças horizontes e dos torques aplicados.

Seção transversal crítica. Calculando $\sqrt{M_y^2 + M_z^2 + T^2}$ em todas as seções (Fig. 4) potencialmente críticas, vemos que seu valor máximo ocorre à direita de *D*:

$$\sqrt{M_y^2 + M_z^2 + T_{\text{máx}}^2} = \sqrt{(1160)^2 + (373)^2 + (597)^2} = 1357 \text{ N} \cdot \text{m}$$

Diâmetro do eixo. Para $\tau_{\text{adm}} = 50$ MPa, a Equação (7.32) fornece

$$\frac{J}{c} = \frac{\sqrt{M_y^2 + M_z^2 + T_{\text{máx}}^2}}{\tau_{\text{adm}}} = \frac{1357 \text{ N} \cdot \text{m}}{50 \text{ MPa}} = 27{,}14 \times 10^{-6} \text{ m}^3$$

Para um eixo de seção circular cheia de raio *c*, temos

$$\frac{J}{c} = \frac{\pi}{2} c^3 = 27{,}14 \times 10^{-6} \qquad c = 0{,}02585 \text{ m} = 25{,}85 \text{ mm}$$

Diâmetro = $2c = 51{,}7$ mm ◄

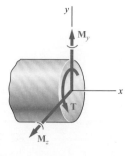

Fig. 4 Componentes do momento e torque na seção crítica.

PROBLEMAS

8.1 Uma viga de aço laminado W250 × 58 suporta uma carga **P** conforme mostra a figura. Sabendo que $P = 200$ kN, $a = 254$ mm e $\sigma_{adm} = 124{,}1$ MPa, determine (*a*) o valor máximo da tensão normal σ_m na viga, (*b*) o valor máximo da tensão principal $\sigma_{máx}$ na junção da mesa com a alma e (*c*) se o perfil especificado é aceitável no que se refere a essas duas tensões.

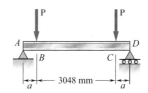

Fig. P8.1

8.2 Resolva o Problema 8.1 considerando que $P = 100$ kN e $a = 508$ mm.

8.3 Uma viga biapoiada com um balanço de aço laminado W920 × 449 suporta uma carga **P** conforme mostra a figura. Sabendo que $P = 700$ kN, $a = 2{,}5$ m e e $\sigma_{adm} = 100$ MPa, determine (*a*) o valor máximo da tensão normal σ_m na viga, (*b*) o valor máximo da tensão principal $\sigma_{máx}$ na junção da mesa com a alma e (*c*) se o perfil especificado é aceitável no que se refere a essas duas tensões.

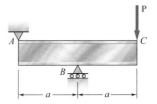

Fig. P8.3

8.4 Resolva o Problema 8.3 considerando que $P = 850$ kN e $a = 2{,}0$ m.

8.5 e 8.6 (*a*) Sabendo que $\sigma_{adm} = 160$ MPa e $\tau_{adm} = 100$ MPa, selecione o perfil de mesa larga mais econômico que deverá ser utilizado para suportar o carregamento mostrado. (*b*) Determine os valores a serem esperados para σ_m, τ_m e a tensão principal $\sigma_{máx}$ na junção da mesa com a alma da viga selecionada.

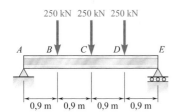

Fig. P8.5

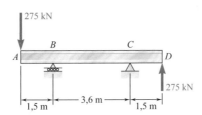

Fig. P8.6

8.7 e 8.8 (*a*) Sabendo que $\sigma_{adm} = 24$ ksi e $\tau_{adm} = 14{,}5$ ksi, selecione o perfil de mesa larga mais econômico que deverá ser utilizado para suportar a carga mostrada. (*b*) Determine os valores a serem esperados para σ_m, τ_m e a tensão principal $\sigma_{máx}$ na junção da mesa com a alma do perfil selecionado.

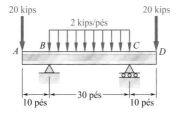

Fig. P8.7

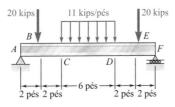

Fig. P8.8

8.9 até 8.14 Cada um dos problemas a seguir se refere a um perfil de aço laminado selecionado em um problema do Capítulo 5 para suportar determinado carregamento a um custo mínimo e ao mesmo tempo satisfazendo a condição $\sigma_m \leq \sigma_{adm}$. Para o projeto selecionado, determine (a) o valor real de σ_m na viga e (b) o valor máximo da tensão principal $\sigma_{máx}$ na junção de uma mesa com a alma.

8.9 Carregamento do Problema 5.73 e forma selecionada W410 × 60.

8.10 Carregamento do Problema 5.74 e perfil W250 × 28,4 selecionado.

8.11 Carregamento do Problema 5.75 e perfil S12 × 31,8 selecionado.

8.12 Carregamento do Problema 5.76 e perfil S15 × 42,9 selecionado.

8.13 Carregamento do Problema 5.77 e perfil S510 × 98,2 selecionado.

8.14 Carregamento do Problema 5.78 e forma selecionada S310 × 47,3.

8.15 Determine o menor diâmetro admissível para o eixo de seção cheia $ABCD$, sabendo que $\tau_{adm} = 60$ MPa e que o raio do disco B é $r = 80$ mm.

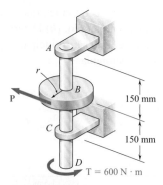

Fig. P8.15 e P8.16

8.16 Determine o menor diâmetro admissível para o eixo de seção cheia $ABCD$ sabendo que $\tau_{adm} = 60$ MPa e que o raio do disco B é $r = 120$ mm.

8.17 Utilizando a notação da Seção 8.2 e desprezando o efeito das tensões de cisalhamento provocadas pelas forças transversais, mostre que a tensão normal máxima em um eixo cilíndrico pode ser expressa como

$$\sigma_{máx} = \frac{c}{J}[(M_y^2 + M_z^2)^{\frac{1}{2}} + (M_y^2 + M_z^2 + T^2)^{\frac{1}{2}}]_{máx}$$

8.18 A força de 4 kN é paralela ao eixo x e a força **Q** é paralela ao eixo z. O eixo AD é vazado. Sabendo que o diâmetro interno é metade do diâmetro externo e que $\tau_{adm} = 60$ MPa, determine o menor diâmetro externo admissível para o eixo.

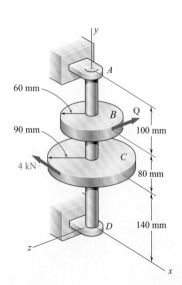

Fig. P8.18

8.19 Desprezando os efeitos dos adoçamentos e das concentrações de tensão, determine os menores diâmetros admissíveis das hastes com seção transversal cheia AB e BD. Utilize $\tau_{adm} = 8$ ksi.

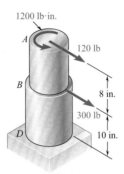

Fig. P8.19 e P8.20

8.20 Sabendo que as hastes AB e BD têm diâmetros de 1,25 in. e 1.75 in., respectivamente, determine a tensão de cisalhamento máxima em cada haste. Despreze os efeitos dos adoçamentos e das concentrações de tensão.

8.21 Foi definido na Seção 8.2 que as tensões de cisalhamento produzidas em um eixo pelas cargas transversais são geralmente muito menores que aquelas produzidas por torques. Nos problemas anteriores, seu efeito foi ignorado, e considerou-se que a tensão de cisalhamento máxima em determinada seção ocorria em um ponto H (Fig. P8.21a) e era igual à expressão obtida na Equação (8.5), ou seja,

$$\tau_H = \frac{c}{J}\sqrt{M^2 + T^2}$$

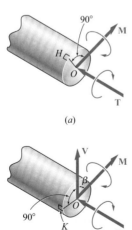

Fig. P8.21

Mostre que a tensão de cisalhamento máxima no ponto K (Fig. P8.21b), em que o efeito da força cortante V é maior, pode ser expressa como

$$\tau_K = \frac{c}{J}\sqrt{(M\cos\beta)^2 + (\tfrac{2}{3}cV + T)^2}$$

em que β é o ângulo entre os vetores **V** e **M**. Está claro que o efeito da força cortante V não pode ser ignorado quando $\tau_k \geq \tau_H$. (*Dica*: Somente a componente de **M** ao longo de **V** contribui para a tensão de cisalhamento em K.)

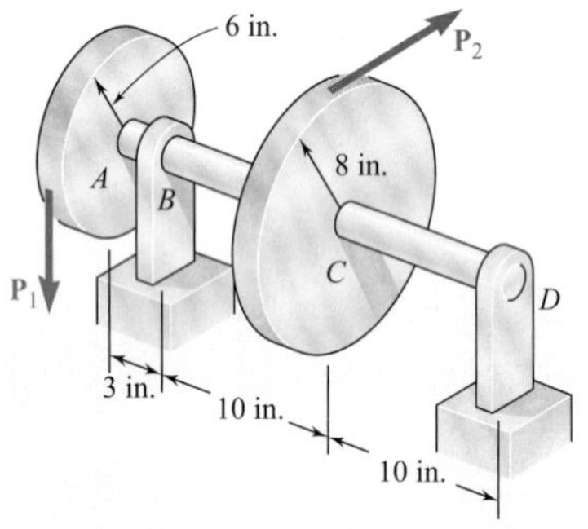

8.22 Assumindo que as intensidades das forças aplicadas aos discos A e C do Prob. 8.19 são, respectivamente, $P_1 = 1080$ lb e $P_2 = 810$ lb, e utilizando a expressão dada no Prob. 8.21, determine os valores de τ_H e τ_K em uma seção (*a*) imediatamente à esquerda de B, (*b*) imediatamente à esquerda de C.

8.23 O eixo de seção transversal cheia AB gira a 720 rpm e transmite 50 kW do motor M para as máquinas-ferramentas acopladas às engrenagens E e F. Sabendo que $\tau_{adm} = 50$ MPa e considerando que são transmitidos 20 kW na engrenagem E e 30 kW na engrenagem F, determine o menor diâmetro admissível para o eixo AB.

Fig. P8.22

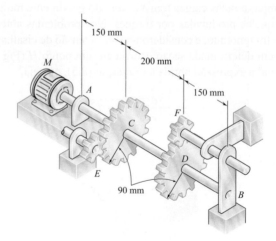

Fig. P8.23

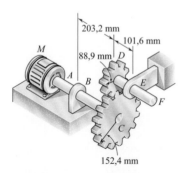

Fig. P8.25

8.24 Resolva o Problema 8.23, considerando que 25 kW são transmitidos por cada engrenagem.

8.25 Os eixos de seção transversal cheia ABC e DEF e as engrenagens mostradas são utilizados para transmitir 20 hp do motor M para uma máquina-ferramenta conectada ao eixo DEF. Sabendo que o motor gira a 240 rpm e que $\tau_{adm} = 51{,}7$ MPa, determine o menor diâmetro admissível para (*a*) o eixo ABC e (*b*) o eixo DEF.

8.26 Resolva o Problema 8.25 considerando que o motor gira a 360 rpm.

8.27 O eixo de seção transversal cheia *ABC* e as engrenagens mostradas na figura transmitem 10 kW do motor *M* para uma máquina-ferramenta conectada à engrenagem *D*. Sabendo que o motor gira a 240 rpm e que τ_{adm} = 60 MPa, determine o menor diâmetro admissível para o eixo *ABC*.

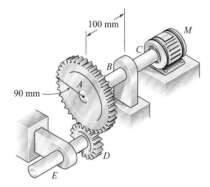

Fig. P8.27

8.28 Considerando que o eixo *ABC* do Problema 8.27 é vazado e tem um diâmetro externo de 50 mm, determine o maior diâmetro interno admissível para o eixo.

8.29 O eixo cheio *AE* gira a 600 rpm e transmite 60 hp do motor *M* para as máquinas-ferramentas acopladas às engrenagens *G* e *H*. Sabendo que τ_{adm} = 55,2 MPa e que 40 hp são transmitidos pela engrenagem *G* e 20 hp são transmitidos pela engrenagem *H*, determine o menor diâmetro admissível para o eixo *AE*.

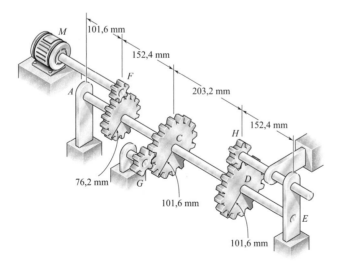

Fig. P8.29

8.30 Resolva o Problema 8.29 considerando que 30 hp são transmitidos pela engrenagem *G* e 30 hp são transmitidos pela engrenagem *H*.

8.3 TENSÕES SOB CARREGAMENTOS COMBINADOS

Nos Capítulos 1 e 2, você aprendeu a determinar as tensões provocadas por uma força axial centrada. No Capítulo 3, analisou a distribuição de tensões em um componente cilíndrico submetido a momento torçor. No Capítulo 4, você determinou as tensões provocadas por momentos fletores e, nos Capítulos 5 e 6, as tensões produzidas por cargas transversais. Você verá agora que pode combinar esses carregamentos para determinar as tensões em membros estruturais delgados ou em componentes de máquina sob condições de carregamento razoavelmente gerais.

Considere, por exemplo, a barra curva $ABDE$ de seção transversal circular que está submetida a várias forças (Fig. 8.15). Para determinarmos as tensões produzidas nos pontos H ou K provocadas pelas cargas dadas, primeiramente cortamos a barra na seção que contém esses pontos e determinamos o sistema de forças e momentos no centroide C da seção que são necessários para manter o equilíbrio da parte ABC.[†] Esse sistema representa os esforços internos na seção e, em geral, consiste em três componentes de força e três vetores momentos cuja direção é a mostrada na Fig. 8.16.

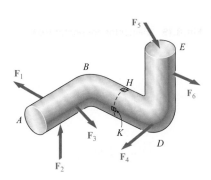

Fig. 8.15 Elemento $ABDE$ submetido a várias forças.

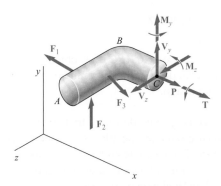

Fig. 8.16 Diagrama de corpo livre do segmento ABC para determinar os esforços internos e momentos na seção transversal C.

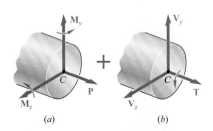

(a)   (b)

Fig. 8.17 Esforços internos e vetores momento separados em (a) aqueles que causam tensões normais e (b) aquelas que causam tensões de cisalhamento.

A força **P** é uma força axial centrada que produz tensões normais na seção. Os vetores momentos fletores $\mathbf{M}_y$ e $\mathbf{M}_z$ fazem a barra flexionar e também produzem tensões normais na seção. Eles foram, portanto, agrupados com a força **P** na parte a da Fig. 8.17a, e as somas σ_x das tensões normais que eles produzem nos pontos H e K foram mostradas na parte a da Fig. 8.18a. Essas tensões podem ser determinadas conforme mostra a Seção 4.9.

Em contrapartida, o momento torçor **T** e as forças cortantes $\mathbf{V}_y$ e $\mathbf{V}_z$, como mostrado na Fig. 8.17b, produzem tensões de cisalhamento na seção. As somas τ_{xy} e τ_{xz} das componentes de tensões de cisalhamento que eles produzem nos pontos H e K foram mostradas na Fig. 8.18b e podem ser determinadas conforme é indicado nas Seções 3.1.3 e 6.1.2.[‡] As tensões

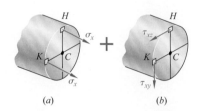

(a)   (b)

Fig. 8.18 Tensões normal e de cisalhamento nos pontos H e K.

[†] O sistema de forças e momentos em C também podem ser definidos como *equivalentes às forças que atuam na parte da barra localizada à direita da seção* (ver a Aplicação do conceito 8.1).

[‡] Note que o seu conhecimento atual lhe permite determinar o efeito do momento torçor **T** somente nos casos de eixos circulares, de barras com uma seção transversal retangular (Seção 3.9), ou de barras vazadas de paredes finas (Seção 3.10).

normal e de cisalhamento mostradas nas partes *a* e *b* da Fig. 8.18*b* podem agora ser combinadas e mostradas nos pontos H e K na superfície da barra (Fig. 8.19).

As tensões principais e a orientação dos planos principais nos pontos H e K podem ser determinadas a partir dos valores de σ_x, τ_{xy} e τ_{xz} em cada um desses pontos, por um dos métodos apresentados no Capítulo 7 (Fig. 8.20). Os valores das tensões de cisalhamento máxima em cada um desses pontos e os planos correspondentes podem ser encontrados de modo similar.

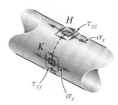

Fig. 8.19 Elementos nos pontos H e K mostrando as tensões combinadas.

Os resultados obtidos nessa seção são válidos somente dentro dos limites em que as condições de aplicabilidade do princípio de superposição (Seção 2.5) e do princípio de Saint-Venant (Seção 2.10) são válidos.

1. As tensões envolvidas não devem exceder o limite de proporcionalidade do material.
2. As deformações provocadas por um dos carregamentos não devem afetar a determinação das tensões provocadas por outros carregamentos.
3. A seção utilizada em nossa análise não deve estar muito próxima dos pontos de aplicação das forças dadas.

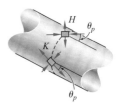

Fig. 8.20 Elementos nos pontos H e K mostrando as tensões principais.

Fica claro, a partir da primeira dessas condições, que o método apresentado aqui não pode ser aplicado a deformações plásticas.

Aplicação do conceito 8.1

Duas forças $\mathbf{P}_1$ e $\mathbf{P}_2$, de intensidade $P_1 = 15$ kN e $P_2 = 18$ kN, são aplicadas, como mostra a Fig. 8.21*a*, à extremidade A da barra AB, que está soldada a um eixo cilíndrico BD de raio $c = 20$ mm. Sabendo que a distância de A até o centro do eixo BD é $a = 50$ mm e considerando que todas as tensões permanecem abaixo do limite de proporcionalidade do material, determine (*a*) as tensões normal e de cisalhamento no ponto K da seção transversal do eixo BD localizado a uma distância $b = 60$ mm da extremidade B, (*b*) os eixos principais e as tensões principais em K e (*c*) a tensão de cisalhamento máxima em K.

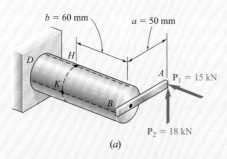

(*a*)

Fig. 8.21 Elemento cilíndrico sob carregamentos combinados. (*a*) Dimensões e carregamento.

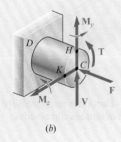

(b)

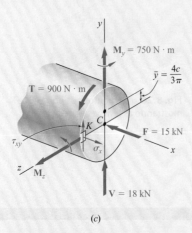

(c)

Fig. 8.21 (Cont.) (b) Esforços internos e momentos na seção contendo os pontos H e K. (c) Valores das forças e dos momentos para produzir tensão no ponto K, além das dimensões necessárias para calcular o momento estático da área.

Esforços internos em determinada seção. Substituímos as forças P_1 e P_2 por um sistema equivalente de forças e momentos aplicados ao centro C da seção contendo o ponto K (Fig. 8.21b). Esse sistema, que representa os esforços internos na seção, consiste nas seguintes forças e momentos:

1. Uma força axial centrada **F** igual à força P_1, de intensidade

$$F = P_1 = 15 \text{ kN}$$

2. Uma força cortante **V** igual à força P_2, de intensidade

$$V = P_2 = 18 \text{ kN}$$

3. O conjugado de torção **T** de torque T igual ao momento de P_2 em relação ao centro do eixo BD

$$T = P_2 a = (18 \text{ kN})(50 \text{ mm}) = 900 \text{ N} \cdot \text{m}$$

4. O conjugado de flexão M_y, de momento M_y igual ao momento de P_1 em relação a um eixo vertical que passa por C:

$$M_y = P_1 a = (15 \text{ kN})(50 \text{ mm}) = 750 \text{ N} \cdot \text{m}$$

5. O conjugado de flexão M_z, de momento M_z igual ao momento de P_2 em relação a um eixo transversal horizontal que passa por C:

$$M_z = P_2 b = (18 \text{ kN})(60 \text{ mm}) = 1080 \text{ N} \cdot \text{m}$$

Os resultados obtidos são mostrados na Fig. 8.21c.

a. **Tensões normal e de cisalhamento no ponto K.** Cada uma das forças e dos momentos mostrados na Fig. 8.21c pode produzir uma tensão normal ou de cisalhamento no ponto K. Calcule separadamente cada uma dessas tensões, depois some as tensões normais e as de cisalhamento.

Propriedades geométricas da seção. Para os dados, temos

$$A = \pi c^2 = \pi(0{,}020 \text{ m})^2 = 1{,}257 \times 10^{-3} \text{ m}^2$$

$$I_y = I_z = \tfrac{1}{4}\pi c^4 = \tfrac{1}{4}\pi(0{,}020 \text{ m})^4 = 125{,}7 \times 10^{-9} \text{ m}^4$$

$$J_C = \tfrac{1}{2}\pi c^4 = \tfrac{1}{2}\pi(0{,}020 \text{ m})^4 = 251{,}3 \times 10^{-9} \text{ m}^4$$

Determine também o momento estático Q e a largura t da área da seção transversal localizada acima do eixo z. Lembrando que $\bar{y} = 4c/3\pi$ para um semicírculo de raio c, temos

$$Q = A'\bar{y} = \left(\tfrac{1}{2}\pi c^2\right)\left(\dfrac{4c}{3\pi}\right) = \tfrac{2}{3}c^3 = \tfrac{2}{3}(0{,}020 \text{ m})^3$$
$$= 5{,}33 \times 10^{-6} \text{ m}^3$$

e

$$t = 2c = 2(0{,}020 \text{ m}) = 0{,}040 \text{ m}$$

Tensões normais. Tensões normais são produzidas em K pela força centrada $\mathbf{F}$ e pelo momento fletor $\mathbf{M}_y$, porém o momento $\mathbf{M}_z$ não produz nenhuma tensão em K, pois K está localizado na linha neutra correspondente àquele momento. Determinando cada um dos sinais por meio da Fig. 8.21c, temos

$$\sigma_x = -\frac{F}{A} + \frac{M_y c}{I_y} = -11,9 \text{ MPa} + \frac{(750 \text{ N} \cdot \text{m})(0,020 \text{ m})}{125,7 \times 10^{-9} \text{ m}^4}$$

$$= -11,9 \text{ MPa} + 119,3 \text{ MPa}$$

$$\sigma_x = +107,4 \text{ MPa}$$

Tensões de cisalhamento. Elas são compostas pela tensão de cisalhamento $(\tau_{xy})_V$ provocada pela força cortante vertical $\mathbf{V}$ e pela tensão de cisalhamento $(\tau_{xy})_{\text{torção}}$ provocada pelo torque $\mathbf{T}$. Lembrando os valores obtidos para Q, t, I_z e J_C,

$$(\tau_{xy})_V = +\frac{VQ}{I_z t} = +\frac{(18 \times 10^3 \text{ N})(5,33 \times 10^{-6} \text{ m}^3)}{(125,7 \times 10^{-9} \text{ m}^4)(0,040 \text{ m})}$$

$$= +19,1 \text{ MPa}$$

$$(\tau_{xy})_{\text{torção}} = -\frac{Tc}{J_C} = -\frac{(900 \text{ N} \cdot \text{m})(0,020 \text{ m})}{251,3 \times 10^{-9} \text{ m}^4} = -71,6 \text{ MPa}$$

Somando essas duas expressões, obtemos τ_{xy} no ponto K.

$$\tau_{xy} = (\tau_{xy})_V + (\tau_{xy})_{\text{torção}} = +19,1 \text{ MPa} - 71,6 \text{ MPa}$$

$$\tau_{xy} = -52,5 \text{ MPa}$$

Na Fig. 8.21d, a tensão normal σ_x e as tensões de cisalhamento τ_{xy} atuam sobre um elemento quadrado localizado em K na superfície do eixo cilíndrico. Note que foram incluídas também as tensões de cisalhamento que atuam nos lados longitudinais do elemento.

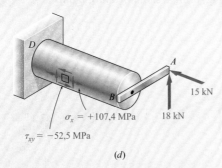

Fig. 8.21 (Cont.) (d) Elemento mostrando as tensões combinadas no ponto K.

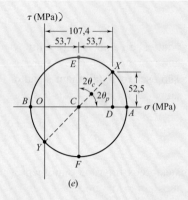

Fig. 8.21 (Cont.) (e) Círculo de Mohr para as tensões no ponto K.

b. Planos principais e tensões principais no ponto K. Podemos usar qualquer um dos dois métodos do Capítulo 7 para determinar os planos principais e as tensões principais em K. Selecionando o círculo de Mohr, representamos o ponto X de coordenadas $\sigma_x = +107,4$ MPa e $-\tau_{xy} = +52,5$ MPa e o ponto Y de coordenadas $\sigma_y = 0$ e $+\tau_{xy} = -52,5$ MPa e traçamos o círculo de diâmetro XY (Fig. 8.21e). Observando que

$$OC = CD = \tfrac{1}{2}(107,4) = 53,7 \text{ MPa} \qquad DX = 52,5 \text{ MPa}$$

determinamos a orientação dos planos principais

$$\operatorname{tg} 2\theta_p = \frac{DX}{CD} = \frac{52,5}{53,7} = 0,97765 \qquad 2\theta_p = 44,4° \downarrow$$

$$\theta_p = 22,2° \downarrow$$

O raio do círculo é

$$R = \sqrt{(53,7)^2 + (52,5)^2} = 75,1 \text{ MPa}$$

e as tensões principais são

$$\sigma_{máx} = OC + R = 53,7 + 75,1 = 128,8 \text{ MPa}$$
$$\sigma_{mín} = OC - R = 53,7 - 75,1 = -21,4 \text{ MPa}$$

Os resultados obtidos são mostrados na Fig. 8.21f.

c. Tensão de cisalhamento máxima no ponto K. Essa tensão corresponde aos pontos E e F na Fig. 8.21e.

$$\tau_{máx} = CE = R = 75,1 \text{ MPa}$$

Observando que $2\theta_c = 90° - 2\theta_p = 90° - 44,4° = 45,6°$, concluímos que os planos de tensão de cisalhamento máxima formam um ângulo $\theta_p = 22,8°$ ↗ com a horizontal. O elemento correspondente é mostrado na Fig. 8.21g. Note que as tensões normais que atuam nesse elemento são representadas por OC na Fig. 8.21e e são, portanto, iguais a +53,7 MPa.

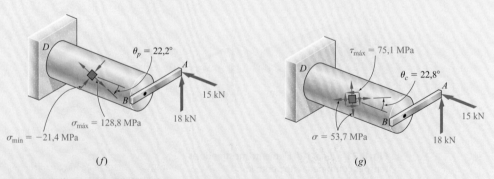

Fig. 8.21 (Cont.) (f) Elemento de tensões normais principais no ponto K. (g) Elemento de tensão de cisalhamento máxima no ponto K.

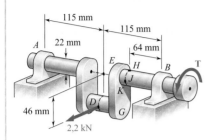

PROBLEMA RESOLVIDO 8.4

Uma força horizontal de 2,2 kN atua no ponto D do eixo virabrequim AB que é mantido em equilíbrio estático por um momento torçor **T** e por reações em A e B. Sabendo que os mancais são oscilantes (alinham-se automaticamente) e não aplicam momentos no eixo, determine as tensões normal e de cisalhamento nos pontos H, J, K e L localizados nas extremidades dos diâmetros vertical e horizontal de uma seção transversal localizada 64 mm à esquerda do mancal B.

ESTRATÉGIA: Comece por determinar os esforços internos e momentos atuando na seção transversal que contém os pontos de interesse e então avalie as tensões nesses pontos devido a cada esforço interno. A combinação desses resultados proverá o estado de tensões completo em cada ponto.

MODELAGEM: Desenhe o diagrama de corpo livre do virabrequim (Fig. 1). Determine $A = B = 1{,}1$ kN

$$+\curvearrowleft \Sigma M_x = 0: \qquad -(2{,}2 \text{ kN})(46 \text{ mm}) + T = 0 \qquad T = 101{,}2 \text{ kN} \cdot \text{mm}$$

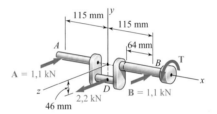

Fig. 1 Diagrama de corpo livre do eixo virabrequim.

ANÁLISE:

Esforços internos na seção transversal. Substituímos a reação **B** e o momento torçor **T** por um sistema equivalente de forças e momentos aplicados no centro C da seção transversal contendo H, J, K e L. (Fig. 2.)

$$V = B = 1{,}1 \text{ kN} \qquad T = 101{,}2 \text{ kN} \cdot \text{mm}$$
$$M_y = (1{,}1 \text{ kN})(64 \text{ mm}) = 70{,}4 \text{ kN} \cdot \text{mm}$$

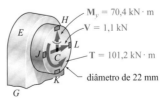

Fig. 2 Sistema de força e momento resultantes na seção contendo os pontos H, J, K e L.

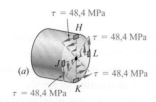

Fig. 3 Tensões de cisalhamento a partir do torque T.

As propriedades geométricas da seção de diâmetro de 22 mm são

$$A = \pi(11 \text{ mm})^2 = 380 \text{ mm}^2 \quad I = \tfrac{1}{4}\pi(11 \text{ mm})^4 = 11499 \text{ mm}^4$$
$$J = \tfrac{1}{2}\pi(11 \text{ mm})^4 = 22998 \text{ mm}^4$$

Tensões produzidas pelo momento torçor T. Utilizando a Equação (3.10), determinamos as tensões de cisalhamento nos pontos H, J, K e L e as mostramos na Fig. 3.

$$\tau = \frac{Tc}{J} = \frac{(101{,}2 \times 10^3 \text{ N} \cdot \text{mm})(11 \text{ mm})}{22998 \text{ mm}^4} = 48{,}4 \text{ MPa}$$

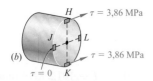

Fig. 4 Tensões de cisalhamento resultando da força cortante V.

Tensões produzidas pela força cortante V. A força cortante **V** não produz tensões de cisalhamento nos pontos J e L. Nos pontos H e K, calculamos primeiro Q para um semicírculo em relação ao diâmetro vertical e depois determinamos a tensão de cisalhamento produzida pela força cortante $V = 1{,}1$ kN. Essas tensões são mostradas na Fig. 4.

$$Q = \left(\frac{1}{2}\pi c^2\right)\left(\frac{4c}{3\pi}\right) = \frac{2}{3}c^3 = \frac{2}{3}(11 \text{ mm})^3 = 887{,}3 \text{ mm}^3$$

$$\tau = \frac{VQ}{It} = \frac{(1100 \text{ N})(887{,}3 \text{ mm}^3)}{(11499 \text{ mm}^4)(22 \text{ mm})} = 3{,}86 \text{ MPa}$$

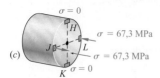

Fig. 5 Tensões normais resultando do momento fletor M_y.

Tensões produzidas pelo momento fletor M_y. Como o momento fletor $\mathbf{M}_y$ atua em um plano horizontal, ele não produz tensões em H e K. Utilizando a Equação (4.15), determinamos as tensões normais nos pontos J e L e as mostramos na Fig. 5.

$$\sigma = \frac{|M_y|c}{I} = \frac{(70{,}4 \times 10^3 \text{ N} \cdot \text{mm})(11 \text{ mm})}{11499 \text{ mm}^4} = 67{,}34 \text{ MPa}$$

Resumo. Somamos as tensões mostradas para obter as tensões totais normal e de cisalhamento nos pontos H, J, K e L (Fig. 6).

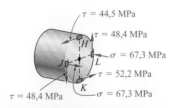

Fig. 6 Componentes de tensão nos pontos H, J, K e L a partir da combinação de todas as cargas.

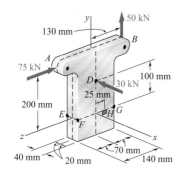

PROBLEMA RESOLVIDO 8.5

Três forças são aplicadas nos pontos A, B e D de um pequeno poste de aço, conforme mostra a figura. Sabendo que a seção transversal horizontal do poste é um retângulo de 40 mm $\times$ 140 mm, determine as tensões, os planos principais e a tensão de cisalhamento máxima no ponto H.

ESTRATÉGIA: Comece por determinar os esforços internos e momentos atuando na seção transversal que contém o ponto de interesse e então use-os para calcular as tensões normal e de cisalhamento atuantes no ponto. Utilizando o círculo de Mohr, essas tensões podem ser transformadas para obter as tensões principais, os planos principais e a tensão máxima de cisalhamento.

MODELAGEM E ANÁLISE:

Esforços internos na seção EFG. Substituímos as três forças aplicadas por um sistema equivalente de forças e momentos no centro C da seção retangular EFG (Fig. 1).

$$V_x = -30 \text{ kN} \quad P = 50 \text{ kN} \quad V_z = -75 \text{ kN}$$

$$M_x = (50 \text{ kN})(0{,}130 \text{ m}) - (75 \text{ kN})(0{,}200 \text{ m}) = -8{,}5 \text{ kN} \cdot \text{m}$$

$$M_y = 0 \quad M_z = (30 \text{ kN})(0{,}100 \text{ m}) = 3 \text{ kN} \cdot \text{m}$$

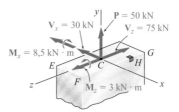

Fig. 1 Sistema de força e momento equivalentes na seção contendo os pontos E, F, G e H.

Notamos que não há momento torçor em torno do eixo y. As propriedades geométricas da seção retangular são

$$A = (0{,}040 \text{ m})(0{,}140 \text{ m}) = 5{,}6 \times 10^{-3} \text{ m}^2$$

$$I_x = \tfrac{1}{12}(0{,}040 \text{ m})(0{,}140 \text{ m})^3 = 9{,}15 \times 10^{-6} \text{ m}^4$$

$$I_z = \tfrac{1}{12}(0{,}140 \text{ m})(0{,}040 \text{ m})^3 = 0{,}747 \times 10^{-6} \text{ m}^4$$

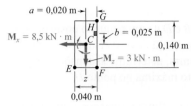

Fig. 2 Dimensões e momentos fletores utilizados para determinar as tensões normais.

Tensões normais em H. Notamos que tensões normais σ_y são produzidas pela força centrada **P** e pelos momentos fletores $\mathbf{M}_x$ e $\mathbf{M}_z$. Determinamos o sinal de cada tensão examinando cuidadosamente o esboço do sistema de forças e momentos em C (Fig. 2).

$$\sigma_y = +\frac{P}{A} + \frac{|M_z|a}{I_z} - \frac{|M_x|b}{I_x}$$

$$= \frac{50 \text{ kN}}{5{,}6 \times 10^{-3} \text{ m}^2} + \frac{(3 \text{ kN} \cdot \text{m})(0{,}020 \text{ m})}{0{,}747 \times 10^{-6} \text{ m}^4} - \frac{(8{,}5 \text{ kN} \cdot \text{m})(0{,}025 \text{ m})}{9{,}15 \times 10^{-6} \text{ m}^4}$$

$$\sigma_y = 8{,}93 \text{ MPa} + 80{,}3 \text{ MPa} - 23{,}2 \text{ MPa} \qquad \sigma_y = 66{,}0 \text{ MPa} \blacktriangleleft$$

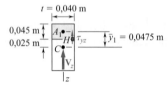

Fig. 3 Dimensões e força cortante utilizadas para encontrar a tensão de cisalhamento transversal.

Tensões de cisalhamento em H. Considerando primeiramente a força cortante $\mathbf{V}_x$, notamos que $Q = 0$ em relação ao eixo z, pois H está na borda da seção transversal. Assim, $\mathbf{V}_x$ não produz tensão de cisalhamento em H. Já a força cortante $\mathbf{V}_z$ produz tensão de cisalhamento em H (Fig. 3).

$$Q = A_1 \bar{y}_1 = [(0{,}040 \text{ m})(0{,}045 \text{ m})](0{,}0475 \text{ m}) = 85{,}5 \times 10^{-6} \text{ m}^3$$

$$\tau_{yz} = \frac{V_z Q}{I_x t} = \frac{(75 \text{ kN})(85{,}5 \times 10^{-6} \text{ m}^3)}{(9{,}15 \times 10^{-6} \text{ m}^4)(0{,}040 \text{ m})} \qquad \tau_{yz} = 17{,}52 \text{ MPa} \blacktriangleleft$$

Tensões principais, planos principais e tensão de cisalhamento máxima em H. Traçamos o círculo de Mohr para tensões no ponto H (Fig. 4).

$$\text{tg } 2\theta_p = \frac{17{,}52}{33{,}0} \qquad 2\theta_p = 27{,}96° \qquad \theta_p = 13{,}98° \blacktriangleleft$$

$$R = \sqrt{(33{,}0)^2 + (17{,}52)^2} = 37{,}4 \text{ MPa} \qquad \tau_{\text{máx}} = 37{,}4 \text{ MPa} \blacktriangleleft$$

$$\sigma_{\text{máx}} = OA = OC + R = 33{,}0 + 37{,}4 \qquad \sigma_{\text{máx}} = 70{,}4 \text{ MPa} \blacktriangleleft$$

$$\sigma_{\text{mín}} = OB = OC - R = 33{,}0 - 37{,}4 \qquad \sigma_{\text{mín}} = -7{,}4 \text{ MPa} \blacktriangleleft$$

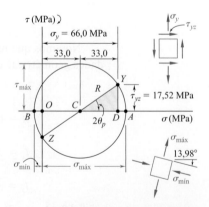

Fig. 4 Círculo de Mohr no ponto H usado para encontrar as tensões principais e a tensão de cisalhamento máxima e suas orientações.

PROBLEMAS

8.31 Uma força de 6 kip é aplicada ao elemento de máquina AB conforme mostrado. Sabendo que o elemento tem espessura uniforme igual a 0,8 in., determine as tensões normal e de cisalhamento no (a) ponto a, (b) ponto b, (c) ponto c.

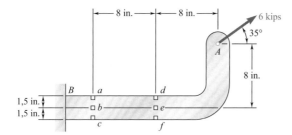

Fig. P8.31 e P8.32

8.32 Uma força de 6 kip é aplicada ao elemento de máquina AB conforme mostrado. Sabendo que o elemento tem espessura uniforme igual a 0,8 in., determine as tensões normal e de cisalhamento no (a) ponto d, (b) ponto e, (c) ponto f.

8.33 A viga em balanço AB tem uma seção transversal retangular de 150 mm × 200 mm. Sabendo que a força de tração no cabo BD é de 10,4 kN e desprezando o peso da viga, determine as tensões normal e de cisalhamento nos três pontos indicados.

8.34 a 8.36 A componente AB tem uma seção transversal retangular uniforme de 10 mm × 24 mm. Para o carregamento mostrado, determine as tensões normal e de cisalhamento (a) no ponto H e (b) no ponto K.

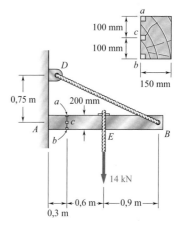

Fig. P8.33

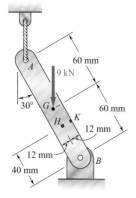

Fig. P8.34

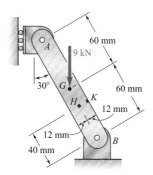

Fig. P8.35

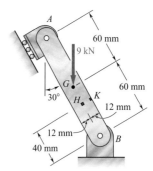

Fig. P8.36

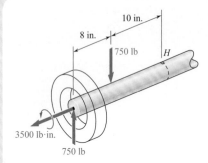

Fig. P8.37

8.37 O eixo de uma camionete está sob a ação das forças e torque mostrados na figura. Sabendo que o diâmetro do eixo é de 1,42 in., determine as tensões normal e de cisalhamento no ponto H localizado na superfície superior do eixo.

8.38 Várias forças são aplicadas ao conjunto de tubos mostrado na figura. Sabendo que cada seção de tubo possui diâmetros interno e externo iguais a 36 e 42 mm, respectivamente, determine as tensões normal e de cisalhamento no ponto H localizado na superfície superior do tubo.

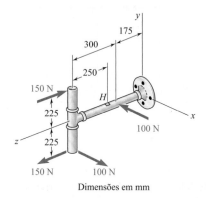

Fig. P8.38

8.39 Várias forças são aplicadas ao tubo montado conforme a figura. Sabendo que o tubo tem diâmetros interno e externo iguais a 40,9 mm e 48,3 mm, respectivamente, determine as tensões normal e de cisalhamento (a) no ponto H e (b) no ponto K.

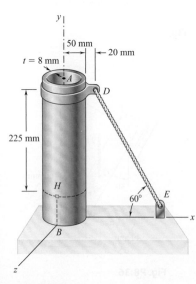

Fig. P8.40

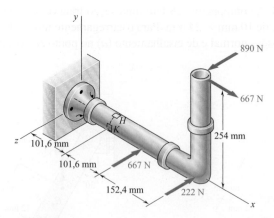

Fig. P8.39

8.40 O tubo de aço AB tem 100 mm de diâmetro externo e parede com 8 mm de espessura. Sabendo que a tensão no cabo é de 40 kN, determine as tensões normal e de cisalhamento no ponto H.

8.41 Forças são aplicadas nos pontos A e B do suporte em ferro fundido mostrado. Sabendo que o suporte tem um diâmetro de 0,8 in., determine as tensões principais e a máxima tensão de cisalhamento no (a) ponto H, (b) ponto K.

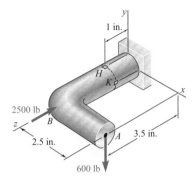

Fig. P8.41

8.42 O tubo de aço AB tem um diâmetro externo de 72 mm e uma parede de 5 mm de espessura. Sabendo que o braço CDE está fixado rigidamente ao tubo, determine as tensões principais, os planos principais e a tensão de cisalhamento máxima no ponto H.

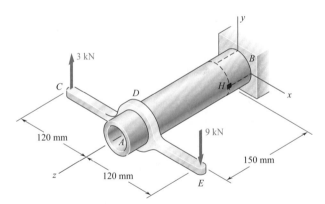

Fig. P8.42 e P8.43

8.43 O tubo de aço AB tem um diâmetro externo de 72 mm e espessura de parede de 5 mm. Sabendo que o braço CDE é rigidamente conectado ao tubo, determine as tensões principais e a tensão de cisalhamento máxima no ponto K.

8.44 A força vertical **P** de intensidade 60 lb é aplicada no ponto A da manivela. Sabendo que o eixo BDE tem um diâmetro de 0,75 in., determine as tensões principais e a tensão de cisalhamento máxima no ponto H localizado no topo do eixo e afastado de 2 in. à direita em relação ao apoio D.

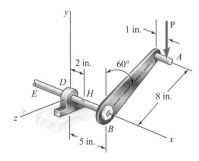

Fig. P8.44

8.45 Três forças são aplicadas à barra mostrada na figura. Determine as tensões normal e de cisalhamento (a) no ponto a, (b) no ponto b e (c) no ponto c.

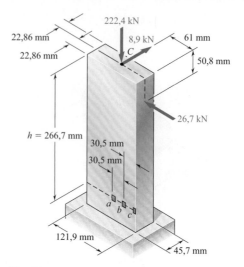

Fig. P8.45

8.46 Resolva o Problema 8.45 considerando que $h = 304,8$ mm.

8.47 Três forças são aplicadas à barra mostrada na figura. Determine as tensões normal e de cisalhamento (a) no ponto a, (b) no ponto b e (c) no ponto c.

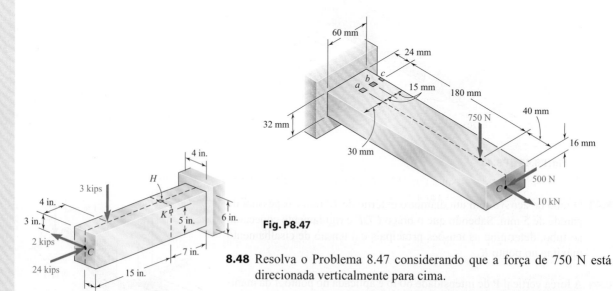

Fig. P8.47

8.48 Resolva o Problema 8.47 considerando que a força de 750 N está direcionada verticalmente para cima.

8.49 Três forças são aplicadas à viga em balanço mostrada. Determine as tensões principais e a tensão de cisalhamento máxima no ponto H.

Fig. P8.49

8.50 Para a viga e o carregamento do Problema 8.49, determine as tensões principais e a tensão de cisalhamento máxima no ponto K.

8.51 Três forças são aplicadas à componente de máquina ABD mostrado na figura. Sabendo que a seção transversal contendo o ponto H é um retângulo de 20 mm × 40 mm, determine as tensões principais e a tensão de cisalhamento máxima no ponto H.

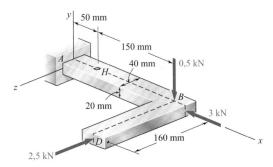

Fig. P8.51

8.52 Resolva o Problema 8.51, considerando que a intensidade da força de 2,5 kN foi aumentada para 10 kN.

8.53 Três placas de aço, cada uma com 13 mm de espessura, são soldadas para formar uma viga em balanço. Para o carregamento mostrado, determine as tensões normal e de cisalhamento nos pontos a e b.

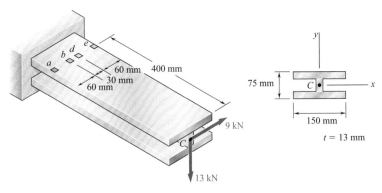

Fig. P8.53 e P8.54

8.54 Três placas de aço, cada uma com 13 mm de espessura, são soldadas para formar uma viga em balanço. Para o carregamento mostrado, determine as tensões normal e de cisalhamento nos pontos d e e.

8.55 Duas forças P_1 e P_2 são aplicadas, como mostrado na figura, em direções perpendiculares ao eixo longitudinal de uma viga W310 × 60. Sabendo que $P_1 = 25$ kN e $P_2 = 24$ kN, determine as tensões principais e a tensão de cisalhamento máxima no ponto a.

8.56 Duas forças P_1 e P_2 são aplicadas, como mostrado na figura, em direções perpendiculares ao eixo longitudinal de uma viga W310 × 60. Sabendo que $P_1 = 25$ kN e $P_2 = 24$ kN, determine as tensões principais e a tensão de cisalhamento máxima no ponto b.

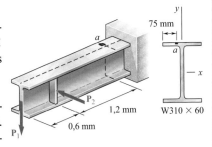

Fig. P8.55 e P8.56

8.57 Duas forças são aplicadas a um perfil de aço laminado W8 × 28, conforme mostra a figura. Determine as tensões principais e a tensão de cisalhamento máxima no ponto a.

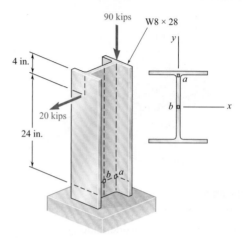

Fig. P8.57 e P8.58

8.58 Duas forças são aplicadas a um perfil de aço laminado W8 × 28, conforme mostra a figura. Determine as tensões principais e a tensão de cisalhamento máxima no ponto b.

8.59 Uma força **P** é aplicada a uma viga em balanço por meio de um cabo preso a um parafuso localizado no centro da extremidade livre da viga. Sabendo que **P** atua em uma direção perpendicular ao eixo longitudinal da viga, determine (a) a tensão normal no ponto a em função de P, b, h, l e β e (b) os valores de β para os quais a tensão normal em a é zero.

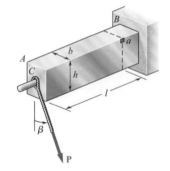

Fig. P8.59

8.60 Uma força vertical **P** é aplicada ao centro da extremidade livre da viga em balanço AB. (a) Se a viga for instalada com a alma vertical ($\beta = 0$) e com seu eixo longitudinal AB horizontal, determine a intensidade da força **P** para a qual a tensão normal no ponto a é $+120$ MPa. (b) Resolva a parte a considerando que a viga é instalada com $\beta = 3°$.

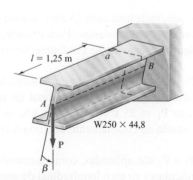

Fig. P8.60

*8.61 Uma força **P** de 5 kN é aplicada a um fio que está enrolado ao redor da barra AB, conforme mostra a figura. Sabendo que a seção transversal da barra é um quadrado de lado $d = 40$ mm, determine as tensões principais e a tensão de cisalhamento máxima no ponto a.

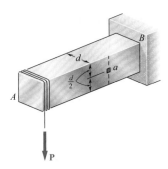

Fig. P8.61

*8.62 Sabendo que o tubo estrutural mostrado na figura tem uma parede de espessura uniforme de 7,62 mm, determine as tensões e os planos principais, e a tensão de cisalhamento máxima (a) no ponto H e (b) no ponto K.

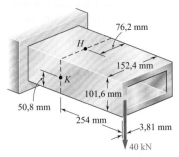

Fig. P8.62

*8.63 O tubo estrutural mostrado na figura tem uma parede de espessura uniforme de 7,62 mm. Sabendo que a força de 66,7 kN é aplicada 3,8 mm acima da base do tubo, determine a tensão de cisalhamento (a) no ponto a e (b) no ponto b.

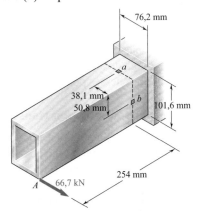

Fig. P8.63

*8.64 Para o tubo e o carregamento do Problema 8.63, determine as tensões principais e a tensão de cisalhamento máxima no ponto b.

REVISÃO E RESUMO

Tensões normais e de cisalhamento em uma viga

As duas relações fundamentais para a tensão normal σ_x e para a tensão de cisalhamento τ_{xy} em qualquer ponto dado de uma seção transversal de uma viga prismática são

$$\sigma_x = -\frac{My}{I} \qquad \tau_{xy} = -\frac{VQ}{It} \qquad (8.1, 8.2)$$

em que V = força cortante na seção

M = momento fletor na seção

y = distância do ponto até a superfície neutra

I = momento de inércia da seção transversal em relação ao eixo que passa pelo centroide

Q = momento estático em relação à linha neutra da parte da seção transversal localizada acima do ponto dado

t = largura da seção transversal em determinado ponto

Planos principais e tensões principais em uma viga

Utilizando um dos métodos apresentados no Capítulo 7 para a transformação de tensões, conseguimos obter os planos principais e as tensões principais no ponto dado (Fig. 8.22).

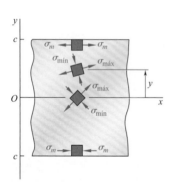

Fig. 8.22 Elementos de estado de tensões normais principais em pontos específicos de uma viga.

Investigamos a distribuição das tensões principais em uma viga em balanço retangular delgada submetida a uma força concentrada **P** em sua extremidade livre e concluímos que, em determinada seção transversal, exceto próximo ao ponto de aplicação da força, a tensão principal máxima $\sigma_{máx}$ não ultrapassava a tensão normal máxima σ_m que ocorria na superfície da viga.

Embora essa conclusão permaneça válida para muitas vigas de seção transversal não retangular, ela pode não valer para vigas de perfis W ou perfis I (S-beams), em que $\sigma_{máx}$ nas junções b e d da alma com as mesas da viga (Fig. 8.23) pode ultrapassar o valor σ_m que ocorre nos pontos a e e. Portanto, o projeto de uma viga de aço laminado deverá incluir o cálculo das tensões principais máximas nesses pontos.

Fig. 8.23 Localização de pontos chave para determinar as tensões principais em vigas de perfil de seção I.

Projeto de eixos de transmissão sob ações transversais

O projeto de eixos de *transmissão* submetidos a *ações transversais* e torques deve considerar as tensões normais devido ao momento de flexão M e as tensões de cisalhamento devido ao torque T. Em qualquer ponto dado da seção transversal de um eixo cilíndrico (cheio ou vazado), o menor valor admissível para razão J/c para a seção transversal é:

$$\frac{J}{c} = \frac{(\sqrt{M^2 + T^2})_{máx}}{\tau_{adm}} \qquad (8.6)$$

Tensões sob condições gerais de carregamento

Em capítulos anteriores, você aprendeu a determinar as tensões em barras prismáticas provocadas por carregamentos axiais (Capítulos 1 e 2), por torção (Capítulo 3), por flexão (Capítulo 4) e por carregamentos transversais (Capítulos 5 e 6). Na segunda parte deste capítulo (Seção 8.3), combinamos esses carregamentos para determinar tensões sob condições de carregamento mais gerais.

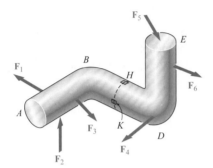

Fig. 8.24 Elemento *ABCD* submetido a várias forças.

Por exemplo, para determinarmos as tensões no ponto H ou K da barra curva mostrada na Fig. 8.24, cortamos a barra em uma seção que passa por esses pontos e substituímos as forças aplicadas por um sistema equivalente de forças e momentos no centroide C da seção (Fig. 8.25). As tensões normal e de cisalhamento, produzidas em H ou K para cada uma das forças e momentos aplicados em C, foram determinadas e então combinadas para obter a tensão normal resultante σ_x e as tensões de cisalhamento resultantes τ_{xy} e τ_{xz} em H ou K. As principais tensões, a orientação dos planos principais e a tensão de cisalhamento máxima no ponto H ou K foram determinadas por um dos métodos apresentados no Capítulo 7.

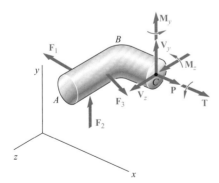

Fig. 8.25 Diagrama de corpo livre do segmento *ABC* para determinar os esforços internos e os momentos na seção transversal *C*.

PROBLEMAS DE REVISÃO

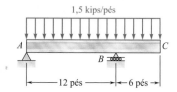

Fig. P8.65

8.65 (*a*) Sabendo que $\sigma_{adm} = 24$ ksi e $\tau_{adm} = 14,5$ ksi, selecione o perfil de mesa larga mais econômico que deverá ser utilizado para suportar o carregamento mostrado. (*b*) Determine os valores a serem esperados para σ_m, τ_m e a tensão principal $\sigma_{máx}$ na junção de uma mesa com a alma do perfil selecionado.

8.66 Desprezando o efeito dos adoçamentos e das concentrações de tensões, determine os menores diâmetros permissíveis para as hastes sólidas *BC* e *CD*. Utilize $\tau_{adm} = 60$ MPa.

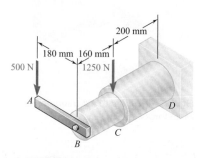

Fig. P8.66

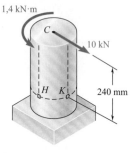

Fig. P8.67

8.67 Uma força de 10 kN e um momento de 1,4 kN·m são aplicados à superfície superior da coluna de latão com 65 mm de diâmetro mostrada. Determine as tensões principais e tensão de cisalhamento máxima no (*a*) ponto *H*, (*b*) ponto *K*.

8.68 Um eixo cheio *AB* gira a 450 rpm e transmite 20 kW do motor *M* para as máquinas-ferramentas acopladas às engrenagens *F* e *G*. Sabendo que $\tau_{adm} = 55$ MPa e considerando que são transmitidos 8 kW na engrenagem *F* e 12 kW na engrenagem *G*, determine o menor diâmetro admissível para o eixo *AB*.

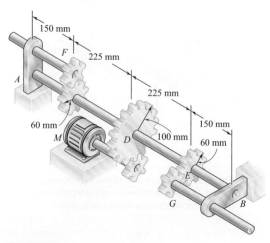

Fig. P8.68

8.69 O *outdoor* mostrado pesa 8000 lb e é sustentado por um tubo estrutural com 15 in. de diâmetro externo e espessura de parede de 0,5 in. Quando a resultante da pressão do vento é de 3 kips, localizada no centro *C* do *outdoor*, determine as tensões normal e de cisalhamento no ponto *H*.

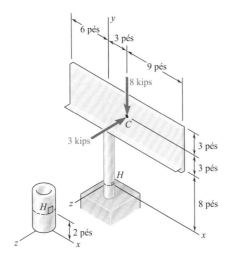

Fig. P8.69

8.70 Usando $\tau_{adm} = 50$ MPa, projete uma peça cônica para o carregamento mostrado por meio da determinação do diâmetro necessário (*a*) em *A*, (*b*) em *B*.

8.71 Uma mola helicoidal, com um raio de hélice igual a *R*, é feita com um arame circular de raio *R*. Determine a tensão de cisalhamento máxima produzida pelas duas forças iguais e opostas **P** e **P'**. (*Sugestão*: primeiramente, determine a força cortante **V** e o torque **T** em uma seção transversal.)

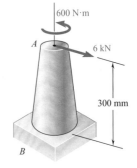

Fig. P8.70

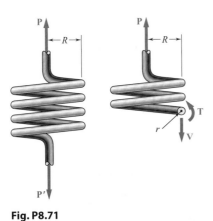

Fig. P8.71

8.72 As duas forças de 500 lb são verticais e a força **P** é paralela ao eixo z. Sabendo que $\tau_{adm} = 8$ ksi, determine o menor diâmetro admissível para o eixo de seção transversal cheia AE.

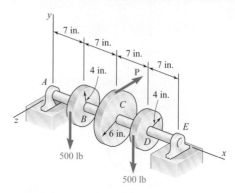

Fig. P8.72

8.73 Sabendo que o suporte AB tem uma espessura uniforme de $\frac{5}{8}$-in., determine (a) os planos principais e as tensões principais no ponto K, (b) a máxima tensão de cisalhamento no ponto K.

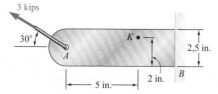

Fig. P8.73

8.74 Para o poste e o carregamento mostrados na figura, determine as tensões principais, os planos principais e a tensão de cisalhamento máxima no ponto H.

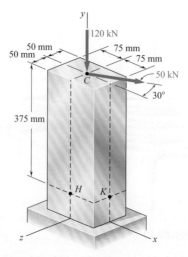

Fig. P8.74

8.75 Sabendo que o tubo estrutural mostrado tem parede de espessura constante de 6,35 mm, determine as tensões normal e de cisalhamento nos três pontos indicados.

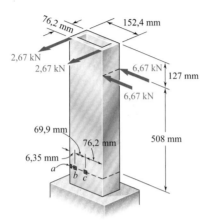

Fig. P8.75

8.76 A viga em balanço AB será instalada de modo que o lado de 60 mm forme um ângulo β entre 0 e 90° com a vertical. Sabendo que a força vertical de 600 N é aplicada no centro da extremidade livre da viga, determine a tensão normal no ponto a quando (a) $\beta = 0$ e (b) $\beta = 90°$. (c) Determine também o valor de β para o qual a tensão normal no ponto a é máxima, e o valor correspondente daquela tensão.

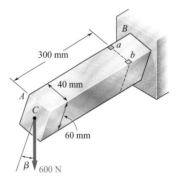

Fig. P8.76

PROBLEMAS PARA COMPUTADOR

Os problemas a seguir devem ser resolvidos com um computador.

8.C1 Vamos considerar que a força cortante V e o momento fletor M foram determinados em certa seção de uma viga de aço laminado. Elabore um programa de computador para calcular naquela seção, com base nos dados disponíveis no Apêndice E, (a) a tensão normal máxima σ_m e (b) a tensão principal $\sigma_{máx}$ na junção de uma mesa com a alma. Utilize esse programa para resolver as partes a e b dos seguintes problemas:

(1) Problema 8.1 (Utilize $V = 200,2$ kN e $M = 50,8$ kN · m)
(2) Problema 8.2 (Utilize $V = 100$ kN e $M = 50,8$ kN · m)
(3) Problema 8.3 (Utilize $V = 700$ kN e $M = 1750$ kN · m)
(4) Problema 8.4 (Utilize $V = 850$ kN e $M = 1700$ kN · m)

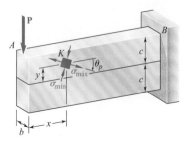

Fig. P8.C2

8.C2 Uma viga em balanço AB com uma seção transversal retangular de largura b e altura $2c$ suporta uma única força concentrada **P** em sua extremidade A. Elabore um programa de computador para calcular, para qualquer valor de x/c e y/c, (*a*) as relações $\sigma_{máx}/\sigma_m$ e $\sigma_{mín}/\sigma_m$, em que $\sigma_{máx}$ e $\sigma_{mín}$ são as tensões principais no ponto $K(x,y)$ e σ_m é a tensão normal máxima na mesma seção transversal, e (*b*) o ângulo θ_p em que os planos principais em K formam com um plano transversal e um plano horizontal passando pelo ponto K. Utilize esse programa para verificar os valores mostrados na Fig. 8.8 e para verificar se $\sigma_{máx}$ excede σ_m se $x \le 0{,}544c$, conforme está indicado na segunda nota de rodapé na página 537.

8.C3 Os discos D_1, D_2, ..., D_n estão fixados, como mostra a Fig. 8.C3, a um eixo cheio AB de comprimento L, diâmetro uniforme d e tensão de cisalhamento admissível τ_{adm}. Forças $\mathbf{P}_1$, $\mathbf{P}_2$, ..., $\mathbf{P}_n$ de intensidades conhecidas (exceto uma delas) são aplicadas aos discos na parte superior ou inferior de seu diâmetro vertical, ou à esquerda ou direita de seu diâmetro horizontal. Chamando de r_i o raio do disco D_i e de c_i sua distância do suporte A, elabore um programa para calcular (*a*) a intensidade da força desconhecida $\mathbf{P}_i$ e (*b*) o menor valor admissível para o diâmetro d do eixo AB. Utilize esse programa para resolver o Problema 8.18.

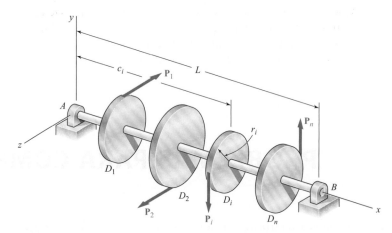

Fig. P8.C3

8.C4 O eixo cheio AB de comprimento L, diâmetro uniforme d e tensão de cisalhamento admissível τ_{adm} gira a determinada velocidade expressa em rpm (Fig. 8.C4). Engrenagens G_1, G_2, ..., G_n são fixadas ao eixo e cada uma delas se acopla a outra engrenagem (não mostrada) na parte superior ou inferior de seu diâmetro vertical, ou na extremidade esquerda ou direita do diâmetro horizontal. Uma dessas engrenagens é conectada a um motor e o restante delas, a várias máquinas-ferramentas. Chamando de r_i o raio da engrenagem G_i, de c_i sua distância do mancal A, e de P_i a potência transmitida para essa engrenagem (sinal +) ou tirada da engrenagem (sinal −), elabore um programa de computador para calcular o menor valor admissível do diâmetro d do eixo AB. Utilize esse programa para resolver os Problemas 8.27 e 8.68.

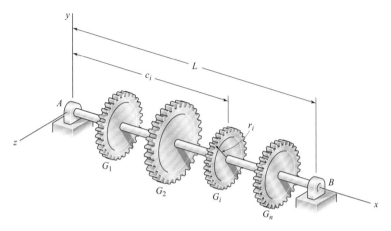

Fig. P8.C4

8.C5 Elabore um programa de computador que possa ser utilizado para calcular as tensões normal e de cisalhamento nos pontos de coordenadas y e z localizados na superfície de uma peça de máquina que tem uma seção retangular. Sabe-se que os esforços internos são equivalentes ao sistema de forças e momentos mostrados. Utilize esse programa para resolver (a) o Problema 8.45b e (b) o Problema 8.47a.

8.C6 A viga AB tem uma seção transversal retangular de 10 mm × 24 mm. Para o carregamento mostrado, elabore um programa de computador que possa ser utilizado para determinar as tensões normal e de cisalhamento nos pontos H e K para valores de d de 0 a 120 mm, utilizando incrementos de 15 mm. Utilize esse programa para resolver o Problema 8.35.

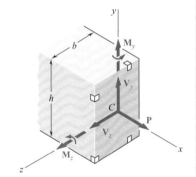

Fig. P8.C5

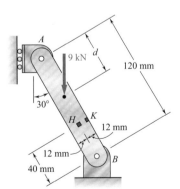

Fig. P8.C6

8.C7 O tubo estrutural mostrado tem uma espessura de parede uniforme de 7,62 mm. Uma força de 40 kN é aplicada a uma barra (não mostrada) que está soldada à extremidade do tubo. Elabore um programa de computador que possa ser utilizado para determinar, para qualquer valor dado de c, as tensões e os planos principais e a tensão de cisalhamento máxima no ponto H para valores de d de $-76,2$ mm até $+76,2$ mm, utilizando incrementos de 25,4 mm. Utilize esse programa para resolver o Problema 8.62a.

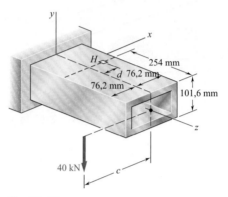

Fig. P8.C7

9
Deflexões em vigas

Além das considerações de resistência, o projeto de viadutos baseia-se também na avaliação das deflexões.

OBJETIVOS

Neste capítulo, vamos:

- **Desenvolver** a equação diferencial de governo para a linha elástica, base para diversas técnicas para determinação de deflexões em vigas consideradas neste capítulo.
- **Usar** a integração direta para obter as equações das declividades e deflexões para vigas com restrições e carregamentos simples.
- **Usar** as funções de singularidade para determinar as equações das declividades e deflexões para vigas com restrições e carregamentos de maior complexidade.
- **Usar** o método da superposição para determinar as equações das declividades e deflexões para vigas combinando funções tabeladas.
- **Usar** os teoremas do momento de área como técnica alternativa para determinar as equações das declividades e deflexões em pontos específicos de uma viga.
- **Aplicar** integração direta, funções de singularidade, superposição e teoremas de momento de área para analisar vigas estaticamente indeterminadas.

Introdução

9.1 Deformação sob carregamento transversal
9.1.1 Equação da linha elástica
*9.1.2 Determinação da linha elástica com base na força distribuída
9.2 Vigas estaticamente indeterminadas
*9.3 Funções de singularidade para determinar a inclinação e a deflexão
9.4 Método da superposição
9.4.1 Vigas estaticamente determinadas
9.4.2 Vigas estaticamente indeterminadas
*9.5 Teoremas do momento de área
*9.5.1 Princípios gerais
*9.5.2 Vigas em balanço e vigas com carregamentos simétricos
*9.5.3 Diagramas de momento fletor por partes
*9.6 Teoremas do momento de área aplicados às vigas com carregamentos assimétricos
*9.6.1 Princípios gerais
*9.6.2 Deflexão máxima
*9.6.3 Vigas estaticamente indeterminadas

INTRODUÇÃO

Nos capítulos anteriores, aprendemos a projetar vigas considerando critérios de resistência. Neste capítulo, vamos nos preocupar com outro aspecto do projeto de vigas: a determinação da *deflexão*. A *deflexão máxima* de uma viga sob um determinado carregamento tem importância especial, pois as especificações de projeto de uma viga geralmente incluem um valor máximo admissível para sua deflexão. Um conhecimento das deflexões é necessário para analisar as *vigas indeterminadas*, que são as vigas nas quais o número de reações nos apoios excede o número de equações de equilíbrio disponíveis para determinar as incógnitas.

Vimos na Seção 4.2 que uma viga prismática submetida à flexão pura é flexionada em um arco de circunferência e que, dentro do regime elástico, a curvatura da superfície neutra é

$$\frac{1}{\rho} = \frac{M}{EI} \qquad (4.21)$$

em que M é o momento fletor, E, o módulo de elasticidade, e I, o momento de inércia da seção transversal em relação à linha neutra.

Quando uma viga é submetida a um carregamento transversal, a Equação (4.21) permanece válida para qualquer seção transversal, desde que se aplique o princípio de Saint-Venant. No entanto, o momento fletor e a curvatura da superfície neutra variam de uma seção para outra. Chamando de x a distância da seção a partir da extremidade esquerda da viga, escrevemos

$$\frac{1}{\rho} = \frac{M(x)}{EI} \qquad (9.1)$$

Sabemos que a curvatura em vários pontos de uma viga carregada nos permitirá tirar algumas conclusões gerais referentes à deformação dessa viga. (Seção 9.1).

Para determinar a inclinação e a deflexão transversal da viga em qualquer ponto, primeiro determinamos a equação diferencial linear de segunda ordem, que governa a *linha elástica* e caracteriza a forma da viga deformada (Seção 9.1.1):

$$\frac{d^2y}{dx^2} = \frac{M(x)}{EI}$$

Se o momento fletor pode ser representado para todos os valores de x por uma função simples $M(x)$, como no caso das vigas e dos carregamentos mostrados na Fig. 9.1, a inclinação $\theta = dy/dx$ e a deflexão y em qualquer ponto

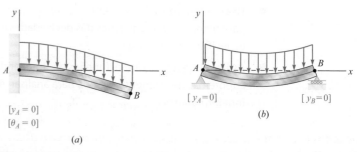

Fig. 9.1 Situações em que o momento fletor pode ser representado por uma função simples $M(x)$. (*a*) Viga em balanço sob carregamento uniforme. (*b*) Viga biapoiada sob carregamento uniforme.

da viga podem ser obtidas por meio de duas integrações sucessivas. As duas constantes de integração introduzidas no processo serão determinadas a partir das condições de contorno.

No entanto, se forem necessárias funções analíticas diferentes para representar o momento fletor nas várias partes da viga, serão necessárias também diferentes equações diferenciais, que nos levarão a diferentes funções definindo a linha elástica nas várias partes da viga. Por exemplo, no caso da viga e do carregamento da Fig. 9.2, são necessárias duas equações diferenciais, uma para a parte AD da viga e outra para a parte DB. A primeira equação produz as funções θ_1 e y_1, e a segunda, as funções θ_2 e y_2. Ao todo, devem ser determinadas quatro constantes de integração; duas serão obtidas escrevendo-se que a deflexão é zero em A e B, e as outras duas expressando-se o fato de que as partes AD e BD da viga têm a mesma inclinação e a mesma deflexão em D.

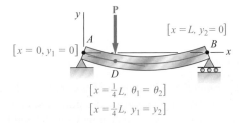

Fig. 9.2 Situações em que dois conjuntos de equações são necessários.

Você observará na Seção 9.1.2 que, no caso de uma viga suportando uma força distribuída $w(x)$, a linha elástica pode ser obtida diretamente de $w(x)$ por meio de quatro integrações sucessivas. As constantes introduzidas nesse processo serão determinadas pelos valores de contorno de V, M, θ e y.

Na Seção 9.2, discutiremos as *vigas estaticamente indeterminadas*, em que as reações nos apoios envolvem quatro ou mais incógnitas. As três equações de equilíbrio devem ser complementadas com equações obtidas a partir das condições de contorno impostas pelos apoios.

A determinação da linha elástica quando várias funções são necessárias para representar o momento fletor M pode ser muito trabalhosa, pois requer que se imponha a condição de que as inclinações e as deflexões em cada ponto de transição sejam iguais. Você verá na Seção 9.3 que o uso de *funções de singularidade* simplifica consideravelmente a determinação de θ e y em qualquer ponto da viga.

O *método da superposição* consiste em determinar separadamente e, em seguida, adicionar a inclinação e a deflexão provocadas pelas várias forças aplicadas a uma viga (Seção 9.4). Esse procedimento pode ser facilitado usando-se a tabela do Apêndice F, que fornece as inclinações e as deflexões de vigas para vários carregamentos e vários tipos de apoio.

Na Seção 9.5, serão usadas certas propriedades geométricas da linha elástica para determinar a deflexão e a inclinação de uma viga em determinado ponto. Em lugar de expressar o momento fletor como uma função $M(x)$ e integrar essa função analiticamente, será traçado o diagrama representando a variação de M/EI ao longo do comprimento da viga e serão deduzidos dois teoremas dos momentos de área. O *teorema do primeiro momento de área* nos permitirá calcular o ângulo entre as tangentes à viga em dois pontos; *o teorema do segundo momento de área* será usado para calcular a distância vertical de um ponto na viga a uma tangente no segundo ponto.

Os teoremas dos momentos de área serão usados na Seção 9.5.2 para determinar a inclinação e a deflexão em pontos selecionados das vigas em balanço e vigas com carregamentos simétricos. Na Seção 9.5.3 você verá que, em muitos casos, as áreas e os momentos de áreas definidos pelos diagramas M/EI podem ser mais facilmente determinados traçando-se o *diagrama de momento fletor por partes*. Quando você estudar o método dos momentos de área, observará que ele é particularmente eficaz no caso de *vigas com seção transversal variável*.

Na Seção 9.6.1, serão consideradas as vigas com carregamentos assimétricos e vigas biapoiadas com balanço. Uma vez que em um carregamento assimétrico a deflexão máxima não ocorre no centro da viga, você aprenderá na Seção 9.6.2 a localizar o ponto em que a tangente é horizontal para determinar a *deflexão máxima*. A Seção 9.6.3 será dedicada à solução de problemas envolvendo *vigas estaticamente indeterminadas*.

9.1 DEFORMAÇÃO SOB CARREGAMENTO TRANSVERSAL

Recordamos que a Equação (4.21) relaciona a curvatura da superfície neutra e o momento fletor em uma viga em flexão pura. Esta equação permanece válida para qualquer seção transversal de uma viga submetida a carregamento transversal, desde que o princípio de Saint-Venant seja aplicável. No entanto, tanto o momento fletor quanto a curvatura da superfície neutra irão variar de uma seção para outra. Chamando de x a distância da seção a partir da extremidade esquerda da viga,

$$\frac{1}{\rho} = \frac{M(x)}{EI} \tag{9.1}$$

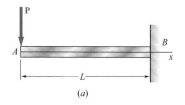
(a)

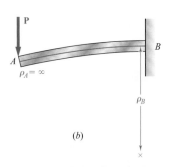
(b)

Fig. 9.3 (a) Viga em balanço com força concentrada. (b) Viga deformada mostrando a curvatura nas extremidades.

Considere, por exemplo, uma viga em balanço AB de comprimento L submetida a uma força concentrada **P** em sua extremidade livre A (Fig. 9.3a). Temos $M(x) = -Px$ e, substituindo em (9.1),

$$\frac{1}{\rho} = -\frac{Px}{EI}$$

que mostra que a curvatura da superfície neutra varia linearmente com x, desde zero em A, em que o próprio ρ_A é infinito, até $-PL/EI$ em B, em que $|\rho_B| = EI/PL$ (Fig. 9.3b).

Considere agora a viga biapoiada com um balanço AD da Fig. 9.4a que suporta duas forças concentradas conforme mostra a figura. No diagrama de corpo livre da viga (Fig. 9.4b), vemos que as reações nos apoios são $R_A = 1$ kN

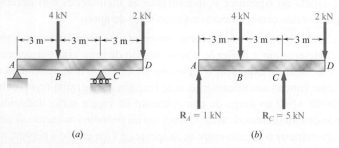

Fig. 9.4 (a) Viga biapoiada com balanço sob duas forças concentradas. (b) Diagrama de corpo livre mostrando as forças de reação.

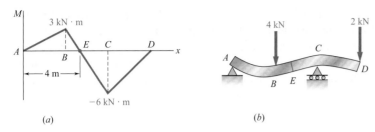

Fig. 9.5 Viga da Fig. 9.4. (a) Diagrama do momento fletor. (b) Forma da deformada.

e $R_C = 5$ kN, respectivamente, e traçamos o diagrama do momento fletor correspondente (Fig. 9.5a). Notamos no diagrama que M e, portanto, a curvatura da viga são zero nas extremidades da viga, assim como no ponto E localizado em $x = 4$ m. Entre A e E o momento fletor é positivo e a viga tem a concavidade voltada para cima; entre E e D o momento fletor é negativo e a viga tem a concavidade voltada para baixo (Fig. 9.5b). O maior valor da curvatura (isto é, o menor valor do raio da curvatura) ocorre no apoio C, em que $|M|$ é máximo.

Com base nas informações obtidas a respeito de sua curvatura, temos uma ideia razoavelmente boa sobre a forma da viga deformada. No entanto, a análise e o projeto de uma viga geralmente exigem informações mais precisas sobre a *deflexão* e a *inclinação* da viga em vários pontos. É particularmente importante conhecer a deflexão máxima da viga. Na próxima seção, a Equação (9.1) será usada para obter uma relação entre a deflexão y medida em determinado ponto Q no eixo da viga e a distância x desse ponto em relação a alguma origem fixa (Fig. 9.6). A relação obtida será a equação da *linha elástica*, isto é, a equação da curva na qual o eixo da viga é transformado sob determinado carregamento (Fig. 9.6b).†

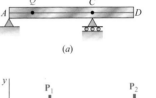

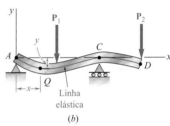

Fig. 9.6 Viga da Fig. 9.4. (a) Indeformada. (b) Deformada.

9.1.1 Equação da linha elástica

Recordamos do cálculo elementar que a curvatura de uma curva plana em um ponto $Q(x,y)$ é

$$\frac{1}{\rho} = \frac{\dfrac{d^2y}{dx^2}}{\left[1 + \left(\dfrac{dy}{dx}\right)^2\right]^{3/2}} \quad (9.2)$$

em que dy/dx e d^2y/dx^2 são a primeira e a segunda derivadas da função $y(x)$ representada por essa curva. No caso da linha elástica de uma viga, a inclinação dy/dx é muito pequena, e seu quadrado é desprezível comparado com a unidade. Assim,

$$\frac{1}{\rho} = \frac{d^2y}{dx^2} \quad (9.3)$$

Substituindo $1/\rho$ da Equação (9.3) na Equação (9.1), temos

$$\frac{d^2y}{dx^2} = \frac{M(x)}{EI} \quad (9.4)$$

Uma equação diferencial linear de segunda ordem é obtida; ela é a equação diferencial que governa a linha elástica.

---

† Devemos notar que, neste capítulo, a letra y representa um deslocamento vertical, embora tenha sido usada em capítulos anteriores para representar a distância de um ponto em uma seção transversal a partir da linha neutra dessa seção.

O produto EI é conhecido como *rigidez à flexão* e, se ele varia ao longo da viga, como no caso de uma viga de altura variável, devemos expressá-lo como uma função de x antes de integrar a Equação (9.4). No entanto, no caso de uma viga prismática, a rigidez à flexão é constante. Podemos então multiplicar ambos os membros da Equação (9.4) por EI e integrar em x para obter

$$EI\frac{dy}{dx} = \int_0^x M(x)\,dx + C_1 \tag{9.5a}$$

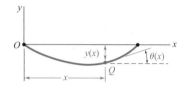

Fig. 9.7 Inclinação $\theta(x)$ da tangente à linha elástica.

em que C_1 é uma constante de integração. Chamando de $\theta(x)$ o ângulo, medido em radianos, que a tangente com a linha elástica em Q forma com a horizontal (Fig. 9.7), e lembrando que esse ângulo é muito pequeno,

$$\frac{dy}{dx} = \text{tg }\theta \simeq \theta(x)$$

Assim, escrevemos a Equação (9.5a) na forma alternativa

$$EI\,\theta(x) = \int_0^x M(x)\,dx + C_1 \tag{9.5b}$$

Integrando ambos os membros da Equação (9.5) em x,

$$EI\,y = \int_0^x \left[\int_0^x M(x)\,dx + C_1\right]dx + C_2$$

$$EI\,y = \int_0^x dx \int_0^x M(x)\,dx + C_1 x + C_2 \tag{9.6}$$

em que C_2 é uma segunda constante de integração e o primeiro termo no membro da direita representa a função de x obtida integrando-se duas vezes em x o momento fletor $M(x)$. Se não fosse pelo fato de que as constantes C_1 e C_2 estão ainda indeterminadas, a Equação (9.6) definiria a deflexão da viga em qualquer ponto Q, e a Equação (9.5a) ou (9.5b) definiria de modo semelhante a inclinação da viga em Q.

As constantes C_1 e C_2 são determinadas pelas *condições de contorno* ou, mais precisamente, pelas condições impostas à viga pelos seus apoios. Limitando nossa análise nessa seção a *vigas estaticamente determinadas*, isto é, a vigas vinculadas de uma forma que as reações nos apoios podem ser obtidas pelos métodos da estática, notamos que somente três tipos de vigas precisam ser considerados aqui (Fig. 9.8): (a) a *viga biapoiada*, (b) a *viga biapoiada com balanço* e (c) a *viga em balanço*.

Nas Figs. 9.8a e b, os apoios consistem em um apoio fixo em A e um apoio móvel em B e requerem que a deflexão seja zero em cada um desses pontos. Fazendo $x = x_A$, $y = y_A = 0$ na Equação (9.6), e depois $x = x_B$, $y = y_B = 0$ na mesma equação, obtemos duas equações que podem ser resolvidas para C_1 e C_2. No caso da viga em balanço (Fig. 9.8c), notamos que a deflexão e a inclinação em A devem ser zero. Fazendo $x = x_A$, $y = y_A = 0$ na Equação (9.6), e $x = x_A$, $\theta = \theta_A = 0$ na Equação (9.5b), obtemos novamente duas equações que podem ser resolvidas para C_1 e C_2.

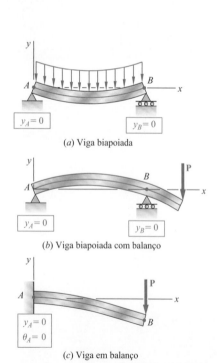

Fig. 9.8 Condições de contorno conhecidas para vigas estaticamente determinadas.

Aplicação do conceito 9.1

A viga em balanço AB tem seção transversal uniforme e suporta uma força **P** na sua extremidade livre A (Fig. 9.9a). Determine a equação da linha elástica, a deflexão e a inclinação em A.

Usando o diagrama de corpo livre da parte AC da viga (Fig. 9.9b), em que C está localizado a uma distância x da extremidade A,

$$M = -Px \quad (1)$$

Substituindo M na Equação (9.4) e multiplicando ambos os membros pela constante EI, escrevemos

$$EI \frac{d^2y}{dx^2} = -Px$$

Integrando em x,

$$EI \frac{dy}{dx} = -\tfrac{1}{2}Px^2 + C_1 \quad (2)$$

Observamos agora que na extremidade engastada B temos $x = L$ e $\theta = dy/dx = 0$ (Fig. 9.9c). Substituindo esses valores na Equação (2) e resolvendo para C_1, temos

$$C_1 = \tfrac{1}{2}PL^2$$

que usamos novamente na Equação (2):

$$EI \frac{dy}{dx} = -\tfrac{1}{2}Px^2 + \tfrac{1}{2}PL^2 \quad (3)$$

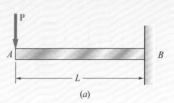
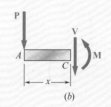
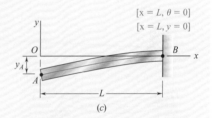

Fig. 9.9 (a) Viga em balanço com carregamento na extremidade. (b) Diagrama de corpo livre da seção AC. (c) Estrutura deformada e condições de contorno.

Integrando ambos os membros da Equação (3)

$$EI\, y = -\tfrac{1}{6}Px^3 + \tfrac{1}{2}PL^2 x + C_2 \quad (4)$$

Contudo, em B temos $x = L, y = 0$. Substituindo na Equação (4)

$$0 = -\tfrac{1}{6}PL^3 + \tfrac{1}{2}PL^3 + C_2$$
$$C_2 = -\tfrac{1}{3}PL^3$$

Utilizando o valor de C_2 novamente na Equação (4), obtemos a equação da linha elástica:

$$EI\, y = -\tfrac{1}{6}Px^3 + \tfrac{1}{2}PL^2 x - \tfrac{1}{3}PL^3$$

ou

$$y = \frac{P}{6EI}(-x^3 + 3L^2 x - 2L^3) \quad (5)$$

A deflexão e a inclinação em A são obtidas fazendo $x = 0$ nas Equações (3) e (5).

$$y_A = -\frac{PL^3}{3EI} \quad \text{e} \quad \theta_A = \left(\frac{dy}{dx}\right)_A = \frac{PL^2}{2EI}$$

Aplicação do conceito 9.2

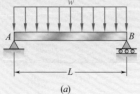

(a)

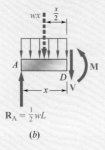

(b)

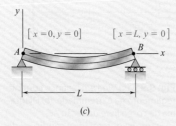

(c)

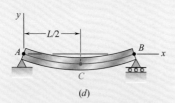

(d)

Fig. 9.10 (a) Viga biapoiada com uma força uniformemente distribuída. (b) Diagrama de corpo livre do segmento AD. (c) Condições de contorno. (d) Ponto de deflexão máxima.

A viga prismática biapoiada AB está submetida a uma força w uniformemente distribuída por unidade de comprimento (Fig. 9.10a). Determine a equação da linha elástica e a deflexão máxima da viga.

Desenhando o diagrama de corpo livre da parte AD da viga (Fig. 9.10b) e tomando os momentos em relação a D, vemos que

$$M = \tfrac{1}{2}wLx - \tfrac{1}{2}wx^2 \qquad (1)$$

Substituindo M na Equação (9.4) e multiplicando ambos os membros desta equação pela constante EI, escrevemos

$$EI\frac{d^2y}{dx^2} = -\frac{1}{2}wx^2 + \frac{1}{2}wLx \qquad (2)$$

Integrando duas vezes em x,

$$EI\frac{dy}{dx} = -\frac{1}{6}wx^3 + \frac{1}{4}wLx^2 + C_1 \qquad (3)$$

$$EI\, y = -\frac{1}{24}wx^4 + \frac{1}{12}wLx^3 + C_1 x + C_2 \qquad (4)$$

Observando que $y = 0$ em ambas as extremidades da viga (Fig. 9.10c), calculamos primeiro $x = 0$ e $y = 0$ na Equação (4) e obtemos $C_2 = 0$. Depois calculamos $x = L$ e $y = 0$ na mesma equação e escrevemos

$$0 = -\tfrac{1}{24}wL^4 + \tfrac{1}{12}wL^4 + C_1 L$$
$$C_1 = -\tfrac{1}{24}wL^3$$

Utilizando os valores de C_1 e C_2 na Equação (4), obtemos a equação da linha elástica:

$$EI\, y = -\tfrac{1}{24}wx^4 + \tfrac{1}{12}wLx^3 - \tfrac{1}{24}wL^3 x$$

ou

$$y = \frac{w}{24EI}(-x^4 + 2Lx^3 - L^3 x) \qquad (5)$$

Substituindo na Equação (3) o valor obtido para C_1, verificamos que a inclinação da viga é zero para $x = L/2$ e que a linha elástica tem um mínimo no ponto médio C da viga (Fig. 9.10d). Usando $x = L/2$ na Equação (5),

$$y_C = \frac{w}{24EI}\left(-\frac{L^4}{16} + 2L\frac{L^3}{8} - L^3\frac{L}{2}\right) = -\frac{5wL^4}{384EI}$$

A deflexão máxima ou, mais precisamente, o valor máximo absoluto da deflexão é então

$$|y|_{\text{máx}} = \frac{5wL^4}{384EI}$$

Em cada um dos dois exemplos considerados até agora, foi necessário somente um diagrama de corpo livre para determinar o momento fletor na viga. Consequentemente, foi usada uma única função de x para representar M ao longo da viga. No entanto, forças concentradas, reações nos apoios ou descontinuidades em uma força distribuída tornam necessárias a divisão da viga em várias partes e a representação do momento fletor por uma função $M(x)$ diferente em cada uma dessas partes da viga. Como exemplo, a Foto 9.1 mostra uma via suportada por vigas que, por sua vez, são submetidas a forças concentradas dos veículos que cruzam esta ponte. Cada uma das funções $M(x)$ levará então a uma expressão diferente para a inclinação $\theta(x)$ e para a deflexão $y(x)$. Como cada uma das expressões obtidas para a deflexão deve conter duas constantes de integração, teremos de determinar um grande número de constantes. Conforme você verá na próxima aplicação de conceito as condições de contorno adicionais necessárias podem ser obtidas observando-se que, embora a força cortante e o momento fletor possam ser descontínuos em vários pontos em uma viga, a *deflexão* e a *inclinação* da viga *não podem ser descontínuas* em nenhum ponto.

Foto 9.1 Uma função $M(x)$ diferente é necessária em cada segmento das vigas quando os veículos cruzam a ponte.
©Brad Ingram/Shutterstock

Aplicação do conceito 9.3

Para a viga prismática e o carregamento mostrados (Fig. 9.11a), determine a inclinação e a deflexão no ponto D.

Devemos dividir a viga em duas partes, AD e DB, e determinar a função $y(x)$ que define a linha elástica para cada uma dessas partes.

1. De A a D ($x < L/4$). Desenhamos o diagrama de corpo livre de uma parte AE da viga, de comprimento $x < L/4$ (Fig. 9.11b). Tomando os momentos em relação a E, temos

$$M_1 = \frac{3P}{4}x \tag{1}$$

e usando a Equação (9.4),

$$EI\frac{d^2y_1}{dx^2} = \frac{3}{4}Px \tag{2}$$

em que $y_1(x)$ é a função que define a linha elástica *para a parte AD da viga*. Integrando em x, temos

$$EI\,\theta_1 = EI\frac{dy_1}{dx} = \frac{3}{8}Px^2 + C_1 \tag{3}$$

$$EI\,y_1 = \frac{1}{8}Px^3 + C_1 x + C_2 \tag{4}$$

2. De D a B ($x > L/4$). Desenhamos agora o diagrama de corpo livre de uma parte AE da viga de comprimento $x > L/4$ (Fig. 9.11c) e escrevemos

$$M_2 = \frac{3P}{4}x - P\left(x - \frac{L}{4}\right) \tag{5}$$

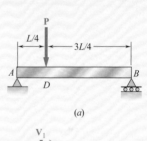

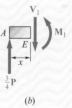

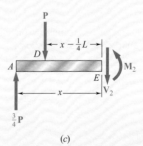

Fig. 9.11 (a) Viga biapoiada sob carregamento transversal P. (b) Diagrama de corpo livre da parte AE para encontrar o momento à esquerda da carga P. (c) Diagrama de corpo livre da parte AE para encontrar o momento à direita da carga P.

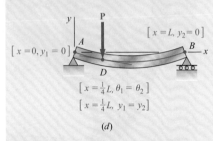

Fig. 9.11 (cont.) (d) Condições de contorno.

ou, usando a Equação (9.4) e rearranjando os termos,

$$EI \frac{d^2 y_2}{dx^2} = -\frac{1}{4}Px + \frac{1}{4}PL \quad (6)$$

em que $y_2(x)$ é a função que define a linha elástica *para a parte DB da viga*. Integrando em x, temos

$$EI \theta_2 = EI \frac{dy_2}{dx} = -\frac{1}{8}Px^2 + \frac{1}{4}PLx + C_3 \quad (7)$$

$$EI y_2 = -\frac{1}{24}Px^3 + \frac{1}{8}PLx^2 + C_3 x + C_4 \quad (8)$$

Determinação das constantes de integração. As condições que devem ser satisfeitas pelas constantes de integração foram resumidas na Fig. 9.11*d*. No apoio A, em que a deflexão é definida pela Equação (4), devemos ter $x = 0$ e $y_1 = 0$. No apoio B, em que a deflexão é definida pela Equação (8), devemos ter $x = L$ e $y_2 = 0$. Além disso, o fato de que não deve haver nenhuma variação brusca na deflexão ou na inclinação no ponto D requer que $y_1 = y_2$ e $\theta_1 = \theta_2$ quando $x = L/4$. Temos, portanto:

$$[x = 0, y_1 = 0], \text{Equação (4):} \quad 0 = C_2 \quad (9)$$

$$[x = L, y_2 = 0], \text{Equação (8):} \quad 0 = \frac{1}{12}PL^3 + C_3 L + C_4 \quad (10)$$

$$[x = L/4, \theta_1 = \theta_2], \text{Equações (3) e (7):}$$

$$\frac{3}{128}PL^2 + C_1 = \frac{7}{128}PL^2 + C_3 \quad (11)$$

$$[x = L/4, y_1 = y_2], \text{Equações (4) e (8):}$$

$$\frac{PL^3}{512} + C_1 \frac{L}{4} = \frac{11PL^3}{1536} + C_3 \frac{L}{4} + C_4 \quad (12)$$

Resolvendo essas equações simultaneamente,

$$C_1 = -\frac{7PL^2}{128}, \ C_2 = 0, \ C_3 = -\frac{11PL^2}{128}, \ C_4 = \frac{PL^3}{384}$$

Substituindo C_1 e C_2 nas Equações (3) e (4), $x \leq L/4$ é,

$$EI \theta_1 = \frac{3}{8}Px^2 - \frac{7PL^2}{128} \quad (13)$$

$$EI y_1 = \frac{1}{8}Px^3 - \frac{7PL^2}{128}x \quad (14)$$

Usando $x = L/4$ em cada uma dessas equações, a inclinação e a deflexão no ponto D são, respectivamente,

$$\theta_D = -\frac{PL^2}{32EI} \quad \text{e} \quad y_D = -\frac{3PL^3}{256EI}$$

Observamos que, como $\theta_D \neq 0$, a deflexão em D *não* é a deflexão máxima da viga.

*9.1.2 Determinação da linha elástica com base na força distribuída

Vimos na Seção 9.1.1 que a equação da linha elástica pode ser obtida integrando-se duas vezes a equação diferencial

$$\frac{d^2y}{dx^2} = \frac{M(x)}{EI} \qquad (9.4)$$

em que $M(x)$ é o momento fletor na viga. Recordamos agora da Seção 5.2 que, quando uma viga suporta uma força distribuída $w(x)$, temos $dM/dx = V$ e $dV/dx = -w$ em qualquer ponto. Diferenciando ambos os membros da Equação (9.4) em relação a x e considerando que EI seja constante,

$$\frac{d^3y}{dx^3} = \frac{1}{EI}\frac{dM}{dx} = \frac{V(x)}{EI} \qquad (9.7)$$

e, diferenciando novamente,

$$\frac{d^4y}{dx^4} = \frac{1}{EI}\frac{dV}{dx} = -\frac{w(x)}{EI}$$

Concluímos que quando uma viga prismática suporta uma força distribuída $w(x)$, sua linha elástica é governada pela equação diferencial linear de quarta ordem

$$\frac{d^4y}{dx^4} = -\frac{w(x)}{EI} \qquad (9.8)$$

Multiplicando ambos os membros da Equação (9.8) pela constante EI e integrando quatro vezes para obter

$$EI\frac{d^4y}{dx^4} = -w(x)$$

$$EI\frac{d^3y}{dx^3} = V(x) = -\int w(x)\,dx + C_1$$

$$EI\frac{d^2y}{dx^2} = M(x) = -\int dx \int w(x)\,dx + C_1 x + C_2 \qquad (9.9)$$

$$EI\frac{dy}{dx} = EI\,\theta(x) = -\int dx \int dx \int w(x)\,dx + \frac{1}{2}C_1 x^2 + C_2 x + C_3$$

$$EI\,y(x) = -\int dx \int dx \int dx \int w(x)\,dx + \frac{1}{6}C_1 x^3 + \frac{1}{2}C_2 x^2 + C_3 x + C_4$$

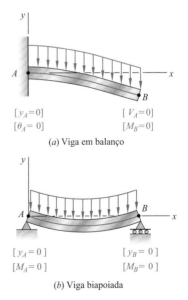

Fig. 9.12 Condições de contorno para (a) viga em balanço, (b) viga biapoiada.

As quatro constantes de integração podem ser determinadas a partir das condições de contorno. Estas incluem (a) as condições impostas na deflexão ou na inclinação da viga por seus apoios (Seção 9.1.1) e (b) as condições de que V e M sejam zero na extremidade livre de uma viga em balanço, ou que M seja zero em ambas as extremidades de uma viga biapoiada (Seção 5.2). Isso foi ilustrado na Fig. 9.12.

O método apresentado aqui pode ser utilizado eficazmente com vigas em balanço ou biapoiadas submetidas a uma força distribuída. Porém, no caso de viga biapoiada com balanço, as reações nos apoios provocarão descontinuidades na força cortante, isto é, na terceira derivada de y, e seriam necessárias outras funções para definir a linha elástica sobre toda a viga.

Aplicação do conceito 9.4

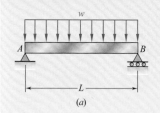

A viga prismática biapoiada AB suporta uma força uniformemente distribuída w por unidade de comprimento (Fig. 9.13a). Determine a equação da linha elástica e a deflexão máxima da viga. (Estas são a mesma viga e a mesma força resolvidas na Aplicação do conceito 9.2.)

Como w = constante, as primeiras três equações das Equações (9.9) resultam em

$$EI\frac{d^4y}{dx^4} = -w$$

$$EI\frac{d^3y}{dx^3} = V(x) = -wx + C_1$$

$$EI\frac{d^2y}{dx^2} = M(x) = -\frac{1}{2}wx^2 + C_1x + C_2 \quad (1)$$

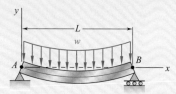

Fig. 9.13 (a) Viga biapoiada sob uma força uniformemente distribuída. (b) Condições de contorno.

Observando que as condições de contorno requerem que $M = 0$ em ambas as extremidades da viga (Fig. 9.13b), primeiro usamos $x = 0$ e $M = 0$ na Equação (1) e obtemos $C_2 = 0$. Depois usamos $x = L$ e $M = 0$ na mesma equação e obtemos $C_1 = \frac{1}{2}wL$.

Utilizando esses valores de C_1 e C_2 de volta na Equação (1) e integrando duas vezes, obtemos

$$EI\frac{d^2y}{dx^2} = -\frac{1}{2}wx^2 + \frac{1}{2}wLx$$

$$EI\frac{dy}{dx} = -\frac{1}{6}wx^3 + \frac{1}{4}wLx^2 + C_3$$

$$EI\,y = -\frac{1}{24}wx^4 + \frac{1}{12}wLx^3 + C_3x + C_4 \quad (2)$$

Contudo, as condições de contorno também requerem $y = 0$ em ambas as extremidades da viga. Utilizando $x = 0$ e $y = 0$ na Equação (2), obtemos $C_4 = 0$; usando $x = L$ e $y = 0$ na mesma equação, escrevemos

$$0 = -\tfrac{1}{24}wL^4 + \tfrac{1}{12}wL^4 + C_3L$$

$$C_3 = -\tfrac{1}{24}wL^3$$

Utilizando os valores de C_3 e C_4 novamente na Equação (2) e dividindo ambos os membros por EI, obtemos a equação da linha elástica:

$$y = \frac{w}{24EI}(-x^4 + 2Lx^3 - L^3x) \quad (3)$$

O valor da deflexão máxima é obtido calculando-se $x = L/2$ na Equação (3).

$$|y|_{máx} = \frac{5wL^4}{384EI}$$

9.2 VIGAS ESTATICAMENTE INDETERMINADAS

Nas seções anteriores, nossa análise esteve limitada a vigas estaticamente determinadas. Considere agora a viga prismática AB (Fig. 9.14a), que tem uma extremidade engastada em A e a outra apoiada em B. Desenhando o diagrama de corpo livre da viga (Fig. 9.14b), notamos que as reações envolvem quatro incógnitas, embora tenhamos apenas três equações de equilíbrio, que são

$$\sum F_x = 0 \qquad \sum F_y = 0 \qquad \sum M_A = 0 \qquad (9.10)$$

Como somente A_x pode ser determinado por meio dessas equações, concluímos que a viga é *estaticamente indeterminada*.

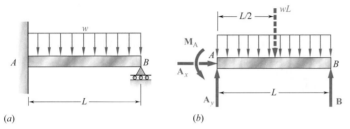

(a)　　　(b)

Fig. 9.14 (a) Viga estaticamente indeterminada sob uma força uniformemente distribuída. (b) Diagrama de corpo livre com quatro reações desconhecidas.

Recordamos, dos Capítulos 2 e 3, que, em um problema estaticamente indeterminado, as reações podem ser obtidas considerando-se as *deformações* da estrutura envolvida. Iremos, portanto, prosseguir com o cálculo da inclinação e da deflexão ao longo da viga. Seguindo o método utilizado na Seção 9.1A, primeiramente expressamos o momento fletor $M(x)$ em um ponto qualquer de AB em função da distância x de A, da força aplicada e das reações desconhecidas. Integrando em x, obtemos expressões para θ e y contendo duas incógnitas adicionais, que são as constantes de integração C_1 e C_2. No entanto, ao todo estão disponíveis seis equações para determinar as reações e as constantes C_1 e C_2; elas são as três equações de equilíbrio da Equação (9.10) e as três equações expressando que as condições de contorno estão satisfeitas, isto é, que a inclinação e a deflexão em A são zero e que a deflexão em B é zero (Fig. 9.15). Assim, podem ser determinadas as reações nos apoios e pode ser obtida a equação da linha elástica.

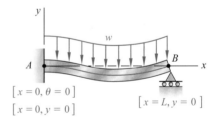

Fig. 9.15 Condições de contorno para a viga da Fig. 9.14.

Aplicação do conceito 9.5

Determine as reações nos apoios da viga prismática da Fig. 9.14a.

Equações de equilíbrio. Do diagrama de corpo livre da Fig. 9.14b escrevemos

$$\xrightarrow{+} \sum F_x = 0: \quad A_x = 0$$
$$+\uparrow \sum F_y = 0: \quad A_y + B - wL = 0 \qquad (1)$$
$$+ \curvearrowleft \sum M_A = 0: \quad M_A + BL - \tfrac{1}{2}wL^2 = 0$$

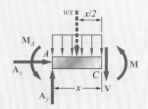

Fig. 9.16 Diagrama de corpo livre da parte AC da viga.

Equação da linha elástica. Desenhando o diagrama de corpo livre de uma parte da viga AC (Fig. 9.16), escrevemos

$$+\circlearrowleft \sum M_C = 0: \quad M + \tfrac{1}{2}wx^2 + M_A - A_y x = 0 \quad (2)$$

Resolvendo a Equação (2) para M e substituindo na Equação (9.4),

$$EI\frac{d^2y}{dx^2} = -\frac{1}{2}wx^2 + A_y x - M_A$$

Integrando em x, temos

$$EI\,\theta = EI\frac{dy}{dx} = -\frac{1}{6}wx^3 + \frac{1}{2}A_y x^2 - M_A x + C_1 \quad (3)$$

$$EI\,y = -\frac{1}{24}wx^4 + \frac{1}{6}A_y x^3 - \frac{1}{2}M_A x^2 + C_1 x + C_2 \quad (4)$$

Utilizando, agora, as condições de contorno indicadas na Fig. 9.15, usamos $x = 0$, $\theta = 0$ na Equação (3), $x = 0$, $y = 0$ na Equação (4), e concluímos que $C_1 = C_2 = 0$. Assim, escrevemos a Equação (4) da seguinte forma:

$$EI\,y = -\tfrac{1}{24}wx^4 + \tfrac{1}{6}A_y x^3 - \tfrac{1}{2}M_A x^2 \quad (5)$$

No entanto, a terceira condição de contorno requer $y = 0$ para $x = L$. Usando esses valores na Equação (5), escrevemos

$$0 = -\tfrac{1}{24}wL^4 + \tfrac{1}{6}A_y L^3 - \tfrac{1}{2}M_A L^2$$

ou

$$3M_A - A_y L + \tfrac{1}{4}wL^2 = 0 \quad (6)$$

Resolvendo essa equação simultaneamente com as três equações de equilíbrio (1), obtemos as reações nos apoios:

$$A_x = 0 \quad A_y = \tfrac{5}{8}wL \quad M_A = \tfrac{1}{8}wL^2 \quad B = \tfrac{3}{8}wL$$

Na Aplicação do conceito 9.5, havia uma reação redundante, isto é, havia uma reação a mais do que podia ser determinada por meio, somente, das equações de equilíbrio. Dizemos que a viga correspondente é *estaticamente indeterminada com um grau de indeterminação ou um grau de hiperasticidade*. Outro exemplo de uma viga indeterminada de um grau de indeterminação é o fornecido no Problema Resolvido 9.3. Se os apoios da viga são tais que duas reações são redundantes (Fig. 9.17a), dizemos que a viga é *indeterminada com dois graus de indeterminação*. Embora tenhamos agora cinco reações desconhecidas (Fig. 9.17b), descobrimos que quatro equações podem ser obtidas das condições de contorno (Fig. 9.17c). Assim, temos um total de sete equações disponíveis para determinar as cinco reações e as duas constantes de integração.

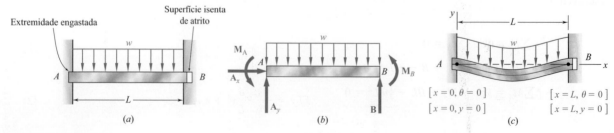

Fig. 9.17 (a) Viga estaticamente indeterminada com dois graus de indeterminação. (b) Diagrama de corpo livre. (c) Condições de contorno.

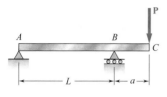

PROBLEMA RESOLVIDO 9.1

A viga de aço biapoiada com balanço ABC suporta uma força concentrada **P** na extremidade C. Para a parte AB da viga, (*a*) determine a equação da linha elástica, (*b*) determine a deflexão máxima e (*c*) avalie $y_{máx}$ para os seguintes dados:

W 360 × 101	$I = 722 \times 10^6$ mm^4	$E = 200$ GPa
$P = 220$ kN	$L = 4,5$ m	$a = 1,2$ m

ESTRATÉGIA: Você deve começar por determinar a equação de momentos de flexão para o intervalo de interesse. Substituindo esta na equação diferencial da linha elástica, integrando duas vezes e aplicando as condições de contorno, você pode então obter a equação da linha elástica. Use essa equação para encontrar as deflexões desejadas.

MODELAGEM: O diagrama de corpo livre da viga completa (Fig. 1) fornece as reações: $\mathbf{R}_A = Pa/L \downarrow$ e $\mathbf{R}_B = P(1 + a/L) \uparrow$. Utilizando o diagrama de corpo livre da parte AD da viga de comprimento x (Fig. 1), encontramos

$$M = -P\frac{a}{L}x \qquad (0 < x < L)$$

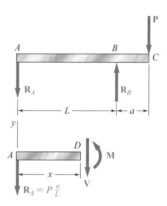

Fig. 1 Diagrama de corpo livre da viga e da parte AD.

ANÁLISE:

Equação diferencial da linha elástica. Utilizando a Equação (9.4), escrevemos

$$EI\frac{d^2y}{dx^2} = -P\frac{a}{L}x$$

Considerando que a rigidez à flexão EI é constante, integramos duas vezes e encontramos

$$EI\frac{dy}{dx} = -\frac{1}{2}P\frac{a}{L}x^2 + C_1 \qquad (1)$$

$$EI\,y = -\frac{1}{6}P\frac{a}{L}x^3 + C_1 x + C_2 \qquad (2)$$

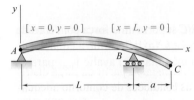

Fig. 2 Condições de contorno.

Determinação das constantes. Para as condições de contorno (Fig. 2),

$[x = 0, y = 0]$:   Da Equação (2), $C_2 = 0$

$[x = L, y = 0]$:   Utilizando novamente a Equação (2),

$$EI(0) = -\frac{1}{6}P\frac{a}{L}L^3 + C_1 L \qquad C_1 = +\frac{1}{6}PaL$$

a. **Equação da linha elástica.** Substituindo C_1 e C_2 nas Equações (1) e (2), temos

$$EI\frac{dy}{dx} = -\frac{1}{2}P\frac{a}{L}x^2 + \frac{1}{6}PaL \qquad \frac{dy}{dx} = \frac{PaL}{6EI}\left[1 - 3\left(\frac{x}{L}\right)^2\right] \qquad (3)$$

$$EI\, y = -\frac{1}{6}P\frac{a}{L}x^3 + \frac{1}{6}PaLx \qquad y = \frac{PaL^2}{6EI}\left[\frac{x}{L} - \left(\frac{x}{L}\right)^3\right] \qquad (4) \blacktriangleleft$$

b. **Deflexão máxima na parte AB.** A deflexão máxima $y_{máx}$ ocorre no ponto E em que a inclinação da linha elástica é zero (Fig. 3). Utilizando $dy/dx = 0$ na Equação (3), determinamos a abscissa x_m do ponto E:

$$0 = \frac{PaL}{6EI}\left[1 - 3\left(\frac{x_m}{L}\right)^2\right] \qquad x_m = \frac{L}{\sqrt{3}} = 0{,}577L$$

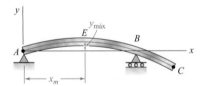

Fig. 3 Linha elástica da deformada com a localização da máxima deflexão.

Substituímos $x_m/L = 0{,}577$ na Equação (4) e temos

$$y_{máx} = \frac{PaL^2}{6EI}[(0{,}577) - (0{,}577)^3] \qquad\qquad y_{máx} = 0{,}0642\frac{PaL^2}{EI} \blacktriangleleft$$

c. **Avaliação de $y_{máx}$.** Para os dados fornecidos, o valor de $y_{máx}$ é

$$y_{máx} = 0{,}0642\frac{(220 \times 10^3 \text{ N})(1{,}2 \text{ m})(4{,}5 \text{ m})^2}{(200 \times 10^9 \text{ N/m}^2)(302 \times 10^{-6} \text{ m}^4)}$$

$$y_{máx} = 5{,}7 \times 10^{-3} \text{ m} = 5{,}7 \text{ mm} \blacktriangleleft$$

REFLETIR E PENSAR: Pelo fato de que a deflexão máxima é positiva, ela será para cima. Como forma de verificação, vemos que isso é consistente com a forma defletida antecipada para este carregamento (Fig. 3).

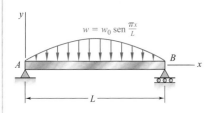

PROBLEMA RESOLVIDO 9.2

Para a viga e o carregamento mostrados, determine (a) a equação da linha elástica, (b) a inclinação na extremidade A e (c) a deflexão máxima.

ESTRATÉGIA: Determine a linha elástica diretamente a partir da carga distribuída usando a Equação (9.8), aplicando as condições de contorno adequadas. Use essa equação para encontrar a declividade e a deflexão desejada.

MODELAGEM E ANÁLISE:

Equação diferencial da linha elástica. Da Equação (9.8),

$$EI\frac{d^4y}{dx^4} = -w(x) = -w_0 \operatorname{sen}\frac{\pi x}{L} \tag{1}$$

Integrando a Equação (1) duas vezes:

$$EI\frac{d^3y}{dx^3} = V = +w_0\frac{L}{\pi}\cos\frac{\pi x}{L} + C_1 \tag{2}$$

$$EI\frac{d^2y}{dx^2} = M = +w_0\frac{L^2}{\pi^2}\operatorname{sen}\frac{\pi x}{L} + C_1 x + C_2 \tag{3}$$

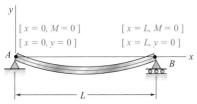

Fig. 1 Condições de contorno.

Condições de contorno: Considere a Fig.1.

[$x = 0, M = 0$]:   Da Equação (3), $C_2 = 0$

[$x = L, M = 0$]:   Utilizando novamente a Equação (3),

$$0 = w_0\frac{L^2}{\pi^2}\operatorname{sen}\pi + C_1 L \qquad C_1 = 0$$

Assim:

$$EI\frac{d^2y}{dx^2} = +w_0\frac{L^2}{\pi^2}\operatorname{sen}\frac{\pi x}{L} \tag{4}$$

Integrando a Equação (4) duas vezes:

$$EI\frac{dy}{dx} = EI\,\theta = -w_0\frac{L^3}{\pi^3}\cos\frac{\pi x}{L} + C_3 \tag{5}$$

$$EI\,y = -w_0\frac{L^4}{\pi^4}\operatorname{sen}\frac{\pi x}{L} + C_3 x + C_4 \tag{6}$$

Condições de contorno: Considere a Fig.1.

[$x = 0, y = 0$]:   Utilizando a Equação (6), $C_4 = 0$

[$x = L, y = 0$]:   Utilizando novamente a Equação (6), $C_3 = 0$

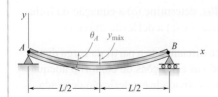

Fig. 2 Linha elástica deformada mostrando a inclinação em A e a deflexão máxima.

a. **Equação da linha elástica**
$$EIy = -w_0 \frac{L^4}{\pi^4} \operatorname{sen} \frac{\pi x}{L} \blacktriangleleft$$

b. **Inclinação na extremidade A.** Considere a Fig. 2. Para $x = 0$, temos

$$EI\,\theta_A = -w_0 \frac{L^3}{\pi^3} \cos 0 \qquad \theta_A = \frac{w_0 L^3}{\pi^3 EI} \blacktriangleleft$$

c. **Deflexão máxima.** Considerando a Fig. 2, para $x = \frac{1}{2}L$,

$$EL y_{\text{máx}} = -w_0 \frac{L^4}{\pi^4} \operatorname{sen} \frac{\pi}{2} \qquad y_{\text{máx}} = \frac{w_0 L^4}{\pi^4 EI} \downarrow \blacktriangleleft$$

REFLETIR E PENSAR: Como verificação, observamos que a orientação da declividade na extremidade A e a deflexão máxima são consistentes com a forma da elástica prevista para o carregamento (Fig. 1).

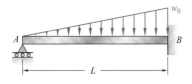

PROBLEMA RESOLVIDO 9.3

Para a viga uniforme AB, (*a*) determine a reação em A, (*b*) a equação da linha elástica e (*c*) a inclinação em A. (Note que a viga é estaticamente indeterminada com um grau de indeterminação.)

ESTRATÉGIA: A viga é estaticamente indeterminada de primeiro grau. Considerando a reação em A como redundante, escreva a equação de momentos de flexão como função dessa reação redundante e o carregamento existente. Depois substitua a equação de momentos de flexão na equação diferencial da linha elástica, integre duas vezes. Aplicando as condições de contorno, a reação pode ser determinada. Use a equação da linha elástica para encontrar a declividade desejada.

MODELAGEM: Utilizando o diagrama de corpo livre mostrado na Fig. 1, obtemos o diagrama do momento fletor:

$$+\downarrow\Sigma M_D = 0: \quad R_A x - \frac{1}{2}\left(\frac{w_0 x^2}{L}\right)\frac{x}{3} - M = 0 \qquad M = R_A x - \frac{w_0 x^3}{6L}$$

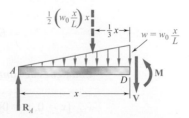

Fig. 1 Diagrama de corpo livre da parte AD da viga.

ANÁLISE:

Equação diferencial da linha elástica. Utilizemos a Equação (9.4) e para

$$EI\frac{d^2y}{dx^2} = R_A x - \frac{w_0 x^3}{6L}$$

Considerando que a rigidez à flexão EI é constante, integramos duas vezes e temos

$$EI\frac{dy}{dx} = EI\,\theta = \frac{1}{2}R_A x^2 - \frac{w_0 x^4}{24L} + C_1 \qquad (1)$$

$$EI\,y = \frac{1}{6}R_A x^3 - \frac{w_0 x^5}{120L} + C_1 x + C_2 \qquad (2)$$

Condições de contorno. As três condições de contorno que devem ser satisfeitas são mostradas na Fig. 2.

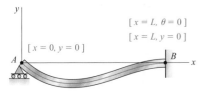

Fig. 2 Condições de contorno.

$[x = 0, y = 0]$: $\qquad C_2 = 0 \qquad (3)$

$[x = L, \theta = 0]$: $\qquad \frac{1}{2}R_A L^2 - \frac{w_0 L^3}{24} + C_1 = 0 \qquad (4)$

$[x = L, y = 0]$: $\qquad \frac{1}{6}R_A L^3 - \frac{w_0 L^4}{120} + C_1 L + C_2 = 0 \qquad (5)$

***a.* Reação em A.** Multiplicando a Equação (4) por L, subtraindo a Equação (5) membro a membro da equação obtida e observando que $C_2 = 0$, temos

$$\tfrac{1}{3}R_A L^3 - \tfrac{1}{30}w_0 L^4 = 0 \qquad\qquad \mathbf{R}_A = \tfrac{1}{10}w_0 L \uparrow \blacktriangleleft$$

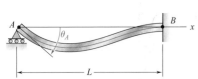

Fig. 3 Linha elástica deformada mostrando a inclinação em A.

Notamos que a reação é independente de E e I. Substituindo $R_A = \dfrac{1}{10}w_0 L$ na Equação (4), temos

$$\tfrac{1}{2}(\tfrac{1}{10}w_0 L)L^2 - \tfrac{1}{24}w_0 L^3 + C_1 = 0 \qquad C_1 = -\tfrac{1}{120}w_0 L^3$$

***b.* Equação da linha elástica.** Substituindo R_A, C_1 e C_2 na Equação (2), temos

$$EI\,y = \frac{1}{6}\left(\frac{1}{10}w_0 L\right)x^3 - \frac{w_0 x^5}{120L} - \left(\frac{1}{120}w_0 L^3\right)x$$

$$y = \frac{w_0}{120 EIL}(-x^5 + 2L^2 x^3 - L^4 x) \blacktriangleleft$$

***c.* Inclinação em A (Fig. 3).** Derivamos a equação acima em relação a x:

$$\theta = \frac{dy}{dx} = \frac{w_0}{120 EIL}(-5x^4 + 6L^2 x^2 - L^4)$$

Utilizando $x = 0$, $\qquad \theta_A = -\dfrac{w_0 L^3}{120 EI} \qquad\qquad \theta_A = \dfrac{w_0 L^3}{120 EI}\,\measuredangle\,\blacktriangleleft$

PROBLEMAS

Nos problemas a seguir, considere que a rigidez à flexão *EI* de cada viga é constante.

9.1 até 9.4 Para o carregamento mostrado nas figuras, determine (*a*) a equação da linha elástica para a viga em balanço *AB*, (*b*) a deflexão da extremidade livre e (*c*) a inclinação na extremidade livre.

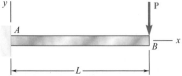

Fig. P9.1

Fig. P9.2

Fig. P9.3

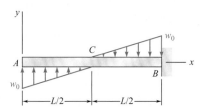

Fig. P9.4

9.5 e 9.6 Para a viga em balanço e o carregamento mostrados nas figuras, determine (*a*) a equação da linha elástica para a parte *AB* da viga, (*b*) a deflexão em *B* e (*c*) a inclinação em *B*.

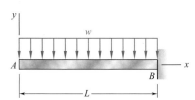

Fig. P9.5

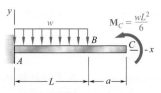

Fig. P9.6

9.7 Para a viga e o carregamento mostrados na figura, determine (*a*) a equação da linha elástica para a parte *AB* da viga, (*b*) a deflexão no meio do vão e (*c*) a inclinação em *B*.

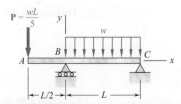

Fig. P9.7

9.8 Para a viga e o carregamento mostrados na figura, determine (a) a equação da linha elástica para a parte AB da viga, (b) a inclinação em A e (c) a inclinação em B.

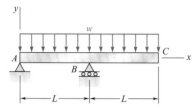

Fig. P9.8

9.9 Sabendo que a viga AB é um perfil de aço laminado S8 × 18,4 e que $w_0 = 4$ kips/pés, $L = 9$ pés e $E = 29 \times 10^6$ psi, determine (a) a inclinação em A, (b) a deflexão em C.

9.10 Sabendo que a viga AB é um perfil de aço laminado W130 × 23,8 e que $P = 50$ kN, $L = 1,25$ m e $E = 200$ GPa, determine (a) a inclinação em A e (b) a deflexão em C.

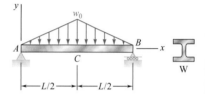

Fig. P9.9

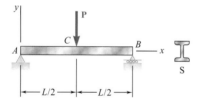

Fig. P9.10

9.11 Para a viga e o carregamento mostrados na figura, (a) expresse o valor e a localização da deflexão máxima em termos de w_0, L, E e I. (b) Calcule o valor da deflexão máxima, considerando que a viga AB é um perfil de aço laminado W18 × 50 e que $w_0 = 4,5$ kips/pés, $L = 18$ pés e $E = 29 \times 10^6$ psi.

9.12 (a) Determine a localização e a intensidade da máxima deflexão da viga AB. (b) Considerando que a viga AB é um W310 × 143, $M_0 = 80$ kN·m e $E = 200$ GPa, determine o comprimento admissível máximo L da viga se a deflexão máxima não pode exceder 1,8 mm.

Fig. P9.11

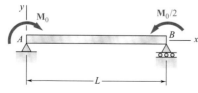

Fig. P9.12

9.13 Para a viga e o carregamento mostrados na figura, determine a deflexão no ponto C. Use $E = 200$ GPa.

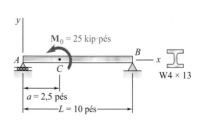

Fig. P9.13

9.14 Cargas distribuídas uniformemente são aplicadas à viga AE como mostrado. (*a*) Selecionando o eixo x através dos centros A e E das seções da extremidade da viga, determine a equação da linha elástica para a parte AB da viga. (*b*) Sabendo que a viga é um perfil de aço laminado W200 × 35,9 e que $L = 3$ m, $w = 5$ kN/m e $E = 200$ GPa, determine a distância do centro da viga ao eixo x.

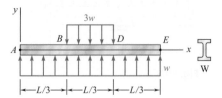

Fig. P9.14

9.15 Para a viga e o carregamento mostrados, sabendo que $a = 2$ m, $w = 50$ kN/m e $E = 200$ GPa, determine (*a*) a inclinação no apoio em A, (*b*) a deflexão no ponto C.

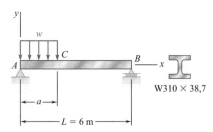

Fig. P9.15

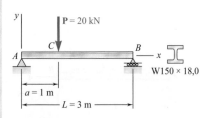

Fig. P9.16

9.16 Para a viga e carregamento mostrados, determine a deflexão no ponto C. Use $E = 200$ GPa.

9.17 Para a viga e o carregamento mostrados na figura, determine (*a*) a equação da linha elástica, (*b*) a inclinação na extremidade livre e (*c*) a deflexão na extremidade livre.

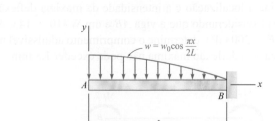

Fig. P9.17

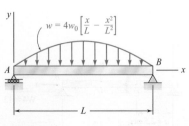

Fig. P9.18

9.18 Para a viga e o carregamento mostrados na figura, determine (*a*) a equação da linha elástica, (*b*) a inclinação na extremidade A e (*c*) a deflexão no ponto médio do vão.

9.19 até 9.22 Para a viga e o carregamento mostrados nas figuras, determine a reação no apoio móvel.

Fig. P9.19

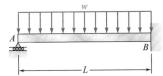

Fig. P9.20

Fig. P9.21

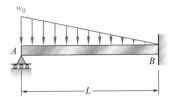

Fig. P9.22

9.23 Para a viga mostrada, determine a reação no apoio móvel quando $w_0 = 65$ kN/m.

9.24 Para a viga mostrada, determine a reação no apoio móvel quando $w_0 = 15$ kN/m.

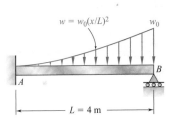

Fig. P9.23

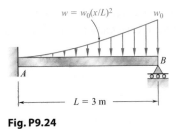

Fig. P9.24

9.25 até 9.28 Determine a reação no apoio móvel e desenhe o diagrama do momento fletor para a viga e o carregamento mostrados nas figuras.

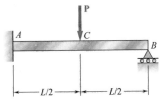

Fig. P9.25

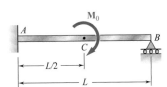

Fig. P9.26

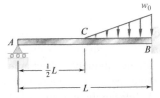

Fig. P9.27

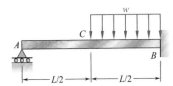

Fig. P9.28

9.29 e 9.30 Determine a reação no apoio móvel e a deflexão no ponto C.

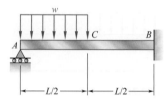

Fig. P9.29

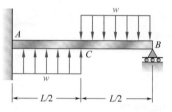

Fig. P9.30

9.31 e 9.32 Determine a reação no apoio móvel e a deflexão no ponto D se a for igual a $L/3$.

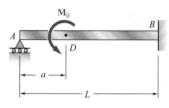

Fig. P9.31

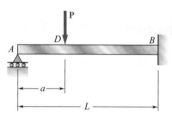

Fig. P9.32

9.33 e 9.34 Determine a reação em A e desenhe o diagrama do momento fletor para a viga e o carregamento mostrados nas figuras.

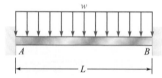

Fig. P9.33

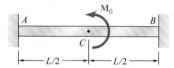

Fig. P9.34

*9.3 FUNÇÕES DE SINGULARIDADE PARA DETERMINAR A INCLINAÇÃO E A DEFLEXÃO

O método de integração proporciona uma maneira conveniente e eficaz para determinar a inclinação e a deflexão em qualquer ponto de uma viga prismática, *desde que o momento fletor possa ser representado por uma função analítica simples M(x)*. No entanto, quando o carregamento na viga torna necessárias duas equações diferentes para representar o momento fletor para todo seu comprimento, como na Aplicação do conceito 9.3 (Fig. 9.11a), são necessárias quatro constantes de integração e um igual número de equações, expressando a condição de continuidade no ponto D e também as condições de contorno nos apoios *A* e *B*, para determinar as constantes. Se fossem necessárias três ou mais funções para representar o momento fletor, seriam necessárias constantes adicionais e um número correspondente de equações adicionais, resultando em cálculos muito demorados. Este seria o caso da viga mostrada na Foto. 9.2. Nesta seção, esses cálculos serão simplificados por meio das funções de singularidade discutidas na Seção 5.4.

Foto 9.2 Nesta estrutura do telhado, cada viga de alma aberta aplica uma força concentrada à viga que a suporta. Cortesia de John DeWolf

Vamos considerar novamente a viga e o carregamento na Aplicação do conceito 9.3 (Fig. 9.11) e desenhar o seu diagrama de corpo livre (Fig. 9.18). Utilizando a função de singularidade apropriada, conforme explicado na Seção 5.4, para representar a contribuição para a força cortante da força concentrada **P**, escrevemos

$$V(x) = \frac{3P}{4} - P\langle x - \tfrac{1}{4}L\rangle^0$$

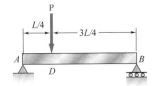

Fig. 9.11 (*repetida*) Viga biapoiada com carregamento transversal **P**.

Integrando em *x* e recordando da Seção 5.4 que, na ausência de qualquer momento concentrado, a expressão obtida para o momento fletor não conterá nenhum termo constante, temos

$$M(x) = \frac{3P}{4}x - P\langle x - \tfrac{1}{4}L\rangle \quad (9.11)$$

Substituindo o valor de *M(x)*, dado pela Equação (9.11), na Equação (9.4),

$$EI\frac{d^2y}{dx^2} = \frac{3P}{4}x - P\langle x - \tfrac{1}{4}L\rangle \quad (9.12)$$

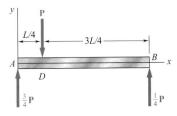

Fig. 9.18 Diagrama de corpo livre da viga da Fig. 9.11.

e, integrando em *x*,

$$EI\,\theta = EI\frac{dy}{dx} = \frac{3}{8}Px^2 - \frac{1}{2}P\langle x - \tfrac{1}{4}L\rangle^2 + C_1 \quad (9.13)$$

Fig. 9.19 Condições de contorno para a viga da Fig. 9.11.

$$EI\, y = \frac{1}{8}Px^3 - \frac{1}{6}P\langle x - \tfrac{1}{4}L\rangle^3 + C_1 x + C_2 \qquad (9.14)^\dagger$$

As constantes C_1 e C_2 podem ser determinadas com base nas condições de contorno mostradas na Fig. 9.19. Usando $x = 0$, $y = 0$ na Equação (9.14),

$$0 = 0 - \frac{1}{6}P\langle 0 - \tfrac{1}{4}L\rangle^3 + 0 + C_2$$

que se reduz a $C_2 = 0$, pois qualquer colchete contendo uma quantidade negativa é igual a zero. Fazendo agora $x = L$, $y = 0$ e $C_2 = 0$ na Equação (9.14),

$$0 = \frac{1}{8}PL^3 - \frac{1}{6}P\langle\tfrac{3}{4}L\rangle^3 + C_1 L$$

Como a quantidade entre colchetes é positiva, eles podem ser substituídos por parênteses comuns. Resolvendo para C_1, temos

$$C_1 = -\frac{7PL^2}{128}$$

Observamos que as expressões obtidas para as constantes C_1 e C_2 são as mesmas que foram encontradas anteriormente na Aplicação de conceito 9.3. No entanto, a necessidade de constantes adicionais C_3 e C_4 agora foi eliminada, e não precisamos impor as condições de que a inclinação e a deflexão sejam contínuas no ponto D.

---

† As condições de continuidade para a inclinação e a deflexão em D estão "embutidas" nas Equações (9.13) e (9.14). Sem dúvida, a diferença entre as expressões para a inclinação θ_1 em AD e a inclinação θ_2 em DB é representada pelo termo $-\tfrac{1}{2}P\langle x - \tfrac{1}{4}L\rangle^2$ na Equação (9.13), e esse termo é igual a zero em D. Analogamente, a diferença entre as expressões para a deflexão y_1 em AD e a deflexão y_2 em DB é representada pelo termo $-\tfrac{1}{6}P\langle x - \tfrac{1}{4}L\rangle^3$ na Equação (9.14), e esse termo também é igual a zero em D.

Aplicação do conceito 9.6

Para a viga e o carregamento mostrados na Fig. 9.20a e utilizando funções de singularidade, (a) expresse a inclinação e a deflexão em funções da distância x do apoio em A, (b) determine a deflexão no ponto médio D. Use $E = 200$ GPa e $I = 6{,}87 \times 10^{-6}$ m^4.

(a) Observamos que a viga está carregada e vinculada da mesma maneira que a viga na Aplicação do conceito 5.5. Voltando àquele exemplo, recordamos que a força distribuída mencionada foi substituída por duas forças de extremidade aberta equivalentes mostradas na Fig. 9.20b, e que foram obtidas as expressões a seguir para a força cortante e o momento fletor:

$$V(x) = -1{,}5\langle x - 0{,}6\rangle^1 + 1{,}5\langle x - 1{,}8\rangle^1 + 2{,}6 - 1{,}2\langle x - 0{,}6\rangle^0$$

$$M(x) = -0{,}75\langle x - 0{,}6\rangle^2 + 0{,}75\langle x - 1{,}8\rangle^2 \\ + 2{,}6x - 1{,}2\langle x - 0{,}6\rangle^1 - 1{,}44\langle x - 2{,}6\rangle^0$$

Integrando a última expressão duas vezes,

$$EI\theta = -0{,}25\langle x - 0{,}6\rangle^3 + 0{,}25\langle x - 1{,}8\rangle^3$$
$$+ 1{,}3x^2 - 0{,}6\langle x - 0{,}6\rangle^2 - 1{,}44\langle x - 2{,}6\rangle^1 + C_1 \quad (1)$$
$$EIy = -0{,}0625\langle x - 0{,}6\rangle^4 + 0{,}0625\langle x - 1{,}8\rangle^4$$
$$+ 0{,}4333x^3 - 0{,}2\langle x - 0{,}6\rangle^3 - 0{,}72\langle x - 2{,}6\rangle^2$$
$$+ C_1 x + C_2 \quad (2)$$

As constantes C_1 e C_2 podem ser determinadas com base nas condições de contorno mostradas na Fig. 9.20c. Fazendo $x = 0$, $y = 0$ na Equação (2) e observando que todos os colchetes contêm valores negativos e, portanto, são iguais a zero, concluímos que $C_2 = 0$. Fazendo agora $x = 3{,}6$, $y = 0$ e $C_2 = 0$ na Equação (2), escrevemos

$$0 = -0{,}0625\langle 3{,}0\rangle^4 + 0{,}0625\langle 1{,}8\rangle^4$$
$$+ 0{,}4333(3{,}6)^3 - 0{,}2\langle 3{,}0\rangle^3 - 0{,}72\langle 1{,}0\rangle^2 + C_1(3{,}6) + 0$$

Como todos os valores entre colchetes são positivos, eles podem ser substituídos por parênteses comuns. Resolvendo para C_1, encontramos $C_1 = -2{,}692$.

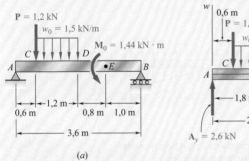
(a)

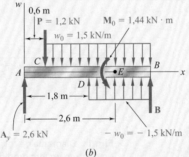
(b)

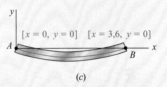
(c)

Fig. 9.20 (a) Viga biapoiada sob múltiplas forças. (b) Diagrama de corpo livre mostrando o sistema de forças equivalente. (c) Condições de contorno.

(b) Substituindo C_1 e C_2 na Equação (2) e fazendo $x = x_D = 1{,}8$ m, vemos que a deflexão no ponto D é definida pela relação

$$EIy_D = -0{,}0625\langle 1{,}2\rangle^4 + 0{,}0625\langle 0\rangle^4$$
$$+ 0{,}4333(1{,}8)^3 - 0{,}2\langle 1{,}2\rangle^3 - 0{,}72\langle -0{,}8\rangle^2 - 2{,}692(1{,}8)$$

O último colchete contém um valor negativo e, portanto, é igual a zero. Todos os outros colchetes contêm quantidades positivas e podem ser substituídos por parênteses comuns.

$$EIy_D = -0{,}0625(1{,}2)^4 + 0{,}0625(0)^4$$
$$+ 0{,}4333(1{,}8)^3 - 0{,}2(1{,}2)^3 - 0 - 2{,}692(1{,}8) = -2{,}794$$

Utilizando os valores numéricos fornecidos de E e I,

$$(200\text{ GPa})(6{,}87 \times 10^{-6}\text{ m}^4)y_D = -2{,}794\text{ kN}\cdot\text{m}^3$$
$$y_D = -13{,}64 \times 10^{-3}\text{ m} = -2{,}03\text{ mm}$$

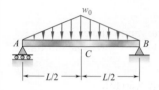

PROBLEMA RESOLVIDO 9.4

Para a viga prismática e o carregamento mostrados na figura, determine (*a*) a equação da linha elástica, (*b*) a inclinação em A e (*c*) a deflexão máxima.

ESTRATÉGIA: Você pode começar por determinar a equação de momentos fletores para a viga, utilizando a função de singularidade para qualquer mudança no carregamento. Substituindo o resultado na equação diferencial da linha elástica, integrando duas vezes e aplicando as condições de contorno, você pode então obter a equação da linha elástica. Use essa equação para encontrar a declividade e deflexão desejadas.

MODELAGEM: A equação definindo os momentos de flexão para a viga foi obtida no Problema Resolvido 5.9. Utilizando o diagrama de carregamento modificado mostrado na Fig. 1, temos [Equação (3)]:

$$M(x) = -\frac{w_0}{3L}x^3 + \frac{2w_0}{3L}\langle x - \tfrac{1}{2}L \rangle^3 + \tfrac{1}{4}w_0 L x$$

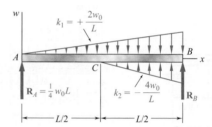

Fig. 1 Diagrama de corpo livre mostrando o carregamento modificado.

ANÁLISE:

a. **Equação da linha elástica.** Usando a Equação (9.4),

$$EI\frac{d^2y}{dx^2} = -\frac{w_0}{3L}x^3 + \frac{2w_0}{3L}\langle x - \tfrac{1}{2}L \rangle^3 + \tfrac{1}{4}w_0 L x \tag{1}$$

e integrando duas vezes em relação a x,

$$EI\,\theta = -\frac{w_0}{12L}x^4 + \frac{w_0}{6L}\langle x - \tfrac{1}{2}L \rangle^4 + \frac{w_0 L}{8}x^2 + C_1 \tag{2}$$

$$EI\,y = -\frac{w_0}{60L}x^5 + \frac{w_0}{30L}\langle x - \tfrac{1}{2}L \rangle^5 + \frac{w_0 L}{24}x^3 + C_1 x + C_2 \tag{3}$$

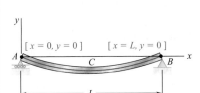

Fig. 2 Condições de contorno.

Condições de contorno. De acordo com a Fig. 2,

$[x = 0, y = 0]$: Utilizando a Equação (3) e observando que cada colchete $\langle \ \rangle$ contém um valor negativo e, portanto, é igual a zero, encontramos $C_2 = 0$.

$[x = L, y = 0]$: Novamente, utilizando a Equação (3),

$$0 = -\frac{w_0 L^4}{60} + \frac{w_0}{30L}\left(\frac{L}{2}\right)^5 + \frac{w_0 L^4}{24} + C_1 L \qquad C_1 = -\frac{5}{192}w_0 L^3$$

Substituindo C_1 e C_2 nas Equações (2) e (3),

$$EI\,\theta = -\frac{w_0}{12L}x^4 + \frac{w_0}{6L}\langle x - \tfrac{1}{2}L\rangle^4 + \frac{w_0 L}{8}x^2 - \frac{5}{192}w_0 L^3 \qquad (4)$$

$$EI\,y = -\frac{w_0}{60L}x^5 + \frac{w_0}{30L}\langle x - \tfrac{1}{2}L\rangle^5 + \frac{w_0 L}{24}x^3 - \frac{5}{192}w_0 L^3 x \qquad (5) \blacktriangleleft$$

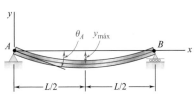

Fig. 3 Linha elástica deformada mostrando a inclinação A e a deflexão máxima C.

b. **Inclinação em A (Fig. 3).** Substituindo $x = 0$ na Equação (4),

$$EI\,\theta_A = -\frac{5}{192}w_0 L^3 \qquad \theta_A = \frac{5w_0 L^3}{192 EI} \blacktriangleleft$$

c. **Deflexão máxima (Fig. 3).** Devido à simetria dos apoios e do carregamento, a deflexão máxima ocorre no ponto C, em que $x = \tfrac{1}{2}L$. Substituindo na Equação (5),

$$EI\,y_{\text{máx}} = w_0 L^4 \left[-\frac{1}{60(32)} + 0 + \frac{1}{24(8)} - \frac{5}{192(2)}\right] = -\frac{w_0 L^4}{120}$$

$$y_{\text{máx}} = \frac{w_0 L^4}{120 EI}\downarrow \blacktriangleleft$$

PROBLEMA RESOLVIDO 9.5

A barra rígida DEF é soldada no ponto D à viga de aço uniforme AB. Para o carregamento mostrado na figura, determine (*a*) a equação da linha elástica da viga e (*b*) a deflexão no ponto médio C da viga. Use $E = 200$ GPa.

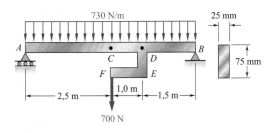

ESTRATÉGIA: Comece pela determinação da equação dos momentos fletores para a viga ADB, utilizando a função de singularidade para qualquer mudança no carregamento. Substituindo esta na equação diferencial da linha elástica, integrando duas vezes e aplicando as condições de contorno, você pode obter a equação da linha elástica. Utilize essa equação para encontrar a deflexão desejada.

MODELAGEM: A equação que define o momento fletor da viga foi obtida no Problema Resolvido 5.10. Utilizando o diagrama de carregamento modificado mostrado na Fig. 1 e expressando x, tínhamos [Equação (3)]:

$$M(x) = -365x^2 + 2175x - 700\langle x - 3,5\rangle^1 - 700\langle x - 3,5\rangle^0 \quad \text{N} \cdot \text{m}$$

ANÁLISE:

a. **Equação da linha elástica.** Utilizando a Equação (9.4),

$$EI(d^2y/dx^2) = -365x^2 + 2175x - 700\langle x - 3,5\rangle^1 - 700\langle x - 3,5\rangle^0 \quad \text{N} \cdot \text{m} \quad (1)$$

e integrando duas vezes em relação a x,

$$EI\,\theta = -121,7x^3 + 1087,5x^2 - 350\langle x - 3,5\rangle^2 - 700\langle x - 3,5\rangle^1 + C_1 \quad \text{N} \cdot \text{m}^2 \quad (2)$$

$$EI\,y = -30,43x^4 + 362,5x^3 - 116,7\langle x - 3,5\rangle^3 - 350\langle x - 3,5\rangle^2 + C_1 x + C_2 \quad \text{N} \cdot \text{m}^3 \quad (3a)$$

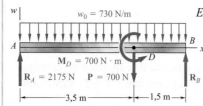

Fig. 1 Diagrama de corpo livre do sistema de força e momento equivalente.

Condições de contorno. De acordo com a Fig. 2,

$[x = 0, y = 0]$: Utilizando a Equação (3) e observando que cada colchete $\langle\ \rangle$ contém um valor negativo e, portanto, igual a zero, encontramos $C_2 = 0$.

$[x = 5,0 \text{ m}, y = 0]$: Novamente, usando a Equação (3) e observando que cada colchete contém um valor positivo e, portanto, pode ser substituído por um parêntese, escrevemos

$$0 = -30,43(5)^4 + 362,5(5)^3 - 116,7(1,5)^3 - 350(1,5)^2 + C_1(5)$$
$$C_1 = -5022$$

Substituindo os valores encontrados para C_1 e C_2 na Equação (3), temos

$$EI\,y = -30,43x^4 + 362,5x^3 - 116,7\langle x - 3,5\rangle^3 - 350\langle x - 3,5\rangle^2 - 5022x \quad \text{N} \cdot \text{m}^3 \quad (3b) \blacktriangleleft$$

Para determinar EI, recordamos que $E = 200 \times 10^9 \text{ N/m}^2$ e calculamos

$$I = \tfrac{1}{12}bh^3 = \tfrac{1}{12}(0,025 \text{ m})(0,075 \text{ m})^3 = 8,79 \times 10^{-7} \text{ m}^4$$
$$EI = (200 \times 10^9 \text{ N/m}^2)(8,79 \times 10^{-7} \text{ m}^4) = 175800 \text{ N} \cdot \text{m}^2$$

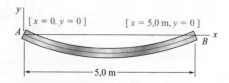

Fig. 2 Condições de contorno.

b. Deflexão no ponto médio C (Fig. 3). Fazendo $x = 2{,}5$ m na Equação (3b), escrevemos

$$EI\, y_C = -30{,}43(2{,}5)^4 + 362{,}5(2{,}5)^3 - 116{,}7\langle -1 \rangle^3 - 350\langle -1 \rangle^2 - 5022(2{,}5)$$

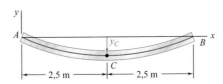

Fig. 3 Linha elástica deformada mostrando o deslocamento no ponto médio C.

Observando que cada colchete é igual a zero e substituindo EI pelo seu valor numérico, temos

$$(175800\ \text{N} \cdot \text{m}^2) y_C = -8079{,}6\ \text{N} \cdot \text{m}^3$$

e, resolvendo para y_C: $\qquad y_C = -0{,}046$ m $\qquad y_C = -46$ mm ◀

REFLETIR E PENSAR: Observe que a deflexão no ponto médio C obtida *não é* a máxima.

PROBLEMA RESOLVIDO 9.6

Para a viga uniforme ABC, (a) expresse a reação em B em termos de P, L, a, E e I, (b) determine a reação em A e a deflexão no ponto de aplicação da força quando $a = L/2$.

ESTRATÉGIA: A viga é estaticamente indeterminada com um grau de indeterminação. Utilizando as funções de singularidade, você pode escrever a equação dos momentos fletores para a viga, incluindo a reação desconhecida em A como parte da expressão. Depois de substituir esta equação na equação diferencial da linha elástica, integrando duas vezes e aplicando as condições de contorno, a reação em A pode ser determinada, seguida da determinação da deflexão desejada.

MODELAGEM:

Reações. Para a força vertical **P** dada, as reações são aquelas mostradas na Fig. 1. Observamos que elas são estaticamente indeterminadas.

Força cortante e momento fletor. Utilizando uma função-degrau para representar a contribuição de **P** para a força cortante, escrevemos

$$V(x) = R_A - P\langle x - a \rangle^0$$

Integrando em x, obtemos o momento fletor:

$$M(x) = R_A x - P\langle x - a \rangle^1$$

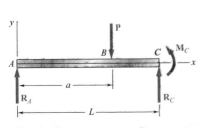

Fig. 1 Diagrama de corpo livre.

ANÁLISE:

Equação da linha elástica. Utilizando a Equação (9.4),

$$EI\frac{d^2y}{dx^2} = R_A x - P\langle x - a\rangle^1$$

Integrando duas vezes em x,

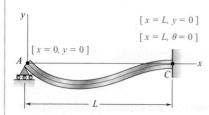

Fig. 2 Condições de contorno.

$$EI\frac{dy}{dx} = EI\theta = \frac{1}{2}R_A x^2 - \frac{1}{2}P\langle x - a\rangle^2 + C_1$$

$$EI\, y = \frac{1}{6}R_A x^3 - \frac{1}{6}P\langle x - a\rangle^3 + C_1 x + C_2$$

Condições de contorno. Considerando a Fig. 2 e observando que o colchete $\langle x - a\rangle$ é igual a zero para $x = 0$ e igual a $(L - a)$ para $x = L$, escrevemos

$[x = 0, y = 0]$:	$C_2 = 0$	(1)
$[x = L, \theta = 0]$:	$\frac{1}{2}R_A L^2 - \frac{1}{2}P(L - a)^2 + C_1 = 0$	(2)
$[x = L, y = 0]$:	$\frac{1}{6}R_A L^3 - \frac{1}{6}P(L - a)^3 + C_1 L + C_2 = 0$	(3)

a. Reação em A. Multiplicando a Equação (2) por L, subtraindo a Equação (3) membro a membro da equação obtida e observando que $C_2 = 0$, temos

$$\frac{1}{3}R_A L^3 - \frac{1}{6}P(L - a)^2[3L - (L - a)] = 0$$

$$\mathbf{R}_A = P\left(1 - \frac{a}{L}\right)^2\left(1 + \frac{a}{2L}\right)\uparrow \blacktriangleleft$$

Notamos que a reação é independente de E e I.

b. Reação em A e deflexão em B quando $a = \frac{1}{2}L$ (Fig. 3). Fazendo $a = \frac{1}{2}L$ na expressão obtida para R_A, temos

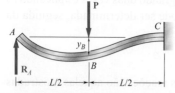

Fig. 3 Linha elástica deformada mostrando a deflexão em B.

$$R_A = P(1 - \tfrac{1}{2})^2(1 + \tfrac{1}{4}) = 5P/16 \qquad \mathbf{R}_A = \frac{5}{16}P\uparrow \blacktriangleleft$$

Substituindo $a = L/2$ e $R_A = 5P/16$ na Equação (2) e resolvendo para C_1, encontramos $C_1 = -PL^2/32$. Utilizando $x = L/2$, $C_1 = -PL^2/32$ e $C_2 = 0$ na expressão obtida para y,

$$y_B = -\frac{7PL^3}{768EI} \qquad y_B = \frac{7PL^3}{768EI}\downarrow \blacktriangleleft$$

REFLETIR E PENSAR: Observe que a deflexão obtida em B não é a máxima.

PROBLEMAS

Utilize as funções de singularidade para resolver os problemas a seguir e considere a rigidez de flexão *EI* de cada viga constante.

9.35 e 9.36 Para a viga e o carregamento mostrados nas figuras, determine (*a*) a equação da linha elástica, (*b*) a inclinação na extremidade *A* e (*c*) a deflexão do ponto *C*.

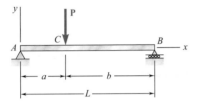

Fig. P9.35

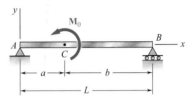

Fig. P9.36

9.37 e 9.38 Para a viga e o carregamento mostrados nas figuras, determine as deflexões no (*a*) ponto *B*, (*b*) ponto *C* e no (*c*) ponto *D*.

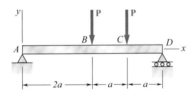

Fig. P9.37

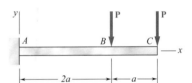

Fig. P9.38

9.39 e 9.40 Para a viga e o carregamento mostrados nas figuras, determine (*a*) a inclinação na extremidade *A*, (*b*) a deflexão no ponto *B* e (*c*) a deflexão na extremidade *D*.

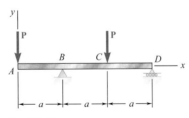

Fig. P9.39

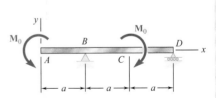

Fig. P9.40

9.41 e 9.42 Para a viga e o carregamento mostrados na figura, determine (*a*) a equação da linha elástica e (*b*) a deflexão na extremidade livre.

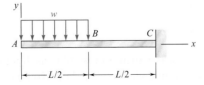

Fig. P9.41

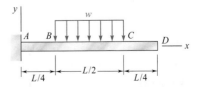

Fig. P9.42

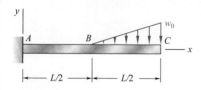

Fig. P9.43

9.43 Para a viga e o carregamento mostrados na figura, determine (*a*) a equação da linha elástica, (*b*) a inclinação no ponto *B* e (*c*) a deflexão no ponto *C*.

9.44 Para a viga e o carregamento mostrados na figura, determine (*a*) a equação da linha elástica (*b*) a deflexão no ponto *B* e (*c*) a deflexão no ponto *D*.

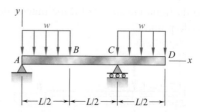

Fig. P9.44

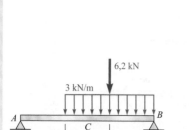

Fig. P9.45

9.45 Para a viga e o carregamento mostrados na figura, determine (*a*) a inclinação na extremidade *A* e (*b*) a deflexão no ponto médio *C*. Use $E = 200$ GPa.

9.46 Para a viga e o carregamento mostrados na figura, determine (*a*) a inclinação na extremidade *A* e (*b*) a deflexão no ponto *B*. Use $E = 200$ GPa.

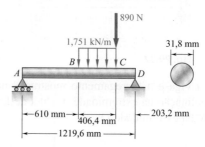

Fig. P9.46

9.47 Para a viga de madeira e o carregamento mostrados na figura, determine (*a*) a inclinação na extremidade *A* e (*b*) a deflexão no ponto médio *C*. Use $E = 1{,}6 \times 10^6$ psi.

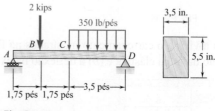

Fig. P9.47

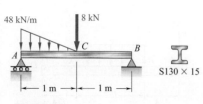

Fig. P9.48

9.48 Para a viga e o carregamento mostrados na figura, determine (*a*) a inclinação na extremidade *A* e (*b*) a deflexão no ponto médio *C*. Use $E = 200$ GPa.

9.49 e 9.50 Para a viga e o carregamento mostrados nas figuras, determine (*a*) a reação no apoio móvel e (*b*) a deflexão no ponto C.

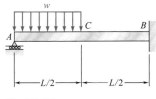

Fig. P9.49

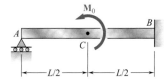

Fig. P9.50

9.51 e 9.52 Para a viga e o carregamento mostrados nas figuras, determine (*a*) a reação no apoio móvel e (*b*) a deflexão no ponto B.

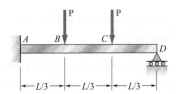

Fig. P9.51

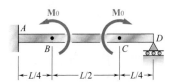

Fig. P9.52

9.53 Para a viga e o carregamento mostrados na figura, determine (*a*) a reação no ponto C e (*b*) a deflexão no ponto B. Use $E = 200$ GPa.

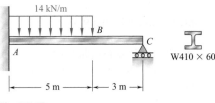

Fig. P9.53

9.54 Para a viga e o carregamento mostrados na figura, determine (*a*) a reação no ponto A e (*b*) a deflexão no ponto B. Use $E = 200$ GPa.

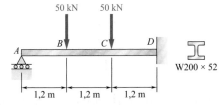

Fig. P9.54

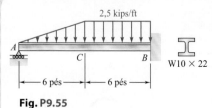

Fig. P9.55

9.55 e 9.56 Para a viga e o carregamento mostrados nas figuras, determine (a) a reação no ponto A e (b) a deflexão no ponto C. Use $E = 200$ GPa.

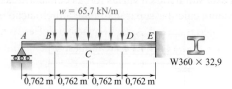

Fig. P9.56

9.57 Para a viga e o carregamento mostrados na figura, determine (a) a reação no ponto A e (b) a deflexão no ponto D.

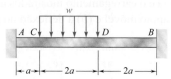

Fig. P9.57

9.58 Para a viga e o carregamento mostrados na figura, determine (a) a reação no ponto A e (b) a deflexão no ponto médio C.

9.59 até 9.62 Para a viga e o carregamento indicados, determine o valor e localização da maior deflexão para baixo.

9.59 Viga e carregamento do Problema 9.45.

9.60 Viga e carregamento do Problema 9.46.

9.61 Viga e carregamento do Problema 9.47.

9.62 Viga e carregamento do Problema 9.48.

9.63 As barras rígidas BF e DH são soldadas a uma viga laminada de aço AE conforme mostrado. Determine, para o carregamento mostrado, (a) a deflexão no ponto B, (b) a deflexão no ponto central da viga em C. Utilize $E = 200$ GPa.

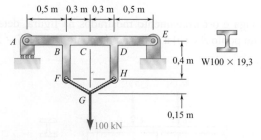

Fig. P9.63

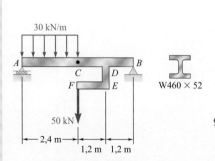

Fig. P9.64

9.64 A barra rígida DEF é soldada no ponto D a uma viga laminada de aço AB. Para o carregamento mostrado, determine (a) a inclinação no ponto A, (b) a deflexão no ponto médio da viga em C. Utilize $E = 200$ GPa.

9.4 MÉTODO DA SUPERPOSIÇÃO

9.4.1 Vigas estaticamente determinadas

Quando uma viga está submetida a várias forças concentradas ou distribuídas, em geral é conveniente calcular separadamente a inclinação e a deflexão provocadas por cada uma das forças. A inclinação e a deflexão provocadas pelas forças combinadas são então obtidas aplicando-se o princípio da superposição (Seção 2.5) e somando-se os valores da inclinação ou deflexão correspondentes às várias forças.

Aplicação do conceito 9.7

Determine a inclinação e a deflexão em D para a viga e o carregamento mostrados na Fig. 9.21a, sabendo que a rigidez à flexão da viga é $EI = 100$ MN $\cdot$ m^2.

A inclinação e a deflexão em qualquer ponto da viga podem ser obtidas superpondo-se as inclinações e as deflexões provocadas, respectivamente, pela força concentrada e pela força distribuída (Fig. 9.21b).

Como a força concentrada na Fig. 9.21c é aplicada a um quarto do vão, podemos usar os resultados obtidos para a viga e o carregamento na Aplicação do conceito 9.3 e escrever

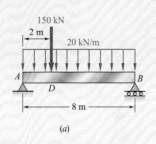

Fig. 9.21 (a) Viga biapoiada sob forças distribuídas e concentradas.

$$(\theta_D)_P = -\frac{PL^2}{32EI} = -\frac{(150 \times 10^3)(8)^2}{32(100 \times 10^6)} = -3 \times 10^{-3} \text{ rad}$$

$$(y_D)_P = -\frac{3PL^3}{256EI} = -\frac{3(150 \times 10^3)(8)^3}{256(100 \times 10^6)} = -9 \times 10^{-3} \text{ m}$$

$$= -9 \text{ mm}$$

Entretanto, recordando a equação da linha elástica obtida para uma força uniformemente distribuída na Aplicação do conceito 9.2, expressamos a deflexão na Fig. 9.21d como

$$y = \frac{w}{24EI}(-x^4 + 2Lx^3 - L^3x) \quad (1)$$

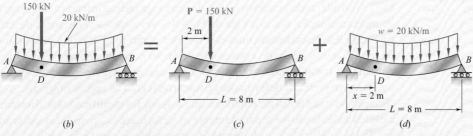

Fig. 9.21 (cont.) (b) O carregamento da viga pode ser obtido por meio da superposição das deflexões devido à (c) força concentrada e à (d) força distribuída.

e, derivando em relação a x,

$$\theta = \frac{dy}{dx} = \frac{w}{24EI}(-4x^3 + 6Lx^2 - L^3) \quad (2)$$

Utilizando $w = 20$ kN/m, $x = 2$ m e $L = 8$ m nas Equações (1) e (2), obtemos

$$(\theta_D 2_w = \frac{20 \times 10^3}{24(100 \times 10^6)}(-352) = -2{,}93 \times 10^{-3} \text{ rad}$$

$$(y_D)_w = \frac{20 \times 10^3}{24(100 \times 10^6)}(-912) = -7{,}60 \times 10^{-3} \text{ m}$$
$$= -7{,}60 \text{ mm}$$

Combinando as inclinações e as deflexões produzidas pelas forças concentradas e distribuídas,

$$\theta_D = (\theta_D)_P + (\theta_D)_w = -3 \times 10^{-3} - 2{,}93 \times 10^{-3}$$
$$= -5{,}93 \times 10^{-3} \text{ rad}$$

$$y_D = (y_D)_P + (y_D)_w = -9 \text{ mm} - 7{,}60 \text{ mm} = -16{,}60 \text{ mm}$$

Para facilitar o trabalho dos engenheiros na prática, muitos manuais de estruturas e de engenharia mecânica fornecem tabelas com as deflexões e as inclinações de vigas para vários carregamentos e tipos de apoio. No Apêndice F há uma tabela desse tipo. Notamos que a inclinação e a deflexão da viga da Fig. 9.21a poderiam ter sido determinadas a partir dessa tabela. É claro que, utilizando as informações dadas nos casos 5 e 6, poderíamos ter expressado a deflexão da viga para qualquer valor $x \leq L/4$. Considerando a derivada da expressão obtida dessa maneira, teríamos alcançado a inclinação da viga sobre o mesmo intervalo. Notamos também que a inclinação em ambas as extremidades da viga pode ser obtida simplesmente somando os valores correspondentes nessa tabela. No entanto, a deflexão máxima da viga da Fig. 9.21a *não pode* ser obtida somando-se as deflexões máximas dos casos 5 e 6, pois essas deflexões ocorrem em diferentes pontos da viga.[†]

Foto 9.3 As vigas contínuas suportando este viaduto têm três apoios e são, portanto, estaticamente indeterminadas.
Cortesia de John DeWolf

9.4.2 Vigas estaticamente indeterminadas

Frequentemente, achamos mais conveniente usar o método da superposição para determinar as reações nos apoios de uma viga estaticamente indeterminada. Considerando primeiro o caso de uma viga indeterminada com um grau de indeterminação, como a viga da Foto 9.3, seguimos a abordagem descrita na Seção 9.2. Escolhemos uma das reações como redundante e eliminamos ou modificamos de modo conveniente o apoio correspondente. A reação redundante é tratada então como uma força desconhecida que, juntamente às outras, deve produzir deformações compatíveis com os apoios originais. A inclinação ou a deflexão no ponto em que o apoio foi modificado ou eliminado é obtida calculando-se separadamente as deformações provocadas pelas forças dadas e pela reação redundante, e superpondo os resultados obtidos. Uma vez determinadas as reações nos apoios, a inclinação e a deflexão podem ser estabelecidas.

[†] Um valor aproximado para a deflexão máxima da viga pode ser obtido criando-se um gráfico dos valores de y correspondentes a vários valores de x. Para a determinação da localização exata e valor da deflexão máxima, seria necessário compor a expressão para um resultado igual a zero obtida para a inclinação da viga e resolver essa equação para x.

Aplicação do conceito 9.8

Para a viga prismática e o carregamento mostrados na Fig. 9.22a, determine as reações de apoio. (Essa é a mesma viga e o carregamento da Aplicação do conceito 9.5.)

Consideramos a reação em B como redundante e liberamos a viga do apoio. A reação $\mathbf{R}_B$ é agora considerada uma força desconhecida (Fig. 9.22b) e será determinada com base na condição de que a deflexão da viga em B deve ser zero.

A solução é obtida considerando-se separadamente a deflexão $(y_B)_w$ originada em B pela força w uniformemente distribuída (Fig. 9.22c) e a deflexão $(y_B)_R$ produzida no mesmo ponto pela reação redundante $\mathbf{R}_B$ (Fig. 9.22d).

Fig. 9.22 (a) Viga estaticamente indeterminada sob uma força uniformemente distribuída.

Da tabela do Apêndice F (casos 2 e 1),

$$(y_B)_w = -\frac{wL^4}{8EI} \qquad (y_B)_R = +\frac{R_B L^3}{3EI}$$

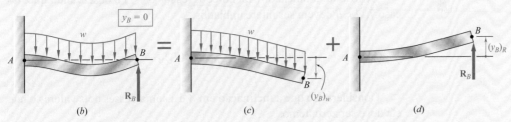

Fig. 9.22 (cont.) (b) Análise da viga indeterminada por meio da superposição de duas vigas em balanço determinadas, sujeitas (c) a uma força uniformemente distribuída, (d) à reação redundante.

Considerando que a deflexão em B é a soma desses dois valores e que ela deve ser igual a zero,

$$y_B = (y_B)_w + (y_B)_R = 0$$

$$y_B = -\frac{wL^4}{8EI} + \frac{R_B L^3}{3EI} = 0$$

e, resolvendo para R_B $\qquad R_B = \tfrac{3}{8}wL \qquad \mathbf{R}_B = \tfrac{3}{8}wL \uparrow$

Desenhando o diagrama de corpo livre da viga (Fig. 9.22e) e escrevendo as equações de equilíbrio correspondentes,

$$+\uparrow \Sigma F_y = 0: \quad R_A + R_B - wL = 0 \quad (1)$$
$$R_A = wL - R_B = wL - \tfrac{3}{8}wL = \tfrac{5}{8}wL$$
$$\mathbf{R}_A = \tfrac{5}{8}wL \uparrow$$

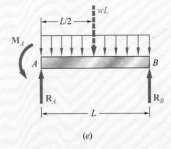

Fig. 9.22 (cont.) (e) Diagrama de corpo livre da viga indeterminada.

$$+\curvearrowleft \Sigma M_A = 0: \quad M_A + R_B L - (wL)(\tfrac{1}{2}L) = 0 \quad (2)$$
$$M_A = \tfrac{1}{2}wL^2 - R_B L = \tfrac{1}{2}wL^2 - \tfrac{3}{8}wL^2 = \tfrac{1}{8}wL^2$$
$$\mathbf{M}_A = \tfrac{1}{8}wL^2 \curvearrowleft$$

Solução alternativa. Podemos considerar o momento, aplicado à extremidade engastada A, como redundante e substituir a extremidade engastada por um apoio fixo. O momento $\mathbf{M}_A$ é considerado agora a reação desconhecida (Fig. 9.22f) e será determinado pela condição de que a inclinação da viga em A deve ser zero. A solução é obtida considerando-se separadamente a inclinação $(\theta_A)_w$ provocada em A pela força w uniformemente distribuída (Fig. 9.22g) e a inclinação $(\theta_A)_M$ produzida no mesmo ponto pelo momento desconhecido $\mathbf{M}_A$ (Fig. 9.22h).

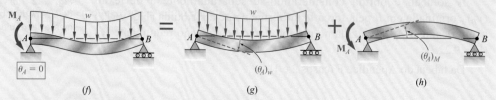

(f)   (g)   (h)

Fig. 9.22 (f) Análise da viga indeterminada por meio da superposição de duas vigas biapoiadas determinadas, sujeitas (g) a uma força uniformemente distribuída, (h) à reação redundante.

Utilizando a tabela do Apêndice E (casos 6 e 7) e observando que, no caso 7, A e B devem ser intercambiados,

$$(\theta_A)_w = -\frac{wL^3}{24EI} \qquad (\theta_A)_M = \frac{M_A L}{3EI}$$

Considerando que a inclinação em A é a soma desses dois valores e que ela deve ser zero, temos

$$\theta_A = (\theta_A)_w + (\theta_A)_M = 0$$

$$\theta_A = -\frac{wL^3}{25EI} + \frac{M_A L}{3EI} = 0$$

e, resolvendo para M_A,

$$M_A = \tfrac{1}{8}wL^2 \qquad \mathbf{M}_A = \tfrac{1}{8}wL^2 \, \uparrow$$

Os valores de R_A e R_B podem então ser determinados pelas equações de equilíbrio (1) e (2).

A viga considerada na Aplicação de conceito 9.8 é indeterminada de primeiro grau. No caso de uma viga indeterminada dois graus de indeterminação (Seção 9.2), duas reações devem ser consideradas redundantes, e os apoios correspondentes devem ser eliminados ou modificados de maneira adequada. As reações redundantes são então tratadas como cargas desconhecidas às quais, simultaneamente e junto às demais cargas, devem produzir deformações compatíveis com os apoios originais. (Ver o Problema Resolvido 9.9.)

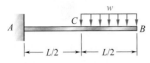

PROBLEMA RESOLVIDO 9.7

Para a viga e o carregamento mostrados na figura, determine a inclinação e a deflexão no ponto B.

ESTRATÉGIA: Utilizando o método da superposição, você pode modelar o problema dado fazendo a soma dos casos de carregamento da viga para os quais as fórmulas estão disponíveis.

MODELAGEM: Pelo método da superposição, o carregamento dado pode ser obtido pela superposição dos carregamentos mostrados na Fig. 1. A viga AB, naturalmente, é a mesma em cada parte da figura.

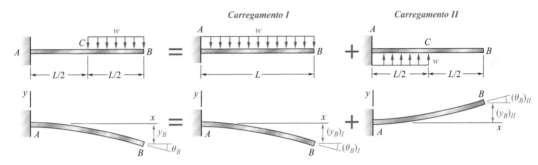

Fig. 1 O carregamento real é equivalente à superposição das duas forças distribuídas.

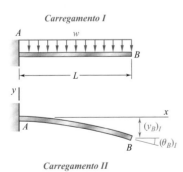

Fig. 2 Detalhes da deformação da superposição dos carregamentos I e II.

ANÁLISE: Para cada um dos carregamentos I e II (mostrados mais detalhadamente na Fig. 2), determinamos agora a inclinação e a deflexão em B usando a tabela de *Deflexões e Inclinações de Vigas* do Apêndice F.

Carregamento I

$$(\theta_B)_\text{I} = -\frac{wL^3}{6EI} \qquad (y_B)_\text{I} = -\frac{wL^4}{8EI}$$

Carregamento II

$$(\theta_C)_\text{II} = +\frac{w(L/2)^3}{6EI} = +\frac{wL^3}{48EI} \qquad (y_C)_\text{II} = +\frac{w(L/2)^4}{8EI} = +\frac{wL^4}{128EI}$$

Na parte CB, o momento fletor para o carregamento II é zero e, portanto, a linha elástica é uma linha reta.

$$(\theta_B)_{II} = (\theta_C)_{II} = +\frac{wL^3}{48EI} \qquad (y_B)_{II} = (y_C)_{II} + (\theta_C)_{II}\left(\frac{L}{2}\right)$$

$$= \frac{wL^4}{128EI} + \frac{wL^3}{48EI}\left(\frac{L}{2}\right) = +\frac{7wL^4}{384EI}$$

Inclinação no ponto B.

$$\theta_B = (\theta_B)_I + (\theta_B)_{II} = -\frac{wL^3}{6EI} + \frac{wL^3}{48EI} = -\frac{7wL^3}{48EI} \qquad \theta_B = \frac{7wL^3}{48EI} \triangleleft \blacktriangleleft$$

Deflexão em B.

$$y_B = (y_B)_I + (y_B)_{II} = -\frac{wL^4}{8EI} + \frac{7wL^4}{384EI} = -\frac{41wL^4}{384EI} \qquad y_B = \frac{41wL^4}{384EI} \downarrow \blacktriangleleft$$

REFLETIR E PENSAR: Note que as fórmulas para o caso de uma viga podem algumas vezes ser estendidas para obter a deflexão desejada em outro caso, como você viu aqui para o carregamento II.

PROBLEMA RESOLVIDO 9.8

Para a viga uniforme e o carregamento mostrados na figura, determine (*a*) a reação em cada apoio e (*b*) a inclinação na extremidade A.

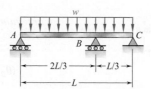

ESTRATÉGIA: A viga é estaticamente indeterminada de primeiro grau. Selecionando estrategicamente a reação em B como redundante, você pode usar o método da superposição para modelar o problema dado por meio da superposição dos casos de carregamento para os quais as fórmulas estão disponíveis.

MODELAGEM: A reação $\mathbf{R}_B$ é escolhida como redundante e considerada uma força desconhecida. Aplicando o princípio da superposição, as deflexões provocadas pela força distribuída e pela reação $\mathbf{R}_B$ são consideradas separadamente como é mostrado na Fig. 1.

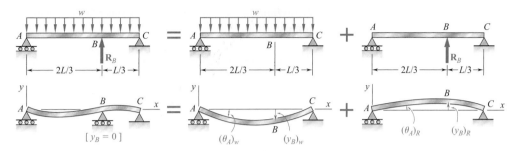

Fig. 1 Viga indeterminada modelada como a superposição de duas vigas biapoiadas determinadas com a reação em B escolhida como redundante.

ANÁLISE: Para cada carregamento, a deflexão no ponto B é determinada usando-se a tabela de *Deflexões e Inclinações de Vigas* no Apêndice E.

Carregamento distribuído. Usamos o caso 6, Apêndice E:

$$y = -\frac{w}{24EI}(x^4 - 2Lx^3 + L^3x)$$

No ponto B, $x = \frac{2}{3}L$:

$$(y_B)_w = -\frac{w}{24EI}\left[\left(\frac{2}{3}L\right)^4 - 2L\left(\frac{2}{3}L\right)^3 + L^3\left(\frac{2}{3}L\right)\right] = -0{,}01132\frac{wL^4}{EI}$$

Carregamento da reação redundante. Do caso 5, Apêndice E, com $a = \frac{2}{3}L$ e $b = \frac{1}{3}L$, temos

$$(y_B)_R = -\frac{Pa^2b^2}{3EIL} = +\frac{R_B}{3EIL}\left(\frac{2}{3}L\right)^2\left(\frac{L}{3}\right)^2 = 0{,}01646\frac{R_B L^3}{EI}$$

a. **Reações nos apoios.** Lembrando que $y_B = 0$,

$$y_B = (y_B)_w + (y_B)_R$$
$$0 = -0{,}01132\frac{wL^4}{EI} + 0{,}01646\frac{R_B L^3}{EI} \qquad\qquad \mathbf{R}_B = 0{,}688wL \uparrow \blacktriangleleft$$

Como a reação R_B agora é conhecida, podemos usar os métodos da estática para determinar as outras reações (Fig. 2):

$$\mathbf{R}_A = 0{,}271wL \uparrow \qquad\qquad \mathbf{R}_C = 0{,}0413wL \uparrow \blacktriangleleft$$

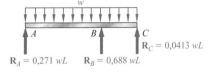

Fig. 2 Diagrama de corpo livre da viga com as reações calculadas.

***b.* Inclinação na extremidade *A*.** Consultando novamente o Apêndice D, temos

Carregamento distribuído. $(\theta_A)_w = -\dfrac{wL^3}{24EI} = -0{,}04167\dfrac{wL^3}{EI}$

Carregamento da reação redundante. Para $P = -R_B = -0{,}688wL$ e $b = \tfrac{1}{3}L$,

$$(\theta_A)_R = -\dfrac{Pb(L^2 - b^2)}{6EIL} = +\dfrac{0{,}688wL}{6EIL}\left(\dfrac{L}{3}\right)\left[L^2 - \left(\dfrac{L}{3}\right)^2\right] \qquad (\theta_A)_R = 0{,}03398\dfrac{wL^3}{EI}$$

Finalmente, $\theta_A = (\theta_A)_w + (\theta_A)_R$

$$\theta_A = -0{,}04167\dfrac{wL^3}{EI} + 0{,}03398\dfrac{wL^3}{EI} = -0{,}00769\dfrac{wL^3}{EI}$$

$$\theta_A = 0{,}00769\dfrac{wL^3}{EI} \; \triangleleft$$

PROBLEMA RESOLVIDO 9.9

Para a viga e o carregamento mostrados na figura, determine as reações no engastamento fixo *C*.

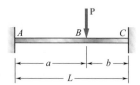

ESTRATÉGIA: A viga é estaticamente indeterminada de segundo grau. Selecionando estrategicamente as reações em *C* como redundantes, você pode usar o método da superposição para modelar o problema dado por meio da superposição dos casos de carregamento para os quais as fórmulas estão disponíveis.

MODELAGEM: Considerando que a força axial na viga é zero, a viga *ABC* é indeterminada com dois graus de indeterminação, e escolhemos duas componentes de reação como redundantes, ou seja, a força vertical $\mathbf{R}_C$ e o momento $\mathbf{M}_C$. As deformações provocadas pela força $\mathbf{P}$, a força $\mathbf{R}_C$ e o momento $\mathbf{M}_C$ serão consideradas separadamente, conforme mostra a Fig. 1.

ANÁLISE: Para cada carga, serão determinadas a inclinação e a deflexão no ponto *C*, utilizando a tabela *Deflexões e Inclinações de Vigas* do Apêndice E.

Força **P**. Observamos que, para esse carregamento, a parte *BC* da viga é reta.

$$(\theta_C)_P = (\theta_B)_P = -\dfrac{Pa^2}{2EI} \qquad (y_C)_P = (y_B)_P + (\theta_B)_P b$$

$$= -\dfrac{Pa^3}{3EI} - \dfrac{Pa^2}{2EI}b = -\dfrac{Pa^2}{6EI}(2a + 3b)$$

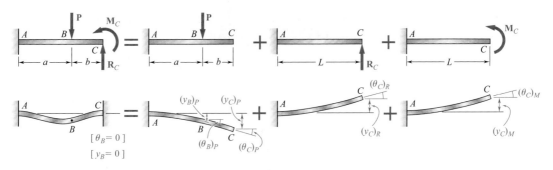

Fig. 1 Viga indeterminada modelada como a superposição de três casos determinados, incluindo um para cada uma das duas reações redundantes.

Força R_C $(\theta_C)_R = +\dfrac{R_C L^2}{2EI}$ $(y_C)_R = +\dfrac{R_C L^3}{3EI}$

Momento M_C $(\theta_C)_M = +\dfrac{M_C L}{EI}$ $(y_C)_M = +\dfrac{M_C L^2}{2EI}$

Condições de contorno. Na extremidade C, a inclinação e a deflexão devem ser zero:

$[x = L, \theta_C = 0]$:
$$\theta_C = (\theta_C)_P + (\theta_C)_R + (\theta_C)_M$$
$$0 = -\frac{Pa^2}{2EI} + \frac{R_C L^2}{2EI} + \frac{M_C L}{EI} \quad (1)$$

$[x = L, y_C = 0]$:
$$y_C = (y_C)_P + (y_C)_R + (y_C)_M$$
$$0 = -\frac{Pa^2}{6EI}(2a + 3b) + \frac{R_C L^3}{3EI} + \frac{M_C L^2}{2EI} \quad (2)$$

Componentes de reação em C. Resolvendo simultaneamente as Equações (1) e (2), encontramos:

$$R_C = +\frac{Pa^2}{L^3}(a + 3b) \qquad \mathbf{R}_C = \frac{Pa^2}{L^3}(a + 3b)\uparrow \blacktriangleleft$$

$$M_C = -\frac{Pa^2 b}{L^2} \qquad \mathbf{M}_C = \frac{Pa^2 b}{L^2} \downarrow \blacktriangleleft$$

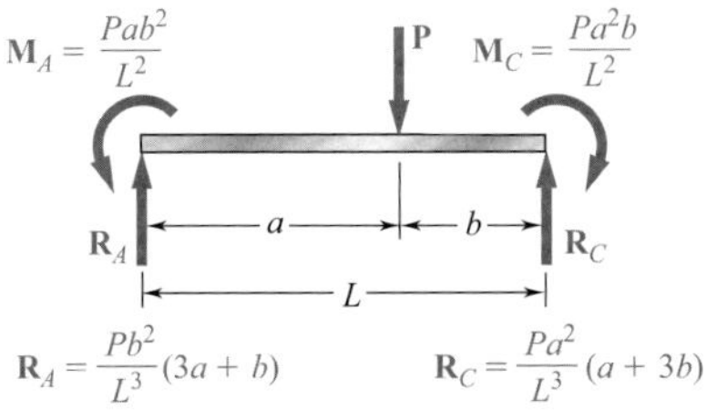

Fig. 2 Diagrama de corpo livre mostrando as reações resultantes.

$M_A = \dfrac{Pab^2}{L^2}$ $M_C = \dfrac{Pa^2 b}{L^2}$

$R_A = \dfrac{Pb^2}{L^3}(3a + b)$ $R_C = \dfrac{Pa^2}{L^3}(a + 3b)$

Utilizando os métodos da estática, podemos agora determinar as reações em A, conforme mostrado na Fig. 2.

REFLETIR E PENSAR: Note que uma estratégia alternativa que poderia ter sido usada neste problema em particular seria o de tratar o par de momentos nas extremidades como reações redundantes. A aplicação da superposição teria envolvido uma viga simplesmente apoiada, para a qual as fórmulas para as deflexões também estão prontamente disponíveis.

PROBLEMAS

Utilize o método da superposição para resolver os problemas a seguir, considerando que a rigidez à flexão *EI* de cada viga é constante.

9.65 até 9.68 Para a viga em balanço e o carregamento mostrados nas figuras, determine a inclinação e a deflexão na extremidade livre.

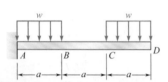

Fig. P9.65

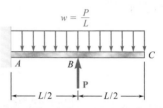

Fig. P9.66

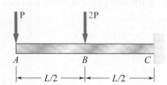

Fig. P9.67

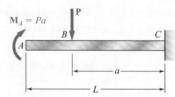

Fig. P9.68

9.69 até 9.72 Para a viga e o carregamento mostrados nas figuras, determine (*a*) a deflexão em *C* e (*b*) a inclinação na extremidade *A*.

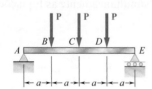

Fig. P9.69

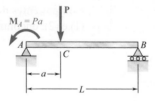

Fig. P9.70

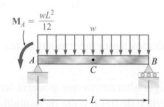

Fig. P9.71

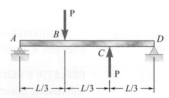

Fig. P9.72

9.73 Para a viga em balanço e o carregamento mostrados na figura, determine a inclinação e a deflexão na extremidade C. Use E = 200 GPa.

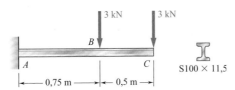

Fig. P9.73 e P9.74

9.74 Para a viga em balanço e o carregamento mostrados na figura, determine a inclinação e a deflexão no ponto B. Use E = 200 GPa.

9.75 Para a viga em balanço e o carregamento mostrados na figura, determine a inclinação e a deflexão na extremidade C. Use $E = 29 \times 10^6$ psi.

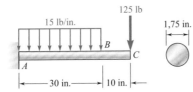

Fig. P9.75 e P9.76

9.76 Para a viga em balanço e o carregamento mostrados na figura, determine a inclinação e a deflexão no ponto B. Use $E = 29 \times 10^6$ psi.

9.77 e 9.78 Para a viga e o carregamento mostrados nas figuras, determine (a) a inclinação na extremidade A e (b) a deflexão no ponto C. Use E = 200 GPa.

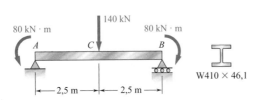

Fig. P9.77

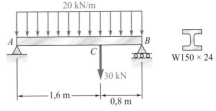

Fig. P9.78

9.79 e 9.80 Para a viga uniforme mostrada, determine (a) a reação em A e (b) a reação em B.

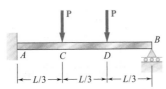

Fig. P9.79

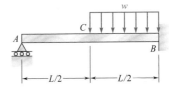

Fig. P9.80

9.81 e 9.82 Para a viga uniforme mostrada, determine a reação em cada um dos três apoios.

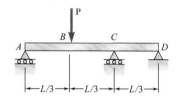

Fig. P9.81

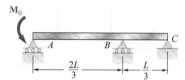

Fig. P9.82

9.83 e 9.84 Para a viga mostrada, determine a reação em B.

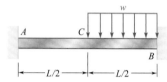

Fig. P9.83

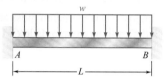

Fig. P9.84

9.85 A viga DE está apoiada sobre a viga em balanço AC, conforme mostra a figura. Sabendo que é utilizada uma barra quadrada com 10 mm de lado para cada viga, determine a deflexão na extremidade C se lhe for aplicado um momento de 25 N · m (*a*) à extremidade E da viga DE, (*b*) à extremidade C da viga AC. Use $E = 200$ GPa.

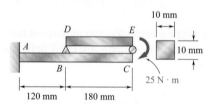

Fig. P9.85

9.86 A viga AD se apoia na viga EF conforme mostrado. Sabendo que um perfil laminado W12 × 26 é o utilizado em cada viga, determine para o carregamento mostrado as deflexões nos pontos B e C. Utilize $E = 29 \times 10^6$ psi.

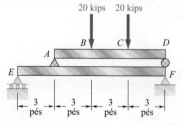

Fig. P9.86

9.87 As duas vigas mostradas têm a mesma seção transversal e estão unidas por uma articulação em C. Para o carregamento mostrado na figura, determine (a) a inclinação no ponto A e (b) a deflexão no ponto B. Use $E = 200$ GPa.

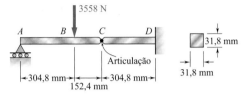

Fig. P9.87

9.88 Uma viga central BD é presa por articulações a duas vigas em balanço AB e DE. Todas as vigas têm a seção transversal mostrada. Para o carregamento mostrado na figura, determine o maior valor de w de maneira que a deflexão em C não exceda 3 mm. Use $E = 200$ GPa.

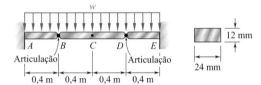

Fig. P9.88

9.89 Para o carregamento mostrado na figura, e sabendo que as vigas AB e DE têm a mesma rigidez à flexão, determine a reação (a) em B, (b) em E.

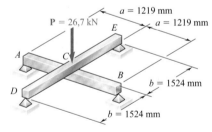

Fig. P9.89

9.90 Antes da carga uniformemente distribuída w ser aplicada, existe um espaço $\delta_0 = 1{,}2$ mm entre as extremidades das barras em balanço AB e CD. Sabendo que $E = 105$ GPa e $w = 30$ kN/m, determine a reação (a) em A, (b) em D.

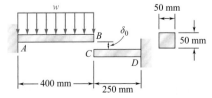

Fig. P9.90

9.91 Sabendo que a haste ABC e o cabo BD são feitos de aço, determine (a) a deflexão em B, (b) a reação em A. Utilize $E = 200$ GPa.

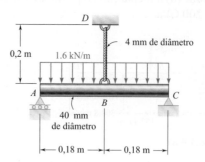

Fig. P9.91

9.92 Antes de ser aplicado o carregamento de 29,2 kN/m, havia uma folga $\delta_0 = 20{,}3$ mm entre a viga W410 × 60 e o apoio em C. Sabendo que $E = 200$ GPa, determine a reação em cada apoio depois de ser aplicada a força uniformemente distribuída.

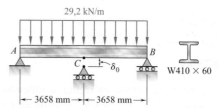

Fig. P9.92

9.93 Uma barra BC de 22,2 mm de diâmetro é presa à alavanca AB e ao suporte fixo em C. A alavanca AB tem uma seção transversal uniforme com 9,5 mm de espessura e 25,4 mm de altura. Para o carregamento mostrado na figura, determine a deflexão no ponto A. Use $E = 200$ GPa e $G = 77{,}2$ MPa.

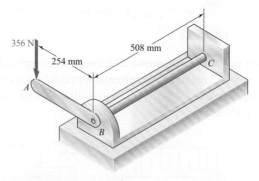

Fig. P9.93

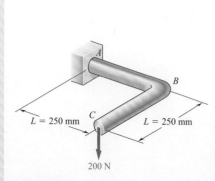

Fig. P9.94

9.94 Uma barra de 16 mm de diâmetro foi moldada assumindo a forma mostrada. Determine a deflexão da extremidade C após lhe ser aplicada uma carga de 200 N. Use $E = 200$ GPa e $G = 80$ GPa.

*9.5 TEOREMAS DO MOMENTO DE ÁREA

*9.5.1 Princípios gerais

Nas Seções 9.1 até a 9.3, usamos um método matemático com base na integração de uma equação diferencial para determinar a deflexão e a inclinação de uma viga em um determinado ponto qualquer. O momento fletor era expresso como uma função $M(x)$ da distância x medida ao longo da viga, e duas integrações sucessivas nos conduziam às funções $\theta(x)$ e $y(x)$ representando, respectivamente, a inclinação e a deflexão em qualquer ponto da viga. Nesta seção, você verá como as propriedades geométricas da linha elástica podem ser usadas para determinar a deflexão e a inclinação de uma viga em um ponto específico (Foto 9.4).

Foto 9.4 A deflexão máxima em cada viga que suporta os andares de um prédio deve ser considerada no projeto. ©fotog/Getty Images

Teorema do primeiro momento de área. Considere a viga AB submetida a um carregamento arbitrário (Fig. 9.23a). Traçamos o diagrama representando a variação ao longo da viga da grandeza M/EI obtida dividindo-se o momento fletor M pela rigidez à flexão EI (Fig. 9.23b). Exceto por uma diferença nas escalas de ordenadas, esse diagrama será igual ao diagrama do momento fletor se a rigidez à flexão da viga for constante.

Lembrando a Equação (9.4) e o fato de que $dy/dx = \theta$,

$$\frac{d\theta}{dx} = \frac{d^2y}{dx^2} = \frac{M}{EI}$$

ou

$$d\theta = \frac{M}{EI} dx \qquad (9.15)^{\dagger}$$

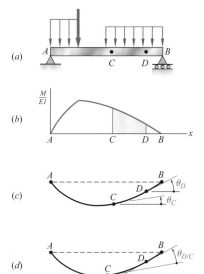

Fig. 9.23 Teorema do primeiro momento de área. (a) Viga submetida a carregamento arbitrário. (b) Gráfico da curva M/EI. (c) Linha elástica mostrando a inclinação em C e D. (d) Linha elástica mostrando a inclinação em D em relação a C.

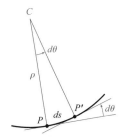

Fig. 9.24 Geometria da linha elástica utilizada para definir a inclinação no ponto P' em relação a P.

---

† Esta relação também pode ser determinada observando-se que o ângulo $d\theta$ formado pelas tangentes à linha elástica em P e P' (Fig. 9.24) é também o ângulo formado pelas normais correspondentes a essa linha. Temos então $d\theta = ds/\rho$, em que ds é o comprimento do arco PP' e ρ é o raio de curvatura em P. Substituindo $1/\rho$ da Equação (4.21) e observando que, como a inclinação em P é muito pequena, em uma primeira aproximação ds é igual à distância horizontal dx entre P e P', obtemos novamente a Equação (9.15).

Considerando dois pontos arbitrários C e D na viga e integrando ambos os membros da Equação (9.15) de C a D, escrevemos

$$\int_{\theta_C}^{\theta_D} d\theta = \int_{x_C}^{x_D} \frac{M}{EI} dx$$

ou

$$\theta_D - \theta_C = \int_{x_C}^{x_D} \frac{M}{EI} dx \qquad (9.16)$$

em que θ_C e θ_D representam a inclinação em C e D, respectivamente (Fig. 9.24c). No entanto, o membro direito da Equação (9.16) representa a área sob o diagrama (M/EI) entre C e D, e o membro esquerdo, o ângulo entre as tangentes à linha elástica em C e D (Fig. 9.23d). Chamando esse ângulo de $\theta_{D/C}$, temos

$$\theta_{D/C} = \text{área sob o diagrama } M/EI \text{ entre os pontos } C \text{ e } D \qquad (9.17)$$

Este é o *teorema do primeiro momento de área*.

Observamos que o ângulo $\theta_{D/C}$ e a área sob o diagrama (M/EI) têm o mesmo sinal. Em outras palavras, uma área positiva (isto é, uma área localizada acima do eixo x) corresponde a uma rotação no sentido anti-horário da tangente à linha elástica à medida que nos movemos de C para D, e uma área negativa corresponde a uma rotação no sentido horário.

Teorema do segundo momento de área. Vamos considerar dois pontos P e P' localizados entre C e D e a uma distância dx um do outro (Fig. 9.25). As tangentes à linha elástica traçadas em P e P' interceptam um segmento de comprimento dt em uma reta vertical que passa pelo ponto C. Como a inclinação θ em P e o ângulo $d\theta$ formado pelas tangentes em P e P' são grandezas muito pequenas, podemos supor que dt é igual ao arco de círculo de raio x_1 que subentende o ângulo $d\theta$. Temos, portanto,

$$dt = x_1 \, d\theta$$

ou, substituindo $d\theta$ da Equação (9.15),

$$dt = x_1 \frac{M}{EI} dx \qquad (9.18)$$

Agora integramos a Equação (9.18) de C a D. Observamos que, à medida que o ponto P caminha pela linha elástica de C a D, a tangente em P percorre a linha vertical que passa pelo ponto C, de C a E. A integral do membro esquerdo é igual à distância vertical de C à tangente em D. Essa distância é representada por $t_{C/D}$ e é chamada de *desvio tangencial de C em relação a D*. Temos, portanto,

$$t_{C/D} = \int_{x_C}^{x_D} x_1 \frac{M}{EI} dx \qquad (9.19)$$

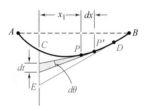

Fig. 9.25 Geometria utilizada para determinar o desvio tangencial de C em relação a D.

Observamos agora que (M/EI) dx representa um elemento de área sob o diagrama (M/EI), e x_1 (M/EI) dx, o primeiro momento desse elemento em relação a um eixo vertical que passa pelo ponto C (Fig. 9.26). O membro direito na Equação (9.19), portanto, representa o primeiro momento em relação a esse eixo, da área localizada sob o diagrama (M/EI) entre C e D.

Podemos enunciar o *teorema do segundo momento de área* da seguinte maneira: *O desvio tangencial $t_{C/D}$ de C em relação a D é igual ao primeiro momento em relação a um eixo vertical que passa pelo ponto C da área sob o diagrama (M/EI) entre C e D.*

Lembrando que o primeiro momento de uma área em relação a um eixo é igual ao produto da área pela distância de seu centroide até esse eixo, podemos também expressar o teorema do segundo momento de área da seguinte forma:

$$t_{C/D} = (\text{área entre } C \text{ e } D)\,\bar{x}_1 \qquad (9.20)$$

em que a área se refere à área sob o diagrama (M/EI) e em que $\bar{x}_1$ é a distância do centroide da área até o eixo vertical que passa pelo ponto C (Fig. 9.27a).

Lembre-se de distinguir entre o desvio tangencial de C em relação a D, representado por $t_{C/D}$, e o desvio tangencial de D em relação a C, representado por $t_{D/C}$. O desvio tangencial $t_{D/C}$ representa a distância vertical de D até a tangente à linha elástica em C, e é obtido multiplicando-se a área sob o diagrama (M/EI) pela distância $\bar{x}_2$ de seu centroide até o eixo vertical que passa pelo ponto D (Fig. 9.27b).

$$t_{D/C} = (\text{área entre } C \text{ e } D)\,\bar{x}_2 \qquad (9.21)$$

Observamos que, se uma área sob o diagrama (M/EI) está localizada acima do eixo x, seu primeiro momento em relação a um eixo vertical será positivo; se ela estiver localizada abaixo do eixo x, seu primeiro momento será negativo. Constatamos pela Fig. 9.27 que um ponto com um desvio tangencial *positivo* está localizado *acima* da tangente correspondente, enquanto um ponto com um desvio tangencial *negativo* estaria localizado *abaixo* da tangente.

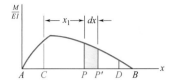

Fig. 9.26 A expressão $x_1(M/EI)dx$ é o momento estático da área sombreada em relação a C.

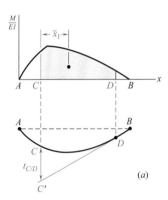

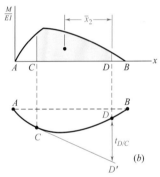

Fig. 9.27 Teorema do segundo momento de área. (a) Avaliação de $t_{C/D}$. (b) Avaliação de $t_{D/C}$.

*9.5.2 Vigas em balanço e vigas com carregamentos simétricos

Recordamos que o teorema do primeiro momento de área deduzido na seção anterior define o ângulo $\theta_{D/C}$ *entre* as tangentes em dois pontos C e D da linha elástica. Assim, o ângulo θ_D que a tangente em D forma com a horizontal, isto é, a inclinação em D, pode ser obtido somente se a inclinação em C for conhecida. Da mesma forma, o teorema do segundo momento de área define a distância vertical de um ponto da linha elástica desde a tangente até outro ponto. O desvio tangencial $t_{D/C}$ nos ajudará a localizar o ponto D somente se a tangente em C for conhecida. Assim, os dois teoremas do momento de área podem ser aplicados efetivamente na determinação das inclinações e das deflexões somente se uma certa *tangente de referência* à linha elástica tiver sido primeiro determinada.

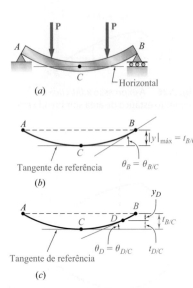

Fig. 9.29 Aplicação do método do momento de área para vigas biapoiadas com carregamentos simétricos. (a) Viga e carregamentos. (b) Deflexão máxima e inclinação no ponto B. (c) Deflexão e inclinação no ponto arbitrário D.

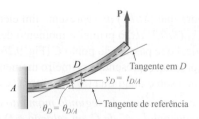

Fig. 9.28 Aplicação do método do momento de área para vigas em balanço.

No caso de uma *viga em balanço* (Fig. 9.28), a tangente à linha elástica na extremidade engastada A é conhecida e pode ser usada como a tangente de referência. Como $\theta_A = 0$, a inclinação da viga em qualquer ponto D é $\theta_D = \theta_{D/A}$ e pode ser obtida pelo teorema do primeiro momento de área. No entanto, a deflexão y_D do ponto D é igual ao desvio tangencial $t_{D/A}$ medido a partir da tangente de referência em A e pode ser obtida pelo teorema do segundo momento de área.

No caso de uma viga biapoiada AB com um *carregamento simétrico* (Fig. 9.29a) ou no caso de uma viga simétrica biapoiada com balanço sob um carregamento simétrico (ver o Problema Resolvido 9.11), a tangente no centro C da viga deve ser horizontal por razões de simetria e pode ser usada como a tangente de referência (Fig. 9.29b). Como $\theta_C = 0$, a inclinação no apoio B é $\theta_B = \theta_{B/C}$ e pode ser obtida pelo teorema do primeiro momento de área. Observamos também que $|y|_{máx}$ é igual ao desvio tangencial $t_{B/C}$ e pode, portanto, ser obtido pelo teorema do segundo momento de área. A inclinação em qualquer outro ponto D da viga (Fig. 9.29c) é encontrada de uma forma similar, e a deflexão em D pode ser expressa como $y_D = t_{D/C} - t_{B/C}$.

Aplicação do conceito 9.9

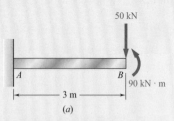

Fig. 9.30 (a) Viga em balanço com carregamentos nas extremidades.

Determine a inclinação e a deflexão na extremidade B da viga prismática em balanço AB quando ela for carregada conforme mostra a Fig. 9.30a, sabendo que a rigidez à flexão da viga é $EI = 10$ MN · m².

Primeiramente, desenhamos o diagrama de corpo livre da viga (Fig. 9.30a). Somando as componentes verticais e momentos em relação a A, concluímos que as reações na extremidade engastada A consistem em uma força vertical para cima $\mathbf{R}_A$ de 50 kN e um momento $\mathbf{M}_A$ no sentido anti-horário de 60 kN · m. Em seguida, desenhamos o diagrama de momento fletor (Fig. 9.30c) e determinamos pelas semelhanças de triângulos a distância x_D da extremidade A até o ponto D da viga em que $M = 0$:

$$\frac{x_D}{60} = \frac{3 - x_D}{90} = \frac{3}{150} \qquad x_D = 1{,}2 \text{ m}$$

Dividindo pela rigidez à flexão EI os valores obtidos para M, desenhamos o diagrama (M/EI) (Fig. 9.30d) e calculamos as áreas correspondentes, respectivamente, aos segmentos AD e DB, considerando um sinal positivo para a área localizada acima do eixo x e um sinal negativo à área localizada abaixo desse eixo. Usando o teorema do primeiro momento de área, escrevemos

$$\theta_{B/A} = \theta_B - \theta_A = \text{área de } A \text{ à } B = A_1 + A_2$$
$$= -\tfrac{1}{2}(1{,}2 \text{ m})(6 \times 10^{-3} \text{ m}^{-1})$$
$$\quad + \tfrac{1}{2}(1{,}8 \text{ m})(9 \times 10^{-3} \text{ m}^{-1})$$
$$= -3{,}6 \times 10^{-3} + 8{,}1 \times 10^{-3}$$
$$= +4{,}5 \times 10^{-3} \text{ rad}$$

e, como $\theta_A = 0$,

$$\theta_B = +4{,}5 \times 10^{-3} \text{ rad}$$

Utilizando agora o teorema do segundo momento de área, escrevemos que o desvio tangencial $t_{B/A}$ é igual ao primeiro momento em relação a um eixo vertical que passa pelo ponto B da área total entre A e B. Expressando o momento de cada área parcial como produto daquela área pela distância de seu centroide até o eixo que passa por B, temos

$$t_{B/A} = A_1(2{,}6 \text{ m}) + A_2(0{,}6 \text{ m})$$
$$= (-3{,}6 \times 10^{-3})(2{,}6 \text{ m}) + (8{,}1 \times 10^{-3})(0{,}6 \text{ m})$$
$$= -9{,}36 \text{ mm} + 4{,}86 \text{ mm} = -4{,}50 \text{ mm}$$

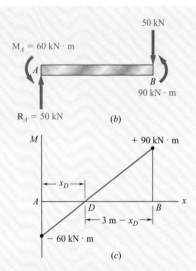

Fig. 9.30 (cont.) (b) Diagrama de corpo livre com as reações. (c) Diagrama do momento.

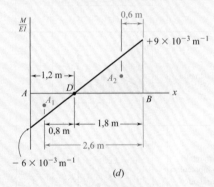

Fig. 9.30 (cont.) (d) Gráfico de M/EI mostrando a localização da área dos centroides.

Como a tangente de referência em A é horizontal, a deflexão em B é igual a $t_{B/A}$, e temos

$$y_B = t_{B/A} = -4{,}50 \text{ mm}$$

A barra deformada está desenhada na Fig. 9.30e.

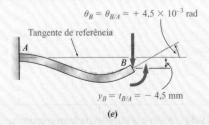

Fig. 9.30 (cont.) (e) Viga deformada mostrando a inclinação e a deflexão resultantes na extremidade B.

*9.5.3 Diagramas de momento fletor por partes

Em muitas aplicações, a determinação do ângulo $\theta_{D/C}$ e do desvio tangencial $t_{D/C}$ é simplificada quando o efeito de cada carregamento é avaliado independentemente. Um diagrama (M/EI) separado é desenhado para cada carregamento, e o ângulo $\theta_{D/C}$ é obtido somando algebricamente as áreas sob os vários diagramas. De forma semelhante, o desvio tangencial $t_{D/C}$ é obtido somando os primeiros momentos dessas áreas em relação ao eixo vertical que passa pelo ponto D. Dizemos que um diagrama de momento fletor ou diagrama (M/EI) desenhado dessa maneira é *desenhado por partes*.

Quando um diagrama de momento fletor ou diagrama (M/EI) é desenhado por partes, as várias áreas definidas pelo diagrama consistem em formas geométricas simples, como retângulos, triângulos e triângulos com hipotenusa parabólica. Por conveniência, as áreas e os centroides dessas várias formas foram indicados na Fig. 9.31.

Forma		Área	c
Retângulo	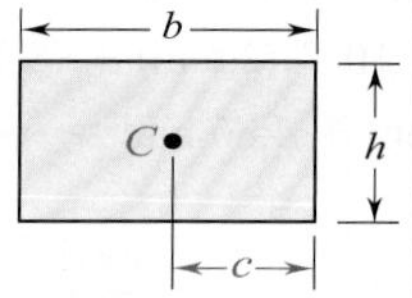	bh	$\dfrac{b}{2}$
Triângulo	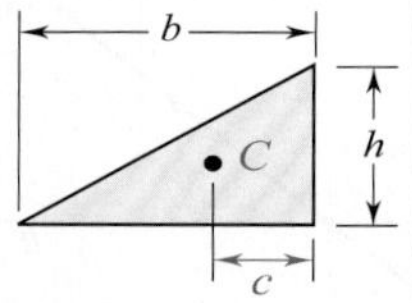	$\dfrac{bh}{2}$	$\dfrac{b}{3}$
Triângulo com hipotenusa parabólica	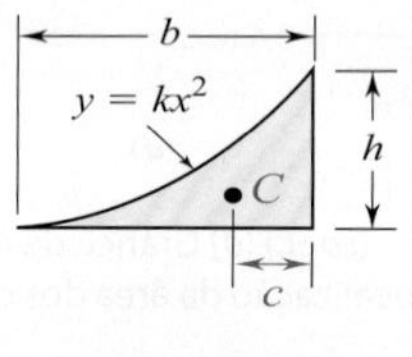 $y = kx^2$	$\dfrac{bh}{3}$	$\dfrac{b}{4}$
Triângulo com hipotenusa cúbica	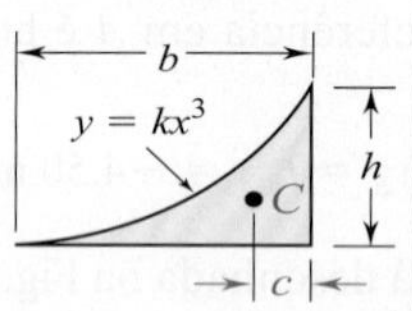 $y = kx^3$	$\dfrac{bh}{4}$	$\dfrac{b}{5}$
Triângulo com hipotenusa geral	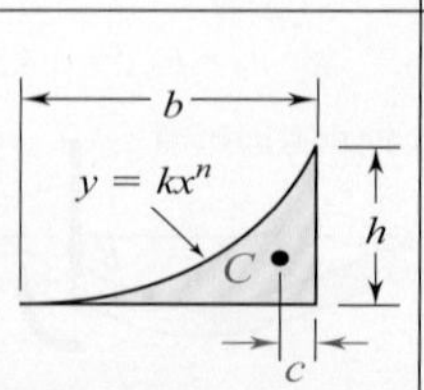 $y = kx^n$	$\dfrac{bh}{n+1}$	$\dfrac{b}{n+2}$

Fig. 9.31 Áreas e centroides de formas comuns.

Aplicação do conceito 9.10

Determine a inclinação e a deflexão na extremidade B da viga prismática da Aplicação do conceito 9.9, desenhando o diagrama do momento fletor por partes.

Substituímos o carregamento dado pelos dois carregamentos equivalentes mostrados na Fig. 9.32a e desenhamos os diagramas correspondentes do momento fletor (M/EI) da direita para a esquerda, começando pela extremidade livre B.

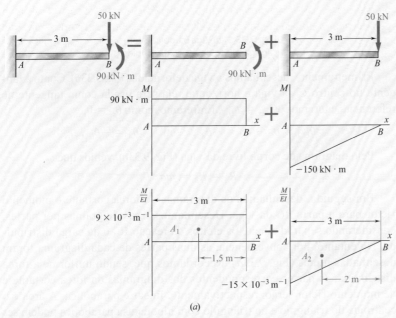

(a)

Fig. 9.32 (a) Superposição dos carregamentos e seus momentos fletores resultantes e diagramas M/EI.

Aplicando o teorema do primeiro momento de área, e lembrando que $\theta_A = 0$,

$$\theta_B = \theta_{B/A} = A_1 + A_2$$
$$= (9 \times 10^{-3}\,\mathrm{m^{-1}})(3\,\mathrm{m}) - \tfrac{1}{2}(15 \times 10^{-3}\,\mathrm{m^{-1}})(3\,\mathrm{m})$$
$$= 27 \times 10^{-3} - 22{,}5 \times 10^{-3} = 4{,}5 \times 10^{-3}\,\mathrm{rad}$$

Aplicando o teorema do segundo momento de área, calculamos o primeiro momento de cada área em relação ao eixo vertical que passa por B e escrevemos

$$y_B = t_{B/A} = A_1(1{,}5\,\mathrm{m}) + A_2(2\,\mathrm{m})$$
$$= (27 \times 10^{-3})(1{,}5\,\mathrm{m}) - (22{,}5 \times 10^{-3})(2\,\mathrm{m})$$
$$= 40{,}5\,\mathrm{mm} - 45\,\mathrm{mm} = -4{,}5\,\mathrm{mm}$$

É conveniente, na prática, agrupar em um só desenho as duas partes do diagrama (M/EI) (Fig. 9.32b).

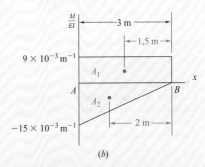

(b)

Fig. 9.32 (cont.) (b) Diagramas M/EI combinados em um único desenho.

Aplicação do conceito 9.11

Para a viga prismática AB e o carregamento mostrados na Fig. 9.33a, determine a inclinação em um apoio e a deflexão máxima.

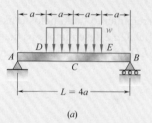

Fig. 9.33 (a) Viga biapoiada com carregamento simétrico distribuído.

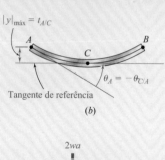

Primeiramente, desenhamos a viga deformada (Fig. 9.33b). Como a tangente no centro C da viga é horizontal, ela será usada como tangente de referência, e teremos $|y|_{máx} = t_{A/C}$. Entretanto, como $\theta_C = 0$,

$$\theta_{C/A} = \theta_C - \theta_A = -\theta_A \quad \text{ou} \quad \theta_A = -\theta_{C/A}$$

Pelo diagrama de corpo livre da viga (Fig. 9.33c), vemos que

$$R_A = R_B = wa$$

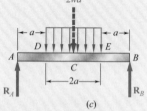

Em seguida, desenhamos os diagramas de força cortante e momento fletor para a parte AC da viga. Desenhamos esses diagramas por partes, considerando separadamente os efeitos da reação $\mathbf{R}_A$ e da carga distribuída. No entanto, por conveniência, as duas partes de cada diagrama foram desenhadas juntas (Fig. 9.33d). Recordamos que, sendo uniforme a força distribuída, as partes correspondentes dos diagramas da força cortante e de momento fletor serão, respectivamente, linear e parabólica. A área e o centroide do triângulo e do triângulo com hipotenusa parabólica podem ser obtidos na Fig. 9.31. As áreas do triângulo e do triângulo com hipotenusa parabólica foram determinadas, respectivamente, como,

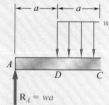

$$A_1 = \frac{1}{2}(2a)\left(\frac{2wa^2}{EI}\right) = \frac{2wa^3}{EI}$$

e

$$A_2 = -\frac{1}{3}(a)\left(\frac{wa^2}{2EI}\right) = -\frac{wa^3}{6EI}$$

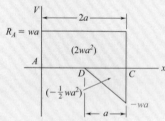

Aplicando o teorema do primeiro momento de área,

$$\theta_{C/A} = A_1 + A_2 = \frac{2wa^3}{EI} - \frac{wa^3}{6EI} = \frac{11wa^3}{6EI}$$

Recordando das Figuras 9.33a e b que $a = \frac{1}{4}L$ e $\theta_A = -\theta_{C/A}$, temos

$$\theta_A = -\frac{11wa^3}{6EI} = -\frac{11wL^3}{384EI}$$

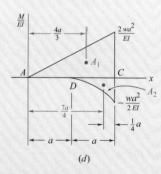

Fig. 9.33 (cont.) (b) Deflexão máxima na linha elástica e inclinação no ponto A mostrado. (c) Diagrama de corpo livre da viga. (d) Força cortante e diagramas M/EI para metade esquerda da viga.

Aplicando agora o teorema do segundo momento de área, escrevemos

$$t_{A/C} = A_1\frac{4a}{3} + A_2\frac{7a}{4} = \left(\frac{2wa^3}{EI}\right)\frac{4a}{3} + \left(-\frac{wa^3}{6EI}\right)\frac{7a}{4} = \frac{19wa^4}{8EI}$$

e

$$|y|_{máx} = t_{A/C} = \frac{19wa^4}{8EI} = \frac{19wL^4}{2048EI}$$

PROBLEMA RESOLVIDO 9.10

As barras prismáticas AD e DB são soldadas para formar a viga em balanço ADB. Sabendo que a rigidez à flexão é EI na parte AD da viga e $2EI$ na parte DB, determine, para o carregamento mostrado na figura, a inclinação e deflexão na extremidade A para o carregamento mostrado.

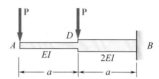

ESTRATÉGIA: Para aplicar o teorema dos momentos de área, você deve primeiro obter o diagrama de M/EI para a viga. Para uma viga em balanço, é conveniente posicionar a tangente de referência na extremidade engastada, uma vez que é sabido que ela é horizontal.

MODELAGEM E ANÁLISE:

Diagrama (M/EI). Com base na Fig. 1, desenhamos o diagrama do momento fletor para a viga e depois obtemos o diagrama (M/EI) dividindo o valor de M em cada ponto da viga pelo valor correspondente da rigidez à flexão.

Tangente de referência. Com base na Fig. 2, escolhemos a tangente horizontal na extremidade engastada B como tangente de referência. Como $\theta_B = 0$ e $y_B = 0$, observamos que

$$\theta_A = -\theta_{B/A} \qquad y_A = t_{A/B}$$

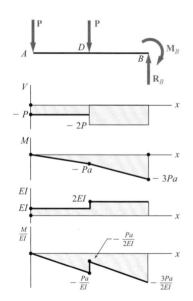

Fig. 1 Diagrama de corpo livre e construção do diagrama M/EI.

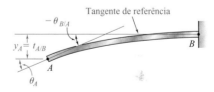

Fig. 2 Inclinação e deflexão na extremidade A relacionada à tangente de referência na extremidade fixa B.

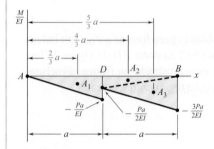

Fig. 3 Áreas e centroides do diagrama de momento de área utilizado para encontrar a inclinação e a deflexão.

Inclinação em A. Dividindo o diagrama (M/EI) nas três partes triangulares mostradas na Fig. 3.

$$A_1 = -\frac{1}{2}\frac{Pa}{EI}a = -\frac{Pa^2}{2EI}$$

$$A_2 = -\frac{1}{2}\frac{Pa}{2EI}a = -\frac{Pa^2}{4EI}$$

$$A_3 = -\frac{1}{2}\frac{3Pa}{2EI}a = -\frac{3Pa^2}{4EI}$$

Utilizando o teorema do primeiro momento de área, temos

$$\theta_{B/A} = A_1 + A_2 + A_3 = -\frac{Pa^2}{2EI} - \frac{Pa^2}{4EI} - \frac{3Pa^2}{4EI} = -\frac{3Pa^2}{2EI}$$

$$\theta_A = -\theta_{B/A} = +\frac{3Pa^2}{2EI} \qquad\qquad \theta_A = \frac{3Pa^2}{2EI} \nearrow \blacktriangleleft$$

Deflexão em A. Utilizando o teorema do segundo momento de área,

$$y_A = t_{A/B} = A_1\left(\frac{2}{3}a\right) + A_2\left(\frac{4}{3}a\right) + A_3\left(\frac{5}{3}a\right)$$

$$= \left(-\frac{Pa^2}{2EI}\right)\frac{2a}{3} + \left(-\frac{Pa^2}{4EI}\right)\frac{4a}{3} + \left(-\frac{3Pa^2}{4EI}\right)\frac{5a}{3}$$

$$y_A = -\frac{23Pa^3}{12EI} \qquad\qquad y_A = \frac{23Pa^3}{12EI}\downarrow \blacktriangleleft$$

REFLETIR E PENSAR: Este exemplo demonstra que os teoremas de momentos de área podem ser tão fáceis de usar para vigas não prismáticas como o são para as vigas prismáticas.

PROBLEMA RESOLVIDO 9.11

Para a viga prismática e o carregamento mostrados na figura, determine a inclinação e a deflexão na extremidade E.

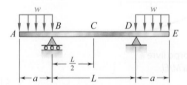

ESTRATÉGIA: Para aplicar o teorema dos momentos de área, você deve primeiro obter o diagrama de M/EI para a viga. Devido à simetria de ambas as vigas e a seus carregamentos, é conveniente posicionar a tangente de referência no ponto médio onde sabe-se que ela é horizontal.

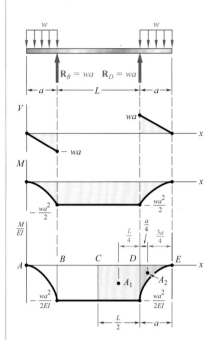

Fig. 1 Diagrama de corpo livre e construção do diagrama do momento de área.

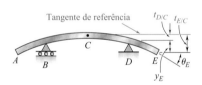

Fig. 2 Em razão da simetria, a tangente de referência no ponto médio C é horizontal. A inclinação e a deflexão estão mostradas na extremidade E relacionada a essa tangente de referência.

MODELAGEM E ANÁLISE:

Diagrama *(M/EI)*. Com base no diagrama de corpo livre da viga, determinamos as reações e desenhamos os diagramas de força cortante e momento fletor. Como a rigidez à flexão da viga é constante, dividimos cada valor de M por EI e obtemos o diagrama (M/EI) mostrado.

Tangente de referência. Na Fig. 2, como a viga e seu carregamento são simétricos em relação ao ponto médio C, a tangente em C é horizontal e é utilizada como tangente de referência. Examinando o desenho da Fig. 2, notamos que, como $\theta_C = 0$,

$$\theta_E = \theta_C + \theta_{E/C} = \theta_{E/C} \tag{1}$$

$$y_E = t_{E/C} - t_{D/C} \tag{2}$$

Inclinação em E. Consultando o diagrama (M/EI) na Fig. 1 e utilizando o teorema do primeiro momento de área,

$$A_1 = -\frac{wa^2}{2EI}\left(\frac{L}{2}\right) = -\frac{wa^2 L}{4EI}$$

$$A_2 = -\frac{1}{3}\left(\frac{wa^2}{2EI}\right)(a) = -\frac{wa^3}{6EI}$$

Utilizando a Equação (1),

$$\theta_E = \theta_{E/C} = A_1 + A_2 = -\frac{wa^2 L}{4EI} - \frac{wa^3}{6EI}$$

$$\theta_E = -\frac{wa^2}{12EI}(3L + 2a) \qquad\qquad \theta_E = \frac{wa^2}{12EI}(3L + 2a)\,\triangleleft$$

Deflexão em E. Utilizando o teorema do segundo momento de área, escrevemos

$$t_{D/C} = A_1 \frac{L}{4} = \left(-\frac{wa^2 L}{4EI}\right)\frac{L}{4} = -\frac{wa^2 L^2}{16EI}$$

$$t_{E/C} = A_1\left(a + \frac{L}{4}\right) + A_2\left(\frac{3a}{4}\right)$$

$$= \left(-\frac{wa^2 L}{4EI}\right)\left(a + \frac{L}{4}\right) + \left(-\frac{wa^3}{6EI}\right)\left(\frac{3a}{4}\right)$$

$$= -\frac{wa^3 L}{4EI} - \frac{wa^2 L^2}{16EI} - \frac{wa^4}{8EI}$$

Utilizando a Equação (2), temos

$$y_E = t_{E/C} - t_{D/C} = -\frac{wa^3 L}{4EI} - \frac{wa^4}{8EI}$$

$$y_E = -\frac{wa^3}{8EI}(2L + a) \qquad\qquad y_E = \frac{wa^3}{8EI}(2L + a)\,\downarrow\,\triangleleft$$

PROBLEMAS

Utilize o método do momento de área para resolver os problemas a seguir.

9.95 até 9.98 Para a viga uniforme em balanço e o carregamento mostrados nas figuras, determine (a) a inclinação e (b) a deflexão na extremidade livre.

Fig. P9.95

Fig. P9.96

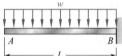

Fig. P9.97

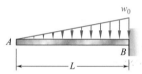

Fig. P9.98

9.99 e 9.100 Para a viga uniforme em balanço e o carregamento mostrados nas figuras, determine a inclinação e a deflexão no (a) ponto B e no (b) ponto C.

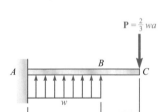

Fig. P9.99

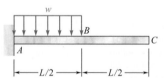

Fig. P9.100

9.101 Para a viga em balanço e o carregamento mostrados na figura, determine (a) a inclinação e (b) a deflexão no ponto B. Use $E = 29 \times 10^6$ psi.

9.102 Para a viga em balanço e o carregamento mostrados na figura, determine (a) a inclinação e (b) a deflexão no ponto A. Use $E = 200$ GPa.

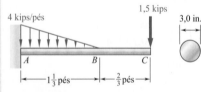

Fig. P9.101

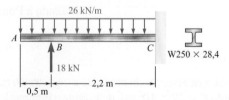

Fig. P9.102

9.103 Dois perfis C6 × 8,2 são soldados pelas almas e carregados conforme mostrado. Sabendo que $E = 29 \times 10^6$ psi, determine (*a*) a declividade no ponto *D*, (*b*) a deflexão no ponto *D*.

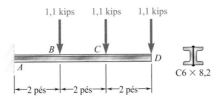

Fig. P9.103

9.104 Para a viga em balanço e o carregamento mostrados na figura, determine (*a*) a inclinação e (*b*) a deflexão no ponto *A*. Use $E = 200$ GPa.

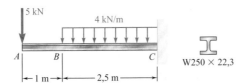

Fig. P9.104

9.105 Para a viga em balanço e o carregamento mostrados na figura, determine (*a*) a inclinação e (*b*) a deflexão no ponto *A*.

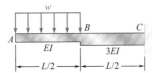

Fig. P9.105

9.106 Para a viga em balanço e o carregamento mostrados na figura, determine a deflexão e a inclinação na extremidade *A* provocadas pelo momento $\mathbf{M}_0$.

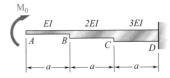

Fig. P9.106

9.107 Duas chapas de reforço são soldadas à viga de aço laminado mostrada. Usando $E = 200$ GPa, determine (*a*) a inclinação e (*b*) a deflexão na extremidade *A*.

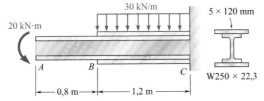

Fig. P9.107

9.108 Duas chapas de reforço são soldadas à viga de aço laminado mostrada. Usando $E = 29 \times 10^6$ psi, determine a inclinação e a deflexão na extremidade *C*.

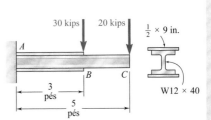

Fig. P9.108

9.109 até 9.114 Para a viga prismática e o carregamento mostrados nas figuras, determine (a) a inclinação na extremidade A e (b) a deflexão no centro C da viga.

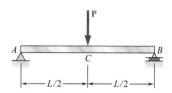

Fig. P9.109

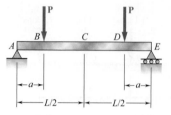

Fig. P9.110

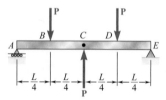

Fig. P9.111

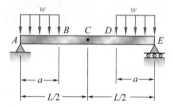

Fig. P9.112

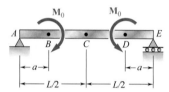

Fig. P9.113

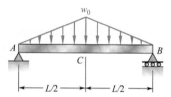

Fig. P9.114

9.115 e 9.116 Para a viga e o carregamento mostrados nas figuras, determine (a) a inclinação na extremidade A e (b) a deflexão no centro C da viga.

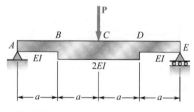

Fig. P9.115

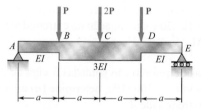

Fig. P9.116

9.117 Sabendo que a intensidade da força **P** é de 31,1 kN, determine (a) a inclinação na extremidade A (b) a deflexão na extremidade A e (c) a deflexão no ponto médio C da viga. Use $E = 200$ GPa.

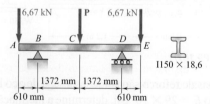

Fig. P9.117

9.118 e 9.119 Para a viga e o carregamento mostrados nas figuras, determine (a) a inclinação na extremidade A e (b) a deflexão no ponto médio da viga. Use $E = 200$ GPa.

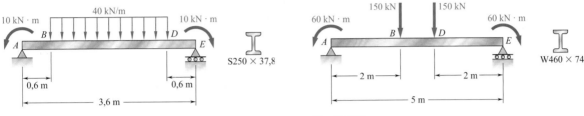

Fig. P9.118

Fig. P9.119

9.120 Para a viga e o carregamento mostrados na figura, e sabendo que $w = 8$ kN/m, determine (a) a inclinação na extremidade A e (b) a deflexão no ponto médio C. Use $E = 200$ GPa.

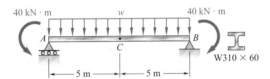

Fig. P9.120

9.121 Para a viga e o carregamento do Problema 9.117, determine (a) a força **P** para a qual a deflexão é zero no ponto médio C da viga e (b) a deflexão correspondente na extremidade A. Use $E = 200$ GPa.

9.122 Para a viga e o carregamento mostrados no Prob. 9.120, determine o valor de w para o qual a deflexão é zero no ponto médio C da viga. Use $E = 200$ GPa.

*9.123 Uma barra uniforme AE deve ser apoiada em dois pontos B e D. Determine a distância a para a qual a inclinação nas extremidades A e E seja zero.

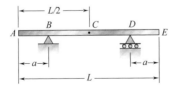

Fig. P9.123 e P9.124

*9.124 Uma barra uniforme AE deve ser apoiada em dois pontos B e D. Determine a distância a das extremidades da barra até os pontos de apoio se as deflexões para baixo nos pontos A, C e E devem ser iguais.

*9.6 TEOREMAS DO MOMENTO DE ÁREA APLICADOS ÀS VIGAS COM CARREGAMENTOS ASSIMÉTRICOS

*9.6.1 Princípios gerais

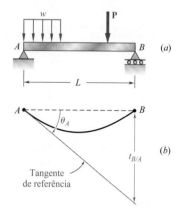

Fig. 9.34 (a) Carregamento assimétrico. (b) Aplicação do método do momento de área para encontrar a inclinação no ponto A.

Quando uma viga biapoiada ou biapoiada com balanço suporta um carregamento simétrico, a tangente no centro C da viga é horizontal e pode ser usada como a tangente de referência (Sec. 9.6). Quando uma viga biapoiada ou biapoiada com balanço suporta um carregamento assimétrico, geralmente não é possível determinar por inspeção o ponto da viga em que a tangente é horizontal. Deve-se procurar outros meios para localizar uma tangente de referência, isto é, uma tangente de inclinação conhecida para ser utilizada na aplicação de um dos dois teoremas do momento de área.

Geralmente é mais conveniente selecionar a tangente de referência em um dos apoios da viga. Considerando, por exemplo, a tangente no apoio A da viga biapoiada AB (Fig. 9.34), determinamos essa inclinação calculando o desvio tangencial $t_{B/A}$ do apoio B em relação a A, e dividindo $t_{B/A}$ pela distância L entre os apoios. Lembrando que o desvio tangencial de um ponto localizado acima da tangente é positivo,

$$\theta_A = -\frac{t_{B/A}}{L} \quad (9.22)$$

Uma vez encontrada a inclinação da tangente de referência, a inclinação θ_D da viga em qualquer ponto D (Fig. 9.35) pode ser determinada utilizando-se o teorema do primeiro momento de área para obter $\theta_{D/A}$, e escrevendo então

$$\theta_D = \theta_A + \theta_{D/A} \quad (9.23)$$

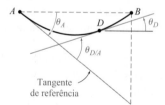

Fig. 9.35 Encontrar o desvio tangencial entre os apoios fornece uma tangente de referência conveniente para avaliar as inclinações.

Fig. 9.36 (a) Desvio tangencial do ponto D em relação ao ponto A. (b) Deflexão no ponto D. (c) Conhecendo HB através de $t_{B/A}$, EF pode ser encontrando por semelhança de triângulos.

O desvio tangencial $t_{D/A}$ de D em relação ao apoio A pode ser obtido do teorema do segundo momento de área. Notamos que $t_{D/A}$ é igual ao segmento ED (Fig. 9.36a) e representa a distância vertical de D até a tangente de referência. No entanto, a deflexão y_D do ponto D representa a distância vertical de D até a linha horizontal AB (Fig. 9.36b). Como y_D é igual em grandeza ao segmento FD, ele pode ser expresso como a diferença entre EF e ED (Fig. 9.36c). Observando que os triângulos AFE e ABH são semelhantes, tem-se

$$\frac{EF}{x} = \frac{HB}{L} \quad \text{ou} \quad EF = \frac{x}{L} t_{B/A}$$

e lembrando a convenção de sinais usada para deflexões e desvios tangenciais, escrevemos

$$y_D = ED - EF = t_{D/A} - \frac{x}{L} t_{B/A} \quad (9.24)$$

Aplicação do conceito 9.12

Para a viga prismática e o carregamento mostrados na Fig. 9.37a, determine a inclinação e a deflexão no ponto D.

Tangente de referência no apoio A. Calculamos as reações nos apoios e desenhamos o diagrama (M/EI) (Fig. 9.37b). Determinamos o desvio tangencial $t_{B/A}$ do apoio B em relação ao apoio A aplicando o teorema do segundo momento de área e calculando os momentos em relação a um eixo vertical que passa por B das áreas A_1 e A_2.

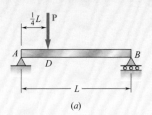

(a)

$$A_1 = \frac{1}{2} \frac{L}{4} \frac{3PL}{16EI} = \frac{3PL^2}{128EI} \qquad A_2 = \frac{1}{2} \frac{3L}{4} \frac{3PL}{16EI} = \frac{9PL^2}{128EI}$$

$$t_{B/A} = A_1\left(\frac{L}{12} + \frac{3L}{4}\right) + A_2\left(\frac{L}{2}\right)$$

$$= \frac{3PL^2}{128EI} \frac{10L}{12} + \frac{9PL^2}{128EI} \frac{L}{2} = \frac{7PL^3}{128EI}$$

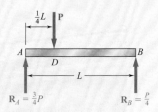

A inclinação da tangente de referência em A (Fig. 9.37c) é

$$\theta_A = -\frac{t_{B/A}}{L} = -\frac{7PL^2}{128EI}$$

Inclinação em D. Aplicando o teorema do primeiro momento de área de A a D,

$$\theta_{D/A} = A_1 = \frac{3PL^2}{128EI}$$

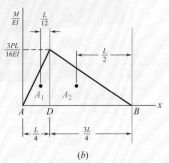

(b)

Assim, a inclinação em D é

$$\theta_D = \theta_A + \theta_{D/A} = -\frac{7PL^2}{128EI} + \frac{3PL^2}{128EI} = -\frac{PL^2}{32EI}$$

Deflexão em D. Primeiramente, determinamos o desvio tangencial $DE = t_{D/A}$ calculando o momento da área A_1 em relação a um eixo vertical que passa por D:

$$DE = t_{D/A} = A_1\left(\frac{L}{12}\right) = \frac{3PL^2}{128EI} \frac{L}{12} = \frac{PL^3}{512EI}$$

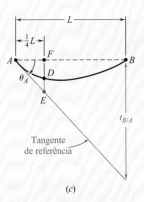

A deflexão em D é igual à diferença entre os segmentos DE e EF (Fig. 9.37c). Temos

$$y_D = DE - EF = t_{D/A} - \tfrac{1}{4} t_{B/A}$$

$$= \frac{PL^3}{512EI} - \frac{1}{4} \frac{7PL^3}{128EI}$$

$$y_D = -\frac{3PL^3}{256EI} = -0{,}01172 PL^3/EI$$

(c)

Fig. 9.37 (a) Viga biapoiada com carregamento assimétrico. (b) Diagrama de corpo livre e diagrama M/EI. (c) Tangente de referência e geometria para determinar a inclinação e deflexão no ponto D.

*9.6.2 Deflexão máxima

Quando uma viga biapoiada ou biapoiada com balanço suporta uma carga assimétrica, a deflexão máxima geralmente não ocorre no centro da viga. Como mostrado na Foto 9.5, a ponte é carregada pelo caminhão em cada localização do eixo. Para determinarmos a deflexão máxima de uma dessas vigas, devemos primeiramente localizar o ponto K em que a tangente é horizontal. A deflexão naquele ponto é a deflexão máxima.

Foto 9.5 As deflexões das vigas utilizadas nesta ponte devem ser examinadas para diferentes posições possíveis de carga.
©A. and I. Kruk/Shutterstock

Esta análise deve começar com a determinação de uma tangente de referência em um dos apoios. Se for selecionado o apoio A, a inclinação θ_A da tangente em A será obtida pelo método indicado na seção anterior, isto é, calculando o desvio tangencial $t_{B/A}$ do apoio B em relação a A e dividindo-se aquele valor pela distância L entre os dois apoios.

Como a inclinação θ_K no ponto K é zero (Fig. 9.38a),

$$\theta_{K/A} = \theta_K - \theta_A = 0 - \theta_A = -\theta_A$$

Lembrando o teorema do primeiro momento de área, concluímos que o ponto K pode ser determinado medindo-se no diagrama (M/EI) uma área igual a $\theta_{K/A} = -\theta_A$ (Fig. 9.38b).

Observando que a deflexão máxima $|y|_{máx}$ é igual ao desvio tangencial $t_{A/K}$ do apoio A em relação a K (Fig. 9.38a), podemos obter $|y|_{máx}$ calculando-se o primeiro momento em relação ao eixo vertical que passa por A da área entre A e K (Fig. 9.38b).

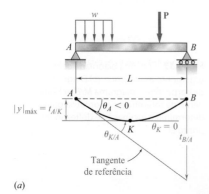

(a)

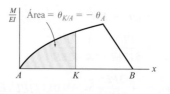

(b)

Fig. 9.38 Determinação da deflexão máxima utilizando o método do momento de área. (a) A deflexão máxima ocorre no ponto K onde $\theta_K = 0$, que é o $\theta_{K/A} = -\theta_A$. (b) Com o ponto K assim localizado, a deflexão máxima é igual ao momento estático da área sombreada em relação a A.

Aplicação do conceito 9.13

Determine a deflexão máxima da viga da Aplicação do conceito 9.12. O diagrama de corpo livre é apresentado na Fig. 9.39a.

Determinação do ponto K em que a inclinação é zero. Recordamos que a inclinação no ponto D, em que a força é aplicada, é negativa. Consequentemente, o ponto K, em que a inclinação é zero, está localizado entre D e o apoio B (Fig. 9.39). Nossos cálculos, portanto, ficarão simplificados se relacionarmos a inclinação em K com a inclinação em B, em vez da inclinação em A.

Como a inclinação em A já foi determinada na Aplicação do conceito 9.12, a inclinação em B será obtida escrevendo-se

$$\theta_B = \theta_A + \theta_{B/A} = \theta_A + A_1 + A_2$$

$$\theta_B = -\frac{7PL^2}{128EI} + \frac{3PL^2}{128EI} + \frac{9PL^2}{128EI} = \frac{5PL^2}{128EI}$$

Observando que o momento fletor a uma distância u da extremidade B é $M = \frac{1}{4}Pu$ (Fig. 9.39c), expressamos a área A' localizada entre K e B sob o diagrama (M/EI) (Fig. 9.39d) como

$$A' = \frac{1}{2}\frac{Pu}{4EI}u = \frac{Pu^2}{8EI}$$

Pelo teorema do primeiro momento de área, temos

$$\theta_{B/K} = \theta_B - \theta_K = A'$$

e, como $\theta_K = 0$, $\quad \theta_B = A'$

Substituindo os valores obtidos para θ_B e A',

$$\frac{5PL^2}{128EI} = \frac{Pu^2}{8EI}$$

e, resolvendo para u,

$$u = \frac{\sqrt{5}}{4}L = 0{,}559L$$

Assim, a distância do apoio A ao ponto K é

$$AK = L - 0{,}559L = 0{,}441L$$

Deflexão máxima. A deflexão máxima $|y|_{\text{máx}}$ é igual ao desvio tangencial $t_{B/K}$ e, portanto, ao primeiro momento da área A' em relação a um eixo vertical que passa por B (Fig. 9.39b).

$$|y|_{\text{máx}} = t_{B/K} = A'\left(\frac{2u}{3}\right) = \frac{Pu^2}{8EI}\left(\frac{2u}{3}\right) = \frac{Pu^3}{12EI}$$

Substituindo o valor obtido para u, temos

$$|y|_{\text{máx}} = \frac{P}{12EI}\left(\frac{\sqrt{5}}{4}L\right)^3 = 0{,}01456 PL^3/EI$$

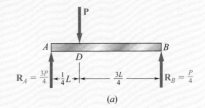

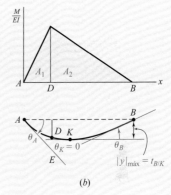

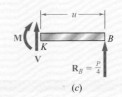

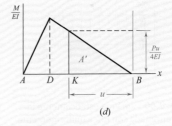

Fig. 9.39 (a) Diagrama de corpo livre. (b) Diagrama M/EI e geometria para determinar a deflexão máxima. (c) Diagrama de corpo livre da parte KB. (d) A deflexão máxima é o momento estático da área sombreada em relação a B.

*9.6.3 Vigas estaticamente indeterminadas

As reações nos apoios de uma viga estaticamente indeterminada podem ser determinadas pelo método do momento de área de maneira muito semelhante àquela descrita na Seção 9.4. Por exemplo, no caso de uma viga indeterminada com um grau de indeterminação, escolhemos uma das reações como redundante e eliminamos ou modificamos adequadamente o apoio correspondente. A reação redundante é então tratada como uma força desconhecida que, juntamente a outras forças, deve produzir deformações compatíveis com os apoios originais. A condição de compatibilidade geralmente é expressa escrevendo-se que o desvio tangencial de um apoio em relação a outro é zero ou tem um valor predeterminado.

São desenhados dois diagramas de corpo livre separados. Um mostra as *forças fornecidas e as reações correspondentes* nos apoios que não foram eliminados; o outro mostra *a reação redundante e as reações correspondentes* nos mesmos apoios (ver a Aplicação do conceito 9.14). É desenhado então um diagrama M/EI para cada um dos dois carregamentos, e são obtidos os desvios tangenciais desejados pelo teorema do segundo momento de área. Superpondo os resultados obtidos, expressamos a condição de compatibilidade exigida e determinamos a reação redundante. As outras reações são obtidas por meio do diagrama de corpo livre da viga.

Uma vez determinadas as reações nos apoios, a inclinação e a deflexão podem ser obtidas pelo método do momento de área em qualquer outro ponto da viga.

Aplicação do conceito 9.14

Determine a reação nos apoios para a viga prismática e o carregamento mostrados na Fig. 9.40*a*.

Consideramos o momento aplicado na extremidade engastada A como redundante e substituímos a extremidade engastada por um apoio fixo. O momento $\mathbf{M}_A$ é considerado agora um carregamento desconhecido (Fig. 9.40*b*) e será determinado com base na condição de que a tangente à viga em A deve ser horizontal. Conclui-se que essa tangente deve passar pelo apoio B e, portanto, que o desvio tangencial $t_{B/A}$ de B com relação a A deve ser zero.

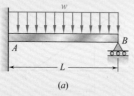

Fig. 9.40 (*a*) Viga estaticamente indeterminada sob força uniformemente distribuída.

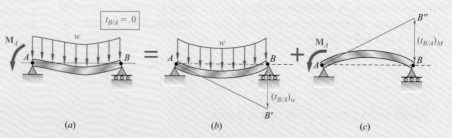

Fig. 9.40 (*cont.*) (*b*) Análise da viga indeterminada superpondo duas vigas biapoiadas determinadas, sujeitas (*c*) a uma força uniformemente distribuída, (*d*) à reação redundante.

A solução é encontrada calculando-se separadamente o desvio tangencial $(t_{B/A})_w$ provocado pela força uniformemente distribuída w (Fig. 9.40c) e o desvio tangencial $(t_{B/A})_M$ produzido pelo momento desconhecido $\mathbf{M}_A$ (Fig. 9.40d).

Considerando primeiro o diagrama de corpo livre da viga submetida à força distribuída w que é conhecida (Fig. 9.40e), determinamos as reações correspondentes nos apoios A e B.

$$(\mathbf{R}_A)_1 = (\mathbf{R}_B)_1 = \tfrac{1}{2}wL\uparrow \qquad (1)$$

Podemos agora desenhar os diagramas correspondentes de força cortante e (M/EI) (Figs. 9.40e). Observando que M/EI é representado por um arco de parábola, e lembrando a fórmula $A = \tfrac{2}{3}bh$ para a área sob uma parábola, calculamos o momento estático? dessa área em relação a um eixo vertical que passa por B e escrevemos

$$(t_{B/A})_w = A_1\left(\frac{L}{2}\right) = \left(\frac{2}{3}L\frac{wL^2}{8EI}\right)\left(\frac{L}{2}\right) = \frac{wL^4}{24EI} \qquad (2)$$

Considerando em seguida o diagrama de corpo livre da viga quando ela está submetida a um momento desconhecido $\mathbf{M}_A$ (Fig. 9.40f), determinamos as reações correspondentes em A e B:

$$(\mathbf{R}_A)_2 = \frac{M_A}{L}\uparrow \qquad (\mathbf{R}_B)_2 = \frac{M_A}{L}\downarrow \qquad (3)$$

Desenhando o diagrama (M/EI) correspondente (Fig. 9.40f), aplicamos novamente o teorema do segundo momento de área e escrevemos

$$(t_{B/A})_M = A_2\left(\frac{2L}{3}\right) = \left(-\frac{1}{2}L\frac{M_A}{EI}\right)\left(\frac{2L}{3}\right) = -\frac{M_A L^2}{3EI} \qquad (4)$$

Combinando os resultados obtidos nas Equações (2) e (4) e considerando que o desvio tangencial resultante $t_{B/A}$ deve ser zero (Fig. 9.40b, c, d),

$$t_{B/A} = (t_{B/A})_w + (t_{B/A})_M = 0$$

$$\frac{wL^4}{24EI} - \frac{M_A L^2}{3EI} = 0$$

e, resolvendo para M_A,

$$M_A = +\tfrac{1}{8}wL^2 \qquad \mathbf{M}_A = \tfrac{1}{8}wL^2\,\triangledown$$

Substituindo o valor de M_A na Equação (3) e usando a Equação (1), obtemos os valores de R_A e R_B:

$$R_A = (R_A)_1 + (R_A)_2 = \tfrac{1}{2}wL + \tfrac{1}{8}wL = \tfrac{5}{8}wL$$
$$R_B = (R_B)_1 + (R_B)_2 = \tfrac{1}{2}wL - \tfrac{1}{8}wL = \tfrac{3}{8}wL$$

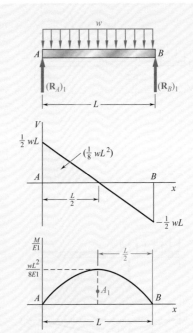

Fig. 9.40 (cont.) (e) Diagrama de corpo livre da viga com carregamento distribuído, diagrama da força cortante e diagrama M/EI.

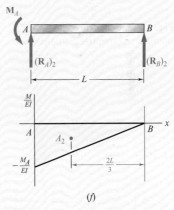

Fig. 9.40 (cont.) (f) Diagrama de corpo livre da viga com momento redundante e diagrama M/EI.

Na Aplicação do conceito 9.14 havia uma única reação redundante, isto é, a viga era *estaticamente indeterminada com um grau de indeterminação*. Os *teoremas dos momentos de área* também podem ser utilizados quando há reações redundantes adicionais, mas é necessário então escrever equações adicionais. Assim, para uma viga *estaticamente indeterminada com dois graus de indeterminação*, seria necessário selecionar duas reações redundantes e escrever duas equações considerando as *deformações* da estrutura envolvida.

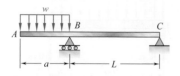

PROBLEMA RESOLVIDO 9.12

Para a viga e o carregamento mostrados na figura, (a) determine a deflexão na extremidade A e (b) avalie y_A para os seguintes dados:

W250 × 49,1: $I = 70,6 \times 10^6$ mm⁴ $E = 200$ GPa
$a = 0,9$ m $L = 1,7$ m
$w = 200$ kN/m

ESTRATÉGIA: Para aplicar o teorema dos momentos de área, você deve primeiro obter o diagrama M/EI para a viga. Então, por meio da localização da tangente de referência no apoio, você pode avaliar o desvio das tangentes em qualquer outro ponto estratégico que, através de simples geometria, permitirá a determinação das deflexões desejadas.

MODELAGEM E ANÁLISE:

Diagrama (M/EI). Considerando a Fig. 1, desenhamos o diagrama de momento fletor. Como a rigidez à flexão EI é constante, obtemos o diagrama (M/EI) mostrado, que consiste em um triângulo com hipotenusa parabólica de área A_1 e um triângulo de área A_2.

$$A_1 = \frac{1}{3}\left(-\frac{wa^2}{2EI}\right)a = -\frac{wa^3}{6EI}$$

$$A_2 = \frac{1}{2}\left(-\frac{wa^2}{2EI}\right)L = -\frac{wa^2 L}{4EI}$$

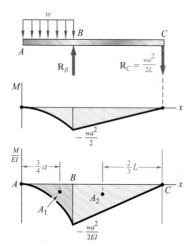

Fig. 1 Diagrama de corpo livre, diagrama do momento e diagrama M/EI.

Tangente de referência em B. A tangente de referência é desenhada no ponto B conforme mostra a Figura 2. Utilizando o teorema do segundo momento de área, determinamos o desvio tangencial de C em relação a B:

$$t_{C/B} = A_2 \frac{2L}{3} = \left(-\frac{wa^2 L}{4EI}\right)\frac{2L}{3} = -\frac{wa^2 L^2}{6EI}$$

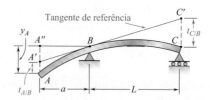

Fig. 2 Tangente de referência e geometria para determinar a deflexão em A.

Os triângulos $A''A'B$ e $CC'B$ são semelhantes. Assim, encontramos

$$A''A' = t_{C/B}\left(\frac{a}{L}\right) = -\frac{wa^2 L^2}{6EI}\left(\frac{a}{L}\right) = -\frac{wa^3 L}{6EI}$$

Utilizando novamente o teorema do segundo momento de área,

$$t_{A/B} = A_1 \frac{3a}{4} = \left(-\frac{wa^3}{6EI}\right)\frac{3a}{4} = -\frac{wa^4}{8EI}$$

a. **Deflexão na extremidade** A

$$y_A = A''A' + t_{A/B} = -\frac{wa^3 L}{6EI} - \frac{wa^4}{8EI} = -\frac{wa^4}{8EI}\left(\frac{4}{3}\frac{L}{a} + 1\right)$$

$$y_A = \frac{wa^4}{8EI}\left(1 + \frac{4}{3}\frac{L}{a}\right)\downarrow \blacktriangleleft$$

b. **Avaliação de** y_A. Substituindo os dados fornecidos,

$$y_A = \frac{(200 \times 10^3\,\text{N/m})(0{,}9\,\text{m})^4}{8(200 \times 10^9\,\text{N/m}^2)(171\,\text{in}^4)}\left(1 + \frac{4}{3}\frac{1{,}7\,\text{m}}{0{,}9\,\text{m}}\right)$$

$$y_A = 0.1641\,\text{in.}\downarrow \blacktriangleleft$$

REFLETIR E PENSAR: Note que uma igualmente efetiva estratégia alternativa seria desenhar a tangente de referência no ponto C.

PROBLEMA RESOLVIDO 9.13

Para a viga e o carregamento mostrados na figura, determine o valor e a localização da maior deflexão. Use $E = 200$ GPa.

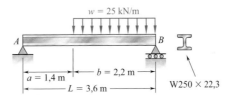

ESTRATÉGIA: Para aplicar os teoremas de momentos de área, você deve primeiro obter o diagrama M/EI para a viga. Então, posicionando a tangente de referência em um apoio, você pode avaliar o desvio da tangente no outro apoio que, por meio de simples geometria e posterior aplicação dos teoremas de momento de área, permitirão a determinação da deflexão máxima.

MODELAGEM: Utilizando o diagrama de corpo livre da viga inteira (Fig. 1), encontramos

$$\mathbf{R}_A = 16{,}81\,\text{kN}\uparrow \qquad \mathbf{R}_B = 38{,}2\,\text{kN}\uparrow$$

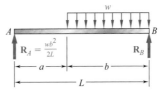

Fig. 1 Diagrama de corpo livre.

ANÁLISE:

Diagrama (M/EI). Desenhamos o diagrama (M/EI) por partes (Fig. 2) considerando separadamente os efeitos da reação $\mathbf{R}_A$ e da força distribuída. As áreas do triângulo e do triângulo com hipotenusa parabólica são

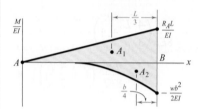

Fig. 2 Partes do diagrama M/EI com a localização dos centroides.

$$A_1 = \frac{1}{2} \frac{R_A L}{EI} L = \frac{R_A L^2}{2EI} \qquad A_2 = \frac{1}{3}\left(-\frac{wb^2}{2EI}\right)b = -\frac{wb^3}{6EI}$$

Tangente de referência. Conforme visto na Fig. 3, a tangente à viga no apoio A é escolhida como tangente de referência. Utilizando o teorema do segundo momento de área, determinamos o desvio tangencial $t_{B/A}$ do apoio B em relação ao apoio A:

$$t_{B/A} = A_1 \frac{L}{3} + A_2 \frac{b}{4} = \left(\frac{R_A L^2}{2EI}\right)\frac{L}{3} + \left(-\frac{wb^3}{6EI}\right)\frac{b}{4} = \frac{R_A L^3}{6EI} - \frac{wb^4}{24EI}$$

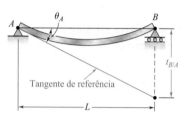

Fig. 3 Determinação de θ_A por meio do desvio tangencial $t_{B/A}$.

Inclinação em A.

$$\theta_A = -\frac{t_{B/A}}{L} = -\left(\frac{R_A L^2}{6EI} - \frac{wb^4}{24EIL}\right) \qquad (1)$$

Maior deflexão. Conforme visto na Fig. 4, a maior deflexão ocorre no ponto K, em que a inclinação da viga é zero. Utilizando a Fig. 5, escrevemos

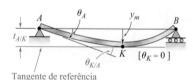

Fig. 4 Geometria para determinar a deflexão máxima.

$$\theta_K = \theta_A + \theta_{K/A} = 0 \qquad (2)$$

No entanto, $\theta_{K/A} = A_3 + A_4 = \dfrac{R_A x_m^2}{2EI} - \dfrac{w}{6EI}(x_m - a)^3 \qquad (3)$

Substituímos θ_A e $\theta_{K/A}$ das Equações (1) e (3) na Equação (2):

$$-\left(\frac{R_A L^2}{6EI} - \frac{wb^4}{24EIL}\right) + \left[\frac{R_A x_m^2}{2EI} - \frac{w}{6EI}(x_m - a)^3\right] = 0$$

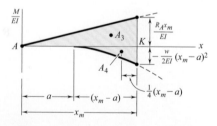

Fig. 5 Diagrama M/EI entre o ponto A e a localização da deflexão máxima, no ponto K.

Substituindo os dados numéricos, temos

$$-29{,}53\frac{10^3}{EI} + 8{,}405 x_m^2 \frac{10^3}{EI} - 4{,}167(x_m - 1{,}4)^3 \frac{10^3}{EI} = 0$$

Resolvendo por tentativa e erro para x_m, $\qquad x_m = 1{,}890\text{ m}$ ◀

Calculando os momentos de A_3 e A_4 em relação a um eixo vertical que passa por A, temos

$$|0|_m = t_{A/K} = A_3 \frac{2x_m}{3} + A_4 \left[a + \frac{3}{4}(x_m - a) \right]$$

$$= \frac{R_A x_m^3}{3EI} - \frac{wa}{6EI}(x_m - a)^3 - \frac{w}{8EI}(x_m - a)^4$$

Utilizando os dados fornecidos, $R_A = 16{,}81$ kN, e $I = 28{,}7 \times 10^{-6}$ m^4,

$\qquad\qquad\qquad\qquad\qquad\qquad\qquad y_m = 6{,}44\text{ mm} \downarrow$ ◀

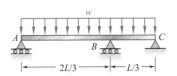

PROBLEMA RESOLVIDO 9.14

Para a viga uniforme e o carregamento mostrados na figura, determine a reação em B.

ESTRATÉGIA: Aplicando o conceito de superposição, você pode modelar este problema estaticamente indeterminado como uma soma de deslocamentos para os carregamentos dados com os dos casos de carregamento redundante. A reação redundante pode então ser encontrada notando que o deslocamento associado aos dois casos deve ser consistente com a geometria da viga original.

MODELAGEM: A viga é indeterminada com um grau de indeterminação. Considerando a Fig. 1, a reação $\mathbf{R}_B$ é escolhida como redundante e consideramos separadamente o carregamento distribuído e a reação redundante.

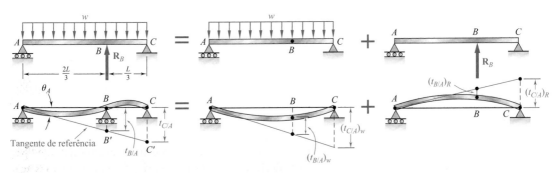

Fig. 1 Viga indeterminada modelada como uma superposição de duas vigas determinadas com a reação em B escolhida como redundante.

Em seguida, selecionamos a tangente em A como tangente de referência. Das semelhanças dos triângulos ABB' e ACC',

$$\frac{t_{C/A}}{L} = \frac{t_{B/A}}{\frac{2}{3}L} \qquad t_{C/A} = \frac{3}{2} t_{B/A} \qquad (1)$$

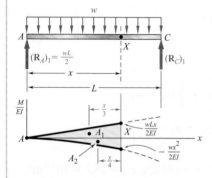

Fig. 2 Diagrama de corpo livre e diagrama M/EI para a viga com carregamento distribuído.

Para cada carregamento, desenhamos o diagrama (M/EI) e então determinamos os desvios tangenciais de B e C em relação a A.

ANÁLISE:

Carregamento distribuído (Fig. 2). Considerando o diagrama (M/EI) desde a extremidade A até um ponto arbitrário X,

$$(t_{X/A})_w = A_1 \frac{x}{3} + A_2 \frac{x}{4} = \left(\frac{1}{2}\frac{wLx}{2EI}x\right)\frac{x}{3} + \left(-\frac{1}{3}\frac{wx^2}{2EI}x\right)\frac{x}{4} = \frac{wx^3}{24EI}(2L-x)$$

Fazendo sucessivamente $x = L$ e $x = \frac{2}{3}L$, temos

$$(t_{C/A})_w = \frac{wL^4}{24EI} \qquad (t_{B/A})_w = \frac{4}{243}\frac{wL^4}{EI}$$

Reação redundante (Fig. 3).

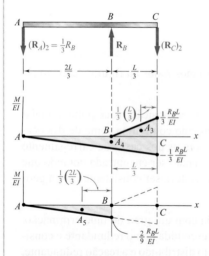

Fig. 3 Diagrama de corpo livre e diagramas M/EI para a viga com reação redundante.

$$(t_{C/A})_R = A_3 \frac{L}{9} + A_4 \frac{L}{3} = \left(\frac{1}{2}\frac{R_B L}{3EI}\frac{L}{3}\right)\frac{L}{9} + \left(-\frac{1}{2}\frac{R_B L}{3EI}L\right)\frac{L}{3} = -\frac{4}{81}\frac{R_B L^3}{EI}$$

$$(t_{B/A})_R = A_5 \frac{2L}{9} = \left[-\frac{1}{2}\frac{2R_B L}{9EI}\left(\frac{2L}{3}\right)\right]\frac{2L}{9} = -\frac{4}{243}\frac{R_B L^3}{EI}$$

Carregamento combinado. Somando os resultados obtidos, escrevemos

$$t_{C/A} = \frac{wL^4}{24EI} - \frac{4}{81}\frac{R_B L^3}{EI} \qquad t_{B/A} = \frac{4}{243}\frac{(wL^4 - R_B L^3)}{EI}$$

Reação em B. Substituindo $t_{C/A}$ e $t_{B/A}$ na Equação (1),

$$\left(\frac{wL^4}{24EI} - \frac{4}{81}\frac{R_B L^3}{EI}\right) = \frac{3}{2}\left[\frac{4}{243}\frac{(wL^4 - R_B L^3)}{EI}\right]$$

$$R_B = 0{,}6875 wL \qquad\qquad R_B = 0{,}688 wL \uparrow \blacktriangleleft$$

REFLETIR E PENSAR: Note que uma estratégia alternativa consistiria em determinar as deflexões em B para o carregamento dado e a reação redundante impondo a soma igual a zero.

PROBLEMAS

Utilize o método dos momentos de área para resolver os problemas seguintes.

9.125 até 9.128 Para a viga prismática e o carregamento mostrados nas figuras, determine (*a*) a deflexão no ponto *D* e (*b*) a inclinação na extremidade *A*.

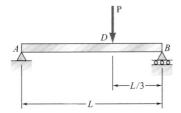

Fig. P9.125

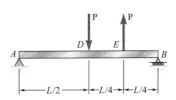

Fig. P9.126

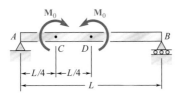

Fig. P9.127

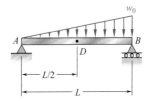

Fig. P9.128

9.129 e 9.130 Para a viga e o carregamento mostrados na figura, determine (*a*) a inclinação no ponto *A* e (*b*) a deflexão no ponto *D*. Use $E = 200$ GPa.

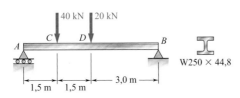

Fig. P9.129

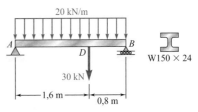

Fig. P9.130

9.131 Para a viga de madeira e o carregamento mostrados na figura, determine (*a*) a inclinação no ponto *A*, (*b*) a deflexão no ponto *D*. Utilize $E = 1,5 \times 10^6$ psi.

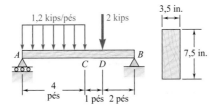

Fig. P9.131

9.132 Para a viga e o carregamento mostrados na figura, determine (*a*) a inclinação na extremidade *A* e (*b*) a deflexão no ponto *E*. Use $E = 200$ GPa.

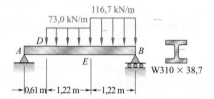

Fig. P9.132

9.133 Para a viga e o carregamento mostrados na figura, determine (*a*) a inclinação no ponto *A* e (*b*) a deflexão no ponto *A*.

9.134 Para a viga e o carregamento mostrados na figura, determine (*a*) a inclinação no ponto *A* e (*b*) a deflexão no ponto *D*.

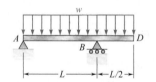

Fig. P9.134

9.135 Sabendo que a viga *AB* é feita de uma barra de aço cheia, de diâmetro $d = 19{,}05$ mm, determine para o carregamento mostrado na figura (*a*) a inclinação no ponto *D* e (*b*) a deflexão no ponto *A*. Use $E = 200$ GPa.

9.136 Sabendo que a viga *AD* é feita de uma barra de aço com seção transversal cheia, determine (*a*) a inclinação no ponto *B* e (*c*) a deflexão no ponto *A*. Use $E = 200$ GPa.

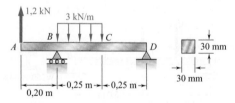

Fig. P9.136

9.137 Para a viga e o carregamento mostrados na figura, determine (*a*) a inclinação no ponto *C* e (*b*) a deflexão no ponto *D*. Use $E = 200$ GPa.

9.138 Para a viga e o carregamento mostrados na figura, determine (*a*) a inclinação no ponto *B* e (*b*) a deflexão no ponto *D*. Use $E = 200$ GPa.

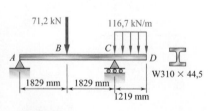

Fig. P9.137

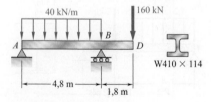

Fig. P9.138

9.139 Para a viga e o carregamento mostrados na figura, determine (*a*) a inclinação na extremidade *A*, (*b*) a inclinação na extremidade *B* e (*c*) a deflexão no ponto médio *C*.

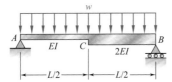

Fig. P9.139

9.140 Para a viga e o carregamento mostrados na figura, determine a deflexão (*a*) no ponto *D* e (*b*) no ponto *E*.

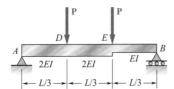

Fig. P9.140

9.141 até 9.144 Para a viga e o carregamento mostrados na figura, determine a intensidade e localização da maior deflexão para baixo.

9.141 Viga e carregamento do Problema 9.126.
9.142 Viga e carregamento do Problema 9.128.
9.143 Viga e carregamento do Problema 9.129.
9.144 Viga e carregamento do Problema 9.132.

9.145 Para a viga e o carregamento do Problema 9.135, determine a maior deflexão para cima no vão *DE*.

9.146 Para a viga e o carregamento do Problema 9.138, determine a maior deflexão para cima no vão *AB*.

9.147 até 9.150 Para a viga e o carregamento mostrados na figura, determine a reação no apoio móvel.

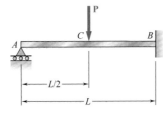

Fig. P9.147

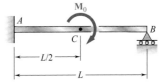

Fig. P9.148

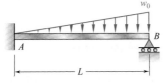

Fig. P9.149

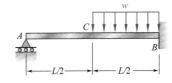

Fig. P9.150

9.151 e 9.152 Para a viga e o carregamento mostrados na figura, determine a reação em cada apoio.

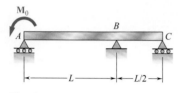

Fig. P9.151

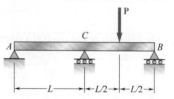

Fig. P9.152

9.153 Um macaco hidráulico pode ser utilizado para elevar o ponto B da viga em balanço ABC. A viga era originalmente reta, horizontal e sem força aplicada. Foi aplicada então uma força de 20 kN no ponto C, fazendo esse ponto se mover para baixo. Determine (a) quanto o ponto B deve ser levantado para que o ponto C retorne à sua posição original e (b) o valor final da reação em B. Use $E = 200$ GPa.

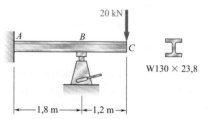

Fig. P9.153

9.154 Determine a reação no apoio móvel e trace o diagrama do momento fletor para a viga e o carregamento mostrados na figura.

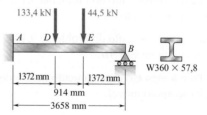

Fig. P9.154

9.155 Para a viga e o carregamento mostrados na figura, determine a constante k da mola para a qual a força na mola é igual a um terço da força total na viga.

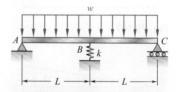

Fig. P9.155 e P9.156

9.156 Para a viga e o carregamento mostrados na figura, determine a constante k da mola para a qual o momento fletor em B é $M_B = -wL^2/10$.

REVISÃO E RESUMO

Foram utilizadas duas abordagens neste capítulo para determinar as inclinações e as deflexões de vigas sob carregamentos tranversais. Utilizamos um método matemático com base no conceito da integração de uma equação diferencial para obter as inclinações e as deflexões em qualquer ponto ao longo da viga. Utilizamos então o *método dos momentos de área* para determinar as inclinações e as deflexões em um ponto ao longo da viga. Foi dada ênfase particular ao cálculo da deflexão máxima de uma viga sob um carregamento. Aplicamos também esses métodos para determinar deflexões na análise das *vigas indeterminadas*, aquelas nas quais o número de reações nos apoios excede o número de equações de equilíbrio disponíveis para determinar as incógnitas.

Deformação sob carregamento transversal

A relação da curvatura $1/\rho$ da superfície neutra com o momento fletor M em uma viga prismática em flexão pura pode ser aplicada a uma viga sob um carregamento transversal, mas, neste caso, M e $1/\rho$ irão variar de uma seção para outra. Usando a distância de x a partir da extremidade esquerda da viga,

$$\frac{1}{\rho} = \frac{M(x)}{EI} \qquad (9.1)$$

Essa equação nos possibilitou determinar o raio de curvatura da superfície neutra para qualquer valor de x e tirar algumas conclusões gerais referentes à forma da viga deformada.

Foi encontrada uma relação entre a deflexão y de uma viga, medida em determinado ponto Q, e a distância x desse ponto a partir de alguma origem fixada (Fig. 9.41). Uma relação assim define a *linha elástica* de uma viga. Expressando a curvatura $1/\rho$ em termos das derivadas da função $y(x)$ e substituindo em (9.1), obtivemos a seguinte equação diferencial linear de segunda ordem:

$$\frac{d^2y}{dx^2} = \frac{M(x)}{EI} \qquad (9.4)$$

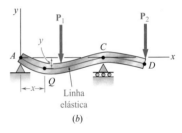

Fig. 9.41 Linha elástica para a viga com carregamento transversal.

Integrando essa equação duas vezes, obtivemos as expressões a seguir que definem a inclinação $\theta(x) = dy/dx$ e a deflexão $y(x)$, respectivamente:

$$EI\frac{dy}{dx} = \int_0^x M(x)\,dx + C_1 \qquad (9.5)$$

$$EI\,y = \int_0^x dx \int_0^x M(x)\,dx + C_1 x + C_2 \qquad (9.6)$$

O produto EI é conhecido como *rigidez à flexão* da viga; C_1 e C_2 são duas constantes de integração que podem ser determinadas com base nas *condições de contorno* impostas na viga pelos seus apoios (Fig. 9.42). A deflexão máxima pode então ser obtida determinando-se o valor de x para o qual a inclinação é zero e o valor correspondente de y.

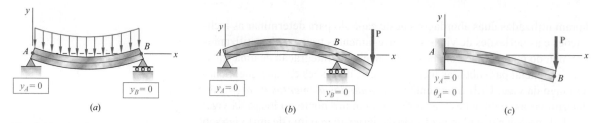

Fig. 9.42 Condições de contorno para vigas estaticamente determinadas. (*a*) Viga biapoiada. (*b*) Viga biapoiada com balanço. (*c*) Viga em balanço.

Linha elástica definida por diferentes funções

Quando o carregamento é tal que são necessárias diferentes funções analíticas para representar o momento fletor em várias partes da viga, então são necessárias também diferentes equações diferenciais, resultando em diferentes funções representando a inclinação $\theta(x)$ e a deflexão $y(x)$ nas várias partes da viga. No caso da viga e o carregamento considerado na Fig. 9.43, foram necessárias duas equações diferenciais, uma para a parte AD da viga e a outra para a parte DB. A primeira equação resultou nas funções θ_1 e y_1, e a segunda, nas funções θ_2 e y_2. Em conjunto, quatro constantes de integração tiveram de ser determinadas; duas foram obtidas considerando que as deflexões em A e B eram zero, e as outras duas expressando que as partes AD e DB da viga tinham a mesma inclinação e a mesma deflexão em D.

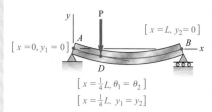

Fig. 9.43 Viga biapoiada e condições de contorno, nas quais dois conjuntos de funções são necessários devido à descontinuidade do carregamento no ponto D.

No caso de uma viga suportando uma força distribuída $w(x)$, a linha elástica pode ser determinada diretamente de $w(x)$ por meio de quatro integrações sucessivas resultando em V, M, θ e y, nessa ordem. Para a viga em balanço da Fig. 9.44*a* e a viga biapoiada da Fig. 9.44*b*, as quatro constantes de integração resultantes podem ser determinadas por meio de quatro condições de contorno.

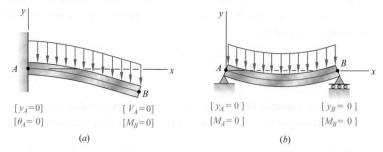

Fig. 9.44 Condições de contorno para vigas suportando uma força distribuída. (*a*) Viga em balanço. (*b*) Viga biapoiada.

Vigas estaticamente indeterminadas

Vigas estaticamente indeterminadas são vinculadas de modo que as reações nos apoios envolvem quatro ou mais incógnitas. Como há apenas três equações de equilíbrio disponíveis para determinar essas incógnitas, essas equações de equilíbrio têm de ser complementadas por equações obtidas pelas condições de contorno impostas pelos apoios.

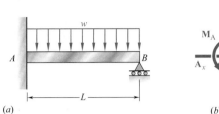
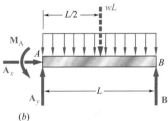

(a) (b)

Fig. 9.45 (a) Viga estaticamente indeterminada com uma força uniformemente distribuída. (b) Diagrama de corpo livre com as quatro reações desconhecidas.

No caso da viga da Fig. 9.45, notamos que as reações nos apoios envolviam quatro incógnitas, a saber, M_A, A_x, A_y e B. Dizemos que essa viga é *indeterminada com um grau de indeterminação*. (Se fossem envolvidas cinco incógnitas, a viga seria indeterminada *com dois graus de indeterminação*.) Expressando o momento fletor $M(x)$ em função das quatro incógnitas e integrando duas vezes, determinamos a inclinação $\theta(x)$ e a deflexão $y(x)$ em função das mesmas incógnitas e as constantes de integração C_1 e C_2. As seis incógnitas envolvidas neste cálculo foram obtidas resolvendo simultaneamente as três equações de equilíbrio para o corpo livre da Fig. 9.45b e as três equações expressando que $\theta = 0$, $y = 0$ para $x = 0$, e que $y = 0$ para $x = L$ (Fig. 9.46).

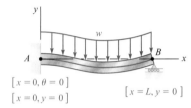

Fig. 9.46 Condições de contorno da viga da Fig. 9.45.

Uso das funções de singularidade

O método de integração proporciona uma maneira eficaz para determinar a inclinação e a deflexão em qualquer ponto de uma viga prismática, desde que o momento fletor M possa ser representado por uma função analítica simples. No entanto, quando são necessárias várias funções para representar M sobre todo o comprimento da viga, o uso das *funções de singularidade* simplifica consideravelmente a determinação de θ e y em qualquer ponto da viga. Considerando novamente a viga da Fig. 9.47 e desenhando o diagrama de corpo livre (Fig. 9.48), expressamos a força cortante em qualquer ponto da viga como

$$V(x) = \frac{3P}{4} - P\langle x - \tfrac{1}{4}L\rangle^0$$

em que a função-degrau $\langle x - \tfrac{1}{4}L\rangle^0$ é igual a zero quando o valor dentro dos colchetes $\langle \ \rangle$ é negativo, e igual a um nos outros casos. Integrando três vezes,

$$M(x) = \frac{3P}{4}x - P\langle x - \tfrac{1}{4}L\rangle \qquad (9.11)$$

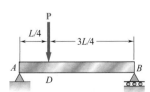
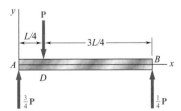

Fig. 9.47 Viga biapoiada com força concentrada.

Fig. 9.48 Diagrama de corpo livre da viga da Fig. 9.47.

$$EI\,\theta = EI\frac{dy}{dx} = \tfrac{3}{8}Px^2 - \tfrac{1}{2}P\langle x - \tfrac{1}{4}L\rangle^2 + C_1 \quad (9.13)$$

$$EI\,y = \tfrac{1}{8}Px^3 - \tfrac{1}{6}P\langle x - \tfrac{1}{4}L\rangle^3 + C_1 x + C_2 \quad (9.14)$$

Fig. 9.49 Condições de contorno para a viga biapoiada.

em que os colchetes ⟨ ⟩ deverão ser substituídos por zero quando o valor dentro deles for negativo e por parênteses comuns em caso contrário. As constantes C_1 e C_2 foram determinadas por meio das condições de contorno mostradas na Fig. 9.49.

Método da superposição

O *método da superposição* consiste em determinar separadamente e depois somar a inclinação e a deflexão provocadas pelas várias forças aplicadas a uma viga. Esse procedimento foi facilitado pelo uso da tabela do Apêndice E, que fornece as inclinações e as deflexões de vigas para vários carregamentos e tipos de apoios.

Vigas estaticamente indeterminadas por superposição

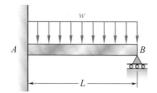

Fig. 9.50 Viga indeterminada sob força uniformemente distribuída.

O método da superposição pode ser utilizado eficientemente com as *vigas estaticamente indeterminadas*. Por exemplo, no caso da Fig. 9.50, que envolve quatro reações desconhecidas e é portanto indeterminada *com um grau de indeterminação*, a reação em B foi considerada *redundante* e a viga, liberada desse apoio. Tratando a reação $\mathbf{R}_B$ como uma força desconhecida e considerando separadamente as deflexões provocadas em B pela força distribuída e por $\mathbf{R}_B$, expressamos que a soma dessas deflexões era zero (Fig. 9.51). No caso de uma viga indeterminada *com dois graus de indeterminação*, isto é, com reações nos apoios envolvendo cinco incógnitas, duas reações devem ser escolhidas como redundantes, e os apoios correspondentes devem ser eliminados ou modificados adequadamente.

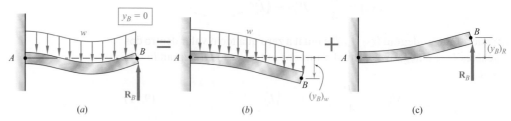

Fig. 9.51 (a) Análise da viga indeterminada superpondo duas vigas determinadas sob (b) uma força uniformemente distribuída, (c) a reação redundante.

Teorema do primeiro momento de área

Em seguida, estudamos a determinação das deflexões e inclinações de vigas utilizando o *método dos momentos de área*. Para determinarmos os *teoremas dos momentos de área* (Seção 9.9), primeiro desenhamos um diagrama representando a variação ao longo da viga, do valor M/EI obtido dividindo-se o momento fletor M pela rigidez à flexão EI (Fig. 9.52). Depois determinamos o *teorema do primeiro momento de área*, que pode ser enunciado da seguinte forma: *a área sob o diagrama (M/EI) entre dois pontos é igual ao ângulo entre as tangentes à linha elástica traçadas nesses pontos*. Considerando as tangentes em C e D,

$$\theta_{D/C} = \text{área sob o diagrama } (M/EI) \text{ entre } C \text{ e } D \tag{9.17}$$

Teorema do segundo momento de área

Novamente, utilizando o diagrama (M/EI) e um esboço da viga deformada (Fig. 9.53), traçamos uma tangente no ponto D e consideramos a distância vertical $t_{C/D}$, chamada de desvio tangencial de C em relação a D. Deduzimos então o teorema do segundo momento de área, que pode ser enunciado da seguinte forma: *o desvio tangencial $t_{C/D}$ de C em relação a D é igual ao primeiro momento em relação ao eixo vertical que passa pelo ponto C da área sob o diagrama (M/EI) entre C e D*. Tivemos cuidado ao distinguir entre o desvio tangencial de C em relação a D (Fig. 9.53a), que é

$$t_{C/D} = (\text{área entre } C \text{ e } D)\,\bar{x}_1 \tag{9.20}$$

e o desvio tangencial de D em relação a C (Fig. 9.53b), que é

$$t_{D/C} = (\text{área entre } C \text{ e } D)\,\bar{x}_2 \tag{9.21}$$

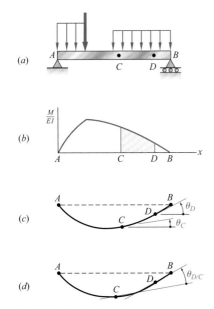

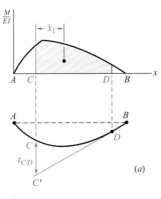

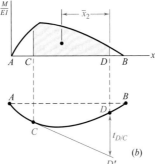

Fig. 9.52 Ilustração do teorema do primeiro momento de área. (a) Viga sujeita a carregamento arbitrário. (b) Diagrama M/EI. (c) Linha elástica mostrando a inclinação em C e D. (d) Linha elástica mostrando a inclinação em D em relação a C.

Fig. 9.53 Ilustração do teorema do segundo momento de área. (a) Avaliação de $t_{C/D}$. (b) Avaliação de $t_{C/D}$.

Vigas em balanço e vigas com carregamentos simétricos

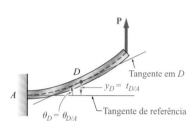

Fig. 9.54 Aplicação do método do momento de área para vigas em balanço.

Para determinar a inclinação e a deflexão nos pontos de vigas *em balanço* a tangente no engastamento é horizontal (Fig. 9.54). Para *vigas carregadas simetricamente*, a tangente é horizontal no ponto médio C da viga (Fig. 9.55). Utilizando a tangente horizontal como uma *tangente de referência*, podemos determinar as inclinações e as deflexões usando, respectivamente, os teoremas do primeiro e o segundo momento de área. Para encontrar uma deflexão que não seja um desvio tangencial (Fig. 9.55c), é necessário primeiro determinar quais os desvios tangenciais podem ser combinados para se obter a deflexão desejada.

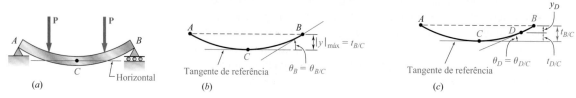

Fig. 9.55 Aplicação do método do momento de área para vigas biapoiadas com carregamentos simétricos. (*a*) Viga e carregamentos. (*b*) Deflexão máxima e inclinação no ponto B. (*c*) Deflexão e inclinação no ponto arbitrário D.

Diagramas de momento fletor por partes

Em muitos casos a aplicação dos teoremas dos momentos de área é simplificada se considerarmos o efeito de cada força separadamente. Para fazer isso, traçamos o *diagrama* (M/EI) *por partes* desenhando um diagrama (M/EI) separado para cada força. As áreas e os momentos das áreas sob os vários diagramas puderam então ser somados para determinar as inclinações e os desvios tangenciais para a viga e o carregamento originais.

Carregamentos assimétricos

O método dos momentos de área também é utilizado na análise de vigas com *carregamentos assimétricos*. Observando que geralmente não é possível localizar uma tangente horizontal, selecionamos uma tangente de referência em um dos apoios da viga, pois a inclinação daquela tangente pode ser determinada facilmente. Por exemplo, para a viga e o carregamento mostrados na Fig. 9.56, a inclinação da tangente em A pode ser obtida calculando-se o desvio tangencial $t_{B/A}$ e dividindo-a pela distância L entre os apoios A e B. Depois, usando os teoremas dos momentos de área e geometria simples, podemos determinar a inclinação e a deflexão em qualquer ponto da viga.

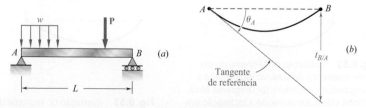

Fig. 9.56 A aplicação do método do momento de área para vigas carregadas assimetricamente estabelece uma tangente de referência no apoio.

Deflexão máxima

A *deflexão máxima* de uma viga carregada assimetricamente geralmente não ocorre no meio do vão. A abordagem indicada no parágrafo anterior foi utilizada para determinar o ponto K em que ocorre a deflexão máxima e a intensidade daquela deflexão. Observando que a inclinação em K é zero (Fig. 9.57) concluímos que $\theta_{K/A} = -\theta_A$. Recordando o teorema do primeiro momento de área, determinamos a localização do ponto K medindo sob o diagrama (M/EI) uma área igual a $\theta_{K/A}$. A deflexão máxima foi então obtida calculando-se o desvio tangencial $t_{A/K}$.

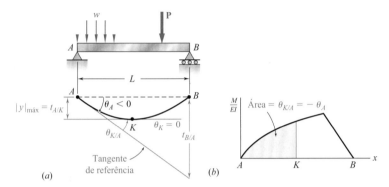

Fig. 9.57 Determinação da deflexão máxima utilizando o método do momento de área.

Vigas estaticamente indeterminadas

O método dos momentos de área pode ser usado na análise de *vigas estaticamente indeterminadas*. Como as reações para a viga e o carregamento mostrados na Fig. 9.58 não podiam ser determinadas apenas pela estática, escolhemos uma das reações da viga como redundante ($\mathbf{M}_A$ na Fig. 9.59a) e consideramos a reação redundante uma força desconhecida. O desvio tangencial de B em relação a A foi considerado separadamente para a força distribuída (Fig. 9.59b) e para a reação redundante (Fig. 9.59c). Expressando que, sob a ação combinada da força distribuída e do momento $\mathbf{M}_A$, o desvio tangencial de B em relação a A deveria ser zero,

$$t_{B/A} = (t_{B/A})_w + (t_{B/A})_M = 0$$

Com base nessa expressão, determinamos o valor da reação redundante $\mathbf{M}_A$.

Fig. 9.58 Viga estaticamente indeterminada.

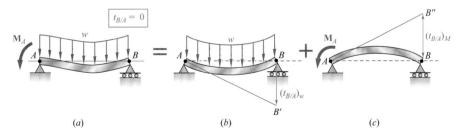

Fig. 9.59 Modelagem da viga indeterminada como a superposição de dois casos determinados.

PROBLEMAS DE REVISÃO

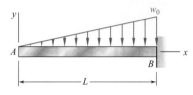

Fig. P9.157

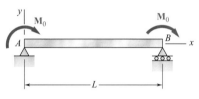

Fig. P9.158

9.157 Para o carregamento mostrado, determine (a) a equação da linha elástica para a viga em balanço AB, (b) a deflexão na extremidade livre e (c) a inclinação na extremidade livre.

9.158 (a) Determine a localização e o valor da deflexão máxima absoluta em AB entre A e o centro da viga. (b) Considerando que a viga AB é um W460 × 113, $M_0 = 224$ kN·m e $E = 200$ GPa, determine o comprimento admissível máximo L da viga se a deflexão máxima não deve exceder 1,2 mm.

9.159 Para a viga e o carregamento mostrados na figura, determine (a) a equação da linha elástica e (b) a deflexão na extremidade livre.

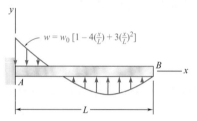

Fig. P9.159

9.160 Determine a reação em A e desenhe o diagrama de momento fletor para a viga e o carregamento mostrados na figura.

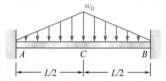

Fig. P9.160

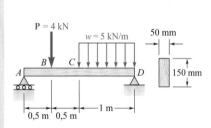

Fig. P9.161

9.161 Para a viga de madeira e o carregamento mostrados na figura, determine (a) a inclinação na extremidade A e (b) a deflexão no ponto médio C. Use $E = 12$ GPa.

9.162 Para a viga e o carregamento mostrados, determine (a) a reação em C, (b) a deflexão no ponto B. Utilize $E = 29 \times 10^6$ psi.

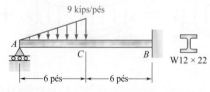

Fig. P9.162

9.163 A viga CE está apoiada sobre a viga AB, como mostra a figura. Sabendo que as vigas são feitas com um perfil de aço laminado W250 × 49,1, determine para o carregamento mostrado na figura, a deflexão no ponto D. Use $E = 200$ GPa.

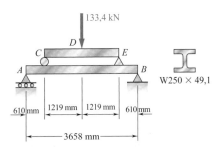

Fig. P9.163

9.164 A viga em balanço BC é conectada ao cabo de aço AB conforme mostrado. Sabendo que o cabo inicialmente está esticado, determine a tensão no cabo causada pela ação distribuída mostrada. Utilize $E = 200$ GPa.

9.165 Para a viga em balanço e o carregamento mostrados, determine (a) a inclinação no ponto A, (b) a deflexão no ponto A. Utilize $E = 200$ GPa.

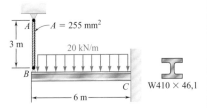

Fig. P9.164

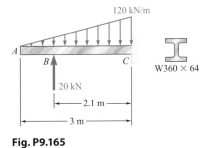

Fig. P9.165

9.166 Sabendo que $P = 4$ kips, determine (a) a inclinação na extremidade A, (b) a deflexão no ponto médio da viga em C. Utilize $E = 29 \times 10^6$ psi.

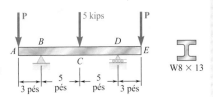

Fig. P9.166

9.167 Para a viga e carregamento mostrados, determine (a) a inclinação no ponto A, (b) a deflexão no ponto D.

Fig. P9.167

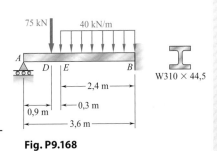

Fig. P9.168

9.168 Determine a reação no apoio móvel e desenhe o diagrama de momento fletor para a viga e o carregamento mostrados na figura.

PROBLEMAS PARA COMPUTADOR

Os problemas a seguir devem ser resolvidos com um computador.

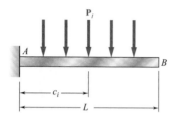

Fig. P9.C1

9.C1 Várias forças concentradas podem ser aplicadas à viga em balanço AB. Elabore um programa de computador para calcular a inclinação e a deflexão da viga AB de $x = 0$ a $x = L$ usando incrementos Δx dados. Aplique esse programa com incrementos $\Delta x = 50$ mm à viga e ao carregamento dos Problemas 9.73 e 9.74.

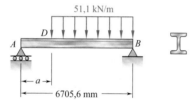

Fig. P9.C2

9.C2 A viga AB de 6,71 m consiste em um perfil de aço laminado W530 × 92 e suporta uma força distribuída de 51,1 kN/m conforme mostra a figura. Elabore um programa de computador e use-o para calcular, para valores de a desde 0 até 6705,6 mm, usando incrementos de 304,8 mm, (a) a inclinação e a deflexão em D, (b) a localização e o valor da deflexão máxima. Use $E = 200$ GPa.

9.C3 A viga em balanço AB suporta as forças distribuídas mostradas na figura. Elabore um programa de computador para calcular a inclinação e a deflexão da viga AB desde $x = 0$ até $x = L$ usando incrementos Δx dados. Aplique esse programa com incrementos $\Delta x = 100$ mm, supondo que $L = 2,4$ m, $w = 36$ kN/m e (a) $a = 0,6$ m, (b) $a = 1,2$ m, (c) $a = 1,8$ m. Use $E = 200$ GPa.

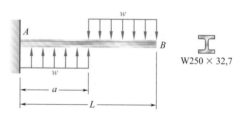

Fig. P9.C3

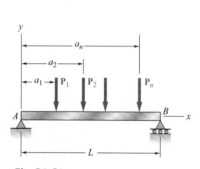

Fig. P9.C4

9.C4 A viga simples AB tem rigidez à flexão EI constante e suporta várias forças concentradas conforme mostra a figura. Usando o *Método da Integração*, elabore um programa de computador que possa ser utilizado para calcular a inclinação e a deflexão nos pontos ao longo da viga desde $x = 0$ até $x = L$ usando os incrementos Δx dados. Aplique esse programa à viga e ao carregamento do (a) Problema 9.16 com $\Delta x = 0,25$ m, (b) Problema 9.129 com $\Delta x = 0,25$ m.

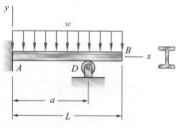

Fig. P9.C5

9.C5 Os apoios da viga AB consistem em um engastamento fixo na extremidade A e um apoio móvel localizado no ponto D. Elabore um programa de computador que possa ser utilizado para calcular a inclinação e a deflexão na extremidade livre da viga para valores de a de 0 a L usando os incrementos Δa dados. Aplique esse programa para calcular a inclinação e a deflexão no ponto B para cada um dos seguintes casos:

	L	Δa	w	E	Forma
(a)	3657,6 mm	152,4 mm	23,3 kN/m	200 GPa	W16 × 57
(b)	3 m	0,2 m	18 kN/m	200 GPa	W460 × 113

9.C6 Para a viga e o carregamento mostrados na figura, use o *Método dos Momentos de Área* para elaborar um programa de computador para calcular a inclinação e a deflexão em pontos ao longo da viga de $x = 0$ a $x = L$ usando os incrementos Δx dados. Aplique esse programa para calcular a inclinação e a deflexão para cada posição da força concentrada para a viga (a) do Problema 9.77 com $\Delta x = 0,5$ m e (b) do Problema 9.119 com $\Delta x = 0,5$ m.

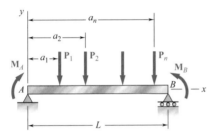

Fig. P9.C6

9.C7 Duas forças de 52 kN são mantidas afastadas por 2,5 m enquanto movem-se lentamente pela viga *AB*. Elabore um programa de computador para calcular a deflexão no ponto médio *C* da viga para valores de *x* desde 0 até 9 m, usando incrementos de 0,5 m. Use $E = 200$ GPa.

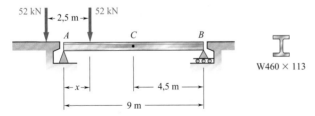

Fig. P9.C7

9.C8 Uma força uniformemente distribuída *w* e várias forças concentradas P_i podem ser aplicadas à viga em balanço *AB*. Elabore um programa de computador para determinar a reação no apoio móvel e aplique-o à viga e ao carregamento (a) do Problema 9.53a e (b) do Problema 9.154.

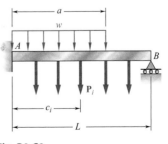

Fig. P9.C8

10
Colunas

Uma passarela curva para pedestres é suportada por uma série de colunas. A análise e o projeto de elementos suportando cargas de compressão axial serão discutidos neste capítulo.

OBJETIVOS

Neste capítulo, vamos:

- **Descrever** o comportamento das colunas em termos da estabilidade.
- **Desenvolver** a fórmula de Euler para colunas, utilizando o comprimento efetivo para considerar as diferentes condições de extremidade.
- **Desenvolver** a fórmula da secante para analisar colunas com carga excêntrica.
- **Utilizar** as tensões admissíveis para o projeto de colunas feitas de aço, alumínio e madeira.
- **Prover** as bases para projeto utilizando os fatores de carga e resistência para colunas de aço.
- **Mostrar** as duas abordagens de projeto a se utilizar para as cargas excêntricas em colunas: o método das tensões admissíveis e o método da interação.

INTRODUÇÃO

Nos capítulos anteriores, tínhamos dois interesses principais: (1) a resistência da estrutura, isto é, sua capacidade para suportar determinado carregamento sem que se verificassem tensões excessivas; e (2) a capacidade da estrutura para suportar determinado carregamento sem sofrer deformações inaceitáveis. Neste capítulo, nosso interesse estará voltado para a estabilidade da estrutura, isto é, para sua capacidade de suportar determinado carregamento sem sofrer uma mudança abrupta em sua configuração. Nossa discussão estará relacionada principalmente com colunas, isto é, com a análise e o projeto de elementos prismáticos verticais suportando forças axiais.

Na Seção 10.1, consideraremos primeiro a estabilidade de um modelo simplificado de coluna, consistindo em duas barras rígidas conectadas por um pino e uma mola e suportando uma carga **P**. Você observará que, se seu equilíbrio for perturbado, esse sistema voltará à sua posição de equilíbrio inicial desde que P não exceda um certo valor P_{cr}, chamado de *carga crítica*. No entanto, se $P > P_{cr}$, o sistema se afastará de sua posição original e se estabilizará em uma nova posição de equilíbrio. No primeiro caso, dizemos que o sistema é *estável* e no segundo caso, dizemos que ele é *instável*.

Na Seção 10.1.1, você iniciará o estudo da *estabilidade de colunas elásticas* considerando uma coluna biarticulada submetida a uma força axial centrada. Será deduzida a *fórmula de Euler* para a carga crítica da coluna e, por meio dessa fórmula, será determinada a tensão normal crítica correspondente da coluna. Aplicando um coeficiente de segurança à carga crítica, você será capaz de determinar a força admissível que pode ser aplicada a uma coluna biarticulada.

Na Seção 10.1.2, a análise da estabilidade de colunas com diferentes condições de extremidade será considerada aprendendo a determinar o *comprimento de flambagem* de uma coluna.

Na Seção 10.2, serão discutidas as colunas suportando forças axiais excêntricas; essas colunas têm deslocamentos transversais para qualquer valor de carga. Será deduzida uma expressão para o deslocamento máximo sob determinada carga, e essa expressão será usada para determinar a tensão normal máxima na coluna. Finalmente, será desenvolvida a *fórmula da secante* que relaciona as tensões média e máxima em uma coluna.

Nas primeiras seções do capítulo, cada coluna é inicialmente considerada um prisma reto homogêneo. Na última parte do capítulo, você considerará colunas reais, projetadas e analisadas usando fórmulas empíricas preparadas por organizações profissionais. Na Seção 10.3.1, serão apresentadas fórmulas para a tensão admissível em colunas feitas de aço, alumínio ou madeira e submetidas a uma carga axial centrada. A Seção 10.3.2 descreve uma análise diferente para colunas de aço. O projeto para carga e resistência projeto de colunas sob uma força axial excêntrica será abordado na Seção 10.4.

Introdução

- **10.1** Estabilidade de estruturas
- **10.1.1** Fórmula de Euler para colunas biarticuladas
- **10.1.2** A fórmula de Euler para colunas com outras condições de extremidade
- ***10.2** Carregamento excêntrico e fórmula da secante
- **10.3** Projeto de colunas submetidas a uma força centrada
- **10.3.1** Método da tensão admissível
- **10.3.2** Coeficiente de projeto para carga e resistência
- **10.4** Projeto de colunas submetidas a uma força excêntrica

10.1 ESTABILIDADE DE ESTRUTURAS

Suponha que tenhamos de projetar uma coluna AB de comprimento L para suportar uma dada força **P** (Fig. 10.1). A coluna será articulada em ambas as extremidades, e consideramos que **P** é uma força axial centrada. Se a área da seção transversal A da coluna é selecionada de maneira que o valor $\sigma = P/A$ da tensão em uma seção transversal seja menor do que a tensão admissível σ_{adm} para o material usado, e se a deformação $\delta = PL/AE$ estiver dentro das especificações dadas, podemos concluir que a coluna foi projetada corretamente. No entanto, pode ocorrer que na medida em que o carregamento é aplicado, a coluna se *flamba* e (Fig. 10.2). Em vez de permanecer reta, ela subitamente se

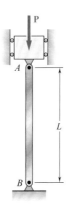

Fig. 10.1 Coluna biarticulada sob carregamento axial.

Fig. 10.2 Coluna flambada biarticulada.

670 Mecânica dos Materiais

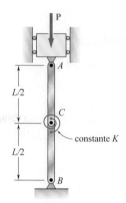

Fig. 10.3 Modelo de coluna feito com duas barras rígidas conectadas em C por uma mola de torção.

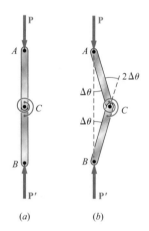

(a)   (b)

Fig. 10.4 Diagrama de corpo livre do modelo de coluna (a) perfeitamente alinhado, (b) ponto C movido ligeiramente para fora de alinhamento.

Fig. 10.5 Diagrama de corpo livre da barra AC em posição desalinhada.

Foto 10.1 Coluna flambada. Cortesia de Fritz Engineering Laboratory, Lehigh University

curva de maneira acentuada, conforme mostrado na Foto 10.1. Está claro que uma coluna que sofreu flambagem sob a ação de uma força que ela deveria suportar não foi projetada corretamente.

Antes de passarmos para a discussão real da estabilidade de colunas elásticas, vamos adquirir alguns conhecimentos básicos sobre o problema, considerando um modelo simplificado de duas barras rígidas AC e BC conectadas em C por um pino e uma mola de torção de constante K (Fig. 10.3).

Se as duas barras e as duas forças **P** e **P′** estiverem perfeitamente alinhadas, o sistema permanecerá na posição de equilíbrio mostrada na Fig. 10.4a enquanto não for perturbado. Porém, suponha que movamos C ligeiramente para a direita, de maneira que cada barra forme agora um pequeno ângulo $\Delta\theta$ com a vertical (Fig. 10.4b). O sistema retornará à sua posição de equilíbrio original ou se afastará ainda mais daquela posição? No primeiro caso, dizemos que o sistema é *estável* e, no segundo, que ele é *instável*.

Para determinar se o sistema constituído de duas barras é estável ou instável, consideramos os esforços que atuam na barra AC (Fig. 10.5). Esses esforços consistem em dois momentos, que são o formado por **P** e **P′** de momento $P(L/2)$ sen $\Delta\theta$, que tende a afastar a barra da linha vertical, e o momento **M** exercido pela mola, que tende a trazer a barra de volta para sua posição vertical original. Como o ângulo de deflexão da mola é 2 $\Delta\theta$, o momento **M** é $M = K(2\ \Delta\theta)$. Se o segundo momento for maior do que o primeiro, o sistema tende a retornar à sua posição original de equilíbrio; o sistema neste caso é estável.

Se o primeiro momento for maior do que o do segundo, o sistema tende a se afastar de sua posição de equilíbrio original; o sistema neste caso é instável. O valor da carga para o qual os dois momentos se equilibram é chamado de *carga crítica* e é representado por P_{cr}. Temos

$$P_{cr}(L/2) \operatorname{sen} \Delta\theta = K(2\,\Delta\theta) \qquad (10.1)$$

ou, como sen $\Delta\theta \approx \Delta\theta$, quando o deslocamento de C é muito pequeno (no início imediato da flambagem),

$$P_{cr} = 4K/L \qquad (10.2)$$

Está claro que o sistema é estável para $P < P_{cr}$ e instável para $P > P_{cr}$.

Vamos supor que a força $P > P_{cr}$ foi aplicada às duas barras da Fig. 10.3 e que o sistema foi perturbado. Como $P > P_{cr}$, o sistema se afastará da vertical e, após algumas oscilações, estabilizará em uma nova posição de equilíbrio (Fig. 10.6a). Considerando o equilíbrio do corpo livre AC (Fig. 10.6b), obtemos uma equação similar à Equação 10.1, mas envolvendo o ângulo finito θ, ou seja,

$$P(L/2) \operatorname{sen} \theta = K(2\theta)$$

ou

$$\frac{PL}{4K} = \frac{\theta}{\operatorname{sen}\theta} \qquad (10.3)$$

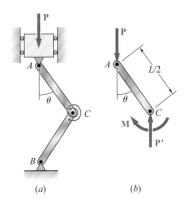

Fig. 10.6 (a) Modelo de coluna em posição de flambagem, (b) diagrama de corpo livre da barra AC.

O valor de θ correspondente à posição de equilíbrio representada na Fig. 10.6 é obtido resolvendo a Equação (10.3) por tentativa e erro. Contudo, observamos que, para qualquer valor positivo de θ, temos sen $\theta < \theta$. Assim, a Equação (10.3) resulta em um valor de θ diferente de zero somente quando o membro esquerdo da equação for maior do que um. Lembrando da Equação (10.2), notamos que, sem dúvida, esse é o caso tratado aqui, pois assumimos que $P > P_{cr}$, mas, se tivéssemos considerado que $P < P_{cr}$, a segunda posição de equilíbrio mostrada na Fig. 10.6 não existiria, e a única posição de equilíbrio possível seria a correspondente a $\theta = 0$. Verificamos então que, para $P < P_{cr}$, a posição $\theta = 0$ deve ser estável.

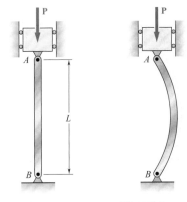

Fig. 10.1 (repetida) **Fig. 10.2** (repetida)

Essa observação se aplica a estruturas e sistemas mecânicos em geral, e será usada na próxima seção, em que discutiremos a estabilidade das colunas elásticas.

10.1.1 Fórmula de Euler para colunas biarticuladas

Retornando à coluna AB considerada na seção anterior (Fig. 10.1), propomos determinar o valor crítico da força **P**, isto é, o valor P_{cr} da força para o qual a posição mostrada na Fig. 10.1 deixa de ser estável. Se $P > P_{cr}$, o menor desalinhamento ou perturbação fará a coluna flambar, isto é, a coluna assumirá outra configuração de equilíbrio como a mostrada na Fig. 10.2.

Nossa abordagem tentará determinar as condições sob as quais a configuração da Fig. 10.2 é possível. Como a coluna pode ser considerada uma barra colocada em uma posição vertical e submetida a uma força axial, procederemos conforme o Capítulo 9 e chamaremos de x a distância da extremidade A da coluna até um dado ponto Q de sua linha elástica, e por y a deflexão desse ponto (Fig. 10.7a). Consequentemente, o eixo x será vertical e orientado para baixo, e o eixo y, horizontal e orientado para a direita. Considerando o

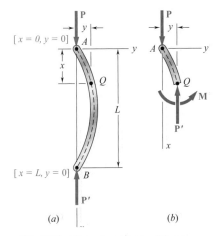

Fig. 10.7 Diagramas de corpo livre da (a) coluna flambada e da (b) parte AQ.

equilíbrio do corpo livre AQ (Fig. 10.7b), concluímos que o momento fletor em Q é $M = -Py$. Substituindo esse valor de M na Equação (9.4) escrevemos

$$\frac{d^2y}{dx^2} = \frac{M}{EI} = -\frac{P}{EI}y \qquad (10.4)$$

ou, transpondo o último termo,

$$\frac{d^2y}{dx^2} + \frac{P}{EI}y = 0 \qquad (10.5)$$

Essa é uma equação diferencial linear homogênea de segunda ordem com coeficientes constantes. Fazendo

$$p^2 = \frac{P}{EI} \qquad (10.6)$$

escrevemos a Equação (10.5) como

$$\frac{d^2y}{dx^2} + p^2y = 0 \qquad (10.7)$$

que é a mesma equação diferencial para movimento harmônico simples exceto, naturalmente, que a variável independente agora é a distância x e não o tempo t. A solução geral da Equação (10.7) é

$$y = A \operatorname{sen} px + B \cos px \qquad (10.8)$$

como podemos facilmente verificar calculando d^2y/dx^2 e substituindo os valores de y e d^2y/dx^2 na Equação (10.7).

Lembrando as condições de contorno que devem ser satisfeitas nas extremidades A e B da coluna (Fig. 10.7a), primeiramente fazemos $x = 0$, $y = 0$ na Equação (10.8) e constatamos que $B = 0$. Substituindo em seguida $x = L$, $y = 0$, obtemos

$$A \operatorname{sen} pL = 0 \qquad (10.9)$$

Essa equação é satisfeita se $A = 0$, ou se sen $pL = 0$. Se a primeira dessas condições é satisfeita, a Equação (10.8) se reduz a $y = 0$ e a coluna estará reta (Fig. 10.1). Para que a segunda condição seja satisfeita, devemos ter $pL = n\pi$, ou substituindo p da Equação (10.6) e resolvendo para P,

$$P = \frac{n^2\pi^2 EI}{L^2} \qquad (10.10)$$

O menor dos valores de P definido pela Equação (10.10) é aquele correspondente a $n = 1$. Temos, portanto,

$$P_{cr} = \frac{\pi^2 EI}{L^2} \qquad (10.11a)$$

A expressão obtida é conhecida como *fórmula de Euler*, em homenagem ao matemático suíço Leonhard Euler (1707-1783). Substituindo essa expressão para P na Equação (10.6) e o valor obtido para p na Equação (10.8), e lembrando que $B = 0$,

$$y = A \operatorname{sen} \frac{\pi x}{L} \qquad (10.12)$$

que é a equação da linha elástica depois que a coluna flambou (Fig. 10.2). Notamos que o valor da deflexão máxima, $y_m = A$, é indeterminado. Isso se deve ao fato de que a Equação diferencial (10.5) é uma aproximação linearizada da verdadeira equação diferencial que governa a linha elástica.†

Se $P < P_{cr}$, a condição sen $pL = 0$ não pode ser satisfeita, e a solução dada pela Equação (10.12) não existe. Devemos ter então $A = 0$, e a única configuração possível para a coluna é a reta. Assim, para $P < P_{cr}$, a configuração reta da Fig. 10.1 é estável.

No caso de uma coluna com seção transversal circular ou quadrada, o momento de inércia I da seção transversal em relação a qualquer eixo que passa pelo centroide será o mesmo, e a coluna poderá então flambar em qualquer um dos planos, exceto pelas restrições que poderão ser impostas pelos vínculos nas extremidades. Para outras formas de seção transversal, a força crítica deve ser calculada fazendo $I = I_{\min}$ na Equação (10.11a); se ocorrer a flambagem, ela será em um plano perpendicular ao eixo principal de inércia correspondente.

A tensão correspondente à força crítica é chamada de *tensão crítica* e é representada por σ_{cr}. Lembrando da Equação (10.11a) e fazendo $I = Ar^2$, em que A é a área da seção transversal e r o seu raio de giração, temos

$$\sigma_{cr} = \frac{P_{cr}}{A} = \frac{\pi^2 E A r^2}{AL^2}$$

ou

$$\sigma_{cr} = \frac{\pi^2 E}{(L/r)^2} \qquad (10.13a)$$

A relação L/r é chamada de *índice de esbeltez* da coluna. Em vista das observações do parágrafo anterior, está claro que o valor mínimo do raio de giração r deverá ser usado no cálculo do índice de esbeltez e da tensão crítica em uma coluna.

A Equação (10.13a) mostra que a tensão crítica é proporcional ao módulo de elasticidade do material e inversamente proporcional ao quadrado do índice de esbeltez da coluna. O gráfico de σ_{cr} em função de L/r é mostrado na Fig. 10.8 para o aço estrutural, considerando $E = 200$ GPa e $\sigma_E = 250$ MPa. Devemos ter em mente que não foi usado coeficiente de segurança no gráfico de σ_{cr}. Notamos também que, se o valor obtido para σ_{cr}, da Equação (10.13a) ou da curva da Fig. 10.8, é maior do que a tensão de escoamento σ_E, esse valor não tem utilidade para nós, pois a coluna escoará em compressão e deixará de ser elástica antes que a flambagem ocorra.

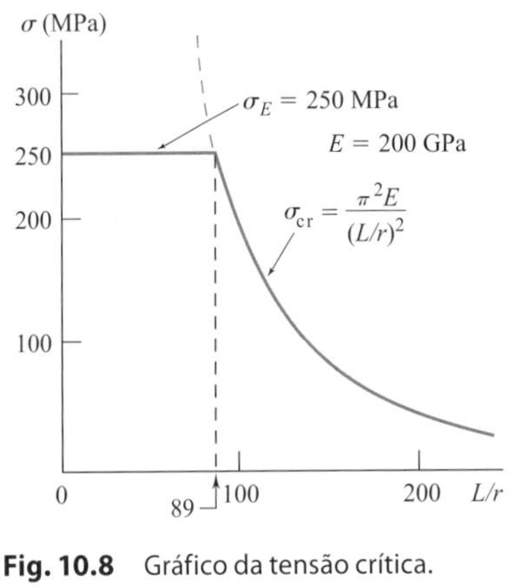

Nossa análise do comportamento de uma coluna se baseou até agora na suposição de uma força centrada perfeitamente alinhada. Na prática, raramente isso acontece, e na Seção 10.2 o efeito da excentricidade do carregamento é levado em consideração. Essa abordagem conduzirá a uma transição mais suave entre a falha por flambagem de colunas longas e delgadas até a falha em compressão de colunas curtas e grossas. Ela também nos proporcionará uma visão mais realística da relação entre o índice de esbeltez de uma coluna e a carga que a faz falhar.

Fig. 10.8 Gráfico da tensão crítica.

---

† Lembramos que a equação $d^2y/dx^2 = M/EI$ foi obtida na Seção 9.1A considerando que a inclinação dy/dx da viga poderia ser desprezada e que a expressão exata dada na Equação (9.3) para a curvatura da viga poderia ser substituída por $1/\rho = d^2y/dx^2$.

Aplicação do conceito 10.1

Uma coluna biarticulada de 2 m de comprimento de seção transversal quadrada deve ser feita de madeira. Considerando que $E = 13$ GPa, $\sigma_{adm} = 12$ MPa, e usando um coeficiente de segurança de 2,5 ao calcular a força crítica de Euler para a flambagem, determine a dimensão da seção transversal se a coluna deve suportar com segurança (a) uma força de 100 kN e (b) uma força de 200 kN.

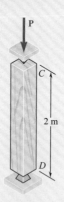

Fig. 10.9 Coluna de madeira biarticulada de seção transversal quadrada.

a. **Para a força de 100 kN.** Usando o coeficiente de segurança dado, temos

$$P_{cr} = 2{,}5(100 \text{ kN}) = 250 \text{ kN} \qquad L = 2 \text{ m} \qquad E = 13 \text{ GPa}$$

na fórmula de Euler da Equação (10.11a) e resolvemos para I

$$I = \frac{P_{cr}L^2}{\pi^2 E} = \frac{(250 \times 10^3 \text{ N})(2 \text{ m})^2}{\pi^2 (13 \times 10^9 \text{ Pa})} = 7{,}794 \times 10^{-6} \text{ m}^4$$

Lembrando que, para um quadrado de lado a, temos $I = a^4/12$, escrevemos

$$\frac{a^4}{12} = 7{,}794 \times 10^{-6} \text{ m}^4 \qquad a = 98{,}3 \text{ mm} \approx 100 \text{ mm}$$

Verificamos o valor da tensão normal na coluna:

$$\sigma = \frac{P}{A} = \frac{100 \text{ kN}}{(0{,}100 \text{ m})^2} = 10 \text{ MPa}$$

Como σ é menor do que a tensão admissível, uma seção transversal 100 mm × 100 mm é aceitável.

b. **Para a força de 200 kN.** Resolvendo novamente a Equação (10.11a) para I, mas fazendo agora $P_{cr} = 2{,}5(200) = 500$ kN, temos

$$I = 15{,}588 \times 10^{-6} \text{ m}^4$$

$$\frac{a^4}{12} = 15{,}588 \times 10^{-6} \qquad a = 116{,}95 \text{ mm}$$

O valor da tensão normal é

$$\sigma = \frac{P}{A} = \frac{200 \text{ kN}}{(0{,}11695 \text{ m})^2} = 14{,}62 \text{ MPa}$$

Como esse valor é maior do que a tensão admissível, a dimensão obtida não é aceitável, e devemos selecionar a seção transversal com base em sua resistência à compressão.

$$A = \frac{P}{\sigma_{adm}} = \frac{200 \text{ kN}}{12 \text{ MPa}} = 16{,}67 \times 10^{-3} \text{ m}^2$$
$$a^2 = 16{,}67 \times 10^{-3} \text{ m}^2 \qquad a = 129{,}1 \text{ mm}$$

Uma seção transversal 130 mm × 130 mm é aceitável.

10.1.2 A fórmula de Euler para colunas com outras condições de extremidade

A fórmula de Euler (10.11) foi deduzida na seção anterior para uma coluna articulada em ambas as extremidades. Agora a força crítica P_{cr} será determinada para colunas com diferentes condições de extremidade.

No caso de uma coluna com uma extremidade livre A suportando uma força **P** e uma extremidade engastada B (Fig. 10.10*a*), observamos que a coluna se comportará como a metade superior de uma coluna biarticulada (Fig. 10.10*b*). A força crítica para a coluna da Fig. 10.10*a* é então a mesma da coluna biarticulada da Fig. 10.10*b* e pode ser obtida por meio da fórmula de Euler da Equação (10.11a) usando um comprimento de coluna igual a duas vezes o comprimento L real da coluna dada. Dizemos que o *comprimento de flambagem* L_{fl} da coluna da Fig. 10.10 é igual a $2L$ e substituímos $L_{fl} = 2L$ na fórmula de Euler:

$$P_{cr} = \frac{\pi^2 EI}{L_{fl}^2} \quad (10.11b)$$

A tensão crítica é

$$\sigma_{cr} = \frac{\pi^2 E}{(L_{fl}/r)^2} \quad (10.13b)$$

A relação L_{fl}/r é chamada de *índice de esbeltez* da coluna e, no caso considerado aqui, é igual a $2L/r$.

Considere em seguida uma coluna com duas extremidades engastadas A e B suportando uma força **P** (Fig. 10.11). A simetria dos vínculos e do carregamento em relação a um eixo horizontal que passa pelo ponto médio C requer que a força cortante em C e as componentes horizontais das reações em A e B sejam zero (Fig. 10.12*a*). Conclui-se que as restrições impostas na metade superior AC da coluna pelo engastamento em A e pela metade inferior CB são indênticas (Fig. 10.13). A parte AC deve, portanto, ser simétrica em relação ao seu ponto médio D, e esse ponto deve ser um ponto de inflexão, em que o momento fletor é zero. Um raciocínio similar mostra que o momento fletor no ponto médio E da metade inferior da coluna também deve ser zero (Fig. 10.14*a*). Como o momento fletor nas extremidades de uma coluna biarticulada é zero, conclui-se que a parte DE da coluna da Fig. 10.14*a* deve se comportar como uma coluna biarticulada (Fig. 10.14*b*). Concluímos então que o comprimento de flambagem de uma coluna com duas extremidades engastadas é $L_{fl} = L/2$.

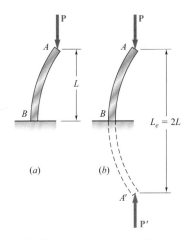

Fig. 10.10 O comprimento de flambagem de uma coluna com uma extremidade livre de comprimento L é equivalente a uma coluna biarticulada de comprimento $L/2$.

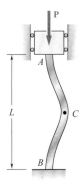

Fig. 10.11 Coluna com extremidades engastadas.

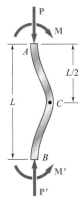

Fig. 10.12 Diagrama de corpo livre da coluna flambada de extremidades engastadas.

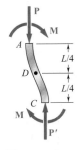

Fig. 10.13 Diagrama de corpo livre da metade superior da coluna de extremidades engastadas.

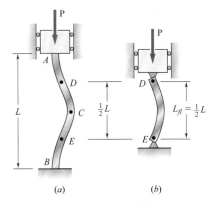

Fig. 10.14 Comprimento de flambagem de uma coluna de extremidades engastadas de comprimento L equivalente a uma coluna biarticulada de comprimento $L/2$.

Fig. 10.15 Coluna com uma extremidade engastada e outra articulada.

No caso de uma coluna com uma extremidade engastada B e uma extremidade articulada A suportando uma força **P** (Fig. 10.15), devemos escrever e resolver a equação diferencial da linha elástica para determinar o comprimento de flambagem da coluna. No diagrama de corpo livre da coluna inteira (Fig. 10.16), observamos em primeiro lugar que uma força transversal **V** atua na extremidade A, além da força axial **P**, e que **V** é estaticamente indeterminada. Considerando agora o diagrama de corpo livre de uma parte AQ da coluna (Fig. 10.17), o momento fletor em Q é

$$M = -Py - Vx$$

Substituindo esse valor na Equação (9.4) da Seção 9.1.1

$$\frac{d^2y}{dx^2} = \frac{M}{EI} = -\frac{P}{EI}y - \frac{V}{EI}x$$

Transpondo o termo contendo y e fazendo

$$p^2 = \frac{P}{EI} \qquad (10.6)$$

como fizemos na Seção 10.1.1 escrevemos

$$\frac{d^2y}{dx^2} + p^2 y = -\frac{V}{EI}x \qquad (10.14)$$

Essa é uma equação diferencial linear, não homogênea de segunda ordem com coeficientes constantes. Observando que os membros esquerdos das Equações (10.7) e (10.14) são idênticos, concluímos que a solução geral da Equação (10.14) pode ser obtida adicionando uma solução particular da Equação (10.14) à solução da Equação (10.8) obtida da Equação (10.7). Pode-se facilmente ver que uma solução particular como essa é

$$y = -\frac{V}{p^2 EI}x$$

ou, usando a Equação (10.6),

$$y = -\frac{V}{P}x \qquad (10.15)$$

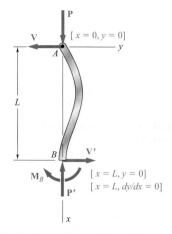

Fig. 10.16 Diagrama de corpo livre da coluna flambada com uma extremidade engastada e outra articulada.

Adicionando as soluções das Equações (10.8) e (10.15), escrevemos a solução geral da Equação (10.14) como

$$y = A \operatorname{sen} px + B \cos px - \frac{V}{P}x \qquad (10.16)$$

As constantes A e B e o valor da força transversal desconhecida **V** são obtidos com base nas condições de contorno indicadas na Fig. (10.16). Fazendo primeiro $x = 0$, $y = 0$ na Equação (10.16), concluímos que $B = 0$. Fazendo em seguida $x = L$, $y = 0$, obtemos

$$A \operatorname{sen} pL = \frac{V}{P}L \qquad (10.17)$$

Tomando a derivada da Equação (10.16), com $B = 0$,

$$\frac{dy}{dx} = Ap \cos px - \frac{V}{P}$$

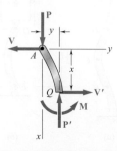

Fig. 10.17 Diagrama de corpo livre da parte AQ da coluna flambada com uma extremidade engastada e outra articulada.

e fazendo $x = L$, $dy/dx = 0$,

$$Ap \cos pL = \frac{V}{P} \quad (10.18)$$

Dividindo a Equação (10.17) pela Equação (10.18) membro a membro, concluímos que uma solução da forma da Equação (10.16) pode existir somente se

$$\operatorname{tg} pL = pL \quad (10.19)$$

Resolvendo essa equação por tentativa e erro, concluímos que o menor valor de pL que satisfaz a Equação (10.19) é

$$pL = 4{,}4934 \quad (10.20)$$

Usando na Equação (10.6) o valor de p definido pela Equação (10.20) e resolvendo para P, obtemos o valor da força crítica para a coluna da Fig. 10.15

$$P_{cr} = \frac{20{,}19EI}{L^2} \quad (10.21)$$

O comprimento de flambagem da coluna é obtido igualando-se os membros direitos das Equações (10.11b) e (10.21):

$$\frac{\pi^2 EI}{L_{fl}^2} = \frac{20{,}19EI}{L^2}$$

Resolvendo para L_{fl}, concluímos que o comprimento de flambagem de uma coluna com uma extremidade engastada e uma extremidade articulada é $L_{fl} = 0{,}699L \approx 0{,}7L$.

Os comprimentos de flambagem correspondentes às várias condições de extremidade consideradas nessa seção são mostrados na Fig. 10.18.

Fig. 10.15 (repetida)

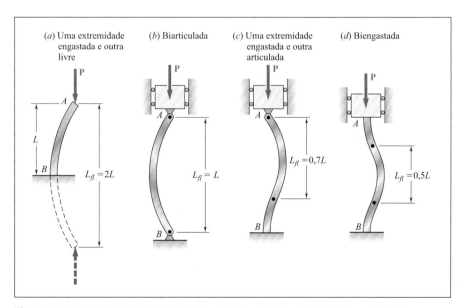

Fig. 10.18 Comprimento de flambagem de coluna para várias condições de extremidade.

PROBLEMA RESOLVIDO 10.1

Uma coluna de alumínio de comprimento L e seção transversal retangular tem uma extremidade engastada B e suporta uma força centrada em A. Duas placas lisas e de lados arredondados impedem a extremidade A de se mover em um dos planos verticais de simetria da coluna, mas permitem o movimento no outro plano. (*a*) Determine a relação a/b dos dois lados da seção transversal correspondendo ao projeto mais eficiente contra a flambagem. (*b*) Determine a seção transversal mais eficiente para a coluna sabendo que $L = 500$ mm, $E = 70$ GPa, $P = 22$ kN e que o coeficiente de segurança adotado é 2,5.

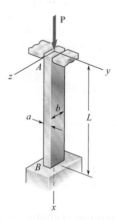

ESTRATÉGIA: O projeto mais eficiente é aquele para o qual as tensões críticas correspondentes aos dois possíveis modos de flambagem são iguais. Isso ocorre, se as duas tensões críticas obtidas a partir da Equação (10.13b) são as mesmas. Portanto, para este problema, os dois coeficientes de esbeltez efetivos na equação deverão ser iguais para resolver a parte *a*. Utilize a Fig. 10.18 para determinar os comprimentos efetivos. Os dados de projeto podem ser usados com a Equação (10.13b) para dimensionar a seção transversal para a parte *b*.

MODELAGEM:

Flambagem no plano *xy*. Pela Fig. 10.18*c*, notamos que o comprimento de flambagem da coluna em relação à flambagem nesse plano é $L_{fl} = 0{,}7L$. O raio de giração r_z da seção transversal é obtido escrevendo

$$I_z = \tfrac{1}{12}ba^3 \quad A = ab$$

e, como $I_z = Ar_z^2$, $\quad r_z^2 = \dfrac{I_z}{A} = \dfrac{\tfrac{1}{12}ba^3}{ab} = \dfrac{a^2}{12} \quad r_z = a/\sqrt{12}$

O índice de esbeltez da coluna em relação à flambagem no plano *xy* é

$$\frac{L_{fl}}{r_z} = \frac{0{,}7L}{a/\sqrt{12}}$$

Flambagem no plano xz. Considerando a Fig. 10.18a, o comprimento de flambagem da coluna em relação à flambagem neste plano é $L_{fl} = 2L$, e o raio de giração correspondente é $r_y = b/\sqrt{12}$. Assim,

$$\frac{L_{fl}}{r_y} = \frac{2L}{b/\sqrt{12}} \qquad (2)$$

ANÁLISE:

a. **Projeto mais eficiente.** O projeto mais eficiente é aquele para o qual as tensões críticas correspondentes aos dois possíveis modos de flambagem são iguais. Retomando à Equação (10.13b), notamos que esse será o caso se os dois valores obtidos acima para os valores dos índices de esbeltez forem iguais.

$$\frac{0,7L}{a/\sqrt{12}} = \frac{2L}{b/\sqrt{12}}$$

e, resolvendo para a relação a/b, $\qquad \dfrac{a}{b} = \dfrac{0,7}{2} \qquad \dfrac{a}{b} = 0,35 \blacktriangleleft$

b. **Projeto para os dados fornecidos.** Como o valor adotado para o C.S. = 2,5,

$$P_{cr} = (C.S.)P = (2,5)(22 \text{ kN}) = 55 \text{ kN}$$

Usando $a = 0,35b$,

$$A = ab = 0,35b^2 \quad \text{e} \quad \sigma_{cr} = \frac{P_{cr}}{A} = \frac{55 \text{ kN}}{0,35b^2}$$

Fazendo $L = 500$ mm na Equação (2), temos $L_{fl}/r_y = 3464/b$. Substituindo E, L_{fl}/r_y e σ_{cr} na Equação (10.13b), escrevemos

$$\sigma_{cr} = \frac{\pi^2 E}{1 L_{fl}/r_2^2} \qquad \frac{55 \text{ kN}}{0,35 b^2} = \frac{\pi^2 (70 \text{ kN/mm}^2)}{(3464/b)^2}$$

$$b = 40,7 \text{ mm} \qquad a = 0,35b = 14,2 \text{ mm} \blacktriangleleft$$

REFLETIR E PENSAR: A tensão crítica de flambagem de Euler calculada nunca pode ser tomada maior que a resistência ao escoamento do material. Neste problema, você pode prontamente determinar a tensão crítica $\sigma_{cr} = 93,8$ MPa; ainda que não tenha sido dada uma liga específica, essa tensão é menor que os valores de resistência ao escoamento na tração σ_y para todas as ligas de alumínio listadas no Apêndice D.

PROBLEMAS

10.1 Sabendo que a mola de torção em A tem uma constante k e que a barra AB é rígida, determine a força crítica P_{cr}.

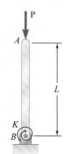

Fig. P10.1

10.2 Duas barras rígidas AC e BC são conectadas por um pino em C como mostra a figura. Sabendo que a mola de torção em B tem uma constante K, determine a força crítica P_{cr} para o sistema.

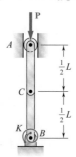

Fig. P10.2

10.3 e 10.4 Duas barras rígidas AC e BC são conectadas, conforme mostra a figura, a uma mola de constante k. Sabendo que a mola pode atuar tanto em tração como em compressão, determine a força crítica P_{cr} para o sistema.

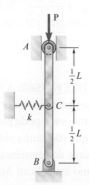 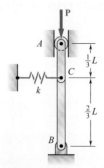

Fig. P10.3   **Fig. P10.4**

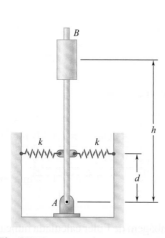

Fig. P10.5

10.5 A haste rígida AB está presa a uma articulação em A e a duas molas, cada uma com constante k. Se $h = 16$ in., $d = 12$ in., e se o peso do bloco em B é 0,5 lb, determine a faixa de valores de k para a qual o equilíbrio da haste AB é estável na posição mostrada. Cada mola pode atuar tracionada ou comprimida.

10.6 A barra rígida AB está presa à articulação em A e a duas molas de constante $k = 350$ N/mm que podem atuar tracionadas ou comprimidas. Sabendo que $h = 600$ mm, determine a carga crítica.

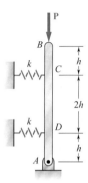

Fig. P10.6

10.7 A barra rígida AD está conectada a duas molas de constante k e está em equilíbrio na posição indicada. Sabendo que as cargas iguais e opostas **P** e **P′** *permanecem verticais,* determine a intensidade P_{cr} da carga crítica para o sistema. Cada mola pode atuar tracionada ou comprimida.

10.8 Um pórtico consiste em quatro elementos em forma de L conectados por quatro molas de torção, cada uma com constante K. Sabendo que forças iguais **P** são aplicadas nos pontos A e D, conforme mostra a figura, determine o valor crítico P_{cr} das forças aplicadas no pórtico.

10.9 Determine a carga crítica de uma cavilha de madeira redonda com 0,9 m de comprimento e diâmetro de (*a*) 10 mm, (*b*) 15 mm. Use $E = 12$ GPa.

10.10 Determine a carga crítica de uma tábua de madeira com 3 pés de comprimento e seção transversal retangular de $\frac{3}{16} \times 1\frac{1}{4}$ in. articulado nas suas extremidades. Utilize $E = 1{,}6 \times 10^6$ psi.

10.11 Uma coluna com comprimento efetivo L pode ser feita pregando-se firmemente pranchas idênticas em qualquer um dos arranjos mostrados na figura. Para a espessura das pranchas indicadas, determina a razão entre a carga crítica usando o arranjo *a* e o arranjo *b*.

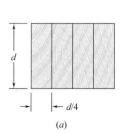
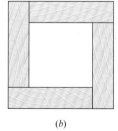

Fig. P10.11

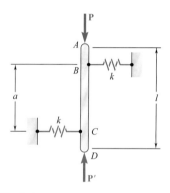

Fig. P10.7

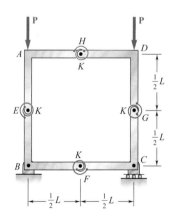

Fig. P10.8

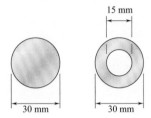

Fig. P10.12

10.12 Um elemento comprimido com comprimento de flambagem de 1,5 m consiste em uma barra de seção cheia, de latão, com 30 mm de diâmetro. Para reduzir o peso do elemento em 25%, a barra de seção cheia é substituída por uma barra de seção vazada como a seção transversal mostrada. Determine (*a*) a porcentagem de redução na força crítica e (*b*) o valor da força crítica para a barra de seção vazada. Use $E = 200$ GPa.

10.13 Determine (*a*) a carga crítica para a escora de latão, (*b*) a dimensão *d* para a qual a escora de alumínio terá a mesma carga crítica, (*c*) o peso da escora de alumínio como porcentagem do peso da escora de latão.

10.14 Determine (*a*) a carga crítica para a escora quadrada, (*b*) o raio da escora redonda para o qual ambas as escoras têm a mesma carga crítica. (*c*) Expresse a área da seção transversal da escora quadrada como uma porcentagem da área da seção transversal da escora redonda. Utilize $E = 200$ GPa.

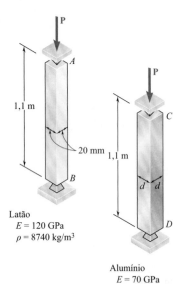

Fig. P10.13

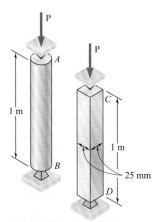

Fig. P10.14

10.15 A coluna de seção transversal mostrada tem um comprimento efetivo de 13,5 pés. Utilizando um fator de segurança igual a 2,8, determine a carga centrada admissível que pode ser aplicada à coluna. Utilize $E = 29 \times 10^6$ psi.

10.16 Um elemento de compressão com comprimento efetivo de 7 m é produzido soldando duas cantoneiras de L152 × 102 × 12,7, como mostrado. Usando $E = 200$ GPa, determine a carga centrada admissível para o elemento se o fator de segurança necessário é de 2,2.

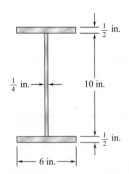

Fig. P10.15

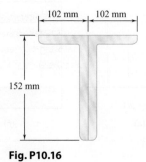

Fig. P10.16

10.17 Uma coluna com comprimento efetivo de 22 pés é feita soldando duas placas de 9 × 0,5 in. a um perfil W8 × 35 conforme mostrado. Determine a carga centrada admissível se o fator de segurança exigido é de 2,3. Utilize $E = 29 \times 10^6$ psi.

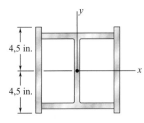

Fig. P10.17

10.18 Uma coluna com 3 m de comprimento efetivo é produzida soldando dois perfis de aço laminado C130 × 13. Usando $E = 200$ GPa, determine, para cada arranjo mostrado, a carga centrada admissível se o fator de segurança necessário é de 2,4.

Fig. P10.18

10.19 Sabendo que um fator de segurança de 2,6 é necessário, determine a maior carga **P** que pode ser aplicada à estrutura mostrada. Use $E = 200$ GPa e considere apenas a flambagem apenas no plano da estrutura.

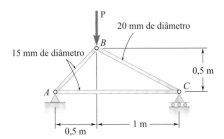

Fig. P10.19

10.20 Os elementos AB e CD são barras de aço com 30 mm de diâmetro, e os elementos BC e AD são barras de aço com 22 mm de diâmetro. Quando o tensor é acionado, o elemento diagonal AC é colocado sob tração. Sabendo que é exigido um coeficiente de segurança de 2,75 em relação à flambagem, determine a maior tração admissível em AC. Use $E = 200$ GPa e considere a flambagem somente no plano da estrutura.

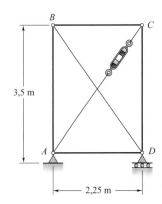

Fig. P10.20

10.21 A barra uniforme AB de latão tem seção transversal retangular e é suportada por pinos e suportes conforme mostrado. Cada extremidade da barra pode rotacionar livremente em relação ao eixo horizontal através dos pinos, mas a rotação em relação a um eixo vertical é impedida pelos suportes. (a) Determine a razão b/d para a qual o fator de segurança é o mesmo para os eixos horizontal e vertical. (b) Determine o fator de segurança se $P = 1,8$ kips, $L = 7$ pés, $d = 1,5$ in. e $E = 29 \times 10^6$ psi.

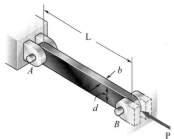

Fig. P10.21

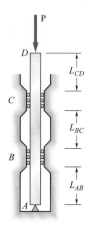

Fig. P10.22 e P10.23

10.22 Uma barra de alumínio quadrada de 25,4 mm de lado é mantida na posição mostrada na figura por um apoio articulado em A e por conjuntos de roletes em B e C que impedem a rotação da barra no plano da figura. Sabendo que $L_{AB} = 0,91$ m, determine (*a*) os maiores valores possíveis para L_{BC} e L_{CD} que podem ser empregados para que a força **P** seja a maior possível e (*b*) a intensidade da correspondente carga admissível. Considere apenas a flambagem no plano da figura e use $E = 71,7$ GPa.

10.23 A escora quadrada de 25,4 mm de lado em alumínio é mantida na posição mostrada por um pino de suporte em A e por um conjunto de roletes em B e C de modo a impedir a rotação da escora no plano da figura. Sabendo que $L_{AB} = 0,91$ m, $L_{BC} = 1,21$ m e $L_{CD} = 0,30$ m, determine a carga **P** admissível utilizando uma fator de segurança contra a flambagem igual a 3,2. Considere apenas a flambagem no plano da figura e utilize $E = 71,7$ GPa.

10.24 A coluna ABC tem uma seção transversal retangular uniforme com $b = 12$ mm e $d = 22$ mm. A coluna é contraventada no plano xz em seu ponto médio C e suporta uma força centrada **P** de intensidade de 3,8 kN. Sabendo que é exigido um coeficiente de segurança de 3,2, determine o maior comprimento L admissível. Use $E = 200$ GPa.

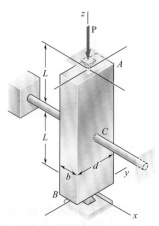

Fig. P10.24 e P10.25

10.25 A coluna ABC tem uma seção transversal retangular uniforme e é contraventada no plano xz em seu ponto médio C. (*a*) Determine a relação b/d para a qual o coeficiente de segurança é o mesmo em relação à flambagem nos planos xz e yz. (*b*) Usando a relação encontrada na parte *a*, projete a seção transversal da coluna de maneira que o coeficiente de segurança seja 3,0 quando $P = 4,4$ kN, $L = 1$ m e $E = 200$ GPa.

10.26 A coluna AB suporta uma força centrada **P** de intensidade de 66 kN. Os cabos BC e BD estão esticados e impedem o movimento do ponto B no plano xz. Usando a fórmula de Euler e um coeficiente de segurança de 2,2, e desprezando a tração nos cabos, determine o comprimento L máximo admissível. Use $E = 200$ GPa.

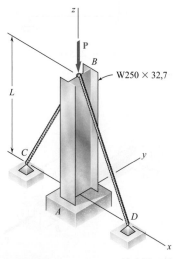

Fig. P10.26

10.27 Cada uma das cinco escoras mostradas consiste em uma haste sólida de aço. (*a*) Sabendo que a escora da Fig. (1) tem 20 mm de diâmetro, determine o fator de segurança com relação à flambagem para o carregamento mostrado. (*b*) Determine o diâmetro de cada uma das demais escoras de modo que o fator de segurança seja o mesmo daquele obtido na parte *a*. Utilize $E = 200$ GPa.

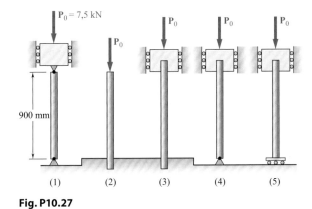

Fig. P10.27

10.28 Um bloco rígido de massa *m* pode ser suportado por cada um dos quatro modos mostrados. Cada coluna consiste em um tubo de alumínio com diâmetro externo de 44 mm e espessura de parede de 4 mm. Utilizando $E = 70$ GPa e um fator de segurança de 2,8, determine a massa admissível para cada uma das condições de suporte.

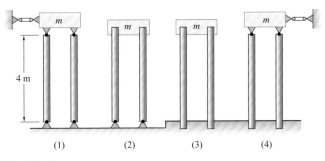

Fig. P10.28

*10.2 CARREGAMENTO EXCÊNTRICO E FÓRMULA DA SECANTE

Nesta seção, será abordado o problema de flambagem de coluna de uma maneira diferente, observando que a força **P** aplicada a uma coluna nunca é perfeitamente centrada. Chamando de *e* a excentricidade da força, isto é, a distância entre a linha de ação de **P** e o eixo da coluna (Fig. 10.19*a*), substituímos a força excêntrica dada por uma força centrada **P** e um conjugado $\mathbf{M}_A$

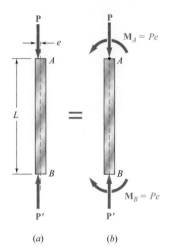

Fig. 10.19 (a) Coluna com um carregamento excêntrico (b) modelada como uma coluna com um carregamento centrado de força e momento equivalente.

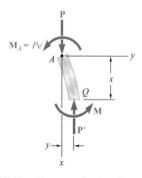

Fig. 10.21 Diagrama de corpo livre da parte AQ de uma coluna carregada excentricamente.

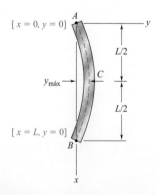

Fig. 10.22 Condições de contorno para uma coluna carregada excentricamente.

de momento $M_A = Pe$ (Fig. 10.19b). Não importa o tamanho da força **P** e a excentricidade e, o momento $\mathbf{M}_A$ resultante sempre provocará alguma flexão na coluna (Fig. 10.20). À medida que aumenta a força excêntrica, tanto o momento $\mathbf{M}_A$ quanto a força axial **P** também aumentam, e ambos farão a coluna flexionar ainda mais. Visto dessa maneira, o problema de flambagem não é uma questão de determinar por quanto tempo a coluna pode permanecer reta e estável sob uma força cada vez maior, mas sim quanto se pode permitir que a coluna flexione sob uma força cada vez maior, sem que a tensão admissível seja ultrapassada e sem que a deflexão $y_\text{máx}$ se torne excessiva.

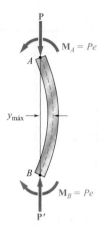

Fig. 10.20 Diagrama de corpo livre de uma coluna carregada excentricamente.

Primeiramente, escrevemos e resolvemos a equação diferencial da linha elástica, adotando o mesmo procedimento que usamos anteriormente nas Seções 10.1.1 e 10.1.2. Desenhando o diagrama de corpo livre de uma parte AQ da coluna e escolhendo os eixos de coordenadas mostrados na Fig. 10.21, concluímos que o momento fletor em Q é

$$M = -Py - M_A = -Py - Pe \qquad (10.22)$$

Substituindo o valor de M na Equação (9.4), escrevemos

$$\frac{d^2y}{dx^2} = \frac{M}{EI} = -\frac{P}{EI}y - \frac{Pe}{EI}$$

Transpondo o termo contendo y e usando

$$p^2 = \frac{P}{EI} \qquad (10.6)$$

conforme fizemos anteriormente, escrevemos

$$\frac{d^2y}{dx^2} + p^2 y = -p^2 e \qquad (10.23)$$

Como o membro esquerdo da Equação (10.23) é o mesmo da Equação (10.7), escrevemos a solução geral da Equação (10.23) como

$$y = A \operatorname{sen} px + B \cos px - e \qquad (10.24)$$

em que o último termo é uma solução particular.

As constantes A e B são obtidas com base nas condições de contorno mostradas na Fig. 10.22. Fazendo primeiro $x = 0$, $y = 0$ na Equação (10.24), temos

$$B = e$$

Fazendo em seguida $x = L$, $y = 0$, escrevemos

$$A \operatorname{sen} pL = e(1 - \cos pL) \tag{10.25}$$

Lembrando que

$$\operatorname{sen} pL = 2 \operatorname{sen} \frac{pL}{2} \cos \frac{pL}{2}$$

e

$$1 - \cos pL = 2 \operatorname{sen}^2 \frac{pL}{2}$$

e substituindo na Equação (10.25), obtemos, após as reduções,

$$A = e \operatorname{tg} \frac{pL}{2}$$

Substituindo A e B na Equação (10.24), escrevemos a equação da linha elástica:

$$y = e\left(\operatorname{tg} \frac{pL}{2} \operatorname{sen} px + \cos px - 1\right) \tag{10.26}$$

O valor da deflexão máxima é obtido fazendo-se $x = L/2$ na Equação (10.26).

$$y_{\text{máx}} = e\left(\operatorname{tg} \frac{pL}{2} \operatorname{sen} \frac{pL}{2} + \cos \frac{pL}{2} - 1\right)$$

$$= e\left(\frac{\operatorname{sen}^2 \frac{pL}{2} + \cos^2 \frac{pL}{2}}{\cos \frac{pL}{2}} - 1\right)$$

$$= e\left(\sec \frac{pL}{2} - 1\right) \tag{10.27}$$

Lembrando a Equação (10.6), escrevemos

$$y_{\text{máx}} = e\left[\sec\left(\sqrt{\frac{P}{EI}} \frac{L}{2}\right) - 1\right] \tag{10.28}$$

A expressão obtida indica que $y_{\text{máx}}$ torna-se infinito quando

$$\sqrt{\frac{P}{EI}} \frac{L}{2} = \frac{\pi}{2} \tag{10.29}$$

Embora a deflexão não se torne realmente infinita, torna-se contudo demasiadamente grande e inaceitável, e não se pode permitir que P alcance o valor crítico que satisfaz a Equação (10.29). Resolvendo a Equação (10.29) para P,

$$P_{\text{cr}} = \frac{\pi^2 EI}{L^2} \tag{10.30}$$

que é o valor que obtivemos na Seção 10.1.1 para uma coluna sob uma força centrada. Resolvendo a Equação (10.30) para EI e substituindo na Equação 10.28, podemos expressar a deflexão máxima na forma alternativa

$$y_{\text{máx}} = e\left(\sec \frac{\pi}{2} \sqrt{\frac{P}{P_{\text{cr}}}} - 1\right) \tag{10.31}$$

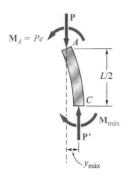

Fig. 10.23 Diagrama de corpo livre da metade superior da coluna carregada excentricamente.

A tensão máxima $\sigma_{máx}$ ocorre na seção da coluna em que o momento fletor é máximo, isto é, na seção transversal na qual se localiza o ponto médio C, e pode ser obtida somando-se as tensões normais provocadas, respectivamente, pela força axial e pelo momento fletor que atuam naquela seção (Seção 4.7). Temos

$$\sigma_{máx} = \frac{P}{A} + \frac{M_{máx}c}{I} \qquad (10.32)$$

Com base no diagrama de corpo livre da parte AC da coluna (Fig. 10.23),

$$M_{máx} = Py_{máx} + M_A = P(y_{máx} + e)$$

Substituindo esse valor na Equação (10.32) e lembrando que $I = Ar^2$,

$$\sigma_{máx} = \frac{P}{A}\left[1 + \frac{(y_{máx} + e)c}{r^2}\right] \qquad (10.33)$$

Substituindo $y_{máx}$ pelo valor obtido na Equação (10.28), escrevemos

$$\sigma_{máx} = \frac{P}{A}\left[1 + \frac{ec}{r^2}\sec\left(\sqrt{\frac{P}{EI}}\frac{L}{2}\right)\right] \qquad (10.34)$$

Uma forma alternativa para $\sigma_{máx}$ é obtida substituindo-se $y_{máx}$ da Equação (10.31) na Equação (10.33). Temos

$$\sigma_{máx} = \frac{P}{A}\left(1 + \frac{ec}{r^2}\sec\frac{\pi}{2}\sqrt{\frac{P}{P_{cr}}}\right) \qquad (10.35)$$

A equação obtida pode ser usada com qualquer condição de contorno, desde que seja usado o valor apropriado para a força crítica (ver Seção 10.1.1).

Notamos que, como $\sigma_{máx}$ não varia linearmente com a força P, o princípio da superposição não se aplica na determinação da tensão provocada pela aplicação simultânea de várias forças; deve ser calculada, inicialmente, a força resultante, e depois pode ser usada a Equação (10.34) ou a Equação (10.35) para determinar a tensão correspondente. Pela mesma razão, qualquer coeficiente de segurança dado deve ser aplicado à força, e não à tensão, quando a *segunda fórmul*a for utilizada.

Fazendo $I = Ar^2$ na Equação (10.34) e resolvendo para a relação P/A na frente dos colchetes, escrevemos

$$\frac{P}{A} = \frac{\sigma_{máx}}{1 + \frac{ec}{r^2}\sec\left(\frac{1}{2}\sqrt{\frac{P}{EA}}\frac{L_{fl}}{r}\right)} \qquad (10.36)$$

em que o comprimento de flambagem é usado para tornar a fórmula aplicável às várias condições de contorno. Essa fórmula é chamada de *fórmula da secante*; ela define a força por unidade de área, P/A, que provoca determinada tensão máxima $\sigma_{máx}$ em uma coluna com determinado índice de esbeltez,

L_{fl}/r, para um dado valor da relação ec/r^2, em que e é a excentricidade da força aplicada. Notamos que, como P/A aparece em ambos os membros, é necessário resolver uma equação transcedental por tentativa e erro para obter o valor de P/A correspondente a uma dada coluna e condição de carregamento.

A Equação (10.36) foi usada para desenhar as curvas mostradas na Fig. 10.24a e b para uma coluna de aço, considerando os valores de E e σ_E mostrados na figura. Essas curvas permitem determinar a força por unidade de área P/A, que faz a coluna escoar para valores dados das relações L_{fl}/r e ec/r^2.

Para pequenos valores de L_{fl}/r, a secante é aproximadamente igual a 1 na Equação (10.36), e a relação P/A pode ser considerada igual a

$$\frac{P}{A} = \frac{\sigma_{máx}}{1 + \dfrac{ec}{r^2}} \qquad (10.37)$$

que é um valor que poderia ter sido obtido desprezando-se o efeito da deflexão lateral da coluna e usando o método da Seção 4.7. Em contrapartida, notamos na Fig. 10.24 que, para grandes valores de L_{fl}/r, as curvas correspondentes aos vários valores da relação ec/r^2 ficam muito próximas à curva de Euler definida pela Equação (10.13b), e portanto o efeito da excentricidade da força sobre o valor P/A torna-se desprezível. A fórmula da secante é útil principalmente para valores intermediários de L_{fl}/r. No entanto, para usá-la de forma eficiente, devemos saber o valor da excentricidade e da força, infelizmente, esse valor raramente é conhecido com um bom grau de precisão.

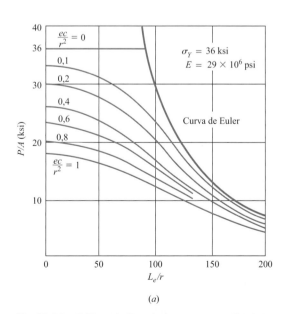
(a)

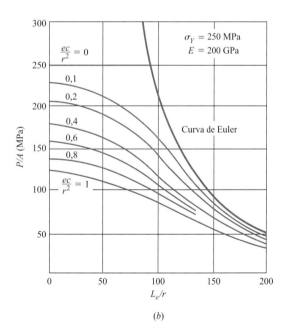
(b)

Fig. 10.24 Gráficos da fórmula da secante para flambagem em colunas carregadas excentricamente. (*a*) Unidades habituais do sistema norte-americano. (*b*) Unidades do S.I.

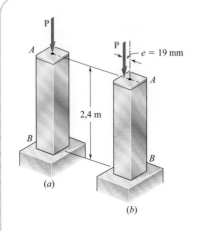

(a)

(b)

PROBLEMA RESOLVIDO 10.2

A coluna uniforme AB, com 2,4 m de comprimento, consiste em um tubo estrutural com a seção transversal mostrada na figura. (*a*) Usando a fórmula de Euler e um coeficiente de segurança igual a 2, determine a força centrada admissível para a coluna e a tensão normal correspondente. (*b*) Considerando que a força admissível, encontrada na parte *a*, é aplicada conforme mostra a figura em um ponto distante 19 mm do eixo geométrico da coluna, determine a deflexão horizontal do topo da coluna e a tensão normal máxima na coluna. Use $E = 200$ GPa.

$A = 2284$ mm^2
$I = 3{,}3 \times 10^6$ mm^4
$r = 38$ mm
$c = 50$ mm

ESTRATÉGIA: Para a parte *a*, utilize o fator de segurança junto com a fórmula de Euler para determinar a força centrada admissível. Para a parte *b*, utilize as Equações (10.31) e (10.35) para encontrar, respectivamente, a deflexão horizontal e a máxima tensão normal na coluna.

MODELAGEM:

Comprimento de flambagem. Como a coluna tem uma extremidade engastada e outra livre, seu comprimento de flambagem é

$$L_e = 2(2{,}4 \text{ m}) = 4{,}8 \text{ m} = 4800 \text{ mm}$$

Força crítica. Usando a fórmula de Euler,

$$P_{cr} = \frac{\pi^2 EI}{L_{fl}^2} = \frac{\pi^2 (200 \text{ kN/mm}^2)(3{,}3 \times 10^6 \text{ mm}^4)}{(4800 \text{ mm})^2} \qquad P_{cr} = 282{,}7 \text{ kN}$$

ANÁLISE:

a. **Força e tensão admissíveis.** Para um coeficiente de segurança igual a 2,

$$P_{adm} = \frac{P_{cr}}{C.S.} = \frac{282{,}7 \text{ kN}}{2} \qquad P_{adm} = 141{,}36 \text{ kN} \blacktriangleleft$$

e

$$\sigma = \frac{P_{adm}}{A} = \frac{141{,}36 \text{ kN}}{2284 \text{ mm}^2} \qquad \sigma = 61{,}9 \text{ MPa} \blacktriangleleft$$

b. Força excêntrica (Fig. 1). Observamos que a coluna AB e seu carregamento são idênticos à metade superior da coluna da Fig. 10.20 usada na determinação das fórmulas da secante; concluímos que as fórmulas da Seção 10.2 se aplicam diretamente ao caso considerado aqui. Lembrando que $P_{adm}/P_{cr} = \frac{1}{2}$ e usando a Equação (10.31), calculamos a deflexão horizontal no ponto A como:

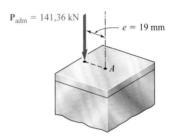

Fig. 1 Carga admissível aplicada sobre a excentricidade assumida.

$$y_m = e \left[\sec\left(\frac{\pi}{2}\sqrt{\frac{P}{P_{cr}}}\right) - 1 \right] = (19 \text{ mm})\left[\sec\left(\frac{\pi}{2\sqrt{2}}\right) - 1 \right]$$
$$= (19 \text{ mm})(2,252 - 1) \qquad\qquad y_m = 23,79 \text{ mm} \blacktriangleleft$$

Esse resultado está ilustrado na Fig. 2.

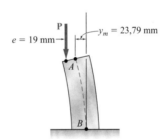

Fig. 2 Deflexão da coluna carregada excentricamente.

A tensão normal máxima é obtida da Equação (10.35):

$$\sigma_m = \frac{P}{A}\left[1 + \frac{ec}{r^2}\sec\left(\frac{\pi}{2}\sqrt{\frac{P}{P_{cr}}}\right) \right]$$
$$= \frac{141,36 \text{ kN}}{2284 \text{ mm}^2}\left[1 + \frac{(19 \text{ mm})(50 \text{ mm})}{(38 \text{ mm})^2}\sec\left(\frac{\pi}{2\sqrt{2}}\right) \right]$$
$$= (61,9 \text{ MPa})[1 + 0,658(2,252)] \qquad\qquad \sigma_m = 153,6 \text{ MPa} \blacktriangleleft$$

PROBLEMAS

10.29 A linha de ação da carga axial **P** de intensidade 270 kN é paralela ao eixo geométrico da coluna AB e intercepta o eixo x em $e = 14$ mm. Usando $E = 200$ GPa, determine (a) a deflexão no ponto médio C da coluna, (b) a tensão máxima na coluna.

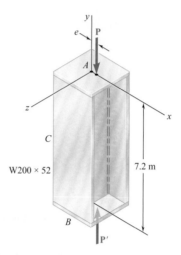

Fig. P10.29

10.30 Resolva o Problema 10.29 se a carga **P** é aplicada em paralelo ao eixo geométrico da coluna AB de modo que esta intercepta o eixo x em $e = 21$ mm.

10.31 Uma carga axial **P** é aplicada à haste de aço AB com 32 mm de diâmetro conforme mostrado. Para $P = 37$ kN e $e = 1{,}2$ mm, determine (a) a deflexão do ponto médio da haste em C, (b) a tensão máxima na haste. Utilize $E = 200$ GPa.

Fig. P10.31

10.32 Uma força axial **P** é aplicada à barra de aço AB de 34,9 mm de diâmetro como mostra a figura. Para $P = 93,4$ kN, observa-se que a deflexão horizontal do ponto médio C é de 0,762 mm. Usando $E = 200$ GPa, determine (a) a excentricidade e da força aplicada e (b) a tensão máxima na barra.

Fig. P10.32

10.33 Uma força axial **P** é aplicada à barra quadrada BC de alumínio com 32 mm de lado conforme mostra a figura. Quando $P = 24$ kN, a deflexão horizontal na extremidade C é de 4 mm. Usando $E = 70$ GPa, determine (a) a excentricidade e da força e (b) a tensão máxima na barra.

10.34 A força axial **P** é aplicada a um ponto localizado no eixo x a uma distância e do eixo geométrico da coluna BC de aço laminado. Quando $P = 350$ kN, a deflexão horizontal no topo da coluna é de 5 mm. Usando $E = 200$ GPa, determine (a) a excentricidade e da força e (b) a tensão máxima na coluna.

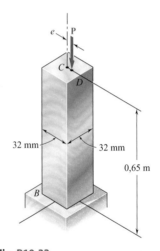

Fig. P10.33

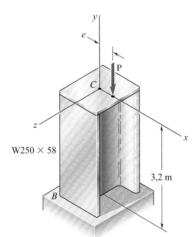

Fig. P10.34

10.35 Uma carga axial **P** é aplicada no ponto D que está a 0,25 in. do eixo geométrico da barra quadrada de alumínio BC. Utilizando $E = 10,1 \times 10^6$ psi, determine (a) a carga **P** para a qual a deflexão horizontal da extremidade em C é de 0,50 in., (b) a correspondente tensão máxima na coluna.

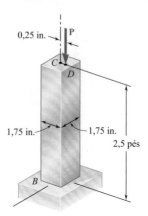

Fig. P10.35

10.36 Um tubo de latão com a seção transversal mostrada tem uma força axial **P** aplicada a 5 mm do eixo geométrico. Usando $E = 120$ GPa, determine (a) a força **P** para a qual a deflexão horizontal no ponto médio C seja de 5 mm e (b) a tensão máxima correspondente na coluna.

10.37 Resolva o Problema 10.36 considerando que a força axial **P** é aplicada a 10 mm do eixo geométrico da coluna.

10.38 A linha de ação da força axial **P** é paralela ao eixo geométrico da coluna AB e intercepta o eixo x em $x = 20,32$ mm. Usando $E = 200$ GPa, determine (a) a força **P** para a qual a deflexão horizontal no ponto médio C da coluna é igual a 12,7 mm e (b) a tensão máxima correspondente na coluna.

Fig. P10.36

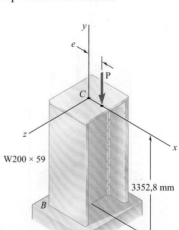

Fig. P10.38

10.39 Uma carga axial **P** é aplicada a um ponto localizado no eixo x a uma distância $e = 12$ mm do eixo geométrico da coluna de aço laminado W310 × 60 BC. Considerando que $L = 3,5$ m e usando $E = 200$ GPa, determine (*a*) a carga **P** para a qual a deflexão horizontal do ponto médio C da coluna é de 15 mm, (*b*) a tensão máxima correspondente na coluna.

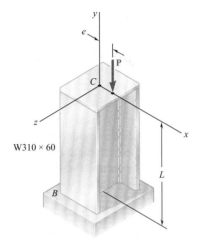

Fig. P10.39

10.40 Resolva o Problema 10.39, considerando que L é igual a 4,5 m.

10.41 A barra de aço AB tem uma seção transversal quadrada de $\frac{3}{8} \times \frac{3}{8}$-in. de lado e é suspensa por pinos a uma distância fixa entre si e localizados a uma distância $e = 0,03$ in. do eixo geométrico da barra. Sabendo que na temperatura T_0 os pinos estão em contato com a barra e que a força na barra é zero, determine o aumento na temperatura para o qual a barra entrará em contato com o ponto C se $d = 0,01$ in. Use $E = 29 \times 10^6$ psi e o coeficiente de expansão térmica $\alpha = 6,5 \times 10^{-6}/°F$.

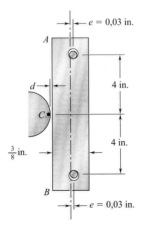

Fig. P10.41

10.42 Para o Problema 10.41, determine a distância d necessária para a qual a barra entrará em contato com o ponto C quando a temperatura aumentar em 120°F.

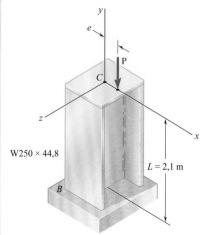

Fig. P10.43

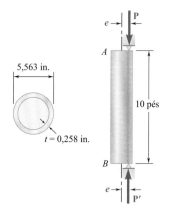

Fig. P10.45

10.43 Uma carga axial **P** é aplicada à coluna de aço laminado W250 × 44,8 BC que está livre no seu topo C e fixa na sua base B. Sabendo que a excentricidade da carga é $e = 12$ mm e que, para o tipo de aço usado, $\sigma_Y = 250$ MPa e $E = 200$ GPa, determine (a) a intensidade de P da carga admissível quando é necessário um fator de segurança de 2,4 com relação à deformação permanente, (b) a razão entre a carga encontrada na parte a e a intensidade da carga centrada admissível para a coluna. (*Sugestão:* Como o fator de segurança deve ser aplicado à carga **P**, não à tensão, use a Figura 10.24 para determinar P_Y.)

10.44 Resolva o Problema 10.43, considerando que o comprimento da coluna é reduzido para 1,6 m.

10.45 Um tubo com a seção transversal mostrada é usado como coluna de 10 pés. Para o tipo de aço usado, $\sigma_Y = 36$ ksi e $E = 29 \times 10^6$ psi. Sabendo que um fator de segurança de 2,8 com relação à deformação permanente é necessário, determine a carga admissível **P** quando a excentricidade e é (a) 0,6 in., (b) 0,3 in. (Ver sugestão do Problema 10.43.)

10.46 Resolva o Problema 10.45, considerando que o comprimento da coluna é reduzido para 14 pés.

10.47 Uma força axial **P** de 100 kN é aplicada a uma coluna BC de aço laminado W150 × 18 que está livre no topo C e engastada na base B. Sabendo que a excentricidade da força é $e = 6$ mm, determine o maior comprimento admissível L se a tensão admissível na coluna for 80 MPa. Use $E = 200$ GPa.

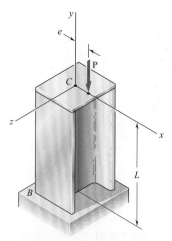

Fig. P10.47

10.48 Uma força axial **P** de 244,6 kN é aplicada à coluna BC de aço laminado W200 × 35,9 que está livre na parte superior C e engastada na base B. Sabendo que a excentricidade da força é $e = 6,35$ mm, determine o maior comprimento L admissível se a tensão admissível na coluna é de 96,5 MPa. Use $E = 200$ GPa.

10.49 Cargas axiais de intensidade $P = 600,5$ kN são aplicadas paralelas ao eixo geométrico da coluna AB feita com um perfil de aço laminado W250 × 80 e interceptam o eixo x a uma distância e do eixo geométrico. Sabendo que $\sigma_{adm} = 82,74$ MPa e 200 GPa, determine o maior comprimento L admissível quando (a) $e = 6,35$ mm, (b) $e = 12,7$ mm.

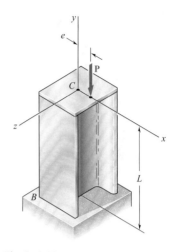

Fig. P10.48

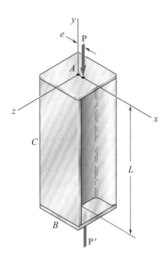

Fig. P10.49

10.50 Cargas axiais de intensidade $P = 580$ kN são aplicadas paralelamente ao eixo geométrico da coluna de aço laminado W250 × 80 AB e interceptam o eixo x a uma distância e do eixo geométrico. Sabendo que $\sigma_{adm} = 75$ MPa e $E = 200$ GPa, determine o maior comprimento permissível L quando (a) $e = 5$ mm, (b) $e = 10$ mm.

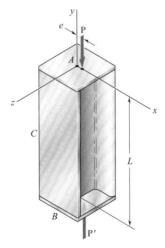

Fig. P10.50

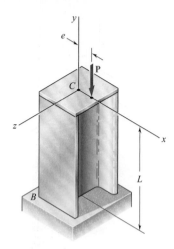

Fig. P10.51

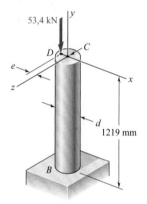

Fig. P10.53

10.51 Uma força axial de intensidade $P = 220$ kN é aplicada a um ponto localizado no eixo x a uma distância $e = 6$ mm do eixo geométrico da coluna de mesa larga BC. Sabendo que $E = 200$ GPa, escolha o perfil W200 mais leve que possa ser usado se $\sigma_{adm} = 120$ MPa.

10.52 Resolva o Problema 10.51 considerando que a intensidade da força axial seja $P = 345$ kN.

10.53 Uma força axial de 53,4 kN é aplicada com uma excentricidade $e = 9,53$ mm à barra circular de aço BC que está livre no topo C e engastada na base B. Sabendo que o estoque de barras disponíveis para uso tem diâmetros em incrementos de 3,175 mm de 38,1 mm até 76,2 mm, determine a barra mais leve que pode ser usada se $\sigma_{adm} = 103,4$ MPa. Use $E = 200$ GPa.

10.54 Resolva o Problema 10.53 considerando que a força axial de 53,4 kN será aplicada à barra com uma excentricidade $e = \frac{1}{2}d$.

10.55 Forças axiais de intensidade $P = 175$ kN são aplicadas paralelas ao eixo geométrico de uma coluna AB de aço laminado W250 × 44,8 e interceptam o eixo a uma distância $e = 12$ mm do eixo geométrico. Sabendo que $\sigma_E = 250$ MPa e $E = 200$ GPa, determine o coeficiente de segurança em relação ao escoamento. (*Sugestão*: Como o coeficiente de segurança deve ser aplicado à força **P**, não às tensões, use a Fig. 10.24 para determinar P_E.)

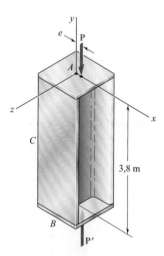

Fig. P10.55

10.56 Resolva o Problema 10.55 considerando que $e = 16$ mm e $P = 155$ kN.

10.3 PROJETO DE COLUNAS SUBMETIDAS A UMA FORÇA CENTRADA

Nas seções anteriores, determinamos a força crítica de uma coluna usando a fórmula de Euler e investigamos as deformações e tensões em colunas carregadas excentricamente usando a fórmula da secante. Em cada caso consideramos que todas as tensões permaneciam abaixo do limite de proporcionalidade e que a coluna era inicialmente um prisma reto e homogêneo. Na prática, poucas são as colunas assim ideais e seu projeto se baseia em fórmulas empíricas que refletem os resultados de numerosos testes de laboratório.

Durante o último século, foram testadas muitas colunas de aço aplicando a elas uma força axial centrada e aumentando a força até ocorrer a falha. Os resultados desses testes estão representados na Fig. 10.25, em que, para cada um dos diversos testes, foi colocado no gráfico um ponto com sua ordenada igual à tensão normal σ_{cr} na falha, e sua abscissa igual ao valor correspondente do índice de esbeltez, L_{fl}/r. Embora os resultados do teste sejam bastante dispersos, podem ser observadas as regiões correspondentes a três tipos de falhas.

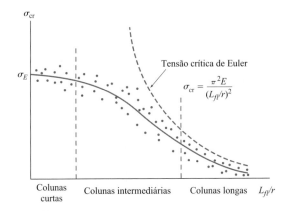

Fig. 10.25 Gráfico de dados de ensaios para colunas de aço.

- Para colunas longas, em que L_{fl}/r é grande, a falha é prevista com boa aproximação pela fórmula de Euler, e observa-se que o valor σ_{cr} depende do módulo de elasticidade E do aço utilizado, e não de sua tensão de escoamento σ_E.
- Para colunas muito curtas e blocos de compressão, a falha ocorre essencialmente como resultado do escoamento, e temos $\sigma_{cr} \approx \sigma_E$.
- Para colunas de comprimento intermediário, falha depende tanto de σ_E quanto de E. Nessa região, a falha da coluna é um fenômeno extremamente complexo, e foram usados extensivamente dados de ensaios para orientar o desenvolvimento de especificações e fórmulas de projeto.

As fórmulas empíricas que expressam uma tensão admissível ou tensão crítica em termos do índice de esbeltez foram apresentadas pela primeira vez há um século e, desde então, passaram por um contínuo processo de refinamento e melhora. A Fig. 10.26 mostra fórmulas empíricas típicas usadas para aproximar dados de ensaio. Nem sempre é viável usar uma única fórmula para todos os valores de L_{fl}/r. Muitas especificações de projeto utilizam fórmulas diferentes, cada uma com determinada região de aplicabilidade. Em cada caso devemos verificar se a fórmula que propomos usar é aplicável para o valor L_{fl}/r para a coluna envolvida. Além disso, devemos verificar se a fórmula fornece o valor da tensão crítica para a coluna, em que caso devemos

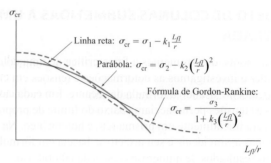

Fig. 10.26 Gráficos de fórmulas empíricas para tensões críticas.

aplicar o coeficiente de segurança apropriado ou se ela já fornece uma tensão admissível.

A Foto 10.2 mostra exemplos de colunas que seriam projetadas usando essas fórmulas. Primeiro é apresentado o projeto para os três diferentes materiais usando o *Método da Tensão Admissível*, seguido das fórmulas necessárias para o projeto de colunas de aço com base no *Coeficiente de Projeto para Carga e Resistência*.[†]

(a)   (b)

Foto 10.2 (a) O reservatório de água é suportado por colunas de aço. (b) O prédio em construção é um pórtico com colunas de madeira.
(a) ©Steve Photo/Alamy Stock Photo; (b) ©Ufulum/Shutterstock

10.3.1 Método da tensão admissível

Aço estrutural. As fórmulas mais amplamente usadas para o projeto de colunas de aço, pelo Método da tensão admissível, submetidas a uma carga centrada são encontradas nas especificações do American Institute of Steel Construction (AISC).[‡] Uma expressão parabólica será usada para prever o valor de σ_{adm} para colunas de comprimento curto e intermediário, e a fórmula

---

[†] Em fórmulas específicas de projeto, a letra L será sempre usada para se referir ao comprimento de flambagem de uma coluna.

[‡] *Manual of Steel Construction,* 15th ed. American Institute of Steel Construction, Chicago, 2011.

de Euler será usada para colunas longas. Essas relações são desenvolvidas em duas etapas:

1. É obtida uma curva representando a variação de σ_{cr} com L/r (Fig. 10.27). É importante notar que essa curva não incorpora coeficientes de segurança.† A parte AB dessa curva é definida pela equação

$$\sigma_{cr} = [0{,}658^{(\sigma_E/\sigma_e)}]\,\sigma_E \qquad (10.38)$$

em que

$$\sigma_e = \frac{\pi^2 E}{(L/r)^2} \qquad (10.39)$$

A porção BC é

$$\sigma_{cr} = 0{,}877\sigma_e \qquad (10.40)$$

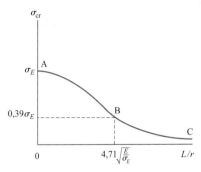

Fig. 10.27 Curva para projeto de colunas recomendada pelo American Institute of Steel Construction.

Quando $L/r = 0$ e $\sigma_{cr} = \sigma_E$ na Equação (10.38). No ponto B, a Equação (10.38) coincide com a Equação (10.40). O valor do coeficiente de esbeltez L/r nesse ponto entre as duas equações será

$$\frac{L}{r} = 4{,}71\sqrt{\frac{E}{\sigma_E}} \qquad (10.41)$$

Se L/r é menor que aquele fornecido pela Equação (10.41), σ_{cr} será determinado pela Equação (10.38), e se L/r é maior, σ_{cr} será determinado pela Equação (10.40). No ponto equivalente ao coeficiente de esbeltez fornecido pela Equação (10.41), temos a tensão $\sigma_e = 0{,}44\,\sigma_E$. Utilizando a Equação (10.40), temos $\sigma_{cr} = 0{,}877\,(0{,}44\,\sigma_E) = 0{,}39\,\sigma_E$.

2. Deve ser introduzido um coeficiente de segurança para obtermos as fórmulas finais de projeto. O coeficiente de segurança determinado por essas especificações é 1,67. Portanto

$$\sigma_{adm} = \frac{\sigma_{cr}}{1{,}67} \qquad (10.42)$$

Observamos que, usando as Equações (10.38), (10.40), (10.41) e (10.42), podemos determinar a tensão admissível axial para uma dada classe de aço e um dado valor de L/r. Deve-se primeiramente calcular o valor de L/r na intersecção entre as duas equações usando a Equação (10.41). Para valores de L/r menores do que aquele dado por esta última, usamos as Equações (10.38) e (10.42) para determinar σ_{adm}, e para valores maiores usamos as Equações (10.40) e (10.42). A Figura 10.28 proporciona uma visão geral sobre como σ_{adm} varia com L/r para diferentes classes de aço estrutural.

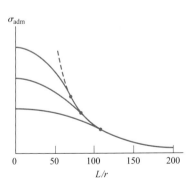

Fig. 10.28 Curvas para projeto de colunas para diferentes classes de aço.

† Na *Specification for Structural Steel for Buildings*, o símbolo F é utilizado para tensões.

Fig. 10.29 Elemento de aço laminado S100 × 11,5 sob uma força centrada.

Aplicação do conceito 10.2

Determine o maior comprimento L para o qual o elemento de compressão AB, que é um perfil de aço laminado S100 × 11,5, possa suportar com segurança a força centrada mostrada (Fig. 10.29). Considere que $\sigma_E = 250$ MPa e $E = 200$ GPa.

No Apêndice E, temos para um perfil S100 × 11,5,

$$A = 1460 \text{ mm}^2 \qquad r_x = 41,7 \text{ mm} \qquad r_y = 14,6 \text{ mm}$$

Se a força de 60 kN deve ser suportada com segurança, devemos ter

$$\sigma_{\text{adm}} = \frac{P}{A} = \frac{60 \times 10^3 \text{ N}}{1460 \times 10^{-6} \text{ m}^2} = 41,1 \times 10^6 \text{ Pa}$$

Devemos calcular a tensão crítica σ_{cr}. Considerando que L/r é maior que o coeficiente esbeltez calculado pela Equação (10.41), usamos a Equação (10.40) com a Equação (10.39) e escrevemos

$$\sigma_{\text{cr}} = 0{,}877\,\sigma_e = 0{,}877\,\frac{\pi^2 E}{(L/r)^2}$$
$$= 0{,}877\,\frac{\pi^2(200 \times 10^9 \text{ Pa})}{(L/r)^2} = \frac{1{,}731 \times 10^{12} \text{ Pa}}{(L/r)^2}$$

Usando essa expressão na Equação (10.42),

$$\sigma_{\text{adm}} = \frac{\sigma_{\text{cr}}}{1{,}67} = \frac{1{,}037 \times 10^{12} \text{ Pa}}{(L/r)^2}$$

Igualando essa expressão ao valor requerido para σ_{adm}, escrevemos

$$\frac{1{,}037 \times 10^{12} \text{ Pa}}{(L/r)^2} = 41{,}1 \times 10^6 \text{ Pa} \qquad L/r = 158{,}8$$

O coeficiente de esbeltez dado pela Equação (10.41) é

$$\frac{L}{r} = 4{,}71\sqrt{\frac{200 \times 10^9}{250 \times 10^6}} = 133{,}2$$

Nossa suposição de que L/r era maior que este coeficiente de esbeltez estava correta. Escolhendo o menor entre os dois raios de giração, temos

$$\frac{L}{r_y} = \frac{L}{14{,}6 \times 10^{-3} \text{ m}} = 158{,}8 \qquad L = 2{,}32 \text{ m}$$

Alumínio. Existem disponíveis muitas ligas de alumínio para uso em estruturas e construção de máquinas. Para muitas colunas, as especificações da Aluminum Association[†] fornecem duas fórmulas para a tensão admissível em colunas submetidas a carregamento centrado. A variação de σ_{adm} com L/r definida por essas fórmulas é mostrada na Fig. 10.30. Notamos que, para colunas curtas, é usada uma relação linear entre σ_{adm} e L/r e, para colunas longas, é usada a equação de Euler. A seguir estão algumas fórmulas específicas para o uso no projeto de prédios e estruturas similares, para as duas ligas mais empregadas.

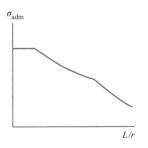

Fig. 10.30 Curva de projeto para colunas recomendada pela Aluminum Association.

Liga 6061-T6:

$L/r \leq 17{,}8$: $\sigma_{adm} = [21{,}2]$ ksi (10.43a)

$\phantom{L/r \leq 17{,}8: \sigma_{adm}} = [146{,}3]$ MPa (10.43b)

$17{,}8 > L/r < 66{,}0$: $\sigma_{adm} = [25{,}2 - 0{,}232(L/r) + 0{,}00047(L/r)^2]$ ksi (10.44a)

$\phantom{17{,}8 > L/r < 66{,}0: \sigma_{adm}} = [173{,}9 - 1{,}602(L/r) + 0{,}00323(L/r)^2]$ MPa (10.44b)

$L/r \geq 66{,}0$: $\sigma_{adm} = \dfrac{51.400 \text{ ksi}}{(L/r)^2} \quad \sigma_{adm} = \dfrac{356 \times 10^3 \text{ MPa}}{(L/r)^2}$ (10.45a, b)

Liga 2014-T6:

$L/r \leq 17{,}0$: $\sigma_{adm} = [32{,}1]$ ksi (10.46a)

$\phantom{L/r \leq 17{,}0: \sigma_{adm}} = [221{,}5]$ MPa (10.46b)

$17{,}0 > L/r < 52{,}7$: $\sigma_{adm} = [39{,}7 - 0{,}465(L/r) + 0{,}00121(L/r)^2]$ ksi (10.47a)

$\phantom{17{,}0 > L/r < 52{,}7: \sigma_{adm}} = [273{,}6 - 3{,}205(L/r) + 0{,}00836(L/r)^2]$ MPa (10.47b)

$L/r \geq 52{,}7$: $\sigma_{adm} = \dfrac{51.400 \text{ ksi}}{(L/r)^2} \quad \sigma_{adm} = \dfrac{356 \times 10^3 \text{ MPa}}{(L/r)^2}$ (10.48a, b)

Madeira. Para o projeto de colunas de madeira, as especificações da American Forest and Paper Association[‡] fornecem uma única equação que pode ser usada para obter a tensão admissível para colunas curtas, intermediárias e longas submetidas a carregamento centrado. Para uma coluna com uma seção transversal *retangular* de lados b e d, em que $d < b$, a variação de σ_{adm} com L/d é mostrada na Fig. 10.31.

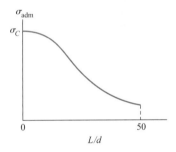

Fig. 10.31 Curva para projeto de colunas recomendada pela American Forest & Paper Association.

Para colunas de seção cheia feitas de uma única peça de madeira ou elaboradas com laminados colados, a tensão admissível σ_{adm} é

$$\sigma_{adm} = \sigma_C C_P \qquad (10.49)$$

em que σ_C é a tensão admissível ajustada à compressão paralela às fibras da madeira.[§] Nas especificações incluem-se ajustes usados para obter σ_C levando em consideração diferentes variações, como a duração da força. O coeficiente de estabilidade da coluna C_P leva em conta o comprimento da coluna e é definido pela seguinte equação:

$$C_P = \dfrac{1 + (\sigma_{CE}/\sigma_C)}{2c} - \sqrt{\left[\dfrac{1 + (\sigma_{CE}/\sigma_C)}{2c}\right]^2 - \dfrac{\sigma_{CE}/\sigma_C}{c}} \qquad (10.50)$$

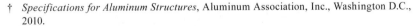

[†] *Specifications for Aluminum Structures*, Aluminum Association, Inc., Washington D.C., 2010.

[‡] *National Design Specification for Wood Construction*, American Forest and Paper Association, American Wood Council, Washington, D.C., 2012.

[§] Na *National Design Specification for Wood Construction*, o símbolo F é usado para tensões.

O parâmetro c considera o tipo de coluna e é igual a 0,8 para colunas de madeira serrada e 0,90 para colunas de madeira laminada colada. O valor de σ_{CE} é definido como

$$\sigma_{CE} = \frac{0{,}822E}{(L/d)^2} \quad (10.51)$$

em que E é um módulo de elasticidade ajustado para flambagem de colunas. Colunas nas quais L/d excede 50 não são permitidas pela National Design Specification for Wood Construction.

Aplicação do conceito 10.3

Sabendo que a coluna AB (Fig. 10.32) tem um comprimento de flambagem de 4,2 m e que deve suportar com segurança uma força de 142 kN, projete uma coluna usando uma seção transversal quadrada composta de laminados colados. O módulo de elasticidade ajustado para a madeira é $E = 5{,}52$ GPa, e a tensão admissível ajustada à compressão paralela às fibras da madeira é $\sigma_C = 7{,}3$ MPa.

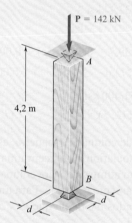

Fig. 10.32 Coluna de madeira com força centrada.

Observamos que $c = 0{,}90$ para colunas de madeira constituídas de laminados colados. Devemos calcular o valor de σ_{CE}. Usando a Equação (10.51), escrevemos

$$\sigma_{CE} = \frac{0{,}822\,E}{(L/d)^2} = \frac{0{,}822\,(5520\text{ MN/m}^2)}{(4{,}2\text{ m}/d)^2} = 257{,}2\,d^2 \text{ MN/m}^2$$

Usamos então a Equação (10.50) para expressar o coeficiente de estabilidade da coluna em termos de d, com $(\sigma_{CE}/\sigma_C) = (257{,}2\,d^2/7{,}3) = 35{,}24\,d^2$,

$$C_p = \frac{1 + (\sigma_{CE}/\sigma_C)}{2c} - \sqrt{\left[\frac{1 + (\sigma_{CE}/\sigma_C)}{2c}\right]^2 - \frac{(\sigma_{CE}/\sigma_C)}{c}}$$

$$= \frac{1 + 35{,}24\,d^2}{2(0{,}90)} - \sqrt{\left[\frac{1 + 35{,}24\,d^2}{2(0{,}9)}\right]^2 - \frac{35{,}24\,d^2}{(0{,}9)}}$$

Como a coluna deve suportar 32 kips, usamos a Equação (10.49) para escrever

$$\sigma_{adm} = \frac{32 \text{ kips}}{d^2} = \sigma_C C_P = 1.060 C_P$$

Resolvendo essa equação para C_P e substituindo na equação anterior o valor obtido, escrevemos

$$\frac{30{,}19}{d^2} = \frac{1 + 21{,}98 \times 10^{-3} d^2}{2(0{,}90)} - \sqrt{\left[\frac{1 + 21{,}98 \times 10^{-3} d^2}{2(0{,}90)}\right]^2 - \frac{21{,}98 \times 10^{-3} d^2}{0{,}90}}$$

Resolvendo para d por tentativa e erro, obtemos $d = 0{,}163$ m.

10.3.2 Coeficiente de projeto para carga e resistência

Aço estrutural Conforme vimos na Seção 1.5.4, um método alternativo de projeto baseia-se na determinação da força na qual a estrutura deixa de ser útil. O projeto baseia-se na desigualdade:

$$\gamma_P P_P + \gamma_E P_E \leq \phi P_L \qquad (1.27)$$

O projeto de colunas de aço submetidas a uma força centrada considerando os Coeficientes de Projeto para Carga e Resistência (*Load and Resistance Factor Design*) contidos nas especificações do AISC (American Institute of Steel Construction) é similar àquela para tensões admissíveis (*Allowable Stress Design*). Usando a tensão crítica σ_{cr}, a carga última P_L é definida por

$$P_L = \sigma_{cr} A \qquad (10.52)$$

A tensão crítica σ_{cr} é determinada utilizando-se a Equação (10.41) para determinar coeficiente de esbeltez no ponto comum às Equações (10.38) e (10.40). Se o coeficiente de esbeltez calculado for menor que o valor calculado pela Equação (10.41), a Equação (10.38) determinará; e, se for maior, a Equação (10.40) determinará. As equações podem ser usadas com o SI ou com o sistema norte-americano.

Observamos que, usando a Equação (10.52) com a Equação (1.27), podemos determinar se o projeto é aceitável. O procedimento é determinar primeiro o coeficiente de esbeltez dado pela Equação (10.41). Para valores de L/r menores do que essa esbeltez, a *carga última* P_L para ser usada na Equação (1.27) é obtida da Equação (10.52), usando σ_{cr} determinado pela Equação (10.38). Para valores de L/r maiores que esse coeficiente de esbeltez, a carga última P_L é obtida usando a Equação (10.52) com a Equação (10.40) para determinar se o projeto é aceitável. As especificações de projeto por coeficiente de carga e resistência do American Institute of Steel Construction especificam que o *coeficiente de resistência* ϕ é de 0,90.

> **Nota:** As fórmulas apresentadas nesta seção se destinam a fornecer exemplos de diferentes abordagens de projeto. Elas não fornecem todos os requisitos necessários para muitos trabalhos, e o estudante deve consultar as especificações apropriadas antes de iniciar o projeto.

PROBLEMA RESOLVIDO 10.3

A coluna AB consiste em um perfil de aço laminado W250 × 58 feito com uma classe de aço para a qual $\sigma_E = 250$ MPa e $E = 200$ GPa. Determine a força centrada **P** admissível (*a*) se o comprimento de flambagem da coluna for de 7,2 m em todas as direções e (*b*) se houver contraventamento para impedir o movimento do ponto médio C no plano xz. (Considere que o movimento do ponto C no plano yz não seja afetado pelo contraventamento.)

W250 × 58
$A = 7420$ mm^2
$r_x = 108$ mm
$r_y = 50,3$ mm

ESTRATÉGIA: A carga centrada admissível para a parte *a* é determinada a partir da equação de governo para as tensões admissíveis do aço, Equação (10.38) ou Equação (10.40), com base na flambagem associada ao eixo com o menor raio de giração, uma vez que os comprimentos efetivos são os mesmos. Na parte *b*, é necessário determinar os índices de esbeltez efetiva para ambos os eixos, considerando o comprimento efetivo reduzido pelo contraventamento. O maior índice de esbeltez guiará o projeto.

MODELAGEM: Primeiramente, calculamos o coeficiente de esbeltez por meio da Equação (10.41) correspondente à tensão de escoamento dada $\sigma_E = 250$ MPa.

$$\frac{L}{r} = 4,71\sqrt{\frac{200 \times 10^3}{250}} = 133,2$$

ANÁLISE:

a. **Comprimento de flambagem = 7,2 m.** A coluna é mostrada na Fig. 1*a*. Como $r_y < r_x$, a flambagem ocorrerá no plano xz (Fig. 2). Para $L = 7,2$ m e $r = r_y = 50,3$ mm, o coeficiente de esbeltez é

$$\frac{L}{r_y} = \frac{720 \text{ cm}}{5,03 \text{ cm}} = 143,1$$

Como $L/r > 133,2$, usamos a Equação (10.39) na Equação (10.40) para determinar

$$\sigma_{cr} = 0,877\sigma_e = 0,877\frac{\pi^2 E}{(L/r)^2} = 0,877\frac{\pi^2(200 \times 10^3 \text{MPa})}{(143,1)^2} = 84,5 \text{ MPa}$$

A tensão admissível, determinada usando a Equação (10.42)

$$\sigma_{adm} = \frac{\sigma_{cr}}{1,67} = \frac{84,5 \text{ MPa}}{1,67} = 50,6 \text{ MPa}$$

$$P_{adm} = \sigma_{adm} A = (50,6 \text{ MN/m}^2)(7420 \times 10^{-6} \text{m}^2) = 0,376 \text{ MN} \quad \blacktriangleleft$$

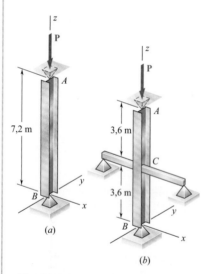

Fig. 1 Coluna com força centrada (*a*) sem contraventamento, (*b*) com contraventamento.

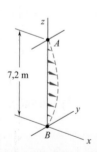

Fig. 2 Forma flambada para coluna sem contraventamento.

***b.* Contraventamento no ponto médio *C*.** Como o contraventamento impede o movimento do ponto *C* no plano *xz*, mas não no plano *yz*, devemos calcular o coeficiente de esbeltez correspondente à flambagem em cada plano (Fig. 3) e determinar qual dos valores é maior.

Plano xz: Comprimento de flambagem = 3,6 m = 3600 mm, $r = r_y = 50,3$ mm.

$$L/r = (3600 \text{ mm})/(50,3 \text{ mm}) = 71,6$$

Plano yz: Comprimento de flambagem = 7,2 m = 7200 mm, $r = r_x = 108$ mm.

$$L/r = (7200 \text{ mm})/(108 \text{ mm}) = 66,7$$

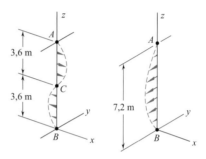

Flambagem no plano *xz* Flambagem no plano *yz*

Fig. 3 Perfis flambados para coluna com contraventamento.

Como um coeficiente de esbeltez maior corresponde a uma força admissível menor, escolhemos $L/r = 71,6$. Uma vez que esse valor é menor que $L/r = 133,2$, usamos as Equações (10.39) e (10.38) para determinar

$$\sigma_e = \frac{\pi^2 E}{(L/r)^2} = \frac{\pi^2 (200 \times 10^3 \text{MN/m}^2)}{(71,6)^2} = 385,0 \text{ MN/m}^2$$

$$\sigma_{cr} = [0,658^{(\sigma_e/\sigma_e)}]\sigma_y = [0,658^{(250 \text{ MPa}/385 \text{ MPa})}] \, 250 = 190,5 \text{ MPa}$$

Agora calculamos a tensão admissível usando a Equação (10.42) e a carga admissível.

$$\sigma_{adm} = \frac{\sigma_{cr}}{1,67} = \frac{190,5 \text{ MPa}}{1,67} = 114,1 \text{ MPa}$$

$$P_{adm} = \sigma_{adm} A = (114,1 \text{ MN/m}^2)(7420 \times 10^{-3} \text{m}^2) = 0,846 \text{ MN} \quad \blacktriangleleft$$

REFLETIR E PENSAR: Este problema mostra o benefício do uso de contraventamentos para reduzir o comprimento efetivo de flambagem em relação ao eixo mais fraco quando uma coluna tem raios de giração significativamente diferentes, o que é comum para colunas de aço de mesas largas.

PROBLEMA RESOLVIDO 10.4

Usando a liga de alumínio 2014-T6 para a barra circular mostada na figura, determine a barra de menor diâmetro que pode ser usada para suportar a força centrada $P = 60$ kN se (a) $L = 750$ mm e (b) $L = 300$ mm.

ESTRATÉGIA: Use as equações da tensão admissível do alumínio para projetar a coluna, isto é, para determinar o menor diâmetro que poderá ser empregado. Uma vez que existem duas equações para o projeto baseadas na razão L/r, primeiramente será necessário assumir qual delas governa e, então, verificar a hipótese assumida.

MODELAGEM: Para a seção transversal de uma barra circular cheia da Fig. 1,

$$I = \frac{\pi}{4}c^4 \qquad A = \pi c^2 \qquad r = \sqrt{\frac{I}{A}} = \sqrt{\frac{\pi c^4/4}{\pi c^2}} = \frac{c}{2}$$

Fig. 1 Seção transversal da coluna de alumínio.

ANÁLISE:

***a*. Comprimento de 750 mm.** Como o diâmetro da barra não é conhecido, deve-se adotar um valor de L/r; *consideramos* que $L/r > 52{,}7$ e usamos a Equação (10.48b). Para a força centrada **P**, temos $\sigma = P/A$ e escrevemos

$$\frac{P}{A} = \sigma_{\text{adm}} = \frac{356 \times 10^3 \text{ MPa}}{(L/r)^2}$$

$$\frac{60 \times 10^3 \text{ N}}{\pi c^2} = \frac{356 \times 10^9 \text{ Pa}}{\left(\dfrac{0{,}750 \text{ m}}{c/2}\right)^2}$$

$$c^4 = 120{,}7 \times 10^{-9} \text{ m}^4 \qquad c = 18{,}64 \text{ mm}$$

Para $c = 18{,}64$ mm, o coeficiente de esbeltez é

$$\frac{L}{r} = \frac{L}{c/2} = \frac{750 \text{ mm}}{(18{,}64 \text{ mm})/2} = 80{,}5 > 52{,}7$$

Nossa suposição de que L/r é maior que 52,7 está correta e, para $L = 750$ mm, o diâmetro necessário é

$$d = 2c = 2(18{,}64 \text{ mm}) \qquad\qquad d = 37{,}3 \text{ mm} \blacktriangleleft$$

b. **Comprimento de 300 mm.** Novamente consideramos que $L/r > 52{,}7$. Usando a Equação (10.48b), e seguindo o procedimento usado na parte *a*, encontramos $c = 11{,}79$ mm e $L/r = 50{,}9$. Como L/r é menor que 52,7, nossa suposição está errada; consideramos agora que L/r está entre 17,0 e 52,7 e usamos a Equação (10.47b) para o projeto dessa barra.

$$\frac{P}{A} = \sigma_{\text{adm}} = \left[273{,}6 - 3{,}205\left(\frac{L}{r}\right) + 0{,}00836\left(\frac{L}{r}\right)^2 \right] \text{MPa}$$

$$\frac{60 \times 10^3 \text{ N}}{\pi c^2} = \left[273{,}6 - 3{,}205\left(\frac{0{,}3m}{c/2}\right) + 0{,}00836\left(\frac{0{,}3m}{c/2}\right)^2 \right] 10^6 \text{ Pa}$$

$$c = 11{,}95 \text{ mm}$$

Para $c = 11{,}95$ mm, o coeficiente de esbeltez é

$$\frac{L}{r} = \frac{L}{c/2} = \frac{300 \text{ mm}}{(11{,}95 \text{ mm})/2} = 50{,}2$$

O segundo pressuposto, que L/r está entre 17,0 e 52,7, está correto. Para $L = 300$ mm, o diâmetro necessário é

$$d = 2c = 2(11{,}95 \text{ mm}) \qquad\qquad d = 23{,}9 \text{ mm} \blacktriangleleft$$

PROBLEMAS

10.57 Usando o *Método da Tensão Admissível*, determine a força centrada admissível para uma coluna com comprimento de flambagem de 6 m feita com os seguintes perfis de aço laminado: (*a*) W200 × 35,9 e (*b*) W200 × 86. Use σ_E = 250 MPa e E = 200 GPa.

10.58 Um perfil de aço laminado W200 × 46,1 é usado para formar uma coluna com comprimento de flambagem de 6,4 m. Usando o *Método da Tensão Admissível*, determine a força centrada admissível se a tensão de escoamento do tipo de aço utilizado é (*a*) σ_E = 248,2 MPa e (*b*) σ_E = 344,8 MPa. Use E = 200 GPa.

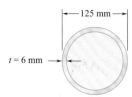

Fig. P10.59

10.59 Um tubo de aço com a seção transversal mostrada é usado como coluna. Usando as fórmulas de tensão admissível para o projeto do AISC, determine a carga centrada admissível se o comprimento efetivo da coluna é de (*a*) 6 m, (*b*) 4 m. Use σ_Y = 250 MPa e E = 200 GPa.

10.60 Uma coluna de madeira laminada colada tem comprimento efetivo de 4,8 m e seção transversal de 140 × 170 mm. Sabendo que para o tipo de madeira utilizado, a tensão admissível ajustada para compressão paralela às fibras é de σ_C = 8,2 MPa e o módulo ajustado é E = 3,6 GPa, determine a carga centrada admissível máxima para a coluna.

10.61 Uma coluna de madeira serrada com seção transversal de 5,5 × 5,5 in. tem comprimento efetivo de 11 pés. Sabendo que, para o tipo de madeira utilizada, a tensão admissível ajustada para a compressão paralela às fibras é σ_C = 1300 psi e o módulo ajustado E = 540 × 10³ psi, determine a carga centrada admissível máxima para a coluna.

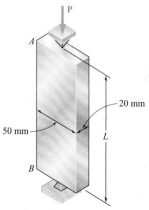

Fig. P10.62

10.62 Usando a liga de alumínio 2014-T6, determine o maior comprimento admissível da barra de alumínio *AB* para uma carga centrada **P** de intensidade (*a*) 150 kN, (*b*) 90 kN, (*c*) 25 kN.

10.63 Um elemento de compressão tem a seção transversal mostrada e comprimento efetivo de 8 pés. Sabendo que a liga de alumínio usada é a 2014-T6, determine a carga centrada admissível.

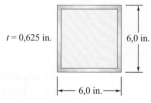

Fig. P10.63

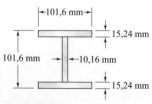

Fig. P10.64

10.64 Um elemento de compressão tem a seção transversal mostrada na figura e comprimento de flambagem de 1524 mm. Sabendo que a liga de alumínio usada é a 6061-T6, determine a carga centrada admissível.

10.65 Uma coluna de aço com a seção transversal mostrada possui comprimento efetivo de 13,5 pés. Usando o *Método da Tensão Admissível*, determine a maior carga centrada que pode ser aplicada à coluna. Utilize $\sigma_Y = 36$ ksi e $E = 29 \times 10^6$ psi.

10.66 Um elemento de compressão com 9 m de comprimento de flambagem é obtido soldando-se duas placas de aço com 10 mm de espessura a um perfil de aço laminado W250 × 80, conforme mostra a figura. Sabendo que $\sigma_E = 345$ MPa e $E = 200$ GPa e usando o *Método da Tensão Admissível*, determine a força centrada admissível para o elemento de compressão.

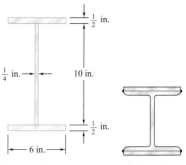

Fig. P10.65   **Fig. P10.66**

10.67 Uma coluna com 6,4 m de comprimento efetivo é obtida conectando quatro cantoneiras de aço L89 × 89 × 9,5 mm com barras de travamento conforme mostrado. Utilizando o *Método da Tensão Admissível*, determine a carga centrada admissível para a coluna. Utilize $\sigma_E = 345$ MPa e $E = 200$ GPa.

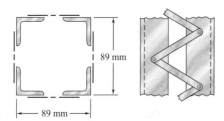

Fig. P10.67

10.68 Uma coluna com comprimento de flambagem de 6,4 m é obtida ligando-se dois perfis U de aço U250 × 30 com barras de travejamento conforme mostra a figura. Usando o método da tensão admissível, determine a força centrada admissível para a coluna. Use $\sigma_E = 248,2$ MPa e $E = 200$ GPa.

10.69 Uma coluna retangular com 4,4 m de comprimento efetivo é feita de madeira laminada colada. Sabendo que, para o tipo de madeira usado, a tensão admissível ajustada para a compressão paralela às fibras é de $\sigma_C = 8,3$ MPa e o módulo ajustado é $E = 4,6$ GPa, determine a carga centrada admissível máxima para a coluna.

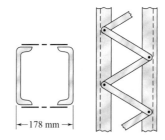

Fig. P10.68

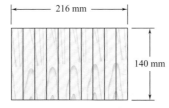

Fig. P10.69

10.70 Um tubo de alumínio estrutural é reforçado rebitando-se nele duas placas, como mostra a figura, para ser usado como uma coluna de 1,7 m de comprimento de flambagem. Sabendo-se que todo o material é composto pela liga de alumínio 2014-T6, determine a máxima força centrada admissível.

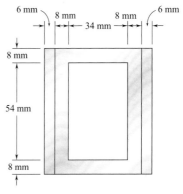

Fig. P10.70

10.71 A coluna constituída de laminados colados mostrada na figura está livre no topo A e engastada na base B. Usando um tipo de madeira que tem uma tensão admissível ajustada à compressão paralela às fibras $\sigma_C = 9,2$ MPa e um módulo de elasticidade $E = 5,7$ GPa, determine a menor seção transversal que pode suportar uma força centrada de 62 kN.

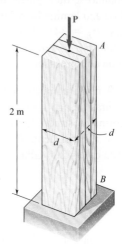

Fig. P10.71

10.72 Uma força centrada de 80,1 kN é aplicada a uma coluna retangular de madeira serrada com 6,71 m de comprimento de flambagem. Usando madeira serrada para a qual a tensão admissível ajustada à compressão paralela às fibras é $\sigma_C = 7,24$ MPa e sabendo que o módulo de elasticidade ajustado é $E = 3,03$ GPa, determine a menor seção transversal quadrada que pode ser usada. Use $b = 2d$.

10.73 Uma coluna de madeira laminada colada tem comprimento efetivo de 3 m e é feita de pranchas com seção transversal de 24 × 100 mm. Sabendo que, para o tipo de madeira usado, $E = 11$ GPa e a tensão admissível ajustada para a compressão paralela às fibras é de $\sigma_C = 9$ MPa, determine o número de pranchas que deve ser usado para sustentar a carga centrada mostrada quando (a) $P = 34$ kN, (b) $P = 17$ kN.

Fig. P10.72

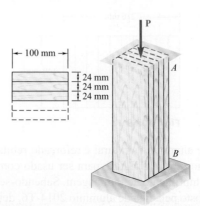

Fig. P10.73

10.74 Para uma haste feita da liga de alumínio 6061-T6, selecione a menor seção transversal quadrada que pode ser utilizada se a haste será utilizada para suportar uma carga centrada de 35 kip.

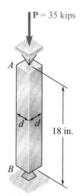

Fig. P10.74

10.75 Uma força centrada de 72 kN precisa ser suportada por uma coluna de alumínio conforme mostra a figura. Usando a liga de alumínio 6061-T6, determine a dimensão b mínima que pode ser usada.

10.76 Um tubo de alumínio com diâmetro externo de 90 mm deve suportar uma força centrada de 120 kN. Sabendo que o estoque de tubos disponíveis para uso é composto de tubos feitos com a liga 2014-T6 e com espessura de parede variando de 6 mm a 15 mm com incrementos de 3 mm, determine o tubo mais leve que pode ser usado.

Fig. P10.75

Fig. P10.76

10.77 Uma coluna de aço de 4,5 m de comprimento efetivo deve suportar uma força centrada de 900 kN. Sabendo que $\sigma_E = 345$ MPa e $E = 200$ GPa, use o *Método de Tensão Admissível* para selecionar a forma de mesa larga com 250 mm de profundidade nominal que deve ser utilizada.

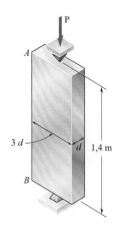

Fig. P10.80

10.78 Uma coluna de aço com 17,5 pés de comprimento efetivo deve suportar uma carga centrada de 338 kips. Usando o *Método de Tensão Admissível*, selecione a forma de mesa larga com 12 in. de profundidade nominal que deve ser utilizada. Use $\sigma_E = 50$ ksi e $E = 29 \times 10^6$ psi.

10.79 Uma coluna de aço com comprimento de flambagem de 17 pés deve suportar uma força centrada de 235 kips. Usando o *Método da Tensão Admissível*, selecione o perfil de mesa larga de 10 in de altura nominal que deverá ser usado. Use $\sigma_E = 36$ ksi e $E = 29 \times 10^6$ psi.

10.80 Uma carga centrada **P** deve ser sustentada pela barra de aço AB. Usando o *Método de Tensão Admissível*, determine a menor dimensão d da seção transversal que pode ser usada quando (*a*) $P = 148$ kN, (*b*) $P = 196$ kN. Use $\sigma_E = 250$ MPa e $E = 200$ GPa.

10.81 Um tubo estrutural quadrado com a seção transversal mostrada na figura é usado como uma coluna de 7925 mm de comprimento de flambagem para suportar uma força centrada de 289 kN. Sabendo que os tubos disponíveis para uso são feitos com espessuras de parede variando entre 6,35 mm e 19,05 mm com incrementos de 1,587 mm, utilize o *Método de Tensão Admissível* para determinar o tubo mais leve que pode ser usado. Use $\sigma_E = 248,2$ MPa e $E = 200$ GPa.

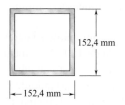

Fig. P10.81

10.82 Resolva o Prob. 10.81 assumindo que o comprimento efetivo da coluna é diminuído para 6096 mm.

10.83 Duas cantoneiras de aço de 89 mm × 64 mm são soldadas, como mostra a figura, para formarem uma coluna com comprimento de flambagem de 2,4 m para suportar uma força centrada de 180 kN. Sabendo que as cantoneiras disponíveis têm espessuras de 6,4 mm, 9,5 mm e 12,7 mm, utilize o *Método da Tensão Admissível* para determinar as cantoneiras mais leves que podem ser empregadas. Use $\sigma_E = 250$ MPa e $E = 200$ GPa.

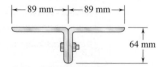

Fig. P10.83

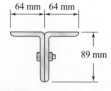

Fig. P10.84

10.84 Duas cantoneiras de aço de 89 mm × 64 mm são soldadas, como mostra a figura, para formarem uma coluna com comprimento de flambagem de 2,4 m para suportar uma força centrada de 325 kN. Sabendo que as cantoneiras disponíveis têm espessuras de 6,4 mm, 9,5 mm e 12,7 mm, utilize o *Método de Tensão Admissível* para determinar as cantoneiras mais leves que podem ser usadas. Use $\sigma_E = 250$ MPa e $E = 200$ GPa.

*10.85 Um tubo retangular com a seção transversal mostrada é usado como coluna com um comprimento de flambagem igual a 4,42 m. Sabendo que $\sigma_E = 248{,}2$ MPa e $E = 200$ GPa, utilize o *Método do Coeficiente de Projeto para Carga e Resistência* para determinar a maior carga externa centrada que pode ser aplicada se a carga permanente centrada, é de 240,2 kN. Use um coeficiente de carga permanente $\gamma_P = 1{,}2$, um coeficiente de carga externa $\gamma_E = 1{,}6$ e o coefiente de resistência $\phi = 0{,}90$.

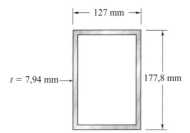

Fig. P10.85

*10.86 Uma coluna com comprimento de flambagem de 5,8 m suporta uma força centrada, com uma relação entre o peso próprio e a carga externa igual a 1,35. O coeficiente de carga permanente é $\gamma_P = 1{,}2$, o coeficiente de carga externa é $\gamma_E = 1{,}6$ e o coeficiente de resistência é $\phi = 0{,}90$. Utilize o *Método do Coeficiente de Projeto para Carga e Resistência* para determinar as cargas permanentes e externas centradas admissíveis se a coluna for feita com o seguinte perfil de aço laminado: (*a*) W250 × 67 e (*b*) W360 × 101. Use $\sigma_E = 345$ MPa e $E = 200$ GPa.

*10.87 Uma coluna de aço com comprimento de flambagem de 5,5 m deve suportar uma carga permanente centrada de 310 kN e uma carga externa centrada de 375 kN. Sabendo que $\sigma_E = 250$ MPa e $E = 200$ GPa, utilize o *Método do Coeficiente de Projeto para Carga e Resistêcia* para selecionar o perfil de mesa larga de 310 mm de altura nominal que deverá ser empregado. O coeficiente de carga permanente é $\gamma_P = 1{,}2$, o coeficiente de carga externa é $\gamma_E = 1{,}6$ e o coeficiente de resistência $\phi = 0{,}90$.

*10.88 O tubo estrutural de aço com seção transversal mostrada na figura é usado como coluna com comprimento de flambagem de 4,57 m para suportar uma carga permanente centrada de 226,8 kN e uma carga externa centrada de 258,0 kN. Sabendo que os tubos disponíveis para uso são feitos com espessura de parede com incrementos de 1,59 mm, de 4,76 mm até 9,53 mm, utilize o *Método do Coeficiente de Projeto para Carga e Resistência* para determinar o tubo mais leve que pode ser usado. Use $\sigma_E = 248{,}2$ MPa e $E = 200$ GPa. O coeficiente de carga permanente é $\gamma_P = 1{,}2$, o coeficiente de carga externa é $\gamma_E = 1{,}6$ e o coeficiente de resistência é $\phi = 0{,}90$.

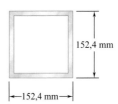

Fig. P10.88

10.4 PROJETO DE COLUNAS SUBMETIDAS A UMA FORÇA EXCÊNTRICA

Nesta seção, será considerado o projeto de colunas submetidas a uma força excêntrica. Você verá como as fórmulas empíricas desenvolvidas na seção anterior para colunas submetidas a uma força centrada podem ser modificadas e usadas quando a força **P** aplicada à coluna tem uma excentricidade e conhecida.

Lembremos, em primeiro lugar, a Seção 4.7, em que uma força **P** axial excêntrica aplicada em um plano de simetria da coluna pode ser substituída por um sistema equivalente consistindo em uma força centrada **P** e um conjugado **M** de momento $M = Pe$, em que e é a distância desde a linha de ação da força até o eixo longitudinal da coluna (Fig. 10.33). As tensões normais que atuam em uma seção transversal da coluna podem então ser obtidas superpondo-se as tensões provocadas, respectivamente, pela força centrada **P** e pelo momento **M** (Fig. 10.34), desde que a seção considerada

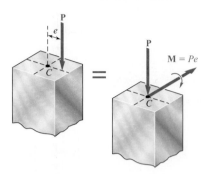

Fig. 10.33 Força axial excêntrica substituída por força centrada e momento equivalentes.

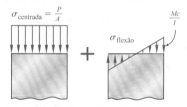

Fig. 10.34 A tensão normal de uma coluna carregada excentricamente é a superposição das tensões axial central e de flexão.

não esteja muito perto de uma das extremidades da coluna e desde que as tensões envolvidas não excedam o limite de proporcionalidade do material. As tensões normais provocadas pela força excêntrica **P** podem assim ser expressas como

$$\sigma = \sigma_{\text{centrada}} + \sigma_{\text{flexão}} \tag{10.53}$$

A tensão de compressão máxima na coluna é

$$\sigma_{\text{máx}} = \frac{P}{A} + \frac{Mc}{I} \tag{10.54}$$

Em uma coluna projetada adequadamente, a tensão máxima definida pela Equação (10.54) não deve ultrapassar a tensão admissível do material da coluna. Podem ser usadas duas abordagens alternativas para satisfazer esse requisito, e são elas: *Método da tensão admissível* e o *Método da interação*.

Método da tensão admissível. Este método baseia-se na suposição de que a tensão admissível para uma coluna carregada excentricamente é a mesma se a coluna for carregada de forma centrada. Portanto, $\sigma_{\text{máx}} \leq \sigma_{\text{adm}}$, em que σ_{adm} é a tensão admissível sob uma força centrada. Substituindo $\sigma_{\text{máx}}$ da Equação (10.54), temos

$$\frac{P}{A} + \frac{Mc}{I} \leq \sigma_{\text{adm}} \tag{10.55}$$

A tensão admissível é obtida das fórmulas da Seção 10.3 que, para um dado material, expressam σ_{adm} como uma função do coeficiente de esbeltez da coluna. Normas de engenharia requerem que seja usado o maior valor do coeficiente de esbeltez da coluna para determinar a tensão admissível, independentemente de esse valor corresponder ou não ao plano em que ocorre a flexão. Essa condição às vezes resulta em um projeto demasiadamente conservador.

Aplicação do conceito 10.4

Uma coluna com seção transversal quadrada de 50 mm e 710 mm de comprimento de flambagem é feita de liga de alumínio 2014-T6 (Fig. 10.35). Usando o método da tensão admissível, determine a força P máxima que pode ser suportada com segurança com uma excentricidade de 20 mm.

Primeiramente, calculamos o raio de giração r usando os dados fornecidos

$$A = (50 \text{ mm})^2 = 2500 \text{ mm}^2$$

$$I = \tfrac{1}{12}(50 \text{ mm})^4 = 520{,}8 \times 10^3 \text{ mm}^4$$

$$r = \sqrt{\frac{I}{A}} = \sqrt{\frac{520{,}8 \times 10^3 \text{ mm}^4}{2500 \text{ mm}^2}} = 14{,}43 \text{ mm}$$

Em seguida, calculamos $L/r = (710 \text{ mm})/(14{,}43 \text{ mm}) = 49{,}20$.

Como L/r está entre 17,0 e 52,7, usamos a Equação (10.47a) para determinar a tensão admissível para a coluna de alumínio sujeita a uma força centrada.

$$\sigma_{adm} = [39{,}7 - 0{,}465(48{,}5) + 0{,}00121(48{,}5)^2] = 19{,}99 \text{ ksi}$$

Usamos agora a Equação (10.55) com $M = Pe$ e $c = 25$ mm para determinar a carga admissível:

$$\frac{P}{2500 \text{ mm}^2} + \frac{P(20 \text{ mm})(25 \text{ mm})}{520{,}8 \times 10^3 \text{ mm}^4} \leq 19{,}99 \text{ kN}$$

$$P \leq 23{,}5 \text{ kN}$$

A força máxima que pode ser aplicada com segurança é $P = 23{,}5$ kips.

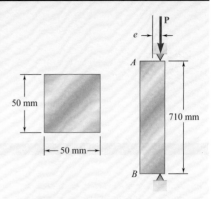

Fig. 10.35 Coluna submetida a força axial excêntrica.

Método da interação. Lembramos que a tensão admissível para uma coluna submetida a uma força centrada (Fig. 10.36a) geralmente é menor do que a tensão admissível para uma coluna em flexão pura (Fig. 10.36b), pois a primeira leva em conta a possibilidade de flambagem. Portanto, quando usamos o método da tensão admissível para projetar uma coluna carregada excentricamente e escrevemos que a soma das tensões provocadas pela força **P** centrada e pelo momento fletor **M** (Fig. 10.36c) não deve ultrapassar a tensão admissível para uma coluna carregada de forma centrada, o projeto resultante frequentemente será muito conservador. Pode ser desenvolvido um método superior de projeto reescrevendo a Equação (10.55) na forma

$$\frac{P/A}{\sigma_{adm}} + \frac{Mc/I}{\sigma_{adm}} \leq 1 \qquad (10.56)$$

e substituindo σ_{adm} no primeiro e segundo termos pelos valores da tensão admissível que correspondem, respectivamente, ao carregamento centrado da Fig. 10.36a e à flexão pura da Fig. 10.36b. Temos

$$\frac{P/A}{(\sigma_{adm})_{centrada}} + \frac{Mc/I}{(\sigma_{adm})_{flexão}} \leq 1 \qquad (10.57)$$

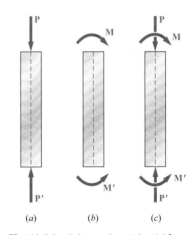

Fig. 10.36 Coluna submetida a (a) força axial centrada, (b) flexão pura, (c) força excêntrica.

O tipo de fórmula obtida é conhecido como *fórmula da interação*.

Quando $M = 0$, o uso da Equação (10.57) resulta no projeto de uma coluna carregada de forma centrada pelo método da Seção 10.3. No entanto, quando $P = 0$, o uso da fórmula resulta no projeto de uma viga em flexão pura pelo método do Seção 5.3. Quando P e M são diferentes de zero, a fórmula de interação resulta em um projeto que leva em conta a capacidade do elemento em resistir à flexão, bem como o carregamento axial centrado. Em todos os casos, $(\sigma_{adm})_{centrada}$ será determinado usando-se o maior coeficiente de esbeltez da coluna, independentemente do plano no qual a flexão ocorra.[†]

Aplicação do conceito 10.5

Use o método da interação para determinar a força P máxima que pode ser suportada com segurança pela coluna da Aplicação do conceito 10.4 com uma excentricidade de 20 mm. A tensão admissível em flexão é de 165 MPa.

O valor de $(\sigma_{adm})_{centrada}$ já foi determinado. Temos

$$(\sigma_{adm})_{centrada} = 19{,}99\text{ksi} \qquad (\sigma_{adm})_{flexão} = 165 \text{ MPa}$$

Substituindo esses valores na Equação (10.57),

$$\frac{P/A}{19{,}99 \text{ ksi}} + \frac{Mc/I}{165 \text{ MPa}} \leq 1{,}0$$

Usando os dados numéricos da Aplicação do conceito 10.4, escrevemos

$$\frac{P/2500}{19{,}99 \text{ ksi}} + \frac{P(20)(25)/520 \times 10^3}{165 \text{ MPa}} \leq 1{,}0$$

$$P \leq 26{,}7 \text{ kips}$$

A força máxima que pode ser aplicada com segurança é então $P = 26{,}7$ kips.

Quando a força excêntrica **P** não é aplicada em um plano de simetria da coluna, ela provoca flexão em relação a ambos os eixos principais da seção transversal. A força excêntrica **P** pode então ser substituída por uma força centrada **P** e dois momentos representados pelos momentos vetores $\mathbf{M}_x$ e $\mathbf{M}_z$ mostrados na Fig. 10.37. A fórmula da interação a ser usada nesse caso é

$$\frac{P/A}{(\sigma_{adm})_{centrada}} + \frac{|M_x|z_{máx}/I_x}{(\sigma_{adm})_{flexão}} + \frac{|M_z|x_{máx}/I_z}{(\sigma_{adm})_{flexão}} \leq 1 \quad (10.58)$$

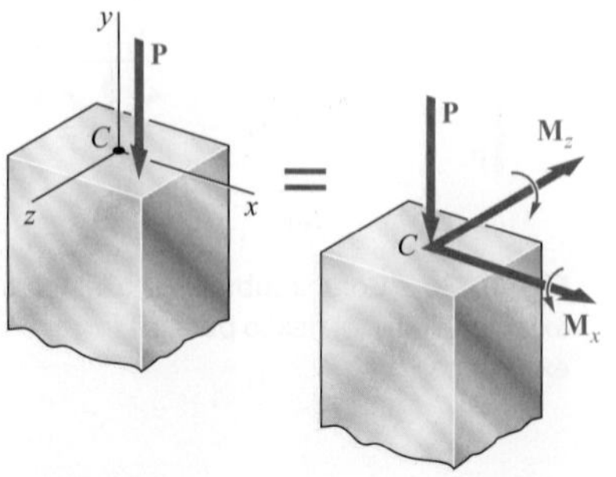

Fig. 10.37 Força centrada equivalente e momentos conjugados com a força axial excêntrica produzindo flexão biaxial.

[†] Este procedimento é exigido por todas as principais normas de projeto de elementos de compressão em aço, alumínio e madeira. Além disso, muitas especificações pedem o uso de um coeficiente adicional no segundo termo da Equação (10.57); esse coeficiente leva em conta as tensões adicionais resultantes da deflexão da coluna causada pela flexão.

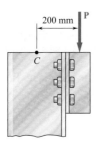

PROBLEMA RESOLVIDO 10.5

Usando o *Método da Tensão Admissível*, determine a maior força **P** que pode ser suportada com segurança por uma coluna de aço W310 × 74 de 4,5 m de comprimento de flambagem. Use $E = 200$ GPa e $\sigma_E = 250$ MPa.

$$\begin{aligned}
&\text{W310} \times 74\\
&A = 9420 \text{ mm}^2\\
&r_x = 132 \text{ mm}\\
&r_y = 49{,}8 \text{ mm}\\
&W_x = 1050 \times 10^3 \text{ mm}^3
\end{aligned}$$

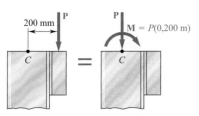

Fig. 1 Carregamento excêntrico substituído pelo sistema centrado de força e momento atuando sobre o centroide da coluna.

ESTRATÉGIA: Determine a tensão centrada admissível para a coluna, utilizando a equação do *Método da Tensão Admissível* para o aço, Equação (10.38) ou Equação (10.40) com a Equação (10.42). Então, utilize a Equação (10.55) para calcular a carga **P**.

MODELAGEM E ANÁLISE:

O maior coeficiente de esbeltez da coluna é $L/r_y = (4{,}5 \text{ m})/(0{,}0498 \text{ m}) = 90{,}4$. Usando a Equação (10.41) com $E = 200$ GPa e $\sigma_E = 250$ MPa, verificamos que o coeficiente de esbeltez na interseção das duas equações para σ_{cr} é $L/r = 133{,}2$. Portanto, usamos as Equações (10.38) e (10.39) e constatamos que $\sigma_{cr} = 162{,}2$ MPa. Usando a Equação (10.42), a tensão admissível é

$$(\sigma_{adm})_{\text{centrada}} = 162{,}2/1{,}67 = 97{,}1 \text{ MPa}$$

Para a coluna dada, substituindo o carregamento excêntrico por um sistema centrado de força e momento atuando no centroide (Fig. 1), escrevemos

$$\frac{P}{A} = \frac{P}{9{,}42 \times 10^{-3} \text{ m}^2} \qquad \frac{Mc}{I} = \frac{M}{W} = \frac{P(0{,}200 \text{ m})}{1{,}050 \times 10^{-3} \text{ m}^3}$$

Substituindo na Equação (10.53), escrevemos

$$\frac{P}{A} + \frac{Mc}{I} \leq \sigma_{adm}$$

$$\frac{P}{9{,}42 \times 10^{-3} \text{ m}^2} + \frac{P(0{,}200 \text{ m})}{1{,}050 \times 10^{-3} \text{ m}^3} \leq 97{,}1 \text{ MPa} \qquad P \leq 327 \text{ kN}$$

A maior carga **P** admissível é então $\qquad \mathbf{P} = 327 \text{ kN} \downarrow$ ◀

PROBLEMA RESOLVIDO 10.6

Usando o método da interação, resolva o Problema Resolvido 10.5. Considere $(\sigma_{adm})_{flexão} = 150$ MPa.

ESTRATÉGIA: Utilize a tensão admissível centrada encontrada no Problema Resolvido 10.5 para calcular a carga **P**.

MODELAGEM E ANÁLISE:

Usando a Equação (10.57), escrevemos

$$\frac{P/A}{(\sigma_{adm})_{centrada}} + \frac{Mc/I}{(\sigma_{adm})_{flexão}} \leq 1$$

Substituindo a tensão admissível de flexão fornecida e a tensão admissível centrada do Problema Resolvido 10.5, bem como os outros dados, temos

$$\frac{P/(9{,}42 \times 10^{-3}\ m^2)}{97{,}1 \times 10^6\ Pa} + \frac{P(0{,}200\ m)/(1{,}050 \times 10^{-3}\ m^3)}{150 \times 10^6\ Pa} \leq 1$$

$$P \leq 423\ kN$$

A maior força **P** admissível é então $\quad P = 423\ kN \downarrow$ ◄

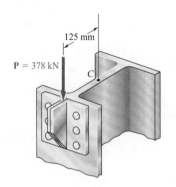

PROBLEMA RESOLVIDO 10.7

Uma coluna de aço com um comprimento de flambagem de 4,8 m é carregada excentricamente como mostra a figura. Usando o método da interação, selecione o perfil de mesa larga com altura nominal de 200 mm que deveria ser usado. Considere que $E = 200$ GPa e $\sigma_E = 250$ MPa e use uma tensão admissível à flexão de 152 MPa.

ESTRATÉGIA: É necessário selecionar a coluna mais leve que satisfaz a Equação (10.57). Isso envolve um processo de tentativa e erro, o qual pode ser encurtado se o perfil de mesas largas de 200 mm. selecionado for próximo da solução final. Isso é feito por meio do uso do método das tensões admissíveis, Equação (10.55), com uma tensão admissível aproximada.

MODELAGEM E ANÁLISE:

Para podermos ter uma ideia inicial do perfil a ser escolhido, vamos usar o método da tensão admissível com $\sigma_{adm} = 152$ MPa e escrevemos

$$\sigma_{adm} = \frac{P}{A} + \frac{Mc}{I_x} = \frac{P}{A} + \frac{Mc}{Ar_x^2} \quad (1)$$

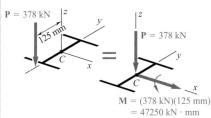

Fig. 1 Carregamento excêntrico substituído pela força e momento equivalentes no centroide da coluna.

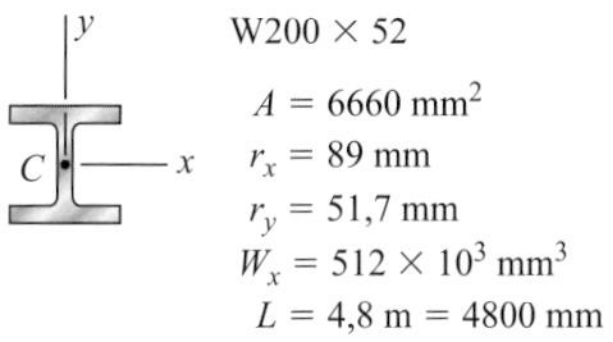

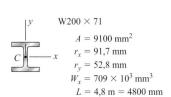

Fig. 2 Propriedades da seção para W200 x 52.

Com base no Apêndice E, observamos para os perfis com 200 mm de altura nominal que $c \approx 100$ mm e $r_x \approx 88$ mm. Utilizando a Fig. 1 e substituindo na Equação (1), temos

$$152 \text{ MPa} = \frac{378000 \text{ N}}{A} + \frac{(47{,}25 \times 10^6 \text{N} \cdot \text{mm})(100 \text{ mm})}{A(88 \text{ mm})^2} \quad A \approx 6522 \text{ mm}^2$$

Na primeira tentativa, selecionamos o perfil: W200 × 52.

Tentativa 1: W200 × 52 (Fig. 2). As tensões admissíveis são

Tensão admissível à flexão: (ver dados) $\quad (\sigma_{\text{adm}})_{\text{flexão}} = 152$ MPa

Tensão admissível centrada: O maior coeficiente de esbeltez é $L/r_y = (4800 \text{ mm})/(51{,}7 \text{ mm}) = 92{,}8$. Usando a Equação (10.41) com $E = 200$ GPa e $\sigma_E = 250$ MPa, verificamos que o coeficiente de esbeltez na interseção das duas equações para σ_{cr} é $L/r = 133{,}2$. Portanto, usaremos as Equações (10.38) e (10.39) lembrando que $\sigma_{\text{cr}} = 158{,}4$ MPa. Usando a Equação (10.42), a tensão admissível é

$$(\sigma_{\text{adm}})_{\text{centrada}} = 158{,}4/1{,}67 = 94{,}9 \text{ MPa}$$

Para o perfil W200 × 52,

$$\frac{P}{A} = \frac{378000 \text{ N}}{6660 \text{ mm}^2} = 56{,}8 \text{ MPa} \quad \frac{Mc}{I} = \frac{M}{W_x} = \frac{47{,}25 \times 10^6 \text{ N} \cdot \text{mm}}{512 \times 10^3 \text{ mm}^3} = 92{,}3 \text{ MPa}$$

Com esses dados, vemos que o membro esquerdo da Equação (10.57) é

$$\frac{P/A}{(\sigma_{\text{adm}})_{\text{centrada}}} + \frac{Mc/I}{(\sigma_{\text{adm}})_{\text{flexão}}} = \frac{56{,}8 \text{ MPa}}{94{,}9 \text{ MPa}} + \frac{92{,}3 \text{ MPa}}{152 \text{ MPa}} = 1{,}21$$

Como $1{,}21 > 1{,}00$, a condição dada pela fórmula de interação não é satisfeita; temos que tentar selecionar um perfil maior.

Tentativa 2: W200 × 71 (Fig. 3). Seguindo o procedimento da tentativa 1, escrevemos

$$\frac{L}{r_y} = \frac{4800 \text{ mm}}{52{,}8 \text{ mm}} = 90{,}9 \quad (\sigma_{\text{adm}})_{\text{centrada}} = 96{,}6 \text{ MPa}$$

$$\frac{P}{A} = \frac{378000 \text{ N}}{9100 \text{ mm}^2} = 41{,}5 \text{ MPa} \quad \frac{Mc}{I} = \frac{M}{W_x} = \frac{47{,}25 \times 10^6 \text{ N} \cdot \text{mm}}{709 \times 10^3 \text{ mm}^3} = 66{,}6 \text{ MPa}$$

Substituindo na Equação (10.57) resulta

$$\frac{P/A}{(\sigma_{\text{adm}})_{\text{centrada}}} + \frac{Mc/I}{(\sigma_{\text{adm}})_{\text{flexão}}} = \frac{41{,}5 \text{ MPa}}{96{,}6 \text{ MPa}} + \frac{66{,}6 \text{ MPa}}{152 \text{ MPa}} = 0{,}87$$

O perfil W200 × 71 satisfaz a condição, mas pode ser desnecessariamente grande.

Tentativa 3: W200 × 59 (Fig.4). Seguindo novamente o mesmo procedimento, vemos que a fórmula da interação não é satisfeita.

Seleção do perfil. O perfil a ser usado é $\quad$ W200×71 ◂

W200 × 71
$A = 9100 \text{ mm}^2$
$r_x = 91{,}7$ mm
$r_y = 52{,}8$ mm
$W_x = 709 \times 10^3 \text{ mm}^3$
$L = 4{,}8$ m = 4800 mm

Fig. 3 Propriedades da seção para W200 x 71.

W200 × 59
$A = 7560 \text{ mm}^2$
$r_x = 89{,}9$ mm
$r_y = 51{,}9$ mm
$W_x = 582 \times 10^3 \text{ mm}^3$
$L = 4{,}8$ m = 4800 mm

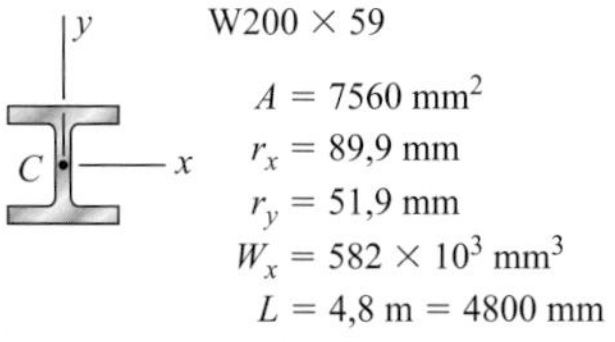

Fig. 4 Propriedades da seção para W200 x 59.

PROBLEMAS

10.89 Um elemento de compressão de aço com 2,75 m de comprimento efetivo suporta uma carga excêntrica, como mostrado. Usando o método das tensões admissíveis e considerando que $e = 40$ mm, determine a carga admissível máxima **P**. Utilize $\sigma_E = 250$ MPa e $E = 200$ GPa.

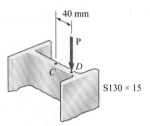

Fig. P10.89

10.90 Resolva o Problema 10.89, utilizando $e = 60$ mm.

10.91 Uma coluna de madeira serrada de seção transversal 127 mm × 190,5 mm tem um comprimento de flambagem de 2591 mm. A madeira usada tem uma tensão admissível ajustada à compressão paralela às fibras de $\sigma_C = 8,14$ MPa e um módulo de elasticidade ajustado $E = 3,03$ GPa. Usando o método da tensão admissível, determine a maior força **P** excêntrica que pode ser aplicada quando (a) $e = 12,7$ mm e (b) $e = 25,4$ mm.

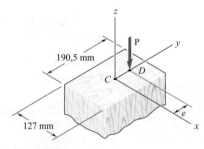

Fig. P10.91

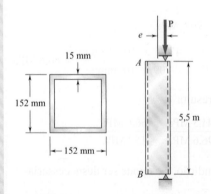

Fig. P10.93

10.92 Resolva o Problema 10.91 usando o método da interação e uma tensão admissível à flexão de 8,96 MPa.

10.93 Uma coluna com comprimento de flambagem de 5,5 m é feita com a liga de alumínio 2014-T6, para a qual a tensão admissível à flexão é de 220 MPa. Usando o método da interação, determine a força **P** admissível, sabendo que a excentricidade é (a) $e = 0$ e (b) $e = 40$ mm.

10.94 Resolva o Problema 10.93, considerando que o comprimento efetivo da coluna é de 2,8 m.

10.95 Uma coluna com 14 pés de comprimento efetivo é composta de uma seção de tubos de aço com a seção transversal mostrada. Usando o método das tensões admissíveis, determine a excentricidade admissível máxima e se (a) $P = 55$ kips, (b) $P = 35$ kips. Use $\sigma_E = 36$ ksi e $E = 29 \times 10^6$ psi.

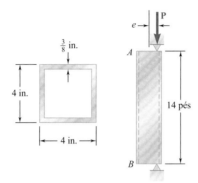

Fig. P10.95

10.96 Resolva o Problema 10.95, considerando que o comprimento efetivo da coluna aumenta para 18 pés e que (a) $P = 28$ kips, (b) $P = 18$ kips.

10.97 Duas cantoneiras L4 × 3 × $\frac{3}{8}$ in. de aço são soldadas juntas de modo a formar a coluna AB. Uma carga axial **P** de intensidade 14 kips é aplicada no ponto D. Utilizando o método das tensões admissíveis, determine o maior comprimento L admissível. Assuma que $\sigma_E = 36$ ksi e $E = 29 \times 10^6$ psi.

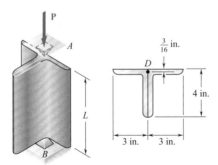

Fig. P10.97

10.98 Resolva o Prob. 10.97 utilizando o método da interação com $P = 18$ kips e uma tensão admissível na flexão de 22 ksi.

10.99 Uma coluna retangular é feita de um tipo de madeira serrada que tem uma tensão admissível ajustada à compressão paralela às fibras $\sigma_C = 8{,}3$ MPa e um módulo de elasticidade ajustado $E = 11{,}1$ GPa. Usando o método da tensão admissível, determine o maior comprimento de flambagem L admissível que pode ser usado.

10.100 Resolva o Problema 10.99 considerando que $P = 105$ kN.

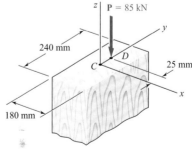

Fig. P10.99

10.101 Uma carga excêntrica $P = 56$ kN é aplicada em um ponto a 17 mm do eixo geométrico de uma haste de 50 mm de diâmetro feita da liga de alumínio 6061-T6. Usando o método da interação e uma tensão de flexão admissível de 145 MPa, determine o maior comprimento efetivo admissível L que pode ser utilizado.

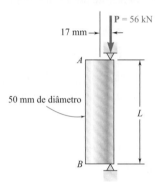

Fig. P10.101

10.102 Resolva o Problema 10.101 considerando que a liga de alumínio usada é a 2014-T6 e que a tensão admissível à flexão é de 180 MPa.

10.103 Uma carga vertical **P** de 62 kN é aplicada ao ponto médio de uma borda da seção transversal quadrada do elemento de compressão de aço AB, que está livre no seu topo A e fixo na sua base B. Sabendo que, para o tipo de aço usado, $\sigma_E = 345$ MPa e $E = 200$ GPa, e usando o método das tensões admissíveis, determine a menor dimensão admissível d.

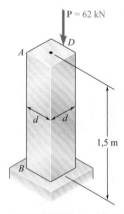

Fig. P10.103

10.104 Resolva o Problema 10.103, considerando que a carga vertical **P** é aplicada ao canto da seção transversal.

10.105 Um tubo de aço com diâmetro externo de 80 mm deve suportar uma força **P** de 93 kN com uma excentricidade de 20 mm. O estoque de tubos para utilização são feitos com espessuras de parede que variam em incrementos de 3 mm de 6 mm até 15 mm. Usando o método das tensões admissíveis, determine o tubo mais leve que pode ser utilizado. Considere $E = 200$ GPa e $\sigma_E = 250$ MPa.

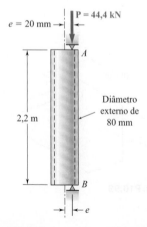

Fig. P10.105

10.106 Resolva o Problema 10.105 usando o método da interação com $P = 165$ kN, $e = 15$ mm e a tensão admissível à flexão de 150 MPa.

10.107 Uma coluna de madeira serrada de seção transversal retangular tem 2,2 mm de comprimento de flambagem e suporta uma força de 41 kN conforme mostra a figura. As dimensões disponíveis para uso têm b igual a 90 mm, 140 mm, 190 mm e 240 mm. Essa madeira tem uma tensão admissível ajustada à compressão paralela às fibras $\sigma_C = 8,1$ MPa e módulo de elasticidade ajustado $E = 8,3$ GPa. Use o método da tensão admissível para determinar a seção mais leve que pode ser utilizada.

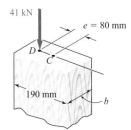

Fig. P10.107

10.108 Resolva o Problema 10.107 considerando $e = 40$ mm.

10.109 Um elemento de compressão de seção transversal retangular tem um comprimento de flambagem de 914 mm e é feito com a liga de alumínio 2014-T6 para a qual a tensão admissível à flexão é de 165,5 MPa. Usando o método da interação, determine a menor dimensão d da seção transversal que pode ser usada quando $e = 10,16$ mm.

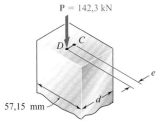

Fig. P10.109

10.110 Resolva o Problema 10.109 considerando que $e = 5,08$ mm.

10.111 Um tubo de alumínio com diâmetro externo de 80 mm. suportará uma ação de 44,4 kN com uma excentricidade $e = 20$ mm. Sabendo que o estoque de tubos disponíveis para uso é composto por elementos da liga 2014-T6 e tem espessuras de parede em incrementos de $\frac{1}{16}$ in. até $\frac{1}{2}$ in., determine o tubo mais leve que pode ser utilizado. Utilize o método das tensões admissíveis.

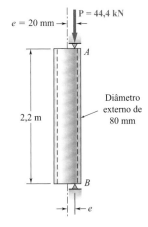

Fig. P10.111

10.112 Resolva o Prob. 10.111 fazendo o projeto pelo método da interação com tensão de flexão admissível de 172,3 MPa.

10.113 Uma coluna de aço com um comprimento de flambagem de 7,3 m é carregada excentricamente conforme mostra a figura. Usando o método da tensão admissível, selecione o perfil de mesa larga de 360 mm de altura nominal que deverá ser empregado. Use $\sigma_E = 248{,}2$ MPa e $E = 200$ GPa.

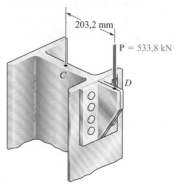

Fig. P10.113

10.114 Resolva o Problema 10.113 usando o método da interação, considerando que $\sigma_E = 344{,}8$ MPa e uma tensão admissível à flexão de 206,9 MPa.

10.115 Uma coluna de aço com comprimento efetivo de 6,3 m deve suportar uma carga de 360 kN, com excentricidade de 52 mm, como mostrado. Usando o método da interação, selecione a forma de mesa larga com profundidade nominal de 310 mm que deve ser usada. Use $E = 200$ GPa, $\sigma_E = 160$ MPa na flexão.

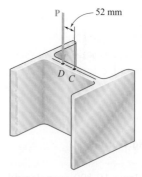

Fig. P10.115

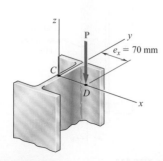

Fig. P10.116

10.116 Uma coluna de aço com comprimento de flambagem de 7,2 m deve suportar uma força **P** excêntrica de 83 kN em um ponto D localizado no eixo x conforme mostra a figura. Usando o método da tensão admissível, selecione o perfil de mesa larga de 250 mm de altura nominal que deverá ser empregado. Use $E = 200$ GPa e $\sigma_E = 250$ MPa.

REVISÃO E RESUMO

Força crítica

O projeto e a análise de colunas, isto é, membros prismáticos que suportam forças axiais de compressão, é baseado na determinação da *força crítica*. Duas posições possíveis para equilíbrio do modelo são possíveis: a posição original com deflexões transversais iguais a zero e uma segunda posição envolvendo deflexões que poderiam ser muito grandes. Isso nos levou a concluir que a primeira posição de equilíbrio era instável para $P > P_{cr}$, e estável para $P < P_{cr}$, pois neste último caso ela era a única posição de equilíbrio possível.

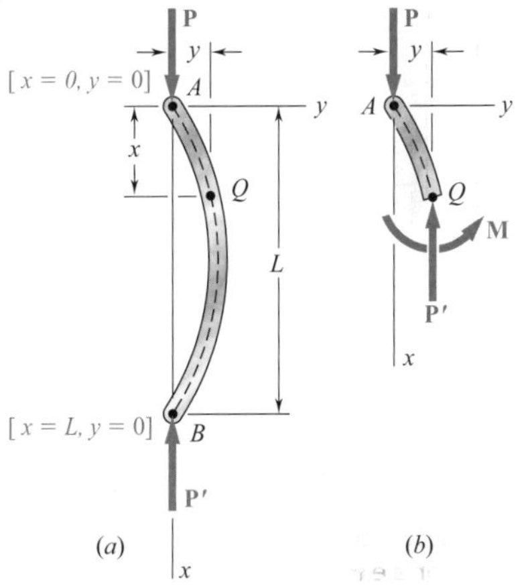

Consideramos uma coluna biarticulada de comprimento L e de rigidez à flexão constante EI submetida a uma força axial centrada P. Considerando que a coluna havia sofrido flambagem (Fig. 10.8), notamos que o momento fletor no ponto Q era igual a $-Py$ e escrevemos

$$\frac{d^2y}{dx^2} = \frac{M}{EI} = -\frac{P}{EI}y \qquad (10.4)$$

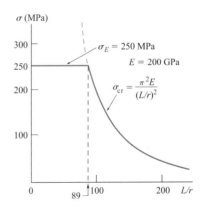

Fig. 10.38 Diagramas de corpo livre (a) da coluna flambada e (b) da parte AQ.

Fórmula de Euler

Resolvendo essa equação diferencial e impondo as condições de contorno correspondentes a uma coluna biarticulada, determinamos a menor força P para a qual pode haver a flambagem. Essa força, conhecida como *força crítica* e representada por P_{cr}, é dada pela *fórmula de Euler*:

$$P_{cr} = \frac{\pi^2 EI}{L^2} \qquad (10.11)$$

em que L é o comprimento da coluna. Para essa força ou qualquer força maior, o equilíbrio da coluna é instável e ocorrerão deformações transversais.

Coeficiente de esbeltez

Representando a área da seção transversal da coluna por A e seu raio de giração por r, determinamos a tensão crítica σ_{cr} correspondente à força crítica P_{cr}:

$$\sigma_{cr} = \frac{\pi^2 E}{(L/r)^2} \qquad (10.13a)$$

Fig. 10.39 Gráfico da tensão crítica.

O valor L/r é chamado de *coeficiente de esbeltez*, e desenhamos o gráfico de σ_{cr} como uma função de L/r (Fig. 10.39). Como nossa análise baseou-se nas tensões que estão abaixo da tensão de escoamento do material, notamos que a coluna falharia por escoamento quando $\sigma_{cr} > \sigma_E$.

Comprimento de flambagem

A força crítica de colunas com várias condições de extremidade foi escrita como

$$P_{cr} = \frac{\pi^2 EI}{L_{fl}^2} \qquad (10.11b)$$

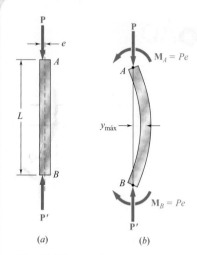

Fig. 10.40 (a) Coluna com uma carga excêntrica (b) modelada como uma coluna com um carregamento centrado de força e momento equivalente.

em que L_{fl} é o *comprimento de flambagem* da coluna, isto é, o comprimento de uma coluna biarticulada equivalente. Os comprimentos de flambagem de várias colunas com diferentes condições de extremidade foram calculados e mostrados na Fig. 10.18, na Seção 10.1.2.

Força axial excêntrica

Para uma coluna biarticulada submetida a uma força P aplicada com uma excentricidade e, nós a substituímos por uma força axial centrada e um conjugado de momento $M_A = Pe$ (Fig. 10.40) e determinamos a expressão a seguir para a máxima deflexão:

$$y_{máx} = e\left[\sec\left(\sqrt{\frac{P}{EI}}\frac{L}{2}\right) - 1\right] \quad (10.28)$$

Fórmula da secante

Determinamos então a tensão máxima na coluna e, da expressão obtida para aquela tensão, deduzimos a *fórmula da secante*:

$$\frac{P}{A} = \frac{\sigma_{máx}}{1 + \dfrac{ec}{r^2}\sec\left(\dfrac{1}{2}\sqrt{\dfrac{P}{EA}}\dfrac{L_{fl}}{r}\right)} \quad (10.36)$$

Essa equação pode ser resolvida para a força por unidade de área, P/A, que provoca uma tensão máxima específica $\sigma_{máx}$ em uma coluna biarticulada ou qualquer outra coluna com coeficiente de esbeltez L_{fl}/r.

Projeto de colunas na prática

Como existem imperfeições em todas as colunas na prática, o *projeto de colunas na prática* é feito usando-se fórmulas empíricas com base em testes de laboratório e definidas em normas de especificações publicadas por organizações profissionais. Para *colunas carregadas de forma centrada* feitas de aço, alumínio e madeira, o projeto da coluna baseia-se nas fórmulas que expressam a tensão admissível como uma função do coeficiente de esbeltez L/r da coluna. Para o aço estrutural, discutimos também o método alternativo do *Coeficiente de Projeto para Carga e Resistência*.

Projeto de colunas carregadas de forma centrada

Dois métodos usados para o projeto de colunas sob uma força *excêntrica*. O primeiro é o *método da tensão admissível*, um método conservador no qual considera-se que a tensão admissível é a mesma como se a coluna fosse carregada de forma centrada. O método da tensão admissível exige que seja satisfeita a seguinte desigualdade:

$$\frac{P}{A} + \frac{Mc}{I} \leq \sigma_{adm} \quad (10.55)$$

O segundo método é o *método da interação*, usado na maioria das especificações modernas. Neste método, a tensão admissível para uma coluna carregada de forma centrada é usada para a parte da tensão total provocada pela força axial e a tensão admissível à flexão para a tensão provocada pelo momento fletor. Assim, a desigualdade a ser satisfeita é

$$\frac{P/A}{(\sigma_{adm})_{centrada}} + \frac{Mc/I}{(\sigma_{adm})_{flexão}} \leq 1 \quad (10.57)$$

PROBLEMAS DE REVISÃO

10.117 Sabendo que a mola de torção em A tem uma constante k e que a barra AB é rígida, determine a força crítica P_{cr}.

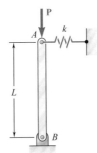

Fig. P10.117

10.118 Uma coluna de comprimento de flambagem L pode ser feita colando-se pranchas idênticas em um dos arranjos mostrados na figura. Determine a relação entre as forças críticas calculadas usando o arranjo a e o arranjo b.

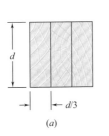 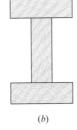

(a)   (b)

Fig. P10.118

10.119 Um elemento de compressão com 8,2 m de comprimento de flambagem é obtido ligando-se dois perfis U de aço C200 × 17,1 com barras de travejamento conforme mostra a figura. Sabendo que o fator de segurança é de 1,85, determine a força centrada admissível para o elemento. Use $E = 200$ GPa e $d = 100$ mm.

 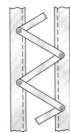

Fig. P10.119

10.120 (a) Considerando apenas a flambagem no plano da estrutura mostrada e utilizando a fórmula de Euler, determine o valor de θ entre 0 e 90° para que a intensidade admissível da carga **P** seja máxima. (b) Determine o valor máximo de P correspondente sabendo que o fator de segurança pedido é de 3,2. Utilize $E = 29 \times 10^6$ psi.

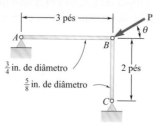

Fig. P10.120

10.121 O elemento AB consiste em um perfil U de aço laminado C130 × 10,4 de comprimento igual a 2,5 m. Sabendo que os pinos em A e B passam pelo centroide da seção transversal do perfil, determine o coeficiente de segurança para a carga mostrada com respeito à flambagem no plano da figura quando $\theta = 30°$. Use $E = 200$ GPa.

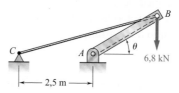

Fig. P10.121

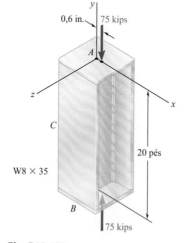

Fig. P10.122

10.122 A linha de ação da força axial de 75 kip é paralela ao eixo geométrico da coluna AB e intercepta o eixo x em $x = 0,6$ in.. Utilizando $E = 29 \times 10^6$ psi, determine (a) a deflexão horizontal do ponto médio C da coluna, (b) a tensão máxima na coluna.

10.123 Os apoios A e B da coluna com extremidades articuladas mostrada, estão a uma distância fixa L entre si. Sabendo que a uma temperatura T_0 a força na coluna é zero e a flambagem ocorre quando a temperatura é $T_1 = T_0 + \Delta T$, expresse ΔT em termos de b, L e do coeficiente de expansão térmica α.

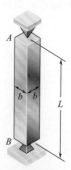

Fig. P10.123

10.124 Uma coluna é feita com metade de um perfil de aço laminado W360 × 216 cujas propriedades geométricas são as mostradas. Usando o *Método da Tensão Admissível*, determine a carga centrada admissível se o comprimento de flambagem da coluna é (*a*) 4,0 m e (*b*) 6,5 m. Use $\sigma_E = 345$ MPa e $E = 200$ GPa.

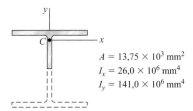

y
x
C
A = 13,75 × 10³ mm²
Iₓ = 26,0 × 10⁶ mm⁴
I_y = 141,0 × 10⁶ mm⁴

Fig. P10.124

10.125 A coluna de madeira laminada colada mostrada é feita de quatro pranchas, cada uma com seção transversal de 38 × 190 mm. Sabendo que, para o tipo de madeira usado, a tensão admissível ajustada para compressão paralelas às fibras é de $\sigma_C = 10$ MPa e $E = 12$ GPa, determine a carga centrada admissível máximo caso o comprimento efetivo da coluna seja (*a*) 7 m, (*b*) 3 m.

190 mm
38 mm
38 mm
38 mm
38 mm

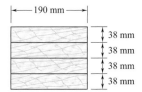

Fig. P10.125

10.126 Uma coluna de 4,6 m de comprimento efetivo deve suportar uma força centrada de 525 kN. Sabendo que $\sigma_E = 345$ MPa e $E = 200$ GPa, use a tensão admissível para o projeto para selecionar a forma de mesa larga com 200 mm de profundidade nominal que deve ser utilizada.

10.127 Um elemento de compressão com 9 pés de comprimento efetivo suporta uma carga centrada excêntrica, como mostrado. Usando o método das tensões admissíveis, determine a excentricidade admissível máxima *e* se (*a*) $P = 30$ kips, (*b*) $P = 18$ kips. Utilize $\sigma_E = 36$ ksi e $E = 29 \times 10^6$ psi.

e
P
C
D
W4 × 13

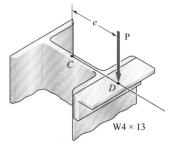

Fig. P10.127

10.128 Uma carga excêntrica é aplicada em um ponto a 22 mm do eixo geométrico de uma haste de 60 mm de diâmetro feita de um aço para o qual $\sigma_E = 250$ MPa e $E = 200$ GPa. Usando o método das tensões admissíveis, determine a carga admissível **P**.

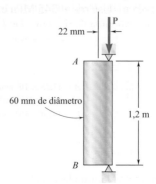

Fig. P10.128

PROBLEMAS PARA COMPUTADOR

Os problemas a seguir devem ser resolvidos com o uso de um computador.

10.C1 Uma barra de aço de seção cheia com um comprimento de flambagem de 500 mm deve ser usada como um apoio de compressão para suportar uma força centrada **P**. Para o tipo de aço utilizado, $E = 200$ GPa e $\sigma_E = 245$ MPa. Sabendo que é exigido um coeficiente de segurança de 2,8 e usando a fórmula de Euler, elabore um programa de computador e use-o para calcular a força centrada admissível P_{adm} para valores do raio da barra de 6 mm a 24 mm, usando incrementos de 2 mm.

10.C2 Uma barra de alumínio é engastada na extremidade A e articulada na extremidade B de maneira que está livre para rodar em torno de um eixo horizontal pela articulação. A rotação em torno do eixo vertical na extremidade B é impedida pelos suportes. Sabendo que $E = 69,6$ GPa, use a fórmula de Euler com um coeficiente de segurança de 2,5 para determinar a força centrada **P** admissível para valores de b de 19,05 mm a 38,1 mm, usando incrementos de 3,175 mm.

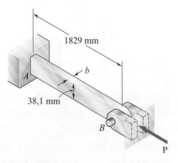

Fig. P10.C2

10.C3 Os elementos biarticulados AB e BC consistem em seções de tubo de alumínio com diâmetro externo de 120 mm e espessura de parede de 10 mm. Sabendo que é exigido um coeficiente de segurança de 3,5, determine a massa m do maior bloco que pode ser suportado pelo sistema de cabos mostrado na figura para valores de h de 4 m até 8 m, usando incrementos de 0,25 m. Use $E = 70$ GPa e considere flambagem somente no plano da estrutura.

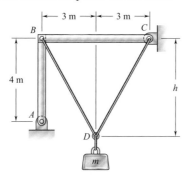

Fig. P10.C3

10.C4 Uma força axial **P** é aplicada a um ponto localizado no eixo x a uma distância $e = 12,7$ mm do eixo geométrico da coluna AB de aço laminado W200 × 59. Usando $E = 200$ GPa, elabore um programa de computador e use-o para calcular os valores de P de 111,2 a 333,2 kN, usando incrementos de 22,2 kN, (*a*) a deflexão horizontal no ponto médio C e (*b*) a tensão máxima na coluna.

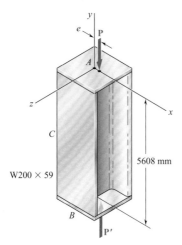

Fig. P10.C4

10.C5 Uma coluna de comprimento de flambagem L é feita de um perfil de aço laminado e suporta uma força axial centrada **P**. A tensão de escoamento para o tipo de aço utilizado é representada por σ_E, o módulo de elasticidade por E, a área da seção transversal do perfil selecionado por A e seu menor raio de giração por r. Usando as fórmulas do *Método da Tensão Admissível* do AISC, elabore um programa de computador que possa ser usado para determinar a força admissível **P**. Use esse programa para resolver (*a*) o Problema 10.57, (*b*) o Problema 10.58 e (*c*) o Problema 10.124.

10.C6 Uma coluna de comprimento de flambagem L é feita de um perfil de aço laminado e é carregada excentricamente como mostra a figura. A tensão de escoamento para o tipo de aço utilizado é representada por σ_E, a tensão admissível à flexão por σ_{adm}, o módulo de elasticidade por E, a área da seção transversal do perfil selecionado por A e seu menor raio de giração por r. Elabore um programa de computador que possa ser usado para determinar a força admissível **P**, utilizando o método da tensão admissível ou o método da interação. Use esse programa para verificar a resposta dada para (*a*) o Problema 10.113 e (*b*) o Problema 10.114.

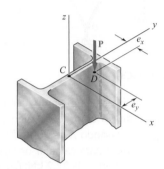

Fig. P10.C6

11
Métodos de energia

Quando um mergulhador pula no trampolim, a energia potencial devido a sua elevação acima do trampolim é convertida em energia de deformação na medida em que o trampolim flexiona.

OBJETIVOS

Neste capítulo, vamos:

- **Calcular** a energia de deformação devido a carregamentos axial, flexão e torção.
- **Determinar** o efeito de cargas de impacto nos elementos.
- **Definir** o trabalho realizado por uma força ou por um momento.
- **Determinar** os deslocamentos para um carregamento simples usando o método do trabalho e energia.
- **Aplicar** o teorema de Castigliano para determinar os deslocamentos devido a múltiplas cargas.
- **Resolver** problemas estaticamente indeterminados usando o teorema de Castigliano.

Introdução

11.1 Energia de deformação
11.1.1 Conceitos da energia de deformação
11.1.2 Densidade de energia de deformação
11.2 Energia de deformação elástica
11.2.1 Tensões normais
11.2.2 Tensões de cisalhamento
11.3 Energia de deformação para um estado geral de tensão
11.4 Carregamento por impacto
11.4.1 Análise
11.4.2 Projeto
11.5 Carga única
11.5.1 Formulação energética
11.5.2 Deflexões
*11.6 Trabalho e energia sob várias cargas
*11.7 Teorema de Castigliano
*11.8 Deflexões pelo teorema de Castigliano
*11.9 Estruturas estaticamente indeterminadas

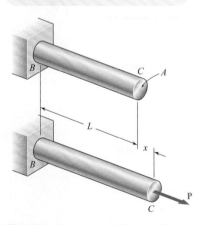

Fig. 11.1 Barra submetida a uma força axial.

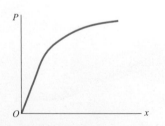

Fig. 11.2 Diagrama força-deformação para o carregamento axial.

INTRODUÇÃO

No capítulo anterior, estávamos interessados nas relações existentes entre forças e deformações sob várias condições de carregamento. Nossa análise baseou-se em dois conceitos fundamentais; o conceito de tensão (Capítulo 1) e o conceito de deformação específica (Capítulo 2). Será apresentado agora um terceiro conceito importante, o conceito de *energia de deformação*.

A *energia de deformação* de uma barra é o aumento de energia associado à sua deformação. Você verá que a energia de deformação é igual ao trabalho realizado por uma força aplicada à barra quando essa força cresce lentamente. A *densidade de energia de deformação* de um material é a energia de deformação por unidade de volume; veremos que ela é igual à área sob a curva da tensão em função da deformação do material (Seção 11.1.2). Com base na curva de um material serão definidas duas outras propriedades adicionais: o *módulo de tenacidade* e o *módulo de resiliência* do material.

Na Seção 11.2 será discutida a energia de deformação elástica associada às *tensões normais*, primeiramente em barras submetidas a carregamento axial e depois em barras em flexão. Mais adiante, abordaremos a energia de deformação elástica associada às tensões de cisalhamento, como aquelas que ocorrem com carregamentos torcionais de eixos e com carregamentos transversais de vigas. A energia de deformação para um *estado geral de tensão* será considerada na Seção 11.3, em que será deduzido o *critério da máxima energia de distorção* para o escoamento.

O efeito do *carregamento de impacto* sobre membros será considerado na Seção 11.4. Serão calculadas a *tensão máxima* e a *deflexão máxima* provocadas por uma massa em movimento colidindo com uma barra. As propriedades que aumentam a capacidade de uma estrutura para resistir a forças de impacto eficientemente serão discutidas na Seção 11.4.2.

Na Seção 11.5.1 será calculada a deformação elástica de uma barra sujeita a uma *única força concentrada*, e na Seção 11.5.2 será determinada a deflexão no ponto de aplicação de uma única força.

A última parte do capítulo será dedicada à determinação da energia de deformação de estruturas sujeitas a *várias forças* (Seção 11.6). O *teorema de Castigliano* será deduzido na Seção 11.7 e usado na Seção 11.8 para determinar a deflexão em um dado ponto de uma estrutura sujeita a várias forças. Na última seção, o teorema de Castigliano será aplicado para a análise de estruturas indeterminadas (Seção 11.9).

11.1 ENERGIA DE DEFORMAÇÃO

11.1.1 Conceitos da energia de deformação

Considere uma barra BC de comprimento L e seção transversal uniforme de área A presa em B a um suporte fixo e que em C está submetida a uma força axial **P** que *cresce lentamente* (Fig. 11.1). Desenhando o gráfico da intensidade P da força em função da deformação x da barra (Sec. 2.1), obtemos um diagrama força-deformação (Fig. 11.2) característico da barra BC.

Vamos agora considerar o trabalho dU feito pela força **P** à medida que a barra se alonga de um pequeno valor dx. Esse *trabalho elementar* é igual ao produto da intensidade P da força pelo pequeno alongamento dx.

$$dU = P\,dx \qquad (11.1)$$

Observamos que a expressão obtida é igual ao elemento de área de largura dx localizado sob o diagrama força-deformação (Fig. 11.3). O *trabalho total* U feito pela força enquanto a barra sofre uma deformação x_1 é, portanto,

$$U = \int_0^{x_1} P\, dx$$

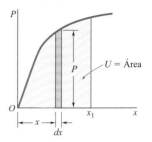

Fig. 11.3 O trabalho realizado pela força **P** é igual à área sob o diagrama força-deformação.

e é igual à área sob o diagrama força-deformação entre $x = 0$ e $x = x_1$.

O trabalho feito pela força **P** enquanto ela é aplicada lentamente à barra deve resultar no aumento de algum tipo de energia associada à deformação da barra. Essa energia é conhecida como *energia de deformação* da barra e é igual ao trabalho feito pela força **P**.

$$\text{Energia de deformação} = U = \int_0^{x_1} P\, dx \tag{11.2}$$

Lembramos que o trabalho e a energia devem ser expressos em unidades obtidas multiplicando-se unidades de comprimento por unidades de força. Assim, se for usado o sistema de unidades SI, o trabalho e a energia serão expressos em N · m; essa unidade é chamada de *joule* (J). Se for usado o sistema de unidades norte-americano, trabalho e energia são expressos em pés·lb ou in·lb.

No caso de uma deformação linear e elástica, a parte do diagrama força-deformação envolvida pode ser representada por uma linha reta cuja equação é $P = kx$ (Fig. 11.4). Substituindo P na Equação (11.2), temos

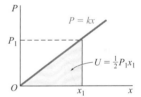

Fig. 11.4 Trabalho realizado pela deformação linear e elástica.

$$U = \int_0^{x_1} kx\, dx = \tfrac{1}{2} k x_1^2$$

ou

$$U = \tfrac{1}{2} P_1 x_1 \tag{11.3}$$

em que P_1 é o valor da força correspondente à deformação x_1.

A energia de deformação é particularmente útil na determinação dos efeitos de forças de impacto sobre estruturas ou componentes de máquinas. Considere, por exemplo, um corpo de massa m movendo-se com uma velocidade $\mathbf{v}_0$ que se choca com a extremidade B de uma barra AB (Fig. 11.5a). Desprezando-se a inércia dos elementos da barra e considerando que não há dissipação de energia durante o impacto, concluímos que a energia de deformação máxima U_m adquirida pela barra (Fig. 11.5b) é igual à energia cinética original $T = \tfrac{1}{2} m v_0^2$ do corpo em movimento. Determinamos então o valor P_m da força estática que teria produzido a mesma energia de deformação na barra e obtemos o valor σ_m da maior tensão que ocorre na barra dividindo P_m pela área da seção transversal da barra.

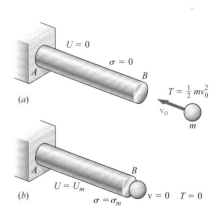

Fig. 11.5 Barra submetida a carregamento de impacto.

11.1.2 Densidade de energia de deformação

Conforme notamos na Seção 2.1, o diagrama força-deformação para uma barra BC depende do comprimento L e da área A da seção transversal da barra. A energia de deformação U definida pela Equação (11.2), portanto, dependerá também das dimensões da barra. Para eliminar de nossa discussão o efeito do tamanho e dirigir nossa atenção às propriedades do material, será considerada a energia por unidade de volume. Dividindo a energia de deformação U pelo volume $V = AL$ da barra (Fig. 11.1) e usando a Equação (11.2), temos

$$\frac{U}{V} = \int_0^{x_1} \frac{P}{A}\frac{dx}{L}$$

Lembrando que P/A representa a tensão normal σ_x na barra e x/L a deformação específica normal ϵ_x, escrevemos

$$\frac{U}{V} = \int_0^{\epsilon_1} \sigma_x\, d\epsilon_x$$

em que ϵ_1 representa o valor da deformação específica correspondente ao alongamento x_1. A energia de deformação por unidade de volume, U/V, é conhecida como *densidade de energia de deformação* e será representada pela letra u. Temos, portanto,

$$\text{Densidade de energia de deformação} = u = \int_0^{\epsilon_1} \sigma_x\, d\epsilon_x \qquad (11.4)$$

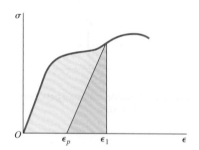

Fig. 11.6 A densidade de energia de deformação é igual à área sob a curva da tensão em função da deformação específica entre $\epsilon_x = 0$ e $\epsilon_x = \epsilon_1$. Se carregado dentro da área plástica, somente a energia associada ao descarregamento elástico é recuperada.

A densidade de energia de deformação u é expressa em unidades obtidas dividindo-se as unidades de energia por unidades de volume. Assim, a densidade de energia de deformação em unidade do sistema métrico SI será expressa em J/m^3 ou seus múltiplos kJ/m^3 e MJ/m^3. Se for usado o sistema de unidades norte-americano, a densidade de energia de deformação é expressa em in·lb/in^3.[†]

Observando a Fig. 11.6, notamos que a densidade de energia de deformação u é igual à área sob a curva da tensão em função da deformação específica, medida desde $\epsilon_x = 0$ até $\epsilon_x = \epsilon_1$. Se o material é descarregado, a tensão retorna a zero, mas há uma deformação permanente representada pela deformação específica ϵ_p, e somente a parte da energia de deformação por unidade de volume correspondente à área triangular é recuperada. O restante da energia gasta na deformação do material é dissipado na forma de calor.

O valor da densidade de energia de deformação obtido fazendo $\epsilon_1 = \epsilon_R$ na Equação (11.4), em que ϵ_R é a deformação específica na ruptura, é conhecido como *módulo de tenacidade* do material. Ele é igual à área total sob o diagrama tensão-deformação específica (Fig. 11.7) e representa a energia por unidade de volume necessária para fazer o material entrar em ruptura. Está claro que a tenacidade do material está relacionada com sua ductilidade, bem como com seu limite de resistência (Seção 2.1.2), e que a capacidade de

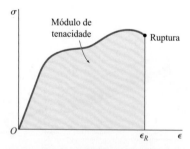

Fig. 11.7 O módulo de tenacidade é a área total sob o diagrama tensão-deformação específica até a ruptura.

[†] Observamos que 1 J/m^3 e 1 Pa são iguais a 1 N/m^2. Assim, a densidade de energia de deformação e a tensão são dimensionalmente iguais e poderiam ser expressas nas mesmas unidades.

uma estrutura para resistir a uma força de impacto depende da tenacidade do material utilizado (Foto 11.1).

Se a tensão σ_x permanecer dentro do limite de proporcionalidade do material, aplica-se a lei de Hooke, e escrevemos

$$\sigma_x = E\epsilon_x \quad (11.5)$$

Substituindo σ_x da Equação (11.5) na Equação (11.4), temos

$$u = \int_0^{\epsilon_1} E\epsilon_x \, d\epsilon_x = \frac{E\epsilon_1^2}{2} \quad (11.6)$$

ou, usando a Equação (11.5) para expressar ϵ_1 em termos da tensão σ_1 correspondente,

$$u = \frac{\sigma_1^2}{2E} \quad (11.7)$$

A densidade de energia de deformação obtida fazendo-se $\sigma_1 = \sigma_E$ na Equação (11.7), em que σ_E é a tensão de escoamento, é chamada de *módulo de resiliência* do material e é denotada por u_E. Temos

$$u_E = \frac{\sigma_E^2}{2E} \quad (11.8)$$

O módulo de resiliência é igual à área sob a parte reta OE do diagrama tensão-deformação específica (Fig. 11.8) e representa a energia por unidade de volume que o material pode absorver sem escoar. A capacidade de uma estrutura para resistir a uma força de impacto sem se deformar permanentemente depende claramente da resiliência do material utilizado.

Como o módulo de tenacidade e o módulo de resiliência representam valores característicos da densidade de energia de deformação do material considerado, eles são expressos em J/m^3 ou seus múltiplos em unidades SI. Se for usado o sistema de unidades norte-americano, ambos os módulos são expressos em in·lb/in³.†

Foto 11.1 O acoplador de vagões é feito de um aço dúctil que tem um grande módulo de tenacidade. ©ArtisticPhoto/Shutterstock

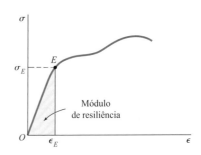

Fig. 11.8 O módulo de resiliência é a área sob a curva do diagrama tensão-deformação específica até o escoamento.

11.2 ENERGIA DE DEFORMAÇÃO ELÁSTICA

11.2.1 Tensões normais

Como a barra considerada na seção anterior estava submetida a tensões σ_x uniformemente distribuídas, a densidade de energia de deformação era constante em toda sua extensão e podia ser definida pela relação entre a energia de deformação U e o seu volume V, ou seja, U/V. Em um elemento estrutural ou peça de uma máquina com uma distribuição de tensão não uniforme, a densidade de energia de deformação u pode ser definida considerando-se a energia de deformação de um pequeno elemento de material de volume ΔV. Então

$$u = \lim_{\Delta V \to 0} \frac{\Delta U}{\Delta V}$$

ou

$$u = \frac{dU}{dV} \quad (11.9)$$

---

† Note que o módulo de tenacidade e o módulo de resiliência poderiam ser expressos nas mesmas unidades da tensão.

A expressão obtida para u na Seção 11.1.2 em termos de σ_x e ϵ_x permanece válida, ou seja,

$$u = \int_0^{\epsilon_x} \sigma_x \, d\epsilon_x \qquad (11.10)$$

mas a tensão σ_x, a deformação específica $_x$ e a densidade de energia de deformação u geralmente irão variar de um ponto para outro.

Para valores de σ_x dentro do limite de proporcionalidade, podemos definir $\sigma_x = E\epsilon_x$ na Equação (11.10) e

$$u = \frac{1}{2}E\epsilon_x^2 = \frac{1}{2}\sigma_x\epsilon_x = \frac{1}{2}\frac{\sigma_x^2}{E} \qquad (11.11)$$

O valor da energia de deformação U de um corpo submetido a tensões normais uniaxiais pode ser obtido substituindo-se u da Equação (11.11) na Equação (11.9) e integrando ambos os membros.

$$U = \int \frac{\sigma_x^2}{2E} dV \qquad (11.12)$$

A expressão obtida é válida somente para deformações elásticas e é conhecida como *energia de deformação elástica* do corpo.

Energia de deformação para carregamento axial. Lembramos, da Seção 2.10, que, quando uma barra é submetida a um carregamento axial centrado, as tensões normais σ_x podem ser consideradas uniformemente distribuídas em uma seção transversal. Chamando de A a área da seção localizada a uma distância x da extremidade B da barra (Fig. 11.9), e de P o esforço interno naquela seção, escrevemos $\sigma_x = P/A$. Substituindo σ_x na Equação (11.12), temos

$$U = \int \frac{P^2}{2EA^2} dV$$

ou, fazendo $dV = A\,dx$,

$$U = \int_0^L \frac{P^2}{2AE} dx \qquad (11.13)$$

No caso de uma barra de seção transversal uniforme sujeita em suas extremidades a forças iguais e opostas de intensidade P (Fig. 11.10), a Equação (11.13) resulta em

$$U = \frac{P^2 L}{2AE} \qquad (11.14)$$

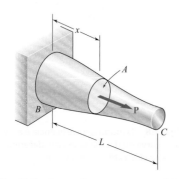

Fig. 11.9 Barra sob carregamento axial centrado.

Fig. 11.10 Barra prismática sob carregamento axial.

Aplicação do conceito 11.1

Uma barra consiste em duas partes BC e CD do mesmo material e mesmo comprimento, mas com seções transversais diferentes (Fig. 11.11). Determine a energia de deformação da barra quando ela é submetida a uma força **P** axial centrada, expressando o resultado em termos de P, L, E, da área A da seção transversal da parte CD e da relação n entre os dois diâmetros.

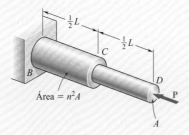

Fig. 11.11 Barra escalonada sob carregamento axial.

Usamos a Equação (11.14) para calcular a energia de deformação de cada uma das duas partes e somamos as expressões obtidas:

$$U_n = \frac{P^2(\frac{1}{2}L)}{2AE} + \frac{P^2(\frac{1}{2}L)}{2(n^2A)E} = \frac{P^2L}{4AE}\left(1 + \frac{1}{n^2}\right)$$

ou

$$U_n = \frac{1 + n^2}{2n^2}\frac{P^2L}{2AE} \qquad (1)$$

Verificamos que, para $n = 1$,

$$U_1 = \frac{P^2L}{2AE}$$

que é a expressão dada na Equação (11.14) para uma barra de comprimento L e seção transversal uniforme de área A. Notamos também que, para $n > 1$, temos $U_n < U_1$; por exemplo, quando $n = 2$, temos $U_2 = (\frac{5}{8})U_1$. Como a tensão máxima ocorre na parte CD da barra e é igual a $\sigma_{máx} = P/A$, conclui-se que, para uma dada tensão admissível, o aumento no diâmetro da parte BC da barra resulta em uma *diminuição* da capacidade de absorção de energia da barra toda. Portanto, devem ser evitadas alterações desnecessárias na área de seção transversal de elementos que devem estar sujeitos a carregamentos, como forças de impacto, em que a capacidade de absorção de energia do elemento é crítica.

Aplicação do conceito 11.2

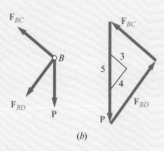

Uma força **P** é suportada em B por duas barras do mesmo material e mesma área A de seção transversal (Fig. 11.12a). Determine a energia de deformação do sistema.

Chamando de F_{BC} e F_{BD}, respectivamente, as forças nas barras BC e BD, e lembrando da Equação (11.14), expressamos a energia de deformação do sistema como

$$U = \frac{F_{BC}^2(BC)}{2AE} + \frac{F_{BD}^2(BD)}{2AE} \qquad (1)$$

Da Fig. 11.12a,

$$BC = 0{,}6l \qquad BD = 0{,}8l$$

e do diagrama de corpo livre do nó B e do triângulo de forças correspondente (Fig. 11.12b) temos

$$F_{BC} = +0{,}6P \qquad F_{BD} = -0{,}8P$$

Substituindo na Equação (1), temos

$$U = \frac{P^2 l[(0{,}6)^3 + (0{,}8)^3]}{2AE} = 0{,}364 \frac{P^2 l}{AE}$$

Fig. 11.12 (a) Pórtico CBD suportando uma força vertical P. (b) Diagrama de corpo livre do nó B e o triângulo de forças correspondente.

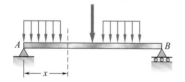

Energia de deformação na flexão. Considere uma viga AB submetida a um carregamento (Fig. 11.13), e seja M o momento fletor a uma distância x da extremidade A. Desprezando por enquanto o efeito da força cortante e levando em conta somente as tensões normais $\sigma_x = My/I$, substituímos essa expressão na Equação (11.12) e escrevemos

$$U = \int \frac{\sigma_x^2}{2E} dV = \int \frac{M^2 y^2}{2EI^2} dV$$

Fazendo $dV = dA\, dx$, em que dA representa um elemento de área da seção transversal, e lembrando que $M^2/2EI^2$ é uma função apenas de x, temos

$$U = \int_0^L \frac{M^2}{2EI^2} \left(\int y^2 dA \right) dx$$

Lembrando que a integral dentro dos parênteses representa o momento de inércia I da seção transversal em relação a sua linha neutra, escrevemos

$$U = \int_0^L \frac{M^2}{2EI} dx \qquad (11.15)$$

Fig. 11.13 Viga submetida a carregamento transversal.

Aplicação do conceito 11.3

Determine a energia de deformação da viga prismática AB em balanço (Fig. 11.14), levando em conta apenas o efeito das tensões normais.

O momento fletor a uma distância x da extremidade A é $M = -Px$. Substituindo essa expressão na Equação (11.15), escrevemos

$$U = \int_0^L \frac{P^2 x^2}{2EI} dx = \frac{P^2 L^3}{6EI}$$

Fig. 11.14 Viga em balanço sob a força P.

11.2.2 Tensões de cisalhamento

Quando um material é submetido a um estado plano de tensão em cisalhamento puro τ_{xy}, a densidade de energia de deformação em um ponto pode ser expressa como

$$u = \int_0^{\gamma_{xy}} \tau_{xy} \, d\gamma_{xy} \tag{11.16}$$

em que γ_{xy} é a deformação de cisalhamento correspondente à tensão τ_{xy} (Fig. 11.15a). Notamos que a densidade de energia de deformação u é igual à área sob o diagrama tensão-deformação de cisalhamento (Fig. 11.15b).

Para valores de τ_{xy} dentro do limite de proporcionalidade, temos $\tau_{xy} = G\gamma_{xy}$, em que G é o módulo de elasticidade transversal do material. Substituindo o valor de τ_{xy} na Equação (11.16) e fazendo a integração, escrevemos

$$u = \frac{1}{2} G \gamma_{xy}^2 = \frac{1}{2} \tau_{xy} \gamma_{xy} = \frac{\tau_{xy}^2}{2G} \tag{11.17}$$

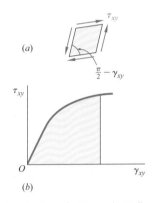

Fig. 11.15 (a) Deformação de cisalhamento correspondente a τ_{xy}. (b) A densidade de energia de deformação u igual à área sob o diagrama tensão-deformação de cisalhamento.

O valor da energia de deformação U de um corpo sujeito a um estado plano de tensão em cisalhamento puro pode ser obtido lembrando da Seção 11.2.1 que

$$u = \frac{dU}{dV} \tag{11.9}$$

Substituindo u da Equação (11.17) na Equação (11.9) e integrando ambos os membros, temos

$$U = \int \frac{\tau_{xy}^2}{2G} dV \tag{11.18}$$

Essa expressão define a deformação elástica associada às deformações por cisalhamento do corpo. Assim como a expressão similar obtida na Seção 11.2.1 para tensões normais uniaxiais, ela é válida somente para deformações elásticas.

Energia de deformação na torção. Considere um eixo BC de seção transversal circular não uniforme de comprimento L submetido a uma ou várias cargas torçoras. Usando o momento polar de inércia J da seção transversal

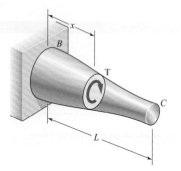

Fig. 11.16 Eixo submetido a torque.

Fig. 11.17 Eixo prismático submetido a torque.

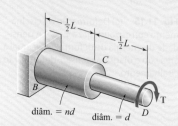

Fig. 11.18 Eixo escalonado submetido ao torque T.

localizada a uma distância x de B (Fig. 11.16) e o momento torçor T, lembramos que as tensões de cisalhamento na seção são $\tau_{xy} = T\rho/J$. Substituindo τ_{xy} na Equação (11.18),

$$U = \int \frac{\tau_{xy}^2}{2G}dV = \int \frac{T^2\rho^2}{2GJ^2}dV$$

Fazendo $dV = dA\, dx$, em que dA representa um elemento de área da seção transversal, e observando que $T^2/2GJ^2$ é uma função de x apenas, escrevemos

$$U = \int_0^L \frac{T^2}{2GJ^2}\left(\int \rho^2\, dA\right)dx$$

Lembrando que a integral dentro dos parênteses representa o momento polar de inércia J da seção transversal, temos

$$U = \int_0^L \frac{T^2}{2GJ}dx \qquad (11.19)$$

No caso de um eixo de seção transversal uniforme submetido nas suas extremidades a momentos torçores iguais e opostos de intensidade T (Fig. 11.17), a Equação (11.19) resulta em

$$U = \frac{T^2L}{2GJ} \qquad (11.20)$$

Aplicação do conceito 11.4

Um eixo circular consiste em duas partes BC e CD do mesmo material e mesmo comprimento, mas com seções transversais diferentes (Fig. 11.18). Determine a energia de deformação do eixo quando ele é submetido a uma carga torçora **T** na extremidade D, expressando o resultado em termos de T, L, G, do momento polar de inércia J da menor seção transversal e da relação n dos dois diâmetros.

Usamos a Equação (11.20) para calcular a energia de deformação de cada uma das duas partes do eixo e somamos as expressões obtidas. Observando que o momento polar de inércia da parte BC é igual a n^4J, escrevemos

$$U_n = \frac{T^2(\frac{1}{2}L)}{2GJ} + \frac{T^2(\frac{1}{2}L)}{2G(n^4J)} = \frac{T^2L}{4GJ}\left(1 + \frac{1}{n^4}\right)$$

ou

$$U_n = \frac{1+n^4}{2n^4}\frac{T^2L}{2GJ} \qquad (1)$$

Para $n = 1$, temos

$$U_1 = \frac{T^2L}{2GJ}$$

que é a expressão dada na Equação (11.20) para um eixo de comprimento L e seção transversal uniforme. Notamos também que, para $n > 1$, temos $U_n < U_1$; por exemplo, quando $n = 2$, temos $U_2 = \left(\frac{17}{32}\right)U_1$. Como a tensão de cisalhamento máxima ocorre na parte CD do eixo e é proporcional ao torque T, o aumento do diâmetro da parte BC do eixo resulta em uma *diminuição* da capacidade de absorção de energia do eixo todo.

Energia de deformação para forças transversais. Na Seção 11.2.1 obtivemos uma expressão para a energia de deformação de uma viga submetida a um carregamento transversal. No entanto, ao deduzirmos aquela expressão, levamos em conta somente o efeito das tensões normais em virtude da flexão e desprezamos o efeito das tensões de cisalhamento. Na Aplicação do conceito 11.5, ambos os tipos de tensão serão levados em consideração.

Aplicação do conceito 11.5

Determine a energia de deformação da viga AB de seção retangular em balanço (Fig. 11.19), levando em conta o efeito das tensões normal e de cisalhamento.

Primeiramente, lembramos, da Aplicação do conceito 11.3, que a energia de deformação em virtude das tensões normais σ_x é

$$U_\sigma = \frac{P^2L^3}{6EI}$$

Para determinarmos a energia de deformação U_τ em virtude de tensões de cisalhamento τ_{xy}, usamos a Equação (6.9) e verificamos que, para uma viga de seção transversal retangular com largura b e altura h,

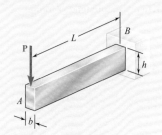

Fig. 11.19 Viga de seção retangular em balanço sob a força P.

$$\tau_{xy} = \frac{3}{2}\frac{V}{A}\left(1 - \frac{y^2}{c^2}\right) = \frac{3}{2}\frac{P}{bh}\left(1 - \frac{y^2}{c^2}\right)$$

Substituindo τ_{xy} na Equação (11.18),

$$U_\tau = \frac{1}{2G}\left(\frac{3}{2}\frac{P}{bh}\right)^2 \int \left(1 - \frac{y^2}{c^2}\right)^2 dV$$

ou, fazendo $dV = b\,dy\,dx$ e, após as reduções,

$$U_\tau = \frac{9P^2}{8Gbh^2} \int_{-c}^{c}\left(1 - 2\frac{y^2}{c^2} + \frac{y^4}{c^4}\right)dy \int_0^L dx$$

Executando as integrações, e lembrando que $c = h/2$, temos

$$U_\tau = \frac{9P^2L}{8Gbh^2}\left[y - \frac{2y^3}{3c^2} + \frac{1}{5}\frac{y^5}{c^4}\right]_{-c}^{+c} = \frac{3P^2L}{5Gbh} = \frac{3P^2L}{5GA}$$

A energia de deformação total da viga é então

$$U = U_\sigma + U_\tau = \frac{P^2L^3}{6EI} + \frac{3P^2L}{5GA}$$

ou, observando que $I/A = h^2/12$ e fatorando a expressão para U_σ,

$$U = \frac{P^2L^3}{6EI}\left(1 + \frac{3Eh^2}{10GL^2}\right) = U_\sigma\left(1 + \frac{3Eh^2}{10GL^2}\right) \tag{1}$$

Recordando da Seção 2.7 que $G \geq E/3$, concluímos que o termo entre parênteses na expressão obtida é menor que $1 + 0{,}9(h/L)^2$ e, portanto, que o erro relativo é menor que $0{,}9(h/L)^2$ quando o efeito do cisalhamento é desprezado. Para uma viga com uma relação h/L menor que $1/10$, o erro percentual é menor que 0,9%. Portanto, é normal na engenharia desprezar o efeito do cisalhamento ao calcular-se a energia de deformação de vigas delgadas.

11.3 ENERGIA DE DEFORMAÇÃO PARA UM ESTADO GERAL DE TENSÃO

Nas seções anteriores, determinamos a energia de deformação de um corpo em um estado de tensão uniaxial (Seção 11.2.1) e em um estado plano de tensão em cisalhamento puro (Seção 11.2.2). No caso de um corpo em um estado geral de tensão caracterizado pelos seis componentes de tensão σ_x, σ_y, σ_z, τ_{xy}, τ_{yz} e τ_{zx} (Fig. 2.35), a densidade de energia de deformação pode ser obtida somando-se as expressões dadas nas Equações (11.10) e (11.16), bem como as outras quatro expressões obtidas pela permutação dos índices.

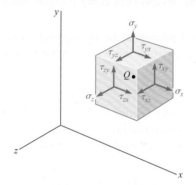

Fig. 2.35 (*repetida*) Componente de tensão positivo no ponto Q para um estado geral de tensão.

No caso da deformação elástica de um corpo isotrópico, cada uma das seis relações tensão-deformação envolvida é linear, e a densidade de energia de deformação pode ser expressa como

$$u = \tfrac{1}{2}(\sigma_x\epsilon_x + \sigma_y\epsilon_y + \sigma_z\epsilon_z + \tau_{xy}\gamma_{xy} + \tau_{yz}\gamma_{yz} + \tau_{zx}\gamma_{zx}) \qquad (11.21)$$

Lembrando da Equação (2.29) obtida e substituindo os componentes de deformação na Equação (11.21) temos, para o estado mais geral de tensão em um dado ponto de um corpo elástico isotrópico,

$$u = \frac{1}{2E}[\sigma_x^2 + \sigma_y^2 + \sigma_z^2 - 2\nu(\sigma_x\sigma_y + \sigma_y\sigma_z + \sigma_z\sigma_x)]$$
$$+ \frac{1}{2G}(\tau_{xy}^2 + \tau_{yz}^2 + \tau_{zx}^2) \qquad (11.22)$$

Se os eixos principais em um ponto forem usados como eixos de coordenadas, as tensões de cisalhamento se tornam zero e a Equação (11.22) se reduz a

$$u = \frac{1}{2E}[\sigma_a^2 + \sigma_b^2 + \sigma_c^2 - 2\nu(\sigma_a\sigma_b + \sigma_b\sigma_c + \sigma_c\sigma_a)] \qquad (11.23)$$

em que σ_a, σ_b e σ_c são as tensões principais no ponto dado.

Recordamos agora da Seção 7.5.1 que um dos critérios usados para prever se um estado de tensão provocará escoamento em um material dúctil, ou seja, o critério da máxima energia de distorção baseia-se na determinação da energia por unidade de volume associada à distorção ou alteração na forma daquele material.

Vamos então tentar separar em duas partes a densidade de energia de deformação u em um ponto: uma parte u_v associada à alteração de volume do material nesse ponto e uma parte u_d associada à distorção, ou mudança na forma, do material naquele mesmo ponto. Escrevemos

$$u = u_v + u_d \qquad (11.24)$$

Para determinarmos u_v e u_d, introduzimos o *valor médio* $\overline{\sigma}$ das tensões principais no ponto considerado,

$$\overline{\sigma} = \frac{\sigma_a + \sigma_b + \sigma_c}{3} \qquad (11.25)$$

e fazemos

$$\sigma_a = \overline{\sigma} + \sigma'_a \qquad \sigma_b = \overline{\sigma} + \sigma'_b \qquad \sigma_c = \overline{\sigma} + \sigma'_c \qquad (11.26)$$

Assim, o estado de tensão (Fig. 11.20a) pode ser obtido superpondo os estados de tensão mostrados na Fig. 11.20b e c. Observamos que o estado de tensão descrito na Fig. 11.20b tende a mudar o volume do elemento de material, mas não sua forma, já que todas as faces do elemento estão submetidas à mesma tensão $\overline{\sigma}$. No entanto, conclui-se das Equações (11.25) e (11.26) que

$$\sigma'_a + \sigma'_b + \sigma'_c = 0 \qquad (11.27)$$

que indica que algumas das tensões mostradas na Fig. 11.20c são de tração e outras de compressão. Assim, esse estado de tensão tende a mudar a forma do elemento. No entanto, ele não tende a mudar o volume. Lembremos, da Equação (2.22), que a dilatação e (a mudança de volume por unidade de volume) provocada por esse estado de tensão é

$$e = \frac{1-2\nu}{E}(\sigma'_a + \sigma'_b + \sigma'_c)$$

ou $e = 0$, em vista da Equação (11.27). Com base nessas observações, concluímos que a parte u_v da densidade de energia de deformação deve ser associada ao estado de tensão mostrado na Fig. 11.20b, enquanto a parte u_d deve ser associada ao estado de tensão mostrado na Fig. 11.20c.

Conclui-se que a parte u_v da densidade de energia de deformação correspondente a uma variação de volume do elemento pode ser obtida substituindo-se $\overline{\sigma}$ para cada uma das tensões principais na Equação (11.23). Temos

$$u_v = \frac{1}{2E}[3\overline{\sigma}^2 - 2\nu(3\overline{\sigma}^2)] = \frac{3(1-2\nu)}{2E}\overline{\sigma}^2$$

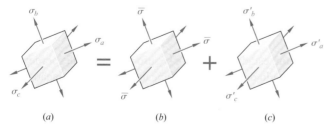

Fig. 11.20 (a) Elemento sujeito a estado de tensão multiaxial expresso como a superposição de (b) tensões tendendo a causar mudança de volume, (c) tensões tendendo a causar distorção.

ou, lembrando da Equação (11.25),

$$u_v = \frac{1-2\nu}{6E}(\sigma_a + \sigma_b + \sigma_c)^2 \qquad (11.28)$$

A parte da densidade de energia de deformação correspondente à distorção do elemento é obtida resolvendo-se a Equação (11.24) para u_d e substituindo u e u_v das Equações (11.23) e (11.28), respectivamente.

$$u_d = u - u_v = \frac{1}{6E}[3(\sigma_a^2 + \sigma_b^2 + \sigma_c^2) - 6\nu(\sigma_a\sigma_b + \sigma_b\sigma_c + \sigma_c\sigma_a)$$
$$- (1-2\nu)(\sigma_a + \sigma_b + \sigma_c)^2]$$

Expandindo o quadrado e rearranjando os termos,

$$u_d = \frac{1+\nu}{6E}[(\sigma_a^2 - 2\sigma_a\sigma_b + \sigma_b^2) + (\sigma_b^2 - 2\sigma_b\sigma_c + \sigma_c^2)$$
$$+ (\sigma_c^2 - 2\sigma_c\sigma_a + \sigma_a^2)]$$

Observando que cada um dos parênteses dentro do colchete é um quadrado perfeito e lembrando, da Equação (2.34), que o coeficiente na frente do colchete é igual a $1/12G$, a parte u_d da densidade de energia de deformação, isto é, da energia de distorção por unidade de volume é,

$$u_d = \frac{1}{12G}[(\sigma_a - \sigma_b)^2 + (\sigma_b - \sigma_c)^2 + (\sigma_c - \sigma_a)^2] \qquad (11.29)$$

No caso de *estado plano de tensão*, e considerando que o eixo c é perpendicular ao plano de tensão, temos $\sigma_c = 0$ e a Equação (11.29) se reduz a

$$u_d = \frac{1}{6G}(\sigma_a^2 - \sigma_a\sigma_b + \sigma_b^2) \qquad (11.30)$$

Considerando o caso particular de um corpo de prova em ensaio de tração, notamos que, no escoamento, temos $\sigma_a = \sigma_E$, $\sigma_b = 0$ e, portanto, $(u_d)_E = \sigma_E^2/6G$. O critério da máxima energia de distorção para um estado plano de tensão indica que um estado de tensão é seguro desde que $u_d < (u_d)_E$ ou, substituindo u_d da Equação (11.30), tem-se

$$\sigma_a^2 - \sigma_a\sigma_b + \sigma_b^2 < \sigma_E^2 \qquad (7.26)$$

que é a condição estabelecida na Seção 7.5.1 e representada graficamente pela elipse da Fig. 7.32. No caso de um estado geral de tensão, deverá ser usada a expressão da Equação (11.29) obtida para u_d. Nesse caso, o critério da máxima energia de distorção é expresso então pela condição

$$(\sigma_a - \sigma_b)^2 + (\sigma_b - \sigma_c)^2 + (\sigma_c - \sigma_a)^2 < 2\sigma_E^2 \qquad (11.31)$$

que indica que um estado de tensão é seguro se o ponto de coordenadas σ_a, σ_b, σ_c estiver localizado dentro da superfície definida pela equação

$$(\sigma_a - \sigma_b)^2 + (\sigma_b - \sigma_c)^2 + (\sigma_c - \sigma_a)^2 = 2\sigma_E^2 \qquad (11.32)$$

Essa superfície é um cilindro circular de raio $\sqrt{2/3}\,\sigma_E$ com um eixo de simetria formando ângulos iguais aos três eixos principais de tensão.

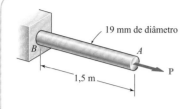

PROBLEMA RESOLVIDO 11.1

Durante uma operação de rotina de fabricação, a barra AB deve adquirir uma energia de deformação elástica de 14 N · m. Usando $E = 200$ GPa, determine a resistência ao escoamento do aço exigida se o fator de segurança é 5 em relação à deformação permanente.

ESTRATÉGIA: Use o fator de segurança especificado para determinar a densidade de energia de deformação necessária e então use a Equação (11.8) para determinar a resistência ao escoamento.

MODELAGEM E ANÁLISE:

Coeficiente de segurança. Como é necessário um coeficiente de segurança igual a 5, a barra deve ser projetada para uma energia de deformação de

$$U = 5(14) = 70 \text{ N} \cdot \text{m}$$

Densidade de energia de deformação. O volume da barra é

$$V = AL = \frac{\pi}{4}(0{,}019 \text{ m})^2(1{,}5 \text{ m}) = 4{,}253 \times 10^{-4} \text{ m}^3$$

Como a barra tem seção transversal uniforme, a densidade de energia de deformação necessária é

$$u = \frac{U}{V} = \frac{70 \text{ N} \cdot \text{m}}{4{,}253 \times 10^{-4} \text{ m}^3} = 164590 \text{ N} \cdot \text{m/m}^3$$

Tensão de escoamento. Lembramos que o módulo de resiliência é igual à densidade de energia de deformação quando a tensão máxima é igual a σ_E (Fig. 1). Usando a Equação (11.8),

$$u = \frac{\sigma_E^2}{2E}$$

$$164590 \text{ N} \cdot \text{m/m}^3 = \frac{\sigma_E^2}{2(200 \times 10^9 \text{ N/m}^2)} \qquad \sigma_E = 256{,}6 \text{ MPa} \blacktriangleleft$$

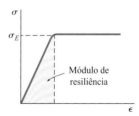

Fig. 1 O módulo de resiliência se iguala à densidade de energia de deformação até o escoamento.

REFLETIR E PENSAR: Como as cargas de energia não estão linearmente relacionadas com as tensões que elas produzem, os coeficientes de segurança associados às cargas de energia deverão ser aplicados às cargas de energia, e não às tensões.

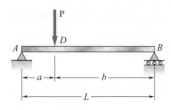

PROBLEMA RESOLVIDO 11.2

(*a*) Levando em conta apenas o efeito das tensões normais em virtude da flexão, determine a energia de deformação da viga prismática AB para o carregamento mostrado. (*b*) Avalie a energia de deformação, sabendo que a viga é um perfil W250 × 67, $P = 180$ kN, $L = 3{,}6$ m, $a = 0{,}9$ m, $b = 2{,}7$ m e $E = 200$ GPa.

ESTRATÉGIA: Use um diagrama de corpo livre para determinar as reações e escreva as equações de momento como função das coordenadas ao longo da viga. A energia de deformação necessária a parte *a* é então determinada a partir da Equação (11.15). Use isso com os dados e determine numericamente a energia de deformação para a parte *b*.

MODELAGEM:

Momento fletor. Usando o diagrama de corpo livre da barra inteira (Fig. 1), determinamos as reações

$$\mathbf{R}_A = \frac{Pb}{L} \uparrow \qquad \mathbf{R}_B = \frac{Pa}{L} \uparrow$$

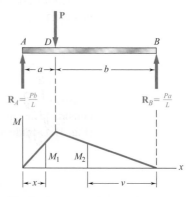

Fig. 1 Diagramas de corpo livre e de momento fletor.

Utilizando o diagrama de corpo livre da Fig. 2, o momento fletor para a parte AD da viga é

$$M_1 = \frac{Pb}{L} x$$

De A até D:

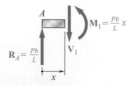

Fig. 2 Diagrama de corpo livre, considerando uma seção dentro da parte AD.

De maneira semelhante, utilizando o diagrama de corpo livre da Fig. 3, o momento fletor para a parte DB a uma distância v da extremidade B é

$$M_2 = \frac{Pa}{L} v$$

De B até D:

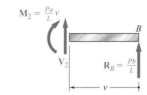

Fig. 3 Diagrama de corpo livre, considerando uma seção dentro da parte DB.

ANÁLISE:

a. **Energia de deformação.** Como a energia de deformação é uma grandeza escalar, somamos a energia de deformação da parte AD com a energia de deformação da parte DB para obter a energia de deformação total da viga. Usando a Equação (11.15),

$$\begin{aligned}
U &= U_{AD} + U_{DB} \\
&= \int_0^a \frac{M_1^2}{2EI} dx + \int_0^b \frac{M_2^2}{2EI} dv \\
&= \frac{1}{2EI} \int_0^a \left(\frac{Pb}{L}x\right)^2 dx + \frac{1}{2EI} \int_0^b \left(\frac{Pa}{L}v\right)^2 dv \\
&= \frac{1}{2EI} \frac{P^2}{L^2} \left(\frac{b^2 a^3}{3} + \frac{a^2 b^3}{3}\right) = \frac{P^2 a^2 b^2}{6EIL^2}(a + b)
\end{aligned}$$

ou, como $(a + b) = L$,
$$U = \frac{P^2 a^2 b^2}{6EIL} \blacktriangleleft$$

b. **Avaliação da energia de deformação.** O momento de inércia de um perfil de aço laminado W250 × 67 é obtido do Apêndice E. Este e os dados fornecidos são reproduzidos abaixo.

$P = 180$ kN $\qquad\qquad L = 3{,}6$ m
$a = 0{,}9$ m $\qquad\qquad b = 2{,}7$ m
$E = 200$ GPa $= 200 \times 10^6$ kN/m^2 $\qquad I = 104 \times 10^{-6}$ m^4

Substituindo esses valores na expressão de U, temos

$$U = \frac{(180 \text{ kN})^2 (0{,}9 \text{ m})^2 (2{,}7 \text{ m})^2}{6(200 \times 10^6 \text{ kN/m}^2)(104 \times 10^{-6} \text{ m}^4)(3{,}6 \text{ m})} \qquad U = 0{,}426 \text{ kN} \cdot \text{m} \blacktriangleleft$$

PROBLEMAS

11.1 Determine o módulo de resiliência para cada um dos seguintes tipos de aço estrutural:
(a) ASTM A709 Grau 50: $\sigma_E = 345$ MPa
(b) ASTM A913 Grau 65: $\sigma_E = 448$ MPa
(c) ASTM A709 Grau 100: $\sigma_E = 690$ MPa

11.2 Determine o módulo de resiliência de cada uma das seguintes ligas de alumínio:
(a) 1100-H14: $E = 70$ GPa $\sigma_E = 55$ MPa
(b) 2014-T6: $E = 72$ GPa $\sigma_E = 220$ MPa
(c) 6061-T6: $E = 69$ GPa $\sigma_E = 150$ MPa

11.3 Determine o módulo de resiliência de cada um dos seguintes metais:
(a) Aço inoxidável
AISI 302 (recozido): $E = 190$ GPa $\sigma_E = 260$ MPa
(b) Aço inoxidável
AISI 302 (laminado a frio): $E = 190$ GPa $\sigma_E = 520$ MPa
(c) Ferro fundido maleável: $E = 165$ GPa $\sigma_E = 230$ MPa

11.4 Determine o módulo de resiliência das seguintes ligas metálicas:
(a) Titânio: $E = 114$ GPa $\sigma_E = 827$ MPa
(b) Magnésio: $E = 44,8$ GPa $\sigma_E = 200$ MPa
(c) Cobre-níquel (recozido): $E = 138$ GPa $\sigma_E = 110$ MPa

11.5 O diagrama tensão-deformação específica mostrado na figura foi construído com base em dados obtidos durante um ensaio de tração de um corpo de prova de um aço estrutural. Usando $E = 200$ GPa, determine (a) o módulo de resiliência do aço e (b) o seu módulo de tenacidade.

11.6 O diagrama tensão-deformação específica mostrado na figura foi construído com base em dados obtidos durante um ensaio de tração de uma liga de alumínio. Usando $E = 72$ GPa, determine (a) o módulo de resiliência da liga e (b) o seu módulo de tenacidade.

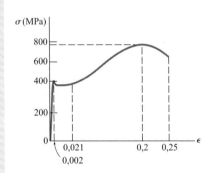

Fig. P11.5

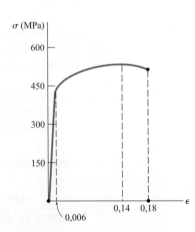

Fig. P11.6

11.7 O diagrama tensão-deformação mostrado foi construído com base em dados obtidos durante um teste de tração de um corpo de prova de uma liga de alumínio. Sabendo que a área da seção transversal do corpo de prova é de 600 mm² e que a deformação foi medida usando-se um comprimento de referência de 400 mm, determine (*a*) o módulo de resiliência da liga e (*b*) o seu módulo de tenacidade.

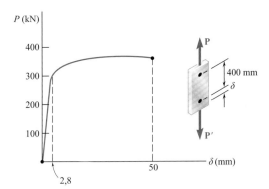

Fig. P11.7

11.8 O diagrama tensão-deformação mostrado foi construído com base em dados obtidos durante um teste de tração de uma barra de uma liga de alumínio com diâmetro de $\frac{5}{8}$ in. Sabendo que a deformação foi medida usando-se um comprimento de referência de 18 in., determine (*a*) o módulo de resiliência do aço e (*b*) o módulo de tenacidade do aço.

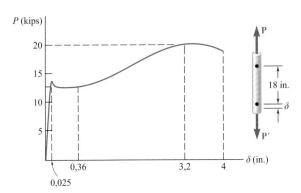

Fig. P11.8

11.9 Usando $E = 29 \times 10^6$ psi, determine (*a*) a energia de deformação da barra de aço ABC quando $P = 8$ kips e (*b*) a densidade de energia de deformação correspondente nas partes AB e BC da barra.

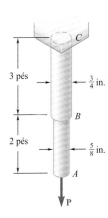

Fig. P11.9

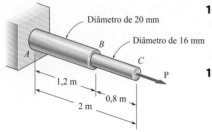

Fig. P11.10

11.10 Usando $E = 200$ GPa, determine (*a*) a energia de deformação da barra de aço ABC quando $P = 25$ kN e (*b*) a densidade de energia de deformação correspondente nas partes AB e BC da barra.

11.11 Uma seção de 48 in. de um tubo de alumínio com seção transversal de 1,8 in² apoia-se sobre um suporte fixo em A. A haste de aço de 1,2 in. de diâmetro pende de uma barra rígida que apoia-se sobre o tipo do tubo em B. Sabendo que o módulo de elasticidade é 29×10^6 psi para o aço e $10,1 \times 10^6$ psi para o alumínio, determine (*a*) a energia de deformação total do sistema quando $P = 14$ kips, (*b*) a densidade de energia de deformação correspondente no tubo AB e na haste BC.

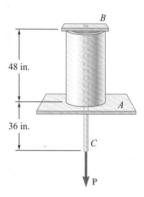

Fig. P11.11

11.12 A haste AB é feita de aço para o qual a tensão de escoamento é $\sigma_E = 450$ MPa e $E = 200$ GPa; a haste BC é feita de uma liga de alumínio para a qual $\sigma_E = 280$ MPa e $E = 73$ GPa. Determine a máxima energia de deformação que pode ser absorvida pela haste composta ABC sem que ocorram deformações permanentes.

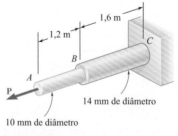

Fig. P11.12

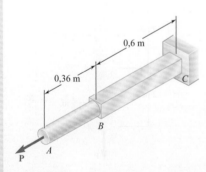

11.13 Parte de uma barra de aço inoxidável de 20 mm foi usinada para produzir o cilindro de 20 mm de diâmetro mostrado. Sabendo que a tensão normal admissível é de $\sigma_{adm} = 120$ MPa e $E = 190$ GPa, determine, para o carregamento mostrado, a energia de deformação máxima que pode ser absorvida pela barra ABC.

Fig. P11.13

11.14 A haste AB é feita de um aço para o qual a tensão de escoamento é $\sigma_E = 300$ MPa. Uma energia de deformação de 15 J deve ser absorvida pela haste quando a carga axial **P** é aplicada. Usando $E = 190$ GPa, determine o comprimento da haste para o qual o fator de segurança com relação à deformação permanente é cinco.

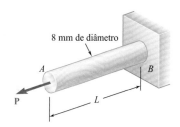

Fig. P11.14

11.15 A haste ABC é feita de um aço para o qual a tensão de escoamento é $\sigma_E = 450$ MPa e o módulo de elasticidade é $E = 200$ GPa. Sabendo que a energia de deformação de 11,2 J deve ser absorvida pela haste quando lhe for aplicada a força axial **P**, determine o fator de segurança da haste com relação à deformação permanente quando $a = 0,5$ m.

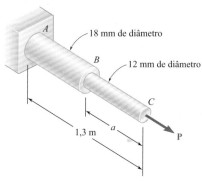

Fig. P11.15

11.16 Mostre, por integração, que a energia de deformação da barra cônica AB é

$$U = \frac{1}{4} \frac{P^2 L}{E A_{\text{mín}}}$$

em que $A_{\text{mín}}$ é a área da seção transversal na extremidade B.

11.17 Resolva o Problema 11.16 utilizando a haste de seção variável mostrada como aproximação da haste cônica. Qual é a percentagem de erro na resposta obtida?

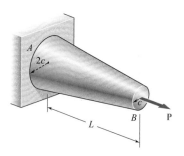

Fig. P11.16

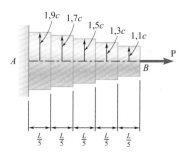

Fig. P11.17

11.18 até 11.21 Na treliça mostrada, todos os elementos são feitos do mesmo material e têm a área da seção transversal indicada. Determine a energia de deformação da treliça quando lhe é aplicada a força **P**.

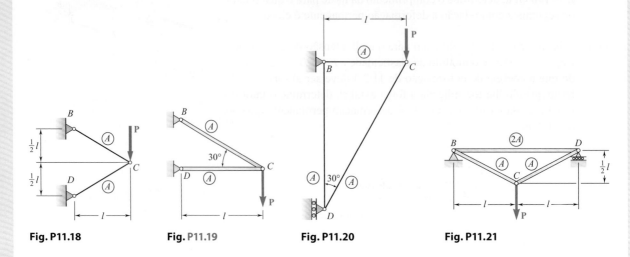

Fig. P11.18　　Fig. P11.19　　Fig. P11.20　　Fig. P11.21

11.22 Cada elemento da treliça mostrada é um tubo de aço com a seção transversal mostrada. Usando $E = 200$ GPa, determine a energia de deformação da treliça para o carregamento mostrado.

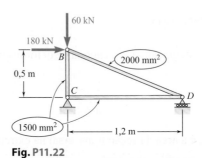

Fig. P11.22

11.23 Cada elemento da treliça mostrada é feito de alumínio e tem a área da seção transversal mostrada. Utilizando $E = 10,5 \times 10^6$ psi, determine a energia de deformação da treliça para o carregamento mostrado.

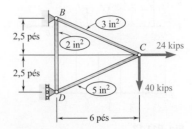

Fig. P11.23

11.24 até 11.27 Levando em conta apenas o efeito das tensões normais, determine a energia de deformação da viga prismática AB para o carregamento mostrado.

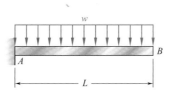

Fig. P11.24

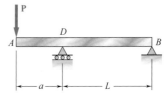

Fig. P11.25

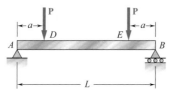

Fig. P11.26

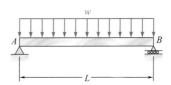

Fig. P11.27

11.28 Usando $E = 200$ GPa, determine a energia de deformação devido à flexão para a barra de aço e o carregamento mostrado. (Desconsidere os efeitos das tensões de cisalhamento.)

11.29 Usando $E = 1,8 \times 10^6$ psi, determine a energia de deformação devido à flexão para a viga de madeira e o carregamento mostrados. (Desconsidere os efeitos das tensões de cisalhamento.)

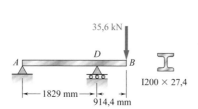

Fig. P11.28

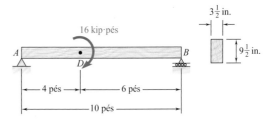

Fig. P11.29

11.30 e 11.31 Usando $E = 200$ GPa, determine a energia de deformação devido à flexão para a barra de aço e o carregamento mostrado. (Desconsidere os efeitos das tensões de cisalhamento.)

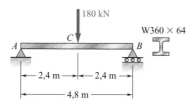

Fig. P11.30

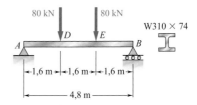

Fig. P11.31

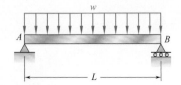

Fig. P11.32

11.32 Considerando que a viga prismática AB tem uma seção transversal retangular, mostre que para o carregamento indicado o valor máximo da densidade de energia de deformação na viga é

$$u_{máx} = \frac{45}{8}\frac{U}{V}$$

em que U é a energia de deformação da viga e V é o seu volume.

11.33 A barra de alumínio AB ($G = 26$ GPa) está ligada à barra de latão BD ($G = 39$ GPa). Sabendo que a parte CD da barra de latão é vazada e tem diâmetro interno de 40 mm, determine a energia de deformação total das duas barras.

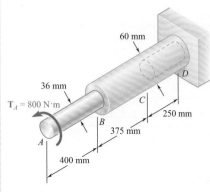

Fig. P11.33

11.34 Dois eixos de seção transversal cheia estão conectados pelas engrenagens mostradas. Usando $G = 11{,}2 \times 10^6$ psi, determine a energia de deformação de cada eixo quando um torque de 10 kip·in. **T** é aplicado em D.

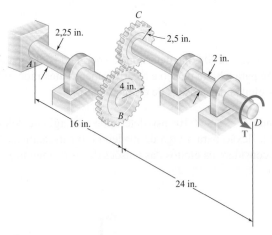

Fig. P11.34

11.35 Mostre por integração que a energia de deformação na barra cônica AB é

$$U = \frac{7}{48}\frac{T^2 L}{GJ_{mín}}$$

em que $J_{mín}$ é o momento polar de inércia da barra na extremidade B.

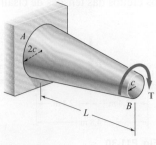

Fig. P11.35

11.36 O estado de tensão mostrado na figura ocorre em um componente de máquina feito de um tipo de latão para o qual $\sigma_E = 160$ MPa. Usando o critério da máxima energia de distorção, determine o intervalo de valores de σ_z para o qual não ocorre o escoamento.

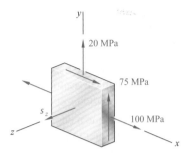

Fig. P11.36 e P11.37

11.37 O estado de tensão mostrado na figura ocorre em um componente de máquina feito de um tipo de latão para o qual $\sigma_E = 160$ MPa. Usando o critério da máxima energia de distorção, determine se ocorre o escoamento quando (a) $\sigma_z = +45$ MPa e (b) $\sigma_z = -45$ MPa.

11.38 O estado de tensão mostrado na figura ocorre em um componente de máquina feito de um tipo de aço para o qual $\sigma_E = 448$ MPa. Usando o critério da máxima energia de distorção, determine o intervalo de valores de σ_E para o qual o coeficiente de segurança associado à tensão de escoamento é igual ou maior do que 2,2.

11.39 O estado de tensão mostrado na figura ocorre em um componente de máquina feito de um tipo de aço para o qual $\sigma_E = 448$ MPa. Usando o critério da máxima energia de distorção, determine o coeficiente de segurança associado à tensão de escoamento quando (a) $\sigma_E = +110,3$ MPa e (b) $\sigma_E = -110,3$ MPa.

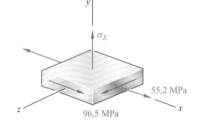

Fig. P11.38 e P11.39

11.40 Determine a energia de deformação da viga prismática AB, levando em conta o efeito das tensões normal e de cisalhamento.

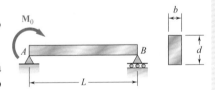

Fig. P11.40

*11.41 Um suporte para isolamento de vibrações é feito colando-se uma barra A, de raio R_1, e um tubo B, de raio interno R_2, a um cilindro vazado de borracha. Denotando por G o módulo de rigidez da borracha, determine a energia de deformação do cilindro vazado de borracha para o carregamento mostrado.

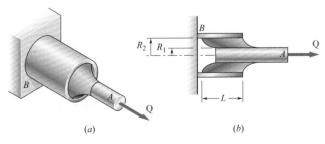

Fig. P11.41

11.4 CARREGAMENTO POR IMPACTO

11.4.1 Análise

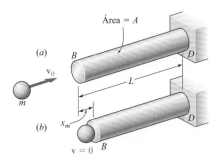

Fig. 11.21 Barra submetida a carregamento de impacto.

Considere a barra BD de seção transversal uniforme, golpeada em sua extremidade B por um corpo de massa m movendo-se com uma velocidade $\mathbf{v}_0$ (Fig. 11.21a). Como a barra se deforma pelo impacto (Fig. 11.21b), desenvolvem-se tensões no seu interior, e elas atingem um valor máximo σ_m. Após vibrar por alguns instantes, a barra voltará ao repouso, e todas as tensões desaparecerão. Essa sequência de eventos é conhecida como *carregamento por impacto* (Foto 11.2).

Para determinarmos o valor máximo σ_m da tensão que ocorre em um ponto de uma estrutura submetida a um carregamento por impacto, vamos estabelecer algumas hipóteses simplificadoras.

Primeiramente, consideramos que a energia cinética $T = \frac{1}{2}mv_0^2$ do corpo que se choca é transferida inteiramente para a estrutura e, portanto, que a energia de deformação U_m correspondente à deformação máxima x_m é

$$U_m = \tfrac{1}{2}mv_0^2 \tag{11.33}$$

Essa suposição nos leva a duas condições específicas:

1. Nenhuma energia será dissipada durante o impacto.
2. O corpo que se choca não deve saltar para fora da estrutura, retendo parte de sua energia. Isso, por sua vez, exige que a inércia da estrutura seja desprezível, comparada com a inércia do corpo que se choca.

Na prática, nenhuma dessas condições é satisfeita, e somente parte da energia cinética do corpo que se choca é realmente transferida para a estrutura. Portanto, o fato de considerar que toda a energia cinética do corpo que se choca é transferida para a estrutura leva a um projeto a favor da segurança.

Consideramos ainda que o diagrama tensão-deformação específica obtido de um teste estático do material é válido também quando se tem carregamento por impacto. Assim, para uma deformação elástica da estrutura, podemos expressar o valor máximo da energia de deformação como

$$U_m = \int \frac{\sigma_m^2}{2E} dV \tag{11.34}$$

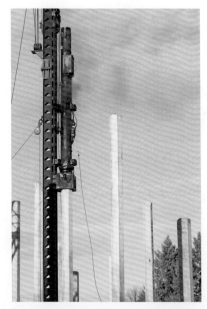

Foto 11.2 A máquina a vapor levanta o peso dentro do bate-estacas e depois o impulsiona para baixo. Isso transfere uma grande força de impacto à estaca, que então penetra no solo. ©FireAtDusk/iStock/Getty Images

No caso da barra uniforme da Fig. 11.21, a tensão máxima σ_m tem o mesmo valor ao longo de toda a barra, e escrevemos $U_m = \sigma_m^2 V/2E$. Resolvendo para σ_m e substituindo U_m dado pela Equação (11.33), escrevemos

$$\sigma_m = \sqrt{\frac{2U_m E}{V}} = \sqrt{\frac{mv_0^2 E}{V}} \tag{11.35}$$

Notamos pela expressão obtida que a seleção de uma barra com um grande volume V e um baixo módulo de elasticidade E resultará em um valor menor da tensão máxima σ_m para um carregamento por impacto.

Em muitos problemas, a distribuição de tensões na estrutura não é uniforme, e a Equação (11.35) não se aplica. É conveniente então determinar a força estática $\mathbf{P}_m$, que produziria a mesma energia de deformação do carregamento por impacto e calcular por meio de P_m o valor correspondente de σ_m da maior tensão que ocorre na estrutura. Os quadros Aplicação do conceito 11.6 e 11.7 mostram exemplos nos quais a distribuição de tensão não é uniforme.

Aplicação do conceito 11.6

Um corpo de massa m movendo-se com velocidade $\mathbf{v}_0$ atinge a extremidade B da barra não uniforme BCD (Fig. 11.22). Sabendo que o diâmetro da parte BC é duas vezes o diâmetro da parte CD, determine o valor máximo σ_m da tensão na barra.

Considerando $n = 2$ na Equação (1) obtida na Aplicação do conceito 11.1, verificamos que, quando a barra BCD é submetida a uma força estática P_m, sua energia de deformação é

$$U_m = \frac{5P_m^2 L}{16AE} \qquad (1)$$

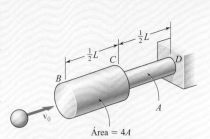

Fig. 11.22 Barra escalonada impactada por um corpo de massa m.

em que A é a área da seção transversal da parte CD da barra. Resolvendo a Equação (1) para P_m, determinamos a força estática que produz na barra a mesma energia de deformação do carregamento por impacto:

$$P_m = \sqrt{\frac{16}{5} \frac{U_m AE}{L}}$$

em que U_m é dada pela Equação (11.33). A maior tensão ocorre na parte CD da barra. Dividindo P_m pela área A dessa parte, temos

$$\sigma_m = \frac{P_m}{A} = \sqrt{\frac{16}{5} \frac{U_m E}{AL}} \qquad (2)$$

ou, substituindo U_m da Equação (11.33),

$$\sigma_m = \sqrt{\frac{8}{5} \frac{mv_0^2 E}{AL}} = 1{,}265\sqrt{\frac{mv_0^2 E}{AL}}$$

Comparando esse valor com o valor obtido para σ_m no caso da barra uniforme da Fig. 11.21 e considerando $V = AL$ na Equação (11.35), notamos que a tensão máxima na barra de seção transversal variável é 26,5% maior do que na barra de seção uniforme. Assim, conforme observamos anteriormente em nossa discussão na Aplicação do conceito 11.1, o aumento no diâmetro da parte BC da barra resulta em uma *diminuição* da capacidade de absorção de energia da barra.

Aplicação do conceito 11.7

Um bloco de peso W é solto de uma altura h, atingindo a extremidade livre da viga em balanço AB (Fig. 11.23). Determine o valor da tensão máxima na viga.

À medida que o bloco cai de uma distância h, sua energia potencial Wh é transformada em energia cinética. Em consequência do impacto, a energia cinética, por sua vez, é transformada em energia de deformação. Temos, portanto,

$$U_m = Wh \qquad (1)$$

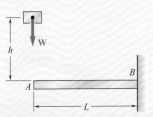

Fig. 11.23 Peso W solto sobre uma viga em balanço.

A distância total percorrida pelo bloco é na realidade $h + y_m$, em que y_m é a deflexão máxima da extremidade da viga. Assim, uma expressão mais exata para U_m (ver o Problema Resolvido 11.3) é

$$U_m = W(h + y_m) \qquad (2)$$

No entanto, quando $h \gg y_m$, y_m podemos desprezar y_m e usar a Equação (1).

Recordando a expressão obtida para a energia de deformação da viga em balanço AB na Aplicação do conceito 11.3 e desprezando o efeito da força cortante, escrevemos

$$U_m = \frac{P_m^2 L^3}{6EI}$$

Resolvendo essa equação para P_m, concluímos que a força estática que produz na viga a mesma energia de deformação é

$$P_m = \sqrt{\frac{6U_m EI}{L^3}} \qquad (3)$$

A tensão máxima σ_m ocorre no engastamento B e é

$$\sigma_m = \frac{|M|c}{I} = \frac{P_m L c}{I}$$

Substituindo P_m da Equação (3), escrevemos

$$\sigma_m = \sqrt{\frac{6U_m E}{L(I/c^2)}} \qquad (4)$$

ou, recordando a Equação (1),

$$\sigma_m = \sqrt{\frac{6WhE}{L(I/c^2)}}$$

11.4.2 Projeto

Vamos agora comparar os valores obtidos na seção anterior para a tensão máxima σ_m: (a) na barra de seção transversal uniforme da Fig. 11.21, (b) na barra de seção transversal variável da Aplicação do conceito 11.6 e (c) na viga em balanço da Aplicação do conceito 11.7, considerando que esta última tem uma seção transversal circular de raio c. Vamos considerar de que forma essas tensões máximas se aplicam ao projeto.

(a) Primeiramente, recordamos, da Equação (11.35), que, se U_m representa a quantidade de energia transferida para a barra como resultado de um carregamento por impacto, a tensão máxima na barra de seção transversal uniforme é

$$\sigma_m = \sqrt{\frac{2U_m E}{V}} \qquad (11.36a)$$

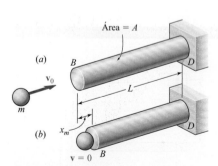

Fig. 11.21 (*repetida*) Barra submetida a carregamento de impacto.

em que V é o volume da barra.

(*b*) Considerando em seguida a barra na Aplicação do conceito 11.6 e observando que o volume da barra é

$$V = 4A(L/2) + A(L/2) = 5AL/2$$

substituímos $AL = 2V/5$ na Equação (2) na Aplicação do conceito 11.6 e escrevemos

$$\sigma_m = \sqrt{\frac{8U_m E}{V}} \qquad (11.36b)$$

(*c*) Finalmente, recordando que $I = \frac{1}{4}\pi c^4$ para uma viga de seção transversal circular, notamos que

$$L(I/c^2) = L(\tfrac{1}{4}\pi c^4/c^2) = \tfrac{1}{4}(\pi c^2 L) = \tfrac{1}{4}V$$

em que V representa o volume da viga. Substituindo na Equação (4), expressamos a tensão máxima na viga em balanço na Aplicação do conceito 11.7 como

$$\sigma_m = \sqrt{\frac{24U_m E}{V}} \qquad (11.36c)$$

Observamos que, em cada caso, a tensão máxima σ_m é proporcional à raiz quadrada do módulo de elasticidade do material e inversamente proporcional à raiz quadrada do volume do elemento. Considerando que os três elementos têm o mesmo volume e que são feitos do mesmo material, notamos também que, para um valor da energia absorvida, a barra de seção uniforme terá a menor tensão máxima, e a viga em balanço terá a maior tensão máxima.

Essa observação pode ser explicada pelo fato de que a distribuição de tensões sendo uniforme no caso *a*, a energia de deformação será uniformemente distribuída ao longo da barra. No caso *b*, entretanto, as tensões na parte *BC* da barra são apenas 25% das tensões na parte *CD*. Essa distribuição de forma desigual das tensões e da energia de deformação resulta em uma tensão máxima σ_m duas vezes maior do que a tensão correspondente na barra de seção uniforme. Finalmente, no caso *c*, em que a viga em balanço é submetida a um carregamento por impacto transversal, as tensões variam linearmente ao longo da viga, bem como ao longo da seção transversal. A distribuição resultante desigual de energia de deformação faz com que a tensão máxima σ_m seja 3,46 vezes maior do que se o mesmo elemento tivesse sido carregado axialmente, como no caso *a*.

As propriedades observadas nos três casos específicos discutidos nessa seção são bastante gerais e podem ser observadas em todos os tipos de estrutura e carregamento por impacto. Concluímos então que uma estrutura projetada para resistir de forma eficaz a um carregamento por impacto deverá:

1. Ter um grande volume.
2. Ser construída com um material de módulo de elasticidade baixo e alta tensão de escoamento.
3. Ter uma forma tal que as tensões sejam distribuídas o mais uniformemente possível ao longo da estrutura.

11.5 CARGA ÚNICA

11.5.1 Formulação energética

Quando introduzimos inicialmente o conceito de energia de deformação no início deste capítulo, consideramos o trabalho feito por uma força axial **P** aplicada à extremidade de uma barra de seção transversal uniforme (Fig. 11.1). Definimos a energia de deformação da barra para um alongamento x_1 como o trabalho da força **P** à medida que ela aumenta lentamente de 0 até o valor P_1 correspondente a x_1. Escrevemos

$$\text{Energia de deformação} = U = \int_0^{x_1} P\, dx \qquad (11.2)$$

No caso de uma deformação elástica, o trabalho da força **P** e, portanto, a energia de deformação da barra são

$$U = \tfrac{1}{2} P_1 x_1 \qquad (11.3)$$

Mais adiante, na Seção 11.2, calculamos a energia de deformação de elementos estruturais sob várias condições de carregamento determinando a densidade de energia de deformação u em cada ponto do elemento e integrando u sobre todo o elemento.

No entanto, quando uma estrutura ou um elemento é submetido a uma *única força concentrada*, é possível usar a Equação (11.3) para avaliar sua energia de deformação elástica, desde que, naturalmente, seja conhecida a relação entre a força e a deformação resultante. Por exemplo, no caso da viga em balanço na Aplicação do conceito 11.3 (Fig. 11.24), escrevemos

$$U = \tfrac{1}{2} P_1 y_1$$

e, substituindo y_1 pelo valor obtido da tabela de *Deflexões e inclinações de vigas* do Apêndice F,

$$U = \frac{1}{2} P_1 \left(\frac{P_1 L^3}{3EI} \right) = \frac{P_1^2 L^3}{6EI} \qquad (11.37)$$

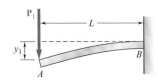

Fig. 11.24 Viga em balanço com a força P_1.

Uma abordagem similar pode ser usada para determinar a energia de deformação de uma estrutura ou elemento submetido a um *único momento*. Recorde que o trabalho elementar de um momento M é $M\, d\theta$, em que $d\theta$ é um ângulo pequeno. Como M e θ estão linearmente relacionados, concluímos que a energia de deformação elástica de uma viga em balanço AB submetida a um único momento $\mathbf{M}_1$ em sua extremidade A (Fig. 11.25) é

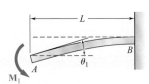

Fig. 11.25 Viga em balanço com o momento M_1.

$$U = \int_0^{\theta_1} M\, d\theta = \tfrac{1}{2} M_1 \theta_1 \qquad (11.38)$$

em que θ_1 é a inclinação da viga em A. Substituindo θ_1 pelo valor obtido do Apêndice F, escrevemos

$$U = \frac{1}{2} M_1 \left(\frac{M_1 L}{EI} \right) = \frac{M_1^2 L}{2EI} \qquad (11.39)$$

De maneira similar, a energia de deformação elástica de um eixo circular uniforme AB de comprimento L, submetido em sua extremidade B a um único torque $\mathbf{T}_1$ (Fig. 11.26), é

$$U = \int_0^{\phi_1} T\, d\phi = \tfrac{1}{2} T_1 \phi_1 \qquad (11.40)$$

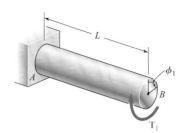

Fig. 11.26 Eixo em balanço com torque T_1.

Substituindo o ângulo de torção ϕ_1 da Equação (3.15), verificamos que

$$U = \frac{1}{2} T_1 \left(\frac{T_1 L}{JG} \right) = \frac{T_1^2 L}{2JG}$$

O método apresentado nessa seção pode simplificar a solução de muitos problemas de carregamento por impacto. Na Aplicação do conceito 11.8 é analisada a colisão de um automóvel com um obstáculo (Foto 11.3) usando-se um modelo simplificado de um bloco e uma viga simples.

Foto 11.3 À medida que o automóvel colide com a barreira, uma quantidade considerável de energia é dissipada na forma de calor durante a deformação permanente do veículo e da barreira. ©conrado/Shutterstock

Aplicação do conceito 11.8

Um bloco de massa m movendo-se com velocidade $\mathbf{v}_0$ atinge perpendicularmente o elemento prismático AB em seu ponto médio C (Fig. 11.27a). Determine (a) a força estática equivalente P_m, (b) a tensão máxima σ_m no elemento e (c) a deflexão máxima x_m no ponto C.

a. **Força estática equivalente.** A energia de deformação máxima do elemento é igual à energia cinética do bloco antes do impacto.

$$U_m = \tfrac{1}{2} m v_0^2 \qquad (1)$$

Em contrapartida, expressando U_m como o trabalho da força estática horizontal equivalente à medida em que ela é aplicada lentamente no ponto médio C do elemento, escrevemos

$$U_m = \tfrac{1}{2} P_m x_m \qquad (2)$$

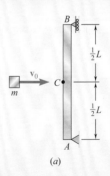

Fig. 11.27 (*a*) Viga biapoiada com um bloco impelido em direção a seu ponto médio.

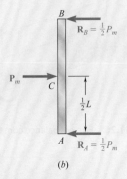

Fig. 11.27 (continuação) (b) Diagrama de corpo livre da viga.

em que x_m é a deflexão de C correspondente à força estática P_m. Na tabela de *Deflexões e inclinações de vigas* do Apêndice F, encontramos

$$x_m = \frac{P_m L^3}{48EI} \qquad (3)$$

Substituindo x_m da Equação (3) na Equação (2),

$$U_m = \frac{1}{2} \frac{P_m^2 L^3}{48EI}$$

Resolvendo para P_m e lembrando a Equação (1), concluímos que a força estática equivalente ao carregamento por impacto dado é

$$P_m = \sqrt{\frac{96 U_m EI}{L^3}} = \sqrt{\frac{48 m v_0^2 EI}{L^3}} \qquad (4)$$

b. **Tensão máxima.** Desenhando o diagrama de corpo livre do elemento (Fig. 11.27*b*), vemos que o valor máximo do momento fletor ocorre em C e é $M_{máx} = P_m L/4$. A tensão máxima, portanto, ocorre em uma seção transversal que contém o ponto C e é igual a

$$\sigma_m = \frac{M_{máx} c}{I} = \frac{P_m L c}{4I}$$

Substituindo P_m da Equação (4), escrevemos

$$\sigma_m = \sqrt{\frac{3 m v_0^2 EI}{L(I/c)^2}}$$

c. **Deflexão máxima.** Substituindo na Equação (3) a expressão obtida para P_m na Equação (4), temos

$$x_m = \frac{L^3}{48EI} \sqrt{\frac{48 m v_0^2 EI}{L^3}} = \sqrt{\frac{m v_0^2 L^3}{48EI}}$$

11.5.2 Deflexões

Vimos na seção anterior que, se for conhecida a deformação x_1 de uma estrutura ou elemento submetido a uma única força concentrada $\mathbf{P}_1$, a energia de deformação U correspondente é

$$U = \tfrac{1}{2} P_1 x_1 \qquad (11.3)$$

Uma expressão análoga para a energia de deformação de um elemento estrutural submetido a um único momento $\mathbf{M}_1$ é:

$$U = \tfrac{1}{2} M_1 \theta_1 \qquad (11.38)$$

No entanto, se for conhecida a energia de deformação U de uma estrutura ou elemento submetido a uma única força concentrada $\mathbf{P}_1$ ou momento $\mathbf{M}_1$, pode ser usada a Equação (11.3) ou a (11.38) para determinar a deformação x_1 ou ângulo θ_1 correspondente. Para determinar a deformação em razão de uma única força aplicada a uma estrutura formada por várias partes, em vez de usar um dos métodos do Capítulo 9, é mais fácil calcular primeiro a energia de deformação da estrutura integrando a densidade de energia de deformação ao longo de cada uma de suas várias partes, como foi feito na Seção 11.2 e depois usar a Equação (11.3) ou a Equação (11.38) para obter a deformação desejada. Analogamente, o ângulo de torção ϕ_1 de um eixo composto pode ser obtido integrando-se a densidade de energia de deformação ao longo das várias partes do eixo e resolvendo a Equação (11.40) para ϕ_1.

Deve-se ter em mente que o método apresentado nessa seção poderá ser usado somente *se a estrutura estiver submetida a uma única força concentrada ou a um único momento*. A energia de deformação de uma estrutura submetida a várias forças *não pode* ser determinada calculando-se o trabalho de cada força como se cada uma fosse aplicada independentemente na estrutura (ver a Seção 11.6). Podemos também observar que, mesmo que fosse possível calcular a energia de deformação da estrutura dessa maneira, haveria disponível apenas uma equação para determinar as deformações correspondentes às várias forças. Nas Seções 11.7 e 11.8, é apresentado um outro método que se baseia no conceito de energia de deformação e pode ser usado para determinar a deflexão ou a inclinação em um ponto de uma estrutura, mesmo quando essa estrutura estiver submetida simultaneamente a várias forças concentradas, forças distribuídas ou momentos.

Aplicação do conceito 11.9

Uma força **P** é suportada em B por duas barras de seção uniforme e com a mesma área A de seção transversal (Fig. 11.28). Determine o deslocamento vertical no ponto B.

A energia de deformação do sistema em virtude da força foi determinada na Aplicação do conceito 11.2. Igualando a expressão obtida para U com o trabalho da força, escrevemos

$$U = 0{,}364\frac{P^2 l}{AE} = \frac{1}{2}Py_B$$

e, resolvendo para o deslocamento vertical de B,

$$y_B = 0{,}728\frac{Pl}{AE}$$

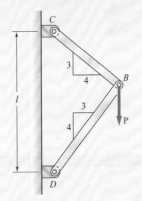

Fig. 11.28 Pórtico *CBD* com a força P.

Observação. Devemos notar que, uma vez obtidas as forças nas duas barras (ver a Aplicação do conceito 11.2), as deformações $\delta_{B/C}$ e $\delta_{B/D}$ das barras poderiam ser obtidas pelo método do Capítulo 2. No entanto, para determinar o deslocamento vertical do ponto B com base nessas deformações, seria necessária uma análise geométrica cuidadosa dos vários deslocamentos envolvidos. O método da energia de deformação usado aqui torna essa análise desnecessária.

Aplicação do conceito 11.10

Determine a deflexão da extremidade A da viga em balanço AB (Fig. 11.29), levando em conta o efeito (*a*) somente das tensões normais e (*b*) das tensões normal e de cisalhamento.

a. **Efeito das tensões normais.** O trabalho da força **P** quando ela é aplicada lentamente em A é

$$U = \tfrac{1}{2}Py_A$$

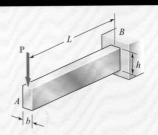

Fig. 11.29 Viga de seção retangular em balanço submetida à força **P**.

Substituindo U pela expressão obtida para energia de deformação da viga na Aplicação do conceito 11.3, em que foi considerado somente o efeito das tensões normais, escrevemos

$$\frac{P^2L^3}{6EI} = \frac{1}{2}Py_A$$

e, resolvendo para y_A,

$$y_A = \frac{PL^3}{3EI}$$

b. Efeito das tensões normal e de cisalhamento. Substituímos agora U pela expressão para a energia total de deformação da viga obtida na Aplicação do conceito 11.5, em que os efeitos das tensões normal e de cisalhamento foram considerados. Temos

$$\frac{P^2L^3}{6EI}\left(1 + \frac{3Eh^2}{10GL^2}\right) = \frac{1}{2}Py_A$$

e, resolvendo para y_A,

$$y_A = \frac{PL^3}{3EI}\left(1 + \frac{3Eh^2}{10GL^2}\right)$$

Notamos que o erro relativo quando o efeito da força cortante é desprezado é o mesmo obtido na Aplicação do conceito 11.5, isto é, menor que $0{,}9(h/L)^2$. Esse erro é menor do que 0,9% para uma viga com uma relação h/L menor que $\frac{1}{10}$.

Aplicação do conceito 11.11

Um torque **T** é aplicado à extremidade D do eixo BCD (Fig. 11.30). Sabendo que ambas as partes do eixo são feitas com o mesmo material e têm o mesmo comprimento, mas que o diâmetro BC é duas vezes o diâmetro CD, determine o ângulo de torção de todo o eixo.

A energia de deformação de um eixo similar foi determinada na Aplicação do conceito 11.4 dividindo-se o eixo em suas partes componentes BC e CD. Fazendo $n = 2$ na Equação (1) da Aplicação do conceito 11.4, temos

$$U = \frac{17}{32}\frac{T^2L}{2GJ}$$

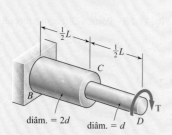

Fig. 11.30 Eixo escalonado *BCD* com torque **T**.

em que G é o módulo de elasticidade transversal do material e J, o momento polar de inércia da parte CD do eixo. Considerando U igual ao trabalho do torque enquanto ele é aplicado lentamente na extremidade D e recordando a Equação (11.40), escrevemos

$$\frac{17}{32}\frac{T^2L}{2GJ} = \frac{1}{2}T\phi_{D/B}$$

e, resolvendo para o ângulo de torção $\phi_{D/B}$,

$$\phi_{D/B} = \frac{17TL}{32GJ}$$

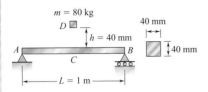

PROBLEMA RESOLVIDO 11.3

O bloco D de massa m é liberado do repouso e cai de uma altura h até atingir o ponto médio C da viga de alumínio AB. Usando $E = 73$ GPa, determine (a) a deflexão máxima do ponto C e (b) a tensão máxima que ocorre na viga.

ESTRATÉGIA: Calcule a energia de deformação da viga em função da deflexão e iguale isso ao trabalho realizado pelo bloco. O resultado pode então ser usado, juntamente aos dados, para resolver a parte a. Utilizando a relação entre carga aplicada e deflexão (Apêndice F), obtenha o carregamento estático equivalente e use esse valor para obter a tensão normal devido à flexão.

MODELAGEM:

Princípio de trabalho e energia. Como o bloco é liberado do repouso, notamos que (Fig. 1, posição *1*) tanto a energia cinética quanto a energia de deformação são iguais a zero. Na posição *2* (Fig. 1), em que ocorre a deflexão máxima y_m, a energia cinética é novamente igual a zero. Consultando a tabela de *Deflexões e inclinações de vigas* do Apêndice F, encontramos a expressão para y_m. A energia de deformação da viga na posição *2* é

$$U_2 = \frac{1}{2} P_m y_m = \frac{1}{2} \frac{48EI}{L^3} y_m^2 \qquad U_2 = \frac{24EI}{L^3} y_m^2$$

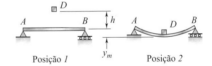

Fig. 1 Bloco liberado do repouso (posição *1*) e deflexão máxima da viga (posição *2*).

Observamos que o trabalho feito pelo peso **W** do bloco é $W(h + y_m)$. Igualando a energia de deformação da viga com o trabalho feito por **W**, temos

$$\frac{24EI}{L^3} y_m^2 = W(h + y_m) \qquad (1)$$

ANÁLISE:

a. **Deflexão máxima do ponto** C**.** Dos dados fornecidos, temos

$$EI = (73 \times 10^9 \text{ Pa})\tfrac{1}{12}(0{,}04 \text{ m})^4 = 15{,}573 \times 10^3 \text{ N} \cdot \text{m}^2$$

$$L = 1 \text{ m} \qquad h = 0{,}040 \text{ m} \qquad W = mg = (80 \text{ kg})(9{,}81 \text{ m/s}^2) = 784{,}8 \text{ N}$$

Substituindo W na Equação (1), obtemos e resolvemos a equação quadrática para a deflexão

$$(373{,}8 \times 10^3) y_m^2 - 784{,}8 y_m - 31{,}39 = 0 \qquad y_m = 10{,}27 \text{ mm} \blacktriangleleft$$

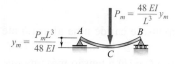

Fig. 2 (*repetida*) Força estática equivalente que causa a deflexão y_m.

b. Tensão máxima. O valor de P_m (Fig. 2) é

$$P_m = \frac{48EI}{L^3} y_m = \frac{48(15{,}573 \times 10^3 \text{ N} \cdot \text{m})}{(1 \text{ m})^3}(0{,}01027 \text{ m}) \qquad P_m = 7677 \text{ N}$$

Lembrando que $\sigma_m = M_{\text{máx}} c/I$ e $M_{\text{máx}} = \frac{1}{4} P_m L$, escrevemos

$$\sigma_m = \frac{(\tfrac{1}{4} P_m L)c}{I} = \frac{\tfrac{1}{4}(7677 \text{ N})(1 \text{ m})(0{,}020 \text{ m})}{\tfrac{1}{12}(0{,}040 \text{ m})^4} \qquad \sigma_m = 179{,}9 \text{ MPa} \blacktriangleleft$$

REFLETIR E PENSAR: Uma aproximação do trabalho feito pelo peso do bloco pode ser obtida omitindo-se y_m da expressão para o trabalho e do lado direito da Equação (1), como foi feito na Aplicação do conceito 11.7. Se essa aproximação for usada aqui, encontramos $y_m = 9{,}16$ mm; o erro é de 10,8%. No entanto, se um bloco de 8 kg for solto de uma altura de 400 mm, produzindo o mesmo valor de Wh, omitir y_m do lado direito da Equação (1) resulta em um erro de somente 1,2%.

PROBLEMA RESOLVIDO 11.4

As barras de treliça mostradas na figura consistem em seções de tubo de alumínio com as áreas de seção transversal indicadas. Usando $E = 73$ GPa, determine o deslocamento vertical do ponto E provocado pela força **P**.

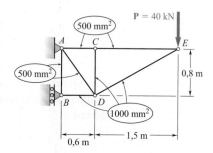

ESTRATÉGIA: Desenhe o diagrama de corpo livre para a treliça, determine as reações e então utilize o diagrama de corpo livre em cada nó para encontrar as forças nos elementos. A Equação (11.14) pode ser utilizada para determinar a energia de deformação em cada elemento. Iguale a energia de deformação total nos elementos ao trabalho realizado pela carga **P** para determinar a deflexão vertical na posição dessa carga.

MODELAGEM:

Forças axiais em barras de treliça. As reações são encontradas usando o diagrama de corpo livre da treliça inteira (Fig. 1*a*). Consideramos em seguida o equilíbrio dos nós E, C, D e B. Em cada nó, determinamos as forças indicadas pelas linhas tracejadas. No nó B (Fig. 1*b-e*), a equação $\Sigma F_x = 0$ fornece uma verificação de nossos cálculos.

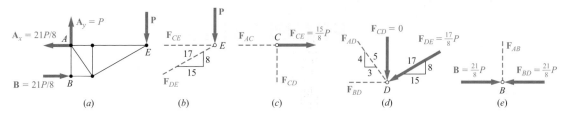

Fig. 1 (a) Diagrama de corpo livre da treliça;. (b-e) Diagramas de forças nos nós.

A partir do equilíbrio de cada nó mostrado na Fig. 1 de (b) até (e), obtemos as forças das barras

$\Sigma F_y = 0: F_{DE} = -\frac{17}{8}P$ $\Sigma F_x = 0: F_{AC} = +\frac{15}{8}P$ $\Sigma F_y = 0: F_{AD} = +\frac{5}{4}P$ $\Sigma F_y = 0: F_{AB} = 0$

$\Sigma F_x = 0: F_{CE} = +\frac{15}{8}P$ $\Sigma F_y = 0: F_{CD} = 0$ $\Sigma F_x = 0: F_{BD} = -\frac{21}{8}P$ $\Sigma F_x = 0:$ (Verificação)

ANÁLISE:

Energia de deformação. Observando que E é o mesmo para todas as barras, expressamos a energia de deformação da treliça da seguinte forma

$$U = \sum \frac{F_i^2 L_i}{2A_i E} = \frac{1}{2E} \sum \frac{F_i^2 L_i}{A_i} \qquad (1)$$

em que F_i é a força em uma barra conforme indicado na tabela a seguir e em que a soma é estendida a todos as barras da treliça.

Barra	F_i	L_i, m	A_i, m²	$\frac{F_i^2 L_i}{A_i}$
AB	0	0,8	500×10^{-6}	0
AC	$+15P/8$	0,6	500×10^{-6}	$4\,219P^2$
AD	$+5P/4$	1,0	500×10^{-6}	$3\,125P^2$
BD	$-21P/8$	0,6	1000×10^{-6}	$4\,134P^2$
CD	0	0,8	1000×10^{-6}	0
CE	$+15P/8$	1,5	500×10^{-6}	$10\,547P^2$
DE	$-17P/8$	1,7	1000×10^{-6}	$7\,677P^2$

$$\sum \frac{F_i^2 L_i}{A_i} = 29\,700 P^2$$

Voltando à Equação (1), temos

$$U = (\tfrac{1}{2}E)(29{,}7 \times 10^3 P^2).$$

Princípio de trabalho e energia. Recordamos que o trabalho efetuado pela força **P** quando ela é aplicada gradualmente é $\frac{1}{2}Py_E$. Igualando o trabalho feito por **P** com a energia de deformação U e lembrando que $E = 73$ GPa e $P = 40$ kN, temos

$$\frac{1}{2}Py_E = U \qquad \frac{1}{2}Py_E = \frac{1}{2E}(29{,}7 \times 10^3 P^2)$$

$$y_E = \frac{1}{E}(29{,}7 \times 10^3 P) = \frac{(29{,}7 \times 10^3)(40 \times 10^3)}{73 \times 10^9}$$

$$y_E = 16{,}27 \times 10^{-3} \text{ m} \qquad\qquad y_E = 16{,}27 \text{ mm} \downarrow \blacktriangleleft$$

PROBLEMAS

11.42 Um anel D de 5 kg move-se ao longo da barra uniforme AB e tem uma velocidade $v_0 = 6$ m/s quando atinge uma pequena placa fixada na extremidade A da barra. Usando $E = 200$ GPa e sabendo que a tensão admissível na barra é de 250 MPa, determine o menor diâmetro que pode ser usado.

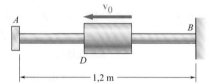

Fig. P11.42

11.43 A haste uniforme AB é feita de um latão para o qual $\sigma_E = 18$ ksi e $E = 15 \times 10^6$ psi. O anel D se move ao longo da haste e tem velocidade $v_0 = 10$ pés/s quando atinge uma pequena placa fixada à extremidade B da haste. Usando um fator de segurança de quatro, determine o maior peso admissível do anel para que a haste não seja deformada permanentemente.

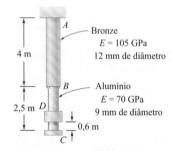

Fig. P11.45

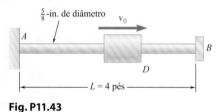

Fig. P11.43

11.44 Resolva o Problema 11.43, considerando que o comprimento da haste de latão aumenta de 4 pés para 8 pés.

11.45 O anel D é liberado do repouso na posição mostrada, e o seu movimento é interrompido por uma pequena placa fixada à extremidade C da barra vertical ABC. Determine a massa do anel para a qual a tensão normal máxima na parte BC é de 125 MPa.

11.46 Resolva o Problema 11.45, considerando que ambas as porções da haste ABC são feitas de alumínio.

11.47 O anel G de 48 kg é liberado do repouso na posição mostrada e é interrompido pela placa BDF fixada à barra de aço CD de 20mm de diâmetro e às barras de aço AB e EF de 15 mm de diâmetro. Sabendo que para o tipo de aço utilizado $\sigma_{adm} = 180$ MPa e $E = 200$ GPa, determine a maior distância admissível h.

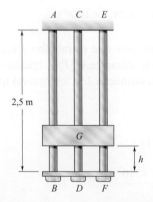

Fig. P11.47

11.48 A coluna AB consiste em um tubo de aço de 3,5 in. de diâmetro e 0,3 in. de espessura da parede. Um bloco C de 15 lb que se move horizontalmente à velocidade $\mathbf{v}_0$ bate na coluna diretamente em A. Usando $E = 29 \times 10^6$ psi, determine a maior velocidade v_0 para a qual a tensão normal máxima no tubo não excede 24 ksi.

11.49 Resolva o Problema 11.48, considerando que a coluna AB é composta de uma barra de aço de seção cheia com diâmetro externo de 3,5 in.

11.50 Um tubo de alumínio com a seção transversal mostrada é atingido diretamente na sua seção média por um bloco de 6 kg movendo-se na horizontal com uma velocidade de 2 m/s. Utilizando $E = 70$ GPa, determine (*a*) a carga estática equivalente, (*b*) a tensão máxima na viga, (*c*) a deflexão máxima no ponto médio C da viga.

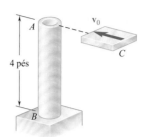

Fig. P11.48

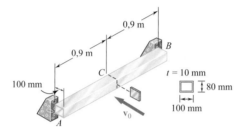

Fig. P11.50

11.51 Resolva o Prob. 11.50 assumindo que o tubo seja substituído por uma barra maciça de alumínio com as mesmas dimensões externas que as do tubo.

11.52 O bloco D de 2 kg cai da posição mostrada sobre a extremidade de uma barra de 16 mm de diâmetro. Sabendo que $E = 200$ GPa, determine (*a*) a deflexão máxima na extremidade A, (*b*) o momento fletor máximo na barra e (*c*) a tensão normal máxima na barra.

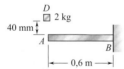

Fig. P11.52

11.53 O bloco D de 10 kg é solto desde uma altura $h = 450$ mm sobre uma viga de alumínio AB. Sabendo que $E = 70$ GPa, determine (*a*) a máxima deflexão do ponto E, (*b*) a máxima tensão na viga.

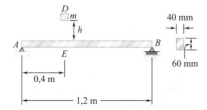

Fig. P11.53

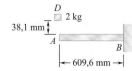

Fig. P11.54

11.54 O bloco D de 2 kg cai da posição mostrada sobre a extremidade de uma barra de 16 mm de diâmetro. Sabendo que $E = 200$ GPa, determine (a) a deflexão máxima na extremidade A, (b) o momento fletor máximo na barra e (c) a tensão normal máxima na barra.

11.55 Um mergulhador de peso igual a 711,7 N salta de uma altura de 508 mm na extremidade C de um trampolim cuja seção transversal é a mostrada. Considerando que as pernas do mergulhador permanecem rígidas e usando $E = 12,4$ GPa, determine (a) a máxima deflexão do ponto C, (b) a máxima tensão normal no trampolim e (c) a carga estática equivalente.

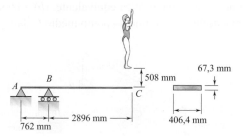

Fig. P11.55

11.56 Um bloco de peso W cai de uma altura h sobre a viga horizontal AB e atinge a viga no ponto D. (a) Mostre que a deflexão máxima y_m no ponto D pode ser expressa como

$$y_m = y_{est}\left(1 + \sqrt{1 + \frac{2h}{y_{est}}}\right)$$

em que y_{est} representa a deflexão em D provocada por uma força estática W aplicada nesse ponto e no qual a grandeza entre parênteses é conhecida como *coeficiente de impacto*. (b) Calcule o coeficiente de impacto para a viga do Problema 11.52.

11.57 Um bloco de peso W cai de uma altura h sobre a viga horizontal AB e atinge-a no ponto D. (a) Chamando de y_m o valor exato da deflexão máxima em D e de y'_m o valor obtido desprezando seu efeito na variação da energia potencial do bloco, mostre que o valor absoluto do erro relativo é $(y'_m - y_m)/y_m$ e nunca ultrapassa $y'_m/2h$. (b) Verifique o resultado obtido na parte a resolvendo a parte a do Problema 11.52 sem levar em conta y_m ao determinar a variação da energia potencial da força. Compare a resposta obtida dessa maneira com a resposta exata daquele problema.

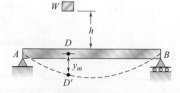

Fig. P11.56 e P11.57

11.58 e 11.59 Usando o método do trabalho e da energia, determine a deflexão no ponto D provocada pela força **P**.

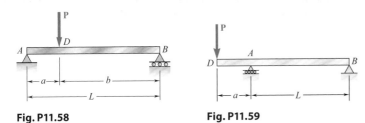

Fig. P11.58   Fig. P11.59

11.60 e 11.61 Usando o método do trabalho e da energia, determine a inclinação no ponto D provocada pelo momento $\mathbf{M}_0$.

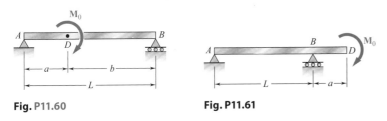

Fig. P11.60   Fig. P11.61

11.62 e 11.63 Usando o método do trabalho e da energia, determine a deflexão no ponto C provocada pela força **P**.

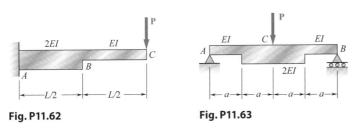

Fig. P11.62   Fig. P11.63

11.64 Usando o método do trabalho e da energia, determine a inclinação no ponto A provocada pelo momento $\mathbf{M}_0$.

11.65 Usando o método do trabalho e da energia, determine a inclinação no ponto D provocada pelo momento $\mathbf{M}_0$.

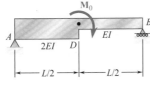

Fig. P11.65

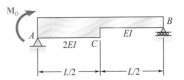

Fig. P11.64

11.66 A barra de aço BC com 20 mm de diâmetro está fixada na alavanca AB e engastada em C. A alavanca uniforme de aço tem 10 mm de espessura e 30 mm de largura. Usando o método do trabalho e da energia, determine o deslocamento do ponto A quando $L = 600$ mm. Use $E = 200$ GPa e $G = 77,2$ GPa.

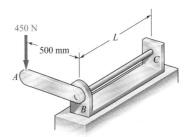

Fig. P11.66

11.67 Torques de mesma intensidade **T** são aplicados aos eixos de aço AB e CD. Utilizando o método do trabalho e energia, determine o comprimento L da porção vazada do eixo CD para que o ângulo de giro em C seja igual a 1,25 vezes o ângulo de giro em A.

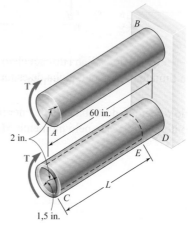

Fig. P11.67

11.68 Dois eixos de aço, ambos com diâmetro de 19,1 mm, estão conectados às engrenagens mostradas na figura. Sabendo que $G = 77,2$ GPa e que o eixo DF está fixo em F, determine o ângulo de rotação da extremidade A quando lhe é aplicado um torque de 84,7 N · m em A. (Ignore a energia de deformação em virtude da flexão dos eixos.)

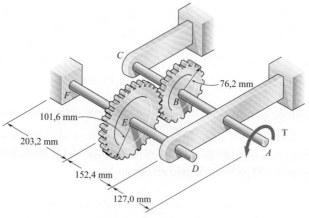

Fig. P11.68

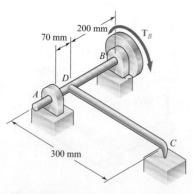

Fig. P11.69

11.69 A barra de aço CD, com 20 mm de diâmetro, está soldada ao eixo de aço AB também com 20 mm de diâmetro conforme mostrado. A extremidade C da barra CD toca a superfície rígida mostrada quando um conjugado T_B é aplicado a um disco fixado ao eixo AB. Sabendo que os mancais são autoalinhados e não exercem conjugados sobre o eixo, determine o ângulo de rotação do disco quando $T_B = 400$ N · m. Utilize $E = 200$ GPa e $G = 77,2$ GPa. (Considere a energia de deformação devido aos efeitos de flexão e torção no eixo AB e de flexão no braço CD.)

11.70 A barra de seção vazada de parede fina AB tem uma seção transversal não circular com espessura de parede não uniforme. Usando a expressão dada na Equação (3.50) da Seção 3.10 e a expressão para a densidade de energia de deformação dada na Equação (11.17), mostre que o ângulo de torção do elemento AB é

$$\phi = \frac{TL}{4\mathcal{A}^2 G} \oint \frac{ds}{t}$$

em que ds é o comprimento da linha de esqueleto da seção transversal e $\mathcal{A}$ é a área limitada por aquela linha de esqueleto.

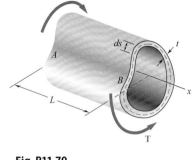

Fig. P11.70

11.71 e 11.72 Cada barra de treliça mostrada na figura tem uma seção transversal uniforme de área A. Usando o método do trabalho e da energia, determine o deslocamento horizontal do ponto de aplicação da força **P**.

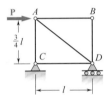

Fig. P11.71

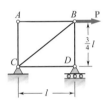

Fig. P11.72

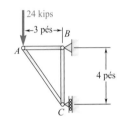

Fig. P11.73

11.73 Cada elemento da treliça mostrada é feita de aço e tem seção transversal uniforme de 3 in². Usando $E = 29 \times 10^6$ psi, determine a deflexão vertical da junta A causada pela aplicação da carga de 24 kip.

11.74 Os elementos da treliça são feitos de aço e têm as seções transversais mostradas. Usando $E = 200$ GPa, determine a deflexão vertical da junta C causada pela aplicação da carga de 210 kN.

11.75 As barras de treliça mostradas na figura são feitas de aço e têm as áreas das seções transversais mostradas na figura. Usando $E = 200$ GPa, determine o deslocamento vertical do nó C provocado pela aplicação da força de 210 kN.

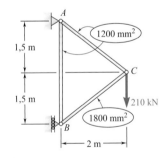

Fig. P11.74

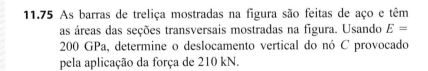

Fig. P11.75

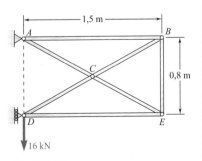

Fig. P11.76

11.76 Cada elemento da treliça mostrada é feito de aço e tem uma área de seção transversal de 400 mm². Usando $E = 200$ GPa, determine a deflexão (o deslocamento) no ponto D causado pela carga de 16 kN.

*11.6 TRABALHO E ENERGIA SOB VÁRIAS CARGAS

Nesta seção, será considerada a energia de deformação de uma estrutura submetida a várias cargas, e ela será expressa em termos das cargas e das deflexões resultantes.

Considere uma viga elástica AB submetida a duas forças concentradas $\mathbf{P}_1$ e $\mathbf{P}_2$. A energia de deformação da viga é igual ao trabalho de $\mathbf{P}_1$ e $\mathbf{P}_2$ quando elas são aplicadas lentamente à viga em C_1 e C_2, respectivamente (Fig. 11.31). No entanto, para avaliar esse trabalho, devemos primeiro expressar as deflexões x_1 e x_2 em termos das forças $\mathbf{P}_1$ e $\mathbf{P}_2$.

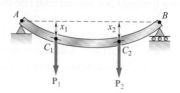

Fig. 11.31 Viga submetida a múltiplas forças.

Vamos considerar que somente $\mathbf{P}_1$ é aplicada à viga (Fig. 11.32). Notamos que C_1 e C_2 se deslocam e que suas deflexões são proporcionais à força P_1. Chamando essas deflexões de x_{11} e x_{21}, respectivamente, escrevemos

$$x_{11} = \alpha_{11}P_1 \qquad x_{21} = \alpha_{21}P_1 \qquad (11.41)$$

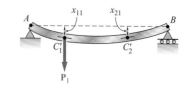

Fig. 11.32 Deflexões da viga em C_1 e C_2 resultantes da força única $\mathbf{P}_1$.

em que α_{11} e α_{21} são constantes chamadas de *coeficientes de influência*. Essas constantes representam as deflexões de C_1 e C_2, respectivamente, quando uma força unitária é aplicada em C_1 e são características da viga AB.

Vamos considerar agora que somente $\mathbf{P}_2$ é aplicada à viga (Fig. 11.33). Chamando de x_{12} e x_{22}, respectivamente, as deflexões resultantes de C_1 e C_2, escrevemos

$$x_{12} = \alpha_{12}P_2 \qquad x_{22} = \alpha_{22}P_2 \qquad (11.42)$$

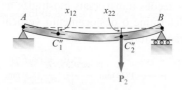

Fig. 11.33 Deflexões da viga em C_1 e C_2 resultantes da força única $\mathbf{P}_2$.

em que α_{12} e α_{22} são os coeficientes de influência representando as deflexões de C_1 e C_2, respectivamente, quando uma força unitária é aplicada em C_2. Aplicando o princípio da superposição, expressamos as deflexões x_1 e x_2 de C_1 e C_2 quando ambas as forças são aplicadas (Fig. 11.31) como

$$x_1 = x_{11} + x_{12} = \alpha_{11}P_1 + \alpha_{12}P_2 \qquad (11.43)$$

$$x_2 = x_{21} + x_{22} = \alpha_{21}P_1 + \alpha_{22}P_2 \qquad (11.44)$$

Para calcular o trabalho feito por $\mathbf{P}_1$ e $\mathbf{P}_2$, e, portanto, a energia de deformação da viga, é conveniente considerar que $\mathbf{P}_1$ é primeiro aplicada lentamente em C_1 (Fig. 11.34a). Recordando da primeira Equação (11.41), expressamos o trabalho de $\mathbf{P}_1$ como

$$\tfrac{1}{2}P_1 x_{11} = \tfrac{1}{2}P_1(\alpha_{11}P_1) = \tfrac{1}{2}\alpha_{11}P_1^2 \tag{11.45}$$

e note que $\mathbf{P}_2$ não executa trabalho enquanto C_2 se move de um valor x_{21}, pois ela ainda não foi aplicada à viga.

Agora aplicamos lentamente $\mathbf{P}_2$ em C_2 (Fig. 11.34b); recordando a segunda Equação (11.42), expressamos o trabalho de $\mathbf{P}_2$ como

$$\tfrac{1}{2}P_2 x_{22} = \tfrac{1}{2}P_2(\alpha_{22}P_2) = \tfrac{1}{2}\alpha_{22}P_2^2 \tag{11.46}$$

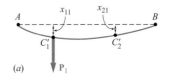

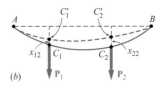

Fig. 11.34 (a) Deflexão resultante apenas de P_1. (b) Deflexão adicional resultante da aplicação subsequente de P_2.

No entanto, como $\mathbf{P}_2$ é aplicada lentamente em C_2, o ponto de aplicação de $\mathbf{P}_1$ move-se de um valor x_{12} de C_1' a C_1, e a força $\mathbf{P}_1$ realiza trabalho. Como $\mathbf{P}_1$ é *aplicada* durante todo esse deslocamento (Fig. 11.35), seu trabalho é igual a $P_1 x_{12}$ ou, recordando da primeira das Equações (11.42),

$$P_1 x_{12} = P_1(\alpha_{12}P_2) = \alpha_{12}P_1P_2 \tag{11.47}$$

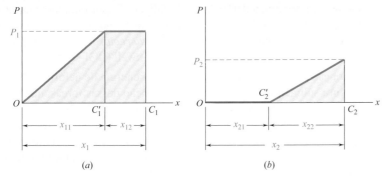

Fig. 11.35 Diagramas força-deslocamento para aplicação de P_1 seguida de P_2. (a) Diagrama força-deslocamento para C_1. (b) Diagrama força-deslocamento para C_2.

Somando as expressões obtidas nas Equações (11.45), (11.46) e (11.47), expressamos a energia de deformação da viga quando atuam nela as forças $\mathbf{P}_1$ e $\mathbf{P}_2$ como

$$U = \tfrac{1}{2}(\alpha_{11}P_1^2 + 2\alpha_{12}P_1P_2 + \alpha_{22}P_2^2) \tag{11.48}$$

Se a força $\mathbf{P}_2$ tivesse sido aplicada primeiro à viga (Fig. 11.36a), seguida pela força $\mathbf{P}_1$ (Fig. 11.36b), o trabalho feito por cada força seria como mostra a

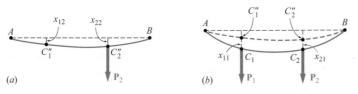

Fig. 11.36 (a) Deflexões da viga em razão apenas de P_2. (b) Deflexão adicional resultante da aplicação subsequente de P_1.

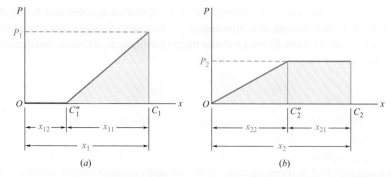

Fig. 11.37 Diagramas força-deslocamento para aplicação de P_2 seguida de P_1. (a) Diagrama força-deslocamento para C_1. (b) Diagrama força-deslocamento para C_2.

Fig. 11.37. Cálculos similares àqueles que acabamos de fazer resultariam na seguinte expressão alternativa para a energia de deformação da viga:

$$U = \tfrac{1}{2}(\alpha_{22}P_2^2 + 2\alpha_{21}P_2P_1 + \alpha_{11}P_1^2) \tag{11.49}$$

Igualando os membros direitos das Equações (11.48) e (11.49), concluímos que $\alpha_{12} = \alpha_{21}$ e, portanto, a deflexão produzida em C_1 por uma força unitária aplicada em C_2 é igual à deflexão produzida em C_2 por uma força unitária aplicada em C_1. Isso é conhecido como *teorema da reciprocidade de Maxwell*, em homenagem ao físico inglês James Clerk Maxwell (1831–1879).

Embora estejamos aptos agora a expressar a energia de deformação U de uma estrutura submetida a várias cargas em função dessas forças, não podemos usar o método da Seção 11.5.2 para determinar a deflexão da estrutura. Certamente, calculando a energia de deformação U pela integração da densidade de energia de deformação u ao longo da estrutura e substituindo na Equação (11.48) a expressão obtida resultaria em uma só equação, que não poderia ser resolvida para os vários coeficientes α.

*11.7 TEOREMA DE CASTIGLIANO

Recordamos a expressão obtida na seção anterior para a energia de deformação de uma estrutura elástica submetida a duas forças $\mathbf{P}_1$ e $\mathbf{P}_2$:

$$U = \tfrac{1}{2}(\alpha_{11}P_1^2 + 2\alpha_{12}P_1P_2 + \alpha_{22}P_2^2) \tag{11.48}$$

em que α_{11}, α_{12} e α_{22} são os coeficientes de influência associados aos pontos de aplicação C_1 e C_2 das duas forças. Derivando ambos os membros da Equação (11.48) em relação a P_1 e usando a Equação (11.43), escrevemos

$$\frac{\partial U}{\partial P_1} = \alpha_{11}P_1 + \alpha_{12}P_2 = x_1 \tag{11.50}$$

Derivando ambos os membros da Equação (11.48) em relação a P_2, usando a Equação (11.44) e tendo em mente que $\alpha_{12} = \alpha_{21}$, temos

$$\frac{\partial U}{\partial P_2} = \alpha_{12}P_1 + \alpha_{22}P_2 = x_2 \tag{11.51}$$

De um modo mais geral, se uma estrutura elástica é submetida a n cargas $\mathbf{P}_1, \mathbf{P}_2, \ldots, \mathbf{P}_n$, a deformação x_j do ponto de aplicação de $\mathbf{P}_j$, medida ao longo da linha de ação de $\mathbf{P}_j$, pode ser expressa como a derivada parcial da energia de deformação da estrutura em relação à força $\mathbf{P}_j$. Escrevemos

$$x_j = \frac{\partial U}{\partial P_j} \tag{11.52}$$

Esse é o *teorema de Castigliano*, em homenagem ao engenheiro italiano Alberto Castigliano (1847-1884), que primeiro formulou seu enunciado.[†]

Lembrando que o trabalho de um momento $\mathbf{M}$ é $\tfrac{1}{2}M\theta$ em que θ é o ângulo de rotação no ponto em que o momento é aplicado lentamente, observamos que o teorema de Castigliano pode ser usado para determinar a inclinação de uma viga no ponto de aplicação do momento $\mathbf{M}_j$. Temos

$$\theta_j = \frac{\partial U}{\partial M_j} \tag{11.55}$$

De maneira similar, o ângulo de torção ϕ_j em uma seção de um eixo em que um torque $\mathbf{T}_j$ é aplicado lentamente é obtido derivando-se a energia de deformação do eixo em relação a T_j:

$$\phi_j = \frac{\partial U}{\partial T_j} \tag{11.56}$$

[†] No caso de uma estrutura elástica submetida a n cargas $\mathbf{P}_1, \mathbf{P}_2, \ldots, \mathbf{P}_n$, o deslocamento do ponto de aplicação de $\mathbf{P}_j$, medida ao longo da linha de ação de $\mathbf{P}_j$, pode ser expresso como

$$x_j = \sum_k \alpha_{jk} P_k \tag{11.53}$$

e a energia de deformação da estrutura será

$$U = \tfrac{1}{2} \sum_i \sum_k \alpha_{ik} P_i P_k \tag{11.54}$$

Derivando U em relação a P_j, e observando que P_j é determinada em termos correspondentes a $i = j$ ou $k = j$, escrevemos

$$\frac{\partial U}{\partial P_j} = \frac{1}{2} \sum_k \alpha_{jk} P_k + \frac{1}{2} \sum_i \alpha_{ij} P_i$$

ou, como $\alpha_{ij} = \alpha_{ji}$,

$$\frac{\partial U}{\partial P_j} = \frac{1}{2} \sum_k \alpha_{jk} P_k + \frac{1}{2} \sum_i \alpha_{ji} P_i = \sum_k \alpha_{jk} P_k$$

Lembrando a Equação (11.53), verificamos que

$$x_j = \frac{\partial U}{\partial P_j} \tag{11.52}$$

*11.8 DEFLEXÕES PELO TEOREMA DE CASTIGLIANO

Vimos, na seção anterior, que a deformação x_j de uma estrutura no ponto de aplicação de uma carga $\mathbf{P}_j$ pode ser determinada calculando-se a derivada parcial $\partial U/\partial P_j$ da energia de deflexão U da estrutura. Conforme sabemos pelas Seções 11.2.1 e 11.2.2, a energia de deformação U é obtida integrando-se ou somando ao longo da estrutura a energia de deformação de cada um de seus elementos. O cálculo da deflexão x_j pelo teorema de Castigliano é simplificado se a derivada em relação à força P_j é feita antes da integração ou soma.

Por exemplo, no caso de uma viga, recordamos da Seção 11.2.1 que

$$U = \int_0^L \frac{M^2}{2EI} dx \qquad (11.15)$$

e determinamos a deformação x_j do ponto de aplicação da carga $\mathbf{P}_j$ escrevendo

$$x_j = \frac{\partial U}{\partial P_j} = \int_0^L \frac{M}{EI} \frac{\partial M}{\partial P_j} dx \qquad (11.57)$$

No caso de uma treliça consistindo em n barras uniformes de comprimento L_i, área de seção transversal A_i e força interna F_i, usamos a Equação (11.14) e expressamos a energia de deformação U da treliça como

$$U = \sum_{i=1}^{n} \frac{F_i^2 L_i}{2 A_i E} \qquad (11.58)$$

O deslocamento x_j do ponto de aplicação da carga $\mathbf{P}_j$ é obtido derivando-se em relação a P_j cada termo da soma. Escrevemos

$$x_j = \frac{\partial U}{\partial P_j} = \sum_{i=1}^{n} \frac{F_i L_i}{A_i E} \frac{\partial F_i}{\partial P_j} \qquad (11.59)$$

Aplicação do conceito 11.12

A viga em balanço AB suporta uma força w uniformemente distribuída e uma força concentrada $\mathbf{P}$ como mostra a Fig. 11.38. Sabendo que $L = 2$m, $w = 4$ kN/m, $P = 6$ kN e $EI = 5$ MN $\cdot$ m^2, determine a deflexão de A.

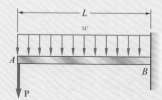

Fig. 11.38 Viga em balanço carregada conforme apontado.

A deflexão y_A do ponto de aplicação A em que a força **P** é aplicada é obtida da Equação (11.57). Como **P** é vertical e direcionada para baixo, y_A representa um deslocamento vertical e é positivo para baixo.

$$y_A = \frac{\partial U}{\partial P} = \int_0^L \frac{M}{EI}\frac{\partial M}{\partial P}dx \qquad (1)$$

O momento fletor M na distância x a partir de A é

$$M = -(Px + \tfrac{1}{2}wx^2) \qquad (2)$$

e sua derivada em relação a P é

$$\frac{\partial M}{\partial P} = -x$$

Substituindo M e $\partial M/\partial P$ na Equação (1),

$$y_A = \frac{1}{EI}\int_0^L \left(Px^2 + \frac{1}{2}wx^3\right)dx$$

$$y_A = \frac{1}{EI}\left(\frac{PL^3}{3} + \frac{wL^4}{8}\right) \qquad (3)$$

Substituindo os dados fornecidos,

$$y_A = \frac{1}{5 \times 10^6 \text{ N} \cdot \text{m}^2}$$

$$\left[\frac{(6 \times 10^3 \text{ N})(2 \text{ m})^3}{3} + \frac{(4 \times 10^3 \text{ N/m})(2 \text{ m})^4}{8}\right]$$

$$y_A = 4{,}8 \times 10^{-3} \text{ m} \qquad y_A = 4{,}8 \text{ mm} \downarrow$$

Observamos que o cálculo da derivada parcial $\partial M/\partial P$ *não poderia ter sido feito* se o valor numérico de P tivesse sido usado em lugar de P na Equação (2) para o momento fletor.

Podemos observar que a deflexão x_j de uma estrutura em um dado ponto C_j pode ser obtida pela aplicação direta do teorema de Castigliano apenas se uma força $\mathbf{P}_j$ for aplicada em C_j na direção na qual x_j deve ser determinada. Quando nenhuma carga é aplicada em C_j, ou quando uma carga é aplicada em uma direção que não a direção desejada, podemos ainda obter a deflexão x_j pelo teorema de Castigliano se usarmos o procedimento a seguir: aplicamos uma carga fictícia $\mathbf{Q}_j$ em C_j na direção na qual a deflexão x_j deve ser determinada e usamos o teorema de Castigliano para obter a deflexão

$$x_j = \frac{\partial U}{\partial Q_j} \qquad (11.60)$$

em virtude de $\mathbf{Q}_j$ e as cargas reais. Fazendo $Q_j = 0$ na Equação (11.60), obtemos a deformação em C_j na direção desejada para o carregamento dado.

A inclinação θ_j de uma viga em um ponto C_j pode ser determinada de maneira similar aplicando-se um momento fictício $\mathbf{M}_j$ em C_j, calculando a derivada parcial $\partial U/\partial M_j$ e fazendo $M_j = 0$ na expressão obtida.

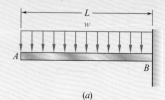
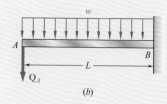
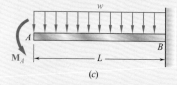

Fig. 11.39 (a) Viga em balanço suportando uma força uniformemente distribuída. (b) Carga fictícia Q_A aplicada para determinar a deflexão em A. (c) Carga fictícia M_A aplicada para determinar a inclinação em A.

Aplicação do conceito 11.13

A viga em balanço AB suporta uma força w uniformemente distribuída (Fig. 11.39a). Determine a deflexão e a inclinação em A.

Deflexão em A. Aplicamos uma força fictícia para baixo $\mathbf{Q}_A$ em A (Fig. 11.39b) e escrevemos

$$y_A = \frac{\partial U}{\partial Q_A} = \int_0^L \frac{M}{EI}\frac{\partial M}{\partial Q_A} dx \qquad (1)$$

O momento fletor M a uma distância x de A é

$$M = -Q_A x - \tfrac{1}{2}wx^2 \qquad (2)$$

e sua derivada em relação a Q_A é

$$\frac{\partial M}{\partial Q_A} = -x \qquad (3)$$

Usando M e $\partial M/\partial Q_A$ das Equações (2) e (3) na Equação (1) e fazendo $Q_A = 0$, obtemos a deflexão em A para o carregamento dado:

$$y_A = \frac{1}{EI}\int_0^L (-\tfrac{1}{2}wx^2)(-x)\,dx = +\frac{wL^4}{8EI}$$

Como a força fictícia foi direcionada para baixo, o sinal positivo indica que

$$y_A = \frac{wL^4}{8EI} \downarrow$$

Inclinação em A. Aplicamos um momento fictício $\mathbf{M}_A$ no sentido anti-horário em A (Fig. 11.39c) e escrevemos

$$\theta_A = \frac{\partial U}{\partial M_A}$$

Usando a Equação (11.15), temos

$$\theta_A = \frac{\partial}{\partial M_A}\int_0^L \frac{M^2}{2EI}dx = \int_0^L \frac{M}{EI}\frac{\partial M}{\partial M_A}dx \qquad (4)$$

O momento fletor M a uma distância x de A é

$$M = -M_A - \tfrac{1}{2}wx^2 \qquad (5)$$

e sua derivada em relação a M_A é

$$\frac{\partial M}{\partial M_A} = -1 \qquad (6)$$

Usando M e $\partial M/\partial M_A$ das Equações (5) e (6) na Equação (4) e fazendo $M_A = 0$, obtemos a inclinação em A para o carregamento dado:

$$\theta_A = \frac{1}{EI}\int_0^L (-\tfrac{1}{2}wx^2)(-1)\,dx = +\frac{wL^3}{6EI}$$

Como o momento fictício tinha o sentido anti-horário, o sinal positivo indica que o ângulo θ_A também é anti-horário:

$$\theta_A = \frac{wL^3}{6EI} \measuredangle$$

Aplicação do conceito 11.14

Uma força **P** é suportada em B por duas barras do mesmo material e com a mesma área A de seção transversal (Fig. 11.40a). Determine os deslocamentos horizontal e vertical do ponto B.

Aplicamos uma força fictícia horizontal **Q** em B (Fig. 11.40b). Pelo teorema de Castigliano, temos

$$x_B = \frac{\partial U}{\partial Q} \qquad y_B = \frac{\partial U}{\partial P}$$

Usando a Equação (11.14) para a energia de deformação de uma barra, escrevemos

$$U = \frac{F_{BC}^2(BC)}{2AE} + \frac{F_{BD}^2(BD)}{2AE}$$

em que F_{BC} e F_{BD} representam as forças em BC e BD, respectivamente. Temos, portanto,

$$x_B = \frac{\partial U}{\partial Q} = \frac{F_{BC}(BC)}{AE}\frac{\partial F_{BC}}{\partial Q} + \frac{F_{BD}(BD)}{AE}\frac{\partial F_{BD}}{\partial Q} \qquad (1)$$

e

$$y_B = \frac{\partial U}{\partial P} = \frac{F_{BC}(BC)}{AE}\frac{\partial F_{BC}}{\partial P} + \frac{F_{BD}(BD)}{AE}\frac{\partial F_{BD}}{\partial P} \qquad (2)$$

Do diagrama de corpo livre do pino B (Fig. 11.40c), obtemos

$$F_{BC} = 0{,}6P + 0{,}8Q \qquad F_{BD} = -0{,}8P + 0{,}6Q \qquad (3)$$

Derivando essas expressões em relação a Q e P, escrevemos

$$\frac{\partial F_{BC}}{\partial Q} = 0{,}8 \qquad \frac{\partial F_{BD}}{\partial Q} = 0{,}6$$
$$\frac{\partial F_{BC}}{\partial P} = 0{,}6 \qquad \frac{\partial F_{BD}}{\partial P} = -0{,}8 \qquad (4)$$

Substituindo as Equações (3) e (4) nas Equações (1) e (2), fazendo $Q = 0$ e observando que $BC = 0{,}6l$ e $BD = 0{,}8l$, obtemos os deslocamentos horizontal e vertical do ponto B para a força dada **P**:

$$x_B = \frac{(0{,}6P)(0{,}6l)}{AE}(0{,}8) + \frac{(-0{,}8P)(0{,}8l)}{AE}(0{,}6)$$
$$= -0{,}096\frac{Pl}{AE}$$

$$y_B = \frac{(0{,}6P)(0{,}6l)}{AE}(0{,}6) + \frac{(-0{,}8P)(0{,}8l)}{AE}(-0{,}8)$$
$$= +0{,}728\frac{Pl}{AE}$$

Referindo-nos às direções das forças **Q** e **P**, concluímos que

$$x_B \doteq 0{,}096\frac{Pl}{AE} \leftarrow \qquad y_B = 0{,}728\frac{Pl}{AE} \downarrow$$

Verificamos que a expressão obtida para o deslocamento vertical de B é a mesma que foi encontrada na Aplicação do conceito 11.9.

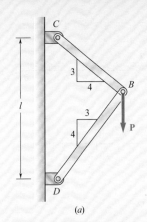

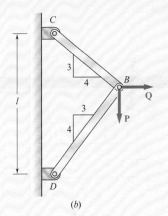

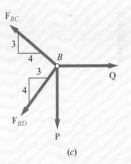

Fig. 11.40 (a) Pórtico *CBD* suportando uma força vertical *P*. (b) Pórtico *CBD* com carga fictícia horizontal aplicada *Q*. (c) Diagrama de corpo livre do nó *B* para encontrar as forças nos membros em termos de cargas *P* e *Q*.

*11.9 ESTRUTURAS ESTATICAMENTE INDETERMINADAS

As reações nos apoios de uma estrutura elástica estaticamente indeterminada podem ser determinadas pelo teorema de Castigliano. No caso de uma estrutura indeterminada com um grau de hiperasticidade, por exemplo, escolhemos uma das reações como redundante e eliminamos ou modificamos adequadamente o apoio correspondente. A reação redundante é então tratada como uma carga desconhecida que, juntamente às outras, deve produzir deformações compatíveis com os apoios originais. Primeiramente, calculamos a energia de deformação U da estrutura devido à ação combinada das cargas dadas e da reação redundante. Observando que a derivada parcial de U em relação à reação redundante representa a deflexão (ou inclinação) no apoio que foi eliminado ou modificado, fazemos então essa derivada igual a zero e resolvemos a equação obtida para a reação redundante.[†] As demais reações podem ser obtidas por meio das equações da estática.

[†] Isso vale no caso de um apoio rígido que não admite deflexão. Para outros tipos de apoio, a derivada parcial de U deverá ser igual à deflexão admitida.

Aplicação do conceito 11.15

Determine as reações nos apoios para a viga prismática e carregamento mostrados (Fig. 11.41a).

A viga é estaticamente indeterminada com um grau de hiperasticidade. Consideramos a reação em A como redundante e liberamos a viga desse apoio. A reação $\mathbf{R}_A$ agora é considerada uma força desconhecida (Fig. 11.41b) e será determinada com base na ideia de que a deflexão y_A em A deve ser zero. Pelo teorema de Castigliano, $y_A = \partial U/\partial R_A$, em que U é a energia de deformação da viga produzida pela força distribuída e a reação redundante. Recordando da Equação (11.57), escrevemos

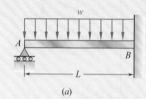
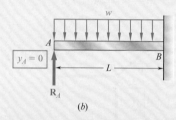

Fig. 11.41 (a) Viga estaticamente indeterminada com um grau de indeterminação. (b) Reação redundante em A e condição de contorno de deslocamento zero.

$$y_A = \frac{\partial U}{\partial R_A} = \int_0^L \frac{M}{EI} \frac{\partial M}{\partial R_A} dx \quad (1)$$

O momento fletor para o carregamento da Fig. 11.41b a uma distância x de A é

$$M = R_A x - \tfrac{1}{2} w x^2 \quad (2)$$

e sua derivada em relação a R_A é

$$\frac{\partial M}{\partial R_A} = x \quad (3)$$

Substituindo M e $\partial M/\partial R_A$ das Equações (2) e (3) na Equação (1), escrevemos

$$y_A = \frac{1}{EI} \int_0^L \left(R_A x^2 - \frac{1}{2} w x^3 \right) dx = \frac{1}{EI} \left(\frac{R_A L^3}{3} - \frac{w L^4}{8} \right)$$

Colocando $y_A = 0$ e resolvendo para R_A, temos

$$R_A = \tfrac{3}{8}wL \qquad \mathbf{R}_A = \tfrac{3}{8}wL \uparrow$$

Das condições de equilíbrio para a viga, verificamos que a reação em B consiste na seguinte força e momento:

$$\mathbf{R}_B = \tfrac{5}{8}wL \uparrow \qquad \mathbf{M}_B = \tfrac{1}{8}wL^2 \downarrow$$

Aplicação do conceito 11.16

Uma força **P** é suportada em B por três barras do mesmo material e com a mesma seção transversal de área A (Fig. 11.42a). Determine a força em cada barra.

A estrutura é estaticamente indeterminada com um grau de indeterminação. Consideramos a reação em H como redundante e liberamos a barra BH de seu apoio em H. A reação $\mathbf{R}_H$ é agora considerada uma força desconhecida (Fig. 11.42b) e será determinada com base na condição de que o deslocamento y_H do ponto H deve ser zero. Pelo teorema de Castigliano, $y_H = \partial U/\partial R_H$, em que U é a energia de deformação do sistema constituído pelas três barras submetido a uma força **P** e à reação redundante $\mathbf{R}_H$. Lembrando da Equação (11.59), escrevemos

$$y_H = \frac{F_{BC}(BC)}{AE}\frac{\partial F_{BC}}{\partial R_H} + \frac{F_{BD}(BD)}{AE}\frac{\partial F_{BD}}{\partial R_H} + \frac{F_{BH}(BH)}{AE}\frac{\partial F_{BH}}{\partial R_H} \quad (1)$$

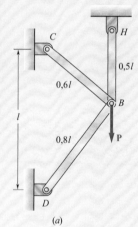

Notamos que a força na barra BH é igual a R_H, ou

$$F_{BH} = R_H \quad (2)$$

Então, do diagrama de corpo livre do nó B (Fig. 11.42c), obtemos

$$F_{BC} = 0{,}6P - 0{,}6R_H \qquad F_{BD} = 0{,}8R_H - 0{,}8P \quad (3)$$

Derivando em relação a R_H a força em cada barra, escrevemos

$$\frac{\partial F_{BC}}{\partial R_H} = -0{,}6 \qquad \frac{\partial F_{BD}}{\partial R_H} = 0{,}8 \qquad \frac{\partial F_{BH}}{\partial R_H} = 1 \quad (4)$$

Substituindo as Equações (2), (3) e (4) na Equação (1) e observando que os comprimentos BC, BD e BH são, respectivamente, iguais a $0{,}6l$, $0{,}8l$ e $0{,}5l$, escrevemos

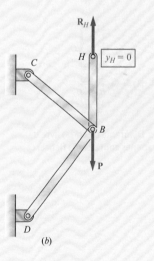

$$y_H = \frac{1}{AE}[(0{,}6P - 0{,}6R_H)(0{,}6l)(-0{,}6)$$
$$+ (0{,}8R_H - 0{,}8P)(0{,}8l)(0{,}8) + R_H(0{,}5l)(1)]$$

Usando $y_H = 0$, obtemos

$$1{,}228R_H - 0{,}728P = 0$$

e, resolvendo para R_H,

$$R_H = 0{,}593P$$

Usando esse valor nas Equações (2) e (3), obtemos as forças nas três barras:

$$F_{BC} = +0{,}244P \qquad F_{BD} = -0{,}326P \qquad F_{BH} = +0{,}593P$$

Fig. 11.42 (a) Pórtico estaticamente indeterminado suportando uma força vertical P. (b) Reação redundante em H e condição de contorno de deslocamento zero. (c) Diagrama de corpo livre no nó B.

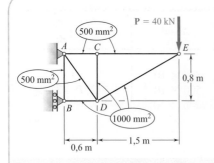

PROBLEMA RESOLVIDO 11.5

Para a treliça e o carregamento do Problema Resolvido 11.4, determine o deslocamento vertical do nó C.

ESTRATÉGIA: Adicione uma carga fictícia associada à deflexão vertical do ponto C desejada. A treliça é então analisada para determinar as forças nos elementos, primeiro por meio dos diagramas de corpo livre da treliça para determinar as reações e, então, por meio das equações de equilíbrio em cada nó para encontrar as forças nos elementos. Utilize a Equação (11.59) para obter a deflexão em termos da carga fictícia **Q**.

MODELAGEM E ANÁLISE:

Teorema de Castigliano. Como não existe força vertical aplicada no nó C, aplicamos uma força fictícia **Q** como mostra a Fig. 1. Usando o teorema de Castigliano e chamando de F_i a força em uma barra i provocada pelas forças combinadas **P** e **Q**, e lembrando que E é constante, temos,

$$y_C = \sum \left(\frac{F_i L_i}{A_i E}\right) \frac{\partial F_i}{\partial Q} = \frac{1}{E} \sum \left(\frac{F_i L_i}{A_i}\right) \frac{\partial F_i}{\partial Q} \tag{1}$$

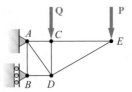

Fig. 1 Carga fictícia **Q** aplicada no nó C utilizada para determinar o deslocamento vertical em C.

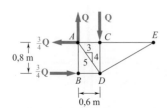

Fig. 2 Diagrama de corpo livre da treliça apenas com a carga fictícia Q.

Forças nas barras. Como a força em cada membro causada pela força **P** foi encontrada antes, no Problema Resolvido 11.4, apenas precisamos determinar a força em cada membro devido a **Q**. Utilizando o diagrama de corpo livre da treliça com a carga **Q**, desenhamos o diagrama (Fig. 2) para determinar as reações. Então, considerando na sequência o equilíbrio dos nós E, C, B e D e usando a Fig. 3, determinamos a força em cada barra causada pela carga **Q**.

Nó E: $F_{CE} = F_{DE} = 0$
Nó C: $F_{AC} = 0; F_{CD} = -Q$
Nó B: $F_{AB} = 0; F_{BD} = -\frac{3}{4}Q$

Nó D — Triângulo de forças:
F_{AD}, $F_{CD} = Q$, $F_{BD} = \frac{3}{4}Q$; $F_{CD} = Q$, $F_{AD} = \frac{5}{4}Q$, $F_{BD} = \frac{3}{4}Q$

Fig. 3 Diagramas da análise da força para o nó D.

A força total em cada barra sob a ação combinada de **Q** e **P** é mostrada na tabela a seguir. Determinando $\partial F_i/\partial Q$ para cada barra, calculamos então $(F_i L_i/A_i)(\partial F_i/\partial Q)$ conforme indicado na tabela.

Barra	F_i	$\partial F_i/\partial Q$	L_i, m	A_i, m²	$\left(\dfrac{F_i L_i}{A_i}\right)\dfrac{\partial F_i}{\partial Q}$
AB	0	0	0,8	500×10^{-6}	0
AC	$+15P/8$	0	0,6	500×10^{-6}	0
AD	$+5P/4 + 5Q/4$	$\tfrac{5}{4}$	1,0	500×10^{-6}	$+3125P +3125Q$
BD	$-21P/8 - 3Q/4$	$-\tfrac{3}{4}$	0,6	1000×10^{-6}	$+1181P + 338Q$
CD	$-Q$	-1	0,8	1000×10^{-6}	$+ 800Q$
CE	$+15P/8$	0	1,5	500×10^{-6}	0
DE	$-17P/8$	0	1,7	1000×10^{-6}	0

$$\sum \left(\frac{F_i L_i}{A_i}\right)\frac{\partial F_i}{\partial Q} = 4306P + 4263Q$$

Deflexão de C. Substituindo na Equação (1), temos

$$y_C = \frac{1}{E}\sum \left(\frac{F_i L_i}{A_i}\right)\frac{\partial F_i}{\partial Q} = \frac{1}{E}(4306P + 4263Q)$$

Como a força **Q** não faz parte do carregamento original, usamos $Q = 0$. Substituindo os dados fornecidos, $P = 40$ kN e $E = 73$ GPa, encontramos

$$y_C = \frac{4306(40 \times 10^3 \text{ N})}{73 \times 10^9 \text{ Pa}} = 2{,}36 \times 10^{-3}\text{ m} \qquad y_C = 2{,}36 \text{ mm} \downarrow \blacktriangleleft$$

PROBLEMA RESOLVIDO 11.6

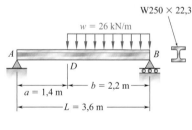

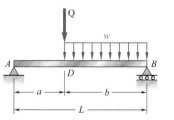

Fig. 1 Carga fictícia **Q** utilizada para determinar o deslocamento vertical no ponto D.

Para a viga e o carregamento mostrados, determine a deflexão no ponto D. Use $E = 200$ GPa.

ESTRATÉGIA: Adicione uma carga fictícia associada à deflexão vertical do ponto D. Utilize o diagrama de corpo livre para determinar as reações devido a ambas as ações, fictícia e distribuída. Os momentos em cada segmento são então escritos em função da coordenada ao longo da viga. A Equação (11.57) é utilizada para obter a deflexão.

MODELAGEM e ANÁLISE:

Teorema de Castigliano. Aplicamos uma força fictícia **Q** como mostra a Fig. 1. Usando o teorema de Castigliano e observando que EI é constante, escrevemos

$$y_D = \int \frac{M}{EI}\left(\frac{\partial M}{\partial Q}\right)dx = \frac{1}{EI}\int M\left(\frac{\partial M}{\partial Q}\right)dx \qquad (1)$$

A integração será feita separadamente para as partes AD e DB.

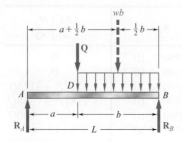

Fig. 2 Diagrama de corpo livre da viga.

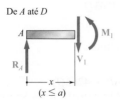

Fig. 3 Diagrama de corpo livre da viga da parte esquerda (em *AD*).

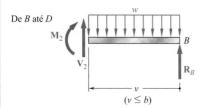

Fig. 4 Diagrama de corpo livre da viga da parte direita (em *BD*).

Reações. Usando o diagrama de corpo livre da viga toda (Fig. 2), encontramos

$$\mathbf{R}_A = \frac{wb^2}{2L} + Q\frac{b}{L}\uparrow \qquad \mathbf{R}_B = \frac{wb(a+\frac{1}{2}b)}{L} + Q\frac{a}{L}\uparrow$$

Parte AD da viga. Usando o diagrama de corpo livre mostrado na Fig. 3,

$$M_1 = R_A x = \left(\frac{wb^2}{2L} + Q\frac{b}{L}\right)x \qquad \frac{\partial M_1}{\partial Q} = +\frac{bx}{L}$$

Substituindo na Equação (1) e integrando de *A* a *D*, temos

$$\frac{1}{EI}\int M_1 \frac{\partial M_1}{\partial Q} dx = \frac{1}{EI}\int_0^a R_A x\left(\frac{bx}{L}\right) dx = \frac{R_A a^3 b}{3EIL}$$

Substituímos R_A e depois usamos a força fictícia Q igual a zero.

$$\frac{1}{EI}\int M_1 \frac{\partial M_1}{\partial Q} dx = \frac{wa^3 b^3}{6EIL^2} \qquad (2)$$

Parte DB da viga. Usando o diagrama de corpo livre mostrado na Fig. 4, vemos que o momento fletor a uma distância v da extremidade B é

$$M_2 = R_B v - \frac{wv^2}{2} = \left[\frac{wb(a+\frac{1}{2}b)}{L} + Q\frac{a}{L}\right]v - \frac{wv^2}{2} \qquad \frac{\partial M_2}{\partial Q} = +\frac{av}{L}$$

Substituindo na Equação (1) e integrando do ponto B, em que $v = 0$, até o ponto D, em que $v = b$, escrevemos

$$\frac{1}{EI}\int M_2 \frac{\partial M_2}{\partial Q} dv = \frac{1}{EI}\int_0^b \left(R_B v - \frac{wv^2}{2}\right)\left(\frac{av}{L}\right) dv = \frac{R_B ab^3}{3EIL} - \frac{wab^4}{8EIL}$$

Substituindo R_B e fazendo $Q = 0$,

$$\frac{1}{EI}\int M_2 \frac{\partial M_2}{\partial Q} dv = \left[\frac{wb(a+\frac{1}{2}b)}{L}\right]\frac{ab^3}{3EIL} - \frac{wab^4}{8EIL} = \frac{5a^2 b^4 + ab^5}{24EIL^2}w \qquad (3)$$

Deflexão do ponto D. Lembrando das Equações (1), (2) e (3), temos

$$y_D = \frac{wab^3}{24EIL^2}(4a^2 + 5ab + b^2) = \frac{wab^3}{24EIL^2}(4a+b)(a+b) = \frac{wab^3}{24EIL}(4a+b)$$

Do Apêndice E, verificamos que $I = 28,9 \times 10^6$ mm^4 para um perfil W250 × 22,3. Substituindo I, w, a, b e L por seus valores numéricos, obtemos

$$y_C = 6,05 \text{ mm} \downarrow \blacktriangleleft$$

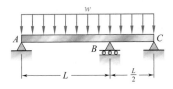

PROBLEMA RESOLVIDO 11.7

Para a viga uniforme e o carregamento mostrados, determine as reações nos apoios.

ESTRATÉGIA: A viga é indeterminada com um grau de indeterminação e devemos escolher uma das reações como a redundante. Utilizamos então o diagrama de corpo livre para resolver as reações devidas à carga distribuída e a reação redundante. Utilizando o diagrama de corpo livre para os segmentos, obtemos os momentos como função da coordenada ao longo da viga. Utilizando a Equação (11.57), escrevemos o teorema de Castigliano para a deflexão associada à reação redundante. Fazemos essa deflexão igual a zero e resolvemos a reação redundante. O equilíbrio pode ser então utilizado para encontrar as demais reações.

MODELAGEM E ANÁLISE:

Teorema de Castigliano. Escolhemos a reação $\mathbf{R}_A$ como redundante um (Fig. 1). Usando o teorema de Castigliano, determinamos a deflexão em A provocada pela ação combinada de $\mathbf{R}_A$ e à força distribuída. Como EI é constante, escrevemos

$$y_A = \int \frac{M}{EI}\left(\frac{\partial M}{\partial R_A}\right)dx = \frac{1}{EI}\int M\frac{\partial M}{\partial R_A}\,dx \tag{1}$$

A integração será feita separadamente para as partes AB e BC da viga. Finalmente, $\mathbf{R}_A$ é obtida fazendo-se y_A igual a zero.

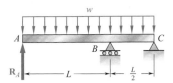

Fig. 1 Viga liberada de vínculo A substituído pela reação redundante R_A.

Diagrama de corpo livre: viga inteira. Usando a Fig. 2, expressamos as reações em B e C em termos de R_A e da força distribuída

$$R_B = \tfrac{9}{4}wL - 3R_A \qquad R_C = 2R_A - \tfrac{3}{4}wL \tag{2}$$

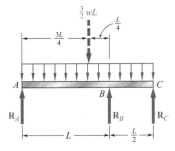

Fig. 2 Diagrama de corpo livre da viga.

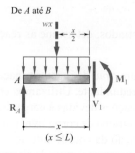

Fig. 3 Diagrama de corpo livre da parte esquerda mostrando a força cortante e o momento internos.

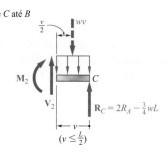

Fig. 4 Diagrama de corpo livre da parte direita mostrando a força cortante e o momento internos.

Parte AB da viga. Usando o diagrama de corpo livre mostrado na Fig. 3, encontramos

$$M_1 = R_A x - \frac{wx^2}{2} \qquad \frac{\partial M_1}{\partial R_A} = x$$

Substituindo na Equação (1) e integrando de A até B, temos

$$\frac{1}{EI}\int M_1 \frac{\partial M}{\partial R_A} dx = \frac{1}{EI}\int_0^L \left(R_A x^2 - \frac{wx^3}{2}\right) dx = \frac{1}{EI}\left(\frac{R_A L^3}{3} - \frac{wL^4}{8}\right) \qquad (3)$$

Parte BC da viga. Utilizando o diagrama de corpo livre apresentado na Fig. 4, encontramos

$$M_2 = \left(2R_A - \frac{3}{4}wL\right)v - \frac{wv^2}{2} \qquad \frac{\partial M_2}{\partial R_A} = 2v$$

Substituindo na Equação (1) e integrando de C, em que $v = 0$, até B, em que $v = \frac{1}{2}L$, temos

$$\frac{1}{EI}\int M_2 \frac{\partial M_2}{\partial R_A} dv = \frac{1}{EI}\int_0^{L/2} \left(4R_A v^2 - \frac{3}{2}wLv^2 - wv^3\right) dv$$

$$= \frac{1}{EI}\left(\frac{R_A L^3}{6} - \frac{wL^4}{16} - \frac{wL^4}{64}\right) = \frac{1}{EI}\left(\frac{R_A L^3}{6} - \frac{5wL^4}{64}\right) \qquad (4)$$

Reação em A. Somando as expressões obtidas nas Equações (3) e (4), determinamos y_A e consideramos seu valor igual a zero

$$y_A = \frac{1}{EI}\left(\frac{R_A L^3}{3} - \frac{wL^4}{8}\right) + \frac{1}{EI}\left(\frac{R_A L^3}{6} - \frac{5wL^4}{64}\right) = 0$$

Assim,
$$R_A = \frac{13}{32}wL \qquad R_A = \frac{13}{32}wL \uparrow \blacktriangleleft$$

Reações em B e C. Substituindo R_A nas Equações (2), obtemos

$$R_B = \frac{33}{32}wL \uparrow \qquad R_C = \frac{wL}{16} \uparrow \blacktriangleleft$$

PROBLEMAS

11.77 e 11.78 Usando as informações no Apêndice F, calcule o trabalho das cargas quando elas são aplicadas à viga (*a*) se a força **P** for aplicada primeiro e (*b*) se o momento **M** for aplicado primeiro.

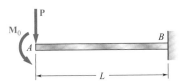

Fig. P11.77

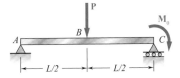

Fig. P11.78

11.79 até 11.82 Para a viga e carregamento mostrados, (*a*) calcule o trabalho das forças quando elas são aplicadas sucessivamente à viga, usando as informações fornecidas no Apêndice F, (*b*) calcule a energia de deformação da viga pelo método da Seção 11.2.1 e mostre que ela é igual ao trabalho obtido na parte *a*.

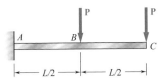

Fig. P11.79

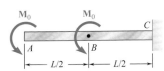

Fig. P11.80

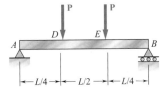

Fig. P11.81

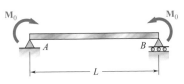

Fig. P11.82

11.83 a 11.85 Para a viga prismática mostrada, determine a deflexão no ponto *D*.

11.86 a 11.88 Para a viga prismática mostrada, determine a inclinação no ponto *D*.

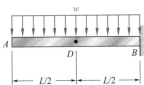

Fig. P11.83 e P11.86

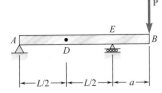

Fig. P11.84 e P11.87

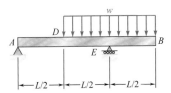

Fig. P11.85 e P11.88

11.89 Para a viga prismática mostrada, determine a inclinação no ponto A.

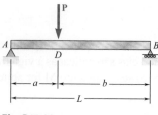

Fig. P11.89

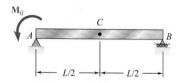

Fig. P11.90

11.90 Para a viga prismática mostrada, determine a inclinação no ponto B.

11.91 Para a viga e o carregamento mostrados na figura, determine a deflexão da extremidade C. Use $E = 29 \times 10^6$ psi.

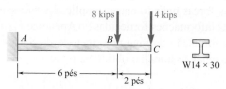

Fig. P11.91 e P11.92

11.92 Para a viga e o carregamento mostrados na figura, determine a inclinação da extremidade C. Use $E = 29 \times 10^6$ psi.

11.93 e 11.94 Para a viga e carregamento mostrados, determine a deflexão do ponto B. Use $E = 200$ GPa.

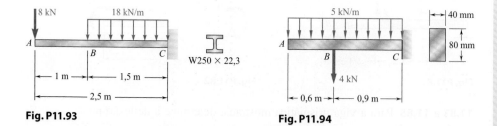

Fig. P11.93 **Fig. P11.94**

11.95 Para a viga e carregamento mostrados, determine a inclinação na extremidade A. Use $E = 200$ GPa.

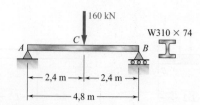

Fig. P11.95

11.96 Para a viga e carregamento mostrados, determine a deflexão no ponto D. Use $E = 200$ GPa.

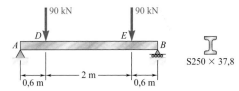

Fig. P11.96

11.97 Para a viga e carregamento mostrados, determine a inclinação na extremidade A. Use $E = 200$ GPa.

11.98 Para a viga e carregamento mostrados, determine a deflexão no ponto C. Use $E = 200$ GPa.

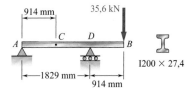

Fig. P11.97 e P11.98

11.99 e 11.100 Para a treliça e carregamento mostrados, determine a deflexão vertical e horizontal do nó C.

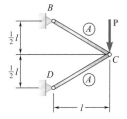 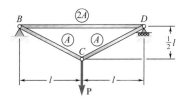

Fig. P11.99 **Fig. P11.100**

11.101 e 11.102 Cada barra de treliça mostrada é feita de aço e tem a seção transversal com a área indicada. Usando $E = 29 \times 10^6$ psi, determine o deslocamento indicado.

11.101 Deslocamento vertical do nó C.

11.102 Deslocamento horizontal do nó C.

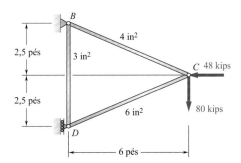

Fig. P11.101 e P11.102

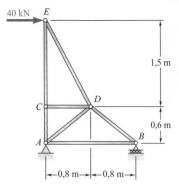

Fig. P11.103

11.103 Os elementos da treliça mostrada consistem em seções de tubos de alumínio com as seções transversais mostradas. Usando $E = 70$ GPa, determine o ponto de deflexão vertical do nó D. Elementos AB, AC, AD e CE: $A = 500$ mm^2; outros elementos: $A = 1000$ mm^2.

11.104 Para a treliça e carregamento do Problema 11.103, determine a deflexão horizontal do nó D.

11.105 Uma barra de seção uniforme com rigidez à flexão EI é dobrada e carregada conforme mostra a figura. Determine (*a*) a deflexão vertical do ponto A e (*b*) a deflexão horizontal do ponto A.

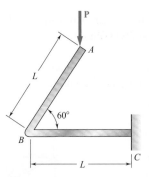

Fig. P11.105

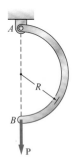

11.106 Para a barra de seção uniforme e o carregamento mostrados, e usando o teorema de Castigliano, determine a deflexão do ponto B.

Fig. P11.106

11.107 Para a viga e carregamento mostrados, e usando o teorema de Castigliano, determine (*a*) a deflexão horizontal do ponto B e (*b*) a deflexão vertical do ponto B.

11.108 Duas hastes AB e BC de mesma rigidez a flexão EI são soldadas juntas em B. Para o carregamento mostrado, determine (*a*) a deflexão do ponto B e (*b*) a deflexão vertical do ponto B.

Fig. P11.107

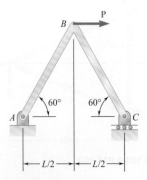

Fig. P11.108

11.109 Três hastes, cada uma com a mesma rigidez a flexão EI, são soldadas para formar o pórtico $ABCD$. Para o carregamento mostrado, determine a deflexão do ponto D.

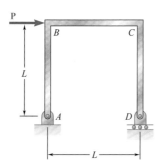

Fig. P11.109 e P11.110

11.110 Três hastes, cada uma com a mesma rigidez a flexão EI, são soldadas para formar o pórtico $ABCD$. Para o carregamento mostrado, determine o ângulo formado pelo pórtico no ponto D.

11.111 até 11.114 Determine a reação no apoio móvel e trace o diagrama do momento fletor para a viga e carregamento mostrados.

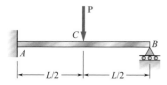

Fig. P11.111

Fig. P11.112

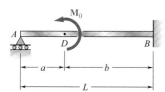

Fig. P11.113

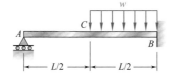

Fig. P11.114

11.115 e 11.116 Para a viga de seção uniforme e o carregamento mostrados, determine a reação em cada apoio.

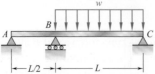
Fig. P11.115

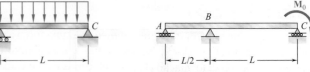
Fig. P11.116

11.117 até 11.120 Três barras do mesmo material e mesma área de seção transversal são usadas para suportar a força **P**. Determine o esforço na barra BC.

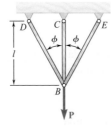
Fig. P11.117

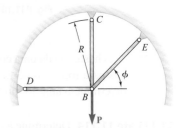
Fig. P11.118

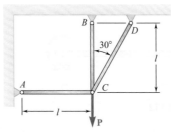
Fig. P11.119

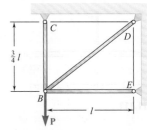
Fig. P11.120

11.121 e 11.122 Sabendo que as oito barras da treliça indeterminada mostradas nas figuras têm a mesma área de seção transversal, determine o esforço na barra AB.

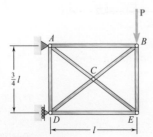
Fig. P11.121

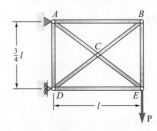
Fig. P11.122

REVISÃO E RESUMO

Energia de deformação

Consideramos uma barra uniforme submetida a uma força axial **P** aumentando lentamente (Fig. 11.43). Notamos que a área abaixo da curva da força em função da deformação (Fig. 11.44) representa o trabalho feito por **P**. Esse trabalho é igual à *energia de deformação* da barra associada com a deformação provocada pela força **P**:

$$\text{Energia de deformação} = U = \int_0^{x_1} P\,dx \qquad (11.2)$$

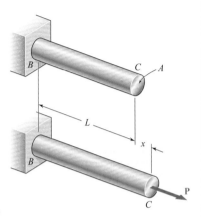

Fig. 11.43 Barra sob carregamento axial.

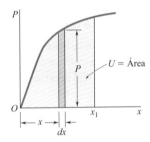

Fig. 11.44 O trabalho feito pela força *P* é igual à área sob o diagrama força-deformação.

Densidade de energia de deformação

Como a tensão é uniforme em toda a barra mostrada na Fig. 11.43, podemos dividir a energia de deformação pelo volume da barra e obter a energia de deformação por unidade de volume, que definimos como *densidade de energia de deformação* do material

$$\text{Densidade de energia de deformação} = u = \int_0^{\epsilon_1} \sigma_x\,d\epsilon_x \qquad (11.4)$$

A densidade de energia de deformação é igual à área abaixo da curva da tensão em função da deformação do material (Fig. 11.45). A Equação (11.4) permanece válida quando as tensões não são uniformemente distribuídas, mas a densidade de energia de deformação variará de um ponto a outro. Se o material é descarregado, há uma deformação específica permanente ϵ_p e somente a densidade de energia de deformação correspondente à área triangular será recuperada, sendo o restante da energia dissipado na forma de calor durante a deformação do material.

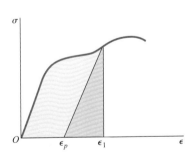

Fig. 11.45 A densidade de energia de deformação é igual à área sob a curva da tensão em função da deformação específica entre $\epsilon_x = 0$ e $\epsilon_x = \epsilon_1$. Se carregado dentro da área plástica, somente a energia associada ao descarregamento elástico é recuperada.

Módulo de tenacidade

A área abaixo de toda a curva da tensão em função da deformação foi definida como o *módulo de tenacidade* e é uma medida da energia total que pode ser absorvida pelo material.

Módulo de resiliência

Se a tensão normal σ permanece dentro do limite de proporcionalidade do material, a densidade de energia de deformação u é

$$u = \frac{\sigma^2}{2E}$$

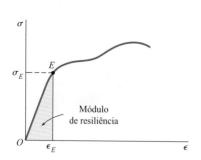

Fig. 11.46 O módulo de resiliência é a área sob a curva do diagrama tensão-deformação específica até o escoamento.

A área abaixo da curva da tensão em função da deformação desde a deformação zero até a deformação ϵ_E no escoamento (Fig. 11.46) é chamada de *módulo de resiliência* do material e representa a energia por unidade de volume que o material pode absorver sem escoar:

$$u_E = \frac{\sigma_E^2}{2E} \tag{11.8}$$

Energia de deformação devido à força axial

A energia de deformação está associada às *tensões normais*. Se uma barra de comprimento L e *seção transversal variável de área A* está submetida em sua extremidade a uma força axial centrada **P**, a energia de deformação da barra será

$$U = \int_0^L \frac{P^2}{2AE} dx \tag{11.13}$$

Se a barra tiver *seção transversal uniforme* de área A, a energia de deformação será

$$U = \frac{P^2 L}{2AE} \tag{11.14}$$

Energia de deformação devido à flexão

Para uma viga submetida a forças transversais (Fig. 11.47), a energia de deformação associada às tensões normais é

$$U = \int_0^L \frac{M^2}{2EI} dx \tag{11.15}$$

em que M é o momento fletor e EI é a rigidez à flexão da viga.

Energia de deformação devido a tensões de cisalhamento

A energia de deformação também pode ser associada às *tensões de cisalhamento*. A densidade de energia de deformação para um material em cisalhamento puro é

$$u = \frac{\tau_{xy}^2}{2G} \tag{11.17}$$

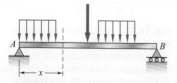

Fig. 11.47 Viga submetida a um carregamento transversal.

em que τ_{xy} é a tensão de cisalhamento e G o módulo de elasticidade transversal do material.

Energia de deformação devido a torção

Para um eixo de comprimento L e seção transversal uniforme submetido em suas extremidades a torques de intensidade T (Fig. 11.48), a energia de deformação era

$$U = \frac{T^2L}{2GJ} \qquad (11.20)$$

na qual J é o momento polar de inércia da área da seção transversal do eixo.

Fig. 11.48 Eixo prismático submetido a torque.

Estado geral de tensão

Consideramos a energia de deformação de um material elástico e isotrópico sob um estado geral de tensão e expressamos a densidade de energia de deformação em um dado ponto nos termos das tensões principais σ_a, σ_b e σ_c nesse ponto:

$$u = \frac{1}{2E}[\sigma_a^2 + \sigma_b^2 + \sigma_c^2 - 2v(\sigma_a\sigma_b + \sigma_b\sigma_c + \sigma_c\sigma_a)] \qquad (11.23)$$

A densidade de energia de deformação em um dado ponto estava dividida em duas partes: u_v, associada à variação de volume do material naquele ponto, e u_d, associada à distorção do material no mesmo ponto. Escrevemos $u = u_v + u_d$, em que

$$u_v = \frac{1-2v}{6E}(\sigma_a + \sigma_b + \sigma_c)^2 \qquad (11.28)$$

e

$$u_d = \frac{1}{12G}[(\sigma_a - \sigma_b)^2 + (\sigma_b - \sigma_c)^2 + (\sigma_c - \sigma_a)^2] \qquad (11.29)$$

A expressão obtida para u_d é utilizada para deduzir o critério da máxima energia de distorção, utilizado para prever se um material dúctil escoaria sob um dado estado plano de tensão.

Carregamento de impacto

Para o *carregamento de impacto* de uma estrutura elástica sendo atingida por uma massa em movimento com uma dada velocidade, consideramos que a energia cinética da massa é transferida inteiramente para a estrutura; definimos a *força estática equivalente* como a força que provocaria as mesmas deformações e tensões provocadas pelo carregamento de impacto.

Uma estrutura projetada para resistir efetivamente a uma força de impacto deve ser construída de tal forma que as tensões fossem distribuídas uniformemente ao longo da estrutura. Além disso, o material utilizado deve ter um baixo módulo de elasticidade e uma alta tensão de escoamento.

Elementos submetidos a uma única força

A energia de deformação de elementos estruturais submetidos a uma *única força* foi considerada para viga e o carregamento da Fig. 11.49. A energia de deformação da viga é

$$U = \frac{P_1^2 L^3}{6EI} \qquad (11.37)$$

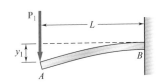

Fig. 11.49 Viga em balanço com a carga P_1.

Observando que o trabalho feito pela força **P** é igual a ½$P_1 y_1$, igualamos o trabalho da força com a energia de deformação da viga e determinamos a deflexão y_1 do ponto de aplicação da força.

O método que acabamos de descrever tem aplicação limitada, porque está restrito a estruturas submetidas a uma única força concentrada e à determinação da deflexão no ponto de aplicação dessa força. Nas demais seções do capítulo, apresentamos um método mais geral, que pode ser usado para determinar deflexões em vários pontos de estruturas submetidas a várias forças.

Teorema de Castigliano

O *teorema de Castigliano* aponta que a deflexão x_j, do ponto de aplicação de uma força P_j, medida ao longo da linha de ação de P_j, é igual à derivada parcial da energia de deformação da estrutura com relação à força P_j. Escrevemos

$$x_j = \frac{\partial U}{\partial P_j} \tag{11.52}$$

Podemos usar o teorema de Castigliano para determinar a *inclinação* de uma viga no ponto de aplicação de um momento M_j escrevendo

$$\theta_j = \frac{\partial U}{\partial M_j} \tag{11.55}$$

e o ângulo de *rotação* em uma seção de um eixo em que é aplicado um torque T_j escrevendo

$$\phi_j = \frac{\partial U}{\partial T_j} \tag{11.56}$$

O teorema de Castigliano foi aplicado à determinação das deflexões e inclinações em vários pontos de uma dada estrutura. O uso de forças "fictícias" nos permitiu incluir pontos nos quais nenhuma força real era aplicada. O cálculo de uma deflexão x_j era simplificado se a derivada com relação à força P_j fosse feita antes da integração. No caso de uma viga,

$$x_j = \frac{\partial U}{\partial P_j} = \int_0^L \frac{M}{EI} \frac{\partial M}{\partial P_j} dx \tag{11.57}$$

Para uma treliça consistindo em n barras, o deslocamento x_j no ponto de aplicação da força P_j é

$$x_j = \frac{\partial U}{\partial P_j} = \sum_{i=1}^{n} \frac{F_i L_i}{A_i E} \frac{\partial F_i}{\partial P_j} \tag{11.59}$$

Estruturas indeterminadas

O teorema de Castigliano também pode ser aplicado à análise de estruturas estaticamente indeterminadas, como mostrado na Seção 11.9.

PROBLEMAS DE REVISÃO

11.123 Um pino de aço com 6 mm de diâmetro em *B* é usado para conectar a tira de aço *DE* a duas tiras de alumínio, cada uma com 20 mm de largura por 5 mm de espessura. O módulo de elasticidade é de 200 GPa para o aço e de 70 GPa para o alumínio. Sabendo que, para o pino em *B*, a tensão de cisalhamento admissível é τ_{adm} = 85 MPa, determine, para o carregamento mostrado, a energia de deformação máxima que é absorvida pela montagem das tiras.

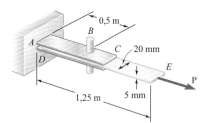

Fig. P11.123

11.124 Usando $E = 10,6 \times 10^6$ psi, determine de forma aproximada a máxima energia de deformação que a barra de alumínio acumulará se a tensão normal admissível é $\sigma_{adm} = 22$ ksi.

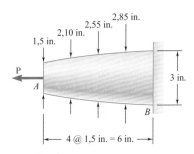

Fig. P11.124

11.125 As especificações de projeto para o eixo de aço *AB* exigem que o eixo absorva uma energia de deformação de 400 in·lb enquanto se aplica um torque de 25 kip·in. Utilizando $G = 11,2 \times 10^6$ psi, determine (*a*) o maior diâmetro interno que pode ser adotado para o eixo, (*b*) a correspondente tensão de cisalhamento máxima no eixo.

11.126 O anel *D* de 15 kg é abandonado do repouso na posição mostrada e é parado por uma placa conectada na extremidade em *C* da haste vertical *ABC*. Sabendo que $E = 200$ GPa para ambas as porções da haste, determine (*a*) a máxima deflexão da extremidade em *C*, (*b*) a carga estática equivalente, (*c*) a tensão máxima que ocorre na haste.

11.127 Cada elemento da treliça mostrada é feito de aço. A área da seção transversal do elemento *BC* é de 800 mm², e para todos os outros elementos a área é de 400 mm². Utilizando $E = 200$ GPa, determine a deflexão do ponto *D* causada por uma carga de 60 kN.

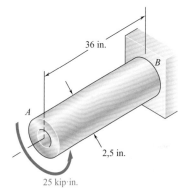

Fig. P11.125

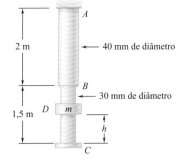

Fig. P11.126

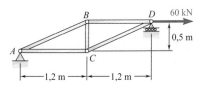

Fig. P11.127

11.128 Um bloco de peso W é colocado em contato com uma viga em um certo ponto D e liberado. Mostre que a deflexão máxima resultante no ponto D é duas vezes maior do que a deflexão provocada por uma força estática W aplicada em D.

11.129 Dois eixos sólidos de aço são conectados pelas engrenagens mostradas. Utilizando o método do trabalho e energia, determine o ângulo de rotação que descreve a extremidade em A quando $T_A = 1500$ N·m. Utilize $G = 77{,}2$ GPa.

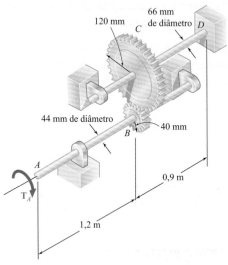

Fig. P11.129

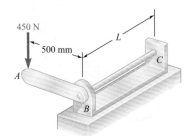

Fig. P11.130

11.130 A barra de aço BC com 20 mm de diâmetro está fixada na alavanca AB e engastada em C. A alavanca uniforme de aço tem 10 mm de espessura e 30 mm de largura. Usando o método do trabalho e energia, determine o comprimento L da barra BC para a qual a deflexão no ponto A é 40 mm. Utilize $E = 200$ GPa e $G = 77{,}2$ GPa.

11.131 Para a viga prismática mostrada, determine a inclinação no ponto D.

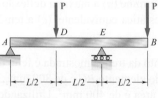

Fig. P11.131

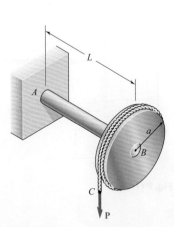

Fig. P11.132

11.132 Um disco de raio a foi soldado à extremidade B do eixo de aço de seção cheia AB. Um cabo é enrolado ao redor do disco e uma força vertical **P** é aplicada à extremidade C do cabo. Sabendo que o raio do eixo é L e desprezando as deformações do disco e do cabo, mostre que a deflexão do ponto C provocada pela aplicação de **P** é

$$\delta_C = \frac{PL^3}{3EI}\left(1 + 1{,}5\frac{Er^2}{GL^2}\right)$$

11.133 Uma haste uniforme de rigidez à flexão EI é carregada conforme mostrado. Determine (a) a deflexão horizontal do ponto D, (b) a inclinação do ponto D.

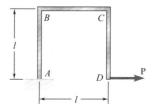

Fig. P11.133

11.134 O bloco de 4 lb E é abandonado do repouso quando $h = 1,5$ in. e atinge a barra quadrada BD, de 1 in., ligada às hastes de aço AB e CD, de $\frac{3}{8}$ in. de diâmetro. Sabendo que $E = 29 \times 10^6$ psi, determine a deflexão máxima no ponto médio da barra.

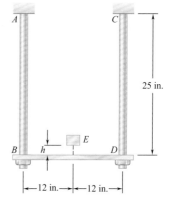

Fig. P11.134

PROBLEMAS PARA COMPUTADOR

Os problemas a seguir devem ser resolvidos com um computador.

11.C1 Uma barra consistindo em n elementos, sendo cada um deles homogêneo e de seção transversal uniforme, está submetida a uma força **P** aplicada à sua extremidade livre. O comprimento do elemento i é representado por L_i e seu diâmetro é d_i. (a) Chamando de E o módulo de elasticidade do material usado na barra, elabore um programa de computador que possa ser usado para determinar a energia de deformação armazenada pela barra e a deformação medida em sua extremidade livre. (b) Use esse programa para determinar a energia de deformação e a deformação das barras dos Problemas 11.9 e 11.10.

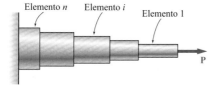

Fig. P11.C1

11.C2 Duas placas de reforço de 19,1 $\times$ 152,4 mm são soldadas a um perfil de aço laminado W200 $\times$ 26,6. O bloco de 680 kg cai da altura $h = 50,8$ mm sobre a viga. (a) Elabore um programa de computador para calcular a tensão normal máxima em seções transversais logo à esquerda de D e no centro da viga para valores de a, de 0 até 1524 mm, usando incrementos de 127 mm. (b) Com base nos valores considerados na parte a, selecione a distância a para a qual a tensão normal máxima seja a menor possível. Use $E = 200$ GPa.

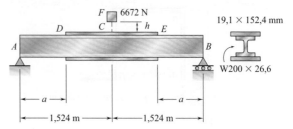

Fig. P11.C2

11.C3 O bloco D de 16 kg cai da altura h sobre a extremidade livre da barra de aço AB. Para o aço utilizado, $\sigma_{adm} = 120$ MPa e $E = 200$ GPa. (a) Elabore um programa de computador para calcular a altura máxima admissível h para valores do comprimento L de 100 mm até 1,2 m, usando incrementos de 100 mm. (b) Com base nos valores considerados na parte a, selecione o comprimento correspondente à maior altura admissível.

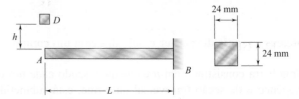

Fig. P11.C3

11.C4 O bloco D de massa $m = 8$ kg é solto de uma altura $h = 750$ mm sobre o perfil de aço laminado AB. Sabendo que $E = 200$ GPa, elabore um programa de computador para calcular a deflexão máxima do ponto E e a tensão normal máxima na viga para valores de a, de 100 até 900 mm, usando incrementos de 100 mm.

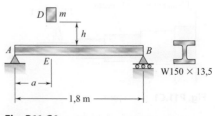

Fig. P11.C4

11.C5 As barras de aço AB e BC são feitas de um aço para o qual $\sigma_E = 300$ MPa e $E = 200$ GPa. (a) Elabore um programa de computador para calcular os valores de a, de 0 até 6 m, usando incrementos de 1 m, a energia de deformação máxima que pode ser armazenada pelo conjunto sem provocar qualquer deformação permanente. (b) Para cada valor de a considerado, calcule o diâmetro de uma barra uniforme de comprimento de 6 m e com a mesma massa do conjunto original e a máxima energia de deformação que poderia ser armazenada por essa barra uniforme sem provocar deformação permanente.

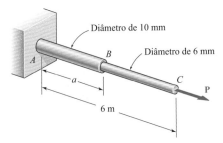

Fig. P11.C5

11.C6 Um mergulhador de 711,7 N salta de uma altura de 0,508 m sobre a extremidade C de um trampolim que tem a seção transversal mostrada na figura. Elabore um programa de computador para calcular os valores de a, de 0,254 m até 1,27 m, usando incrementos de 0,254 m, (a) a deflexão máxima do ponto C, (b) o momento fletor máximo no trampolim e (c) a força estática equivalente. Considere que as pernas do mergulhador permanecem rígidas e use $E = 12{,}4$ GPa.

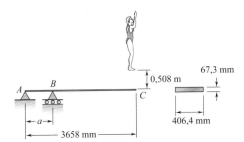

Fig. P11.C6

Apêndices

Apendice A   Principais unidades usadas em mecânica   810

Apendice B   Centroides e momentos de áreas   812

Apendice C   Centroides e momentos de inércia de formas geométricas comuns   823

Apendice D   Propriedades típicas de materiais mais usados na engenharia*   825

Apendice E   Propriedades de perfis de aço laminado   827

Apendice F   Deflexões e inclinações de vigas   833

---

* Cortesia do American Institute of Steel Construction, Chicago, Illinois.

Apêndice A
Principais unidades usadas em mecânica

Prefixos SI

Fator Multiplicador	Prefixo†	Símbolo
1 000 000 000 000 = 10^{12}	tera	T
1 000 000 000 = 10^9	giga	G
1 000 000 = 10^6	mega	M
1 000 = 10^3	kilo	k
100 = 10^2	hecto	h
10 = 10^1	deka	da
0,1 = 10^{-1}	deci	d
0,01 = 10^{-2}	centi	c
0,001 = 10^{-3}	milli	m
0,000 001 = 10^{-6}	micro	μ
0,000 000 001 = 10^{-9}	nano	n
0,000 000 000 001 = 10^{-12}	pico	p
0,000 000 000 000 001 = 10^{-15}	femto	f
0,000 000 000 000 000 001 = 10^{-18}	atto	a

† Deve-se evitar o uso desses prefixos, exceto para medidas de áreas e volumes para usos não técnicos do centímetro, como altura das pessoas e medidas de roupas.

Principais unidades do SI usadas em mecânica

Grandeza	Unidade	Símbolo	Fórmula
Aceleração	Metro por segundo ao quadrado	...	m/s^2
Aceleração angular	Radianos por segundo ao quadrado	...	rad/s^2
Ângulo	Radiano	rad	
Área	Metro quadrado	...	m^2
Comprimento	Metro	m	
Densidade	Quilograma por metro cúbico	...	kg/m^3
Energia	Joule	J	$N \cdot m$
Força	Newton	N	$kg \cdot m/s^2$
Frequência	Hertz	Hz	s^{-1}
Impulso	Newton-segundo	...	$kg \cdot m/s$
Massa	Quilograma	kg	
Momento de uma força	Newton-metro	...	$N \cdot m$
Potência	Watt	W	J/s
Pressão	Pascal	Pa	N/m^2
Tempo	Segundo	s	
Tensão	Pascal	Pa	N/m^2
Trabalho	Joule	J	$N \cdot m$
Velocidade	Metros por segundo	...	m/s
Velocidade angular	Radianos por segundo	...	rad/s
Volume, líquidos	Litro	L	$10^{-3} m^3$
Volume, sólidos	Metro cúbico	...	m^3

Unidades inglesas e seus equivalentes SI

Grandeza	Unidades Inglesas	Equivalente SI
Aceleração	ft/s^2	0,3048 m/s^2
	in./s^2	0,0254 m/s^2
Área	ft^2	0,0929 m^2
	in^2	645,2 mm^2
Energia	ft · lb	1,356 J
Força	kip	4,448 kN
	lb	4,448 N
	oz	0,2780 N
Impulso	lb · s	4,448 N · s
Comprimento	ft	0,3048 m
	in.	25,40 mm
	mi	1,609 km
Massa	oz mass	28,35 g
	lb mass	0,4536 kg
	slug	14,59 kg
	ton	907,2 kg
Momento de uma força	lb · ft	1,356 N · m
	lb · in.	0,1130 N · m
Momento de inércia		
de uma área	in^4	0,4162 × 10^6 mm^4
de uma massa	lb · ft · s^2	1,356 kg · m^2
Potência	ft · lb/s	1,356 W
	hp	745,7 W
Pressão ou tensão	lb/ft^2	47,88 Pa
	lb/in^2(psi)	6,895 kPa
Velocidade	ft/s	0,3048 m/s
	in./s	0,0254 m/s
	mi/h (mph)	0,4470 m/s
	mi/h (mph)	1,609 km/h
Volume, sólidos	ft^3	0,02832 m^3
	in^3	16,39 cm^3
Líquidos	gal	3,785 L
	qt	0,9464 L
Trabalho	ft · lb	1,356 J

Apêndice B
Centroides e momentos de áreas

B.1 Momento estático de uma área; centroide de uma área

Considere uma área A localizada no plano xy (Fig. B.1). Chamando de x e y as coordenadas de um elemento de área dA, definimos o *momento estático da área A em relação ao eixo x* como integral

$$Q_x = \int_A y\, dA \tag{B.1}$$

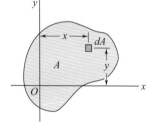

Fig. B.1 Área A com área dA infinitesimal com relação ao sistema de coordenadas xy.

De modo semelhante, o *momento estático da área A em relação ao eixo y* é definido como integral

$$Q_y = \int_A x\, dA \tag{B.2}$$

Observamos que cada uma dessas integrais pode ser positiva, negativa ou zero, dependendo da posição dos eixos de coordenadas. Se forem usadas as unidades SI, os momentos estáticos Q_x e Q_y serão expressos em m³ ou mm³; se forem usadas as unidades inglesas, os momentos serão expressos em pés³ ou pol³.

O *centroide da área A* é definido como o ponto C de coordenadas $\bar{x}$ e $\bar{y}$ (Fig. B.2), que satisfaz as relações

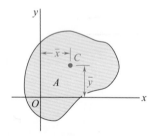

Fig. B.2 Centroide de área A.

$$\int_A x\, dA = A\bar{x} \qquad \int_A y\, dA = A\bar{y} \tag{B.3}$$

Comparando as Equações (B.1) e (B.2) com as Equações (B.3), notamos que os momentos estáticos da área A podem ser expressos como os produtos da área pelas coordenadas de seu centroide:

$$Q_x = A\bar{y} \qquad Q_y = A\bar{x} \tag{B.4}$$

Quando uma área possui um *eixo de simetria*, seu momento estático em relação ao eixo será zero. De fato, considerando a área A da Fig. B.3, que é simétrica em relação ao eixo y, observamos que para cada elemento de área dA

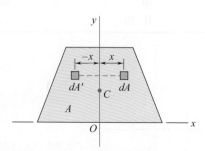

Fig. B.3 Área com eixo de simetria.

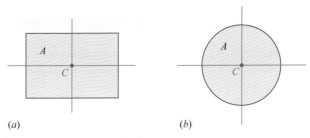

(a) (b)

Fig. B.4 Área com dois eixos de simetria tem o centroide na sua intersecção.

de abscissa x corresponde um elemento de área dA' de abscissa $-x$. Conclui-se que a integral na Equação (B.2) é zero e, portanto, $Q_y = 0$. Conclui-se também da primeira das relações (B.3), que $\bar{x} = 0$. Assim, se uma área A possui um eixo de simetria, seu centroide C está localizado nesse eixo.

Como um retângulo possui dois eixos de simetria (Fig. B.4a), o centroide C de uma área retangular coincide com seu centro geométrico. Da mesma forma, o centroide de uma área circular coincidirá com o centro do círculo (Fig. B.4b).

Quando uma área possui um *centro de simetria O*, o momento estático da área em relação a qualquer eixo que passe pelo ponto O é zero. De fato, considerando a área A da Fig. B.5, observamos que para cada elemento de área dA de coordenadas x e y corresponde um elemento de área dA' de coordenadas $-x$ e $-y$. Conclui-se que as integrais nas Equações (B.1) e (B.2) são ambas iguais a zero, e que $Q_x = Q_y = 0$. Segue-se também das Equações (B.3) que $\bar{x} = \bar{y} = 0$, ou seja, o centroide da área coincide com seu centro de simetria.

Quando o centroide C de uma área pode ser localizado por simetria, o momento estático dessa área em relação a qualquer eixo pode ser facilmente obtido das Equações (B.4). Por exemplo, no caso da área retangular da Fig. B.6, temos

$$Q_x = A\bar{y} = (bh)(\tfrac{1}{2}h) = \tfrac{1}{2}bh^2$$

e

$$Q_y = A\bar{x} = (bh)(\tfrac{1}{2}b) = \tfrac{1}{2}b^2h$$

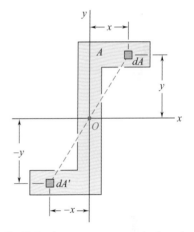

Fig. B.5 Área com um centro de simetria tem seu centroide na origem.

Em muitos casos, no entanto, é necessário executar as integrações indicadas nas Equações (B.1) até (B.3) para determinar os momentos estáticos e o centroide de uma área. Embora cada uma das integrais envolvidas seja na realidade uma integral dupla, é possível em muitas aplicações selecionar os elementos de área dA na forma de faixas estreitas horizontais ou verticais, e assim reduzir os cálculos das integrações a uma única variável. Isso está ilustrado na Aplicação do conceito B.1. Os centroides de formas geométricas mais usadas estão indicados em uma tabela nas guardas.

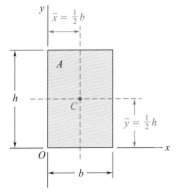

Fig. B.6 Centroide de uma área retangular.

Aplicação do conceito B.1

Para a área triangular da Fig. B.7a, determine (a) o momento estático Q_x da área em relação ao eixo x e (b) a ordenada $\bar{y}$ do centroide da área.

(a) Momento Estático Q_x. Selecionamos, como um elemento de área, uma faixa horizontal de comprimento u e espessura dy, e notamos que todos os pontos dentro do elemento estão à mesma distância y do eixo x (Fig. B.7b). Por semelhança de triângulos, temos

$$\frac{u}{b} = \frac{h-y}{h} \qquad u = b\frac{h-y}{h}$$

e

$$dA = u\,dy = b\frac{h-y}{h}\,dy$$

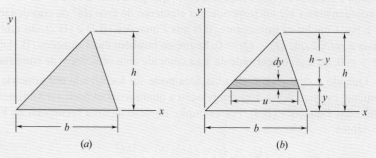

Fig. B.7 (a) Área triangular. (b) Elemento horizontal usado na integração para encontrar o centroide.

O momento estático da área em relação ao eixo x é

$$Q_x = \int_A y\,dA = \int_0^h yb\frac{h-y}{h}\,dy = \frac{b}{h}\int_0^h (hy - y^2)\,dy$$

$$= \frac{b}{h}\left[h\frac{y^2}{2} - \frac{y^3}{3}\right]_0^h \qquad Q_x = \tfrac{1}{6}bh^2$$

(b) Ordenada do centroide. Recordando a primeira das Equações (B.4) e observando que $A = \tfrac{1}{2}bh$, temos

$$Q_x = A\bar{y} \qquad \tfrac{1}{6}bh^2 = (\tfrac{1}{2}bh)\bar{y}$$

$$\bar{y} = \tfrac{1}{3}h$$

B.2 Determinação do momento estático e centroide de uma área composta

Considere uma área A, como a área trapezoidal mostrada na Fig. B.8, que pode ser dividida em formas geométricas simples. Como vimos na seção anterior, o momento estático Q_x da área em relação ao eixo x é representado pela integral $\int y\, dA$, que se estende sobre toda a área A. Dividindo A em suas partes componentes A_1, A_2, A_3, escrevemos

$$Q_x = \int_A y\, dA = \int_{A_1} y\, dA + \int_{A_2} y\, dA + \int_{A_3} y\, dA$$

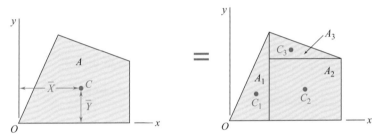

Fig. B.8 Área trapezoidal dividida em formas geométricas simples.

ou, lembrando da segunda das Equações (B.3),

$$Q_x = A_1\bar{y}_1 + A_2\bar{y}_2 + A_3\bar{y}_3$$

em que $\bar{y}_1$, $\bar{y}_2$ e $\bar{y}_3$ representam as ordenadas dos centroides das áreas componentes. Estendendo esse resultado para um número arbitrário de áreas componentes, e observando que pode ser obtida uma expressão similar para Q_y, escrevemos

$$Q_x = \sum A_i \bar{y}_i \qquad Q_y = \sum A_i \bar{x}_i \tag{B.5}$$

Para obter as coordenadas $\bar{X}$ e $\bar{Y}$ do centroide C da área composta A, substituímos $Q_x = A\bar{Y}$ e $Q_y = A\bar{X}$ nas Equações (B.5). Temos

$$A\bar{Y} = \sum_i A_i \bar{y}_i \qquad A\bar{X} = \sum_i A_i \bar{x}_i$$

Resolvendo para $\bar{X}$ e $\bar{Y}$ e lembrando que a área A é a soma das áreas componentes A_i, escrevemos

$$\bar{X} = \frac{\sum_i A_i \bar{x}_i}{\sum_i A_i} \qquad \bar{Y} = \frac{\sum_i A_i \bar{y}_i}{\sum_i A_i} \tag{B.6}$$

Aplicação do conceito B.2

Localize o centroide C da área A mostrada na Fig. B.9a.

Selecionando os eixos de coordenadas mostrados na Fig. B.9b, notamos que o centroide C deve estar localizado no eixo y, pois esse é um eixo de simetria; portanto $\overline{X} = 0$.

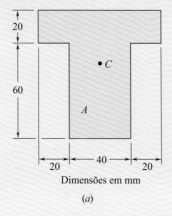

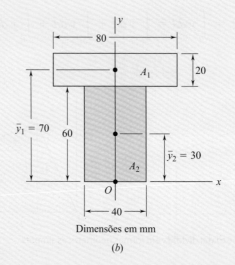

Fig. B.9 (a) Área A. (b) Áreas A_1 e A_2 utilizadas para determinar o centroide total.

Dividindo A em suas partes componentes A_1 e A_2, usamos a segunda das Equações (B.6) para determinar a ordenada $\overline{Y}$ do centroide. O cálculo é feito mais facilmente construindo uma tabela.

	Área, mm²	$\overline{y}_i$, mm	$A_i \overline{y}_i$, mm³
A_1	$(20)(80) = 1600$	70	112×10^3
A_2	$(40)(60) = 2400$	30	72×10^3
	$\sum_i A_i = 4000$		$\sum_i A_i \overline{y}_i = 184 \times 10^3$

$$\overline{Y} = \frac{\sum_i A_i \overline{y}_i}{\sum_i A_i} = \frac{184 \times 10^3 \text{ mm}^3}{4 \times 10^3 \text{ mm}^2} = 46 \text{ mm}$$

Aplicação do conceito B.3

Com referência a área A da Aplicação do conceito B.2, consideramos o eixo horizontal x' passando pelo centroide C. (Um eixo assim é chamado de *eixo central*.) Chamando de A' a parte de A localizada acima desse eixo (Fig. B.10a), determine o momento estático de A' em relação ao eixo x'.

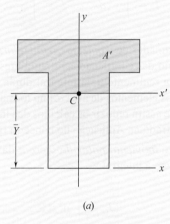

(a)

Solução. Dividimos a área A' em seus componentes A_1 e A_3 (Fig. B.10b). Lembrando da Aplicação do conceito B.2 que C está localizado 46 mm acima da borda inferior de A, determinamos as ordenadas $\bar{y}'_1$ e $\bar{y}'_3$ de A_1 e A_3 e expressamos o $Q'_{x'}$ momento estático de A' em relação a x' da seguinte maneira:

$$Q'_{x'} = A_1 \bar{y}'_1 + A_3 \bar{y}'_3$$
$$= (20 \times 80)(24) + (14 \times 40)(7) = 42{,}3 \times 10^3 \text{ mm}^3$$

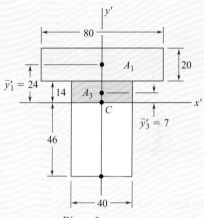

Dimensões em mm

(b)

Solução alternativa. Primeiro observamos que, como o centroide C de A está localizado no eixo x', o momento estático $Q_{x'}$ da *área inteira* A em relação a esse eixo é zero:

$$Q_{x'} = A\bar{y}' = A(0) = 0$$

Chamando de A'' a parte de A localizada abaixo do eixo x' e de $Q''_{x'}$ seu momento estático em relação a esse eixo, temos portanto

$$Q_{x'} = Q'_{x'} + Q''_{x'} = 0 \quad \text{ou} \quad Q'_{x'} = -Q''_{x'}$$

que mostra que os momentos estáticos de A' e A'' têm o mesmo valor e sinais contrários. Referindo-nos à Fig. B.10c, escrevemos

$$Q''_{x'} = A_4 \bar{y}'_4 = (40 \times 46)(-23) = -42{,}3 \times 10^3 \text{ mm}^3$$

e

$$Q'_{x'} = -Q''_{x'} = +42{,}3 \times 10^3 \text{ mm}^3$$

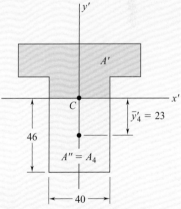

Dimensões em mm

(c)

Fig. B.10 (a) Área A com eixos x'y', com destaque para a porção A'. (b) Áreas utilizadas para determinar o momento estático da área A' com relação ao eixo x'. (c) Solução alternativa utilizando a porção A" da área total A.

B.3 Momento de segunda ordem ou momento de inércia de uma área; raio de rotação

Considere novamente uma área A localizada no plano xy (Fig. B.1) e o elemento de área dA de coordenadas x e y. O *momento de segunda ordem*, ou *momento de inércia*, da área A em relação aos eixos x e y é

$$I_x = \int_A y^2 \, dA \qquad I_y = \int_A x^2 \, dA \qquad (B.7)$$

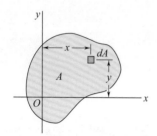

Fig. B.1 (*repetida*)

Essas integrais são chamadas de *momentos retangulares de inércia*, pois elas são calculadas por meio das coordenadas retangulares do elemento dA. Embora cada integral seja realmente uma integral dupla, é possível em muitas aplicações selecionar os elementos de área dA na forma de faixas estreitas horizontais ou verticais, e assim reduzir os cálculos das integrações a uma única variável. Isso está ilustrado na Aplicação do conceito B.4.

Definimos agora o *momento polar de inércia* da área A em relação ao ponto O (Fig. B.11) como a integral

$$J_O = \int_A \rho^2 \, dA \qquad (B.8)$$

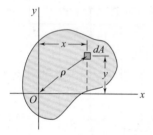

Fig. B.11 Área dA localizada à distância ρ do ponto O.

em que ρ é a distância de O ao elemento dA. Embora essa integral seja novamente uma integral dupla, é possível, no caso de uma área circular, selecionar elementos de área dA na forma de finos anéis circulares, e assim reduzir os cálculos de J_O a uma única integração (ver Aplicação do conceito B.5).

Observamos com as Equações (B.7) e (B.8) que os momentos de inércia de uma área são valores positivos. Se forem usadas as unidades SI, os momentos de inércia serão expressos em m^4 ou mm^4; se forem usadas as unidades inglesas, eles serão expressos em $pé^4$ ou pol^4.

Pode ser estabelecida uma importante relação entre o momento polar de inércia J_O de uma dada área e os momentos retangulares de inércia I_x e I_y da mesma área. Observando que $\rho^2 = x^2 + y^2$, escrevemos

$$J_O = \int_A \rho^2 \, dA = \int_A (x^2 + y^2) \, dA = \int_A y^2 \, dA + \int_A x^2 \, dA$$

ou

$$J_O = I_x + I_y \qquad (B.9)$$

O *raio de rotação* de uma área A em relação ao eixo x é definido como o valor r_x, que satisfaz a relação

$$I_x = r_x^2 A \qquad (B.10)$$

em que I_x é o momento de inércia de A em relação ao eixo x. Resolvendo a Equação (B.10) para r_x, temos

$$r_x = \sqrt{\frac{I_x}{A}} \qquad (B.11)$$

De maneira similar, definimos os raios de rotação em relação ao eixo y e à origem O. Escrevemos

$$I_y = r_y^2 A \qquad r_y = \sqrt{\frac{I_y}{A}} \qquad (B.12)$$

$$J_O = r_O^2 A \qquad r_O = \sqrt{\frac{J_O}{A}} \qquad (B.13)$$

Substituindo J_O, I_x e I_y em termos dos raios de rotação correspondentes na Equação (B.9), observamos que

$$r_O^2 = r_x^2 + r_y^2 \qquad (B.14)$$

Os resultados obtidos em Aplicação do conceito B.4 e B.5 estão incluídos na Tabela "Momentos de inércia de formas geométricas comuns", no Apêndice C.

Aplicação do conceito B.4

Para a área retangular da Fig. B.12a, determine (a) o momento de inércia I_x da área em relação ao eixo central x e (b) o raio de rotação correspondente r_x.

(a) Momento de inércia I_x. Selecionamos, como um elemento de área, uma faixa horizontal de comprimento b e espessura dy (Fig. B.12b). Como todos os pontos dentro da faixa estão à mesma distância y do eixo x, o momento de inércia da faixa em relação a esse eixo é

$$dI_x = y^2 \, dA = y^2 (b \, dy)$$

Integrando de $y = -h/2$ até $y = +h/2$, escrevemos

$$I_x = \int_A y^2 \, dA = \int_{-h/2}^{+h/2} y^2 (b \, dy) = \tfrac{1}{3} b [y^3]_{-h/2}^{+h/2}$$

$$= \tfrac{1}{3} b \left(\frac{h^3}{8} + \frac{h^3}{8} \right)$$

ou

$$I_x = \tfrac{1}{12} b h^3$$

(b) Raio de rotação r_x. Da Equação (B.10), temos

$$I_x = r_x^2 A \qquad \tfrac{1}{12} b h^3 = r_x^2 (bh)$$

e, resolvendo para r_x,

$$r_x = h/\sqrt{12}$$

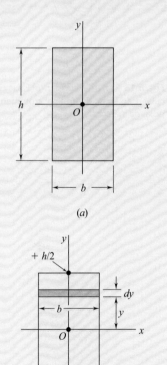

Fig. B.12 (a) Área retangular. (b) Faixa horizontal utilizada para determinar o momento de inércia I_x.

Aplicação do conceito B.5

Para a área circular da Fig. B.13a, determine (a) o momento polar de inércia J_O e (b) os momentos retangulares de inércia I_x e I_y.

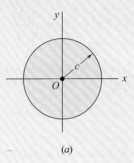

(a)

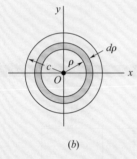

(b)

Fig. B.13 (a) Área circular. (b) Faixa circular usada para determinar o momento polar da inércia J_O.

(a) Momento polar de inércia. Selecionamos como um elemento de área um anel de raio ρ e espessura $d\rho$ (Fig. B.13b). Como todos os pontos dentro do anel estão à mesma distância ρ da origem O, o momento polar de inércia do anel é

$$dJ_O = \rho^2 \, dA = \rho^2 (2\pi\rho \, d\rho)$$

Integrando em ρ de 0 a c, escrevemos

$$J_O = \int_A \rho^2 \, dA = \int_0^c \rho^2 (2\pi\rho \, d\rho) = 2\pi \int_0^c \rho^3 \, d\rho$$

$$J_O = \tfrac{1}{2}\pi c^4$$

(b) Momentos retangulares de inércia. Por causa da simetria da área circular, temos $I_x = I_y$. Lembrando da Equação (B.9), escrevemos

$$J_O = I_x + I_y = 2I_x \qquad \tfrac{1}{2}\pi c^4 = 2I_x$$

e, portanto,

$$I_x = I_y = \tfrac{1}{4}\pi c^4$$

B.4 Teorema dos eixos paralelos

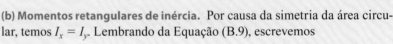

Fig. B.14 Área geral com eixo centroidal x', paralelo ao eixo arbitrário x.

Considere o momento de inércia I_x de uma área A em relação a um eixo arbitrário x (Fig. B.14). Chamando de y a distância de um elemento de área dA até esse eixo, lembramos da Equação B.3 que

$$I_x = \int_A y^2 \, dA$$

Vamos agora traçar o *eixo central* x', isto é, o eixo paralelo ao eixo x que passa pelo centroide C da área. Chamando de y' a distância do elemento dA até esse eixo, escrevemos $y = y' + d$, em que d é a distância entre os dois eixos. Substituindo y na integral que representa I_x, escrevemos

$$I_x = \int_A y^2 \, dA = \int_A (y' + d)^2 \, dA$$

$$I_x = \int_A y'^2 \, dA + 2d \int_A y' \, dA + d^2 \int_A dA \qquad (B.15)$$

A primeira integral na Equação (B.15) representa o momento de inércia $\overline{I}_{x'}$ da área em relação ao eixo central x'. A segunda integral representa o momento estático $Q_{x'}$ da área em relação ao eixo x' e é igual a zero, porque o centroide C da área está localizado nesse eixo. De fato, lembramos da Seção B.1 que

$$Q_{x'} = A\overline{y}' = A(0) = 0$$

Finalmente, observamos que a última integral na Equação (B.15) é igual à área total A. Temos portanto

$$I_x = \overline{I}_{x'} + Ad^2 \qquad (B.16)$$

Essa fórmula expressa o fato de que o momento de inércia I_x de uma área em relação a um eixo x arbitrário é igual ao momento de inércia $\overline{I}_{x'}$ da área em relação ao eixo central x' paralelo ao eixo x, *mais* o produto Ad^2 da área A e do quadrado da distância d entre os dois eixos. Esse resultado é conhecido como *teorema dos eixos paralelos*. Ele permite determinar o momento de inércia de uma área em relação a um eixo, quando é conhecido seu momento de inércia em relação a um eixo central de mesma direção. Reciprocamente, ele permite determinar o momento de inércia $\overline{I}_{x'}$ de uma área A em relação a um eixo central x', quando é conhecido o momento de inércia I_x de A em relação a um eixo paralelo, *subtraindo* de I_x o produto Ad^2. Devemos notar que o teorema dos eixos paralelos pode ser usado *somente se um dos dois eixos envolvidos for um eixo central*.

Pode ser deduzida uma fórmula similar, que relaciona o momento polar de inércia J_O de uma área em relação a um ponto arbitrário O e o momento polar de inércia $\overline{J}_C$ da mesma área em relação ao seu centroide C. Chamando de d a distância entre O e C, escrevemos

$$J_O = \overline{J}_C + Ad^2 \qquad (B.17)$$

B.5 Determinação do momento de inércia de uma área composta

Considere uma área composta A formada por várias partes A_1, A_2 etc. Como a integral que representa o momento de inércia A pode ser subdividida em integrais que se estendem sobre A_1, A_2, etc., o momento de inércia de A em relação a um eixo será obtido somando-se os momentos de inércia das áreas A_1, A_2, etc., em relação ao mesmo eixo. O momento de inércia de uma área composta por várias formas mais usadas, mostradas no Apêndice C, pode então ser obtido por meio de fórmulas dadas naquela tabela. No entanto, antes de somar os momentos de inércia das áreas componentes, deverá ser usado o teorema dos eixos paralelos para transferir cada um dos momentos de inércia para o eixo desejado. Isso está ilustrado na Aplicação do conceito B.6.

Aplicação do conceito B.6

Determine o momento de inércia $\bar{I}_x$ da área mostrada em relação ao eixo central x (Fig. B.15a).

Localização do centroide. O centroide C da área foi localizado na Aplicação do conceito B.2 para a área dada. A partir daí, C está localizado 46 mm acima da borda inferior da área A.

Cálculo do momento de inércia. Dividimos a área A nas duas áreas retangulares A_1 e A_2 (Fig. B.15b), e calculamos o momento de inércia de cada área em relação ao eixo x.

Área Retangular A_1. Para obtermos o momento de inércia $(I_x)_1$ de A_1 em relação ao eixo x, primeiro calculamos o momento de inércia de A_1 em relação ao seu próprio eixo central x'. Lembrando da fórmula deduzida na parte a da Aplicação do conceito B.4 para o momento central de inércia de uma área retangular, temos

$$(\bar{I}_{x'})_1 = \tfrac{1}{12}bh^3 = \tfrac{1}{12}(80 \text{ mm})(20 \text{ mm})^3 = 53{,}3 \times 10^3 \text{ mm}^4$$

Usando o teorema dos eixos paralelos, transferimos o momento de inércia de A_1 de seu eixo central x' para o eixo paralelo x:

$$(I_x)_1 = (\bar{I}_{x'})_1 + A_1 d_1^2 = 53{,}3 \times 10^3 + (80 \times 20)(24)^2$$
$$= 975 \times 10^3 \text{ mm}^4$$

Área retangular A_2. Calculando o momento de inércia de A_2 em relação ao seu eixo central x'', e usando o teorema dos eixos paralelos para transferi-lo para o eixo x, temos

$$(\bar{I}_{x''})_2 = \tfrac{1}{12}bh^3 = \tfrac{1}{12}(40)(60)^3 = 720 \times 10^3 \text{ mm}^4$$
$$(I_x)_2 = (\bar{I}_{x''})_2 + A_2 d_2^2 = 720 \times 10^3 + (40 \times 60)(16)^2$$
$$= 1.334 \times 10^3 \text{ mm}^4$$

Área total A. Somando os valores calculados para os momentos de inércia de A_1 e A_2 em relação ao eixo x, obtemos o momento de inércia $\bar{I}_x$ da área total:

$$\bar{I}_x = (I_x)_1 + (I_x)_2 = 975 \times 10^3 + 1.334 \times 10^3$$
$$\bar{I}_x = 2{,}31 \times 10^6 \text{ mm}^4$$

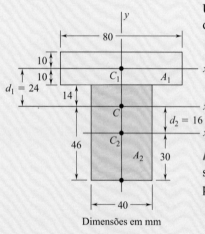

Fig. B.15 (a) Área A. (b) Áreas compostas e centroides.

Apêndice C
Centroides e momentos de inércia de formas geométricas comuns

Centroides de formas comuns de áreas e linhas

Forma		$\bar{x}$	$\bar{y}$	Área
Área triangular			$\dfrac{h}{3}$	$\dfrac{bh}{2}$
Área do quarto de círculo		$\dfrac{4r}{3\pi}$	$\dfrac{4r}{3\pi}$	$\dfrac{\pi r^2}{4}$
Área semicircular		0	$\dfrac{4r}{3\pi}$	$\dfrac{\pi r^2}{2}$
Área semiparabólica		$\dfrac{3a}{8}$	$\dfrac{3h}{5}$	$\dfrac{2ah}{3}$
Área parabólica		0	$\dfrac{3h}{5}$	$\dfrac{4ah}{3}$
Triângulo com hipotenusa parabólica		$\dfrac{3a}{4}$	$\dfrac{3h}{10}$	$\dfrac{ah}{3}$
Setor circular		$\dfrac{2r\,\mathrm{sen}\,\alpha}{3\alpha}$	0	αr^2
Arco do quarto de círculo		$\dfrac{2r}{\pi}$	$\dfrac{2r}{\pi}$	$\dfrac{\pi r}{2}$
Arco semicircular		0	$\dfrac{2r}{\pi}$	πr
Arco de círculo		$\dfrac{r\,\mathrm{sen}\,\alpha}{\alpha}$	0	$2\alpha r$

Momentos de inércia de formas geométricas comuns

Retângulo		$\bar{I}_{x'} = \frac{1}{12}bh^3$ $\bar{I}_{y'} = \frac{1}{12}b^3h$ $I_x = \frac{1}{3}bh^3$ $I_y = \frac{1}{3}b^3h$ $J_C = \frac{1}{12}bh(b^2 + h^2)$
Triângulo		$\bar{I}_{x'} = \frac{1}{36}bh^3$ $I_x = \frac{1}{12}bh^3$
Círculo		$\bar{I}_x = \bar{I}_y = \frac{1}{4}\pi r^4$ $J_O = \frac{1}{2}\pi r^4$
Semicírculo		$I_x = I_y = \frac{1}{8}\pi r^4$ $J_O = \frac{1}{4}\pi r^4$
Quarto de círculo		$I_x = I_y = \frac{1}{16}\pi r^4$ $J_O = \frac{1}{8}\pi r^4$
Elipse		$\bar{I}_x = \frac{1}{4}\pi ab^3$ $\bar{I}_y = \frac{1}{4}\pi a^3 b$ $J_O = \frac{1}{4}\pi ab(a^2 + b^2)$

Apêndice D
Propriedades típicas de materiais mais usados na engenharia[1,5]

(Unidades SI)

Material	Densidade kg/m³	Limite de resistência Tração, MPa	Limite de resistência Compressão[2], MPa	Limite de resistência Cisalhamento, MPa	Tensão de escoamento[3] Tração, MPa	Tensão de escoamento[3] Cisalhamento, MPa	Módulo de elasticidade, GPa	Módulo de elasticidade transversal, GPa	Coeficiente de expansão térmica, 10^{-6}/°F	Ductilidade, porcentagem de alongamento em 50 mm
Aço										
Estrutural (ASTM-A36)	7860	400			250	145	200	77,2	11,7	21
Baixa liga e alta resistência										
ASTM-A709 Classe 345	7860	450			345		200	77,2	11,7	21
ASTM-A913 Classe 450	7860	550			450		200	77,2	11,7	17
ASTM-A992 Classe 345	7860	450			345		200	77,2	11,7	21
Temperado e revenido ASTM-A709 Classe 690	7860	760			690		200	77,2	11,7	18
Inoxidável, AISI 302										
Laminado a frio	7920	860			520		190	75	17,3	12
Recozido	7920	655			260	150	190	75	17,3	50
Aço de Reforço										
Média resistência	7860	480			275		200	77	11,7	
Alta resistência	7860	620			415		200	77	11,7	
Ferro fundido										
Ferro fundido cinzento 4,5% C, ASTM A-48	7200	170	655	240			69	28	12,1	0,5
Ferro fundido maleável 2% C, 1% Si, ASTM A-47	7300	345	620	330	230		165	65	12,1	10
Alumínio										
Liga 1100-H14 (99% Al)	2710	110		70	95	55	70	26	23,6	9
Liga 2014-T6	2800	455		275	400	230	75	27	23,0	13
Liga 2024-T4	2800	470		280	325		73		23,2	19
Liga 5456-H116	2630	315		185	230	130	72		23,9	16
Liga 6061-T6	2710	260		165	240	140	70	26	23,6	17
Liga 7075-T6	2800	570		330	500		72	28	23,6	11
Cobre										
Cobre livre de oxigênio (99,9% Cu)										
Recozido	8910	220		150	70		120	44	16,9	45
Trefilado a frio	8910	390		200	265		120	44	16,9	4
Latão amarelo (65% Cu, 35% Zn)										
Laminado a frio	8470	510		300	410	250	105	39	20,9	8
Recozido	8470	320		220	100	60	105	39	20,9	65
Latão vermelho (85% Cu, 15% Zn)										
Laminado a frio	8740	585		320	435		120	44	18,7	3
Recozido	8740	270		210	70		120	44	18,7	48
Liga bronze + estanho (88% Cu, 8% Sn, 4% Zn)	8800	310			145		95		18,0	30
Liga bronze + nanganês (63% Cu, 25% Zn, 6% Al, 3% Mn, 3% Fe)	8360	655			330		105		21,6	20
Liga bronze + alumínio (81% Cu, 4% Ni, 4% Fe, 11% Al)	8330	620	900		275		110	42	16,2	6

(continua)

(Unidades SI)
Continuação

Material	Densidade kg/m³	Limite de resistência			Tensão de escoamento[3]		Módulo de elasticidade, GPa	Módulo de elasticidade transversal, GPa	Coeficiente de expansão térmica, 10⁻⁶/°F	Ductilidade, porcentagem de alongamento em 50 mm
		Tração, MPa	Compressão[2], MPa	Cisalhamento, MPa	Tração, MPa	Cisalhamento, MPa				
Ligas de magnésio										
Liga AZ80 (forjado)	1800	345		160	250		45	16	25,2	6
Liga AZ31(extrudado)	1770	255		130	200		45	16	25,2	12
Titânio										
Liga (6% Al, 4% V)	4730	900			830		115		9,5	10
Liga Monel 400 (Ni-Cu)										
Trabalhado a frio	8830	675			585	345	180		13,9	22
Recozido	8830	550			220	125	180		13,9	46
Cobre-níquel										
(90% Cu, 10% Ni)										
Recozido	8940	365			110		140	52	17,1	35
Trabalhado a frio	8940	585			545		140	52	17,1	3
Madeira, seca ao ar*										
Douglas fir	470	100	50	7,6			13	0,7	Varia	
Spruce, sitka	415	60	39	7,6			10	0,5	3,0 a 4,5	
Shortleaf pine	500		50	9,7			12			
Western white pine	390		34	7,0			10			
Ponderosa pine	415	55	36	7,6			9			
White oak	690		51	13,8			12			
Red oak	660		47	12,4			12			
Western hemlock	440	90	50	10,0			11			
Shagbark hickory	720		63	16,5			15			
Redwood	415	65	42	6,2			9			
Concreto										
Média resistência	2320		28				25		9,9	
Alta resistência	2320		40				30		9,9	
Plásticos										
Náilon, tipo 6/6										
(composto moldado)	1140	75	95		45		2,8		144	50
Policarbonato	1200	65	85		35		2,4		122	110
Poliéster PBT										
(termoplástico)	1340	55	75		55		2,4		135	150
Elastômero										
termoplástico de poliéster	1200	45		40			0,2			500
Poliestireno	1030	55	90		55		3,1		125	2
Vinil, PVC rígido	1440	40	70		45		3,1		135	40
Borracha	910	15							162	600
Granito (valores médios)	2770	20	240	35			70	4	7,2	
Mármore (valores médios)	2770	15	125	28			55	3	10,8	
Arenito (valores médios)	2300	7	85	14			40	2	9,0	
Vidro, 98% sílica	2190		50				65	4,1	80	

[1] As propriedades dos metais variam muito em função das diferenças na composição, no tratamento térmico e no trabalho mecânico.
[2] Para metais dúcteis, a resistência à compressão geralmente é considerada como idêntica à resistência à tração.
[3] Deslocamento de 0,2%.
[4] As propriedades das madeiras são para carregamentos paralelos às fibras.
[5] Ver também Marks' *Mechanical Engineering Handbook*, 12th ed., McGraw-Hill, New York, 2018; *Annual Book of ASTM*, American Society for Testing Materials, Filadélfia, Pa.; *Metals Handbook*, American Society of Metals, Metals Park, Ohio; e *Aluminum Design Manual*, The Aluminum Association, Washington, DC.
* N. de R.T. Manteve-se os nomes das madeiras em inglês por se tratarem de madeiras típicas do hemisfério norte, com características diferentes das madeiras encontradas no Brasil.

Apêndice E
Propriedades de perfis de aço laminado

(Unidades SI)

Perfis W
(Perfis de mesas largas)

Designação[†]	Área A, mm²	Altura d, mm	Mesa Largura b_f, mm	Mesa Espessura t_f, mm	Espessura da alma t_w, mm	Eixos X-X I_x 10⁶ mm⁴	Eixos X-X W_x 10³ mm³	r_x, mm	Eixos Y-Y I_y 10⁶ mm⁴	Eixos Y-Y W_y 10³ mm³	r_y, mm
W920 × 449	57300	947	424	42,7	24,0	8780	18500	391	541	2560	97,0
201	25600	904	305	20,1	15,2	3250	7190	356	93,7	618	60,5
W840 × 299	38200	856	399	29,2	18,2	4830	11200	356	312	1560	90,4
176	22400	836	292	18,8	14,0	2460	5880	330	77,8	534	58,9
W760 × 257	32900	772	381	27,2	16,6	3430	8870	323	249	1310	86,9
147	18800	754	267	17,0	13,2	1660	4410	297	53,3	401	53,3
W690 × 217	27800	696	356	24,8	15,4	2360	6780	292	184	1040	81,3
125	16000	678	254	16,3	11,7	1190	3490	272	44,1	347	52,6
W610 × 155	19700	612	325	19,1	12,7	1290	4230	257	108	667	73,9
101	13000	602	228	14,9	10,5	762	2520	243	29,3	257	47,5
W530 × 150	19200	544	312	20,3	12,7	1010	3720	229	103	660	73,4
92	11800	533	209	15,6	10,2	554	2080	217	23,9	229	45,0
66	8390	526	165	11,4	8,89	351	1340	205	8,62	104	32,0
W460 × 158	20100	475	284	23,9	15,0	795	3340	199	91,6	646	67,6
113	14400	462	279	17,3	10,8	554	2390	196	63,3	452	66,3
74	9480	457	191	14,5	9,02	333	1460	187	16,7	175	41,9
52	6650	450	152	10,8	7,62	212	944	179	6,37	83,9	31,0
W410 × 114	14600	419	262	19,3	11,6	462	2200	178	57,4	441	62,7
85	10800	417	181	18,2	10,9	316	1510	171	17,9	198	40,6
60	7610	406	178	12,8	7,75	216	1060	168	12,0	135	39,9
46,1	5890	404	140	11,2	6,99	156	773	163	5,16	73,6	29,7
38,8	4950	399	140	8,76	6,35	125	629	159	3,99	57,2	28,4
W360 × 551	70300	455	419	67,6	42,2	2260	9950	180	828	3950	108
216	27500	376	394	27,7	17,3	712	3800	161	282	1430	101
122	15500	363	257	21,7	13,0	367	2020	154	61,6	480	63,0
101	12900	356	254	18,3	10,5	301	1690	153	50,4	397	62,5
79	10100	353	205	16,8	9,40	225	1270	150	24,0	234	48,8
64	8130	348	203	13,5	7,75	178	1030	148	18,8	185	48,0
57,8	7230	358	172	13,1	7,87	160	895	149	11,1	129	39,4
44	5710	351	171	9,78	6,86	121	688	146	8,16	95,4	37,8
39	4960	353	128	10,7	6,48	102	578	144	3,71	58,2	27,4
32,9	4190	348	127	8,51	5,84	82,8	475	141	2,91	45,9	26,4

[†]Um perfil de mesa larga é designado pela letra W seguida pela altura nominal em milímetros e a massa em quilogramas por metro.

(continua)

(Unidades SI)
Continuação

Perfis W
(Perfis de mesas largas)

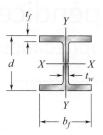

Designação[†]	Área A, mm²	Altura d, mm	Mesa		Espessura da alma t_w, mm	Eixos X-X			Eixos Y-Y		
			Largura b_f, mm	Espessura t_f, mm		I_x 10^6 mm⁴	W_x 10^3 mm³	r_x, mm	I_y 10^6 mm⁴	W_y 10^3 mm³	r_y, mm
W310 × 143	18200	323	310	22,9	14,0	347	2150	138	112	728	78,5
107	13600	312	305	17,0	10,9	248	1600	135	81,2	531	77,2
74	9420	310	205	16,3	9,4	163	1050	132	23,4	228	49,8
60	7550	302	203	13,1	7,49	128	844	130	18,4	180	49,3
52	6650	318	167	13,2	7,62	119	747	133	10,2	122	39,1
44,5	5670	312	166	11,2	6,60	99,1	633	132	8,45	102	38,6
38,7	4940	310	165	9,65	5,84	84,9	547	131	7,20	87,5	38,4
32,7	4180	312	102	10,8	6,60	64,9	416	125	1,94	37,9	21,5
23,8	3040	305	101	6,73	5,59	42,9	280	119	1,17	23,1	19,6
W250 × 167	21200	290	264	31,8	19,2	298	2060	118	98,2	742	68,1
101	12900	264	257	19,6	11,9	164	1240	113	55,8	433	65,8
80	10200	257	254	15,6	9,4	126	983	111	42,9	338	65,0
67	8580	257	204	15,7	8,89	103	805	110	22,2	218	51,1
58	7420	252	203	13,5	8,00	87,0	690	108	18,7	185	50,3
49,1	6260	247	202	11,0	7,37	71,2	574	106	15,2	151	49,3
44,8	5700	267	148	13,0	7,62	70,8	531	111	6,95	94,2	34,8
32,7	4190	259	146	9,14	6,10	49,1	380	108	4,75	65,1	33,8
28,4	3630	259	102	10,0	6,35	40,1	308	105	1,79	35,1	22,2
22,3	2850	254	102	6,86	5,84	28,7	226	100	1,20	23,8	20,6
W200 × 86	11000	222	209	20,6	13,0	94,9	852	92,7	31,3	300	53,3
71	9100	216	206	17,4	10,2	76,6	708	91,7	25,3	246	52,8
59	7550	210	205	14,2	9,14	60,8	582	89,7	20,4	200	51,8
52	6650	206	204	12,6	7,87	52,9	511	89,2	17,7	174	51,6
46,1	5880	203	203	11,0	7,24	45,8	451	88,1	15,4	152	51,3
41,7	5320	205	166	11,8	7,24	40,8	398	87,6	9,03	109	41,1
35,9	4570	201	165	10,2	6,22	34,4	342	86,9	7,62	92,3	40,9
31,3	3970	210	134	10,2	6,35	31,3	298	88,6	4,07	60,8	32,0
26,6	3390	207	133	8,38	5,84	25,8	249	87,1	3,32	49,8	31,2
22,5	2860	206	102	8,00	6,22	20,0	193	83,6	1,42	27,9	22,3
19,3	2480	203	102	6,48	5,84	16,5	162	81,5	1,14	22,5	21,4
W150 × 37,1	4740	162	154	11,6	8,13	22,2	274	68,6	7,12	91,9	38,6
29,8	3790	157	153	9,27	6,60	17,2	220	67,6	5,54	72,3	38,1
24,0	3060	160	102	10,3	6,60	13,4	167	66,0	1,84	36,1	24,6
18,0	2290	153	102	7,11	5,84	9,20	120	63,2	1,24	24,6	23,3
13,5	1730	150	100	5,46	4,32	6,83	91,1	62,7	0,916	18,2	23,0
W150 × 28,1	3590	131	128	10,9	6,86	10,9	167	55,1	3,80	59,5	32,5
23,8	3040	127	127	9,14	6,10	8,91	140	54,1	3,13	49,2	32,0
W100 × 19,3	2470	106	103	8,76	7,11	4,70	89,5	43,7	1,61	31,1	25,4

[†]Um perfil de mesa larga é designado pela letra W seguida pela altura nominal em milímetros e a massa em quilogramas por metro.

Perfis I
(Perfis de padrão americano)

(Unidades SI)

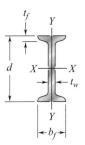

Designação[†]	Área A, mm²	Altura d, mm	Mesa Largura b_f, mm	Mesa Espessura t_f, mm	Espessura da alma t_w, mm	Eixos X-X I_x 10⁶ mm⁴	Eixos X-X W_x 10³ mm³	Eixos X-X r_x mm	Eixos Y-Y I_y 10⁶ mm⁴	Eixos Y-Y W_y 10³ mm³	Eixos Y-Y r_y mm
I610 × 180	22900	622	204	27,7	20,3	1320	4230	240	34,5	338	38,9
158	20100	622	200	27,7	15,7	1220	3930	247	32,0	320	39,9
149	18900	610	184	22,1	18,9	991	3260	229	19,7	215	32,3
134	17100	610	181	22,1	15,9	937	3060	234	18,6	205	33,0
119	15200	610	178	22,1	12,7	874	2870	241	17,5	197	34,0
I510 × 143	18200	516	183	23,4	20,3	695	2700	196	20,8	228	33,8
128	16300	516	179	23,4	16,8	653	2540	200	19,4	216	34,5
112	14200	508	162	20,2	16,1	533	2100	194	12,3	152	29,5
98,2	12500	508	159	20,2	12,8	495	1950	199	11,4	144	30,2
I460 × 104	13200	457	159	17,6	18,1	384	1690	170	10,0	126	27,4
81,4	10300	457	152	17,6	11,7	333	1460	180	8,62	113	29,0
I380 × 74	9480	381	143	15,8	14,0	202	1060	146	6,49	90,6	26,2
64	8130	381	140	15,8	10,4	186	973	151	5,95	85,0	26,9
I310 × 74	9420	305	139	16,7	17,4	126	829	116	6,49	93,2	26,2
60,7	7680	305	133	16,7	11,7	112	739	121	5,62	84,1	26,9
52	6580	305	129	13,8	10,9	94,9	624	120	4,10	63,6	24,9
47,3	6010	305	127	13,8	8,89	90,3	593	123	3,88	61,1	25,4
I250 × 52	6650	254	125	12,5	15,1	61,2	482	96,0	3,45	55,1	22,8
37,8	4810	254	118	12,5	7,90	51,2	403	103	2,80	47,4	24,1
I200 × 34	4360	203	106	10,8	11,2	26,9	265	78,5	1,78	33,6	20,2
27,4	3480	203	102	10,8	6,88	23,9	236	82,8	1,54	30,2	21,0
I150 × 25,7	3260	152	90,7	9,12	11,8	10,9	143	57,9	0,953	21,0	17,1
18,6	2360	152	84,6	9,12	5,89	9,16	120	62,2	0,749	17,7	17,8
I130 × 15	1890	127	76,2	8,28	5,44	5,12	80,3	52,1	0,495	13,0	16,2
I100 × 14,1	1800	102	71,1	7,44	8,28	2,81	55,4	39,6	0,369	10,4	14,3
11,5	1460	102	67,6	7,44	4,90	2,52	49,7	41,7	0,311	9,21	14,6
I75 × 11,2	1420	76,2	63,8	6,60	8,86	1,21	31,8	29,2	0,241	7,55	13,0
8,5	1070	76,2	59,2	6,60	4,32	1,04	27,4	31,2	0,186	6,28	13,2

[†]Um perfil I é designado pela letra I seguida pela altura nominal em milímetros e a massa em quilogramas por metro.

Perfis U
(Perfis de padrão americano)

(Unidades SI)

Designação[†]	Área A, mm²	Altura d, mm	Mesa Largura b_f, mm	Mesa Espessura t_f, mm	Espessura da alma t_w, mm	Eixos X-X I_x 10⁶ mm⁴	Eixos X-X W_x 10³ mm³	Eixos X-X r_x mm	Eixos Y-Y I_y 10⁶ mm⁴	Eixos Y-Y W_y 10³ mm³	Eixos Y-Y r_y mm	$\bar{x}$ mm
U380 × 74	9480	381	94,5	16,5	18,2	168	882	133	4,58	61,8	22,0	20,3
60	7610	381	89,4	16,5	13,2	145	762	138	3,82	54,7	22,4	19,8
50,4	6450	381	86,4	16,5	10,2	131	688	143	3,36	50,6	22,9	20,0
U310 × 45	5680	305	80,5	12,7	13,0	67,4	442	109	2,13	33,6	19,4	17,1
37	4740	305	77,5	12,7	9,83	59,9	393	113	1,85	30,6	19,8	17,1
30,8	3920	305	74,7	12,7	7,16	53,7	352	117	1,61	28,2	20,2	17,7
U250 × 45	5680	254	77,0	11,1	17,1	42,9	339	86,9	1,64	27,0	17,0	16,5
37	4740	254	73,4	11,1	13,4	37,9	298	89,4	1,39	24,1	17,1	15,7
30	3790	254	69,6	11,1	9,63	32,8	259	93,0	1,17	21,5	17,5	15,4
22,8	2890	254	66,0	11,1	6,10	28,0	221	98,3	0,945	18,8	18,1	16,1
U230 × 30	3790	229	67,3	10,5	11,4	25,3	221	81,8	1,00	19,2	16,3	14,8
22	2850	229	63,2	10,5	7,24	21,2	185	86,4	0,795	16,6	16,7	14,9
19,9	2540	229	61,7	10,5	5,92	19,9	174	88,6	0,728	15,6	16,9	15,3
U200 × 27,9	3550	203	64,3	9,91	12,4	18,3	180	71,6	0,820	16,6	15,2	14,4
20,5	2610	203	59,4	9,91	7,70	15,0	148	75,9	0,633	13,9	15,6	14,1
17,1	2170	203	57,4	9,91	5,59	13,5	133	79,0	0,545	12,7	15,8	14,5
U180 × 18,2	2320	178	55,6	9,30	7,98	10,1	113	66,0	0,483	11,4	14,4	13,3
14,6	1850	178	53,1	9,30	5,33	8,82	100	69,1	0,398	10,1	14,7	13,7
U150 × 19,3	2460	152	54,9	8,71	11,1	7,20	94,7	54,1	0,437	10,5	13,3	13,1
15,6	1990	152	51,6	8,71	7,98	6,29	82,6	56,4	0,358	9,19	13,4	12,7
12,2	1540	152	48,8	8,71	5,08	5,45	71,3	59,4	0,286	8,00	13,6	13,0
U130 × 13	1700	127	48,0	8,13	8,26	3,70	58,3	46,5	0,260	7,28	12,3	12,1
10,4	1270	127	44,5	8,13	4,83	3,11	49,0	49,5	0,196	6,10	12,4	12,3
U100 × 10,8	1370	102	43,7	7,52	8,15	1,91	37,5	37,3	0,177	5,52	11,4	11,7
8,0	1020	102	40,1	7,52	4,67	1,60	31,5	39,6	0,130	4,54	11,3	11,6
U75 × 8,9	1140	76,2	40,6	6,93	9,04	0,862	22,6	27,4	0,125	4,31	10,5	11,6
7,4	948	76,2	38,1	6,93	6,55	0,770	20,2	28,4	0,100	3,74	10,3	11,2
6,1	774	76,2	35,8	6,93	4,32	0,687	18,0	29,7	0,0795	3,21	10,1	11,1

[†]Um perfil U é designado pela letra U seguida pela altura nominal em milímetros e a massa em quilogramas por metro.

(Unidades SI)

Cantoneira
(Abas iguais)

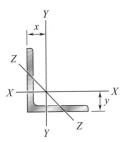

Tamanho e espessura, mm	Massa por metro, kg/m	Área, mm²	Eixos X-X e Eixos Y-Y				Eixos Z-Z
			I 10⁶ mm⁴	W 10³ mm³	r mm	x ou y mm	r mm
L203 × 203 × 25,4	75,9	9680	37,1	259	61,7	59,9	39,6
19,0	57,9	7350	29,1	200	62,5	57,4	39,9
12,7	39,3	5000	20,3	137	63,2	55,1	40,4
L152 × 152 × 25,4	55,7	7100	14,7	140	45,5	47,2	29,7
19,0	42,7	5460	11,7	109	46,2	45,0	29,7
15,9	36,0	4600	10,0	92,4	46,7	43,7	29,7
12,7	29,2	3720	8,28	75,2	47,2	42,4	30,0
9,5	22,2	2830	6,41	57,5	47,5	41,1	30,2
L127 × 127 × 19,0	35,1	4480	6,53	74,1	38,1	38,6	24,7
15,9	29,8	3780	5,66	63,1	38,6	37,3	24,8
12,7	24,1	3060	4,70	51,6	38,9	36,1	24,9
9,5	18,3	2330	3,65	39,5	39,4	34,8	25,0
L102 × 102 × 19,0	27,5	3510	3,17	45,7	30,0	32,3	19,7
15,9	23,4	2970	2,76	39,0	30,5	31,0	19,7
12,7	19,0	2420	2,30	32,1	30,7	30,0	19,7
9,5	14,6	1850	1,80	24,6	31,2	28,7	19,8
6,4	9,80	1250	1,25	16,9	31,8	27,4	19,9
L89 × 89 × 12,7	16,5	2100	1,51	24,3	26,7	26,7	17,2
9,5	12,6	1600	1,19	18,8	27,2	25,4	17,3
6,4	8,60	1090	0,832	12,9	27,7	24,2	17,5
L76 × 76 × 12,7	14,0	1770	0,916	17,4	22,7	23,6	14,7
9,5	10,7	1360	0,728	13,5	23,1	22,5	14,8
6,4	7,30	929	0,512	9,32	23,5	21,2	14,9
L64 × 64 × 12,7	11,4	1450	0,508	11,7	18,7	20,4	12,2
9,5	8,70	1120	0,405	9,14	19,0	19,3	12,2
6,4	6,10	768	0,288	6,34	19,4	18,1	12,2
4,8	4,60	581	0,223	4,83	19,6	17,4	12,2
L51 × 51 × 9,5	7,00	877	0,198	5,70	15,0	16,1	9,80
6,4	4,70	605	0,144	4,00	15,4	14,9	9,83
3,2	2,40	312	0,0787	2,11	15,7	13,6	9,93

Cantoneira
(Abas desiguais)

(Unidades SI)

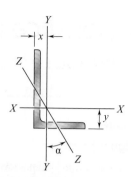

Tamanho e espessura, mm	Massa por metro, kg/m	Área, mm²	Eixos X-X e Eixos Y-Y				Eixos X-X e Eixos Y-Y				Eixos Z-Z	
			I_x 10^6 mm⁴	W_x 10^3 mm³	r_x mm	y mm	I_y 10^6 mm⁴	W_y 10^3 mm³	r_y mm	x mm	r_z mm	tg α
L203 × 152 × 25,4	65,5	8390	33,7	247	63,2	67,3	16,1	146	43,7	41,9	32,5	0,542
19,0	50,1	6410	26,4	192	64,0	64,8	12,8	113	44,5	39,6	32,8	0,550
12,7	34,1	4350	18,5	131	64,8	62,5	9,03	78,5	45,5	37,1	33,0	0,557
L152 × 102 × 19,0	35,0	4480	10,2	102	47,8	52,6	3,59	48,3	28,4	27,2	21,7	0,428
12,7	24,0	3060	7,20	70,6	48,5	50,3	2,59	33,8	29,0	24,9	21,9	0,440
9,5	18,2	2330	5,58	54,1	49,0	49,0	2,02	25,9	29,5	23,7	22,1	0,446
L127 × 76 × 12,7	19,0	2420	3,93	47,4	40,1	44,2	1,06	18,5	20,9	18,9	16,3	0,357
9,5	14,5	1850	3,06	36,4	40,6	42,9	0,837	14,3	21,3	17,7	16,4	0,364
6,4	9,80	1250	2,12	24,7	41,1	41,7	0,587	9,83	21,7	16,5	16,6	0,371
L102 × 76 × 12,7	16,4	2100	2,09	30,6	31,5	33,5	0,999	18,0	21,8	20,9	16,1	0,542
9,5	12,6	1600	1,64	23,6	32,0	32,3	0,787	13,9	22,2	19,7	16,2	0,551
6,4	8,60	1090	1,14	16,2	32,3	31,0	0,554	9,59	22,5	18,4	16,2	0,558
L89 × 64 × 12,7	13,9	1770	1,35	23,1	27,4	30,5	0,566	12,4	17,8	17,8	13,5	0,485
9,5	10,7	1360	1,07	17,9	27,9	29,2	0,454	9,65	18,2	16,6	13,6	0,495
6,4	7,30	929	0,753	12,3	28,4	27,9	0,323	6,72	18,6	15,4	13,7	0,504
L76 × 51 × 12,7	11,5	1450	0,799	16,4	23,4	27,4	0,278	7,70	13,8	14,7	10,8	0,413
9,5	8,80	1120	0,641	12,8	23,8	26,2	0,224	6,03	14,1	13,6	10,8	0,426
6,4	6,10	768	0,454	8,87	24,2	24,9	0,162	4,23	14,5	12,4	10,9	0,437
L64 × 51 × 9,5	7,90	1000	0,380	8,95	19,5	21,0	0,214	5,92	14,6	14,7	10,6	0,612
6,4	5,40	684	0,273	6,24	19,9	19,8	0,155	4,15	15,0	13,5	10,7	0,624

Apêndice F
Deflexões e inclinações de vigas

Viga e carregamento	Linha elástica	Deflexão máxima	Inclinação e extremidade	Equação da linha elástica
1		$-\dfrac{PL^3}{3EI}$	$-\dfrac{PL^2}{2EI}$	$y = \dfrac{P}{6EI}(x^3 - 3Lx^2)$
2		$-\dfrac{wL^4}{8EI}$	$-\dfrac{wL^3}{6EI}$	$y = -\dfrac{w}{24EI}(x^4 - 4Lx^3 + 6L^2x^2)$
3		$-\dfrac{ML^2}{2EI}$	$-\dfrac{ML}{EI}$	$y = -\dfrac{M}{2EI}x^2$
4		$-\dfrac{PL^3}{48EI}$	$\pm\dfrac{PL^2}{16EI}$	Para $x \leq \tfrac{1}{2}L$: $y = \dfrac{P}{48EI}(4x^3 - 3L^2x)$
5		Para $a > b$: $-\dfrac{Pb(L^2 - b^2)^{3/2}}{9\sqrt{3}EIL}$ a $x_m = \sqrt{\dfrac{L^2 - b^2}{3}}$	$\theta_A = -\dfrac{Pb(L^2 - b^2)}{6EIL}$ $\theta_B = +\dfrac{Pa(L^2 - a^2)}{6EIL}$	Para $x < a$: $y = \dfrac{Pb}{6EIL}[x^3 - (L^2 - b^2)x]$ Para $x = a$: $y = -\dfrac{Pa^2b^2}{3EIL}$
6		$-\dfrac{5wL^4}{384EI}$	$\pm\dfrac{wL^3}{24EI}$	$y = -\dfrac{w}{24EI}(x^4 - 2Lx^3 + L^3x)$
7		$\dfrac{ML^2}{9\sqrt{3}EI}$	$\theta_A = +\dfrac{ML}{6EI}$ $\theta_B = -\dfrac{ML}{3EI}$	$y = -\dfrac{M}{6EIL}(x^3 - L^2x)$

Respostas

Nesta página e nas seguintes serão dadas as respostas de alguns dos problemas propostos.

CAPÍTULO 1

- **1.1** (a) 84,9 MPa. (b) −96,8 MPa.
- **1.2** $d_1 = 22,6$ mm, $d_2 = 40,2$ mm.
- **1.3** (a) 17,93 ksi. (b) 22,6 ksi.
- **1.4** 6,75 kips.
- **1.7** (a) 101,6 MPa. (b) −21,7 MPa.
- **1.8** 1084 ksi.
- **1.9** 33,1 kN.
- **1.10** (a) 11,09 ksi. (b) −12,00 ksi.
- **1.13** −4,97 MPa.
- **1.14** (a) 12,73 MPa. (b) −4,77 MPa.
- **1.15** 159,2 MPa.
- **1.16** 2,25 kips.
- **1.17** 889 psi.
- **1.18** 67,9 kN.
- **1.20** 29,4 mm.
- **1.21** (a) 3,33 MPa. (b) 525 mm.
- **1.23** (a) 1,030 in. (b) 38,8 ksi.
- **1.24** (a) 23,0 MPa. (b) 24,1 MPa. (c) 21,7 MPa.
- **1.25** (a) 5,57 mm. (b) 38,9 MPa. (c) 35,0 MPa.
- **1.28** (a) 9,94 ksi. (b) 6,25 ksi.
- **1.29** (a) $\sigma = 489$ kPa; $\tau = 489$ kPa.
- **1.30** (a) 13,95 kN. (b) 620 kPa.
- **1.31** $\sigma = 70,0$ psi; $\tau = 40,4$ psi.
- **1.32** (a) 1,500 kips. (b) 43,3 psi.
- **1.35** $\sigma = -21,6$ MPa; $\tau = 7,87$ MPa.
- **1.36** 833 kN.
- **1.37** 2,35.
- **1.40** (a) 31,5 mm. (b) 42,7 mm.
- **1.41** (a) 3,21. (b) 33,9 mm.
- **1.42** 0,268 in^2.
- **1.45** 1,800.
- **1.46** 0,798 in.
- **1.47** 10,25 kN.
- **1.48** (a) 2,92. (b) $b = 40,3$ mm, $c = 97,2$ mm.
- **1.50** 3,24.
- **1.52** 283 lb.
- **1.53** 1,683 kN.
- **1.54** 2,06 kN.
- **1.55** 3,72 kN.
- **1.56** 3,97 kN.
- **1.57** (a) 362 kg. (b) 1,718.
- **1.58** (a) 629 lb. (b) 1,689.
- **1.59** 195,3 MPa.
- **1.60** (a) 14,64 ksi. (b) −9,96 ksi.
- **1.62** (a) 35,7 m. (b) 5,34 MPa.
- **1.64** $x_E = 24,7$ in.; $x_F = 55,2$ in.
- **1.65** 3,09 kips.
- **1.67** 27,8 mm.
- **1.68** $\sigma_{adm} d/4\tau_{adm}$.
- **1.70** $21,3° < \theta < 32,3°$.
- **1.C2** (c) 16 mm ≤ d ≤ 22 mm. (d) 18 mm ≤ d ≤ 22 mm.
- **1.C3** (c) 0,70 in. ≤ d ≤ 1,10 in. (d) 0,85 in. ≤ d ≤ 1,25 in.
- **1.C4** (b) Para $\beta = 38,66°$, tg $\beta = 0,8$; BD é perpendicular para BC.
  (c) F.S. = 3,58 para $\alpha = 26,6°$; **P** é perpendicular à reta AC.
- **1.C5** (b) Elemento da Fig. P1.29, para $\alpha = 60°$:
  (1) 70,0 psi; (2) 40,4 psi; (3) 2,14; (4) 5,30; (5) 2,14.
  Elemento da Fig. P1.31, para $\alpha = 45°$:
  (1) 489 kPa; (2) 489 kPa; (3) 2,58; (4) 3,07; (5) 2,58.
- **1.C6** (d) $P_{adm} = 5,79$ kN; a tensão nas barras é crítica.

CAPÍTULO 2

- **2.1** (a) 9,96 mm. (b) 109,1 MPa.
- **2.2** (a) 0,1784 in. (b) 58,6 in.
- **2.3** (a) 11,31 kN. (b) 400 MPa.
- **2.4** (a) 17,25 MPa. (b) 2,82 mm.
- **2.6** (a) 6,91 mm. (b) 160,0 MPa.
- **2.7** (a) 0,0206 in. (b) 1,20%.
- **2.9** 10,70 mm.
- **2.11** 0,0252 in.
- **2.13** 0,429 in.
- **2.14** 1,988 kN.
- **2.15** 0,868 in.
- **2.18** 5,74 kips.
- **2.19** (a) 32,8 kN. (b) 0,0728 mm ↓.
- **2.20** (a) 0,0189 mm ↑. (b) 0,0919 mm ↓.
- **2.21** −0,0753 in. em AB; 0,0780 in. em AD.
- **2.23** (a) 1,222 mm. (b) 1,910 mm.
- **2.24** 50,4 kN.
- **2.25** 14,74 kN.
- **2.26** (a) −0,0302 mm. (b) 0,01783 mm.
- **2.27** 1,066 kips.
- **2.29** (a) $\rho g l^2/2E$. (b) $W/2$.
- **2.30** $Ph/\pi Eab$ ↓.
- **2.33** (a) 140,6 MPa. (b) 93,8 MPa.
- **2.34** (a) 15,00 mm. (b) 288 kN.
- **2.35** $\sigma_s = -12,84$ ksi; $\sigma_c = -1,594$ ksi.
- **2.36** 201 kips.
- **2.39** (a) $R_A = 11,92$ kips ←; $R_D = 20,1$ kips ←.
  (b) $3,34 \times 10^{-3}$ in.
- **2.40** (a) 0,0762 mm.
  (b) $\sigma_{AB} = 30,5$ MPa; $\sigma_{EF} = 38,1$ MPa.
- **2.42** (a) $R_A = 76,6$ kN →; $R_D = 64,6$ kN ←.
  (b) −0,0394 mm.
- **2.43** 0,536 mm ↓.
- **2.44** (a) $P_{BE} = 205$ lb; $P_{CF} = 228$ lb. (b) 0,0691 in. ↓.
- **2.45** $P_A = 0,525P$; $P_B = 0,200P$; $P_C = 0,275P$.
- **2.47** −47,0 MPa.

2.48	75,4°C.	**2.125**	1,219 in.
2.50	$\sigma_s = -1,448$ ksi; $\sigma_c = 54,2$ psi.	**2.127**	4,67°C.
2.51	142,6 kN.	**2.128**	(a) 9,53 kips. (b) $1,254 \times 10^{-3}$ in.
2.52	(a) $\sigma_{AB} = -5,25$ ksi; $\sigma_{BC} = -11,82$ ksi. (b) $6,57 \times 10^{-3}$ in. →.	**2.130**	$\sigma_s = -8,34$ ksi; $\sigma_c = -1,208$ ksi.
2.54	(a) −98,3 MPa. (b) −38,3 MPa.	**2.131**	(a) 9,73 kN. (b) 2,02 mm ←.
2.55	(a) 21,4°C. (b) 3,67 MPa.	**2.133**	0,01870 in.
2.56	5,70 kN.	**2.135**	(a) $A\sigma_Y/\mu g$. (b) EA/L.
2.58	(a) 201,6°F. (b) 18,0107 in.	**2.C1**	Prob. 2.126: (a) $11,90 \times 10^{-3}$ in. ↓. (b) $5,66 \times 10^{-3}$ in. ↑.
2.59	(a) 52,3 kips. (b) $9,91 \times 10^{-3}$ in.	**2.C3**	Prob. 2.60: (a) −116,2 MPa. (b) 0,363 mm.
2.61	(a) 0,00780 in. (b) −0,000256 in.	**2.C5**	$r = 0,25$ in.: 3,89 kips;
2.63	408 kN.		$r = 0,75$ in.: 2,78 kips.
2.64	(a) 0,0358 mm. (b) −0,00258 mm. (c) −0,000344 mm. (d) −0,00825 mm².	**2.C6**	(a) −0,40083. (b) −0,10100. (c) −0,00405.

CAPÍTULO 3

2.66	0,399.
2.67	(a) −0,0724 mm. (b) −0,01531 mm.
2.68	(a) 0,00312 in. (b) 0,00426 in. (c) 0,00505 in.
2.69	(a) 352×10^{-6} in. (b) $82,8 \times 10^{-6}$ in. (c) 307×10^{-6} in.
2.70	(a) −63,0 MPa. (b) −4,05 mm². (c) −162,0 mm³.
2.77	$a = 42,9$ mm; $b = 160,7$ mm.
2.78	75,0 kN; 40,0 mm.
2.79	(a) 10,42 in. (b) 0,813 in.
2.80	$\tau = 62,5$ psi; $G = 156,3$ psi.
2.81	10,26 MPa.
2.82	$6,17 \times 10^3$ kN/m.
2.83	(a) 588×10^{-6} in. (b) $33,2 \times 10^{-3}$ in³. (c) 0,0294%.
2.84	(a) −0,0746 mm; −143,9 mm³. (b) −0,0306 mm; −521 mm³.
2.85	(a) $193,2 \times 10^{-6}$; $1,214 \times 10^{-3}$ in³. (b) 396×10^{-6}; $2,49 \times 10^{-3}$ in³.
2.88	3,00.
2.91	(a) 0,0303 mm. (b) $\sigma_x = 40,6$ MPa, $\sigma_y = \sigma_z = 5,48$ MPa.
2.92	(a) $\sigma_x = 44,6$ MPa; $\sigma_y = 0$; $\sigma_z = 3,45$ MPa. (b) −0,0129 mm.
2.93	(a) 58,3 kN. (b) 64,3 kN.
2.94	(a) 87,0 MPa. (b) 75,2 MPa. (c) 73,9 MPa.
2.97	41,5 kN.
2.98	(a) 66,9 MPa. (b) 92,6 MPa.
2.99	(a) 12,02 kips. (b) 108,0%.
2.100	23,9 kips.
2.101	(a) 15,90 kips; 0,1745 in. (b) 15,90 kips; 0,274 in.
2.102	(a) 44,2 kips; 0,0356 in. (b) 44,2 kips; 0,1606 in.
2.105	176,7 kN; 3,84 mm.
2.106	176,7 kN; 3,16 mm.
2.107	(a) 0,292 mm. (b) $\sigma_{AC} = 250$ MPa; $\sigma_{BC} = -307$ MPa. (c) 0,0272 mm.
2.108	(a) 990 kN. (b) $\sigma_{AC} = 250$ MPa; $\sigma_{BC} = -316$ MPa. (c) 0,0313 mm.
2.111	(a) 112,1 kips. (b) 50 ksi em aço de baixa resistência; 82,9 ksi em aço de alta resistência. (c) 0,00906 in.
2.112	(a) 0,0309 in. (b) 64,0 ksi. (c) 0,00387 in.
2.113	(a) $\sigma_{AD} = 250$ MPa. (b) $\sigma_{BE} = 124,3$ MPa. (c) 0,622 mm ↓.
2.114	(a) $\sigma_{AD} = 233$ MPa; $\sigma_{BE} = 250$ MPa. (b) 1,322 mm ↓.
2.115	(a) $\sigma_{AD} = -4,70$ MPa; $\sigma_{BE} = 19,34$ MPa. (b) 0,0967 mm ↓.
2.116	(a) −36,0 ksi. (b) 15,84 ksi.
2.117	(a) $\sigma_{AC} = -150,0$ MPa; $\sigma_{CB} = -250$ MPa. (b) −0,1069 mm →.
2.118	(a) $\sigma_{AC} = 56,5$ MPa; $\sigma_{CB} = 9,41$ MPa. (b) 0,0424 mm →.
2.121	(a) 915°F. (b) 1759°F.
2.122	(a) 0,1042 mm. (b) $\sigma_{AC} = \sigma_{CB} = -65,2$ MPa.
2.123	(a) 0,00788 mm. (b) $\sigma_{AC} = \sigma_{CB} = -6,06$ MPa.

3.1	641 N·m.
3.2	87,3 MPa.
3.3	(a) 71,3 MPa. (b) 6,25%.
3.4	(a) 7,55 ksi. (b) 7,64 ksi.
3.6	(a) 70,5 MPa. (b) 55,8 mm.
3.7	(a) 19,21 kip·in. (b) 2,01 in.
3.9	(a) 8,35 ksi. (b) 5,94 ksi.
3.10	(a) 1,292 in. (b) 1,597 in.
3.11	(a) 56,6 MPa. (b) 36,6 MPa.
3.13	(a) 77,6 MPa. (b) 62,8 MPa. (c) 20,9 MPa.
3.15	9,16 kip·in.
3.16	(a) 1,503 in. (b) 1,853 in.
3.18	(a) $d_{AB} = 52,9$ mm. (b) $d_{BC} = 33,3$ mm.
3.20	477 N·m.
3.21	(a) 45,1 mm. (b) 65,0 mm.
3.22	(a) 1,129 kN·m.
3.23	1,189 kip·in.
3.25	4,30 kip·in.
3.27	73,6 N·m.
3.28	(a) $d_{AB} = 38,6$ mm. (b) $d_{CD} = 52,3$ mm. (c) 75,5 mm.
3.29	1,0; 1,025; 1,120; 1,200; 1,0.
3.31	48,5 MPa.
3.32	(a) 3,74°. (b) 3,79°.
3.33	0,205 mm.
3.35	(a) 1,384°. (b) 3,22°.
3.37	(a) 14,43°. (b) 46,9°.
3.38	6,02°.
3.40	1,140°.
3.41	3,77°.
3.42	212 N·m.
3.44	53,8°.
3.45	36,1 mm.
3.46	1,285 in.
3.47	1,483 in.
3.48	62,9 mm.
3.49	42,0 mm.
3.50	22,5 mm.
3.53	(a) 10,10 ksi. (b) 4,81 ksi. (c) 4,59°.
3.54	3,64°.
3.56	(a) $T_A = 1090$ N·m; $T_C = 310$ N·m. (b) 47,4 MPa. (c) 28,8 MPa.
3.57	(a) 41,9 MPa. (b) 0,663°.
3.59	12,24 MPa.
3.61	0,241 in.

3.63 $T/2\pi t r_1^2$ até r_1.
3.64 (a) 0,925 in. (b) 0,735 in.
3.65 (a) 20,3 mm. (b) 16,12 mm.
3.66 (a) 10,29 ksi. (b) 5,15 ksi.
3.67 (a) 18,90 MPa. (b) 9,45 MPa.
3.68 25,6 kW.
3.69 2,64 mm.
3.71 (a) 51,7 kW. (b) 6,17°.
3.73 (a) 47,5 MPa. (b) 30,4 mm.
3.76 (a) 4,08 ksi. (b) 6,79 ksi.
3.77 (a) 0,799 in. (b) 0,947 in.
3.78 (a) 16,02 Hz. (b) 27,2 Hz.
3.79 934 rpm.
3.80 50,0 kW.
3.81 $d = 74{,}0$ mm.
3.84 10,8 mm.
3.86 (a) 5,36 ksi. (b) 5,02 ksi.
3.87 5,10 mm.
3.88 42,6 Hz.
3.89 (a) 2,61 ksi. (b) 2,01 ksi.
3.90 (a) 203 N·m. (b) 165,8 N·m.
3.92 (a) 9,64 kN·m. (b) 9,91 kN·m.
3.93 2230 lb·in.
3.94 (a) 19,10 ksi; 1 in. (b) 20,0 ksi; 0,565 in.
3.95 (a) 113,3 MPa; 15,00 mm.
(b) 145,0 MPa; 6,90 mm.
3.98 (a) 6,72°. (b) 18,71°.
3.99 (a) 2,47°. (b) 4,34°.
3.100 (a) 283 N·m. (b) 12,91 mm.
3.101 (a) 52,1 kip·in. (b) 80,8 kip·in.
3.102 $\tau_{máx} = 145{,}0$ MPa; $\phi = 19{,}70°$.
3.104 (a) 8,17 mm. (b) 42,1°.
3.106 (a) 5,96 kN·m; 17,94°. (b) 7,31 kN·m; 26,9°.
3.107 (a) 43,0°. (b) 7,61 kN·m.
3.110 671 lb·in.
3.111 (a) 1,826 kip·in. (b) 22,9°.
3.112 2,32 kN·m.
3.113 2,26 kN·m.
3.114 5,63 ksi.
3.115 14,62°.
3.118 68,0 MPa na superfície interna.
3.119 20,2°.
3.120 (a) $c_0 = 0{,}1500c$. (b) $T_0 = 0{,}221\tau_y c^3$.
3.121 0,0505 in.
3.122 68,2 in.
3.123 (a) 189,2 N·m; 9,05°. (b) 228 N·m; 7,91°.
3.124 (a) 74,0 MPa; 9,56°. (b) 61,5 MPa; 6,95°.
3.127 5,07 MPa.
3.128 59,2 MPa.
3.129 0,944.
3.131 0,198.
3.132 0,737.
3.133 (a) 4,57 kip·in. (b) 4,31 kip·in. (c) 5,77 kip·in.
3.135 (a) 157,0 kN·m. (b) 8,70°.
3.136 (a) 8,66 ksi. (b) 8,51°.
3.137 (a) 1007 N·m. (b) 9,27°.
3.138 (a) 4,55 ksi. (b) 2,98 ksi. (c) 2,56°.
3.139 (a) 5,82 ksi. (b) 2,91 ksi.
3.142 (a) 16,85 N·m.
3.143 8,45 N·m.
3.144 $\tau_a = 4{,}73$ MPa, $\tau_b = 9{,}46$ MPa.
3.146 (a) 2,16 kip·in. (b) 2,07 kip·in. (c) 1,92 kip·in.
3.147 (a) 12,76 MPa. (b) 5,40 kN·m.
3.149 (a) $3c/t$. (b) $3c^2/t^2$.
3.150 (b) 0,25% , 1,000%, 4,00%.
3.151 637 kip·in.
3.153 12,22°.
3.155 (a) 24,5°. (b) 19,37°.
3.156 (a) 17,45 MPa. (b) 27,6 MPa. (c) 2,05°.
3.157 4,12 kN·m.
3.158 (a) 18,80 kW. (b) 24,3 MPa.
3.160 $3(c/t)$.
3.162 (a) 0,347 in. (b) 37,2°.
3.C2 Prob. 3.44: 2,21°.
3.C5 (a) −3,282%. (b) −0,853%.
(c) −0,138%. (d) −0,00554%.
3.C6 (a) −1,883%. (b) −0,484%.
(c) −0,078%. (d) −0,00313%.

CAPÍTULO 4

4.1 (a) −116,4 MPa. (b) −87,3 MPa.
4.2 (a) −5,96 ksi. (b) 3,73 ksi.
4.3 80,2 kN·m.
4.4 24,8 kN·m.
4.5 (a) 1,405 kip·in. (b) 3,19 kip·in.
4.6 5,28 kN·m.
4.9 −14,71 ksi; 8,82 ksi.
4.10 −10,38 ksi; 15,40 ksi.
4.11 −102,4 MPa; 73,2 MPa.
4.12 61,3 kN.
4.15 4,11 kip·in.
4.16 106,1 N·m.
4.18 42,9 kip·in.
4.19 3,79 kN·m.
4.21 (a) 96,5 MPa. (b) 20,5 N·m.
4.22 (a) 0,602 mm. (b) 0,203 N·m.
4.23 (a) 145,0 ksi. (b) 384 lb·in.
4.24 (a) $\sigma = 75{,}0$ MPa, $\rho = 26{,}7$ m.
(b) $\sigma = 125{,}0$ MPa, $\rho = 9{,}60$ m.
4.25 (a) 9,17 kN·m (b) 10,24 kN·m.
4.26 (a) 45,1 kip·in. (b) 49,7 kip·in.
4.29 (a) $(8/9)h_0$. (b) 0,949.
4.30 (a) 1007 in. (b) 3470 in. (c) 0,01320°.
4.31 (a) 139,1 m. (b) 480m.
4.32 (a) $[(\sigma_x)_{máx}/2\rho c](y^2 - c^2)$. (b) $-(\sigma_x)_{máx}\, c/2\rho$.
4.33 1,240 kN·m.
4.34 2,22 kN·m.
4.37 335 kip·in.
4.38 193,6 kip·in.
4.39 (a) −56,0 MPa. (b) 66,4 MPa.
4.40 (a) 51,9 MPa. (b) −121,0 MPa.
4.41 (a) 1,527 ksi. (b) 17,68 ksi.
4.43 8,70 m.
4.44 12,15 m.
4.45 519 pés
4.47 3,87 kip·pés
4.48 2,88 kip·pés

4.49 (a) 212 MPa. (b) −15,59 MPa.
4.50 (a) 210 MPa. (b) −14,08 MPa.
4.54 (a) 1674 mm². (b) 90,8 kN·m.
4.55 (a) $\sigma_A = 6{,}86$ ksi; $\sigma_B = 6{,}17$ ksi; $\sigma_S = 4{,}11$ ksi. (b) 151,9 pés
4.57 (a) −22,5 ksi. (b) 17,78 ksi.
4.59 (a) 6,15 MPa. (b) −8,69 MPa.
4.61 (a) 219 MPa. (b) 176,0 MPa.
4.63 (a) 7,95 ksi. (b) 8,30 ksi.
4.64 (a) 5,03 kip·in. (b) 4,17 kip·in.
4.65 (a) 147,0 MPa. (b) 119,0 MPa.
4.67 (a) 144,0 N·m. (b) 208 N·m.
4.68 (a) 115,2 N·m. (b) 171,2 N·m.
4.69 2460 lb·in.
4.71 (a) 5,87 mm. (b) 2,09 m.
4.72 (a) 21,9 mm. (b) 7,81 m.
4.75 (a) 322 kip·in. (b) 434 kip·in.
4.77 (a) 29,2 kN·m. (b) 1,500.
4.78 (a) 27,5 kN·m. (b) 1,443.
4.79 (a) 462 kip·in. (b) 1,435.
4.80 (a) 420 kip·in. (b) 1,364.
4.81 1,866 kN·m.
4.82 19,01 kN·m.
4.84 212 kip·in.
4.86 212 kip·in.
4.87 120 MPa.
4.88 106,4 MPa.
4.91 (a) 106,7 MPa. (b) $y_0 = -31{,}2$ mm, 0, 31,2 mm. (c) 24,1 m.
4.92 (a) 13,36 ksi. (b) $y_0 = -1{,}517$ in., 0, 1,517 in. (c) 168,8 pés
4.94 (a) $0{,}707\rho_Y$. (b) $6{,}09\rho_Y$.
4.96 (a) 4,69 m. (b) 7,29 kN·m.
4.99 (a) 71,0 MPa. (b) −80,2 MPa.
4.100 (a) −105 psi. (b) −195 psi.
4.101 (a) $-2P/\pi r^2$. (b) $-5P/\pi r^2$.
4.103 (a) −37,8 MPa. (b) −38,6 MPa.
4.105 (a) 288 lb. (b) 209 lb.
4.106 13,95 kN.
4.107 14,40 kN.
4.108 16,04 mm.
4.109 43,0 kips.
4.110 $0{,}500d$.
4.113 7,86 kips ↓; 9,15 kips ↑.
4.114 (a) 9,80 ksi. (b) 2,67 ksi.
4.115 (a) 52,7 MPa. (b) −67,2 MPa. (c) 11,20 mm acima D.
4.116 (a) $-P/2at$. (b) $-2P/at$. (c) $-P/2at$.
4.117 (a) 1125 kN. (b) 817 kN.
4.121 (a) 30,0 mm. (b) 94,5 kN.
4.122 (a) 5,00 mm. (b) 243 kN.
4.124 $P = 44{,}2$ kips; $Q = 57{,}3$ kips.
4.125 (a) 152,3 kips. (b) $x = 0{,}59$ in. (c) 300μ.
4.127 (a) −3,37 MPa. (b) −18,60 MPa. (c) 3,37 MPa.
4.128 (a) 9,86 ksi. (b) −2,64 ksi. (c) −9,86 ksi.
4.129 (a) −29,3 MPa. (b) −144,8 MPa. (c) −125,9 MPa.
4.130 (a) 17,60 ksi. (b) 1,729 ksi. (c) −9,26 ksi.
4.133 (a) 57,8 MPa. (b) −56,8 MPa. (c) 25,9 MPa.
4.134 (a) 57,4°. (b) 75,7 MPa.
4.135 (a) 18,29°. (b) 13,74 ksi.
4.137 (a) 19,52°. (b) 95,0 MPa.
4.138 (a) 27,5°. (b) 5,07 ksi.
4.139 (a) 32,9°. (b) 61,4 MPa.

4.141 113,0 MPa.
4.143 1222 psi.
4.144 (a) $\sigma_A = 31{,}5$ MPa; $\sigma_B = -10{,}39$ MPa. (b) 94,0 mm acima do ponto A.
4.145 (a) 17,11 mm.
4.146 0,1638 in.
4.147 53,9 kips.
4.150 29,1 kip·in.
4.151 29,1 kip·in.
4.152 733 N·m.
4.153 1,323 kN·m.
4.155 900 N·m.
4.161 (a) −45,0 MPa. (b) −42,2 MPa.
4.162 (a) −43,2 MPa. (b) 33,0 MPa.
4.163 (a) 12,19 ksi. (b) 11,15 ksi.
4.164 $\sigma_A = 10{,}77$ ksi; $\sigma_B = -3{,}22$ ksi.
4.167 655 lb.
4.169 73,2 mm.
4.170 (a) −82,4 MPa. (b) 36,6 MPa.
4.171 (a) 3,06 ksi. (b) −2,81 ksi. (c) 0,529 ksi.
4.173 (a) −172,4 MPa. (b) 53,2 MPa.
4.174 (a) −131,5 MPa. (b) 34,7 MPa.
4.175 (a) 16,05 ksi. (b) −9,84 ksi.
4.177 (a) 41,8 MPa. (b) −20,4 MPa.
4.178 27,2 mm.
4.179 107,8 N·m.
4.180 (a) −32,5 MPa. (b) 34,2 MPa.
4.181 (a) −3,65 ksi. (b) 3,72 ksi.
4.183 (a) −5,96 ksi. (b) 3,61 ksi.
4.184 (a) −6,71 ksi. (b) 3,24 ksi.
4.185 (a) 63,9 MPa. (b) −52,6 MPa.
4.191 −0,536 ksi.
4.192 121,6 MPa, −143,0 MPa.
4.194 (a) $\sigma_{máx} = 6M/a^3$, $1/\rho = 12M/Ea^4$. (b) $\sigma_{máx} = 8{,}49M/a^3$, $1/\rho = 12M/Ea^4$.
4.196 (a) 46,9 MPa. (b) 18,94 MPa. (c) 55,4 m.
4.198 (a) $\sigma_A = 41{,}7$ psi; $\sigma_B = 292$ psi. (b) AB: 0,500 in. de A; BD: 0,750 in. de D.
4.199 13,80 kN·m.
4.201 (a) 56,7 kN·m. (b) 20,0 mm.
4.202 $P = 75{,}6$ kips ↓; $Q = 87{,}1$ kips ↓.
4.203 (a) $\sigma_A = -\tfrac{1}{2}\sigma_1$; $\sigma_B = \sigma_1$; $\sigma_C = -\sigma_1$; $\sigma_D = \tfrac{1}{2}\sigma_1$. (b) $4/3\,\rho_1$.
4.C1 $a = 4\ mm$: $\sigma_a = 50{,}6$ MPa, $\sigma_s = 107{,}9$ MPa. $a = 14\ mm$: $\sigma_a = 89{,}7$ MPa, $\sigma_s = 71{,}8$ MPa. (a) 1 11,6 MPa. (b) 6,61 mm.
4.C2 $y_Y = 65$ mm, $M = 52{,}6$ kN·m, $\rho = 43{,}3$; $y_Y = 45$ mm, $M = 55{,}6$ kN·m, $\rho = 30{,}0$ m.
4.C3 $\beta = 30°$: $\sigma_A = -7{,}83$ ksi, $\sigma_B = -5{,}27$ ksi, $\sigma_C = 7{,}19$ ksi, $\sigma_D = 5{,}91$ ksi; $\beta = 120°$: $\sigma_A = 1{,}557$ ksi, $\sigma_B = 6{,}01$ ksi, $\sigma_C = -2{,}67$ ksi, $\sigma_D = -4{,}89$ ksi.
4.C4 $r_1/h = 0{,}529$ de 50% para aumento de $\sigma_{máx}$.
4.C5 Prob. 4.10: −102,4 MPa; 73,2 MPa.
4.C6 $y_Y = 0{,}8\ in.$: 76,9 kip·in., 552 in.; $y_Y = 0{,}2\ in.$: 95,5 kip·in., 138,1 in.
4.C7 $a = 0{,}2\ in.$: −7,27 ksi, $a = 0{,}8\ in.$: −6,61 ksi. Para $a = 0{,}625$ in., $\sigma = -6{,}51$ ksi.

CAPÍTULO 5

5.1 (b) $V = w(L/2 - x)$; $M = wx(L - x)/2$.

5.2 (b) A até B: $V = \dfrac{Pb}{L}$; $M = Pbx/L$.

B até C: $V = Pa/L$; $M = Pa(L - x)/L$.

5.3 (b) $V = w_0L/2 - w_0 x^2/2L$;
$M = -w_0L^2/3 + w_0Lx/2 - w_0x^3/6L$

5.4 (b) A até B: $V = -wx$; $M = -wx^2/2$.
B até C: $V = -wa$; $M = -wa(x - a/2)$.

5.5 (b) A até B: $V = P$; $M = Px$. B até C: $V = 0$; $M = Pa$.
C até D: $V = -P$; $M = P(L - x)$.

5.6 (b) A até B: $V = w(L - 2a)/2$; $M = wx(L - 2a)/2$.
B até C: $V = w(L/2 - x)$; $M = w[(L - 2a)x^2 - (x - a)^2]/2$.
C até D: $V = -w(L - 2a)/2$; $M = w(L - 2a)(L - x)/2$.

5.7 (a) 68,0 kN. (b) 60,0 kN·m.
5.8 (a) 7,00 lb. (b) 57,0 lb·in.
5.9 (a) 72,0 kN. (b) 96,0 kN·m.
5.11 (a) 10,00 kN. (b) 2,40 kN·m.
5.12 (a) 690 lb. (b) 9000 lb·in.
5.13 (a) 18,00 kN. (b) 12,15 kN·m.
5.15 10,89 MPa.
5.16 950 psi.
5.18 139,2 MPa.
5.20 10,49 ksi.
5.21 14,17 ksi.
5.23 $|V|_{máx} = 342$ N; $|M|_{máx} = 51,6$ N·m; $\sigma = 17,19$ MPa.
5.25 10,34 ksi.
5.26 $|V|_{máx} = 6,00$ kN; $|M|_{máx} = 4,00$ kN·m; $\sigma_{máx} = 14,29$ MPa.
5.27 (a) 10,67 kN. (b) 9,52 MPa.
5.29 (a) 866 mm. (b) 99,2 MPa.
5.30 (a) 819 mm. (b) 89,5 MPa.
5.31 (a) 3,09 pés (b) 12,95 ksi.
5.32 1,021 in.
5.33 (a) 33,3 mm. (b) 6,66 mm.
5.34 Ver 5.1.
5.35 Ver 5.2.
5.36 Ver 5.3.
5.37 Ver 5.4.
5.38 Ver 5.5.
5.39 Ver 5.6.
5.40 Ver 5.7.
5.41 Ver 5.8.
5.42 Ver 5.9.
5.43 (a) 30,0 kips. (b) 90,0 kip·pés.
5.46 Ver 5.15.
5.47 Ver 5.16.
5.48 Ver 5.18.
5.49 Ver 5.20.
5.52 (a) $V = (w_0L/\pi) \cos(\pi x/L)$; $M = (w_0L^2/\pi^2) \operatorname{sen}(\pi x/L)$.
(b) w_0L^2/π^2.
5.53 (a) $V = -w_0x + w_0x^2/2L + w_0L/3$;
$M = -w_0x^2/2 + w_0x^3/6L + w_0Lx/3$.
(b) $0,0642w_0L^2$.
5.54 $|V|_{máx} = 15,75$ kips; $|M|_{máx} = 27,8$ kip·pés; $\sigma = 13,58$ ksi.
5.55 $|V|_{máx} = 128,0$ kN; $|M|_{máx} = 89,6$ kN·m; $\sigma = 156,1$ MPa.
5.56 $|V|_{máx} = 20,7$ kN; $|M|_{máx} = 9,75$ kN·m; $\sigma = 60,2$ MPa.
5.59 $|V|_{máx} = 76,0$ kN; $|M|_{máx} = 67,3$ kN·m; $\sigma = 68,5$ MPa.
5.60 $|V|_{máx} = 48,0$ kN; $|M|_{máx} = 12,2$ kN·m; $\sigma = 62,2$ MPa.
5.61 $|V|_{máx} = 30,0$ lb; $|M|_{máx} = 24,0$ lb·pés; $\sigma = 6,95$ ksi.

5.63 (a) $|V|_{máx} = 24,5$ kips; $|M|_{máx} = 36,3$ kip pés; (b) 15,82 ksi.
5.64 $|V|_{máx} = 1150$ N; $|M|_{máx} = 221$ N·m; $P = 500$ N; $Q = 250$ N.
5.65 $h > 173,2$ mm.
5.68 $b > 6,20$ in.
5.69 $h > 203$ mm.
5.70 $b > 48,0$ mm.
5.71 W21 × 62.
5.72 W18 × 50.
5.73 W410 × 60.
5.74 W250 × 28,4.
5.76 S15 × 42,9.
5.77 S510 × 98,2.
5.79 9 mm.
5.80 C180 × 14,6.
5.81 C9 × 15.
5.82 3/8 in.
5.83 W610 × 101.
5.84 W24 × 68.
5.85 7,48 kN.
5.86 7,32 kN.
5.89 (a) 1,485 kN/m. (b) 1,935 m.
5.91 (a) S15 × 42,9. (b) W27 × 84.
5.92 (a) 6,49 pés (b) W16 × 31.
5.94 383 mm.
5.95 336 mm.
5.96 W27 × 84.
5.97 +23,2%.
5.98 (a) $V = -w_0x + w_0\langle x - a\rangle^1$; $M = w_0x^2/2 + (w_0/2)\langle x - a\rangle^2$.
(b) $-3w_0a^2/2$.
5.100 (a) $V = -w_0x + w_0x^2/2a - (w_0/2a)\langle x - a\rangle^2$;
$M = -w_0x^2/2 + w_0x^3/6a - (w_0/6a)\langle x - a\rangle^3$.
(b) $-5w_0a^2/6$.
5.102 (a) $V = -w_0\langle x - a\rangle^1 - 3w_0a/4 + (15w_0a/4)\langle x - 2a\rangle^0$;
$M = -(w_0/2)\langle x - a\rangle^2 - 3w_0ax/4 + (15w_0a/4)\langle x - 2a\rangle^1$.
(b) $-w_0a^2/2$.
5.103 (a) $V = 2P/3 - P\langle x - a\rangle^0$; $M = 2Px/3 - P\langle x - a\rangle^1$.
(b) $Pa/3$.
5.104 (a) $V = -P/2 - P\langle x - a\rangle^0$; $M = Px/2 - P\langle x - a\rangle^1 + Pa + Pa\langle x - a\rangle^0$.
(b) $3Pa/2$.
5.105 (a) $V = -P\langle x - a\rangle^0$; $M = -P\langle x - a\rangle^1 - Pa\langle x - a\rangle^0$. (b) $-Pa$.
5.106 (a) $V = 40 - 48\langle x - 1,5\rangle^0 - 60\langle x - 3,0\rangle^0 + 60\langle x - 3,6\rangle^0$ kN;
$M = 40x - 48\langle x - 1,5\rangle^1 - 60\langle x - 3,0\rangle^1 + 60\langle x - 3,6\rangle^1$ kN·m.
(b) 60,0 kN·m.
5.107 (a) $V = 40 - 20\langle x - 2\rangle^0 - 20\langle x - 4\rangle^0 - 20\langle x - 6\rangle^0$ kips;
$M = 40x - 20\langle x - 2\rangle^1 - 20\langle x - 4\rangle^1 - 20\langle x - 6\rangle^1$ kip·pés
(b) 120,0 kip·pés
5.108 (a) $V = 62,5 - 25\langle x - 0,6\rangle^1 + 25\langle x - 2,4\rangle^1 - 40\langle x - 0,6\rangle^0 - 40\langle x - 2,4\rangle^0$ kN;
$M = 62,5x - 12,5\langle x - 0,6\rangle^2 + 12,5\langle x - 2,4\rangle^2 - 40\langle x - 0,6\rangle^1 - 40\langle x - 2,4\rangle^1$ kN·m.
(b) 47,6 kN·m.
5.109 (a) $V = 13 - 3x + 3\langle x - 3\rangle^1 - 8\langle x - 7\rangle^0 - 3\langle x - 11\rangle^1$ kips;
$M = 13x - 1,5x^2 + 1,5\langle x - 3\rangle^2 - 8\langle x - 7\rangle^1 - 1,5\langle x - 11\rangle^2$ kip·pés
(b) 41,5 kip·pés

5.110 (a) $V = 30 - 24\langle x - 0{,}75\rangle^0 - 24\langle x - 1{,}5\rangle^0 - 24\langle x - 2{,}25\rangle^0 + 66\langle x - 3\rangle^0$ kN;
$M = 30x - 24\langle x - 0{,}75\rangle^1 - 24\langle x - 1{,}5\rangle^1 - 24\langle x - 2{,}25\rangle^1 + 66\langle x - 3\rangle^1$ kN·m.
(b) 87,7 MPa.

5.114 (a) 122,7 kip·pés até $x = 6{,}50$ pés (b) W16 × 40.
5.115 (a) 63,0 kip·pés até o ponto E.
(b) W16 × 26 ou W14 × 26 ou W12 × 26.
5.117 (a) 0,776 kN·m até $x = 1{,}766$ m. (b) $h = 120$ mm.
5.118 $|V|_{máx} = 35{,}6$ kN; $|M|_{máx} = 25{,}0$ kN·m.
5.119 $|V|_{máx} = 89{,}0$ kN; $|M|_{máx} = 178{,}0$ kN·m.
5.120 $|V|_{máx} = 15{,}30$ kips; $|M|_{máx} = 38{,}0$ kip·pés.
5.122 (a) $|V|_{máx} = 13{,}80$ kN; $|M|_{máx} = 16{,}16$ kN·m. (b) 83,8 MPa.
5.123 (a) $|V|_{máx} = 40{,}0$ kN; $|M|_{máx} = 30{,}0$ kN·m. (b) 40,0 MPa.
5.124 (a) $|V|_{máx} = 3{,}84$ kips; $|M|_{máx} = 3{,}80$ kip·pés. (b) 0,951 ksi.
5.126 (a) $h = h_0 [(x/L)(1 - x/L)]^{1/2}$. (b) 4,44 kip·in.
5.127 (a) $h = h_0 (x/L)^{1/2}$. (b) 20,0 kips.
5.128 (a) $h = h_0 (x/L)^{3/2}$. (b) 167,7 mm.
5.130 (a) $h = h_0[(3L^2x - 4x^3)/L^3]^{1/2}$. (b) 225 kN/m.
5.132 $l_2 = 6{,}00$ pés; $l_2 = 4{,}00$ pés
5.134 1,800 m.
5.135 1,900 m.
5.136 $d = d_0 (2x/L)^{1/3}$ for $0 \leq x \leq L/2$;
$d = d_0 [2(L - x)/L]^{1/3}$ for $L/2 \leq x \leq L$.
5.139 (a) $b = b_0 (1 - x/L)^2$. (b) 160,0 lb/in.
5.140 (a) 155,2 MPa. (b) 143,3 MPa.
5.141 (a) 25,0 ksi. (b) 18,03 ksi.
5.143 193,8 kN.
5.144 (a) 152,6 MPa. (b) 133,6 MPa.
5.145 (a) 4,49 m. (b) 211. mm.
5.147 (a) 11,16 pés (b) 14,31 in.
5.149 (a) 0,400 m. (b) 134,4 kN.
5.150 (a) 15,00 in. (b) 320 lb/in.
5.151 (a) 30,0 in. (b) 12,80 kips.
5.152 (a) 85,0 N. (b) 21,3 N·m.
5.154 (a) 1,260 pés (b) 7,24 ksi.
5.156 $|V|_{máx} = 16{,}80$ kN; $|M|_{máx} = 8{,}82$ kN·m; $\sigma = 73{,}5$ MPa.
5.158 $a > 6{,}67$ in.
5.159 W27 × 84.
5.161 (a) 225,6 kN·m em $x = 3{,}63$ m. (b) 60,6 MPa.
5.163 (a) $b_0 (1 - x/L)$. (b) 20,8 mm.
5.C4 *For $x = 13{,}5$ pés: $M_1 = 131{,}25$ kip·pés;*
$M_2 = 156{,}25$ kip·pés; $M_C = 150{,}0$ kip·pés
5.C6 *Prob. 5.112: $V_A = 29{,}5$ kN, $M_{máx} = 28{,}3$ kN·m, até 1,938 m from A.*

CAPÍTULO 6

6.1 (a) 31,5 lb. (b) 43,2 psi.
6.3 81,5 mm.
6.4 738 N.
6.5 180,3 kN.
6.6 208 kN.
6.7 9,95 ksi.
6.9 (a) 8,97 MPa. (b) 8,15 MPa.
6.11 (a) 7,40 ksi. (b) 6,70 ksi.
6.12 (a) 3,17 ksi. (b) 2,40 ksi.
6.13 211 kN.
6.15 1733 lb.
6.17 300 kips.
6.18 87,3 mm.
6.19 (b) $h = 320$ mm; $b = 97{,}7$ mm.
6.21 (a) 1,745 ksi. (b) 2,82 ksi.
6.22 (a) 12,55 MPa. (b) 18,82 MPa.
6.23 3,21 ksi.
6.24 19,61 MPa.
6.26 (a) Linha à meia altura. (b) 2,00.
6.28 (a) Linha à meia altura. (b) 1,500.
6.29 1,672 in.
6.30 (a) 239 kPa. (b) 359 kPa.
6.31 1835 lb.
6.32 (a) 379 kPa. (b) 0.
6.35 (a) 95,2 MPa. (b) 112,8 MPa.
6.36 (a) 101,6 MPa. (b) 79,9 MPa.
6.37 $\tau_a = 33{,}7$ MPa; $\tau_b = 75{,}0$ MPa; $\tau_c = 43{,}5$ MPa.
6.38 (a) 40,5 psi. (b) 55,2 psi.
6.40 $\tau_a = 0$; $\tau_b = 1{,}262$ ksi; $\tau_c = 3{,}30$ ksi;
$\tau_d = 6{,}84$ ksi; $\tau_e = 7{,}86$ ksi.
6.42 (a) 18,23 MPa. (b) 14,59 MPa. (c) 46,2 MPa.
6.43 20,1 ksi.
6.44 9,05 mm.
6.45 0,371 in.
6.46 255 kN.
6.48 $\tau_a = 10{,}76$ MPa; $\tau_b = 0$; $\tau_c = 11{,}21$ MPa;
$\tau_d = 22{,}0$ MPa; $\tau_e = 9{,}35$ MPa.
6.49 (a) 50,9 MPa. (b) 62,4 MPa.
6.51 1,4222 in.
6.52 10,53 ksi.
6.56 (a) 2,59 ksi. (b) 967 psi.
6.57 (a) 23,3 MPa. (b) 109,7 kPa.
6.58 (a) 1,323 ksi. (b) 1,329 ksi.
6.59 (a) 21,8 MPa. (b) 24,2 MPa.
6.61 $0{,}345a$.
6.62 $0{,}714a$.
6.63 $1{,}250a$.
6.64 $3(b^2 - a^2)/[6(a + b) + h]$.
6.65 (a) 48,7 mm. (b) 0 até A; 15,95 e 26,6 MPa até B; 73,1 e 43,9 MPa até D; 60,5 MPa no ponto médio de DE.
6.66 (a) 41,8 mm. (b) 0 até A; 13,31 e 7,99 MPa até B; 46,8 e 78,0 MPa até D; 91,9 MPa no ponto médio de DE.
6.69 0,727 in.
6.70 20,2 mm.
6.71 1,265 in.
6.72 9,64 mm.
6.75 2,37 in.
6.76 21,7 mm.
6.77 75,0 mm.
6.78 3,00 in.
6.81 (máximo) P/at.
6.82 (máximo) $1{,}333P/at$.
6.83 (a) 144,6 N·m. (b) 65,9 MPa.
6.84 (a) 144,6 N·m. (b) 106,6 MPa.
6.87 (máximo) 0,428 ksi até B'.
6.88 (máximo) 1,287 ksi até C'.
6.89 60,0 mm.
6.91 143,3 kips.
6.93 189,6 lb.
6.94 (a) 41,4 MPa. (b) 41,4 MPa.

6.96	83,3 MPa.
6.97	(*a*) 0,232 in. (*b*) 209 psi.
6.99	40,0 mm.
6.100	0,433 in.
6.C1	(*a*) $h = 173{,}2$ mm. (*b*) $h = 379$ mm.
6.C2	(*a*) $L = 37{,}5$ in.; $b = 1{,}250$ in.
	(*b*) $L = 70{,}3$ in.; $b = 1{,}172$ in.
	(*c*) $L = 59{,}8$ in.; $b = 1{,}396$ in.
6.C4	(*a*) $\tau_{máx} = 2{,}03$ ksi; $\tau_B = 1{,}800$ ksi. (*b*) 194 psi.
6.C5	*Prob. 6.66*: (*a*) 2,67 in. (*b*) $\tau_B = 0{,}917$ ksi; $\tau_D = 3{,}36$ ksi; $\tau_{máx} = 4{,}28$ ksi.

CAPÍTULO 7

7.1	$\sigma = -0{,}0782$ ksi; $\tau = 8{,}46$ ksi.
7.2	$\sigma = 14{,}19$ MPa; $\tau = 15{,}19$ MPa.
7.3	$\sigma = 10{,}93$ ksi; $\tau = 0{,}536$ ksi.
7.4	$\sigma = -6{,}07$ MPa; $\tau = 24{,}9$ MPa.
7.5	(*a*) $-31{,}0°$; $59{,}0°$. (*b*) 52,0 MPa; $-84{,}0$ MPa.
7.7	(*a*) $-13{,}28°$; $76{,}7°$. (*b*) 65,9 MPa; $-45{,}9$ MPa.
7.9	(*a*) $14{,}04°$; $104{,}04°$. (*b*) 68,0 MPa. (*c*) $-16{,}00$ MPa.
7.10	(*a*) $-26{,}6°$; $63{,}4°$. (*b*) 10,00 ksi. (*c*) 12,00 ksi.
7.11	(*a*) $31{,}7°$; $121{,}7°$. (*b*) 55,9 MPa. (*c*) 10,00 MPa.
7.12	(*a*) $-31{,}0°$; $59{,}0°$. (*b*) 8,50 ksi. (*c*) 1,500 ksi.
7.13	(*a*) $\sigma_{x'} = -4{,}80$ ksi; $\tau_{x'y'} = 0{,}300$ ksi, $\sigma_{y'} = 20{,}8$ ksi.
	(*b*) $\sigma_{x'} = 3{,}90$ ksi; $\tau_{x'y'} = 12{,}13$ ksi, $\sigma_{y'} = 12{,}10$ ksi.
7.15	(*a*) $\sigma_{x'} = 9{,}02$ ksi; $\tau_{x'y'} = 3{,}80$ ksi; $\sigma_{y'} = -13{,}02$ ksi.
	(*b*) $\sigma_{x'} = 5{,}34$ ksi; $\tau_{x'y'} = -9{,}06$ ksi; $\sigma_{y'} = -9{,}34$ ksi.
7.17	(*a*) 217 psi. (*b*) $-125{,}0$ psi.
7.18	(*a*) $-0{,}300$ MPa. (*b*) $-2{,}92$ MPa.
7.19	16,58 kN.
7.21	(*a*) $18{,}4°$. (*b*) 16,67 ksi.
7.23	(*a*) $18{,}9°$, $108{,}9°$, 18,67 MPa, $-158{,}5$ MPa. (*b*) 88,6 MPa.
7.24	25,1 ksi, $-0{,}661$ ksi, 12,88 ksi.
7.25	5,12 ksi, $-1{,}640$ ksi, 3,38 ksi.
7.26	12,18 MPa, $-48{,}7$ MPa; 30,5 MPa.
7.27	205 MPa.
7.29	(*a*) $-2{,}89$ MPa. (*b*) 12,77 MPa, 1,226 MPa.
7.53	(*a*) $-8{,}66$ MPa. (*b*) 17,00 MPa, $-3{,}00$ MPa.
7.55	$24{,}6°$, $114{,}6°$; 145,8 MPa, 54,2 MPa.
7.56	$0°$, $90°$; σ_0, $-\sigma_0$.
7.57	0, $90{,}0°$; $1{,}732\sigma_0$, $-1{,}732\sigma_0$.
7.58	$-120{,}0$ MPa $\leq \tau_{xy} \leq 120{,}0$ MPa.
7.59	$-141{,}4$ MPa $\leq \tau_{xy} \leq 141{,}1$ MPa.
7.60	$-45{,}0° \leq \theta \leq 8{,}13°$; $45{,}0° \leq \theta \leq 98{,}1°$; $135{,}0° \leq \theta \leq 188{,}1°$; $225{,}0° \leq \theta \leq 278{,}1°$.
7.62	$16{,}52° \leq \theta \leq 110{,}1°$.
7.63	(*a*) $33{,}7°$, $123{,}7°$. (*b*) 18,00 ksi. (*c*) 6,50 ksi.
7.65	(*b*) $|\tau_{xy}| = \sqrt{\sigma_x \sigma_y - \sigma_{máx} \sigma_{mín}}$.
7.66	(*a*) 8,60 ksi. (*b*) 10,80 ksi.
7.68	(*a*) 94,3 MPa. (*b*) 105,3 MPa.
7.69	(*a*) 100,0 MPa. (*b*) 110,0 MPa.
7.70	(*a*) 39,0 MPa. (*b*) 54,0 MPa. (*c*) 42,0 MPa.
7.71	(*a*) 39,0 MPa. (*b*) 45,0 MPa. (*c*) 39,0 MPa.
7.73	(*a*) 19,50 ksi. (*b*) 17,00 ksi. (*c*) 24,0 ksi.
7.74	(*a*) $\pm 6{,}00$ ksi. (*b*) $\pm 11{,}24$ ksi.
7.75	$\pm 60{,}0$ MPa.
7.77	1,000 ksi; 7,80 ksi.
7.79	$-60{,}0$ MPa $\leq \tau_{xy} \leq 60{,}0$ MPa.
7.80	(*a*) 45,7 MPa. (*b*) 92,9 MPa.
7.81	(*a*) 1,228. (*b*) 1,098. (*c*) Escoamento.
7.82	(*a*) 1,083. (*b*) Escoamento. (*c*) Escoamento.
7.83	(*a*) 1,279. (*b*) 1,091. (*c*) Escoamento.
7.84	(*a*) 1,149. (*b*) Escoamento. (*c*) Escoamento.
7.87	8,19 kip·in.
7.88	9,46 kip·in.
7.89	Ruptura.
7.90	Ruptura.
7.91	Não ruptura.
7.92	Ruptura.
7.94	$\pm 8{,}49$ MPa.
7.95	50,0 MPa.
7.96	196,9 N·m.
7.98	(*a*) 1,290 MPa. (*b*) 0,852 mm.
7.99	(*a*) 12,38 ksi. (*b*) 0,0545 in.
7.102	$\sigma_{máx} = 8{,}61$ ksi; $\tau_{máx} = 4{,}31$ ksi (fora do plano).
7.103	2,94 MPa.
7.104	12,76 m.
7.105	$\sigma_{máx} = 113{,}7$ MPa; $\tau_{máx} = 56{,}8$ MPa.
7.106	$\sigma_{máx} = 103{,}5$ MPa; $\tau_{máx} = 51{,}8$ MPa.
7.108	$\sigma_{máx} = 11{,}82$ ksi; $\tau_{máx} = 5{,}91$ ksi.
7.109	1,676 MPa.
7.111	0,307 in.
7.112	3,29 MPa.
7.113	3,80 MPa.
7.115	$56{,}8°$.
7.116	(*a*) 419 kPa. (*b*) 558 kPa.
7.117	(*a*) 3750 psi. (*b*) 1079 psi.
7.118	387 psi.
7.120	(*a*) 21,4 MPa. (*b*) 14,17 MPa.
7.122	$\sigma_{máx} = 68{,}6$ MPa; $\tau_{máx} = 34{,}3$ MPa.
7.124	$\sigma_{máx} = 8{,}48$ ksi; $\tau_{máx} = 4{,}24$ ksi.
7.125	$\sigma_{máx} = 13{,}09$ ksi; $\tau_{máx} = 6{,}54$ ksi.
7.126	(*a*) 5,64 ksi. (*b*) 282 psi.
7.127	(*a*) 2,28 ksi. (*b*) 228 psi.
7.128	$\varepsilon_{x'} = -653\,\mu$; $\varepsilon_{y'} = 303\,\mu$; $\gamma_{x'y'} = -829\,\mu$.
7.129	$\varepsilon_{x'} = 115{,}0\,\mu$; $\varepsilon_{y'} = 285\,\mu$; $\gamma_{x'y'} = -5{,}72\,\mu$.
7.131	$\varepsilon_{x'} = 36{,}7\,\mu$; $\varepsilon_{y'} = 283\,\mu$; $\gamma_{x'y'} = 227\,\mu$.
7.132	$\varepsilon_{x'} = -653\,\mu$; $\varepsilon_{y'} = 303\,\mu$; $\gamma_{x'y'} = -829\,\mu$.
7.133	$\varepsilon_{x'} = 115{,}0\,\mu$; $\varepsilon_{y'} = 285\,\mu$; $\gamma_{x'y'} = -5{,}72\,\mu$.
7.135	$\varepsilon_{x'} = 36{,}7\,\mu$; $\varepsilon_{y'} = 283\,\mu$; $\gamma_{x'y'} = 227\,\mu$.
7.136	(*a*) $-33{,}7°$, $56{,}3°$; $-420\,\mu$, $100\,\mu$, $160\,\mu$. (*b*) $520\,\mu$. (*c*) $580\,\mu$.
7.137	(*a*) $-30{,}1°$, $59{,}9°$; $-702\,\mu$, $-298\,\mu$, $500\,\mu$. (*b*) $403\,\mu$. (*c*) $1202\,\mu$.
7.139	(*a*) $-26{,}6°$, $64{,}4°$; $-150{,}0\,\mu$, $750\,\mu$, $-300\,\mu$. (*b*) $900\,\mu$. (*c*) $1050\,\mu$.
7.140	(*a*) $7{,}8°$, $97{,}8°$; $56{,}6\,\mu$, $243\,\mu$, 0. (*b*) $186{,}8\,\mu$. (*c*) $243\,\mu$.
7.141	(*a*) $121{,}0°$, $31{,}0°$; $513\,\mu$, $87{,}5\,\mu$, 0. (*b*) $425\,\mu$. (*c*) $513\,\mu$.
7.143	(*a*) $127{,}9°$, $37{,}9°$; $-383\,\mu$, $-57{,}5\,\mu$, 0. (*b*) $325\,\mu$. (*c*) $383\,\mu$.
7.146	(*a*) -300×10^{-6} in./in. (*b*) 435×10^{-6} in./in., -315×10^{-6} in./in.; 750×10^{-6} in./in.
7.149	(*a*) $30{,}0°$, $120{,}0°$; 560×10^{-6} in./in., $-140{,}0 \times 10^{-6}$ in./in. (*b*) 700×10^{-6} in./in.
7.150	$P = 69{,}6$ kips; $Q = 30{,}3$ kips.
7.151	$P = 34{,}8$ kips; $Q = 38{,}4$ kips.
7.154	1,421 MPa.
7.155	1,761 MPa.

Respostas **841**

7.156 −22,5°, 67,5°; 426 μ, −952 μ, −224 μ.
7.157 −32,1°, 57,9°; −70,9 MPa, −29,8 MPa.
7.158 3,70 kN.
7.159 (a) 47,9 MPa. (b) 102,7 MPa.
7.161 −30°, 60°; −$\sqrt{3}\tau_0$, $\sqrt{3}\tau_0$.
7.163 −122,0 MPa; 60,0 MPa.
7.164 (a) 1,287. (b) 1,018. (c) Escoamento.
7.165 $\sigma_{máx}$ = 77,4 MPa; $\tau_{máx}$ = 38,7 MPa.
7.167 3,43 ksi (compressão).
7.169 415 × 10⁻⁶ in./in.
7.C1 Prob. 7.14: (a) −37,5 MPa, 57,5 MPa, −25,4 MPa.
(b) −30,1 MPa, 50,1 MPa, 35,9 MPa.
Prob. 7.16: (a) 24,0 MPa, −104,0 MPa, −1,50 MPa.
(b) −19,51 MPa, −60,5 MPa, −60,7 MPa.
7.C4 Prob. 7.93: ocorre ruptura em τ_0 = 3,67 ksi.
7.C6 Prob. 7.138: (a) −21,6°, 68,4°; 279 μ, −599 μ, 160,0 μ.
(b) 877 μ. (c) 877 μ.
7.C7 Prob. 7.142: (a) 11,3°, 101,3°; 310 μ, 50,0 μ, 0.
(b) 260 μ. (b) 310 μ.
7.C8 Prob. 7.144: ε_x = 253 μ; ε_y = 307 μ; γ_{xy} = −893 μ.
ε_a = 727 μ; ε_b = −167,2 μ; $\gamma_{máx}$ = −894 μ.
Prob. 7.145: ε_x = 725 μ; ε_y = −75,0 μ; γ_{xy} = 173,2 μ.
ε_a = 734 μ; ε_b = −84,3 μ; $\gamma_{máx}$ = 819 μ.

CAPÍTULO 8

8.1 (a) 10,69 ksi. (b) 19,18 ksi. (c) Não admissível.
8.2 (a) 10,69 ksi. (b) 13,08 ksi. (c) Admissível.
8.3 (a) 94,6 MPa. (b) 93,9 MPa. (c) Admissível.
8.4 (a) 91,9 MPa. (b) 95,1 MPa. (c) Admissível.
8.5 (a) W690 × 125. (b) 128,2 MPa; 47,3 MPa; 124,0 MPa.
8.6 (a) W 690 × 125. (b) 118,2 MPa; 34,7 MPa; 122,3 MPa.
8.9 (a) 152,8 MPa. (b) 147,2 MPa.
8.11 (a) 17,90 ksi. (b) 17,08 ksi.
8.12 (a) 19,39 ksi. (b) 20,7 ksi.
8.13 (a) 131,3 MPa. (b) 135,5 MPa.
8.15 41,2 mm.
8.19 0,993 in.; 1,500 in.
8.20 4010 psi; 5030 psi.
8.22 (a) H: 6880 psi; K: 6760 psi. (b) H: 7420 psi; K: 7010 psi.
8.23 42,6 mm.
8.24 43,1 mm.
8.27 37,0 mm.
8.28 43,9 mm.
8.29 1,822 in.
8.30 1,792 in.
8.31 (a) −11,07 ksi; 0. (b) 2,05 ksi; 2,15 ksi. (c) 15,17 ksi; 0.
8.32 (a) 11,87 ksi; 0. (b) 2,05 ksi; 2,15 ksi. (c) −7,78 ksi; 0.
8.35 (a) −37,9 MPa; 14,06 MPa. (b) −131,6 MPa; 0.
8.36 (a) −32,5 MPa; 14,06 MPa. (b) −126,2 MPa; 0.
8.37 −21,3 ksi; 6,23 ksi.
8.38 −20,2 MPa; 2,82 MPa.
8.39 (a) 4,79 ksi; 3,07 ksi. (b) −2,57 ksi; 3,07 ksi.
8.40 −14,98 MPa; 17,29 MPa.
8.42 55,0 MPa, −55,0 MPa; −45,0°, 45,0°; 55,0 MPa.
8.43 24,1 MPa, −78,7 MPa; 51,4 MPa.
8.46 (a) 3,47 ksi; 1,042 ksi. (b) 7,81 ksi; 0,781 ksi. (c) 12,15 ksi; 0.
8.47 (a) 18,39 MPa; 0,391 MPa. (b) 21,3 MPa; 0,293 MPa.
(c) 24,1 MPa; 0.
8.48 (a) −7,98 MPa; 0,391 MPa. (b) −5,11 MPa; 0,293 MPa.
(c) −2,25 MPa; 0.
8.49 0,413 ksi, −0,0378 ksi; 0,225 ksi.
8.51 25,2 MPa, −0,870 MPa; 13,06 MPa.
8.52 34,6 MPa, −10,18 MPa; 22,4 MPa.
8.53 (a) 86,5 MPa; 0. (b) 57,0 MPa; 9,47 MPa.
8.55 12,94 MPa, −1,328 MPa; 7,13 MPa.
8.57 5,59 ksi, −12,24 ksi; 8,91 ksi.
8.58 5,55 ksi, −16,48 ksi; 11,02 ksi.
8.60 (a) 51,0 kN. (b) 39,4 kN.
8.61 12,2 MPa, −12,2 MPa; 12,2 MPa.
8.62 (a) 12,90 ksi, −0,32 ksi; −8,9°, 81,1°.; 6,61 ksi.
(b) 6,43 ksi, −6,43 ksi; ± 45,0°; 6,43 ksi.
8.64 0,48 ksi, −44,7 ksi; 22,6 ksi.
8.65 (a) W10 × 15. (b) 23,5 ksi; 4,89 ksi; 23,2 ksi.
8.66 BC: 21,7 mm; CD: 33,4 mm.
8.68 46,5 mm.
8.69 −3,96 ksi; 0,938 ksi.
8.71 $P(2R + 4r/3)/\pi r^3$.
8.74 30,1 MPa, −0,62 MPa; −8,2°, 81,8°; 15,37 MPa.
8.75 (a) −16,41 ksi; 0. (b) −15,63 ksi; 0,0469 ksi.
(c) −7,10 ksi; 1,256 ksi.
8.76 (a) 7,50 MPa. (b) 11,25 MPa. (c) 56,3°; 13,52 MPa.
8.C3 Prob. 8.18: 37,3 mm.
8.C5 Prob. 8.45: σ = 6,00 ksi; τ = 0,781 ksi.

CAPÍTULO 9

9.1 (a) $y = -(Px^2/6EI)(3L - x)$. (b) $PL^3/3EI \downarrow$.
(c) $PL^2/2EI$ ⦨.
9.2 (a) $y = M_0 x^2/2EI$. (b) $M_0 L^2/2EI \uparrow$. (c) $M_0 L/EI$ ⦨.
9.3 (a) $y = -(w/24EI)(x^4 - 4L^3 x + 3L^4)$. (b) $wL^4/8EI \downarrow$.
(c) $wL^3/6EI$ ⦨.
9.4 (a) $y = -w_0(2x^5 - 5Lx^4 + 10L^4 x - 7L^5)/120EIL$.
(b) $7w_0 L^4/120EI \uparrow$. (c) $w_0 L^3/12EI$ ⦨.
9.5 (a) $y = w(-4x^4 + 12ax^3 - 9a^2 x^2)/96EI$.
(b) $wa^4/96EI \downarrow$. (c) $wa^3/48EI$ ⦨.
9.7 (a) $y = w(12Lx^3 - 5x^4 - 6L^2 x^2 - L^3 x)/120EI$.
(b) $13wL^4/1920EI \downarrow$. (c) $wL^3/120EI$ ⦨.
9.9 (a) 6,56 × 10⁻³ rad ⦨. (b) 0,227 in. ↓.
9.10 (a) 2,74 × 10⁻³ rad ⦨. (b) 1,142 mm ↓.
9.11 (a) $0,00652 w_0 L^4/EI \downarrow$; 0,481L. (b) 0,229 in. ↓.
9.12 (a) 0,472L; $0,0940 M_0 L^2/EI$. (b) 4,07 m.
9.13 0,412 in. ↑.
9.16 4,83 mm ↓.
9.17 (a) $y = 2w_0 L^4\{-8\cos(\pi x/2L) - \pi^2 x^2/L^2 + 2\pi(\pi - 2)x/L + \pi(4 - \pi)\}/\pi^4 EI$.
(b) $0,1473 w_0 L^3/EI$ ⦨. (c) $0,1089 w_0 L^4/EI \downarrow$.
9.18 (a) $y = w_0(x^6/90 - Lx^5/30 + L^3 x^3/18 - L^5 x/30)/EIL^2$.
(b) $w_0 L^3/30EI$ ⦨. (c) $61 w_0 L^4/5760EI \downarrow$.
9.19 $3M_0/2L \uparrow$.
9.20 $3wL/8 \uparrow$.
9.23 4,00 kips ↑.
9.24 9,75 kN ↑.
9.25 $R_B = 5P/16 \uparrow$; $M_A = -3PL/16$, $M_C = 5PL/32$, $M_B = 0$.
9.26 $R_B = 9M_0/8L \uparrow$; $M_A = M_0/8$, $M_{C-} = -7M_0/16$,
$M_{C+} = 9M_0/16$.
9.27 $R_A = 9w_0 L/640 \uparrow$; $M_{m+} = 0,00814 w_0 L^2$, $M_B = -0,0276 w_0 L^2$.
9.28 $R_A = 7wL/128 \uparrow$; $M_C = 0,0273 wL^2$, $M_B = -0,0703 wL^2$,
$M = 0,0288 wL^2$ até $x = 0,555L$.

9.30 $R_B = 17wL/64 \uparrow$; $y_C = wL^4/1024EI \downarrow$.
9.32 $R_B = 4P/27 \uparrow$; $y_D = 11PL^3/2187EI \downarrow$.
9.33 $wL/2\uparrow$, $wL^2/12 \curvearrowright$; $M = w[6x(L-x) - L^2]/12$.
9.34 $R_A = 3M_0/2L \uparrow$, $M_A = M_0/4 \curvearrowright$; $M = M_0/2$ just to the left of C.
9.35 (a) $y = (P/6EIL)\{bx^3 - L\langle x - a\rangle^3 - b(L^2 - b^2)x\}$.
  (b) $Pb(L^2 - b^2)/6EIL \searrow$. (c) $Pa^2b^2/3EIL \downarrow$.
9.36 (a) $y = (M_0/6EIL)\{x^3 - 3L\langle x - a\rangle^2 + (3b^2 - L^2)x\}$
  (b) $M_0(3b^2 - L^2)/6EIL \searrow$. (c) $M_0ab(b - a)/3EIL \uparrow$.
9.37 (a) $9Pa^2/4EI \downarrow$. (b) $5Pa^3/3EI \downarrow$.
9.38 (a) $22Pa^3/3EI \downarrow$. (b) $41Pa^3/3EI \downarrow$.
9.41 (a) $y = w\{-16x^4 + 16\langle x - L/2\rangle^4 + 56L^3x - 41L^4\}/384EI$.
  (b) $41wL^4/384EI \downarrow$.
9.43 (a) $y = w_0\{-5L^3x^2/48 + L^2 x^3/24 - \langle x - L/2\rangle^5/60\}/EIL$.
  (b) $w_0L^4/48EI \downarrow$. (c) $121w_0L^4/1920EI \downarrow$.
9.44 (a) $y = (w/24EI)\{-x^4 + \langle x - L/2\rangle^4 - \langle x - L\rangle^4 + Lx^3 + 3L\langle x - L\rangle^3 - L^3x/16\}$.
  (b) $wL^4/768EI \uparrow$. (c) $5wL^4/256EI$.
9.45 (a) $0{,}880 \times 10^{-3}$ rad $\searrow$. (b) $1{,}654$ mm $\downarrow$.
9.46 (a) $8{,}66 \times 10^{-3}$ rad $\searrow$. (b) $0{,}1503$ in. $\downarrow$.
9.48 (a) $5{,}40 \times 10^{-3}$ rad $\searrow$. (b) $3{,}06$ mm $\downarrow$.
9.49 (a) $41wL/128 \uparrow$. (b) $19wL^4/6144EI \downarrow$.
9.50 (a) $9M_0/8L \uparrow$. (b) $M_0L^2/128EI \downarrow$.
9.51 (a) $2P/3 \uparrow$. (b) $5PL^3/486EI \downarrow$.
9.53 (a) $11{,}54$ kN $\uparrow$. (b) $4{,}18$ mm $\downarrow$.
9.54 (a) $33{,}3$ kN $\uparrow$. (b) $3{,}18$ mm $\downarrow$.
9.56 (a) $7{,}38$ kips $\uparrow$. (b) $0{,}0526$ in. $\downarrow$.
9.57 (a) $1{,}280wa \uparrow$; $1{,}333wa^2 \curvearrowright$. (b) $0{,}907 wa^4/EI \downarrow$.
9.58 (a) $20P/27 \uparrow$; $4PL/27 \curvearrowright$. (b) $5PL^3/1296EI \downarrow$.
9.59 $1{,}660$ mm $\downarrow$ até $x = 2{,}86$ m.
9.60 $0{,}1520$ in. $\downarrow$ até $x = 26{,}4$ in.
9.61 $0{,}341$ in. $\downarrow$ até $x = 3{,}34$ pés.
9.62 $3{,}07$ mm $\downarrow$ até $x = 0{,}942$ m.
9.65 $10wa^3/3EI \searrow$. $29wa^4/4EI \downarrow$.
9.66 $PL^2/24EI \searrow$; $PL^3/48EI$.
9.67 $3PL^2/4EI \measuredangle$; $13PL^3/24EI \downarrow$.
9.68 $Pa(2L - a)/2EI \searrow$; $Pa(3L^2 - 3aL + a^2)/6EI \uparrow$.
9.71 (a) $wL^4/128EI$. (b) $wL^3/72EI$.
9.72 (a) $PL^3/486EI$. (b) $PL^2/81EI \searrow$.
9.73 $6{,}32 \times 10^{-3}$ rad $\searrow$; $5{,}55$ mm $\downarrow$.
9.75 $12{,}55 \times 10^{-3}$ rad $\searrow$; $0{,}364$ in. $\downarrow$.
9.76 $12{,}08 \times 10^{-3}$ rad $\searrow$; $0{,}240$ in. $\downarrow$.
9.77 (a) $0{,}601 \times 10^{-3}$ rad $\searrow$. (b) $3{,}67$ mm $\downarrow$.
9.79 (a) $4P/3 \uparrow$; $PL/3 \curvearrowright$. (b) $2P/3 \uparrow$.
9.80 (a) $7wL/128 \uparrow$. (b) $57wL/128 \uparrow$; $9wL^2/128 \downarrow$.
9.82 $R_A = 2M_0/L \uparrow$; $R_B = 3M_0/L \downarrow$; $R_C = M_0/L \uparrow$.
9.84 $wL/2 \uparrow$, $wL^2/12$.
9.85 (a) $5{,}94$ mm $\downarrow$. (b) $6{,}75$ mm $\downarrow$.
9.86 $y_B = 0{,}210$ in. $\downarrow$; $y_C = 0{,}1709$ in. $\downarrow$.
9.87 (a) $5{,}06 \times 10^{-3}$ rad $\searrow$. (b) $0{,}0477$ in. $\downarrow$.
9.88 $121{,}5$ N/m.
9.90 (a) $10{,}86$ kN $\uparrow$; $1{,}942$ kN·m $\curvearrowright$. (b) $1{,}144$ kN $\uparrow$; $0{,}286$ kN·m $\downarrow$.
9.91 (a) $0{,}00937$ mm $\downarrow$. (b) 229 N $\uparrow$.
9.93 $0{,}278$ in. $\downarrow$.
9.94 $9{,}31$ mm $\downarrow$.
9.95 (a) $M_0L/EI \searrow$. (b) $M_0L^2/2EI \uparrow$.
9.96 (a) $PL^2/2EI \measuredangle$. (b) $PL^3/3EI \downarrow$.
9.97 (a) $wL^3/6EI \measuredangle$. (b) $wL^4/8EI \downarrow$.
9.98 (a) $w_0L^3/24EI \measuredangle$. (b) $w_0L^4/30EI \downarrow$.
9.101 (a) $4{,}24 \times 10^{-3}$ rad $\searrow$. (b) $0{,}0698$ in. $\downarrow$.

9.102 (a) $5{,}20 \times 10^{-3}$ rad $\measuredangle$. (b) $10{,}85$ mm $\downarrow$.
9.103 (a) $5{,}84 \times 10^{-3}$ rad $\searrow$. (b) $0{,}300$ in. $\downarrow$.
9.104 (a) $7{,}15 \times 10^{-3}$ rad $\measuredangle$. (b) $17{,}67$ mm $\downarrow$.
9.105 (a) $5wL^3/81EI \measuredangle$. (b) $83wL^4/1944EI \downarrow$.
9.107 (a) $6{,}13 \times 10^{-3}$ rad $\measuredangle$. (b) $6{,}06$ mm $\downarrow$.
9.109 (a) $PL^2/16EI \searrow$. (b) $PL^3/48EI \downarrow$.
9.110 (a) $Pa(L - a)/2EI \searrow$. (b) $Pa(3L^2 - 4a^2)/24EI \downarrow$.
9.111 (a) $PL^2/32EI \searrow$. (b) $PL^3/128EI \downarrow$.
9.112 (a) $wa^2(3L - 2a)/12EI \searrow$. (b) $wa^2(3L^2 - 2a^2/48EI) \downarrow$.
9.113 (a) $M_0(L - 2a)/2EI \searrow$. (b) $M_0(L^2 - 4a^2)/8EI \downarrow$.
9.115 (a) $5Pa^2/8EI \searrow$. (b) $3Pa^3/4EI \downarrow$.
9.118 (a) $4{,}71 \times 10^{-3}$ rad $\searrow$. (b) $5{,}84$ mm $\downarrow$.
9.119 (a) $4{,}50 \times 10^{-3}$ rad $\searrow$. (b) $8{,}26$ mm $\downarrow$.
9.120 (a) $5{,}21 \times 10^{-3}$ rad $\searrow$. (b) $21{,}2$ mm $\downarrow$.
9.122 $3{,}84$ kN/m.
9.123 $0{,}211L$.
9.124 $0{,}223L$.
9.125 (a) $4PL^3/243EI \downarrow$. (b) $4PL^2/81EI \searrow$.
9.126 (a) $5PL^3/768EI \downarrow$. (b) $3PL^2/128EI \searrow$.
9.128 (a) $5w_0L^4/768EI \downarrow$. (b) $7w_0 L^3/360EI \searrow$.
9.129 (a) $8{,}74 \times 10^{-3}$ rad $\searrow$. (b) $15{,}10$ mm $\downarrow$.
9.130 (a) $7{,}48 \times 10^{-3}$ rad $\searrow$. (b) $5{,}35$ mm $\downarrow$.
9.132 (a) $5{,}31 \times 10^{-3}$ rad $\searrow$. (b) $0{,}204$ in. $\downarrow$.
9.133 (a) $M_0(L + 3a)/3EI \measuredangle$. (b) $M_0a(2L + 3a)/6EI \downarrow$.
9.135 (a) $5{,}33 \times 10^{-3}$ rad $\measuredangle$. (b) $0{,}01421$ in. $\downarrow$.
9.136 (a) $3{,}61 \times 10^{-3}$ rad $\searrow$. (b) $0{,}960$ mm $\uparrow$.
9.137 (a) $2{,}34 \times 10^{-3}$ rad $\searrow$. (b) $0{,}1763$ in. $\downarrow$.
9.139 (a) $9wL^3/256EI \searrow$. (b) $7wL^3/256EI \measuredangle$.
  (c) $5wL^4/512EI \downarrow$.
9.140 (a) $17PL^3/972EI \downarrow$. (b) $19PL^3/972EI \downarrow$.
9.142 $0{,}00652w_0L^4/EI$ até $x = 0{,}519L$.
9.144 $0{,}212$ in. até $x = 5{,}15$ pés
9.145 $0{,}1049$ in.
9.146 $1{,}841$ mm.
9.147 $5P/16 \uparrow$.
9.148 $9M_0/8L$.
9.150 $7wL/128 \uparrow$.
9.152 $R_A = 3P/32 \downarrow$; $R_B = 13P/32 \uparrow$; $R_C = 11P/16 \uparrow$.
9.153 (a) $6{,}87$ mm $\uparrow$. (b) $46{,}3$ kN $\uparrow$.
9.154 $10{,}18$ kips $\uparrow$; $M_A = -87{,}9$ kip·pés; $M_D = 46{,}3$ kip·pés; $M_B = 0$.
9.155 $48EI/7L^3$.
9.156 $144EI/L^3$.
9.157 (a) $y = -(w_0/120EIL)(x^5 - 5L^4x + 4L^5)$.
  (b) $w_0L^4/30EI \downarrow$. (c) $w_0L^3/24EI \measuredangle$.
9.158 (a) $0{,}211L$; $0{,}01604M_0L^2/EI$. (b) $6{,}08$ m.
9.160 $R_A = w_0L/4 \uparrow$, $M_A = 0{,}0521w_0L^2 \curvearrowright$; $M_C = 0{,}0313w_0L^2$.
9.161 (a) $9{,}51 \times 10^{-3}$ rad $\searrow$. (b) $5{,}80$ mm $\downarrow$.
9.163 $0{,}210$ in. $\downarrow$.
9.165 (a) $2{,}55 \times 10^{-3}$ rad $\searrow$. (b) $6{,}25$ mm $\downarrow$.
9.166 (a) $5{,}86 \times 10^{-3}$ rad $\measuredangle$. (b) $0{,}0690$ in. $\uparrow$.
9.168 (a) $65{,}2$ kN $\uparrow$; $M_A = 0$; $M_D = 58{,}7$ kN·m;
  $M_B = -82{,}8$ kN·m.
9.C1 Prob. 9.74: $5{,}56 \times 10^{-3}$ rad $\searrow$; $2{,}50$ mm $\downarrow$.
9.C2 $a = 6$ pés: (a) $3{,}14 \times 10^{-3}$ rad $\searrow$, $0{,}292$ in. $\downarrow$;
  (b) $0{,}397$ in. $\downarrow$ até $11{,}27$ pés para a direita de A.
9.C3 $x = 1{,}6$ m: (a) $7{,}90 \times 10^{-3}$ rad $\searrow$, $8{,}16$ mm $\downarrow$;
  (b) $6{,}05 \times 10^{-3}$ rad $\searrow$, $5{,}79$ mm $\downarrow$;
  (c) $1{,}021 \times 10^{-3}$ rad $\searrow$, $0{,}314$ mm $\downarrow$.

9.C5 (a) *a = 3 pés:* $1{,}586 \times 10^{-3}$ rad ↶; 0,1369 in. ↓;
(b) *a = 1,0 m:* $0{,}293 \times 10^{-3}$ rad ↶, 0,479 mm ↓.
9.C7 *x = 2,5 m:* 5,31 mm ↓; *x = 5,0 m:* 11,2,28 mm ↓.

CAPÍTULO 10

10.1 K/L.
10.2 k/L.
10.3 $kL/4$.
10.4 $2kL/9$.
10.6 120,0 kips.
10.7 $ka^2/2l$.
10.9 (a) 71,8 N. (b) 363 N.
10.10 8,37 lb.
10.11 0,471.
10.13 (a) 13,06 kN. (b) 22,9 mm. (c) 40,6%.
10.15 70,2 kips.
10.16 164,0 kN.
10.17 335 kips.
10.19 4,00 kN.
10.21 (a) 0,500. (b) 2,46.
10.22 (a) L_{BC} = 4,20 pés; L_{CD} = 1,050 pés (b) 4,21 kips.
10.24 657 mm.
10.25 (a) 0,500. (b) b = 14,15 mm; d = 28,3 mm.
10.27 (a) 2,55. (b) d_2 = 28,3 mm; d_3 = 14,14 mm; d_4 = 16,72 mm; d_5 = 20,0 mm.
10.28 (1) 319 kg; (2) 79,8 kg; (3) 319 kg; (4) 653 kg.
10.29 (a) 11,68 mm. (b) 80,5 MPa.
10.30 (a) 17,52 mm. (b) 100,4 MPa.
10.32 (a) 0,0399 in. (b) 19,89 ksi.
10.34 (a) 0,247 in. (b) 12,95 ksi.
10.35 (a) 13,29 kips. (b) 15,50 ksi.
10.36 (a) 235 kN. (b) 149,6 MPa.
10.37 (a) 151,6 kN. (b) 109,5 MPa.
10.39 (a) 370 kN. (b) 104,6 MPa.
10.40 (a) 224 kN. (b) 63,3 MPa.
10.41 58,9°F.
10.43 (a) 194,8 kN. (b) 0,601.
10.44 (a) 246 kN. (b) 0,440.
10.45 (a) 32,1 kips. (b) 39,4 kips.
10.47 1,302 m.
10.49 (a) 26,8 pés (b) 8,40 pés
10,50 (a) 8,31 m. (b) 2,62 m.
10.51 W200 × 26,6.
10.53 2,125 in.
10.54 2,625 in.
10.56 3,09.
10.57 (a) 220 kN. (b) 841 kN.
10.58 (a) 86,6 kips. (b) 88,1 kips.
10.59 (a) 114,7 kN. (b) 208 kN.
10.60 57,5 kN.
10.62 (a) 251 mm. (b) 363 mm. (c) 689 mm.
10.64 79,3 kips.
10.65 95,5 kips.
10.66 899 kN.
10.68 173,5 kips.
10.69 107,7 kN.
10.71 123,1 mm.
10.72 6,53 in.
10.74 1,470 in.
10.75 22,3 mm.
10.77 W250 × 67.
10.78 W12 × 72.
10.79 W10 × 54.
10.80 (a) 32,5 mm. (b) 34,9 mm.
10.83 L89 × 64 × 12,7.
10.84 56,1 kips.
10.85 56,1 kips.
10.86 (a) P_D = 433 kN; P_L = 321 kN.
(b) P_D = 896 kN; P_L = 664 kN.
10.87 W310 × 74.
10.88 5/16 in.
10.89 35,0 kN.
10.91 (a) 18,26 kips. (b) 14,20 kips.
10.92 (a) 21,1 kips. (b) 18,01 kips.
10.93 (a) 306 kN. (b) 263 kN.
10.95 (a) 0,0987 in. (b) 0,787 in.
10.97 16,44 pés
10.99 9,06 m.
10.100 7,96 m.
10.101 0,952 m.
10.102 1,053 m.
10.103 71,3 mm.
10.104 82,2 mm.
10.105 12,00 mm.
10.106 15,00 mm.
10.107 140,0 mm.
10.109 1,915 in.
10.111 1/4 in.
10.113 W14 × 145.
10.114 W14 × 68.
10.116 W250 × 58.
10.117 kL.
10.118 1,421.
10.120 (a) 47,2°. (b) 1,582 kips.
10.121 2,44.
10.123 $\Delta T = \pi^2 b^2/12L^2\alpha$.
10.125 (a) 66,3 kN. (b) 243 kN.
10.126 W200 × 46,1.
10.128 76,7 kN.
10.C1 *r = 8 mm:* 9,07 kN. *r = 16 mm:* 70,4 kN.
10.C2 *b = 1,0 in.:* 3,85 kips. *b = 1,375 in.:* 6,07 kips.
10.C3 *h = 5,0 m:* 9819 kg. *h = 7,0 m:* 13 255 kg.
10.C4 *P = 35 kips:* (a) 0,086 in.; (b) 4,69 ksi.
P = 55 kips: (a) 0,146 in.; (b) 7,65 ksi.
10.C6 *Prob. 10.113:* P_{adm} = 282,6 kips.
Prob. 10.114: P_{adm} = 139,9 kips.

CAPÍTULO 11

11.1 (a) 43,1 in·lb/in³. (b) 72,8 in·lb/in³.
(c) 172,4 in·lb/in³.
11.2 (a) 21,6 kJ/m³. (b) 336 kJ/m³, (c) 163,0 kJ/m³.
11.3 (a) 177,9 kJ/m³. (b) 712 kJ/m³. (c) 160,3 kJ/m³.
11.5 (a) 58,0 in·lb/in³. (b) 20,0 in·kip/in³.
11.6 (a) 1296 kJ/m³. (b) 90,0 MJ/m³.
11.7 (a) 1,750 MJ/m³. (b) 71,2 MJ/m³.

11.9 (a) 176,2 in·lb.
(b) $u_{AB} = 11{,}72$ in·lb/in^3; $u_{BC} = 5{,}65$ in·lb/in^3.
11.10 (a) 12,18 J. (b) $u_{AB} = 15{,}83$ kJ/m^3; $u_{BC} = 38{,}6$ kJ/m^3.
11.11 (a) 510 in·lb. (b) $u_{AB} = 3{,}00$ in·lb/in^3; $u_{BC} = 2{,}64$ in·lb/in^3.
11.12 136,6 J.
11.15 4,37.
11.17 −0,575%.
11.18 $1{,}398 P^2 l/EA$.
11.20 $2{,}37 P^2 l/EA$.
11.21 $1{,}898\ P^2 l/EA$.
11.23 6,68 kip·in.
11.24 $W^2 L^5/40EI$.
11.25 $(P^2 a^2/6EI)(a + L)$.
11.27 $w^2 L^5/240\ EI$.
11.28 89,5 in·lb.
11.30 1048 J.
11.31 670 J.
11.33 34,3 J.
11.37 (a) Não rendimento. (b) Rendimento.
11.39 (a) 2,33. (b) 2,02.
11.40 $(2M_0^2 L/Ebd^3)(1 + 3Ed^2/10GL^2)$.
11.41 $(Q^2/4\pi GL)\ln(R_2/R_1)$.
11.42 24,7 mm.
11.43 2,13 lb.
11.44 4,27 lb.
11.45 4,76 kg.
11.48 8,50 pés/s.
11.50 (a) 7,54 kN. (b) 41,3 MPa. (c) 3,18 mm.
11.51 (a) 9,60 kN. (b) 32,4 MPa. (c) 2,50 mm.
11.52 (a) 15,63 mm. (b) 83,8 N·m. (c) 208 MPa.
11.53 (a) 7,11 mm. (b) 140,1 MPa.
11.54 (a) 0,596 in. (b) 675 lb·in. (c) 28,1 ksi.
11.56 (b) 7,12.
11.57 (b) 0,152.
11.58 $Pa^2 b^2/3EI \downarrow$.
11.59 $Pa^2(a + L)/3EI \downarrow$.
11.61 $M_0(L + 3a)/3EI \searrow$.
11.62 $3PL^3/16EI \downarrow$.
11.63 $3Pa^3/4EI \downarrow$.
11.65 $M_0 L/16EI \searrow$.
11.66 59,8 mm $\downarrow$.
11.67 32,4 in.
11.68 3,12°.
11.72 $2{,}38 Pl/EA \rightarrow$.
11.73 0,0447 in.
11.75 0,366 in. $\downarrow$.
11.76 5,34 mm $\downarrow$.
11.77 (a) e (b) $P^2 L^3/6EI + PM_0 L^2/2EI + M_0^2 L/2EI$.
11.78 (a) e (b) $P^2 L^3/96EI - PM_0 L^2/16EI + M_0^2 L/6EI$.

11.80 (a) e (b) $5M_0^2 L/4EI$.
11.82 (a) e (b) $M_0^2 L/2EI$.
11.83 $0{,}0443 wL^4/EI \downarrow$.
11.85 $wL^4/768EI \uparrow$.
11.86 $7wL^3/48EI \searrow$.
11.88 $wL^3/384EI \searrow$.
11.89 $(Pab/6EIL^2)(3La + 2a^2 + 2b^2) \searrow$.
11.90 $M_0 L/6EI \searrow$.
11.91 0,317 in. $\downarrow$.
11.93 5,12 mm $\downarrow$.
11.94 7,25 mm $\downarrow$.
11.95 $7{,}07 \times 10^{-3}$ rad $\searrow$.
11.96 3,80 mm $\downarrow$.
11.97 $2{,}07 \times 10^{-3}$ rad $\searrow$.
11.99 $x_C = 0$, $y_C = 2{,}80 P_L/EA \downarrow$.
11.101 0,1613 in. $\downarrow$.
11.102 0,01034 in. $\leftarrow$.
11.103 4,07 mm $\downarrow$.
11.105 (a) $PL^3/6EI \downarrow$. (b) $0{,}1443\ PL^3/EI$.
11.106 $\pi PR^3/2EI \downarrow$.
11.107 (a) $PR^3/2EI \rightarrow$. (b) $\pi PR^3/4EI \downarrow$.
11.109 $5PL^3/6EI$.
11.111 $5P/16 \uparrow$.
11.112 $3M_0/2L \uparrow$.
11.113 $3M_0 b(L + a)/2L^3 \uparrow$.
11.114 $7wL/128 \uparrow$.
11.117 $P/(1 + 2\cos^3 \phi)$.
11.118 $7P/8$.
11.119 $0{,}652P$.
11.121 $2P/3$.
11.123 0,846 J.
11.124 102,7 in·lb.
11.126 (a) 2,53 mm. (b) 136,3 kN. (c) 192,8 MPa.
11.129 8,47°.
11.130 386 mm.
11.134 0,0389 in.
11.C2 (a) $a = 15\ in.$: $\sigma_D = 17{,}19$ ksi, $\sigma_C = 21{,}0$ ksi;
$a = 45\ in.$: $\sigma_D = 36{,}2$ ksi, $\sigma_C = 14{,}74$ ksi.
(b) $a = 18{,}34$ in., $\sigma = 20{,}67$ ksi.
11.C3 (a) $L = 200\ mm$: $h = 2{,}27$ mm;
$L = 800\ mm$: $h = 1{,}076$ mm.
(b) $L = 440\ mm$: $h = 3{,}23$ mm.
11.C4 $a = 300\ mm$: 1,795 mm, 179,46 MPa;
$a = 600\ mm$: 2,87 mm, 179,59 MPa.
11.C5 $a = 2\ m$: (a) 30,0 J; (b) 7,57 mm, 60,8 J.
$a = 4\ m$: (a) 21,9 J; (b) 8,87 mm, 83,4 J.
11.C6 $a = 20\ in$: (a) 13,26 in.; (b) 99,5 kip·in.; (c) 803 lb.
$a = 50\ in$: (a) 9,46 in.; (b) 93,7 kip·in.; (c) 996 lb.

Índice

A

Aço, especificações de projeto para, 32
Ações múltiplas, trabalho e energia sob 778-780
Alongamento porcentual, 56
American Association of Safety and Highway Officials, 32
American Forest and Paper Association, 32, 703
American Institute of Steel Construction (AISC), 32, 699-701, 705
Análise de elementos de dupla-força, 2-4
Análise de flexão assimétrica, 288-293, 322
Análise tridimensional
    deformação, 514-517
    tensão, 484-486
Analogia de membrana, 200-201
Ângulo de giro
    eixos circulares, 157-160, 212-213
    eixos não circulares, 200
    intervalo elástico e, 141, 157-160
    torque (T) e, 141, 157-160
    tubos (eixos ocos de paredes finas), 204
Área (A)
    centroide, 812-817
    composta, 814-817, 821-822
    momentos de, 812-822
    raio de giração, 818-821
Áreas Compostas (A)
    centroide, 814-817
    momento de inércia e, 821-822
Axissimetria de eixos de seção circular, 141-142

C

Carga admissível (de trabalho), 30-31
Carga axial excêntrica
    análise de, 302-317, 323
    colunas, 686-701, 728
    eixo neutro, 278
    flexão pura e, 224-225, 277-281, 293-298, 322-323
    forças de, 224-225
    fórmula da secante para, 688-689, 728
    plano de simetria com, 277-281, 322
Cargas multiaxiais, 90-92, 99-100, 128-129
    deformação de paralelepípedo retangular para, 91
    lei de Hooke para, 90-92, 128-129
    materiais compósitos reforçados com fibra, 99-100
    princípio da superposição para, 91
Cargas. *Ver também* Torção
    assimétricas, 436-444, 451, 642-652, 662-663
    axiais, 5-8, 25-26, 29, 50-140
    centradas, 7, 40-41-41-42
    colunas, 669-671, 685-691, 705,727-728
    combinadas, 552-560, 569
    componentes de tensão sob, 27-29
    concentradas, 6, 330
    condições gerais, 26-29, 42-43
    considerações sobre o projeto de, 30-32
    críticas, 669-671, 727-728
    deflexões em vigas e, 629-631, 642-645, 662-663
    distribuídas, 330
    excêntricas,6-7, 41-42, 685-690, 728
    fator de segurança, 30-32, 42-43
    flexão e, 224-225, 330-332
    funções de singularidade para cargas equivalentes abertas, 369-370, 393-394
    impacto, 752-763, 702-703
    linha de ação das, 8
    multiaxiais, 90-92, 128-129
    relações entre cisalhamento e momento de flexão, 244-252, 391-392
    repetidas, 62-63
    reversas, 61-62
    simétricas, 629-631, 662
    singularidade, 367
    tensão e deformação sob, 50-140
    tensões a partir, 5-8, 25-26, 40-41
    tensões planas e, 533-575-576
    teorema do momento de área e, 629-631, 642-645, 662-663
    trabalho (admissível), 30-31
    transversais, 224-225, 330-332
    últimas, 705
    uniformemente distribuídas, 330
Carregamento assimétrico
    deflexão de vigas e, 642-655, 662-663
    deflexões máximas e, 644-645, 663
    elementos de paredes finas, 436-444, 451
    teorema do momento de área, 642-655, 662-663
Carregamento axial
    componentes de tensão sob, 29
    energia de deformação sob, 740, 800
    excêntrico, 224-225, 277-281, 293-298, 322-323
    flexão pura e, 224-225, 277-281, 293-298, 322-323
    multiaxial, 90-92, 128-129
    plano de simetria com, 277-281, 322
    tensões e deformações sob, 50-140
    tensões em elementos devido ao, 5-8
    tensões em plano oblíquo com, 25-26
Carregamento centrado, 7, 41-42
Carregamento excêntrico, 6-7, 40-41. *Ver também* Carga axial excêntrica
Carregamento transversal
    análise e projeto de vigas sob, 330-332, 390-391
    concentrado, 330
    deflexão de vigas sob, 580-581-588, 657-658
    distribuições de deformação e tensão, 331-332, 390-391
    distribuído, 330
    energia de deformação sob, 745
    flexão pura e, 224-225, 319
    reações de apoio, 331-332
    uniformemente distribuído, 330
Centro de cisalhamento, 401, 437, 451
Centro de simetria, 442
Centroide de uma área, 812-817
Círculo de Mohr
    deformação plana, 512-514, 529
    tensão plana, 472-482, 526
Cisalhamento
    duplo, 10, 46-47
    relações com as cargas e os momentos de flexão, 244-354, 391-392
    resistência última ao, 30
    simples, 9, 46-47
Cisalhamento e momento, funções de singularidade para, 332, 367-375, 392-393
Cisalhamento longitudinal em vigas de seção arbitrária, 419-421, 450
Coeficiente de expansão térmica, 77, 127
Coeficiente de Poisson (n), 89-90, 97-99, 127-128
    deformação lateral e, 89-90, 127-128
    relações com E e G, 97-99, 130-131
Colunas, 668-733-734
    aço estrutural, 699-700-701
    carga crítica, 669-671, 727-728
    carga excêntrica, 685-690, 728
    comprimento efetivo, 675-677, 727-728
    de alumínio, 703
    estabilidade de estruturas e, 669-679
    extremidades articuladas, 671-674
    extremidades engastadas, 675-677
    flambagem de, 669-671
    fórmula da secante para, 687-689, 728
    fórmula de Euler para, 671-679, 727-728
    índice de esbeltez, 673, 730
    madeira, 703
    método de interação, 716-717, 728
    projeto para carga centrada, 699-709, 728
    projeto para carga e resistência (LRFD), 703-704
    projeto para carga excêntrica, 716-722, 728
    projeto para tensões admissíveis, 699-704, 716, 728
Comportamento elástico, 60-62, 127
    comportamento plástico em comparação com o, 60-62
    diagramas de tensão-deformação para, 60-62, 127
Comportamento plástico, 60-62, 127
    carregamentos inversos e, 61-62
    comportamento elástico em comparação com, 60-62
    deformação permanente, 60-61, 127
    diagramas de tensão-deformação para, 60-62, 127
Comprimento de referência, 53-54
Comprimento efetivo, 675-677, 727-728

Concentração de tensões
  deformações plásticas e, 117
  distribuição circular de tensões, 112-113
  distribuição de tensão plana, 112-113
  eixos circulares, 177-180, 213-214
  fator de descontinuidade (κ), 112-113, 131-132
  filetes, 112-113, 117
  flexão pura, 248-251, 321
  torção na, 177-180, 213-214
Concreto
  diagrama tensão-deformação para, 57, 126
  especificações de projeto para, 32
Condições de contorno em vigas, 582, 657
Condições gerais de carregamento, 26-29
Conexões, tensões de contato em, 10
Considerações de projeto
  carga de trabalho (admissível), 30-31
  cargas de impacto, 762-763, 702-703
  colunas, 699-722, 728
  eixos de transmissão, 175-177, 213-214
  especificações para, 32
  fator de segurança, 30-32
  método de interação, 717-718, 728
  potência (P), 175-176, 213-214
  projeto para carga e resistência (LRFD), 32, 705
  projeto para carga centrada, 699-709, 728
  projeto para carga excêntrica, 716-722, 728
  projeto para tensões admissíveis, 699-705, 716, 728
  resistência última, 29-30
  tensão (σ) e, 29-35
  tensão admissível e, 30-31
Critério da máxima tensão de cisalhamento, 487-488
Critério da máxima tensão normal, 486
Critério de Coulomb, 489
Critério de Mohr para materiais frágeis, 490-491, 528
Critério de Saint-Venant, 489
Critério de von Mises, 488
Critérios de escoamento para materiais dúcteis, 487-488, 527
Critérios de fratura para materiais frágeis, 489-491
Curva de carga-deformação, 52
Curvatura
  análise de elementos curvos, 305-313, 323
  anticlástica, 235, 320
  carregamento transversal, 224-225, 319
  flexão pura e, 227-230, 305-313, 319-320, 323
  raio de (r), 233, 319, 320
  seção transversal, 234-238
  tensões e, 306-309, 323
Curvatura anticlástica, 235, 320

D

Declividade e deflexão
  funções de singularidade para, 601-608, 659-660
  relação de, 585-586
  vigas, 585-586, 601-608, 659-660, 833
Deflexão de vigas, 577-669, 766-770, 782-785
  condições de contorno e, 582, 657

declividade e, 585-586, 601-608, 659-660, 833
deformação sob carga transversal, 580-588, 657-658
estaticamente determinadas, 613-614
estaticamente indeterminadas, 578, 589-595, 614-615, 657-659
funções de singularidade para, 600-607, 557-558
linha elástica, equação da para, 581-584, 657
método de superposição para, 579,613-621
método do trabalho-energia para, 766-771
métodos de energia para, 766-771, 782-785
momento de flexão e, 578-579
rigidez à flexão (EI), 581-582, 657
teorema da área-momento para, 579-581, 627-637, 642-652, 660-662
teorema de Castigliano para, 782-785
Deflexão máxima, 644-645, 663
Deformação (δ). *Ver também* Transformações de tensão e deformação; Tensão e deformação sob carga axial
  cisalhamento, 746-749, 129-130, 142, 211-212
  coeficiente de Poisson (n), 87-89, 97-99, 128-129
  eixos circulares, 143, 211-212
  engenharia, 57
  flexão, 230, 319
  lateral, 89-90, 128-129
  máxima absoluta, 230, 319
  medição de, 518-521
  normal, 52-53, 126
  plana, 509-517, 558-559
  térmica, 77, 127-128
  verdadeira, 57
Deformação (δ). *Ver também* Deformação elástica; Deformação plástica
  carga axial e, 51-53, 63-64, 97-99, 114-117, 127, 130-131
  cargas multiaxiais, 90-91
  comportamento elástico e, 63-64, 127
  comportamento plástico e, 60-61-62, 127
  deflexão de vigas sob carga transversal, 580-588, 657-658
  deslocamento relativo para, 64
  eixos, 138-139, 141-143, 199-208, 211-212, 241-243
  eixos circulares, 141-143, 185-186-194, 211-214
  eixos de transmissão, 138-139
  energia de deformação e, 737-738, 799
  flexão em elementos simétricos, 227-230
  flexão pura, 227-238
  intervalo de tensões elásticas e, 230-234, 319
  paralelepípedo retangular, 91
  por unidade de comprimento, 52-53, 126
  relações de E, G e n, 97-99, 129-130
  torção e, 138-139, 141-143, 199-208, 211-216
Deformação elástica, 63-64, 127
Deformação oblíqua em um paralelepípedo, 746-747
Deformação permanente, 60-61, 126. *Ver também* Deformação plástica
Deformação plana, 509-517, 528-529
  análise tridimensional da, 514-517
  círculo de Mohr para, 512-514, 529

equações de transformação, 509-511, 528
transformação da, 509-514, 525-529
Deformação plástica
  carregamentos inversos e, 61-62
  comportamento elástico e, 60-62, 127
  concentração de tensões e, 117
  deformação permanente, 60-62, 127
  deslocamento permanente e, 190-191, 213-215
  efeito Bauschinger, 61
  eixos circulares, 185-204, 213-216
  elementos com apenas um plano de simetria, 264-265
  elementos com plano único de simetria, 264-265
  elementos de paredes finas, 422-423, 451
  elementos elastoplásticos, 260-264, 321
  escorregamento, 60-61
  flexão pura e, 259-271, 321
  fluência, 60-61
  limite elástico, 60-61, 127
  material elastoplástico, 114-117, 130-131
  módulo de ruptura (R), 186-187, 213-215, 260
  seções transversais não retangulares, 263
  seções transversais retangulares, 260-263
  tensão e deformação sob cargas axiais, 60-62, 114-117, 127, 130-131
  tensões residuais, 117-121, 130-131, 189-194, 213-215, 265, 321
  torção e, 185-194, 213-216
  vigas, 423-422, 451
Deformação por cisalhamento
  carga axial e, 94-97, 129-130
  eixos circulares, 143, 211-212
  lei de Hooke para, 95-96, 129-130
  módulo de rigidez (G), 95-95, 129-130
  paralelepípedo de deformação oblíqua, 94-95
Deformação-endurecimento, 56
Deformações principais, 503
Deslocamento relativo, 64,
Detecção de erro de cálculo, 14
Diagramas de cisalhamento, 333-339, 390-392
  análise de vigas em flexão, 333-339, 390-392
  convenção de sinais para, 333
Diagramas de corpo livre, 2-4, 14, 42-43
  análise de tensões em elementos de dupla força, 2-9
  solução de problemas a partir de, 14, 42-43
Diagramas de momentos de flexão
  análise de vigas usando, 332-338, 390-392
  convenção de sinais para, 333
  por partes pelo teorema da área-momento, 632-637, 662
Diagramas de tensão-deformação, 52-58, 60-62,126-127
  carga axial e, 52-58, 60-62, 126-127
  comprimento padrão de amostra, 53-54
  curva de carga-deformação, 52
  determinação de material frágil, 55-56, 126
  determinação para materiais dúcteis, 54-57, 126-127
  ensaio de compressão para, 57
  ensaio de tração para, 53-58
  resistência à ruptura, 55-56
  resistência ao escoamento, 56-57, 126

resistência última, 55-56
ruptura e, 55-56
Dilatância (e), 93-94, 128-129
Distribuição uniforme de tensão e deformação, 110-111
Dureza (ε_R), módulo de, 738-739, 799

E

Efeito Bauschinger, 61
Eixo neutro, 229, 319
Eixos, 140-228
   circulares, 138-194, 211-216
   deformação de, 138-139, 141-143, 199-209, 211-216
   deformação plástica de, 185-194, 213-216
   estaticamente indeterminados, 160-167, 213-214
   não circulares, 199-207, 215-216
   tensões em, 140-150, 199-208, 211-213
   tensões residuais em, 189-195, 214-216
   torção em, 137-225
   transmissão de, 138-139, 175-177, 213-214
   vazados (tubos), 144-145, 148-150, 211-213
   vazados de parede fina (tubos), 201-206, 215-216
Eixos de seção circular
   ângulo de torção, 141, 157-160, 212-213
   axissimetria de, 141-142
   concentrações de tensão em, 177-180, 213-214
   deformação plástica em, 185-194, 213-216
   deformações, 141-143
   módulo de ruptura (R), 186-187, 213-215
   tensão de cisalhamento em, 143, 211-212
   tensões em, 140-141, 144-152, 211-213
   tensões residuais em, 189-194, 214-216
   torção em, 137-193, 211-217
Eixos de transmissão
   deformação de, 137-138
   potência transmitida por, 175-176, 212-213
   projeto de, 175-177, 212-213, 539-546, 568
   tensões principais em, 539-546, 568
   velocidade de rotação de, 175
Eixos não circulares, 199-206, 215-216
   analogia de membrana para, 200-201
   ângulo de torção, 200
   paredes finas(tubos), 201-206, 215-216
   seções transversais retangulares uniformes, 200, 215-216
   torção em, 199-207, 215-216
Eixos vazados (tubos)
   circular, 148-150, 153-158, 211-213
   paredes finas não circular, 201-206, 215-216
Elasticidade (E), módulo de, 58-61, 97-99, 127, 129-130
   elementos de materiais compósitos, 244-245, 320
   flexão pura e, 244-245, 320
   lei de Hooke na, 58-61, 127
   relações com G e n, 97-99, 129-130
   relações direcionais de tensões e deformações, 60-61, 127
Elementos
   diagramas de duas forças para, 2-4
   estabilidade dos, 7
   tensão axial em, 8-11

tensão de cisalhamento em, 11-13
tensão de contato em, 13
Elementos com carga simples, trabalho de, 764-766, 801-802
Elementos de paredes finas
   carregamento não simétrico em, 436-440, 451
   deformações plásticas em, 422-423, 451
   fluxo de cisalhamento, 422-423
   não circulares (tubos), 201-206, 215-216
   projeto de viga para tensões de cisalhamento, 421-427, 451
   tensões de cisalhamento em, 421-427, 451
Elementos estaticamente determinados
   deflexão em, 613-614, 660
   método de superposição em, 613-614, 660
   vigas, 330-331, 387-388, 613-614, 660
Elementos estaticamente indeterminados
   deflexão e, 589-595, 646-652, 674, 658-660
   distribuição de tensões, 5, 51
   eixos, 160-166, 213-214
   forças, 51
   método de superposição e, 614-615, 660
   primeiro grau de, ~~3361~~, 590
   problemas, 73-76, 127-128
   segundo grau, 365, 590
   teorema do momento de área para, 646-652, 664
   vigas, 331, 578-579, 589-595, 614-615, 646-652, 657, 660
Elementos prismáticos, flexão pura de, 223-331
Elementos simétricos, 225-226-230, 319
   deformação na flexão pura, 227-230, 319
   deformação plástica em, 264-265
   flexão (conjugado) momentos de em, 225-228, 319
Energia de deformação, 737-751, 799
   carga axial e, 740, 790
   carregamento transversal e, 745
   deformação e, 764-766, 789
   elástica, 741-745, 790
   estado geral de tensão e, 746-751, 791
   flexão e, 742, 790
   módulo de resiliência e, 739, 790
   módulo de resistência e, 738-739, 789
   tensões de cisalhamento e, 745-747, 790
   tensões normais e, 741-745, 790
   torção e, 745-746, 791
Engenharia de Materiais, propriedades, 825, 826
Ensaio de compressão, 57
Ensaio de tração, 53-57
Equações de equilíbrio para solução de problemas, 14, 42-43
Escoamento, 54, 127
Escoamento, considerações de projeto de, 31
Estabilidade
   carga crítica de, 669-671, 727-728
   elementos de, 6
   estruturas de, 669-679
Estática
   diagramas de corpo livre, 2-4
   revisão dos métodos da, 2-4
Estruturas estaticamente indeterminadas, 786-792
Estruturas simples, análise e projeto de, 10-13
Expansão térmica, coeficiente de, 77, 127-128
Extensômetros, 460, 518, 526

F

Fadiga, 62-63, 127-128
   cargas repetidas e, 62-63
   limite de, 62
   limite de resistência a, 62-63, 127-128
Falha
   consideração de projeto para, 30
   critérios de escoamento, 487-488, 527
   critérios de fratura, 489-491
   fissuras, 491
   materiais dúcteis, 487-488, 527
   materiais frágeis sob tensões planas, 489-491, 528
   teorias de, 487-493, 527-528
   transformações de tensão e deformação, 487-493, 527-528
Fator de resistência (ϕ), 705
Fator de segurança, 30-32, 42-43
Filetes, concentração de tensões em, 112-113, 117
Fissuração, 491
Fissuras macroscópicas, 491
Fissuras microscópicas, 491
Flambagem, 614-671
Flexão
   análise e projeto de vigas em, 329-330
   elementos prismáticos, 223-328
   energia de deformação devido a, 742, 800
   módulo de ruptura (R), 260
   momento conjugado (M), 225-228
Flexão pura, 223-328
   análise de flexão não simétrica, 288-293, 322
   carregamento axial excêntrico, 248-249, 277-281, 293-298, 322-323
   carregamento transversal, 224-225, 319
   concentração de tensões em, 248-252, 321
   deformações plásticas, 259-271, 321
   deformações por, 227-236
   elementos com plano único de simetria, 264-265
   elementos compostos, 244-247, 320
   elementos curvos, 305-313, 323
   elementos elastoplásticos, 260-264, 321
   elementos prismáticos, 223-328
   elementos simétricos, 225-230, 319
   intervalo para tensões elásticas e deformação, 230-234, 319
   seções transversais, 234, 238
   tensões residuais em, 265-266
Fluxo de cisalhamento, 401, 403, 422-423, 450
Força
   interna, 8-10
   tensões de cisalhamento e, 8-10
   transversal, 41-43
Fórmula da secante, 688-689, 728
Fórmula de Euler, 671-679, 727-728
   colunas com extremidades articuladas, 671-674
   colunas com extremidades engastadas, 675-677
Fórmulas de flexão elástica, 231, 319
Fórmulas de torção elástica, 145-146, 211-212
Fórmulas para torção
   intervalo elástico, 145-146, 211-212
   seções transversais circulares variáveis, 178, 213-214
Funções de salto, 369, 392-393

Funções de singularidade
  aplicação em programação de computadores, 372
  cargas equivalentes com extremos abertos para, 369-370, 393-394
  cisalhamento e momentos de flexão utilizando, 332, 367-375, 392-393
  inclinação e deflexão usando, 601-608, 659-660
  projeto e análise de flexão usando, 332m 367-393
  símbolo de Macaulay, 368-369, 371
  vigas, 332, 367-375, 392-393

G

Grandezas adimensionais, 53

H

Hertz (Hz), 175

I

Índice de esbeltez, 673, 675, 727-728
Inércia, momentos de, 818-822
Intervalo elástico
  ângulo de torção no, 157-160
  tensões de cisalhamento no, 143-152, 211-213
  tensões e deformações, 230-234, 319
  torção no, 143-152, 157-160, 211-213
  torque interno e, 146

L

Lâmina, 59
Laminado, 59-61, 99-100
Lei de Hooke
  cargas axiais, 58-61, 127
  cargas multiaxiais, 90-92, 128-129
  limite proporcional de tensão, 59, 127
  materiais compósitos reforçados com fibra e, 59-61
  módulo de elasticidade (E), 58-60-61, 127
  módulo de rigidez (G), 95-96, 129-130
  tensão e deformação por cisalhamento, 95-96, 129-131
Limite de resistência à fadiga, 62-63, 127-128
Limite elástico, 60-61, 127
Limite proporcional para tensão, 59, 127
Linha de ação, 5
Linha elástica
  distribuição de carga e determinação de, 587-588
  equação de, 581-584, 657
  rigidez à flexão (EI), 581-584, 657

M

Madeira, especificações de projeto para, 32
Materiais anisotrópicos, 59, 126-127

Materiais compósitos, 244-247, 320
  flexão pura em elementos de, 244-247, 320
  módulos de elasticidade e, 244-245, 320
  seção transformada em, 245-320
Materiais compósitos reforçados com fibras, 59-61, 99-103, 126-127, 129-131
  carregamento multiaxial, 99-100
  lâmina, 58-59
  laminado, 58-61, 99-100
  lei de Hooke para, 58-61, 126-127
  matriz, 58-59
  relações tensão-deformação para, 99-103, 129-131
Materiais dúcteis
  a resistência à ruptura, 55-56
  alongamento percentual, 56
  critério da máxima energia de distorção, 488
  critério da máxima tensão de cisalhamento, 487-488
  critérios de escoamento, 487-488, 525
  determinação de diagrama tensão-deformação para, 54-57, 126-127
  empescoçamento, 55
  endurecimento, 56
  escoamento, 54-55, 126-127
  percentagem de redução na área, 56-57
  resistência ao escoamento, 55-56, 126-127
  resistência última, 55-56
  transformações da tensão e deformação, 487-488, 527
Materiais frágeis
  concreto, 56-57, 126-127
  critério da máxima tensão normal, 413
  critério de Mohr para, 490-491, 527-528
  diagrama tensão-deformação determinação de, 55-57, 126
  ensaio de compressão para, 56-57
  ensaio de tração para, 55-56
  fissuras, 490-491
  ruptura de, 55-57
  sob tensão plana, 489-491, 527-528
  transformações de tensão e deformação, 489-491, 527-528
Materiais homogêneos, 89
Materiais isotrópicos, 58-59, 89, 126-127
Materiais ortotrópicos, 99-100
Material elastoplástico
  deformação plástica de, 114-117, 129-131
  flexão pura em elementos de, 260-264, 321
  torção em eixos circulares, 186-189, 213-216
Matriz, 58-59
Máxima energia de distorção, critério, 488
Método de interação, 717-718, 728
Método do trabalho-energia, 766-771
Metodologia SMART, 13-14
Métodos de energia, 733-793
  cargas de impacto, 752-763, 702-703
  cargas múltiplas e, 778-780
  deflexões pelos, 766-771, 782-785
  densidade de energia de deformação, 738-739, 799
  elementos simplesmente carregados, 764-766, 801-802
  energia de deformação, 737-751, 702-799
  energia de deformação elástica, 739-745, 800
  estruturas estaticamente indeterminadas, 786-792
  método de trabalho-energia, 766-771

  teorema de Castigliano, 780-785, 801-802
  trabalho e, 764-771, 778-780, 801-802
Módulo
  de Young (E), 58
  elasticidade (E), 57-61, 97-100, 126-127, 244-245, 320
  relações de E, G e n, 97-99-100, 129-131
  resiliência (υ_y), 739, 800
  rigidez (G), 95-100, 129-131
  ruptura (R), 186-187, 212-216, 260
  seção elástica (S), 232, 320, 331-333, 355-356, 380, 391-394
  tenacidade (ε_R), 738-739, 799
  volumétrico (k), 92-94, 127-129
Módulo da seção (S), ver Módulo elástico da seção
Módulo de Young (E), 58. Ver também Elasticidade
Módulo elástico da seção (S)
  análise de viga e projeto para flexão, 331-333, 355-356, 380, 391-394
  faixa elástica e seção transversal de elementos, 232, 320
  projeto de vigas não prismáticas, 380, 393-394
  projeto do vigas prismáticas, 355-356, 391-393
Módulo volumétrico (k), dilatância e, 92-94, 127-129
Momento de inércia, 818-822
Momento de inércia polar, 818
Momento elástico máximo, 261-263, 321
Momento plástico, 261-263, 321
Momentos (flexão) conjugados, 225-228
Momentos de áreas, 812-822
  centroide da área, 812-817
  compósito, 814-817, 820-822
  momento de inércia, 818-822
  momento de inércia de, 820-822
  primeiro, 812-821
  raio de giração, 818-821
  segundo, 820-822
  teorema dos eixos paralelos, 820-821
Momentos de flexão
  conjugados, 225-228
  flexão pura em elementos simétricos, 225-228, 319
  funções de singularidade para, 332-333, 367-375, 392-393
  relações entre carga e cisalhamento 245-352, 391-392
Mudança de temperatura
  coeficiente de expansão térmica, 77, 127-128
  deformação plástica e, 119
  deformações térmicas, 77, 127-128
  problemas que envolvem, 77-83, 127-129
  tensão e deformação sob cargas axiais e, 77-83, 119, 127-129
  tensões residuais e, 119

P

Paralelepípedo retangular de deformação, 91-92
Paralelepípedos, 91-96
Perfil padrão americano (S-*beam*), 406
Perfis de aço laminados, propriedades de, 826-832

Planos oblíquos, tensões induzidas por carga axial, 25-27, 42-44
Planos principais de tensão, 462-467, 525
Pontes, especificações de projeto para, 32
Pontos de escoamento, 56
Potência (cv), 175, 212-214
Potência (P) transmitida por eixos, 175-176, 212-214
Precisão numérica, 13-14
Princípio de Saint-Venant, 110-112, 129-131
Problemas
    detecção de erro de cálculo, 13-14
    diagramas de corpo livre para, 13-14, 41-43
    equações de equilíbrio para, 13-14, 42-44
    estaticamente equivalentes, 110-112
    estaticamente indeterminados, 73-76, 127-128
    método de superposição para, 74-76
    metodologia SMART para, 12-14
    mudanças de temperatura e, 77-83, 127-129
    precisão numérica de, 13-14
    princípio de Saint-Venant em, 110-112, 129-131
    solução, método de, 12-17, 41-44
Projeto de coluna de aço estrutural, 699-701
Projeto de coluna de alumínio, 703
Projeto de colunas de madeira, 703
Projeto e análise de vigas, 356-397-398
    cargas transversais, 330-333, 390-391
    cisalhamento e momentos de flexão, diagrama de, 332-338, 390-392
    cisalhamento e tensão, distribuições de, 331-333, 390-391
    convenção de sinais para, 333
    flexão a, 329-398
    funções de salto, 369, 392-393
    funções de singularidade para cisalhamento e momento de flexão, 332-333, 367-375, 392-393
    módulo elástico da seção (S) pelo, 331-333, 355-356, 380, 391-394
    projeto para carga e resistência (LRFD), 357
    relações entre carga, cisalhamento e momento de flexão, 245-352, 391-393
    vigas não prismáticas, 332-333, 380-385, 393-394
    vigas prismáticas, 355-360, 391-393
Projeto em tensões admissíveis, 699-705, 716, 728
Projeto para carga centrada, 699-709, 728
Projeto para carga excêntrica, 716-722, 728
Projeto para carga e resistência (LRFD), 32, 42-44, 357, 705
Propriedades dos materiais, 825-832

R

Raio de curvatura (ρ), 249, 338
Raio de giração, 818-821
Reações redundantes, 786
Redução percentual da área, 56-57
Resiliência (u_y), módulo de, 739, 800
Resistência à ruptura, 55-56
Resistência ao escoamento, 55-56, 126-127
Resistência constante, 332-333
Resistência última, 28-29, 55-56

Rigidez (L), módulo de, 95-100, 129-131
    deformações por cisalhamento e, 95-96, 129-130
    lei de Hooke e, 95-96, 129-130
    relações com E e n, 97-99, 129-131
Rigidez à flexão (EI), 581-582, 657
Roseta de deformações, 460, 518, 526
Rotação, velocidade de, 175
Rótula plástica, 423-424
Ruptura (R), módulo de, 186-187, 212-216, 260
Ruptura de materiais frágeis, 55-57

S

Seção transformada, 225-226
Seções transversais, 234-238
Seções transversais não retangulares, deformação plástica em, 263
Seções transversais retangulares, deformação plástica em, 260-263
Singularidade de Macaulay, 368-369, 371
Singularidade no carregamento de vigas, 367
Sistema estável, 669-670
Sistema instável, 669-670
Span, 330
Superfície de contato, 10, 38
Superfície neutra, 228-229, 319
Superposição
    método da para deflexão de, 579, 613-621, 660
    princípio da, 91
    problemas estaticamente indeterminados, 74-76
    problemas multiaxiais, 91-92
    vigas estaticamente determinadas, 614-615, 660
    vigas estaticamente indeterminadas (hiperestáticas), 614-615, 660

T

Tensão admissível, 30-31
Tensão crítica, 673
Tensão de cisalhamento média, 9, 41-43, 404, 450
Tensão de cisalhamento no plano, 464, 526-527
Tensão de engenharia e deformação de engenharia, 58
Tensão e deformação sob carga axial, 50-139
    cargas multiaxiais, 90-92, 128-129
    cargas repetidas, 61-63
    coeficiente de Poisson (n), 89-90, 99-101, 138
    comportamento elástico *versus* plástico, 60-61-62
    concentração de tensões, 112-113, 117, 130-131
    deformação lateral, 89-90, 128-129
    deformação plástica, 60-62, 114-121, 126, 127
    deformação por cisalhamento, 94-97, 129-131
    deformações por, 51-52, 63-64, 97-98, 114-117, 127, 130-131
    diagrama tensão-deformação, 59-63, 66-68, 133-135
    dilatância, 92-94, 128-129
    distribuição uniforme de, 111-112
    efeitos das mudanças de temperatura em, 77-78, 127-129
    fadiga por, 61-63, 127
    lei de Hooke, 58-61, 95-99, 126-127
    limite de resistência à fadiga, 61-63, 127
    limite elástico, 60-61, 127
    materiais compósitos reforçados com fibras, 59-61, 99-103
    módulo de elasticidade (E), 58-61, 97-99, 126-127
    módulo de rigidez (G), 95-98, 129-131
    módulo de volume (k), 92-94, 128-129
    princípio de Saint-Venant, 110-112, 129-131
    problemas estaticamente equivalentes, 110-112
    problemas estaticamente indeterminados, 73-76, 127-128
    tensão normal, 52-53, 126
    tensão verdadeira e deformação verdadeira, 58
    tensões residuais, 117-121, 129-130
Tensão normal
    critério de máximo para materiais frágeis, 486
    determinação de, 5, 41-42
    energia de deformação e, 739-743, 800
    vigas, 534-568, 599
Tensão plana, 458-486, 525
    análise tridimensional, 484-486
    círculo de Mohr para, 472-482, 526
    equações de transformação para, 460-462, 525
    estado de, 458-459
    tensões principais, 462-467, 525
    transformação de, 462-467, 525
Tensão. *Ver também* Transformações de tensão e deformação; Tensão e deformação sob carga axial
    admissível, 30-31
    aplicações para análise e dimensionamento de estruturas simples, 10-13
    axial, 5-8, 29
    cargas e, 5-8, 25-29
    componentes de, 26-29
    conceito de, 1-48
    condições gerais de carga, 26-29, 43-44
    considerações sobre o projeto, 29-35
    contato, 10, 42-43
    corte, 8-10, 28-29, 41-43, 143-150
    crítica, 673
    definidas, 5
    direção da componente, 27
    distribuição estaticamente indeterminada, 6
    eixos circulares, 140-141, 143-150, 211-213
    elementos curvos, 306-309, 323
    engenharia, 58
    exercida sobre uma superfície, 27
    fator de segurança, 30-32, 43-44
    flexão, 230-234, 319, 331-332, 390-391
    forças internas e, 8-10
    intervalo de deformação elástica e, 230-234, 319
    limite de proporcionalidade, 59, 126
    máxima absoluta, 230, 319
    método de solução de problemas, 13-17, 42-44

normal, 5, 41-42
plana, 458-486, 525
planos oblíquos sob carga axial, 25-26, 43-44
projeto para carga e resistência (LRFD), 32, 43-44
residual, 117-121, 129-130
resistência última, 29-30
uniaxial, 228
uniforme, 41-42
valor médio de, 5, 41-42
verdadeira, 52
vigas, distribuição de em, 331-332, 390-391

Tensões de cisalhamento
carregamento assimétrico e, 436-444, 451
componentes de, 28-29
critério de máximo para materiais dúcteis, 487-488
deformação plástica e, 423-427
eixos circulares, 143-150, 213-214
energia de deformação devido a, 743-745, 800
esforços internos e, 8-10
flexão e, 331-332, 390-391
forças exercidas sobre vigas transversais prismáticas, 400-401, 449
horizontal, 401-409, 449
intervalo elástico de, 143-150
longitudinais, 419-421, 450
média, 9, 42-43, 404, 450
plana no, 464, 526
pontos de aplicação, 41-42
projeto de elementos de paredes finas com, 421-438, 441
projeto de vigas para, 399-456
vertical, 400, 449
vigas, distribuição de, 331-332, 390-391, 404-413, 450

Tensões principais, 489, 552, 463-525
carga e, 463-525
cargas combinadas e, 552-560, 569
projeto de eixo de transmissão em, 539-546, 569
transformação de tensões planas e, 463, 525
vigas, 466-468, 568

Tensões residuais
deformação permanente e, 190-201, 213-216
deformação plástica e, 117-121, 127-128, 189-194, 213-216, 265
eixos circulares, 189-194, 213-216
flexão pura e, 265, 321
mudança de temperatura e, 119
torção em, 189-194, 213-216

Teorema de Castigliano, 780-785, 801
Teorema do eixo paralelo, 820-821
Teorema do momento de uma área
cargas simétricas e, 629-631, 662
carregamentos assimétricos, 642-652, 662-663

deflexões e, 579-581, 627-637, 642-652, 660-663
diagramas de momento de flexão por partes, 632-637, 642
máximas deflexões e, 644-642, 663
primeiro, 579, 627-628, 660
princípios gerais do, 627-629, 642
segundo, 579, 628-629, 641
vigas em balanço, 629-631, 662
vigas hiperestáticas, 643-648, 663
Torque (T), 138, 141, 146, 157-160
Torque interno, 146
Torsão, 137-222
ângulo de giro, 141, 157-160, 200, 204, 214-215
concentração de tensões na, 177-180, 213-214
deformação plástica e, 185-194, 213-216
eixos circulares, 138-194, 211-216
eixos de transmissão, 138-139, 175-177, 213-214
eixos não circulares, 199-206, 243
eixos vazados (tubos), 144-145, 148-150, 211-213
eixos vazados de paredes finas (tubos), 201-206, 215-216
energia de deformação devido a, 743-744, 801
intervalo elástico, 143-150, 157-160, 211-213
materiais elastoplásticos, 186-189, 214-215
módulo de ruptura (R), 186-187, 213-215
tensões de cisalhamento na, 143-150, 157-160, 199-207, 212-216
tensões na, 140-141, 143-151, 211-213
tensões residuais de, 189-194, 214-216
Trabalho, 764-771, 778-780, 801-802
cargas múltiplas e, 778-780
deflexão por, 766-816, 782-785
elementos simplesmente carregados, 764-766, 93
energia e, 764-766, 778-780, 801-802
Trabalho elementar, 737
Transformações de tensão e deformação, 457-533
análise de tensões a três dimensões, 484-486
círculo de Mohr para, 472-482, 526
critérios de escoamento, 459
deformação plana, 509-517, 528-529
estado geral de tensão, 483-484, 527
estados de tensão, 458-459
falha, teorias de, 487-492, 527-528
materiais dúcteis, 487-488, 527
materiais frágeis, 489-491, 528
medição de tensão, 518-521
tensão no plano de corte, 464, 526
tensão plana, 458-486, 525
vasos de pressão com paredes finas, 500-504, 528
Tubos, 212-218. *Ver também* Eixos

V

Valor médio de tensão, 5, 41-42
Variação de volume, 92-94, 128-129
cargas axiais e, 92-94, 128-129
dilatância, 93-94, 128-129
módulo de volume (k) para, 92-94, 128-129
Vasos de pressão, 500-504, 528
cilíndricos, 500-502, 528
de paredes finas, 500-504, 528
esféricos, 502, 528
tensões em, 500-502, 528
Velocidade de rotação, 175
Viga parabólica, 405-406
Vigas de mesas largas (W-*beam*), 405
Vigas de resistência constante, 380, 393-394
Vigas em balanço
deflexão de, 582-583, 629-631, 662
tensões de cisalhamento em, 408-409
teorema da área-momento para, 629-631, 662
Vigas não prismáticas
análise e projeto para a flexão, 332, 380-385, 393-394
módulo elástico para seção (S) de, 380, 393-394
Vigas prismáticas, projeto para flexão, 355-360, 391-392
Vigas. *Ver também* Projeto e análise de vigas; Vigas em balanço
balanço em, 582-583
carregamento não simétrico em, 436-444, 451
condições de contorno, 582, 587
corte longitudinal em elementos arbitrários, 419-421, 450
declividades e deflexões em, 833
deflexão de, 577-667
deformações plásticas, 423-424, 451
distribuição de tensões de cisalhamento em, 331-332, 390-391, 404-413, 450
elementos de paredes finas, 421-448, 454-455
estaticamente determinadas, 330-331, 390-391
estaticamente indeterminadas, 331, 578, 589-595, 657-659
funções de singularidade para, 332, 367-375, 392-393, 601-608, 659-660
simplesmente apoiadas com balanços, 582
simplesmente apoiadas, 582, 584
tensão normal em, 534-538, 568
tensões de cisalhamento em, 534-538, 568
tensões principais em, 536-538, 568
vãos de, 330

W

Watts (W), 175, 213-214